## Contents 目录

| | | | |
|---|---|---|---|
| "美洲虎"战斗机研发 | 378 | 苏-25的发展情况 | 434 |
| "美洲虎"的英国使用者 | 380 | 苏-25的服役历史 | 436 |
| 法国"美洲虎" | 382 | 苏-27"侧卫" | 438 |
| 国际型"美洲虎" | 384 | 首架"侧卫" | 440 |
| 印度的"美洲虎" | 386 | 不断打破纪录的苏-27"侧卫" | 442 |
| 英国皇家空军"美洲虎"升级 | 388 | 苏-27"侧卫-B" | 444 |
| 波斯尼亚战场上空的"美洲虎" | 390 | 苏-27UB"侧卫-C" | 446 |
| 新明和PS-1/US-1A | 392 | 苏-27K | 448 |
| 西科斯基公司的传奇 | 394 | 苏-30家族 | 450 |
| 西科斯基及其授权生产机型 | 396 | 苏-27IB、苏-32FN和苏-34 | 452 |
| 美军现役战场搜寻救援型直升机 | 398 | 苏-27M(苏-35和苏-37)改型 | 454 |
| 韦斯特兰公司的传奇 | 400 | C.160"运输联盟" | 456 |
| "突击队员"型号 | 402 | 新一代"运输联盟" | 458 |
| 韦斯特兰公司的各种改型 | 404 | 图-160"海盗旗" | 460 |
| H-53的研制 | 406 | 图-22/22M | 462 |
| CH/RH-53的使用 | 408 | 图-22:"眼罩"变体 | 464 |
| HH-53改型"超级快乐的绿巨人" | 410 | "逆火"变异 | 466 |
| MH-53用于特种作战和扫雷 | 412 | 图-95和图-142"熊" | 468 |
| MH-53远东和中东的使用者 | 414 | "熊"系列的"侦察"和"通信" | 470 |
| MH-53欧洲的使用者 | 415 | "熊"式轰炸机和导弹运载机 | 472 |
| H-60"黑鹰"及"海鹰"直升机 | 416 | 海上的"熊" | 474 |
| 美国陆军现役"黑鹰"直升机机型 | 418 | 沃特A-7"海盗Ⅱ" | 476 |
| 美国空军和美国海军机型 | 420 | A-7的国外用户 | 478 |
| H-60使用者 | 422 | "山猫"多用途直升机 | 480 |
| 苏-17/20/22"装配匠" | 424 | "山猫"的陆军改型 | 482 |
| 苏-17相关改型 | 426 | "山猫"的英国海军改型 | 486 |
| 苏-24"击剑者" | 428 | "山猫"的国外使用者 | 488 |
| "击剑者"的现状 | 430 | 新的一代"山猫" | 492 |
| 苏-25"蛙足"简介 | 432 | | |

20世纪80年代后期,两架英国皇家空军的"鹰"式T1A战斗机正在展示其性能。"鹰"式T1A同时承担着教练机和本土防御的职能。这些T1A装配了"眼镜蛇"空空导弹以及30毫米口径(0.8英寸)的机炮

# 引 言

对于大多数人而言,军用飞机就是我们在电视新闻报道中所见到的用于远距离战争的喷气式飞机。许多人可能熟悉各种军用直升机,其中"阿帕奇"(Apache)与"支奴干"(Chinook)也许更容易识别,然而,就现代军用飞机而言,这只是冰山一角。

毋庸置疑,攻击机和战斗机以及攻击直升机和武装直升机代表着所有军事行动中的先锋,但是除此以外,需要考虑的问题还很多。例如,飞机是从陆上基地还是从航母上起飞。直升机可以相对容易地从航母上起飞作战,但是固定翼飞机必须为航母作战而特别设计,除非其能够在允许的最小距离内起降。

一旦飞机离开了基地或者航母,飞机上的机组人员要依靠一系列的技术来成功地完成他们的任务,这其中的许多技术都是在飞行当中实现的。事实上,很难想象哪个装备精良的国家会在没有专用的机载预警和控制系统(AWACS)的支持下愿意将其空中力量投入战斗中。

强大的雷达装备和通信系统等机械设备控制着空中战场,它们被用来指挥友军、探测敌机。另外,如果陆军加入战斗,那么仅有少数几个国家可以部署战场控制监测飞机,如美国空军的E-8联合监视攻击目标雷达系统(J-STARS)像机载预警和控制系统控制空中战场一样控制地面战场。

战斗机在没有专用的对敌防空压制平台的支持下打击目标同样也几乎是不可能的。在一项由美国海军和美国海军陆战队的EA-6B"徘徊者"(Prowler)电子战飞机圆满完成的任务中,这些飞机可以干扰敌军的雷达和通信系统。或许它们在其中可以扮演更积极的角色,如定位和攻击敌方的雷达发射器。在后一种情况下,常见的做法是在F-16的飞行攻击任务中特别配备携带有目标系统和雷达自动寻的导弹的F-16CJ作为支持。

在任何军事冲突中取得成功的关键,以及这些飞行器被用于军事行动的根本原因,是对军事情报的侦察与搜集。在最近几年中,大量的侦察任务是通过卫星系统完成的,但是有人驾驶侦察机仍然是很重要的装备。在诸如图像获取、通信侦察、电子情报等战略侦察活动由包括"猎迷"(Nimrod)R.MK 1反潜巡逻机、RC-135"铆接"(Rivet Joint)电子侦察机、U-2侦察机等在内的秘密平台执行的同时,"狂风"(Tornado)GR.MK 4A等战术侦察机可以跟踪和获取敌方车辆图像并实时追踪敌军动向。

当然,如果各部分均出现问题,那么一个有效的搜索和救援(SAR)系统必须到位。通常情况下,直升机独特的性能使其非常适合此类任务。一旦需要渗入敌方势力范围,全副武装的装甲"战斗搜索与救援"直升机就会被投入使用。对于特种作战小组来说,作为一种搜集情报的手段,同时为了提供空袭的目标信息,在敌军后方降落是一种通常的做法。这种渗透行动与"战斗搜索与救援"(CSAR)空中支援行动在很多方面有共同的要求,一定程度上的任务之间的交流导致了许多强大直升机的诞生,其中就包括美国空军的MH-53M"低空宝石路者"(Pave Low)IV直升机。

不应忘记,任何持久的军事行动都需要空中补给的大力支持,所以迄今为止没有任何飞机可以在没有运输机维持供给线的情况下完成飞行任务。而实现人员和设备的越洋运输的,正是这些战略飞机,例如惊人的C-17A"环球霸王"(Globemaster)III和巨大的C-5"银河"(Galaxy)等出类拔萃的运输机。

几乎所有的运输机、攻击机和战斗机都要依靠空中加油来完成它们的任务,所以正是这些最不具有魅力的飞行器,包括可敬的KC-135和精干的KC-10"补充者"(Extender)在内的空中加油机,参与执行了一些路途最长并且最艰巨的任务。

这本现代军用飞机百科全书详细描述了这些不同类型的飞机,所以你不仅可以充分了解最新式的游弋在前线的战斗机,还能认识和了解各种反潜机、机载预警和控制系统、直升机,以及在当今的作战行动中可能会涉及的世界各地的空中加油机和运输机。

下图:一架俄式结构的印度空军直升机从焦特布尔(Jodhpur)郊外的居民区上空飞过。于1970年首次研发的米-8/1A至今仍在世界上许多军队中扮演各种各样的角色

上图:法国军用轻型航空公司生产了大约120架SA330"美洲豹"。图示直升机隶属于吉布提(Djibouti)的陆军航空队(ALAT)188特遣队,该特遣队为法国3支海外永久特遣队之一

# 法国航宇工业公司和欧洲直升机公司
# SA 330 "美洲豹"

在20世纪70年代及80年代,SA330"美洲豹"成为许多国家空军装备的标准中型运输直升机。直到西科斯基公司(Sikorsky)的"黑鹰"(Black Hawk)直升机面世之后才取代其地位。SA330"美洲豹"在基准设计的基础上进行的改动不多,这也证明了该机型设计的成功。尽管其成本稍高,设计略复杂,但是"美洲豹"在民用市场上也得到了广泛接受。

20世纪60年代末,战场运输直升机的作用是毋庸置疑的。没有一支现代军队可以承担不装备该飞行器的代价,这一点在越南战争中得到了证明。当时,欧洲国家服役的直升机大多已经老旧过时,主要基于已经废弃的美国设计型号。尤其是英国和法国,急需更新仍在服役中的老式直升机。这促成了1967年的美-法直升机合同,该生产/购买协议包括韦斯特兰公司(Westland)"山猫"(Lynx)直升机、法国航宇工业公司(Aérospatiale)"小羚羊"(Gazelle)直升机以及法国航宇工业公司"美洲豹"(Puma)直升机。尽管该协议最终对法国来说负担过重,但是这也促使3种优秀直升机的诞生,尤其是SA330"美洲豹"。"美洲豹"的概念实际上开始于几年前法国陆军关于替代法国南方飞机公司(Sud Aviation)生产的S-55s以及H-34s的要求。

1962年,法国开始探求一款能够搭载20名成员并可以执行一系列其他相关任务的运输直升机。法国南方飞机公司并没有认真考虑改进其现存的机型的想法,取而代之的是开始研发一款全新的机型SA330——开始时命名为"云雀"(Alouette) IV。该计划于1963年开始,原型机于1965年6月14日首飞,并命名为"美洲豹"。

## 设计概况

"美洲豹"配了有两台Turboméca Bastan VII涡轮轴发动机,用以驱动一个4旋翼螺旋桨。高栏板主机舱装有侧滑门,机身下部装备有新式的可收起的三点式起落架,在机身后部两侧装有宽大的突出台。

该机型可以容纳18名乘客以及两

左图:许多年以来,一支英国皇家空军的"美洲豹"编队长期驻扎在伯利兹城(Belize),为那里的英国守备部队提供转移、搜寻、救援以及快速反应协助

上图:首批3架SA330"美洲豹"的样机,近端的两架直升机装配了安装在直升机的机头位置的静压金速管,远离螺旋桨产生的下洗流

名机组成员。法国南方飞机公司继续生产制造了8架原型机,并且很快为"美洲豹"装备了Turboméca Turmo IIIC.4涡轮轴发动机[被用于"超黄蜂"(Super Frelon)机型]。随着研发计划的开展,英国对该新式机型产生了很大的兴趣,一架原型机被运往英国进行评估测试。这也最终促使英国皇家空军按照美—法直升机协议选择"美洲豹"来取代"旋风"(Whirlwind)以及"丽城"(Belvedere)直升机。法国陆军航空队(ALAT)将SA 330B"美洲豹"作为其基本机型。英国皇家空军采用了与之相似的机型,并将其重命名为"美洲豹"HC. Mk 1(SA 330E)。英国皇家空军的"美洲豹"直升机在约维尔(Yeovil)由韦斯特兰公司授权生产,所有的48架HC. Mk 1在此装配。韦斯特兰公司对"美洲豹"直升机的设计生产权一直持续到1988年,但并没有出售给其他任何用户。该基本型的出口机型SA 330F由法国南方飞机公司控制,并售向世界各国的空军。

## 公司合并

1970年1月,法国南方飞机公司与北方航空公司(Nord)、弹道武器研究制造公司(SEREB)合并,组成了法国航宇工业公司。法国航宇工业公司继续升级"美洲豹"直升机,开发了SA 330G机型,该机型装备有Turmo IVC涡轮轴发动机,并对准商用市场。"美洲豹"确实找到了民用客户,主要用于沿海石油支持任务。针对该任务,法国航宇工业公司研发了紧急情况漂浮系统,可以安装在机头和起落架挂杆上。同样的设备也可以安装在搜索救援机型上,例如葡萄牙所装备的机型上。同SA 330G类似,SA 330H是军用机型,许多用户将其拥有的"美洲豹"直升机升级到该型号。法国航宇工业公司之后向"美洲豹"引进了几项新的技术,包括采用了可以节省重量的复合材料旋翼桨叶,并生产了两架装备有新桨叶的原型机,即SA 330J(基于SA 300G)以及SA 330L(基于SA 330H)。另外几家现有的用户也在其装备的直升机上安装了动态系统。最终,法国航宇工业公司使用"美洲豹"的机身进行其任务测试。唯一的一架SA 330R装备有拉长的机身,用来进行SA 332"超级美洲豹"的发展研发工作。SA 330Z装备有涵道式尾旋翼,用作SA 360"海豚"(Dauphin)计划的测试平台。

法国航宇工业公司将"美洲豹"的生产权授权给印度尼西亚航空公司(IPTN)和罗马尼亚航空工业公司(IAR)。这两家公司进行基本型号的生产工作,客户主要为本国的军队和政府部门——尽管罗马尼亚同时也将"美洲豹"出口到几家国外客户。在生产"超级美洲豹"之前,印度尼西亚航宇公司利用法国提供的配套元件以及当地制造的配件生产了大约20架SA 330J直升机。另一方面,罗马尼亚航空工业公司生产了将近200架"美洲豹",并据此研发了自己的机型。罗马尼亚生产的基本型"美洲豹"直升机被命名为SA 330L(IAR 330L),针对运输用机型,罗马尼亚航空工业公司研发了装备有20毫米口径机炮以及反坦克导弹和火箭弹的"美洲豹"型号。

## 在罗马尼亚的发展升级

罗马尼亚航空工业公司330L的另一个版本可以用来执行海岸巡逻任务,装备有浮筒和综合助航系统。罗马尼亚航空工业公司利用以色列的埃尔比特公司(Elbit)升级生产了SOCAT型"美洲豹"直升机。SOCAT机型在基本的罗马尼亚航空工业公司330L机型基础上装备了机头前视红外线导航系统(FLIR)、20毫米口径转动机炮以及先进的反坦克导弹,并且已经收到罗马尼亚军方的订单。"美洲豹"的另一个重要客户是南非,利用SA 330发展其自己的机型,即Atlas"小羚羊"。南非是法国航宇工业公司"美洲豹"机型的主要客户,在与种族隔离制度相对应的武器禁令之前已经购买了大约70架"美洲豹"直升机。南非空军购买罗马尼亚航空工业公司330L以加强其"美洲豹"直升机编队,同时对已有机型进行了升级,安装了Turboméca Makila 1A1 发动机,以改善其性能。同时"小羚羊"机型也安装了机头雷达以及升级的(单座)驾驶室。另外一个升级了发动机的"美洲豹"客户是葡萄牙,葡萄牙航空工业有限公司(OGMA)利用Makila 1涡轮轴发动机以及新式的复合材料桨叶来生产SA 330S"美洲豹"直升机。

上图:"美洲豹"直升机

上图:超过150架"美洲豹"由罗马尼亚授权生产,型号编为IAR 330。罗马尼亚军用航空部门装备了大约70架样机,执行运输任务;其升级程序将为该机型提供一定的攻击能力

下图:"HORIZON"直升机雷达系统由法国军方的"美洲豹"直升机(如图中所示)携带,在海湾战争中进行测试,该系统已应用于"美洲狮"机型

# SA 332 "超级美洲豹"和 AS 532 "美洲狮"

"美洲豹"促进"超级美洲豹"的诞生,这是一款拥有众多变型的大型运输直升机。从1990年开始,该款直升机被称为欧洲直升机公司AS 532"美洲狮"系列,并在世界各地的前线服役。

尽管最初的SA 330"美洲豹"直升机作为一款成功的设计机型非常受欢迎,但是针对该机型的替代计划早就开始了。到1974年,法国航宇工业公司已经提出了"超级美洲豹"的概念,用以满足顾客对更大动力及更大运载量的要求。随之出现的设计机型是SA 332"超级美洲豹"直升机,该机型采用了同样的生产线,只进行了很细微的改变。从一开始,"超级美洲豹"就采用了运用在后期的SA 330型号上的玻璃纤维复合材料桨叶。SA 332最明显的变化就是在机头增加了装有天气雷达的天线屏蔽器〔一般采用邦迪克斯/国王(Bendix/King)RDR 1400雷达或者霍尼韦尔Primus 500雷达〕。"超级美洲豹"装备了功率更加强劲的Turbomeca Makila 1A涡轮轴发动机,取代了原来的Turmo发动机。与"美洲豹"不一样的是"超级美洲豹"主要针对民用市场,同时法国航宇工业公司也没有忽视其军用市场潜力。该机型在设计时也考虑了军用飞机的耐用性特点,例如不使用润滑油(当受到轻型武器攻击时)也可以工作的变速箱,能够承受40次0.5英寸(12.7毫米)口径武器攻击的主旋翼。

左图:法国航宇工业公司将AS 532U2机型的机身加长了2英尺6英寸(0.76米),可以容纳多达25名乘客。U2型号同时增加了两个机舱窗口并增加了载油量

## 首飞

首架"超级美洲豹"于1978年9月13日首飞。一共生产了6架原型机,于1981年开始交付。开始生产的机型AS332B以及民用机型AS 332C并没有比"美洲豹"体积更大,可以搭载21名乘客或者12~18名全副武装的士兵。一款加长型的"超级美洲豹"正在研发当中,然而,1979年法国航宇工业公司引入了AS 332M(军用)以及AS 332L(民

下图:冰岛的海岸警卫队拥有一架AS 332L2"超级美洲豹"直升机,从雷克雅未克(Reykjavik)的机场起飞执行搜寻救援,空中救护以及水产巡逻任务

下图:AS 332F1"超级美洲豹"是一款海军用机型,装备有可折叠的尾翼浮筒用来进行着舰操作,并且可以装备AM39"飞鱼"(Exocet)反舰导弹

用）机型。这两种机型在长度上增加了30英寸（76厘米），可以多搭载4名乘客。加长后的"超级美洲豹"于1983年进行了验证测试，并可以在结冰情况下飞行——这对于执行近海任务以及搜索救援任务是非常重要的性能。1986年，"超级美洲豹"系列直升机换装了Makila A1涡轮轴发动机，"1"用来标记换装后的直升机（例如，AS 332B改为AS 332B1）。法国航宇工业公司同时也开始引入更加专业的军用型号，包括AS 332F/F1，该型号可以携带AM39反舰导弹的海军型号。"超级美洲豹"的命名也变得更加复杂。在20世纪80年代末，基本的军用"超级美洲豹"直升机被分为两类，即AS 332M1"超级美洲豹"Mk I以及AS 332M2"超级美洲豹"Mk II。Mk I是AS 332M（加长型的AS 332B）装备Makila 1A1发动机后的机型。Mk II进行了再次加长，这次加长了2英尺6英寸（0.76米），增加了足够一排座椅的空间。另外，也采用了Makila 1A2发动机。同样的改装措施也用在了民用的AS 332L1/L2机型上。1990年，军用型号重新进行了命名。开始使用新的命名规则，AS 532采用了新的名字"美洲狮"（Cougar）。针对逐渐面世的一系列的直升机型号，法国航宇工业公司（很快成为欧洲直升机法国公司）采用不同的后缀加以命名：U，非武装军用机型；A，武装机型；S，反舰/反潜机型；C，短机身，军用机型；L，长机身军用及民用机型。基本的机型命名为AS 532UC（原AS 332B1）。

"美洲狮"是一款短机身运输型号。AS 532UL（原AS 332M 1）是基本的军用运输机型，由加长型Mk 1机型升级而来。AS 532AL是AS 532UL的武装版本。长机身型的AS 332F1的海军专用型号称为AS 532SC，沙特阿拉伯皇家海军是其主要客户。该型号可以装备AM39"飞鱼"AShMs导弹。AS 532U2（原AS 322M2）机型是加长并更换发动机后的军用运输机型，AS 532A2是其武装版本。AS 532A2是法国空军战斗搜救直升机的主要力量。战斗搜索和救援型"美洲狮"装备有空中加油管、前视红外线系统、全球定位导航系统、人工定位系统、高精度自我防卫系统以及外挂武器系统。战斗搜索和救援型直升机的发展开始于1995年，首架RESCO型"美洲狮"直升机于1999年交付法国空军使用。运输型AS 532U2机型目前在法国、荷兰、沙特阿拉伯以及泰国的空军中服役。最后的（基本）"美洲狮"机型于1997年研发，即AS 532UB"美洲狮"100机型，一款简化后的"低消耗"运输机型，该机型没有装备机侧突座，安装了升级后的主起落架及其配套设备。武装型号被命名为AS 532AB。

## 授权生产

AS 332/532系列机型在印度尼西亚航空工业公司（编号为NAS 332）、西班牙的西班牙航空制造公司（CASA）以及瑞典的F+W公司进行授权生产。部分军方根据自身编号规则为"超级美洲豹"/"美洲狮"进行命名，包括西班牙（HD.21 SAR以及HT.21 VIP运输机型）和瑞典（Hkp 10）。

下图："超级美洲豹"装备有4支玻璃纤维旋翼桨叶，桨叶边缘采用钛合金，并带有除冰设备。与"美洲豹"的桨叶相比，该桨叶更加轻质，气动效率更高

上图：AS 532UC保留了原来的"美洲豹"机舱容量。然而，在主旋翼轴线下方的舱底开口可以用来吊挂运输多达9920磅（4500千克）的货物

法国陆军航空兵也采用了AS 532UL机型来携带其HORIZON战场监控雷达。早期在海湾战争中使用过的Orchidee系统目前被"全方位"HORIZON雷达及其相关地面网络站点所取代。4架该机型在一线部队服役。到1999年年末，超过550架欧洲直升机公司的AS 332/532直升机在45个国家77家客户中服役，一些包括EC 725在内的新的型号也相继面世。军用、准军用及政府用户包括巴西、喀麦隆、智利、中国。

上图：西班牙陆军航空兵的AS532"超级美洲豹"/"美洲狮"直升机同UH-1s、AB212s以及支奴干机型一起，执行战场转移任务

# SA 341 "小羚羊"
## 法国航宇工业公司武装侦察直升机

英法合作生产的"小羚羊"直升机是一种功能强大的通用轻型武装直升机，并在数次国际冲突中出场，但其结构易脆性仍招致一些诟病。

上图：在马岛海战中，英国陆军和海军的"小羚羊"被广泛使用并遭到了一定数量的损失。由第三CBAS部队操纵的"小羚羊"配备有火箭弹以及机枪，但大部分没有装备武器，只用于侦察任务

在"云雀"(Alouette)二代成功之后，法国南方航空公司开始研发新一代更加快速机动灵活的机型。图博梅卡，一家当地的涡轮轴发动机生产厂家提出了一种配备更加强大的发动机的设计方案，但是"小羚羊"(Gazelle)以及所有之后的法国直升机都受益于在1964年同联邦德国保尔柯公司关于合作开发玻璃-纤维材料旋翼桨叶以及配套刚性旋翼头的协议。复合材料旋翼是在这个时期出现的新的发展趋势，通过在桨叶制造中的突破性发展，使结构轻便、高强度、抗冲击等特点整合，并降低了维护要求，提高了疲劳寿命。

"小羚羊"选用涵道式尾旋翼，驾驶舱采用半硬壳式结构。座舱的中后部大量使用合金蜂窝壁板，而机身构架和尾部则采用金属片材料。采用更大的座舱玻璃方便驾驶员和观察员观察，通过向前开的舱门可以进入座舱。通用的军用滑橇式起落架对所有的"小羚羊"型号均适用。

1967年4月7日，前身为法国南方航空X-300的SA340进行了处女试飞。在使用了传统旋翼的验证机身之后，1968年4月12日，采用刚性旋翼和涵道式尾翼的更具代表性的SA340样机出场。然而问题也随之产生。在"云雀"机型上测试了4桨叶布局的新旋翼之后，法国南方航空发现了3桨叶布局存在着严重的控制不足问题，这也促使对半硬壳式结构进行更改，改进后的型号称为SA341。

该机型在1969年7月被称为法国南方航空"小羚羊"，但是直到1970年1月法国南方航空被新的法国宇航公司收购之后才正式更名。然而，之后的问题使其服务认证许可被一再推迟。

### 法国服役情况

"小羚羊"的第一架样机在1973年进入陆军航空队（Aviation Legere de l'Armee de Terre）服役，并逐渐取代"云雀"二代机型。最初的机型属于基本设计型号，配备了Astazou三代发动机，起飞重量3968磅（1800千克）。然而，法国宇航公司在同年试飞了SA342机型并开始服役，SA 342M（设计于ALAT）采用了AstazouXIVM发动机使其起飞重量达到4189磅（1900千克）。1985年，法国宇航公司开始进行SA342L的进一步改进研发。

目前在陆军航空队服役的轻便灵活的"小羚羊"有多种型号：基本型SA 341F"小羚羊"被用在训练、重要人员接送以及侦察任务当中。SA 341F2"小羚羊/机炮"配备有M62120毫米口径机炮，主要用于执行火力压制及反直升机任务。

上图：Soko组装了超过250架"小羚羊"（当地称为Partizan），并研发了两种完全不同的改进型分别用于反坦克（GAMA）以及侦察（HERA）任务

下图：首架于1974年交付使用，目前科威特仍保留16架"小羚羊"（共计24架），服役于萨利姆阿里沙巴空军基地的第33中队

# "小羚羊" AH.MK 1

法国和英国的部队仍然是"小羚羊"的主要使用者,采用在战场中扮演侦察角色的机型。这款机型驻扎在中沃乐普的陆军航空兵中心,主要用于Basic Rotary中队或者第670中队的训练,其训练受Dayglo中队指导。目前这项任务已经由"小松鼠"(Squirrel)直升机所取代。

### 挂载
在一些军事行动中,挂载被安置在尾梁上对直升机起平衡作用。这些设备包括Spectrolab SX-16 NightSun,Canadair侦察吊舱,4英寸(10.2厘米)口径照明弹和SNEB(2.7英寸)68毫米口径火箭弹吊舱。

### 涵道式尾翼
13个轻质合金桨叶组成了尾旋翼,上面覆有垂尾,通过桨叶的运动来改变桨距。悬停时耗费大量能量是涵道式尾翼的缺点,但是这种覆盖式尾旋翼的飞行安全性优点也是显而易见的,弥补了当中的不足。

### 后部乘客座椅
后部提供了可供3人乘坐的长凳式座椅,在后面有额外的物资储放空间。这些设备可以移走,左手边的座椅可以放置担架。

### VHF/FM导航设备
ARC 340装备有双极天线用于无线电导航,在座舱的姿态仪表盘上显示有航向指示信息。在尾椎下方也装有同样的通信装置。

SA342 ML1"小羚羊"ATAM(空空导弹)配备4枚MATRA/BAe Dynamics Mistral AATCPs(近距离空空导弹)。反坦克机型SA 342M"小羚羊""霍特"配备4枚Euromissile"霍特"导弹,足以摧毁2.5英里(4000米)范围内的所有武装车辆。这种型号在接下来的两年当中将逐渐退役并被"小羚羊"的最新验证机型"Viviane"所取代。SA 342M1"小羚羊"Viviane针对"霍特"导弹装备有夜视激光测距仪以及热成像系统,同时采用欧洲直升机公司的Ecureuil旋翼桨叶来弥补起飞重量的增加。2003年,当欧洲直升机公司的第一架"虎"式直升机交付使用后,"小羚羊"逐步被取代。"小羚羊"相对较低的价格,简单方便的操作以及优良的性能使其成为其他几个国家的普遍选择,在用户当中仍受到普遍褒扬,称赞其出色的灵活性、较低的视觉、雷达和红外线侦察特征,以及在座舱罩里不受限制的良好视野效果。

## 英国生产情况

根据1967年的协议,英国韦斯特兰公司得到"小羚羊"的生产许可。从1973年首架交付空军使用到1983年生产线停产,一共生产了282架"小羚羊"。除了12架(其中10架用于民用,2架用于卡塔尔警方)外,其余全部被用在本国军事,包括作为FAA和RAF的飞行员训练用机。

今天,"小羚羊"在英国的使用已明显减少,RAF的样机已经由AS 355F1"双松鼠"(Twin Squirrels)所取代,而在FAA和部队中,"山猫"(Lynx)已经代替了大部分"小羚羊"的角色。

陆军和皇家海军的"小羚羊"在马岛战争中被部署在岛上,其效果毁誉参半。尽管"小羚羊"的参战非常有价值,但它在小火力面前仍显脆弱,并损失了几架。

## "小羚羊"出口情况

超过1500架"小羚羊"最终出厂并在大约40个国家和29支部队中服役。直到今天,仍有包括塞尔维亚、喀麦隆、埃及、爱尔兰、利比亚、阿拉伯联合酋长国以及前南斯拉夫诸国在内的21个国家继续使用"小羚羊"。

很多"小羚羊"起到了重要的作用:伊拉克的"小羚羊"在第一次海湾战争中被用来攻击伊朗的运输船和装甲车,叙利亚的"小羚羊"在1982年入侵黎巴嫩的战争中对抗以色列人但并不成功。实际上,一架"小羚羊"被以色列人俘获并重新喷涂成以色列国家的颜色。前南斯拉夫诸国有大量的Soko生产的样机,但经过十余年的冲突,目前其数量很难确定。

不考虑其入役年限,"小羚羊"在数支重要的空军中仍是重要代表。它可能不再符合现代战斗直升机的标准,但是在其他方面,凭借其快捷迅速、易操控性等特征,"小羚羊"仍是现代军事斗争中不可或缺的助手。

右图:一架陆军航空队(ALTA)SA342在树丛上空发射"霍特"导弹。"霍特"导弹是法德联合研发的重型反坦克武器,采用管道装填和有线制导

# 阿莱尼亚公司 G222 与 C-27
## 迷你大力士

菲亚特公司（Fiat）的G222飞机在开始设计时被定义为一款垂直/短距起落（V/STOL）运输机，而实际上是一款短距起落（STOL）飞机。意大利的小型"大力神"（Hercules）运输机的各个型号已经在世界上11个国家的空军中服役，洛克希德·马丁及阿列尼亚战术运输系统公司（LMATTS）的第二代C-27J运输机也已经得到第一批订单。

上图：为了克服美国向利比亚的设备出口所带来的限制，G222T装备了Tyne发动机，取代了之前的T64s发动机及相关的欧洲生产的设备。G222T的原型机（由第34架G222飞机改装而来）I-GAIT，于1980年5月15日首飞。利比亚的20架G222服役于驻扎在班加西的运输团

意大利的G222战略运输机计划对于其航空航天工业来说是一个巨大的挑战，这也使其跻身国际项目合作的大舞台。G222运输机在出口国际市场获得了一定的成功，并成为意大利空军运输部队的主力超过20年。

### 垂直/短距起落计划

现在的G222同1961年菲亚特公司为了满足"北约"组织NBMR-4对于垂直/短距起落类型运输机的要求所提出的设计有所不同。设计总师为裘塞佩·加百利（因此命名时以字母G开头），在他提交的方案中包括了必须的升力发动机（6台罗尔斯-罗伊斯RB.162发动机），但是随着对前推式方案的否定而发生改变。G222采用两台罗尔斯-罗伊斯涡轮螺浆发动机，为了避免风险，菲亚特公司也设计了采用8台或者两台升力发动机的其他方案，包括传统起飞式的运输机、民用版本、海上巡逻/反潜版本。

尽管NBMR-4已经放弃该计划，G222计划还是一个不确定的存在，其尺寸和重量不断增加，直到1966年，动力装置改为两台通用公司CT64-820发动机。同时，意大利空军正在寻求对Fairchaild C-119运输机的替代机型，并明确提出了5000千克（11023磅）载重量以及2000千米（1243英里）航程的要求。正是该订单保证了计划能够继续下去，尽管使其类型局限于传统式起飞运输机。两架G222TM无增压原型机在都灵卡塞勒（Turin/Caselle）出厂进行测试评估，第一架于1970年7月18日首飞，同时菲亚特公司的航空部门与其他公司的相关部门合并，成立新的艾利塔利亚公司（Aeritalia）。

### 性能表现

意大利空军于1972年7月28日承诺购买44架G222（包括两架G222TCM原型机）。首架飞机于1975年9月23日试飞，并开始了由相关改动而采取的一系列测试工作。改用3400轴马力（2535千瓦）T64P4D发动机，在高温环境下可以增加14%的动力。新的发动机（由菲亚特/阿尔法·罗密欧公司授权生产）使最大有效荷载增加至19842磅（9000千克）。有效荷载与航程之间互相影响，尽管G222已经超过了意大利空军的要求，在巡航高度可以搭载规定的5000千克（11023

上图：阿根廷军方是G222基本型订购数量较少的客户之一，从1977年开始一共订购了3架

磅）荷载飞行1703英里（2740千米）。

在执行军用运输任务时，通过其2613立方英尺（74立方米）的容量，G222可以空投32名伞兵，或者多达11023磅（5000千克）

下图：G222TCM的第1架原型机的机鼻部位安装了1根空气资料探管。该机的机鼻、后机身以及尾舱部位都有大大的刻度标记

的货物。执行航空运输任务时，G222的装载容量包括44名全副武装的士兵，用来放置货物托盘的在机舱地板上的135个固定点，以及5个A-22式标准货运集装箱或者轻型车辆。增压系统使机组成员在飞行时更加舒适，可以在19685英尺（6000米）的高空提供相当于3940英尺（1200米）的大气压。

## 服役情况

G222在意大利空军的服役过程中展现出其多用途特性，其用途大大超过了单纯的运送作用。从1978年4月之前一直驻扎在比萨、桑河的两个第46中型运输小组的中队目前共有33架G222运输机。6套"快速转换"装置可以使其快速转换成航空医用配置，目前已经在柬埔寨以及秘鲁的战场上执行相关任务。

1976年8月开始消防救火型号的测试工作，通过在机身后部活动梯上安装货盘化食物和机械公司的SAMA（航空模块化火灾系统）装备实现改装。SAMA系统包括可以容纳1320加仑（6000升）水或者延缓剂的水箱、4个增压容器，可以在两个小时内安装完毕，将G222改装成为G222SAA。森林救火时常规使用6套装备。

意大利空军开始订购的46架G222中的6架装备有特殊的航电设备，其中4架为G222RM型号。RM是radiomisure的缩写（翻译为"标准化"），在该型号中航电系统可以使飞机校准航行和着陆导航设备。计算机化的机载系统只需要一名驾驶员操作，在座舱中有足够的空间可以装下一辆轻型车辆来执行地面任务。向驻扎在罗马、迪马雷、普拉提卡空军基地的14航空团（Stormo）部队的第8电子监视中队（Gruppo Sorvegli安za Elettronica）的交付工作于1983年1月开始。

第14航空团（Stormo）的另外一部分为第71航空团电子战斗中队（Gruppo Guerra Elettronica），其装备包括G222VS（特殊型号），服役中一般称为G222ECM、G222SIGIT或者G222GE。其中两款于1983年开始服役。

意大利空军于1984年追加订购了5架G222PROCIV（使得意大利空军的G222数量达到51架），由刚成立的灾难救援机构使用。该飞机利用其1320加仑（6000升）容量的水箱用于向油层喷洒分散剂以及消防救火，之后被加拿大CL-415飞机所取代。所有的G222RPOCIV运输机于2000年年初卖给了突尼斯。

上图：橘黄色喷涂的使用以及机头下方的灯表明了G222是一款G222RM标准的运输机。该机喷涂了驻扎在普拉提卡迪马雷(Pratice dimare)的第9航空、第14航空联队、第8航空大队的颜色

## 出口情况

G222运输机的基本型号出口到阿根廷（陆军3架）、刚果（3架）、迪拜（1架，首架生产的G222）、利比亚（20架G222T）、尼日利亚（5架）、索马里（订购6架，只交付2架）、泰国（6架）以及委内瑞拉（7架）。由于美国禁止向利比亚出口T64发动机，这使得艾利塔利亚公司（Aeritalia）研发了G222T型号，替换了罗尔斯-罗伊斯公司Tyne RTy 20 Mk 801涡轮螺旋桨发动机。尽管极力争取土耳其50架运输机的订单，但最后还是艾尔泰克公司（Airtech）的CN-235运输机于1990年2月赢得了该订单。

1991年1月，艾利塔利亚公司与塞莱尼亚电子公司（Selenia Electronics）合并组成了阿莱尼亚（Alenia）公司。

阿莱尼亚公司与克莱斯勒公司（Chrysler Technologies）合作，为满足美国空军的快速反应空中运输（RRITA）需求而研发G222-710A机型，在巴拿马运河区域的美国南方司令部服役。美国空军从1990年开始一共订购了10架，并将其命名为C-27A"斯巴达"，由霍华德空军基地的第310空军部队和第24空军部队使用。该机型在美国空军中的服役时间很短，所有飞机被送往戴维斯空军基地进行短暂存放，之后大部分于1999年交付美国国务院。

阿莱尼亚公司与洛克希德-马丁公司（Lockheed Martin）合作组成洛克希德-马丁阿莱尼亚战略运输机部门来生产C-27J，该机型使用玻璃驾驶舱，装备有阿利森（Allison）AE 2100发动机。由意大利空军G222运输机改装生产的原型机于1999年9月25日首飞。新型号的第一批订单来自意大利空军，一共订购了5架，并有7架可选（于2005年到期），用于替换其G222运输队的部分飞机。其他对C-27J感兴趣的客户包括澳大利亚、希腊（订购了12架，3架可选）、马来西亚、波兰以及瑞典。

下图：C-27A"斯巴达"运输机由阿莱尼亚公司制造，由克莱斯勒公司进行内部装备，售予美国空军。不幸的是，C-27A成为20世纪90年代末美国预算缩减的受害者之一

# AMX 国际公司
# AMX 轻型攻击机

尽管只获得了一笔试探性的订单，AMX战斗机仍然是一款有效的轻型攻击机，其精确打击能力可以与更大更贵的机型相提并论。

上图：意大利/巴西联合生产的AMX攻击机有"袖珍"的绰号，是唯一的仅针对攻击任务而设计的现代战斗机。从1995年开始，意大利怀着极大的信心在巴尔干半岛上开展AMX的研发计划

在北约针对塞尔维亚的联合军事行动中，意大利空军一共出动了1100架次，投放了517枚Mk 82炸弹，79枚"宝石路"（Paveway）II激光制导炸弹（LGB）。几乎1/4（共计252次）的飞行架次是由AMX攻击机执行的，另外AMX也引入了Elbit Opher红外成像制导炸弹，一共投放了39枚。意大利-巴西联合生产的AMX战斗机是一款相当单调的攻击机，然而却高效地扮演着重要的角色。

AMX战斗机开始设计时是针对意大利空军对于多用途攻击侦察战斗机的需求，用于替代大量老旧的F-104G星座式战斗机以及艾利塔利亚G.91战斗机。1978年，艾尔玛奇公司和艾利塔利亚公司开始该机型的设计工作，该计划对于意大利工业具有重要意义，是一个可以为意大利军的需求提供本土的解决方案的好机会。

## 巴西的参与

巴西（具有几乎相同的需求）于1980年加入该计划，并于1981年达成272架（6架原型机，巴西79架，意大利187架）的联合采购协议。项目分配为艾利塔利亚公司（即之后的阿莱尼亚公司）占46.5%，艾尔玛奇公司占23.8%，巴西航空工业公司（EMBRAER）公司占29.7%。最终的方案为上单翼单发动机，外观上看去很好斗的设计，俯视图上看上去和"幻影"的F1战斗机类似。

尽管其外观比较传统，但是AMX攻击机具有一些全新的特征，包括全翼展的机翼前缘和后缘增升装置，可以使其具有优良的短距起飞性能。另外还具有当时最先进技术的驾驶舱，装备有抬头显示器（HUD），俯视显示器（HDD），手不离杆（HOTAS）操纵装置以及先进的航电系统。

首架原型机于1984年5月15日在图灵-卡塞勒首飞，之后巴西产的原型机于1985年10月首飞。计划的进展相当顺利，在7架单座原型机之后，首架AMX生产机型于1988年5月11日首飞。

冷战结束之后的国防开支缩减使得针对意大利空军的订单在生产了136架（包括26架AMX-T双座机型）之后过早停止。艾尔玛奇公司生产了36架单座机型以及9架双座机型，阿莱尼亚公司分别生产了74架及17架。这些战斗机一共装备了6个中队，尽管其中的一支之后解散，遗留下来的19架Block 1战斗机以及15架Block 2战斗机随后被保存起来。这使得只有94架该机型继续服役，所有的Batch 3机型或者Batch 2机型都被改装为相同的全面作战能力（FOC）结构布置。第3航空联队（Stormo）的AMX战斗机具有巡逻侦察能力，装备有欧德·戴福

上图：意大利的AMX战斗机参与了法国的Odax 98演习，与维系空军部队（Armée del' Air）进行作战训练。AMX攻击机被证明与同时代的设计性能相当，与相对高级的机型相比也表现不错

特·奥菲厄斯（Oude Delft Orpheus）侦察探管。尽管AMX对于内部传感装置有很大的需求，但是还是订购了新的外置电子光学（EO）侦察探管。AMX战斗机编队也使用了最近交付的托马斯CDLP激光指示探管，可以使得AMX在发射"宝石路"激光制导炸弹时可以"自我标明"。

## 近距离空中支援

在巴西，AMX战斗机取代了巴西航空工业公司的EMB-326G（AT-26）战斗机来执行近距离空中支援机翼侦察探测任务，一共装备了两个大队。巴西空军一共有56架AMX战斗机交付或在订单中（包括11架双座AMX-T），全部由巴西航空工业公司制造，并有23架单座机型可选。巴西生产

上图：巴西的巴西空军公司设计了该机空中加油能力。如图所示，AMX 006号原型机与一架KC-130H空中加油机进行空中加油测试

简单了。AMX战斗机的航电系统也广受好评，巴西空军已经开始咨询诺斯罗普公司利用AMX的航电系统来升级其F-5E战斗机的可能性。

AMX战斗机很快将开始取代第10航空大队（Grupo）所辖第1航空中队(Esquadrao)的RT-26巡逻侦察战斗机。该机型使用由云顿（W.Vinten）公司提供的安装在机翼下方的探测管，但是目前AMX战斗机的侦察探测装置仍然未知。理论上来说，AMX战斗机应该使用艾利塔利亚公司3种成像侦察设备中的一种。从长远的角度来看，巴西应该会有AMX海军型号的需求，可能装备有新式的Scipio雷达以及新式的Elbit Opher抬头显示器。意大利的双座ATX-T战斗机组成了AMX-护卫-干扰以及防空火力压制平台的基础。一架AMX-T机型已经开始用于AMX-E机型的研发工作。委内瑞拉已经订购了新的AMX型号（AMX-ATA，从2005年开始交付12架以AMX-T命名的AMX战斗机），装备有ALX Elbit航电系统，数字化驾驶舱以及意大利空军Block 3战斗机的部分配置。

更加先进的AMX型号研发正在继续，提出了装备由欧洲战斗机使用的EJ200战斗机的发动机升级而来的13500磅（60千牛）推力发动机，取代现有的推力11000磅（49千牛）的Spey Mk807发动机。

的AMX以及AMX-T（服役时被称作A-1，A-1B或者TA-1）战斗机同意大利产的机型在航电系统上有所不同，另外装备了一对DEFA 55430毫米口径机炮，替代了意大利机型中单个的M61A120毫米机炮。巴西产AMX战斗机在翼尖发射架上安装了本土生产的MAA-1"水虎鱼"（Piranha）空空导弹，而意大利军的AMX则采用了美国产的AIM-9"响尾蛇"（Sidewinder）导弹。在006号原型机同FAB KC-130H以及FAB KC-137加油机进行了一系列的空中加油测试之后，巴西生产的机型也常规装备了空中加油管。国防预算缩减使得在巴西的交付工作推迟，目前为止只有一个包含两个下辖中队的大队装备完毕。该机型尽管交付推迟，但是在飞行员中已经很受欢迎。飞行员在驾驶AMX战斗机时发现在同来访的美国空军的F-16相比时能够实现转向等动作——对于一款"动力不足"的战斗轰炸机来说已经不

## AMX 攻击机

机头上的标志以及尾翼上的徽章表明该飞机属于首批交付使用的AMX战斗机编队，服役于伊斯特拉纳的第51航空联队所辖第103航空大队。该中队之前装备有艾利塔利亚公司的G.91R战斗机，驻扎在特雷维索（Treviso）。该飞机全身以灰色喷涂（对于单纯的对地攻击战斗机来说并不常见），喷涂有新的空军机徽，有一个瘦长的白色光带，便于减少吸引。

### 武器系统

AMX攻击机装备有各式武器，包括自由落体并可再启动的Mk82、Mk83、Mk84炸弹、Skyshark子母武器。另外也可以装备"响尾蛇"或者"水虎鱼"空空导弹用以自我防卫。进一步更多的武器装备被当做潜在的荷载，但是可以根据使用方的需要进行安装。所有的出口用户均可以要求新的武器系统，该飞机已经由很多外国飞行员试飞过。

### 驾驶员座舱

AMX攻击机拥有先进的驾驶员座舱，可以减小飞行员的工作负担。OMI/Selenia抬头显示器通过艾利塔利亚公司生产的多功能下视显示器进行补充，可以提供TV/IR信息以及合成地图显示。另外还具备"手不离杆"操作能力（HOTAS）。

### 雷达

意大利的AMX战斗机装备有简单的I波段测距雷达，FIAR生产的版本装备有以色列ELTA EL/M-2001B雷达。巴西生产的版本也有相同的雷达设备，Technasa/SMA SCP-01雷达。

### 硬挂点

AMX战斗机在机翼下方装有4个硬挂点，可以挂载最多2000磅（907千克）的武器装备。另外还可以在外侧的底座挂载153加仑（580升）的翼尖油箱。中央的硬挂点可以挂载最多2000磅（907千克）的武器装备。

# 安东诺夫设计局
# 安-12"幼狐"运输机
## 俄罗斯的"大力神"

最终定型的"幼狐"运输机,安-12BK在机头下部装备有加大的雷达天线屏蔽器,内部装有Short Horn雷达,并且装有远距离控制的货物装卸绞车。图例飞机在白俄罗斯空军服役

很多年来,安-12组成了苏联航空运输部队的基础,在每次战后军事行动中都发挥着重要的作用。今天,运输部队中的"幼狐"大部分已经被取代,并被改装后执行其他特殊任务。

安-12常被当做苏联的C-130,同"大力神"运输机在很多方面类似。在乌克兰生产制造的安-12被设计成上单翼、四发动机、后部装卸货物的军用运输机,在民用和军用市场都取得了很大的成功,并能胜任各种类型的任务。安-12的原型机于1957年12月16日首飞。在1973年停止生产之前,大约有1200架安-12在基辅出厂。

安-12由客运机型安-10(本身由安-8经过加长而来,装备有4台发动机以及稳压机身)发展而来,其设计目的为军用运输机以及民用货机,装备有同安-8运输机相似的后部货物装卸活动梯,以及在货舱前部增压的客舱。与C-130不同的是安-12没有一个完整的后部装卸货梯。

安-12的后部机身为向上倾斜的设计,有两个向内打开的舱门和一个向上开的后部舱门。航空标准化委员会(ASCC)将安-12命名为"幼狐"(Cub),生产了多个型号。安-12B是基本的军用运输机型,尽管这款装备有机头下部天线罩并在某些细节上有所不同的早期机型有不同的型号命名,但是在"北约"看来,所有的机型都被简单地叫做"幼狐"。

军方大量的安-12被改装后执行其他的任务(并生产制造了部分执行"特殊任务"的安-12)。这些机型在工厂及空军中的命名仍然未知,"北约"的情报报告上也没有所有机型的命名,尽管其中大部分仍与其替代机型在苏联空军中服役。首架被"北约"发现的"特殊任务"安-12机型在前机身装有刀形天线,并有其他的一些微小改动,是一款专门的电子情报平台机型。该"幼狐-A"机型可能只是一款临时的机型,因为那几年出现的大部分的电子情报"幼狐"机型都有较大的改动。其中一款该机型在尾翼以及机翼翼尖上有明显的"胡萝卜"形状的整流罩。

"幼狐-B"是一款更加明显的电子情

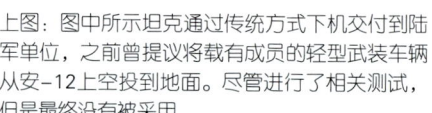

上图:图中所示坦克通过传统方式下机交付到陆军单位,之前曾提议将载有成员的轻型武装车辆从安-12上空投到地面。尽管进行了相关测试,但是最终没有被采用

报改装机型,在机身腹部装有两个突出的天线罩,并有一系列其他的刀形天线。其中部分采用苏联民用航空总局的标准喷涂,在20世纪70年代,其他的一些采用埃及军方喷涂。"幼狐-C"机型是一款专门的电子对抗平台机型,装备有托盘发电机及控制设备,在机舱内可能还装有箔条切割机(chaff-cutter)和散步器。从外观上看,"幼狐-C"在下部装有阵列天线,沿机翼展向布有冷却导管及热交换器排气出口,突出的尾部整流锥取代了常规的机炮塔座。从这些特点可以看出安-12电子干扰平台主要用来干扰"北约"的空中防卫以及地对空导弹雷达。最新发现的安-12版本是"幼狐-D"机型,该型号

左图：安-8"营地"是安-12的前身，设计目的是用于满足苏联民用航空局/苏联空军（VVS）对于后部装卸、双发动机运输机的需求。一共生产了大约100架，安-8的设计也促使了安-10的诞生

为第二代电子对抗平台机型，装备有不同的配套设备，可以通过前机身下部以及尾翼两侧的巨大的外置探管辨认出来。据未证实的情况，还有一款空中指挥平台版本的安-12机型，在印巴战争中出现。除此之外，大量的安-12被改装成一次性的测试研发平台，包括气象研究机型、弹射座椅测试机型、航电系统测试平台（SSSR-11417，SSSR-11700），以及霜冻测试机型和发动机测试平台机型。在之后的机型中，埃及的"幼狐"发动机换成了哈勒旺（Helwan）E-300发动机，该发动机来自一次失败的战斗机研发计划。苏联的安-12（SSSR-11916）运输机成为海军某侦察反潜机型的原型机。

## 战场上的"幼狐"

安-12运输机长期的服役生涯以及其使用方的特点意味着该机型参与了多次不同的战争。印度是安-12最早的使用者之一，在20世纪50年代同中国的边境冲突及同巴基斯坦的第一次战争中编入补给编队中，并在印巴冲突中执行陆军部队的运送任务。在印巴就孟加拉国问题再次爆发战争时，一架安-12用于执行战略指挥控制及攻击协调任务。其他的"幼狐"被用来当做临时的轰炸机，在克什米尔边境地区投放炸弹。这次成功也使得安东诺夫设计局开始发展自己的"联合"运输轰炸机。1972年1月12日，安-12及曾经投放了大量伞兵部队将达卡城隔离。

## 非洲空战

1974年，埃及的安-12运输机在向刚果的反政府军武装输送部队和补给的过程中发挥了积极作用。1962—1967年，安-12用于支持在也门作战的埃及部队，在1967年的

下图：印度是安-12最大的"海外"用户，在超过40年的服役生涯中被当做运输机、轰炸机甚至空中指挥所使用。最后一架安-12于1993年从印度退役

"六日"作战中起到了有限的作用，并有几架坠毁于开罗。在1973年的"赎罪日"战争中，"幼狐"再次用于补给输送任务，一支"安-12"电子干扰机被派往叙利亚执行电子干扰任务。在更远的南方，1967年，苏联的安-12运输机也参与到了战争当中，执行为尼日利亚部队提供再补给的任务。

在1977年美国下达禁运令后，埃塞俄比亚转向苏联寻求武器采购；安-12是埃塞俄比亚首批接收的机型之一，被用于针对厄立特里亚反政府武装的军事行动中。伊拉克同样采购了安-12机型，在同伊朗的战争中，伊拉克的"幼狐"作为目标平台及空中加油机型被用于海军的侦察探测任务中。在1991年的海湾战争中，安-12运输机被有效地遏制，至少有一架被英国皇家空军的"掠夺者"战斗机击落。

苏联的"幼狐"在其他地方也在不断发挥作用。在1968年入侵捷克斯洛伐克时安-12发挥了重要作用，一共飞行了250架次，主要用于投送伞兵部队。在1979年入侵阿富汗时，大量

的伞兵部队搭乘安-12和安-22运输机于9月6日和7日进入战场，之后在9月22日和26日又有5000名伞兵参战。在之后长期艰苦的战争中，安-12针对在阿富汗境内的苏联特殊部队执行了连续的空中再补给任务，从苏联飞至巴格拉姆及喀布尔。到1989年，苏联从阿富汗的撤军工作结束，在此次战争中一共损失了5架"幼狐"。部分安-12留在阿富汗在当地空军中服役，并没过多考虑维护工作，因此也不会执行太多飞行任务。

后来，俄罗斯的安-12在车臣地区得到使用，将部队和设备运送至莫兹多克，然后运至交战区域。多次尝试升级替换老旧的安-12运输机，但是同西方国家的C-130运输机一样，其简单明了的设计仍然无法被取代。许多航空公司还继续使用"幼狐"，已经有47年历史的安-12运输机继续在多个国家的空军中服役，其他国家据说购买或者租赁了中国生产的运-8运输机。

上图：伊柳辛设计局的喷气式运输机伊尔-76设计用来取代安-12运输机，但是并没有完全取代在俄罗斯部队中服役的老式"幼狐"运输机。图为1993年，驻扎在顿河沿岸的罗斯托夫（Rostov-on-Don）的安-12（隶属于第535OSAP）与一排苏联民用航空局的伊尔-76MD运输机停放在一起。Gross-D IIn用于执行军事运输任务

下图：安-12BK-PPS"幼狐-D"电子干扰机的设计目的是利用塞丽娜（Sirena）干扰系统干扰敌方电子系统，2004年时仍在服役，主要执行电子干扰任务。可以通过在机身两侧的电子干扰吊舱轻易地辨认出来

# 安东诺夫设计局
# 安-24/-26/-30/-32

上图：苏联的解体又增加了安-26的使用方数目。立陶宛空军装备有5架安-26B用于航空运输，尽管只有3架被用于军事目的

## 运输机家族

安东诺夫设计局的安-24运输机在最初是为了增强苏联民用航空总局的空中力量，并具有很多军事潜力。这一点在安-26"卷发"（Curt）和安-32"斜坡"（Cline）得到很好的体现。

安东诺夫设计局的安-24运输机设计用于替代苏联民用航空总局（Aeroflot）的里萨诺夫（Lisunov）Li-2（DC-3）运输机。尽管并没有期望安-24有多么夺目的表现，但是还是进行了大量的生产，用于民用市场。苏联空军只采购了少量的安-24，这并不奇怪，主要是因为其类型为运送乘客/士兵的运输机。在2000年，安-24"焦炭"（Coke）家族飞机仍然在白俄罗斯、保加利亚、柬埔寨、刚果、古巴、捷克共和国、几内亚比绍、几内亚共和国、伊拉克、哈萨克斯坦、朝鲜、老挝、马里共和国、蒙古、罗马尼亚、俄罗斯、斯洛伐克、斯里兰卡、苏丹、叙利亚、土库曼斯坦、乌克兰、乌兹别克斯坦以及也门服役。这些国家大部分还有少量的该机型服役。

在安-24的研发过程中的两次重要的改进使得该机型获得了更大的军用方面的成功。第一个是安-24RV机型在右侧发动机吊舱后部引入了辅助涡轮喷气发动机，极大地改善了起飞性能；第二个是安-24T（以及装有涡轮喷气发动机的安-24TV）机型在重新设计的机身后部引入了装卸活动舷梯。

安-26"卷发"（Curt）对后机身进行了进一步的重新设计，该机型为首个专门的军用机型。后机身进行了加宽，并装备了货物装卸舷梯，可以在飞行时打开到机身下部，方便进行部队或者货物的空投。当关闭后，活动舷梯与机身的连接处可以很好地进行密封，因此安-26也成为首个可以进行增压的苏联军用运输机型。

除了首批之外，所有的安-26运输机的机身下部都进行了加强，以适应恶劣环境，另外还都装备了辅助涡轮喷气发动机。大部分在前机身左侧安装有凸出的观察顶，可以配合空投时的视野观察工作。

安-26运输机首次出现是在1969年，直到1985年停止生产，一共生产了超过1400架。其中大部分在军队服役，用于执行战术运输任务。该机型相当结实可靠，在阿富汗的战场中也得到了证明。在阿富汗战争中，安-26被临时当做轰炸机来使用，目前安哥拉和莫桑比克的安-26还保留有炸弹挂架。部分安-26被改装后执行侦察/勘测任务。

2004年，安-26的使用方包括阿富汗、阿塞拜疆（安-24）、白俄罗斯、保加利亚、柬埔寨（安-24RV）、佛得角、中国、刚果（安-24）、古巴、捷克共和国、匈牙利、哈萨克斯坦、老挝（安-24）、利比亚、立陶宛、马达加斯加、马里共和国、孟加拉国、莫桑比克、尼加拉瓜共和国、尼日尔、波兰、罗马尼亚、俄罗斯、斯洛伐克、叙利亚、乌克兰、乌兹别克斯坦、越南、也门以及赞比亚。

### 生产改进

在安-26的生产过程中，进行了很多显著的改动，第一个是改用功率更加强劲的AI-24T发动机，之后又在1980年改为AI-24VT发动机。下一年安-24B机型面世，该型号装有货物输送轨道以及升级后的货物装

下图：俄罗斯和乌克兰的安-32运输机参与了很多联合国行动。在20世纪80年代末，印度的安-32运输机为斯里兰卡的维和部队提供了很大的补给帮助

卸设备。机舱可以在30分钟之内进行货盘化转换，标准货物货舱或者运送士兵形式机舱的转换。

大量的安-26被用于执行特殊任务。安-26BRL是冰情勘察机型，携带附加油箱，并在机身后部装有吊挂架。安-26D是另一款远程运输机型，用于在西伯利亚执行任务，在机身两侧装有附加油箱。安-26M为战场救援型号，安-26P为消防型号。另外一款安-26M是民主德国的电子情报搜集型号，安-26RT是苏联/俄罗斯空军的通信情报搜集平台型号，可以从刀形天线识别出来。另外还有一些测试型号。安-26L标准型号，部分内部进行了重要人物输送改装，编号为安-26S"沙龙"（Salon）。安-26TS的命名意思为包括了座位（seats）和桌子（tables）。一些使用方进行了自己的改装，例如捷克斯洛伐克改装的安-26Z-1电子干扰平台机型。

### 大幅升级替换

在基辅的工厂中取代安-26机型的是安-32"斜坡"（Cline）。该机型的设计目的是提高起飞性能、巡航高度以及有效荷载，尤其是在高温高速条件下。安-32保留了安-26的货物装卸舱梯，并安装了荷载升级（6615磅/3000千克）后的内置绞车。可拆卸的滚动传送带可以协助空投或者通过减速伞投放货物。机舱可以容纳最多50名乘客，42名伞兵，或者24名可躺在担架上的病人及3名医护人员。常规的机组人员包括驾驶员、副驾驶员以及领航员，另外还需要一名飞行工程师。

尽管安-32可以选择其他的动力装置，但是最终的量产型还是采用了同安-12及Il-18机型相同（但是功率更加强劲）的5112有效马力（3812有效千瓦）的伊夫琴科（Ivchenko）AI-20D系列5发动机。发动机被安装在机翼的上部，这样可以给直径增加后的螺旋桨留

下更大的空间，降低了杂质吸入发动机的危险并降低了机舱内的噪音。发动机在机翼上方的布置形式使得发动机吊舱更深，因为安-26原来的吊舱被保留了下来，用以容纳收起后的主起落架。在安-32原型机翼上方的吊舱部分只延伸到机翼二分之一弦长的位置，但是在量产型中，吊舱在机翼下方的部分一直延伸到机翼后缘位置。安-26及部分安-24型号的"涡轮喷气动力辅助装置"被简单的TG-16M动力辅助装置所取代，安装在右侧整流罩的顶端。

安-32机型的升级改装非常成功，可以在距海平面14750英尺（4500米）的飞机场上起飞，并保持了很多有效荷载、稳定飞行高度方面的纪录。

1993年，首架安-32B据说在动力装置升级方面，每个发动机增加了200马力（149千瓦）的动力。同年，在巴黎航展上，安东诺夫设计局展示了安-32P消防机型，命名为"火灾杀手"（Firekiller）。同安-26机型的改装类似，安-32机身两侧安装了水箱，

上图：安-26运输机目前依然广泛服役于俄罗斯，执行运输或者其他特殊任务。图中所示飞机涂有圣安德鲁（St Andrew）的旗帜，服役于俄罗斯海军

并具有更大的载重能力，可装载17635磅（8000千克），并进行了流线型减阻设计。另外还携带了照明弹，用于指示人工灭火工作。加长型的安-32V-200在机身两侧安装有更大的水箱。

进一步的升级发展工作主要集中在安-32B-100机型，升级到AI-20D系列SM发动机或者罗尔斯-罗伊斯AE2100发动机。生产制造工作一直持续到1992年，之后仍有生产订单。到1999年年底，一共有346架安-32出厂。军方使用方包括孟加拉国、克罗地亚、古巴、埃塞俄比亚、印度、墨西哥、秘鲁、俄罗斯以及斯里兰卡。

下图：这架俄罗斯的安-26运输机进行了多处改装，用于进行军用测试任务。苏联/俄罗斯最重要的特殊任务机型是安-26RT，从民主德国的基地起飞执行越境电子监测任务

## 阿特拉斯航空工业公司
# "猎豹"战斗机
### 南非的"幻影"

上图：第二中队将"非洲猎豹"C型战斗机喷涂成图示图案，用以庆祝南非国庆日。该机型很快被南非人民取了"斑点豹"的绰号

装备了"非洲猎豹"战斗机后，南非空军拥有了实力可观的空中力量以面对国际情况。在21世纪前临之之前，该机型已经服役了多年，在被JAS 39"鹰狮"战斗机取代之后被用来进行高级训练或者出口海外。

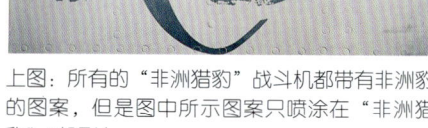

上图：所有的"非洲猎豹"战斗机都带有非洲豹的图案，但是图中所示图案只喷涂在"非洲猎豹"C机型上

1964年英国关于社会主义工党的选举导致了对南非的武器禁运，阻止了其与英国、美国以及其他一些国家的武器供应商的合作。尽管法国一开始没有加入武器禁运联盟，但是南非还是采取了自给自足以及"进口替代"的措施。直到20世纪70年代法国也对南非实施了武器禁运。20世纪80年代中期，南非碰到了非常大的困难。服役时间过长的"堪培拉"和"掠夺者"战斗机急需替换，保留下来的"幻影"Ⅲ战斗机结构也已疲劳，并出现了越来越多的限制，尤其是面对南非的非洲前线国家政府开始接收到更加先进和高级的战斗机。

南非的"幻影"F1战斗机仍可执行空对地任务，南非政府决定使用"幻影"Ⅲ型战斗机对其进行扩充。"幻影"Ⅲ型战斗机仍然具有优良的性能，因此南非政府打算开展一个雄心勃勃的升级更新计划以增加其服役年限并克服部分弱点。国有的阿特拉斯（Atlas）航空工业公司对多种机型进行保养维护，并且授权生产过超音速"幻影"F1AZ战斗轰炸机，以及MB.326战斗机（称作阿特拉斯"Impalas"），因此具有相当的经验。除此之外，南非和以色列有密切的联系，两个国家秘密合作了多个武器项目。

### "幻影"的升级

南非的"幻影"战斗机升级计划（必然地）基于以色列的"幼狮"战斗机——其本身就是"幻影"战斗机的本土衍生机型。升级后的南非"幻影"战斗机被称为"非洲

下图："非洲猎豹"和"幼豹"的机翼和"幻影"Ⅲ类似，只是前缘缝翼改成齿状。图中所示"非洲猎豹"D型战斗机飞过先民（Voortrekker）纪念碑

猎豹"，利用现有的"幻影"战斗机机身，保留了法国斯奈克玛公司（SNECMA）Atar发动机，而"幼狮"则是全新生产的，并且采用了美国通用电气公司的J79发动机。同"幼狮"战斗机相同，"非洲猎豹"战斗机被定义为多用途战斗/轰炸机型，并且装备了大致相同的航电设备。

阿特拉斯公司将16架"幻影"ⅢEZ战斗机改装为"非洲猎豹"E型战斗机（同"幼狮"C7机型大致相同），将11架"幻影"ⅢDZ及D2Z战斗机改装为"非洲猎豹"D型战斗机（同"幼狮"TC7机型大致相同）。据多次未经确认的报告称，阿特拉斯公司还生产了5架"非洲猎豹"D型战斗机，是由以色列航空工业公司提供的"幼狮"或"幻影"机身改装而来。"非洲猎豹"D型和E型战斗机同时进行生产，从1986年7月1日开始服役于驻扎在彼得斯堡的第89CFS部队，从1988年3月开始服役于驻扎在路易斯特里哈特的第5中队。1992年3月南非回收销毁6枚炸弹之前，"非洲猎豹"D型战斗机曾在1991年可能短暂取代退役前的南非空军"堪培拉"机型执行核打击任务。之后被用于执行高级训练、远距离攻击以及激光制导任务。"非洲猎豹"E型战斗机用于执行二次空中防卫及对地攻击任务。"非洲猎豹"D型战斗机于1992年10月退役，之后被仍处在保密状态的"非洲猎豹"C型战斗机所取代。

在Bark计划当中，南非空军计划接收6

架"非洲猎豹"R型战斗机执行侦察探测任务，但是实际上只有一架"幻影"ⅢR2Z战斗机被改装成"非洲猎豹"R型战斗机，之后"非洲猎豹"C型战斗机搭载W. Vinten Ltd Type 18系列600侦察探管执行侦察任务。唯一的一架"非洲猎豹"R型战斗机在1998年退役之前被用于阿特拉斯公司研发的先进战斗机机翼项目的测试平台，退役后转交至南非空军飞行学院。

"非洲猎豹"C型战斗机是最终定型装备南非空军的"非洲猎豹"战斗机。在"金枪鱼"（Tunny）计划中，利用以色列提供的机身部件（可能来自过剩的"幼狮"机身或者全新制造的）一共生产了38架该型机。这些飞机采用从"幻影"F1战斗机上退役下来的或者进口的斯奈克玛公司Atar 09发动机。第89CFS部队的"非洲猎豹"D型战斗机于1992年9月转至特里哈特，与从霍德斯普鲁特（Hoedspruit）转移来的第二中队的"非洲猎豹"C型战斗机组成训练编队。"非洲猎豹"C型战斗机的交付工作于1995年6月结束。然而"非洲猎豹"E型战斗机只装备了ELTA EL2001测距雷达，"非洲猎豹"C型战斗机同"幼狮"2000战斗机大致相同，并装备有EUM-2032脉冲多普勒跟踪探测雷达。新型号也装备有新式的玻璃驾驶舱、宽角抬头显示器以及手不离杆操作控制系统。"非洲猎豹"C型战斗机主要执行空中防卫任务，装备有多种空空导弹，包括本国制造的V3B"反曲刀"（Kukri）导弹、V3C"达特"导弹、以色列"蟒蛇"（Python）以及"蜻蜓"（Shafrir）空空导弹，另外还有拉法尔（Rafel）公司研发的雷达制导空空导弹。

保留下来的双座式"非洲猎豹"D型战斗机目前进行了升级改装，包括改用Atar 09K50发动机、升级后的"非洲猎豹"C型战斗机的起落架，以及曲面挡风座舱罩。之前该型号的原型机在一次严重的着陆事故中损坏。据称原计划将"非洲猎豹"E型战斗机改装成C型版本，但是最终只是被运至彼得斯堡存放起来。

"非洲猎豹"战斗机在1999年被"鹰隼"和JAS 39"鹰狮"战斗机所取代。同时，南非的"非洲猎豹"C型战斗机比能驾驶它们的飞行员数量还要多，大量的时间将被花在该机型上。

### "非洲猎豹"C型战斗机

同南非空军所有的"非洲猎豹"战斗机类似，"非洲猎豹"C型战斗机也服役于第二中队，驻扎在南非东北部的路易斯特里哈特（Trichardt）的空军基地内。1995年南非最机密的"非洲猎豹"C型战斗机航空发展计划公之于众。在21世纪，"非洲猎豹"型战斗机被"鹰狮"战斗机取代。南非一共花费了17.6亿美元购买了28架萨博公司的"鹰狮"战斗机。

**空中加油管**
智利、以色列、秘鲁、委内瑞拉以及韩国针对其升级后的"幻影"战斗机的首批改装设备包括了空中加油管。由波音707飞机改装而来的空中加油机提高了目前规模减小后的南非空军的机动性。

**一体式座舱罩**
针对"非洲猎豹"C型战斗机研发的新式的一体式座舱罩，之后被应用到"非洲猎豹"D型战斗机，相对于"幻影"Ⅲ系列这是一个主要的进步。拉伸成型的化工材料舱罩比之前的玻璃化工材料舱罩有更好的光学性能，金属支架也不会阻挡飞行员的视线。其强度更大，可以承受速度大于250节（277英里/小时，461千米/小时）的4磅（1.8千克）鸟类撞击。

**空中防卫**
"非洲猎豹"C型战斗机采用了新式的双灰色伪装喷涂，飞行时使用很大的暗色壁板来遮掩其三角翼。

**近距离空空导弹**
该飞机携带一对V3C"达特"（Darter）空空导弹。"达特"空空导弹于1990年开始装备南非空军，使用"非洲猎豹"的头盔瞄准器时具有20度的瞄准离轴能力。据称目前具有更大射程和更大弹头的"U-达特"系列已经交付使用。

**低调的标志**
在两个机翼上都有南非空军低调的机徽。

# 英国 BAE 公司
## "海鹞"式战斗机
### 海军垂直起降战斗机

下图：XZ451是"海鹞"的第二架原型机，在第三架测试机之前出厂。当时30毫米口径的"阿丁"机炮还没有进行安装。增加了腹部的边条翼来保证其空气动力特性。在盘旋时保证了空气的循环利用

英国皇家海军的革命性的"海鹞"战斗机证实了其在海上舰艇的垂直起降能力。因此当1978年皇家海军的传统舰载机编队退役时，"海鹞"接替了"鬼怪"式和"掠夺者"战斗机的位置，后者之前组成了皇家海军的舰载力量。

1964年，英国工党政府取消了超音速垂直起降P.1154RN机型计划，取而代之的是购买了F-4K"鬼怪"式战斗机，皇家海军似乎倾向于传统形式的航空母舰。然而，在1978年年底，"鬼怪"式战斗机和航母被3艘"鹞式载舰"（"无畏级"贯通甲板巡洋舰）以及临时的改装航母（英国皇家"竞技神"号航空母舰）所取代，均不适用于传统形式的固定翼飞机。唯一适合的机型就是"鹞"式战斗机，适用于海军舰艇空中防卫。

海军型号的"鹞"式同皇家空军版本所不同的是具有雷达以及提高了10英寸（25厘米）的驾驶舱地板，改善了驾驶员的视野。与霍克—希德利（Hawker Siddeley）P.1184"海鹞"相关的研发问题并不多，自从1963年P.1127 XP831测试机降落在英国皇家舰艇"方舟"号上之后的10年时间里，"鹞"式战斗机已经在8个舰队共17艘飞机或者直升机载舰上起降。为了适应空气中盐分很大的环境，机身和发动机中的镁金属部分被替换，后者替换为单位推力仍是21500磅（96.75千牛）级别的"飞马"（Pegasus）Mk 104发动机。

### 在海军中的角色

海军的"海鹞"FRS.Mk1战斗机主要执行作战、侦察以及攻击任务。作为战斗机，该机型主要应对中等巡航高度的苏联远程轰炸机以及可发射第一代巡航导弹的小型战斗机，以保护海军舰队。针对该目的，研发了来自Sea Spray单位安装于"山猫"HAS.2海军直升机上的Ferranti"蓝狐"脉冲调制I波段雷达。该雷达提供了针对空中和地面目标的搜索攻击模式，可以将武器瞄准数据以及目标命中范围数据提供到抬头显示器中。可以安装一对30毫米口径"阿丁"机炮，主要的空对空武器是Bodenseewerke生产的AIM-9L"响尾蛇"导弹，安装在机翼外部的基座上。在马岛海战时匆忙研发了一款双轨道武器发射架，之后于1982年8月马上投入服役。

通过安装在机头的F95空中倾斜照相机可以执行照相侦察任务，最主要的侦察任务是针对地方舰艇进行雷达定位。安装在机头右侧的F95照相机只能在白天使用，快门速度达1/3000秒。

攻击类型包括对英国WE177伞降核弹轻型版本（600磅/272千克）的上仰投弹。但

下图：1978年8月20日，带有铬黄色喷涂和少量必需设备的XZ450验证机在敦斯福德低调地进行了"海鹞"战斗机的首次试飞。该飞机实际上是建造的第4架验证机

下图：所示"海鹞"在"竞技神"号航空母舰上进行测试，该机服役于第700A飞行编队，该编队专门用来进行"海鹞"战斗机的相关飞行测试以投入前线服役。其他的测试飞机隶属于敦斯福德和驻扎在博斯库姆的航空与飞机实验研究所

是传统的武器设备在"海鹞"的武器库中也占有重要的地位。载重2000磅（907千克）的机翼下部内侧基座可以挂载1030磅（467千克）的自由落地炸弹以及1120磅（508千克）的再启动炸弹，或者重量1325磅（601千克）射程68英里（110千米）的英国BAE公司"海鹰"地面瞄准反潜导弹。此处也可安装副油箱。1982年8月，原先的100加仑（455升）副油箱容量升级到190加仑（864升）。转场飞行时，可以使用容量300加仑（1364升）的油箱，但是安装该油箱后襟翼就无法放下。另外还可以安装36枚2英寸（51毫米）口径火箭弹发射器以及6.6磅（3千克）和31磅（14千克）的CBLS 100炸弹发射器。

"鹞"式的航电系统更改包括用与Decca 72"海豚"相关联的费兰迪（Ferranti）姿态基准航向系统取代了FE541惯性导航系统（INS），后者无法应用在移动平台中。新系统在飞机飞行50分钟后的标准误差为1.5海里[1.7英里（2.8千米）]。史密斯工业公司提供了与武器瞄准计算机连接的新式抬头显示器、雷达高度计以及可以减轻驾驶员工作负担的新式自动驾驶仪。两部15-KVA交流发电机满足了相关需求，雷达监视接收机采用了ARI.18223的升级版本。1982年4月安装了内置Tracor AN/ALE-40箔条干扰弹/曳光弹布撒器。

## 生产计划

1972年，霍克-希德利（Hawker Siddeley）公司接到了关于"海鹞"战斗机的研发合同，第二年费兰迪公司接到了进一步的雷达研发合同。1975年，关于包括3架用于研发测试工作的预生产机型在内的24架飞机订单合同宣布生效，之后该合同又补充了一架由海军出资生产的"鹞"式T.Mk4A机型，但是最终交付到皇家空军作为对海军飞行员进行培训的酬劳。之后的订单使得订购数量达到57架单座机型，4架教练机。最后的3架海军改型T.Mk4N装备有"海鹞"航电系统以及设备管理系统，Pegasus 104发动机，合理的颜色喷涂，但是没有安装雷达（尽管有一个黑色的机头前锥）。"海鹞"战斗机机翼很小，只需要一个可折叠的机头来利用"无畏"级驱逐舰的甲板，但是T.Mk4N并不可折叠。

在3架预生产机型之前的"海鹞"（XZ450）于1978年8月20日在敦斯福德首飞，1978年12月15日，FAA的两支"海盗"和"鬼怪"式战斗机中队解散，直到1979年6月18日"海鹞"XZ451交付到约维尔顿，作为固定翼前线作战飞机。除了一支短暂的测试中队，一共组建了4支皇家海军编队用以操作"海鹞"战斗机：800NAS以及801NAS用于舰载部署，899NAS驻扎在岸基指挥部并进行测试训练。809NAS在马岛海战中成立，战争结束后便解散。唯一的出口订单来自印度，印度一共购买了23架FRS.Mk51单座式以及4架T.Mk60双座式"海鹞"战斗机。这两种机型与皇家海军的机型类似，但是采用了MATRA"魔术"（Magic）导弹，而不是AIM-9导弹，另外还装备了不同的无线电和供氧系统。

上图：印度的"海鹞"战斗机服役于印度INAS-300"白虎"。在约维尔顿进行训练之后，首架"海鹞"于1983年12月飞赴印度，服役于印度海军维克兰特航母。1987年8月，"海鹞"战斗机转至印度海军"维拉特"航母服役，之前在马尔维纳斯群岛的"竞技神"号航空母舰上服役

上图：FRS.Mk1战斗机在尾翼上喷涂有交叉的双剑和三叉戟，采用了在马岛海战中使用的灰色喷涂

下图："海鹰"反潜导弹是"海鹞"的重要武器，如图所示装载在正在进行地面垂直起降测试的预生产机型

# "海鹞" FA.Mk2 战斗机

上图："海鹞"FRS.Mk1战斗机与AIM-9L导弹的组合在马岛海战中发挥了重要的作用。第二代"海鹞"战斗机保留了"响尾蛇"导弹。该飞机还装备了位于机身下面的30毫米口径ADEN机炮,可以用AIM-120导弹阿姆拉姆(AMRAAM)导弹发射架或者气动边条翼替代

为了使"海鹞"成为更加出色的截击机并保持其侦察攻击能力,英国BAE公司在机身结构上做了很重要的更改。这使得"海鹞"FA.Mk2战斗机成为一款在世界上任何地方服役性能都非常出色的战斗机。

英国BAE公司于1985年1月接到关于"海鹞"战斗机的升级订单,包括两架从"海鹞"FRS.Mk 1升级到FRS.Mk 2(之后为FA.Mk 2)机型。开始的时候(1984年),据报道英国国防部打算同英国BAE公司和费兰迪公司签署两亿英镑的合同,以全面升级"海鹞"战斗机编队,但是之后(1985年)被修改为仅升级大约30架"海鹞"战斗机。升级内容包括"蓝狐"雷达、联合战术信息分配系统(JTIDS),AIM-120高级中程空空导弹(AMRAAM),以及改进后的雷达报警接收器(RWR)设备。

下图:英国皇家海军航空兵部队的一架来自801中队的"海鹞"FA.Mk2战斗机与一架来自849中队的"海王"AEW.Mk2直升机共同停放在皇家海军舰艇"卓越"号甲板上。"海鹞"的"蓝狐"雷达为飞行员提供了很好的空中视野,在波斯尼亚战争中,FA.Mk2偶尔被用于填补空中预警的空白

开始时英国BAE公司的提议还包括在翼尖安装"响尾蛇"导弹。这些升级,包括其他一些空气动力升级措施最终从计划中取消,但是机翼前缘连接襟翼以及翼刀被保留下来。首架测试机(ZA195)于1988年9月19日首飞,之后第二架测试机(XZ439)于1989年3月8日首飞。尽管增加了设备吊舱和机头探测设施来安装"蓝狐"雷达(使得看上去比之前的机型要长一些),FRS.Mk2机身实际上缩短了大约2英尺(0.61米),这主要是由于取消了之前型号上的空速管。没有必要增加机翼展长来携带额外的装备,这些设备包括分别在机翼外侧基座上的一对容量190加仑(864升)的副油箱以及"休斯"公司的

下图:"海鹞"FA.Mk2成为美国境外首个装备AIM-120 AMRAAM导弹的机型。阿姆拉姆导弹装有超级"蓝狐"雷达,使得第二代"海鹞"成为超视距作战战斗机

(Hughes)AIM-120高级中程空空导弹(或者英国BAE公司Alarms导弹)。可以安装翼尖挂架,使机翼展长增加到29英尺8英寸(9.04米)。

FA.Mk 2的驾驶舱引入了新式的多功能阴极射线管(CRT)显示器以及"手不离杆"(HOTAS)操作系统,减轻了飞行员的工作负担。FA.Mk 2机型采用"飞马"Mk 106涡轮风扇喷气式发动机,该机型为AV-8B机型所用Mk 105发动机的海军型号,但是在制造时没有使用镁合金。1988年12月7日,签订了将31架FRS.Mk 1升级为Mk 2的合同。1990年3月6日,又签订了10架新建的FA.Mk 2机型来加强其装换机型规模,此时皇家海军的"海鹞"机型由于损耗等原因还有39架。1994年1月的合同又增加了18架FA.Mk 2机型以及5架FRS.Mk 1转换机型。进行改装的飞机在顿斯福特拆分,之后通过陆上运输到布拉夫进行基本结构改造。升级后的飞机被运回到顿斯福特进行最后的组装。

## 舰载测试

1990年11月,在英国航空母舰"皇家方舟"号上进行了舰载资格测试,通过相关测试证明"海鹞"可以在12度的甲板上安全起降。1990年年末,参与了该测试的两架飞机被改造为预生产机型,尽管这两架飞机中只有一架装有雷达。1996年,为了加强飞行员的相关训练,4架命名为T.Mk 8N的双座式机型取代了"鹞"式T.Mk 4N进行训练。从本质上来说,改装机型T.Mk 4N复制了FA.Mk 2机型除了雷达的系统设备。

"海鹞"FA.Mk 2机型的基本空空导弹为"休斯"公司的AIM-120先进中程空空导弹。1987年11月,"蓝狐"雷达搭载在英国飞机公司的1-11飞机上通过114个小时的飞行计划进行了大量的测试,该测试于1987年11月结束,之后又在英国BAE公司125(XW930)机型上进行测试,直到1988年8月。另一架英国BAE公司125(ZF130)飞机在右侧座位上装备有完整的FA.Mk 2的座舱,之后于1989年安装了B版本雷达。1993年3月29日进行了AIM-120空空导弹测试,包括10次针对缩小型的MQM-107无人机以及全尺寸的QF-106超音速无人机。

右图:一架装备有"响尾蛇"导弹、油箱和机炮的"海鹞"FA.Mk2在甲板上方准备降落。加油管一般用来转场飞行时通过皇家空军的加油机进行空中加油

## "海鹞"FA.Mk2 战斗机

海军订购的"海鹞"FA.Mk2 战斗机共计38架,包括已有的FRS.Mk1 战斗机以及大约28架新生产的机体。这些战斗机服役于两支前线中队(第800中队——编号"12X"以及第801中队——编号"00X")以及驻扎在约维尔顿的训练编队(第899中队)。根据1998年英国的战略防卫审核,"海鹞"部队加入了皇家空军的"鹞"式GR.Mk7编队进行联合服役,使得整合后的FA.Mk2/GR.Mk7空军部队可以通过皇家海军的战舰进行运输。

### "蓝狐"雷达
FA.Mk 2战斗机的主要升级措施是采用了通用电气-马可尼公司生产的"蓝狐"轻型多模式雷达,可以在海上或者陆地上提供全方位的观察/射击探测能力。设计时考虑了与AMRAAM导弹的兼容特性,因此"蓝狐"雷达可以使"海鹞"战斗机连续发射所有的4枚导弹。该雷达使用I波段,并采用多种脉冲重复频率,提供了多种空对空及空对地模式,后者支持海上搜寻任务。

### 驾驶舱
FA.Mk 2尽管保留了FRS.Mk 1的抬头显示器,但是重新设计之后可以兼容两块MFD俯视显示器。所有重要的输入操作都可以通过"手不离杆"操纵系统或者UFC前向控制系统来完成。开始时设计安装JTIDS数据一体化系统,后来被取消,之后又再次启用。

### 空对地武器
相对FRS.Mk1战斗机而言,FA.Mk2战斗机多执行空中防卫任务,可以携带CRV-7火箭炮、1000磅(454千克)的炸弹、Lepus照明弹,如果需要,还可以装载其他空对地武器。

### 导弹武器
"海鹞"FA.Mk2战斗机的标准空对空武器系统包括挂载在机翼和机身下部的4枚AIM-120 AMRAAM导弹(之后被"阿丁"机炮所取代)。机身配置中,AIM-120导弹使用LAU-106/A发射器,其他安装在机翼下部的导弹采用Frazer-Nash通用发射器。机翼下的AMRAAM导弹可以替换成最多4枚使用LAU-7发射器的AIM-9"响尾蛇"导弹。另外还可以选择挂载ALARM抗辐射导弹。

### 后机身
在"海鹞"FA.Mk2战斗机机翼后缘增加了额外的1英尺2英寸(0.35米)的堵头,提高了航电设备的内置能力。

### 防卫系统
通用电气-马可尼公司的"天空守卫"200雷达报警接收机使FA.Mk 2得到充分的保护,该系统可以在驾驶舱内提供威胁提示阵列。手动的应对措施可以通过ALE-40箔条干扰弹/曳光弹分离器发射。

上图：位于伯恩茅斯的帝国试飞员学院一共收到了3架"鹰"式飞机。两架用于进行一般的飞行操作训练，而第3架被改装成先进系统测试飞机（ASTRA），来进行多种类型飞行的仿真操作

# 英国 BAE 公司
# "鹰"式飞机
## 英国皇家空军喷气式教练机

英国 BAE 公司的"鹰"式教练机在皇家空军中服役超过20年。在其服役的前10年中，主要用作皇家空军的高级教练机，进行飞行员的飞行和武器使用培训，之后成为战斗机并且成为让千万人疯狂的"红箭"飞行表演队的表演用机。

目前"鹰"式飞机仍在沃顿进行生产，但是与四分之一个世纪之前所提出的"鹰"式飞机构想完全不同。今天"鹰"式飞机的声音特性、结构完善性以及操作特性来源于20世纪60年代皇家空军所提出的性能要求。

### 起源

"鹰"式飞机研发计划的设立是来自英国皇家空军关于替代福兰（Folland）公司"蚊蚋"（Gnat）飞机和霍克（Hawker）公司"猎人"（Hunter）飞机来进行高级训练的机型要求这里——本来是双座式"美洲虎"B机型的任务——另外还用以取代普罗沃斯特基础飞行训练培养大纲，尽管该要求

下图：1974年8月，首架"鹰"式飞机预生产机型在敦斯福德机场进行地面滑行，并没有生产原型机。图中飞机的喷涂采用熟悉的红色和白色

之后被取消。该需求被纳入1970年年底发布的空军参谋部要求（ASR）第397号文件。

然而，计划开始的时候便察觉到该机型需要适用于海外出口要求，因此要具有对地攻击能力。ASR 397计划的主要竞争对手为法-德"阿尔法喷气"和霍克-希德利公司（Hawker Siddeley）HS 1182。1971年两家（美国航宇和霍克克）英国公司签署了BAC P.59设计研发合同，1971年10月，HS 1182成为项目竞争获胜者。1972年3月，英国皇家空军签署了购买176架飞机的订单，1973年8月将该机型被命名为"鹰"式飞机。该机型设计为串联式座椅，单发动机（罗尔斯-罗伊斯/Turbomeca Adour公司）并带有5个硬挂点。

为了减小花费，霍克-希德利公司提出将"鹰"式飞机直接进行生产，而不生产验证机型。首架预生产机型和前5架生产机型将被用于飞行测试。

1974年8月21日，邓肯-辛普森驾驶XX154于敦斯福德进行了首飞。开始的测试结束后增加了一对机身腹部钣金桩砧（改善航向稳定性），另外还有机翼扰流片以及一小块前缘导流片。该新式机型的首次公开亮相是在1974年9月的英国飞机制造商协会（SBAC）范堡罗空展上。

### 最初的交付使用

首批两架"鹰"式飞机于1976年11月4日交付驻扎于安格尔西岛的英国皇家空军Valley，第4飞行训练学院（FTS）设在此处。第4飞行训练学院的首个装备"鹰"式飞机的中队为第一中队，即中央飞行学院中队，负责标准化和教练训练。到1979年10月，"鹰"式飞机已经取代了所有4个飞行训练学院中队里面难以继续保养的"蚊蚋"和"猎人"（用于训练身形较大，无法进入小巧的"蚊蚋"飞机的飞行员）。飞行员在完成普罗沃斯特飞行大纲或者稍后的图卡奴飞行大纲机型后来到Valley，驾驶"鹰"式飞机飞行75个小时。从Valley培训完之后，新手飞行员进入战术武器部队（TWU）进行预操作转换部队战术战斗机/对地攻击训练。

### 武器系统训练

在20世纪70年代中期，大量的"猎人"飞机用于新手飞行员的编队飞行、空战战术以及武器系统培训。皇家空军布劳迪的战术武器部队从1977年开始接收"鹰"式飞机进行上述相关训练。为了适应出口需求而开发的武器挂载能力以及飞行持续能力——针对高级训练和战术武器系统训练进行同样的飞行类型，使得"鹰"式飞机非常适合该任务。"鹰"式飞机装备了30毫米口径"阿丁"机炮以及两个机翼下部适用于挂载火箭弹和训练炸弹的基座，没有搭载翼下油箱的基座。战术训练用"鹰"式飞机采用了绿色/灰色迷彩喷涂，而不是飞行训练时的红色和白色喷涂。

战术武器部队是攻击指挥部的一部分，其飞机组成了"影子中队"。当战术武器部队分成驻扎在皇家空军布劳迪基地（第79和234影子中队）的第一战术武器部队和驻扎在皇家空军陆战队Chivenor基地［在劳斯茅

斯（Lossiemouth）短暂驻扎］的第2战术武器部队（第63和151影子中队）时，大部分保留下来的"猎人"机型被分至第2战术武器部队，直到1981年才换成"鹰"式机型。1981年4月，战术武器部队主要执行了对皇家空军机场的低空防卫协助任务。

## 点防御战斗机

战术武器部队的"猎人"战斗机在点防御训练中的成功使得对"鹰"式飞机也进行了同样的任务训练，结果发现"鹰"式飞机更加出色。1983年年初，签订了关于将89架"鹰"式飞机改装到可以安装AIM-9L"响尾蛇"空空导弹的合同，使得该机型在紧急情况下可以协助执行空对空任务。在改装之后，被命名为"鹰"式T.Mk 1A。其构想是利用帕那维亚(Panavia)公司的"狂风"(Tornado) F.Mk 3的"狐狸-猎人"雷达发现目标敌机，然后由有经验的飞行员驾驶的"鹰"式飞机朝目标发射导弹。这被称作"混合战斗机部队概念"，1986年5月最后一架飞机改装完成后一共有72架"鹰"式飞机交付"北约"。

## "红箭"飞行表演队

"蚊蚋"飞机在Valley的飞行训练学院退役之后，除了国防部用于测试的部分飞机，唯一不再进行飞行的为中央飞行学院的飞行特技表演队即"红箭"表演队所用机型。向"红箭"特技飞行表演队交付"鹰"式飞机的工作开始于1979年8月，在1980年的空中表演季"红箭"表演队驾驶"鹰"式飞机进行飞行表演。除了独特的喷涂之外，"红箭"表演队的"鹰"式飞机还装有腹部油箱，装有柴油和红色蓝色的染料，通过喷射管上方的3个出口注入。表演队的部分"鹰"式飞机也是T.Mk 1A升级计划的机型，在紧急情况下可以执行点防御任务。

下图："鹰"式飞机的灵活性使其可以执行空中防卫任务（战时）。图中所示飞机进行改装后可以搭载"响尾蛇"导弹，并采用了全灰色的喷涂，被命名为"鹰"式T.Mk 1A

下图：驻扎于布劳迪的第1战术武器单位的第234中队是4支用于作为英国空军战术武器部队影子战机的中队之一

先进系统训练用"鹰"式飞机改装后于1986年8月21日由Aeronautics的克兰菲尔德学院（Cranfield College）进行首飞，正好是在"鹰"式飞机首飞12年之后。

## 帝国试飞员学院（ETPS）

帝国试飞员学院一共接收了3架英国皇家空军后期生产的"鹰"式飞机，首架于1981年交付使用。装备有记录设备用以评估飞行员操纵参数，这也是学校的课程之一。第3架飞机之后被改装为先进系统训练飞机（ASTRA），这是一款针对不同飞机操纵特性的动稳定性模拟机型，取代了Beagle Basset机型。

下图：4架皇家空军"鹰"式飞机的不同喷涂分别表示高级训练（红色和白色），武器系统训练（迷彩），单点防卫（灰色）和"红箭"飞行表演队的表演（表演用喷涂颜色）

# 成功出口

通过在英国皇家空军作为高速喷气式教练机而取得的知名度，"鹰"式飞机在欧洲以及中东国家有很好的市场。随着一系列订单的签订，许多国家逐渐实现了该机型的潜在能力。

从"鹰"式飞机研发计划开始时就将其设计成适用于出口海外，特别是执行轻型攻击任务，这些措施并不会削弱英国皇家空军所要求的性能指标。"鹰"式飞机在高级喷气式教练机出口方面的主要竞争对手为阿尔法喷气机，因此其出口型在研发时是秘密进行的。1976年，其标准型的出口价格为225万美元，在机身中线下部有一个外挂架，机翼下部有4个外挂架，可以搭载最多5000磅（2268千克）的载重，作战半径超过280海里（322英里；520千米）。在开始研发时就针对潜在的出口客户进行了单座式轻型攻击型号的开发，该型号有更多的空间可以搭载相关设备，包括高级航电系统以及电子对抗设备。1975年年初在金斯顿生产了一架全尺寸仿制机型。霍克-希德利航空公司（HSA）提出的一个卖点是在大约550节（634英里/小时，1020千米/小时）的高速情况下，"鹰"式飞机的速度足以成功躲避步兵肩扛发射的SA-7地对空导弹。中东地区是"鹰"式飞机最有可能存在潜在客户的地区。埃及是最有可能成为"鹰"式飞机第一个海外用户的国家，尽管埃及最终被达索公司说服，在法国政府的支持下达成授权生产协议，选择了达索公司的阿尔法喷气机。在对埃及的出口失败后，芬兰成为"鹰"式飞机的首个海外客户，于1977年12月30日一共订购了50架T.Mk 51机型。芬兰的"鹰"式飞机只有首批4架是在英国制造的，其中只有前两架是英国BAE公司组装和试飞的，剩下的都是芬兰维美德（Valmet）公司负责部件生产以及最后的组装工作。几周以后，1978年2月9日，与肯尼亚签订了"鹰"式飞机的第2批出口订单。该订单包括12架"鹰"式Mk 52机型，该机型是首个装备有尾翼减速伞的型号。之后的4月4日签订了第3批出口订单，印度尼西亚订购了8架Mk 53（于1981年5月18日增加

上图：英国BAE公司的"鹰"式飞机击败了其竞争对手达索/多尼尔（Dassult/Dornier）公司的阿尔法喷气机，于1984年开始在阿布扎比服役。16架样机于1989年交付使用，之后又有18架交付。这些改进后的T.Mk 102机型在翼尖装备有AIM-9"响尾蛇"空空导弹、雷达警告接收机以及改进后的空气动力机翼，以便于改善操作特性。之后又补充了4架"鹰"式T.Mk 63C机型

上图：津巴布韦订购了8架"鹰"式T.Mk 61机型以取代其老化的"吸血鬼"机型。因此津巴布韦空军也成为"鹰"式升级型号的首个用户。然后，首批4架"鹰"式飞机在1982年7月的一次恐怖袭击中遭到破坏，其中一架完全毁坏

左图：一共30架"鹰"式Mk 65机型于1986年交付沙特阿拉伯皇家空军部队，之后于1997年又订购了20架Mk 65A机型。在海湾战争中，两个沙特阿拉伯的"鹰"式战斗机中队驻守于达兰，据称从达兰出发对科威特实行了攻击任务

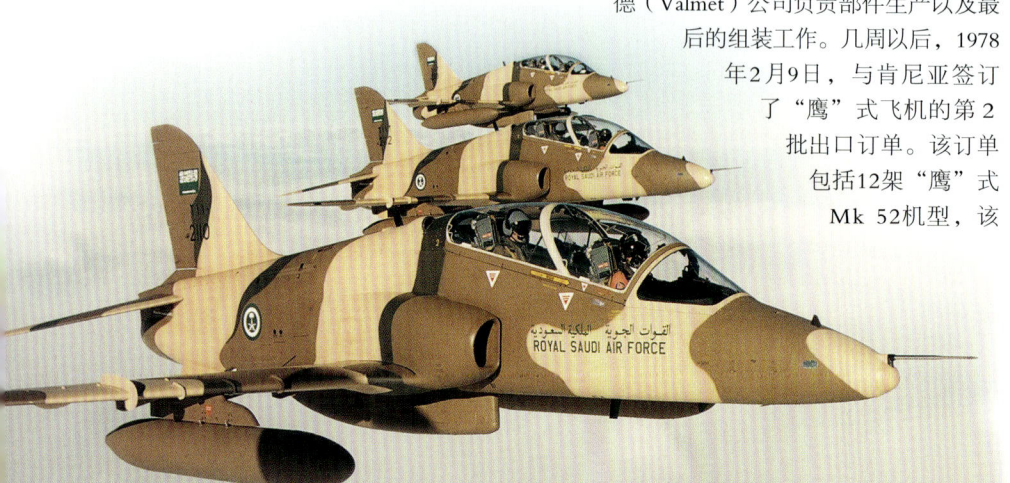

上图：美国海军舰载教练机。1988年1月26日，美国海军宣布了"苍鹰"（Goshawk）机型的发展情况。作为一款进行了大量改装的舰载机型号，"苍鹰"对机翼布局进行了改进并安装了加强后的起落架。T-45与VT-21于1992年6月27日开始在美国海军服役，取代了大量的TA-4J"天鹰"（Skyhawk）以及T-2C"橡树"（Buckeyes）机型进行飞行员培训任务

上图：印度尼西亚成为"鹰"式飞机的第3个海外出口用户，最初于1978年4月4日订购了8架T.Mk 53（用于飞行员高级培训和武器系统培训）。之后于1981年1982年分别进行了两次订购，一共有12架飞机交付使用

至20架），用于高级飞行训练及武器系统培训。

## Mk 50的升级改进

尽管Mk 50系列机型与英国皇家空军的"鹰"式飞机大致类似，都装有Adour发动机，但是还是进行了相关改进，这些改动来自在皇家空军的广泛服役过程中得到的经验。这些改动包括更加结实的机轮、轮胎以及制动闸，增加了30%的最大起飞重量，5个机翼下方的挂载架。驾驶舱的升级包括双陀螺仪姿态航向基准系统（AHRS），改进后的武器控制系统，包括费兰迪公司D126R计算陀螺瞄准器，以及更加综合化的飞行测量

上图：20世纪80年代末，阿曼苏丹国订购了8架"狂风"空中防御（ADV）型。之后由于经费原因于1989年取消。取而代之的是12架单座式Mk 203"鹰"式飞机。于1994年交付使用，服役于马西拉的6个中队，执行轻型攻击任务

仪表。芬兰的机型还装有云顿（Vinten）侦察吊舱，尽管"阿丁"机炮在几乎同一个吊舱里由本土的0.5英寸（12.7毫米）口径机炮所取代。

发动机的升级致使新一代型号系列的诞生，即60系列。芬兰、印度尼西亚和肯尼亚成为"鹰"式飞机50系列的仅有的客户。

津巴布韦成为首个"鹰"式飞机60系列的客户，于1981年1月9日订购了8架Mk 61机型。在津巴布韦的订单之后，6月30日阿拉伯联合酋长国签订了8架Mk 61机型的购买合同，用于装备迪拜空军联队。科威特购买了12架Mk 64；沙特阿拉伯购买了30架Mk 65（不包括第2批购买的20架）；瑞士购买了20架Mk 66；韩国购买了20架Mk 67，又订购了至少20架。后来的机型装备了"鹰"式飞机100系列带有雷达舱罩的加长机头。

"鹰"式飞机100系列机型研发计划于1982年设立，加入了一系列新式航电系统，包括F-16飞机所用的Singer Kerafott SKN 2415（之后改为英国BAE公司LINS 300环状激光陀螺）惯性导航系统（INS）。通过数据库与史密斯（Smiths）抬头显示器/武器瞄准计算机、史密斯雷达高度计，新式装置管理系统和大气数据传感器相连接，来进行精确的低空导航和武器投放。在搭载了英国BAE公司的"海鹰"反潜导弹以及AGM-65"幼畜"（Maverick）对地导弹之后，"鹰"式飞机的武器系统库更加丰富了。这些系统设备使得"鹰"式飞机成为更加具有竞争力的低空攻击战斗机。

## 单座机型

针对"鹰"式飞机100系列研发的航电系统之后被应用到单发式"鹰"式飞机200系列机型。作为一款"更加实惠的战斗机"机型，"鹰"式飞机200系列装备有翼尖导弹发射架以及威斯汀豪斯（Westinghouse）APG-66H雷达。

阿曼是"鹰"式飞机200攻击/截击机型的首个用户，于1990年7月30日签订了12架Mk 203机型的订购合同，同时还订购了4架双座式Mk 103机型。

"鹰"式飞机200系列机型的第二个用户为马来西亚，于1990年12月10日订购了12架Mk 208机型以及10架双座式Mk 108高级教练机。已经成为"鹰"式飞机客户的印度尼西亚于1993年6月订购了16架Mk 209机型，同时订购了8架双座式Mk 109机型。

出乎意料的是，美国海军选择了进行大量改装后的"鹰"式飞机（T-45 Goshawk）来满足其对舰载教练机的需求。

后来加入"鹰"式飞机购买行列的是澳大利亚和加拿大，同时南非的首架"鹰"式飞机于2003年首飞。此外还有许多国家对"鹰"式飞机展现出浓厚的兴趣，"鹰"式飞机被看做是满足许多相关需求的最佳解决办法。

左图：在同Aero L-39"信天翁"（Albatros）机型、"艾尔玛奇"（Aermacchi）MB-339机型、达索/多尼尔公司阿尔法喷气机以及萨博105A机型进行了激烈的竞争后，"鹰"式飞机赢得了第一个海外出口客户芬兰空军。芬兰一共有两款"鹰"式飞机——T.Mk 51和T.Mk 51A，后者针对机翼进行了结构改造升级

上图:图中所示"鹰"式ZJ100机型(原Mk 102D首架生产原型机)带有英国BAE公司最新的喷涂,经过部分改装后成为战斗机入门教练机型,装备有"玻璃"座舱罩

# 新一代"鹰"式飞机

## BAE 公司"鹰"式 100、200,入门战斗机(LIF)/战斗机入门训练(LIFT)机型

尽管价格相对较高而且在1974年8月21日首飞,BAE公司的"鹰"式飞机仍然是世界空军对教练机型的最佳选择。在市场中不断出现的新的教练机型,采用更先进的气动布局和更高级和吸引人的材料,但是"鹰"式飞机的最新型号依然赢得了大部分的订单——最近主要集中在澳大利亚、加拿大、印度和南非。

尽管最新式的"鹰"式机型同20世纪70年代英国皇家空军的"鹰"式T.Mk 1机型看上去类似,却包括了很多方面的升级改动,使得"鹰"式飞机在与如"艾尔玛奇"(Aermacchi)M346机型、欧洲宇航防务集团(EADS)Mako机型、韩国T-50"金鹰"(Golden Eagle)机型以及米格-AT等新一代教练机的竞争中不落下风。

这些新一代教练机的拥护者重点强调他们的现代化电传操纵飞行控制系统(他们声称可以更加真实地模拟现代先进喷气式飞机的操作特性),在T-50机型的宣传中还强调其超音速飞行性能。

但是也有持反对意见的人。他们认为对于教练机来说,重要的是有令人满意的无缺陷(尽管十分具有挑战性)的操作特性。他们断言一些在前线服役的战斗机实际上相对通过高级教练机进行模拟更加容易操作(从单纯的操纵角度上来讲)。并指出"鹰"式能够完全胜任战斗机基本操纵(BFM)任务,并且能够针对多种现代化先进战斗机进行飞行训练,包括阿布扎比的"幻影2000"战斗机,印度尼西亚的F-16战斗机,马来西亚的米格-29战斗机,瑞士的F/A-18C"大黄蜂"战斗机,韩国购买了"鹰"式教练机进行萨博公司JAS-39"鹰狮"战斗机的飞行员培训。英国皇家空军基本的"鹰"式T.Mk 1机型组成了50系列出口机型的基础(装备有升级后的航电系统,更大的最大起飞重量,4个机翼下方硬挂点以及略微升级后的发动机)。60系列机型进行了进一步的升级改装,包括增加了发动机推力,改善了使用重量,在机翼上安装了4个襟翼,在前缘安装了新式设备(扰流片和导流片),但仍然是一款教练机,即使具备了更加出色(仍然是次要的)的对地攻击能力。

上图:马来西亚的"鹰"式Mk 203机型装备了洛克希德·马丁公司的AN/APG-66H翼尖"响尾蛇"导弹发射架,在尾翼装有雷达告警接收机并装有可拆卸的空中加油管。阿曼苏丹国和印度尼西亚是其他唯一的"鹰"式Mk 200机型使用方

下图:从1980年开始,印度尼西亚相继接收了29架Mk 53机型,之后又订购了8架Mk 109(其中一架如图中所示)和32架Mk 209机型。后者装备于第1和第12中队

## "鹰"式100机型

下一代"鹰"式100机型来自"鹰"式飞机对地攻击能力增强（EGA）研发计划，公司的样机ZA101被改装成为原型机，开始的时候就延长了机头，安装了用于放置前视红外线或者激光产生/标记目标探测器的吊舱。装备了该机头的飞机于1987年10月1日首飞。之后紧接着装备了带有7个挂架的作战机翼（带有翼尖导弹发射架和作战襟翼）并安装了升级后的发动机。定型后的"鹰"式100机型，ZJ100样机装备有先进的数字化"手不离杆"操作系统玻璃座舱，首飞于1992年2月。1993—1996年间，大约有40架该机型被陆续出口到阿联酋、印度尼西亚、马来西亚和阿曼苏丹国。

同时，BAE系统公司研发了一款装备有雷达的单座式"鹰"式200机型，其原型机首飞于1987年5月19日。1999年，BAE系统公司向印度尼西亚、马来西亚和阿曼交付了62架该机型飞行，但是目前该地区市场已终止。最近BAE系统公司的销售重点放在了双座式机型，特别是最新的"鹰"式100机型、"鹰"式入门战斗机（LIF）以及"鹰"式战斗机入门教练机（LIFT）。

下图：加拿大军方的19架"鹰"式Mk 115机型（当地称之为CT-155）与雷神公司（Raytheon）的T-6A Harvard Ⅱ机型一同驻扎在冷湖（Cold Lake）和穆斯乔（Moose Jaw）的空军基地内，执行"北约"的飞行训练任务

下图：澳大利亚的"鹰"式MK 127机型装备有先进的驾驶舱设备，同F/A-18A"大黄蜂"机型的驾驶舱类似，可以进行飞行员入门训练。英国皇家空军订购了33架，其中的21架由英国BAE公司澳大利亚分公司在澳大利亚组装出场

## "北约"的教练机型

"鹰"式100系列的首款机型为Mk 115，加拿大于1998年5月订购后用于进行北约组织在加拿大的飞行教学训练计划。该机型从根本上来看与之前交付于阿联酋、印度尼西亚、马来西亚和阿曼苏丹国的机型相同，但是这些飞机最后一部分于1993年6月订购。

在订单中间5年的空隙里，用来进行升级"鹰"式Mk 115机型驾驶舱。然而基础的"鹰"式100机型的驾驶舱装有一个单一的中央多功能显示器（MFD），在右侧装有简单的传感显示器，"鹰"式Mk 115机型装备有第2多功能显示器，取代了传感显示器，尽管只有有限的显示模式。

在几年的延期后，Mk 115机型也成为出口印度的"鹰"式飞机机型（该订单由于印度政府贪污腐败丑闻而推迟）。出口印度的"鹰"式飞机（在当地称为Mk 115Y）将在右侧装备侦察传感黑白显示器，以及一些印度本土的设备，包括第2惯性导航系统（INS）、仪表着陆系统（ILS）以及一些无线电设备。按照计划首批机型将由BAE系统公司组装出厂，之后的部分机型由HAL的工厂组装，最后一批由印度当地的工厂制造。

"鹰"式飞机的最新客户为澳大利亚，于1997年6月订购了Mk 127机型，之后由官方命名为"鹰"式入门战斗机。"鹰"式入门战斗机装备了新的驾驶员座舱，带有3台彩色多功能显示器（MFD）以及新式航电系统，包括F/A-18飞机所用的抬头显示器、IN/GPS导航系统、机载制氧系统（OBOGS）、辅助动力装置（APU）以及可拆卸不可回缩的空中加油管。

上图：Mk 100机型表演样机ZJ100采用早期的喷涂样式，在进行空投测试时搭载一对AGM-65"幼畜"空对地导弹。"幼畜"导弹到1996年不再装备"鹰"式飞机

## "鹰"式战斗机入门教练机型（LIFT）

"鹰"式入门战斗机（LIF）成为"鹰"式飞机新式机型——战斗机入门教练机型（LIFT）的基础，装备有改进后的可夜视（NVG）驾驶舱，升级后的抬头显示器（HUD），修改后的"手不离杆"操作模式并可以安装多种智能武器设备。已经长期服役的样机ZJ101进行了改装，安装了新式驾驶舱进行了试飞，但是没有进行其他计划中的升级改装。新机型也安装了新的动力装置，即Adour Mk 951发动机，融合了全自动数字控制系统（FADEC）以及来自"台风"的EJ200发动机的技术。装备了新式发动机的样机ZJ951于2002年2月首飞。尽管没有装备新式发动机（推重比6500磅/28.90千牛），"鹰"式飞机仍具有优良的性能，一架澳大利亚的Mk 127机型达到了568节（654英里/小时；1053千米/小时）的速度。首批"鹰"式战斗机入门教练机型由韩国于1999年9月订购，于2004年交付。

尽管不是市场上最便宜的教练机，"鹰"式飞机用户的花费并不多，加拿大服役的"鹰"式飞机已经证实了其"出色"的维护性能、可利用性以及低耗费特性。

下两图："鹰"式入门级飞行教练机型的前驾驶舱和后驾驶舱都装备具有夜视能力（NVG）的多功能显示器（MFD），新式的抬头显示器，"手不离杆"操作系统以及其他一些新式系统

# 英国 BAE 公司 "猎迷"
## 强大的猎人

右图：1971—1977年，英国皇家空军在地中海地区长期保有"猎迷"机型，服役于驻扎在马耳他Luqa的第203中队。图中所示为1973年，英国皇家空军驻扎在直布罗陀的"猎迷"机型

"猎迷"由世界上首款喷气式客机改装而来，在过去的30年中不断升级，以保证其世界上最好的海上巡逻和反潜机型之一的地位。

上图："猎迷"MR.Mk 1巨大的武器舱的常规载重为13500磅（6120千克），沿侧面安置成6排。武器舱后部的机身用来放置和发射声呐浮标、海军标志以及其他物品

1958年，英国空军部提出了空军战略需求381号文件，研发新的机型取代阿弗罗公司（Avro）沙克尔顿（Shackleton）机型作为皇家空军的主要海上巡逻机。同时北大西洋公约组织正在发展当中，看上去是一个合理的选择。然而，英国皇家空军却拒绝考虑"北约"，尽管皇家空军是唯一一个为此目的而设立的战后部队。

到1964年，英国政府的优柔寡断以及经费的升高使得只能负担得起从现有飞机进行改装的设计计划。主要集中在4款机型上进行选择：维克斯公司（Vickers）"先锋"（Vanguard）机型、维克斯公司VC10机型、霍克—希德利公司"彗星"（Comet）机型及"三叉戟"（Trident）机型。

### 选择"彗星"

所有的4款飞机都在英国皇家空军Mawgan基地进行测试，评估其低速性能、乘坐舒适度、燃油消耗情况、内部适应性以及其他因素。通过测试，可以充分发现许多选择"彗星"4C机型作为基准机身的理由。尽管"彗星"是这4款机型中最老的，但是其机翼在计划任务的所有速度和高度下都具有高效性，机组成员也很喜欢操作和搭乘该型机。作出该决定的关键因素是在执行远距离巡逻任务时，"彗星"可以关闭两个甚至3个发动机。此外，可用新式的其他涡轮风扇喷气式飞机取代老旧的罗尔斯—罗伊斯Avon 534发动机。

霍克—希德利公司从1965年6月开始HS.801，之后命名为"猎迷"机型的相关工作，开始整合针对"彗星"4的许多必须的改装。发动机的进气口和出气口进行了加大，以适应其他发动机。机身缩短了6英尺（1.83米），在整个机身的长度上增加了额外的非承压部来为两个大而深的串联式武器库提供空间，该空间几乎可以装下

下图：在冷战时期，"猎迷"经常遭遇苏联的潜艇以及海面潜艇。图中一架MR.Mk 1飞过一艘"科特林"（Kotlin）级驱逐舰

下图：除了执行单纯的海军反潜任务外，"猎迷"MR.Mk 1机型还被用于远程海上搜救任务以保护英国的领海

上图：“猎迷”MR.Mk 1机型采用白色、灰色相间的涂装。从1979年年末，MR.Mk 1中队升级到MR.Mk 2标准，并以"北约"组织的颜色喷涂

皇家空军所有的机载投放设备。发动机的表面带有涂层，以防止海水盐分的侵蚀，头部带有EMI ASV-21D监视雷达。增强了降落设备来适应增加后的重量，通过增加背部整流片和加大后的小翼提高了横侧向稳定性。在尾翼翼尖上添加了电子监视监控设备（ESM）并在尾部安装了机载反潜磁异探测器（MAD）。在右侧外部邮箱前部安装了一部7000万流明的探照灯。

### "猎迷"R.Mk 1—电子监听机

在订购了46架"猎迷"MR.Mk 1机型之后，皇家空军又订购了3架（XW664-666）来取代第51中队的"彗星"和"堪培拉"机型。在1971年交付英国皇家空军Wyton时几乎只是一个空的机壳，皇家空军安装了所有的任务设备。1974年，R.Mk 1飞机避开大众的视线，作为一架"堪培拉"机型开始服役，其真实的电子情报侦察任务被伪装了起来。R.Mk 1机型（如图所示早期型号）同海军机型有所不同，在尾部没有安装机载反潜磁异探测器，取而代之的是在外翼油箱前部和尾翼上安装了电子雷达电线屏蔽器。持续的升级改进使得在机身上下部以及翼尖电子监控（吊舱上的天线）越来越多。另外内部设备的增多也使得取消了几个机舱窗户，而且飞机目前也装备了翼下闪光弹/箔条干扰弹发射器。R.Mk 1几乎拥有了计算机化的"威胁资料室"，能够建立起关于潜在的地方雷达站、助航设备以及防卫系统的详细的"地图"。第51中队拥有大约25架R.Mk 1飞机，在马岛海战后赢得了很大的荣誉，并在"沙漠风暴"行动中服役于皇家空军Akrotiri。1995年5月，XW666在马里湾（Moray Firth）进行迫降，使得XV249改装成R.Mk 1机型作为替代。

下图：英国皇家空军金洛斯（Kinloss）基地在"猎迷"的整个服役生涯中都有该机型服役

下图：XV148是"猎迷"机型的首架原型机，首飞于1967年5月23日。该飞机没有安装量产型中的航电系统，以及尾桁上的机载反潜磁异探测器

# "猎迷"海上巡逻机

上图：在英国皇家空军中，"猎迷"岸基反潜巡逻机有三大作用：反潜、反舰作战和搜索救援。同时，"猎迷"还接受民间机构的请求并提供帮助，比如英国税务及海关总署、英国农渔食品部等

作为当时世界上性能最为出色的海上巡逻机，"猎迷"飞机一直在不断地改进和完善，并且获得了极佳的声誉。英国皇家空军甚至认为，如果想取代"猎迷"，那就研发新一代的"猎迷"吧。这样的评价无疑把"猎迷"推向了前所未有的高度。

早在第一架"猎迷"MR.Mk 1型海上巡逻机还未生产时，人们就已经达成共识：要想建造一架服务年限达到40年的飞机（这是英国皇家空军历史上任何飞机都未能完成的一个数字），其最初安装的航空电子设备和任务装备势必满足不了形势的发展。因此，在计划推迟两年后的1975年，装备了新设备的"猎迷"开始出现在世人面前。与老式机型相比，这是一次全方位的改进，性能也发生了翻天覆地的变化。共有35架MR.Mk 1型机在英国BAE公司曼彻斯特分部彻底换装并作为全新机型重新交付英国皇家空军，命名为"猎迷"MR.Mk 2型机，用北约军方称为"麻色"的颜色方案涂装，并喷涂英军的双色标志。

XV236是第一架"猎迷"MR.Mk 2型机，于1979年8月23日重新交付。尽管飞行性能没有提升，但功能有了明显的改善。MR.Mk 2型机有着全新的航空电子设备和配套装备，所有主要的传感器、设备部件都和以前不同。

### 战术表现

"猎迷"装载了英国GEC-马可尼航空电子公司的中央战术系统，用于战术导航。显示屏上会显示最新的战术信息，如飞机方位、当前和过去轨迹、主被动声呐浮标、ESM（电子对抗）方位、磁畸探测以及雷达识别。飞行方向系统能够给飞行员显示路线信息，甚至可以进行计算机自动驾驶，战术

---

### "猎迷"AEW.Mk 3空中预警机

"猎迷"空中预警机的细化研发始于1973年，英国皇家空军要求其作为取代"沙克尔顿"的机型能在国土防空中发挥重要作用。标准"猎迷"MR系列飞机有着大空间机身、动力储备充分等优点，可以装备大量替换设备，同时也有很大潜力来执行其他任务。经过仔细研究，英国政府决定不参与北约购买波音E-3A的计划，而是投资完善自己的"猎迷"机型。由英国BAE公司生产的"猎迷"空中预警机MK 3型，其雷达天线布局非常奇特：在机身两侧各有一个鼓鼓的雷达天线罩，里面配有双波段天线，这也进一步颠覆了原有的"彗星"客机的美观设计。由于两部雷达分别位于机头和机尾，机身其他部分引起的屏蔽不能干扰雷达的工作，因此这种脊ం安装雷达天线的做法也出现在波音公司的E-3A飞机和格鲁曼公司的E-2C飞机之上。在"猎迷"AEW. Mk 3上的另一个外观小改变是在机翼处加装的电子对抗设备舱。机载数字电脑控制着从雷达传来的数据、目标范围、速度、高度以及其他数据，然后与地面的控制站建立通信联络。这些天线与"猎迷"的敌我识别系统连接，构成了脉冲多普勒雷达模块，能够实现舰船监控和敌机探测，对电子干扰有着很好的对抗。因此，这种"猎迷"机型仅仅称为空中预警机还不够准确，应该叫做"空中预警及控制机"，就像美国人称呼波音E-3A那样。

"猎迷"原型机是由"彗星"4C型机改造而来，只在机翼处安装了雷达天线罩，于1977年6月28日首飞。而首架真正意义上具有空气动力学特性的Mk 3空中预警机机型则于1980年6月16日首飞。英国皇家空军订购了首批11架Mk 3空中预警机型机，原计划从1982年年初开始服役，装备驻林肯郡瓦丁顿空军基地的第8中队。但是，由于持续出现的系统技术故障最终导致这项计划被取消。订单也流向了波音公司生产的E-3D"哨兵"预警机，首批7架E-3D飞机于1990年7月交付第8中队使用。

导航器可以使飞机抵达指定位置。机载的全彩色显示屏雷达拥有自己的数据处理子系统,可以获取清晰图像。作为世界上最好的雷达系统,该型雷达可以在最大距离上对水面舰只、潜望镜、潜艇换气装置以及其他水面目标进行探测、分类,并同时追踪多个目标。同时该雷达还对敌对干扰有着很强的抗干扰能力。AQS-901声学处理显示系统拥有:两台计算机,可以兼容所有的声呐传感器,其中就包括澳大利亚的Barra、英国的Cambs、美国的SSQ-41和SSQ-53以及加拿大的TANDEM等各型声呐。

## 增加设备

为了参加马岛战争,MR.Mk 2型机加装了空中受油管,从而升级为MR.Mk 2P型。此外,马岛战争中参战的"猎迷"还首次加装了翼下武器挂点,可挂载武器包括AIM-9"响尾蛇"近距离空空导弹、AGM-84"鱼叉"反舰导弹、"黄鼬鼠"鱼雷、炸弹或深水炸弹。"猎迷"的作战半径长达6400千米,从位于英国海外领地阿森松岛的基地出击,长达19小时的续航能力可使编队接近阿根廷海岸线。"猎迷"还可以在毫无地形特征的南大西洋上空协调实现空对空的联络,在失去联系的情况下提供搜索救援掩护。即使在今天,"猎迷"依然在常规的马岛上空巡逻飞行中发挥作用。

"猎迷"MR.Mk 2型上新的通信设备包括GEC-马可尼航空电子公司的AD 470 HF双无线电收发机、1台电传打字机和加密设备。主要预警支援系统是在翼尖加装的"劳拉"ARI-1824电子支援吊舱,每个吊舱都有8副覆盖从高波段到低波段的平面螺旋状天线。安装这些吊舱需要在横尾翼两侧安装更大的长方形腹鳍。自1981年以来,机身内部增加了1套"乘员训练器"(ACT)设备,可以使任务人员扮演敌方潜艇的角色,从而无需使用声呐浮标演练完整的反潜作战程序。"猎迷"MR.Mk 2的助航系统是一套非常先进的"费兰梯"惯性导航系统。

1990年夏,伊拉克入侵科威特之后,一支由3架"猎迷"MR. Mk 2巡逻机组成的反潜特遣队在阿曼成立,配合联军战舰对伊拉克进行海上封锁。在8月26日的一次行动中,一艘苏联海军战舰向英国皇家空军的"猎迷"巡逻机发出求助信号,请求帮助拦截一艘突破封锁线的可疑船只。到1991年1月17日"沙漠风暴"行动开始的时候,"猎迷"特遣队已经建立完毕,由第120中队领导,并整合了第42联队和第26中队的力量,具体负责巡逻波斯湾及其周围海域。在一次巡逻行动中,"猎迷"特遣队发现伊拉克海军一艘"甲虫"巡逻艇,在"猎迷"的引导下,该艇后来被英国皇家海军"卡迪夫"号轻型巡洋舰舰上的"山猫"舰载直升机击沉。

## 海湾战争标准

参与"沙漠风暴"行动的几架"猎迷"都进行了改进,被称为MR. Mk 2P(GM)型,GM的意思是"海湾标准",改进项目包括在翼下加装前视红外搜索转塔和一套拖曳式雷达诱饵系统。

如今,全部4个"猎迷"飞行中队均驻扎在苏格兰金洛斯皇家空军基地。随着冷战的结束和苏联威胁的消除,他们在积极训练以应对新的挑战。然而,有鉴于越来越多的潜在敌对国拥有潜艇,"猎迷"飞机开始越来越多地执行跨战区军事行动,每年在世界范围内都会进行训练演习。"猎迷"飞行中队还定期参加"和平伙伴"项目的演习,整合与友好国家的联合作战程序,尤其是搜救

上图:在执行夜间任务方面,"猎迷"在右舷外油箱处装有大功率的探照灯,足以照亮整个任务区域

上图:在代号"共同作战"的军事行动中,"猎迷"编队临时加装了空中受油管,从而可以在南大西洋上空执行远距离攻击任务。飞机从"维克多"空中加油机加油,续航能力达到19小时以上

行动的程序整合。"猎迷"还再次施展身手,参加"伊拉克自由"军事行动。

尽管MR. Mk 2型机正值壮年,但机身的老化和安装最新设备的需求促使英国皇家空军发布《空军参谋部第420号需求令》,寻求"猎迷"的替代机型。经过对达索公司的"大西洋3型"和洛克希德公司的P-3"猎户座"岸基反潜机的评估,英国宣布将升级"猎迷"到"猎迷2000",并把"猎迷"MRA. Mk 4作为新机型的服役名称,将使用最新的航空电子装备及配套设备,由宝马和罗尔斯-罗伊斯在德国的合资公司生产的BR710型涡轮风扇发动机提供动力,大大提升作战性能和经济性。

下图:尽管有4支部队均可称为"猎迷"飞行中队,但是在20世纪90年代中期,第42飞行中队的"猎迷"MR. Mk 2上使用了独特的标记,出现在英国和其他欧洲公众的视野中

# "猎迷"R.Mk 1型飞机
## 英国皇家空军的信号情报平台

20世纪70年代以后，3架毫不显眼的英国"猎迷"R.Mk 1型飞机一直秘密从事着信号情报的搜集工作，并将其提供给英国情报部门。在可以预见的未来，这些"猎迷"仍将活跃在世界各地。

根据《空军参谋部第389号需求令》有关研发信号情报平台的要求，"猎迷"R.Mk 1型飞机（最初计划命名为SR.Mk 1型机）应运而生，在第51飞行中队服役。在当时，该中队拥有3架改装的"彗星"C.Mk 2R型飞机和4架"堪培拉"型飞机，从事高、低空飞行作业，而"猎迷"则被期待用以替换这两款"高龄"机型。

筹集经费的过程异常艰辛。英国政府通信部门的冷淡反应使得对"猎迷"R.Mk 1的最初研发工作职能专注于战术电子情报功能上。最终，该机型配备了电子情报（通常指频率检测、定位和分析）和通信情报接收器及配套设备，能够像此前的"彗星"那样搜集战略信号情报并有所超越。

下图：虽然飞机的检修工作在皇家空军金洛斯基地进行，但"猎迷"飞行队的喷漆工作却是由英国航空公司在伦敦希斯罗机场进行的。本图是1993年XW665号巡逻机除掉了机身喷漆后飞离希斯罗机场前往金洛斯基地检修时所拍摄

为了满足反潜和海上巡逻的需要，英国皇家空军海岸司令部订购新的"猎迷"HS.801型海上巡逻反潜机来替换老式的"沙克尔顿"海上巡逻机，HS.801也将作为"猎迷"的主力机型被英国皇家空军选用为新的信号情报搜集机，命名为HS.801R型。根据需要，3架编号为XW664~666号的"猎迷"R.Mk 1型机将在安装一套复杂的信号情报设备后交付使用，最终，其秘密任务装备在英国皇家空军怀顿基地完成安装，并将以此地作为活动基地。

### 更多成员

与标准的"猎迷"机型相比，R.Mk 1型机可以装载更多成员，包括5名机组成员和多达23名的专业操作人员，他们大多数时间坐在位于飞机左舷前侧和右舷后侧的工作站内。飞机内部很多机舱窗户都无法使用，有的被器材架挡住或是用来安装嵌入式天线了。安装在机尾翼后部长尾梁的磁畸探测器被一个球根状的雷达天线罩取代。电子情报接收器天线安装在原来的炸弹舱、尾翼后部长尾梁和机翼前缘的油箱舱前部。

1971年6月7日，第一架"猎迷"R.Mk1型机在怀顿基地交付。装配工作则耗时甚久，直到1973年年底才全部完成。1974年5月3日，空军中尉戈登·兰伯特进行了首次测试飞行。5月10日，该型飞机正式接受任

上图：在MR.Mk 2型机上安装后不久，空中受油管及其配套设备也安装到了R.Mk 1型机上，这组模块及时满足了1982年英阿马岛战争的需求

下图：首架R.Mk 1型机——XV664号飞机的早期照片。可以看出，与MR.Mk 2型机相比，该机型少了很多机舱窗户。由于后来内部设备的拆除或者升级，其余的窗户则全部取消了

下图：XV666号"猎迷"巡逻机停放在英国皇家海军威丁顿基地，该机型所采取的灰色机身涂层方案是在2001年引进的，目前已经全部使用在MR.Mk 2型巡逻机身上

务。其余两架R.Mk 1型机于1974年年底编入第51飞行中队,此举标志着"彗星"和"堪培拉"机型的最终退役。

此后,第51中队的"猎迷"进行了一系列的现代化升级改进,这使得飞机的外部构造有了一定的改变。1980年,该型飞机的导航系统升级安装了德尔科公司的AN/ASN-119型盘式惯性导航系统,以取代两套"罗兰"导航系统中的一套。这样一来,原有乘员编制中的两个导航员就可以去掉一个,而原先的ASV-21型反潜雷达则被C-130运输机安装的那种ECKO 290型气象雷达所取代。

这次升级去掉了"罗兰"系统的"毛巾架"天线。专业操作人员的位置进一步调整,减少了剩余的舷窗数量。安装一套新的通信频带定向系统,其特征是勾状天线安装在机身前端上部,机翼吊舱上、下部以及垂直尾翼内部。同时也安装了翼尖吊舱,和"猎迷"海上机型的电子支援系统舱很相似。

与"猎迷"的海上版本一样,R.Mk1型机同样使用麻色漆的色彩方案喷涂。经过对飞机的几次大型检修、加装了受油管一段时间之后,在每个横尾翼上方和下方增加了一副新的腹鳍翼(后部机身下翼)和几副小鳍翼。

## "共同作战"行动

在英国人重新夺回马岛的"共同作战"(Operation Corporate)行动中,第51飞行中队也出动了1架"猎迷"飞机参战,该机从阿森松岛或者智利境内的某个基地出发执

下图:1982年,XW666号"猎迷"巡逻机从英国皇家空军怀顿基地升空,从它的垂直尾翼延长部分可以看见第51中队的"飞鹅"队徽

行任务,并且专门加装了空中受油管,以便更好地执行远距离作战任务。

近年来,第51中队的"猎迷"飞机的外挂梁上都挂载着改进的"BOZ"布洒舱,上面还安装着单片天线,在飞机头部安装有前半球导弹预警天线。这些布洒舱没有装载通常的箔条干扰弹或红外曳光弹,可能用来携带"马可尼"空中拖曳式雷达诱饵系统。后半球导弹预警天线则安装在机尾翼后部两侧。

从马岛战争至今,第51飞行中队在中东先后执行了一连串的军事任务。1992年6月,该机型开始加强在意大利的部署力度,为联合国和"北约"在巴尔干半岛的军事行动提供有力支援。1995年4月,第51中队基地从怀顿迁往瓦丁顿,在那里继续保持以往的作战模式和节奏。

## "星窗"计划

在代号为"星窗"(Starwindow)的主要升级项目中,"猎迷"飞机安装了新型拦截接收器、显示屏和工作站,并配有一套全新的数字定向系统,地面上也建立了新的工作站来接收并分析"猎迷"空中飞行时的数据。

该项计划的飞行测试始于1994年,包括

下图:在海湾战争"格兰比"行动中,XV666号"猎迷"巡逻机展示安装在尾部雷达罩下部的拖曳式诱饵雷达系统装备。1995年5月,XV666号失事

美国空军RC135V"联合铆钉"电子侦察机所使用的设备。1995年5月16日,由于在一次保养后的试飞中发生飞机起火,第51中队损失了第3架"猎迷"飞机。机组人员安全迫降,但是不得不用一架备用的MR. Mk 2, XV249改型机补充。这架飞机完全按照R.Mk1型机的"星窗"系统标准改装,并于1997年4月开始服役。作为对飞机的进一步升级的"精华"计划启动后不久,就因为经费原因被取消了。经过重新修订和经费核算,该项计划后于1998年年初重新启动。

在可以预见的将来,"猎迷"R.Mk1型机还将继续服役,但最终将被改装的商务喷气机甚至是无人机所取代,例如英国皇家空军ASTOR侦察机的飞机平台就是基于庞巴迪公司的"全球特快"商务机。然而,无论哪种趋势都将造成飞行理念的重大改变,不再像传统飞机那样重视技术熟练、经验丰富并可以手动调整、控制飞行设备的飞行员。

下图:1977—1978年间,XV664号"猎迷"巡逻机在波罗的海地区执行情报搜集任务,一架瑞典空军的J 35D"龙"式超音速截击机为其护航

# 比奇（雷神）公司
# C-12 军用"空中国王"

为了提高部队的作战效率，需要高效的后勤和联络组织来支持前线。对于美国部队来说，这些枯燥的工作大部分都由"空中国王"200 机型来执行。"空中国王"也构成了特别的电子侦察飞机系列的基础。

上图：作为进入美国部队服役的"空中国王"200系列飞机的代表，图中两架C-12A分别代表美国空军（靠前位置）和美国陆军

尽管大部分被用来进行商务任务，这也是其主要的设计目的，但是"空中国王"200机型被改装执行美国部队一些海外军方的大量任务。

当然，在"空中国王"200机型出现之前，早期的"空中女王"/"空中国王"机型已经在军方服役了许多年（大部分以U-21 Ute命名），为新的型号采购铺平了道路。

"空中国王"200比其前身更大，安装了独特的T形尾翼，于1972年10月27日首飞。首批3架军用电子侦察机型被命名为RU-21J，于1973年开始服役。之后有大批"空中国王"开始执行多用途/重要人员运输任务，采用PT6A-38发动机并使用了新的编号C-12A。美国陆军将该新机型称为"休伦"（Huron），采购了60架，美国海军采购了30架，并于1975年开始在陆、海军服役。还有一架"空中国王"出口到希腊陆军。在美国空军的服役过程中，C-12A主要用于大使馆的飞行任务以及执行海外任务。实际上，一架比勒陀利亚大使馆的C-12A被南非订购，利用腹部的相机进行引导监控飞行任务。

1979年，美国海军和美国海军陆战队开始接收UC-12B机型，装备了升级后的PT6A-41发动机以及货物舱门。同陆军中的机型一样，UC-12B被分散在战场上执行"入侵"及人员运输任务。一共生产了66架。

只有14架C-12C是全新生产的，该型号是陆军的型号，同C-12A类似，但是装备有升级后的Dash 41发动机。然而，很多C-12A被升级到该型号，包括美国空军中编号为C-12E的机型。之后的C-12D机型装备有货物舱门，但是陆军大约40架C-12D中的一半生产或者改装成为RC-12版本来执行电子侦察任务。美国空军也装备了6架C-12D机型。

从1984年开始，C-12F开始在美国陆军和空军中服役。该型号装备有Dash 42发动机以及货物舱门。陆军装备了20架，空军需求46架，但是大部分之后被证实是多余的，被交付到陆军使用。陆军自己订购的机型被分配到美国空中警卫队使用，编号为C-12F-1和C-12F-2来区别细节上的差异。原美国空军的飞机被陆军接收后编号为C-12F-3。海军也接收了12架UC-12F，尽管其中2架装备了雷达执行安全范围侦察任务，编号为RC-12F。

按照编号顺序，下一代机型编号为C-12L，包括3架移除了Guardrail装备的RU-21J机型，用于执行运输任务。之后为UC-12M机型，其中12架服役于海军。其中的两架改装为RC-12M安全范围侦察机型，同时早期的UC-12B/F升级到新的版本，装备有新式的驾驶舱装备、照明和通信设备，但是其他的配置同C-12F机型一样。美国陆

上图：4架"空中国王"B200T在马来西亚空军第16中队服役，执行领海巡逻任务。"空中国王"装备了前视红外线系统以及腹部雷达，可以携带副油箱或者轻型武器

下图：1999年1月，日本的地面自卫队接收了首架"空中国王"350（当地命名为LR-2）来取代三菱公司LR-1机型来执行通信联络/侦察任务

下图：美国海军/海军陆战队一共接收了66架UC-12B用于执行飞行通信联络任务，尽管其中12架之后被命名为TC-12B来进行训练

军购入了29架C-12R机型，该机型为民用B200C机型装备了电子飞行仪表系统驾驶舱后改装而成。希腊陆军有两架是装备有照相机的C-12R/AP机型。

## 服役中的C-12机型

C-12在美国4大军种服役，主要用来执行各种运输任务。可能最重要的任务是在各基地间的人员运送等。美国陆军的C-12编队主要执行空中补给支援司令部（OSACOM）的任务，其次为联合支援司令部（JOSAC）。该组织处理所有美国军方的空中补给支援任务。到2000年，曾经数量庞大的美国海军和美国陆军开始进行裁军。美国海军的UC-12大部分退役，美国空军的C-12C/D大部分被移交到陆军。然而大使馆的飞行编队仍然保留了下来。"空中国王"200机型的优良性能不仅吸引了美国军方的注意，而且在海外也有很好的销量，尽管其中大部分为民用机型。一个例外是购买了C-12D和RC-12D/K机型的以色列。到2004年，海外的用户包括阿尔及利亚、阿根廷、玻利维亚、喀麦隆、智利、哥伦比亚、厄瓜多尔、埃及、危地马拉、爱尔兰、马其顿、马来西亚、摩洛哥、新西兰、秘鲁、南非、斯里兰卡、瑞典、泰国、多哥、土耳其以及委内瑞拉。

在一些情况下，"空中国王"被从民间使用方中租赁过来，但是仍然保持着民用注册号。在海外的服役过程中，"空中国王"200被用来进行多发动机教练机，在一些特殊情况下还用来进行拍照侦察、海上侦察以及更加常见的多用途通信任务。

## 海上巡逻

在各个用户中，马来西亚可能是最有趣的。编号为B200T的机型装备有Telephonics 143搜索雷达并在机翼腹部安装了前视红外线系统（FLIR），另外在机翼下方还有硬挂点用来搭载长途飞行时的油箱或者武器装备。该机型取代了PC-130H机型，在马来西亚周围领海进行护航、海事巡逻等任务。

在"空中国王"200的升级版300之后，比奇/雷神公司接下来生产了"空中国王"350机型。该机型增加了机翼展长，并装备了小翼，加长了机身，装备了1050轴马力（783千瓦）的PT6A-60涡轮螺旋桨发动机。美国陆军购买了C-12机型，其他一些国家的空军则装备了该机型。其中最值得注意的是日本军方，一共购买了20架（编号LR-2）取代了三菱公司（Mitsubishi）Mu-2（LR-1）机型执行通信侦察任务，LR-2在机身腹部装备有传感天线罩。雷神公司经销各种特殊任务机型，以及RC-350 Guardrail战场通信情报作战平台机型，该机型在翼尖吊舱装备有电子情报传感器，在机身腹部装有通信情报天线。

### 在军方服役中的1900机型

基于"空中国王"系列，1900C机型是一款针对远距离往返航线市场的全新设计。之后的1900C-1是一款"整体油箱机翼"版本。军方的兴趣不大，但是美国空军（代表国家美国空中警卫队）购买了命名为C-12J的该机型。另外三方空军部队也购买了该机型。1900D机型发展了直立的净空：只有一架在军方服役。

下图：6架C-12J被购入用于协助美国空中警卫队（安G）。目前4架服役于美国空军机动部队，另外两架服役于美国陆军

上图：驻在中国台湾松山机场的重要人物运输中队的两架比奇1900C-1飞机取代了C-47执行运输/测量任务

上图：一架"high-top"1900D机型服役于阿伯丁试验场的美国陆军化学和生物防御司令部

上图：泰国皇家陆军航空司购买了两架比奇1900C机型来执行华富里的重要人员运输任务

上图：埃及空军购买1900C机型来执行电子侦察和领海巡逻任务。电子对抗机型带有很大的船型整流罩

# 贝尔 212/412 直升机

在军事领域中，在之前的 UH-1s 型号创立的美誉基础之上，贝尔 UH-1N 和贝尔 212 的性能得到了提升，并且具备双发动机装置的优点。军事运营商从 4 桨旋翼机型贝尔 412 身上得到了更多的利益。这个机型现在仍然在生产并且满足了世界各地客户的各种需求。

上图：可以说是充满热情的加拿大政府给双引擎"休伊"项目带来了生机。1969年，第一批212直升机交付到加拿大军队。加拿大人用贝尔412CF"粗毛犬"（Griffon）（见上）代替CH-136"基奥瓦"（Kiowa）、CH-135"双发休伊"（Twin Huey）和CH-118"易洛魁"（Iroquois）

贝尔204、205直升机在越南打响它的第一次战役之后，便立即成为了最强者。它的另一个名字UH-1"休伊"更广泛地被人们知晓。这架直升机证明了自己可以满足使用者的任何要求。然而不久之后，如其他所有机型一样，人们希望它能够做更多的事情。尽管UH-1已经领先于战场上所有中型运输直升机，但是在越南，尤其是湄公河三角洲地区，高热的条件仍然让它挣扎不已。随着"休伊"性能不断增强，贝尔直升机公司、加拿大政府和普拉特·惠特尼公司共同入主该机型。他们的计划是给单发动机机型205（UH-1H）装备PT6T-3涡轮双派克发动机。这项举措将显著提高直升机的各方面性能，使之获得更好的双发动机安全性和可靠性。1968年5月1日，贝尔公司宣布一张来自加拿大陆军的50架直升机的订单项目正式开启，这就是贝尔212机型。

自从"双发休伊"投入使用之后，美国政府开始对飞行器产生了更大的兴趣。尽管美国陆军没有退回任何单发动机UH-1订单改订新机型，但是美国海军、海军陆战队和空军很快就成了新机型的忠实客户。美国军队把贝尔212称为UH-1N。

1971年贝尔开始向加拿大交付飞行器，这就是CUH-1N，随后被重新命名为CH-135"双发休伊"。在越南，这款美国直升机迅速开始执行特种作战任务，例如作为湄公河流域的反暴乱直升机。美国海军受益于UH-1N出色的水上安全性能，大量使用UH-1N作为突袭工具，今天这仍然是UH-1N在特种部队中最重要的用途。

不久，这些经验丰富的UH-1N变得更加现代化，升级为UH-1Y标准。越南战争之后，美国空军的UH-1N承担搜救飞行、重要人物专用飞机（VH-1N）和特殊支持的任务，例如运送人员至战略导弹发射井。在美国海军它被命名为HH-1N。其首要任务是搜救业务，同时也履行基础飞行职责。

很多部队因为需要高载重能力而购买212机型，他们中很多人已经是UH-1的使用者了。这些军事客户包括阿根廷、奥地利、

上图：虽然不是所有的UN-1N都在驾驶室下面安装了美国国家技术情报局(NTIS)的前视红外系统，但是这个系统大大增强了飞机夜间行动能力

孟加拉国、文莱、加拿大、智利、多米尼加、迪拜、萨尔瓦多、加纳、伊朗、伊拉克、以色列、马耳他、墨西哥、摩洛哥、巴拿马、菲律宾、沙特阿拉伯、新加坡、韩国、西班牙、斯里兰卡、苏丹、泰国、突尼斯、土耳其、乌干达、委内瑞拉、也门、赞比亚、英国和美国。

## 意大利的"休伊"

贝尔公司和阿古斯塔建立了长期的生产许可协议，这家意大利直升机制造商成为市场的重要供应商，而这个市场正是贝尔公司难以直接进入的。阿古斯塔制造的212机型被称作AB212。事实上，阿古斯塔在销售上非常成功，导致它与贝尔公司陷入了直接竞争中，尤其是在412机型上。阿古斯塔还研发了一系列AB212的特殊版本。销售情况最好的版本是岸/舰基反潜型AB212S。这款飞行器的客户包括意大利、希腊、伊朗、伊拉克（未交付）、沙特阿拉伯、西班牙和土耳其。因为其反潜战的特性，这款直升机在驾驶舱内装备了投吊式声呐和一个操作站。它还可以携带一对轻型鱼雷，用作反潜武器。为了实现反潜任务，在机舱前部的上方的鼓型屏蔽器中安上了一个搜索雷达。典型装备是一堆奥托-梅莱拉（OTO-Melara）"海上杀手"反舰导弹，交付给土耳其的一款飞机上装备了英国BAE公司的"海贼鸥"。通常反潜型AB212在机舱右舷装一个搜救用起重机并在滑道上方带一个浮筒式紧急起落架。除此之外，阿古斯塔还开发了电子侦察和电信侦察版的AB212，主要用于意大利军队。如果配备上合适的任务系统，AB212还能拥有强大的电子侦察能力。

## 四桨继任者

20世纪70年代后期，客户对飞行器的速度和飞行距离有了更高的要求，贝尔公司试图使212/UH-1N在最小改变机身框架的前提下实现性能的提升，开发出了412机型。用一对大功率的PT6T3B-1代替了标准普拉特-惠特尼发动机，同时增加了机上载油能力。而最大的变化在于增加了一个全新的4桨旋翼系统，这个全复合材料桨叶系统使用贝尔公司的弹性轴承轮毂技术。两架改良后的212样机在1979年8月进行了首飞。1981年2月，新212取得了IFR资格，第一批412机型交付给了一个阿拉斯加的商业运营。

阿古斯塔获得特许生产资格，生产出AB412并且拿到了几笔来自欧洲的军事订单。贝尔公司在几次投标参与AB412竞争中，他们发现自己竟然被自家的飞机打败了。贝尔和阿古斯塔之间的"君子协定"经常使两家发生裂缝。对于贝尔来说，之前那些不悦的经历促使他们决定不再延长阿古斯塔的AB412生产许可。印度尼西亚的IPTN公司获得了100架Nbell412的生产资格，并于1984年开始生产，产品集中于412HP机型。所有的NB412的买家都是政府，大多数被用于了军队。

412的改良机型412SP（Special Performance）的载油能力提高了55%，最大起飞重量也提高了。1991年获得许可的412HP配备了大功率的变速器，而412EP（Enhanced Performance）安装了PT6T-3D发动机，并且装备了3轴数字飞行控制系统。412EP现在已经成为标准机型。AB412的客户是军队和一些其他的军事力量，包括巴林、博茨瓦纳、加拿大、厄瓜多尔、芬兰、洪都拉斯、意大利、墨

下图：瑞典的Helicopterflottilj是AB412 "粗毛犬"的一个新客户，1993年得到了他们8架飞机中的第一架（现收到5架），在国内叫做HKP 11。HKP 11扮演着双重角色：既用作运输，也用作瑞典北部偏远及无法到达地区的军事、民用救援

西哥、尼日利亚、挪威、菲律宾、斯洛文尼亚、韩国、斯里兰卡、瑞典、委内瑞拉和英国。

加拿大又一次成为了贝尔最重要的客户，他们订购了100架以412EP为基础改进的CH-148"粗毛犬"（412CF）直升机，用来代替加拿大之前用的CH-135s（以及其他型号）。这笔订单1998年完成。在意大利AB412以"格里夫内"（Grifone）著称，而在挪威它被叫做19贝尔412SP"阿拉帕霍"（Arapahos）。英国用它在RAF Shawbury空军基地的三军直升机飞行学院进行先进的多发动机训练，被叫做"格里芬"（Griffin）HT.Mk1。"412EP哨兵"（Sentinel）则是一个不同的版本，用于反潜战和水面战。哨兵412装备了一部投吊式声呐、一部搜索雷达和前视红外成像系统（FLIR）突座，可以装载"企鹅"反舰导弹和Mk 46鱼雷。1998年交付的为厄瓜多尔海军改造的"哨兵"是由直升机达因系统改装的。

作为对旧的直升机队伍进行现代化改造的一部分，美国海军对UH-1N和AH-1W进行了平行升级。它们都将会配备全新的4桨复合旋翼和高水平组件组成的机舱。升级后的"双发休伊"将被命名为UH-1Y。在一系列的延期之后，它将于2007年进行初次飞行，并计划生产100架。经改造的UH-1Y的使用寿命重设为零，这将使之可以使用到2020年。

1986年起，贝尔公司所有的直升机都在加拿大魁北克米拉贝尔的贝尔德斯龙直升机公司生产。212和412的生产分别于1988年和1989年搬到了那里。212至今仍在生产，而且有很多订单。到2000年为止，已经有超过900架212交付。412的总产量也超过了430架，其中200架出自这条加拿大生产线。

# 贝尔 AH-1 "休伊眼镜蛇"
## 攻击直升机

从1966年首次投入使用后这些年，贝尔"休伊眼镜蛇"进行了很多升级，这使它在进入新世纪时仍然保持着良好的战斗能力。

小型直升机AH-1可以说是现代武装直升机的始祖，它在越南战场浴血奋战，多次证明自己。如其他伟大的飞行器一样，AH-1是不可取代的，至今世界上仍然有很多军队将它用作前线机型。

尽管武装直升机的构想在20世纪50年代已经形成，但都是在原有机型上进行一些改进而成的，不能很好地满足战地飞机的特殊要求。所以人们需要一架高性能同时又轻巧的攻击直升机：足够的有效荷载，不像那些机型一样容易在战火中受损——在越南，这种情况很常见。

下图：美国海军陆战队的一家AH-1J"海上眼镜蛇"，外表凶悍但没有武装。1968年的新年攻势刺激了双引擎版本的开发。通常"海上眼镜蛇"会在万向炮台上安装M197机炮

除贝尔外，还有很多公司在研究这种飞机。很多开创性的工作应用于209机型，这是一个私人资金项目，目的是满足美国军队的需求。

在外观方面，209与UH-1大相径庭。然而在这种情况下，外形是最具欺骗性的。实际上，它与"易洛魁"很像，结合了后者的很多特性，包括转动系统、传动系统和涡轮轴发动机。这些安装在全新的机身上，截面积小，小巧的短翼在提供提升力的同时，也可以悬挂武器。从一开始人们就想将这架直升机全副武装。

## 紧急任务

项目开展于1965年3月，同年夏天209机型样品就面世，9月便进行了首飞。可以看出这个项目究竟有多么紧急。很快它就转移到加利福尼亚的爱德华兹空军基地进行了全方位的飞行考验，很快让军队相信这架直升机在战场上一定能展现出全新的攻击能力。到1965年3月，军队决定购买贝尔公司的装备，开始订购了112架AH-1G直升机，约定尽早交付以用于越南战场。这只是一系列合同的一个开始。1972年，从美国陆军拿到的合同达到了1000架，同时美国海军陆战队还借用了38架定制的AH-1J"海上眼镜蛇"系列直升机，以测试其适用性。另外，此机型也提供给以色列和西班牙。

上图：AH-1W"超级眼镜蛇"证明了自己是一个真正高效的武器平台。它可以搭载一系列极具杀伤力的武器，包括"陶"式导弹、AIM-9"响尾蛇"和"祖尼"火箭。尽管它有如此强大的表现，但它是以老式机型为基础设计的。后来升级为AH-1Z以继续为美国海军陆战队服务

## 首次战役

最早生产的"休伊眼镜蛇"型号是AH-1G，于1967年6月交付。仅仅3个月以后，"休伊眼镜蛇"就作为Cobra-NETT计划的一部分到达南越地区，目的是将这种新机型用于战斗。随着AH-1G数量的增加，执行的军事行动也在升级。这架直升机承担起日常任务，例如护航、巡察以及对AH-1的0.3英寸（7.62毫米）口径格林机关枪进行火力

下图：在越南，"眼镜蛇"机组成员常常陷入激烈的战火中，从上空直接给友军提供空中火力支持。在整个越南战争过程中，AH-1G总共曾进入20多支部队服役，因为战场的危险和自身的脆弱性，损失了近300架

支持以摧毁敌方掩体和军营。后来格林机关枪加装了M129型40毫口径榴弹发射器。有了这样的配置并且拥有装在机翼上的火箭，AH-1可以胜任南越上空更高、范围更广的攻击任务。

美国海军陆战队从1969年起接受了一定数量的"休伊眼镜蛇"直升机，但他们一直在寻找属于他们自己的机型AH-1J。两者最大的区别在于后者安装了普拉特-惠特尼T400-CP-400涡轮轴发动机（PT6T三涡轮双派克引擎的军用版）并且摒弃了装在炮塔上的格林机关枪，选用一只通用电气公司的20毫米口径M197型旋转机炮。1970—1977年，大约交付了84架AH-1J。在20世纪70年代早期，伊朗军队共购买了202架AH-1J。尽管有来自美国和以色列的援助，这些飞机还是被认为已经不具备适航能力了。

### 导弹装备

20世纪70年代中期，"陶"式导弹开始崭露头角，100架AH-1G经过改进可以装载"陶"式导弹，编号为AH-1Q。经过现代化改进的另一个版本是AH-1R，虽然没有"陶"式导弹，但是装备了新T53-L-703动力装置。最后，所有的AH-1Q、AH-1G和AH-1R都被改进为AH-1S标准。1988年，保留下来的所有直升机被命名为AH-1F，这是美国军队的权威型号。

除了经过改造得到的AH-1S外，美国军队也签订了大量新机型的生产合同，最初叫做AH-1S，后来改名为AH-1P。这种飞机供应巴基斯坦、以色列和约旦。美国军队与日本富士集团签订了特许生产协议，在日本陆上自卫队范围内生产与美国AH-1F相同的直升机AH-1S（后来也被命名为AH-1F）。

美国海军陆战队继续改进AH-1，成果之一是AH-1T，装配了贝尔214的动力系统，1977年首批57架投入使用，不久经改装后能够发射"陶"式导弹。更高级的机型AH-1T+"超级眼镜蛇"在1983年11月16日进行首飞，后海军陆战队接纳此机型并改名为AH-1W。AH-1W重新装配了发动机，增宽了引擎机舱，可以发射"陶"式反坦克导弹、"地狱火"和"响尾蛇"空空导弹。机头部位的新电子设备使其在最恶劣的天气条件下都可以日夜执行攻击任务。

### 战场上的"眼镜蛇"

最初的AH-1G在越南书写了一项令人印象深刻的纪录：在战争最后阶段，携带"陶"式导弹的直升机给北越正规军的装甲部队造成了巨大的损失。

以色列的小型AH-1S、AH-1F战队在黎巴嫩南部为军队提供了支持。在1982年"加利利和平"行动（Operation Peace For Galilee）开始阶段，AH-1S与休斯"防御者"直升机一并以一架"眼镜蛇"的代价，击毁了叙利亚29辆坦克和50辆装甲车。在伊朗，AH-1J经历了与伊拉克的激烈交火，传说"眼镜蛇"曾与伊拉克的米-24"雌鹿"（Hinder）直升机开战。

1983年美国入侵格林纳达对美国海军陆战队的AH-1T"海上眼镜蛇"来说却是不太体面的一次出场。美国"关岛"（Guam）号两栖攻击舰的舰载机上共有4架"海上眼镜

上图：1968年，西班牙海军成为AH-1G的第一位外国客户。在交付的8架飞机中，4架在事故中损失，3架归还到美国，剩下的1架现在保留在罗塔的仓库中

蛇"承担护航任务，但是在弗里德里克战役中有两架被击落。

### 近期行动

"眼镜蛇"直升机的一项更重要的行动是在1991年的"沙漠风暴"行动中。尽管大部分反武装任务是由AH-64执行的，一小部分美国驻德军队还是使用AH-1S和AH-1P。从战斗的一开始，美国海军陆战队的"眼镜蛇"直升机就陷入了硝烟中。4个轻型的陆基-海基攻击中队驾驶沙漠伪装的AH-1W。另外还有两个AH-1J中队待命。AH-1W在海法吉战役和科威特城战役中，用来对付伊拉克装甲部队和地面军队。

尽管AH-1已经从美国常规部队中退役了，然而"休伊眼镜蛇"为一些使用者继续服役到进入21世纪。

下图：从上方看，AH-1直升机机身极为小巧，使得想要瞄准它极为困难。最早的AH-1G出现在贝尔得克萨斯州沃斯堡市的生产基地的试飞中

下图：这架AH-1W"超级眼镜蛇"的机身图案突出了名字中的"眼镜蛇"以及它在1983年首次亮相中展现出的毋庸置疑的攻击能力

# AH-1 单引擎改型

在20世纪70年代，AH-1的基础型号是美国陆军航空战斗部队的中坚力量。尽管几乎所有"休伊眼镜蛇"都已从美国军队退役，但在其他国家，它依然战斗在最前线。

### AH-1G

AH-1G是最早投入量产的"休伊眼镜蛇"机型。词尾的"G"是由美国陆军提出的，他们认为AH-1只不过是现有UH-1"易洛魁"的一个改型。最初制造了两架YAH-1G机型，在1966年4月13日得到了首批100架的订单并且在1967年6月投入使用。美国陆军总共获得了1119架AH-1G。AH-1G与209机型非常相似，但是从一开始就装上了滑橇式起落架。涡轮轴发动机功率从1400轴马力（1043千瓦）降至1100轴马力（819.5千瓦）。

上图：在经历了非制导弹炮齐发的军事测试后，AH-1G成为早期量产的锥形机头的机型

早期生产的一些飞机的尾部螺旋桨安装在机身左舷，但是绝大部分是安装在相反的位置。它有一个与众不同的圆锥形机头，在早期版本中，着陆灯安置在一个透明的整流罩中。后期移到机头下的一个可收缩外罩中。最初AH-1G装备了爱默生电气公司的TAT-102A炮塔，装上一个7.62毫米口径GAU-2B加特林机枪和8000发子弹。炮塔可以左右转动230度，上仰25度，下俯60度。

后来XM28代替了单武器炮塔TAT-120A，它可以承载一个GAU-2B和一个40毫米口径XM129榴弹发射器，备弹300发。从1969年开始，由于在越南的经历，火力得到提升，在左侧后翼吊架上增加了一个20毫米口径M35型6管机炮。有些AH-1G加装了2.75英寸（70毫米）口径火箭。

AH-1G没有传感器或者目标捕捉系统，只适合在白天飞行。在AH-1G试验平台上进行了几种实验传感器的测试，包括SMASH系统（东南亚）针对"休伊眼镜蛇"直升机的东南亚产军用多功能传感器系统融合了早期的FLIR和移动目标捕捉雷达，以及CONFICS（Cobra夜间飞行控制系统），该系统使用了微光级别显示器。一架JAH-1G成为了新型传感器和武器系统重要的测试平台，比如"地狱火"导弹。

AH-1G在越南战场上取得了成功，大部分幸存者后来被改造成了AH-1S、AH-1E或者AH-1F。1981年到1986年之间，一大批直升机被拆去武器，服务于美国海关。它们被称为"蛇"，用来拦截运毒的飞机。尽管AH-1G大量生产，其唯一的出口客户是西班牙和以色列。西班牙海军1972年收到了8架装备了M35型机炮的飞行器（当地称为Z.14），服役到1985年。以色列得到12架，后来被AH-1F取代。

上图：最初的机型区别于所有其他的"休伊眼镜蛇"，它有一个可收缩的起落架。在服役6年之后，这架直升机升级为虚拟AH-1G标准版

### AH-1Q

AH-1Q是由AH-1G衍生而来，但其战斗能力有显著的提升，加装了BGM-71陶式导弹。1973年美军陆军收到了8架AH-1Q试制机，机头上悬挂M65"陶"式稳定瞄准导弹，每侧吊挂架上都装有4管"陶"式导弹发射器，保留了机身下方的M28炮塔并且也可以装2.75英寸（70毫米）口径的火箭舱。从1975年6月到引进AH-1S之前，只交付了85架标准AH-1Q。

### 改进后的AH-1S

AH-1S成为了"眼镜蛇"后期非常典型的机型，并且它自己也衍生出很多子机型。给AH-1Q增加了新的武器和部件后，变得动力严重不足。所以首要的变换是给AH-1S安装大功率1800轴马力（1341千瓦）的T53-L-703发动机。一架YAH-1R样品接受了新引擎测试，后来被命名为YAH-1S。AH-1Q和AH-1S意在填补洛克希德AH-56"夏延人"（Cheyenne）退役之后和引入AH-64"阿帕奇"（Apache）之前阶段的空白。首个服役机型是改进版AH-1S（也叫做AH-1S改良版），剩余的AH-1Q和198架AH-1G都改造成了这个版本并且在1974年开始服役。在AH-1Q的基础上，AH-1S改进版的机身有几点变化，包括主发动机进气管上额外的冷却槽和雷达警报接收天线。通常，发动机排气管上装有"糖勺"抑红外罩。随着AH-1S的其他版本的引入，这些早期的直升机被统称为AH-1S。

### AH-1S（后来的AH-1P）

1977年至1978年交付美军的100架AH-1S标准"眼镜蛇"与改进版相比有几处变化。大部分增加了平形座舱盖以减少反光；保留了M28炮塔、陶式导弹和M65瞄准器。先进的飞行系统和电子设备使其能更好地进行掠地飞行。从第67架AH-1S之后，都安装了锥形卡曼K-747主旋翼。1998年AH-1S产品变更为AH-1P。

土耳其空军用30架（1992年交付36架）AH-1P和双引擎AH-1W一起，作为其驻扎在安卡拉GUVERCINLIK攻击直升机营的一部分。1994年巴林得到14架"眼镜蛇"，据称为AH-1P机型（也有可能是AH-1E），包括一些双重控制飞机。它们构成了巴林在Shaikh Isa空军基地的阿米里空军的一个中队。

### AH-1S ECAS("眼镜蛇"增强型武器系统/Up-GUN AH-1S——后来的AH-1E)

新机型AH-1S项目的第二个阶段,在机头下部的通用炮塔中,增加了一门M197型3管20毫米口径机炮,代替了原来的M28型。M197型以M61"火神"(Vulc安)机炮为基础,备有750发子弹。这款飞行器有左侧发动机进气道处,一个小而醒目的突起,用来装一个10kVA的交流发电机。大多数都有纵切驾驶舱上下的保护电线。1978年到1979年共交付98架AH-1S ECAS型直升机。1988年整个AH-1命名系统重新设置,AH-1S Up-Gun 变为AH-1E。

### TAH-1S(TAH-1F)

41架AH-1G改为双重控制系统,升级为AH-1S现代化标准型,用来作为拉克尔堡的陆军航空学校的飞行教练机。1988年"眼镜蛇"系列飞机命名方式改变时,AH-1S变成了TAH-1F。很容易通过机身一侧很醒目的红色操作盘(这对美国陆军教练机来说很普遍)和白色的3位编码辨认出它。现在所有的TAH-1F已经退出使用。

### TH-1S "代理"(Surrogate)

为了训练AH-64阿帕奇机组人员操作"阿帕奇"传感系统,在15架早期未装武器的AH-1S机头上方加装AH-64的超红外飞行夜视系统。这种直升机1984—1985年间投入使用,现在已经退役。

### AH-1S现代化版(后来的AH-1F)

美军AH-1S升级计划的最后阶段收获了99架新制造的AH-1S现代化版直升机,外加给陆军国民警卫队的50架和从AH-1G改装的378架,于1979—1986年交付。这款直升机包括了所有以往版本的优点,另外加装了一个新的驾驶舱显示窗、更强的抑红外设备、新的敌我识别器、ALQ-144红外干扰发射器和一个在机身右侧的马可尼飞行数据传感臂。很多飞机都装了AN/AVR-2激光报警系统。旋翼主轴前沿装有一个凸起的整流罩,里面装有激光点跟踪器,尽管它们事实上并不适用。

AH-1S现代化版(AH-1F)成为出口国家最多的单引擎"眼镜蛇"改型。现在它在以色列、日本、约旦、巴基斯坦、韩国和泰国服役。日本是这些出口国家中唯一一个获得生产特许的。富士重工集团为日本地面自卫队提供了89架AH-1F,另有两架AH-1S直接由贝尔公司提供。在以色列,"眼镜蛇"被称作"Tsefa"(毒蛇),自1981年共有64架直升机交付到以色列。据说它们在帕尔马西姆和哈特泽利姆的空军基地在Nos 160、161和162中队中服役。约旦皇家空军自1985年获得24架,现在在安曼的基地的Nos 10和12 中队服役。巴基斯坦的陆军航空军1984年收到20架AH-1F,在木尔坦的Nos 31和32中队一起承担飞行任务。韩国也使用了大约60架AH-1F"休伊眼镜蛇"和AH-1J"海上眼镜蛇"。AH-1F从1988年开始交付,加入了AH-1J的队伍,后者从1978年开始服役。1990年,泰国皇家陆军航空军开始在位于华富里的主基地使用AH-1F。

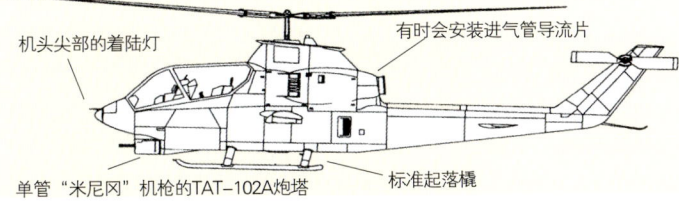

AH-1G(早期)
- 机头尖部的着陆灯
- 有时会安装进气管导流片
- 单管"米尼冈"机枪的TAT-102A炮塔
- 标准起落橇

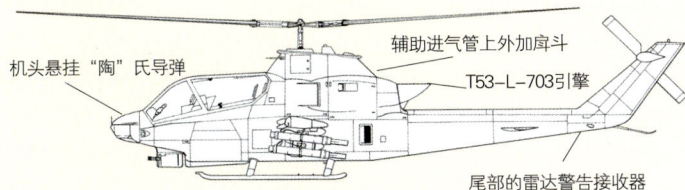

AH-1S改进型
- 机头悬挂"陶"氏导弹
- 辅助进气管上外加扈斗
- T53-L-703引擎
- 尾部的雷达警告接收器

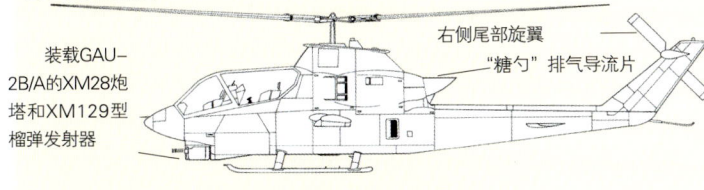

AH-1G(后期)
- 装载GAU-2B/A的XM28炮塔和XM129型榴弹发射器
- 右侧尾部旋翼
- "糖勺"排气导流片

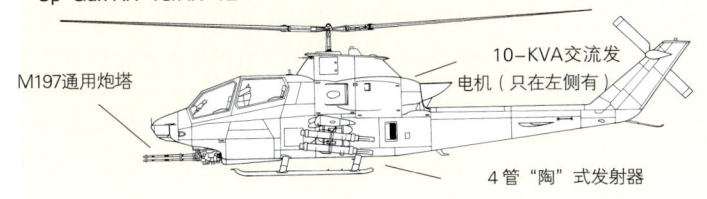

Up-Gun AH-1S/AH-1E
- M197通用炮塔
- 10-KVA交流发电机(只在左侧有)
- 4管"陶"式发射器

AH-1G SMASH
- 最初的左侧尾部旋翼
- 机头挂有AN/AAQ-5红外瞄准系统
- 安/APQ-137B移动目标指示器和雷达吊舱

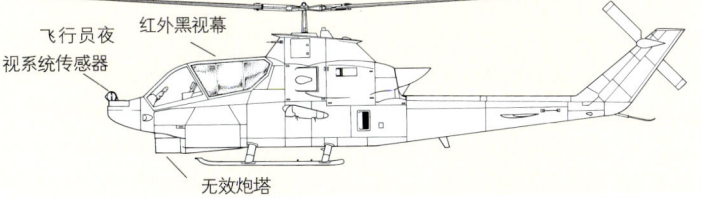

TAH-1S/TAH-1F
- 红外黑视幕
- 飞行员夜视系统传感器
- 无效炮塔

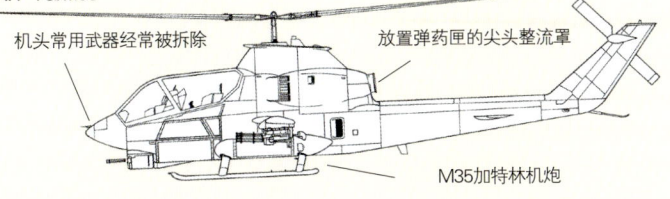

AH-1G/M35
- 机头常用武器经常被拆除
- 放置弹药匣的尖头整流罩
- M35加特林机炮

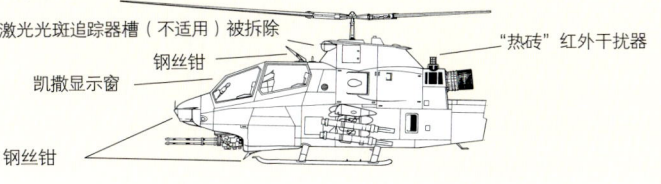

现代化版AH-1S/AH-1F
- 激光光斑追踪器槽(不适用)被拆除
- "热砖"红外干扰器
- 钢丝钳
- 凯撒显示窗
- 钢丝钳

# AH-1 双引擎改型

20世纪60年代，最初的双引擎AH-1为了满足美国海军陆战队的需求，在几年过程中逐步改进发展，这要感谢此机型最早的客户。

### AH-1J "海上眼镜蛇"

我们早期见到的AH-1J是一个类似于AH-1G的单发动机机型，但是多加了一个转子制动器（舰载机所必需的）、美国海军标准航空电子系统、重型武器和更佳的防腐蚀保护措施。美国海军陆战队已经使用AH-1G执行一定的任务，不管在后勤上还是政治上，一款普通的美国发动机开始激发了陆战队对于双引擎飞机的渴望。1968年的新春攻势，带来了大量的直升机订单以弥补战争中损失的飞机，海军陆战队开始用双引擎机型代替单引擎的"休伊眼镜蛇"，尽管这个发动机是加拿大的。

这使得海军陆战队获得了更强大的飞机，配备了加拿大普惠T400-CP-400（PT6T-4）涡轮轴发动机和装在新型机头炮塔中的M197型3管机炮。这种新武器基本上就是轻巧版的著名的6管M61、内部有一个装有750发子弹的弹匣。这种机炮标称射速可达750发/分钟，但是实际单管发射的速度在每分钟16发以内。

T400-CP-400也用于UH-1N和贝尔212，包括一对PT6，驱动通过普通变速箱的轴承。这款新的发动机与之前的莱康明T53相比，动力大大提高，但其最大的优点在于具备了真正的双引擎可靠性。由于旋翼系统并没有改变，AH-1J产生的能量比它使用的能量（最大持续功率1530轴马力/1141千瓦）要多，这带来了很有用的悬空盘旋能力。

1969年10月第一架AH-1J移交，1970年7月4架送往帕塔克森河进行评估。1971年2月，第一批AH-1J送往越南，很快就在战争中证明了自己的价值。在之后的服役过程中，美国海军陆战队的AH-1J承载的武器比美国陆军"眼镜蛇"更加多样性，现在全都配备了经改进的机翼挂架和新型的驾驶舱排气系统。一些幸存的AH-1J经改造，装载AIM-9"响尾蛇"导弹，并计划加装AGM-114A"地狱火"（后来被弃用）。J机继续在海军陆战预备队飞至1990年，现已退休。AH-1J预备队被派往海湾地区。

### 309型 "眼镜王蛇"

双引擎机型在1971年9月10日上演了它的处女秀。与AH-1J不同的是，它的机身更加坚固，尾梁加长，机身下方装上垂直翼以改善方向稳定性，并且获得更大的主旋翼旋转直径（48英尺/14.6米）。单引擎的309型除了发动机组件之外，与其很相似。它们之间的共性使得人们可以在最早的309意外坠毁之后，在单引擎基础上重新制造双引擎直升机。它的主旋翼有很宽的机弦，有前掠型尖端的高升力桨片和不对称截面。最初的AH-1G式的机头变为一个更长的机舱，装入了电光或"维森尼克"传感器装置，包括前视红外系统、低照电视、"陶"式导弹追踪装置和一个激光测距仪。飞行员拥有自己独立的低照电视系统，在叶轮整流片前方。这样保证了他可以在完全黑暗的环境中驾驶，即便是射手正在使用前视红外系统。尽管"眼镜王蛇"并没有进行批量生产，但其中的技术被用于其他AH-1和UH-1项目中。

### AH-1J国际型

当伊朗决定为其军队订购AH-1时，它要求能兼容"陶"式导弹的AH-J改型，并包括之前经309型实验验证过的很多特性。1971年12月21日签订的这笔7.04亿美元的合同，是贝尔公司历史上最大的出口项目。合同包括287架214通用型直升机和202架AH-1J。

在伊朗，它有时被叫做"Ir安϶安J"，动力由大功率T400-WV-402发动机提供，配备一个新型的传动系统，是由211"休伊拖轮"（HueyTug）飞行起重直升机的传动系统演变来的。最大持续功率达到1673轴马力/1248千瓦，这使国际J型直升机获得了更好的热高压条件下的性能。

### AH-1T改进版 "海上眼镜蛇"

由于新型发动机和传动系统的需要，AH-1T成为第一架改变机身的量产"眼镜蛇"改型。美国海军陆战队需要一架能装载"陶"式导弹的"眼镜蛇"，为了满足其需求，开发出了AH-1T改进型"海上眼镜蛇"，使用1970轴马力（1470千瓦）加拿大普惠T400-WV-402双派克发动机和与贝尔214相同的传动系统。为了充分利用动力，AH-1T安装了新的直径48英尺（14.6米）的旋翼，桨片的弦长从27英寸（69厘米）增加到33英寸（84厘米）。轮毂也得到增强，轴承使用Lastoflex皇家运动学弹性材料和泰夫龙表面涂层。后掠端减小了噪音，提高了飞机高速飞行的性能。主桨直径增长，这样允许尾梁加长，尾部旋桨的直径增加，叶片面积增大，从而变得更加动力十足。为了保持重心的位置，机身前部也加长了，多出的空间增加了一个航空电子舱，储油量也增加了400磅（181千克）。起落架橇的长度也增长了。

采用T400-WV-402发动机使AH-1T可用动力得到显著提高，即便在油舱满油的状态下仍可拥有很大的净载重量。这使得这个新改型虽然机身重量增加许多，但性能确实是让人印象深刻。AH-1T的性能如此突出，以至于原计划生产的124架AH-1J只交付了67架就改为生产AH-1T了。

最后两架AH-1J制造成了AH-1T的原型机，1976年5月20日首次以新面目进行飞行。随即又生产了57架。由于预算的限制，最初的33架直升机并没有提供"陶"式导弹兼容设备，但是后来给幸存的飞机进行了改装，包括机头瞄准器，为两位飞行员配备了斯佩里可视头盔，M197机炮加装了反冲制动器，使望远镜式瞄准单(TSU)可用。这个项目使这些AH-1T可以兼容"陶"式导弹，其他的一些变化则使之可以使用更新型的"地狱火"。第二批24架AH-1T就与"陶"式导弹完全兼容了。

### AH-1T+

AH-1T+诞生于一份文字提议,伊朗想要一架加强型"海上眼镜蛇",拥有通用电气T700-GE-700发动机和贝尔214ST的传动系统,要在伊朗的许可下生产。在伊朗服役时,这架直升机提供的动力比AH-1J多75%,燃料用量多25%。它有颗粒过滤器、更好的机炮反冲制动系统和更强的电子干扰设备。它计划能达到最高速度173海里/时(199英里/小时;319千米/小时)。伊朗国王的下台使得贝尔失去了原有的客户,海军陆战队承认他们需要一些AH-64而不需要其他的"重新使用的""眼镜蛇"。新机型的研究正在继续,然而,一架AH-1T在1980年4月装配1258轴马力/938千瓦的通用电气T70-GE-700发动机进行了飞行。

### 4BW

最后一批量产的AH-1T(161022),也是AH-1T+和AH-1W早期的原型机,被贝尔用复合材料和活动轴承进行了改造。680型4桨旋翼,最早在贝尔222机上试飞。新旋翼制造和保养都变得更为容易,使用寿命也更长,同时为"超级眼镜蛇"带来了更好可操作性,提高了最大速度(提高了20海里/小时,23英里/小时,37千米/小时),减小了震动。它比其他的旋翼更加隐蔽,贝尔希望它能够经受高达23毫米口径的直接空空导弹。被称为4BW(Four-Bladed Whiskey),早期AH-1T+示范机也配备了新的尾翼面,位于尾部后方60英寸(152厘米)左右,并有端板式垂直尾翼。它还安装了数字飞行控制系统和夜间目标瞄准器,还有为AH-1W安装的多普勒导航系统。海军陆战队的评估结果后,4BW的原型机返回了AH-1W仓库,交还给了美国海军陆战队。很多经过测试的4BW的特征将出现在AH-1Z上。

### AH-1W "超级眼镜蛇"

1981年,议会拒绝为美国海军陆战队购买AH-64提供资金;相反,贝尔公司拿到了410万美元的合同,目的是使T700-GE-401达到AH-1T的要求。随后贝尔开始对AH-1T+原型机(161022)进行一系列的改进和升级,为其加装了高级的排气消音器,原来在尾梁上的"陶"式电子一起重新放置到颊板上的整流罩中。"响尾蛇"、"地狱火"和"陶"氏导弹都装在原型机中,同时也加装了AN/ALQ-144红外干扰器和AN/ANE-139干扰布撒器。第一批量产的飞机命名为AH-1W。第一笔订单是44架外加1架TAH-1W教练机。美国海军陆战队最终共获得了179架新生产的直升机。43架剩余的AH-1T改装成了AH-1W配置。到1999年2月,大约有190架AH-1W在服役中。

国外客户有土耳其,从美国海军陆战队收到了10架。贝尔公司现在正建设土耳其用AH-1W"眼镜王蛇"作为其需要的145架当地生产的攻击直升机。中国台湾在1993—1997年间获得了42架。罗马尼亚的一项宏伟计划是获得许可,首次生产96架以"威士忌"为基础的AH-1RO德拉库拉,这项计划现在也可能成为现实。

美国海军陆战队计划升级AH-1W(和UH-1N),这项计划可能最终使"威士忌"变成AH-1Z。

### AH-1Z

1995年,在弃用集成武器系统、海洋观测处和攻击飞行器项目后,一个针对AH-1W的两步改进计划提出。第一阶段包括为陶式和"地狱火"导弹安装夜间目标定位系统(NTS),以便在日间、夜间和不利天气下的目标定位;第二阶段更为基本,安装贝尔680型4桨旋翼,更换新机翼和玻璃机舱。达到第二阶段标准的AH-1W,改名为AH-1Z。2000年12月,AH-1Z首飞,IOC计划则在2007年。美国海军陆战队期望得到共180架AH-1Z。另外,土耳其也选择AH-1Z作为他们的新型攻击直升机。

### AH-1G "海上眼镜蛇"

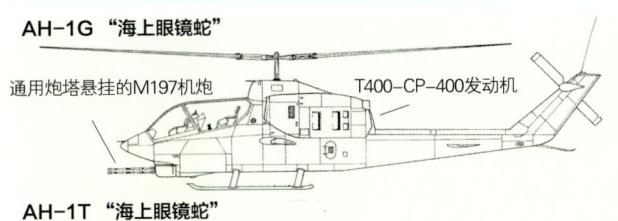

通用炮塔悬挂的M197机炮 — T400-CP-400发动机

### AH-1T "海上眼镜蛇"

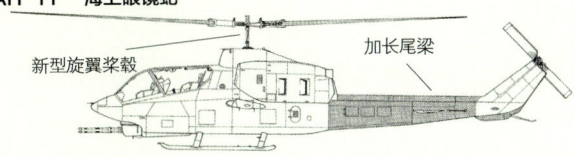

新型旋翼桨毂 — 加长尾梁

### 309 "眼镜王蛇"(单发动机)

测试杆 — T55-L-7C发动机 — 扩展尾梁

### AH-1T+

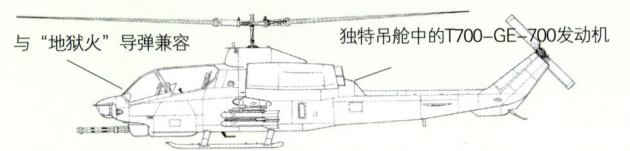

与"地狱火"导弹兼容 — 独特吊舱中的T700-GE-700发动机

### 309 "眼镜王蛇"(双发动机)

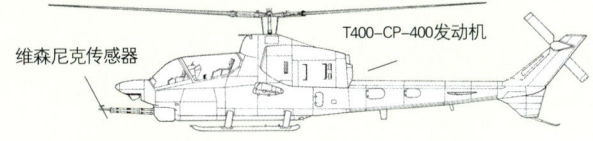

维森尼克传感器 — T400-CP-400发动机

### AH-1W "超级眼镜蛇"

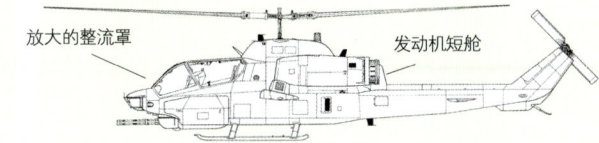

放大的整流罩 — 发动机短舱

### AH-1J国际型("陶"式导弹)

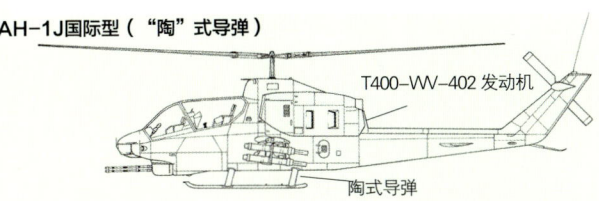

T400-WV-402发动机 — 陶式导弹

### AH-14BW

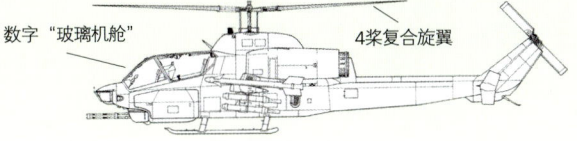

数字"玻璃机舱" — 4桨复合旋翼

# "休伊"的发展历程

20世纪50年代,美国陆军在探寻未来飞行器的时候,提出一个新词,叫做"空中机动性"。贝尔公司提出了一个直升机设计方案,从早期测试看来,是非常有希望达到这个要求的。

下图:55-4459是最早的一架贝尔204直升机,美军称其为XH-40。多年以后,这种直升机以另外一个名字被人们熟知:在越南时的UH-1"休伊"

现在,与"超级马林喷火"式战斗机(Supermarine Spitfire)、道格拉斯DC-3、波音747一样,休伊直升机已经成为世界上知名度最大的飞行器之一。然而,情况并不一直都是这样。

## 朝鲜战争的教训

在20世纪50年代初期的旋翼飞机领域,美军一点也自豪不起来。在1950—1953年的朝鲜战争中,美国陆军迟迟不能引进有效的直升机,一个官员表示这种行为是一种"过失"。这种尴尬境地与美国海军陆战队形成了鲜明的对比,美国海军陆战队从一开始就意识到了直升机的重要性。随后美国陆军也开始试图解决问题。

一小部分人,尤其是詹姆斯·加文和汉密尔顿·霍兹将军,坚持认为美国陆军需要"空中机动部队"。他们认为用卡车运送地面步兵团去战场是毫无意义的。美国国防部官员向得克萨斯州沃斯堡的贝尔飞行器公司求助,订购了204机型直升机,命名为XH-40。一名官员对公司总裁劳伦斯·D.贝尔说:"这些将成为我们的空中卡车。"

## 新型直升机

贝尔XH-40由一台700轴马力(522千瓦)莱康明XT53-L-1涡轮轴发动机供能,配有直径为44英尺(13.40米)双桨旋翼,并在1956年10月22日由贝尔飞行员弗洛德·卡尔森驾驶进行了首飞。蝌蚪形的XH-40表现良好,巧合的是美国陆军已经预定了一批试制机。年底,美国陆军由于在航空界的一系列创新,沉浸在喜悦中,开始建立自己的战斗机命名系统,而不按照美国空军的方式,将XH-40命名为XHU-1。不久之后,早期生产的HU-1A和HU-1B起名为"易洛魁",为的是纪念西北部的美国土著印第安部落。HU-1A的命名方式引出了这个传奇性的外号"休伊",尽管1962年将这种机型又改为UH-1。

## 早期发展

在改进了9架直升机后,又试生产9架。因为20世纪50年代中后期,资金非常充

上图:这张早年的宣传照中,在得州胡德堡空军基地,XH-40"易洛魁"在战斗坦克M60A1(左)和M47上方盘旋。几年之后,在越南战场上空,"休伊"将成为"空中坦克"

下图:尽管可以支持核弹头,MGM-29A"中士"(Serge安t)导弹很快就成为了历史的注脚。然而,像背景中的C-130A"大力神"(Hercules)一样,HU-1A"易洛魁"几乎可以说是航空设计中的不朽之作

下图:在美国陆军航空队的试验中,一架直升机吊挂一辆M551吉普车。这是"绿草"(Olive Drab)56-6726样机,6架YH-40中的一架。在后来的生产中被归为HU-1A

足。苏联领导人尼基塔·赫鲁晓夫炫耀着他的核武器，亚洲和非洲局势动荡，尤其是在刚果。1959年5月，贝尔收到了一份公司人员鲍勃·莱德表示"非同小可"的合同，生产173架直升机。与此同时，参议员约翰·F.肯尼迪预言美国军队在接下来的10年将不得不经历一场真正的战争。

第一架HU-1B在1960年4月20日进行了首战，证明了它有能力承载两名飞行员和7名队员以126英里/小时（203千米/小时）的速度飞行。在新的10年中，持续的更强的动力会大大提高UH-1D和UH-1H的表现，但是休伊已经受到了美国陆军的热烈追捧。同时它还收到了美国陆军飞机保养员的欢迎，终于有一架飞机易于修理又不容易出故障了。

陆军航空委员会又被称为霍兹委员会，以陆军最有远见的将军霍兹名字命名。霍兹委员会在不同的天气条件下试验新型贝尔直升机的执行各种任务的能力。冷战随时可能变成热战，所以军队试着用休伊作为战场上的"出租车"，运送"诚实的约翰"（Honest John）、"小约翰"（Little John）和"中士"战地核火箭推进器。了解了休伊的能力后，美国空军订购UH-1F，用来支援洲际弹道导弹发射场。

1961年，肯尼迪在访问北卡罗来纳的布拉格堡时视察了一架休伊直升机。那时，受新总统对非传统武器的热爱影响，美国军队正在建立一支独一无二的战机编队。第一支骑兵师，标志是印有雄马头像暗影的徽章。这支部队原则是垂直空中机动作战，并重新命名为空军骑兵师。贝尔有希望得到1000架以上的生产订单。一本公司的备忘录上记

载，这架新直升机"不管在哪都会被认为是成功的"。当时没人知道它究竟能获得怎样的成功。

美国陆军修订了"空中机动部队"的策略，展现出了培养新的一代一级准尉飞行员的远见。计划从20世纪60年代开始，为位于阿拉巴马州拉克尔堡的第一骑兵师和它的训练机构提供UH-1B休伊直升机。

这架新直升机在空中撤退任务中的潜力是大家有目共睹的。1962年3月，位于得州布里斯堡的第57医疗队（救援直升机）成为了第一批被遣往海外的休伊使用者。起初，他们以为自己要去欧洲。后来一名UH-1B的机长说他是从司令那里得到的最终命令的。"我知道我们要去哪，"机长对指挥官

上图：这架飞机反映了不断变化的命名系统。这架编号60-3547的直升机，设计之初叫做XH-40，首飞时叫做HU-1B，1962年后改名为UH-1B，又叫"休伊"

说，"是前线，是最危险的地方。他们要派我们去刚果。"

"不对，"指挥官回答，"直到上周我才知道我们的直升机要去哪。"他顿了一下，接着说，"是越南。"

下图：这架陆军航空军的试飞机是6架HU-1A中的一架（后改名UH-1A），是贝尔设计的基本用途直升机

右图：身着醒目的美国陆军配色（白色机身，红色装饰），照片中的3架贝尔HU-1B在早期一次验收飞行任务中被拍了下来

# "休伊" 美国改型

贝尔公司最普遍的机型"休伊"从1958年到1986年共生产了28年。在此期间,对其进行了很多改良,最终的UH-1H已经跟最初的A型号有很大的不同。

## XH-40和YH-40

1955年贝尔204在美军寻找新的多用途直升机的竞争中胜出后,制造了3架XH-40样机(图中是第3架,编号55-4461)。装有一台825轴马力(615千瓦)的莱康明XT53涡轮轴发动机,H-40要扮演3种角色:空运医疗后送直升机,通用直升机和训练用机。这架飞机(第一架1956年10月22日首飞)之后又制造了6架YH-40试验飞机,美国陆军和美国海军陆战队都对它进行了测试。与XY-40不同的是,它的机舱增加了12英寸(30厘米),离地距离增加和其他的一些变化。

## HU-1A(1962年后的UH-1A)

从1956年起,H-40在美国陆军航空军新的命名系统下改名为HU-1(这使得"休伊"这个外号伴随着整个"易洛魁"系列)。UH-1A于1959年向美军交付,182架中的前4架由T53-L-1A发动机提供700轴马力(522千瓦)功率,剩余的样机由推力900轴马力(671千瓦)的T53-L-5发动机降低到了770轴马力(574千瓦)。HU-1A是第一个参加战斗的改型,1962年10月起在越南加入多用途战术运输公司。大量直升机被改造成武装护航机,用来运输不同的火箭和机枪等。1962年14架被改装成TH-1A仪表飞行教练机,还有一架改成XH-1A武器试验台。右图是第一架UH-1A,编号57-6095。

## UH-1C

事实上后期生产的一些UH-1B,即C的原型,拥有提升的主旋翼系统和更强大的载油能力。1965—1967年,美国陆军获得了767架直升机。跟以前一样,其中很多又被转送到澳大利亚和挪威。

## YHU-1B和HU-1B(1962年后的UH-1B)

4架YHU-1B由960轴马力(716千瓦)的T53-L-5提供动力,主旋翼弦长增加,后舱增大,可以容纳8名队员(HU-1A只能容纳5名队员),拥有武器悬挂点、射击控制系统电路和其他一些细节上的变化。1960年评估4架样机后,为美军生产1014架HU-1B,后期飞机上装备1100轴马力(820千瓦)的T53-L-11发动机。这些飞机于1961—1965年间交付(其中一些交付给澳大利亚和挪威),第一架在1963年5月到达越南。1963年为了测试,一架样机改成了NUH-1B。

## YUH-1D和UH-1D

以205机型为基础,UH-1D发动机与UH-1C相同,但是拥有更大的机舱,可以容纳12名队员或者6名重伤员。共制造了7架YU-1D(图中所示),并在1961年8月进行了首飞。两年后,向美国陆军交付了首批2008架样机。其中很多在1968年改装成HH-1D救援机,配有水箱和喷射器。其他很多更换引擎,成为标准UH-1H。

## UH-1E

1962年,美国海军陆战队对"休伊"的兴趣引起了人们在UH-1B基础上设计攻击型战斗直升机的需求。为陆战队制造的192架UH-1E安装了T53-L-11发动机,增加了载油能力,更换了电子设施;一些飞机后来改装了宽舷旋翼桨叶。图中是最初的两架UH-1E,编号151266和151267(近处),于1964年2月交付。后又交付20架TH-1E教练机。

## XH-48A和UH-1F

1963年美国空军需要一种支持导弹发射基地的直升机,于是选择了204机型,订购了一架名为XH-48A的样机。1964年进行首飞,这架飞机被命名为UH-1F,编号63-13141(右图),与它的前身不同的是安装了通用T58-GE-3涡轮轴发动机,功率达到1000轴马力(746千瓦)。它可以运载10名机员,于1964年后期开始服役,交付120架。尽管还没有改变命名,仍然一小部分派往越南,改装成了武装直升机用于紧急救助。接下来一笔26架TH-1F的订单用于操作和救援训练。

## TH-1L和UH-1L

图中美国海军教练机配色的飞机是90架TH-1L先进教练机中的一架,第一架于1969年后期交付给彭萨科拉的海军航空站。这些飞机与HH-1K使用相同的机身框架和发动机;另外还为美国海军制造了8架相似的UH-1L通用任务直升机。

## UH-1P

为了对越南进行秘密心理战,美国空军将一批不知数目的UH-1F改装为标准UH-1P。一些资料指出疑为UH-1P改装的HH-1P改型执行救援任务。

## HH-1K

1970年美国海军收到27架HH-1K进行救援任务。K型机是以UH-1E框架为基础的,但是配备了T53-L-13发动机,并安装了不同的电子设备。

## UH-1H和HH-1H

配备了更强劲的T53-L-13发动机,功率达到1400轴马力(1044千瓦),UH-1H并不同于UH-1D,是UH-1系列最后生产的改型。第一架于1968年进入部队,到1976年交付最后一架时,为美国陆军生产的总量达到5435架。美国海军陆战队于1970财政年度订购,得到了30架HH-1H型救援机。很多UH-1H改装后执行特殊任务;至少3架EH-1H运送代号为"Quick Fix"的干扰和显示装置(一种EH-1U改进型因为改用EH-60A"黑鹰"而被取消);4架JUH-1H试飞机装上了为EH-60B设计的SOTAS(并行目标捕获系统)基准雷达系统;"VH-1H"很明显是非官方的名字,大量VH-1H用于运送工作人员;由于1990年间,大量的此机型退役,很多UH-1H作为飞行靶机QUH-1H重新投入工作。

## UH-1V

由大约220架UH-1H改装的UH-1V在20世纪80年代早期引进,是最后一个在美国陆军状况服役的UH-1改型。飞机加装了先进的适应各种天气的电子设备,实现低空飞行,大多数被指派用作专门的救伤直升机,也执行高速拖吊运输任务并且有专业的机上生命支持系统。

## UH-1M

"休伊"作为武器平台的持续发展,促成了UH-1M的出现,这是UH-1C的改装版,配备了"INFANT"("易洛魁"夜间战斗机和夜间追踪雷达)的夜视系统,由休斯生产,机头两侧分别安装了红外搜索器和红外探照灯。36架UH-1C安装了T53-L-13发动机,同时武器也依附于INFANT系统。第一架样机1969年10月派往越南。战争期间它一直留在东南亚。20世纪80年代初,一大批UH-1M交给了萨尔瓦多政府,尽管没有配备INFANT。美国陆军多出来的一些UH-1M最终改装为QUH-1M靶机。

# 贝尔/波音
# V-22"鱼鹰"倾转旋翼机

左图：第二架"鱼鹰"验证机在测试飞行中进行空中加油。当V-22最终进入部队服役的时候，它的倾转旋翼系统将彻底颠覆空降运输机的概念

2004年期间，不同寻常的"鱼鹰"倾转旋翼机的研制工作已经进入了实战测试阶段，这一阶段的工作首先在美国海军陆战队开展。"鱼鹰"倾转旋翼机是一个非常激进的研发项目，此前曾经因技术和政治的原因而受阻。

2004年，美国海军陆战队直升机训练中队HMM-204中队重组为VMMT-204中队，成为第一个驾驶贝尔/波音V-22"鱼鹰"的中队。

"鱼鹰"看上去像一架直升机，但是它的外观很具有迷惑性。V-22被称作倾转旋翼机，V-22利用线传飞行控制系统可以像直升机一样垂直起飞，但是一旦升空，旋翼倾转成与地平面平行，像固定翼飞机一样进行飞行。这种独有的特性使其比海军现役的CH-46E"海上骑士"（Sea Knight）直升机有更快的速度和更大的航程，大部分的"海上骑士"直升机已经服役超过40年，飞行时间达9500小时，其设计寿命为10000小时，急需更新换代。由于V-22可以乘坐多达24名全副武装的军人，因此它可以从近海的战舰上起飞，作为先头部队发起攻击，并且能够在海岸防卫线外保持安全。如果能够解决技术问题，大量的海军陆战队可以在内陆对敌人发起突袭，而不是在布满沙石、防卫火力强大的海岸线上。

在直升机模式当中，V-22可以悬停，向侧方后方和前方飞行。V-22可以吊载多达15000磅（6803千克）的物资。当旋翼向前倾斜，如同一个涡轮螺旋桨发动机时，"鱼鹰"最高速度可达315节（363英里/小时，584千米/小时）。作为一款军用运输机，即使在靠近敌军海岸线的海上平台这种艰难条件下进行飞行，V-22仍然具有550海里（633英里，1017千米）的作战半径，并且可以通过海军的KC-130F"大力神"飞机进行空中加油。

V-22的驾驶员在各个方面都需要进行新的培训。当贝尔公司与V-22密切相关的倾转旋翼机型Model 609进入民用市场之后，在新的范畴中固定翼和旋转翼驾驶员执照的差别逐渐消失。除了倾转旋翼的概念，V-22还拥有先进的飞行驾驶舱，采用摒除了所有刻度盘的设备。此外，V-22还配备一款新型头盔，融合了红外线和图像强化技术，提高了夜视效果；一款电磁头部追踪系统，从动于未来炮塔系统的IR系统，使其如同在抬头显示器中看到的一样。

波音公司在费城的工厂制造了"鱼鹰"的机身部分。这家工厂大量地使用了机器人技术代替手工劳动，利用石墨-环氧树脂复合材料制造出机身结构。制造完成的机身被空运到位于沃思堡的贝尔公司的工厂，与机翼和尾翼进行对接。贝尔公司在得州的阿玛里洛建造了一座新的工厂，在不久的将来要肩负起制造V-22的任务。

V-22"鱼鹰"直升机垂直起降，高速向前飞行的能力比其他现役的直升机都要强大。V-22是美国海军陆战队最庞大的航空计划。仅在1997年一年，海军就支付了11.8亿美元用于后续研究、开发、测试和评估，以及最初的原型机制造。几乎一半的资金，大约5.587亿美元用于购买4架小批量试生

下图："鱼鹰"像常规的固定翼飞机进行平飞，比大部分直升机飞得更快

上图：当装卸货物时，V-22的旋翼像直升机一样竖立起来，使其可以垂直降落

令人遗憾的是，1980年11月20日，AV-04出发进行一次例行的尾翼迎角和阻力测试，与之同行的还有一架T-28D教练机。两机以紧密队形飞行，中途相撞，只有T-28D教练机上的飞行员幸免于难。

1981年5月，AV-02/03/06交付美国军方，准备在亨特·利格特堡进行AH-64的最终操作测试评估（OTII）。此次评估取得圆满成功。评估后附带的成果就是决定采用T-700发动机的大功率版本T700-GE-701，其功率达到了1690轴马力（1259千瓦）。1981年年末，先进攻击直升机的第二阶段测试也进入了后期，"阿帕奇"这个名字开始采用。

## "阿帕奇"获准投产

直到1982年4月15日，"阿帕奇"才最终获准全面投产。美国军方加大了对"阿帕奇"的需求，总量达到了536架，但是后来被迫削减至446架。休斯公司基于此估计整个项目将价值59亿9400万美元。美国军方也接受飞机单价会远远不止160万美元（按1972年的美元计算），但是他们所面临的价格达到了1300万美元，而当年年末甚至飙升到了1620万美元。先进攻击直升机（AAH）在政界遭遇了强烈的反对，但是"阿帕奇"也有许多强有力的支持者。"北约"欧洲盟军总司令伯纳德·罗杰斯于1982年7月22日致信给参议院中"阿帕奇"的主要反对者。信中，他详细阐述了"华约"对欧洲造成的威胁，认为急需采取有效的对抗措施。在信的末尾，他写道："我们需要现在就把AH-64部署到欧洲，我们也承担不起拿起画板重新设计飞机的代价。"

下图：AAH的目标截获/标识系统和飞行员夜视系统的设计有两种竞争方案。马丁—玛丽埃塔公司（左）和诺斯罗普公司（右）的设计都集成了前视红外和电视传感器，使机组成员可以无视白天和黑夜，发现并指定目标、飞行和导航。目标截获/标识系统和飞行员夜视系统的图像可以在机组成员的头盔镜片上显示

## 交付

1983年9月30日在梅萨举行了一场隆重的仪式来庆贺首架"阿帕奇"提前出厂。1985财年AH-64的购买订单达到144架。当时预计1986财年为144架，1987财年是56架。休斯公司计划提高产量，希望到1986年每月可以生产16架。1984年1月9日，作为首架量产飞机，PV-01首度升空，飞行了30分钟。至此原型机编队的空中飞行时长达到了4500小时。1984年1月9日，休斯直升机公司成为麦道公司的子机构。

## 服役

1984年1月26日，首架"阿帕奇"PV-01正式交付美国军方。这只是一个形式，因为该机仍然在休斯/麦道公司的监管之下。事实上，直到PV-13的交付，美军才可以驾驶飞机，也才能称之为自己的飞机。

首批飞机交付给美军训练和条例司令部的各基地，包括弗吉尼亚州的尤斯提斯堡，

上图："地狱火"导弹可以提供更远的空地导弹发射距离，这极大地提升了"阿帕奇"在现代战场的生存能力。然而，在初期的测试中，"地狱火"激光制导导弹在以下条件下的确暴露出一些问题：烟、雾、灰尘和雨等因素都会影响到激光制导的精度

陆军后勤学校就在这里；还有阿拉巴马州的拉克堡，这里有陆军飞行训练中心。阿帕奇的装备情况是这样：1985财年138架；1986财年116架；1987财年101架；1988财年77架；1989财年54架；1990财年154架以及1995年后续的10架，加上6架原型机和在20世纪80年代已经获得的171架，总计达到827架。首个换装的部队是驻扎在胡德堡的第17骑兵旅第7营。1986年4月该营开始换装，为期90天。美军装备的最后一架AH-64于1996年4月30日交付。

下图：1983年9月，首架美国军方的AH-64A的移交仪式在亚利桑那州的梅萨工厂进行。这个工厂是专为"阿帕奇"的生产而建立的

# AH-64D "长弓阿帕奇"

AH-64D"长弓阿帕奇"代表着美军攻击型直升机项目的巅峰成就。美军飞行员则称其为"来自下一代的直升机"。

从AH-64A投入使用时开始，对它的升级就从未停止过。20世纪80年代中期，麦道公司开始了对"加强版先进'阿帕奇'"的研发工作，在私底下称其为"AH-64B"。AH-64B的驾驶舱将会得到修正和升级，配备新的火力控制系统、"毒刺"空空导弹以及重新设计的链式机炮。但该项目还未进入生产阶段就被放弃了。

科技的进步也使得把本已强悍的"阿帕奇"改造为性能更强大的机型成为可能。在"沙漠风暴"行动中，AH-64A暴露的不足也为新的改进机型的开发提供了动力。

## 新技术的采用

新"阿帕奇"的最重要的改进之一就是在旋翼顶部安装了"长弓"雷达，可以为专门研制的AGM-114L"地狱火"导弹提供毫米波雷达制导。该机的系统整合完毕后，AH-64D更名为"长弓阿帕奇"。

AH-64D的"长弓"雷达系统安装在旋翼轴上，无惧大气干扰，可以隐藏发射全部16枚AGM-114L"地狱火"导弹。因此，战时"阿帕奇"具备隐藏攻击目标的能力，而且其在防空高射炮和肩扛地对空导弹反击下的生存能力也得到了提高。

AH-64D装备了全新的电子航空系统。4条双通道军标1553B数据总线与新型处理器以及更新了的电气系统极大地提升了AH-64D的性能，这种提升相较于AH-64A，可以说是革命性的。AH-64A驾驶舱中的仪表盘和1200个开关被一台加拿大立顿公司的多功能前置显示屏和两台联信航空产的彩色CRT显示器取代，开关也只有200个。同时机舱内还集成了改良的头盔显示屏、升级的普莱塞公司的AN/ASN-157多普勒导航系统和霍尼韦尔公司的AN/APN-209雷达高度计。服役期间，AH-64D将装备嵌入全球定位系统/惯性导航双系统（EGI）和AN/ARC-201D甚高频和调频无线电设备。与AH-64A在恶劣天气下的表现相比，改良后的导航系统使直升机具备了近乎全天候的作战能力。由于AH-64D电子航空设备体积更大，也使得"阿帕奇"的前部整流罩进行了扩容，人们称之为"改良前部电子航空设备舱"（EFAB）。

上图：相较AH-64A，"长弓阿帕奇"有了飞跃性的进步。它可以探测多达1024个潜在目标；对其中128个进行分类；对16个最具威胁的目标赋予优先攻击权

下图：AH-64D的到来预示着"阿帕奇"直升机的重焕青春，但是其高昂的售价也使得一些用户转而投向AH-64A的怀抱

上图：安装在旋翼轴的雷达使AH-64D在搜索潜在目标的时候完全隐匿了身形，因而降低了遭攻击的可能性

### 战争通信

战场形势的多变使友军间的通信变得越发重要。AH-64D集成了一个数据模块，不仅可以在AH-64D和OH-58D之间通信，还使得同美国空军的其他单位的通信成为可能，比如"联合铆钉"RC-135电子侦察机以及"联合星"E-8监视目标攻击飞机。目标信息可以通过安全频率传达给"长弓阿帕奇"的空勤人员，再由空勤人员发往指定的"自由开火地带"。一旦攻击开始，"长弓"雷达对目标分类，优先指定最危险的目标攻击。

### 性能和功率

"阿帕奇"之前采用的通用电气公司的T700-GE-701涡轮轴将被功率达到1723马力

下图：6架AH-64D已生产的原型机中，第一架和最后一架分别于1992年4月15日和1994年3月升空。美国军方共订购了232架新型的"长弓阿帕奇"直升机

（1285千瓦）的T700-GE-701C大功率发动机取代。从第604架（1990年交付）起，现有的AH-64A安装的都是该发动机，在性能上有显著的提高。

1990年8月，美国国防采办委员会授权进行一项为期51个月的AH-64D研发计划。后来因为要集成AGM-114L"地狱火"导弹，该计划又延期到70个月。1995年10月13日，232架"长弓阿帕奇"的全面生产被正式授权，这个美国军方的大单还包括13311枚AGM-114L导弹。1997年3月，首批AH-64D被交付使用。首个一线作战单位于1998年6月投入使用。"长弓阿帕奇"的出现将会改变美国空军一线航空作战单位的构成。同时，在RAH-66A"科曼奇"直升机上采用的技术在该机型上也得到了验证。假设后者也能全方位投入使用，这两种直升机的通信效率无疑将达到新的高度，从而打造出21世纪的"数字战场"。"长弓阿帕奇"的交付持续到2008年。

### 致命"长弓"

作为对其质疑的回应，AH-64D在一系列的外场测试中大获好评。1995年1月30日到2月9日，由AH-64A和AH-64D组成的联合编队在中国湖进行了武器测试，其中甚至包括了一些最为复杂的演习场景。

测试结果令所有人都目瞪口呆。AH-64D共确认摧毁300个敌军装甲目标，而AH-64A只消灭了75个。有4架AH-64D被击落，AH-64A被击落的数量则是28架。正如一位测试官员所言，"我从事测试工作这么多年，从未有一个测试系统能够对其取代对象有这么大的压倒性优势。"

在美国军方订购AH-64D之后，荷兰和英国也紧随其后。荷兰订购了30架，英国订购了大约67架。瑞典对AH-64D也表现出了热切，急于对其作出评估。

下图:安装在旋翼轴顶部的"长弓"雷达使AH-64D可以全天候获取、制定并摧毁目标，无论白天黑夜，或是诸如大雾的威胁

# "阿帕奇"的使用者

"阿帕奇"直升机已成为美军航空作战力量的主干。自从在巴拿马的惊艳亮相后，其身影相继出现在伊拉克、波斯尼亚、科索沃以及最近的阿富汗。随着这种战场直升机发挥的作用日益显著，毫无意外地，"阿帕奇"吸引了一大批国外用户。

从1984年美军的821架AH-64A"阿帕奇"开始交付使用以来，有超过500架依然活跃在第一线，还有大概250架AH-64A分配给了国民警卫队和后备役部队。

1995年12月，美国陆军航空部启动了对其所属"阿帕奇"编队的换代工作，所有的AH-64A都要升级到AH-64D"长弓阿帕奇"的标准。它与麦道公司（现在的波音公司）签订了初步的生产协议，把首批18架

下图：AH-64D的出现改变了美军航空兵作战部队的组成。人们期望它可以与RAH-66A"卡曼契"一道担负起侦察任务

AH-64A升级、改造为"长弓阿帕奇"。次年9月，美军完成了一个大手笔，协议在5年内重新生产232架AH-64D。1997年年初，两架AH-64D的原型机飞抵加利福尼亚的欧文堡，加入了美军21世纪部队实地演习。这也是美军尝试重新构建其21世纪作战战术、技术以及程序的重要组成部分。

## 战机交付

1997年3月31日，麦道公司向美国陆军按时交付了首架投产AH-64D。在这之前的3月17日，该机完成了其航空首秀。到1998年4月4日，首批生产的所有24架AH-64D都已交付完毕。该月末，已有7架AH-64D在美国陆军驻得克萨斯州胡德堡的第1骑兵师

上图："阿帕奇"在战场上的荣誉可以说全部来自AH-64A，但是在美国陆军中装备最新机型AH-64D的升级换代的步伐正在逐渐加速

第227航空兵团第1营服役，该单位也是美国陆军的"长弓阿帕奇"示范单位。经过为期8个月的公司和部队层面密集培训，1998年11月9日，美国陆军首个"长弓阿帕奇"战斗营宣告待命，可以随时进入战斗状态。所有AH-64D的培训，包括个人培训和营级培训都在胡德堡进行，由重组的第21骑兵旅负责。1999年11月2日，美国陆军的第2个"长弓阿帕奇"营，驻扎在坎贝尔堡的第101航空兵团第2营也完成培训，进入待命状态。

## 5年协议

1999年生产第2批298架"长弓阿帕奇"的谈判进入了最后阶段。同年12月9日，波音公司（于1997年8月兼并了麦道公司）向美国陆军交付了第100架AH-64D。1999年9月，也就是AH-64A的改造项目开始4年后，波音签署协议，在2002—2006年期间为美军再生产269架AH-64D。第2个5年协议将会为美国航空兵生产供给501架"长弓阿帕奇"，当时已经有大约150架交付使用。

2001年3月15日，美国陆军宣布其第3个AH-64D作战单位已经进入战斗待命状态。这是基地在佐治亚州的亨特陆军机场的第3步兵机械化师第1攻击直升机营。该单位

是首个派遣飞行员在拉克尔堡陆军航空兵训练学校接受培训的单位，在那里可以获得一手的"阿帕奇"驾驶经验，然后再前往第21骑兵旅完成8个月的密集培训课程。到2001年4月底，波音公司交付了最后50架"长弓阿帕奇"直升机，部署在了拉克尔基地。在首批232架量产AH-64D中，美国陆军已经部署了178架。

### 新的篇章

2001年10月16日，首批部署在海外的AH-64D抵达韩国首尔，为美国陆军"长弓"的作战揭开了新的篇章。这批飞机均来自新换装的第2航空兵团第1营，由海路运达韩国，然后重新组装，再执行飞行任务。1999年，第1营开始了其AH-64D的换代，在此之前，该营在韩国的服役机型还是AH-64A。

2002年1月初，随着胡德堡的庆祝典礼，第5个AH-64D作战单位也新鲜出炉。2001年12月6日，第101航空兵团第1攻击直升机营进入临战待命状态。该营位于坎贝尔堡，已经是此基地的第二个AH-64D作战单位了。2002年4月3日，美国陆军接受了第232和233架AH-64D"长弓阿帕奇"，这是首个5年协议的结束，也是第2个5年协议的开始。同时，美国陆军的第6个"长弓"作战单位也在胡德堡完成了训练周期，而第7个作战单位也开始了培训过程。

近些年来美国陆军航空兵进行了一系列转型，对"阿帕奇"部队的管理产生了很大的影响。20世纪90年代的"航空兵改编行动"（ARI）缩减了"阿帕奇"编队的数量，同时保留编队的实力有所增长，增幅从18架到24架不等。这次"航空兵改编行动"非常成功，但是基于从单一目的型作战部队转型为更灵活、多目的型部门的需要，2000年3月，美国陆军宣布了一个全新的"航空兵部队现代化计划"（AFMP），这样未来可以兼容RAH-88"科曼奇"直升机以及更广泛地使用AH-64D。

将来美国陆军每个军将会配备一个战斗旅和一个战斗支援旅。这些所谓的"终极部队"战斗旅就会包括一个多功能营，配备10架AH-64D（也就是一个航空连）、10架RAH-66和10架UH-60。

但是在RAH-66装备之前，每个军只能实行过渡部队战斗旅结构，也就是每个军配备14架AH-64（两个航空连）和一个连的UH-60。

### 过渡部队

"航空兵部队现代化计划"（AFMP）也对美国陆军的师级

上图：AH-64D新增了一套复杂的火力控制雷达（FCR）系统。负责任地说，它已经成为世界上最先进的量产战斗直升机

航空兵部队进行了重组。目前18个编制师（现役和预备役）将会有两个多功能营，配备10架AH-64D、10架RAH-66和10架或20架UH-60，还有一个师级骑兵中队。

同样，在"终极部队"的目标实现以前，现有的过渡部队将会配备8架AH-64D、8架OH-58D和16架UH-60D。

左图：AH-64编队报过两种机型。一种是AH-64A，如图所示的位于阿富汗巴格拉姆基地的飞机就是AH-64A；另外一种则是AH-64D"长弓阿帕奇"

左图：作为AH-64"阿帕奇"的首个欧洲出口客户国，希腊订购了首批12架该直升机

# AH-64"阿帕奇"的使用者

作为一种专门的武装直升机，AH-64"阿帕奇"越来越受瞩目，麦道公司惊喜地发现，尽管这种直升机价格高昂，但还是赢得了诸多国外客户。

在海湾战争期间，AH-64A展现了出色的性能。之后不久，为了加强攻击力量，以对应逐渐兴起的地域化、低强度冲突，很多国家都对购买"阿帕奇"产生浓厚的兴趣，问询函如雪片般飞向麦道公司。

## 欧洲方面

希腊和土耳其两国间因为领土问题屡起争端，这使希腊政府决定升级本国的攻击直升机力量。1991年12月24日，希腊陆军航空兵部队敲定了一笔订单，共计购买12架AH-64A，但是有权再订购8架，之后可以再追加4架。1995年6月，这批飞机经海路交付使用。目前希腊共有24架AH-64D服役，另有12架已经下订单。

荷兰需要一种多用途武装直升机，可以承担护卫、侦察、保护以及火力支援任务。"阿帕奇"证明了是其正确的选择。尽管经济事务顾问提出了反对意见，荷兰政府还是在1995年5月24日宣布了对AH-64D的购买决定。这也使荷兰成为该机型的首个出口客户国。但荷兰皇家空军的AH-64D将不会装备安装在主旋翼轴顶部的"长弓"雷达。"阿帕奇"也成为荷兰快速反应部队空中机动旅的重要组成部分。

## 中东客户

AH-64"阿帕奇"在海湾战争中的出色表现使一大批阿拉伯客户蜂拥而至。价格对于这些石油富国来讲实在是小事一桩。1993年10月3日，在阿布扎比举办的交付典礼上阿联酋空军获得了首架AH-64"阿帕奇"。交付一直持续了整个年度，共计购买了30架飞机。1993年沙特阿拉伯为陆军航空兵司令部购买了12架AH-64A，这些"阿帕奇"直升机与贝尔406CS战斗侦察机一道组成"猎杀队"，但是目前并不清楚沙特阿拉伯方面是否装备了AGM-114"地狱火"导弹。

1995年3月，埃及从美国购买了总价高达3.8亿美元的军火，包括36架AH-64A、4架备用"地狱火"导弹发射器、34个火箭发射架、6个备用T700发动机和1个备用激光炮塔。此外，埃及还额外订购了12架"阿帕奇"。所有的直升机都是美军的最新型号，内置全球定位系统。这些"阿帕奇"据说用来装备了一个埃及空军的攻击直升机团。2000年，埃及启动了AH-64D升级项目。到2003年年末，埃及大约有34架在服役状态。

左图：对于"阿帕奇"表现出极大热情的通常是资金充足或是面临重大威胁的国家。对于阿联酋空军来说，资金并不是问题，而中东的不稳定局势则为拥有AH-64提供了充分的理由。因此，阿联酋计划把自己的30架AH-64A升级成AH-64D

上图：荷兰的"阿帕奇"直升机型号为AH-64D，但是并不装备安装在主旋翼轴的"长弓"雷达。共有30架NAH-64D交付给荷兰皇家空军

## 战斗行动

1990年9月12日，以色列的第113中队成为该国首个装备"阿帕奇"直升机的单位。1993年8—9月，为了对以军在"沙漠风暴"行动中给予的支持表示感谢，美军驻欧部队

### 英国

20世纪80年代中期，英国一直在寻求一种攻击型直升机，已经测试了大约127种机型。1993年2月，该国进行了标案竞投，最终AH-64D战胜了竞争对手RAH-66A"科曼奇"和英国BAE公司和欧洲直升机公司的"虎"式直升机。1995年6月13日，英国政府宣布"阿帕奇"成为该国陆军航空兵部队的新的攻击直升机，编号WAH-64D。韦斯特兰公司产的"阿帕奇"将成为唯一使用罗尔斯—罗伊斯和法国透博梅卡公司研制的RTM322涡轮轴发动机的直升机型，从而与英国皇家空军的EH.101"灰背隼"多用途直升机共用同一款发动机。后来英国把订单缩减到68架，将装备肖特公司的"赫尔光"空空导弹。首批空勤人员在拉克尔堡进行培训，第一个"阿帕奇"作战单位是驻扎在汉普郡的中沃勒普第671中队。服役日期也从1998年12月推到2001年1月。

赠予以色列24架AH-64A和2架UH-60A直升机，由C-5战略运输机从德国拉姆施泰因运抵以色列。以色列国防军空军的第二支飞行中队也由此成立。1991年11月，以色列动用了AH-64对黎巴嫩真主党目标发动攻击，成为首个使用AH-64直升机的外军单位。2004年，以军麾下已经拥有了40架AH-64A，并极有可能升级为AH-64D，同时还订购了9架AH-64D。

### 前景大好

1997年，对攻击性直升机的需求使科威特作出购买"阿帕奇"的决定。2003年10月，该国签订了购买16架AH-64D的协议。巴林和韩国也都对AH-64表现出浓厚的兴趣。

### AH-64A "阿帕奇"

1990年9月，以色列开始装备AH-64A"阿帕奇"直升机。从那时起，以军就在黎巴嫩南部前线上部署AH-64A执行战斗任务。1992年2月16日，两架AH-64在吉布希特到赛达的山路上伏击了真主党总书记阿巴斯·穆萨维的车队。"阿帕奇"的"地狱火"导弹系统精度很高，在攻击小范围恐怖分子目标时有很高的实用价值，因为这些目标的周围通常都是些平民房屋和基础设施。

上图和右图：以色列的"阿帕奇"编队一直游离在公众视野之外。近些年来，尽管已经接收了很大一批战机，但以方仅承认拥有一个"阿帕奇"飞行中队：第113"黄蜂"中队（队徽在机身背面）。在以色列国防军—空军中，AH-64A"阿帕奇"被称为"眼镜蛇"，主要用来攻击恐怖组织"真主党"的休斯500MD直升机

**防线缆保护**
机头炮塔头部，旋翼桨毂下方，机炮前面，两个主起落架支柱上都装有剪线钳。飞机在市区上空时，这些剪线钳的使用价值已经多次得到了证明。

**主起落架**
"阿帕奇"的主起落架装有减震支柱，可以吸收撞击，同时其前轴离地距离可以调低，更便于空中转运。每个减震支柱都可以大量吸收撞击能量，从而在迫降时减少对机组成员的伤害。

**金属箔丝与照明弹设备**
"阿帕奇"的右舷尾撑后部安装一个可拆卸的30组M130箔丝发射器。该发射器可以发射M1干扰弹来影响雷达制导武器。

**外挂武器架**
"阿帕奇"的外挂武器架可以为各种火力控制模式及空中操作提供理想高度。当降落时，支架会自动进入地面收起模式，与水平地形保持平行。

**以色列国防军空军属AH-64A标志**
与其所属的其他战斗直升机不同的是，以色列国防军空军的"阿帕奇"都是军绿色涂装（有红外抑制的作用）。中队队徽（至少第113中队如此）通常可以看到。在黎巴嫩南部的行动中，在飞机机身后部标有V形红外抑制认证标志。

**声音警报系统**
在重大威胁和飞机故障时，除了视觉提示外，飞机还可以通过机组成员的头戴式耳机传递声音警报。机组成员还会收到一个音频信号表明他们在安全的无线电模式下传递。

# 波音公司
# B-52 "同温层堡垒" 战略轰炸机

自从1955年服役以来,作为美国战略武装力量的中流砥柱,B-52 "同温层堡垒" 轰炸机因其强大的核弹头装载能力,在整个冷战期间一直是美国军事力量的象征。B-1B和B-2等其他新型轰炸机虽然接连出现,但B-52的地位依然稳固,在新的世纪里仍拥有一席之地。

## 波音重拳出击

作为历史上服役时间最长的轰炸机,波音的B-52 "同温层堡垒" 轰炸机可谓令敌方胆寒、己方热爱。那些驾驶过该机型的飞行员称赞的不是它的超长服役时间,而是其卓越的性能。与B-1B "枪骑兵" 和B-2 "幽灵" 或其他任何轰炸机相比,目前服役的B-52H型飞机能够携带的武器种类更多,执行任务的范围更广。

1946年,波音公司还在欢庆它的B-29 "超级堡垒" 轰炸机的成功,并不确定B-47 "同温层" 喷气机能否延续其前辈成功。随后,美国国防部和波音公司进行协商,讨论生产一种新型的战略轰炸机,于是就开始了为期数年的研发工作,最终促成了B-52轰炸机的面世。

波音公司的研发始于462型和464型的设计,这两个型号都是直翼、涡轮螺旋桨式轰炸机,具有大尺寸、大容量、高航程的特点。长期以来,波音公司设想了不下30种发动机、机翼和净重的组合来适应国防部对飞机速度和航程的要求。在这些不达标的设计中,464-35型是一种后掠翼、4发动机涡轮旋桨式飞机,跟苏联图波列夫设计局的图-95 "熊" 式轰炸机类似。

## 成功问世

到了1950年,波音公司的不懈努力终于取得了突破,新研发的464-39型采用涡轮

左图:B-52B型轰炸机其实是B-52A型大量生产的版本,尽管升级了发动机,但在外表上和前任机型没有区别。1957年1月18日,3架B-52B型轰炸机完成了45小时18分钟不间断环球飞行

上图:时至今日,B-52H轰炸机在美国空军空战司令部中的地位依然举足轻重。空战司令部是由战术空中司令部和战略空中司令部合并而来,有大约84架该型轰炸机随时准备奔赴前沿执行任务。与此同时,美国空军预备役司令部、空军测试中心和美国宇航局也拥有一些B-52H轰炸机

喷气发动机的后掠式轰炸机,以XB-52和YB-52为原型,专为美国空军生产。这些原型机是加固纵列座舱设置,但其他方面和后来生产的744架 "空中堡垒" 并无不同。飞机动力是由普拉特-惠特尼JT-3A涡扇发动机(军方称为J57-P-3)提供,这种航空史上的首款喷气式发动机所产生的推力高达10000磅(45千牛·米)。

XB-52和YB-52原型机是在极度保密的情况下生产的。1952年4月15日,试飞员泰克斯·约翰斯顿驾驶YB-52在华盛顿州的西雅图进行首飞。为了赢得生产订单,波音公司需要证明B-52轰炸机比康维尔公司的YB-60型机更加优越。后者是一种混合了B-36型机的机身,有着新开发的机翼和机尾,并拥有喷气式发动机的轰炸机。尽管美

左图:作为XB-52的改进机型,YB-52只用了5个月就升空飞行。在1952年进行的首次试飞中,YB-52持续飞行3小时,受到试飞员们的交口称赞,当时飞机采用了纵列式设计。在当时,B-52轰炸机经受了最严格的飞机测试,大约3年后正式进入美国空军服役

现代战机百科全书 65

上图：在"弧光"战役期间，一架美军B-52F型轰炸机把大量的炸弹倾泻在越南南部的某个目标区。截至1967年9月，最后一批绰号"大肚子"的B-52D型轰炸机抵达关岛，取代了B-52F型机

森空军基地和乌塔堡空军基地。到了1972年6月，轰炸机从这些基地出动架次达到每月3000架。

到了10月，越南北部对于无休止的轰炸表现出妥协，于是轰炸暂时中止。但是，越南北部利用这个机会重振旗鼓。12月22日，一架从乌塔堡空军基地起飞，在南纬20度附近执行任务的B-52D轰炸机被击落。3周后，战争再次展开，美军决心要用轰炸把河内政府赶回谈判桌前。"后卫2号"行动，也被称作"11日之战"于12月18日开始。美军战略空军司令部投入其全球部署的一半空军力量，组成了最大规模的B-52机群，在行动中充当先锋。200架B-52共出动714架次，重点轰炸了地形复杂的河内和海防地区。面对一波波的轰炸，越南北部军队发射了数千枚的地空导弹，先后有15架B-52被击落。

1973年1月28日，《越南停战协定》签署。就在当天，B-52型机执行了最后一次空袭行动，使得该机型的出动架次达到了126615次，总计2633035吨炸药倾泻到了越南的土地上。

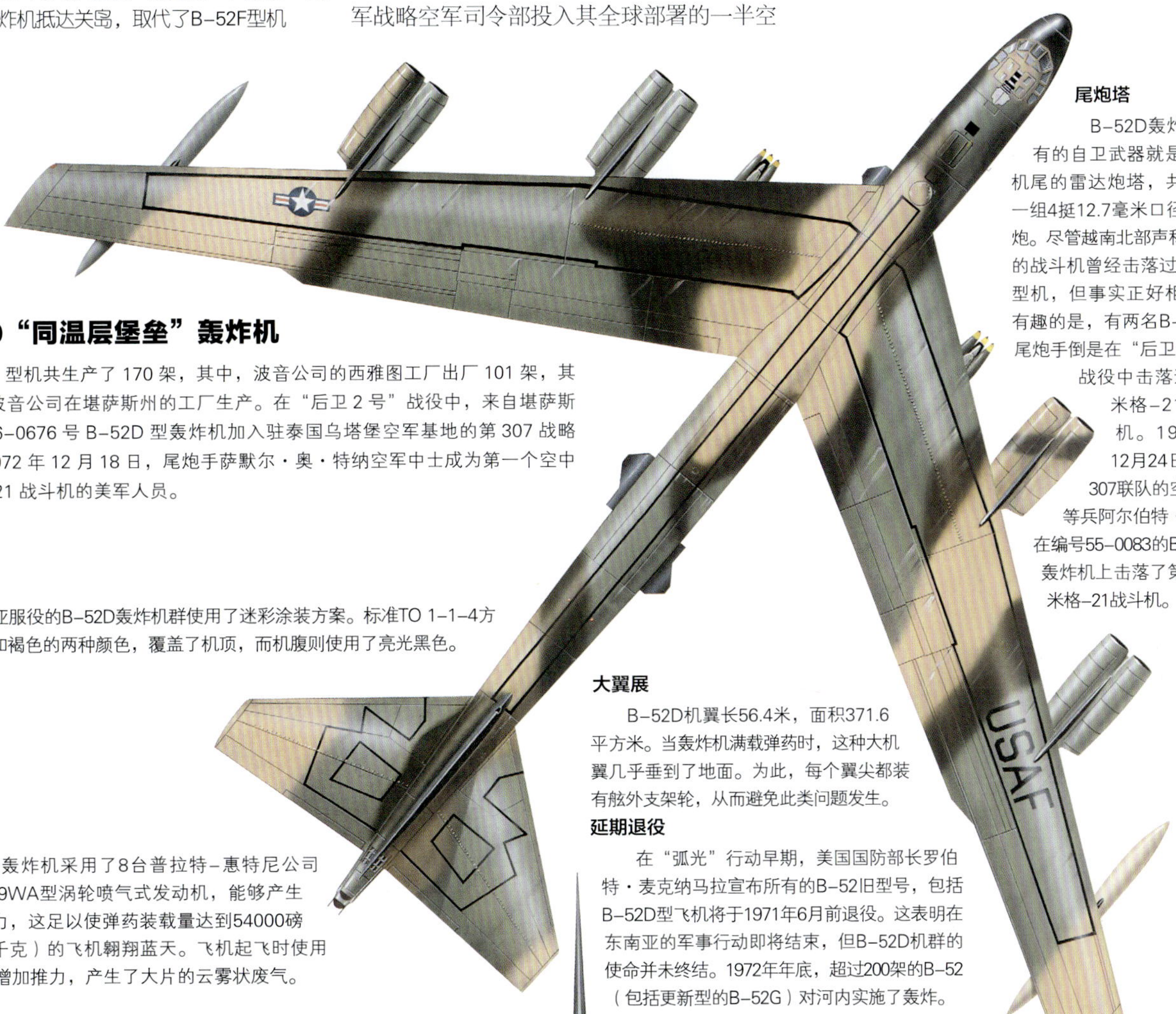

## B-52D "同温层堡垒"轰炸机

B-52D型机共生产了170架，其中，波音公司的西雅图工厂出厂101架，其余69架由波音公司在堪萨斯州的工厂生产。在"后卫2号"战役中，来自堪萨斯州工厂的56-0676号B-52D型轰炸机加入驻泰国乌塔堡空军基地的第307战略联队，在1972年12月18日，尾炮手萨默尔·奥·特纳空军中士成为第一个空中击落米格-21战斗机的美军人员。

### 迷彩
在东南亚服役的B-52D轰炸机群使用了迷彩涂装方案。标准TO 1-1-4方案包括绿色和褐色的两种颜色，覆盖了机顶，而机腹则使用了亮光黑色。

### 发动机
B-52D轰炸机采用了8台普拉特-惠特尼公司的J57-P-29WA型涡轮喷气式发动机，能够产生12100磅推力，这足以使弹药装载量达到54000磅（合24494千克）的飞机翱翔蓝天。飞机起飞时使用喷水加力来增加推力，产生了大片的云雾状废气。

### 大翼展
B-52D机翼长56.4米，面积371.6平方米。当轰炸机满载弹药时，这种大机翼几乎垂到了地面。为此，每个翼尖都装有舷外支架轮，从而避免此类问题发生。

### 延期退役
在"弧光"行动早期，美国国防部长罗伯特·麦克纳马拉宣布所有的B-52旧型号，包括B-52D型飞机将于1971年6月前退役。这表明在东南亚的军事行动即将结束，但B-52D机群的使命并未终结。1972年年底，超过200架的B-52（包括更新型的B-52G）对河内实施了轰炸。

### 尾炮塔
B-52D轰炸机仅有的自卫武器就是位于机尾的雷达炮塔，共设有一组4挺12.7毫米口径的机炮。尽管越南北部声称他们的战斗机曾经击落过B-52型机，但事实正好相反。有趣的是，有两名B-52的尾炮手倒是在"后卫2号"战役中击落过2架米格-21战斗机。1972年12月24日，第307联队的空军一等兵阿尔伯特·摩尔在编号55-0083的B-52D轰炸机上击落了第二架米格-21战斗机。

### 大规模空袭
在越战中，B-52机群最大规模的出动作战发生在"后卫2号"行动期间，1972年12月26日，超过117架B-52型机起飞轰炸河内，使整个战役达到了高潮。

### 战斗乘员
B-52共有6名乘员：1名飞行员（也是指挥官）、1名副飞行员、1名雷达领航员兼炮手、1名领航员、1名电子战军官和1名尾炮手。

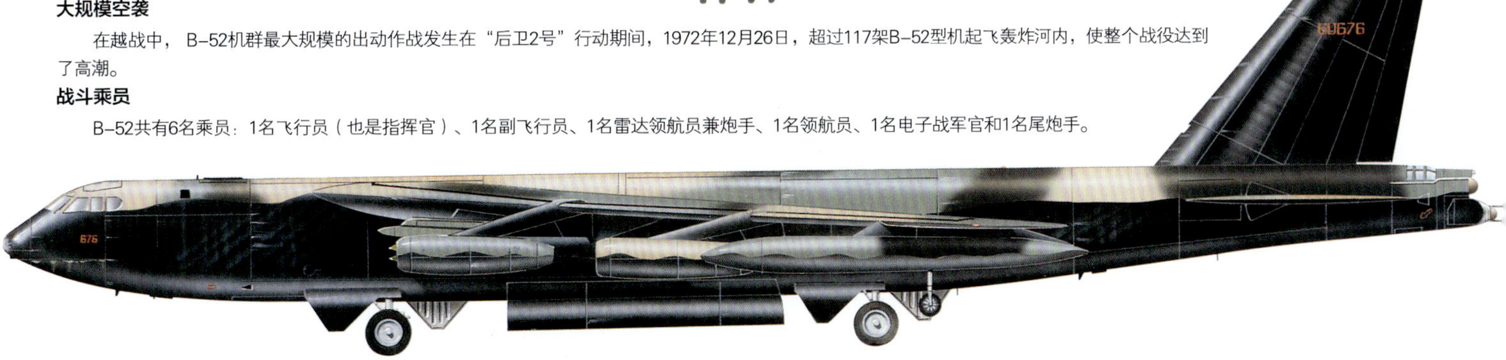

# "同温层堡垒"
## 进入新世纪的全能高手

上图：一架预备役飞行中队的B-52轰炸机正在执行非核战斗任务，即使在冷战的高峰期，这种情况也不多见。图中这架B-52H型轰炸机和A-10攻击机隶属于驻巴克斯代尔空军基地的预备役第917飞行联队

世界步入了崭新的21世纪，作为比任何作战飞机都要长寿的机种，无与伦比的B-52"同温层堡垒"轰炸机经历了冷战和越战，配备了更新型的武器，也将承担更新型的使命。目前，这个全能高手已经准备好了。这真的不可思议，这种历史上最全能的机型还将有数十年的服役期在等着它。

越战结束后的1/4世纪以来，为大家所熟知的波音公司B-52"同温层堡垒"轰炸机，在创造了值得夸耀的长寿纪录外，又经历了一场脱胎换骨的改变。

众所周知，B-52轰炸机被戏称为"又笨又丑的胖家伙"，最初设计作为核轰炸机，其机腹涂有白色涂料，防止成员受到核爆炸的热量侵袭。在越战期间，B-52成为一款身披迷彩、携带常规武器的轰炸机。是一种什么样的力量把柯蒂斯·勒梅将军时代的核轰炸机演变成为一种常规轰炸机的呢？事实上，二者之间的共同之处都是用来执行高空作战任务的。但是，随着苏制防空导弹的威胁日益加大，美军知道他们别无选择，只能把这个拥有着8台发动机的大家伙拉到低空执行任务。

早在1975年，B-52轰炸机就开始安装AN/ASQ-151型光电监视系统，从而可以在夜间作战。现在，美军以最佳状态迎击新一批敌人，与苏联相比，他们更加凶恶。广电监视系统使用了前视红外系统和微光电视，后者被机组成员称为"可控电视"。

20世纪70年代末到80年代初，在不遗余力地增加B-52轰炸机的武器库的同时，战

下图：装备了AN/ASQ-151型光电监视系统的B-52轰炸机可以执行低空作战任务

略空军司令部开始进行B-52的核攻击和常规攻击的低空作战训练。最早增加的武器是AGM-84"鱼叉"(Harpoon)导弹，可以使轰炸机在反舰作战中支援美国海军。

### 20世纪90年代的革命

从那时起，B-52轰炸机增加了多种武器，一本百科全书也无法全部列举出来。典型的21世纪新武器包括AGM-86空射核巡航导弹和AGM-142"哈夫·纳普"空对地导弹，其中，后者是从以色列的同类系统研发而来，最初命名为"猛禽"，后来F-22战机使用了"猛禽"这个名字，该型导弹就用了

左图：这架B-52H型轰炸机配备了以色列生产的AGM-142型"突眼"导弹。B-52轰炸机和AGM-142型导弹的完美组合在科索沃的实战中得到了检验

上图：越战结束后，随着飞行任务和武器装备的变化，B-52轰炸机在20世纪80年代增添了海上作战功能。图为一架B-52G型轰炸机正在投射一枚水雷

上图：B-52H型机是目前B-52轰炸机家族中唯一服役的型号。该型飞机放弃了双色调的配色方案，使用了全机身"战舰灰"的新配色方案

上图：从这张拍摄于1985年的照片上可以看出，这架B-52G型轰炸机有着20世纪80年代中期的典型的外表涂色——灰、绿、白三色，不久之后便被全灰色的机身所替代

上图：AGM-86型空中发射巡航导弹是B-52轰炸机的主战武器。图中这架白雪覆盖的B-52H轰炸机具备了全天候的作战能力

"突眼"作为名称。1991年爆发的海湾战争经常被作为B-52在新时期的作战范例，在战争中，AGM-86空射核巡航导弹的常规版本很快研发出来并投入实战。B-52机群从洛杉矶巴克斯代尔空军基地出发，长途奔袭6000英里（9655千米），向伊拉克目标发射AGM-86C常规巡航导弹，这也是战争史上航程最长的一次飞行作战。

1991年，发生了一个重大的改变，但当时很少有人注意到。美国战略空军司令部撤消了B-52轰炸机的尾炮手座位，很快连尾炮也给拆除了。这样一来，飞机的机组成员就减少到了5名，也就是2名飞行员、1名领航员、1名雷达领航员（投弹手）和1名电子战军官。

20世纪90年代初，B-52H轰炸机列装一支空军预备役中队，此举象征着一个新时代的到来。根据美国法律，预备役人员无权处理核武器，但在执行常规任务时，这些预备役人员做了与现役人员相同的工作。

最后一架B-52G轰炸机于20世纪90年代退役，只剩下大约90架B-52H仍在服役。这些飞机就飞行时间而言依然年轻，可以接受进一步的改造，从而跟上时代的发展。

1992年，美国战略空军司令部本身也退出了历史舞台，由此可见世界风云变化之迅速。随着苏联的解体，战略中心从核战争向常规战争转移。B-52轰炸机成为新空军作战司令部的一部分。

21世纪的轰炸机专家预测，B-1B"枪骑兵"超音速战略轰炸机将最终退役，而B-2"幽灵"隐形轰炸机的地位尚算稳固，但已经出现了出于成本方面的考虑让B-2退役的讨论。

由于至2037年之前，美国空军尚无部署新型轰炸机的计划，更准确地说是缺乏"战略投射平台"，B-52"同温层堡垒"轰炸机还可以通过努力弥补这一方面的缺陷。

实战条件下，战斗有可能在夜幕之中打响。当一架装备着最新一代常规武器的B-52H"同温层堡垒"轰炸机突然来袭时，敌方可能得不到任何的预警信息。在"沙漠风暴"、"联盟力量"（1999年科索沃战争）、"持久自由"和"伊拉克自由"等一系列作战行动中，B-52轰炸机的攻击行动都是毫无先兆且表现英勇

# C-135"同温层"运输机

研发自KC-135"同温层"空中加油机,C-135"同温层"运输机家族从来没有在空运方面取得真正意义上的巨大成功。相反,它只是作为更强大的C-141"星"重型战略运输机交付前的过渡产品而存在。

波音公司的C-135运输机于1961年5月19日首飞。1962年1月,首批飞机交付给美国空军军事空运局。这相较于民用航空公司晚了好几年,他们已经开始运营波音707和道格拉斯DC-8喷气式客机了。最终,军事空运局也进入了喷气时代。

4发动机、采用后掠翼设计的C-135代表了一场革命。在新泽西州麦圭尔空军基地召开的新闻发布会揭示:美国空军的这种新型喷气式运输机可以装载89000磅的货物、54名行动伤员和医疗护理员,或126名战斗人员。C-135运输机也可以装载376箱弹药,或是1090箱C类战斗口粮。相较于当时大多数运输机使用的活塞式发动机,喷气式发动机效率更高,而且可以与在役的喷气式战斗机和轰炸机使用的JP-4燃油通用。1962年,时任军事空运局司令凯利上将说:"C-135为空运业注入了全新的活力。"

下图:订购的45架C-135A中只有首批生产的15架(如图所示),剩余飞机则装配了普惠公司的TF33-P-5涡扇发动机。额外安装的推力装置使得飞机尾翼面作出了一些改动,也因此被赋予新的代号:C-135B

C-135运输机有多种型号。美国空军采购了15架C-135A作为远程后勤运输机。由于没有空中加油管,该机无法作为空中加油机使用。与其同门师兄KC-135空中加油机相比,C-135A使用了相同的普惠公司的J57涡轮喷气发动机,该发动机工作时产生大量浓烟。最后一架C-135A编号为60-0377,曾以NC-135A的形式出现在一个B-2轰炸机项目中,为其提供支持,之后于1996年退役。

美国空军购买的30架C-135B运输均分配给了军事空运局。它们采用了TF33-P-5涡扇发动机,装配推力反向装置。这种发动机也同样应用在C-135C飞机上。原先的3架WC-135B被命名为C-135C,也被重新改装,回归空运老本行。飞机可以进行空中加油,从而扩大了飞行距离和耐力,也成为唯一拥有此能力的C-135飞机。3架C-135A重新装备了普惠公司的TF33-PW-102发动机,代号为C-135E。其中两架C-135E在位于夏威夷希凯姆空军基地的太平洋空军第65空运中队服役。通常这两架飞机是太平洋司令部总司令和太平洋空军司令的私人运输机。不执行这些贵宾运输任务时,它们也会

上图:相较于KC-135空中加油机,C-135A并无大的区别,只是没有加油管,但机内地板得到强化,并装备了燃油排放系统。适逢肯尼迪总统决定,要求军事空运局具备快速反应空运能力,C-135A也就应运而生

上图:作为美国军事空运局的常备运输机,C-135B不可避免地要飞往越南,为这场没完没了的战争运输物资。该图摄于1964年2月新山一空军基地

为其他太平洋空军行动提供支持。

共有5架C-135B被改装成贵宾级机舱,并分配给了第89军事运输联队。它们被赋予新的代号:VC-135B,专门运送高层官员。其中有4架后来又改回了C-135B标准,而第5架则改装成TC-135W。

在"斑点鳟鱼"项目中,一架C-135C被改装成贵宾运输机,专为空军部长和空军参谋长服务。空军飞行测试中心所属编号为61-2669的飞机则成为贵宾运输任务的后备机,以应对紧急需求。

## 变革突起

美军的货运部门先是称为军事空运司令部,1992年后又改为空中机动司令部。其实它能成为C-135运输机的客户,有些出人意料。更出人意料的是,就是这样一种飞机,不具备滚装/滚卸能力,不能方便地装载货物,仅仅是用于运输乘客,却掀起了一场革命。美军的惯例是,运输机是用来载货,而不是载人的。当军队到海外作战时,商业航空公司会作为承包商,或者,像在"沙漠盾牌"行动中那样,成为民用后备空运队的一部分,担负起部队运输的任务。

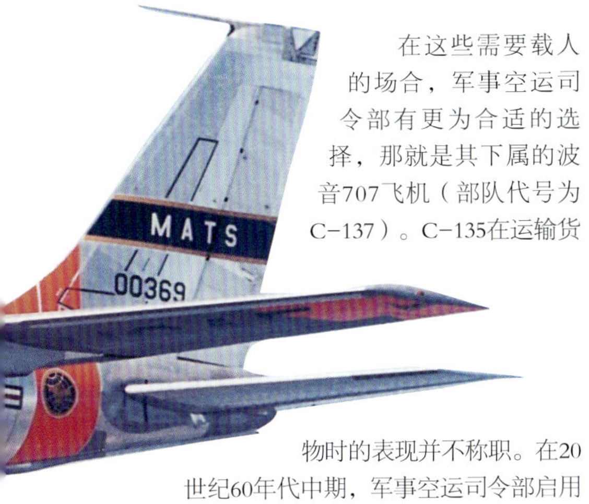

在这些需要载人的场合,军事空运司令部有更为合适的选择,那就是其下属的波音707飞机(部队代号为C-137)。C-135在运输货物时的表现并不称职。在20世纪60年代中期,军事空运司令部启用了洛克希德公司的C-141"星"重型战略运输机取而代之。

让我们通过对比来看一下C-135的装载难度吧。C-141的滚装坡道与地平齐;洛克希德公司的C-5"银河"则提供了滚装/滚卸功能。与之相比,C-135的货舱门尺寸为117×78英寸(2.97×1.98米),却高出地面足足10英尺(3米)。这就需要专门的装载设备才可以正常工作。而在美国空军可能部署C-135的区域,是不可能具备这样的条件的。美军事空运司令部试图安装一个自主装置来改善C-135运输机和KC-135空中加油机的货物运载能力。事实证明,这个小玩意收效甚微。它需要好几个机组成员才能安装、操作,而结果只是把货仓的内部高度降低了大概14英寸(35厘米)。

这样看来,C-135并不适合军事空运司令部的工作,但还是被启用了。1962年10月,4架C-135共运载了16.6吨的货物和1232名瑞典维和部队官兵,从斯德哥尔摩出发,前往刚果的金沙萨。这是美空军的首次喷气式空运。尽管金沙萨当地设施并不完善,这次任务完美完成,没有一丝瑕疵。两个月后,C-135还飞往刚果执行了人道主义救援物资的运输任务。

## 古巴导弹危机

20世纪60年代中期,作为单纯的运输机,C-135逐渐退出历史舞台。但是在肯尼迪政府和赫鲁晓夫政府就古巴问题的对抗中,C-135发挥了重要作用。1962年10月,军事空运司令部派遣C-135运输机为美军提供货物和兵员支持。当时,美军就驻扎在本国南部,与古巴隔海相望。美苏之间的核对抗一触即发。第一架C-135运输机在飞往美驻古巴关塔那摩基地时失事。这件事促成了苏联最终退却并撤回了在古巴安装的导弹和核武器。

最终,C-135运输机,更改后代号为VC-135,其主要任务是运送重要人物。喷气式运输机成为世界领导和华盛顿政要的必备工具。多年来,无数要员都乘坐过VC-135。但是相比VC-137,C-135则完全处在其阴影之下,因为该机在美国总统乘坐时就成为总统座机,"空军一号"。

目前,仅余少数几架C-135运输机依然在役(就是这几架也会执行其他任务)。其他的在退役前曾被改装成加油机、试验机或空中指挥控制机等。早期C-135运输机令人瞩目的,不仅是其革命性设计,还有那五彩炫目的酒红色装饰和醒目的标志。但是这段日子仅仅是昙花一现。很快,C-135"同温层"运输机就换成更朴素的装饰,然后被C-137取代。

上图:作为"阿波罗登月"计划的一部分,3架C-135A被改装为EC-135N,发动机采用了C-135E标准(如图所示)

下图:原来的那批C-135B飞机有5架被改装为重要人物专属运输机,更名为VC-135B,机内配备了休闲设施和通信设备,其V字前缀可谓当之无愧。最初这些飞机是专为美国空军高层使用的。但是由于卡特政府削减军费,它们又被改装降级成为C-135B

# EC-135 机型概览
## 空中指挥机

### EC-135A

20世纪60年代早期，有5架KC-135A（编号为61-0262、61-0278、61-0287、61-0289和61-0297）被改装成空中指挥机(Command post)，最初在位于内布拉斯加州的奥福特空军基地的第34空中加油机中队服役。1961年2月3日，EC-135A开始代号为"镜子"(Looking Glass)的24小时警戒行动。当专为该行动生产的EC-135C交付使用时，EC-135A又加入了位于埃尔斯沃斯的第28轰炸机联队（第4空中指挥与控制中队），在那儿它们构成了部分后备洲际弹道导弹发射指挥链。同时，该机还配备了通信设备以及空中发射控制中心设备。

### EC-135C

只有17架C-135是专门作为空中指挥机生产的，采用了TF33涡扇发动机，序号从62-3581到62-2385、63-8046到63-8057。它们的最初代号为KC-135B，在安装了空中指挥所设备之后又获得新的代号EC-135C。EC-135C于1964年开始服役，从EC-135A手中接过"镜子"任务，负责24小时空中警戒。直到1990年7月24日，EC-135C才解除戒备状态，开始每天执勤。由于其他EC-135机型的撤出，EC-135C偶尔会被部署到国外，作为战区指挥官的空中指挥机。最后，空中指挥机任务被完整地移交给美海军E-6机队。到EC-135C退役时为止，该机队中有4架飞机装备了"军事星"卫星通信设备，天线安装在飞机背部的整流罩内。EC-135C从生涯之初就配备了大量的通信设备，而且后来随着不断的发展又增加了不少。长达28500英尺（8687米）的机载拖曳天线和其他天线使EC-135C可以实现与其他空中指挥机的远距离、低频率通信。EC-135C及其成员的任务非常简单，那就是在针对美国的核攻击情况下，战略空军司令部核部队的命令可以传送给"镜子"空中指挥机内的将军，他有权命令发射洲际弹道导弹。EC-135C实行8小时轮班、无休息的制度，执行了将近30年。

### EC-135G

4架EC-135G(62-3570，62-3579，93-8001)由KC-135A改造而成。这些飞机的主要预备用途是从美国中北部的基地接收并运输"民兵"洲际弹道导弹，因此在机上安装了机上导弹发射指挥中心相应设备。这些飞机的服役单位是位于美国南达科他州的埃尔斯沃斯第28轰炸机车联队（第4空中指挥与控制中队）以及驻扎在美国印第安纳州格里索姆空军基地的第305空中加油机联队。

### EC-135H

EC-135H是作为战区指挥官专属的指挥机而生产的，在通信方面很多都与EC-135C"镜子"指挥机共享，包括拖曳式天线。首架EC-135H（编号为61-0274）被编入位于弗吉尼亚州兰利空军基地的第6空中指挥控制中队，在一个代号为"镜光"的计划中协助美军大西洋司令部总司令。在一项名为"丝袋"的行动中，又有4架EC-135H（编号为61-0282、61-0285、61-0286和61-0291）被分配给了欧洲盟军总司令。它们编入了第10空中指挥控制中队，隶属于第513战术空运联队，位于英国米里登霍尔空军基地。由于从KC-135A改装而来，飞机起初保留了J57涡轮喷气式发动机，如最上图所示飞机，隶属于第6空中指挥控制联队。但是，后来飞机安装了TF33涡扇发动机和宽幅横尾翼，如上图所示飞机，隶属于第10空中指挥控制中队。

海湾战争和冷战结束后，战区指挥机都被撤回。大多数飞机都被召回到戴维斯—蒙森空军基地闲置，最终难逃废品处理的命运。但也有一小部分被改装用于其他特别用途。EC-135C并不常用于执行战区指挥辅助任务。

### EC-135J

3架EC-135C（编号为62-3584、63-8055和63-8057）被进一步改装为EC-135J，在紧张局势下可以变身为空中国家指挥当局。该任务的代号为"守夜"行动。EC-135J的服役单位是第1空中指挥控制中队。1975年，E-4A接手该任务后，EC-135J被重新分配到了位于夏威夷的希凯姆空军基地的第9空中指挥控制中队，成为美军太平洋司令部总司令的指挥机。

### EC-135K

3架EC-135K（编号为55-3118，最初为首架生产的KC-135A飞机；59-1518和62-3536）并非真正意义上的空中指挥机，隶属于第9战术部署和控制中队，通常作为战斗机队形中的指挥机，用于长距离飞行，尤其在跨越水域时。1977年，一架编号为62-3536的EC-135K失事，剩余的两架则换装了TF-33涡扇发动机。

### EC-135L

7架KC-135A（编号为61-0261、61-0263、61-0269、61-0279、61-0281、61-0283和61-0302）被改装为EC-135L，编入了位于印第安纳州格里瑟姆空军基地的第70空中加油中队，第305空中加油联队。尽管保留了大多数EC-135装备的空中加油受油嘴，其中3架后来还是被改回了空中加油机。在一个代号为"覆盖一切"的任务中，EC-135主要作为无线电传输平台，进一步扩展战略空军司令部受袭后指挥控制系统的范围。在"沙漠风暴"行动中，有一架EC-135L执行了飞行任务。

### EC-135Y

这个代号涵盖了NKC-135A（编号55-3125）和EC-135N（编号61-0327）两种机型，经改装成为美军中央司令部的战区空中指挥机。它们隶属于美军中央司令部第19空中加油联队，基地在佐治亚州的罗宾斯空军基地。

### KC-135A"战斗闪电"

越战期间，7架KC-135A（编号为61-0268、61-0270、61-0271、61-0280、61-0288、61-0303和63-8881）经过改装作为无线电中继站。首批两架一开始是与两架EC-135L并肩作战，但是随着对它们进行更进一步的"战斗闪电"改装，无须两架EC-135L即可完成任务，而EC-135L也返回战略空中指挥部。

### EC-135P

最初共有5架飞机（编号为58-0001、58-0007、58-0018、58-0019和58-0022）被改装为EC-135P，但是后来58-0001和58-0018又改回了空中运输机。EC-135P首先被编入位于夏威夷的希凯姆空军基地的第6空中指挥控制中队，在"蓝鹰"行动中协助了美太平洋司令部。第6空中指挥控制中队获得EC-135J后，三架EC-135P被重新编入位于兰利空军基地的第1空中指挥控制中队，执行了"镜光"任务，协助了美军大西洋司令部和战术空军司令部的行动。一架EC-

135H，编号为61-0274，也被编入该单位，后来也获得了EC-135P的代号。1980年1月，一架编号为58-0007的EC-135P在一次地面失火事件中被毁，一架NKC-135A（编号55-3129）被改装为EC-135P，使第1空中指挥控制中队的EC-135P数量保持在4架。尽管该机型在通信装备方面与EC-135C非常相像，但是像其他的战区飞机一样，它缺乏洲际弹道导弹的发射设备。1992年，第1空中指挥控制中队所属的EC-135P退役。

### RC-135V/W

尽管由于苏联的威胁不复存在、1992年战略空军司令部的解体，以及现代间谍卫星和J-STARS（联合监视目标攻击雷达系统）飞机的引入，但RC-135依然是美国空军侦察武器库中不可或缺的武器。1999年"联合"行动中，RC-135V/W"联合铆钉"电子侦察机队从英国的米里登霍尔起飞，在前南斯拉夫上空异常活跃，成为电子战/监视的重要力量。后来，在阿富汗的代号为"持久自由"行动和在伊拉克的"伊拉克自由"行动中，也都有RC-135V/W的身影。如果没有RC-135"联合铆钉"的支持，美军想要在任何战区进行攻击都是不可思议的。

# C-135 特别机型

左图：即使按C-135标准，这架编号为61-2667的飞机的一生也可谓独特。首先它是作为一架C-135B而出厂的，1964年其代号变成了WC-135B。后来，它又被E-3"哨兵"的机组成员用来进行空中加油训练。然后它又被用来执行天气探测任务，接着又在1989年前往米里登霍尔空军基地成为飞行甲板教练机。调回美国之后，它又成为TC-135B教练机，但是很快又回到了其天气探测老本行，代号为WC-135W。如图所示，该机作为一架TC-135B教练机飞行在米里登霍尔基地上空

C/KC-135飞机航程大，速度快，拥有出色的装载能力以及宽敞的机舱；其开放式机身设计可以包容大幅度的改动。这些先天优势使其像是为测试机而生。此外，飞机早期多余的大量机身使其成为多年来美国重型飞机测试队伍的核心力量。

承担测试工作的飞机主要来自早期的KC-135A（重新命名为NKC-135A，N代表永久测试）和多余的C-135A运输机编队（称为NC-135A）。后来一些飞机装备了TF33涡扇发动机，以取代早先的J57"火炉管"式喷气式发动机，它们的代号也随之更改为NKC-135E。此外，还有3架安装了TF33发动机的C-135E也是用于测试，但前面没有加上字母N的前缀。

大多数飞机的服役生涯都是在位于俄亥俄州的怀特—帕特森空军基地的第4950测试联队度过的。就是从这里，NC/NKC-135机队进行了所有想象得到的研究和测试项目，从民用研究到军用测试任务，等等。过去40年来美国大多数大型军事项目在某种程度上都涉及这个机队。在"战略防御计划"（"星球大战"）期间，该机队尤其繁忙。其任务种类多样，涵盖了空中望远镜、高能激光、横行/流星追踪、核研究和其他飞机机载雷达识别标志的测量等各个方面的测试。许多一线应用的先进系统都是首先在NC/NKC-135测试的。一架NKC-135A的机头安装了一根长长的探管来测试小翼的空气动力学效果。还有一些更常见的测试，比如为飞行测试项目提供空中加油；加油管喷水来模拟结冰天气，等等。20世纪90年代早期，机队迁至位于加利福尼亚州的爱德华兹空军基地的空军飞行测试中心。在这里，第4950和第6510测试联队被整合成第412测试联队。机队飞机的数量被大幅削减，采用J57发动机的飞机都已退役，其他的飞机则改装用于其他用途。有一架NKC-135A，编号为55-3119，被派至位于奥福特空军基地的第55联队，作为指挥辅助机，运送高级军事员。尽管很多已经退役，NKC-135E还是在爱德华兹基地坚持到了2002年，经常在F-22"猛禽"飞行测试中见到其身影。

测试机队后来新添了两架飞机。一架是NKC-135B（由EC-135C"镜子"空中指挥机改装而来），在位于科特兰空军基地的第412测试联队第2分队服役。该机装

上图：早先共有3架NC-135A是设计用来提供相应的快速反应检查设施，从而确保国际对核武器测试的禁令是否得到遵守。这架编号为60-0371的飞机就是其中之一

下图：作为3架"呕吐彗星"宇航员教练机之一，这架JKC-135A自1979年以来就在由美国空军和航空航天局联合进行的项目中进行小翼测试

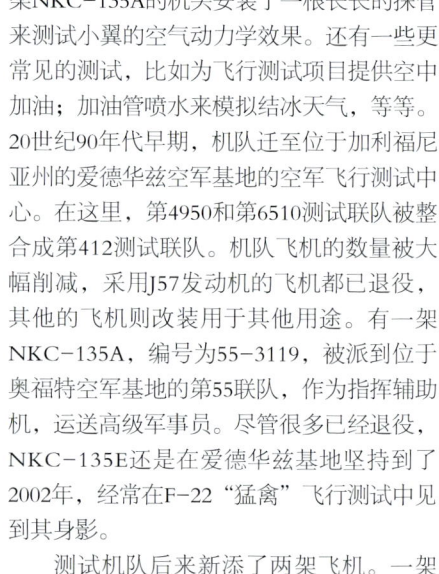

上图：图中所示的这架编号为55-3135的NKC-135E，在位于爱德华兹空军基地的第4950测试联队服役，出厂代号为JKC-135A，用于核测试。该机先是命名为NKC-135A，在安装了新发动机后又改为NKC-135E，主要作为校准加油机进行空中加油测试

图中所示的这架C-135E编号为60-0372，在1993年隶属于第4950测试联队的第4952测试中队。出厂时代号为C-135A，很快就改装为EC-135N ARIA（阿波罗标靶仪器飞机）。后来，该机换装了TF33发动机，其用途也变为专门用于卫星通信的测试平台

这架TC-135S主要用于训练，但是也会用于人员运送。1991年海湾战争期间，该机就承担了载人任务。飞机右翼上翼面为黑色，这样可以在拍摄中减少反光

有一个加大的天线罩，隶属于美国空军研究实验室。还有一架前WC-135B被移交给主要防务承包商雷神公司，代号为NC-135W，用于系统测试。

## 机队支持

1977—1978年间，两架与美国空军测试机毫无瓜葛的KC-135A改装了全面干扰设备，取代了波音公司的EB47-E，为美国海军的舰队演习提供真实的电子战环境。这两架飞机代号为NKC-135A，属于位于俄克拉荷马州图尔萨的麦克唐纳·道格拉斯公司（后属于位于得克萨斯州韦科的克莱斯勒公司）。一起演习的，还有一架经过类似改装的道格拉斯公司的DC-8（EC-24），隶属于电子战支持大队。美国海军的NKC-135A有无数天线和整流罩，包括一个后整流罩（俗称"大艇"）和鼓鼓的机头。

## 气象探测

随着C-135B运输机在军中很快被

下图：1984年，编号为60-0376的C-135E编入美国空军太空司令部。在其生涯早期，该机参加了核武器和太空车跟踪相关的测试。1972、1973年，该机被改装为重要人物专属运输机，专为美国空军后勤司令部司令服务。后来，在参议员威廉姆·普洛克斯米里炮轰该机已沦为"空中花花公子豪华套间"之后，成为国会调查的对象

C-141"星"重型运输机取代，10架这种安装涡扇发动机的C-135B被改装为WC-135B气象探测机，隶属于位于加利福尼亚州的麦克莱伦空军基地的第55天气探测中队。尽管归军事空运司令部指挥，整个来讲他们效命于空军，执行全球的天气探测任务。飞机不仅内部有气象设备，还安装了粒子采样器，包括了一个装有过滤器的开放式圆筒。过滤器可以搜集空气粒子进行进一步的分析。这项工作主要涉及测试中可能产生的核辐射微尘。

随着卫星逐渐接管气象探测的工作，WC-135B机队就被改装用于其他任务。到2002年为止，只有一架飞机还在服役，代号为WC-135W。其服役单位是位于奥福特基地的第55联队第45侦察中队，用于核粒子的采样。

## 开放天空协议

1992年3月，25个"北约"、独联体和前华约国家共同签署了开放天空协议，允许飞机经过事先许可，可以飞越其他签约国的领空，监视军事行动。1993年10月，5架多余的WC-135B交付给位于内布拉斯加州奥福特空军基地的第55联队，为一支美军分遣队提供支持。其中有3架依照OC-135B标准改装。该机装有一系列传感器，包括一台

KA-91A全景相机，两台KS-87B斜视相机和一台KS-87低角度相机。飞机共运载了38名人员，包括外国和本国代表，以及实地检查局的成员。这次核查任务所需语言学家和传感器均由该部门提供。OC-135B最初编入了第24侦察中队，目前隶属于第45侦察中队"西尔维斯特"。

## "跳跃的小鸟"

使用达到任务标准的飞机训练飞行机组成员无疑有些奢侈，同时也浪费了机身的寿命。假设由于飞行员缺乏经验导致一架任务机的损失，无论是金钱还是飞机的任务执行能力方面，这种代价对空军都太过高昂。因此，美国空军引入了一些TC-135教练机来为这支特别的C-135机队服务。

几年来，位于阿拉斯加州艾尔森空军基地的第6战略联队第24侦察中队使用一架编号为55-3121的RC-135T作为教练机。1985年2月15日，该机在一次事故中失事，由一架多余的C-135B改装的TC-135S（编号62-6133）取而代之。该机的加长机头与现役RC-135S机型一样，但是并没有安装敏感的录音设备。1985年6月，该机加入了第24侦察中队，负责培训RC-135S"眼镜蛇球"电子侦察机编队的机组成员。其间第6战略联队解散后，该机编入了目前效力的位于奥福特第55联队的第44侦察中队。

"战斗的第55联队"还拥有TC-135W（编号62-4129）和TC-135B（编号61-2667）。前者编入了第38侦察中队"战斗的地狱猫"，作为RC-135V/W"联合铆钉"编队的教练机。尽管没有装配任何任务设备，TC-135W不仅有加长机头，还装备了"联合铆钉"侦察机的大型整流罩。TC-135B的前身是第45侦察中队的WC-135B，是用来培训OC-135B的机组成员的。作为气象探测机退役以后，在再分配和重命名之前，该机曾短暂地在位于米里登霍尔基地第10空中指挥控制中队（飞机型号为EC-135H）服役过。除了用于训练之外，TC-135还用于机组运送和一般的运输工作。

下图：两架NKC-135A飞机编入了美国海军。图示飞机代号为JKC-135A，最初是美国空军用来执行一些跟踪和监视任务的

# 波音公司
# C-17 "环球霸王" III
## 21世纪的运输机

C-17 "环球霸王" III型运输机是美国空军的新希望,这种体形庞大的运输机可以轻松快速地将军用物资投送到遥远的战区。

作为美国空军的21世纪运输机,C-17 "环球霸王" III运输机的起死回生是航空史上最有名的大翻盘好戏之一。

### 声名鹊起

20世纪80年代末,由于研发滞后、经费超出预算,加之管理松散,负责C-17运输机项目的美国空军官员受到批评。后来,波音公司(最初由道格拉斯公司负责)在加利福尼亚长滩的飞机制造部门努力为该项目赢得了工业奖。C-17目前效力于3个空运联队,从朝鲜半岛到科索沃,都可以看到它的身影。美国总统比尔·克林顿在前往波斯尼亚战场视察的时候曾经乘坐过一架C-17运输机,该机也因此赢得了"空军一号"的绰号。

C-17是一种上单翼、4发动机、采用T形尾翼的运输机,配有其引以为傲的数字显示屏、符合人机工程的飞行面板;飞机的两个飞行员座位并排设计,飞行员使用操纵杆而不是飞行摇杆驾驶飞机。C-17是首架安装了抬头显示器的运输机。它的翼展为168英尺(合51.08米),后掠角25度,为超临界机翼设计。同时,它的翼尖小翼可以增进燃油有效性。几乎1/3的结构重量分布于单机飞机的机翼上。

4台普拉特·惠特尼F117-PW-100型(公司编号PW2040)涡扇发动机安装在C-17的机翼前部和下部的悬吊式挂架上,每台都能提供惊人的41847磅(合188.3千牛·米)的推力。

### 运输大师

目前,C-17在南卡罗莱纳州的查尔斯顿空军基地、俄克拉荷马州阿尔特斯空军基

上图:美国南卡罗莱纳州查尔斯顿空军基地是C-17 "环球霸王" III型运输机的主要服役地,这里驻扎的是美国空军第437空运联队,第一批C-17运输机全部装备到该基地

下图:美国陆军第82空降师的伞兵正在进行空降作业。在执行全球范围的空降任务之前,C-17运输机的舱门需要进行小幅度的改装

下图:在1992年6月的队列测试中,一个C-17 "环球霸王" 机群正飞越美国西南部爱德华兹空军基地附近的大沙漠

地（也是飞机的训练基地）以及华盛顿州麦考德空军基地服役。美国空军一直期望能够以100万美元的单价购买110架"环球霸王"Ⅲ运输机，而现在这个数字有望上升到134架，其中包括14架能够低空飞行、在敌后开展特殊行动的C-17。C-17运输机项目一直进展良好，美国空军开始考虑让其前任C-141B"星"运输机2001年前全部退役。

## C-17的历史回顾

1991年9月15日，C-17的原型机T-1在长滩机场进行首飞，飞往加利福尼亚州爱德华兹空军基地。厄运接踵而至。首飞比预定晚了一年多。更糟糕的是，1991年10月1日的飞机静力测试中发现C-17的机翼结构不合理，在采取了一些小型修改措施后解决了结构问题。

在爱德华兹空军基地进行的C-17测试项目高效率地完成了预定目标。接着，测试飞行员和工程师再接再励，深入挖掘飞机的飞行潜力。与之前的测试项目不同，本次测试在预算内完成了既定目标。1992年9月7日，P-3型飞机首飞，那天正好是银行公休日（劳动节），爱德华兹空军基地的一条跑道关闭维修。于是道格拉斯公司获准降落在一片干涸的河床上。这证明在不平的地面上降落没有任何问题。不久之后，一辆M60主战坦克被装上C-17运走，它也成为被装载的首辆履带式车辆。从那以后，C-17开始运载各种各样的车辆和武器。

首架生产线下来的C-17编号为P-1，于1992年5月19日首飞。1993年6月14日，驻查尔斯顿空军基地的第437空运联队下属的第17空运中队接收了首架C-17运输机。

"环球霸王"Ⅲ这个名字是为了纪念早期道格拉斯公司生产的C-74和C-124运输机。1993年2月5日，美国空军机动司令部司令罗纳德·福格尔曼将军（后任职美国空军参谋总长）正式命名C-17为"环球霸王"。

## 迎来新时代

早期C-17项目遭遇的延误和种种困难都已成为过去。部分原因是1990年的"沙漠盾牌"行动向世人展示了战争对于战略运输机的迫切需求，另一方面的原因是道格拉斯公司的管理层进行了彻底的整顿和重组，曾经属于麦道（麦克唐纳·道格拉斯）公司一部分的生产商并入了波音公司。

## 战功赫赫

随着测试、研发和生产重新上轨道，

上图：当危机出现时，C-17运输机需要把机动部队快速运送到位，这就需要空中加油机的配合。图中，T-1号C-17试验机正和KC-135"同温层"加油机进行一次"无趣"的"约会"（空中加油训练）

20世纪90年代，作为美国国防部作战蓝图中的关键手段，C-17展现了巨大的价值。C-5"银河"运输机是美国空军C-17之外的唯一大型运输机，一直饱受着可靠性问题的困扰，它的可执行任务率只有50%，这意味着每制订两项计划只有一项得以实施。而日渐成熟的C-17运输机队的可执行任务率一直保持在80%，并且还在上升。

## "联盟"行动

在科索沃战争的"联盟"行动中，"北约"部队大量使用了位于阿尔巴尼亚地拉那的设施简陋的机场。地拉那是美军"阿帕奇"直升机部队的集结地，C-17是唯一能够装载特大型物品进出该机场的运输机。在那次行动中，C-17运输机的可执行任务率达到了95%。

在潜在的买家眼里，C-17唾手可得，而欧洲的"未来大型运输机"（FLA）还是虚无缥缈的事情。波音公司已经开始生产三架"白尾"C-17，但买家身份还未得到确认。英国皇家空军由于急需大型运输机，但对"未来大型运输机"持怀疑态度，因此对于C-17运输机表现出浓厚兴趣。波音公司甚至把C-17卖到了日本，展示产品还包括美国空军的加油机和侦察机版本。

下图：波音公司C-17运输机项目发言人乔治·西利亚说："我们加利福尼亚长滩C-1生产线的卫生状况非常好，干净到你可以在地板上炒鸡蛋！"

# 美军的运输革命
## C-17 运输机的辉煌战绩

历经坎坷的岁月终于过去，C-17"环球霸王"运输机也从工厂里装备到各个飞行中队服役。在20世纪90年代，C-17用它神奇的运输能力化解了一次又一次的危机。

左图：1992年，C-141A运输机正在进行M1A1"艾布拉姆斯"主战坦克的装载测试

美国国防部希望C-17"环球霸王"运输机的强大运输能力能够填补美军运输能力不足造成的巨大缺口。从安静低沉的涡扇发动机轰鸣声中和机组人员轻松自如装卸货物的场景中，我们可以发现C-17运输机的不凡之处。但在位于五角大楼4E356号房间的美军空运司令部的成员眼中，一切要用数字说话：总计120架C-17的订单以及如何分配这些飞机。由于空运大队中C-141B"星"运输机面临下岗，C-5A/B"银河"运输机可靠性不佳，这些数字的价值就更加凸显出来。

C-17运输机的接收按计划于2004年前完成。尽管价格昂贵，美国空军仍然决定订购更多的"环球霸王"。后来，仍然出于成本原因，美国军方不得不多次削减预算，把订单维持在120架的水平。2002年，美国军方又追加了60架的订单。这些飞机将在5年之内完工，其中一批将会执行特殊任务。

即便如此，美国空军依然不满足，他们希望的购买总量是20世纪80年代末期评估出的210架C-17。

### 叱咤风云的90年代

当"环球霸王"III运输机的改进型在进一步酝酿时，美军机动司令部的官员已经适应了使用芯片而不是人力来搬运C-17上的物资。

当美军机动司令部司令托尼·罗伯森主张C-17只需3名机组成员（正副驾驶员和货物装卸员）执行飞行任务时，很多人都对此持怀疑态度，因为所有前任运输机在此基础上还需要增加1名飞行工程师和1名领航员。

华盛顿州麦科德空军基地的货物装卸员詹姆斯·巴洛科空军下士说："这是一个巨大的调整。我们接受的空运教育告诉我们，做这一行会非常忙碌。在我们飞C-141B'星'运输机时也的确如此。现在，我们在学习一种较为轻松的方法做这些事情。"

波音公司希望能够出售不同以往的新型"环球霸王"III型运输机。例如波音公司向外界透露，其EC-17空中指挥机要比

上图：1999年10月15日，一架来自麦科德空军基地第62空运联队第7空运中队的C-17A运输机首次在南极洲降落，为美国人在这一地区执行任务扫清了障碍

上图：1995年，在"联合力量"行动中，一场突如其来的小雪，并没有阻碍第437空运联队的2架C-17A"环球霸王"运输机从法兰克福的莱茵-美因飞行基地出发前往波斯尼亚执行人道主义任务

下图：无论白天还是夜晚，C-17运输机以这种方式排列会使危机时的装卸工作变得异常轻松。这一切要归功于计算机化系统，一个物资装卸员就可以完成整个货物的装卸管理工作

目前使用的E-8B"水星"空中指挥机更为经济灵活,但美国空军计划的E-10"多传感器指挥与控制飞机"几乎确定要替代E-8B。波音公司的官员还计划用KC-17B空中加油机(采用软管—浮锚式加油系统)执行目前由MC-130"大力神"运输机执行的战略任务。

目前,仅空中运输机一项需求就使前道格拉斯公司在加利福尼亚长滩的生产线的生产能力面临着严峻挑战。可以预见,未来波音C-17"环球霸王"Ⅲ运输机的生产速度将会令人瞠目结舌。

上图:驻查尔斯顿空军基地第437空运联队的一架C-141A型运输机飞至南卡罗来纳州一座大桥上方

## C-17A "环球霸王" Ⅲ型运输机

从外表看波音C-17"环球霸王"Ⅲ运输机极具欺骗性。尽管与早期的C-141B"星"运输机外形相似,但C-17的运载能力是前者的3倍。

**测试条件**
正在飞行测试期间的C-17运输机,从外观上看,测试机和C-17的投产机型并无区别。

**物资**
除了能够装载坦克、直升机之类的特大物资之外,C-17还能装载18个463升的货物托盘,而且完全机械化,只需1名货物装卸员操纵即可。

**燃油**
燃油装在6个机翼主油箱里,被集成在主翼梁之间,整个翼展长度达到52.2米,能够装载总量达27108加仑(合102615升)的JP-8号航空煤油。

**空投**
通过尾端坡道,C-17运输机多平台可空投49896千克物资,单平台可空投27216千克的物资;此外,还可以空投11个463升的托盘或102名伞兵。经过在南卡罗来纳州布拉格堡的测试,对于伞兵门做了重新设计,现在完全有能力进行空降行动。

**短跑道降落利器**
飞机的降落装置为高下降率设计,机翼配置有外吹式动力吹气襟翼、全展前缘长缝翼和反推力设置等优化设计。"环球霸王"Ⅲ运输机可在仅914米长的非铺装道路上降落,可装载的货物量是美国空军另外一种短道降落机型C-130"大力神"的4倍。

**载人**
C-17通常并不运载士兵,内部设有54把翻椅,沿中轴线还设有48个座位,或是安放100个垫子,使最大运载量达到154人。

**双功能坡道**
C-17A运输机的全承载尾端坡道的设计可以使表面承受18144千克的重量。当舱门关闭时,该坡道是货仓的一部分。

**货舱**
主舱室长合20.77米,包括后部坡道,容积为592立方米。翼下高度为3.67米,装载宽度为5.5米。

# 英国皇家空军的"环球霸王"III型运输机

20世纪70年代,肖特兄弟公司的"贝尔法斯特"重型运输机退役,英国皇家空军需要装备一种新型战略运输机。尤其到了后冷战时代,英国军队需要把部队快速部署到全球范围内的热点地区。在这方面,英国皇家空军的老牌"大力神"战略运输机显得力不从心。2001年,英国皇家空军在空运特大型物资方面的这一不足终于得到了改正,迎来了在空运界性能最优秀的C-17"环球霸王"III型运输机。

英国皇家空军计划于2008年引进欧洲空客公司的A400M型运输机,即以前的FLA"未来大型运输机",而这次购进4架C-17运输机是为了填补其间的空白。这次订购可以看做是英国1981年出台的《战略防御评估》的直接结果。与欧洲的伙伴国家进行一番磋商之后,英国一份长期的未来运输机的征求意见书也随之出台。目前,空客公司的FLA项目最有可能赢得青睐,但FLA最快也要10年后才能服役,而英国皇家空军迫切需要一个短期的解决方案,因此产生了短期的战略运输机的竞争。英国人将具体要求写在了"空军参谋部第448号需求令"中,要求运输机不但能够把准备就绪的快速反应部队迅速部署到位,还能够运载特大型装备,例如"阿帕奇"武装攻击直升机、大型军用车辆和皇家舟桥部队的重型或超大型器材。

## 授予合同

在和英国政府的接触中,波音公司意识到自己的C-17运输机能够满足英国人对于运输机日益增长的需求,于是立即向英国政府投标。截至1999年1月,C-17运输机的竞争对手包括安东诺夫设计局的"安-124"远程战略运输机和伊留申公司的"伊尔-76"大型运输机,但"环球霸王III"最为符合要求,在有些方面甚至超出要求,比如在装载量和操作方面。然而,价格成为一大障碍,超过1亿美元的单价远远超出了英国的国防预算。由于其他竞争对手相继被淘汰出局,这次竞标活动于1999年终止。由英国国防部、美国国防部和波音公司成立联合团队,探讨在限定的资金预算内能够做些什么。

最终,波音公司找到了一个独特的解决方案:4架C-17运输机将以租借的形式交给英国,直到A400M型运输机开始服役为止。为了降低成本,保养维修和机组人员培训将分别由波音公司和美国空军负责,而且C-17飞机将只按照"空军参谋部第448号需求令"的要求使用。除了执行运输任务外,该型飞机还能够进行空中投放、伞兵空降、低空飞行和空中加油,但这些工作都被省略了,因为这样做可以把飞机的年度飞行时间限制在3000小时左右,从而节省出大量的培训和保养经费。美英两国的商务租借合同于2000年9月2日签署,标志着50年来美国政府首次同意以租借形式把自己完整的军事系统交给外国政府。

## 第12批出厂的C-17运输机

英国皇家空军的4架C-17运输机是第

上图:2001年,一架C-17A型运输机从波音公司长滩组装厂起飞前往英国途中。C-17的驾驶舱非常先进,集成了测杆控制器、多功能仪表盘和两台抬头显示器,令英国皇家空军机组人员惊叹不已

上图:2001年6月,英国皇家空军飞行员达雷尔·雅哥布和凯斯·休伊特正在驾驶编号为ZZ172的一架C-17运输机

12批出厂的该种机型。由于在机翼中部加装了一个10000加仑(合37053升)的油箱,这使得该机型原本就很强大的满载(合40823千克)航行能力又延长了1110千米,这对于英国皇家空军放弃飞机的空中加油能力的决定更有补偿意义。其他的改进措施包括更新了软件,使飞机符合全球空中交通管理需求,并采用了连美国空军也没有使用过的重新设计的驾驶舱仪表盘。该机型的标准机组成员只有3人:2名驾驶员和1名货物装卸员,后者的位置是位于前机身右侧的计算机控制室里。宽敞的货仓,再加上高达76385千克的装载量,确保了飞机可以运输英军任何车辆、军用直升机、火炮、弹药或士兵。为了卸载一些

左图:为2001年7月,"环球霸王"ZZ172在英国皇家空军布莱兹诺顿空军基地。该型机于当年6月飞抵牛津郡。正如所有美国产的军用飞机一样,包括销往外国客户的飞机,英国皇家空军的"环球霸王"按照美式编号分配。其中,ZZ172的序号是00-0202,意思是在2000财年订购的飞机

特定货物，在位于牛津郡的英国皇家空军联合空运评估部，一个运输舱的实物模型被组装起来，该模型能够运载102名全副武装的士兵。在执行航空伤员撤运任务时，飞机上能够放置9具伤员担架，机身右侧装备相关的医疗和氧气设备。如果需要，机上共能增加27具伤员担架。同时，飞机的短距离、坏路面降落能力、自动装卸物资能力使得飞机对地面支持的要求降到最少，从而能够在严峻的飞行条件下执行任务。

## 培训和支持

在俄克拉荷马州的阿特拉斯空军基地，美国空军教育和培训司令部为英国皇家空军飞行员和装卸员提供培训。在那里，皇家空军的人员学习由第58空运中队提供的课程，课程中去掉了无法应用的战术培训部分。其中，"作战转换"训练，也称作实战适应训练是这样完成的：英国皇家空军人员临时加入第437空运联队执行各种任务。飞机物流支持训练被整合到美国空军与波音公司签署的灵活持续保障合同中。作为美国空军虚拟部队的一部分，英国的C-17飞机可以享受到许多福利保障，比如可以使用美国空军在世界范围内的支持设施、现场技术支持、任何可能的改动和升级。波音公司在布里兹·诺顿基地还有一个现场维修队提供技术支持，英国皇家空军则负责飞机的保养，包括轮子、轮胎和飞行维护。

## 雄鹰展翅

4架C-17隶属于英国皇家空军第99飞行中队。2001年4月16日，第一架C-17（编号为ZZ171）首飞后就由英国皇家空军接收，比预订计划提前了1个月。5月23日，该机抵达布里兹·诺顿基地。6月13日，第二架C-17（ZZ172）也飞抵该基地。剩余两架（ZZ173和174）于8月交接，很快就加入中队开始服役。除了执行联合快速反应部队的任务外，这些飞机还参与执行了各种各样的军事任务。7月，第一架C-17飞往美国给一架受困的皇家空军"三星"客机运送发动机，完成了首个紧急情况处置任务。飞机抵达丹佛空军基地取走损坏的"三星"客机发动机后，并没有直接返回英国，而是飞往委内瑞拉为皇家空军运送船舶发动机，这充分展现了该型机的全方位能力。在阿曼举行的"闪亮军刀"军事演习中，第99中队的C-17运输机运送了大量的车辆、重器材和军事人员，再次证明其价值。C-17运输机首次派往战区是在2001年8月，那是一次联合国维和行动，一架C-17运输机运送英国陆军一批"山猫"直升机以及支援设备和人员，前往马其顿的斯科普里。后来，该架飞机又运送了其他物资，包括急救车和"路虎"越野车。

可以说，C-17运输机的服役生涯刚刚开始，我们已经能够清楚地看到它的重要价值。作为一个注定被A400M型运输机取代的机种，英国皇家空军将会极不情愿地和它说"再见"。

上图：2001年4月16日，英国皇家空军第一架C-17型运输机进行首飞

下图：编号ZZ171的C-17运输机正在英国皇家空军布莱兹诺顿基地的停机坪上卸载物资。根据与美方的租借条款，英国皇家空军的C-17运输机只能用于战略行动

### 英国皇家空军第99中队

以"坚韧不拔"作为战斗口号的英国皇家空军第99中队，在现任指挥官马尔科姆·布雷切特空军中校的坚持下，引进了这4架C-17运输机。第99中队的历史可以追溯到第一次世界大战，其间经历了3次重组，一直担负着远程轰炸和运输的任务。1917年8月，第99中队在耶茨伯利空军基地组建，当时是作为皇家飞行队的昼间轰炸机部门而存在。第二年4月，该中队在法国接收了一批DH.9轰炸机。随着大战结束，中队又接受了一批DH.9A型轰炸机，并被派往印度驻扎，在那里很快被命名为第27中队。

1924年，第99中队再次经历了变革，保留了轰炸任务，装备有"维克斯维梅"轰炸机、"奥尔德肖特"轰炸机和"海德拉巴德"轰炸机。20世纪20年代，该中队基地在伯查·牛顿。1933年，该中队又接收了一批维得里·佩奇公司的"海福德"轰炸机。1938年末，随着维克斯公司的"惠灵顿"轰炸机的到来，才使得中队再次换装。

随着第二次世界大战的爆发，第99中队从艾尔姆灯、纽马基特和水滩出发，担负着散发传单和空袭任务。1942年，中队转派到远东驻扎。11月，中队在安巴拉重新集结，首先动用"惠灵顿"轰炸机对缅甸境内的日军目标进行夜间空袭。为了实施远程轰炸，中队于1944年9月装备了一批"解放者"重型轰炸机。1945年中期，第99中队转战科科斯群岛，为进攻马来半岛做准备。在那里，第99中队对荷属东印度群岛进行了多次攻击，直到太平洋战争胜利。

1945年底，第99中队在莱纳姆基地再次重组，成为一支空运中队。该中队的第一批运输机是亨得里·佩奇公司的"赫斯廷斯"运输机。在1956年的苏伊士运河战争中，这些运输机用来运送伞兵空降到塞得港。1959年，该中队再次换装，新装备使这支隶属于航空运输司令部（后为空中支援司令部）的中队具备了远距离运输能力。在接下来的17年里，这支中队飞遍了世界每个角落。第99中队的队徽是一个凸出的美洲狮，请看上图的ZZ172号C-17A型运输机的尾部。

# 波音公司
# E-3"哨兵"预警机
## 空中预警和控制系统的完美进化

上图：E-3"哨兵"预警机基于波音707客机平台，技术上取得了飞跃发展，其雷达天线配置在巨大的旋转天线罩中

波音公司研制的E-3"哨兵"预警机具备空中预警、控制和通信功能，已经成为西方国家军队在现代战场上的主要空战管理手段。该机型研制于20世纪60年代，在美国空军服役以来，与前任机型相比，E-3"哨兵"代表着巨大的飞跃。

"二战"末期，巨大的侦察雷达已经可以安装在飞机之上。与早期的机载雷达有所不同，新型雷达可以对天空进行大面积探察，并发现探察范围内任何飞机。早期应用最广的空中预警机为EC-121"预警星"系列，是基于"超级星座"客机平台建造的。自20世纪50年代早期直至越战结束，美国空军和海军一直在使用该机型。它的缺陷在于其活塞式发动机无法提供良好的性能，而且飞行高度极其有限（雷达位置越高，探测半径越大）。20世纪60年代，美国空军计算出，一架在9145米高空的大型喷气式飞机，其机载雷达探测半径可达395千米。这样一来，可以向航空防御司令部提供足够多的预警时间，从而拦截苏联的图95"熊"式轰炸机。20世纪50年代，当时低空突防的趋势使得雷达系统的弱点进一步暴露。相对于高空飞行的飞机，由于在预警机上方，无法利用地面物体造成的杂乱信号来隐藏，因此很容易被发现；而低空飞行可以使它们隐藏在雷达的地面反射信号中。正是这一系列原因，需要一架能够装载新型雷达的新型飞机。

### 更高更强的雷达

1965年，美国空军启动了陆基雷达技术项目，目的是研发出一种能够下视地面、发现低空飞行的喷气式飞机的雷达。最终，研制出了脉冲多普勒雷达，它不仅可以使用连续的能量脉冲，还可以使用目标接收的回波多普勒移相。这种雷达的工作原理是比较发射雷达信号的脉冲重复频率和回波的脉冲重复频率。大多数信号从地面返回后都会被收到，预警机的速度造成了脉冲重复频率的不同。其他所有来自目标的脉冲重复频率相对于地面有所移动，因此容易被发现。

从特定的角度和距离观察目标，会无法发现目标或是令其表面距离与实际值相差甚远，这个差距可能是一半、一倍甚至四倍之多。这就需要大量的研究工作来开发出地面雷达监视系统。那时候，有很多因素阻碍雷达的正常工作，因此一台高速计算机非常必要，它能够从数十亿脉冲信号和声波中发现目标，然后在操作员的屏幕上显示目标及其真实速度和距离。在雷达设计上，休斯飞机制造公司和威斯汀豪斯公司成为竞争对手，双方的产品在真实飞行条件下进行了测试。

### 新机型

空中预警控制系统的招标吸引了波音公司航空部门和麦道公司的参与。波音公司提供的专用舰载机并不能超越正在生产的波音707-320民航客机。为了增加飞机的稳定持久性，波音公司1969年决定给707空中预警机安装8台在A-10飞机上使用的TF34型发动机，分别放置在两个发动机舱

下图：拥有喷气机的速度和飞行高度，再配合先进的搜索雷达，使得E-3"哨兵"预警机成为空战中的攻守利器

中。但是，这个计划后来被放弃了，改用了4台TF33型发动机。1970年7月，波音公司赢得了竞标，获得了一份两架EC-137D型飞机的订单。两项雷达设计的筛选以此机型进行了试飞评估，最终，威斯汀豪斯公司的AN/APY-1/-2型下视雷达监视系统获得胜利。

在机身后部上端，有两根3.35米长的支撑杆，上面固定着一个碟状的旋转天线罩，雷达就安装在天线罩里面。在这台巨大的天线背部的一个大型结构梁里面，安装有大量的辅助设备，可以防止任何变形，确保雷达的精确性。这根梁上固定着通信数据链天线，其目的是进行敌我识别，确保与数百个友军通信站的通信链接。雷达罩的流水线生产采用了玻璃纤维的三明治结构复合材料，这种材料对于飞机速度和操控，只会产生极小的负面影响。

## 内部系统

雷达工作时，旋转雷达罩的转速是每分钟6圈，使雷达波束覆盖四周。在首批24架E-3型飞机上安装了IBM公司的CC-1型电脑，它的运算速度达到了每秒740000次，可以把处理结果反馈在状况显示台和两个辅助显示单元上。舱内控制台3个一排，共放了好几排，位于机翼前缘上方。在控制台后方是值勤官控制台，正前方则是机组控制台、领航和通信控制台、电子设备控制台和计算机控制台。再往后就是雷达维修保养控制台。尾部是一间大厨房和机组人员休息区。通常执行任务时，一架E-3飞机（一次加油可飞行11小时）会空中加油一次，飞行18小时左右。机上配置20名乘员，包括16名专业技术人员，例如武器控制员、雷达操作员和通信员等。

雷达能够以6种模式工作，最简单的就是被动模式。在这种模式中，雷达只是接收电子信号，然后锁定信号源。在"超越地平线"模式中，雷达能够在缺乏高度数据的情况下，尽可能获得最大的探测半径。"脉冲多普勒仰角扫描"模式是目前应用最广泛的模式，雷达主波束采用电子控制，从而监控整个侦察区域。通过分析接收的信号来确定峰值信号（回波）的强度，从而获得目标的飞行高度。长期以来，确定目标方向的手段是不断地扫描和对比不同时间同一位置或不同位置同一时间的扫描。"脉冲多普勒高度扫描"能够最大限度地提供数据，但它却是以牺牲探测距离为代价的。当我们的目的仅仅是探知远处的敌人，而不是获知他们的高度数据时，就需要切换到"脉冲多普勒低非仰角扫描"模式。在这种模式中取消了垂直扫描。"海上"模式是用来探测海上船只的。第6种操作模式叫做"交叉存取"模式，不同的高脉冲重复频率和低脉冲重复频率模式同时使用，能够优化机组人员的工作能力，从而更好地探测视距以外的敌机和船只。

上图：作为军用707机型的延续机型，为了和美空军此前的707机型命名一致，两架E-3原型机被命名为E-137D型

下图：空中预警和控制系统的核心就是AN/APY-1/-2型俯视雷达，可以把战场信息反馈给情况显示台

下图：在对两项雷达设计进行测试之后，两架EC-137D型机按照E-3标准进行了重新改装，成为E-3"哨兵"飞机，在俄克拉荷马州廷克基地的第552空中控制联队服役

右图：这幅照片拍摄于美空军E-3预警机交接之前。3架E-3预警机和两架伊朗军的707、747型飞机以及其他的民航客机一起停在波音公司停机坪上。除了旋转雷达罩和无窗机身之外，E-3在外观上和707客机并无多大区别

# E-3"哨兵"预警机的全球用户

E-3"哨兵"预警机在当今航空界可谓声名远播,是西方国家主要的空中预警和控制系统平台。

上图:这架有美国空军标志的E-3A"哨兵"预警机实际上隶属于沙特阿拉伯皇家空军,正在进行交货前的测试飞行。这是首架使用了CFM56型发动机的"哨兵"预警机

E-3"哨兵"空中预警机以波音公司707-320民航客机为基础,增加了大量的雷达和电子传感器建造而成,可作为指挥、控制、通信和情报中心使用。E-3空中预警机经常被派遣到各个战区监测战机和导弹,并引导友军战机。从服役的第一天起,E-3"哨兵"预警机就一次次地证明了其对于美国空军和"北约"防御系统的无可比拟的价值。从追踪并定位敌方入侵者,到引导友军战机拦截目标,E-3可谓无所不能。

## 来自美国空军的采购

1972年2月9日,两架EC-137D原型机进行首飞。在接下来的试飞中,在两架飞机上测试了新型雷达系统、旋转雷达罩与机身的兼容性,并逐步进行了改进,最终被重新命名为E-3A型。为了发展"全尺寸开发"计划,美国空军另外订购了2架E-3A。

1975—1983年的9年间,美国空军共投资购买了30架飞机。1976年5月25日,首架装备了所有电子设备的E-3预警机从西雅图起飞。1977年5月23日,首架正式服役的E-3预警机加入了位于俄克拉荷马州廷克空军基地的第552空中控制联队。该机于1978年4月首次执行任务。1979年1月,E-3预警机担负起了美国本土的空中防御任务。从那以后,我们可以在全球范围内看到E-3预警机的矫健身影,包括1983在格林纳达和黎巴嫩、1989年在巴拿马和1991年在伊拉克等。

首批24架预警机按最初的生产标准接收。最后的10架则按照美国/"北约"标准装备了更新型的AN/APY-2型雷达用于出口。首批E-3A经过一系列升级之后,命名为E-3B,安装了抗电子干扰语音通信系统

上图:法国空军空中监视情报通信系统指挥部的唯一空中力量是4架E-3F哨兵预警机,装备第36空中预警和控制飞机部队。法国一开始订购了6架"哨兵",但1988年放弃了最后两架

和无线电通信系统,进行了抗干扰改进,增加了机组成员数量,还增加5个控制台以及无线电台,改进了航空电子设备。1984年7月13日,首架E-3B被美国空军接收。1991年,7架E-3B预警机为参加"沙漠风暴"行动而增装了感应器,后来又有8架也进行了安装。按照美国/"北约"标准的10架飞机安装了无线电通信系统,增加了计算和通信能力,被命名为E-3C预警机。

## 美国空军的"哨兵预警机"

所有服役的E-3"哨兵"预警机均隶属于空中作战司令部驻俄克拉荷马州廷克基地的第552空中控制联队。该联队还负责向太平洋空军部门派遣飞机,下辖第963、964、965、966空中管制中队。其中,第966空中管制中队负责E-3"哨兵"机组成员的培训工作,还有两架TC-18E(前707民航

左图:大多数"北约"国家没有能力或不愿意购买E-3"哨兵"预警机,所以大多选择了集资共用的手段。以德国盖伦肯基为基地,"北约"的E-3预警机部队在整个欧洲执行任务

客机改装）用作培训使用。作为"合作项目"的一部分，空军预备役司令部控制着第513空中控制大队的第970空中管理中队，为E-3"哨兵"预警机提供机组人员，但本身并不"拥有"该预警机。

美国太平洋空军司令部下辖两个E-3"哨兵"预警机中队。第5航空队的第961空中管制中队基地位于冲绳嘉手纳。在阿拉斯加州埃尔门多夫空军基地，驻扎的是第962空中管制中队。在中东战争中，美军中央司令部负责派遣E-3执行"南方守望"行动。第4405空中指挥控制预警机中队隶属于第4404联队（暂时），总部位于沙特阿拉伯阿尔卡吉的沙特王子基地，下辖从第552空中控制联队租借的E-3B空中预警机。

## E-3"哨兵"预警机在"北约"

"北约"共接收了18架E-3A"哨兵"预警机，所有"哨兵"预警机的系统安装均由位于德国奥伯法芬霍芬的道尼尔公司负责，这些飞机装备驻德国的"北约"空中预警机第1和第2中队。这批飞机的美国编号为79-0442~0459，在卢森堡登记为LX-N90442~0459。1997年7月，一架E-3A预警机在希腊发生事故。目前，"北约"共有17架"哨兵"预警机。

## "四处"开花

除了美国空军和"北约"空军外，E-3空中预警机还出口到其他3个国家。从1986年起，E-3A"标准"型（与"基本"型相互区别）被沙特阿拉伯军方接收，编号为1801~1805。目前，该批预警机隶属于驻阿尔卡吉的第18中队（1997年前的基地在利雅得）。此外，该中队还有8架KE-3A空中加油机。

## 欧洲的空中预警和控制系统

波音公司给予了英国和法国13%的工业合作额度。英法空军的采购版本和美国、北约的E-3明显不同：发动机没有使用TF33型

### E-3"哨兵"预警机的生产和服役单位

| | |
|---|---|
| EC-137D | 为美国空军建造的两架原型机（71-1407/1408）——后来的E-3A，最终命名为E-3B。 |
| E-3A | 美国空军订购32架（外加两架EC-137D）。首批23架称为"基本"型E-3A，其余的称为"美国/北约标准"型（73-164则升级为"标准"型），所有机型最终命名为E-3B、E-3C。<br>73-1674/1675[2架]　　　　75-0556/0560[5架]　　　　76-1604/1607[4架]<br>77-0351/0356[6架]　　　　78-0575/0578[3架]　　　　79-0001/0003[3架]<br>80-0137/0139[3架]　　　　81-0004/0005[2架]　　　　82-0006/0007[2架]<br>83-0008/0009[2架]<br>北约获得了18架按照"标准E-3A"设置的飞机。<br>LX-N90442/N90459（前79-0442/0459）（编号从442到459）<br>沙特皇家空军获得5架"标准"型E-3A，如下所示：<br>1801[前82-0068]　　　　1802[前82-0067]　　　　1803[前82-0066]<br>1804[前82-0069]　　　　1805[前82-0070] |
| KE-3A | 为沙特阿拉伯新造的加油机共8架。<br>1811/1816[前82-0071/0076]　　1817/1818[前83-0510/0511] |
| E-3B | （第20批修改机型）共22架美国空军的E-3A加上2架EC-137D被升级到E-3B标准。 |
| KE-3B | 波音707的建议改装版，为沙特阿拉伯生产。 |
| E-3C | （第25批修改机型）共10架E-3A升级到E-3C标准。 |
| JE-3C | 美国空军的E-3C 73-1674被放弃，波音转而研发AN/AYR-1电子支援测量系统。 |
| E-3D | 为英国皇家空军生产的哨兵式预警机Mk 1。订购7架，最初分配的序列号为ZH100到ZH106，后改为ZH101到ZH107。具体到各架飞机则以七个小矮人中的人物命名。 |
| E-3F | 为法国空军生产4架，隶属空中监视情报通信系统指挥部（CASSIC）。法国序号201/204。 |

涡扇发动机，而是CFM56-2A-3涡扇发动机，能产生106.8千牛·米推力（该型发动机也在沙特阿拉伯的E-3预警机上使用）。英国空军购置的E-3预警机是最后一批使用波音707机身的机型，该生产线随后就关闭了。等到日本人购买时，只好选用更新型的双发动机波音767作为机身的预警机，其装备基本源自E-3C型预警机。

## E-3"哨兵"在英国

自从命运多舛的"猎迷"预警机发展计划取消后，英国政府于1986年12月订购了6架E-3D"哨兵"预警机，用于替换已经老旧不堪的"沙克尔顿"预警机（隶属于第8中队）。1987年10月，英国政府又决定订

下图：拥有E-3"哨兵"预警机数量最多的单位是美国空军。该机型最初隶属于战略空中司令部，在俄克拉荷马州廷克基地的空战司令部第552空中管制联队服役

购第7架E-3D。1989年9月11日，英国空军的第一架E-3D预警机（编号ZH101）首次升空。1990年1月5日，所有设备安装完毕后正式试飞。英国空军的E-3D的不同之处在于翼尖位置安装了劳拉公司的1017"黄门"电子侦察舱。目前，所有7架飞机（编号ZH101~ZH107）均隶属于驻瓦丁顿空军基地的第8中队，驻扎在该基地的第23中队负责"哨兵"预警机的训练。

英国空军的订单没下多久，法国空军也于1987年2月决定购买3架E-3F型预警机，后来又追加了一架。1988年，法国空军取消了再购买两架的计划。E-3F于1990年6月27日首飞，服役于空中监视情报通信系统指挥部的第36空中预警和控制机中队。

下图：如果不发展自身的"猎迷"AEW. Mk3型预警机，英国原本有可能成为"哨兵"预警机的第一个出口国。最终，1986年末，英国订购了7架E-3型机，装备了受油管、翼尖电子侦察舱和CFM56-2A-3型涡扇发动机，机身采用全灰涂色方案，编入驻瓦丁顿空军基地的第8和第23中队

# E-4B "末日飞机"

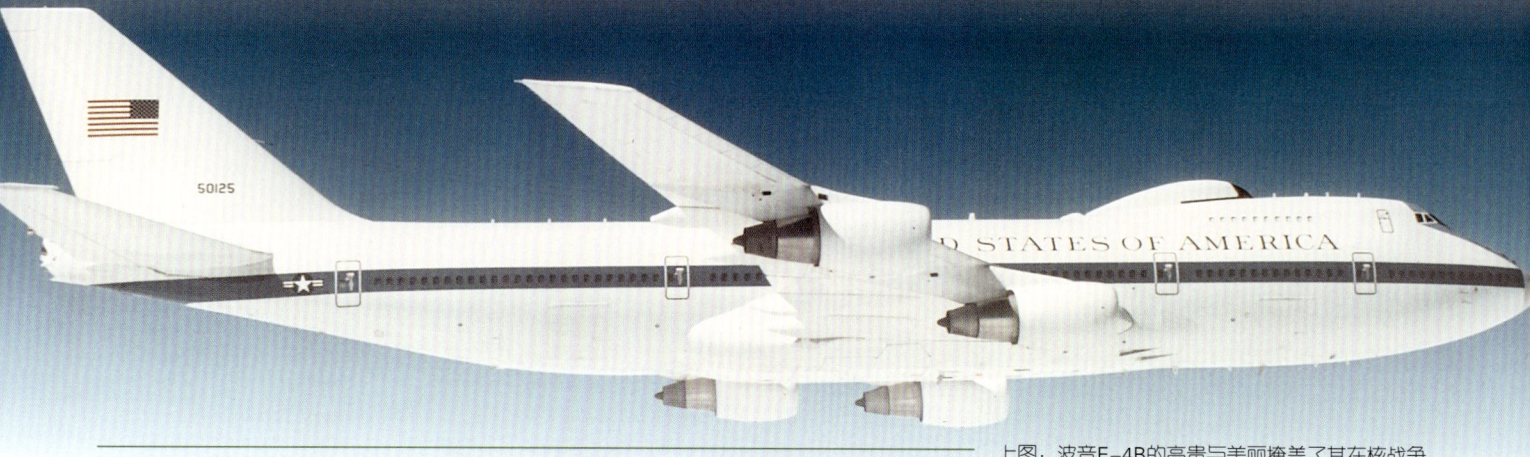

配备了高度专业化通信设备的E-4B显露出美国在核打击事件中保持凝聚力的决心。一旦发生核爆炸，这里将因其防御核侵袭的能力而作为发出国家响应的总统指挥中心。

波音E-4B是美国的国家机载指挥中心，在战时被国家领导人用作空中指挥所。E-4B被它的绰号"末日飞机"暴露了其严酷的目的。在熟悉的波音747-200B外观的背后，隐藏着美国在华盛顿发生核爆炸事件时仍有继续发动战争的可怕潜力。

E-4B或者称作NAOC，开发于1970年，其目的是为了确保一旦与苏联之间发生核战争，国家领导人能够幸存。它随时准备在一般冲突的最初几个小时或几天中运送总统，或者国家指挥局(NCA)中的其他领导人。在美国本土收到攻击的时候，一些领导人将可以在弗吉尼亚州的地下掩体指挥，而其他人则需登上E-4B来指挥美国空军和地面部队。

## 商业设计

当选择飞机并规划它的设计时，美国空军要求的是速度、效率和舒适度，但首先需要有一个能够在空中飞行很长一段时间的巨大的飞机。五角大楼想要至少在遭到第一轮核攻击时，E-4B能够保持在空中的状态。当时通信是非常困难的，而且机场也并不能轻易得到。宽体波音747的内部空间为后备机组人员、机载设备和"黑匣子"提供了所需要的空间，而飞机本身也被改装得具有极好的续航能力。此外，核爆炸会带来能量的毁灭性破坏，即电磁扰动现象。可以通过使飞机"硬化"来抵御这种电磁扰动，但这将带来额外的负担。对于应付这种额外的负担，波音747是一个理想的选择。

上图：波音E-4B的高贵与美丽掩盖了其在核战争中所扮演的真正角色，它本应该成为美军武力回击的焦点。基于波音747-200的成功，在服务于总统海外访问的超过10年的时间里，E-4保持着极好的安全记录

下图：核打击之后精确的情报是至关重要的，因此E-4装备了大量的通信设备。原E-4A的通信系统（如图所示）在E-4B中得到了大大地改善。飞机上大量的通信设备被电磁脉冲效应所屏蔽

前3架被称为E-4A的飞机于1974年年末交付，E-4A在1973年6月13日举行了第一例首飞。1979年12月交付的第4架E-4进行了大范围的改动，一个新的名字E-4B被采用，它早期的设备是从其前身EC-135J上拆下来的。随后的项目修改中，所有E-4机队都被升级为功能更为强大的E-4B标准型号。

## 飞行的"白宫"

E-4B利用其庞大的身躯，在其5500平方英尺（511平方米）的主甲板上搭载了美

左图：卫星/超高频通信天线被放置在E-4B背部的泡形罩内，它允许飞机在没有被窃听的风险时发送和接收信息。尽管是在冷战末期，每当总统出国时都仅有一架E-4B陪伴。这架飞机在总统访问期间时刻保持着戒备状态，以应对进入全国紧急状态这种小概率事件

现代战机百科全书 89

上图：首批两架一类飞机在爱德华兹基地准备飞行测试。71-0281（右）主要是发动机测试平台；而71-0280则负责飞机包线扩充、操纵以及外挂武器挂架

上图：首架即将完成的F-15编号为71-0280。图示为1972年6月26日该机出现在圣路易斯的出厂典礼上。安装上的AIM-7"麻雀"导弹是导弹模型

飞行测试在位于加利福尼亚州的爱德华兹空军基地进行。这些遥控迷你F-15从波音NB-52B"同温层堡垒"母机上投放，由美国航空航天局的德莱顿飞行测试中心负责操作。

F-15A原型机（编号71-0280）有时被称作YF-15A，Y字头表明是使用测试机。该机于1972年6月26日在圣路易斯出厂，拆卸后运往加利福尼亚州的爱德华兹空军基地。一个月后，也就是1972年7月27日，飞机升空。飞行员欧文·巴罗斯是公司一名有多年试飞经验的飞行员。首飞当天天气晴朗，进行得非常顺利。巴罗斯也表示F-15非常易于操控。

## 测试项目

首批生产的12架F-15"鹰"是美国空军的一类试验机，简称为F-1到F-10，还有两架TF-1和TF-2教练机。随着它们的出厂，一项野心勃勃的计划也随之展开。

下图：这架编号为71-0291的飞机在完成测试工作后，开始了一次大型的商业活动。1976年4月的4天时间内，其展示了法国国旗标以及途中访问的其他国家的国旗标志

1976年，一架F-15"鹰"进行了长达34000英里的商业性环球巡飞，期间参加了各种飞行表演，旨在向潜在客户宣传战机。飞行中，这架TF-15A（很快就被改称为F-15B）采用了醒目的200周年纪念涂装方案。

后期设计中抛弃了F-15的单尾翼设计。飞机的尾翼是全金属结构，由双尾和机舱构成，采用了蜂窝材料覆盖硼复合面板，非常轻薄。全动式水平尾翼面位于尾翼外舷侧。双尾翼的设计是以牺牲重量为前提来获得良好的大迎角性能以及更多的生存几率。

F-15的一大创新是在脊部安装了空气制动器。飞机无须俯仰变化，可以在任何速度下展开机动。早期的"鹰"式战机装备了两台普惠公司的F100-PW-100加力涡扇发动机，每台可以产生25000磅（113千牛）的推力。

## 雄鹰利爪

考虑到雷达的大探测范围，F-15"鹰"当然装备了超视距导弹。最初使用的是越战时代的AIM-7F"麻雀"导弹，这种半主动雷达制导导弹令飞行员很难躲避雷达的探测。后来战机的武器库中装备了4枚AIM-9J"响尾蛇"导弹（目前是AIM-9M）和一台20毫米口径M61A1型6管"火神"炮（加特林机炮）由于为新战机研发

的新型25毫米机炮的尝试失败，才退而选择了这种机炮。

F-15研发的另一大目标就是要实现大航程飞行。飞机装配了两个燃油和传感器战术包，其实就是两个专为F-15设计的水平、低阻力副油箱，每个油箱可以携带5000磅（2268千克）的燃油。这样的设计就部分实现了大航程的目的。最初燃油和传感器战术包安装在每个发动机进气道外壁，按照与飞机本身相同的装载系数和空速范围设计。这些战术包仅在F-15C/D上使用。由于它们仅能携带燃油，从而扩展了战机的航程，所以被称为保形油箱。与最初的设计不同，它们仅可以携带燃油而无法带传感器。

F-15"鹰"的诞生经历了不少波折。在卢克基地，飞行员们发现他们无法完成计划的出动架次。飞机的零件和保养都存在困难。发动机的问题更为严重。对发动机的修改最终解决了问题，但是F100发动机还有在某些飞行条件下发挥不稳定的恶评。

除了技术上的瑕疵，F-15项目可以看做是预算内项目成功完成的典型。

下图：二类全尺寸试验机与投产机型较为相似，用于进一步的飞机测试。这架编号为72-0118的试验机主要用于操纵测试，但是后来与其他3架二类试验机一起被派往以色列

# F-15A/B 行动

1973年3月，美空军官方订购了首批30架"鹰"式战斗机。1974年11月4日，这批F-15交付美空军使用。首架投入使用的"鹰"式战机是一架双座TF-15A教练机，编号73-0108，代号TAC-01。

TAC-01编入了F-15战机替换训练部队（RTU），隶属于第555战术飞行训练中队，基地在亚利桑那州凤凰城外的卢克。RTU培养的合格F-15飞行员开始充实到F-15作战部队中去。弗吉尼亚州兰利空军基地的第1战术战斗机联队成为首个选中换装新战机的单位。其新座驾的垂尾码是"FF"（意为首架战机）。1976年1月9日，第1战术战斗机联队完成了所有战机从旧F-4E"幻影"到F-15"鹰"新战机的换装，并宣布具备作战能力。

翌年，彼特堡基地的第36战术战斗机联队（垂尾码为BT）成为海外首个换装"鹰"式战机的美空军单位。同年，内华达州拉斯维加斯附近的内利斯空军基地的第57战斗机武器联队下属第433战斗机武器中队专门启动了针对F-15"鹰"式战机的战术研究，以及相关新武器系统的测试。最终，阿拉斯加州埃尔门道夫空军基地的第21混合联队（垂尾码AK）、荷兰苏斯特贝赫第32战术战斗机中队（垂尾码CR）、佛罗里达州埃格林空军基地的第33战术战斗机联队"游牧人"（垂尾码EG）和新墨西哥州霍洛曼空军基地的第49战术战斗机联队（垂尾码HO）成为首批装备"鹰"式战机的一线战斗单位。

上图和下图：1977年4月，德国彼特堡基地的第36战术战斗机联队接受"鹰"式战机。多年来，该联队是联邦德国南部的主要防空单位，负责防空识别区的警戒和巡逻

## 空中猎鹰

"鹰"式战机的问题首先出现在普惠公司F100-PW-100发动机和休斯公司X波段APG-63脉冲多普勒雷达上。二者都是专为F-15设计的。在战机服役期间，问题都得到了解决。

F-15的航电系统非常复杂，其主雷达配备了AN/ALR-56雷达告警接收机和AN/ALQ-128EW报警系统。除此之外，还有一套诺斯罗普公司的AN/ALQ-135电子对抗备用设备。越战的教训证明良好的可见度对于飞行员尤其重要。为了达到此目的，F-15飞行员的座位很高，并且非常靠前。战机的座椅采用了麦道公司的Escapac IC-7弹射座椅（后被ACESII座椅取代）。机舱罩鼓起，令座椅上的驾驶员视野良好。机舱规划合理，但只装备了模拟设备，没有阴极射线管多功能显示屏（CRT MFDs）。抬头显示器、各种操纵杆和节流阀杆，使两"手不离摇杆"（HOTAS即手置节流阀和操作杆）即可操作所有重要系统。"鹰"式战机就是为了实现在HOTAS模式下作战而设计的。在该模式下，飞行员可以通过抬头显示器接收各种必要信息，无须低头即可操控武器系统。

与A型战机共同研发的还有TF-15A双座教练机。该机完全符合作战要求，只是没有装配AN/ALQ-135电子对抗设备，并且比单座战机重了800磅（364千克）。1978年，TF-15A战斗能力得到认可，并改名为F-15B。

上图：1975年第1战斗机联队换装了F-15A/B，是首个具备作战能力的F-15"鹰"式战斗机单位。该联队第27战斗机中队宣称是美国空军资格最老的飞行中队，其历史可以追溯到1917年6月15日

上图：1983年第318战斗截击机中队的F-106A"三角标枪"战斗机经过改装，承担起美国西海岸的防御任务。该中队驻扎在位于加州的城堡空军基地，时刻保持着防空警戒状态

## 改良的"鹰"式战机

20世纪90年代，除了F-22"猛禽"，美空军订购的新战机并不多。在这种背景下，美空军启动了一个"多阶段改良项目"（MSIP），对F-15A/B战斗机进行改良。早期生产的F-15C的F100-PW-100涡扇发动机由于毛病多，被功率略小但性能更为可靠的F-200发动机取代。战机的升级还包括采用了全新的航电设备以及中央数字计算机，它们取代了最初的模拟计算机。

改良后的F-15A/B"鹰"与F-15C/D在外观上也不一样。F-15A/B的水平安定面旁没有安装雷达告警接收机天线。F-15C可以比F-15A/B多携带2000磅（907千克）燃油。1992年，所有非F-15C/D战机都被改良后的F-15A/B取代。

## 保家卫国

随着F-15"鹰"进入一线美空军单位服役，空军国民警卫队的7个单位也开始装配F-15A/B。夏威夷希凯姆基地的第199战斗截击机中队首先换装。1987年夏，该中队的F-4C"幻影"被新战机取代。随着改良后的F-15C进入美空军各单位，空军国民警卫队开始接收"鹰"式战机的一些早期型号，这样标志着"幻影"作为截击机彻底退出舞台。

下图：第21混编联队派出一整支F-15A/B飞行中队（第43战术战斗机中队）驻扎在阿拉斯加，这本身已凸显其重要的战略意义

上图：第5战斗截击机中队"口水猫"是寿命最短的F-15作战单位。1985年4月到1988年7月，该中队担负起美国本土（CONUS）防空任务，驻扎在北达科他州的米诺特空军基地。这支F-15截击机单位早先使用的战机是康维尔公司的F-106"三角标枪"

上图：为了充实F-15A单座战斗机队伍，美空军又采购了58架双座F-15B。每个作战单位分到了少量F-15B以进行连续性训练，熟悉战机和飞行检查。剩余的飞机则交给了F-15训练中心。飞机的尾部有第555战术战斗机训练中队"三镍币"的标志。该中队在越战中战果最显赫，也是首个装配F-15的战术空中司令部的单位

下图：前线的F-15A/B被F-15C/D取代后，这些战机就被下放到空军国民警卫队的各单位中了。图示是路易斯安那州空军国民警卫队的第122战术战斗机中队的飞机

# F-15C/D

在1980年，波音公司的707的两个新版本出现了。美国海军的E-6"水星"负责通信安全和指挥岗位职责，美国空军的E-8C联合监视目标攻击雷达系统（J-STARS）战场监视飞机随后投入服务。

上图：由于日本嘉手纳空军基地紧邻朝鲜半岛，驻扎在该基地的美空军第18战斗机联队下属的F-15C战机会定期飞往韩国执行警戒任务

尽管换代后的F-15C/D与前代F-15A/B外形很形似，但新战机涵盖了F-15设计的方方面面，所有必要的地方都作出了改进。作为首个能够携带保形油箱的F-15机型，F-15C/D在机舱内部增加了可以携带2000磅（907千克）燃油的空间。随机可以携带43000磅（19505千克）燃油意味着"鹰"式战机只需中途停机加油两次，或通过空中加油就可自部署到波斯湾。

1979年2月26日，首架F-15C（编号78-0468）飞抵圣路易斯。接着在6月19日，首架F-15D双座机也顺利到达。与A/B型战机一样，初期生产的F-15C/D都采用了F100-PW-100发动机。但是从1985年11月起，飞机引入了F100-PW-220发动机。新发动机尽管功率稍逊，却更为可靠耐用。

F-15C/D的航电系统也有提升，首批战机装备了改进的APG-63PSP雷达（配备可编程信号处理器）和更好的电子对抗设备。1989年后，飞机则装备了APG-70雷达（在APG-63的基础上进行了大幅改进）。APG-70的雷达天线与APG-63一样，但是其信号处理器系统则快了5倍，同时能够控制更大的雷达区域。F-15C/D"鹰"的身影很快就出现在世界各地。到美国空军接收最后一架二代F-15战机为止，共生产了408架F-15C和62架F-15D。

下图：无论从任何标准衡量，F-15都是一种大型战机。尤其是与英国皇家空军的更加小巧的"鹰"式战机相比，尺寸就更显巨大了。F-15的网球场大小的机翼负载很小，再加上高推力重量比，令战机具有极佳的操控性

下图：第57联队是空中战斗司令部下属一个战斗机战术与武器测试评估单位，驻扎在内华达州的内利斯空军基地。作为F-15C作战单位，第422战术电子战中队"吸血鬼"为战斗机武器学校F-15的课程训练提供战机

左图：F-15的驾驶舱设计尽可能地减少了飞行员空战中低头操作的时间。驾驶舱内装有一大型平视显示屏，为飞行员提供重要的战斗信息

上图：1989年6月，一架基地在彼特堡的第36战术战斗机联队的F-15C在起飞中突然发动机熄火。在"沙漠风暴"行动中该联队的第53中队和第525中队分别被派往沙特阿拉伯和土耳其

右图：以色列的F-15C/D"秃鹫"隶属于第106中队，驻扎在特拉诺夫基地。该战机内、外发射架分别装备了"响尾蛇"和"蟒蛇"3空空导弹。本地化电子对抗技术已经可以取代一些战机原有装备，比如ALQ-128雷达警报接收机

下图：日本的"鹰"式战机的涂装采用了标准的空优灰伪装色，共有两个色调。6位数字序列系统前3位分别对应战机购买年份（5即1985年）、飞机等级（2即双发动机）和基本功能（8即全天候战机）；最后3位数字对应飞机序列号

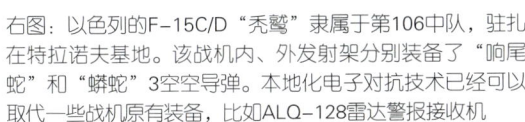

# F-15 E 型战斗攻击机

把世界上最好的空战机型（F-15）变成夜间对地战斗攻击机，在很多人看来并不是个好主意。然而，作为当今世界上毫无争议的最出色的空中打击和对地攻击双重平台，F-15E战机的风采令人瞩目。

作为双用途飞机，所有的早期F-15战斗机都具备空对地攻击能力，能够携带空对地武器。1975年，F-15的对地攻击功能被取消，因此相关软件系统也不再集成在飞机上。

1982年，建造一架具备空对地攻击能力的F-15攻击机的测试开始。麦道公司自主投资，把第二架TF-15A飞机进行改装，命名为"攻击鹰"。麦道公司的设想是要建造一架"增强型战术战斗机"（ETF）来取代通用动力公司的F-111，最后F-15获得青睐，挤走了"箭形三角翼"的F-16XL"战隼"。"攻击鹰"并不孤单，先后有F-15C和F-15D实验机加入，经过了各种燃油和武器装载测试。1984年，产生了最终版本的F-15E。2月24日，该型机获得批准投产。1986年12月11日，第一架F-15E型战斗机首飞，但麦道公司所取的"攻击鹰"的名字未被采用，倒是经常听到其他一些非官方的昵称，比如"炸弹鹰""泥地母鸡"等。

上图：在过去，北卡罗来纳州西摩·约翰逊空军基地第4联队的主力机型一直是F-4E型机，现已成为F-15E型战斗机的主要用户，所属的4个中队均配备了F-15E。图中的F-15E型机来自于第335"酋长"飞行中队，在1991年的"沙漠风暴"行动中，该中队参与了针对伊拉克的打击任务

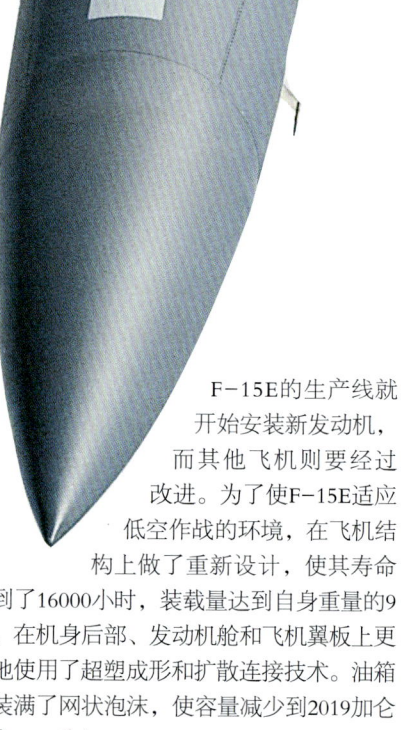

上图：F-15战斗机潜力无限，是战场上空最矫健的战机。然而，要想把F-15及其系统的能力充分发挥出来，不仅需要进行充分的教学和训练，还需要两个座舱乘员间的紧密协同

F-15E引入了新的航空电子设备来适应对地作战的任务，早期型号则不具备该种能力，因此F-15E更像是第二代"鹰"式战机。F-15E的控制台经过重新设计采用了大视野抬头显示器，由3台CRT显示器组成多用途显示屏，能够显示领航、武器投放和系统操作信息。后舱的武器操作员使用4台多用途显示终端，显示雷达、武器选择和监控敌方追踪系统。火控人员还负责操作AN/APG-70型合成孔径雷达和马丁—玛丽埃塔公司研制的"夜间低空红外导航与目标定位系统"的导航吊舱（AN/AAQ-13）和定位吊舱（AN/AAQ-14）。导航吊舱合成地形跟踪雷达，可与飞机的飞行控制系统相连接，实现自动地形追踪飞行。定位吊舱可使飞机自主发射GBU-10型和GBU-24型激光制导导弹。机组人员乘坐的是第二代"先进概念弹射座椅"。

飞机动力由F-100-PW-220型涡轮风扇发动机提供，该发动机同样在F-15C上使用，配备有数字发动机控制系统。首飞后不久，F-15E启动了"发动机性能改进"计划，决定替换掉原有发动机。竞争在通用公司的F110-GE-129型发动机和普拉特-惠特尼公司F100-PW-229型发动机之间展开。经过在F-15E上测试比较，最终普拉特·惠特尼公司的发动机当选。1991年8月起，

下图：麦道公司研发的双座F-15B"攻击鹰"实验机（71-0291）性能非常出色。图中这架F-15B型机的翼下挂满了Mk 7"石眼"集束炸弹，该机采用了整体灰和双色调的涂色方案

F-15E的生产线就开始安装新发动机，而其他飞机则要经过改进。为了使F-15E适应低空作战的环境，在飞机结构上做了重新设计，使其寿命达到了16000小时，装载量达到自身重量的9倍。在机身后部、发动机舱和飞机翼板上更多地使用了超塑成形和扩散连接技术。油箱内装满了网状泡沫，使容量减少到2019加仑（合7643升）。

1988年，亚利桑那州卢克空军基地第405战术训练联队取代空军教育和训练司令部的第58战斗机联队，成为战术空军司令部F-15E"鹰"的训练单位。首批服役的F-15E被北卡罗来纳州西摩·约翰逊空军基地的第4战术战斗机联队接收并开始服役，取代了原F-4E"鬼怪"战斗机。

1990年8月12日，美军开始"沙漠盾牌"行动。第4战术战斗机联队下属的336战术战斗机中队被派往沙特阿拉伯阿尔卡吉空军基地，F-15E"鹰"战斗机正式参战。接下来，该联队所属的第335战术战斗机联队的F-15E也相继抵达战场。在"沙漠风暴"行动中，F-15E的任务是攻击各种目标，包括搜索"飞毛腿"导弹发射基地。在整个行动期间，F-15E战斗机共出动2200架次，飞行时间达7700小时，这期间只有两架F-15E

### 英国"鹰"

自从20世纪60年代起,英国皇家空军拉肯希斯基地开始成为西欧最重要的防御阵地,在此服役过的战机包括F-84、F-86、F-100和F-4。1977年,第448战术战斗机联队迎来了F-111F型战斗轰炸机。F-111F参加了对利比亚的军事行动,并在"沙漠风暴"行动中大放异彩。海湾战争结束后,F-111F的任务量逐渐减少,为F-15E型"鹰"式战斗机的到来做好准备。1992年2月21日,首架F-15E(如图)抵达基地。在波黑战争期间,英军两个F-15E飞行中队——第492和494中队——经常前往阿维亚诺为联合国地面部队提供夜间空中支援。目前,F-15E正在执行另外一项任务——"安抚"行动,确保联合国在伊拉克北部设立的安全区的安全。

在战斗中被击落。

1991年,美国国防部长拒绝了美国空军有关继续生产F-15E的要求。尽管F-15E作为战机的性能极为强悍,但批评家指出它的装载量过低,其装载能力甚至不如已经服役30年之久的F-111战斗机。然而,这种短视的决定后来被推翻,美国空军因此又购买了少量的F-15E。

此外,沙特阿拉伯作为战斗机的长期使用者,又订购了72架,被称为F-15S。这些战斗机与美军的同类战斗机相似,只是减少了电子对抗装备。沙特此举对近邻以色列构成了潜在威胁。作为回应,以色列紧随其后订购了25架F-15I型战斗机,以色列国防军空军将其称为"雷电",完全按照美军型号标准制造。2002年,韩国成为F-15的新客户,其订制的40架F-15K(配置通用电力公司的F110-229型发动机)于2005—2008年交付使用。

下图:驻英国拉肯希斯空军基地的第494中队的F-15E型战斗机喷涂了虎纹标记。这样就可以参加"北约"国家举行的飞机"老虎会",大会只允许涂饰老虎标志的飞机参与

### F-15E "鹰"式战斗机

F-15E"鹰"是位于英国苏福克郡皇家空军拉肯希斯基地第48战术机联队的主要机型。1982年,该联队的4个F-111F飞行中队退役,迎来两个F-15E飞行中队。今天,F-15E与另外一个F-15C/D战斗机中队一起并肩作战。

**F-15E**

**驾驶舱**
F-15E的驾驶舱设计非常先进。舱内抬头显示器和多功能显示屏为大视角设计,方便驾驶员操作;武器操作员可控制4个多功能显示屏;所有重要的飞行和攻击行动都通过正前方的控制台和操纵杆/节流杠进行控制。

**发动机**
后期的F-15E战斗机(如本图)装备了F100发动机的改型机,即F100-PW-229 IPE型发动机,每台发动机经过充分二次燃烧,能够提供29100磅(合130.9千牛·米)的推力。

**雷达**
F-15E的核心能力就是其APG-70型雷达,相对于F-15C的APG-63雷达有了大幅改进。APG-70型雷达不仅装备了增强的空中模块,还提供高分辨率的合成孔径绘图,从而可以对目标地区进行精确制图,然后精确选择打击点。

**油箱**
每个油箱可以装载723加仑(2737升)燃油,下方有一副一体式挂架(有3个挂点),还有3副小挂架用来挂载武器。

**夜间低空红外导航与目标定位系统吊舱**
夜间低空红外导航与目标定位系统包括位于右弦进气口下方的AAQ-13导航吊舱和左舷下方的AAQ-14定位吊舱。AAQ-13导航吊舱中包括1部大视野前视红外扫描仪,使图像显示在飞行员的前视显示器上;还有1部得州仪器产的地形追踪雷达,与飞机的自动驾驶系统连接,从而保证全天候的安全低空飞行。

**武器**
F-15E战斗机装载14枚SUU-30H型集束炸弹,可执行空中火力支援或空中封锁任务。此外,所装载的AIM-9型"响尾蛇"导弹用来自卫。拉肯希斯的F-15E的外发射轨装有AIM-120先进中程空空导弹,内发射轨装有"响尾蛇"导弹。

# 美国空军和空军国民警卫队的F-15型战斗机

上图：第336联队下属第390战斗机中队的一架F-15C型战斗机从芒廷霍姆空军基地起飞。第366联队是美国空中作战司令部下属的第一支合成联队，编有数种不同类型的战机，因此称得上是美国空军的缩影

尽管服役已经超过了1/4世纪，麦道公司的F-15"鹰"式战斗机依然站立在世界战斗机之巅，是美国空中防卫力量的中流砥柱。

1976年1月，F-15"鹰"式战斗机开始在维吉尼亚州兰利空军基地第1战术战斗机联队。接下来的10年里，F-15经历了空中战术司令部的F-4"鬼怪"和F-106"三角标枪"战斗机的先后退役。此外，F-15还跟随美国驻欧洲空军和太平洋空军前往英国、德国、阿拉斯加和远东地区执行任务。

在欧洲，F-15活跃在冷战的最前线。第32战斗机中队在荷兰苏斯特贝赫；第36战斗机联队在德国彼特堡，都有F-15警惕的身影。随着苏联的解体，大多数F-15飞离欧洲大陆，目前仅剩的一些F-15"鹰"战斗机则在英国拉肯希斯基地服役。

美国太平洋空军的"鹰"式战斗机基地位于阿拉斯加州。冷战期间，它们的任务是拦截苏军的侦察轰炸机。另一个太平洋基地是冲绳岛的嘉手纳基地。随着美军战斗机在韩国的减少，嘉手纳空军基地的F-15战斗机所担负的保卫韩国的任务变得越发重要起来。随着美国与朝鲜的关系日益解冻，再加上日本对冲绳驻军的不满，使得驻冲绳嘉手纳基地的F-15战斗机的前景充满了变数。

在一线部队，早先使用的单座F-15A和F-15B战斗机逐渐被改进后的F-15C和F-15D战斗机所取代，这些老式飞机则交给了美国空军国民警卫队。其中，空军国民警卫队的首架F-15隶属于驻路易斯安那州的第122战斗机中队。1995年8月，该中队的F-4C"鬼怪"战斗机被F-15A战斗机所替换。俄勒冈州的第173战斗机联队则是首个拥有F-15C和F-15D的空军国民警卫队单位。

除了空军部队和预备役部队，佛罗里达州泰恩代尔空军基地的空军教育和训练司令部、内华达州内利斯空军基地的空中战斗司令部所属空军武器学校和加利福尼亚州爱德华兹空军基地的空军器材司令部测试评估部门也拥有F-15"鹰"式战斗机，维护保养工作则由佐治亚州的华纳·罗宾斯空军基地的空军物资司令部负责。

### 驻美国本土的F-15战斗机部队（2003年到2004冬季）

| 基地 | 联队 | 中队 | 机型 |
|---|---|---|---|
| 佛罗里达州埃格林空军基地 | 第33战斗机联队（空战司令部） | 第58中队 | F-15C/D |
|  |  | 第60中队 | F-15C/D |
|  | 第53联队（空战司令部） | 第85测试与评估中队 | F-15C、F-15E |
| 阿拉斯加州埃尔门多夫空军基地 | 第3联队（太平洋空军司令部） | 第12中队 | F-15C/D |
|  |  | 第19中队 | F-15C/D |
|  |  | 第90中队 | F-15E |
| 北卡罗来纳州西摩·约翰逊空军基地 | 第4战斗机联队（空战司令部） | 第333中队 | F-15E |
|  |  | 第334中队 | F-15E |
|  |  | 第335中队 | F-15E |
|  |  | 第336中队 | F-15E |
| 弗吉尼亚州兰利空军基地 | 第1战斗机联队（空中战斗司令部） | 第27中队 | F-15C/D |
|  |  | 第71中队 | F-15C/D |
|  |  | 第94中队 | F-15C/D |
| 爱达荷州芒廷霍姆空军基地 | 第336战斗机联队（空战司令部） | 第390中队 | F-15C/D |
|  |  | 第391中队 | F-15E |

下图：驻路易斯安那州第159战斗机联队是第一支装备了F-15战斗机的空军国民警卫队部队，其装备的机型来自第49战斗机联队的F-15A和F-15B型机

下图：在冷战期间的大部分时间里，第57战斗机中队从冰岛基地起飞执行拦截任务。1985年，该中队的"鬼怪"战斗机更换为F-15C"鹰"式战斗机。1995年，该中队解散，其任务由其他F-15战斗机部队承担

## 美国空军国民警卫队F-15战斗机部队

| 基地 | 联队 | 中队 | 机型 |
|---|---|---|---|
| 佛罗里达州 泰恩代尔空军基地 霍姆斯特德空军储备基地 | 第125战斗机联队 | 第159战斗机中队 第159战斗机中队（分遣队） | F-15C/D F-15C/D |
| 密苏里州 圣路易斯国际机场 | 第131战斗机联队 | 第110战斗机中队 | F-15A/B |
| 路易斯安那州 新奥尔良海军航空基地 | 第159战斗机联队 | 第122战斗机中队 | F-15A/B |
| 马萨诸塞州 奥蒂斯空军公民警卫队基地 | 第102战斗机联队 | 第101战斗机中队 | F-15A/B |
| 俄勒冈州 波特兰国际机场 克拉马思福尔斯国际机场 | 第142战斗机联队 第173战斗机联队 | 第123战斗机中队 第114战斗机中队 | F-15A/B F15A/B/C/D |
| 夏威夷州 希卡姆空军基地 | 第154联队 | 第199战斗机中队 | F-15A/B |

## 驻海外的美军F-15战机部队

| 基地 | 联队 | 中队 | 机型 |
|---|---|---|---|
| 日本 嘉手纳空军基地，冲绳 | 第18联队（太平洋空军） | 第44战斗机中队 第67战斗机中队 | F-15C/D F-15C/D |
| 英国 拉肯希斯空军基地 | 第48战斗机联队（美国驻欧洲空军） | 第492战斗机中队 第493战斗机中队 第494战斗机中队 | F-15E F-15C/D F-15E |

上图：从垂尾上的"WA"标志可以看出，这些F-15"鹰"式战斗机属于美国空军武器学校。该学校位于内华达州内利斯空军基地，隶属于美国空军空中作战司令部

### 驻冰岛基地的F-15作战单位

**基地**

凯夫拉维克 海军航空站
空军教育和训练司令部F-15中队、空战司令部F-15战斗机中队、空军预备役司令部F-15中队

## 麦道公司的F-15C"鹰"式战斗机

从20世纪70年代起，作为美国空军的主要战机，F-15战斗机一直在改进中成长。最新的革新成果首先应用在一线飞行中队，最终整个"鹰"式战斗机大家庭都分享到了这些成果。

### 命名

第33战术战斗机联队第58中队隶属于美国空军战略司令部，是第一个拥有"鹰"式战斗机的作战部队。20世纪90年代，美国空军改组，该部队也改称第33战斗机联队第58中队，隶属于美国空中作战司令部。

### 第33战斗机联队

从这架20世纪90年代早期的战斗机的机身标志可以看出，在海湾战争中第58战术战斗机中队所创造的击落敌机16架的辉煌战绩中，其中4架是由该架飞机完成的。曾经驾驶过该型战斗机的王牌飞行员主要有空军上校里克·帕克森斯、空军上尉戴维·罗斯和安东尼·墨菲。

### 多阶段改进计划

该项计划使得美国空中作战司令部、美国太平洋空军和美国驻欧洲空军的F-15C/D机型装备了改进的雷达、武器控制系统、航空电子设备和电子对抗系统。

# F-15 在以色列

F-15是以色列目前空战和对地攻击的核心力量，对其更新改造从未停止。目前F-15I已经纳入以军的视野。

1974年，以色列空军对制造商的TF-15A"小狗船"作出评估。卡特执政时期，美国试图限制高端作战飞机海外的出口。尽管如此，以色列还是分期分批如愿获得了F-15"鹰"式战机。

1976年12月10日，4架全尺寸F-15A试验机抵达以色列，开始了"和平之狐I"项目对F-15A的研发工作。据以色列知情人士透漏，由于这批飞机抵达时是安息日，违反了该日不能工作的规定，后来该届政府也因此下台。由于美国之前对沙特阿拉伯出售过相同型号的战机，出于平衡的考虑，在接下来的"和平之狐II"项目中，美又出售给以19架F-15A和两架F-15B，作为对以色列的出口特惠融资。"和平之狐III"项目中以军增加了18架F-15C和8架F-15D。这样，第106中队最终得以成立，其主力战机就是F-15C/D。

在以色列国防军—空军中，F-15C/D被称作"Akef"（秃鹰），F-15A/B则叫做"Baz"（雄鹰）。F-15C安装了MER-10N炸弹架装置和可以精确制导GBU-15滑翔炸弹的数据链吊舱，从而具备了空地攻击能力。由于电子对抗技术过于敏感，美空军并未将同型号战机的战术电子对抗系统（TEWS）出口，因此以色列国防军空军的F-15C/D战机并未安装电子战预警设备（EWWS）。以色列的"鹰"式战机使用了AN/ARC-109雷达来取代原有的AN/ARC-164；携带FAST保形油箱，装有武器挂架。与美空军的ACESII不同，以色列战机采用了IG-7弹射座椅，除美方提供的AN/ALQ-119（V）和AN/ALQ-132吊舱外，还装配了本土设计的AL/L-8202电子对抗吊舱。

以军F-15机型的作战单位包括第106、第133和第148飞行中队，目前驻扎在特拉诺夫空军基地。

## 鹰击长空

1977年6月27日，以色列"鹰"式战机展开首次行动。一支F-15和"幼狮"战斗机组成的混编部队为对黎巴嫩南部赛达恐怖分子基地的空袭提供空中掩护。数架叙利亚米格-21试图拦截攻击部队，但是以色列"鹰眼"预警机发现其企图，并指示空中掩护部队发起攻击。在接下来的空战中，5架米格战机被击落（"幼狮"击落了一架），而己方无损失。

1979年9月24日，F-15"鹰"击落了5架叙利亚战斗机。1980年6月27日，至少一架叙利亚战斗机被击落。1982年5月，两架叙利亚米格-23也难逃厄运。1981年6月7日，"鹰"式战机装备了燃油和传感

上图：以色列的F-15A/B战机，包括图中这架"米格杀手"，都隶属于驻扎在特拉诺夫基地的第133"双翼"中队。该机外部翼下发射架装载了"蟒蛇"3空空导弹。同时该机可装载AIM-7"麻雀"导弹

上图：1998年4月，以色列独立日庆典期间，一架以色列国防军空军的KC-707空中加油机正在为3架F-15I"雷暴"空中加油

器战术包（FAST），长途奔袭1000英里（1610千米），为F-16对伊拉克奥西拉克核反应堆的空袭提供掩护。迄今，F-15最出色的一次作战发生在1982年以色列入侵黎巴嫩期间的"加利利和平"行动。6月5日—12日行动期间，在贝卡谷底上空，以军战机成功击毁了不下92架叙利亚战机，其中F-15居功至伟，击落了大部分。

"沙漠风暴"行动后，以色列从美空军那里接受了一批早期的F-15A，该批战机并不参与"多阶段改良计划"。这被认为是美对海湾战争期间以色列没有对伊拉克"飞毛腿"导弹袭击做出报复性攻击的

左图：图示F-15I的标志标明其所属单位是第601飞行测试中心，经过爱德华兹基地空军试飞中心的测试后，于1990年9月14日交付以色列。该机采用了以色列国防军空军标准的3色空优涂装

左图：从这架特拉诺夫基地第106中队的F-15C"秃鹫"的机身上可以看出，它已经击落了6架叙利亚米格战机。以色列国防军一空军的F-15战斗机部队担负着确保国家领空安全的警戒任务

下图：F-15I的服役单位是哈兹姆基地的第69"铁锤"中队。F-15I外观上与后期生产的F-15E战机很相似，部分部件实现了国产化，包括电子对抗设备

回报。以色列的F-15从未在战斗中被击落，但是至少有3架在训练中失事。

1994年1月27日，以政府宣布购买F-15I，于1994年5月12日签署了合同。按照"和平太阳V/VI"计划，战机的交付于1998年1月开始。为了确保其夜战能力，在购买新的"蓝盾"吊舱系统之前，F-15I安装了大约30个"神射手"目标瞄准吊舱作为其夜视装备，这本来是用于F-16的。

以军的F-15I被称为"雷暴"，集成了全新的武器、航电设备、电子对抗设备以及通信设备，成为最先进的"鹰"式战机型号。F-15I与美空军的F-15E一样，是一种双任务战斗机，同时具备远程封锁和空优能力。所有战机都装备了F100-PW-229发动机；驾驶舱兼容夜视镜；埃尔比特公司的头盔显示瞄准系统；可以装备保形油箱和一系列空对地导弹。"雷暴"也可以携带国产武器，包括"蟒蛇"4空空导弹。

F-15的生产始于1972年，一直延续到1999年F-15I的订购。1998年9月22日，美国防部宣布向以色列出售30架F-15I战机，但是以色列只接收了25架；30套AN/APG-70或AN/APG-63雷达；30架战机每架一套"蓝盾"导航瞄准吊舱系统。同时，美方还将提供相应的辅助设备、软件研发和整合、备用部件以及飞行测试设备、培训和其他条件，确保整个项目顺利完成，总价预计25亿美元。

## F-15C "秃鹫"

这架F-15C"秃鹫"的机身标志表明其属于特拉诺夫空军基地的第106中队，在"加利利和平"行动中击落了4架敌机。机头位置用希伯来语刻着其昵称"飞天雄鹰"。像其F-15A/B兄弟机型一样，F-15C/D的电子对抗设备使本土化生产的。据称，以色列国防军-空军的F-15已经击落了至少57架敌机，同时己方保持零损失。

**内部武器装备**
F-15在右翼翼根处装备了M61A1"火神"20毫米口径6管机炮，弹鼓安装在机身中央，载弹940发。

**导弹装备**
以色列军F-15战机与美国空军战机一样，可搭载AIM-9L/M"响尾蛇"和AIM-7M"麻雀"空空导弹。还也可以搭载本国产的高度机动的"蟒蛇"3红外寻的导弹或最先进的"蟒蛇"4型导弹，图示即为"蟒蛇"3型导弹。

**雷达**
尽管"鹰"机动、灵活，但是其成功的关键还是其卓越的武器系统。该系统基于休斯公司的AN/APG-63 I/J波段脉冲多普勒雷达建造。

**发动机**
F-15C采用普惠公司产的F100-PW-100涡扇发动机，每台发动机在加力燃烧的条件下可以产生25000磅推力（111.2千牛）

# 日本航空自卫队之"鹰"

日本航空自卫队共有8个截击机中队,其F-15J/DJ战机均由三菱公司生产。在可以预见的将来,三菱公司将负责大多数战机的生产。100架余下的 战机将会进行一次重大的中期升级。升级后的战机将达到美国空军2004年进行的"多阶段性改良Ⅱ"项目的标准。新战机的关键提升包括全新的发动机、升级雷达和中央电脑,以及新型、本国研发的空空导弹(AAM-4)。

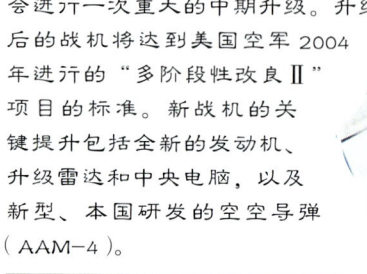

下图:F-15J可携带一组3个副油箱,每个容量2309升。图示战机编号为72-8882,在滨松基地向世人展现了其无与伦比的活力

下图:与世界各地的"鹰"式战机一样,日本航空自卫队的F-15的主要武器是AIM-9和AIM-7空空导弹。图中这架后期生产的F-15J在左翼内侧挂架上搭载了一枚"响尾蛇"导弹

F-15"鹰"的第二个海外客户是日本航空自卫队。日本对F-15的评估始于1975年。日本航空自卫队购买的"鹰"式战机是F-15J单座机和F-15DJ双座教练机,在功能上几乎与现役美国空军的F-15C/D完全相同,三菱重工参与了飞机制造。按照"和平鹰"计划,这次采购的最初数量是123架飞机,但是到1998年初,这个数目已经达到了213架(包括169架F-15J和44架F-15D/J)。最终,随着进一步小批量试生产,预计战机总量会达到224架。

首批F-15J的生产是在圣路易斯进行的,共出厂两架战机。首架飞机于1980年6月首次升空。下一批8架F-15J是把部件配套送往日本三菱重工组装的。首架飞机升空是在1981年8月26日。三菱重工负责了接下来的F-15J的生产和1988财年往后所有F-15DJ的生产(恰好在这段时间,麦道公司开始F-15E战机的改装工作)。经过飞行测试实验团队在岐阜基地测试后,F-15J在1981年编入第202飞行队开始服役。

上图:日本航空自卫队的8支F-15作战部队被分为3个空防区域。第204飞行队(上)和第201飞行队(下)就是其中的两支部队,分别驻扎在百里和千岁空军基地

日本航空自卫队对其F-15J/DJ团队进行了一次重大的中期改造,完成后飞机的名字后就会加上一个"+"号(代表加强型)。这次改造包括安装F100-IHI-220E发动机(其实就是获得生产许可的F100-PW-220),升级的APG-63U雷达应该与APG-70雷达性能相当。最后,战机将装备本土设计的AAM-4空空导弹。

上图:一架第203飞行队的F-15J以典型的空气制动方式着陆。该单位是首个改装F-15的飞行中队。首批4个改装的F-15"鹰"作战部队之前均使用F-104"星"战斗机

上图：基地在新田原的飞行教育队，即日本的"假想敌"训练中队只是部分装备了F-15战机。该部队列装了7架F-15DJ和两架T-4教练机，为日本航空自卫队提供空战训练。图中可以清楚看出其F-15DJ机身标志

上图：首架F-15DJ于1981年交付，最后一架的交付时间是20世纪90年代中期。这架编号为82-8065的战机是1988年造的4架之一，采用"假想敌"机身涂装

上图：除了F-15J外，每个F-15中队都配有几架双座F-15DJ。图中飞机的龙头徽记表明该机属于小松空军基地的第303飞行队。该机搭载了一枚日本新型ASM-2（93型）空地导弹

## F-15J "鹰"

这架编号为72-8898的F-15J尾翼标志表明其属于第203飞行队。1983年，该飞行队成为日本航空自卫队首个获得一线作战资格的F-15J单位。第202飞行队虽然成立在前，却只是"鹰"的作战转换部队。

**第203飞行队**

1964年6月，第203飞行队在千岁空军基地建成，是第3支拥有F-104的中队。1983年4月13日，该中队完成了F-15J/DJ的改装，也成为日本航空自卫队第2支F-15中队。2000年，第203飞行队成为日本唯一完全使用加固飞机掩体的中队。

**电子对抗设备**

日本"鹰"式战机安装的本土化设备包括J/ALQ-8电子对抗设备和XJ/APQ-1雷达预警系统。

**机身**

该涂装为日本F-15的标准涂装，包括两种色调的灰。国旗和队徽标记通常设计精细、色彩鲜艳。

**部队标志**

该部队的熊（熊猫）队徽有两颗红星，机身两侧是造型别致的霹雳闪电，对应着该中队的名字2和3。

**发动机**

投产时，日本航空自卫队的"鹰"式战机采用一对普惠公司的F100-PW-100涡扇发动机。"中期改造"（MLU）后的F-15J将会被一对F100-IHI-220E发动机（获得生产许可的F100-PW-220）取代。

# "沙漠之鹰"

为维护中东和平,继向以色列出售F-15战机之后,美国决定为沙特阿拉伯提供该战机。这项计划当时遭到了诸多限制,直到伊军入侵科威特,才令世界意识到这个世界最大石油出产国的脆弱,各项禁令最终得以取消。

20世纪70和80年代期间,由于阿拉伯国家和以色列的紧张局势,美国对沙特阿拉伯的军火交易一直饱受争议。沙特空军的F-15装备计划在美国国内成为争论的焦点。

按照"和平太阳"项目,沙特政府最初计划订购62架F-15战机来取代"闪电"战斗机,包括47架F-15C和15架F-15D。交付的战机包括46架F-15C(编号80-0062到0106,以及81-0002)、16架F-15D(编号80-0107到0121以及81-0003)。但由于美国限令(1981年),沙特只能拥有60架战机,多出的两架只能作为补充损耗机。

## F-15集结

1981年1月,沙特空军开始接收首批F-15C/D战机,并且很显然,在1981年8月已经达到了"初始作战能力"(IOC)。早期战机被暂时派往卢克空军基地的第555战术战斗机训练中队进行训

下图:这些第13中队的F-15战机可以搭载AIM-9P"响尾蛇"导弹。在"沙漠之盾"行动期间,该中队与美第1战术战斗机联队共享设施

练。沙特空军初期的F-15作战单位是塔伊夫基地的第5中队、海米斯·穆谢特基地的第6中队以及德哈兰基地的第13中队。

在沙特保证其购买的"鹰"式战机将仅用于空防后,争议得到缓和。即便如此,这次交易依然遭到了诸多限制,首先,保形油箱被禁止交付给沙特空军。接着,1989年沙特要求追加购买12架F-15C/D"鹰"作为补充损耗机,由于这项要求在政治上太过敏感,最终没有获得同意。

1984年6月5日,沙伊边境冲突期间,两架F-15C在波斯湾上空击落了两架伊朗F-4E"鬼怪"II型战机。用自己的产品打败另一个产品,这对麦道公司而言,可能还是第一次。

1990年8月2日,萨达姆·侯赛因的部队入侵科威特,立刻威胁到沙特阿拉伯富饶的油田。沙特空军的F-15"鹰"和"狂风"防空截击机严阵以待,准备应对伊拉克可能的任何行动。很快,美空军的F-15和英国皇家空军的"狂风"F.Mk 3也火速来援。三国合兵一处,驻扎在德哈兰空军基地。为确保沙特领空安全,战斗空巡任务一直持续到"沙漠之盾"和"沙漠风暴"行动开始。

伊拉克入侵科威特打破了中东的平衡,也凸显了沙特军备的弱势。沙特全国仅有60000名武装人员。国家只能拥有60架战机的限令终于取消。1990年9—10月间,美驻欧空军火速交付24架F-15C/D。"沙漠之盾"和"沙漠风暴"行动期间,沙特的F-15C"鹰"与英军的"狂风"F.Mk 3和美军的F-15C共同执行战斗空巡任务。"沙漠风暴"行动期间,美驻欧空军提供的战机极易辨认,因为其机头名称

上图:F-15取代了"闪电"战斗机成为新一代的截击机,这极大提升了沙特阿拉伯的空防能力

使用了镂花涂装,而不是初期战机上的那种漂亮字体。

多国战斗空巡并未发动几次实质性攻击。但是,有一次沙特空军第13中队空军上尉沙姆拉尼接到E-3预警机提示,己方航线上将会遭遇两架"幻影"F1EQ。侵入者试图向联军波斯湾的船运基地发射"飞鱼"导弹。沙姆拉尼上尉驾机击落了这两架敌机。这是沙特战斗机飞行员在这场战争中最耀眼的时刻。

海湾战争前,按照海外军售(FMS)合同,沙特向麦道公司追加了12架F-15(9架F-15C和3架F-15D)的订单,合同总额为33350万美元。1991年中,麦道公司交付了其中的两架,开始订单的生产。1991年8月12日,按照"和平太阳VI"项目,麦道公司正式接受了这笔海外军售的订单。飞机将以每月两架的速度交货,一直持续到1992年2月。首批两架将在8月中交货。

随着美空军"攻击鹰"项目即将结束,麦道公司的销售团队使尽浑身解数,努力使F-15在21世纪继续畅销。幸运的是,战机在"沙漠风暴"中的杰出表现使几个战役参与国都作出了购买决定。1991年末,沙特空军开始考虑购买24架F-15E单座改装机。F-15F将会具备很多F-15E的特征,包括发动机舱、F-100-PW-229发动机以及可以搭载"蓝盾"吊舱系统。但是,美国国会否决了出售该战机的努力,麦道公司只好用F-15E的降

上图：沙特阿拉伯获得的F-15S是F-15E的出口版本，缺乏一些空对空、空对地能力。1992年年末，该国订购72架战机的申请获批

级机型F-15H来替代。这项提议也被国会否决。于是又出台了第3项提议，即"F-15XP"（出口）项目。1993年5月10日，国会终于批准了该机型的出口，被称作F-15S"鹰"。

## 沙特"攻击鹰"

继F-15F之后，有传言说沙特空军还需72架"鹰"式战机，但是型号和目的不明。最终，战机确定为F-15S。最初的计划中，沙特空军购买的72架战机并不具备美国F-15E的所有功能。以色列在美国国会中的影响力再一次发挥作用，"蓝盾"导航吊舱系统的低空地形跟踪雷达功能被取消，这也导致战机的低空突防能力减弱。然而，有消息传出，以色列也计划购买一批"攻击鹰"。美国国防部和国务院决定向沙特空军出售名为F-15S的新战机，其设备只是略微有所降级而已：AN/APG-70雷达的一些模式被降级处理；像所有的"鹰"式出口战机一样，核武器的布线系统也被取消；涉及敏感电子对抗技术的系统被旧设备替代，甚至直接取消。其他初期争议装备则最终出现在战机上，比如保形油箱和切向外挂。发动机则采用了最新的F100-PW-229 IPE发动机。

沙特的"鹰"式战机本质上是F-15E的改装机。1995年6月19日，首架战机升空。9月12日，第一架战机在圣路易斯举行的典礼上正式交付。1995年11月，首批两架飞机交付沙特空军，最后两架则在2000年交付。其中24架经过空战优化设计，剩余战机则像F-15E一样作为双任务战机。随着AGM-65D/G"幼畜"空对地导弹、AIM-9M/S"眼镜蛇"导弹、CBU-87集束炸弹以及GBU-10/12激光制导炸弹的引入，沙特的F-15S部队可以攻击各种目标，从伊拉克的传统目标到伊朗、也门的核威胁设施以及恐怖分子基地。

上图：1991年1月24日，沙特阿拉伯"鹰"式战机飞行员空军上尉沙姆拉尼发射两枚AIM-7导弹，击落伊拉克两架"幻影"F1。"沙漠风暴"行动期间，沙特空军的"鹰"式战机的行动都有美空军的KC-135和KC-10以及己方KE-3A空中加油机的支持

### 武器系统

沙特的F-15C/C最初装备AIM-9P"响尾蛇"导弹（如图），后来AIM-9L/M系列全方位导弹出现在战机上。战机还搭载了4枚AIM-7M导弹以发动远程攻击。

## F-15D "鹰"

### 双座战机

双座操控战机F-15C保留了全部作战性能，但是后座取代了原有的内部对抗套件（ICS）位置，并安装了外部安/ALQ-131电子对抗吊舱。

### 在沙特阿拉伯的早期服役生涯

沙特皇家空军最初组建了4支F-15C/D中队，其中，塔伊夫法赫德国王空军基地的第5中队和海米斯·穆谢特/哈立德国王空军基地的第6中队，都在西南部，紧邻红海。德哈兰/阿卜杜拉·阿齐兹国王空军基地的第13中队（如图）在波斯湾沿岸，靠近伊朗和伊拉克。第42中队于1990年在德哈兰匆忙组建，其战机来自美驻欧空军的第32和第36战术空战联队。

# "大黄蜂"初生

在美国空军空战战斗机竞争中输给YF-16后,经过一段时间的蛰伏,YF-17凤凰涅槃,进化成更强大的F/A-18"大黄蜂"。今天,F/A-18与自己的老对手在出口订单上再次展开争夺。

上图:作为战斗机,YF-17可谓伟大。但在美空军的"空战战斗机"项目竞争中,YF-17铩羽而归。麦道公司充分挖掘其潜力,改头换面后就是现在的F/A-18

说起今天的F/A-18"大黄蜂",就不得不提诺斯罗普公司。20世纪50—60年代,该公司在制造轻型战斗机方面处于领先地位,1966年的P-530"眼镜蛇"就是这些轻型战斗机中的佼佼者。一些与米格17战斗过的美空军老兵倾向于建造"眼镜蛇"这样设计简单、重量很轻的战斗机。但美空军没有给出具体要求,而是于1969年决定购买昂贵的F-15"鹰"。

20世纪60年代末,诺斯罗普公司的设计师修正并重新设计了"眼镜蛇"。其简单设计得以保留,同时引入了新的特质,比如带手置节流阀和"手不离杆"功能的驾驶舱,可以解放驾驶员的双眼,更多关注舱外情况。

到了1971年,随着F-15的前景看好,轻型战斗机的支持者说服国会为一个轻型战斗机技术演示项目拨款,由不同厂商建造两架原型机。1972年4月13日,诺斯罗普公司和通用动力获得了建造两架原型机的合同。14天后,美国防部长宣布,他"认为是时候来考虑全面研发和生产空战飞机了",这无疑是一枚重磅炸弹。新战机将替代成本高昂的战术飞机,同时还能保持一支可靠的战术空中力量。这就使诺斯罗普和通用动力变成了竞争对手,角逐美国空军"空战战斗机"计划,也引发了一场争议风暴。尽管轻型战斗机还只是试验机,但已经获得了美国空军的欢迎。将来投产后,该机将会危及F-15"鹰"的地位。所有的反对都被搁置,对轻型战斗机的评估也演变成"空战战斗机"计划的机型竞争。

## 战斗机原型机

1974年6月9日,诺斯罗普公司"眼镜蛇"研究的成果YF-17首度试飞。YF-17的劣势在于发动机的性能未经考验,采用通用电气两个新开发的J101"漏气"低旁通比涡轮喷气式发动机。巨大的风险使美国空军放弃了该机型。这次通用电气和诺斯罗普竞争的胜利者将会为美国空军生产战机和取代"北约"空军的F-104"星"战斗机。这将一直持续到20世纪结束。

经过数月激烈的角逐,1975年1月13日,美国空军宣布YF-16入选。诺斯罗普公司被这一决定打懵了。尽管YF-17是一架机尾出色的战斗机,其命运似乎已经到了尽头。尽管希望渺茫,YF-17最后的机会出现在美国海军。当时美国海军接到指示,要最大限度地利用美国空军的轻型战斗机和空战战斗机技术,从而研发出自己的轻型战斗机。认识到自己需要一种成本低廉的F-14的补充机型,美国海军就把目光投向了"空战战斗机"项目投标,最终锁定了YF-17。尽管飞机并不是为舰载任务设计的,但是其作为舰载机的结果已不可改变。在空战战斗机测试中驾驶过YF-17(或与之作战过)的美国海军

右图:1978年11月18日,F-18首度升空。9架单座机和2架双座机参与了该飞机测试项目

上图:"大黄蜂"的原型是诺斯罗普公司的YF-17。与之相比,"大黄蜂"的机翼更大;机头是重新设计的,装有雷达;发动机经过改良,同时还可以作为舰载机使用

上图:气候测试在埃格林空军基地的麦金利气候研究室进行。这种实验室模拟测试减少了海外天气测试的成本和时间消耗

上图:舰载空中加油机使美国海军的攻击半径大幅增加。这对于航程短的F/A-18尤其有效。图为20世纪80年代初,首架"大黄蜂"与一架KA-3B"天空武士"加油机在派往美国海军空中测试中心途中进行空中加油测试

飞行员更喜欢诺斯罗普的产品,因为它有更大的潜力发展成为机载雷达的多用途战机,从而取代A-7"海盗"II和F-4"幻影"II。可能最重要的是YF-17采用了双发动机,同时在飞行安全方面具备很多优势。诺斯罗普公司的飞机很棒,但是它缺乏足够的经验和专业训练。于是,当麦道公司抛出合作生产海军版的YF-17的橄榄枝时,诺斯罗普欣然接受。合作团队在竞标中击败了通用动力和LTV公司,他们希望美国海军购买的是F-16的舰载机版本。一夜之间,YF-17获得了全新的名字,那就是麦道公司F/A-18"大黄蜂"。

### "黄蜂"初长成

诺斯罗普和麦道公司达成协议,由后者负责F-18"大黄蜂"对美国海军的销售(诺斯罗普则成为最大的分包商,主要负责组件生产)。同时,诺斯罗普将负责销售"大黄蜂"的陆基版本,称为F-18L。

尽管保留了YF-17的空气动力学设计,包括双垂直尾翼,F-18在很多方面来讲都是一种全新的机型。机翼面积增加了50平方英尺(4.65平方米)(从350英尺增加到400英尺,相当于从32.5平方米增加到37.2平方米),翼展和翼弦的数据都有所增加,从而提升了战机在舰载模式下低速环境的性能。机身后端宽度增加了4英寸(10厘米),发动机前部向外侧倾斜,从而增加了内部燃油存储空间。这种设计对于YF-16和YF-17竞争时代就存在的小航程问题有所助益。此外,海军武器系统至少30海里(34.5英里)的搜索范围使飞机搭载的雷达天线发射器长达28英寸(71厘米)。为了装下如此尺寸的雷达,"大黄蜂"的机头经过特别加大。机头部分的改动是F-18和YF-17在外观上最大的不同。

F-18的动力由通用电气的J101/F101发动机的改良版本提供,代号为F404-GE-400。尽管该发动机未经检验,它能够产生16000磅(71.2千牛)的推力。随着研发的进行,美国海军很快就提出了购买大约780架"大黄蜂"的计划,包括A-18攻击机和F-18战斗机。

下图:1982年初,在"美国"号航空母舰上进行的航母起降测试中,第3架"大黄蜂"投产前原型机放出减速钩,准备进行拦阻着陆

下图:VFA-113"刺针"是美海军首个装备了F/A-18的飞行中队。这张摄于1984年的照片展示了飞机低调的标志以及全灰涂装。图中战机从"星座"号航母的甲板上起飞执行训练任务。该机正在投下一对分别重达500磅(227千克)的Mk 82通用炸弹

# "大黄蜂"走向成熟

随着美国海军和美国海军陆战队对"大黄蜂"项目全力投入,其研发也是蒸蒸日上,但同时主承包商麦道公司和诺斯罗普公司之间却渐生龃龉。

左图:F/A-18有着极其出色的视野和机动性,这也使之成为了优秀的战斗攻击机。它也是首个引入玻璃座舱的喷气战斗机

1978年11月18日,麦道公司测试飞行员杰克·柯林斯文完成F-18"大黄蜂"的首飞。柯林斯对飞机进行了详尽的操控测试,发现F-18性能稳定,易于操控。1979年1月,在马里兰州的帕图森河海军航空测试中心,"大黄蜂"的飞行测试全面展开。

约有9架F-18A单座机和2架TF-18A双座"大黄蜂"原型机(后者后来改名为F-18B)参与了这次高强度的飞行测试项目。本次测试没有把原型机分散在主系统(发动机、航电系统、机身)生产商附近,从而方便各自测试。"大黄蜂"的测试采用了全新的"主基地概念",把所有的飞机集中在一个地点,由美国海军负责整个飞行。

尽管有YF-17的成功经验,F-18"大黄蜂"的测试还是遇到了很多困难需要克服。起飞抬前轮速度过高,这个问题是这样解决的:水平安定面采用锯齿形设计,使安定面有更高的低速控制能力;同时在起飞时收起方向舵。负责前缘襟翼的飞行控制软件的问题通过内部改动加以解决。但是襟翼问题还是有反复,后来导致了一架航空航天局的飞机失事。驾驶舱和航电系统舱的冷却燃油消耗过多,令F-18本就短得可怜的航程再度缩小。

## "大黄蜂"的航母起降测试

1979年10月30日—11月3日,3号"大黄蜂"原型机作为"美国"号航母(编号CV-66)舰载机在大西洋进行了航母起降测试。

由于F-18是由纯陆基设计演变而来,它是否适合舰载作战就成了疑问。事实上,两名美国海军测试飞行员驾驶飞机进行了17次连续起落和32次弹射起飞和拦阻着陆。同时,飞机还在舰载环境下飞行8次,飞行时间超过14小时。结果是,没有丝毫问题。

## 战斗攻击中队诞生

飞行测试一再证明了F-18是可靠的全能型战机,可以胜任空中战斗和对地攻击的双重任务。因此,美国海军放弃了单独研发F-18战斗机和A-18攻击机的计划。为了适应这种变化,美国海军引入了一种新的单位,专门装备F/A-18,即打击中队(VFA),也称战斗攻击中队。为了展示F/A-18的全能性,"中途岛"级航母全部换装F/A-18,以取代原有的F-4战斗机和A-7攻击机。而F-14"雄猫"对于这种级别的航母来说显得太大了。

抛开航程不谈,F-18在战机界可谓是红得发紫。因此,1979—1981年,其日益高昂的成本引起人们的关注。美国国会也对该项目非常重视。美国海军和美国海军陆战队的F-18购买数量已经达到了1366架。由于F-18素来作为低成本的轻型战斗机衍生品而名声在外,但是当前,其成本已经发展到几乎与复杂而昂贵的格鲁曼公司的F-14"雄猫"并驾齐驱的地步了。

面对满天飞的成本失控指责,诺斯罗普公司和麦道公司的关系也降到了冰点。依据协定,诺斯罗普公司负责F-18舰载机研发工作的30%和制造工作的40%。当国外买家对F-18表现出兴趣时,麦道公司加大了销售力度,使舰载机与诺斯罗普的路基机F-18L形成直接的竞争关系。

下图:作为美国舰载机全新代表,F/A-18复杂的航电系统以及战斗、攻击的双重能力使其作战模式发生了革命性的变化

上图：尽管"大黄蜂"的舰载作战能力离稳定还差得远，F/A-18很快就证明了它就是理想的海军飞机

上图：这架双座"大黄蜂"最初代号为TF-18A，然后是F-18B，最终改名为F/A-18B。图示表明结实的起落架对于航母上高下降率降落非常必要

上图：5号"大黄蜂"原型机进行了多次早期导弹发射测试。图中该机刚发射了AIM-7"麻雀"导弹。5号机表现出强悍的实力，很快就击落了12架目标靶机，我们可以在驾驶舱下部看到这样的标记

上图：为取代美国海军和海军陆战队的F-4和A-7中队而诞生的F/A-18，很快就开始服役。1980年11月13日，第125战斗攻击中队（图示飞机即来自该中队）宣布具备作战能力，这也是首个F/A-18单位

上图：面对F-16和诺斯罗普公司的F-18L（该项目后来夭折）的挑战，1983年5月31日，麦道公司赢得了西班牙72架"大黄蜂"的订单

1979年10月，诺斯罗普公司与麦道公司打起了官司。诺斯罗普公司声称，麦道公司不正当地使用了该公司的F-18L技术，并将其F-18战机售往国外。诺斯罗普公司还指控麦道公司试图向以色列出售与自己的F-18L形成直接竞争的一种F-18版本。最终，在一次复杂的官司中，诺斯罗普公司要求麦道公司不得向任何外国政府出售任何版本的、利用了诺斯罗普公司技术、对该公司利益造成损害的F-18飞机。

然而，1980年5月，一架出厂的F-18"大黄蜂"交付给太平洋舰队的舰队补充中队（FRS）——第125战斗攻击中队"粗野骑士"，其基地位于加州的勒莫尔海军航空站。舰队补充中队是提供战机替换训练的单位，为飞行员驾驶特定型号的飞机做好准备。由于美国海军和海军陆战队都购买了"大黄蜂"，为了反映这一点，在首架飞机的两侧分别喷涂上了"NAVY"和"MARINES"的字样。第125战斗攻击中队的舰长来自海军，而副舰长则来自海军陆战队。

航空界最备受瞩目的喷气式战机终于要服役了，人们为此欢庆不已。但是，批评就像空中盘旋的秃鹫，会随时降临。为麦道公司F/A-18"大黄蜂"争执不休的两家公司更不会轻易放手。

# F/A-18A/B 舰载战斗攻击机

早期的F/A-18尽管面临一系列问题，但在服役时还是受到了热烈的欢迎，很快就达成几笔出口大单。尽管更强大的C型已经服役，但在澳大利亚、西班牙、美海军陆战队等依然可以看见A型和B型的身影。

1975年5月，美国海军宣布"海军空战战斗机"（NACF）计划中的获胜者是麦道和诺斯罗普公司。第一架F/A-18战斗机于1978年11月试飞。作为一种全新的战斗机，它仅在大致构型上与YF-17保持一致。与其前任相比，F/A-18体型更大、动力更为强劲，集成了更为牢固的结构和起落架，这对于舰载机作战行动非常必要。

在许多方面，与其主要竞争对手F-16A相比，F/A-18技术更为先进。其线传飞控系统采用了数字而不是模拟处理器，而且使用了更多的复合材料（比如在机翼表面）。F/A-18搭载多模式雷达；其驾驶舱采用阴极射线管显示器（CRT），取代了传统的拨号指针装置。在设计之初，就考虑到飞机应该可以搭载光电导航和定位辅助吊舱，以及AIM-7中程空对空导弹。而这些在F-16上都无法实现。与简单的F-16A相比，麦道公司宣称，自己的F/A-18才是真正意义上的多用途新型战斗机。

鉴于本国的空军部队还是以老旧的超音速战机为主，加拿大和澳大利亚被上述理由打动，在新机尚未完成首次飞行测试前，就舍F-16A而投入了F/A-18A的怀抱。F/A-18的另一个竞争对手是诺斯罗普公司研制的陆基战斗机F-18L，F-18L仅仅在体型上与F/A-18相似，但其构架基本上是全新设计的。不过很不幸，美国海军主导的F/A-18A已经进入了全尺寸测试机的阶段；而诺斯罗普公司的飞机尽管性能更强，还仅仅停留在设计阶段。因此，诺斯罗普公司的出口客户认为，选择F/A-18A的风险更低。

## 高人一等

加拿大境内有广阔的北极冰原；澳大利亚经常有水上拦截任务，其大片的内陆领空（即飞行员戏称的GAFA，即"去你的澳大利亚"）也需要守护。因此，F-18配备的双发动机对两国的价值就凸显出来。事实证明，新战机采用的通用电气的F404发动机实现了零故障，这与F-16的F100型发动机形成了鲜明的对比。

F/A-18的高科技驾驶舱也得到了广泛的赞誉，其雷达和武器集成也并不过时。与其相比，这还算不错。新飞机的其他重

上图：美国海军陆战队第314战斗攻击机中队"黑色骑士"是第一支一线"大黄蜂"作战部队。1986年，该部队的战机从美国航母"珊瑚海"号起飞，对利比亚目标展开攻击。图示为该中队的一架F/A-18A，尽管搭载了8枚重500磅（226千克）的导弹，依然显示了其灵敏的反应。

下图：西班牙先是购买了圣路易斯出厂的72架F/A-18A/B战机，然后又接收了24架美国海军的"大黄蜂"。这些战机后来已经升级到接近F/A-18C的标准了。

下图：美国海军的"蓝色天使"飞行表演队共有8架F/A-18A，从中选出6架组成表演队形。该部队还有一架双座F/A-18B，用作训练和"面向媒体展示"用途。

要方面都遭到了尖锐的批评。

F/A-18在发展中经历了一些重大的改动。取消了机翼和安定翼前缘的锯齿状设计。针对机翼既长又窄，过于僵化，导致飞机横滚率严重不足的缺点，对机翼进行加固，并修改了横向操纵系统。为了减少阻力，翼身前缘边条内的长槽进行了密封设计。

尽管做出了如许努力，关键的问题还是没有解决。过低的载重和作战半径使F/A-18无法达到海军的要求。与其相比，尽管F-4和A-7注定要被其取代，却有更大的航程和载重量。重量和阻力的增加也意味着F/A-18有限的"携回"能力。标准的燃油储备下，新战机只能在最小荷载下才能以满意的进场速度在航母上着陆。

1982年，美海军测试中队VX-5建议，在找到有效缓解航程缩短的办法之前，暂停F/A-18计划。麦道公司提出加厚机翼、加大机背，可以在牺牲跨音速加速和速度的前提下提高航程。

但是，美国海军没有接受这些建议，VX-5中队的建议也没有被采纳。其实在当时，海军还可以有其他的选择，包括研发现代化版本的A-6和F-14；一种新概念远程、隐形轰炸机，可以把战火烧到苏联的本土基地，等等。然而，这些战机都成本高昂，短期内无法生产，或无法大量生产。与此同时，美国海军的航母舰队开始扩张，其老迈的F-4和A-7战机甚至可以追溯到越战时代，将不得不面临退役的结局。此时，取消或是延期F/A-18都将使海军处于无"机"（现代化战机）可用的尴尬境地。在这种情况下，美海军不再顾忌航程问题，决定投产F/A-18。

## 双座"大黄蜂"

基本而言，与单座机共同研发的双座F/A-18B与F/A-18A并无区别。最初的合同中，就有两架TF-18A(最初代号，后来被F/A-18B取代)。合同采购的这批战机共11架，用于研究、开发、测试与评估任务。飞机的第二个串联座位仅仅牺牲了6%的燃油存储。其他方面F/A-18B就真的毫无改变可言了，装备一样，战斗能力也差不多。

接下来，美国海军和海军陆战队共采购了40架F/A-18B进入各单位服役。但是该机型从未进入一线部队。除了一小部分分给了测试单位，只有第106战斗攻击机中队拥有该战机。

## 告别F/A-18A

F/A-18A共赢得了3个海外出口客户。他们是加拿大、澳大利亚和西班牙。相较于美国海军，这几个国家的状况要好一些，因为"大黄蜂"从陆上基地执行任务的话，其航程短和"携回"能力差的局限就可以改善不少。比如加拿大研制出一种1800升的外置油箱作为美国海军1250升油箱的补充。美国海军之所以没有采用这种外置油箱，是因为油箱不能装在飞机主体中心线上。尽管为了解决F/A-18的问题采取了各种措施（见前文），但是飞机的这种先天不足，再加上F-16C/D的推出使F/A-18很长一段时间都陷入了销售荒。自从F/A-18A/B于1983年服役以来，飞

下图：加拿大是"大黄蜂"首个，也是最大的国外客户国。CF-188在加拿大现役战机中是一个真正的多面手，其空战防御和对地攻击的作战任务比达到了1:1。加拿大还开创性地在"大黄蜂"腹部安装了"伪"驾驶舱，从而在空战模拟中达到欺骗对手的目的

上图：F/A-18A型和B型在美海军假想敌单位中依然发挥着重大作用。在VFC-12"奥马斯"假想敌中队，其战机在演练中经常扮演米格-29或苏-27的角色

行员们对它的热情丝毫不减。但是，历史给了我们一个不同的真相。直到1987年开始生产F/A-18C/D为止，共有大约410架F/A-18A/B出厂。截止到1995年，美国海军大部分A/B型战机都已从舰载机部队退役。这创造了现代战机中在一线服役最短的生涯纪录。与更老也更简单的F-16A/B不同，美国没有对F/A-18出口或是升级的计划。只有在1995年，有一小批美国海军的F/A-18出口到西班牙。

事实证明，VX-5中队是正确的。F/A-18A/B并不完美，它同时也印证了这样一条谚语：样样精通，样样稀松。这个评语表扬之意欠准，却准确地点出了其不足。"大黄蜂"之后进行了一系列升级，希望能够生产一种新机型，做到执行任务时"多数精通"。努力之下必有结果。1987年9月，第一架F/A-18C/D交货。

下图：世界范围的军费削减影响了美国海军陆战队的"大黄蜂"。1988年，装备了F/A-18A的美国海军陆战队第451战斗攻击机中队"军阀"被撤销

下图：澳大利亚的"大黄蜂"中队之前使用的是"幻影"Ⅲ。1987年7月1日，第77中队重新组建，很快就接受了首架"大黄蜂"战机。该部队主要负责开发空地作战的战术

# F/A-18C/D 舰载战斗攻击机

尽管在初期不免有些问题，F/A-18终于进化成C/D型飞机。全新的航电系统和武器装备使之远超其前任。

F/A-18C/D采用了全新的技术和武器系统，也成为之后"大黄蜂"系列战机的基础机型。与最早A/B型相似的外观极具欺骗性，其实其内核已经发生了质的变化。

## 机体

F/A-18C/D的机身与A/B型相比并没有大的不同。即便是投产后，也没有大的改变。究其原因，并不是初始的设计有多完美，而是其达到了发展的瓶颈期。

根据最初的设计，F/A-18的进场速度应为125节（143英里/小时；231千米/小时）。在研发过程出现的问题使该速度提高到134节（155英里/小时；250千米/小时）。这个速度对于陆基战斗机还可以接受，但是对于舰载机则显得有些高了。"大黄蜂"的最高着陆重量也顺带受到了

下图："大黄蜂"的C/D型以其公认的高性能和高技术含量，从F-16手中抢回了不少订单。同时，F-14也一步步地被美国海军的"大黄蜂"挤出了舰载机市场

限制。同时海军要求舰载机着陆时必须保持大量的燃油存储。这就意味着任何对机身的重大修改都会影响搭载武器数量和本已短得可怜的作战航程。事实上，"大黄蜂"唯一可见的外部变化就是在翼根前缘延边条（LERX）上部增加了天线和一对机翼边条，俗称"广告牌"。这些部件有助于在大迎角（大于45度）下分散涡流。大多数"大黄蜂"上都加装了这些边条。

## "隐形"大黄蜂

"大黄蜂"的一个重大改变就是其机身上增加了隐形材料，这从外观上是无法看到的。20世纪70—80年代，新型的雷达吸波材料被研发出来。相较于之前的产品，该材料更轻、更耐用。结果，海军和空军争相启动项目减少其战机的雷达截面。按照"玻璃黄蜂"计划，由于覆盖了一层氧化铟锡金属膜，F/A-18的座舱盖泛金色，可以反射雷达信号。发动机和发动机进气口上的雷达吸波材料也有助于吸收雷达信号。但是，这种"隐形"的代价就是飞机又重了250磅（113千克），"携回"能力进一步减弱。

## 发动机的进展

尽管"大黄蜂"在外观上变化甚微，其发动机还是作出了很大的改变。通用电气的F404发动机一直都没有达到使用

极限。到1988年，F404-GE-400基本型发动机累计飞行了700000小时，而且依然有着极佳的可靠性和可维护性。但是，到了百万飞行小时的时候，发动机会出现一些问题。这些"高寿"（频繁、过度使用）的发动机会着火导致一些飞机失事。起火的原因是由于外物损坏（FOD），腐蚀了压缩机盖，导致钛金属扇叶与细物摩擦起火。虽然后来又研制出许多新的安全镀层保护发动机扇叶，避免摩擦起火，但是换装新的发动机已经是大势所趋，不可避免了。

为了满足瑞士对"大黄蜂"的要求，F404-GE-402（EPE）"性能提高发动机"被研发出来。从1992年起，该发动机成为所有"大黄蜂"机型的标配发动机。与前任相比，这款"性能提高发动机"的海平面静态推力提升了10%；在0.9马赫的速度、10000英尺（3048米）高空、跨音速加速条件下，该发动机能够多提供18%的额外动力。在一次典型的截击机跑道起飞的过程中，从松开制动到50000英尺（15240米）高空速度达到1.4马赫，时间缩短了31%。

## 航电系统

F/A-18是第一架真正的"数字飞机"。飞行员在座舱显示器上看到的东西都是由一台核心任务计算机，或是集成在其他航电子系统中的处理器控制。正因如此，每隔几年，就会引入新的软件包，从而提高"大黄蜂"的性能。航电系统的核心是任务计算机。在F/A-18C/D装备了XN-8系统。该系统预计使用到2002、

上图：F/A-18的机身有4个油箱，机翼有2个，使用JP-8航空燃料。F/A-18C/D装配了改良的电子燃油系统，可以随着燃油的消耗监控并自动调整飞机的重心。当飞机受损时，泡沫填充系统会自动密封所有油箱

上图："大黄蜂"击败了"幻影"2000等竞争机型，成为瑞士的新战机，也使其成为F/A-18C/D的海外部队之一。此举使瑞士举国震惊，并为此举行了一次全民公投来决定瑞士是否需要一种全新的战斗机

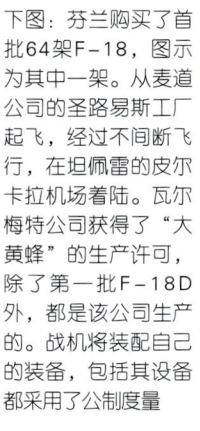

下图：芬兰购买了首批64架F-18，图示为其中一架。从麦道公司的圣路易斯工厂起飞，经过不间断飞行，在坦佩雷的皮尔卡拉机场着陆。瓦尔梅特公司获得了"大黄蜂"的生产许可，除了第一批F-18D外，都是该公司生产的。战机将装配自己的装备，包括其设备都采用了公制度量

2003年。在第一批F/A-18E/F上也就使用该系统。

"大黄蜂"C/D型飞机的另一大特征就是多传感器集成系统。计算机可以从各个传感器上收到信号，分辨关系之后，显示在飞行员的显示器上。该系统可以应用在空对空或空对地的任务中。在压制敌军防空力量时，该系统尤其有用。系统集成了高速反雷达导弹寻标器、雷达和雷达警报接收机，可以迅速定位危险，并通过显示器显示给机组成员。

### 雷达

到了1994年，所有F/A-18的后期型号都安装了新型APG-73雷达。早期型号的雷达是APG-65。APG-73雷达保留了前任的天线和行波管发射机，其他硬件都是全新研制的。高性能接收机和激励器单元可以更快捷地进行模拟、数字信号的转换，使雷达可以把信号分解成更小单元，从而获得更高的距离分辨率。此外，雷达的对空探测和跟踪范围增加了7%～20%。在空对地地形探测、轰炸模式下，APG-63也可以提供更高的分辨率。

后期"大黄蜂"安装的系统包括"夜鹰"（NITE Hawk）导航与红外线目标标定前视红外线吊舱，可以跟踪地面的移动目标，然后指定激光制导导弹予以攻击。科威特的"大黄蜂"战机集成的敌我识别系统是全新开发的，性能更为可靠。之后不久，美国海军和美国海军陆战队也相继为"大黄蜂"安装了这套系统。

飞机的机头位置安装了"先进战术空中侦察系统"（ATARS），并集成了低海拔、中海拔光电传感器和红外线阵图像采集器。以上设备均由洛雷尔公司生产。

### 武器

"大黄蜂"搭载的AIM-120 AMRAAM（先进中程空空导弹）代表着其空空能力比AIM-7"麻雀"时代向前迈了一大步。该导弹装有自己的雷达、数据链和内部导航系统。它比"麻雀"导弹更轻、更快（4马赫）。1993年9月起就应用在F/A-18C/D上了。"大黄蜂"还装备了各种远距武器，包括远程对地攻击型（SLAM）导弹（"鱼叉"导弹的对地型），以及增强反应型远程对地攻击（SLAM-ER）导弹（"鱼叉"导弹的加强型号）。对于短航程远距离攻击，C/D型飞机装备AGM-154联合防区外武器

下图：1992年2月，科威特购买的首批"大黄蜂"抵达目的地。科威特空军拥有两个F/A-18中队：第9中队（负责空防任务）和第25中队（对地攻击）

（JSOW）。作为承担压制敌方防空力量的主力军，"大黄蜂"搭载AGM-88C高速反辐射导弹（HARM）。

### 服役单位

如前文所述，美国海军和美国海军陆战队都装备了F/A-18C/D。"大黄蜂"飞快地成为美国海军最重要的战机。美国海军中大多数航母联队都下属3个F/A-18C/D中队。在许多方面，"大黄蜂"已经取代了"入侵者"舰载机，是F-14"雄猫"的重要补充。在美国海军陆战队，"大黄蜂"D型战机主要用于夜间空袭任务；而单座机则用于执行压制敌方防空力量和其他对地攻击任务。

"大黄蜂"的早期型号（A/B型）在海外销售势头依然良好。直到F/A-18C/D的夜袭版本上市，C/D型的销售才见起色。正是战机的夜袭能力打动了科威特，并购买了40架C型和D型战机。其他购买"大黄蜂"后期各型号的国家还有瑞士、芬兰和马来西亚。

# F/A-18E/F "超级大黄蜂"

1999年3月,"超级大黄蜂"的海上测试在美国海军"杜鲁门"号(编号CVN-75)上进行。图中这架F/A-18F没有搭载任何装备,正在进行进舰降落测试。这次海上测试为期12天

表面上看,"超级大黄蜂"就是加大了的F/A-18C/D。事实上,这是一种具备更强战术能力的全新机型。由于格鲁曼公司的A-12被取消,而"入侵者"和"雄猫"的升级又没有被批准,在这种背景下诞生的"超级大黄蜂"面对的不仅是鲜花,还有质疑。

当早期的F/A-18A(传统"大黄蜂")首次亮相时,许多人视之为世界顶尖多用途战斗机,成为所有竞争机型的标杆。它拥有强悍的超视距能力(这要归功于其世界级的雷达)和顶尖轻型空优战斗机的灵巧(在某些方面甚至更为灵巧);作为真正的多用途战机,可以轻松、灵活地实现空空、空地作战转换。但是20年过去了,新的战斗机型不断涌现。尽管F/A-18依然领袖群雄,但这些战机新秀们却虎视眈眈,渴望能够取而代之。

众多继任机型中,"超级大黄蜂"就是其中的佼佼者,其单座机是F/A-18E,双座机则是F/A-18F。很多方面都保留了F/A-18的特征,"超级大黄蜂"算是其前任机型的进化版,和F/A-18A的机体的相似度只有10%。新的F/A-18E/F大了25%;进气口截面变成矩形,采用隐身设计;更大的翼根前缘边条,更大的操纵面、垂直尾翼和水平尾翼。新机型的机翼前缘采用锯齿形设计;机身进过加长,使内部燃油装载量增大了1/3。由于创造性地采用了先进材料和生产技术,机身的重量并没有显著的增加。零部件的数量也减少了42%。

1987年,美国海军和美国海军陆战队要求生产F/A-18C/D的替代机型以适应21世纪的服役需要。"超级大黄蜂"就是从那时开始研发构想的。人们设想,海军的先进战术战斗机(取代F-14)和通用公司的A-12(取代A-6E"入侵者")的出现将会使这个"大黄蜂"家庭的新成员成为舰载机的新宠,大量出现在航母的甲板上。后来,这两种新机型都被取消,这样"超级大黄蜂"将担负起舰载攻击、打击、空战以及拦截等多重任务,从而有效地取代了F-14和A-6。而联合攻击战斗机(JSF)将取代第一代"大黄蜂"。冷战后,战略重点从海洋转移到了沿海,而适合沿海行动的"超级大黄蜂"就使这一设想成为可能。采用了早期"大黄蜂2000"和YF-23项目的核心技术,F/A-18E与早期的"大黄蜂"在航电系统上有很高的相似度。这就使F/A-18E单机的生产成本非常低廉,而且两种机型的生产和空勤人员的过渡都

下图:"超级大黄蜂"可以兼顾空中作战和空中加油,它的翼下搭载了4个油箱和一个中心线软管加油装置(HDU),能够携带30000磅(13608千克)燃油。作为"超级大黄蜂"的一种变体机型,EA-18G主要负责干扰和压制敌军空防的任务,将会取代EA-6B

下图:在脉冲火箭(冲压式喷气机为动力的导弹)面世之前,AIM-120先进中程空空导弹(图示为第二架F/A-18F原型机正在试射一枚该导弹)将作为"超级大黄蜂"主要空空武器

将非常容易。二者极端相似的外形会掩盖这样的事实,即F/A-18E/F改良了线传飞控系统并取消了机械备份,同时它的座舱也提升了很多。

早期,新战机引起了很多争议(主要是由那些倾向于研发基于F-14的远程攻击机的人们引起)。尽管飞机的新发动机F414源自早期"大黄蜂"的F404引擎,其内核是A-12战机的F412引擎,但是该发动机在早期还是出了一些技术故障。风道测试后,飞机的翼根前缘边条进行了重新设计。在早期的飞行测试中发现的操控问题,都通过进一步的改动解决了。

在保留原来"大黄蜂"的机动性的前提下,F/A-18E/F显得更加利落,尽管增加了最大着陆重量,却减小了其进场着陆速度。这些都有助于提升F/A-18E/F的"携回"能力,即飞机可以带回未使用的弹药;在早期的"大黄蜂"上,这些东西必须在着陆前抛弃。

## 首个一线单位

海军测试中队VX-9对新战机的作战评估作出后不久,1999年末,美国海军第122战斗机中队接收了首批"超级大黄蜂"进行培训师训练。2000年末,加州勒莫尔海军航空站的美国海军第115战斗攻击机中队换装,成为首个F/A-18E一线单位。美海军计划购买548架"超级大黄蜂",其中222架已经签订了合同。"超级大黄蜂"为F/A-18家族新增了远程重型攻击能力,甚至还可以作为空中加油机使用。F/A-18E/F安装共享侦察吊舱(SHARP)还可以用作侦察用途。另外,根据其进一步研发的新机型,F/A-18G"咆哮者"将会取代EA-6B,担负起压制敌军防空力量和电子对抗的任务。波音公司付出了极大努力,使飞机的单价从4800万美元降低到4000万美元。极富竞争力的价格似乎预示着"超级大黄蜂"的海外销售的成功也为时不远了。

上图:由于计划替代A-6"入侵者"和F-14"雄猫"的舰载攻击机型的取消,对于美国海军而言,至少在21世纪,F/A-18E/F已成为装备其12艘航空母舰唯一的指望了

## F/A-18E "超级大黄蜂"

驻扎在加州勒莫尔海军航空站的美国海第122战斗攻击及中队始建于1998年末。1999年1月,该单位装备"超级大黄蜂"。作为第一个F/A-18E/F的训练单位,美国海第122战斗攻击中队培养的首批学员于2001年初毕业。根据2000年制订的计划,首支"大黄蜂"作战单位是美国军第115战斗攻击中队。该中队于2002年在美国航母"林肯"号上进行首次飞行任务。

**武器挂架**
测试中出现的外挂分离问题,比如释放后一些外挂会相互碰撞,就会导致翼下的武器挂架向外偏出4度。

**卸载**
图示这架F/A-18E携带的可能是压制敌军空防武器,包括AGM-88高速反辐射导弹(舷外)和AGM-154联合防区外武器。在可能对平民建筑造成连带损害的地方使用后者更可靠。

**座舱**
与后期生产的F-18C/D一样,驾驶员座椅是马丁-贝克公司的SJU-17/A弹射座椅。到2003年,视觉系统国际公司的"联合头盔指示系统"头盔瞄准器被集成在飞机驾驶舱。

**发动机**
"超级大黄蜂"有一对通用电气的F414-GE-400低旁通比涡扇发动机,每个发动机在加力燃烧的条件下可提供22000磅(97.9千牛)的推力。这款发动机中的杰作是经过对F412和YF120两款发动机的改造才最终成形的。前一款用于格鲁曼公司的A-12战机,而后者则有用于F-22战机的不成功经验。

**燃油**
"超级大黄蜂"内部载油量达到2130美加仑(8062升),同时还可以携带多达4个480加仑(1818升)的外置油箱。

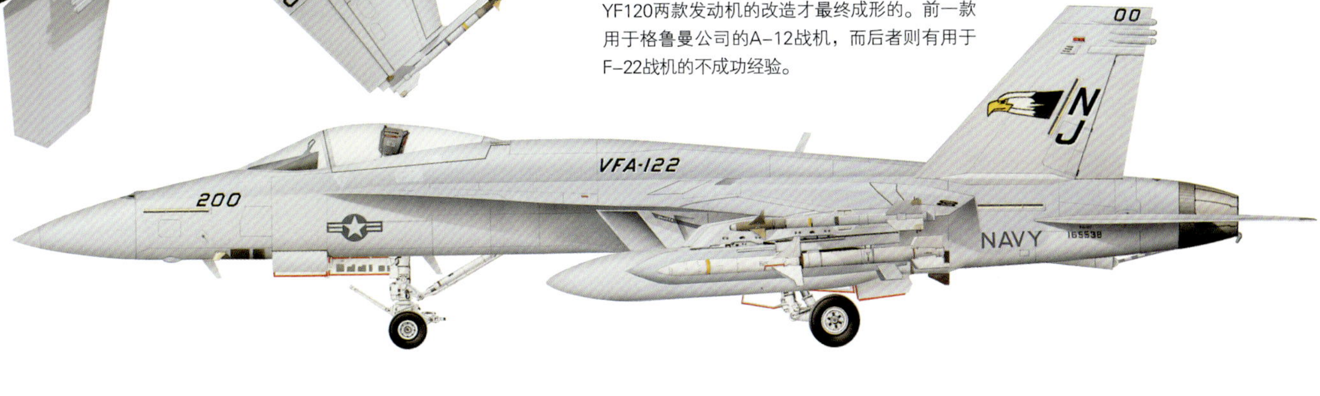

# 美国的使用者

对于每一个航空兵来说，专为美国海军和美国海军陆战队设计的多功能的"大黄蜂"都是现役飞机中最重要的战术飞机。

上图：来自美国海军第147战斗攻击机中队的一架F/A-18C "大黄蜂"飞越一个科威特的海上采油平台，时为伊拉克战争的"南部观察"(Southern Watch)行动期间。甚至进入21世纪之后很长一段时间内，"大黄蜂"战斗机及其后续机型将始终是美国海军最重要的舰载战斗机

## 美国海军航空舰基"大黄蜂"部队，2001年夏

| 中队 | 型号 | 数量 | 岸上基地 |
|---|---|---|---|
| 约翰·F.肯尼迪号航空母舰（弦号CV-67），大西洋舰队，第1舰载机联队（CVW-1），垂尾代码AB ||||
| VFA-82 "Marauders" | F/A-18C | 12 | 南卡罗来纳州博福特海军陆战队空军基地 |
| VFA-86 "Siderwinders" | F/A-18C | 12 | 南卡罗来纳州博福特海军陆战队空军基地 |
| VMFA-251 "Thunderbolts" | F/A-18C | 12 | 南卡罗来纳州博福特海军陆战队空军基地 |
| "星座"号航空母舰（弦号CV-64），大西洋舰队，第2舰载机联队（CVW-2），垂尾代码NE ||||
| VFA-137 "Kestrels" | F/A-18C | 12 | 加利福尼亚州勒莫尔海军航空站 |
| VFA-151 "Vigilantes" | F/A-18C | 12 | 加利福尼亚州勒莫尔海军航空站 |
| VMFA-323 "Death Rattlers" | F/A-18C | 12 | 米拉玛尔海军陆战队空军基地 |
| "企业"号航空母舰（弦号CVN-65），太平洋舰队，第3舰载机联队（CVW-3），垂尾代码AC ||||
| VFA-37 "Bulls" | F/A-18C | 12 | 弗吉尼亚州奥西安纳海军航空站 |
| VFA-105 "Gunslingers" | F/A-18C | 12 | 弗吉尼亚州奥西安纳海军航空站 |
| VMFA-312 "Checkerboards" | F/A-18C | 12 | 南卡罗来纳州博福特海军陆战队空军基地 |
| "小鹰"号航空母舰（弦号CV-63），太平洋舰队，第5舰载机联队（CVW-5），垂尾代码NF ||||
| VFA-27 "Royal Maces" | F/A-18C | 12 | 日本厚木市 |
| VFA-192 "Golden Dragons" | F/A-18C | 12 | 日本厚木市 |
| VFA-195 "Dambusters" | F/A-18C | 12 | 日本厚木市 |
| 乔治·华盛顿号航空母舰（弦号CVN-73），大西洋舰队，第7舰载机联队（CVW-7），垂尾代码AG ||||
| VFA-131 "Wildcats" | F/A-18C | 12 | 弗吉尼亚州奥西安纳海军航空站 |
| VFA-136 "Knighthawks" | F/A-18C | 12 | 弗吉尼亚州奥西安纳海军航空站 |
| 西奥多·罗斯福号航空母舰（弦号CVN-71），大西洋舰队，第8舰载机联队（CVW-8），垂尾代码AJ ||||
| VFA-15 "Valions" | F/A-18C | 12 | 弗吉尼亚州奥西安纳海军航空站 |
| VFA-87 "Golden Warriors" | F/A-18C | 12 | 弗吉尼亚州奥西安纳海军航空站 |
| 约翰·C.斯坦尼斯号航空母舰（弦号CVN-74），太平洋舰队，第9舰载机联队（CVW-9），垂尾代码NG ||||
| VFA-146 "Blue Diamonds" | F/A-18C | 12 | 加利福尼亚州勒莫尔海军航空站 |
| VFA-147 "Argonauts" | F/A-18C | 12 | 加利福尼亚州勒莫尔海军航空站 |
| VMFA-314 "Black Knights" | F/A-18C | 12 | 米拉玛尔海军陆战队空军基地 |
| 卡尔·文森号航空母舰（弦号CVN-70），太平洋舰队，第11舰载机联队（CVW-11），垂尾代码NH ||||
| VFA-22 "Fighting Redcocks" | F/A-18C | 12 | 加利福尼亚州勒莫尔海军航空站 |
| VFA-94 "Mighty Shrikers" | F/A-18C | 12 | 加利福尼亚州勒莫尔海军航空站 |
| VFA-97 "Warhawks" | F/A-18C | 12 | 加利福尼亚州勒莫尔海军航空站 |
| 亚伯拉罕·林肯号航空母舰（弦号CVN-72），太平洋舰队，第14舰载机联队（CVW-14），垂尾代码NK ||||
| VFA-25 "Fist of the Fleet" | F/A-18C | 12 | 加利福尼亚州勒莫尔海军航空站 |
| VFA-113 "Stingers" | F/A-18C | 12 | 加利福尼亚州勒莫尔海军航空站 |
| VFA-115 "Eagles" | F/A-18C | 12 | 加利福尼亚州勒莫尔海军航空站 |
| 德怀特·D.艾森豪威尔号航空母舰（弦号CVN-69），大西洋舰队，第17舰载机联队（CVW-17），垂尾代码AA ||||
| VFA-34 "Blue Blasters" | F/A-18C | 12 | 弗吉尼亚州奥西安纳海军航空站 |
| VFA-81 "Sunliners" | F/A-18C | 12 | 弗吉尼亚州奥西安纳海军航空站 |
| VFA-83 "Rampagers" | F/A-18C | 12 | 弗吉尼亚州奥西安纳海军航空站 |

译者注：VFA意为"美国海军战斗攻击机" VMFA意为"美国海军陆战队战斗机" VFC意为"美国海军预备役战斗机"

## 美国海军

美国海军最主要的海上打击力量在于超过20个中队的麦道公司F/A-18 "大黄蜂"。在20世纪70年代末期，首次为美国海军和美国海军陆战队订购了超过1000架飞机，这批飞机于1980年5月交付。在1983年10月组建的VFA-113中队是第一个海军作战编队，随即VFA-25中队在1985年的2月进驻"星座"号航空母舰。

延续原始的"A"型和"B"型，1986年经改良后的产品分别为单座的F/A-18C和双座的F/A-18D。随着新型飞机在前线服役，老旧的飞机则被转移至预备役部队，或用来对各中队进行测试与评估。

1991年，加长的F/A-18-E/F "超级大黄蜂"被提议作为多种战略飞机的替代品。其在1995年完成了首次飞行，并进入太平洋舰队的替补部队美国海军第122战斗攻击机中队服役。

## 海军航空兵预备役部队，2001年夏

| 中队 | 型号 | 数量 | 基地 |
|---|---|---|---|
| 大西洋舰队第20舰载机联队[CVW(R)-20]，垂尾代码AF ||||
| VFA-201 "Hunter" | F/A-18A | 12 | 得克萨斯州达拉斯沃尔斯堡海军航空站 |
| VFA-203 "Blue Dolphins" | F/A-18A | 12 | 佐治亚州亚特兰大海军航空站 |
| VFA-204 "River Rattlers" | F/A-18A | 12 | 路易斯安那州新奥尔良海军航空站 |
| VFC-12 "Fighting Omars" | F/A-18A | 12 | 弗吉尼亚州奥西安纳海军航空站 |

## 美国海军陆战队

美国海军陆战队的航空装备的首要作用是提供近距离的空中支援。在这种任务中主要用到的两款飞机是麦道公司（现在是波音公司的一部分）的AV-8B"鹞"和F/A-18"大黄蜂"。美国海军陆战队的"大黄蜂"完全满足舰载要求，并且有4个中队被分配给舰载机联队，与美国海军的战斗攻击机中队一起服役。美国海军陆战队甚至比美国海军还要先使用"大黄蜂"。第一个F/A-18的作战单位是美国海军陆战队第314"黑骑士"中队，其在1982年完成转型。1985年，美国海军陆战队第314和美国海军陆战队第323战斗攻击机中队与美国海军第131战斗攻击机和美国海军第132战斗攻击机中队一同登上"珊瑚海"号航空母舰，这是海军陆战队首次部署航空母舰。海军陆战队使用双座F/A-18D作为全天候战斗轰炸机和一个快速空中控制/战略侦察平台。海军陆战队的全天候战斗攻击机中队在1990年开始换装F/A-18D，随后即参加了"海湾战争"。

### 美国海军岸基"大黄蜂"部队，2001年夏

| 中队 | 型号 | 数量 | 基地 |
|---|---|---|---|
| 大西洋攻击战斗机联队，奥西安纳海军航空站舰队补给中队，垂尾代码AD | | | |
| VFA-106 "Gladiators" | F/A-18A, C/D | 12/13 | 弗吉尼亚州奥西安纳海军航空站 |

### 美国海军陆战队预备役"大黄蜂"部队，2001年夏

| | 型号 | 基地 | 垂尾代码 |
|---|---|---|---|
| 美国海军陆战队第4全天候战斗攻击机（预备役联队） | | | |
| VMFA-112 "Cowboys" | F/A-18A | 沃尔斯堡 | MA |
| VMFA-142 "Flying Gators" | F/A-18A | 亚特兰大 | MB |
| VMFA-134 "Smokes" | F/A-18A | 米拉马尔 | MF |
| VMFA-321 "Hell's angels" | F/A-18A | 安德鲁斯 | MG |

译者注：MAW意为"美国海军陆战队全天候战斗机"

## 美国国家航空航天局（NASA）

NASA至少使用了7架F/A-18"大黄蜂"。"大黄蜂"已经取代了过时的洛克希德F-104"星"式战斗机，成为NASA选择飞机的标准。在1984—1991年间，NASA共采购了6架"大黄蜂"。它的速度足以跟上大部分试验机，并且双座的机型可以将实时视频图像传回给德赖登研究中心的工程师们。然而，"大黄蜂"其本身也是一个试验平台：从1987年开始的十年间，F/A-18 HARV（高阿尔法研究工具）被用来验证在大迎角状态下的飞行，演示在低速且迎角超过65度时飞机的可控飞行能力。一架前美国海军的F/A-18B已经被改装为系统研究飞机，用来研究在飞行控制领域、大气数据传感领域和高级计算机化的航空电子领域的新技术。

右图:作为F/A-18的第一个海外客户,加拿大订购了138架飞机,包括24架双座机。1982年,加拿大版的"大黄蜂"在第410军官训练学校开始服役生涯。CF-188在加拿大广袤的原野上空游弋,守护着本国的领空,时常会与美国的战机协同作战。同时,CF-188还是"北约"框架的一员,因此其基地位于德国。但是,随着冷战的结束和加拿大国防预算的削减,CF-188只好从德国返回加拿大

上图:图示为加拿大军队第一代喷气式飞机的照片。1974年前,CT-133"银星"一直是加拿大最主要的喷气式教练机。该机主要用于仪表、通信和电子对抗训练

# F/A-18 在加拿大服役

20世纪70年代末,加拿大决定用新的单座战斗机来取代F-101"巫毒"和F-104"星"战斗机。F/A-18被选中,服役代号为CF-188。由于"大黄蜂"的法语词是"Frelon",为了避免可能产生的对Frelon直升机的误解,"大黄蜂"这个名字也被放弃。

下图:尽管CF-188的燃油装载量惊人(装备内置和外置油箱),但要想独力担负起广袤的加拿大领空的防卫任务,却依然有些力不从心,因此需要CC-130空中加油机来延长航程

上图：位于巴戈特维尔加拿大空军基地的第433中队的4架CF-188战机发射红外诱饵弹。"豪猪"是一支法语作战单位，1987年以来就装备了CF-188

上图：加拿大空军在巅峰时曾一度拥有8支CF-188飞行中队，目前已经只余下4个中队了。虽然部队遭到了大幅裁减，其执行的任务却没有缩水。该国的国防方针规定必须保留两个中队，准备随时部署到世界任何地方

上图：这架CF-188隶属于第433中队，其垂尾上有全色加拿大空军的创可贴标志。该中队的队徽是一头豪猪拿着一枚导弹的卡通画

海湾战争期间，加拿大前后共派遣了40架CF-188前往波斯湾，但是任意时间驻扎在那里的战机从未超过26架。这些昵称为"沙漠灵猫"的战机担任着空对空、对地攻击以及联合空防的角色。

CF-188从波斯湾返回后不久，国防预算的削减使加拿大政府不得不作出大幅裁减现役CF-188战机的决定。于是一线中队只余下了60架飞机。作战训练单位（OTU）还有23架战机，多数为双座机型。4个作战中队都有15架战机的建制，但是通常数量会多一些。剩余的战机则被加拿大空军雪藏一段时间，然后再进入部队服役，形成循环来保证平均分配每架飞机的飞行时间。但是一些特别老的CF-188已经接近了机体寿命末期，不可能再飞行了。

理论上，4个一线中队（冷湖基地的第416和第441中队，巴戈特维维尔基地的第425和第433中队）都是双用途作战单位，但是在具体的使用上，每个中队都会专门负责空空（对北美航天防空司令部负责）或是空地任务（对"北约"负责）。每个中队每年都会交换任务两次，这个惯例曾持续了一段时间。但是，在任务过渡时，时间消耗太大，而且也会导致战机丧失某些性能。现在，这种交换任务已经改为大约每年一次了。除了执行北美航天防空司令部、"北约"以及其他潜在的海外任务，CF-188还会执行其他国内任务，比如缉毒行动等。

随着精确制导弹药的引入，战机的空地打击能力获得了极大的提升。这也直接促成了1997年8—11月间6架战机被派往阿维亚诺空军基地。波斯尼亚维和行动期间，加拿大的地面部队第一次获得来自本国同胞的空中支持。海湾战争期间，加拿大CF-188战机参加了"摩擦"行动，受命进行对地攻击，其实只是随意扔几颗炸弹而已。支援联合国维和部队期间，加拿大CF-188共出动训练任务77架次，作战任务261架次。其标准武器装备包括一枚500磅（227千克）的激光制导炸弹、两枚AIM-9"眼镜蛇"导弹、一枚AIM-7"麻雀"导弹和一枚"幼畜"空对地导弹。加拿大CF-188部队最近一次出现是在科索沃争端中。在"审慎力量"行动中，14架CF-188搭载GBU-10激光制导炸弹，参与了对地攻击作战。

关于没有把F/A-18A型和B型战机升级到新的E型和F型的计划，有人曾引用加拿大前任参谋总长的话，他说："加拿大会卖掉现有的126架CF-188A型和B型战机，然后再加上用于CF-188'延长服役期'计划的资金，去买20～30架E型和F型飞机么？的确有这个可能。"

尽管对CF-188倚重有加，加拿大与"联合攻击战斗机"项目签下1000万加元购买合同，以随时了解该机的进展。

下图：这架飞机隶属于第410"美洲狮"飞行中队，其机身标志是专门来庆祝加拿大国防纪念的。其左舷尾翼上有一名"二战"战斗机飞行员的画像

# "大黄蜂"的国外使用者

### 澳大利亚

1981年10月,澳大利亚选择"大黄蜂"取代"幻影"Ⅲ成为本国下一代战术战斗机。这笔高达27.88亿美元的交易包括57架F/A-18A（A/F-18A）和18架F/A-18B（AF-18B）。除了两架之外,其余均在澳大利亚政府自己的飞机制造厂组装。1985—1990年,"大黄蜂"共交付4支部队,它们是第2任务转换中队（1985年换装）、第3中队（1986年换装）、第77中队（1987年6月换装）和第75中队（1988年5月换装）,其中3支都驻扎在新南威尔士州的威廉镇空军基地。该基地经过重新整修,成为澳大利亚皇家空军"大黄蜂"行动的主基地。第75中队的基地位于北领地汀德尔。飞机研究和发展中心（ARDU）位于南澳大利亚州的爱丁堡。作为惯例,该单位拥有A-18A和AF-18B各一架,主要用作系统测试。"大黄蜂"中队定期部署到其他基地或前沿作战基地,比如科廷和舍格尔。澳大利亚的大黄蜂进行了升级改装,雷达由APG-65升级为APG-63；还搭载了AIM-132先进近程空空导弹。

### 芬兰

经过对各种战斗机型长期、彻底的调研,1992年4月,芬兰最终选择了"大黄蜂"来取代年迈的"龙"和米格—21战斗机。1992年6月5日,一份包括57架F/A-18C和7架F/A-18D的订单达成。双座机均在圣路易斯生产,首架于1995年4月21日升空。单座机由芬兰的瓦尔梅特公司负责,第一架于1996年首飞。所有战机到2000年交付完毕,芬兰的"大黄蜂"安装了APG-73雷达、ALQ-165电子干扰机和F404-GE-402 EPE发动机。其武器系统是AIM-9M"响尾蛇"和AIM-120B先进中程空空导弹。由于芬兰的"大黄蜂"仅承担空防任务,因此也被称为F-18。该战机装备了3个中队：第11中队,驻扎在罗瓦涅米；第21中队,驻扎在皮尔卡拉；第31中队,驻扎在利萨拉。这3支中队分别覆盖了本国北部、中部和南部。

### 科威特

1988年,科威特空军选中了"大黄蜂"来取代A-4KU和"幻影"F1CK。9月,签订了一笔大单,包括32架F/A-18C和8架F/A-18D,以及配套的AIM-9L、AIM-7F、AGM-65"幼畜"空对地导弹和AGM-84"鱼叉"导弹。1990年伊拉克入侵科威特影响了"大黄蜂"的交付,但是1992年1月25日,首批3架战机还是如期抵达。整个交付一直持续到1993年8月21日。该批战机军中代号为KAF-18C/D。最初,"大黄蜂"的基地是科威特国际机场,后来又迁至贾巴尔空军基地。"大黄蜂"的服役单位有第9中队,负责空防任务；第25中队,负责攻击任务。1992年,再装备38架"大黄蜂"的计划被最终取消。科威特被认为是"超级大黄蜂"的潜在买家。

### 马来西亚

由于面临着大批F-5战机的换装,马来西亚采取了不同寻常的"两步走"计划。一方面,购买米格—29负责空防任务;另一方面购买F/A-18双座机来担任攻击角色。1993年10月28日,这笔"大黄蜂"的订单包括8架F/A-18D,装配了APG-73雷达、F404-GE-402发动机、"夜鹰"前视红外线吊舱、AIM-9导弹、AIM-7导弹、CRV-7火箭弹、AGM-65"幼畜"空对地导弹和AGM-84"鱼叉"导弹。像美国海军陆战队的双座机一样,该机被赋予了攻击机的角色,侧重于夜间和精确攻击工作。1997年5月27日,4架F/A-18D抵达位于巴特沃斯的新基地,编入第18中队。首张8架战机的订单在马来西亚被认为仅仅是后续采购的开始,但是就在这时,亚洲经济危机影响了计划。一笔预计12架飞机的采购胎死腹中。尽管如此,在马来西亚的购买计划中,"超级大黄蜂"依然占据显著地位。

### 西班牙

经过为期5年的评估,1983年,西班牙选中"大黄蜂"来完成其"未来战斗攻击机"计划。首批要求的144架飞机最终被砍去一半,包括60架EF-18A和12架EF-18B。西班牙空军分别称之为C.15和CE.15。1986年7月10日,首架飞机正式交付。

1992年—1994年,"大黄蜂"编队进行升级改造。改造后的战机被称为EF-18A+/EF-18B+。改造升级了中央计算机;为搭载AIM-120先进中程空空导弹(1990年订购)增加了布线;新增AAS-38"夜鹰"前视红外吊舱;通过新的与1553军用标准兼容的数据总线,将电子战干扰系统整合称为全面的防御体系。改造后,"大黄蜂"还增加了AGM-84"鱼叉"导弹、AGM-88高速反辐射导弹、"宝石路"Ⅱ激光制导炸弹和AGM-65"幼畜"导弹。

1995年12月,空军接收了超过30架美国海军的"大黄蜂"。这些战机经过改装与目前的EF-18A+和B+类似。

1995年5月25日,西班牙空军的"大黄蜂"首次参战。两架EF-18A+向佩尔的塞族目标投下自我锁定GBU-16激光制导炸弹。在接下来的一系列行动中,都有"大黄蜂"的身影。最终,在对科索沃的"联合力量"行动中,"大黄蜂"全面参战。

"大黄蜂"部队编入了位于托雷洪的第12中队、位于萨拉戈萨的第15中队、位于莫龙的第21中队和位于冈多的第46联队。多余战机则编入了武器和试验中心。这是西班牙空军的测试单位,基地在托雷洪。

### 泰国

1996年5月30日,泰国签署协议,购买4架F/A-18C和4架F/A-18D。然而,由于亚洲金融危机,1998年4月,该次交易被取消。

# 波音直升机公司
# CH-47 "支奴干"
## 双旋翼大型运输直升机

在接近40年的服役生涯中，"支奴干"成为西方国家最主要的中型运输直升机。它宽敞的机舱和载重能力使其成为一款多功能战地直升机。

上图：第3代产品CH-47A证实了"支奴干"运送伞兵的能力。标准载重为33名全副武装的士兵，之后该数量上升为44名。在马岛海战中，英国皇家空军唯一的一架"支奴干"运输机曾一次运送81名士兵

CH-47"支奴干"的前身是Vertol公司1958年生产的114号原型机（Vertol公司最初以（弗兰克·皮亚塞茨基Frank Piasecki）命名，他是研发纵轴双旋翼构型的先驱者，Yertol公司从1960年开始并入波音公司）。"支奴干"最直接的想法就是在107号双引擎武装运输直升机（即日后的美国海军陆战队Ch-46E"海上骑士"或者"牛蛙"）的基础上发展其性能。美国陆军在1959年确实考虑过107号原型机，并将其军事代号命名为YCH-1，但是发现还是太小。奇怪的是当"支奴干"出现以后，仍延续命名为YCH-1B，随后才改为CH-47A。

从1965年开始，美国陆军主要使用CH-47A、CH-47B以及CH-47C执行空运任务。据称有不少于10000架坠毁的飞机被悬吊在"支奴干"的机身下，从越南的水稻田里和山区中救回国内进行回收维修工作。考虑到A、B和C型号受载重时只有一个硬挂点的制约，在越战后期CH-47D采用3个硬挂点，这是一个很大的进步。"支奴干"成为这个国家里常见的景象，基本都被喷涂成单调的淡绿褐色，缺乏任何色彩或者显著的标志。到1971年，南越的空军也装备了CH-47。

在美国部队中的直升机中"支奴干"拥有最适宜和有用的货舱空间。"支奴干"的燃油利用了机身的长度，装在外面的油箱中，这样就使其机身像许多固定翼飞机那样是连续等截面的形状。机舱尺寸为30英尺×8.3英尺×6.6英尺（9.14米×2.51米×1.98米），提供了1440立方英尺（40.78立方米）的空间，足够装下两辆M551吉普车——在直升机设计时使用的标准作战车辆。而在当时的美军作战车辆当中只有M998"悍马"合适。

相对于大部分的常规运输机来说，"支奴干"的货舱空间相当充裕，这种型号通常被称为美军的大型运输直升机，尽管从技术角度来说仍然是中型运输机。在"支奴干"的货舱空间相当充足。

## 双旋翼设计

"支奴干"的双旋翼设计可以充分地利用机身的长度，因为不需要尾梁来安装尾翼。装卸货物时可以在机身后部的斜板上完成，可以低于地面或者抬高来和卡车货架平行。一个士兵可以使用内置的设备来装卸货物。如果需要的话，特别长的货物可以伸到外面的斜板上。

"支奴干"较高的旋翼桨叶可以让士兵更加快速安全地进出机舱，即使是在旋翼旋转的情况下。在机舱两边标准座椅上可以乘坐44名全副武装的士兵，但是在中间过道增加座椅后"支奴干"可以容纳59名士兵。在执行医疗任务时，"支奴干"可以装下24副担架以及两名医务人员。

"支奴干"所使用的4点式起落架是这种大小和形状的直升机最普遍的方式，这在艰苦的环境下仍非常适用。4点式起落架在装卸货物时提供了很好的稳定性，并且在迫降时防止侧翻滚转。

每一架"支奴干"的外壳在工厂里都进行过密封处理，这样可以在海面三级状态的情况下仍可以起飞降落。这种两栖作战能力可以使"支奴干"在各种场合工作，但在平时的训练中较少使用。

## 战场上的"支奴干"

1965年，美国的第一空中骑兵师为世界带来一种新的战争形式，形成了在丛林中作战的最大的直升机基地（在越南映溪ANh-

上图：第一架CH-47C在其处女航中起飞。该型号实际上是CH-47B（66-19103）的改进型，同前款相比，主要区别是采用了升级后的T55-L-11发动机

Khe），将空中侦察兵越过敌军防线空投到敌人后方并发起攻击。UH-1"休伊"在这场新式战争中是主要角色，但是由"支奴干"扮演的配角的价值却是无价的。

五角大楼创造了CH-47系列直升机，而美国陆军用各种方法、战术和机组成员对其进行测试。在越南，一架"支奴干"的机组成员包括驾驶员、副驾驶员、飞行工程师、飞机机械师（也兼任机枪手）和机枪手。在作战区域，士兵们移动后面的货舱窗户，有时候是其他的窗户，来为机上的步兵创造射击空间。在越战中，"支奴干"在安全舱门装有用轴鞘安装的0.30英寸（7.62毫米）口径的M60D机枪，并在右侧舱门也装有一挺。

在越战以及其他地方广泛使用的CH-47C终止了对直升机动力不足的抱怨。CH-47C马力更加强劲，更加合适。CH-47C可以在10000英尺（3048米）的飞行高度在货舱中运送4辆内置气囊燃油箱超过1000英里（1610千米）。

在现实世界环境中，不加油自主部署一支"支奴干"部队几乎是不可能的，在20世纪90年代的"沙漠盾牌"行动中，一共花费了接近30天的时间将"支奴干"运送到战场上进行，包括将其拆分打包、海上运输、卸载以及重新组装，这让美国陆军高层感到很失望。尽管如此，CH-47D的价值仍然很大。在1991年的"沙漠风暴"行动当中，同英国的HC.Mk 1"支奴干"以及其他的一些机型一起，CH-47D参与了著名的"左勾拳"地面军事行动，将大量的伊拉克军队隔离开来。

通过控制加油来增加"支奴干"的飞行距离是可行的，但是只有几款特殊的型号可以进行。后来出现的MH-47D和MH-47E特殊型号，装备有加油管，并且将空中加油作为常规训练内容。

## 出口国外的"支奴干"

尽管受到其他可能更加高级的型号的竞争，"支奴干"仍然获得了非常成功的销售客户，一共有14家国际客户购买使用该机型。第一家海外顾客是澳大利亚，一共进口了12架CH-47C型号"支奴干"。在1968年，意大利的公司奥古斯塔（Agusta）获得了CH-47C的生产权，向伊朗销售了其第一批20架"支奴干"。意大利军队也装备了奥古斯塔公司生产的CH-47C。之后还向埃及、希腊、利比亚以及摩洛哥等国出售。

川崎（Kawasaki）成为日本地面和空中部队装备的"支奴干"的制造商，生产部分产品，这是唯一一家生产商生产的"支奴干"可以与美国本土部队所装备的CH-47D相媲美的。

利用军用"支奴干"改进到CH-47D型号时的技术升级，波音公司在1978年的报告中宣布其已经完成了对商用型号的评估。目标是发展中的欧洲北海油田经济，石油钻探工作需要到离陆地更远的海面展开。商用型号的可利用性让英国航宇直升机（BAH）公司得到了壳牌石油公司为期7年的合同，主要是用于其在设德兰群岛的布兰特/科莫伦特油田。在1978年11月，英国航宇直升机（BAH）公司订购了6架234号验证机，并且在1981年7月1号开始工作。然后，在80年代中期的一场毁灭性空难导致英国航空直升机公司将该型号退役，用于其他工作，包括建筑以及伐木运输。

上图：YCH-1B发展计划包括生产5架可飞行原型机，但是第一架在一次地面试验时发生事故导致严重损坏。最近的两架验证机在机身下部，机头以及前旋翼塔座粘结丝线以准确地观察气流形式

上图：波音公司演示MH-47D型进行空中加油。该型直升机装备了3/160中队，并在佐治亚洲的坎贝尔堡美军基地服役

下图：这个MH-47E是专为隐蔽的低级渗透，通常在晚上进行。以及特种部队插入，它有一个重要的"肥牛"向前加油点的角色

### ACH-47A

最初是"武装CH-47A"的缩写，是"支奴干"装备机枪后的型号。在1965年波音公司改进了4架"支奴干"用于在越战中进行操作评估。在ACH-47A内部，工程师去掉了所有装卸货物的设备、隔音设备，只留下5个座椅，并且增加了总重2000磅（907千克）的武装防护板以及在飞机前轮外部两侧的武器底座，并装备了机头机炮。昵称为"机枪冲锋"的ACH-47A装备了两门20毫米口径向前开火的外挂机炮，多达5挺0.5英寸（12.7毫米）口径机枪（在直升机两侧各有两挺，舷梯上一挺），两具外挂式XM12819发2.75英寸（70毫米）口径火箭弹发射器，以及在机头下部的M540毫米口径全自动机炮。在1964年2月，美国陆军确立了对战争中重型武装直升机的使用需求，因此在1965年6月订购了4架改装的CH-47A直升机。ACH-47A的原型机在1965年9月6日进行了首飞，4天后进行了官方的出厂仪式。在1966年6月，第一空中骑兵师将4架ACH-47A中的3架带到了越南战场。在越战中的"机枪冲锋"小分队是第一空中骑兵师的第228航空旅，进行了大量的飞行行动，对美国和澳大利亚的地面战争部队提供了大量的直接支持。最终，由于更小更灵活的AH-1"眼镜蛇"的出现发展，"支奴干"的武装型号已不再成为必需，因此此后也没有更进一步的发展。

# CH-47"支奴干"的使用者

波音直升机公司的CH-47"支奴干"是西方国家的标准中的重型运输直升机。一共有18个国家的部队装备有"支奴干",目前除了2个国家外仍在服役中。

### 之前的使用者——越南和加拿大

1972年年末,在美国增援政策的背景下,越南南部军队收到了一共20架CH-47A直升机,在第237直升机中队服役,直到西贡被攻占,并被越共控制了一段时间。在20世纪90年代初期,这些直升机在国际市场上出售。1974年年末到1991年中期,加拿大一共购买了9架改称为CH-147的CH-47C,在第447和450中队服役。之后有7架被荷兰空军获得。

### 韩国、中国台湾和泰国

韩国空军和陆军都装备有"支奴干"。第235中队装备有6架"支奴干"(装有绞车),替代了HH-47D来执行救援搜索任务。驻扎在大邱的一个陆军运输中队装备有17架CH-47D。中国台湾陆军装备有3架BV-234MLR直升机以及9架CH-47SD直升机。1972年,泰国(上图)收到4架CH-47A,在1989年被5架新式CH-47D取代,之后在1991年又被3架升级版CH-47C替代。

### 美国

美国陆军是"支奴干"最大的使用者。从1967年开始,首先装备了349架CH-47A,之后装备了108架改进型CH-47B。从1968年年初开始,一共有270架波音直升机公司制造的CH-47C进入服役,之后在1985年装备了11架奥古斯塔公司生产的CH-47C。这款型号作为中型运输机进行服役,之后有4架被改装成ACH-47A武装型号投入越南战争。从1982年开始,美国陆军陆续收到472架从之前的A、B和C型号改制而成的CH-47D机型。在一定数量的MH-47D特殊型号直升机成功之后,26架改进后的MH-47E生产完成。这两种型号都是从以前的型号改装而来。其后针对美国陆军"支奴干"机型的计划包括对改进后的CH-47F的升级措施等。

### 澳大利亚

澳大利亚是"支奴干"的首个海外使用者,一共12架CH-47(下图)在1974年4月9日到达墨尔本的澳大利亚皇家海军基地,满足其对中型运输直升机的需求。之后被转交至澳大利亚空军第12中队,一直服役到1989年退役,陆军开始负责作战用直升机。由于美国陆军空中运输能力的缺乏,美澳签署协议,一共有7架CH-47C被转交至美国陆军,并将剩下的4架(其中一架于1985年坠毁)返回波音公司进行升级到CH-47D。1995年中段这4架直升机返回汤斯维尔的第5航空中队服役。2000年年初两架全新的CH-47D也加入该中队。

## 日本

日本是两个可以生产"支奴干"的国家之一。川崎重工为日本航空自卫队（JASDF）和陆上自卫队（JGSDF）制造CH-47J（即CH-47D）和CH-47JA（即CH-47SD/414-100机型）型号"支奴干"直升机。前者用来执行为雷达站点提供后勤支持、搜寻救援以及其他运输任务，后者用来执行重型物资运输任务。

日本航空自卫队的"支奴干"被分配到三泽、入间、春日和那霸的基地进行搜寻救援任务。日本最初制造的两架"支奴干"在1986年9月26日交付使用并进行各项任务，但是之后被两架波音直升机公司制造的机型超过（喷涂有典型的陆上自卫队的颜色）。对该型号的采购需求一直在增加，到2004年，日本陆上自卫队一共需要50架，航空自卫队一共需要31架。在2000年，日本陆上自卫队和日本航空自卫队分别又有2架进入服役。

## 埃及、利比亚和伊朗

15架奥古斯塔公司制造的CH-47C中的10架依然在埃及空军中服役，这些直升机在1997升级为4架CH-47D。这些"支奴干"驻扎在科摩罗。1976年，利比亚从意大利的生产线获得了20架"支奴干"。6架被装备到空军中，剩下的在陆军服役。利比亚的"支奴干"适用性比较差，主要是因为武器

禁令的原因。伊朗是仅次于美国陆军的"支奴干"使用者，一共从意大利进口了95架（38架是在波音公司的装备支持下生产的）。尽管经过了多年的战争冲突，仍然有25架"支奴干"还在空军和陆军中服役。

## 摩洛哥

摩洛哥一共购买了9架奥古斯塔公司生产的CH-47C，第一架于1979年交付。这9架直升机驻扎在拉巴特-塞拉的空军基地，在摩洛哥南部同西撒哈拉独立战线的战争中得到了频繁使用。

## 欧洲的CH-47——英国、荷兰、希腊、西班牙和意大利

一共有5个欧洲国家使用"支奴干"。第一个订购该型号的国家是英国，在1967年订购了15架CH-47B。之后该订购协议被取消，在1971年恢复，之后又被取消，在1978年又订购了33架"支奴干"HC.Mk 1。第一架于1981年10月1日到达，第18中队

（驻扎在奥尔德姆皇家空军基地）成为第240作战指挥部后第一个装备该型号的中队。之后马岛海战中的第7中队和第1310编队（之后成为第78中队）也配备该机型。1983年订购了另外8架。升级后的HC.Mk 1B装备有玻

璃纤维旋翼桨叶，其中32架更新到更加先进的HC.Mk 2系列（即CH-47D）。第27中队（原第240作战指挥部）是第一个配备Mk 2的单位。1995年9月，预订了另外3架HC.Mk 2、6架HC.Mk 2A和8架HC.Mk 3。后者随后被取消。

最新使用"支奴干"的欧洲国家是荷兰，一共有7架原加拿大的CH-147，后来升级到CH-47D以及6架全新的CH-47D。全部都在驻扎在斯特堡的第298中队服役，作为作战直升机小组的一部分。

驻扎在迈加拉的希腊陆军第3集团军第2陆军航空兵大队装备有16架CH-47D/DG。在80年代早期，5架Meridionali生产的CH-47C交

付使用，在1988年另外5架装备到空军中。所有的CH-47C都被升级到CH-47DG标准，并且又订购了7架CH-47D。

西班牙的陆军单位BHELTRAV（运输直升机大队）的17架"支奴干"包括BV 414、CH-47C和CH-47D。BV 414（5架）和CH-47C（2架）之后被升级到CH-47D标准。都驻扎在科美纳威赫。

从1972年开始，意大利陆军一共装备了35架奥古斯塔公司和2架波音直升机公司制造的CH-47C直升机，用来进行重型货物运输。在意大利陆军系统中该直升机被命名为ETM-1，驻扎在维特尔波。

## 阿根廷

阿根廷为阿根廷陆军订购了两架"支奴干"，其中一架在马岛海战中坠毁，后来又订了3架。目前还有一架在阿根廷空军（FAA）服役，并且升级了机头雷达。

# 波音直升机公司
# H-46 "海上骑士"
## 海军的双旋翼直升机

上图：一架由海湾战争老兵驾驶的UH-46D，HC-8 "Dragon Whales"，Det 6，在美国海军战斗支援舰"圣迭戈"号上。这架美国海军的UH-46D多用运输机改型，建立在新的机身框架之上，由至少5架CH-46A和UH-46A直升机改装而成

在引进MV-22 "鱼鹰"之前，美国海军陆战队直升机队注定要保留他们的主力，H-46 "海上骑士"可以回溯到1958年民用机型107的时代。

波音直升机公司的107机型，或者叫美国军用H-46 "海上骑士"系列，在直升机界是一种熟悉的机型。人们广泛认为它将美国海军陆战队的作战水平从越南时代带入了当今时代。在1958年4月第一架样机升空后的40年后，"海上骑士"仍然是美国海军陆战队机动部队的主力。因为最终将会被贝尔波音的倾斜旋翼机型MV-22B "鱼鹰"取代，海军陆战队的"海上骑士"很有可能进行现代化改造，在彻底退休前至少再服役10年。波音在宾夕法尼亚州费城的H-46系列

下图：以这架HMM-261为代表的CH-46F是为美国海军陆战队生产的最后一批机型。大部分现在被升级为标准型CH-46E

项目经理R. A. 斯弗恩特坚称H-46还"非常有活力"并且"对我们所有人来说，这都是正在发展中的项目"。

这架双串式直升机在其他国家并没有受到太多关注。瑞典用它的一个版本执行反潜任务，加拿大用另外一个版本进行搜索和营救。加拿大命名它为CH-113 "拉布拉多"，经常把它派到环境恶劣的北方地区，由于那里的严酷的气候和地形条件，任何营救任务都不可避免地更加困难。

H-46，或107机型，最初来自于弗兰克·皮亚塞茨基的开创性工作，开发出了纵列双旋翼和"飞行香蕉"装置，还有一系列早期的旋翼飞行器，包括美国海军HRP和HUP（陆军命名为H-21和H-25）。

1964年6月，第一架CH-46 "海上骑士"（交付时使用HRB-1命名法，表示Helicopter, Transport, Boeing）加入美国海军陆战队HMM-265分队。这并不是个容易的决定，FMF（舰队陆战队）通常是装备西科斯基的设计（外加50年代后期韩国和卡曼HOKs美国领区的一小部分贝尔HTL-4）。当宣布替换西科斯基很偏爱的UH-34D的是CH-46而不是西科斯基产品的时候，所有人

下图：美国海军使用了UH-46A多用途运输机（交付14架）、HH-46D专用搜索营救改型和UH-46D改进型多用机型。美国海军的"海上骑士"直升机主要执行垂直补给任务

都既震惊又无法相信。

作为新的运输直升机，CH-46在保持所有UH-34的优点的同时，带来了更大的载重能力，更快的巡航速度和易于装载、卸载人员和货物等优点。由两台通用电气公司T58-GE-8B功率为1250轴马力（933千

瓦）涡轮轴发动机提供动力，外号"青蛙"（Frog），在越南执行任务时，曾运载了17名战斗人员。经改造在飞行员位置的周围加装了防弹层，偶尔在局部位置也加装防护层。陆战队将军维克多·布鲁特·克鲁拉克描述CH-46为"难对付的大鸟"，"被钢铁的飞行物击中后仍可以将队员安全送回家"。

在越南时一切进行得都很顺利。直到1967年，一系列灾难事故使得CH-46不得不停飞。一度它们只能在紧急情况又没有其他飞行器可以使用时才能进行飞行任务。这些事故很多与零件断裂有关。很容易想象到机组人员乘上飞机起飞后，发现一个简单的结构性问题需要解决的时候的感受。

### 在溪山的再次使用

"青蛙"在RVN的整个服役过程中有着突出表现，那时溪山周围的战场和前哨都是高危地区。在恶劣天气下，沿着海岸线的根据地，CH-46往返于溪山山区进行补给。它们根据战争需要，通常运送旧伤直升机、人员和补给物品等，经常是在使用自动驾驶仪飞行时，随时随刻都可能受到北越正规军攻击。在溪山的任务持续了很长的一段时间，严重考验了机组人员的忍耐性和人员保持能力。最终北越军队的被迫后退很大程度上是因为CH-46和它的坚定的机组人员。

波音共制造了160架CH-46A，265架CH-46D人员输送机，外加14架UH-46A和10架UH-46D执行美国海军垂直补给的任务。最后一批新生产的"海上骑士"是174架改进型CH-46F。现在海军陆战队的当前版本是CH-46E，在之前机身上进行了升级。不计由日本川崎飞机制造公司生产的飞机，波音共计制造了669架这种直升机。

瑞典和日本使用川崎制造的"海上骑士"版本。加拿大从波音公司接收了18架"拉布拉多"，使用过程中取得了很大的成功，尽管它们将要被AW320取代。CH-113比其他大多救援直升机更大、航程更远并且更加坚固耐用，作为越南战争海军陆战队使用的版本广受好评。

上图：第一架军用107被命名为HC-1A（取自Helicopter, Cargo）。这架YHC-1A样机是美国陆军用来进行评估的，1962年之后被叫作YCH-46C

上图：1964年5月，CH-113A"候鸟"（Voyageur）攻击运输机交付给加拿大陆军。同时，加拿大皇家空军获得了CH-113"拉布拉多"执行搜救任务

### H-46运输机在越南的行动

1966年年初，美国海军陆战队开始用CH-46D更换3个中队的UH-34D。3月在岘港开始用HMM-164进行更新。1967年5月10日午夜刚过，3架CH-46被派去营救7名海军陆战队员，这部分巡逻队在南越广治附近被越共袭击。在执行任务过程中全部3架直升机都被击中，1名副驾驶员牺牲，6名机组人员受伤并有4名地上陆战队员死亡。1967年中，发生了8起不同的事故，并且在越南低地周围多沙的环境中很容易出故障，CH-46开始遭受批评。最后，对CH-46的机尾设备进行了加强，另外还有其他一些改变。从1967年9月开始，装备了包括UH-46D在内的多种不同直升机的HC-7从之前的HS部队手中接过了搜索营救的职责，直到1973年9月，共执行了140次营救任务。HC-7主要由运输机和一些护航舰组成，基地靠近北越海岸。美国最后一起伤亡事故是发生在1975年4月从西贡的最后一次撤离中，一架HMM-365 CH-46D的机组人员，从"汉考克"号航空母舰坠落到海里。左图是菲律宾基地"海上骑士""Cubi Point"的一名机组，当时飞机正在湄公河三角洲上空执行10小时的飞行任务，暂时降落在新山一机场。

# RAH-66 "科曼奇"

人们构想"科曼奇"会成为史上最先进最尖端的直升机。它被设计为一架"隐蔽的"侦察机,在充满威胁的欧洲战场行动,使用最新的科技寻找目标并根据需要射杀目标,保护自己躲开所有威胁,并且自始至终不被侦察到。但是由于预算的缩减和技术上的障碍,它的面世大大地延迟了。

1982年,RAH-66出自美国陆军的LHX(轻型直升机实验)计划的要求,用来代替5000架UH-1、AH-1、OH-6和OH-58侦察、攻击、空战直升机。这些数字随后在1987年缩减至2096架,1990年缩减至1929架——后者现在仍然是美国陆军希望的总量。美军花了数年时间来重新提出要求(并且缩减数量)直到1988年发布了提案申请。波音和西科斯基的第一小组1991年4月在竞争中获胜,赢得了一项制造4架演示/验证模型机的合同。

RAH-66是世界上第一架"隐形"直升机。它的表面被分成了小块(如同F-117)以减小雷达反射率,表面覆盖了一层雷达吸收材料和抑红外涂层。为了进一步减小雷达特性,所有武器都装在折叠吊架上藏在机身里面。飞机构架和5片桨叶旋翼系统是全复合材料的并且对子弹的抵抗力很高。机身后部扇状尾部旋叶旋翼全面降低了直升机的噪声特性,这是对直升机设计者和操作者的巨大挑战。

除了制造噪声,任何直升机的桨叶都会返回大量的雷达信号,"科曼奇"用来缩减噪声的这项技术至今都是这个项目最为保密的技术。

"科曼奇"由两台LHTEC T800-LHT-801涡轮轴发动机提供动力,功率达到1432轴马力(1068千瓦)。

## 驾驶舱的技术

飞机上的电子设备系统和机身大部分的技术都是来自于洛克希德马丁F-22战斗机项目。在这个完全可夜视的驾驶舱中,每个机上成员都有两个大的LCD多功能显示屏,他们也都配有头盔显示器和瞄准装置以提供"头上的"飞行信息和传感画面。每架RAH-66都将配有第二代前视红外瞄准装置、激光指示器和测距仪、电视和其他光学传感器。1/3的直升机都将配有某版本的AH-64D的"长弓"毫米波雷达。另外还要加装一台低截击率的雷达测高系统。

"科曼奇"机头下方的炮塔装有3管20毫米口径机炮。每侧的折叠武器炮架都可以装载3枚AGM-114"地狱火"导弹和4枚空对空"毒刺"导弹。附加的短型吊挂架可以增加RAH-66的武器装载能力(加装8枚

上图:"科曼奇"的制造不同于其他的直升机。它有很多显著的特点,包括发动机在主变速器后面,侧面齐平的进气管,分成小块的机身表面和尾部旋叶。这些特性造就了世界上首架隐蔽直升机

上图:未来的攻击队伍——尽管"科曼奇"自己就可以摧毁坦克,但它的更常见的角色将是为AH-64D"阿帕奇"和它致命的AGM-114K"地狱火"激光制导导弹寻找目标

"地狱火"或者16枚"毒刺"),但是这样的代价是增加了它的雷达信号。

飞行控制系统是复合式3通道数字电子传输系统,每个机上人员都有一个新式环状操纵杆进行共同操作。1994年,所有1996至2001财政年度生产资金(21亿美元)又一次被美国国防部从国防预算中缩减。生产规模缩减到只允许生产两架原型机,与其他6架具有初步作战能力的战斗机一起在2001年组

上图:飞行员正在通过一个革命性的头盔双目视野来观察战场情况,这是最顶级的在飞行和战斗时接受一系列信息最好的方式

现代战机百科全书 127

成了第一支作战部队。

第二年，发展阶段的资金得到了恢复。大规模的生产决定推迟到了2003年，尽管军队仍然希望能够在2007年组成第一支拥有作战能力的RAH-66队伍（使用所有最初的8架无进攻系统的直升机）。其后发生了更多的预算缩减，将这个项目推迟了几个月，但是仍然在正轨上。

## 首飞

1993年11月，首架原型机的装配开始于西科斯基斯特拉福德的工厂和波音在费城的工厂。1994年这些元部件被集中到了一起，在斯特拉福德进行最后的装配。1995年5月25日第一架RAH-66（94-0327）最后装配完成。1995年6月运送到了位于佛罗里达州西棕榈滩的飞行实验中心。但是直到1996年2月4日，第一架"科曼奇"才进行了它的首次飞行（持续39分钟）。飞行员是拉斯·斯蒂尔斯和鲍勃·格莱德尔。

这次飞行最初是从1995年8月推迟到了12月，后来又推迟是由于结构问题和软件上的缺陷。"科曼奇"动力系统的地面测试暴露了变速箱共振的问题，这个问题推迟了原型机的第二次飞行。在限制发动机功能的前提下，第一架RAH-66在1996年8月24日第二次试飞，这次时间是54分钟。

这架唯一的"科曼奇"原型机继续进行飞行测试和包线拓展。现在计划1999年第二架原型机加入空军（从1998年9月推迟）。同时，原型机飞行时巡航速度达到162海里/小时［186英里/小时（298千米/小时）］，冲刺速度达到172海里/小时［197英里/小时（317千米/小时）］，向后和侧飞速度达到70海里/小时［80英里/小时（129千米/小时）］，180度掉头在4.5秒内可以完成。1998年初，1999财政年度资金获得了要求的3.678亿美元的飞机开发资金，其中6200万美元用于了开发MEP（任务装备系统）。

之后美国参议院军事委员会又增加了2400万美元预算给整个"科曼奇"项目——这标志着一度停止的议会对此项目的支持重新开始。

## 任务组件

在2002财政年度，波音/西科斯基计划给第一架"科曼奇"增加了侦察MEP系统。此时，一个全功能机炮已经改装的可以适应其导弹发射能力。"科曼奇"的第一次以参战者身份进行的战斗评估，代号为04队。

RAH-66是美国陆军在未来21世纪战争理念中至关重要的部分，叫作全面融入数字力量，以实现地面和空中协同无缝作战。RAH-66将与AH-64D"长弓阿帕奇"紧密合作，搜寻目标并执行自己的安全和攻击任

上图：尽管在迎合一系列互相矛盾的要求上有些困难，譬如防弹、隐蔽和降低噪声，RAH-66使用了一些最为先进的旋翼技术

务。此外，"科曼奇"还要易于与战场其他位置的武装部队和炮兵部队建立联系。美国陆军特种部队司令部也非常青睐RAH-66，它的"隐蔽"能力、长距离飞行能力和攻击能力对于部队的特殊需求都很理想。

下图：当"科曼奇"扮演武装侦察机的角色时，它的武器都要装在机身内。尽管这样它装载的武器会大大减少，但有一个优点，就是它可以在敌人还没有侦测到它时已经打出了第一炮

# 达索布雷盖公司
# "大西洋"/"大西洋II"型
## 第一代机型

上图：作为大西洋地区欧洲以外的国家中唯一的拥有者，巴基斯坦在1975年购买了之前在大西洋海空服役的3架翻新的"大西洋"飞机以及在20世纪80年代的第4架前MLD（荷兰海军航空兵）的机身。在20世纪90年代中期，巴军又购买了另外一批3架前法国空军服役飞机，但是主要作为备用配件的来源。其中一架在1999年与印度的战争中被印度空军的米格-21击落

北大西洋公约组织集团应对华沙公约组织潜艇和海上舰艇的潜在威胁促使了跨国海上巡航的发展以及第一代达索布雷盖"大西洋"号的诞生。

为了满足北大西洋公约组织第二基础军事需求，"大西洋"飞机于1956年作为北约首要的海上巡逻反潜飞机开始服役，但这一地位被美国对洛克希德公司的P-3"猎户座"飞机的青睐和英国决定开发"猎迷"海上巡逻反潜机的决心而削弱。尽管如此，87架"大西洋"飞机为4个"北约"组织成员国所用。

### 布雷盖1150战胜NBMR-2

不同寻常的是，"大西洋"这个名字本来是被选作NBMR-2的名字的，甚至早于布雷盖1150在1958年10月在一个设计比赛中获胜并提交入选。布雷盖公司后来在一次法国工业重组中合并到达索公司，尽管"大西洋"的真正建造者是SECBAT（布雷盖大西洋研究和建造公司）。SECBAT由布雷盖领导，建造了主要的机身和驾驶员座舱，同时在图卢兹负责最后的组装，并且涉及Seeflug（联邦德国的Dornier和Siebel公司），由他们制造了后机身和尾部；荷兰的Fokker公司制造了机翼中间部分；Sud Aviation（即后来的法国航宇公司的一部分）负责外翼面板

上图："大西洋"型上主要的侦察系统，包括搜索雷达（位于机身前部下方），位于尾架上的MAD，和整流罩翼尖里的齿轮机械传动系统

部分；ABPAP（即SABCA（比利时航空设备制造有限公司），Fairey（费尔雷公司）和比利时的FN公司）负责发动机舱部分。意大利作为后来的加入者主要负责发动机，机身和设备的连接。英国与"大西洋"飞机制造的联系在于其两个罗尔斯—罗伊斯泰恩涡轮螺桨发动机R Ty.20 Mk 21，每个拥有6097轴马力（约4548千瓦），尽管这些来自于授权法国的Hispano-Suiza公司的生产。

左图：服役于法国海军的"大西洋"飞机，总共有40架，分别从1965/1966年开始服役于驻扎在尼姆加隆(Nîmes-Garons)的22、23舰队和从1967/1968开始服役于位于兰纳比乌埃(Lann-Bihoué)的23、24舰队，也曾被派遣到达卡尔和塞内加尔

上图：自从1975年，"大西洋"型就已经成为了法国主要的海上侦察平台，并且它的改进版"大西洋Ⅱ"型将在接下来很长时间里保持这一地位

传统的生产线继续为"大西洋"型的生产所用，尤其是"双泡式"(也称"葫芦式")机身横截面可以容许上面的增压工作人员舱和下面宽敞的武器舱。机身为全金属破损安全结构，并且蜂窝状夹层蒙皮覆盖整个舱面积，同时为了满足远程巡航任务的燃油经济性，机翼拥有高展弦比（10.94）。一个内置的燃油量达4619英加仑（约21000升）可以使得飞机续航能力在170海里/小时（即313千米/小时；195英里/小时）的巡航速度下最长达到18个小时。通常10小时已经是搭乘12名机组人员飞机的最大目标了，尽管工作舱能够进行完全改装来适应人数的要求。

远程表面探测由CSF公司的一个安装在机身下方的可收放的"垃圾箱"上的雷达实现，一个MAD（磁畸探测器）安装在尾桁架上，一个ARAR ESM（电子支援措施）设备安装在垂直尾翼顶端。一个自动反潜侦测系统"嗅探器"可以辨别柴油动力潜水艇排出的废气。

## "北约"武器装备

设计"大西洋"型飞机的目的在于扩充"北约"组织海上武器装备，包括各种规格的标准炸弹；深水炸弹；自导鱼雷和在4枚翼下挂架上的反舰导弹和HVAR（高速飞行火箭）。

"大西洋"型飞机项目的发起者是法国和联邦德国，他们的海军分别拥有40和20架，其第一架都在1965年12月同时运达。联邦德国拥有的其中5架为了结合电子情报系统配备有全面的监视系统，由美国公司E-Systems Corp在一个代号为"Peace Peek"的项目中安装。通过武器舱和小翼尖发射架下方的天线罩侦测系统识别，"大西洋"型飞机负责巡航民主德国，波兰和苏联的海岸线。在2004年，德国和意大利继续营运第一代"大西洋"型飞机，但是装载的是经过更新的系统。当法国用新出的"大西洋Ⅱ"型替换旧的飞机时，巴基斯坦也拥有了至少两架"大西洋"型飞机。

下图：这个视图能使我们很好地看到"大西洋"型的武器装备能力。各类型的武器包括地雷和深水炸弹都能装备在飞机腹部的武器舱里。4个翼下外挂架和武器舱装载总重量达7716磅（3500千克）

### 欧洲客户

联邦德国海军的两个空军中队装备有14架"大西洋"型飞机，其中的第3航空联队从1965年就开始装备"大西洋"飞机了（见右下图）；其余20架中的6架为PEACE PEEK侦察飞机。荷兰海军航空兵在1969年6月成为第3个拥有"大西洋"型飞机的，并且9架飞机中的第一架被运送到瓦肯堡的第321空军中队，获得SP-13A的番号（见右图）。这个机型在1981年停飞了11个月，然后在洛克希德-马丁公司P-3C猎户飞机运达之后被逐渐淘汰。意大利购买了18架"大西洋"型飞机（见下图），在1972和1974年中运达，与此同时它的生产线被关闭。这些飞机被分配给海军，由空军掌管，联合人员进行飞行。

# "大西洋Ⅱ"型

达索公司的"大西洋Ⅱ"型预定是要替代"大西洋"型的，但"大西洋Ⅱ"型大体还将继续沿用"大西洋"型的机身。尽管如此，由于采用了新的机载系统，"大西洋Ⅱ"型将会是一款比"大西洋"型更强大的海上巡逻机。

上图：新一代机型"大西洋Ⅱ"型的一个关键传感器是汤姆逊-CSF公司的Lguane雷达，封装在一个可收放的"垃圾箱"内。本图即为生产的第一架展开部署的姿势

尽管研制"大西洋Ⅱ"型的原意是取代所有的"大西洋Ⅰ"型，但是结果是"大西洋Ⅱ"型（也称新一代"大西洋"型或者ANG）只被法国采纳了，并且原计划的42架。飞机随后也缩减到30架，并且整个项目也被进一步地调整。据说Ⅱ型将会取代法国原有的41架"大西洋"型（其中5架磨损的从荷兰购买替换而来）。

下图：第二架大西洋Ⅱ 2号原型机曾服役于法国航空部队全部的4个单位。结果，只有3个换装了新的改型，一个（舰队24F）随后被解散

从1977年7月开始定义设计内容，到1978年九月开始进展。在深入研究后，"大西洋Ⅱ"型应运而生，在基础飞机的最小改变的前提下，设计一架相同机身和发动机但是更加优良性能的飞机，主要体现在以下几点：更好的抗腐蚀性和防护性，重新设计的结构使得飞机具有30000个小时的抗疲劳强度，面板之间更好的封闭性和改进的铰接。通常说来，改良机身只是基于"花费是为了节省的想法"来延长飞机服役时间，并且缩减操作成本和维护花费。

从外形上来看，新版本飞机的翼尖发射架呈扁平的矩形状（外壳上是为了汤姆逊-CSF公司的ARAR-13电子支持(ESM)系统而布置的D/F天线）和奇怪波状外形的翼尖，前沿装上了ARAR-13频率分析天线罩，并且减少了原有的"足球"。一个样机从"大西洋"型的原型上改装而来，并且在1981年5月8号进行了首飞，第二架（同样也由原型机改装而来）也在随后的1982年3月26号进行了首飞。

上图："大西洋Ⅱ"型两架原型机（上图为第一架）从"大西洋"型的机身上发展而来。主要的外部区别在为了安置ESM设备而设置的大翼尖天线，以及垂直尾翼顶端的"足球"替换成了尖的整流罩

飞机的生产（在1984年5月24号获得批准）精选了Astadyne燃气涡轮辅助动力装置和更大的Ratier-BAe公司产推力器。生产出来的飞机在1988年10月19号进行了首飞。从内部来说，"大西洋"型可以说是全新的，因为它拥有重新设计的数字任务自动控制系统。这是基于数字数据总线结构并且连接了新的汤姆逊-CSF公司的Lguane灵敏频率雷达，和汤姆逊-CSF的Sadang消声处理系统，和一个SAT/TRT Tango前视红外系统，一个连接11个数据链的NATOL和一个航海定向仪（法国高诺斯）的MAD。"大西洋Ⅱ"可携带达100个声纳浮标，这些可通过4个自动的Alk安启动发射器来发射，或者通过一个自由落体槽发射。此外，

上图：到2000年，只存在两个"大西洋Ⅱ"型飞行部队，即舰队21F驻扎在尼姆负责地中海区域、舰队23F在兰纳-比乌埃负责大西洋地区

上图："大西洋"型的前视系统有很好的视角。窗户下方是Tango前视红外系统转台

### 大西洋一号升级项目

在巴基斯坦，汤姆逊-CSF公司将"大西洋"型飞机进行了升级，主要包括控制任务系统，海জ主雷达，DR3000A ESM，和Sadang C1声响处理系统以及基于全球定位的导航系统。与此相似的改装也被应用到巴基斯坦的福克F27和印度尼西亚的CASA 212上。德国的"大西洋"型飞机也经由多尼尔公司进行了中途升级。飞机增加了得州仪器公司的带有数字座舱显示屏的雷达，改良了Litton LN-33 Decca即升级过的惯性导航系统，一个新的声呐浮标发射器，一个带可调频率范围改良的爱默生电声纳系统，以及在翼尖发射架上的新的Loral 电子支持设备。在1996年开始的新的升级使得这个国家的18架"大西洋"型飞机使用寿命增加12000个小时，使它们的退役年份推迟到了2010年。1996年的项目也增加了前视红外系统，改良了导航系统和ESM设备。意大利宇航公司（阿莱利亚公司的一个子公司）将一个新的电子支持系统合并到18架"大西洋"飞机上，并且合并了改良的ALCO项目，加上了Lguane雷达和GEC-马可尼航空电子公司的ASQ-902吸声处理系统。

上图："大西洋"型的前视系统有很好的视角。窗户下方是Tango前视红外系统转台

它还能携带达160个烟雾弹或者照明弹。主要的武器舱是并排的3对承力点，允许搭载8枚MK46或者7枚"海鳝"（Murène）鱼雷，6枚551-lb(250千克)的地雷或者8枚深水炸弹，两枚AM39飞鱼反舰导弹（Exocet missile），或者1枚"飞鱼"导弹加 3 枚鱼雷、地雷或者深水炸弹。"飞鱼"导弹对"大西洋"型来说是新型武器选择，使得飞机不再依赖之前版本使用的老式马塔尔（Martel）。内部武器的装载在4个翼下装载架上可以根据供应需要增加（载重可达7716磅/3500千克）。

最后新"大西洋"型最早开始服务于法国航空军部队负责西部海岸线的飞行中队。驻扎在兰纳-比乌埃的23F舰队在1989年进行整编更换"大西洋Ⅱ"型，于1991年完成，24F舰队在随后的1992年开始进行。在尼姆-加隆的地中海飞行中队随后也进行了，但是最后只有21F舰队在1994年2月最后开始营运。22F舰队在1996年10月1号解散，在开始改编Ⅱ型之前，结束了原版"大西洋"型在法国航空部队的历程。

由于只有3个飞行中队，最后"大西洋Ⅱ"型的总数量又从30架缩减到28架，并且在1996年法军宣布说其6架将被放在仓库等待再出售。

### 先进研制

达索公司一直持续开发"大西洋"型和"大西洋Ⅱ"型的衍生产品的市场，包括1990年的Europatrol（目的在于替换欧洲的P-3猎户飞机，同时又掀起了纷纷取消洛克希德公司的P-7飞机的情况下），在1991年"大西洋Ⅱ"型喷气式飞机（作为尼姆罗德的替换者提供给英国）以及升级过的更加强劲的"大西洋Ⅱ"型，最初在1988年提出，但是在1995年被重新提出。

"大西洋Ⅱ"型喷气式飞机旨在选择将Allison T406或者通用电气公司的T407发动机替换原有的泰恩发动机，并且采用额外的翼下吊舱的涡喷式发动机（可能是Garrett TFE731s）。

在1995年"大西洋Ⅲ"型作为"尼姆罗德"的潜在替换者而提出来，然后增加了很多特性，包括Allison AE2100H 带有道蒂（Dowty）945的6叶桨的涡轮螺旋桨发动机，一个空中加油探头、一个搭载两名机组人员带有电子仪表系统的座舱（带有6个液晶显示屏），以及大部分由英国提供的电子设备系统和4个防御性空空导弹的供给系统。

尽管在1998年从"尼姆罗德"替换项目撤出，装备Allison发动机的"大西洋Ⅲ"型继续为了满足德国替换12架"大西洋"型的目的而得到发展，同时也为了意大利的一个相似的需求（16架飞机），以及作为法国航空部队自己的"大西洋Ⅱ"型的潜在的中级寿命升级配置项目。新版本中确保减少15%的燃油消耗，使得航程和航时得到大大改良。新"大西洋Ⅲ"型也存在保留了泰恩发动机的版本，但是这种机型没法提供上述的优势。

这些多变的"超级大西洋"型表现了长期的（也是花费巨大的）替换第一代海上巡航飞机的解决办法，与此同时，所有的"大西洋"型飞机的使用者都在升级他们的飞机。

尽管只得到了小规模的生产，"大西洋"和"大西洋Ⅱ"型似乎仍要持续多年生产性服务，这个家族仍然使得第3代版本得以出现。如今为最早以布雷盖BR1150为原型而发展的飞机盖棺定论还为时过早。

下图：大致显示了"大西洋Ⅲ"可能的外形，带有最先进的涡轮螺旋桨发动机驱动6叶螺旋桨。"大西洋Ⅲ"出售给德国和意大利

# 达索公司 "幻影Ⅲ"

## 达索公司的三角翼飞机

达索公司本来的设计概论是轻型的、超强性能的战斗机,结果幻影Ⅲ成为了比同时期复杂战斗机更简单、更便宜的机型。这款机型融合了许多进展,并且有很多改变机型,使得它在出口上获得了相当可观的成功。

毋庸置疑的是,重新修复了法国作为航空器设计领域内领军者的名誉的飞机是达索公司的"幻影Ⅲ"。法国飞机行业在第二次世界大战中遭到极大破坏后,在接下来的10年里奋起直追,希望赶上英国和美国,并且由于法国军队的飞机目录里日益增长的国产战斗机比例,逐渐能满足法国的民族自豪感。这款飞机在出口上获得了一些成功,但是直到"幻影"家族系列飞机的出现才使得它引起了全世界对法国军队工业尤其是对通用航空马塞尔-达索公司的高度关注。

"幻影"已经成为了达索公司随后所有战斗机和战略轰炸机的通用名称,最初的系列是"幻影Ⅲ"、"5"和"50"。"幻影"系列飞机被多国空军采用,并且由于显著的易操纵性,卓越的战斗性能拥有了超过30年成功的生产历史,即使现在仍然被翻新和修改来作为其他用途。很少有飞机能比得上"幻影"飞机的丰富的生产历史,包括生产、特许生产以及盗版生产,并且在此期间,为了满足各种客户的需求飞机不断地精细化和再精细化。

"幻影"飞机的起源可以追溯到1952年早期,当达索公司获得了一项为"神秘"战斗机系列飞机的一种改型的研究合同,即M.D.550"神秘三角"飞机。因此一些准备性的工作已经完成,这时在1953年1月28日,美国空军参谋部公布了对一款轻型战斗机的需求,要求这款飞机能融合在朝鲜战争中吸取的教训。提出的参数包括:最大重量小于4吨,最大速度达到1.3马赫数,能携带一枚441磅(200千克)的空空导弹和着陆速度小于112英里/小时(180千米/小时)。动力选择在于(如果需要融合的话)新的斯奈克玛阿塔二次燃烧涡喷发动机、轻型涡喷发动机、液体燃料火箭发动机和固体火箭。无人机也是得到认可的。

他们得到的回复包括布雷盖1002、Nord Harpon以及Morane-Saulnier 1000,但是只有东南公司的"杜兰达尔"、"西南三叉戟"和"达索神秘三角"飞机获得了每个制作两架样机的订单。火箭推进的"神秘三角"飞机在1955年6月25号进行了首飞,并且很快被命名为"幻影Ⅰ",但是由于太小而不能装载有效的武器雷达。同样正在计划中的有双发动机的"幻影Ⅱ";"幻影Ⅲ"携带单发的Turboméca 阿塔涡喷发动机和满足面积律的机身,稍后融合了简单但是高效的几何形状可变的进风口,以及"幻影Ⅳ"。

### 未来主义的项目

最后令美国空军参谋部震惊的是发现轻型战斗机概念项目是战斗机设计和战略防御上的死胡同。于是,在1956年,原有的规格被升级到"阶段二",这就需要多功能的、装备雷达的战斗机,这时只有达索公司处在能在这10年末提供满足要求的机型的位置。

达索公司跳过了"幻影Ⅱ"阶段,将Ⅲ发展到满足要求的标准,此时Ⅳ已经扩大到战略轰炸机。达索公司在一年之内以惊人的速度生产了"幻影Ⅲ"机身,使得飞机能在1956年11月17号翱翔蓝天。

怎样将研究的模型转换为服务型的战斗机是10架"幻影Ⅲ"A预生产的任务,1958—1959年,它们渐渐融合了CSF Cyrano Ibis 截取雷达和空战电子设备。很多时间被花费在改善SEPR 841火箭发动机在后机身下方的安装上,虽然这在空军中队任务中很少使用,而且也没有引起外国顾客的任何兴趣。火箭发动机是为了提高飞机高空性能,并且也一定不会减低低空性能,在1958年10月24日,"幻影Ⅲ"A一号仅操纵阿塔发动机达到了两倍音速。这是欧洲飞机首次在没有涡喷发动机的帮助下达到这样的高速,因此"幻影Ⅲ"在一个月后以2马赫的速度打败了英国电气公司的"闪电"飞机。

最后确定的"幻影Ⅲ"C截击机在1961年7月被运达第一个服役的空军中队。尽管

上图:除了当时大多数新的单座战斗机之外,还有一款双座教练机型:"幻影Ⅲ"B。购买该样机的有法国空军和以色列空军(ⅢBJ型号),瑞士空军(ⅢBS型号)和南非(ⅢBZ型号)

上图:"幻影Ⅲ"C的首次生产是从相当小的"神秘—三角"(Mystère Delta)研究机发展而来,以及"幻影Ⅲ"(见上图)和"幻影Ⅲ"A。"幻影Ⅲ"飞机首次使用了由法国斯奈克玛公司(SNECMA)提供的阿塔(Atar)动力装置研发的机身

下图:"幻影Ⅲ"A05号以阿塔9涡喷发动机为动力,是首个完成了标准化生产机身的幻影型号。尽管拥有机头雷达天线罩,Cyrano Ibis雷达其实并不合适

（72千克）。所有的压缩机都是钢化的，但是细节上有些改变（例如内部表面检查仪的内部探测器）以至于与09C型号只有45%的共同点。"幻影50"的外部标志在于进气分流板，区别于之前的直的，改变成曲线向前趋于机身后缘上部的一对冷空气进气道与中心体半圆锥的交点处。"幻影50"采用了"幻影III"和5的90%的结构部分和95%的系统部分，但是它额外的推力能够带来很多便利，例如起飞滑跑距离减少了15%～30%；1896磅（860千克）额外的总重量；增加了87英里（140千米）额外的航程或者807英里（1300千米）的作战半径；海平面爬升率增加到607英尺（185米），较之前增加了30%；在2马赫速度条件下的爬高时间减少了35%以及巡航时间增加了40%。

最初"幻影50"被认为是"幻影5"的更新机型，带有"阿依达II"测距雷达、TRT射电测高计、高诺斯（Crouzet）空气数据计算机以及可旋转武器瞄准具。可供选择的有50A型号带有Agave雷达和50C带有Cyrano IV，以及所有的型号都拥有与一个Crouzet 93计算机或者惯有的惯性导航系统（INS）同步的EMD RND 72多普勒仪。

汤姆逊-CSF的Cyrano IV-M3在Cyrano的原型上体现了非常重要的进展。这种M3型号集合了基础的第IV系列（曾安装在"幻影"F1上）以及RDM和RDI雷达"幻影2000"的先进技术，但是它仍然与老版飞机的航空电子系统相兼容。通过设计模块，它拥有空对空、空对地和空对海模态，并且显示给飞行员信息时有头上以及头下显示器，同时还提供了例如地面绘图、TFR下降以及等高线分割等导航功能。INS和导航/攻击计算机都因此标准化，并且"幻影5/50"要么是无雷达，要么能安装为了能与"飞鱼"反舰导弹使用海上优化的Agave。一些"幻影5/50"版本有7个可供选择的硬挂点，但是标准的是5个，每个单独在中心线上能装载最大达2601磅（1180千克），3704磅（1680千克）在翼内侧位置和370磅（168千克）在翼外侧，尽管总重量不能超过8818磅（4000千克）。

不少部队都提出了"幻影50"样机的要求。最初的阿塔09K实验平台是"幻影III"C-2型号，而09K-50在1970年5月29号安装到米兰S-01上（IIIE型号第589架）。接下来4架III R2Z型号模型被悄悄出口到南非，尽管是第一次量产的飞机。然后在1975年4月15日，"米兰"使用者淘汰了他们的"胡须"（Moustaches）飞机，成为了第一个正式拥有"幻影50"样机的机队，该样机带有"阿依达"机头。它在1979年5月15号被III R第301号飞机所取代，此机型与搜索雷达机头竞争，并且被标明是第一号。

上图：哥伦比亚的双座"幻影"5COD飞机被装备的是面积减小的（减少了大概50%的面积），采用了"幼狮"型号的鸭式布局。仍有不少"幻影"5COA/COD飞机在哥伦比亚空军服役，作为空中防御和攻击战斗机在使用

最初以"幻影50"名称出口的飞机是8架"幻影50"FC飞机，在1980年以法国空军重置发动机的"幻影5"F形式被运送到智利，原本新的生产计划是为智利生产的另外6架"幻影50"C，安装机头的搜索雷达、雷达预警接收器和翼底部的整流片。同时运送的还有另外的3架"幻影50"DC双座教练机，前两架明显拥有阿塔09C-3发动机。委内瑞拉基于50EV和50DV教练机机型标准化其"幻影"机队，并在新生产中分别获得了6架和1架，加上9架和2架来自于改装的。

## "幻影5"BR

"幻影"5BR拥有者醒目的颜色，以庆祝第42飞行中队成立70周年。这架侦察型"幻影5"飞机的机身前缘漆成了红色和金色，飞行中队传统的"红魔"标志也漆在机身中央下方区域。这支飞行中队是第3飞行联队的一部分，位于比耶尔塞（Bierset）（与第8飞行中队并肩作战），后来当第2飞行中队和先前的驻扎在比耶尔塞的第1飞行中队合并转换为在夫洛雷恩（Florennes）的F-16飞行战队时，它便转移到比耶尔塞了。

### 动力装置

"幻影5"BR是基于"幻影III"E的机身和发动机装置，因此有着相同的延长的前机身（进气口边缘位于座舱罩后缘）以及可变面积的花瓣式加力燃烧室喷管与13228磅（58.8千牛）阿塔09C-3涡喷发动机。比利时"幻影"飞机的发动机是在比利时本地进行组装和测试的。

### 操作系统

作为侦察机，"幻影5"BR装备了5部英制云顿公司制360度相机，而且有一个可以替换成全景的云顿相机。Loral Rapport II ECM系统从1978年中期开始安装。

### 油箱

"幻影5"机翼两侧各有两个集成油箱，每侧的容量达150英国标准加仑（即685升）。总集成油箱容量达到733加仑（3330升），除此之外，还可以通过翼下油箱增加220加仑（1000升）的容量。

### 机炮装备

"幻影5"BR和"幻影III"R、"幻影III"RD一样装配了法国DEFA公司的552号30毫米口径机炮，每门备弹125发。

# 服役使用中的"幻影5"和"幻影50"

与前辈"幻影Ⅲ"飞机类似,"幻影5"和"幻影50"在世界上都取得了销售上的成功。尽管机龄不小,它们仍然装备了不少国家的空军,并且偶尔在战斗任务中亮相,尤其是在克什米尔边界和南非地区。

上图:第一架"幻影"5BA在1970年3月6号从波尔多起飞,随后62架样机取代了那个时候在比利时空军服役的F-84F。尽管是MirSIP更新项目的开始,最后的"幻影"们还是在1993年就退役了

比利时获得了106架"幻影5"飞机,包括63架"幻影5"BA战斗机、27架"幻影5"BR侦察机和16架"幻影5"BD教练机。每种改型的第一架都是由达索公司生产,但是接下来的飞机都由授权的位于哥斯利的萨布卡公司生产。飞机装备了位于列日(Bierset)的第3联队的第1飞行小队,以及位于夫洛雷恩的第2联队的第2和第8飞行小队,以及由第42飞行小队操纵的侦察机。

大约20架比利时"幻影"飞机开始进行一项升级项目使得它们能服役到2005年,但是所有的飞机都在冷战后国防预算削减中停止了使用。这项MirSIP升级项目在10架飞机上得到了实施(由于完全取消需要支付一笔庞大的费用),但是这些升级过的飞机并没有重新进行使用,并且一直被储存直到出售给智利。

下图:巴基斯坦因其位于马斯洛尔的第8飞行中队的"幻影5"PA3飞机是最后的"幻影Ⅲ"系列飞机的主要拥有者。然而,由于机身老化和与印度长期失衡,巴基斯坦军方正在考虑将"幻影"型机替换,"幻影2000"或者苏-27侧卫飞机都是优先考虑的机型

在交付给以色列的50架"幻影5"J飞机遭到禁令之后,这些飞机被作为"幻影5"F机型交付给法国空军。其中8架随后被转换成"幻影50"FC交付给智利,被新生产的8架"幻影5"F所取代。在法国空军服役期间,"幻影5"F装备了第3/13空军中队(从1972年3月到1993年)和第2/13空军中队(从1977年2月到1994年)。

除了"幻影Ⅲ"号飞机,巴基斯坦购买了70架"幻影5"号飞机。这些飞机包括2架"幻影5"DPA2教练机、28架无雷达装备的基础"幻影5"PA飞机、28架带有Cyrano WM雷达的"幻影5"PA2飞机和12架带有Agave雷达和"飞鱼"反舰导弹系统的"幻影5"PA3。这些飞机从1982年开始交付,装备了第8、9、18、20和33飞行中队以及第22操作转换部队。第22操作转换部队和第8飞行中队的机型目前仍然在使用中。

尽管指定的是"幻影Ⅲ"R2Z飞机,南非的最后4架"幻影"侦察机是以斯奈玛阿塔09K-50发动机为动力的,因此实际上是"幻影50"飞机。这些飞机由位于胡德斯普雷特的第2飞行中队驾驶。

## 非洲/中东

利比亚购买了110架"幻影5"飞机,包括53架基础的5D机型、15架双座5DD飞机、32架装备雷达的5DE机型和10架5DR侦察机。从1971年开始运送,目前仍有小部分飞机还在使用中。

沙特阿拉伯为埃及支付了32架"幻影5"SDE和6架"幻影5"SDE教练机(单座机型和Cyrano雷达和多普勒仪开始广泛运用于"幻影Ⅲ"E),从1973年开始运送。早期的飞机为了运送和飞行员训练被喷涂了新加坡空军的标志,尽管它们后来被直接运送到埃及。埃及随后购买了另外22架SDE型号飞机、6架侦察构型的SDR飞机和15架无雷达但是与阿尔法MS2喷气式飞机相同的航空电子设备的"幻影5"E2飞机。

加蓬于1975和1982年分两批订购了4架

下图:哥伦比亚空军拥有14架"幻影5"COA飞机,两架"幻影5"COD教练机和两架侦察型"幻影5"COR,从1972年开始这些飞机装备了第212飞行中队。剩下的飞机从1988年开始被更新为"幼狮C"7标准航空电子设备,带有"幼狮"机头、空中加油探管和半尺寸鸭翼

上图：奥弗涅的第3/13飞行中队和"阿尔卑斯"的第2/12飞行中队的一对"幻影5"飞机和阿图瓦的第1/13飞行中队的"幻影Ⅲ"飞机进行编队飞行。法国空军总共接收了58架"幻影5"F，其中50架来自于扣留的以色列的订购飞机，8架来自于新造的。最后的样机被"幻影F1"CT于1994年替换

上图：智利在1995年3月到1996年4月期间获得了25架升级过的前比利时空军的"幻影5"型飞机。在智利空军期间，这款飞机被进一步升级，被称为"艾尔肯"（Elkans）

上图：图中为委内瑞拉一架"幻影Ⅲ"DV飞机，更新为全50DV标准，增加了加油探管和鸭式前置翼面。这些"幻影"机型还增加了机头涡流发生器，因此能帮助操纵员在大迎角下的操纵

双座"幻影5"DG飞机、5架单座"幻影5"G和2架"幻影5"RG飞机，而侦察机最后并未能送达。

原法国殖民地扎伊尔从1975年开始拥有8架单座"幻影5"M飞机和3架双座5DM教练机，由于资金问题另外6架单座飞机始终没有运达。已拥有的11架飞机装备了位于卡米拉的第211飞行中队，已经停飞了。

阿联酋接收了12架"幻影5"AD战斗轰炸机，14架雷达/多普勒装备的幻影5EAD飞机（除了名称与"幻影Ⅲ"E完全相同）、3架"幻影Ⅲ"DAD教练机和3架"幻影Ⅲ"RAD侦察机。从1974年开始运送，这些飞机装备了两个飞行中队，最初由调派的巴基斯坦飞行员操纵。从1990年开始达26架存留的飞机进行了彻底检查，大多数处于存储状态。

以色列在50架"幻影5"J飞机遭到禁运之后，本土生产的以色列航空公司的"幼狮"便广泛替代了"幻影"飞机。

**南美**

阿根廷在"幻影Ⅲ"EA飞机和"匕首"飞机基础上增加了10架前秘鲁"幻影5"P飞机，作为马岛战争之后的磨损替代品被运达。这些最初以"借用"的名义装备了里奥加耶戈斯的第6中队，随后被赠送给阿根廷，被第10中队掌握。这些飞机（替代了被击落的"匕首"系列飞机）被升级到马拉标准（与匕首/手指机型大致相同），并且仍然在服役中。

8架前法国空军的"幻影5"F飞机被翻新和改装成50FC标准机型（带有阿塔09K-50发动机），并且在1980年被运送到智利。后来在1982—1983年增加了6架新生产的，装备了雷达的"幻影50"CH和2架"幻影DCH教练机，以及1987年交付的一架磨损替代的教练机。这些飞机在圣地亚哥与第4部队一直服役到1986年，后来转移至蓬塔阿雷纳斯。

所有的飞机都在当地由ENAER（在以色列航空公司的帮助下）升级为"潘多拉"型，带有"幼狮"机头和鸭翼、固定加油探管、新的惯性导航系统、抬头显示器，雷达预警接收器和箔条/曳光弹布撒器。潘多拉项目开始于1986年，首先进行了带鸭翼的"幻影50"机型的试飞，全部更新完成的试飞在两年后，1992年开始交付。

智利的"潘多拉"系列飞机从1995年开始增加了15架比利时的"幻影5"BA和5BD，这些飞机已经由MirSIP项目升级到了标准配置，这些飞机与另外的5架飞机一起改装成了"幻影5"MA和5MD艾尔肯，加上了智利特有的航空电子设备和防御系统。智利还接收了4架未改装的"幻影5"BR作为侦察机功用，和一架未改装的教练机。

新机型重新装备了第8部队，取代了老化的"霍克猎人"飞机。

秘鲁通过10个合同接收了40架"幻影5"，包括22架"幻影5"P飞机、10架"幻影5"P3、2架"幻影5"SP4和6架"幻影5"DP和5DP3教练机。10架"幻影5"P在1982年被提供给阿根廷，剩下的转换成了"幻影5"P4和5DP4标准构型。大约8架单座和3架双座飞机仍在第611飞行中队的使用中。

委内瑞拉在1972—1973年接收了6架"幻影5"V飞机以及它的原型"幻影Ⅲ"，随后在1990—1991年接收了9架更新的装备鸭翼的"幻影50"EV和一架"幻影50"DV双座飞机，剩余的"幻影Ⅲ"和"幻影5"飞机都被改装为相同的标准。这些飞机都装备了El Libertador的第11部队，由两个飞行中队操纵。

下图：在以阿战争的浪潮中，沙特阿拉伯出资为埃及空军采购了38架"幻影5"飞机。然而，政治敏感性使得飞机必须涂以醒目的沙特空军的绿色和白色的标志直到1974年10月交付完毕

# "幻影F1"的研发

一架攻击机加入了某些空军对于截击机的设计要求。F1战机的设计源自一系列的短距垂直起降和变后掠翼战机的成功经验。

上图：第二架"幻影F1"样机的机头被奇特地贴上了"超级幻影F1"的标签。它拥有更长的Cyrano IV"幻影"50机型机头整流罩，但其他方面的外形与不幸的第一架原型机完全相同

下图：第一架"幻影F1"样机保留了"幻影Ⅲ"E机型的短钝的整流罩，在机头上印上"幻影F1"C。出于出口的考虑，"幻影F1"在设计上兼顾了廉价的多功能作战飞机的要求

在20世纪60年代法国空军趋向于考虑双重角色的飞机，即作为截击机的同时，又能达到2.5的马赫数，在50000英尺（15240米）时能保持马赫数为2，操纵时过载为3g和马赫数为2，并且携带两个内置的30毫米口径机炮以及一枚或两枚空空导弹。在战术战斗机伪装下，需要包括在一个低-低半径为300海里（345英里/556千米）的上方携带一个战略核弹或者常规武器，最后的80海里（93英里/150千米）达到0.9马赫的短暂速度——0.7马赫的巡航速度，能从一个2625英尺（800米）的跑道起飞，在300海里/小时(345英里/小时；556千米/小时)时操纵过载为3g。

在很短时间内，4个可能的方案被实施并且进行了试飞，另外的一些作为概念验证试验而没有生产实际样机。仍然以"幻影Ⅲ"系列飞机来命名，虽然与"幻影Ⅲ"E战斗轰炸机只有在生产上不多的联系。"幻影Ⅲ"T是单座的无尾三角构型飞机，ⅢF有惯用的上单翼和水平安定面，ⅢG和ⅢG8都是幻影Ⅲ改型的可变几何外形体，ⅢV是垂直起降的样机。

然而，无尾的ⅢT操纵性能很差，垂直起降的ⅢV因为发动机过重而不太可能实现。"幻影G8"显示出了更多的潜力，因此成为G8A或者说未来的战斗机的基础，直到1975年因为过高的预算而扼杀了这个项目。

VG"幻影"项目在1965年5月17日背离了初衷，英国和法国政府原本达成协议共同开发一款AFVG（anglo-French VG）飞机，然而在1967年7月5号法国单方面收回了承诺。当"幻影G"机型的开发正在进行时，"幻影ⅢF"被提出来满足近期的需求。在这两款官方资助的飞机中，ⅢF2拥有与ⅢG几乎相同的机身和尾面积。当预期的TF306发动机由于一再拖延的开发期限而无法交付时，第一架样机采用了JFT10动力装置，在1966年6月12日由让·库罗在伊斯特尔进行试飞。按照法国空军的要求，这款ⅢF2的进场速度须小于140海里/小时（160英里/小时；260千米/小时），排除了无尾三角构型。在首航后两天，这架ⅢF2实现了1.2马赫以上的速度。在1966年12月29日，接下来的一次飞行实现了2马赫的飞行速度并且着陆滑跑距离仅为1575英尺（480米），非常有说服力地证明了后来被称作"幻影F2"的短跑道性能。徒劳无功的是，因为早在6天以前，一款新版本的同样的飞机进行了首飞，预计会取得更大的成功。这款飞机更

小，是"幻影"公司称作"超级幻影F1"的私人再投资产品。

## 所有尺寸

"幻影F2"被压缩成"幻影Ⅲ"的尺寸，分两步领先于F1和F3。为了创造F1，削减的F2安装了"幻影ⅢE"航空电子设备和经过实验认证的来自于"幻影Ⅳ"A轰炸机的"阿塔"（Atar）09K二次燃烧涡喷发动机。F1机型经历了令人惊讶的设计速度后在1965年被正式推出，并且暂时命名为ⅢE2。F1被视为多功能战斗机，与F3相比，尽管动力装置相对较弱以及1:2.1的推重比，但它拥有更大的最大起飞重量。

F3机型是作为第二架政府资助的ⅢF而被设计的。尺寸介于F1和F3之间，F3优化了拦截功能，因此推重比提高到1:1.3。所有这三款"幻影F"系列飞机都有两挺内置机炮，能拦截炸弹、火箭弹和制导导弹。

## F1升空

机头上标识着"幻影F1"C，以"阿塔"9K发动机为动力装置，样机1号在默伦—维拉罗升（Melun/Villaroche）于1966年12月

下图：第一架双座"幻影F1B"样机——一架转换和延续教练机——的顾客是科威特，而不是法国。先前对"幻影ⅢB"和ⅢD非常满意，但是当F1B建造完成的时候，法国空军却改变了主意

上图：航空电子设备是第4号样机的主要特色，它于1970年6月17日进行了试飞。这架飞机在1971年8月由电子材料组装测试部门进行了拦截和空对地火力实验，除操纵性能不如人意，其余表现均良好

23日由首席测试飞行员勒内·比冈（René Bigand）驾驶进行了第一次飞行。在仅第4次飞行时，1月7日，比冈和样机1号就实现了2的马赫的飞行速度，然后以120海里/小时（138英里/小时；221千米/小时）。

一段日子之后，法国国防部长发表声明称法国空军拥有足够的攻击机，需要的是更多的截击机。由此考虑预订100架"幻影"F1飞机，这个决定在2月作出。项目正式在3月份开始，但是宣告延迟到1967年5月26日，生产3架样机的正式合同在9月签署。

不幸的是，比冈和第一架F1样机在马赛附近的福斯港为一个常规展示进行例行训练的时候坠毁了。样机1号在空中由于机身震颤而解体，被完全摧毁了，比冈也因此身受重伤。

然而，这次事故并没有影响军方装备"幻影"F1的计划。法国空军闪电般地换装"幻影"F1的决策从来没有被很好地解释，但是很可能与达索公司坚信F1相比于庞大昂贵的"幻影"F2或者专业化的F3而言它拥有更好的出口前景有关。然而，法国空军目前接收了一架战斗机，但它需要的其实是没有外挂能力的截击机，其实最好的选择是"幻影F3"。部分完成的F3样机在1967年报废，因而无法将其与"幻影F1"在飞行测试中作比较。

直到1967年3月，"幻影F1"才收到正式的政府订单，此时飞机的量产型相关要求也一并形成了文字。让雅克·沙明从已流产的"幻影F2"项目被调去领导F1设计组，尽管大多数F1样机2号的改变在于机身内部。标记着"超级幻影"F1，这款飞机于1966年12月完成。为了方便公路运到伊斯特尔，它被拆解了，然后在1月20号被重新组装完成，并且为振荡测试做好了准备。在最后的阿塔9K-50动力装置还未到位前，样机2号采用的是9K-31B（3），打开加力燃烧室时额定推力为14770磅（65.7千牛）。

## 测试项目

测试开始就处于非常自信的状态，但是时间安排上延迟了数周。1967年3月20日从伊斯特尔起飞，样机2号升空至1475英尺（450米），在进行达1.15马赫速度飞行前进行了起落架、襟翼和减速板实验以清除可能的障碍。在出动50分钟后开始着陆，萨杰特将样机2号悬停在1310英尺（400米）的高度。接下来的一天，萨杰特再次证明了这款机型的速度易变的特性，开始以1.5马赫的速度飞行，然后减速到115海里/小时（132英里/小时；213千米/小时）。着陆时，进场速度为135海里/小时（155英里/小时；250千米/小时），紧接着着陆速度为125海里/小时（144英里/小时；232千米/小时）。

截至6月27日，样机2号经历了62次试飞完成了第一阶段实验以后退出了试验。这些实验包括一次50000英尺（15240米）高度的飞行，在速度为808英里/小时（1300千米/小时）时进行了低空操纵，携带的军事装备包括翼尖"响尾蛇"导弹和翼下可卸载油箱，并试验了整个的飞行包线。样机2号然后被重新装备了推力达15873磅（70.6千牛）的阿塔9K-50前系列发动机，并且在8月重新开始飞行。当萨杰特开始在伊斯特尔于1969年9月18日开始试飞样机3号时，二号已经累计出动77次，飞行时间达80小时。这两架飞机在总计出动120次/135小时后在12月完成了第二阶段测试，然后样机2号在12月22号被送到飞行试验中心（CEV）进行武器装备测试。在1970年2月21日的样机2号的第137次飞行是第一次使用量产型阿塔9K-50发动机进行飞行，在53000英尺高度上实现了为2.15马赫速度的显著成绩。总计第200次，样机3号的第50次飞行，在1970年3月11日进行庆祝，此时实验已经开始于中心线翼下架上装备"马特拉"（MATRA）R530空空导弹

下图：一架早期的F1形成了"幻影III"G多样外形中的一种。"幻影G"家族，就像F家族一样，是从原型"幻影III"号进行扩大的设计来满足法国空军对新的战略战斗机/截击机的需求。可变翼飞机"幻影III"G被认为拥有巨大的潜力，几种子型都为法国航空部队规划了，包括单发和双发发动机设计，甚至一种航空母舰战斗机。法国空军要求将战斗机强加于截击机上，F1从一系列探索了垂直起降和可变几何外形的可能性中开发而来

了。在1970年6月17日样机4号进行了飞行，执行了拦截任务，并且在一年之后在CEAM实验部门进行了空对地火力实验。

这些样机毋庸置疑地证明了在"幻影III"机身上添加常规翼和水平安定面可以显著增加飞机的能力，但是安装推力增加不明显。三角翼开始被选作"幻影"一代机型主要由于它能达到很薄的厚度：超音速飞行需要大的展弦比，不依靠薄的机翼，而且生产上相对也要难很多。

与"幻影III"E飞机相比较，这款F1的滑跑距离减少23%，进场速度减小20%，但是操纵性能提高了80%而且燃油提高了43%。另一方面，这些使得机翼面积减少了29%，起飞重量增加了2.5吨。

下图：F1E机型以"斯奈玛"（SNECMA）公司M53涡轮风扇发动机为动力，被作为私人出口战斗机发展，为了进入"世纪销售市场"。后来，为了满足北大西洋公约组织通用战斗机的要求，最后获胜的是F-16机型。尽管如此，当法国空军下达了对F1C机型的订单时，第二代"幻影"机型赢得了本国客户更好的信任

# "幻影"F1使用者

达索公司确信对于"幻影F1"而言，国内市场是现成的，但是也希望延续由"幻影Ⅲ/5"系列飞机创造的巨大的出口成功。结果F1并没有延续前任的辉煌，但是也的确获得了10个出口用户的订单。

## 厄瓜多尔（厄瓜多尔空军Fuerza Aérea Ecuatoriana）

厄瓜多尔由于无法购买以色列的"幼狮"飞机于20世纪70年代后期将目光转向法国，后来购置了16架"幻影F1"JA（与F1E机型类似）和2架F1JE教练机，1978—1980年期间陆续交货。这些飞机与第211飞行中队一起服役，作为第211部队一部分驻扎于瓜亚基尔的Base Aérea Taura。厄瓜多尔的"幻影"飞机执行多种任务，并且由以色列进行升级。以色列制造的炸弹也在可携带的武器之中。

## 希腊（希腊空军Elliniki Polemiki Aeroporia）

希腊由于在20世纪70年代早期无法生产F-4"潘多拉"飞机，便定制了40架"幻影F1"CG单座战斗机来装备驻扎在塔纳格拉的第114战斗机大队的第334和342飞行中队，以此来防卫雅典。由于订单要求紧急，16架F1CG从法国空军的订单中抽调而来。实际上与法国F1C飞机相同，希腊飞机最初并没有安装BF雷达预警接收器，但随后添加了。为了雅典防卫的"幻影2000"的到达使第334飞行中队移动到伊拉克利翁作为第126a Smirna Makis的一部分，但是第342飞行中队仍然在塔纳格拉直到该机型退役。

## 法国（法国空军Armée de l'Air）

法国空军购买的F1，包括20架F1B双座战斗机、162架F1C单座战斗机和64架F1CR战略侦察机。主要的战斗部队是第5中队、第10中队、第12中队和第30中队，其中位于兰斯-香槟尼（Reims-Champagne）的第30中队是第一个装备"幻影F1"的，于1973年12月20日接收了它的第一架F1飞机。除了驻扎于法国本土的部队，F1C飞机也供应给在吉布提的派遣部队（原4/30部队，现第4/33中队）。所有的F1CR飞机被运送到在斯特拉斯堡的第33侦察中队（ER33）。当"幻影2000"取代所有的F1C的空防职责之后，55架剩余的飞机被改装成F1CT承担多功能攻击任务，被运送到科尔马的第13飞行中队。这支部队后来被命名为第30飞行中队，与第33飞行中队和侦察中队一起成为了F1机型法国最后的使用者。不少实验部队也装备过这款飞机。

## 伊拉克（伊拉克空军 al Quwwat al Jawwiya al Iraqiya）

伊拉克订购了总计达110架"幻影F1"EQ单座多功能飞机和18架F1BQ双座飞机，尽管由于武器禁运不是所有的飞机都交付了。在交付了16架F1EQ和16架F1EQ-2空中防御机之后交付的是28架具备攻击和侦察能力的F1EQ-4机型。更加重要的是20架F1EQ-5带有Agave雷达，取代了Cyrano IV装备，携带"飞鱼"导弹。这些飞机在20世纪80年代中期"两伊战争"中被派上战场，在此期间F1EQ飞机大约击毁35架敌方飞机，包括一架F-14"夜猫"战斗机。一些F1EQ-6机型交货了。一些"幻影F1"战机在"沙漠风暴"行动中被击落，其他在地面上遭摧毁。24架F1EQ飞机逃入伊朗，这些飞机随后都被扣留了。

## 约旦（约旦空军 al Quwwat al Jawwiya al Malakiya al Urduniya）

约旦在被美国拒售F-16之后在沙特阿拉伯的资助下订购了17架"幻影F1"CJ飞机和3架F1BJ。原本计划作为空中防御力量，第一系列浅灰色的飞机被运到驻阿兹拉克的第25飞行中队。随后的系列包括17架F1EJ作为多功能飞机，这些经过伪装的飞机抵达第1飞行中队。

## 利比亚（利比亚空军 al Quwwat al Jawwiya al Jamahiriya al Arabiya al Libyya）

利比亚获得了38架"幻影F1"，其中包括16架F1AD型无雷达攻击机，6架F1BD教练机和16架F1BD多功能战斗-轰炸机（下图）。这些"幻影"战机参加了20世纪80年代的利比亚对乍得战争。幸存下来的"幻影"战机据说被分成1个截击机中队和1个对地攻击机中队驻扎在的黎波里附近。

## 南非（南非空军 Suid-Afrikanse Lugmag）

南非成为无雷达的"幻影F1"AZ攻击机改型的第一位顾客，在1975年11月首次接收了32架飞机。16架F1CZ飞机也被南非获得了。这些F1AZ飞机服役于第1飞行中队，而F1CZ飞机由第3飞行中队使用，都这两个中队都驻扎于沃特克鲁夫。"幻影F1"飞机在安哥拉的小规模战斗中表现积极，包括击落两架经过确认的米格-21飞机。第3飞行中队于1992年解散，它的"幻影F1"CZ飞机也退役了。

## 科威特（科威特空军 al Quwwat al Jawwiya al Kuwaitiya）

科威特购买了18架"幻影F1"CK截击机以及2架F1BK教练机来接替早期的"闪电"飞机的空中防御职责。科威特后来又购买了9架F1CK-2型和4架F1BK-2型飞机。这些飞机与位于阿里-阿尔·萨利姆（Ali al Salem）的第18和61飞行中队一起服役。15架飞机在伊拉克入侵时逃往沙特阿拉伯，一架伊拉克直升机在此过程中被击落。这些飞机随后就被封存起来，等待出售。

## 摩洛哥（摩洛哥空军 al Quwwat al Jawwiya al Malakiya Marakishiya）

摩洛哥的50架"幻影F1"包括30架F1CH和20架F1EH，其中6架F1EH装备有空中加油探管。第一批于1978年交付。这些飞机在1977—1988年波利萨里奥游击战争中执行任务，在此期间至少3架被地对空导弹击中。幸存者继续作为截击机和对地攻击机服役于位于西迪苏莱曼的飞行中队。

## 西班牙（西班牙空军 Ejército del Aire）

1975—1983年，西班牙接收了45架"幻影F1"CE（被改名为C.14A）、6架F1BE教练机（被改名为CE.14A）和22架F1EE多功能飞机(被改名为C.14B)。这些CE飞机被用来装备位于阿尔瓦赛特省的洛斯亚洛的第14空军联队的两支飞行中队，而F1EE飞机

（如上图）去了位于在利群岛中的间岛（Gando）的第46空军联队的第462飞行中队，可以很容易通过迷彩伪装辨认出来。随后第11空军联队的第111飞行中队也换装了该机型，以马尼塞斯为基地。飞机的正常损耗由从法国过剩的F1C飞机和从卡塔尔购买的F1EDA和F1DDA飞机来补偿，后者装备了第111飞行中队。剩下的该型飞机直到1998年晚期才退役，但是大约65架该型飞机直到2004年才停止使用。

## 卡塔尔（卡塔尔空军 al Quwwat al Jawwiya al Emiri al Qatar）

卡塔尔订购的"幻影F1"直到1984年6月才交货，由于这些飞机之前服役于法国的一个训练飞行中队，到达卡塔尔之后它们被分配给多哈的第7飞行中队。这项订单包括12架"幻影F1"EDA和2架F1DDA双座机。这些飞机具有

执行多功能任务的能力，能携带侦察系统。在"沙漠风暴"行动中承担了当地空中防御任务之后，这些飞机被出售给了西班牙。

# "幻影F1"改型机

尽管初始目的是作为空中拦截角色的飞机,"幻影F1"证明了它执行攻击和侦察任务的能力,使得一系列改型机得以诞生。

上图:法国空军在内华达的内利斯空军基地进行"红旗"军演的照片。这架法国F1CR显示出突出的机头下方整流罩外壳上的飞机的全景相机。这架F1CR也能在中央机身外挂架上携带拉斐尔SLAR 2000系统

除去这些后缀,"幻影F1"C仍是最初生产的版本。这架私人投资样机在1966年12月23日试飞,然后在1967年5月被官方认可,并且预订了3架服务样机。动力装置为一个15873磅(70.61千牛)"斯奈克玛"阿塔09K-50二次加热涡喷发动机,能够在所有速度条件下提供很好的操纵性。

为了满足首要的适用于所有天气的截击机,F1C飞机装备了"汤姆逊"-CSF Cyrano IV单脉冲雷达操纵I/J频带。随后一些经改良的IV-1标准型增加了有限的下视能力,但是因为对地攻击对于F1C来说只是次要职能,因此没有安装地面测绘和连续目标测距设备。只有单个目标能被追踪,而且雷达功能也因糟糕的天气而显著减弱。

## 法国服役

法国空军从1973年开始获得了83架基础型F1C飞机,其中最后的13架的翼上安装了"汤姆逊"-CSF BF雷达预警接收机的"子弹"天线。随后运达的样机携带有固定的加油探管,并且被命名为F1C-200。安装探管需要在机身前缘有一块小的插入部分,因此增加了3英寸(7厘米)的飞机长度。

下图:法国空军仅预订了数量有限的F1B双座改装教练机,这些飞机直到转换为单座操纵系统后才被运送到法国空军中队

法国空军预订了20架可供飞行员进行改装训练的F1B纵列双座位教练机。增加了第二个座舱之后比标准F1C机身长度只增加了12英寸(30厘米),并且由于去掉了机身燃油箱和内置机炮获得了更多的空间。空重增加了441磅(200千克),部分由于安装了2个法国制造的马丁-贝克MK 10零-零弹射座(F1C有MK4座以及前飞速度限制)。然而,F1B也具有战斗能力。加油探管间或安装在F1B飞机上,实际上,只是为了与C-135FR空中加油飞机开展模拟协同训练。

F1C机型被出口到6个国家,其中4个国家继续选择了多功能的F1E。南非在1975年接收了最初的16架F1CZ并将其分配给驻扎在沃特鲁夫的第3飞行中队。它们见证了与安哥拉的交锋。

## 侦察机改型

当达索公司清楚"幻影F1"将会带来非常大量的生产时,他们开始专注于研制一个侦察机版本,顾客当然首先是法国空军。被命名为"幻影F1"CR-2000的第一架样机在1981年11月20日首次试飞。"幻影F1"CR为了执行任务携带了内置和外部侦察装备。一个SAT SCM2400超级Cyclope红外扫描单元被安装在原来机炮的地方,机头下方整流罩处安放一个75毫米口径"汤姆逊"-TRT 40全景相机或者150毫米口径"汤姆逊"-TRT 33纵向相机。其余的内置设备包括一个Cyrano IVMR雷达,与战斗机雷达相比增加了额外的地面测绘仪、盲点引导下降、测距和绘制等高线模式,以及一台导航计算机ULISS 47 INS。

额外的传感器被安装在不同中心线系统上,包括"汤姆逊"-CSF"拉斐尔"TH机载侧视雷达,HAROLD远程斜视相机或者"汤姆逊"-CSF ASTAC电子情报系统。不同的照相机组合可安装在同一个系统里。一个空中加油探管被安装在机头侧面。

64架F1CR飞机被预订,其中52架至今仍然在使用中。第一架量产型飞机在1982年11月10日试飞。第一支飞行中队,即位于BA124斯特拉斯堡/昂特赞的第2/33侦察中队"萨瓦"于1983年7月开始装备该款机型。第1/33"贝尔福"侦察中队和第3/33侦察中队"摩泽尔"也紧随其后,从"幻影III"R转换而来,于1988年完成。"幻影F1"CR被派遣到沙特阿拉伯执行"沙漠盾牌"/"沙漠风暴"的任务,在那儿它们被用来执行侦察任务,后来为了避免和伊拉克的"幻影F1"EQ混淆而停飞了。当被重新准许飞行时,它们展示了鲜为人知的对地攻击的角色——通过轰炸伊拉克地面阵地,它装备的雷达使得它比可选择的"美洲虎"战斗机更高效。

当大多数出口的幻影F1的顾客倾向于基于法国空军的F1C飞机来细化他们的要求时,达索公司意识到一款简化型可执行白天攻击任务的飞机的潜在市场。"幻影F1"A机型在外形上的明显区别在于圆锥形的机头,这样是由于去除了大的Cyrano IVM雷达。取代它的位置的是ESD"阿依达"II测距雷达。大型的携带空速管/静压头的吊杆被附着在机头下侧,在阿依达系列旁边。"幻影F1"A飞机的主要优势在于它相对低廉的造价和额外的航程。主要的航空电子设备挂架从驾驶舱后部移到了机头位置,为额外的机身油箱腾出了地方。另外增加了一个"多普勒"雷达、一根IFR探管。除了"阿依达"雷达,南非F1AZ还安装了一个激光测距仪。

1974年12月22日,达索公司试飞了一架"幻影F1"E样机,以当时新出的M53发动机为动力。这架飞机并没有赢得大量订

单，M53发动机版本也因此被放弃了。相反地，其命名却被应用到一种为了出口的更新的多功能版本飞机上。外表上与F1C类似，F1E飞机装配了SAGEM惯性系统、EMD 182中央数字计算机和VE120C抬头显示器。像所有的F1版本一样，F1E机型也能安装雷达预警接收器、箔条干扰弹/照明弹发射器和ECM干扰发射系统。"幻影F1"D机型本质上说来与法国空军购买的F1B教练机类似，区别仅在于是基于出口的F1E改型，尽管它也安装了SEMMB MK10零－零弹射座椅。

大多数出口的F1D/E机型安装了"汤姆逊"－CSF BF雷达预警接收器的"子弹天线"和安装在尾部的VOR天线。此外，一些飞机在尾部前缘结点处安装了一个HF角天线。在基础的多功能飞机（F1EQ, F1EQ-2）之外，接下来的是F1EQ-4带有加油探管和侦察系统能力，以及F1EQ-5和F1EQ-6带有"汤姆逊"－CSF Agave雷达和"飞鱼"导弹的能力。F1EQ-6机型外部凸起部分安装了雷达预警接收器，F1EQ-5也进行了这样的改装。

为了弥补法国空军对地攻击能力的缺陷和在"幻影2000"C交货之后空中防御战斗机的过剩，"幻影F1"CT作为F1C截击机的战

上图：F1的5个改型服役于西班牙空军：F1CE、-BE、-DDA、-EDA和-EE机型。图中飞机机身漆上了最新采用的浅灰色空中防御颜色系列

略性空对地的版本而诞生了，尤其是加装了探管F1C-200。两架样机在比利亚茨由达索公司进行改装（1991年5月3日进行首飞），随后到1995年55架在克莱蒙费朗/奥尔纳的空军工厂生产出来。飞机的交付始于1992年2月13日，使得在科尔马的第13空军联队的一个飞行中队在同年11月份达到IOC标准。

### 最新升级

F1CT项目旨在将一个类似的标准升级到战略侦察F1CR。雷达由Cyrano转变为IVMR，带有额外的空对地模式，由一个

上图：同时承担空中拦截和对地攻击任务，飞行中队的F1JA与F1E很相似。这些飞机目前正在进行一个升级项目，主要改进在于使得他们能携带8枚以色列P-1炸弹

SAGEM ULISS 47内置平台提供支持，以及达索电子M182XR中央计算机，机头下方的"汤姆逊"－TRT TMV630A激光测距雷达，以及马丁－贝克MK10零－零弹射座椅和改良的雷达预警接收器。

从结构上来看，座舱被重新设计，机翼被加固，同时为了激活外侧硬挂点而进行了改进，同时左侧的机炮也为额外的设备提供了空间。中心线外挂架的加强使其能携带达484加仑（2200升）容积的油箱。从外部来看，蓝灰色的空军防御伪装改为全部的绿色和灰色。F1CT为了执行新任务可携带炸弹和火箭弹系统，但是保留了作为纯截击机发射超级530和"魔术"2空空导弹的能力。

## "幻影"F1AZ

南非最后的"幻影"飞机涂以与众不同的伪装色系。国家和飞行中队的标志经常被过度喷涂。这些飞机与胡德斯普雷特的第一飞行中队一起服役，是该机型于1997年晚期退役时最后的南非空军"幻影F1"使用者。

### 机头下整流罩

机头下突出部分安装了"汤姆逊"－CSF TMV-360激光测距仪，为对地攻击提供了精确的测量距离。

### 测距雷达

F1A战斗轰炸机在机头外部携带了小型的EMD"阿依达"2测距雷达。这个雷达是固定的天线，提供在它的16度视觉范围内对目标的自动搜索、捕获、测距和追踪任务。数据结果被传递到陀螺瞄准器上给飞行员。

### 武器装备

这款机型基本的武器装备包括两门内置的机炮，在中心线上携带多个布撒器。尽管图中没有显示出来，F1AZ机型能安装法国产的V3B"弯刀"（Kukri）和V3C"标枪手"（Darter）空空导弹的翼尖发射轨道。

### 雷达预警

机翼上装有"汤姆逊"－CSF BF雷达的向前和向后的天线。侧面监视由与侧翼水平的圆盘天线提供。

### 加油探管

南非的F1AZ飞机将加油探管固定在右舷侧面以供空中加油之用。

### 燃油

总共的内部携带燃油能力达1136美加仑（4300升），装在位于机身和机翼内部的14个袋状油箱里。此外，两个翼下可弃油箱每个能增加317美加仑（1200升）的燃油。

# "幻影2000"的发展

"幻影2000"战机，延用了已经取消的ACF项目中的设计要素，这些要素中包含许多达索公司战机中经典功能和特性，因而其战力大大优于早期的"幻影"战机。

在20世纪70年代，法国开始研究"未来战斗机"（ACF）计划，期望能达到3马赫数的速度，因此达索公司提出了G8A项目计划。这个14吨的怪物很快就被搁置了，主要由于它的尺寸和造价使得这个项目很难实施。

真实的新闻报道聚焦于一款未知的飞机，这款飞机被在同一个首脑议会上被隐喻性地推出，并且被马上授权来取代G8项目中不幸的F8战斗机发展项目。此时，这个设计被称作"三角2000"，但是很快改为"幻影2000"。在1976年3月，不是第一次，法国空军提出了一个书面文件要求达索公司对这款飞机的性能进行评估，并且暂时不考虑其重量，要求这款飞机尽快得以服役，与初期的10架飞机在1982年10月之前运达。

第二代"幻影"飞机不仅仅是高水平的，而是所有方面比"幻影F1"更加敏捷、

下图：飞机03号是第一架装载雷达多功能多普勒仪的样机。随后04号样机也装备了该设备，除此之外还有完整的武器装备系统

更易于操纵，但是加速度和超音速上限与"幻影III"相比有所减弱。更大的推力，更紧凑的航空电子设备和对内部空间更好的利用使得F1在航程和作战挂载上得到改良，但是这些面积的利用仍然受到实际的限制。根据丰富的后掠翼和三角翼的设计经验，达索公司选择融合二者的优点，同时也要尽量避免二者众多的缺点。"幻影2000"采用了负的纵向稳定性与自动飞行控制系统（AFCS）以及电传控制面运动相结合的控制方式。因此，需要采用控制构型工具（CCV）方法，飞机采用了纵向静不稳定结构，通过将重心移到空气动力学焦点之后而不是传统的前面位置。自动控制系统计算机保持稳定性，并且将飞行员指令转换为操纵。与"幻影III"抬起升降副翼来抬头时需要强制力使飞机保持在跑道上不同，"幻影2000"只需通过轻微地降低升降副翼来旋转飞机，同时在此过程中增加升力。类似地，着陆也更加简单。"幻影2000"着陆时接地速度为162英里/小时（260千米/小时），"幻影III"的是211英里/小时（340千米/小时）。

在计算机辅助设计下，达索公司得以最大化翼根整流罩的尺寸同时保证最小的阻尼补偿。这些卡尔曼整流罩里富余的空间用来安置油箱和仪器设备，否则这些只能采取外挂的方式，这会提高对机翼结构强度和重量的要求。"幻影2000"增加了轻便性，主要在于采用了新型建筑材料，受益于已经在

上图：为了进行与2000N项目有关的空气动力工作，法国航宇公司的一个ASMP核远射导弹模型被安装在B-01号飞机上

"幻影III"号上进行过的硼纤维方向舵和随后安装在"幻影F1"上的完整的水平安定面的项目。金属钛和碳纤维同样地融合了强度和轻质的特性，使得飞机达到理想的接近1的推重比。

基础的设计因此大体上令人满意，但是"幻影2000"在正式开始服务之前还有很长一段路要走。主动控制系统的一些项目出现了一些问题，其中最大的一个是M53发动机。作为单杠的加热的涡扇发动机，M53在1970年2月进行了基准测试，并且在1973年6月18日由"快帆"客机（Caravelle）试验台进行了空中运行测试。法国的喷气式发动机通常没有美国的发动机那么精细，但是这并不是否认M53是一种相对轻型以及简单的发动机。

在模块建造中，设计比较简单，只有3个低压涡轮级、5个高压级和2个涡轮级，并且都位于一个简单的轴线上。它的后燃烧室可以在飞行包线内毫无限制地使用，甚至在高海拔时能达到2.5马赫的速度。发展型的飞机订单达到20架，包括3架为了小规模产品测试，10架为了对空和地对测试，3架为了超音速测试，4架为了ATF项目。M53被达索公司第一次使用是在伊斯特尔。1974年12月22日，3架超音速飞机中的一架"幻影F1"E样机使用该发动机进行飞行。

F1E的职业生涯作为"幻影2000"计划的试验台终止了。起初带着M53-2发动机，于1976年4月完成了在萨克雷的150小时的测试时间。在这种形式下，M53发动机在加热状态下推力达到18739磅（83.34千牛），到M53-5版本的时候改良到19842磅（88.25千牛），此时制造技术开始迅速发展。对这款改型，150小时实验在1979年5月成功结束。

## 第一架"幻影2000"

3架样机"幻影2000"在1975年12月被预订，在一年内增加到4架，包括一架达索资助的双座飞机。在ACF被取消27个月可圈可点的努力，"幻影2000"一号机终于升空了。该样机在达索工厂的圣克卢工厂手工生产，经由公路被运到伊斯特尔进行组装，在那儿由让·库罗于1978年3月10日进行了试飞。在这65分钟的飞行中，一号机在M53-2发动机的12125磅（53.92千牛）推力下加速到1.02的马赫数，然后爬升到40000英尺（12192米）在运行二次燃烧后达到了1.3马赫数。在5月末，总计13次出行中样机1号以2马赫数证明了其性能。并且达到了749英里/小时(1205千米/小时)的空速。在1989年9月范保罗航展它的低空性能在公众面前得到了很好的展示，尽管这架机器累计飞行仅达60小时。

在相似但是更紧密的监控下，莫鲁阿尔（Maurouard）和让-玛丽·萨杰（Jean-Marie Saget）从伊斯特尔在1980年11月到1981年3月期间飞行22次，"幻影2000"在从零空速到920英里/小时(1480千米/小时)的演示之后。为了这些实验，在要求飞行攻角超过30度的情况下，外部油箱和武器装备为了安装到样机1号上进行了各种组合。安装有4个空空导弹，飞机展示了在整个飞行包线里的滚转达270度/秒。与此同时，两架固定机身中的第一架（即样机6号）在图卢兹进行了疲劳测试来弄清楚"幻影2000"的高过载特性。

安装在"幻影2000"-02上的是M53-5，并且由莫鲁阿尔在伊斯特尔于1978年9月18日进行了为时50分钟的飞行。早期的实验工作主要于在SFENA数字自动驾驶仪和武器装载的分离。一个虚拟的"玛尔塔"R.550"魔术"导弹于1981年3月9日被投掷，接着在6月27日的是"玛尔塔"超级530F，此时携带几个导弹和374-lmp加仑（1700升）的翼下油箱。在实验项目累计达到500次飞行的时候，样机2号以及萨杰在1984年5月9日遭遇了不合时宜的灾难，原因在于污染的燃油使得飞机在接近伊斯特尔地面的时候在250英尺（76米）的高度上着火了。

样机3号专用于武器测试，在1979年4月16日于伊斯特尔首次试飞，设置了9个硬挂点，尽管直到1980年11月13日它才成为第一架安装雷达飞行的"幻影2000"。在1980年5月这三家样机在伊斯特尔的飞行试验基地的实验过程中，"幻影2000"的飞行时间达到了500小时，包括由军方实验单位CEAM的飞行员进行飞行的6次出行。这个项目使得法国空军详细了解其43%的设备运算进展如何。随后样机1号安装了M53-5发动机然后发展到最后的M53-P2。1988年样机结束了试验阶段，被放置在勒布尔热的空军博物馆。样机3号在1982年进行了Super530F和"魔术"导弹的火力试验，然后在1984年10月26日为了Super530D的首次发射安装了RDI雷达。

样机4号在1980年5月12日进行了首次试飞，从一开始就安装了完整的武器设备，并且在其他方面也实现了标准化生产。根据早期的飞行测试，"幻影2000"做出了很少的改动，但是最引人注意的是垂直尾翼高度的减小，以及垂直尾翼后掠角的增加。这些改变由样机4号开始，并且运用到早期的飞机上（样机1号从1979年早期开始），以及卡尔曼翼根整流罩延伸到机翼后缘线之外。更多的探索性验证表明进气口边界层分流器的重新设计，以及内部电传系统的改动。机械备份最初由三重系统实现，但是"幻影2000"随后发展到在俯仰和滚转轴上的四重电传系统以及对舵偏转的三重系统。在1980年秋天，样机3号和4号携带着法国空军的波音C-135F油箱进行了验证性试验飞行，并且为进一步武器和ECM发展工作停留在伊斯特尔。像之前的两架飞机一样，3号和4号最初在飞行之前都没有进行喷漆。样机2号因1979年的巴黎航展整体被喷涂了白色的色系，加上法国国旗的红色和蓝色条纹，后来样机三号也被涂上了相同的颜色。样机3号采用了破坏性伪装的浅灰色和蓝色的色系。

5架样机中最后试飞的"幻影2000"B-01在1980年10月11号于伊斯特尔进行，由米歇尔·波尔塔担任飞行员。这次出行使得"幻影2000"的飞行时间增加到660小时，随后4周里进行了19次飞行，其中B-01号飞行了17小时。在1981年早期多普勒多功能(RDM)也被安装到该机型上。

对越来越多的感兴趣的飞行员来说，B-01是一架非常有说服力有战斗力的飞机，它还参加了空中加油实验，外部整体被漆以白色。进一步反思"幻影Ⅲ"和F1项目，新战斗机的第一个生产的版本其实是"幻影2000"C，而不是2000A。

上图：为了提高多功能能力，"幻影2000" B-01可携带模拟炸弹、模拟空空导弹和两个油箱。发展使用了被取消的高级通信功能元素，"幻影2000"包含了众多达索公司典型的特点，也拥有许多远优于早期战斗机的功能

上两图：达索公司位于阿让特伊的工厂主要负责机身的生产，1982年6月7日，也就是从这儿第一个"幻影2000" C-01的可辨识部分由公路运输到波尔多-梅里尼亚。在那儿机身与来自附近的马蒂尼亚生产的机翼和来自于南特的法国航空航天公司生产的尾翼进行了组装。"汤姆逊"-CSF提供了RDM雷达和"斯奈克玛"提供了M53-5涡轮风扇发动机。这架飞机于1982年11月20日进行了首飞，由飞行员Guy Mitaux-Maurouard进行操作

下图：达索公司制作了"幻影2000"C的原尺寸玻璃模型来展示其内部构造。沿着飞机布置的发光的光导纤维能呈现单独的电线和电路

# "幻影2000"第一代战斗机

最初设想"幻影2000"主要突出空中防御，尽管它也具有攻击和侦察的第二能力。

"幻影2000"运送到第二飞行中队开始于1984年。最早的"幻影2000"C单座飞机是S1的生产改型之一，安装有RDM雷达。它没有连续波（CW）照明器，所以无法点燃原本的"玛尔塔"超级530F导弹。实际上，武器装备限制于"魔术"红外自动寻的导弹以及内置的DEFA 55430毫米机炮。

接下来的2000C-S2系列改良了雷达，但是直到2000C-S3系列飞机才加装了发射超级530F所必需的连续波照明器。随后所有的S1和S2系列都达到了这个标准。与S3系列一起交付的是一些最初是S3构型的2000B双座机。带RDM雷达的单座机生产数量达到37架，大多数服役于第二飞行中队和试验部队。动力装置采用过渡型M53-5发动机。

最后的M53-P2发动机和RDI雷达的改动预示着"幻影2000"C-S4和S5系列飞机的出现。RDI雷达是一个脉冲多普勒单元，能允许改良的拥有更大包线的超级530D导弹的使用。从操纵"幻影"的历史上来看，"魔术"2 IR导弹很早就可使用了。

S4/S5系列飞机成为最后的第一代战斗机版本，装备了第5和第12飞行中队，以及某种程度上第二飞行中队。与S4相比，S5进一步改良了雷达，但是S4中也有很多飞机进行了升级。电子作战系列设备也进行了很重要的升级，后期生产的S5飞机都有自动

上图："幻影2000"B完全是战斗机，2000C的具有战斗性能的教练版本"幻影2000"B/C服于6支法空军中队，承担空中防御角色。这款飞机大约25%教练机角色，然而也承担对地攻击角色，能携带MK82或者SAMP常规炸弹、ARMAT反雷达导弹和68毫米口径火箭弹的MATRA F4系统

盘旋箔条/照明弹发射系统，取代了早期的Eclair。

S4/S5系列飞机的生产达到了87架，使得法国空军的"幻影2000"C总数量达到124架。此外还有30架"幻影2000"B双座机，这些都是拥有S3、S4和S5的构型。教练机遍布3个联队，但是以第2/5飞行中队为主的OCU类型。"幻影2000"B保留了所有的战斗能力，牺牲了一些燃油容量来为第二个座位腾出空间。

一些法国单座机被改造成带有RDY雷达的2000-5F标准型，而且由这个项目开始安装的RDI雷达被安装到S3剩余的飞机上。在波斯尼亚战争产生了许多改进，包括给一些飞机增加了"萨米里"导弹发射预警系统。

## 出口

"幻影2000"C/B飞机被法国国防航空部广泛称作2000DA，成为了2000E（单座机）和2000BD（双座机）出口的版本基础。第一代"幻影2000"的客户有5个，主要分为两个系列。第一个系列（埃及的2000EM/BM、印度的2000H/TH和秘鲁的2000P/DP）主要基于标准型的带有RDM雷达的2000C/B（带有连续波照明器）和标准的法国制造的电子战系列设备。

然而，一些微小但是意义重大的区别也存在。印度最早的一些飞机装载M53-5发动机，被称作2000H5和2000TH5。随后这些机被重新安装了M53-P2的发动机。埃及飞机垂直尾翼上安装了额外的雷达预警天线。

至于武器装备方面，第一系列出口飞机

与法国C系列相同，包括超级530F和"魔术"导弹。攻击选项包括自由落体炸弹和激光引导武器，被命名为ATLIS II系统。

印度飞机也安装有ARMAT反雷达导弹，而秘鲁与法国一样拥有互动的231-300空中加油系统。

2000N/D机型容易与印度的2000H混淆，而且它安装了"小羚羊"（antilope）5雷达，并且承担攻击机角色。

第二出口系列包括希腊的2000EG/BG和阿联酋的2000EAD/DAD机型。这一系列改善了ICMS MK 1 EW系列设备，主要在于增加了垂直尾翼的天线。希腊飞机上的雷达被命名为RDM3，在原系统上的改进没有详细说明。

武器选择更为广泛，希腊飞机可以发射飞鱼反舰导弹，而阿联酋的"幻影"可以被整合来携带GEC-Marconi PGM系列制导导弹。

上图：在"南方守望"行动中的一次出行中，2000C-S3飞机被看见在伊拉克上空，上图展示了空空导弹和螺栓固定的加油探管

上图："幻影2000"并没能再现之前三角翼"幻影III"/5卓越的出口上的成功，但是也获得了相当的销售量。这些希腊2000EG飞机展示了这种改型更新了的电子战系统，包括机身圆盘下方的箔条/照明弹"Spiral"热源干扰弹发射器

## 侦察

在阿联酋的系列飞机中有8架被命名为2000RAD。这些都是为了侦察用途,而且阿联酋是这款改型唯一的客户。外表上看来,2000RAD与标准的单座机毫无区别,却能在中心线上携带3个侦察系统之一。

这些侦察系统包括"拉斐尔"侧视成像雷达、HAROLD斜长距摄像机和COR2多传感器,包括相机和红外线扫描的常规侦察系统。

上图:这是阿联酋不愿上镜的2000RAD机型之一。这个面积很小的海湾国家兑现了1998年订购时的承诺,决定购买第二代2000-9。旧的飞机都进行升级

## "幻影2000" C-S4-2

这架飞机是S4改型最后建造的,安装了远端失效指示(RDI)J2-4雷达。据说它曾在"答盖"行动(Operation Daguet,法国在"沙漠风暴"行动中的代号)中出现,驻扎在沙特阿拉伯的阿尔阿萨空军基地。

### 第5飞行中队

驻扎在奥朗吉的第5飞行中队是第一支装备安装了RDI雷达的S4"幻影"飞机的部队,自然地成为了派遣飞机到海湾的第一选择。在1998年这支部队从第二飞行中队手中接管了"幻影2000"的训练任务。

### 防御

"幻影2000" C拥有标准的自我防护设备,包括位于垂直尾翼基座里的Serval雷达预警系统、Eclair箔条/照明弹发射器和Sabre干扰发射机。这架飞机为了海湾行动在机身后方下部安装固定的额外的箔条/照明弹发射器。

### 发动机

"斯奈克玛" M53-P2发动机发展到14460磅(64.3千牛)的净推力和21385磅(95.1千牛)的加力后的推力。

### 伪装

尽管大多数2000C飞机在海湾战争中着以两种色调的蓝色的伪装,这架飞机临时性地被着以实验性的沙漠色系。

### 燃油

内部燃油箱容积达到875美加仑(3978升),通常增加一个286美加仑(1300升)PRL522中心线可弃油箱。374美加仑(1700升)和440美加仑(2000升)机翼油箱也是可供使用的。

### "沙漠行动"中的"幻影2000"

第5飞行中队派遣了14架"幻影2000" C飞机到阿尔阿萨执行"答盖"行动,在1990年12月12日开始了在沙特阿拉伯上空的CAP行动。这些持续到后来在战争中,2000C护送"美洲虎"和"幻影F1" CR飞机进行攻击。"幻影"飞机没有遇见任何伊拉克飞机。

### 导弹

这架飞机被描述成典型的战斗机装弹布局,内置架上带着"玛尔塔"超级530D导弹,外挂架上携带"魔术"导弹。两门DEFA554机炮被安装在内部。

# "幻影2000" N
## 法国的核武器威慑

"幻影2000" N被设计来替换老化的"幻影IV"P飞机,带着"阿斯姆普"导弹,使得法国成为唯一具有航空核攻击能力的国家。后续机型也被用作常规攻击角色。

上图:"幻影2000" N的首要任务是作为"阿斯姆普"核导弹的发射平台。这架飞机,301,第一架生产的2000N,携带一个标准构型的"阿斯姆普"导弹,并且带有自我防御的"魔术"2和更大的翼油箱

当设计"幻影2000"时,它其中一个预期的角色就是核威慑。这架飞机能用来运送由法国航空公司设计的新的战术远离防空区的被称作"阿斯姆普"(ASMP)(导弹的武器。起初,这个武器由战略空军的"幻影IV"P和法国海军的"超级军舰机"装载。被取消的ACF(未来战斗机)也曾是对"阿斯姆普"的另外的候选机型。然而,由于"幻影IV"P的老化,达索公司签署了新"幻影2000"截击机版本两架样机的合同,命名为2000P(P是指'Pénétration',意为"渗透")。然而,这个命名很快被改为2000N(N是指"Nucléaire",核能)来避免与老化的"幻影IV"P混淆。

### 2000N的设计过程

由于低空封锁任务对飞行员的工作量要求可能会很大,所以决定采用WSO来保证雷达导航,控制ECM设备和管理武器装备。2000N是基于2000B教练机而来的,但是机身被加强了,能承受高超音速以及低空飞行所带来的高压。一些内部设备也与原来的"幻影2000"C截击机有所不同,反映出对更精确定位的需求。在机头里,达索电子/"汤姆逊"-CSF"羚羊"V雷达取代了原来的RDM/RDI,这一系统具有地面追踪、空对空、空对海洋、空对地和地面测绘以及更新导航模式。

为了自我防御,2000N机型在翼上外挂架上安装了"魔术"2空空导弹和达索Sabre电子干扰发射台和一个Serval雷达预警接收器。这架飞机还能安装"玛尔塔"综合诱饵系统。尽管早期的2000N缺乏标准的"Spirale"热源干扰系统,但自从1989年起它就开始被安装到所有的飞机上。

最初的需求是100架"幻影2000" N飞机,能分配75个"阿斯姆普"导弹,其中有些来源于前"幻影IV"P的储备。然而,由于达索公司"阵风"项目的延误和需要取代"幻影III"E飞机的过渡飞机,法国空军增加了作为常规的攻击角色的70架幻影的订单,但是取消了"阿斯姆普"接口。被看作"无核能"飞机,他们被命名为2000N'。经过重新评估对核能的需求,重新确定了2000N和N'飞机各自的数量,而且为了简化这两者的区分,N'飞机后来在1990年被

上图:很快发现一个飞行员无法操纵涉及核导弹的如此大的工作量,因此双座"幻影2000"B教练机被加强和改装以经受得起严苛的低空攻击飞行改名为2000D飞机。

### 武器装备

最早的"幻影2000" N,拥有携带"阿

上图:"幻影2000"N-01的第一架样机最初于1983年2月3号在伊斯特尔试飞,它携带了一个"阿斯姆普"导弹和原始的容积更小的翼油箱

下图:第4飞行中队作为第一支"幻影2000"N的空军联队成立,并且被分配了带有"阿斯姆普"核导弹的核任务。飞机306是一款早期K1的改型,缺乏任何的传统武器装备以及起初交付时并没有"Spirale"对抗系统

"斯姆普"的能力,被取名为K1子型。"阿斯姆普"被装在中心线挂架上,能在低空发射最大航程为50英里(80千米)的150-kT或者300-kT的弹头。燃油供给由一对大的528美加仑(2000升)翼下可弃油箱提供。从第32架2000N开始,命名开始使用K2,而且这些飞机能装载传统武器装备或者是核武器。2000D拥有同样的武器装载能力,D是代表"Diversifié"(多样化),样机(D01,即前N-01飞机)在1990年1月1号进行首飞。能携带的武器包括法国航空公司的AS30L和"玛尔塔"BGL(激光制导炸弹),二者皆由ATLIS2激光指示系统进行制导。"玛尔塔"APACHE诱导霰弹、ARMAT反雷达导弹和AM39反舰导弹对2000D飞机都是可行的。

## 使用者

有6个飞行中队在飞行"幻影2000"N或者D机型。"幻影2000"N是法国空军作战指挥部(CFAC)的一部分,法国最大的指挥中心,承担空中防御、传统地面攻击和战术侦察任务。3个飞行中队——第1/3飞行中队"纳瓦拉"、第2/3飞行中队"香槟"、第3/3飞行中队"阿登"——从南希起飞。"幻影2000"D预计将很好地服役直到下一个世纪,它们将成为法国最后被"阵风"取代的战斗机部队。估计到2015年,法国空军将会拥有一支由300架"阵风"和"幻影2000"D飞机组成的战斗机部队。

"幻影2000"N是法国空军战略指挥部(CFAS)的一部分。空军战略指挥部的主要任务在于提供核威慑力量。自从位于Plateau d'Albion的"幻影IV"P飞机的退役和弹道导弹的逐步退役,CFAS的核威慑单独依赖于这3个"幻影2000"N部队。他们装备有"阿斯姆普"导弹,与法国海军的弹道导弹一起保证了法国的核攻击能力。包括在吕克瑟的第1/4飞行中队"多菲内"、第2/4飞行中队"拉法耶"以及在伊斯特尔的第3/4飞行中队"莱蒙辛"。位于伊斯特尔的C-135FR陆军给"幻影2000"N提供坦克支持。

## 法国的空中核威慑力量

"幻影2000"N(核能的)设计的目的是增加并最终取代"幻影IV"P的核攻击角色,携带有"阿斯姆普"导弹,成为法国最重要的核攻击飞机。样机N-01最初在1983年2月起飞。在同年晚些时候,它在巴黎航展进行了表演,上表面着以灰色和绿色伪装来显示其低空性能。样机N-01号后来成为2000D飞机的样机。

### "阿斯姆普"

试图提供比只装备自由落体武器装备的"幻影IV"飞机更为可靠的渗透能力,"阿斯姆普"导弹拥有据记录从低空发射的50英里(80千米)的航程,以及从高空发射的155英里(255千米)的航程。一个固体燃料助推器使导弹能加速到2马赫数,随后由喷压式发动机接管。其发动机的进气口安装在侧面,制导是惯性地面测绘系统。

### "Spirale"对抗系统

2000N-K1原本没有安装"Spirale"对抗系统,但是后来重新加装了。系统包括完整的红外预警接收器,以及与雷达预警系统的接口。还有机翼和机身整流罩里的盒子里的箔片(右舷)和照明弹(左舷)的弹药筒。一个导弹火舌探测器被安装在每一个"魔术"发射器里。

### 雷达

达索电子/"汤姆逊"-CSF"羚羊"V是一个J-频段攻击雷达,提供地面测绘和地面跟踪动能以及额外的空对空能力。数据显示在抬头显示器上以及彩色的头下方多功能显示屏上。

### 发动机

2000N以M53-P2发动机为动力,达14462磅(64.3千牛)净推力和21385磅(95.1千牛)的加力推力。这个发动机达16英尺7.5英寸(5.07米)长,半径为3英尺5.5英寸(1.06米)。

# "幻影2000"
## 下一代 D/S/-05 机型

达索公司用"幻影2000"的D、S和-5改型证明了不断改良的机型。携带激光制导炸弹的能力和增加的空对空能力能确保这些先进的"幻影"机型会销售得特别好，不仅仅在法国市场上，也包括出口的市场。

为了生产一款"幻影2000"N的常规攻击版本，即2000D，达索公司利用这个机会随后开始安装一些设备来更新升级这架飞机的性能。两者外部区别主要在于去除了机头空速管，增加了ICMS MK 2干扰器，一个GPS的天线骨架和透明座舱覆盖上了金色薄膜以减少雷达反射率。技术的发展使得2000D的机组人员拥有更多的操纵杆控制，并且正在试图改为"钢化"驾驶舱。

达索公司骄傲地宣称2000D的命名来自于飞机的多样性潜力（Diversifié-diversified），法国空军中队装备的是另一种更大负载的战斗机，称为"2000Diesel"。"幻影2000"D在精密武器方面的卓越潜力关键在于安装在右舷空气进气口下方外挂架上的750磅（340千克）"汤姆逊"- CSF PDLCT TV/热成像系统。这个激光热成像系统(Laser Designation Pod with Infra-Red Camera)无论白天黑夜都能保证高效，能被法国航空公司的AS30L导弹或者"玛尔塔"/BAE生产的BGL1000炸弹直接使用。一个弹或者LGB能被装在右舷翼内挂架上，同时两个激光武器和一个RPL 522能在短途任务时装载，而且空中加油也是可实现的。

从2000开始，"玛尔塔"/BAE的APACHE也是可行的。这种远离防空区武器拥有一个小的涡喷发动机，稳定翼、INS雷达和雷达，使其能攻击距发射点87英里（140千米）的空域。

D的改型机还包括"幻影2000"D-R1N1L（最初的6架"幻影2000"D都以此命名）。这种改型最初都只能发射AS30L和BGL1000，以及"魔术"空空导弹。它在1993年7月29日获得了初始作战能力，赋予了法国空军急需的激光制导炸弹投放的能力。到1995年6月，所有的这些都被更新成为了R1标准型。

2000N-R1N1机型能够携带更多的武器，容量约为同样构型的4架飞机。另一种改型2000D-R1，能够操纵所有上述常规武器，除了APACHE（armée propulséea charges éjectables，可弹射负载武器）和SCALP(APACHE的一种发展形式)。在1999年后期，生产转变为"幻影2000"D-R2机型，增加了发射APACHE的能力，综合了SAMIR导弹卷流探测器和箔片/照明弹散射器以及干扰发射台的完整的自我防御自动化系统，以及ATLIS II激光导向系统。第三个生产标准，为被称作"幻影2000"D-R3的机型，最初提出供给SCALP和侦察系统。在1996年6月由于国防预算削减，R3机型被宣告取消。

### "幻影2000" S

达索公司运用2000S来命名这种无核能的供出口的截击机。它从本质上来说与2000D是一样的，但是在20世纪90年代中期，在还没有任何销售记录的时候就悄悄地从所有宣传资料中消失了。然而两架

现代战机百科全书 **153**

上图：原来被称作"CY1"的第一架"幻影2000"-5。这架飞机继续证明了2000-5的性能，据说出口的构型携带有ICMS MK2 EW系列设备

"幻影2000"N曾经在1989年和1990年的航展被标上2000S的图标。

### "幻影2000"-5

"幻影2000"-5在一次主要的更新原来的截击机武器系统时集成了汤姆逊-CSF RDY雷达、APSI驾驶舱、"玛尔塔"/BAE Mica导弹和ICMS Mk 2自我防御系统。最初是双座机"CY1"，在1991年4月27日进行首飞，其尾翼上标有"01"（随后它被改造成单座样机）。

2000-5的内部改进包括升级了发动机驱动的发电机和为飞行员安装了先进的抬头显示器。出口机型上完全自动化的ICMS Mk 2极大程度上改良了"幻影2000"D的自我防御系统，主要在机头加装了一个接收器/处理器，其次在翼尖安装了DF天线。

### 2000-5改型

法国空军最终被说服来提供资金将已有的37架飞机机身改为2000-5F标准型。最初的生产版本，根据合同义务，第38号在1997年12月30日被移交到伊斯特尔，但是直到1998年4月才移交给CEAM开始飞行员转换训练。法国空军最初的标准转换与出口的2000-5基准略有区别，主要在于省略了从尾翼的两个超外差式天线。"幻影2000"-5F-SF1保留了法国标准自我保护设

下图：尾翼上只标着"S"并且被称作"幻影2000"S，这架飞机实际上是一架标准的2000N伪装成出口的版本

备（Serval、Sabre和"Spirale"对抗系统），但是有轻微的改变。武器装备对于空中防御角色进行了优化，常规的构造是安装在翼根下方的外挂架上的4个Mica和一对舷外的"魔术"2。一旦"魔术"的IR版本变得可行时，它将取代原有的。"幻影2000"-5F-SF2是一个法国空军升级项目。"幻影2000"-5的出口开始于1992年11月，并且被命名为2000-5E，第一批收到的主要是来自中国台湾的60架订单。卡塔尔随后宣布了一个12架的合同，阿联酋也定制了30架，同时还为33架老飞机的升级项目提供资金（这一系列在2000-5Mk II标题下有所描述）。卡塔尔的1994年6月的订单（"猎鹰"合同）包括9架单座飞机，命名为"幻影2000"-5EDA。飞机的空空导弹是Mica和"魔术"2，但是因为玛尔塔/BAE"黑珍珠"远射导弹也拥有空对地能力；AS30L和BGL1000带着合适的标志符；以及BAP100，迪朗达尔和贝卢贾空对地武器。

Mica和"魔术"都是中国台湾48架单座"幻影2000"-5 EI的主要武器装备，第一支飞行中队在1997年11月获得了初始战斗能力。这些飞机的构型与优化空中防御角色的-5F类似，除了拥有所有的5个尾翼天线。1997年5月5日前5架由海运送达中国台湾。

### "幻影2000"-5Mk II

阿联酋在经历一次持久的竞争之后在1997年12月预订了30架新的"幻

上图：中国台湾的48架"幻影2000"-5EI服役于在新竹的第二战术飞行大队。在空军防御任务方面进行了优化，它们都带有"玛尔塔"/BAE公司产"魔术"2和Mica导弹

下图："幻影2000"D是一款典型的执行远距精密攻击任务的机型，携带两枚法国航空公司AS320L激光制导导弹。这是2000D飞机的主要武器，其命名由PDLCT前视红外/激光系统或者ATLIS II TV/激光系统组成。与超级530D空空导弹一样，AS320L都受到飞行时间的限制，并且训练时只是少量携带

影2000"，要求在1998年后期和2001年后期运达。所有33架剩余的"幻影2000"EAD、RAD和双座的DAD将会被改装为这种标准型，最初被命名为2000-9，但是在1999年被改名为"幻影2000"-5Mk II。这单价值34亿美元的交易直到1998年11月才终结，尽管交付日期有所延误。

2000-9机型进行了特别改进来满足阿联酋对于远距攻击飞机的要求，同时要能携带6枚Mica导弹。在1998年11月，宣告称-9飞机将会装备"玛尔塔"/BAE动力公司的"黑沙欣"，一个为了澳大利亚空军和法国空军而研制的SCALP EG/风暴阴影的发展型号。

原始的"幻影2000"B样机在被完全更新为最初的2000-5之前被作为雷达测试试验台。它被称为"B01"，广泛代表了出口飞机构型，除了缺少第3个前向尾翼天线。出口教练机带有RDY雷达被提供给两个海外-05的运营商。卡塔尔的3架"幻影2000"-5DDA成为9架-5EDA的伙伴。中国台湾拥有12架"幻影2000"-5DI，其中第2051号机是第一架出口的"幻影2000"-5，于1995年10月进行试飞。最初的飞机于1996年5月9日移交给法国。

下图：拥有最大航程构型，"幻影2000"-5F携带一个中心线RPL 522油箱和翼上安装的RPL 541/542油箱，能将航时从一个半小时增加到3个小时。而且由于一个锁接的加油探管，航时能进一步得以延长

# "幻影2000" N的使用者

"幻影2000"尽管存在高造价和复杂程度高的缺陷，在20世纪80年代早期获得了显著的销售成功。在80年代后期出现了衰退，但是在90年代早期，2000-5的出现又开始赢得大量的订单。

### 印度

印度在1982年10月订购了40架"幻影2000"，包括36架单座机。为了加速交付，最初的26架飞机生产采用了M53-5发动机，因此命名字采用了"5"。1984年9月21日，KF101进行了首飞，飞行员接受在法国的训练之后，第一批7架飞机在1985年6月20—29日由空运进行了交付。当局采用"Vajra"来命名，大致翻译为"霹雳"。印度第一次合约的最后10架飞机和后续的于1996年3月增订的6架飞机都在1988年10月交付，安装了M53-P2发动机。早期的26架在印度被改装成为标准型。其构型和颜色（黑色整流罩）都与法国的2000C一样，但是到1993年，至少有两架中等的棕色和深绿色上表面机身伪装，暗示着其执行低空任务。印度空军的Vajra飞机都有双重角色，能携带玛尔塔ARMAT反雷达导弹、"杜朗达"跑道破坏炸弹和作为替代"魔术"导弹和超级530导弹的"贝卢贾"集束炸弹。然而，在前7架飞机到达时的庆典上，宣称2000H飞机拥有"羚羊"5雷达和一个第二ULISS 52惯性导航系统，暗示着其将是2000D截击机的单座版本。这个明显的矛盾从来没有被完全解决。使用这些飞机的是驻扎在瓜廖尔的第1和第7飞行中队。

### 秘鲁

秘鲁在1982年12月宣称要预订12架"幻影2000"P飞机，但是在1984年7月由于资金问题进行了再次协商。最后，10架从1986年12月起开始被交付给驻扎在拉霍亚的第412飞行中队，安装有"汤姆逊"-CSF ATLIS激光制导、2205磅（1000千克）"玛尔塔"制导炸弹、玛尔塔AS30L导弹和一套自由落体炸弹。秘鲁的"幻影2000"P与委内瑞拉的F-16一起，被毫无争议地认为是南美的领头者。这些飞机与米格-29一起代表了当地最先进的战斗机。

### 埃及

埃及是"幻影2000"第一个出口的国家，却是第二个接收者。合同在1981年12月签定，包括16架单座2000EM。第一架在1985年12月首飞。"幻影2000"EM的唯一特征在于ServalDF单元上方的单一的，面向后方的天线，在尾翼后缘高处。这些飞机驻扎于Berigat，带着中等灰色的上表面（黑色整流罩）和浅灰色下表面。其武器装备包括带着ATLIS激光制导的"魔术"、超级530、ARMAT先进舰用导弹系统和AS30L先进舰用导弹系统。

### 法国

法国空军在1984年庆祝其成立50周年纪念日时接收了它的第一个"幻影2000"C的飞行中队。

第1/2飞行中队"Cigognes"，即著名的"Storks"中队，位于第戎，于1985年早期拥有了完整的中队力量，包括教练机。另外两个联队也很快装备了2000C飞机，取代了"幻影III"E和"幻影F1"C飞机。在法国航空策略中，"幻影2000"C被分配来执行国土防卫和海外调停任务，它们曾参与了"沙漠风暴"和波斯尼亚上空的"禁飞行动"一类的冲突。既然拦截和空域防卫角色已经实现，目光更多地转向核攻击。基于2000B教练机的双座2000N飞机携带有"阿斯姆普"核远导弹，被交付给两个飞行中队，取代了"幻影III"E和"美洲虎"飞机，第1/4飞行中队"Dauphine"是在1989年7月12日接收2000N的首支部队。由于拉斐尔项目的延误，更多的2000N飞机被预订包括不携带"阿斯姆普"导弹的版本，随后被命名为2000D。这些携带了类似AS30L激光制导武器的2000D飞机被用来执行精确攻击任务，装备了驻扎于南希的3个飞行中队。先进的2000-5飞机慢慢进入了法国军队开始服役，首个飞行中队（第2/2飞行中队）在1999年7月接收了样机。这些飞机是重新改装了的"幻影C"系列飞机，并且融入了新的航空电子和武器设备。

### 卡塔尔

卡塔尔1994年的7月的订单包括9架单座"幻影2000"-5EDA飞机。它们拥有完整的ICMS Mk2防御辅助装置，包括5个尾翼天线、二级翼尖传感器和"Spirale"对抗系统，加上一个脊椎骨型的GPS天线。空空导弹是MICA和"魔术"2，但是飞机也因为玛尔塔/BAe黑珍珠远射导弹（APACHE的出口改型）而具有空对地能力；带着合适的制导的AS30L和BGL1000，以及BAP100、杜朗达和贝卢贾。一个882磅（400千克）的汤姆逊-CSF ASTAC地面雷达定位系统也能装载。最初的4架卡塔尔飞机（包括3架-5DDA）完成在法国的训练后于1997年12月18日抵达卡塔尔。

## 中国台湾

"幻影2000"-5的订单数最大的是中国台湾,其订购了60架作为建设空军战斗机力量的主要部分。这些飞机包括48架2000-5EI和12架-5DI双座教练机。"魔术"2和MICA空空导弹都包含在订单里。这些2000-5EI都承担空中防御任务。中国台湾的2000-5飞机服役于新竹的第二战术飞行大队,就像卡塔尔的"幻影"飞机一样,中国台湾的"幻影"飞机也都拥有完整的ICMS Mk2电子对抗设备。最初的5架飞机在1997年5月5日开始由海运交付给中国台湾。中国台湾还提出了第二批次订购60架的需求。

## 希腊

希腊的36架"幻影2000"EG飞机在1985年3月订购,从1988年3月开始被交付给在塔纳格拉的第331和332飞行中队来执行空中防御任务,并且其携带有超级530D和"魔术"2空空导弹。准确的雷达版本据说是RDM3,最初被一个黑色的整流罩遮盖,后来换成灰色。希腊拥有4架双座机,安装有完整的设备,包括ICMS Mk1。希腊的40架飞机主要用作雅典的防御。大量的飞机进行了升级,一些飞机甚至装备了第二套"飞鱼"反舰导弹发射系统。此外,希腊在2000年订购了18架-5Mk Ⅱ飞机,并且宣告了将10架早期飞机升级为标准型号。

## 阿联酋

1983—1985年,阿联酋预订了22架"幻影2000"EAD飞机。由于客户对飞机安装的设备不满意,交付时间延误了,直到1989年11月第一架飞机才飞到中东。自我防御系统包括"卡尔曼"整流罩里的"Spirale"箔条/照明弹散射器、电子ELT/158雷达预警接收器和ELT/558干扰发射台取代了标准的法国设备,新设备系统称为SAMET。另一个不同寻常的特点在于为了携带AIM-9"响尾蛇"空空导弹或者"魔术"导弹(也使用)进行的改装。由驻扎在Maqatra的第1和第2飞行中队操纵"幻影2000"。阿联酋也是唯一购买2000RAD侦察改型的顾客,总共购买了8架。6架2000DAD双座机包含在阿联酋的第一系列订单里,交付了灰色系的飞机。经历了一次持久竞争之后,阿联酋在1997年12月订购了30架新"幻影2000",要求在1998年晚期和2001年晚期之间交付。所有剩余的22架"幻影2000"EAD、RAD和双座DAD飞机都改造为该标准型,最初命名为2000-9,但是在1999年重新命名为"幻影2000"-5Mk Ⅱ。这包括发射"黑沙欣"导弹(风暴阴影/SCALP的出口版本)的能力。

上图:1994年2月24日,由"阵风"A技术展示机领衔的5架战机留下了这张家族合影。随后推出的4架原型机比"阵风"A体积稍大,包括1架单座机(C 01),编入法国空军;1架双座机(B 01)和两架单座机(M 01和M 02),编入法国海军航空兵

# 达索公司
# "阵风"超级战斗机

## 法国超级战斗机

法国"阵风"战斗机的发动机和航电系统都是本国生产的。作为法国军事工业的旗舰产品,它显示了法国在21世纪称霸欧洲的决心。

公众最早了解"阵风"是在1982年6月。达索公司宣布正在研发一款"幻影2000"的继任机型,简称ACX(试验作战飞机)。从那时起,法国开始与英国和联邦德国商谈,在继续本国战机项目的同时,共同研发一款全新的多国战机。1983年4月13日,ACX项目签订合同,要求生产两架技术试验机。由于法国坚持对战机设计的主导权,并且提出了一些无法调和的要求(法国坚持生产8吨重战斗机,而其他国家都要求9.5吨),3国的合作出现了问题。但是,这并未影响该项目的飞速进展。随即英国、联邦德国、意大利和西班牙共同宣布,他们将在英国BAe公司的"试验机"项目的基础上,继续研发新战机,这就是未来的"台风战斗机"。之后不久,1985年4月,ACX正式起名为"阵风"(Rafale)。

没有人怀疑"阵风"的研发速度。

1985年12月14日,"阵风"A技术展示机用卡车从达索公司的圣克劳德工厂运往伊斯特尔。1986年7月4日,该机在伊斯特尔首飞,试飞员是盖伊。在首飞中,飞机在3600英尺(1093米)高度条件下,速度达到1.3马赫,实现了7倍重力加速度。虽然与"幻影"一样采用了三角机翼,但是其下悬进气道和鸭式布局都表明其第4代战机的身份。由于斯纳克玛的M88发动机并未完

下图:由于其担负战斗机使命的依然是老旧的F-8P"十字军战士"战斗机,法国海军航空兵对于装备"阵风"有着最紧迫的需求。因此,4架原型机中有两架都是其舰载机型"阵风"M,也是第一种服役机型。第二种服役机型是作战航电设备的主要测试平台。图中,M 02携带标准的空空作战武器,包括一枚"米卡"导弹和一枚"魔术"2导弹,从法国海军"福煦"号航母起飞

下图:为了尽早开始测试,"阵风"A展示机最初采用了通用电气的F404发动机(F/A-18的那款)。从1990年2月起,该机开始使用计划的M88发动机,最初仅安装在左舷发动机舱内。该飞行测试项目中,"阵风"A共飞行865次

上图：由于攻击性作战任务的工作量对于仅有一名飞行员的单座机有些不堪重负，海湾战争后，法国空军设计师吸取"阵风"的战斗经验，对"阵风"B型双座机的要求作出修改（之前作为具备空战能力的教练机使用），使之能够适应攻击性作战任务

上图："阵风"的驾驶舱（图示飞机编号M 01）是世界上最先进的座舱之一，充分采用了触摸屏和"手置节流阀和操纵杆"技术。主显示屏是由3块多功能大显示屏和一款大角度、单玻璃抬头数字显示屏构成。该显示屏拥有前视红外成像能力，为飞行员夜间作战"开了一扇窗户"

成，动力是由通用电气公司的F404涡扇引擎提供的。在早期的测试中，"阵风"A轻松达到2马赫的速度，证明了其进气道和前机身设计的优越性。1987年2月14日，法国政府正式宣布"阵风"将研发用于空战。

为了证明"阵风"A之于海军作战的适应性，1987年，该机在法国海军的航母上进行了一系列进场着舰测试。经过短暂的休整，1990年2月27日，"阵风"再次飞上蓝天。其左舷发动机舱内安装的引擎已经变成了M88；而另一台F404引擎在稍后也被替换。

1994年1月，"阵风"A结束了这次飞行测试项目。此时，已经有4架预量产型战机加入了测试。首架升空的飞机编号为C 01，是一架隶属法国空军的单座原型机。尽管体型不如"阵风"A，该机引入了一系列新特征，包括翼根整流罩采用了全新的造型；座舱盖使用镀金设计，飞机的隐形功能与此是分不开的。机身四处点缀着一些天线（首先看到的，应该是天线支架）。这些天线都是"频谱"防御系统的一部分。该系统有世界上技术最先进、功能最强悍的定向干扰设备之一的美誉。重新设计的机头是为了装载多模式RBE2雷达。该雷达首次出现在B 01号机上。1991年5月19日，"阵风"C 01首次升空，展示了其"超级巡航"（净推力下以超音速飞行）。

1991年12月12日，"阵风"M 01加入了测试编队。M型是法国海军航空兵部队的舰载机版本，装备了加固的起落架、拦阻钩和采用独一无二的"弹射支撑"技术的头部前轮。在初始的弹射阶段，飞机前轮紧紧闭起，然后随着飞机的启动，前轮张开，使机头向上仰起。在美国进行了一系列虚拟甲板测试后，1993年4月19日，"阵风"M 01在"福煦"号航母上做了首次航母着陆。

1993年4月30日，"阵风"B 01双座机首飞成功。1993年11月8日，第二架"阵风"M也飞上了蓝天。这两架海军战机在一系列的甲板测试中接受了全面的考察，进行了各种装载量测试以证明它们完全具备舰载作战的能力。一方面，原有"十字军战士"舰载机要被取代；另一方面，法国全新的核动力航母"戴高乐"号将要装备舰载机，这表明"阵风"战机的上马，已经刻不容缓了。

1992年5月，经过对战机要求的修改，法国空军宣布其大多数"阵风"战机将会是双座飞机，计划取代"美洲狮"攻击机。"阵风"C则取代"幻影"F100截击机和F1CR侦察机。为了尽快让"阵风"进入部队服役，最初交付的战机的装备标准将会低于规定。但是，由于预算超支，整个生产计划速度大幅下滑。第一架投产机型"阵风"B直到1998年11月才首次试飞。2000年12月4日，法国海军航空兵订购的60架"阵风"M中的第一架顺利接收；法国空军的B/C型战机的首秀在2005年后。

下图：法国空军将要采购单座机和双座机，后者在数量上占据绝对优势。这两个机型都被称为"阵风"D（D代表"审慎"），暗指型号的隐形特征

# "阵风"服役

与对手"台风战斗机"相比,"阵风"原型机更早投入使用。而且数年来,"阵风"项目似乎一直领先于多国的"台风战斗机"项目。考虑到与"台风战斗机"相比,"阵风"更简单,能力也没有那么强悍,这并不令人意外。"台风战机"的延期主要是由于德国国内政治问题。

上图:作为法国海军首架投产机,"阵风"M1与单座的C型机在机构、系统等方面保持了80%的相似度。最初的软件标准使战机在执行空防任务时,能同时攻击多个目标。后来F1.1标准软件增加了红外制导的"米卡"(MICA)空空导弹和与E-2C通信数据链

1986年7月4日到1994年1月24日间,主要是最初的"阵风"展示机进行测试。之后,头顶着"预量产型战机"的头衔,又有4架原型机加入了进来。其中,一架"阵风"C单座原型机,于1991年5月19日首飞;两架"阵风"M舰载机,分别于1991年12月12日和1993年11月8日首飞;还有一架"阵风"B双座机,于1993年4月30日首次升空。

按照法国空军的最初计划,占主导地位的是单座"阵风"C,但是1991年,又转向具备作战能力的双座"阵风"B,并宣称其60%的战机都将是双座战机。"阵风"将会按照先进程度以3个梯级标准服役(使用者标准0、1和2),但最终只采用一个空军标准。同样,"阵风"的出口版本也会采用3种软件标准(F1、F2和F3)。

## 正式投产

1992年12月,"阵风"正式投产,但在1995年11月又陷入停顿。1996年4月,首架投产机的工作也全面终止。直到1997年1月,达索公司和法国国防部达成协议,在2002年—2007年,交付48架投产机(28架为确认订货,20架为可选订单)。显然,法国对"阵风"的需求要远大于此。法国空军希望能得到212架(与1992年规划的133架"阵风"B和95架"阵风"C相比,略有缩水);法国海军航空兵则需要60架"阵风"M。

首架"阵风"的投产机(一架双座"阵风"B,编号301)于1998年11月24日首飞成功,然后飞往位于伊斯特尔的试飞中心进行进一步的研发工作。首架"阵风"M的投产

左图:首架投产"阵风"B(301)于1998年11月24日首飞。前两架编入了试飞中心。服役时,B型战机将承担单人或双人作战任务

左图：首架"阵风"B原型机B01和首架法国海军原型机M01正在展示不同的武器系统。翼尖武器支架可以搭载"米卡"（B01）导弹或"魔术"（M01）空空导弹。飞机最大可以装配3个外置油箱

上图："阵风"M01在测试中发射一枚研究用"米卡"空空导弹。该新型武器还有红外型号和主动雷达制导型号。"阵风"在执行空防任务时最多可携带8枚导弹

机（1号）也紧随其后，于1999年7月7日首飞；之后，又一架"阵风"B投产机（编号302）也在当年成功试飞。

法国空军曾经计划让首批10架"阵风"马上服役，组成半支测试和出口促进中队，但是该计划没有通过。按飞机交付速度预计到2005年具备初始作战能力。

## 首支空军飞行中队

第7战斗机联队是"阵风"在法国空军的首支服役部队。该部队目前驻扎在圣迪济耶的罗宾逊基地，装备SEPECAT公司（欧洲战斗教练和战术支援飞机制造公司）的"美洲狮"战机，下辖3个中队，但到2001年中，仅余1个加强中队。第3架"阵风"B投产机，编号303，将成为该单位的首架"阵风"，也是法国空军唯一采用基础F1软件标准的"阵风"。第7战斗机联队剩余的飞机都采用多用途F2软件标准，其装备的RBE 2雷达拥有一系列空地模式，同时飞机还可以搭载最新的"阿帕奇"/"风暴幽灵"防区外导弹。采用F2标准的"阵风"还装备了16号数据链路多功能信息分发系统和OSF（前扇区光学系统）红外搜索跟踪系统，同时用红外制导"米卡"导弹取代老迈的R550"魔术"空空导弹。"阵风"在2005年宣布服役，最后一架"美洲狮"退役完毕。

法国空军的"阵风"后续机型采用F3软件标准，可以搭载"改进型中程空对地"（ASMP）巡航导弹、新型ANF反舰导弹、各种侦察吊舱、同型飞机空中加油吊舱，以及一个飞行员专属的Topsight E型头盔瞄准器系统。空军所有的"阵风"进场保养阶段即升级到F-3软件标准。到2015年，140架"阵风"交付完毕，而"幻影"F1也将完全退出舞台。

"阵风"的研发还在继续，到服役时还会有新的功能出现。比如2001年在勒布尔热举办"巴黎航空沙龙"上，一架"阵风"的机身背部的两边安装了大型保形油箱。还有，一直以来，有报道频繁提及针对该机型各种隐身功能的研发从未停止。1992年7月—8月，达索公司和法国海军航空兵在帕图森河海军航空基地和赫斯特湖基地对"阵风"M进行弹射和拦阻着陆测试。1993年，第二次该系列测试完成。接着，"阵风"M在"福煦"号航母上进行甲板测试。1993年11月—12月，以及1995年10月—12月，进一步的甲板测试在美国举行。1994年1月—2月，"福煦"号航母迎来了第二架测试战机。1994年10月—11月，该战机在"福煦"号进行了第3次甲板系列测试。

## 法国海军航空兵接收战机

从2001年起，法国海军航空兵预计接收10架采用最初F1（仅用于空防任务）软件标准的"阵风"。其中8架编入"戴高乐"号航母第12分舰队，并于2002年具备

下图和右图：两幅图片显示了法国空军的B01测试机正在展示其空地攻击和空空攻击的不同武器配备。下图中，该战机搭载了MBDA公司的"阿帕奇"防区外弹药布撒器，3个外置油箱；翼尖装备了"米卡"红外制导空空导弹。在图中，该机携带了同样容量的燃油箱和4枚惰性GBU-12激光制导炸弹；翼尖装备了"魔术"空空导弹。还请注意可拆卸（此处已安装）的空中加油管。当进行低空突防任务时，"阵风"可以携带12枚551磅重（250千克）的炸弹、4枚"米卡"空空导弹，其外置油箱可装载880英加仑（4000升）的燃油，其作战半径达到了655英里（1055千米）

初始作战能力。随着F1.1的发布并应用于战机，原始的F1软件标准很快被取代。新版本增加了"米卡"导弹的红外寻的版本；MIDS（多功能信息分发系统）数据链可以使战机与法国海军航空兵的格鲁曼公司的新E-2C"鹰眼"进行安全通信和数据转换。接下来的15架"阵风"采用F2软件标准，它们组成"阵风"的第二支单位，第11分舰队，从2005年起开始服役。最后一批35架飞机采用F3软件标准，整个海军航空兵部队增加到3支飞行中队，驻扎在布列塔尼基地。这样，该部队拥有一支40架战机的核心编队，另外20架用作后备队。随着法国海军的航母部队由两支航母编队（"克莱蒙梭"号和"福煦"号）缩减到一支（新的"戴高乐"号航母编队），未来对"阵风"M的大宗订单不太可能出现。

# "超级军旗"舰载攻击机

在马岛战争和海湾战争中"超级军旗"飞机和"飞鱼"导弹的结合都产生了毁灭性影响。但是,"超级军旗"的战果无法掩饰其在操纵、航程、荷载能力方面的一些很严重的缺陷。

上图:与之前的军旗系列飞机外观一样,图为一架早期的"超级军旗"慢慢滑行入位准备起飞。这架飞机(NO.10)属于第11分舰队的第一个飞行中队

当"超级军旗"能达到所有发展准则时,71架批量生产的飞机从1978年6月开始替换法国海军航空兵部队第11、14和17舰队的军旗IV飞机和F-8E(FN)"十字军战士"截击机。

当马岛战争开始时,1982年4月,阿根廷海军(唯一的"超级军旗"出口顾客)接收了订单中14架中的前5架来装备阿根廷的位于BAN Cdte Espora的非舰载的第2飞行中队,并且携带5枚AM39"飞鱼"导弹。从里奥加耶戈斯起飞,它们的首次登台在1982年5月4日在马岛战争中击沉了英国的"谢菲尔德"号巡洋舰,接着在5月25号毁灭性打击了货船"大西洋运送者",而且没有"超级军旗"飞机的损失。第2和第3飞行中队损失了至少3架飞机。

在1983年10月在两伊战争中,5架法国海军航空兵部队的"超级军旗"飞机被租用给伊拉克空军,一系列的AM39"飞鱼"导弹被出售来对抗伊朗的坦克,取得了极大的成功。幸存的4架飞机在1985年早期回到法国,后来被装备Agave的"幻影"F1EQ飞机所取代。

20世纪80年代中期一个升级项目预计将花费约20亿法郎(约合4亿美元)来拓展法国海军航空兵部队剩余的60架"超级军旗"飞机的远距攻击和反舰攻击能力。大约53架飞机在屈埃尔进行了改装,可以发射300kT法国航空公司的ASMP远距核武器。而主要的改变还是在于航空电子设备的更新,包括新的驾驶舱设备、操纵杆和一种能集中跟踪扫描、空对面测距、地面测绘和搜索功能的新型达索电子雷达。同时,还增加了夜视镜,机身也进行了加强来保证6500小时的疲劳寿命,使得"超级军旗"的服役年限大约能增加到2008年。

"超级军旗"升级的样机1990年10月5日在伊斯特尔进行了首飞,达索公司改装了另外两架来研究操控性能。在1991年7月第14分舰队解散后,它优先重新装备海军航空兵部队的第一个"阵风"M战斗机部队,"超级军旗"取代了在耶尔的第59S飞行中队最后的11架军旗IVP飞机。他们被用来作为法国海军飞行员完成在航母的着舰训练后的操纵转换训练。

### 如今的"超级军旗"

"三叉戟"行动,以及其他盟军行动中,法国的参战部队第一次展示了法国海军航空部队"超级军旗"可以将激光制导武器和各种传感指示器带到战争中来。正在持续的"超级军旗"现代化(简称ESM)5个阶段进程使得"超级军旗"能使用这些武器。在盟军成立时,16架所谓的标准3SEM

左图:"超级军旗"最新的,几乎确定也是最后的战斗"露面",以战斗状态出现在科索沃上方,承担了攻击和侦察任务

上图：为14架阿根廷海军航空兵部队的第一架"超级军旗"飞机在1981年在法国优先交付。5架飞机在马岛战争开始时已完成了交付，被用作预备机。其他的"超级军舰"舰载机摧毁了两艘英国战船

飞机被交付，这个版本能够投掷500磅（227千克）GBU-12美制"宝石路"Ⅱ LGB和AS30L激光制导炸弹，两者都使用了ATLIS激光指示器。所有这些飞机都被分配给负责运送飞机的Foch号的第11分舰队，在1999年1月作为特遣部队470驶入亚得里亚海。

16架飞机中的6架安装了ATLIS以及为了其他SEM指定的目标，并且携带一个单独的AS30L或者2个LGB。这使得第11分舰队不得不使用人-激光概念来引导LGB操作。

在盟军期间，SEM飞行412次进行有攻击性的战斗任务，投掷了266枚炸弹和2枚AS30L导弹。88次任务被取消，这主要是由于恶劣的天气和很大的附带伤害的可能性。

"超级军旗"升级项目的下一个阶段在于整合LGB/ATLIS能同时被一架飞机携带。

这种标准4也将包括可选择携带一种机身腹部下方半埋入式的新型侦察系统。内部的机炮需要改变位置。当标准4变得可操纵的时候，法国海军航空部队淘汰了最后的"军旗"IVP飞机。1990年1月在"福熙号"航母上进行了样机的测试。

标准4飞机还融合了一种新型的自我防御套装，包括Sherloc雷达预警接收器、被固定在两个新的翼下外挂架上的可编程的箔片/照明弹散射器和一个新的安全跳频电台。最终的标准型（标准5）的发展开始于2000年早期，但从2003年行动开始融合了夜间精确打击能力。前视红外雷达和夜视镜是这种标准型的主要特征。由于电子-光学ATLIS只能在白天使用，法国海军航空部队也曾寻找用于夜间行动的激光指示器。

上图：很大程度上选择"超级军旗"是出于政治原因，优先于英法的"美洲虎"豹海上改型飞机。"超级军旗"尽管飞行速度很快，但是在携带武器时活动半径非常小

### 雷达

汤姆逊-CSF/ESD Agave雷达是一个简单轻量级的系列，能够探测25英里（40千米）的巡逻船和一个12英里（19千米）外的战斗机。它由一个左手边侧杆来进行控制。

## "超级军旗"

"超级军旗"服役以来，除了经历了多次失败，目前只是在准备退役过程，而且"阵风"被指定来替代它。这架样机属于现在已经不存在了的曾驻扎于兰迪维索第14分舰队。

### 性能

在"军旗"飞机性能上的改良在于使用了斯奈克玛的阿塔涡喷发动机的8K50版本后产生的额外的1102磅（4.9千牛）的推力。基本上与曾装载"幻影"F1上的发动机是一样的。然而，它的燃油性能比前辈们有所减弱，"超级军旗"只能携带油箱的能力只是一般标准。

### 武器装备

直到近些年的发展，"超级军旗"（法国军队中）的武器选择才开始包括15-kT的AN52战术核武器。常规武器装备包括2个DEFA552机炮，4个LR150火箭弹发射器和6个551磅（250千克）或者4个882磅（400千克）的炸弹。为了空中防御，一个玛尔塔R550"魔术"空空导弹也被安装在每个翼外挂架上，与一个132加仑（600升）的中心线油箱相协调。

# 达索 / 道尼尔
# "阿尔法"喷气式飞机
## 不仅仅是教练机

由法国作为喷气式教练机和德国作为轻型攻击机研制的"阿尔法"喷气式飞机很好地服役于法、德两国。这款飞机目前仍服役于法国军队，而且对于不少国外顾客来说，它被证明是理想的教练机和攻击平台。

上图：随着在法国图卢兹和德国的奥博珀法芬霍芬的组装线的设立，4架"阿尔法"样机被建造，法德两国各自两架。首先进行飞行的样机1号在1973年10月26日从伊斯特尔起飞

作为新系列最早的轻型多功能军用飞机之一，"阿尔法"（Alpha）喷气式飞机能执行先进的飞行训练、武器指示和地面攻击任务。由法国的达索公司和德国的道尼尔公司共同研制，超过500架"阿尔法"喷气式飞机被交付给10支空军部队，使其成为欧洲最成功的战后飞机之一。

"阿尔法"喷气式飞机的故事可以追溯到20世纪60年代，法国与德国空军人员首次讨论到对于一架喷气式训练飞机的需求。法国计划在20世纪70年代取代其Fouga Magister基础教练机、洛克希德T-33先进教练机和达索神秘IVA武器教练机。而德国显然也在考虑研制一款教练机，但是随即决定继续使用美国设备（在Cessna T-37和Northrop T-38上进行训练）以便于更加保险。然而，德国明显需要替换埃利塔利亚/菲亚特的G91R，德国空军还拥有超过300架这样的飞机担任轻型地面攻击角色。1969年7月22日，两国政府因此宣布进行合作，共同研制一款既能担任训练角色，又能完成近距离支持角色的飞机，并且各自有购买200架的意图。"阿尔法"喷气式飞机是一款双发涡轮风扇发动机飞机带有大后掠角机翼，发动机安装在机身侧面被称为"保形系统"的装置里。两个机组人员座位纵向排列，后驾驶舱要高很多以便于在飞行训练时，教练能在学员飞行员上面直接观察。在法国生产的"阿尔法"喷气式E飞机里，飞行员们被提供马丁-贝克弹射座椅；在德国生产的A模型里是斯坦斯座椅，这两种座椅都在当地进行特许生产。其他外部区别在于法国"阿尔法"飞机为了更好地旋转操纵性能机头安装了一个圆的带有铁箍的机头，而德国的近距离支持机拥有非常尖的机头。其他的特点还在于德国飞机安装了多普勒导航雷达、Kaiser/VDO 抬头显示器，和一个安装在机腹的27毫米口径"毛瑟"Mk27机炮系统。法国阿尔法飞机携带一个腹部的30毫米口径DEFA机炮系统带有150发弹药。两种改型都有4个翼下外挂架，使得能达到5511磅（2500千克）的负重，包括炸弹、火箭弹和导弹，或者可弃油箱。在"阿尔法"飞机生产接近尾声的时候，能够携带AM.39的"飞鱼"反舰导弹的能力也得以落实。与"飞鱼"导弹一起，"阿尔法"飞机还能携带两枚玛特拉"魔术II"空空导弹和一个138加仑（625升）的可弃油箱，因此证明了它超过原有的教练机角色的能力。

### 世界级的教练机

"阿尔法"喷气式飞机在1979年5月开始进入法国空军的训练部队，在替换所有的洛克希德/庞巴迪T-33飞机过程中，已经服役了20多年。德国空军几年后接收了其第一架飞机，"阿尔法"喷气式飞机很快承担了与其邻居法国相比更加有力的角色，即给北大西洋组织的前线军队提供战术支持。德国的"阿尔法"飞机也被看作是应对当时被认为非常有可能成为现实的苏联"雌鹿"武装直升机群攻击的最理想的飞机。"阿尔法"飞机保留了作为潜在的直升机杀手的绰号，直到一些更有攻击力的飞机开始服役于北大西洋公约组织联军。

### 出口成功

这种飞机的成功不仅仅局限于欧洲。许多国家购买了该款飞机来满足他们训练和攻击的需求。

这种飞机的第一个海外顾客是比利时，订购了33架飞机来取代它的承担基础和高级

上图：法国空军使用阿尔法喷气式飞机E来做先进的飞行员训练、武器指导和作为国家特技飞行队使用。它的舰队包含55架飞机，驻扎在法国西部的图尔

现代战机百科全书 163

上图：为了庆祝北大西洋公约组织1996年5月在葡萄牙的贝雅区举行的"老虎会"，这架来自法国第301飞行中队的"阿尔法"喷气式飞机"Jaguares"，PAF被很好地装饰上老虎条纹标志

上图：法国空军特技飞行队，"法国巡逻兵"在1980年出售它的老迈的"Fouga Magisters"来购买"阿尔法"喷气式飞机。这支特技飞行队非常完美的表演毫无疑问促进了这架飞机在世界上的销售

训练职能的T-33和Fouga Magisters教练机。另外，"阿尔法"飞机还被多哥、象牙海岸、卡塔尔、尼日利亚和摩洛哥购买作为战斗机。摩洛哥"阿尔法"喷气式飞机也担任进攻性的训练角色，因此它们机头上携带有大的红色和黄色数字和星星。这些销售得来并不容易，因为"阿尔法"飞机的主要竞争对手是英国BAe公司的"鹰"式飞机，"鹰"式尽管是改进后的飞机，但是仍然在美国海军运输训练飞机的投标中打败了"阿尔法"喷气式飞机。尽管缺乏大量的销售，并且德国空军也将其从前线撤回，达索/道尼尔公司还是决定继续发展基本设计，例如安装FLIR和CRT显示器等系列设备。当现代战斗机变得更为复杂时，对高效的飞行员教练机的需求会越来越重要，"阿尔法"飞机则继续满足好几个使用者的需求。

## "阿尔法"喷气式 E

这些飞机驻扎在博弗尚（Beauvechain）的军事基地，装备到第7和第11"斯摩地"（Smaldeel）中队，分别用于执行高级和初级飞行训练任务。

**驾驶舱布局**
两位驾驶员被分别安置在纵向排列的透明玻璃下的马丁-贝克Mk10弹射座椅上；前面的飞行员配置了一个简化的抬头显示器。前面和后面驾驶舱的设备是相同的。

**动力装置**
斯奈克玛/Turboméca公司Larzac 04-C6（其中两个被安装在机身侧面的短舱中）能产生3175磅（13.24千牛）的推力。这是一台涵道比为1.13的涡轮风扇发动机。带有两级风扇、4级HP压缩机、单级HP涡轮机（来冷却刮片）和一级LP涡轮机。

上图："阿尔法"喷气式飞机NGEA是一款改良了的攻击版本，包含从埃及MS2发展而来的导航/攻击系统。这架样机武装了一对玛尔塔"魔术"空空导弹和一枚"飞鱼"反舰导弹

**翼下装载**
尽管"阿尔法"喷气式飞机能够携带很多种火箭弹和炸弹，这架比利时空军样机安装了标准的68.2加仑（310升）可弃油箱。航程上的增长是以损失攻击能力为代价的。

**腹侧机炮**
这架比利时飞机装载了腹侧机炮系统，包含一门DEFA 30毫米口径机炮和150发备弹。德国样机都安装了一门27毫米口径"毛瑟"机炮。

**起落架**
液压操纵的西班牙-布加迪/利勃海尔3轮起落架特点在于低压轮胎（只在主轮上）和防滑制动器。

**教练机颜色**
这架"阿尔法"喷气式飞机显示出原有的教练机开始使用时的颜色。后来经历过彻底检修的飞机被重新喷涂了双色调的灰色伪装，尽管橙色的训练带被保留了。

# "阿尔法"飞机的服役历史

在面临强大竞争时,尤其是来自英国BAe公司的"鹰"式的压力,达索/道尼尔公司依然实现了可观的以实用著称的"阿尔法"喷气式飞机在国内外的销售成功。

上图:在梅克内斯的战斗机飞行员学校使用的是摩洛哥皇家空军的"阿尔法"喷气式H型飞机,从1979年开始交付。两侧的"阿尔法"E飞机来自GE.314,一支法国空军部队,其历史可以追溯到1943年在摩洛哥服役期间

"阿尔法"喷气式飞机因其卓越的双发拉扎克发动机和轻型攻击机性能,而成为一家非常重要的先进的武器教练机和轻型攻击机。原本为了满足法德两国的需求,"阿尔法"喷气式项目开始就获得了得到保证的生产量,这两个发起的国家最后总共订购了351架飞机,尽管比原本计划的要少。这架飞机实际上是布雷盖126飞机和道尼尔P.135飞机优点的结合,在与斯尼亚斯/梅柏布公司的E.650Eurotrainer和VFW-Fokker的VFT-291进行的策略竞赛中获选。

从1970年开始,"阿尔法"喷气机陆续取代了洛克希德公司的T-33机型来执行高级训练任务,取代了达索公司的"神秘"IVA机型来执行武器训练任务,并取代了德国空军的G91机型来执行轻型攻击任务。这架飞机所要求的众多性能促使设计团队来设计一款通用的基础飞机(为了满足不同的需求尽管德国和法国都拥有特殊定制的子改型飞机),这也在另一方面促进了该飞机的出口销售的潜力。双发型是德国担心之处(由于F-104的严重磨损而引起的)。达索公司作为高级合伙人,很多人期待这架飞机能成为该时代最成功的教练机,尽管这些好的愿望并没有最终实现。实际上,"阿尔法"飞机的生产量只达到了504架,终止于1991年。大多数飞机出口国都是法语国家(比利时以及一些前法国殖民地例如喀麦隆、科特迪瓦、摩洛哥和多哥),这些国家习惯于为了军事飞机需求求助于法国,而比较特殊的是尼日利亚,其他的(例如埃及和卡塔尔)都是现有的达索"幻影"飞机的使用者。即使尼日利亚作为新的法国和德国的合作伙伴,也接收了大量的前德国道尼尔Do 27、Do28、Do128飞机和"比亚乔"P.149飞机,以及新型"梅柏布"Bo105。

不幸的是,"阿尔法"喷气式飞机在喷气式教练机市场面临了激烈的竞争。"鹰"式教练机被认为是喷气式教练机里的"劳斯莱斯",而像捷克的L-39和意大利的MB.339则能以相对比较低的价格提供很好的性能,并且在本土也有过剩的国产的教练机和轻型攻击机或者特许的竞争设计。

后来进入市场的还有阿根廷的IA63 Pampa、智利的Halcon、中国-巴基斯坦的K-8、印度的KiranⅡ、波兰的I-22 Iryda、

下图:大多数"阿尔法"E飞机上面呈现双色调,下面呈灰色。然而,在1999年,一个全部灰色的色系被采用

下图:第一架比利时空军"阿尔法"飞机优先漆上灰色和棕色伪装。由于比利时的订单,SABCA公司获得了生产这款飞机的机头和副翼的合同

罗马尼亚的IAR 99 Soim、南非的Impala、西班牙的C.101、中国台湾的AT-3和前南斯拉夫的G-4 Super Galeb。高性能涡轮螺旋桨飞机以PC-9和EMB-312 Tucano为典型。

"阿尔法"飞机被证明无法获得突破性的销售成绩，在美国海军VTX-TS竞争中输给了"鹰"式，没能说服印度空军从"鹰"式飞机转向阿尔法，尽管获得了数量不小的订单。更尴尬的是，当法国海军对运输教练机的需求出现的时候，很快显示"阿尔法"飞机比不上它的死对头"鹰"式飞机以强国的T-45"苍蝇"教练机的形式出现。最后，法国海军航空部决定与美国空军一起训练（在T-45上），这样就避免了法国购买英国货的尴尬。

4架样机中第一架在1973年10月26日进行了首飞，只在它的老对头"鹰"式飞机之后两年。这架飞机的基础版本特点在于增加推力的拉扎克04发动机，扩宽的舷内前缘，单缝Fowler扰流板和舵机控制。法国空军的是"阿尔法"喷气式E型飞机（供学校使用），德国空军的是"阿尔法"喷气式A型飞机（供战术支援或攻击使用）。"阿尔法"A型飞机装备了马丁-贝克弹射椅，圆的钝的机头使得改良了教练机所必需的高迎角和盘旋改出操纵特性。在武器训练角色里，"阿尔法"E型飞机能携带腹侧枪系统包括一个单独的DEFA 553型30毫米口径机炮，带有150发弹药。

所有的第一手的出口顾客使用的都是基于法国"阿尔法"A型飞机，尽管埃及的

下图：德国空军是这架飞机的原始客户，订购了175架"阿尔法"A飞机的近距离支持版本来取代菲亚特G.91R飞机，也是这款飞机退役时的任务

第一系列教练机被命名为"阿尔法"喷气式MS飞机（或者MS1），并且装备了加强的航空电子设备。"阿尔法"MS2型飞机专注于轻型攻击机，带有新的更加尖的机头，一具汤姆逊-CSF TMV630激光测距仪。数字装备数据总线的MS2飞机还装备有一具Sagem Uliss 81惯性导航系统，一台汤姆逊-CSF VE110 CRT抬头显示器和一台TRT-9无线电测高度计。"阿尔法"E型机，作为一款操纵飞机，拥有斯坦斯弹射座椅和一个指定的海上攻击系统，带着一台多普勒仪、Lear-Siegler双陀螺惯性系统和一台Kaiser抬头显示器。这款飞机在腹侧携带一台MK 27机炮。达索-道尼尔公司进行了许多先进的"阿尔法"喷气式飞机研究，但是没有一种被顾客所购买。"阿尔法"喷气式2型飞机或者称为"阿尔法"喷气式NGEA（Nouvelle Génération Ecole/Appui新一代教练或支援）是基于MS2飞机，但是增加了"魔术"空空导弹，更新了拉扎克04-20发动机（后来被再安装到德国"阿尔法"喷气式飞机上）。更加先进的是"阿尔法"3或者"阿尔法"ATS（先进训练系统），也被称作兰西亚。这款飞机特点在于每个座舱里的新的彩色多功能显示器，使用了Agave或者Anenome雷达，基于前视红外线，TV或者激光的传感器。"阿尔法"ATS飞机保留了法国空军的"阿尔法"飞机的构型，但通过不断的升级来获得一款新的继承者机型。

"阿尔法"喷气式飞机之后似乎迎来了一次小的复兴，这主要是由于德国打算出售之前留下的数量可观的飞机。德国将这款机型在1993年开始前线服役的仅存的教练机于1997年6月退役。德国已经在1993年将50架"阿尔法"飞机运到葡萄牙，尽管有报道称其中30架很可能到达法国来替换使用了更长

下图：带着它突出的背脊，NAF 451是尼日利亚空军的24架"阿尔法"N型飞机中的第二架，被优先交付。大约18架飞机保留了下来，但是适用性非常低

上图：阿尔法喷气式飞机"AJ58"拥有4个外挂架替代了原有的更宽的两个，携带一对火箭弹系统和4枚自由下落炸弹，尾部安装了VOR翼梢，而其他的用户没有采用

上图：科特迪瓦飞行分队有5架完整无损的"阿尔法"C飞机。但是只有两架是适宜飞行的。另外6架飞机的订单被取消了

时间的"阿尔法"E型飞机，希腊也想要60架飞机，但是并未实施。

德国的飞机一度处于最低价位，能在交付前被完全翻新（以及升级）。低价和马上交付的便利给这些新"阿尔法"飞机带来了至少一个令人惊奇的顾客：英国的DERA订购了12架（其中7架将会成为飞行者）；这些将会取代老化的"霍克猎人"飞机的无人机、飞行员测试训练和实验支持角色。英国的"霍克猎人"飞机随后取代一个Meteor无人驾驶教练机以及最后取代两架"堪培拉"靶机发射用飞机。

另外20架（加上5架备件机）被泰国订购，阿联酋也要求购买20架，加上两架不能飞行的机身来用作替补，尽管后来并没有看见这些飞机进行服役。

## 达索/道尼尔
## EH101 多用途直升机
### 英国-意大利"海王"直升机的代替者

上图：活跃的市场一定会看到民用直升机EH101"直升机航班"获得大笔的订单。这款飞机非常适合作为S-61N或者"超级美洲豹"的替代者

EH101是一项欧洲的直升机设计，预计将很快成为现役的最为先进的重型军用直升机之一。EH101的设计初衷是双重的：反潜直升机和兵员运输直升机。现在它也开始承担一系列的民用任务。

EH101出自20世纪70年代的一项"北约"欧洲国家海军提出的要求，用来替换H-3"海王"，扮演反潜舰载机直升机的角色。这个要求由英国皇家海军督促，英国皇家海军决定与意大利海军联合，并决定把这个新项目作为为英国韦斯特兰直升机公司和意大利阿古斯塔EH工业公司合作而特别开展的新尝试。最后提出的方案是一款大型的但是造型优美，采用3引擎设计、5桨叶后掠式主旋翼系统（韦斯特兰的BERP技术特点）的直升机——EH101。英国版的直升机采用了罗尔斯-罗伊斯公司与透博梅卡公司的RTM332涡轮轴发动机；而意大利选择了通用电气公司的CT7-6发动机，由阿尔法·罗梅奥公司和菲亚特公司特许制造。

海军版将配备一台360度航海搜索雷达、投吊式声呐、声呐浮标和外部武器（包括鱼雷和反舰导弹）。EH101重15700磅（7121千克），它的大尺寸允许它容纳一个后部跳板，这对于一架兵员运输机来说是非常重要的。最初这只是意大利的要求，但是1995年，英国皇家海军又选择了一个版本用来代替韦塞克斯。相同型号的基础运输飞机也很适合作为民用机型，例如进行沿海支援。EH101项目的官方启动时间是1981年，正式进行是在1984年。

### 首次飞行

第一架原型机（PP1）1987年10月9日进行了它的首飞。共制造了一系列9架原型机（PP1-PP9），每一架都担负着各自专门的研发任务。韦斯特兰公司制造的PP1（ZF641）用于发动机测试平台，同时也是皇家海军"灰背隼"HM.Mk 1的试验机。1987年11月26日首飞的阿古斯塔公司的PP2，是以相似于意大利海军反潜战直升机的标准制造的。韦斯特兰公司制造的PP3（G-EHIL），1988年9月30日首飞，是首架民用标准型EH101，承担"直升机航班"商务运输改型的验证项目。1989年6月15日韦斯特兰PP4（ZF644）升空，成为海军版本的通用实验直升机。紧接着PP5（ZF649）在1989年10月24日升空，也是韦斯特兰制造。这是专用皇家海军"灰背隼"研发机型，并在1991年进行第一次舰上着陆。1996年，它成为第一架安装全套任务电子设备的飞机。第6架原型机PP6（I-RAIA，MM-X-605），1989年4月26日进行首飞。这架阿古斯塔制造的直升机，成为了意大利海军专用的试验机型EH101，在1991年进行了第一次意大利舰上着陆。PP7（I-HIOI）1989年12月8日首飞，安装了后部跳板，作为阿古斯塔军用多用途版本的试验平台。倒数第二架EH101发展直升机是韦斯特兰的PP8（G-OIOI），1990年4月24日首飞，与PP3一起承担民用飞行试验机的工作。最后，阿古斯塔的PP9（I-LIOI）1991年2月16日首飞，是第二架加装后部货仓跳板的直升机，它也是承担民用测试的职责。

下图：EH101的揭幕仪式伴随着干冰和激光表演。这样华丽的出场印证了这架直升机出色的能力

### 多种版本

当前的计划需要一系列的EH101版本,以服务于它的重要客户。意大利采用了一个反潜/反舰版本,1994年又出现了一个海军预警版本。带跳板的通用版本也将服役于意大利海军。当前意大利EH101总订购量为16架(低于最初要求的42架)。英国皇家海军将获得44架"灰背隼"HM.Mk 1 飞行器,主要执行反潜任务。有计划引进一款"灰背隼"HM.Mk 2,经升级后扩展了此机型的反水面舰船能力。英国皇家空军将获得22架"灰背隼"HC.Mk 3直升机,装备了前视红外系统、加油口,还装有自卫设备(激光报警、雷达警告和红外干扰等)和急救绞车。"灰背隼"HC.Mk 3 将被优化执行战地运输任务和CSAR(战斗搜索和救援)任务。第一架为英国皇家海军生产的标准"灰背隼"于1997年2月20日进行首飞并且在5月交到了"灰背隼"项目最初的整合者洛克希德·马丁公司手中。洛克希德·马丁为英国国防部管理灰背隼项目,负责监督机身所有任务系统的关键整合。1998年12月1日,英国皇家海军的"灰背隼"飞行测试加强部队No.700(M)中队在约维尔顿的英国皇家海军航空兵基地成立。1999年3月,3架EH101 前往美国海军位于巴哈马群岛的大西洋水下试验鉴定中心(AUTEC),进行为期两个月的武器和反潜传感器的测试。第一架灰背隼"HC.Mk 3于1998年12月24日首飞,紧接着第二架在1999年6月14日试飞。2000年HC.Mk 3 在英国皇家空军驻扎在班森的第28中队开始服役。

在出口市场上,EH101在争夺加拿大空军订单的时候陷入了一场艰苦的竞争中,对手是一架新的反潜和搜索救援直升机,1987年,加拿大选择了后者。加拿大订购了15架CH-149 "奇摩"搜索救援直升机(代替它们的CH-113 "拉布拉多")和35架CH-148 "彼得列尔(Petrel)"反潜直升机(代替它们的CH-124"海王")。这张昂贵的订单成为了1992—1993年的加拿大选举话题,并且在1993年政府换届后突然被取消。结果,加拿大被迫缴纳了大笔的违约金并且重新开放了两项竞标。支持EH 101的声音一直没有变,然而,1997年,加拿大重新订购了EH 101,作为他们新的远距离搜索救援直升机。这笔订单相关的15架直升机被EH工业取名为AW320"鸬鹚"(Cormorant)直升机,掩盖了它们与10年前加拿大订购的现在早已应该开始服役的版本相同的事实。第一架"鸬鹚"直升机于2001年2月开始服役。当加拿大决定更换"海王"时,EH 101必然是最后的选择。EH工业也被牵涉进了北欧标准直升机需求中。丹麦、芬兰、挪威和瑞典结盟一起评估和选择一个直升机型号,用来作为舰载飞机和兵员运输机使用。然而,只有丹麦选择了EH 101,从2004年开始服役。在2003年11月,葡萄牙签署了一项12架EH 101 的合同,用来进行长距离搜索救援和渔业保护工作,同时向美国提供了一个VIP直升机的版本。

上图:PP9是首架由阿古斯塔制造的民用EH101。这架直升机用于多种测试,包括在亚利桑那州梅瑟的高热测试。这也是第二架安装后部跳板的EH101

### EH 101 PP5("灰背隼"HM.Mk 1)

PP5 最初与英国皇家海军的"诺福克"号护卫舰一起用于测试任务。后来改为与"铁公爵"号护卫舰一起进行测试,后者包括投放声呐浮标的试验。随后,它成为第二架 RTM 322 测试机身并装备了全套的"灰背隼"电子设备。现在,它加入了"Stingray"鱼雷的投放试验。

### 起落装置

液压操纵的可收放3点式起落架、可操纵前轮,由AP精密液压系统公司以及意大利航空和机械制造公司设计开发。韦斯特兰公司对EH101进行了坠落试验,可承受35英尺(10.6米)每秒的速度。

### "橘色收割机"

雷卡尔公司的"茶隼"(Kestrel)电子救援系统使用了英国皇家海军的名字——"橘色收割机"。它使用了6根天线,位于机头上方、舷侧上方和机身后部上方。

### 紧急悬浮设备

"灰背隼"依赖4个凯夫拉增强聚乙烯浮筒,充入灌装氯气。这个系统由BAJ公司开发,特点是有4个浮筒,机头两侧各一个,舷侧起落架上有两个。

### 旋翼毂

EH 101的旋翼使用了增强纤维和金属组件。这个系统可以抵抗23毫米口径炮弹的撞击并且在变速箱无油的情况下继续飞行45分钟。

### 结构

机身设计成4部分,所有版本都有前部、中部和尾部。有装载台的版本的尾梁更细,与尾部折叠装置安装在一起。机身结构的主要材料是蜂窝结构的铝锂合金和黏合复合板。

上图：巴西自身装备的武装型AT-27"巨嘴鸟"（标注为7发火箭弹系统和机炮吊舱）来对抗毒品走私分子。这架飞机是来自博阿维斯塔的1/7ETA

## 巴西航空公司
# EMB-312"巨嘴鸟"战斗教练机

"巨嘴鸟"飞机，体现出巴西日益进取的飞机行业产生了一款世界顶尖级的涡轮螺旋桨教练机，并且获得了极大的出口成功，获得了来自英国和法国大量的订单。现在这款飞机被发展为一款强有力的战斗机来打击毒品贩子。

作为一款高性能涡轮螺旋桨飞机，巴西航空工业公司的EMB-312"巨嘴鸟"（Tucano）教练机的研发工作开始于1978年，响应巴西空军取代Cessna T-37飞机的决定。从一开始设计是想提供"喷气式"飞行经验，"巨嘴鸟"有单发动力杆来控制俯仰推力和发动机转速、弹射椅和错列的纵向排列的座舱。4个翼下硬挂点能携带重达2205磅（1000千克）武器训练装备。"巨嘴鸟"比喷气式机型好的地方在于对早期飞行训练中的学员飞行员的视觉方面的要求要低。

总计达133架飞机被巴西空军订购，最初系列的118架的支付持续到1990年的10架和1992年的5架。

最初的T-27"巨嘴鸟"于1980年8月16日首飞，在1983年9月被交付给在圣保罗的巴西空军学校，作为第一飞中队的高级训练角色。巴西"巨嘴鸟"的大部分与这个部队一起飞行。巴西空军特级队Fumaca飞行中队（"烟雾中队"）接收了T-27"巨嘴鸟"飞机来替换它们老化的北美公司的"哈佛"飞机。

下图：最著名的"巨嘴鸟"飞机是以皮拉苏农加（Pirassununga）为基地的飞行表演队

### 武装教练机

一些巴西"巨嘴鸟"飞机被称作AT-27飞机，这些飞机都有武器装备，带着翼下硬挂点，能携带0.3英寸（7.62毫米）口径C2机枪、7发火箭弹系统或轻型炸弹。AT-27飞机与另外4架飞机一起在巴西更远距离的地方执行任务——从第1/7和第2/7ETA（空军运输中队）分派出来的。尽管这支部队的指挥者另有用意，这些"巨嘴鸟"飞机被用来武装巡航、以对抗毒品走私分子，包括拦截飞机。秘鲁的"巨嘴鸟"也用作同样的用途，大量的空中杀戮被记录在案。

在巴西空军的服役生涯中，这些"巨嘴鸟"增加了A/TA-29 ALX飞机。另外的AT-27服役于巴西空军的喷气式战斗机联队作为武器连续教练机和"勤杂用机"，服役于高级武器训练部队第1/5GAV。

一个出口134架"巨嘴鸟"的订单由埃及在1983年9月提出。除了最早的10架，其他的都在阿勒旺特许组装完成。埃及空军只拥有54架当地组装的"巨嘴鸟"，大约80架飞机被提供给伊拉克空军。另外来自巴西的飞机交付给了阿根廷（30架）、哥伦比亚（14架）、洪都拉斯（12架）、伊朗（25架）、巴拉圭（6架）、秘鲁（30架）和委内瑞拉（31架）。另一个大订单来自1991年10月（尽管在1990年7月签订的），法国宣告购买80架巴西航空工业公司生产的EMB-312F飞机。这款法国版本的飞机因其增加的疲劳寿命、机腹减速板和法国航空电子系统而备感自豪。第一架飞机在1993年7月被交付到在蒙德马桑的CEV测试部门，另一架被送到CEAM。"巨嘴鸟"飞机于1994年开始服役于萨隆-普罗旺斯的第312指挥部队，替换了法国富加公司生产的"教师"（Magister）教练机的高级训练角色。

下图：一大批装配了TPE331发动机的"巨嘴鸟"Mk1是专供英国皇家空军的，次款T.Mk 51是专供肯尼亚的，而图中所示的T.Mk 52是专供科威特的

在1985年英国皇家空军选中了"巨嘴鸟"飞机——在英国基于S312模型生产的——在一个与PilatusPC-9、Hunting Turbo-Firecracker和AAC/韦斯特兰 A20的国际性竞争之后。巨嘴鸟飞机被选作JET Provost的替换者来担任基础训练角色。大量的改进被实施来满足英国对基础机身的要求，包括重新整形的翼尖整流罩，1100轴马力（820千瓦）加勒特（现在是霍尼韦尔）TPE331涡轮螺旋桨发动机取代了原有的拉特·惠特尼公司的PT6A，大大提高了爬升率和重新配置工作舱来为英国航空公司的"鹰"式教练机系统提供通用性。巴西航空工业公司在1986年2月进行了加勒特发动机样机的试飞，并将其作为样品飞机交付给贝尔法斯特的肖特公司，第一架"巨嘴鸟"T.Mk 1在同年12月30日进行了首飞。英国皇家空军生产总计达130架飞机，首先于1988年6月交付给在斯卡普顿的飞行中心学校。英国空军的订单在1993年完成。"巨嘴鸟"飞机开始装备在第1飞行训练学校和在克兰威尔的第3飞行训练学校，以及在芬宁利的第6飞行训练学校，其他的在斯卡普顿的CFS。在2000年，"巨嘴鸟"机队被限制于第1飞行训练学校和CFS。为了提高"巨嘴鸟"飞机在军事训练和对抗暴动角色方面的能力，肖特公司在1991年春天进行了一系列武器试验，使用了比利时FNNH公司的机枪吊舱，比利时FNNH公司的重型机枪。

上图："巨嘴鸟"在南美各国销售非常好。"巨嘴鸟"出售给包括委内瑞拉、秘鲁、巴西和阿根廷。哥伦比亚和巴拉圭随后也加入了。海外顾客需求武装的S312的是肯尼亚（T.Mk51），在1991年6月接收了最后的12架。科威特（T.Mk 52）从1995年开始被交付了16架飞机，服役于第19飞行中队

### EMB-314"超级巨嘴鸟"和ALX

由于美国空军和海军的联合初级教练机来取代基础教练机的T-34C和T-37竞赛的激发，巴西航空工业公司在1991年宣告EMB-312H"巨嘴鸟"的诞生，带有一个升级过的PT6A-68A发动机，安装1300轴马力（970千瓦）的涡轮螺旋桨发动机，并且保持稳定性和重心。EMB-312H与诺斯罗普一起被提供来参加联合初级教练机竞赛。一款改装的"巨嘴鸟"（PP-ZTW）在1992年8月在美军基地进行了巡展，两架新生产的样机（PP-ZTW）在1993年5月15日进行了试飞。这些飞机随后被重新命名为EMB-314，并被重新取名为"超级巨嘴鸟"来体现众多改进。

取名为ALX，一个"超级巨嘴鸟"的版本EMB-314M被选作巴西空军的SIVAM项目，内容包括边境和远距地区巡逻轻型攻击机/战斗机来对抗多种违法活动，包括非法砍伐、环境污染和毒品走私。SIVAM也包括一个EMB-145SA/RS(R-99A/B)监视平台。

EMB-314M被命名为A-29（单座机）和TA-29（双座机）服役于巴西空军，拥有更为有力的1600轴马力（1193千瓦）PT6A-68-1涡轮螺旋桨发动机和综合装备系统（包括FAFIRE前视红外系统和全球定位系统），武器装备包括两翼每侧一个0.472英寸（12毫米）口径200发备弹的机枪，对多种炸弹的4个翼下和一个中心线硬挂点、机炮和火箭弹系统。武器选择包括激光制导和集束炸弹，巴西本土的MAA-1"水虎鱼"空空导弹。

最初的一个巴西空军订购了的99架ALX飞机（49架A-29和50架TA-29），第一架（YA-295700）在1999年进行首飞。60-A/TA-29飞机预计在SIVAM项目中与新成立的第3部队一起执行任务，30TA-29飞机要取代在纳塔尔的第2/5部队的EMB-326在武器/战术方面的训练职能。巴西航空工业公司的EMB-314在世界市场上都表现相当活跃。

下图：第一架（前图）和第二架EMB-312H/314样机某种程度上证明了机型的武器能力。最为显著的是PP-ZTV携带的MAA-1"水虎鱼"导弹

下图：5700是第一架EMB-314M飞机，作为单座YA-29完成（Y前缀表示测试状态），被漆上了机队的伪装颜色。这架改型第一次固定了武器装备，两翼都装备有机枪

# 欧洲直升机公司
## "虎"式直升机
### "欧洲野猫"

上图：欧洲直升机公司称"虎"式采用了最先进的技术，80%的机身结构采用了复合材料，具有低雷达、红外线视觉探测性

"虎"式直升机的制造商欧洲直升机公司称其为目前世界上最先进的作战直升机，尽管这款法德联合开发的直升机还没收到任何出口订单。

欧洲直升机公司的"虎"式直升机的概念源自20世纪80年代中期德国对第二代反坦克直升机（PAH-2）的战略需要。同时法国陆军也在寻求同样类型的反坦克直升机（HAC）。1984年法德两国就合作开发新式直升机签署了谅解备忘录。法国航宇公司和德国的MBB公司于1985年9月成立了欧洲直升机"虎"式联合股份工业公司；随后，这两家公司的直升机研发活动都合并到欧洲直升机公司名下，但是由于"虎"式项目是一个独立的政府合同，因此并没有归在欧直的正式结构中。在1989年9月30日，经过几次修订后，签订了主要的发展合同，"虎"式的名字也正式确立。

### 空空导弹和顶装式STRIX瞄准器的测试

"虎"式（该直升机的通用名）的机身细长低阻力，配备串联双座式座舱，从中线两边进入平移。每个座舱都装有双色液晶多功能显示器，机组成员可以通过头盔进行瞄准。机身结构使用了大量复合材料，采用了先进的4桨叶半刚性复合材料旋翼。采用法国宇航公司设计的3旋翼尾桨，装备后3点单轮式起落架。武器悬挂系统在带有上反角的机翼上，装有机炮发射器。动力由两台MTU/透博梅尔/罗尔斯-罗伊斯 MTR 390涡轮轴发动机提供，每一台的起飞功率为1285轴马力（958千瓦），巡航功率为1171轴马力（873千瓦）。

"虎"式针对其两个主要使用方准备开发3种不同的型号。这几种型号经过了几次修订——主要是因为苏联武力威胁在欧洲的消失。反坦克型"U-虎"式以及侦察护航型HCP（多功能武装直升机）这两种基本的型号还继续存在。

德国只装备一种UHI型"虎"式直升机，这是一款多用途武装直升机，基本任务是反坦克作战。UHT型替代了之前的PAH-2型设计构想，增加了空对空能力，这是前者所不具备的。UHT型可以配备"霍

下图：在詹姆斯·邦德的电影《黄金眼》中的出场使"虎"式吸引了大众的目光，其中展示的技术使其可以躲避EMP（电磁脉冲）的攻击

下图：开始的时候，F-ZWWW装备有头盔式瞄准器，但是一年后被Gerfaut/HAP顶装式瞄准器和机头机枪所取代。在1996年年初，PT1从飞行测试收回进行地面疲劳测试

上图：法国的PT1，以HAP/Gerfaut的布置进行30毫米口径GIAT AM-30781机炮，"西北风"空空导弹和顶装式STRIX瞄准器的测试

特"3导弹或者"标枪"（Tirgat）反坦克导弹、"毒刺"空空导弹、火箭弹和机枪。装备有基于头盔的光电红外线系统，并配备激光测距仪以及机头下方的驾驶员红外线瞄准系统。之后可以增加安装在机头下方的30毫米口径机炮。法国的反坦克型号称为HAC，同德国的UHT型具有相同的配置。法国还需要一款基于HCP型设计概念的HAP型，进行护航和活力支援任务。这种型号一直被称为Gerfaut，直到1993年。同其他

下图：澳大利亚在订购22架"澳洲虎"式之前对其进行测试。该机型是基于法国的HAP型，采用顶装式瞄准系统以及一系列改装来满足需要

"虎"的主要区别是在机头下方装备的30毫米口径GIAT公司制AM-30781机炮。HAP不需要进行反坦克任务，但是装备了68毫米口径SNEB火箭弹和MATRA/BAE"西北风"（Mistral）空空导弹。此外HAP型还用顶装式瞄准器代替了头盔式瞄准器。

## 研发

1989年的合同中计划制造5架原型机：3架非武装具备空气动力外形原型机，一架侦察用Gerfaut/HAP原型机以及一架全武装反坦克原型机。一架法国宇航公司的"黑豹"直升机用作MTR 390发动机的测试机，在1991年2月14日进行了首飞。3架其他的测试机两架"美洲豹"和1架"海豚"直升机-用来测试头盔瞄准器、夜视仪以及火控系统。第一架验证机（PT1，F-ZWWW）在1991年4月27日于马里尼亚那首飞，第二架验证机（PT2，F-ZWWY）即装备有所有必需的航电系统的Gerfaut/HAP机身在1992年9月9日于奥特布朗出厂，并在1993年4月22日首飞。在完成了对包括雷达有效区测试内的所有项目后，PT2重新装配成HAP型，并命名为PT2R。

PT3（F-ZWWT）在1993年9月19日试飞。该型号装备有完整的航电设备，之后在1997年被组装成标准的UHT型，成为PT3R。

PT4（F-ZWWU）被制造成HAP/Gerfaut的原型机，装备有多功能顶装式瞄准器，并成为第一架发射武器的"虎"式直升机。1994年12月15日首飞，1995—1997年陆续装备了机炮和"西北风"导弹。该型号主要是为了吸引"虎"式的出口销量，并在瑞典和澳大利亚进行评估。不幸的是，在1998年2月17日，该型号在澳大利亚的一次夜间测试飞行中坠毁报废。

PT5（98+25）是针对UHT型的专门的测试机，于1996年2月21日首飞。1997年装备了德国的武器系统，包括"霍特"导弹、12.7毫米口径机炮等。

## 国防预算缩减

冷战结束后，法国和德国的国防预算缩减，这导致"虎"式计划遭受严重打击，制造和交付进度也相应推迟。原来"虎"式的需求量为427架（法国75架HAP型、140架HAC型，德国212架PAH-2型/UHU型）。德国1995年的财政计划中只有75架的预算，这促使低成本的UHT型的发展。2001—2009年间又增加了112架的预算使预订数回到了212架。在1994年，法国的预订数量修订为115架HAP型和100架HAC型，尽管这可能还会被修订到一共140架的数量。

1995年7月英国决定购买波音/麦道公司的AH-64D"长弓阿帕奇"直升机，这让"虎"式的前景更加不利。英国BAE公司和欧洲直升机公司合作竞标90架直升机订单，英国获得了"虎"式项目的全面合作关系，按理应该选择"虎"式直升机。欧洲直升机公司被认为向英国提供了没有风险的订单，因为"虎"式的研发费用已经被法国和德国政府支付。

直到1998年5月，在经过了许多对"虎"式前景的质疑后，尽管德国的国防评估仍在进行，法国的财政预算受到限制，"虎"式又重新获得了官方的支持和生产保证。然而，在1999年1月，法国和德国又推迟（6个月）签署第一个订购160架的协议，尽管之前规定这个价值38亿美元的合同会在1998年年末结束。这次推迟意味着在2001年年底、2002年年初向德国交付首批"虎"式的时间也相应推迟。2003年向法国交付首批HAP型的计划仍在进行中。

上图：法国Gerfaut护航侦察机型作为第一架"虎"式反坦克直升机进行编队飞行。两架都在飞行测试计划当中

下图：英国购买的"虎"式密切了欧洲各国的国防和工业联系。在争取英国直升机订单中的失败对欧洲直升机公司是一个极大的冲击，之后又遭到法德两国政府的搪塞，推迟了购买自己生产的直升机的合同

# 服役情况

上图:"虎"式HAP,之前被称为Gerfaut,与一辆勒克莱尔主战坦克在一起。该型号是法国陆军的侦察/火力支援型直升机。HAP型"虎"式直升机装备的30毫米口径(1.18英寸)机炮以及勒克莱尔主战坦克都是GIAT公司的产品

欧洲直升机公司的"虎"式直升机的研发过程虽然缓慢,但是稳步推进。尽管该项目也是许多受到资金缺乏以及后冷战时期重心转变影响的欧洲防卫项目之一,"虎"式最终准备投入服役。

在20世纪90年代后期,"虎"式项目在其两个主要的客户法国和德国逐渐减缩的国防预算面前取得了很大的进展。当欧洲直升机公司继续等待签署生产合同时,"虎"式在与其他直升机的竞争中并没有取得优势。本国政府对该项目的支持不够使"虎"式的销售团队在说服他国顾客进行投资的时候底气不足。在1998年5月,德国和法国当局签署了承诺进行系列生产的谅解备忘录(MoU),这是该项目向前迈进的第一小步。然而这并不是所期望的第一批订单。备忘录包括了最开始的160架的订单——德国80架,法国80架。德国对"虎"式的总需求量为212架,法国为215架。开始时希望可以在2001年起开始交付使用,但是备忘录签署以后不久该日期又被推迟。

直到一年之后,在2000年6月18日的法国航展上,"虎"式的生产合同最终签署。该协议包括最开始的160架(同1998年的谅解备忘录一致)。生产和最后的组装将在德国的多瑙沃特和法国的马里尼亚纳进行。后者会生产法国陆军订购的HAP战场支援型号,多瑙沃特将会分别为法国和德国生产HAC和UHT反坦克型号。两个国家均分花费和分工。第一架"虎"式于2003年开始交付。

## 出口情况

以坚实的项目推动力为后盾,欧洲直升机公司重拾信心投入国际市场。在1999年9月,欧洲直升机公司向波兰提供订单,后者刚加入"北约",计划升级其一线兵力。开始的时候波兰想订购96架本国设计生产的P.Z.L W-3H"哈扎"(Huzar)武装直升机,装备有"霍特"或者NT-D反坦克导弹,但是该计划最终被放弃。为了满足波兰修订后的反坦克武装侦察直升机需求,欧洲直升机公司提供了德国陆军的UHT型号"虎"式直升机——装备有"霍特"导弹、"毒刺"空空导弹和20毫米口径机炮。如果合作成功,欧洲直升机公司还承诺将与波兰直升机制造商P.Z.L-Swidnik开展重要合作。尽管波兰决定升级其米-24直升机,推迟了对新机型的大量采购,但波兰对未来作战直升机的需求仍在计划内,

下图:"虎"式U型是"虎"式UHT、HAC型的基础型号,这3种型号的"虎"式直升机都具备装在旋翼主轴上的瞄准器。这3款机型80%的部件通用

下图:"虎"式直升机的第3架原型机是面向德国陆军的UHI型通用反坦克和火力支援直升机实验机(如图所示),该机左侧的内装硬挂点携带的是"标枪"反坦克导弹

欧洲直升机公司的"虎"式仍然是强有力的竞争者。

## 出口潜力

另一个重要的客户是西班牙,准备用"虎"式型号取代其BO 105导弹武装直升机。察觉到西班牙陆军30架直升机的需求后,欧洲直升机公司在2000年9月同EADS-CASA签署协议建立欧洲直升机西班牙公司。在2001年成立后,欧直西班牙分公司成为欧洲直升机公司集团中第三大的子公司,它的成立也让西班牙更倾向于"虎"式直升机以及欧直公司其他的一些项目。

2000年10月21日,第一架预生产的标准"虎"式直升机在法国的马里尼亚纳首飞,这是"虎"式直升机具有里程碑意义的一天。HAP型直升机(PS1)是使用标准化生产流程(不像之前用开发中的工具进行生产的原型机)进行生产组装的。

在PS1首飞的同时,欧洲直升机公司宣布了另外两件重要的成绩。第一件是完成了对HAP型武器系统的资格测试,包括"西北风"空空导弹、68毫米(2.7英寸)口径火箭弹和GIAT 30毫米口径机炮。这些实验主要在PT2R2原型机上进行,包括来自欧洲直升机公司、DGA飞行测试中心和法国陆军航空兵的人员进行了向3280～4921英尺(1000～1500米)外的53.8平方英尺(5平方米)目标区域进行攻击的测试。在空对地模式中进行了固定和移动目标测试,之后进行

了空对空模式测试。在1000米的高度,10次射击9次击中目标,在1500米的高度,10次射击6次击中目标。

欧洲直升机公司同时宣布同其合作伙伴Thales Detexis、Dornier和MS & I一起,与SPAe签订协议共同开发"虎"式直升机的航空战术数据链接系统。

伴随着"虎"式研发工作的顺利推进,2001年年底该计划又取得了巨大的进展,最终赢得了对澳大利亚武装侦察直升机(ARH)项目的竞争。又被称为AIR 87计划的ARH竞争的进展就像坐云霄飞车一样,在原定的截止日期之后仍没有最终的决定,之后在2000年,整个计划被取消后又重启。"澳洲虎"计划有波音公司AH-64D"阿帕奇"、

上图:"虎"式计划获得了第一笔重要的来自澳大利亚的出口订单,使其在对西班牙的销售中处于有利地位。图为获胜的HCP型"澳洲虎"

贝尔公司ARH-1Z和奥古斯塔公司A 129"天蝎"展开激烈竞争,但是在2001年9月21日,澳大利亚国防部宣布同欧洲直升机公司签订了购买22架价值13亿美元的"虎"式直升机合同。从2004年9月开始向澳大利亚陆军航空部交付,并在昆士兰的澳大利亚宇航企业工业公司(最近成立的EADS在澳大利亚的子公司)进行组装。作为协议中的一部分,欧洲直升机公司在澳大利亚建立生产EC 120轻型直升机的生产线。新的设备每年可以为澳大利亚、新西兰和亚洲市场生产30～50架直升机。

下图:UHT型"虎"式的认证工作安排在2002年9月。中期升级改进可能会为UHT增加一门30毫米口径的"毛瑟"机炮,以及给HAC型装备一部顶装式多普勒雷达系统

下图:HAP和HCP出口型的武器系统包括"西北风"空空导弹,12发或22发备弹的68毫米(2.7英寸)口径TDA火箭发射器以及"霍特"3导弹或者"标枪"AC3G 空对地导弹。30毫米口径自动机炮携带150～450发备弹

# EF2000/"台风"战斗机

在过去15年里,"台风"战斗机计划简直成了政治分歧和工程拖延的代名词。然而,有关该型飞机的研发工作却从未停止,目前已经服役。

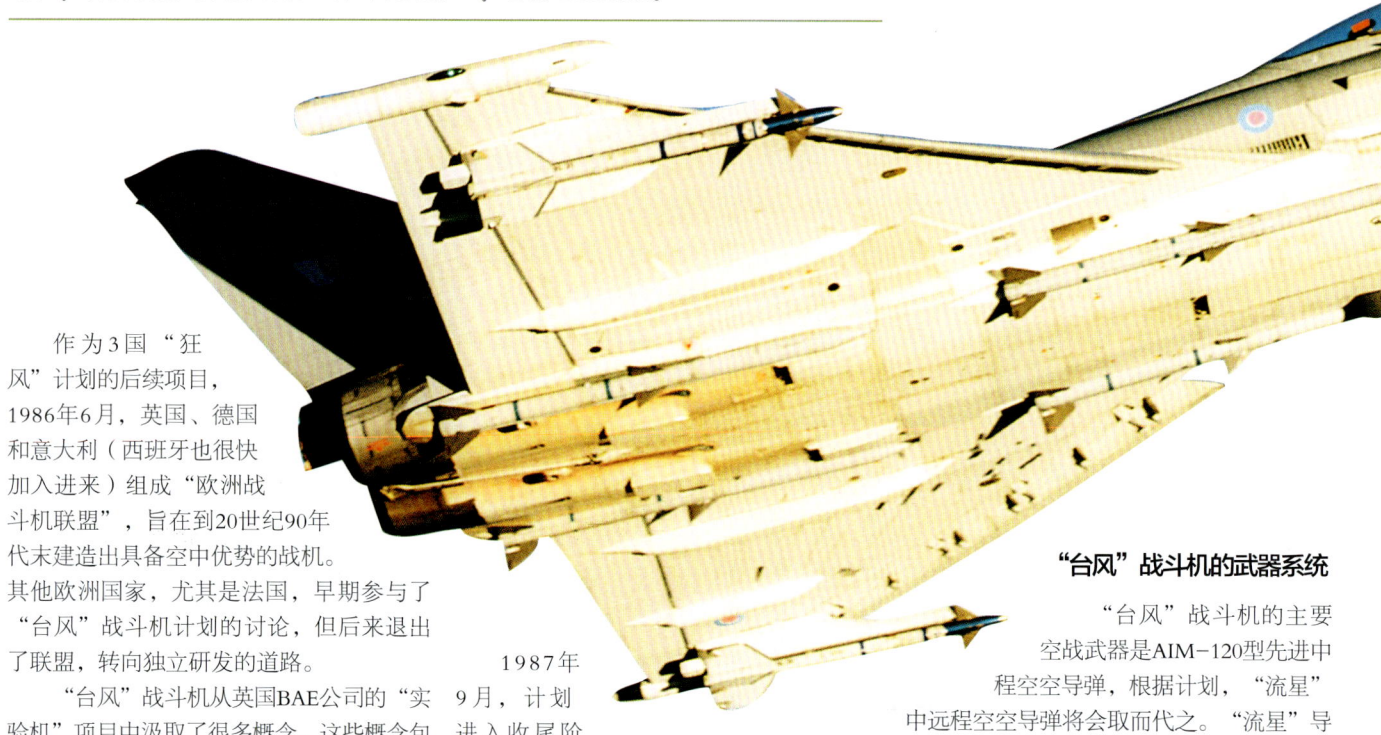

下图:在当前军事形势下,需要研制一种能够同时执行空中格斗和对地攻击任务的战机,而英国皇家空军的"台风"战斗机的设计从一开始就是按照这种标准进行规划的

作为3国"狂风"计划的后续项目,1986年6月,英国、德国和意大利(西班牙也很快加入进来)组成"欧洲战斗机联盟",旨在到20世纪90年代末建造出具备空中优势的战机。其他欧洲国家,尤其是法国,早期参与了"台风"战斗机计划的讨论,但后来退出了联盟,转向独立研发的道路。

"台风"战斗机从英国BAE公司的"实验机"项目中汲取了很多概念,这些概念包括鸭式前翼非稳定气动布局、主动数字电传飞行控制系统、先进航空电子设备、多功能驾驶舱显示屏、碳纤维复合材料、大量使用铝锂合金和钛金属,甚至包括了直接语音输入系统。"实验机"项目在德国退出之后由英国国防部和工业界(包括意大利的参与)提供资金支持。1986年8月8日,配置了两台RB.199发动机的原型机进行首次试飞。在其1991年退役之前,共飞行259架次,时长超过195小时,为"台风"战斗机发展计划积累了宝贵的经验。

上图:在"台风"战斗机飞行控制系统第3阶段试验中包含有空中加油科目。根据安排,DA.2号原型机进行了首次空中加油测试,把受油管插入第102飞行中队的一架VC10型空中加油机的浮锚内

1987年9月,计划进入收尾阶段,"欧洲集团研制要求"提出要建造一架双涡扇发动机单座战斗机,专门为超视距、近距离空战进行优化设计,同时还具备地对空攻击能力,可在条件极差的短跑道机场内起降,具备低空雷达截面和超音速飞行能力,并具有高度的灵活性和机动性。德国和意大利最初只重视飞机的空战能力,但也接受了飞机的制造规范。全机空载重9750千克,翼展538.2平方英尺(50平方米),每台发动机二次充分燃烧后能提供20233磅(90千牛·米)的推力。通过比较,欧盟的EJ200型双轴涡扇发动机比"狂风"战斗机的RB.199发动机少了30%的零部件,却拥有13488磅(60千牛·米)的最大静推力。

1988年11月23日,签署了一笔总价高达55亿美元的合同,涵盖了1999年的8架原型机(包括双座版本)的建造和测试费用,其中3架在英国、两架在德国、两架在意大利、一架在西班牙。飞机的资金支持与各国的工业参与份额挂钩:英国BAE公司和德国MBB公司(现在的德国欧洲航空防务航天公司)各占33%,意大利阿莱尼亚公司占21%,西班牙航空制造公司(现在的西班牙欧洲航空防务航天公司)占13%。

## "台风"战斗机的武器系统

"台风"战斗机的主要空战武器是AIM-120型先进中程空空导弹,根据计划,"流星"中远程空空导弹将会取而代之。"流星"导弹结合英国BAE公司的S225X导弹和德国航空航天研究院的A3M导弹研制而成。在更近距离的空战中,英国皇家空军的"台风"战斗机将使用先进近距空空导弹,德国的战机则使用欧洲导弹集团的近距红外导弹。飞机空战武器配置可包括6枚先进中程空空导弹或4枚先进近距空空导弹。在对地作战中,"台风"战斗机所拥有的14300磅(6486千克)的装载量可以携带3枚"铺路钉"Ⅲ型激光制导炸弹和热成像机载激光目标指示器。其他武器包括英法联合研制的"沙漠之影"防区外空地导弹或源自"地狱火"导弹的"硫黄石"导弹。

飞机装配的ECR90型雷达是战机立体攻击识别系统的重要组成部分,能够提供空对空和空对地模式,具有全方位上视上射和下视下射能力,同时能够自动识别威胁并按威胁程度评估。此外,雷达还可以进行真实波束地形测绘、地面移动目标显示和追踪、高分辨率绘图(多普勒光束锐化)、海杂波优化绘图、地形回避和测距等功能。该雷达系统还具备自动武器投放设置,有着超大覆盖半径和很强的抗电子干扰能力。

作为ECR90雷达的补充,红外搜索追

踪系统具备被动多目标追踪和制图能力。1992年中期，意大利菲亚尔公司、英国索恩·埃米电子公司和西班牙欧洲电子科技公司为此获得技术开发合同。早些时候，马可尼防御系统公司接到整合防御辅助子系统的订单，包括激光和雷达预警系统、翼尖电子支援吊舱和电子对抗吊舱、箔条/曳光弹布撒器和拖曳式诱饵。德国和西班牙会寻求一些更廉价的设备方案。

## 首飞

1994年3月27日和4月6日，首批两架"台风"战斗机原型机DA.1（编号98+29）和DA.2（编号ZH558）分别从德国曼兴和英国沃顿首飞，飞行时长分别为45和50分钟。英国BAE公司的D.A4是首架装备了ECR90雷达的双座"台风"战斗机原型机。法国航宇则在D.A5上集成了航空电子设备和武器系统。西班牙航空制造工业公司组装并试飞了第二架双座原型机D.A6。意大利阿莱尼亚航宇公司制造了D.A7。由于资金削减，原计划两架实验机被取消，D.A7成为最后一架实验机。

即使对4个发起国来讲，当时预测将会生产多少架"台风"战斗机为时过早。英国依然承诺订购232架，其中140架将布置在一线部队。德国将订购180架，其中的第二批40架将用来替代"狂风"战斗机。在这个数量上，可能还需要15~20架在美国的教练机和一批侦察机。意大利需要121架。西班牙将订购87架。"台风"战斗机预计在2002年前服役。尽管会有服役测试航空分队，事实上的服役日期会推迟到2003年前。与之相比，法国空军的"阵风"战斗机服役日期是2006年，F-22的服役日期是2008年。首批"台风"战斗机中队在2005年形成作战能力，而首批对地攻击中队在2008年可以进入战备状态。

下图："台风"战斗机在取名时产生了极大的分歧，1998年，尽管遭到德国的反对，最终还是选择了"台风"

下图：1997年6—8月，德国研制的DA.1号"台风"原型机在英国进行了一系列的飞行测试。为了测试飞机在高动压下的结构应力，D.A1号多次从沃顿基地起飞，抵达爱尔兰海域上空执行任务。本图中，D.A1号飞机的下方是英国布莱克浦的金色海滩

## DA.6号"台风"战斗机

西班牙航空制造工业公司的DA.6（编号XCE.16-01）是首架双座"台风"战斗机，也是第二架建造的原型机。1996年8月31日，DA.6号首次升空。事实上，DA.6号的空战能力胜过了DA.4和DA.5（法国宇航的第二架单座战机）。

**燃油系统**
DA.6号"台风"战斗机有3个硬挂点可以挂载油箱。机身中线和翼下搭载点上可以悬挂一个330英制加仑（合1500升）的油箱（飞机的速度会限制在亚音速）或者是在翼下悬挂220英加仑油箱，从而保证超音速飞行。

**航空电子设备**
航空电子设备完全实现了数字化，每一个零件都是由4大公司提供：法国宇航负责攻击识别系统；英国BAE公司负责防御辅助、显示控制、检测、测试和记录设备；意大利阿莱尼亚航空公司提供导航和武器控制系统；西班牙航空制造工业公司负责通信设备。

**鸭式前翼**
鸭式前翼的使用促进了"台风"战斗机的非稳定气动布局，中心后移。这些前翼还增加了飞机起飞或转弯的总升力，同时还减少了阻力。机身边条的设计可以消除鸭式前翼产生的涡流。据说，这已经被飞行员们用来展示他们的驾驶实力。

**起落架**
起落架非常结实，可以让飞机临近着陆时使机翼工作在恒定迎角，从而获得尽可能短的降落距离。"台风"战斗机的碳刹车盘采用电脑控制、风冷设计。

**进气道**
为了保证战机在各种速度、各种迎角下的卓越性能，需要设计一个灵活、功能全面的进气道。最终选择的布局是机腹下进气道，用铰链固定下唇，即下唇口可调方案。一个圆拱形的分流板可以保证在整个飞行区域内通过移除边界层气流使干净空气进入压缩机。

**飞机结构**
"台风"战斗机70%的表面使用了大量的先进材料，例如碳纤维材料，其百分比是40%的碳纤维、12%的钛和20%的铝锂合金。

# "台风"战斗机展翅欲飞

截至2001年,全部7架"台风"战斗机原型机已经试飞完毕。德国由于政治因素,战机的正式投产被推迟,但其他伙伴国已于2003年开始接收首批符合投产标准的战机,而更多的战机也已在各自国家的高科技装配线上准备完毕,随时可以投产。

"台风"战斗机的生产工厂和装配设施是欧洲最为先进的,其机床和装配模具都由计算机控制,整个工厂环境极为干净整洁。

现代的生产技术和理念使"台风"战斗机的生产效率远超其前任机型。战机迅捷的交付速度可以在满足原有4个客户国的购机计划的同时,吸引更多新的海外客户。

到第20架战机生产完毕时,英国BAe公司计划精简整个装配过程,这样一来,与原来需要30个星期生产一架"狂风"战机相比,生产一架"台风"战斗机只需要16个星期。

按照计划,"台风"战斗机将在德意西英4国同时开始服役。尽管4国在飞机交付和日程安排上都差不多,但他们有着各自独立的训练单位,不会出现类似德、意、英3国共同创建的传统"狂风"战机训练营之类的机构。

## 德国首批"台风"战斗机

首批德国的"台风"战斗机2002年交付给驻拉格的JG 73联队,紧接着是驻诺伊贝格的JG 74联队、驻维特蒙德的JG 71联队和驻霍普斯滕的JG 72联队。德国共有180架战机包括33架双座教练机和40架多用途飞机(装配了完整的防御辅助子系统套装,可以执行跨国任务)。其他"台风"战机的任务是空中防卫,目前的计划是装配更为简化的防御辅助系统。

意大利的121架战机(包括15架双座战机)装备了驻格罗塞托的第4中队、驻特拉帕尼的第37中队和驻卡梅里的第53中队。西班牙的87架战机(包括15或16架双座教练机)从2004年1月开始列装战备部队——第113中队,2007年装备第一个一线作战部队——第111中队。第112、141和142中队在2010—2015年组建。

作为拥有"台风"战斗机最多的国家,英国订购了232架"台风"(包括37架双座教练机),并列装一个行动评估单位——第17中队、一个战备单位——第29中队和7个一线作战中队。行动评估单位和作战转换单位于2003年在沃顿基地组建,首批16名飞行员和248名地勤人员将在那里接受代号"白壳"("Case White")的培训。这种不同寻常、开创性的安排是为了降低风险,确保"台风"战斗机服役的顺利过渡。首批战机

上图和下图:DA.7号原型机由意大利阿莱尼亚公司建造。作为最后一架"台风"战斗机的原型机,DA.7号在1997年年初首次试飞。主要开展导航和通信、性能和武器整合方面的测试。DA.7的后继者是5架标准量产机,其中,第一架(英国BAe公司生产的IPA.1)是双座战机,于2002年4月15日首飞

上图:2000年,ZH558(即DA.2号)是英国生产的第一架原型机。在试飞中,为了提升醒目度,该机采用了黑色涂装方案。图中,飞机在兰开夏郡沃顿基地附近的布莱克浦上空飞行

和英国BAE"台风"战斗机开发团队共用一个基地,此举具有以下优势:首先,战机可以获得生产商的现场指导;其次,可促进双方使用经验和想法的交流。2004年,行动评估单位和战备单位驻扎在科宁斯比空军基地。到2005年和2006年,两个单位会加入首批一线空中防御中队。

根据计划,2006年和2007年,英国又组建了两个一线空中防御中队。2008—2010年,组建一个攻击支援中队和两个多用途部队。

"白壳"计划中第一批13架"台风"(10架为双座教练机)相对有些不完善,这些飞机将会安装雷达和部分防御辅助子系统,但是没有红外搜索追踪系统、头盔式显示器和数据链。尽管如此,这些战机完全符合作战转换单位的训练要求。与最新型的"狂风"F.Mk3标准相比,这标志着巨大的飞跃。2006年1月,首个一线中队在"北约"服役时,"台风"飞行员完全符合空中防御飞机规范,包括防御辅助子系统、数字化短距空空导弹和数据链接。

2006年,"台风"战斗机在"北约"服役时,完全胜任空中防御任务,其内置航炮可在对地攻击中大展神威,"宝石路"Ⅱ型激光制导炸弹和空射反雷达导弹更是威力无穷。然而,"台风"战斗机依然无法完全符合有些市场宣传材料号称的"全能战机"的要求(实现空空、空地作战的切换),其空地作战能力将分阶段实现,首先是装配"捕手"雷达、一个激光定位吊舱、"铺路钉"Ⅲ型激光制导导弹和"硫黄石"反坦克导弹。

### "全能战机"

一旦具备空地攻击能力后,"台风"就将成为双任务战斗机。"台风"飞行员只需要按动一下按键,就可以完成从空地模式到空空模式的切换。

尽管目前"台风"仅赢得一项海外订单(澳大利亚订购了18架战机),但其市场推广已经开始结出硕果,多个国家已经成为产品的潜在客户,其中,最被看好可能购买该机型的国家包括巴西、希腊(承诺购买60架)、荷兰、挪威、沙特阿拉伯和新加坡。

与其竞争机型法国"阵风"战斗机相比,"台风"的造价更低、性能更强。甚至与昂贵得令人咋舌的F/A-22"猛禽"战斗机相比,"台风"也只是在某些方面稍有逊色。相比较而言,美国的"联合打击攻击战斗机"计划不如"台风"战斗机计划成熟,而一架成品的"联合打击战斗机"还需要等待好几年。退而言之,即使"联合打击战斗机"可供出口,在价格上也无法比"台风"更便宜,更没有"台风"战斗机的先进的超视距空战能力。对于小型航空兵部队,他们需要的是在可承受的价位内买到真正能够实现多用途的"全能战斗机",而"台风"战斗机似乎是他们最佳且最理性的选择。

## DA.2号"台风"战斗机

DA.2(编号ZH558)是英国建造的首批"台风"战斗机的原型机,也是第二架进行首飞的原型机。1994年4月6日,DA.2号原型机进行首飞时,采用两台RB.199型发动机提供动力,后来在沃顿基地更换为EJ.200型发动机后,于1998年8月底重上蓝天。

**发动机**
与老式的军用涡扇发动机尤其是RB.199型发动机相比,双轴EJ.200型发动机的零件数量要少得多(只有RB.199的一半),但静推力却超出了50%。

**空射武器**
"台风"战斗机配置"毛瑟"27毫米口径机炮,可挂载英国BAE公司的先进短距空射导弹、英国BAE和瑞典萨伯公司联合开发的S225X型空射导弹。

**弹射座椅**
使用马丁-贝克公司研制的MK16A型弹射座椅。

**飞行控制**
主要飞行控制系统包括后缘襟翼(与副翼功能相同)、常规升降舵、鸭式前翼(加强俯仰控制)和常规方向舵。次级飞行控制系统包括前缘襟翼和腹部减速板。

**机翼结构**
机翼主要采用碳纤维材料,包括翼肋,在硬挂点使用了金属加固。蒙皮使用了碳纤维材料,连接在一起。

# A-10 "雷电"攻击机的研发

有了在越南的惨痛经历后，美国空军决心开发一种能够适应现代战争的攻击机。

上图：从这张A-10的正面图片中，我们可以看出它的一些重要特征。为了在敌方地面炮火的攻击中生存下来，A-10的各台发动机位置相距很远，这样水平尾翼可以在一定程度上保护发动机

为了取代成功但过时的"空中袭击者"（Skyraide），1966年6月，"攻击机试验"项目启动。同年9月，一份针对新一代理想攻击机的任务需求书发布。1967年3月6日，美国空军向21家公司发布了"攻击机试验"项目研究的联合招标书。这些投标书还没有递交，1967年5月2日，美国空军已经将进一步的研究合同授予了通用动力、格鲁曼、诺斯罗普和麦道4家公司。合同对战机的研发作了细致的要求，包括武器系统的构造、位置、燃油系统、液压系统等的保护和线路设计，以及一些系统必要的备份。涡扇发动机以高性价比取代了涡轮螺旋桨发动机。螺旋桨的移除也可以使发动机位置离飞机中心线更近，这样可以保护发动机，尽量避免地面炮火的攻击；同时，即使一个引擎出现故障也能生存，这样的设计也可以有效减少非对称操控问题。最终，发动机的选择权被交给了各家飞机厂商。

1970年8月10日，波音、塞斯纳（Cessna）、费尔柴尔德（Fairchild）、通用动力、洛克希德以及诺斯罗普公司作出回复。1970年12月18日，诺斯罗普和费尔柴尔德公司成为最后的赢家。两家公司将各制造两架原型机。

1972年5月10日，费尔柴尔德公司下属共和分公司的首席试飞员霍华德·萨姆·尼尔森驾驶首架YA-10从爱德华兹空军基地起飞。紧接着，1972年5月30日，诺斯罗普公司的YA-9也从爱德华兹空军基地试飞成功，试飞员是路·尼尔森（两人没有血缘关系）。1972年7月21日，第二架YA-10首飞成功。

美国空军对两架原型机的评估从1972年10月10日一直持续到12月9日。YA-9共飞行307.6小时；YA-10则飞行了328.1小时。试飞员更喜欢YA-10的操控性，但是该机真正的优势在于其武器硬挂点布置简洁。YA-10胜出的其他因素包括该机从原型机过渡到投产机用时更短，也更容易。事实上，这架费尔柴尔德公司的试验飞机至少在结构上已经达到了投产机的标准。继续沿用现有发动机（TF34也在美国海军的S-3"北欧海盗"反潜机上使用）也是一个决定因素。但是，落选的YA-9也有自己的优势。最值得一提的，就是其独一无二的侧力控制系统。该系统连接分离式空气制动器和方向舵，使飞行员跟踪地面目标时，无须担心飞机倾斜角或是机身方向。两架原型机都超出了既定要求。与A-10更好的维护性和生存能力相比，诺斯罗普的飞机转动惯量较小，因此在操控性上更胜一筹，这也是其能够与A-10抗衡的地方。

下图：在早期的一次飞行测试中，一架YA-10原型机一下子搭载了6枚沉重的AGM-65"幼畜"导弹。最初该原型机的机载武器是一门M61A120毫米"火神"机炮，而不是预期的GAU-8/A"复仇者"机炮

下图："攻击机试验"项目的另一个有力竞争者是诺斯罗普公司的YA-9。尽管性能出色，但是在弹药补给测试中，其高位机翼出现问题。后来，这两架原型机不得不退役，摆放在博物馆内

下图：第4架预量产型飞机将要进行使用评估。同所有的预量产型机一样，为了安装GAU-8/A机炮，不得不将该机机头前轮移到了右舷

## 胜出的设计方案

1973年1月18日，美空军宣布费尔柴尔德—共和公司成为最后的赢家。1973年3月1日签署了生产合同后，该公司开始着手生产10架（后来缩减到6架）预量产型YA-10。同时，通用电气也获得了为该批飞机生产配套发动机的合同。发动机的改动很小，基本上只是就美国空军对两发动机可以左右互换的要求作了必要的调整。

1974年4月16日到5月10日，YA-10与A-7D"海盗"Ⅱ攻击机在堪萨斯州的麦康奈尔飞行基地进行了一场比试。尽管人们对YA-10颇多质疑，但它用事实证明其远超"海盗"Ⅱ的强大实力。该机在目标地区滞留两小时的成绩要远远地超出A-7。

首架YA-10原型机测试中共出动467架次，飞行时间累积达到590.9小时。1975年4月15日，距离上次比试不久，该机终于准备就绪，可以随时起飞。1975年6月13日，第二架YA-10，编号71-1370，也完成为期37个月的项目测试，进入飞行准备。期间，该飞机共出动354架次，飞行时间达548.5小时。

1975年2月，预量产型YA-10加入测试项目。6架飞机每架各负责测试项目中一个具体的部分。1978年6月8日，在对一种新型弹发射药测试过程中，第6架飞机的两个引擎突然起火，最终失事。飞机飞行员被迫使用道格拉斯公司的ESCAPAC弹射座椅逃生。后来的投产机型则安装了麦克唐纳公司的ACEⅡ座椅。

由于YA-10A仅有6架，尽管测试非常成功，但是进度明显落后。除此之外，还有什么对早期的研发工作造成了损害，那就是巴黎航展上损失的那架样机了。

1975年10月10日，首架投产机，编号75-0258，首飞成功，并于1975年11月5日交付美国空军。1976年3月，首架A-10A服役战机交付美国空军第355战术战斗机联队，比最初计划晚了5个月。

## 最后回合

飞机最后的测试和评估工作由美国空军第355联队进行。1977年末，该联队参加了一系列名为"联合空中武器系统"的测试。这对于新战机将来的角色定位以及战术选用，尤其是以何种方式与美国陆军的攻击直升机协作，意义都极为重大。

1978年4月3日，在庆祝第100架战机交付典礼上，A-10被美国国防部命名为"雷电Ⅱ"。截至当时，A-10已经进化成为美国空军手中的又一张王牌。

上图：第355战术战斗机联队作为飞机训练单位，美国空军在装备了A-10不久，就派机前往欧洲巡展。然而，1977年6月3日，在巴黎航展上，费尔柴尔德公司的试飞员萨姆·尼尔森在驾机（如图）进行一系列低空环形飞行后，飞机触地，尼尔森遇难

上图：A-10先后采用了多种涂装方案，最后美国空军用一系列的绿色和灰色取代了早期的淡灰色。该方案称为"木炭蜥蜴"涂装，多年来一直是A-10的标准迷彩涂装方案。但是最近，该机采用了通体灰的涂装方案

## YA-10B：夜间全天候机型

夜间全天候（N/AW）A-10是费尔柴尔德在预生产机YA-10A的基础上生产的。除了增加第二个座椅，该机的主要变化是加大了的垂直尾翼。飞机装备了LN-39惯性导航系统和AN/APN-194雷达高度计。但是，令人惊讶的是，装甲防护板并没有延伸到后座。

**传感器吊舱**

YA-10B挂载了红外、雷达传感器吊舱。但是，若是有生产订单的话，传感器将会移到主起落架"膝盖"部位的整流罩内。

**战斗职能**

费尔柴尔德公司把YA-10B作为具有全部作战功能的教练机来推销，后来又说其是空中压制飞机，但美国空军对它根本就不感兴趣。最后，YA-10B作为海上攻击机向海外市场推销，也未获成功。

# A-10A/A-10A 攻击机

## 服役历史

在欧洲，A-10被称为"疣猪"，装备了美国空军最大的驻欧飞行联队。与此同时，A-10也在其他各地服役，如阿拉斯加、韩国和美国国内的某些地方。

首个装备A-10的空军单位是第6510测试联队。该联队隶属于爱德华兹基地的空军飞行测试中心，其职责是用原型机和预生产机进行服役前测试。另一个A-10的早期接收单位是第3264测试联队。该联队驻扎在埃格林空军基地，负责武器测试。

位于亚利桑那州戴维斯-蒙森空军基地的美国空军第355战术战斗机联队的成立是A-10服役前的重要步骤。1976年，该战机训练单位开始以交换方式处理沃特公司的A-7攻击机，购入A-10。首先成立的中队是第333战术战斗机训练中队"枪骑兵"。之后不久，第358战术战斗机训练中队"灰狼"也随之成立。

### 中欧

随着训练、测试和美国基地的相关单位的陆续到位，A-10开始装备美国驻欧最重要的联队，即驻扎在英格兰的第81战术战斗机联队。由于中欧将是A-10的主要活动区域，很大一部分一线部队都被划拨给了第81战术战斗机联队。从1979年1月26日首架飞机抵达，该联队打造了一支拥有6个中队的强大队伍（第78、第91、第92、第509、第510和第511中队），驻扎在英国皇家空军班特沃特斯和伍德布里奇"双子星"基地。A-10编队就是从这里出发，部署到位于联邦德国的6个前沿作战基地（FOL），由6个中队分别负责。这6个前沿作战基地分布在联合战术空军负责的区域。定期执行任务有利于各中队的飞行员们更加熟悉这些战时保卫的地区的地形。A-10的作战职能定位是反坦克利器。飞行员可以利用和平时期执行任务的契机，探查杀伤坦克的有利地形，以及扼制车辆通过的潜在咽喉要道。

### 后备力量

随着欧洲单位的建立，美国把注意力转向加强美国本土A-10服役单位的力量上。这样，一旦欧洲发生战争，这些部队可以更好地支援第81战术联队。1979年5月，第103中队开始换装A-10。此后，共有5个空军国

上图：与其他战机相比，A-10的速度并不快，其优势在于优秀的低空机动性和生存能力。不再仅仅是传统的反坦克利器，A-10已经变身成为全能战士，甚至可以执行前线空中指挥任务了

下图：图中两架飞机展示了最初采用的MASK-10A涂装方案。美国空军第354战术战斗机联队的A-10主要部署到海外执行任务

下图：为了应对雪地作战，A-10被暂时涂装成白色迷彩色。图中这架A-10是在1982年阿拉斯加的一次演习中所摄

上图：美国本土的A-10A部队是快速反应部队的核心力量，可以在紧急情况下迅速赶到事发地点。1982年"亮星"演习中，一架A-10在埃及基地的地面滑行，与埃及空军的一架F-4"鬼怪"擦肩而过

上图：美国空军第355战术战斗机联队被任命为A-10的训练单位，后来又增加了作战任务。亚利桑那州晴朗的天空和绵延无际的山脉为训练提供了良好的条件

下图：A-10的最初设计构想是为了应对东南亚可能出现的战争，但是经过调整，最终分到了中欧战区。整个20世纪80年代，共有6个A-10中队驻扎在英格兰，随时准备进入联邦德国前沿基地应对前华约国家的武装突袭

民警卫队飞行中队相继装备了该战机（他们是第103战术战斗机中队，驻扎在康涅狄格州；第104战术战斗机中队，驻扎在马萨诸塞州；第128战术战斗机中队，驻扎在威斯康星州；第174战术战斗机中队，驻扎在纽约；还有第175战术战斗机中队，驻扎在马里兰州）。这是美国空军国民警卫队首次直接从飞机制造商那里接收最新型战机，相较于过去使用从现役部队"下放"的装备，意义重大。1990年和1991年，又有两个空军国民警卫队单位装备了OA/A-10攻击机（密歇根州的第110战术战斗机中队和宾夕法尼亚州的第111战术战斗机中队）。

同时期，美国空军预备役部队单位也开始装备A-10。1980年10月，由第917战术战斗机联队带头，其他单位还包括第442、第926和第930战术战斗机联队。

20世纪80年代初，越来越多的A-10现役部队相继成立，包括路易斯安那州英格兰飞行基地的第23战术战斗机联队，还有第51和第343混编联队。第51混编联队在韩国，而第343混编联队则在阿拉斯加。1981年冬至1982年间，两支部队的A-10接收完毕，完成了A-10部队的初步部署。

## 20世纪80年代的变化

10年间A-10部队的驻防部署变化甚微。1988年，第81联队的两支中队脱离本部，组建了第10战术战斗机联队，驻扎在英国皇家空军阿尔康伯里基地。但是，他们的作战任务并未改变。1987年10月，戴维斯-蒙森空军基地的第602空中指挥联队开始装备"疣猪"担任前沿空中指挥机（FAC），代号OA-10A，这也为A-10家族添了一名大将。

在"沙漠风暴"行动中，A-10从美国和欧洲各单位抽调，集中在第23和第354战术战斗机联队（暂时），承担了一系列作战任务。战役结束后，A-10返回基地，面临未知的命运。一度走向退役的边缘，A-10用在海湾战争中的表现说服了大家。在前沿空中指挥和战斗搜救支援方面，A-10还大有潜力可挖。

然而，"冷战"的结束使A-10部队发生剧变。美国驻欧空军随之解体，只留下一支中队驻扎在联邦德国，隶属于德斯潘达勒姆基地的第52战斗机联队。该单位参加了多次战斗行动。在其他地方，美国本土的"疣猪"部队锐减到只有一个现役单位（第355联队）和一些空军国民警卫队和空军预备役单位。在韩国还有一支飞行中队。之后，每一支"疣猪"中队都装备了A-10A和OA-10A，可以执行攻击和前沿空中指挥任务。事实上，这两种机型并无区别，在军事行动中，无论是巴尔干半岛、阿富汗还是伊拉克，都能见到它们的身影。

左图：自从1981年末首架A-10抵达第18战术战斗机中队，阿拉斯加曾经是A-10的一个重要基地。A-10的任务是阻止任何试图横跨白令海峡的登陆侵略计划。同时，它们也保持警戒，准备随时快速部署到朝鲜半岛，对当地的美国部队给予支援

# 阿根廷军用飞机制造厂
# IA-58"普卡拉"攻击机
## 南美大草原上空的勇士

阿根廷国家飞机制造厂设计和生产的这种飞机背后伴随着一个雄心勃勃的计划。这款飞机——"普卡拉"攻击机——专门用于镇压叛乱。

上图：照相机拍摄的四架早期生产的"普卡拉"编队飞行，展示了阿根廷样机最初所喷涂的银色。随后对其运用了一系列的伪装方案

阿根廷军用飞机制造（Fabrica Militar de Aviones）的设计团队于1966年8月开始研发后来被人们所知的"海豚"（Delfin）机型。1967年12月26日，在第一架有动力系统的样机出现之前，第一架无动力的空气动力样机进行了首飞。有动力系统的样机引进了加勒特TPE331涡轮螺桨发动机，在1969年8月20日进行了第一次试飞。第二架原型机（AX-02）装有Turbomeca Astazou涡轮螺桨发动机，第二年夏天进行了它的处女秀。这种机型吸引了来自阿根廷空军的一笔30架的订单。然而设备和资金的短缺推迟了AX-02的生产，直到1976年阿根廷空军（FAA）才开始收到他们第一架量产型战斗机。

作为近30年来阿根廷空军自行设计的第一款投入使用的战斗机，"普卡拉"（原意"为南美印第安人建造的一种石质堡垒"）装有Astazou XVIG发动机和马丁-贝克Mk AP06A零高度-零速度型弹射座椅。制动装置和轮胎由邓禄普（Dunlop）提供，航空电子设备主要来自美国，武器装备来自法国或者比利时，飞机的其他部分是本国自主生产的。

"普卡拉"最初被设计为"自动贩售机"，它的最初目的是摧毁轻型武装抵抗力量和阿根廷内陆地区的叛乱集团。因此，"普卡拉"能够最大限度地承受子弹的袭击。它可以进行单发动机操作，可以承受严重的战斗伤害，驾驶舱被一层装甲板保护着，这层盔甲可以抵御步枪口径级别的射击，挡风玻璃也是防弹的，两个座舱都可以实施飞行控制。为了能够在没有铺柏油的小型飞机跑道上起降，"普卡拉"在大跨度机翼上装备了带有凹槽的高扬程襟翼，加上更长的起落架支架为其带来了更大的离地距离，并且低压轮胎能够在除了最软的沙地和雪地之外的任何路面上操作。

从一开始这型飞机就装配了强大的武器。前射炮是两门西斯巴诺（Hispano）HS804型20毫米口径机炮（后来在IA-58B型号上被DEFA公司制30毫米机炮取代），挂在机腹中；另外还有4挺FN公司制勃朗宁0.3英寸（7.62毫米）口径机枪，机身前部两侧

### 马尔维纳斯群岛战争中的"普卡拉"

在1982年4月初，阿根廷空军第3大队装（A3° Grupo）备有"普卡拉"战斗机，从Reconquista空军基地出发，部署在新占领的马尔维纳斯群岛上。有25架"普卡拉"部署在斯坦利港（Puerto Argentino）的机场、考尔德伦（Calderon）海军航空基地（卵石岛）和考德（Condor）空军基地（鹅绿）。这25架飞机多次出动袭击英国军队，但是没有起到什么作用，并且随着战争的继续，损失不断增加。5月1日，第3大队的一架"普卡拉"被一架英国"海鹞"战斗机投射的集束炸弹摧毁。5月15日，另外6架飞机在卵石岛的一次英国陆军所辖第22特别空勤团的突然袭击中摧毁。另外还有几架被轻型武器子弹和导弹击落，随后一架"海鹞"用机炮击落了另一架样机。然而，有一架"普卡拉"用机炮击落了英国陆军航空兵的一架AH.Mk 1侦察机。战争结束后，这25架"普卡拉"中没有一架能够幸存并回到阿根廷的。有5架幸存的飞机现在位于英国不同的博物馆中，其中一架在1983年由英国航空武器试验研究院（A & AEE）驾驶，在战斗评估中给人留下了深刻印象，于当年年底停飞，现在保存于科斯福德航空博物馆中。

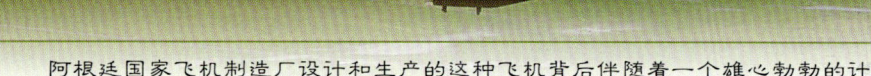

上图：第3大队（A3° Grupo）的"普卡拉"低空飞过斯坦利港（Puerto Argentino）的一个码头上方，它正在袭击英国军队驻地的路上

下图：停火期间，斯坦利幸存的"普卡拉"被看管起来，集中起来存放在跑道旁边

现代战机百科全书 183

上图：在原型机之后，"普卡拉"的IA-66改型首次回归到使用加勒特提供动力，这种型号的飞机只生产了一架，是由一架量产型IA-58A改造而成。样机编号为AX-06

分别装有一对。机上的3个硬挂点可以挂载重达3307磅（1500千克）的物品，包括火箭、炸弹和凝固汽油箱。唯一的瞄准设备是传统的SFOM Type 83A3反射瞄准镜。该瞄准镜可以设定成任意需要的角度，飞行员可以人工控制操纵杆上的空投鱼雷的开关，在合适的时机发射。作为选择，机组成员可以在仪表控制盘选择使用邦迪克斯（Bendix）公司的AWE-1系统，该系统可以在任何需要的频率或者脉冲模式下使用。

IA-58A装备有全套的仪器飞行设备和夜间照明设备。由于"普卡拉"攻击机原本是作为一款反叛乱飞机而开发的，被其航电系统限制在高频（HF）以及甚高频（VHF）通信系统，无线电罗盘系统（ADF），甚高频全向无线电信标系统（VOR）以及仪表着陆系统（ILS）。

1976年春天向第二中队的交付工作开始，首批量产型中的一部分被分配到Córdoba的军事航空兵学校。针对反叛部队的进攻行动正式开始，反叛部队据称是共产主义ERP政党的一部分，位于距土库曼（Tucuman）310英里（500千米）的地方。在初期的交战过程中，尽管作战半径较大，但是该机型表现良好。维护保养工作较为简便，这也有利于该机型在较偏远的军事基地驻扎。自动密封的油箱可以使用常规的软管以及加油口盖进行加油，位于中段机身的上部，另外可以较为简便地进行外部挂载，弹药库可以在20分钟内完成补充。除此之外，驾驶舱的视野情况非常优良，两个座舱都安装有后视镜和向上铰接的树脂玻璃（Plexiglas）座舱罩，可以提供没有障碍且几乎未失真的视野情况。

"普卡拉"攻击机在马岛海战中遭受重创的事实使得该机型预期实现的价值作废。该飞机出色的反叛乱作战能力，加上低廉的单位成本促成了大量合同，包括埃及订购的50架IA-58A，中非共和国订购的12架以及伊朗订购的20架。然而，这些合同并没有实现，不是被取消就是被阿根廷政府投票否决。这也使得乌拉圭（6架）、哥伦比亚（3架）以及斯里兰卡（4架）成为IA-58A仅有的海外用户。

"普卡拉"攻击机在20世纪70年代末到80年代进行了几次发展升级。IA-58B加入了两门升级后的30毫米口径DEFA公司制553机炮，更加向前的机身以及改进后的航电系统。原型机在1979年5月15日首飞，在将该型号进行进一步升级为IA-58C "Pucara Charlie"之前进行了一系列的飞行测试。根据马岛海战的经验，IA-58C作为IA-58A的重建型号进行研发，前座舱进行了流线型减阻处理，后座舱后部加强了装甲防护能力。武器装备选择包括两门30毫米口径DEFA公司制机炮、"翠鸟"（Pescador）空对地导弹、马特拉"魔术"空空导弹以及附加的航电系统，包括雷达测高计和雷达警报接收机。IA-58C首飞于1985年12月，展现出了良好的预期性能，但是由于阿根廷的财政状况使得该计划于20世纪80年代末搁置起来。阿根廷军用飞机制造厂由第6架原型机研发的IA-66机型于1980年面世，采用TPE-331涡轮螺旋桨发动机，然而，像其他研发计划一样，该机型也没有获得生产订单。

### IA-58A "普卡拉"

这架攻击机是提供给乌拉圭空军（Frerza Aerea Uruguaya）用于反叛乱作战的6架飞机之一。它装载着阿根廷提供的242.5磅（110千克）3联体炸弹，机身下方6组，机翼挂架每侧3组。

**武器装备**
标准型的IA-58A有4挺来福枪口径的FN公司制勃朗宁M2-30机枪，每侧有两部，每挺机枪储弹900发。机炮火力包含两门西斯巴诺（Hispano）DCA-804型20毫米口径的机炮，装在机身下方，每门装有270发弹药。

**起落架**
这种双轮着陆架包含的主要部分由登禄普公司提供。每一个都朝着一个由两道门隔出的间隔缩进。以操控的头部机轮同样缩进，起落架的底部装有滑行灯。

**弹射座椅**
两个弹射座椅型号为马丁-贝克公司的APO6A型，可以在零速度-零高度的条件下使用。这种座椅通过拉出一个飞行员头上方的隐藏操纵杆进行弹射。

**发动机**
降低发动机速度来配合螺旋桨转速的变速箱非常长，这导致了变速箱伸在电热引擎进气口的前面。这些发动机本身是法国拉蒂埃-福莱斯特公司生产的固体锻造杜拉铝的3桨装置。

# "麦克纳马拉的荒唐事"
# F-111战斗轰炸机的研发

下图：图中所示67-0159是首架FB-111A的原型机，带有美国战略空军司令部（SAC）"银河"喷涂。F-111的变后掠角机翼是其实现将大于2马赫的高速性能和适应于舰载操作的低速性能相结合的设计目的的关键技术

美国国防部长麦克纳马拉参与到TFX计划的一个比较明显的结果就是该计划产生的F-111战斗轰炸机在其从美国空军退役前夕得到了官方命名。有一段时间F-111被人们戏称为"麦克纳马拉的荒唐事"，主要是因为麦克纳马拉想要通过一种设计来获得一款能同时承担两种完全不同的职能的机型。

在20世纪50年代末，人们发现，在试验变几何外形飞行器时，如贝尔X-5（基于德国的P.1101设计）以及格鲁曼公司XF10F-1，所引起的空气动力问题可以通过在机身外舷使用双枢轴点来避免。与其生产另一架试验机型来研究该突破性理论的实际意义，美国空军将其列入特别行动需求（SOR）183文件（于1960年6月14日发布）的基础，来研发一款用于执行核打击任务的战略战斗机。新的设计机型可以在不实行空中加油的情况下飞行3300海里[3795英里（6107千米）]，在1.2马赫速度的情况下加力飞行400海里[460英里（740千米）]，并且能够使用"未做准备"的机场起降。

同时，美国海军也在研发新的空中防卫战斗机。固定翼道格拉斯公司F6D"导弹手"（Missileer）战斗机是一款超音速战斗机，利用其携带的"鹰"（Eagle）式导弹来攻击敌人。可能是由于雷达体积过大，导致机身宽度增大，F6D的座椅是并排安置的，同道格拉斯公司F3D"空中骑士"（Sky Knight）战斗机类似。当艾森豪威尔总统于1960年卸任时，F6D机型研发计划被取消，主要是因为其设计相对其要取代的F-4战斗机还要退步。新上任的肯尼迪总统的国防部长罗伯特·麦克纳马拉发现可以用一款飞机来同时满足美国海军和空军的任务需求，这样便可以节省经费。就职后的第3周，1961年2月14日，麦克纳马拉要求进行一项研发计划，来确认SOR183文件中的设计任务的可行性，包括近距离空中支援、建立空中优势以及大范围空中封锁任务。到1961年5月，近距离空中支援职能被分离到一个单独的计划中去，研发得到了LTV公司制A-7"海盗"Ⅱ机型，同时剩下的任务要求通过一项单独的设计计划来实现，被称为战术战斗机试验机型（TFX）。

麦克纳马拉于1961年6月7日检查战术战斗机试验计划的研发情况，美国空军和海军试图说服他该计划是不成功的。美国空军和海军无法就可共存的设计要求达成共识，这就导致了麦克纳马拉自己于1961年9月设定了基本的设计规格参数，并于1961年10月发布了征求方案（RFP），要求1965年10月完成初始的操作性能（IOC）。

之后一共有4次设计竞争，全部由波音公司获胜。但是在1962年11月24日，麦克纳马拉在五角大楼不顾众人反对，命令通用动力公司和格鲁曼公司进行战术战斗机试验机型（TFX）的生产研发工作，这一举措遭到了众人的强烈抗议。这一决定的官方解释为通用动力公司的设计方案有更好的通用性，尽管将该研发计划设立在副总统约翰逊的家乡州也是促成因素之一。

在确定之后，战术战斗机试验机型（TFX）被命名为F-111。1964年12月21日，美国空军的F-111A在得克萨斯州GD的

下图：F-111A被改装成为专门的RF-111A机型，在武器舱中安装了照相机。该机型以及RF-111D机型（基于F-111D机型）的研发工作被中止，尽管澳大利亚皇家空军之后将4架改装成RF-111C版本机型

下图：首架量产型F-111A在着陆之前，展示出其双缝富勒襟翼、翼根旋转扇翼以及强壮的起落架装置，后者是为了应付"恶劣场地"而设计

现代战机百科全书 | 185

上图：1965年，位于通用动力公司沃斯堡工厂中8架预生产型F-111A飞机中的3架。在1967年进入美国空军服役之前，一共有17架飞机用来进行研究、发展、试验和鉴定（RDT＆E）的相关工作

沃斯堡首飞。之后美国海军的F-111B于1965年5月18日在纽约州格鲁曼公司的贝斯佩奇（Bethpage）首飞。这是美国军方所经历的最痛苦也是最具争议的研发计划之一：飞机不仅超重、超预算，而且没有起到预期作用。

## 根本性的创新

F-111机型向战斗机引入了很多根本性的创新技术，包括边后掠角机翼、地形跟踪雷达以及二次燃烧涡轮风扇喷气式发动机。美国海军坚持3项特征：飞行员弹射座舱、并排式驾驶座以及武器舱。这些特征使得F-111B体型庞大，美国海军在花费了2.38亿美元制造了7个机身后脱离该计划。在研发过程中，一共进行了4次减重计划，使其空军型号所谓的通用性从80%降至30%。

### 美国国家航空航天局的跨音速飞机技术（TACT）计划所用F-111战斗机

在美国空军和国家航空航天局联合开展的先进机翼设计研发计划（称为TACT，超音速飞机技术）中，驻扎于爱德华兹空军基地的国家航空航天局德莱登（Dryden）飞行测试中心使用第13架F-111A RDT＆E（研究、发展、试验和鉴定）飞机（编号63-9778）进行相关实验。波音公司采用了由柔性的玻璃纤维制成的一体式平面超临界自适应机翼（MAW）。主要研究在不同的翼面曲面以及机翼后掠角下的优势。

同F-111B所要取代的道格拉斯公司F6D"导弹手"战斗机一样，其设计目的并不是典型的空对空作战，而是从最远100海里［115英里（185千米）］的距离利用AIM-54"不死鸟"（Phoenix）导弹攻击目标。可以通过AWG-9雷达系统（同时可以跟踪最多24个目标）对敌机进行跟踪，然后使用最多6枚导弹实施攻击。1968年7月10日F-111B计划终止之后，7架完成的飞机中的几架被用来当作AWG-9/AIM-54武器系统的测试平台。7架F-111B中的3架坠毁，4人丧生。最后一架于1971年5月停飞。美国国会同意海军的战斗机试验机型（VFX）计划，之后成为格鲁曼 F-14"雄猫"，同时取消了F-111B机型。该机型采用F-111B的AWG-9/AIM-54武器系统以及TF30发动机，采用弹射座椅、串联式座舱并取消了武器舱，这使得机身更小更轻。

F-111是首个可实际应用的采用变后掠角机翼的机型。事后才发现机翼的空气动力学布局是不正确的。另外可以确定的是，机翼、机身以及进气道之间的耦合效应导致了严重的发展问题。

## 跌落的机翼

尽管变后掠角机翼带来很多气动方面的好处，但是关于这种根本性的创新还是有很多怀疑的。这种怀疑在1969年12月末愈演愈烈，一架F-111A在做完俯冲轰炸任务后拉起时机翼与机身分离。在问题（最终发现是转包出去的工程质量太低所导致的）发现并得

### F-111的进气道设计

在早期的TFX计划中，为了解决发动机停车的问题，在F-111的生产过程中一共引入了3种进气道设计方案。Triple Plow I进气道（图①所示，装备于所有的F-111A和F-111C量产型）可以保证最大的最高飞行速度；Super Plow进气道（图②所示，F-111B及FB-111A）在进气道边缘后方引入了一对吹气阀门；Triple Plow II进气道（底图③所示，所有的F-111D/E/F机型以及大部分FB-111A机型）装备有3个吹气阀门。

上图：在取消了雄心勃勃的FB-111H计划（基于FB-111A机型，用于执行战略任务，装备有F101发动机以及最多10枚短程攻击导弹）之后，通用动力公司提出了与FB-111B/C（图中所示）相似的FB-111H计划，但是是基于改装后的F-111A/D机型

到解决之前，整个F-111机队停飞了7个月。尽管固定翼飞机的机翼也曾分离过，但是由于F-111的机翼设计成可以活动的，因此还是获得了一个不应得的说法"跌落的机翼"。

F-111的普惠发动机公司TF30发动机在低空高速情况下可以提供很高的燃油效率。当发动机在稳定设置情况下工作时很少会发生失速的情况，尽管在该计划早期时，由于机翼机身以及进气道之间的耦合作用导致了失速的发生，这也是F-111计划遇到的最大的设计挑战。

# F-111 战斗轰炸机的改型

上图：F-111G采用"土豚"（Aardvark）所使用的迷彩喷涂，该飞机隶属于第428战斗机中队（驻扎在美国空军坎农军事基地），在尾翼上画有蓝色的"海盗"标志。G型F-111G一个很明显的特征是驾驶舱前面的凸起，之前用来安装星象跟踪导航系统（ANS）

尽管在F-111的服役生涯中饱受维护问题的困扰，但它仍然不失为一款高性能的可深入敌后作战的轰炸机，因此也衍生出一系列的先进改型。

## F-111A

F-111A于1964年12月21日首飞，比预期日期提前了16天，机翼后掠角固定在26度（这是副翼和前缘缝翼可以正常工作所允许的最大后掠角）。1965年1月6日进行了第二次试飞，机翼后掠到最靠近尾翼。采用一对TF30-P-1发动机，这是首款二次燃烧涡轮风扇喷气式发动机，可以使F-111在低燃油消耗的情况下进行高速远距离飞行（之后F-111A采用P-3发动机）。在后面的项目过程中，A型号遇到了一系列压气机失速问题，该问题主要是由于发动机进气道引起的，尽管对进气道和发动机叶片进行了几次改进，但问题仍然存在。图中为第5架测试机，编号63-9770，采用与后面生产的F-111不同的尾翼设计。F-111A于1968年飞赴越南参与"枪骑兵"作战行动，在行动中损失了3架。该机型马上被召回，又于1972年末返回服役，并取得了更大的成功。

## F-111B

作为美国海军取代F-4"鬼怪"Ⅱ战斗机的F-111B机型由格鲁曼公司生产制造，为了节省开支，通过设计一个通用机型来同时满足美国空军和海军的需求。设计时的目标不是针对传统的空对空作战，而是在最远115英里（185千米）外的距离，采用安装在缩短的雷达罩内的AWG-9雷达和AIM-54"不死鸟"导弹对目标实施联合攻击。B机型装备有大展长的机翼（上图所示），并在机身下部两个发动机中间安装有停机钩。一共完成了7架F-111B机型，并于1968年7月在美国海军"珊瑚海"（Coral Sea）号航空母舰上进行了舰载测试（下图所示）。F-111B很适合舰载操作，在起飞、着陆以及在甲板/停机库的操作都没有出现问题。7架完成机型中的3架坠毁，一共有4人丧生。F-111B尽管在测试时非常成功，但是还是被取消，主要是因为飞机超重太多。尽管格鲁曼公司进行了疯狂的减重改进，但是在格鲁曼公司自己的提议下最终还是取消了。F-14"雄猫"战斗机采用了F-111B的发动机和武器系统。剩下的机身最终于1971年5月退役。美国海军原计划采购231架F-111B战斗机，理论上在1968年到1975年交付使用。

## F-111C

F-111C是为澳大利亚皇家空军制造的F-111A机型。与F-111A不同的是，F-111C的机翼更长（与FB-111A类似），并且带有可移除的右侧操纵杆。F-111C还具备更大和更结实的起落架、刹车系统以及FB-111A的轮胎。首架F-111C于1968年7月首飞，之后又很快生产了23架样机。9月，澳大利亚接收了首架F-111C战斗机。之后，所有的24架F-111C被封存起来，直到美国空军F-111机型的问题被解决才恢复飞行。在这段时期，澳大利亚军方租赁了F-4E"鬼怪"战斗机，直到1973年6月1日F-111C战斗机最终交付。有4架样机被改装后执行侦察任务，同时对F-111C编队的升级还包括增加了AVQ-26"铺路钉"系统来增强激光制导轰炸能力。美国空军中F-111的退役见证了澳大利亚皇家空军中该机型数量的增加。主要有两款型号——F-111C（下图）以及F-111G——服役。

## F-111E/F

F-111的第二款战术机型为E机型，于1969年10月投入使用。F-111E同F-111A本质上相同，除了改进了进气道以及对导航/攻击系统进行了微小升级，另外还增加了地形跟踪雷达（TFR）和攻击照相机。所有的E型号都装备了TF30-P3发动机。对F-111的进一步升级后的机型为F-111F，该型号装备了动力更加强劲的TF30-P-100发动机，但是同D型号相比航电系统稍嫌不足。装备了Triple Plow II进气道系统，这使得比之前的机型的飞行速度略高一些。增加了"铺路钉"系统之后，F-111F可以进行全自动激光制导轰炸。在海湾战争中，美国空军的激光制导炸弹（LGB）主要就是通过"铺路钉"（Pave Tack）系统来投放的——图中所示飞机为装备有典型的"激光制导炸弹"的F-111F机型，装备了"铺路钉"系统，在机身下装有ALQ-131电子对抗吊舱，在两个机翼下带有GBU-10"宝石路"（Paveway）II激光制导炸弹。

## F-111D

在F-111E之后F-111D投入服役。F-111D装备有先进的Mk II航电系统、升级后的环境控制系统以及改进后的TF30-P-9发动机。F-111D机型的其他改动包括使用了更大的轮胎以及FB-111A机型所采用的更结实的起落架。这也使得F-111D的总重增加。机身同F-111E机型的大致相同，包括Triple Plow II进气道，装备了3级进气阀门来增加进气道面积。MK II航电系统出现的问题使得F-111D机型的交付数量减少，首架于1971年10月1日开始服役。F-111D机型独特的设备以及较低的机身小时数使得该型号比其他型号更加先进。F-111D，包括第27战斗机联队的战斗机"主宰"了美国空军坎农军事基地多达21年。该战斗机联队的机型之后改为F-111F机型，D型号被送往亚利桑那州戴维斯-曼森的航空维护与重建中心（AMARC）。

## FB-111A

FB-111A基于F-111A机型，并融合了F-111B更长的机翼、更结实的起落架、更大的载油量以及TF30-P-7动力装置，另外还装备了升级扩展后的航电设备。除了可以携带核炸弹之外，FB-111A在"土豚"家族中是相当独特的，主要表现是唯一装备星象跟踪导航系统（ANS）的机型，该系统安装在座舱罩前方，另外在具备空军卫星导航能力以及优化为核炸弹的地面导弹系统（SMS）之外还装备了短程攻击导弹（SRAM）发射基座。FB-111A的另一个独特之处是没有手工投放的武器——全部通过电脑投放。在1992年美国空军重组、美国战略空军司令部解体之后，FB-111移除了核武器作战能力，取而代之的是执行培训教练任务。该机型重命名为F-111G，很快从美国军中退役，之后很多被卖到澳大利亚皇家空军。

# 阿姆伯利空军基地的"土豚"

上图：在美国空军F-111飞行员看来是不合理的一次演习中，这架澳大利亚皇家空军的F-111C战斗机将多余的燃油从尾椎燃油孔释放到加力燃烧室散开，形成了图中所示壮观的效果。澳大利亚皇家空军的F-111已经没有了美国空军的风格，取代了东南亚式3色伪装涂装和黑色的机身底部，采用灰色涂装，在海上以及澳大利亚北部多雾的热带天空中作用更大

澳大利亚皇家空军是军用F-111飞机最后的使用者，目前在阿姆伯利空军基地和昆士兰州的基地中第82飞行联队的两个中队中服役，在太平洋地区和东南亚地区是最强有力的空中攻击力量。

在经过了25年的服役时间，并通过购买原美国空军的F-111G机型进行补充之后，F-111战斗机可能在澳大利亚一直服役到2020年。在击败了"幻影"Ⅳ、TSR.2、F-4"鬼怪"Ⅱ以及A-5"民团团员"（Vigilante）之后，F-111被澳大利亚政府选中，用来取代老旧的澳大利亚皇家空军"堪培拉"机队。1963年10月澳大利亚订购了24架F-111A，之后改成F-111C机型。

澳大利亚的F-111C机型是一款混合机型，结合了F-111A的机身、航电系统以及发动机，FB-111A战术轰炸机的大展弦比机翼，结实的起落装置以及机翼挂载箱。

由于美国空军F-111A机型的机翼挂载设备存在的问题，于1968年在沃思堡存放起来，这在澳大利亚引起很大争议，直到1973年7月首批4架才于布里斯班的阿姆伯利空军基地复飞。澳大利亚空军租借了24架F-4E"鬼怪"战斗机来填补空白。F-111A服役于第82飞机联队的第1和第6中队，之后1982年又有4架原美国空军的F-111A加入服役，作为消耗替代。这些后期的飞机在阿姆伯利空军基地升级为F-111C机型，唯一值得注意的区别就是保留了较低水平的机翼挂载设备。

开始的订单包括6架RF-111A机型，但是该机型并没有生产，所以澳大利亚皇家空军不得不等到1979年才具备了侦察能力。该机型的侦察能力是通过将F-111C机身改装为RF-111C机身而获得的。

1992年，澳大利亚订购了15架原属美国战术空军司令部（TAC）的F-111G战斗机，这原本是冷战时期美国军方的合同，之后正式转交给澳大利亚空军。该机型主要由第6中队的F-111G分队操作，来保持轮流休整的平衡。

第82飞行联队长久以来都是东南亚和太平洋地区强有力的空中攻击力量，并且一直延续到今天。很少人知道的是攻击侦察编队（第82飞行联队的一部分）是驻扎在在日本和韩国的美国空军以南唯一可以实施夜间攻击的空中力量。

为了使F-111能够到达预期的服役年限，几个缺陷必须进行修正，特别是源于20世纪60年代老旧的航电系统。因此开展了F-111C/RF-111C航电系统升级计划（AUP），并于近期完成。

数字化航电系统升级计划提供了更高的系统水平，使得两个机体间更加密切的协调配合成为可能。美国空军对F-111G机型进行了大致相同但是规模较小的升级，并计划进行进一步

左图：第6中队的A8-274喷有60周年庆祝标志。该中队从1939年装备"安森"（Anson）机型开始建队，之后为"赫德森"（Hudson）和"波福特"（Beaufort）机型，二战以后为"林肯"（Lincoln）、"堪培拉"以及"鬼怪"Ⅱ战斗机

上图：一架装备了"铺路钉"系统的航电升级版F-111C在为其专门建造的"车棚"机库里躲避太阳照射。机身下部的AN/AVQ-26"铺路钉"系统可以对目标进行跟踪和标记

上图：原属美国空军的F-111G飞机由第6中队操作飞行，作为F-111 操作转换机服役。F-111G的武器选项同基本的F-111C不同，包括不同外形的Mk 82炸弹、Mk 36"破坏者"（Destructor）水雷、GBU-10 激光制导炸弹（LGB）以及AN/ALE-40 干扰分配器系统（CMDS）

的升级工作，尽管还没有资金投入。

与航电系统升级计划同时进行的还有发动机升级计划，包括给F-111C机型安装动力更加强劲的TF30P-109发动机以及给F-111G机型安装TF30-P-107/109混合发动机。后者是澳大利亚皇家空军技术部门同普惠公司联合研发的，用以解决针对不同机身的发动机安装困难问题。

## 海上任务

F-111机群的主要战时任务是在澳大利亚近海区域突破封锁并实施精确打击。第1

### F-111C "土豚"

澳大利亚皇家空军的第1和第6中队一共有13架F-111C战斗机，开始时订购了24架，于1973年交付。在该订单的其他飞机中，有7架在事故中坠毁，另外4架被改装成RF-111C版本。为了替代消耗损失，又有4架原属美国空军的F-111A于1982年5月交付，并被改装成接近F-111C机型版本。通常被称为F-111A（C）。该飞机采用迷彩喷涂，并带有第6中队蓝色闪电加上飞镖的标志。

#### "战略性"机翼

F-111C继承了美国战略空军司令部所辖FB-111中程战略轰炸机相当结实的起落架、更大的使用重量以及展长增加的机翼。然而，同F-111A类似，F-111C保留了功率较低的P & W TF30-P-3涡轮风扇喷气式发动机（并没有进行完全的航电系统升级计划），每个发动机开加力时可以提供大约18500磅（82.32千牛）的推力。

#### "响尾蛇"导弹

在外舷肩部基座上可以挂载AIM-9L/M（或该飞机挂载为AIM-9P）"响尾蛇"导弹，用于进行空中自卫。另外也可以选择当地设计生产的卡Karinga集束炸弹，一般用于近距离空中支援任务。

中队（和平时期）是主要的行动单位（攻击和侦察），第6中队是操作转换单位。

因此，F-111装备了大量Mk 82和Mk 84炸弹、"宝石路"激光制导炸弹、AGM-84D "鱼叉"（Harpoon）导弹，并且很快将引入AGM-142 "瞪眼"（Raptor）导弹，可以提供急需的远距离攻击能力。目前该机型主要的缺点为缺乏反辐射和区域阻绝武器。采用比较通用的AIM-9M空中拦截导弹进行自卫，但是在适当的时候将被AIM-132 高级短程空对空（ASRAAM）（"大黄蜂"战斗机所选用的近程导弹）所取代。所有的F-111C机型都装备有"铺路钉"系统（F-111G目前没有自我标明能力），澳大利亚皇家空军目前是该系统唯一的使用方。

阿姆伯利空军基地仍然是F-111的基地，尽管战时会在澳大利亚北部海岸线的一个或多个基地行动。这些基地在和平时期由基本的人员配置来维护，但是当形势紧张时会由几个不同的单位来管理。两个中队会从第82飞行联队/攻击侦察中队转到第95紧急攻击飞行联队。之后可能会成为一个联合部队，包括澳大利亚空军的其他机型[例如"猎户座"（Orions）和"大黄蜂"]以及澳大利亚盟友的飞机。

#### "铺路钉"系统

在机身下部安装的AN/AVQ-26 "铺路钉"导航/投放系统在20世纪80年代引入到F-111编队。最终只有10套系统交付，在F-111C编队中共同分配使用。"铺路钉"系统可以提供500磅（227千克）重的GBU-12炸弹和2000磅（907千克）重的GBU-10 激光制导炸弹的精确投放能力。另外还装备了挂载在机翼上的2000磅（907千克）重GBU-15炸弹，但是只能在目视可见范围内使用。

#### 武器装备选项

这架F-111C携带了传统的4枚传统的2000磅（907千克）重GBU-10 "宝石路"Ⅱ激光制导炸弹。F-111C其他的武器包括AGM-84D "鱼叉"反潜导弹、500磅（227千克）重的Mk 82炸弹、Mk 36 "破坏者"水雷、空战机动仪器系统（ACMI）、500磅（227千克）GBU-12 "宝石路"Ⅱ激光制导炸弹、AN/ALE-28干扰分配器系统，以及AGM-84E 低空战略导弹（SLAM）。AGM-142 "瞪眼"于1999年引入。

#### 第82飞行联队

驻扎在昆士兰州布里斯班的澳大利亚皇家空军阿姆伯利空军基地的第82飞行联队包括两个中队：第1中队（黄色徽章，数字"1"或者笑翠鸟的标志）和第6中队（蓝色徽章以及回飞镖标志）。第1中队是主要的操作单位，负责陆上和海上的攻击任务；第6中队也负责同样的任务，另外还执行过渡飞行和侦察任务。

上图：第6中队的"土豚"战斗机携带有一对练习用的炸弹投放器，带有相对低调的标志以及武装直升机灰色喷涂

上图：第6中队的RF-111C是该中队4架侦察飞机中的一架。1988年，在第6中队参加的美国空军的空军侦察峰会中，该飞机获得了很多荣誉

下图：此架装备了"鱼叉"导弹的"土豚"带有早期的第一中队标志，在20世纪90年代初在南昆士兰州低空飞行。AGM-84D可以提供反舰作战能力

#### 航电系统升级计划

陈旧的航电系统一直是妨碍F-111C机队的重要问题，特别是在引入了F/A-18 "大黄蜂"之后。1988年引入的航电系统升级计划（AUP）通过军用标准（美军标准）1553B数据总线将F-111C战斗机70%的航电系统升级到数字化操作系统。1990年，罗克韦尔公司（Rockwell）获得了航电系统升级计划，之后还升级了AN/APG-110地形跟踪系统、AN/APQ-113攻击雷达和飞行控制系统。

# "徘徊者"电子战飞机

自从1972年服役以来，EA-6B"徘徊者"成为美国军队主要的电子战飞机，经常配合航母部署和美国空军的行动。

上图：首架EA-6A在首次试飞时与一架装备吊舱的A-6A进行空中加油。该机没有装备翼尖制动器，但是其主要特征是垂尾整流罩内部安装了ALQ-86系统的接收机

由于美国海军陆战队需要一款飞机来取代EF-10B"空中骑士"，格鲁曼公司的EA-6A应运而生。该机以最初的A-6A"入侵者"（Intruder）机型为基础设计，并于20世纪60年代中期装备3个混编侦察和电子战中队，开始了服役生涯。该机型共生产了27架，其中12架由既有的A-6A改装而成。到20世纪70年代末，大多数战机从一线部队退役。

与以攻击用途为主的A-6A机型相比，EA-6A在外观上最大的区别是其安装在垂尾上端的球形整流罩，里面安装了电子战设备相关的天线。尽管主要作为电子战飞机使用，EA-6A显然保留了有限的攻击能力，但很少有用武之地，这在越战中尤其明显。在越南，EA-6A主要负责攻击机支援和"北约"战斗命令信号的收集。

到了20世纪90年代，只有少量的EA-6A还在服役。其服役单位是美国海军战术电子战中队（VAQ-33），隶属于美国海军舰队电子战支援大队，驻扎在佛罗里达州的西礁岛海军基地。这些战机的主要任务是作为电子战假想敌帮助美国海军空中和海上部队的训练，但是现在已经被撤回。

## EA-6B"徘徊者"

作为久经考验的"入侵者"攻击机的4座版，EA-6B于1971年服役，用以替代EKA-3B"空中武士"。该机装备了战术干扰系统（TJS），最大可以携带5个外接发射器吊舱，发射大功率的噪声干扰。该系统可以在全自动、半自动和手动模式下工作。

在对EA-6B的不断升级中，涌现出更多性能更强的机型。在先后排除了3架A-6A改装的原型机和5架测试机后，首批23架投产机终于出厂。这些达到基础标准的战机装备了ALQ-99战术干扰系统和ALQ-92通信干扰系统，该系统可以在4个特定频段进行电子对抗。1973年首批25架"扩展能力型"（EXCAP）飞机中的第一架出厂。新机拥有改进的设备，同时其搭载的ALQ-99A战术干扰系统可以覆盖8个频段。

接下来登场的是"改进能力型"（ICAP）飞机，于1976年首飞，整合了新的显示器，降低了反应时间；同时搭载AN/ALQ-126多波段欺骗式电子干扰系统，升级了雷达迷惑装置以及安装舰载机自动着陆系统。除了45架全新生产的新飞机外，还有17架"基础标准型"和"扩展能力型"EA-6B也升级到"改进能力型"标准。

"改进能力Ⅱ型"战机的改进体现在软件和显示设备的升级上。所有55架"改进能力型"战机都升级到了Ⅱ型标准。该机型于1980年6月首飞。"改进能力Ⅱ型"可以搭载多种武器系统，体现了高超的电源管理和改进的敌方雷达识别能力；同时，该机型比前任机型性能更可靠，维护更容易。与最初的"改进能力型"飞机一样，该机型可以乘坐4名成员。由于搭载了压制敌方防御的AGM-88A高速反辐射导弹（HARM），在面对敌军地对空导弹造成的威胁时，EA-6B可以变身为"攻击手"，以更直接的办法来打击对手。"改进能力Ⅱ型"/第86批次（ICAP/Block 86）机型在脊部和机头下方加装3个全新后掠式天线，这种设计是为了增强高速反辐射导弹能力。

## 全新版和改装版

"改进能力Ⅱ型"飞机的采购使用了"两手抓"的方针。美国海军和海军陆战队接收的机型包括该标准的改装机和全新出厂的新机。大约有12个海军飞行中队很快装备完毕，主要驻扎在华盛顿州惠德贝岛海军航空站；他们从那里与美国两支主要航母编队会合，进行常规的舰载机任务。

美国海军陆战队"徘徊者"的编制要小一些，包括4个一线中队，驻扎在北卡罗来纳州切利波因特海军陆战队航空站。

下图：EA-6B舰载电子战飞机主要用来装备美国海军和美国海军陆战队。其中，美国海军的部分EA-6B还为美国空军的远征中队提供电子支援

上图：美国海军陆战队才是EA-6A"走红"的幕后推手。在越战中，海军陆战队派遣EA-6A参战，加入了美国海军陆战队第1、第2综合侦察中队。这架飞机展示了美国海军陆战队第2战术电子战中队（VMAQ-2）的标志。该中队于1975年由若干个EA-6A单位合并而成

上图：1967年，格鲁曼公司将一架A-6A（原型机/预量产型海军编号为149481）"入侵者"改装为EA-6B飞行展示机。1968年5月28日，该机首飞成功

下图：这架编号为156482的飞机是新出厂的一批5架预量产型飞机之一，常用作试验机。图中，该机正作为"先进功能型"机型作试验机。此升级机型最显著的特点垂尾顶端后部的一大块鼓起、像"足球"一样的整流罩和附加的天线

1991年7月，海军舰载电子战飞机的生产中止，共生产了170架。但是，"徘徊者"诞生以来经历了一系列升级，这足以保证短时间内无"机"可以威胁它的地位。

"航电提升计划"打造了"先进能力型"/第91批次（ADVCAP/Block 91）机型，配备了全新的显示器，改进了雷达设备，提升了战术支援干扰系统和AN/ALQ-149通信干扰系统，同时该机还装备了数字自动驾驶系统。"载具强化计划"改进了飞机的空气动力部分，包括增加了机身侧板、缝翼、减速板和一个尾翼延伸条。1992年6月15日，该计划生产的首架原型机升空，装配了改进的发动机，并且新增两个高速反辐射雷达武器挂架。

为了保证"徘徊者"能够在21世纪继续服役，剩余的EA-6B开始进行"改进能力Ⅲ型"的改装。ALQ-99将会被改进的战术干扰系统接收器取代；同时，飞机将整合整个通信干扰系统，使"徘徊者"能够对最新的地空导弹作出反应，比如SA-10、SA-11、SA-12和SA-17。

1994年F-4G和1998年EF-111的退役招致质疑声不断。随着EA-6B在美国空军和海军的装备，它已经担负起整个美军的电子战任务。与EF-111相比，尽管"徘徊者"的航程和速度不及对手，但是它可以执行舰载任务，可以携带高速反辐射导弹，可以干

扰敌军通信，同时还可以乘坐更多机组成员，这些都保证了它最后的胜出。

"徘徊者"的生涯已经足够成功和长久，但是人们依然希望它能够继续前进，至少服役到2015年。它的继任者将是EA-18G"咆哮者"（Growler）电子战飞机。该机是由F/A-18E/F"超级大黄蜂"演变而来，由诺斯罗普·格鲁曼公司和波音公司共同研发。

### EA-6B ICAP-Ⅱ "徘徊者"飞机 "改进能力Ⅱ型"（第89批次）

该机型隶属于美国海军战术电子战中队"迦楼罗"（VAQ-134）。该中队所属航空母舰是"游骑兵"号。1993年7月10日，"游骑兵"号退役。该中队目前是一个"徘徊者"联合远征单位。

**"徘徊者"空中加油机**

20世纪70年代末，格鲁曼公司提出在EA-6B的基础上制造KA-6H空中加油机。与KA-6D空中加油机相比，把EA-6B的球形整流罩和两名电子战人员的位置取消后腾出的空间，可以使飞机多载45%的燃油。1979年，该计划被取消。

**"足球"整流罩**

"徘徊者"翼尖部鼓鼓的玻璃纤维整流罩一直被人们称作"足球"。它是该机搭载的ALQ-99F战术干扰系统的一部分，系统接收机就位于足球状的整流罩内。接收机可以覆盖与其他机载天线覆盖的不同的频段，比如垂尾两侧和整流罩下方的双天线。

**外挂装备**

"徘徊者"设计最多可以挂载5个AN/ALQ-99干扰吊舱，分布在4个机翼下方以及机腹中线位置。该机也可以携带最多4枚AGM-88高速反辐射导弹。此外，EA-6B另一处外挂装备就是标准双尾翼Aero 1D油箱、AN/ALE-41箔条干扰弹吊舱和CNU-188/A行李吊舱。

**机头装备**

EA-6B装备了前轮转向系统。当着陆钩运转时，该系统才会启动。该转向轮由方向舵脚蹬控制，最大可以转动60度。

**空勤人员安全**

"徘徊者"装备了4个马丁-贝克公司的GRUEA-7弹射座椅，可以从座舱顶部弹出。在飞机处于水平状态、时速50节[57英里/小时（92千米/小时）]（指示空速）以上时，座椅才可以安全使用。

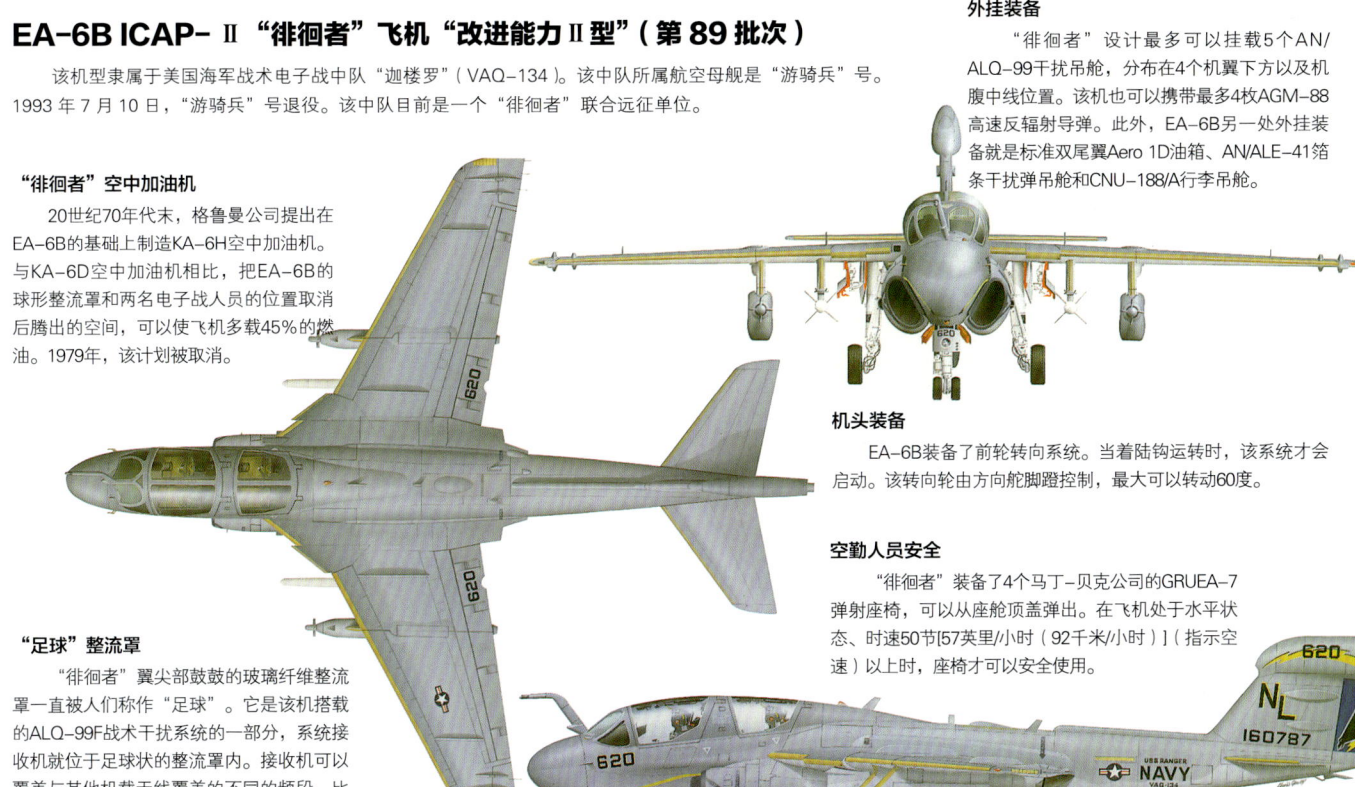

# "雄猫"的诞生

F-14来源于格鲁曼公司关于生产一款舰载战斗机的早期失败设计，因此其研发过程开始时也遇到了很多问题，但是很快就显露出F-14是一款出色的截击机。

右上图：想要使庞大的F-111B成为出色的舰载战斗机是极端乐观主义的最好的例子。F-111重量太大，长长的机头使其很容易失去降落舰艇的视野

上图：首架F-14于1970年12月21日首飞，比预定日期提前了一个月。9天之后，在F-14的第二次飞行当中，由于主要的液压系统发生故障而出现了事故。飞机加速飞向格鲁曼公司位于卡尔弗顿（Calverton）的工厂，在机后拖出一条液压机液体线

在20世纪50年代，美国海军开始寻求一款可以保护舰艇战斗群的战斗机，抵抗携带反潜导弹的轰炸机。能够满足这些要求的飞机必须可以在空中连续飞行很长时间，并且需要搭载具有远距离目标瞄准能力的导弹。唯一起决定性作用的因素就是飞机必须足够小，可以在航空母舰上起降；剩下的要求由导弹来满足。

1957年，邦迪克斯公司（Bendix）研发了AAM-N-10"鹰"式（Eagle）导弹，具有3马赫的飞行速度以及110海里[126英里（203千米）]的射程。除此之外，道格拉斯公司赢得了飞机制造商之间的竞争，开始研发XF6D-1"导弹手"。该飞机可以连续飞行最多10个小时并且可以携带6枚"鹰"式导弹。然而，"导弹手"最终被放弃，主要是因为其灵活性不足，除了远程的"鹰"式导弹之外不能挂载其他武器。最终，"导弹手"计划中的一部分保留了下来，就是休斯（Hughes）公司的AN/AWG-9火控系统。AN/AWG-9不仅仅是一部简单的雷达，包括了目标侦察和武器控制系统，另外包括远距离红外线探测系统、轻型计算机、先进座舱显示器以及双向式数据交互系统，可以让飞机与舰艇或者地面站甚至另一架飞机联系到一起。在相关技术由邦迪克斯公司转交到休斯公司后，"鹰"式导弹也改称为AAM-N-11"不死鸟"（之后为AIM-54）。

## 麦克纳马拉的计划

1961年肯尼迪总统就职以后，罗伯特·麦克纳马拉成为国防部长，随之而来的是他关于管理部队的新的想法。其中主要一个想法就是如何通过使美国空军和美国海军采用同一款称为战略战斗机试验机型（TFX）的通用战斗机来削减开支。然而，美国空军需要一款远程轰炸机而美国海军则需要一款既可远距离飞行也可近距离作战的战斗机。麦克纳马拉并不了解每种情况的特殊需求，强行推进该通用战斗机的研发计划，不顾美国海军和美国空军相关人员的反对。

1961年10月1日发布了方案征询计划，几家航空航天制造商提交了设计方案；最终通用动力公司获胜，提出了研发F-111来实现两种截然不同的任务需求。通用动力公司的方案与格鲁曼公司相结合，格鲁曼公司在海军航空领域成绩显著，负责开展所有的F-111和F-111B机型，也就是TFX-N机型的后机身以及起落架装置的设计工作。格鲁曼公司也利用其XF10F-1"美洲虎"（Jaguar）机型进行了变后掠角研发工作，"美洲虎"机型并没有投入服役。当"美洲虎"被终止后，其变后掠角机翼以及"不死鸟"导弹被结合到F-111B机型当中。

F-111海军版原型机于1965年5月首飞。然而，随着测试工作的展开，很快发现F-111重量太大，老式的发动机不可靠，结构复杂，飞行速度较低，不适合执行舰载任务。更严重的是，驾驶舱的视野不开阔，起落架位置偏前，这意味着着陆是很困难而且很危险的。美国海军强烈反对F-111B机型，突出强调该机型出现的任何问题，特别是在一架原型机坠毁后愈演愈烈。可能F-111B最严重的问题还是它并没有比要被取代的F-4"鬼怪"战斗机更加出色。在美国参议院军事委员会内部，美国海军作战部首长和海军部长表达了他们对F-111海军机型的深切担忧，并极力促使终止该项目。TFX计划，通用战斗机的概念以及F-111B计划都被扼杀，尽管美国空军的F-111确实是一款具有低油耗长航程作战潜力的轰炸机。

## F-14的起源

F-111机型并不成功，因此美国海军依然缺乏一款新式的舰载战斗机。F-8"十字军战士"以及F-4"鬼怪"战斗机逐步老

下图：一架"雄猫"原型机在接近格鲁曼公司的卡尔弗顿基地时坠毁，发动机从残骸中暴露出来。驾驶员和后座乘员事先安全地弹射出去

化，苏联战斗机的快速发展，尤其是米格-21的面世，对美国来说都是很大的威胁。针对海上目标的"獾"（Badger）和"蒙面侠"（Blinder）轰炸机计划也不得不停止，被迫终止服役的还有它们所挂载的导弹。

舰载战斗机试验（VFX）计划正式开始，许多公司提交了设计方案。1967年10月，格鲁曼公司提出设计一款新的飞机，但是保留已遭终止的F-111B机型的航电系统、导弹、发动机和武器系统。美国海军并没有反对这种设计，格鲁曼公司也承诺新的设计机型将在所有方面完全超过F-111B机型。尽管有些人提出F-4也可以完成同样的任务，但是海军指出重新设计"鬼怪"式战斗机花费巨大并且不切实际。下一年，麦克唐纳-道格拉斯公司的225概念机型和格鲁曼公司的303概念机型被选中开展进一步的测试。最终格鲁曼公司的设计方案被选中，1969年1月签署了生产6架原型机的合同，并且后续订购了463架。

该飞机现在被称为F-14"雄猫"。它使用AWG-9武器控制系统，并且完全适用"不死鸟"导弹。首批67架F-14，包括原型机，都将使用TF30-P412涡轮风扇喷气式发动机，然而之后的机型将升级为VFX-2标准，并采用新式的动力更加强劲的先进发动机，编号为F-14B。这款新式发动机被停用，但是之后又恢复使用。VFX-2最终成为采用F402发动机的F-14B。F-14B原计划于1973年12月开始服役，但是最终被取消。格鲁曼公司还提出了具备全天候作战和对地攻击能力的F-14C机型方案，但是开展进一步的研发工作所需要的更多资金要求被拒绝，因此这个计划也随之取消。

最终生产了两架全尺寸实体F-14A模型，第一个模型只有一个垂尾，第二个模型则引入了现在大家所熟悉的双垂尾。1969年3月设计方案定型，第一架原型机也在同年于格鲁曼公司的工厂出厂。这款新式战斗机的首飞是在1971年1月，但是实际上是在前一年的12月就已经试飞。1970年12月21日，格鲁曼公司的首席测试飞行员罗伯特·史密斯和项目测试飞行员威廉·米勒绕场飞行两周，携带有"麻雀"导弹的模型。由于天气状况不好，飞行测试被缩短，但是仍然显示出F-14巨大的潜力。9天之后，另外一次飞行测试以失败告终。米勒小心地驾驶，准备着陆，使用液氮系统释放起落架，然而第二系

上图："雄猫"模型是根据最早的303E设计模型生产的，只有一个背部小翼和后机身下翼。在机身下方还挂载了"麻雀"导弹，尽管实际上是设计使用AIM-54"不死鸟"导弹的

统也无法工作。该系统是用来控制方向舵和升降舵的，没有这些，飞行员就无法控制飞机。两名飞行员在离地25英尺（7.6米）的高度弹射出来，只受了轻伤。"雄猫"则完全损坏。

"雄猫"液压系统的维修工作相对容易，1971年5月24日，第2架F-14试飞。该架F-14主要用于进行低速和失速/盘旋测试。另外也进行变后掠角测试并在最后进行了F-14机炮的测试。第3架F-14进行了载重和速度逐渐增加后的测试。第4、第5和第6架在美国航空试验站（NAS）莫古角（Poinit Mugu）测试中心进行测试，第4架用来整合AWG-9/AIM-54系统，第5架用来进行系统、设备及协调性测试，第6架用来进行武器系统和导弹分离测试。在这其中，第5架原型机在1973年6月20日"麻雀"导弹的分离测试中坠毁。

下图：大部分F-14"雄猫"战斗机采用大面积的荧光油墨（Dayglo）来增加显著性，方便地面观察者进行光学跟踪

下图：第二架F-14原型机对低速飞行特性进行了测试研究，包括旋转和失速情况。在旋转测试中，F-14在机头装备了可收缩的鸭式边条翼，从驾驶舱拱形区一直延伸到雷达罩

# F-14 的研发过程：测试和曲折

增加了12架YF-14A测试机进行研发和测试工作，以保证该机型能按时服役。然而，问题依然存在并且政治上的争议也更加尖锐。

右图：第3架飞行测试机YF-14A（编号157982）在其大量的测试飞行中的一次飞行中挂载了4枚AIM-54"不死鸟"空空导弹以及一对副油箱

上图：最初的舰载适应性测试于1972年中期在美国"福莱斯特"（Forrestal）号航空母舰（CVA-59）上进行，使用了第10架YF-14A测试机

首次海军初步评估（NPE1）在1971年12月2—16日进行。这次评估主要在不同的速度和高度下检查了飞机的飞行特性、舰载适应性、可维护性以及"人为"因素。测试飞机一共飞行了39次、73.9小时。NPE的飞行员对F-14充满热情，为其优良的性能感到兴奋。埃默里·布朗，F-14的政府正式操作评估（OPEVAL）管理人员事后回忆道："驾驶世界上最先进的战术战斗机真的是非常兴奋的，从刹车松开到爬升到1200英尺（365米），然后马上抬头70度，当你达到15000英尺（4570米）的时候从肩膀回头看去，发现仍然在机场的边缘……好吧，那真的是太让人振奋了。我不得不压制住开5个加力的冲动，并一遍一遍地重复'大迎角机动飞行'。在那个时候，无论世界上哪个人想跟我换工作我都不会答应的。"

"雄猫"第7号机体成为安装F401发动机后的F-14B测试机，首飞延期。8号机用来进行测试生产外形以及提供合同中所要求的数据。9号和11号机在莫古角测试中心分别进行雷达测试和辅助系统测试。11号机也进行了空对地机炮测试。10号机交付到帕图森河海军基地的海军飞机测试中心，进行结构测试以及舰载适应性训练。1972年6月15日，10号机在美国海军"福莱斯特"号航空母舰上进行了F-14的首次舰载弹射起飞，并于1972年6月28日进行了首次"直播"的舰载着陆。埃默里·布朗，第4位驾驶F-14的飞行员成为首位进行F-14舰载着陆的飞行员。

## 又一次事故

在准备一次空中展示时，10号机坠入大海，飞行员鲍勃·米勒遇难。鲍勃驾驶17号机取代10号机进行舰载适应性测试，12号机（编号为1X）取代第1架原型机进行高速飞行测试。该机体是设备综合性最强的"雄猫"测试机，可以将最多647个测量数据传送到地面，并且安装有液压"振动器"进行颤振测试。1X——实际上是第3架F-14——在1972年9月的测试中飞行速度达到了2.25倍马赫。

整个飞行测试编队由若干飞机组成，从最初的F-14A量产型：13号机（吸波室与电磁系统兼容性测试），20号机（在莫古角测试中心进行天气适应性测试），以及15、16、18以及19号（飞行员换装测试）机。这些额外生产的机体分配进行各种测试计划，以缩短研发时间，提前投入服役的日期。尽管只有开始的12架"雄猫"是由官方出资研发来作为原型机，格鲁曼公司的贝斯佩奇工厂一共生产了16架原型机。之后的"雄猫"，由17号机开始，"雄猫"开始通过标准组件进行生产，包括独立的前部、中部和后部机身组件，进气道、尾部以及翼板前罩组件。采用新的生产方式后使得生产速度从每月两架提高到每月3架，并且为将生产线从贝斯佩奇转移到卡尔弗顿铺平了道路，1973年2月，第36架"雄猫"在卡尔弗顿下线。

## 火力控制系统

通过在F-111B以及TA-3B上的测试，AN/AWG-9火力控制系统已经相对比较成熟。这些测试工作主要包括导弹实弹射击，大部分都是成功的。4号"雄猫"测试机安装了AN/AWG-9火力控制系统（从1972年年初）后，从F-14上进行导弹发射只是时间问题了。第4架F-14A原型机以及第9架原型机在1972年间一共飞行了357个小时（184架次），发射了11枚"不死鸟"、4枚AIM-7E"麻雀"以及两枚AIM-9G"响尾蛇"导弹。1972年12月初，一架"雄猫"进行了首次多发"不死鸟"导弹发射，朝一枚自己刚刚发射的空对地导弹——作为假想敌方轰炸机——同时发射了两枚导弹。目标导弹成功被击毁，但是第二枚导弹出了一些偏差没有命中目标。之后进行了更富野心的测试工作。1972年12月20日，一架"雄猫"在0.7倍马赫的飞行速度和31500英尺（9600米）的飞行高度下成功地攻击了5个飞行速度为0.6倍马赫、飞行高度在20000～25000英尺（6095～7620米）之间的目标，利用"不死鸟"导弹击落了其中的4个目标。这3枚QT-33和两枚BQM-34在相对比较近的范围内遭摧毁，导弹在25～30英里（40～48千米）的范围内连续发射，没有同步射出。尽管如

下图：随着首架"雄猫"装备了AWG-9火控系统，第4架机体开始了"不死鸟"导弹的测试工作。图中所示飞机装有测试导弹

上图：1973年，一架"雄猫"与一架装有边条翼的F-4J进行了一系列空中格斗等模拟测试。F-14表现出了出色的机动性，总是能够比"鬼怪"式战斗机飞得更快更好

上图：第2架"雄猫"原型机的机翼完全展开，与第1架和第4架原型机进行编队飞行

规模舰队战斗机的维护保养工作。这些人想要一款更轻、更便宜的战斗机，装备有更轻便更便宜的雷达，如果有必要的话，还有更小的航程。

到最后，整个研发计划进行了大幅的缩减，订购数目也从722架减少到只有313架。幸运的是，AIM-54"不死鸟"导弹系统保留了下来，尽管有些人希望将该系统取消。接下来，政治家们试图进一步削减F-14计划，然而该计划不会有突然终止的危险。

幸亏F-14在海军领导层中有一个强有力的盟友，海军作战部长埃尔默·罗伯特·朱姆沃尔特二世，他决定保留所有的"雄猫"机队的"不死鸟"导弹系统，并且极力保证任何一款舰载型的"雄猫"都尽可能地同服役中的F-14A相同。在这种思路的指导下，格鲁曼公司和美国海军针对F-14A机型提出了一系列微小的改动，可以节省开支。整个改装计划的目标是每架飞机节省200万美元。

此，这也充分说明了"雄猫"的作战能力。

当然AN/AWG-9火控系统也存在技术问题，但是问题都比较小，然而该研发计划高额的支出在当时的经济环境以及政敌的眼中是一个不小的缺点。到1973年3月，据称格鲁曼公司计划采用基于美国空军F-15战斗机的武器控制系统。根据评估，每架战机可以节省大约100万美元的开支，尽管这样会移除AIM-54的兼容特性，并大幅降低雷达探测范围。

F-14A计划的预算超支严重，并遇到一系列技术问题，这使得美国国防部于1971年4月7日向格鲁曼公司提出严厉的警告。民主党参议员哈特基和宾汉姆就"不死鸟"导弹的高额消耗以及不携带AIM-54情况下F-14较弱的作战能力提出相关反对报告。F-14计划预算超支以及技术问题使得该飞机成为一个明显而且简单的攻击目标，甚至是一个流行的目标。通过削减两个计划的开支最终可以节省大约135亿美元，整个计划可以节省250亿美元，FY72可以马上从节省5.38亿美元到节省7.76亿美元。

## 海军的反对态度

F-14不仅受到了左翼分子以及和平主义者的嘲讽。一些海军的官员和空勤人员担心F-14超重，并且花费太大，这会影响到大

### 发动机问题以及F-14B

F-14A机型开始时采用12350磅（54.94千牛）推力的普惠发动机公司制TF30-P-412发动机，该发动机在TF30-P-12发动机基础上做了细微的改动，后者在F-111B机型上进行了大量测试，并应用在F-111D机型上。该发动机在F-111机型上导致了严重的问题，同样也在F-14机型上出现了问题。采用TF30发动机的F-14A战斗机动力不足，另外此发动机显然无法解决进气道处的扰流问题，而且容易导致压气机停转问题。发动机问题直接导致损失了40架飞机，价值超过10亿美元（15亿美元，如果每架的平均价格按3600万美元计算的话）。在2001年，TF30发动机仍然是美国海军保留下来的F-14A的动力装置，这也是"雄猫"战斗机唯一的弱点。如果按早期的计划来执行的话，TF30发动机所引起的问题可能就很小了，因为只有开始的67架"雄猫"计划采用该发动机，而且这些飞机之后也更换发动机，并改称为F-14B。最初的F-14B采用通用电气公司的F401-PW-400发动机。这种发动机是JTF-22发动机的衍生物，另外还发展出了美国空军先进技术战斗机的发动机——F100。其推力和可维护性都强于TF30发动机，而且燃油消耗更低，但是在F-14计划本身出现问题的情况下，TF30的研发工作也困难重重，而且经费消耗巨大。

为了测试最初的F-14B机型，格鲁曼公司将两架飞机改装为F-14B级别来进行普惠发动机公司F401发动机的飞行测试工作。编号为157986的测试机型于1973年9月12日开始改装进行F401发动机的测试工作。这款新式先进发动机出现的问题导致取消了400架F-14B战斗机的生产计划，1974年4月，F401发动机本身的研发工作也不得不中止。当计划取消时，第2架测试机，编号158260，即将完成改装成F-14B标准的工作，所以不得不恢复F-14A标准，作为B机型没有进行过一次飞行。

上图：一架美国海军的F-14A战斗机，带有训练中的敌方侵略者喷涂。除了在美国海军空战训练中心充当假想敌机外，F-14还进行多种测试任务

下图：一架VF-102 F-14B战斗机在训练中挂上拦阻索。F-14B以及F-14D所采用的F110发动机可以使飞机在全加力情况下弹射起飞，增加了62%的作战半径，并使飞行员在空战机动过程中有更加顺畅的发动机操纵体验

# 今天的"雄猫"

到2008年，最后一架"雄猫"退役时，F-14经历了大约40年的服役历史。其替代机型为已经开始研发的多用途F/A-18战斗机，特别是E/F型号。

在20世纪70年代末，格鲁曼公司的F-14"雄猫"被认为是美国海军中最重要的战斗机，对于任何海军飞行员来说都是最理想的飞行练习对象。每一架美国海军的航空母舰（除了甲板较小的"珊瑚海"号和"中途岛"号）都搭载有两个F-14"雄猫"战斗机中队，这些中队是美国舰队中最久远、最有历史并且最自豪的战斗机中队。只有"雄猫"战斗机能够保护运输编队，应对携带大射程巡航导弹的战斗机，"雄猫"可以针对高空或者低空飞行的目标同时发射最多6枚"不死鸟"空空导弹，然后针对任何漏网之鱼使用AIM-9"响尾蛇"导弹或者20毫米口径内置机炮进行攻击。"雄猫"并不是笨重的仅针对轰炸机的战斗机。F-14非常轻巧灵活，并有突出的加速性能，相对其取代的F-4战斗机有更好的空战能力，并且在空中近战中比深受欢迎的F-8"十字军战士"更加出色。

## "海军战机武器学校"的遗产

值得注意的是，在服役25年之后，目前已经老迈的F-14依然具备非常大的吸引力，许多人仍然把它当作任何舰载机编队中最重要的元素。然而，AIM-54"不死鸟"导弹

在战斗和测试中的不良表现使得其可靠性饱受诟病，另外F-14依然不能搭载目前最先进的空空导弹、AIM-120高级中程空空导弹。将AIM-120导弹整合到F-14的计划在1999年10月底立项后再一次被取消，使得F-14只能依靠老旧的AIM-7"麻雀"和AIM-54，这些导弹的能力实际上名不符实。

唯一的一次6枚AIM-54导弹同时发射（目标为雷达特征增强后的无人机群）实际上只有3枚命中了目标。开始服役时，F-14作为一款空对空战斗机而深受关注，但是F-14的机动性并不如较新式的战斗机（F-15、F-16以及F/A-18），或者米格-29以及苏-27战斗机。在面对这些战斗机时，"雄猫"主要依靠其超舰距打击能力、高超的战

左图：伊朗拥有很强的F-14武装力量，大部分利用当地的资源进行维护保养。"鹰"式（Hawk）地对空导弹系统被引入到至少两架F-14当中，可能试图取代"不死鸟"导弹系统

上图:"雄猫"战斗机从2007年起将逐步从美国军中退役,由波音公司的"超级大黄蜂"取代,特别是双座型号。伊朗将继续保留"雄猫"战斗机服役更长的时间

术策略以及两名飞行员之间的默契配合所形成的局面掌控意识来进行作战。

最初的F-14A型号(目前数量仍然比更换发动机后的F-14B以及F-14D要多)受性能不稳定的TF30发动机严重制约,导致了多起事故,损失多架飞机及飞行员。许多年来,"雄猫"战斗机并没有发展其多用途作战性能,尽管装备了战术空中侦察(TARPS)吊舱系统后,F-14是一款非常出色的战术侦察平台机型,每一个舰载战斗机编队都包括2～3架可装备战术空中侦察吊舱系统的F-14战斗机。近年来,随着增加了数字化战术空中侦察吊舱系统和实时数据交互系统的发展,F-14的侦察能力得到了很大的增强。

## 缩减后的F-14机队

由于F-14机身的短缺,并且意识到F/A-18"大黄蜂"是一款更加出色的多用途战斗机,尤其是在冷战时期,这些因素导致了F-14战斗机数量的大量削减。舰载战斗机编队也进行了改编,大部分的航空母舰上只有一个F-14中队,和3支F/A-18中队(包括一个海军陆战队编队)。只有两个航母舰载战斗机编队["艾森豪威尔"号上的第7舰载机联队以及"罗斯福"号上的第8舰载机联队]保留了两支"雄猫"战斗机中队——这是因为"大黄蜂"战斗机数量不足,而不是特意保留了"雄猫"战斗机。"雄猫"战斗机的数量也因此从28个中队(大西洋舰队和太平洋舰队分别有一支训练中队)减少到只有12个,另外只有一个训练中队。所有的F-14中队驻扎在奥西安娜的美国海军航空试验站。除了驻扎在日本厚木基地的中队,主要用于支援部署在美国海军"小鹰"号航空母舰上的第5舰载机联队编队。

上图:在奥西安娜海军航空站(NAS),将机头打开进行保养是常规的训练内容。该基地之前驻有F-14以及A-6,但是A-6的停机坪已经被换成F/A-18战斗机。已经服役了30年的"雄猫"被替代也只是时间问题

在实行缩减之后,美国海军有3支中队装备有F-14D机型(VF-2、VF-11,以及VF-31),4支装备有F-14B机型(VF-102、VF-103、VF-143以及VF-211),5支装备有F-14A机型(VF-14、VF-32、VF-41、VF-154和VF-213)。F-14D机型的短缺使得VF-11中队在1997年改为装备F-14B机型,尽管当时VF-213中队重新装备了F-14D机型,VF-211中队改回了F-14A机型,VF-32中队装备了F-14B机型。在所有的舰载机中队中装备"雄猫"机型的计划目前被取消。

"雄猫"也找到了唯一的海外客户,关于这些伊朗F-14A战斗机目前的情况引发了很多的推测。在保密情况下的探查发现在1999年年末,大约有6个F-14中队正在服役中。

美国的F-14战斗机于1992年开始逐渐获得有限的较好天气环境下的攻击能力,有些人开始称F-14为"炸弹猫"(Bombcat)。在整合了低空导航和夜视红外线瞄准(LANTIRN)激光指示器之后,F-14具备了工业的全天候空对地精密制导武器攻击能力,可以投放一系列激光制导炸弹、"铁头"炸弹、集束炸弹以及非制导火箭弹。将全球定位系统制导武器整合到F-14上的工作包括联合直接攻击武器,然而,即使具备了所有的这些作战能力,"炸弹猫"与F/A-18C/D(更不用说目前即将服役的全新的更加出色的F/A-18E/F机型)相比唯一真正的优势还是其航程和作战半径。其缺点包括较差的工作维修能力和较高的操作费用。

装备有F-14A的中队成为首批更换F/A-18E"超级大黄蜂"和双座式F/A-18F的中队。F-14B/D机型继续服役到了2007-2009年。

# 休斯 OH-6 "印第安小马"和麦道 500 "防卫者"

## "泥鳅"和"小鸟"——OH-6 家族

尽管开始时 OH-6 出色的技术设计使其取得了很大的成功,然而却导致了在本土市场成为众厂商的竞争对手。但是设计者并没有退缩,他们改进了生产设计,被戏称为"泥鳅"的 OH-6 横扫国际市场。

上图:休斯公司计划为美国军方生产大约4000架 OH-6A 直升机,但是由于制造困难、花费增加以及政治因素等问题的综合影响,使得最终只生产了1400多架

当1960年美国陆军发布了关于寻求一款新型轻型观察直升机的强烈的战略需求时,演变为休斯500的直升机的设计工作也相应开始。OH-6A 同其竞争对手贝尔公司和席勒公司的机型在很多方面不同。其设计目的是明确的针对较好的维护性和低阻力特性(较高的飞行速度和较低的燃油消耗),并安装有当时并不多见的部分无铰接4桨叶旋翼。桨叶并不是通过传统的铰接方式固定在轮毂上,而是采用与相对的桨叶通过15个挠性的不锈钢铰链片相连接的方式来进行安装。由于这些设计特点,在复杂性和维护性方面的花费并不多。4桨叶旋翼有很多优点:更好的控制响应,更小的转弯半径以及高速情况下更低的振动。更好的操控特性来自于适用于4桨叶螺旋桨的优化桨叶设计,这与其竞争对手大为不同,休斯公司的直升机可以通过更简便的人工控制系统来进行操纵,不需要液压助力装置以及增稳系统。由于螺旋桨比较小,尾梁可以更短更轻,直升机可以在空战飞行中飞过更小的空间。

### 低阻力机身

在机身设计中,低阻因素是必须要考虑的。机身横截面通过设计以适应于两个前置座椅上的机组成员,动力装置和传动装置也通过设计完全安装在机身内部。发动机安装在后机身,驱动轴向上呈45度,延伸到驱动主旋翼和尾旋翼的轴上的锥齿轮;整个驱动设备只有两处齿轮啮合。由于旋翼相对刚硬,因此可以安装在离机身比较近的位置上而不会在转动时打到机身上。尽管如此,较短的旋翼基座仍然具有很好的减阻特性。

在结构方面,OH-6A 的核心部分是机舱,在旋翼下部安装有防冲击合金框架,并带有适合两名乘客乘坐的便携可折叠座椅。旋翼围绕安装在机舱上部的固定桅杆旋转;舱壁前部装有飞行员座椅,发动机安装在机舱后部,下部拐角作为滑橇式起落架的安装部位。燃油和电池安装在地板下面,在机身左舷带有可安装0.3英寸(7.62毫米)口径6管"米尼岗"机枪或者 XM75 枪榴弹发射器的基座。

OH-6A 比美国陆军就轻型观察直升机指定的空载目标重量还要轻几百磅,比其竞争对手更小更轻。同时,OH-6A 速度更快,并且拥有同样的最大起飞重量,可以搭载更多的有效荷载和燃油,并且航程更远。最后,OH-6A 更易于维护和操纵。在阿拉巴马州拉克尔堡(Fort Rucker)进行了超过

下图:两架 YOH-6A 原型机在早期的飞行测试中进行试飞。尾部形状在之后的研发过程中进行了修改

上图:1972年,休斯公司使用一架早期的 YOH-6A 直升机进行测试,其目的是减少直升机的噪声。被称为"安静者"的该直升机装备有进行噪声处理后的发动机排气管和进气系统,同时还装备有新式的旋翼毂,携带有5片桨叶。这些测试工作为改进型500D机型提供了基础,该机型首飞于1974年8月

5000个小时飞行时间的长达几个月的评估后,OH-6A 于1965年5月成为项目竞争的获胜者,美国陆军首先订购了714架该型机,并且预期会订购超过4000架。

### 生产制造问题

按照美国陆军的印第安传统,OH-6A 被称为"印第安小马",于1966年开始服役。生产制造过程由于越南战争的需要而加快了进度,到1968年,休斯公司每个月能够生产70架"印第安小马"。但是存在着问题:军用和民用飞机的生产制造,特别是在加利福尼亚州南部,扩展速度非常快,使得包括休斯公司在内的制造商开始逐渐跟不上生产目标。材料和部件有时很难得到采购补

充，并且价格不断上涨。同时，贝尔公司将其并不成功的轻型观察直升机竞争机型206型号/OH-4A进行了重新设计，得到了206A"喷气突击队员"（JetRanger）民用直升机。美国陆军对于"印第安小马"计划的价格和交付问题并不满意，于是在1967年重新开放了轻型观察直升机的竞争选拔计划。这一次，贝尔公司成功复仇，他们改进后的"喷气突击队员"，OH-58A"基奥瓦"（Kiowa）成为获胜机型。在1970年8月生产

### 特种作战H-6

美国陆军特种部队所装备的"印第安小马"的完整使用情况目前还不清楚。该机型很少被目击到，更少被拍到。该机型于1983年首次引起注意，被业内杂志称为"OH-8"，美国国防部也开始提及OH-6A的AH-6A轻型攻击型号和MH-6A运输/侦察型号。近期，一系列型号逐渐出现，如下：

**EH-6B**：1982年，4架OH-6A被改装用于情报探测（SIGINT）任务；装备有400轴马力（298千瓦）动力的250-C20发动机以及"黑洞"（Black Hole）排气装置。

**MH-6B**：23架OH-6A被改装为侦察/轻型攻击机型，装备有同EH-6B相同的发动机和排气装置、夜视（NVG）装置、前视红外线（FLIR）回转装置以及外置基座，可以安装两挺0.3英寸（7.62毫米）口径"迷你岗"机枪或者乘员座椅。

**AH-6C**：15架机体（11架OH-6A、1架EH-6B、3架MH-6B）被改装到同MH-6B机型相似的统一标准，但是可以携带Hydra-702.75英寸（70毫米）口径火箭弹和BGM-71"陶"式反坦克导弹。

**EH-6E**：3架500D型号直升机在保密预算资金的支持下进行电子监视行动。其主要特点包括噪声较小的4桨叶尾旋翼、"黑洞"排气装置和先进的航电系统。

**MH-6E**：15架新生产的多用途直升机，包括一架EH-6E的改进型都是基于500MD低噪声先进侦察机型，并装备有425轴马力（317千瓦）功率的250-C30发动机。

**AH-6F**：10架全新生产的轻型攻击机型（订购于1984年），融合了MH-6E的机身、发动机、螺旋桨以及AH-6C机型的武器装备，并带有安装在旋翼主轴上的观测器、30毫米口径M230"钱恩"机枪，另外还可以携带一对"针刺"空空导弹。

**AH-6G**：5架全新生产的机型（订购于1984年），来源于500E或者MD530F机型，另外还有7架来自于更换发动机后的AH-6F机型。

**MH-6H**：12架MH-6E以及两架EH-6E重新更换了发动机，达到统一的AH-6G标准，但是用于执行多用途任务。

**AH-6J/MH-6J**：衍生于MD530N无尾旋翼机型的这两款机型分别用于轻型攻击和多用途任务。其研发工作已经被终止。

制造工作停止之前，完成的订单只包括1434架"印第安小马"，分三批出厂。

OH-6A直升机在越南战争中获得了很高的评价，在数年的激烈战争中成为美国陆军主要的侦察直升机机型。OH-6A在越南累计飞行超过200万小时，因其可靠性和易于躲避战场损伤而赢得声誉。多亏了该机型结实耐用的结构，飞行员们认为"印第安小马"在坠毁事故发生时是所有的直升机中最安全的。

OH-6A在1966年又取得了非常出色的成就，一共打破了22项直升机纪录，包括全世界范围内的多项纪录。例如在闭合航线和连续高度下的航程、速度纪录，以及在轻型和中型级别中的一系列纪录。

在越南战争（超过950架"泥鳅"在战争和事故中坠毁）之后，保留下来的"印第安小马"由"基奥瓦"取代了其在美国陆军常规部队中的位置。到1984年，仍然有350架还在美国陆军国民警卫队中服役；其中250架从1988年开始升级到"Series-IV"（或者称为"OH-6B"）级别，装备有420轴马力（313千瓦）动力的"埃里森"（Allison）T63-A-720发动机（250-C20B）以及"黑洞"排气抑制装置，另外还可以安装机头下部前视红外线保护装置和可调整的降落指示灯。一架OH-6D型号也被用来参与陆军的先进观察直升机（ASH）项目竞争，但是该计划没能获得资金支持，因此取而代之的是将贝尔OH-58A升级到OH-58D AHIP（陆军直升机升级计划）级别型号。

OH-6A最终于1995年从美国陆军国民

#### 轻型观察直升机（LOH）竞争者

1960年，美国军方发布了关于研发一款新的轻型侦察直升机的需求，以取代其现役的贝尔（Bell）和席勒（Hiller）直升机以及固定翼的塞斯纳（Cessna）L-19通信联络机，休斯公司的500直升机的设计工作也由此开始。该机型由一款小型涡轮轴发动机驱动，巡航速度为125英里/小时（201千米/小时），可以在脱离地面效应的6000英尺（1830米）的高度盘旋，并且可以连续执行3个小时的观察任务。易于维护和低成本是其首先考虑的因素。美国主要的直升机生产

上图：1982年，无尾旋翼（NOTAR）的设计概念在OH-6A 6512917号机上进行了测试。取代了尾旋翼的无尾旋翼直升机采用了特殊的尾梁，由发动机驱动的风扇进行增压。空气从0.33英寸（8.5毫米）的狭缝中喷射出来，穿过整个尾梁，使得空气在尾梁周围旋转，这样来产生推力以平衡主旋翼的力矩。这种设计的优点包括噪声较小，安全性更好，维护成本更低

警卫队退役，使得第160特殊行动航空兵团成为唯一仍然使用该型号的陆军单位。

### 特种部队机型

1983年，美国特种部队对休斯公司500/"印第安小马"机型的使用变得清晰起来，在美国入侵格林纳达（Grenada）时，休斯500MD"防卫者"型号被发现支援美国陆军和海军特种部队的行动。其多用途任务机型和轻型攻击机型分别被称为"小鸟"和"小鸟枪炮"，据称这些型号的直升机参与了1987年美国在波斯湾攻击伊朗护卫艇的行动和1989年入侵巴拿马的行动。大量型号被相继识别出来，包括两款采用无尾旋翼技术的机型。无尾旋翼机型进行了提高隐秘飞行参数的相关测试，但是最终被终止，因为其不利于速度和航程性能表现。

商都参与到了轻型侦察直升机项目的竞争当中，在1961年，其中的3家获得了分别生产5架原型机以进行评估的机会。来自于美国现役轻型直升机供应商的贝尔OH-4A和席勒OH-5A机型都衍生于之前的活塞发动机驱动的直升机机型。休斯OH-6A机型，或称为369机型是全新的设计。该公司之前唯一设计的直升机，除了体型庞大的怪异的XH-17之外，就是更加轻型的269机型，该机型刚刚开始生产。所有的3家竞争者都在1962-1966年间的冬天进行了首飞。

# "防卫者"直升机系列

左图：意大利的金融警卫队（Guardia di Finanza）仍然保留了由NH-500M、NH-500MC以及NH-500MD（图中所示）机型组成的数目庞大的直升机编队，主要用来执行边境以及海上巡逻控制以及执法行动

通过继续开发其已经非常成功的OH-6直升机，休斯公司推出了一系列轻型、价格便宜但性能优良的作战和作战支援直升机。这一系列中的最新型号直到2002年仍在麦道直升机公司（MD Helicopter）进行生产。

当休斯公司为美国陆军进行OH-6直升机的研发制造工作时，同时也在研发该机型的民用版本，即500型直升机。另外大量生产了军用的500M "防卫者"机型，该机型首先被出口到哥伦比亚。500M型直升机非常受欢迎，在日本川崎授权生产的机型编号OH-6J，装备到日本陆上自卫队，在意大利Bredanardi授权生产的NH-500M，装备于金融警卫队之后作为高海拔和高环境温度下使用的NH-500MC。500M机型的反潜作战版本出口到西班牙，编号为500M/ASW，装备了磁异探测仪并能发射鱼雷。

下图：以色列的500MD机型配备"陶"式导弹的"防卫者"直升机在AH-1和AH-64进入服役之前是该国最主要的反坦克攻击武器。因此也委托进行作战训练任务

上图：麦道 520MG "防卫者"机型可以装备500MD机型的圆形机头，如图所示。530MG机型的一体化机组乘员站可以将HOLAS、通信、飞行和武器控制系统集成到周期变距操纵杆中

## 500麦道机型

20世纪70年代初，休斯公司利用OH-6A机型进行了一系列新式装备的测试工作，包括5桨叶主旋翼。同时还将一架OH-6A改装为OH-6C级别，装备了动力更加强劲的400轴马力（298千瓦）动力的埃里森 250-C20发动机和"T"形尾翼。来自于这两架测试直升机的各种因素促成了新式的500D机型的诞生。显然，这款升级后的机型有更大的军用潜力，500麦道 "防卫者"型号的销量猛增。事实上，500D机型的首架军用型号是由日本的川崎公司生产制造的，编号OH-6D，休斯公司的正式生产工作开始于20世纪70年代后期。500麦道机型由420轴马力（313千瓦）动力的埃里森

250-C20B发动机驱动，装备有防护装甲、红外辐射排气装置抑制器以及多种种类的武器装备。首批量产机型出售到哥伦比亚和毛里塔尼亚共和国，之后很快在韩国和意大利进行授权生产。此后在意大利奥古斯塔的蒙特普兰多内（Monteprandone）工厂进行生产，该公司前身为Bredanardi，主要装备于意大利金融警卫队以及出口到马耳他。

休斯公司还提供了反潜作战型号，500麦道/ASW机型在500M/ASW机型的基础上装备有机头搜索雷达，另外还有一款更加简单的作战机型——500D侦察"防卫者"机型，只装备了火箭弹或者机炮。然而，500麦道最重要的机型可能是500麦道/"陶"式"防卫者"机型。这款强大的直升机将相关设备安装到小但是结实耐用的机身当中。装备有4发枚"陶"式导弹，安装在机身外伸挂架上，通过安装在机头的瞄准器进行瞄准发射。机枪和火箭弹发射装置可以用来替换"陶"式导弹发射架。500麦道/"陶"式"防卫者"使得较贫穷的国家，包括肯尼亚，拥有先进的攻击能力。该机型也可以在桅杆上安装瞄准器，称为500麦道/MMS"陶"式"防卫者"，另外在安装低噪声4桨叶尾旋翼以及其他的一些专门研发的降噪设备之后称为500麦道低噪先进侦察"防卫者"（Quiet Advanced Scout Defender）机型。

## 麦克唐纳-道格拉斯公司

1985年，麦克唐纳-道格拉斯公司购入休斯公司，500麦道机型继续作为麦道500麦道机型进行生产。在这个时期，大量的麦道500D和500D型号直升机在美国陆军特种部队中服役。被称为"小鸟"的该机型可能已经装备了更加先进的麦道530F机型所使用的埃里森 250-C30发动机，并且装备了各种机型用于执行不同任务，例如EH-6E、MH-6E以及AH-6F。8架麦道500E直升机也可能参与其中，这些直升机由休斯公司引入了在民用的500E机型上所使用的尖头外形。

麦克唐纳-道格拉斯直升机公司的低噪音麦道500麦道"防卫者"Ⅱ机型似乎并没有什么改进，随后的研发工作基于更加先进的麦道500E机型，称为麦道500MG"防卫者"。这款新式直升机采用了由650轴马力（485千瓦）降为425轴马力（317千瓦）功率的250-C30涡轮轴发动机以及完全铰接主旋翼，可以提供更加出色的性能，特别是在高空和高温条件下。麦道530MG首飞于1984年，当时还属于休斯公司，编号500MG。之后迅速获得了大量订单，并因其出色的控制性能和武器系统而广受赞扬。"夜狐"（Nightfox）版本在这些系统装备上增加了夜视装置和前视红外线技术，为了满足警方和其他准军事单位相对较低的性能要求，还研发了更加基础的麦道530麦道准军事"防卫者"机型。

美国陆军升级了部分现役的"小鸟"直升机到新的标准，保留了原来的圆形机头外形。这些升级后的机型以及一些全新生产的机型使得美国陆军组成了包括MH-6H、AH-6G、AH-6J以及MH-6J在内的直升机机队。

## 无尾旋翼机型

有趣的是，当美国陆军在测试两架无尾旋翼麦道530机型时发现，这种机型的高燃油消耗率以及降低后的速度无法满足特种部队的要求。很少无尾旋翼机型被卖到其他军方用户。波音公司于1997年收购了麦克唐纳-道格拉斯公司之后，试图廉价出售麦道500系列直升机。麦道直升机公司于1999年买下该系列直升机，并在2002年年初开始生产麦道500MG"防卫者"（基于530MG，但是采用了罗尔斯-罗伊斯（原埃里森）的250-C20B发动机以及麦道500E机型的旋翼系统），"防卫者"（装备有原来的圆形机头，并可以选择安装-C20B、-C20R或者-C30发动机），准军事"防卫者"（装备有-C20B、-C20R或者-C30发动机），麦道530MG"防卫者"以及"夜狐"机型。除此之外，麦道直升机公司还在研发基于无尾旋翼麦道520N机型的麦道520N"防卫者"机型。

上图："防卫者"系列直升机可以选择安装多种装备。这架麦道530MG直升机在桅杆上安装有瞄准器，用以发射"陶"式导弹，并在机头下部安装有前视红外线炮塔来执行亮度较低情况下的行动。同时具有圆形的机头外形

下图：麦道 530MG直升机可以在各种天气情况以及夜间执行反坦克以及一般的攻击任务。另外还可以轻松实现贴地飞行（nap-of-the-earth）飞行动作

下图：智利的麦道530F直升机是其主要的作战直升机。530F机型特别适合智利的需求，通过650轴马力（485千瓦）动力的250-C30涡轮轴发动机来尽量满足高空和高温条件下的任务要求

# 以色列飞机工业公司 "幼狮"战斗机
## 沙漠雄狮

在各种禁运和敌对的环境下，以色列飞机工业公司的"幼狮"战斗机在中东战争中获得了成功，并且出口到世界上多个国家的空军部队。

以色列是达索公司"幻影Ⅲ"战斗机的首个海外客户，在1967年和1973年同阿拉伯邻国的战争以及一系列军事冲突中发挥了重要的作用。尽管"幻影"取得了很大的成功，但是以色列还是发现了该机型的很多不足，包括起飞着陆速度较快而需要很长的起飞和降落滑跑距离，发动机推力不足，航电设备老旧。针对这些问题的改进需求以及武器禁运，使得以色列首先升级其"幻影"战机，之后开始研发其自己的"幻影"衍生机型。该研发计划首先落户Project Salvo，在该公司重新制造和升级了以色列的"幻影Ⅲ"CJ机型，之后为以色列飞机工业公司（IAI）Nesher，一款未授权的"幻影"5复制机型，最终定为以色列飞机工业公司的"幼狮"（Kfir）。在以色列购买了F-4"鬼怪"式飞机和通用电气公司的J79发动机之后，"幼狮"战斗机的研制计划成为可能。首架装备了J79发动机的"幻影"战斗机是一款法国生产的双座式机型，于1970年10月19日首飞，之后更换发动机后的

Nesher于1971年9月首飞。J79发动机增加了11%的气体流量，工作温度更高，这使得增大进气道以及防护后机身的隔热装置成为必需的。在尾翼前缘增加了导气罩，用来进行加力燃烧室的冷却。其他的机身改动包括带有更长的加强后的起落架。

不断有报道称一些"幻影Ⅲ"CJ战斗机装备了J79发动机，并被当地人称为"巴拉克"（Barak，意为"闪电"），但是这些改动应该是不可能的，并且从来没有被拍摄到过。同样还有关于生产在机头装备雷达的"幼狮"战斗机的传闻，这是由于一架早期的飞机照片所引起的，照片中的飞机机头涂成了黑色，看上去好像是一个雷达罩。更加善于观察的人马上发现了机头的外形并没有改变，而且空速管的位置也没有变化。基本的"幼狮"型号生产数量很少（27架），大部分之后升级到了"幼狮"C1级别，在雷达后面的进气道和矩形边条翼，机头两侧安装了小展长的鸭翼。保留下来的25架"幼狮"被租借到美国海军和海军陆战队作为F-21A敌方战机进行训练。

### 航电系统升级

"幼狮"C2是首个具备完全标准配置的"幼狮"型号，装备有机头边条翼以及较大的固定鸭翼。新的机型也装备有犬齿状的机翼前缘。鸭翼和边条翼在1974年7月首次在装备了J79发动机的"幻影Ⅲ"B飞机上进行了试飞，该飞机为"幼狮"的原型机。这些气动方面的改动改善了转向和起飞性能和可操纵性。

另外"幼狮"C2还引入了全新的航电系统，包括ELTA M-2001B搜索雷达。其他的装备包括MBT双电脑飞行控制系统，前机身左侧的攻角探测器（重新装备到早期的机型上），Elbit S-8600多模式导航和武器投放系统（或者Elbit/IAI WDNS-141系统），塔曼（Taman）中央大气数据计算机以及以色列产的电光学（Electro-Optics）抬头显示器。一共生产了185架C2以及TC2教练机，到目前仍有大约120架还在服役当中。

在推迟了相当长的一段时间，等到美国政府同意重新出口J79发动机之后，12架"幼狮"C2于1982年出售给厄瓜多尔，另外11架"幼狮"于1988—1989年间交付给哥伦比亚。这两家海外用户也都购买了两架"幼狮"TC2机型。"幼狮"最新的客户为斯里兰卡，购买了8架"幼狮"，用于针对"泰米里猛虎"（Tamil Tiger）反政府组织的进攻行动。实际上所有保留下来的"幼狮"C2和TC2机型都被升级到"幼狮"C7和TC7机型，但是并不确定是不是全新生产的飞机。

C7的编号用于1983年之前交付使用的升级机型。升级内容包括大量航电系统方面的改进，并采用了实际上可以说是装备有手不离杆（HOTAS）操纵系统的驾驶舱。设备升级还包括WDNS-391武器投放与导航系统、埃尔比特（Elbit）82设备管理系统、武器设备控制显示板、视频次系统以及"智能"武器投放系统。可以选择安装空中加油探管或油箱。在以色列国防军和空军（IDF/AF）中服役的大部分C2战斗机已经升级到C7标准，潜在的升级措施包括采用以色列F-16战斗机使用的EL/M-2021 I/J波段多模式雷达来取代现有的侦察雷达。并不是所有的C2都装备有雷达警报接收器（RWR）——至少最初的机型没有，但是之后生产的"幼狮"都装备有Elisra SPS200，包括在前机身下部以及方向舵上的

下图：3架以色列空军的后期"幼狮"系列战斗机携带翼下"拉斐尔"（Python）3先进红外线制导空空导弹。这款灰色的喷涂在20世纪80年代末逐渐被接受

尾翼上分别安装的两个半球状传感器。电子干扰探管，例如Elta E/L-8202，可以安装在机翼左舷内侧基座上。

在外观上唯一的区别就是在发动机进气口下部有一对额外的硬挂点，使得总的硬挂点数目达到9个，武器荷载增加到13415磅（6085千克）。被称为"战斗加力"的发动机加速设备可以使得发动机的推力猛增到18750磅（83.41千牛）并维持一小段时间。

在1993年间，以色列开始寻找海外的客户出售其过剩的"幼狮"C2/C7机型，到最后，以色列飞机工业公司提出将"幼狮"进一步升级到C10标准。这种机型的特征得益于"狮"（Lavi）的科技，主要包括新式的驾驶舱设备，安装在更大的雷达罩内的新式雷达，适用于IFR探管较外部的燃油以及相关设备。最近，以色列退役了剩下的"幼狮"战斗机，由于其性能不如更加先进的F-15和F-16战斗机。

南非也装备有"幻影Ⅲ"战斗机，同时将其升级到"幼狮"标准，装备了新式航电系统和前置翼面。"非洲猎豹"（Cheetah）C是一款南非研发的战斗机，采用了同以色列差不多的设计和创新方法。实际上，新的"非洲猎豹"大量的机身来自于原以色列国防军和空军。"非洲猎豹"C战斗机目前是南非空军的主要战斗机机型。

更加先进的"幼狮"型号、"幼狮"2000，进行了大量的机身升级改装，并安装了新式的航电系统，包括超视距（BVR）作战能力以及在雷达罩内安装的一款新式雷达。该型号由以色列飞机工业公司研发，面向海外客户。

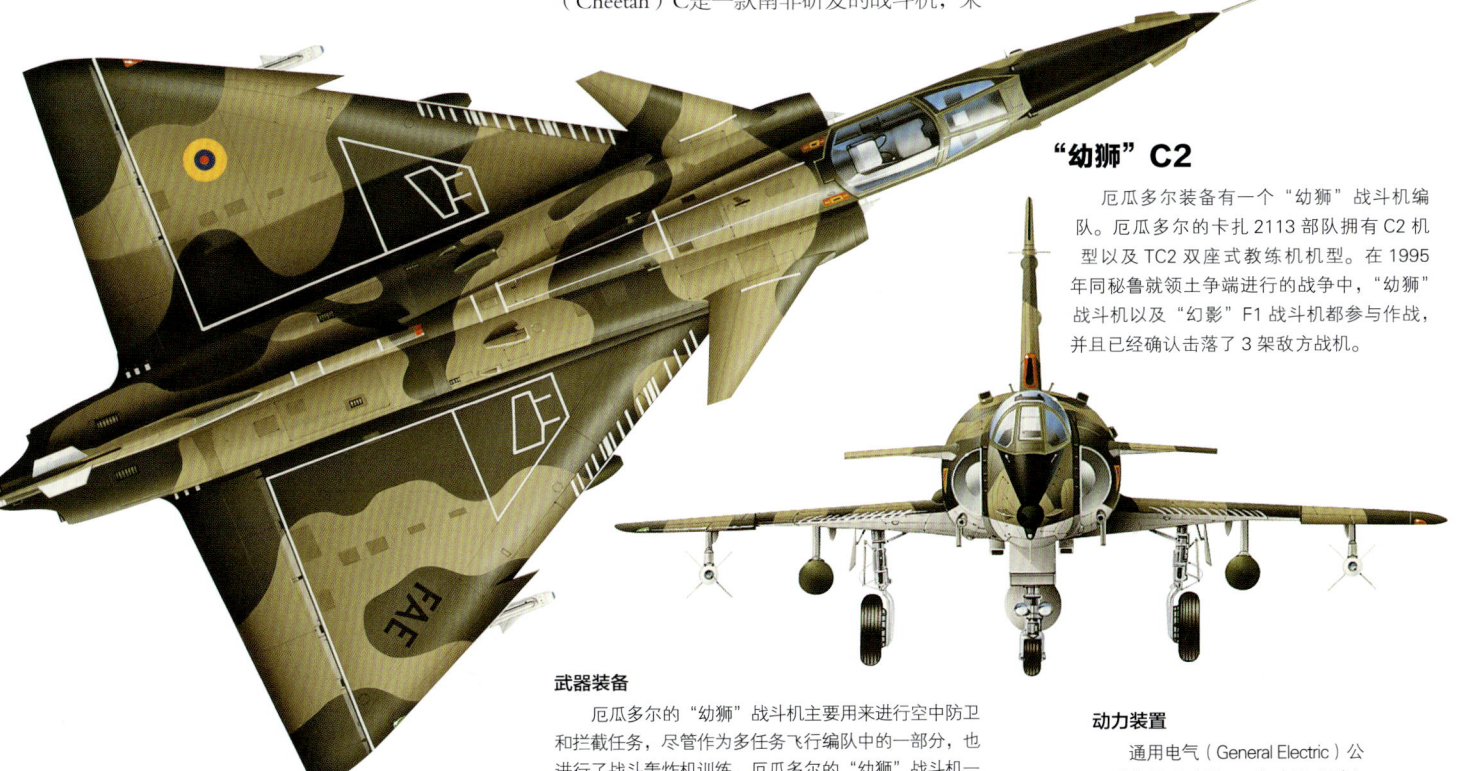

### "幼狮" C2

厄瓜多尔装备有一个"幼狮"战斗机编队。厄瓜多尔的卡扎2113部队拥有C2机型以及TC2双座式教练机机型。在1995年同秘鲁就领土争端进行的战争中，"幼狮"战斗机以及"幻影"F1战斗机都参与作战，并且已经确认击落了3架敌方战机。

**鸭翼**

厄瓜多尔的"幼狮"在C2和C7机型上装备有全尺寸的前置机翼。这些鸭翼缩短了1500英尺（457米）的起飞距离，并且对飞机转向性能有很大的影响，通过在飞机重心前面产生升力而降低了纵向稳定性。

**机翼**

"幼狮"战斗机的机翼并没有"幻影Ⅲ"的前缘，取而代之的是延长后的外段前缘，使得锯齿状的前缘打断。

**武器装备**

厄瓜多尔的"幼狮"战斗机主要用来进行空中防卫和拦截任务，尽管作为多任务飞行编队中的一部分，也进行了战术轰炸机训练。厄瓜多尔的"幼狮"战斗机一般装备有一对拉斐尔"蜻蜓"（Rafael Shafrir）红外线制导空空导弹。同所有的"幼狮"战斗机一样，在翼根前方装备有一对拉斐尔Defa 55330毫米口径机关炮，分别备有125发弹药。在执行对地攻击任务时，"幼狮"战斗机携带有多种美国、以色列或者法国制造的自由投放炸弹，但是在"幼狮"C7战斗机上没有额外的下方硬挂点。

**伪装**

厄瓜多尔的"幼狮"战斗机采用两种颜色的伪装喷涂，使用浅灰色的底色。国徽喷涂在左侧上方以及右侧机翼下方。

**动力装置**

通用电气（General Electric）公司动力最强劲的J79发动机系列产品——J79-J1E发动机——为"幼狮"战斗机提供动力。由于J79-J1E发动机比"幻影"原来的"阿塔"发动机有更大的通气量，因此安装J79需要更大的进气道，并且其增加后的工作温度需要安装背部进气道。

# 伊留申设计局
# 伊尔-76 和伊尔-78 & A-50 运输机
## "耿直"、"大富豪"和"支柱"

作为安-12的替代机型，伊留申设计局的伊尔-76运输机具备短距起降能力，并能在恶劣天气情况下进行飞行，用于执行苏联空军和苏联民用航空局的运输任务。

同美国空军采购喷气动力的C-141补充螺旋桨动力的C-130一样，苏联空军寻求一款喷气动力运输机来补充（最终完全取代）其安-12运输机。然而，在某些特定的任务中，苏联发现涡轮螺旋桨动力的安-12更加出色，伊尔-76无法完全取代在苏联服役的安东诺夫设计局设计的这款运输机。伊尔-76比C-141更大、更重，动力更强劲，广泛采用了增升装置、推力转向器以及高浮力起落装置来实现优良的短距和恶劣场地起降性能，其代价是牺牲了部分有效荷载和航程。

**设计理念**

伊尔-76展现出来许多苏联战后运输机的特点。大部分军用型号在尾部都带有机枪炮塔（采用双炮管GSh-23L 23毫米口径机炮），所有的运输型号在机头下部都广泛采用玻璃领航/投放操作设备。货舱采用完全增压处理，地板为钛合金，装有折向下的货物运输滚筒，通过使用可互换的人员、货物或者救生组件来实现快速改装。这三种组件可以进行定做（每个20英尺/6.10米长，8英尺/2.44米宽），乘客模式下可以在4个并列的座椅上搭载30名乘客。

装载货物工作通过机身内置安装在上部的一对绞车来实现，每个绞车可以拉起两个6614磅（3000千克）或者4个5511磅（2500千克）的货物。活动舷梯自身也可以当作一个升降梯来使用，可以装载最多66150磅（30000千克）的货物。

伊尔-76首架原型机于1971年3月首飞，到1974年，一个在尾部装备机枪的伊尔-76中队开始在军用航空运输兵（VTA）部队服役。伊尔-76的连续生产于1975年在乌兹别克斯坦的塔什干开始。最初的伊尔-76量产型在"北约"的报告中被称为"耿直-A"。非武装的伊尔-76T保留了"耿直-A"的编号，但从根本上来说是一款民用机型，在机翼中央翼盒安装有附加油箱。最终的"耿直-A"机型是非武装的伊尔-76TD机型，装备有改进后的航电系统，加强后的机翼和中央机身以及升级后的阿维达维格特尔公司（AviaDvigatel）D-30KP-2发动机，该发动机在外部空气温度很高的情况下运转良好，并且能够提供更好的高海拔和高环境温度情况下的起飞性能。

同早期的型号相比，伊尔-76TD的最大起飞重量和有效荷载都得到了增加，并且在携带附加的22046磅（10000千克）燃油后航程增加了745英里（1200千米）。从1986年开始，一架采取了隔音措施的特殊装备伊尔-76TD飞机被用于协助苏联南极科考队，从Molodozhnay站起飞，途径莫桑比克首都马普托。

1975年，伊尔-76的原型机一共创造了25项纪录，包括在特定高度下的有效荷载纪录、巡航纪录以及伞兵部队编队跳伞纪录。

同伊尔-76T相似，伊尔-76M"耿直-B"可以搭载最多140名士兵或者125名伞兵，并可改装成货运用途。该机型在机身后部安装机枪炮塔为标准配置，尽管并不总是用作出口的"准军事"样机。伊尔-76M在观察吊舱的前部、前机身的两侧以及后机身的两侧都安装有小型的电子对抗（ECM）整流罩，用于进行自我防卫。大体相似的机型为伊尔-76MD"耿直-B"，将伊

上图：非武装的伊尔-76T民用型号同苏联民用航空局其他的机型在苏联时期由军用运输航空兵（VTA）使用。如图所示，飞机在民主德国境内用于向苏联的空军基地运送货物

尔-76TD的改进措施引入到专门的军用机型伊尔-76M上。

格罗莫夫（Gromov）飞行测试中心的伊尔-76LL是基于伊尔-76MD的测试平台机型，安装有几款不同的发动机，包括NK-86、PS-90A、D-18T涡轮风扇喷气发动机以及D-236螺旋风扇发动机。伊尔-76MDP是一款消防型号，两个圆筒形的水箱内可以携带最多44吨的阻燃剂，并且带有瞄准设备，可以精确投放。相关设备可以在4个小时内安装或者拆卸，水箱可以在12分钟内充满。这两个水箱可以在6秒钟内同时或者相继喷洒阻燃剂。该飞机可以携带最多384个气象弹头用来改变天气状况，或者40名伞降灭火队员。

下图：在印度空军服役的伊尔-76MD被称为"象王"，取代了之前的An-12BK运输机。印度空军一共接收了24架伊尔-76，装备了第25和44飞行中队

上图：首架伊尔-76原型机于1971年3月25日由爱德华·库兹涅佐夫（Eduard Kuznetsov）在Khodin卡首飞。5架预生产机型随后出场，包括一架民用型号版本

伊尔-76PP是一款基于伊尔-76MD的电子对抗机机型,在加长的起落架吊篮内装有Landysh航电系统设备。该机型并没有在前线服役。

伊尔-76VPK(伊尔-82)航空战地指挥机基于伊尔-76MD机型,在卫星通信/红外线天线上部装备有著名的"狗舍"整流罩,并安装有腹部雷达罩和边条翼、14部刀形天线、超低频(VLF)下垂天线、新式辅助动力装置(APU)以及在外部机翼下的高频(HF)探管。服役于什克洛夫斯基(Chkalovsky)的第8特殊任务航空部门。

### 出口海外的"耿直"

伊尔-76除了服役于苏联军方的大约500架以及服役于苏联民用航空局的大约120架之外,还出口到了阿尔及利亚、古巴、印度、伊朗、伊拉克、利比亚、朝鲜、叙利亚以及也门的空军部门。"耿直"还服役于由苏联独立出来的国家,包括阿塞拜疆、白俄罗斯以及乌克兰。伊拉克的伊尔-76机队包括带有空中加油接头的加油机机型——被取消的Baghdad-1机型,该机型在尾部下方倒置安装有"托马斯"-CSF雷达,以及安装有空中预警和控制旋转天线罩以及很大的边条翼的Adnan-1机型。

到1997年,伊尔-76系列机型已经生产了超过900个机身,尽管到20世纪90年代末每年只能生产大约10个,而在80年代的巅峰时期每个月就可以生产10个机身。少数服役中的"耿直"型号,包括伊尔-76MDK最初的宇航员训练型号可以使乘员在飞机俯冲时短暂体验到失重感觉。

1996年,俄罗斯军事运输航空兵的司令官宣称加长并且更换发动机后的伊尔-76MF将是俄罗斯21世纪三大运输机型之一,尽管其主要特点目前还不明确。

### 空中预警机机型

从20世纪70年代的伊尔-76MD发展而来的A-50"支柱"型号用于替换Tu-126"苔藓"(Moss),A-50从20世纪80年代早期于塔甘罗格由别里耶夫公司开始生产。在1984年进入服役之后,A-50在1991年的海湾战争中活跃于黑海地区。基本的A-50机型携带有传统的"茶杯托"雷达罩和"丽安娜"(Liana)空中预警和控制(AEW&C)雷达,来自于Tu-126所携带的设备。更加先进的A-50U装备有改进后的"织女星"(Vega)Shmel-M雷达系统,取代了"丽安娜"雷达系统。"支柱"可以进行空中加油,有10名座位,并带有彩色阴极射线管(CRT)显示器。俄罗斯一共有大约25架"支柱"在服役,驻扎在伯朝拉(Pechora),主要用于指挥防空作战战斗机以防卫己方阵地。

相关的机型包括A-60航空激光测试平台机型以及Be-976(或称伊尔-76SKIP)监视平台及观察导弹和飞机飞行测试的航程控制机型,后者从外观上看和A-50大致相同,除了在机头保留了观察吊舱。

下图:定型后的军用"耿直"版本为伊尔-76MD,图中所示为带有苏联民用航空局典型喷涂的俄罗斯空军机型。注意尾部炮塔和推力反转器。

### 伊尔-78"大富豪"——俄罗斯的加油机

1977年,"耿直"加油机采用改装后的伊尔-76MD(编号78782)进行了首次测试,1987年伊尔-78"Midas-A"在Uzin取代3MS2和3MN2"Bison"正式开始服役之前,一共经过了10年的时间进行逐步改良。伊尔-78在机翼中携带了98吨燃油,在机身中携带了28吨燃油,包括在圆柱形的油箱在内一共可以运载64000升(14080加仑)燃油。最初的伊尔-78服役时在后机身左侧搭载有一个单一的UPAZ-1A主机磁鼓装置(HDU)。机组成员一共7名。机头的导航台和雷达同伊尔-76MD的类似,但是一个观察台取代了标准军用型号所装备的尾部炮塔。阵形信号灯和测距雷达安装在后舱门的下部。从1989年开始,UPAZ-1A吊舱增加到每个机翼下面,形成了最终定型的不再更改的伊尔-78M"大富豪-B"机型。限制约束为在249~373英里每小时(400~600千米每小时)的速度下,6560~29530英尺(2000~9000米)。"大富豪"服役于俄罗斯(第200飞机空中加油警卫团,Engels)和乌克兰(第409飞机空中加油警卫团,Uzin Chepelev卡),印度于1997年订购了两架。

下图:别里耶夫(Beriev)A-50"支柱"采用最新的喷涂,安装有三维立体脉冲多普勒雷达和数字活动目标指示(MTI)系统,可以进行被动探测地方电子干扰源,并能够在143英里(230千米)的侦察半径内探测米格-21级别的目标。A-50U可以跟踪50个目标,并能同时进行10个目标的侦听。在最大起飞重量条件下,利用自身携带的燃油可以在4小时内飞行621英里(1000千米)

# 美国军用搜索救援和反潜直升机

卡曼SH-2"海妖"直升机在国外市场得到了意想不到的重生机会,但是它在美国海军剩下的日子却已经屈指可数了,只有两个中队还在使用这种型号的直升机。

上图:"海妖"发射反潜导弹

卡曼航空国际公司(卡IC)总裁、海军将领亨廷顿·哈迪斯蒂表示"超海妖"是"最先进、最强固的小型海上直升机设计"。美国海军已经削减了曾经作为重要机型的海妖直升机队,现在只剩两个现代化SH-2G的预备分队,按预计它们将保留到至最快2000年之后才退役。由于海军正在使仅剩的一些"较小的"军舰退役,而SH-2G经常要从这些军舰上起飞,所以在较为遥远的未来,HSL-84"太阳神"(Titan)分队和HSL-94"霹雳"(Thunderbolt)分队的命运还难以确定。

## 通用直升机的背景

"海妖"的单引擎和双引擎版本在海军服役,执行各种任务的历史已经很长久了,

下图:作为4架YUH2K-1(后来的YUH-2A)中的第二架,BuNo.147203展示了这种机型在用于营救任务和反潜作战角色之前,没有增加各种凹凸设计时的制造标准

要追溯到美国参加越南战争之前。作为对美国海军1958年提出的需要一种舰载的轻型通用直升机的回应,1959年7月2日,HU2K-1(公司型号K-20)的原型机在布鲁姆菲尔德进行了首次飞行。它成为了唯一投入生产的卡曼直升机,它是传统的单旋翼带尾桨式直升机,而不是像其他卡曼产品一样的双旋翼横列交叉式直升机。1962年10月1日,HU2K系列重新命名为H-2。卡曼制造了190架UH-2A和UH-2B单引擎"海妖",可执行通信、通用、搜索救援和战地救援任务(4架YUH-2A、84架UH-2A和102架UH-2B)。

卡曼公司认为卡曼UH-2A是满足美国对一种过渡性的武装直升机的需求的理想机身并且将BuNo.149785改装成为"战斧"式攻击直升机,以应对1963年10月开始的评估测试。在机头安装了两个机枪炮塔并且安装了短翼,军队对这架直升机非常满意,订购了220架。迫于政治压力,美国陆军得到了更多的UH-1作为替换——这是唯一的获得美国陆军头衔的"海妖"其他机型,用于混合直升机研究工作。

## 勋章

1968年6月19日,UH-2A"海妖"直升机飞行员、HC-7分队的克莱德·E.拉森海军上尉从"普雷布尔"(Preble)军舰上起飞,执行夜间任务,试图营救坠落的F-4"鬼怪"战斗机上的两名机组人员。越南北部的军队就在附近,拉森和他的机员杀出一条路,撞到了树上,并且营救出了全部两名机组人员。拉森与一名"天鹰"A-4攻击机的飞行员一起,成为了仅有的两名在越南获得美国荣誉勋章的海军飞行员。这是它的谢幕之作——1970年,单引擎开始在海军中消失,逐渐被双引擎营救直升机HH-2C和HH-2D取代了位置。

## 轻型机载多用途系统

双引擎"海妖"直升机引进到反潜

上图:从1964年中期,一架UH-2A复合式"海妖"用来进行美国陆军和海军共同举行的评估试验。在机身右侧安装了一个通用电气公司YJ85涡轮喷气发动机,机翼来自于Beech Queen Air,速度能够达到225英里/小时(362千米/时)

战任务中是在1970年10月，美国海军选择SH-2D作为临时的轻型机载多用途系统（LAMPS）平台。这个版本引进了一个机头下方的雷达天线屏蔽器，内装一个利顿（Litton）公司的LN 66搜索雷达；机身右侧吊架上装有一台ASQ-81机载磁探测器；机身左侧有一个可移除的声呐浮标架，用来安装15个SSQ-47主动式声呐浮标或者SSQ-41被动式声呐浮标。1972年，从HH-2D营救直升机改装出了20架进入部队。

卡曼公司在1973年5月开始交付最终版的SH-2F LAMP I直升机。它的主要职责是扩展运输战斗小组的对外防御屏障。这种SH-2F有升级版的通用电气公司T58-GE-8F发动机，可以提供1350轴马力（1007千瓦）的功率；卡曼公司先进的"101"旋翼为它带来了更长的寿命（3000小时），更佳的性能、可靠性和可维护性；还有一个加强的着陆架。一个独特的特点是它的尾轮前移了6英尺（1.83米），以便在较小军舰上行动时获得更大的甲板缘空隙。这些变化使得SH-2F获得了比SH-2D更大的最大荷载。

## 改良的雷达

SH-2F的一个特点是安装了改良的加拿大马可尼LN 66HP海面搜索雷达，这种雷达也装在了后来的SH-2G上。它增强了直升机的功能，使得它有能力发现小的海面目标，包括潜水艇的潜望镜和航空员掉到海上的头盔。SH-2F机身右侧吊架上还装有AH/ASQ81(V)2牵引式磁异探测"小鸟"、一个战略导航/通信系统，需要在两名飞行员之外增加一个传感器操作员。它的攻击能力包括两枚Mk 46鱼雷，以有效应对水下威胁。88架直升机是从早期版本改装的（事实上是使用了所有的幸存的机身）。在1982年完成的一个项目中，16架幸存的SH-2D也被改装成了SH-2F标准型。

1972年3月，卡曼公司完成了两架YSH-2E的建造，作为海军轻型机载多用途系统（LAMPS）Ⅱ号项目的试验平台，在重新配置的机头上装有新型得州仪器公司的APS-115雷达。同年晚些时候，美国海军取消了这个项目。卡曼公司推出了SH-2的一个衍生型，叫作"海灯"（Sealamp），用它竞争LAMPS Ⅲ号的要求，最终由SH-60B实现。SH-2F LAMPS Ⅰ号直升机仍然在美国海军"诺克斯"级护卫舰、"基德"级驱逐舰、"特克拉斯顿"级巡洋舰和前两艘"提康德罗加"级巡洋舰上执行任务。除了第一架以外所有的"贝尔纳普"级巡洋舰搭载SH-2F，25艘"佩里"级护卫舰中的第一和第三艘也搭载SH-2F。

1981年，除了从早期机身改装而成的SH-2F外，海军又订购了一批60架新制造的SH-2F。最后6架以SH-2G型号交付。1994年，一度有11个分队使用SH-2F：位于弗吉尼亚的诺福克的HSL 30、32和34分队；加利福尼亚州北岛的HSL 31、33、35和84分队；佛罗里达州梅港的HSL36分队；夏威夷的巴伯斯角的HSL37分队；南韦茅茨的HSL74分队和宾夕法尼亚州Willow Grove的HSL94分队。但是现在已经慢慢被淘汰，只剩下两个SH-2G海军预备分队。

从1987年起，16架SH-2F接受了一系列的改变，以允许他们在波斯湾展开行动。这些改变包括机头下方的AN/AAQ-16前视红外系统、AN/ALQ-114红外干扰机、AN/AAR-47和AN/DLQ-3导弹告警和干扰设备、新型电台。在1991年的海湾战争中，SH-2F测试了ML-30"魔灯"（"魔术Lantern）水下鱼雷探测器。1997年，"魔灯"系统的前身安装在SH-2G上开始服役。

## SH-2G "超海妖"

SH-2G项目启动于1985年。当时海军

上图：6架UH-2A被改装成武装直升机HH-2C，加装了机头下方的炮塔，装有0.3英寸（7.62毫米）口径的TAT 102"米尼冈"机枪，机身中部装有两挺0.3英寸（7.62毫米）口径机枪、盔甲、无压密封油箱和一个起重索。它们都被在越南的HC-7使用

部长约翰·莱曼告诉一个参议员小组，想要提升反潜能力，升级一种即时可用的直升机比开发一种新的直升机更为划算。YSH-2G的原型机在1985年4月2日首飞，它只是SH-2F的一个简单改型，用作实验平台。新机型的发动机是两台通用电气的T700-GE-401/401C涡轮轴发动机，每台功率达1723轴马力（1285千瓦）。新的发动机能够多提供10%的功率并且燃油率低20%，这是SH-2G与SH-2F相比的最主要提升。这款G机型是在一个很高的水平上重建的，发动机更重了而且更加强大。

卡曼SH-2G"海妖"是一架常规的直升机，它轻得足以在小型军舰上起降［设计最大荷载13500磅（6124千克）］。它依然保持着早期"海妖"小巧的外部尺寸、凹凸不平的强固机身框架和良好的操纵性的特点，但是有更加强大的动力和有用的新任务装备系统。机组人员包括一名驾驶员、一名副驾驶员和一些士兵衔机组人员来操作反潜武器和"魔灯"吊舱。

SH-2G关键的反潜系统是AN/UYS-503机上音响处理器，这个系统使得这个版本的海妖有了自主搜寻潜水艇的能力——LAMPS Ⅰ的数据链声呐浮标返回至船上。

下图：现在是SH-2G"超海妖"在美国海军服役生涯的黄昏。在"佩里"级导弹护卫舰的甲板加长之前，SH-2G一直为它服务。"NW-01"就是HSL-84的编号163545，驻扎在加利福尼亚州北岛的海军航空队

下图：SH-2D是第一架LAMPS版本的"海妖"直升机。在20架H-2改装成SH-2D标准型作为SH-2F之前的临时机型之前，NHH-2D首先实现了这个想法

# SH-2"海妖"国外使用者

上图：2000年8月2日，新西兰订购的第一架全新SH-2G（NZ）在卡曼公司位于康涅狄格州布鲁姆菲尔德的总公司进行了首次飞行。新西兰1997年订购SH-2G（NZ）以取代韦斯特兰公司制造的"黄蜂"直升机

SH-2G"超海妖"不论作为改造的SH-2F机身还是新制造的直升机都是可用的，并且在想要寻找一款中型航海战斗直升机的人中获得了成功。

在1973年最终的SH-2F LAMPS I号直升机出现之前，基本型的"海妖"使用了10年以上。在这个过渡阶段，单发动机的通用直升机改进成双发动机的反潜平台，加装了机头下方的利顿公司制雷达和机身悬挂的"小鸟"磁异探测器。后者证明自己非常有用以至于事实上每架可用的通用型和搜索救援型"海妖"，都改装成执行反潜任务的直升机。在搜索救援和通用直升机方面，UH-2在越南取得了引人注目的成就，一位"海妖"的飞行员还成为仅有的两名被授予国会荣誉勋章的飞行员之一。

下图：埃及是SH-2的第一个出口客户，1997年10月接收了它的第一架改造的SH-2G(E)

10年之后的1985年，卡曼公司终于试飞了改进型SH-2G的原型机，加装了新型钛金外壳结构以支持新的T700-GE-701发动机，并且装上了复合材料的旋翼桨叶和一套数字电子设备。这台新发动机可以提供多出10%的有用推动力，并且更显著地减少油耗，降低保养难度。卡曼公司将大多数幸存的美国海军SH-2F提升至这个新标准，尽管一大批F型直升机仍然在废件堆放场储存着。直到1994年中期这个型号从美国海军部队前线撤回，卡曼公司还是没有为这架多用途的舰载反潜直升机找到一个国外客户，尽管它在那些无法装载更大的SH-60B LAMPS III直升机的美国海军军舰上表现突出并且参加了"沙漠风暴"行动，在扫雷工作上尤其出色。

"沙漠风暴"中的改变包括一个机头下方的前视红外系统、悬挂在机门上的机枪、红外干扰器和金属箔条/曳光弹投放器，这些特征在随后的出口改型上都得到了改进。此机型继续在两个美国海军预备分队里执行工业的任务，直到2000年最后一架"佩里"级护卫舰退役，使得SH-2G在美国海军的服役生涯过早地结束（原计划持续至2006年）。然而，随着冷战的结束，小型军舰很快从美国海军预备队中退役了。

这个型号从美国海军、海军预备队的退役提供了一大批机身可供整修、升级和出口。卡曼公司用所谓的"超海妖"迎来了迟来的"印度之夏"出口成功。

"海妖"的第一个国外客户是埃及。埃及在1997年10月至1998年11月之间收到了10架由SH-2F改造而成的SH-2G（E），用来从两架二手"诺克斯"级军舰和3架"佩里"级军舰上执行任务。只有埃及的这批直升机装有投吊式声呐装备。

SH-2相对小巧的尺寸与它相对"重量级"的载荷和表现格格不入，然而G机型有很高的额外能量和令人印象深刻的疲劳寿命，尽管有些人认为它在甲板上的操作性与英国和法国合作研制的"山猫"直升机相比差得很远。在被引入美国海军服役之时，SH-2就非常适合舰上操作，很多人希望希腊、土耳其和泰国能够成为第一批出口客户。但是事情的结果是，在下一笔出口合同中，这架直升机要在本土生产的"安扎克"（ANZAC）级护卫舰和英国生产的"利安德"级军舰上使用。

### 新西兰的订单

"超海妖"的下一个客户是新西兰，在1997年订购了4架（后改为5架）SH-2G（NZ），从1998年开始交付了一批临时的4架

上图：SH-2G（E）装备有AN/AQS-18A 主动式投吊式声呐和数字悬停连接器。飞行器稳定性设备使之可以自动靠近和远离目标

上图：这架皇家澳大利亚海军的SH-2G（A）直升机由SH-2F改造。前3架直升机是以过渡标准制造完成的，2003年出现可用的完全版本

上图：新西兰皇家海军的前两架SH-2G（NZ）正在卡曼航空公司车间进行整合。这种SH-2G（NZ）装有APS-143雷达和一台前视红外系统热成像仪。

SH-2F用于训练和替代陈旧的"黄蜂"机型。现在，这些SH-2F已经让位于全标准型SH-2G，唯有这种机型装备有红外图像（和导航显示器）AGM-65"幼畜"（Maverick）空对地导弹以执行海面攻击任务。这架新西兰的SH-2G（NZ）在军队中证明是很受欢迎的。

迄今为止最先进的"海妖"直升机是1996年澳大利亚订购的11架SH-2G（A），从2001年开始交付。装有T700发动机和UYS-503声学处理器，SH-2G与澳大利亚皇家海军的S-70B-2有出色的兼容性。这架直升机是以美国海军的SH-2G为基础的（尽管它们是由SH-2F机身改造而来的），此外加装了综合战术航空电子系统、一个全新的玻璃驾驶舱、Telephonics公司的APS-143逆合成孔径雷达、Elisra公司的电子战组件和康斯伯格公司的"企鹅"Mk 27型空对地导弹。前3架飞机的交付由于系统开发问题而延迟，被制造为过渡标准型。

据报道，这架澳大利亚直升机最后进入军队的时间很有可能至少要延迟3年，而且交付的时候也无法获得完全战斗能力。还有一些担忧是由于这个项目严重超支。一度有些人甚至希望SH-2能被选中，以满足澳大利亚陆军 Air 87 项目对武装陆地直升机的要求，或者获得更多的SH-2（总数可能升至29架）以允许两架SH-2G搭载到通常只搭载一架S-70B的军舰上。

如今，SH-2G"超海妖"陷入了与韦斯特兰"超级山猫"、SA 365"海豚"和AS 565"黑豹"的某些版本的直接竞争中，并且还要对抗更大的海军直升机，比如S-70B。许多国家被列为"超海妖"的潜在客户，包括马来西亚和新加坡。或许会令人吃惊的是，并没有国外客户购买装备有卡曼公司新发明的"魔灯"激光探雷系统的SH-2G，这是一种在"沙漠风暴"中曾证明自己毁灭性打击力的先驱者。

下图：SH-2G（A）可以发射AGM-119反舰导弹并为军舰提供海面上的目标。尽管它可以携带Mk 46鱼雷，但是反潜艇并不是SH-2G的主要工作

上图：新西兰皇家海军的"海妖"执行第一个任务，是参加英国指挥的在北阿拉伯湾的多国拦截部队，用直升机监视军舰活动

# 卡莫夫公司
# 卡-50/52 "噱头"/"鳄鱼"

构想于冷战时期,卡-50以原型机的形式进行飞行并且在苏联解体之时进行了全面评估。后来卡-50项目缺乏资金,空留有几架原型机和演示机,但是没有公司订购。

上图:一架卡-50试制机1993年在迪拜航空表演中翻转。这架直升机表现出了由卡莫夫公司独特的共轴主旋翼结构带来的灵活性

最初的卡-50"噱头"是唯一一架单座式攻击直升机,飞行器批评家们断言,对这种用途的直升机来说,一位驾驶员操作是不可能的,即便为驾驶员配备最先进的航空电子系统以降低工作量,允许他仅仅作为一位系统的管理者。卡莫夫公司有能力生产一流的直升机机身、发动机和动力系统,这是公认的事实。但是大家也普遍认为,想要生产这种允许单人操作的直升机的电子设备,仍然超出了俄罗斯航空工业的能力,尽管卡莫夫的共轴主旋翼结构所带来的简单、低工作量的操作特点。

## 共轴主旋翼

卡-50的设计从最初就利用了卡莫夫的新发明的共轴主旋翼结构,这种结构的反转主旋翼不需要传统的反向转矩尾部旋翼。卡莫夫设计局最初将注意力集中于满足海军和民用要求,生产了卡-25"激素"和更大的卡-27/-28/-29/-31/-32"蜗牛"系列。最初生产的型号为了满足陆军20世纪60年代后期的要求,设计有未制成的卡-25F,与米里公司的米-24竞争。在竞争的最后阶段,卡莫夫公司拿出了串联旋翼V-50,但是这个设计由于太具革命性而被否决。20世纪70年代中期,工作又重新开始,设计出了V-80,随后又出现了卡-50。这个设计是为了满足苏联陆军的要求,它们需要一架近距离支援直升机,可能需求量会增加并最终代替米-24"雌鹿"。严重地受到西方精巧的直升机影响,例如麦道公司的AH-64"阿帕奇"和贝尔公司的AH-1"眼镜蛇",苏联要求一架小巧、紧致、高性能的直升机,

下图:这架喷成银色的3架V-80原型机从不幸的第一架原型机手中接过了飞行测试的任务。前两架V-80在驾驶舱后方的机身上画有一个假的"第二驾驶舱"

上图:卡-50速度快,异常灵活,并且装有强力的武器,尽管对它的单座驾驶舱的怀疑仍然是阻碍客户接受的最大障碍。因此厂商考虑制造双座改型

现代战机百科全书 211

上图：卡-52原型机，机头装有低照度电视和前视红外系统，装在支架上的"弩"（Arbalet）雷达和一个装在机顶上的陀螺稳定基准系统

上图：一架卡-50在卡莫夫实验设计局的车间组装成型。生产任务将在Arseneyev Progress工厂进行

要有足够的灵活性，以实现贴地飞行操作，并且能承载重型反坦克武器。卡莫夫公司和米里设计局都获得了合同，生产原型机进行竞争评估。1982年6月17日，最初三架卡莫夫原型机进行了首飞，5个月之后，前两架竞争对手米-28"浩劫"（Havoc）原型机也进行了首飞。第二架卡莫夫（装备了一些操作设备和一门机炮）参加了1983年8月16日举行的测试项目。最初的两架卡-50（后来根据卡莫夫公司内的命名方式简单地叫作V-80）都在机身画上了假窗户，以伪装双座双驾驶员直升机的外表。

第一架V-80原型机在1985年4月3日的一次事故中损失，代替它的是第三架原型机。卡莫夫公司宣布了V-80在与米-28的比较中胜出，这个比较项目于1986年8月结束。卡莫夫又制造了5架试生产飞行器以便进行更进一步的测试和评估。米里设计局同时也制造了两架改进的米-28A原型机，两公司的竞争继续进行。

## 赢家卡-50

在1993年Torzhok的一次重要的评估之后，卡-50被评为这次竞争性评估的赢家（通过总统令），并且在1994年8月投入生产。最初为4台直升机提供了生产资金。这4架建造完毕，交付成功。但是在继续生产一批15架完成之前，资金突然中断，并且在1998年颁布了一项新的要求（新要求更强调夜间攻击能力）：这项要求促进了双座米-28的发展，在1994年10月官方叫停之后仍然继续开发此机型。事实上，专用机型米-28N加强了夜间视觉装备，从1994年1月起由俄罗斯陆军进行资金支持。作为回应，卡莫夫公司开发出自己的卡-50N，装备了新的夜间系统，包括前视红外系统和低照度电视，将一架试制的卡-50进行改装作为原型机使用。这架直升机在1997年3月4日着新装进行了首次飞行。对一架单座卡-50（也称作卡-50Sh）的飞行评估突显出单座结构的局限性。

注意力开始转移到双座（肩并肩）的卡-52"鳄鱼"（Alligator）的身上，1995年宣布开发此机型。第一架原型机（由试制机卡-50改装）于1997年6月25日进行首飞。卡莫夫公司宣称卡-52数量将会增加，但是不会取代卡-50，而且这两种型号的飞机将会混合编队行动，尽管2004年只有单座的卡-50在俄罗斯陆军执行工业的任务，卡-52K仍然在试图满足韩国的要求。

## 出口衍生型号

卡莫夫已经为出口市场拟定了许多衍生型，包括并排双座卡-50-2，双排双座的卡-50-2和相似的卡-50-2"Erdogan"（后者为了满足土耳其的要求）。这些直升机配备了不同的航空电子设备，包括以色列飞机工业公司的Lahav分公司设计整合的系统。但是对于卡莫夫公司来说，要将这种创新的机型投入大规模生产还是遥不可及的一件事情。

下图：卡莫夫公司卡-52原型机最初试飞时，机头轮廓光滑，呈流线型，缺少机头下方的传感器组件。据说它是从之前试生产的卡-50机身改装成的

# C-130 "大力神"运输机的研发

上图:随着首架YC-130运输机升空,很少有人能想象得到这个大家伙后来取得的巨大成功。即使是洛克希德公司对于该机的将来也没有信心,因此并没有选择在总部工厂进行生产

1954年,洛克希德公司首次试飞YC-130飞机,距美国空军发布YC-130的具体规范仅仅过了3年。之后,该机的航空电子设备和各系统经历了多次的升级,但其基本设计仍然忠于最初的原型机。

就工程设计而言,C-130运输机属于一个比较罕见的成功案例,其设计方案从一开始就"走上正道",而且在接下来的50多年里也没有发生太大的改变。

C-130运输机的设计源于莱斯特·考夫曼公司的CG10"特洛伊木马"突击滑翔机,这种战机可以在简易的战术机场降落。然而,由于政治原因,CG-10被取消,被CG-14取而代之,最终产生了C-123"供应者"(Provider)运输机。

"二战"期间出现了大量的运输机型,但大多数机型都存在着或多或少的缺陷。C-46和C-47的地板不平,货物装载是个大问题。C-54的地板平整,但距离地面太高,达3.4米。在当时,飞机设计师们关注更多的是空运能力,对装卸物资的便利性则不屑一顾。

专门的货物运输机,例如柯蒂斯公司的C-76"大篷车"和巴德公司的RB-1"宽篷车",在数量方面明显不足。较为成功的C-82则航程不够,且受限于装载的货物。然而,这些不成功的运输机却为未来机型发展指明了方向:地板平整、距地距离低、易于装卸,同时适应地面条件较差的机场。此外,美国空军还设计了其他机型,例如下单翼前装式C-124"环球霸王"运输机。最终,美国空军和军火商决定从头开始设计,研发一种全新的"空中卡车"。

1951年4月21日,一名空军参谋部上校发布了一份新型运输机的规范。在这名忙碌心不在焉的军官眼里,这样的运输机根本是无法实现的,而这正好使他有时间别的工作。规范是这样写的:这是一种中型运输机,可以在未铺装路面降落,主要用于货物运输,装载量30000磅(13608千克),航程1500英里(2414千米)。波音、道格拉斯、洛克希德公司都提交了自己的设计方案。3个月后,即1995年7月11日,洛克希德公司中标。

洛克希德公司的设计团队很快锁定了涡轮螺旋桨发动机,并选择了4台埃里森公

下图:自服役以来,C-130运输机有力地证明了自身的重要价值,以及其之于美军的不可或缺的地位。可以说,没有任何运输机型具备"大力神"那样全面的能力,许多国家的空军至今依然热衷于C-130运输机的采购

下图:YC-130试验机(编号33397)从位于伯班克的公司机场起飞进行首飞,穿越内华达山脉飞往爱德华兹空军基地

上图：YC-130（编号33397）是第二架出厂但首先试飞的原型机。与其他在玛丽埃塔工厂生产的飞机不同，这两架飞机是在洛克希德公司伯班克工厂生产的运输机

上图：兵员运输并非"大力神"运输机的主要职能。从这架早期的C-130A上下来的士兵是从布拉格堡空运过来的，证明了C-130A运输机可以轻松运送92人。同时，该机还测试了医疗撤送能力

司的T-56-A-1A发动机，每台可提供3750轴马力（2800千瓦）的动力。这些发动机挂接在可变螺距、恒速"柯蒂斯"涡电螺旋桨上，可为新型运输机提供360英里（579千米）的巡航时速，仅比当时名噪一时的L-1649"星"客机或"子爵"客机稍慢。

装载货物时，该型飞机的后舱门直接向上翻开，活动跳板直接垂下。76英寸（1.93米）的高度限制对于货物装载来说轻松有余。活动跳板收起，C-130可在28000英尺（8534米）左右高度完全加压，而跳板自身可装载5000磅（2276千克）的货物。在狭小区域卸载货物时，"大力神"转弯半径低至170英尺（52米），前轮倾斜角度最大可达60度。

洛克希德公司设计的飞机已经远远超越了美国空军参谋部既定目标，即使在今天看来也没有多少修改和提升的余地。尽管拥有这么多优势，洛克希德公司并未对该新型飞机表现出太多的自信，决定把生产工厂从伯班克（原型机的生产地）迁至更偏僻的位于佐治亚州玛丽埃塔工厂。这样一来，即使失败了，公司只需关掉玛丽埃塔的生产线，而不会对公司总部的声誉造成损害。

1954年8月，洛克希德公司首批两架YC-130原型机出厂。这架尚未命名的运输机不仅是为了迎合美国空军的需求，还被看作是所有美国货运航空公司的救星。这架"空中卡车"可装载最多40000磅（18143千克）的物资，而飞虎航空和斯雷克航空使用的DC-6A型运输机的最大装载量为32000磅（14515千克）。洛克希德公司的销售团队坚信，到1960年美国国内航空货运业总量将会翻3番，巨大的货运市场的蛋糕就在前方。很明显，如果C-130运输机取得成功，将会成为民用航空货运业的重要组成部分。

## 雄鹰展翅

在两架YC-130原型机中，进行首飞的是第二架，于1954年8月23日从伯班克升空。正式投产的C-130A则于1955年4月7日在玛丽埃塔首度试飞。

1956年12月9日，美国空军接收了首架C-130A运输机，并将其编入位于俄克拉荷马州阿德莫尔空军基地的美国战术空军司令部所辖第463兵员运输机联队。C-130早期型号上机鼻高耸，沿着挡风玻璃侧面下垂，机鼻变尖，内部安装了AN/APN-59型雷达。垂直尾翼的轮廓在顶部以前是呈圆形分布的，现在则呈方形，从而能够安装红色旋转防撞灯。对早期型号作出的一个改变是使用了安诺公司的3桨叶螺旋桨。1955年11月26日，第6架C-130A运输机使用该型螺旋桨首飞。1957年，洛克希德公司和美国空军联合宣布了C-130B型的研发。该机集成了更加强大的埃里森公司T56-A-7A型发动机，能够提供4050轴马力（3020千瓦）的动力，内侧发动机舱内的机翼油箱容量也得到提升。经过强化机身结构和起落架，使飞机的最大起飞重量达到135000磅（61235千克），超出C-130A的124000磅（56245千克）。

螺旋桨的第二个改变是取代了原来的3桨叶设计，C-130B型运输机使用了由汉米里顿标准公司生产的54H60-39型4桨叶液压自动传动螺旋桨，长度是13.5英尺（4.17米），从而降低了叶尖速度。很久之后，汉米里顿标准公司的螺旋桨才在其余的C-130A上安装。

1958年9月，首架C-130B型运输机出厂，并于两个月后首飞。C-130B的服役生涯一直持续到20世纪90年代，也是唯一没有安装外置油箱的机型。

没过多久，世界各国开始陆续出现"大力神"的身影。首个海外客户是澳大利亚，购买了11架C-130A，之后又陆续购买了其他机型。C-130的后继机型相继销往英国等其他50多个国家。作为"大力神"运输机的民用版本，L-100型运输机及其后续机型也开始在世界各地的航运公司和组织中使用，其中包括美国中情局控制下的神秘的美洲航空公司。

下图：C-130A型运输机在美国空军预备役部队一直服役到20世纪80年代。直到现在，仍有很多国家在使用这种美国空军的前机型，其中就包括洪都拉斯、墨西哥和秘鲁等国

# C-130J "大力神"运输机

与经典的C-130相比，C-130J型运输机外观上的改动并不大。事实上，这是一款专为21世纪空军设计的革命性产品。

上图：1996年6月4日，美国空军首架C-130J型运输机首飞，该机参加了后来的C-130J"环球之旅"活动，旨在向潜在的客户推广新机型

作为洛克希德公司的明星产品，C-130"大力神"系列的最新型号是C-130J型，昵称"大力神Ⅱ型"。C-130J是目前最先进的涡轮螺旋桨运输机，机身沿用了坚固的"大力神"系列机型，整合了最新的航天科技，使飞机性能更强，操控效率更高。

C-130"大力神"系列运输机自20世纪50年代服役至今，其出色的设计令人无法对其进行丝毫的修改。为了满足客户的各种需求，先后涌现出一大批不同型号的C-130系列运输机，在世界各地都能看到它们的身影。然而，时至今日，传统的C-130运输机已经很难跟上时代的步伐，到了为这种全能战术运输机寻找继任者的时候了。

## 设计

由于机身本身设计出色，洛克希德公司的设计师们把重点放在了提升C-130执行任务的效能上。其中，最核心的提升是全新的与电子控制的螺旋桨和发动机相连的任务电脑、1553B数据总线架构以及数字化航空电子设备。新飞机采用双座驾驶舱，没有传统的空中技师和领航员。如果必要，飞行甲板可以为多余机组成员提供第3个座位。任务电脑提升了飞机的导航能力、周围环境感知能力和在简易跑道的起降能力。其他设备包括平视显示器（军用运输机领域的革命性装备）、多功能液晶显示屏、定位雷达和地形显示屏，从而使飞机的环境感知能力和任务执行力更进一步提升。飞机的仪表盘、中央控制台、顶部面板与早期机型相比改变很大。只有两个中央控制杆、机长前轮转弯操纵手轮和停车制动器以及两个成员座椅，使人们能够看到往日熟悉的影子。不仅如此，洛克希德公司还决定，"为了适应人体需求"，将会安装一小型摇杆来取代早先的控制杆。

## 性能

C-130J型运输机的性能也随之提升，可以在20分钟内升到29000英尺（8839米），而且还能继续爬升到35000英尺（10668

下图：美军首架服役的C-130J机型是用于天气侦察的WC-130J型，隶属于空军预备役部队。其他国家可以订购非运输机机型，比如KC-130J、EC-130J和C-130J-30AEW等机型。意大利空军订购了C-130J的加油机和运输机，可能再装备两架电子情报侦察机

下图：洛克希德·马丁公司的首席试飞员正在操纵C-130J原型机降落，包括飞行、导航和系统运行等所有信息都显示在面前的4个液晶显示屏上

上图：图中所示飞机（编号ZH865）是英国皇家空军购入的10架C-130J-30型运输机（"大力神"C.Mk4）中的第一架，与其共同服役的还有15架短机身的"大力神"C.Mk5型，目前在第24和第30中队服役

上图：图中所示是澳大利亚皇家空军C-130J型运输机的6桨叶、复合材料螺旋桨，正是这一特征使得C-130J型与其前任机型有所区别

米），同时比早期的C-130E/H型运输机更加节省燃油。总之，与前任机型相比，C-130J的航程增大了40%，巡航能力提高了40%，爬升时间减少了50%，最大速度提高了21%，最短起飞距离降低了41%。这一切性能的提升都要归功于C-130J的新推进系统，系统由4台埃里森公司生产的4591轴马力（3425千瓦）的AE2100D3型涡轮螺旋桨发动机和道蒂公司的R391型发动机构成，后者采用了新型节能6桨叶复合材料，推力增强30%，节油15%。正是这些发动机成为C-130J最显著的特征。此外，C-130J还抛弃了常规的4桨叶设计，发动机螺旋桨使用6桨叶，每个桨叶都呈现出明显的曲状，由于阻力减小使得桨叶效率提高。有了先进的科技和现代生产手段的保障，这种全新的设计才得以实现。

C-130J的研发工作始于1991年，当时设计了两种机型：一种是基本型，与C-130H大体相似，但换装了全新装备；另一种是C-130J-30，机身加长了15英尺（4.57米）。两种机型的正式投产始于1994年秋季。1995年10月18日，首架C-130J-30出厂，首架C-130J两天后也生产完毕。第二年春天，两种机型都进行了首次试飞。

1996年，洛克希德·马丁公司启动了C-130J的全球推广活动，不仅向数十个拥有C-130系列机型的国家宣传新机型的优良性能，还致力于吸引新客户。1998年中期，C-130J进行了联邦航空局的飞行测试，确保飞机符合该组织的严格安全认证标准。1998年夏季，新的C-130J飞机开始交付使用。

## 用户

截至1998年5月，公司已经接到大批订单确认订购C-130J。英国皇家空军是首批出厂飞机的最大客户，共订购了10架C-130J和15架加长型C-130J-30。美国空军订购了4架C-130，美国空军预备役部队订购了9架WC-130J天气侦察机，美国空军国民警卫队订购了8架C-130J和2架电子战用途的EC-130。美国海军陆战队订购了5架KC-130J空中加油机。澳大利亚订购了12架加长型C-130J-30，意大利空军则订购了18架C-130J。

目前，还有一些购买计划正在商谈中。最大的一笔订单是美国空军的168架，而澳大利亚皇家空军也会再次订购。丹麦已购买3架C-130J，正计划购买第4架。希腊空军和挪威空军也对该机表现出浓厚兴趣。

## C-130J 的改进

与 C-130E 型和 C-130H 相比，C-130J 型运输机所配备的埃里森 AE2100 型发动机使其在飞行性能上产生了质的飞跃。

**节省成本**

C-130J型运输机的改进集中在航程、爬升速率和巡航高度等方面，确保了更好的飞机使用率。以前老式C-130运输机的运输工作现在只需较少的飞机就可以完成，这也是洛克希德·马丁公司在市场推广时着重强调的。

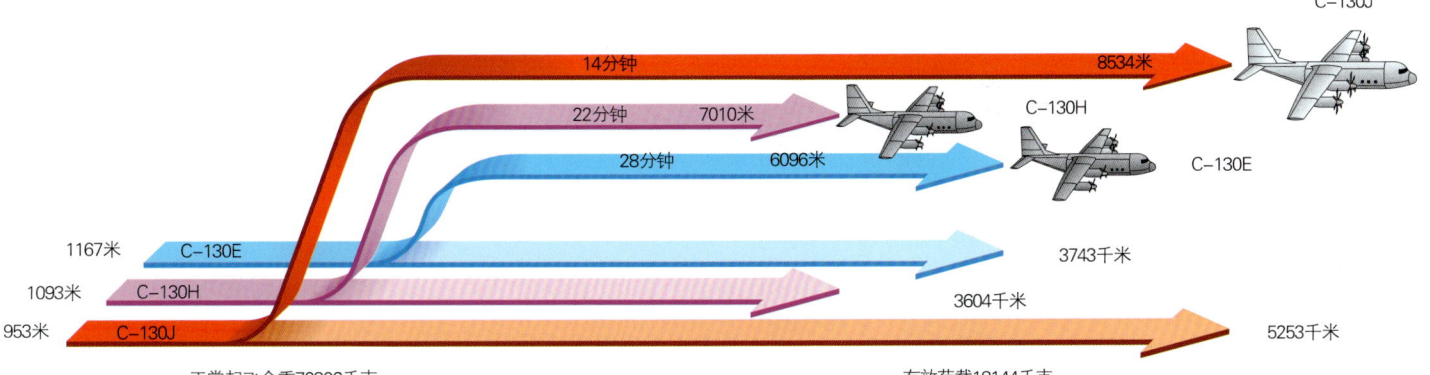

# C-130 电子战改型

由于其素质全面，大批由 C-130 运输机改装而成的特种机型相继出现。这种电子侦察和通信机首先在越战中投入使用，负责提供电子情报和支持。

上图：EC-130H型机尾部安装的天线，在飞机尾部表面形成网状结构。冷战期间，美国空军第43电子战中队从所在的德国赛巴赫基地出发执行通信干扰任务。该中队解散后，所属飞机划给驻亚利桑那州戴维斯·蒙森空军基地的第41电子战中队

在C-130的研发期间，洛克希德公司提出了建造"大力神"电子战机型的设想，而EC-130E的命名也来自C-130E运输机。谁料想，此举竟然成了混乱的开端，导致许多完全不相干的机型也以此命名。

20世纪50年代末期，这些高度专业化的电子侦察机开始在美国空军服役。出于保密原因，它们通常都混编在常规的C-130运输机中队中。机身涂装与一般C-130运输机类似，这些侦察机经常潜入"华约"国家的边境上空活动。随着世界局势紧张，更先进的电子侦察机型被研制出来。在越南战场，EC-130电子战飞机的全部潜力才得以释放。第314兵员运输机联队的EC-130的空军基地在南越的岘港，隶属于空中战场指挥与控制中心。EC-130的货舱内装备了一整套通信器材，包括超高频、甚高频、调频和高频接收机，语音数据记录仪以及保密电传打印机，同时还能够装载16名操作员和参谋人员。EC-130对于协调在北越的搜救行动有着重要意义。EC-130升级了航空电子设备后被命名为"机载战场指挥控制中心"Ⅲ型平台，在"沙漠风暴"行动中协调指挥了几乎半数的空袭任务。

### "铆钉骑士"计划

目前，最显眼的C-130系列电子战机是根据"铆钉骑士"计划改装的，翼下和尾翼前部安装了大型刀形天线，机翼下面外侧板上和尾翼弹丸形舱中安装有线天线。这些EC-130E隶属于美国空军国民警卫队第193特种作战中队，基地位于宾夕法尼亚州哈里斯伯格国际机场，经常被部署到欧洲、远东和中东地区。由"铆钉骑士"计划而产生的新机型还有"孤胆雄鹰"和"舒适莱维"，每种机型的电子设备都进行了逐步升级，主要承担心理战、播放彩色电视等战场宣传活动。尽管上述两种机型的工作性质属于高度机密，但其活动范围覆盖全球。在"沙漠风暴"行动中，这些"铆钉骑士"在心理战领域发挥了重要作用。

### 海军行动

美国海军从美国空军手中共获得了4架C-130运输机，经过改装后命名为EC-130G"受领任务并开始行动"（TACAMO）飞机，成为美国国家最高指挥部和舰队弹道导弹潜艇部队的联系枢纽，飞机接受从甚高频到超高频频段范围的情报，然后通过尾部和货舱里的拖曳式天线进行发送。后来，EC-130Q电子战飞机加入进来，最终取代了EC-130G。EC-130Q使用了C-130H机身，可从其翼尖装载的电子支援吊舱进行区分。

美国海军仅有两种电子战机型，相比之下，美国空军继续开发更先进的机型。通过在机身后部两侧安装雷达整流罩和天线阵，美国空军开发出了EC-130H"罗盘呼叫"电子战飞机，该机型如今已成为指挥、控制和通信对抗平台。"罗盘呼叫"主要用来干扰敌方通信。

美国空军第41和第43电子战中队的基地位于利雅得哈利德国王国际机场，在"沙漠风暴"行动中，上述两个中队的EC-130H执行了一系列的电子支援任务，在攻击机群攻击时又担负起干扰伊拉克雷达的任务。"罗盘呼叫"战机在海湾战争后继续留守该战区，在"力量展示"行动中为友军提供支援，之后又出现在"伊拉克自由"行动中。

### 毒品管制

20世纪80年代末，美国国内日益严重的毒品问题使得针对毒品走私的禁毒行动力度空前。美国海岸警卫队借用了E-2"鹰眼"舰载预警机后，决定按照EC-130V的配置对一架HC-130H进行改装，从而拥有自己的预警机平台。通用动力公司负责改装工作，在这架飞机的机身上部安装了E-2预警机的AN/APS-145雷达，并在机舱内部安装了3台托盘式控制台。1991年，该架飞机在佛罗

下图：4架C-130型运输机按照"铆钉骑士"方案改装成"孤胆雄鹰"机型，机翼下部和尾翼前部装有刀形天线，担任空中广播电视转播站，可以在全国性灾难、紧急突发事件或特种作战时进行紧急广播

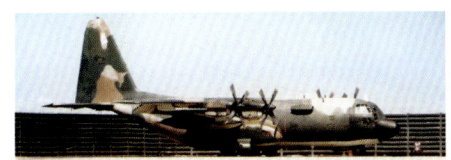

上图：为适应越战需要，有10架C-130型机被改装为空中指挥所——EC-130E，称为机载战场指挥控制中心，利用前沿空中管制机和地面观察员提供的信息协调空袭行动

里达州克里尔沃特正式服役，开展了大量的评估测试。接下来，在毒品管制运动中，该机巡逻飞行累计长达10小时。最终，这项计划因成本太高而取消。

通过集成先进的航空电子设备，采用罗尔斯-罗伊斯公司的埃里森AE2100D3涡轮旋桨发动机，C-130J在C-130“大力神”运输机基础上大幅度提升了性能。由于C-130J机型的出现，利用C-130运输机来改装电子情报机的趋势将持续下去。宾夕法尼亚州空军国民警卫队第193特种作战中队的两架EC-130J飞机正是基于C-130J改装的。

下图：EC-130V型机融合了E-2C“鹰眼”预警机的高性能和C-130运输机的耐久性的优点。EC-130V在美国海岸警卫队的任务取消后，飞机于1993年10月1日交付美国空军，并参与尚属机密的“黑色（black）”计划。据称，这项计划由驻犹他州希尔空军基地第6545测试中队具体执行，负责对巡航导弹进行监测。后来飞机在美国航天维修与改造中心退役

尽管这些电子间谍的大部分工作都是保密的，但它们超长的服役期、大量的衍生机型以及美国对待电子战飞机出口的勉强态度都表明，EC-130能力超强、性能出众。

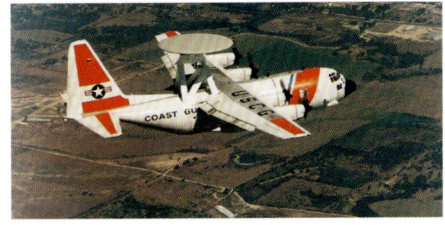

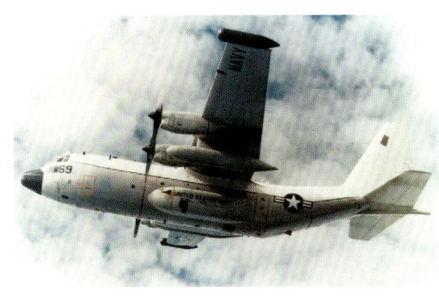

上图：EC-130Q型机所担负的与美国海军弹道导弹潜艇进行战时通信的任务被波音公司的E-6“水星”潜艇通信中继机所取代，随着机载“受领任务并开始行动”系统的拆除，该型机逐渐演变成为TC-130Q型教练和通用运输机

## 电子战机型

尽管大多数C-130电子战改型改动幅度都很大，但在外观上它们与其运输机表亲没有什么不同。仔细观察的话，会发现在机身和飞行平面上有很多天线。最新型的电子战机EC-130“高级侦察员（Senior Scout）”就是一个典型。每次任务完成后，只需拆除专门装备，飞机就又成了普通的运输机。

**EC-130E(CL)“高级猎手”（实战型“高级侦察员”配置）**

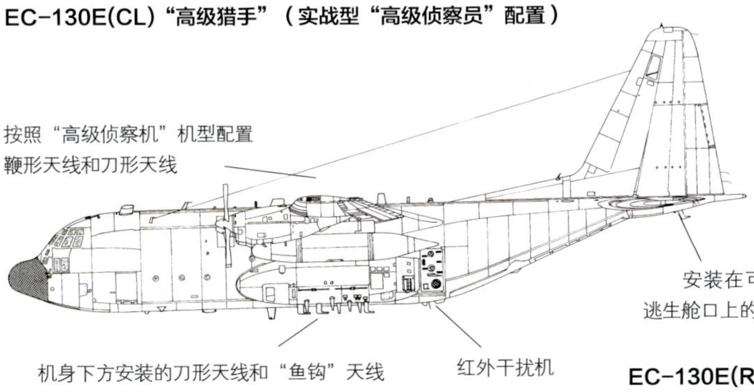


**EC-130H“罗盘呼叫”机型**

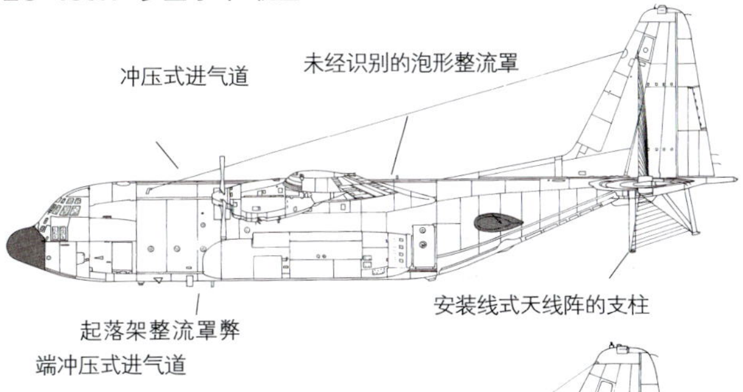


**EC-130E(RR)“孤胆雄鹰”升级版**

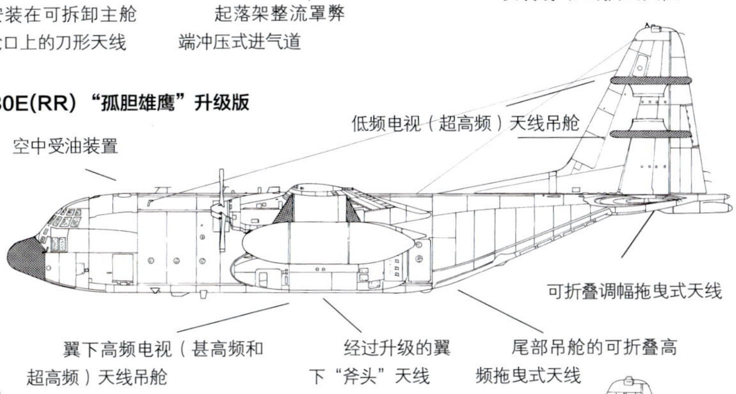


**EC-130E（机载战场指挥控制中心）**

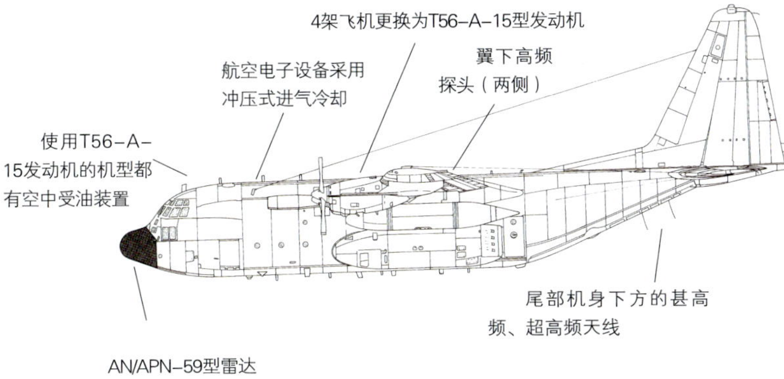


**EC-130Q**

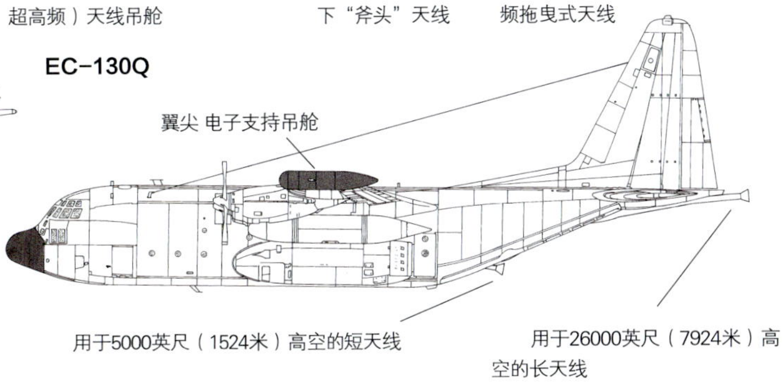

# C-130的特种任务改型

由于洛克希德公司的C-130运输机的全面素质，许多基于该平台的衍生机型也应运而生，专门用于特种部队、实验或机密任务。

## HC-130H-7

美国海岸警卫队共有22架HC-130H"大力神"飞机。在其他航空兵部队，"大力神"通常扮演运输机的角色，执行空降伞兵部队或其他通用任务。在海岸警卫队，HC-130-7型机还执行搜救、冰情巡逻和海上侦察任务。作为HC-130H-7型（其最老的型号于1973年交付使用）飞机的继任者，第二代HC-130J"大力神"很有可能将前者取而代之。

## KC-130型空中加油机

美国海军陆战队需要一款兼具战术运输和空中加油（软管-浮锚式加油系统）的双用途飞机，因此在1957年8月，两架美国空军的C-130A运输机被借用来进行相关测试。每架飞机内部装有两个506加仑（1915升）油箱，加油设备装在翼下吊舱内。测试非常成功，洛克希德公司因此获得了46架KC-130F"大力神"飞机的订单，1960年开始交货。基于C-130B型运输机，KC-130F型加油机安装了埃里森公司研制的T56-A-7型发动机，后来又换装了T56-A-16型发动机。由于使用损耗问题，美国海军陆战队订购了14架KC-130R型加油机（基于C-130H平台），后来又购买了22架KC-130T型加油机。此外，订购计划中还包括了11架KC-130J型。尽管未在美军服役，KC-130H（在许多方面与KC-130R类似）出口到了许多国家，包括阿根廷、巴西、以色列和西班牙。马岛战争结束后，英国空军对空中加油机的需求日益迫切，至少有4架"大力神"C.Mk 1型运输机被改装成加油机，命名为"大力神"C.Mk 1K，飞机集成了4个900加仑（4091升）油箱，在飞机尾部的货物装卸坡道门处固定了一套FR.Mk 17B型软管加油组件。不仅如此，美国海军陆战队订购的KC-130J型加油机也已投产，而意大利也拥有了具备空中加油功能的C-130J型运输机。

## DC-130型靶机控制机

洛克希德公司研制的DC-130"大力神"是一款靶机控制机，是遥控无人驾驶飞机的母机和发射机，这些遥控无人机搭载在母机的4个翼下挂架上。共有8架DC-130A型机（上图）供应给了美国空军。在越战期间，DC-130A型机发射了"战斗黎明"侦察遥控机。美国空军的5架飞机后来转调到海军进行靶机定位工作。3架原属美国海军的DC-130A型机代表美国海军空战中心（位于加利福尼亚州波恩特马布）在特拉克飞行系统公司工作。7架类似的DC-130E型机在越战期间执行侦察无人机的发射任务，后来又改回了运输机。1976年，美国空军建成一架DC-130H控制机，可以发射并控制4架无人机，后来改名为NC-130H型机从事机密工作。

## LC-130

洛克希德公司LC-130F/H/R"大力神"系列运输机是专为南极冰面和远程预警支援行动而设计的抗寒机型（前缀字母L），机轮安装有滑橇。飞机的机身略有改动，使之更适合远程任务。LC-130F/H/R飞机装配的火箭辅助起飞设备可用于冰面上的短跑道起飞。C-130D型机是首架装备滑雪橇的"大力神"机型，后来被美国空军国民警卫队第109空运联队和第139中队的4架LC-130H型机（下图）取代。该中队也是美国空军唯一拥有LC-130的单位。LC-130F是美国海军首个可执行南极任务的机型。1969年，4架LC-130F编入美国第6南极开发队。LC-130R型机建成6架，是最后一批装备滑橇的"大力神"飞机，起初加入南极开发队，后来又转隶美国空军。1999年10月1日，因成功解救了身患乳腺癌的阿蒙森-史考特南极科考站的美国科学家杰里·尼尔森博士，LC-130H型机一举成名。

## HC-130H型远程搜救机

洛克希德公司HC-130"大力神"远程搜救机服役于美国空军和美国海岸警卫队。1965—1966年，共有43架HC-130H型机（上图）交付美国空军。这些扁平机头的"大力神"飞机的前部机身上侧，有一台巨大的雷达罩，内部装有AN/ARD-17型空中目标追踪器。机身左舷有一个观察窗，可以定位从轨道重返大气层的卫星太空舱。作为具备空战能力的搜救机，与HC-130H型机不同，HC-130N型机的翼下安装了可进行空中加油的软管。很快又出现了HC-130P型机（后来重命名为MC-130P），该机兼具了HC-130H型机的外观、性能和HC-130N型机的空中加油能力，可为特种作战直升机加油。1991年，HC-130H（N）交付阿拉斯加美国空军国民警卫队第210搜救中队，该机型与前任机型的主要区别在于装备了大量的现代化航空电子装备。

### MC-130E型特种作战飞机

美国空军对于"大力神"系列特战支援型飞机的兴趣始于越南战争期间。一批C-130E运输机改装成C-130E-I型机，机头处安装了富尔顿公司的地空回收设备，用来从空中把地面上的特工收回机舱。这套系统并未在实战中使用。但是C-130-E-I在夜晚和恶劣天气下执行了很多特种任务。20世纪70年代末，特种作战版"大力神"运输机被正式命名为MC-130E"战斗禽爪"。MC-130E型机的特点是空中加油能力，改进了T56-A-15型发动机和欧米伽惯性导航系统。该机目前共有3款机型：MC-130E-C型机装备了"富尔顿"地空回收设备，机头雷达罩向下延伸，使罩内的雷达处于较低位置；MC-130E-Y型机的机头设计比较典型；MC-130E-S型机据称是用作信号情报搜集工作的。MC-130E系列飞机标配APQ-122（V）8气象和远程导航雷达，此雷达还加装了地形追踪功能。飞机的可收放转塔上安装了一部前视红外传感器，使得机组人员能够在晚间或恶劣气候下低空观测敌方领空；也可以精确地导航定位，使特种部队可以空降到准确位置。

### MC-130H

身为美国空军服役的最新机型，洛克希德公司交付的25架MC-130H"战斗禽爪"II型机将用来取代MC-130E型机编队。改进后的雷达罩内安装有APQ-170雷达，下方则装有前视红外转台。特种装备包括低空空投和货箱投放系统。该机型仍然由洛克希德公司生产，包括最低限度的装备，然后交由IBM联邦系统分部安装其他任务设备。1987年12月，该机型首次试飞，1988年春季在爱德华兹空军基地开始进行带设备飞行测试。1990年6月，第1特种作战联队第8中队接收了首架MC-130H。紧接着，第15特种作战中队成立，接管了所有美国基地服役的MC-130H型机。驻扎在英国皇家空军米登霍尔空军基地的第7特种作战中队和第352大队则拥有4架MC-130H型机。据称，美国新墨西哥州柯特兰空军基地的第58特种作战联队拥有4架MC-130H型机用于训练。

### NC-130A型特种测试机

尽管字母前缀"N"的含义是指特种测试机，在6架命名为NC-130A的C-130A改装机中，有3架又改回为C-130A运输机，一架则成了DC-130A型

机。NC-130A型机目前服役于新墨西哥州柯克兰空军基地的空军特种武器中心。1986年，图中这架位于莱特-帕特森空军基地的航空系统部第4950测试联队的编号为55-0022的飞机被改装为制导武器传感器和导引器试验台。

### WC-130型气象侦察机

作为对WC-130B和WC-130E机型的补充，航空气象处接收了15架HC-130H的改装机，执行气象侦察、飓风和台风追踪任务。它们

与WC-130E型机在外观上的差别是其加大的雷达罩。在首批出厂的至少9架飞机中，第一架于1999年底服役。

### NC-130B

飞机装备了宽弦长的方向舵和边界层控制系统，并用单铰链襟翼取代了"富勒"襟翼。机翼外侧的2

台埃里森YT56-A-6型发动机排出的气体吹过襟翼和方向舵，从而抬高了升力和操控性。改进机飞行了23小时，但美国陆军取消了需求，飞机计划被暂时搁置。最终，NC-130B型机安装了标准的机翼和方向舵，由美国航空航天局接收，编号为N929NA（后来改为N707NA，上图），参加了"地球勘测"项目。该型飞机的任务是搜集关于林业、农业、土地利用、土地覆盖、水文学和地理学相关信息。飞机前部安装了加大的雷达罩和外置天线，传感器和支持设备包括照相机、多光谱扫描仪和微波散射仪。在卫星发射前，该型飞机还被用来测试卫星传感器。

# 洛克希德公司
# C-141 "星" 运输机

快速、有效的支持之于任何部队都是不可或缺的，尤其是在大范围的作战需求使这支部队散布在世界的各个角落的情况下，这种支持更是弥足珍贵。35年来，C-141运输机用快速、有效的后勤支持交出了完美的答卷。

20世纪60年代初，美国空军军事空运局（MATS）所辖大多数战略运输机都是螺旋桨驱动的。随着对于快速部署能力的日益看重，显然，对现代喷气式运输机的需求已经非常迫切。

军事空运局只好购入48架C-135运输机作为权宜之计。作为该部门首批真正的喷气式运输机，C-135在很多方面并不完善。军事空运局经常需要运送大型或重型器材到世界各地。但是，作为主要运载兵员的运输机，这些活儿显然C-135并不擅长。

与此同时，老将C-124运输机依然是军事空运局重型运输的主力，同时，还有少部分C-133运输机。为了取代C-124，美国空军发布第182号"特种作战要求"（SOR-182），征集一款采用涡扇发动机、载货/载人两用的新型战机。该计划也成为美国空军新的后勤保障系统的一部分。

美国空军最终认为洛克希德公司的参选产品最适合要求，并于1961年8月订购了首批5架研究、开发、测试和评估机。

1963年12月17日，C-141A首次试飞。1965年4月23日，该机编入第1501空运联队（后来的第60军事空运联队），驻扎在加利福尼亚州的特拉维斯空军基地。8个月后，美国空军军事空运局经历巨变，并于1966年1月1日改名为美国空军军事空运司令部（MAC）。1966—1967年，"星"运输机又编入了5个一线运输单位，包括位于华盛顿麦考德空军基地的第62军事空运联队、加利福尼亚诺顿空军基地的第63军事空运联队、特拉华州多佛空军基地的第436军事空运联队、南卡罗来纳查尔斯顿空军基地的第437军事空运联队和新泽西州麦圭尔空军基地的第438军事空运联队。还有少量的C-141分配给了军事空运司令部的主要训练单位——第443军事空运联队（培训）。该单位驻扎在俄克拉荷马州的汀克空军基地。1973年，第21架空军运输机的重新分配使第436军事

上图："星"运输机可以装载各种箱式货物以及主战坦克除外的大多数车辆。C-141载货能力屡次被美国空军看重，多次出现在战斗行动中，包括越战、1973年中东的"十月战争"、1983年格林纳达的"紧急怒火"行动、1989年巴拿马"正义事业"行动、1991年"沙漠风暴"行动，以及"持久自由"和"伊拉克自由"等行动

空运联队装备了C-5A运输机，而该单位之前装备的C-141被重新划拨给了第437军事空运联队。这样一来，该单位的所有飞机都是"星"运输机。因此，自1973年起，上述装备C-141的5个一线单位和一个培训单位的组合基本没有什么改变，一直持续到20世纪90年代。1996年5月，第443军事空运联队迁往俄克拉荷马州的埃尔特斯空军基地。

作为"星"运输机的首个服役单位，特拉维斯基地是越南供应链的重要一环。因此，在战争的高峰期，可以频繁见到运输机飞往东南亚。战争中，C-141A横跨太平洋把士兵和急需的补给品运往南越的各前沿基地，比如新山一基地。

除了支援越南的作战部队，"星"运输机还担负了各种特别空运任务，包括机动训练演习、洲际导弹和特大型货物运输、人道

下图：20世纪80年代大部分时候，美国空军的C-141部队都采用了熟悉的"蜥蜴"迷彩涂装。该涂装是为了欧洲的作战行动设计的

下图：C-141A是一种4引擎、上单翼飞机，集成了尾部上货门，方便了运载长度和质量都很大的物件，其中就包括洲际弹道导弹

上图：20世纪60年代，一系列重大事件使东南亚成为世界的焦点。这时，大量C-141A开始编入美国空军军事空运局/军事空运司令部，为一系列作战提供有力的支援

主义任务以及特别支援行动等。

## 全球运输

随着C-141更多地装备美国空军军事空运局，它开始承担更多的日常运输任务，成为美国海外基地一道熟悉的风景。到1967年，美国空军军事空运司令部共接收空军采购的284架C-141。从那时起，"星"运输机可以出现在任何美国的势力范围或是利益相关区。

20世纪60年代末至70年代初的实际使用经验反映出，尽管C-141A在很多方面都非常符合军事空运司令部的运输任务要求，但早期的运输机还是有一些缺点。C-141服役初期，美国保留了大量海外基地，世界大多数地方通常都可以毫无阻碍地前往。但到了20世纪70年代中期，情况发生了改变，许多海外基地都关闭了。由于缺乏启动基地，军事空运司令部在执行"五分钱救援"行动时就陷入了很尴尬的境地。那是在1973年"十月战争"期间，美向以色列运送支援物资。由于C-141无法空中加油，大部分补给任

右图：实际操作中美国空军，C-141B的到来，极大扩展了军事空运司令部的运输能力。空中加油能力意味着C-141航程将仅受机组成员的疲劳因素影响

务就落在了C-5A身上。C-5A的空中加油能力使之无须中途着陆就可以飞抵以色列。

要想真正做到全球运输，C-141也必须做到可以空中加油。同时，该机的有效运载能力也不完美。飞机的容量局限于其很容易"填满"，即飞机还没有达到最大运载量，物理空间已经装满。针对这两点的改动，最终产生了新的C-141B机型。

尽管"星"运输机的货舱横截面无法改进，但是把飞机加长、使其装载量尽量接近其最大起飞重量，却是可行的。1976年，洛克希德公司签下一份总价2430万美元的合同，把一架C-141A改装成YC-141B原型机。

改装增加了标准436L型托板的数量，从10个增加到13个。改进了翼根整流罩，可以减少阻力、少量增加飞机最大速度，以及减少燃油消耗。

## 前进中的"星"运输机

YC-141B增加了空中加油能力。1977年3月24日，该机首飞成功。1977年中对原型机的测试使军事空运司令部决心改装剩余的大约270架C-141A。1978年，该项目在洛克希德公司旗下的玛丽埃塔工厂进行。1979年，首架C-141B投产机交付。1982年，最后一架C-141B交付军事空运司令部后，改装项目以低于原计划的时间和成本顺利

完成。运输机编队方面的改革使军事空运司令部以极低的成本增加了一支拥有90架C-141A的机队，还无须增加机组成员。

新型"星"运输机进入军事空运司令部开始服役以来，表现抢眼，充分展示了自己的价值。这个走向成熟的机型将继续为军事空运司令部服务，把货物、人员运送到世界的各个角落，不论何时、何地、时间多么紧急。也许"星"运输机外貌并不出众，但是老话说得好，行为漂亮才是真漂亮。即便C-17已经问世，C-141B依然会伫立军中。

下图：随着侧向帆布座椅的就位，C-141B可以装载168名全副装备的伞兵。"蚌壳"式后货舱门可以向外开启以保证最大通过间隙

下图：C-141A改装为C-141B（前），需要在机翼正前方和后方紧挨着的地方分别增加一根13英尺4英寸（4.06米）和10英尺（3.05米）的加油管

# 洛克希德公司
# C-5 "银河"运输机

## 研发

图示为首架C-5原型机正在进行"研发、试验与评估"项目的飞行测试。为了更好地测试相关性能,该机把一根静压空速管安装在机头位置

作为世界上现役最大型的运输机,C-5"银河"运输机30年来为美国的战略运输做出了突出贡献。

C-141"星"战略运输机的引进,显著提升了美国空军军事空运局的运输能力,但这种运输机无法运载大型作战武器,例如主战坦克和运兵直升机。为了弥补这个缺陷,1963年由美国空军规划CX-4设计案,要求机体总重大约60万磅(272160千克)。

到了1964年中期,该项设计案最终确定为CX-HLS(货运、实验性重型物流系统),要求飞机能够携带125000磅(56700千克)的物资飞行8000千米以上,并能够在非标准机场上进行起降。机体设计交给3家厂商(波音、道格拉斯和洛克希德公司),

下图:1968年3月2日,首架C-5运输机出厂,到场祝贺的有美国总统约翰逊及其夫人。对于洛克希德公司而言,C-5令其无比骄傲,但成本超支和机体结构问题又把其拖进了泥潭

发动机则交给通用电气和普拉特·惠特尼公司。

洛克希德公司以最低的竞标价(19亿美元)赢得了机体设计的合同,发动机则采用了通用电气的TF39型涡扇发动机,能够提供41000磅(183千牛·米)的推力。

## 结构缺陷

实践证明,CX-HLS的计划要求是不切实际的,洛克希德公司的命名为"银河"的机体设计永远无法达到,甚至连门槛都难以企及。为了减重,洛克希德公司在机体设计上做了折中。谁也没有想到,这项决定所造成的问题会在飞机服役后不久像幽灵一样出现,深深地困扰着洛克希德公司。

1968年3月2日,首架C-5A型机出厂。与较小的C-141"星"式运输机一样,C-5A带有显著的家族特征:悬挂在机翼吊架下的4台发动机,T形尾翼和上斜式机身尾部,集成了装载门和装卸坡道。C-5A"银河"运输机的不同之处在于其修改的机身前部,飞行甲板位于货仓前部上方,可以安装向上开的舱门,从而可以在飞机正面装卸物资。

控制台正后方的机舱可以容纳15名乘员,而第二大机舱(位于机翼尾部的上半部机身)可以乘坐75名士兵。主货舱可以装载34975立方英尺(985.29立方米)的物资,重新设置后还可以运载270名全副武装的士兵。

## 飞行限制

1968年6月30日,C-5A型机首度试飞。在起初的测试中,并没有什么麻烦,一切相对顺利。然而1969年夏季,在对一架飞机的疲劳测试中,机翼出现裂缝,这就暴露出了"银河"运输机的一个重大不足,一个困扰了"银河"运输机将近10年的梦魇就此拉开了序幕。为了减重,机翼盒段的设计不得不有所妥协,结果就是"银河"仅仅可能实现其设计寿命的25%(其设计寿命是30000小时)。这些问题,再加上飙升的造价,令洛克希德公司和美国空军极其堪扰。1969年11月,采购计划减少到了81架。

为了延长飞机的服役寿命,洛克希德公司将飞机在和平时期的装载量限制在50000磅(22680千克),还不到飞机最大装载量的20%。通过加装副翼主动控制系统,可以有效缓解这些飞行限制,但这也只是权宜之计。1977年,美国空军咬紧牙关,启动了"换翼"计划,确保飞机能够实现30000小时的设计寿命。

洛克希德公司设计了两种新型机翼。这两种机翼都尽可能地使用现有活动控制面,采用了一种全新的铝合金结构,使机翼强度和抗腐蚀能力大大增加。1981—1987年间,共有77架C-5A型机加入了"换翼"项目,耗资超过了15亿美元。

20世纪80年代中期,为了满足美国空军对重型运输机的需求,C-5型机生产线重新

上图：通用电气公司击败普拉特·惠特尼公司赢得了C-5A型运输机的发动机合同，其旗下的TF39-GE-1型发动机能够产生41000磅（183千牛·米）的推力，是当时军用飞机上安装的最强劲的涡扇发动机

上图：1968—1969年，首批5架C-5A型运输机成功通过了"研发、试验与评估"项目的飞行测试。这个阶段最严重的事故发生在早期一次试飞结束的时候，一个机轮在降落时脱落

上图：1969年7月，飞行测试期间，在洛克希德公司位于佐治亚州玛丽埃塔生产基地里，首批投产的5架C-5A型运输机中的4架排成一排，第5架则在加利福尼亚州爱德华兹空军基地参加美国空军和洛克希德公司的联合飞行测试，并在那里创造了一项非正式的世界纪录：最大起飞重量达762000磅（345636千克）

启动，有50架拥有全新机翼的C-5B型机被生产出来。与C-5A非常类似，C-5B只是整合了C-5A的经验，并进行了一些小规模的改动，包括增强型自动飞行控制系统。飞机交付工作从1986年开始，到1989年4月，美国空军接收了最后一架C-5B型机。

上图：C-5运输机的设计目的就是运载主战坦克，例如图中这辆M1"艾布拉姆斯"坦克，或者是运兵直升机。机头部位可以完全打开，使飞机具备了滚装运输能力，极大地减少了物资的装卸时间

下图：1970年3月，在阿拉斯加州伊尔森空军基地，第5架C-5A型运输机成功通过了寒冷条件下（低于零下7摄氏度）的飞行测试

# C-5"银河"运输机
## 服役生涯

下图：自进入美军服役以来，C-5运输机就成为世界上最大最重的飞机。33年之后，该机型依然是美军部队中最大型的飞机

在美国空军30年的服役生涯里，C-5"银河"完成了从问题多多、价格昂贵的失败品到称霸全球的运输机的转变。它的价值在越南战争和海湾战争中得到了生动的体现。

1968年3月2日，首架C-5A型机出厂，同年6月首次试飞。接着，该型飞机在佐治亚州多宾斯空军基地成功通过一系列测试。在"总承包采购"的理念下，后来又有4架飞机加入了"研发、试验与评估"项目。这样，一笔固定价格的合同使得洛克希德公司负责了飞机的研发、测试、评估和生产工作。

尽管飞机评估和飞行测试都很成功，但静态试验表明，C-5A型机的机翼早先有裂缝，使得其设计寿命达不到预期的25%。

然而，东南亚战场对于重型运输机的需求非常迫切，C-5A在二类测试开始3个月后就匆匆服役了。该型飞机的首个接收单位就是驻俄克拉荷马州阿尔特斯空军基地的第443军用空运联队机型转换训练分队，专门为现役机型提供机组人员培训。1970年春，该分队接收了大批的C-5A型运输机。

### 服役

6月6日，驻南卡罗来纳州查尔斯顿空军基地的第437海军陆战队飞行联队第3军事空运中队成为第一个C-5A型机的使用单位。美军共建立了3个航空装载站供C-5飞往越南运送支援物资，查理斯顿空军基地是其中之一，另外两个基地是东海岸的多佛尔空军基地（第9海军陆战队飞行中队）和西海岸的特拉维斯空军基地（第75海军陆战队飞行中队）。第75海军陆战队飞行中队成为首个拥有初始作战能力的单位，并于1971年4月赴越南战场作战。

C-5A型机在东南亚大规模运输的作用立即显露出来。与海运手段耗时动辄数日或数星期相比，通过使用该机型，重要设备运抵战区的时间可以用小时来计算。1972年的岘港包围战完美地体现了C-5运输机的重要价值，10架"银河"运输机运送了总重达165万磅（748400千克）的坦克、直升机和其他重要设备，往返时间不到35分钟。

在"强化作战"行动中，C-5A运输机的作用举足轻重，这次行动也是决定越战结束的《巴黎协定》签署之前，美军最后一次向越南投入大规模运输机执行任务。

1973年10月1日，第4次中东战争爆发，C-5运输机再次展现了无与伦比的空运能力。由于不愿意看到以色列对埃及、叙利亚作战的失败，美军希望运送武器弹药支援以军。但是，欧洲盟国不愿开放本国的空军基地，这样一来，具备空中加油能力的C-5运输机成为唯一可以运送大型、重型武器前往以色列的机种。在"5分钱救援"行动中，美国空军军事空运司令部的C-5A运输机在31天内执行飞行任务145次，共运送10800吨物资，每次运输74吨。这些重要物资包括弹药、电子对抗吊舱和"百舌鸟"反辐射导弹。

然而，1975年发生的一次飞机失事掩盖了"银河"运输机在这次支援行动中的光彩。在"抢救婴儿"行动中，"银河"运输机奉命前往疏散一批越南孤儿，但首次飞行就以灾难性事故结束。一架编号为68-0218的C-5A运输机在紧急降落时坠毁，机上314名人员中有155人遇难，其中很多是婴儿。正是这次事故促使美国政府决定投资对"银河"运输机进行结构改进。

由于机翼和机翼盒段的结构问题，和平

下图：1982年，在埃及举行的第一次"闪亮之星"军事演习中，"银河"运输机在运送武器设备方面发挥重要作用

下图：C-5"银河"运输机是唯一可以运送大型物资（如本图中的美国海军H-53型直升机）到战区的机型，可以称得上美国空军的无价之宝

时期C-5A型机的出动次数大大减少。C-5B型机换装了新型机翼，首批出厂的50架飞机极大地提升了"银河"机队的实力。原有C-5A型机的改造工作于1981—1987年完成。1986年，首批建成的4架C-5B型机交付驻阿尔特斯空军基地的第443海军陆战队飞行中队。

随着C-5B型机交付各个现役和预备役飞行中队，剩出了一批C-5A型机用于装备两个预备役中队和一个空军国民警卫队中队。20世纪80和90年代，现役和预备役部队的C-5A型机和C-5B型机参加了一系列的军事行动，包括1983年入侵格林纳达和1989年入侵巴拿马，后者代号"正义事业"。

"银河"运输机在灾难救援行动中也做出了重大贡献，将大量重要的医疗物资和援助设备送往灾区。"银河"运输机参加过的救灾行动有1985年墨西哥地震、1988年亚美尼亚地震、1989年"雨果"飓风和1992年的"安德鲁"飓风。然而，"银河"最突出的贡献还是体现在"沙漠盾牌"和"沙漠风暴"行动中。

海湾战争中，大批美军人员、武器和设备之所以能够顺利运往沙特阿拉伯，C-5"银河"运输机功不可没。1990年8月至1991年3月17日，美军战略运输机共出动17341次，其中的22.4%是由"银河"完成的。在此期间，"银河"共完成运送总量563048吨的货物中的41.5%和人员的16.8%。

### 屡创纪录

除了多年来一直是世界上最大、最重的飞机之外，"银河"运输机在其服役期间还保持着很多其他纪录。1969年，1架C-5A型机的起飞总重达到创纪录的798200磅（362060千克），后来这个纪录又被C-5B型机刷新。1984年，一架C-5A在空中加油后，飞行时机体总重达到了920836磅（417691千克）。1989年，在北卡罗来纳州布拉格堡空军基地的一次表演中，一架C-5B型机创下了190493磅（86406千克）的空投纪录，其中包括4辆"谢尔登"轻型坦克和73名伞兵。

由于C-5型机具备在潜在敌方领土上进行活动的能力，最近在C-5型机上安装了"裴瑟·斯诺"防御系统，包括AN/ALE-40红外诱饵投射器和AN/AAR-47导弹预警系统，这些设备极大地提高了飞机的生

上图：飞机执行再补给任务的关键在于能够装载大型和重型设备，且必须具备大航程，而空中加油能力使C-5运输机成为世界上最好的可以完成上述任务的飞机

上图：20世纪80年代中晚期，利用C-5运输机发射"民兵"洲际导弹的研究计划启动，该计划的战略目的是令苏军情报部门无法确切掌握导弹的发射地点，但该项战术最终未能进入常规应用

存能力。

美国空军空中机动司令部目前下辖4个C-5飞行中队，分别是位于多佛空军基地的第436空中运输联队所辖第3和第9中队，位于特拉维斯空军基地的第60空中机动联队所辖第21和第22中队。其中，第22中队还拥有两架C-5C型机，其上半部的甲板已被拆除，从而可以运送宇宙飞船的物资。随着空军预备役司令部和空军国民警卫队的常规中队均装备了C-5运输机，使得该机型已经成为美国重型运输机部队中的明星，而且持续到21世纪。

下图：美国空军C-5运输机目前采用的是美国空中机动司令部的全灰色涂彩方案，图中这架C-5运输机隶属于驻特拉华州多佛空军基地的第436空运联队

下图：20世纪80年代，C-5运输机采用了"欧洲1号"迷彩方案。尽管这是个成功的方案，却使得该机型在炎热地区出现了内部发热问题

# 洛克希德公司
# F-104 "星" 式战机

上图：第337战斗拦截中队的一支F104单座战斗机编队飞过海湾大桥上空，从高空俯视旧金山港。事实证明该款战斗机并没有达到防御美国本土的预期的效果，所以只在美国空军中度过了短暂的一段时光

　　F-104战斗机设计于20世纪50年代，朝鲜战争刚刚结束之后，作为一款轻型、单座以及拥有令人惊艳的飞行性能的空中格斗战斗机，洛克希德公司的F104最终被发展为一款具有全天候作战能力的先进拦截轰炸机。直到21世纪初，部分作战前线仍然在使用F104战斗机，后续的升级改造使得它的存在得以延续

　　很少有飞机像F-104"星"式战机一样能够激起如此强烈的感情：爱恨交织或者既兴奋又恐惧。立足于设计一款卓越的具有全球打击能力的空中格斗战斗机，设计团队的天才设计师们彻底地失败了。但是结果证明该款飞机低空攻击和空中侦察性能相当突出，洛克希德公司热衷于改进版本的优异效果，除此之外，实际上，在随后的20多年中，美国空军热衷于向其他国家促销该款战斗机，改进款"星"式战机已经成为北大西洋公约组织欧洲国家空军和日本空军的主要战术作战飞机。

### 朝鲜战争的教训

　　一切从凯利·约翰逊（洛克希德飞机公司首席工程师）于1952年的一次朝鲜访问说起。他发现，即使是F-86中队也士气低落，因为相比于米格-15"柴捆"，该机型在爬升高度和参战数量上都处于下风。这些因素促使约翰逊设计一款性能尽可能高的战斗机，即便以牺牲航程和载弹量为代价。约翰逊返回到坚持以性能优先几乎不计代价的路线。洛克希德公司于1952年1月主动向美国空军提交了83号飞机。1953年3月11日，美国空军发函件签约了两架XF-104飞机，编号为53-7786/7。第一架由一台推力估计为8000磅（35.6千牛）的J65发动机驱动，于1954年2月28日首飞。第二架由一台开加力燃烧助推时推力约为11500磅（51.16千牛）的J65发动机驱动，于1954年9月5日首飞。J65设计初衷是一款过渡发动机，仅仅为在等待通用电气公司的动力更强劲的J79出现前使用，暂且不考虑这些，60000英尺（18288米）高度、1.7倍马赫飞行速度很快就实现了。但是坏消息是，XF-104飞机的确是少有的一款要求持续精细控制的飞机。这些让人费心的飞行特性很快就反映在装备服役的F-104飞机身上，许多"星"式战斗机飞行员可能由此丧失生命。

　　1954年7月，美国空军谨慎地签署了17架YF-104A飞机的合同，这些飞机与F-104非常接近，由一台J79-GE-3型发动机驱动。飞机由位于旧金山附近的汉密尔顿空军基地的第83战斗截击机飞行中队接收，用来进行试验/改进研究。总共有610架F-104A飞机订单，但是实际只生产了仅仅153架。到1960年这些飞机逐步被淘汰出美国空军现役部队，但是在1961—1962年的柏林危机和古巴危机时被重新召回。同样命运的还有计划的112架的F-104B串列教练型飞机合同，最终仅生产了26架。从这个时间点看来，洛克希德公司的"星"式战斗机似乎已经失败，但是洛克希德公司认识到或许美国空军

上图：尽管已经拥有了"狂风"战斗机和AMX战斗机（意大利、巴西联合研制的单座单发超音速轻型攻击机），但是意大利空军在前线中队依然列装了F-104战斗机。为执行空中巡逻任务，F-104战斗机采取了与"狂风"F.MK 3战斗机相协调的方式来完成任务。其中，"狂风"F.MK 3为"星"式战斗机提供额外的拦截功能雷达信息

并不是自己真正的客户，仅是非常次要的一个。所以，他们着手组建一支强有力的营销团队去努力开拓海外市场，他们对外宣称，虽然美国空军不采纳F-104，改进的"星"式战斗机（目前可飞行的）依然能够成为天空中最伟大的战机。他们称之为超级"星"式战斗机（F-104G），配备有一台大功率的动力装置、NASSRR火控雷达、加强的机身和新的任务设备。北大西洋公约组织成员国很快接收F-104"星"式战斗机服役，不少于9个北大西洋公约组织成员国空军装备了F-104战斗机：加拿大、联邦德国、荷兰、比利时、意大利、土耳其、希腊、挪威和丹麦。而且比利时、荷兰、意大利、联邦德国和加拿大被授权许可生产该款飞机。

## 不公正的声誉

许多装备"星"式战斗机的空军都存在许多问题，但是在联邦德国，无论是空军还是海军陆战队，F-104G飞机的损失都达到了非常危险的境地。截至1969年，联邦德国在10年间已经损失了超过100架"星"式战斗机。无论如何，这种损失需要以具体的情境来作出评判。联邦德国是世界上主要的"星"式战斗机装备国家，已经装备的飞机有917架之多，作为比较，美国装备294架F-104G飞机，加拿大239架，意大利149架。当将联邦德国损失的飞机以装备飞机数量的百分比来看时，这并不比其他装备F-104飞机国家的损失百分比大。

跳出欧洲范围，主要的装备者是日本，其获得授权许可，生产了200架F-104J单座型和F-104DJ双座型"星"式战斗机，于1964年被命名为JASDF服役。原属美国空军的"星"式战斗机被卖给了巴基斯坦、中国台湾和约旦，同时，西班牙于1965年从美国获得了21架F-104Gs和TF-104G教练机，作为美国使用西班牙空军基地的回报。

在"星"式战斗机服役的岁月中并没有遇到大规模空战的场景，虽然中国台湾空军有数次和中国大陆战斗机交战的例子，但是仅获得少有的几次胜利。在1965年，印度－巴基斯坦战争期间，巴基斯坦的一个"星"式战斗机中队以最少一架战斗机的损失获得了几场胜利。

## 他们眼中的明星

撇开不公正的声誉，F-104"星"式战斗机依然在意大利空军的前线服役，虽然是经过大幅度改进的。被称为F-104S的"星"式战斗机首次服役时所欠缺的问题在"S"版中被解决了，增加了机身挂架，改良了雷达装置（具备了下视能力，战斗机能够锁定并向下攻击目标），1997年间，F-104S进行了升级改造以F104S-ASAM示众。

随着欧洲战斗机的交付延时，凯利·约翰逊的"载人导弹"将成为21世纪欧洲天空中一道持续的风景，洛克希德的"星"式战斗机将会成为历史上服役时间最长的战斗机。

下图：由于其高速、高空、爬升性能等突出的飞行能力，"星"式战机成为美国国家航空和宇宙航行局飞行试验机队的非常适合的选择。"星"式战机由美国爱德华兹空军基地德雷登飞行研究中心进行试验运行，服役到1983年，直到它被F/A-18"大黄蜂"战斗/攻击机代替。具有讽刺意味的是，在"大黄蜂"的发展过程中F-104战斗机以伴飞机的身份服役

# 洛克希德公司
# F-117"夜鹰"战机

非同寻常的外形,革命性的反雷达特性,"最高机密""沙漠风暴"行动中的星光闪耀和继而令人艳羡的改进,使得洛克希德公司的F-117成为世界上最有名气的作战飞机。

上图:第49战斗机联队的一架"黑色喷气机"安详地巡航在美国新墨西哥州霍罗曼空军基地司令部附近的白沙国家公园上空

当F-117展露在世人面前的时候,它是个未解之谜,某种程度上可以称之为奇迹。现在它已经成为一款逐步衰老的特殊用途军用飞机。

当它揭开神秘的面纱时,F-117被称作科学技术突破的标志,只需它完成一项任务就足够说明。现在看来,批评者认为曾经的革命性军用飞机已经衰老了,飞行速度慢,而且花费代价高,赋予它的能力仅仅能够完成一项任务。即使F-117的功能单一,但是其每次执行任务既令人惊叹又壮丽辉煌,可以预见其退役后的评论必然得到高度赞扬。

F-117是第一款进入现役的采用了低可探测性的军用飞机,或者称为隐形技术,利用科技手段减少其容易被雷达侦测的弱点。虽然被称作战斗机,但是其设计意图是对高危险环境下的重要目标发动轰炸打击。洛克希德的F-117项目来源于冷战时期的"黑色"计划,而且是在史无前例的高度保密条件下进行的。

F-117的任务很独特:攻击小范围的、防护良好的目标,用五角大楼的术语讲是"重要影响力目标"。这意味着,它们的杀伤将会达到超出敌人实际价值的打击目的。一个典型的任务案例也许是对敌方的指挥、控制、通信和情报系统($C^3I$)组织通过精确制导炸弹进行"斩首行动"打击。F-117其他的打击目标或许是核设施储存地,关键性桥梁和隧道,或者是重要的敌方领导人总部所在地。

F-117采用楔形外形、V形尾翼,并且在外表面采用了具有能够吸收雷达波的复合材料,因为采用了低可探测性外形来降低飞机的雷达反射截面(RCS),所以飞机的外表丑陋。应用雷达波吸收材料使得雷达探测到的飞机变得模糊,同时棱角分明的外形由于方位角不同使雷达信号发生不规则"漫反射"。

这种棱角分明的外形来源于一种大家熟知的技术,叫做多边形化的三维处理技术,它容许计算机技术参与飞机设计,在这个实例中,最大限度地采用了前部表面"楔形角"和机身尖锐角、消除曲面等方式来漫反射雷达回波。机身蒙皮壁板被分割成许多小的、完全平直的面,用来反射敌方的来自地面和机载雷达的多种角度的搜索信号。

为了提高飞机的隐形性能,将发动机喷口置于机身上部,沿着机翼根部,至尾翼面

下图:隐形飞机驾驶员被认为是飞机驾驶员中的精英,许多人都在老一代攻击机中完成了数千小时的飞行任务,例如F-111飞机、A-7飞机和A-10飞机。F-117存在许多关于驾驶室能见度范围缺陷的评论,这是由于其沉重的座舱盖导致的

上图:从正前方观测,F-117A经常被描述为类似于"星际战争"中的某种东西。从这个角度来看,厚重的框架构成了驾驶舱和它下部的架构,从武器舱伸出一对挂架来挂载设备

上图：F-117A的近期规划是确定的，但是F-117B的规划并没有制定。这是一款进行了重大改进的新模型，以期达到大幅度提高载弹量和具备更先进的系统。A/F-117X是为海军设计的版本，它也是基于这款飞机的

下图：如果"夜鹰"要执行远程目标打击任务，进行空中加油是必不可少的内容。在雷达静默状态下进行空中加油是常规训练科目，而且在夜间进行这种操纵时，照明仅仅由驾驶舱上部的微弱光亮提供

蕾哈托兵营。打击的精度成为讨论的话题，但是无论如何，F-117的系统如洛克希德所计划的那样开始工作了。

## "沙漠风暴"行动

1991年1—2月的海湾战争，以F-117轰炸巴格达防空控制中心作为开始。美国空军关于此次行动和另外一次任务后的报告指出，伊拉克军队无法提前察觉F-117入侵，经常要等到炸弹爆炸才开始射击。美国空军得出结论，已经充分证明F-117能以580英里/小时（933千米/小时）的速度长驱直入，在外形显露前确认并精确打击目标。F117的"隐形"特性，使得其能够在"沙漠风暴"行动期间的42天中执行危险任务共1271次而无一受损。

之前。喷出的尾焰位于机尾的上方有助于遮挡热辐射，避免下方的侦察。

## 隐形飞机试验

F-117的驾驶员处于一个很小的驾驶舱，挡风玻璃置于分割的平面上，前方一个视窗，两侧各有一个互不相同的视窗。飞行员有一块传统的抬头显示器显示飞行信息和红外线图像信息，抬头显示器的下方是一个雷达和显示模式选择的前上方控制板。在主控制面板上，标准化的多功能显示系统（MFD）安装于巨大的阴极射线管屏幕两侧。位于飞机机鼻处的4个突出的探针是大气数据传感器，用来测量气流速度和海拔高度。F-117具备四余度线传飞控系统。

在20世纪70年代，美国国防部高级研究计划局（DARPA）和美国空军抱着打造一款雷达隐形军用飞机来改变空战模式的雄心，在高度保密的情况下进行着低可探测性技术研究。概念验证飞机"海弗蓝"（Have Blue）的飞行试验后，紧接着与之类似的项目"大趋势"（Senior Trend）被提出来，发展为更大的F-117。

1978年确定继续开展全尺寸的预量产型飞机，并且大量利用其他型号飞机部件来降低潜在风险。

项目在绝对保密的情况下运行，飞机在向世人公开存在之前，已经飞行了了近8年。最终美国空军于1988年11月公布了一些工业的信息和质量很差的图片。飞行测试起初在内华达州的马夫湖，后来移到托诺帕。

在1989年12月刚刚服役期间，两架F-117A携带2000磅（907千克）的BLU-109B炸弹，从内华达起飞直达巴拿马攻击了

# F-117的由来："海弗蓝"

发展成熟的飞行在所谓的"黑色世界"中的"海弗蓝"（Have Blue），其不同寻常的能力数年间依然是高度保密的。

上图：一张飞行中的"海弗蓝"1002号机的图片显示，机腹十分平滑。特别值得注意的是前缘大后掠角，以及机尾的可活动的鸭嘴结构和可向下收起的刀状天线

作为F-117隐形战斗机的前辈，"海弗蓝"技术验证机依然是美国"黑色天空计划"中的机密内容，即使"隐形战斗机"已经在美国各地航空展中亮相。

### 一切皆为隐形

"海弗蓝"与之前的所有的飞机都不同，根据设计者的描述，"海弗蓝"的开发和随后的飞行测试可以算得上是继洛克希德SR-71"黑鸟"之后美国空军最为机密的项目之一，1975年8月，洛克希德和诺斯罗普公司受邀参与开发设计测试一款称作"实验生存能力平台"（XST）的飞机。两家厂商都设计了轻型、单座飞机，诺斯罗普公司的实验验证机采用了结合曲面与平面的形式来减小雷达反射截面。由于其外形与圣地亚哥海洋世界公园的著名食人鲸相似，这个设计经常被称作"杀人鲸"（Shamu）。

洛克希德公司采用了一种更令人瞠目的方式。他们采用了平板和小平面的形式来散射雷达波，这样的设计被大家冠以"绝望钻石"的绰号。1976年4月，"海弗蓝"验证项目的雷达测试结果使得洛克希德公司获得胜利。

### 设计特点

除了验证机的外形外，飞机的外表面喷涂了雷达波吸收材料（RAM），后来在飞机的座舱盖亦采用了特殊功效涂料，使得其对于雷达来讲和金属一样。

洛克希德制造了两架内部概念验证样机，历经数月在伯班克完工。"海弗蓝"是一款亚音速、单座飞机，其外表丑陋不堪入目。由两台取自一架T-2B教练机的通用电气公司的J85-GE-4A发动机驱动。

虽然"海弗蓝"比大多数战斗机要长，但是无论如何还是很小。这个外形奇特的新飞机的总重在9200~12500磅（4173~5669千克）之间。如此的轻质量设计使得"海弗蓝"能够利用F-5"自由战士"飞机的起落架。

首次发动机试车于1977年11月4日在洛克希德的伯班克工厂完成。为了保守秘密，飞机停放于两辆半独立式拖曳旅行车之间，

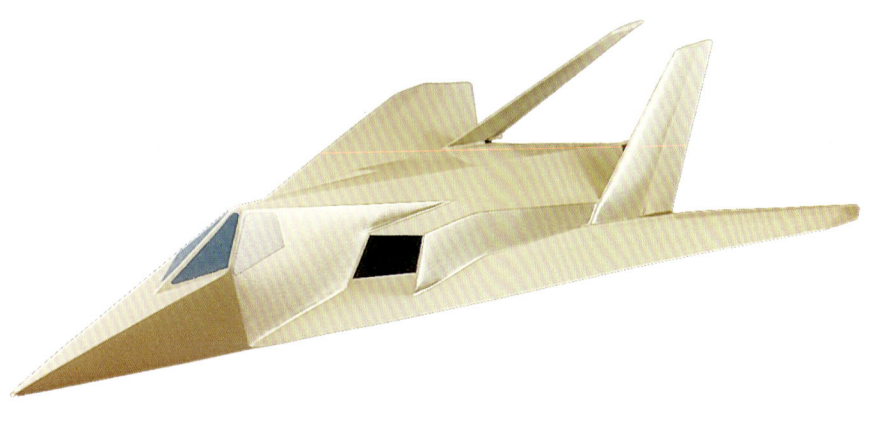

下图：飞机的内部模型非同寻常的外形，是为了确保敌方防空系统所获得的"海弗蓝"飞机的雷达发射面积足够小，该模型用来进行风动试验测试

上图：20世纪80年代，市面上的传闻和美国空军的信息泄露，使得航空爱好者圈人士热切地期望发掘隐形技术的秘密。一些航空设计师们提出来许多关于这个涉密的飞机的概念草图和设想外形，不过等到F-117解密公布后，所有设想都被证实是不符合实际的

上图：一架位于马夫湖的跑道上的早期的全尺寸研发型（FSD）"隐形战斗机"正在为飞行试验做准备。出于在野外隐蔽飞机的考虑，这架飞机采用了3色迷彩涂装

并覆盖了伪装网。滑跑在夜间机场关闭后进行。当地的居民曾经抱怨声音吵闹，但是毕竟"海弗蓝"的秘密被完全地保护住了。从这以后，飞机被严实包裹，秘密转移至内华达州荒漠的测试场。这个荒凉的机场已经投入大量的资金兴建机库和改善跑道，是特意为隐形飞机的开发而准备的。

## 荒漠中的秘密

仅在合同签署后的20个月，XST-1于1977年12月1日进行了首飞任务，如大家所知，该飞机完成了35次飞行，在第36次飞行准备降落时，起落架系统故障迫使试飞员比尔·帕克放弃飞机。这次事故过程中帕克受伤导致他从高速喷气机飞行中退役。

第二架"海弗蓝"于1978年7月20日首飞，做了改进，引入了前起落架滑行控制，而且加装了前一款取消了的反螺旋伞。得益于这些改进，HB1002号飞机在接下来的12个月中完成了52次飞行。

在完成了数次的飞行试验后，1979年7月建立了一个模拟防御雷达装置，对隐形概念进行最后的评判。

不幸的是，在这次试验之前，HB1002号发生了发动机空中起火迫使飞行员在尝试了各种挽救手段后弃机逃生。

HB1002号飞机损失后，两架飞机被运送到内华达偏远的荒漠中，并深埋于灌木丛之下。

撇开令人难忘的损毁，"海弗蓝"打开了未来隐形飞机设计的大门。毋庸置疑，"海弗蓝"项目为F-117"隐形战斗机"的成功贡献良多。

上图：就是大家熟知的YF-117A，制造5架全尺寸研发原型飞机，对于飞机意义重大。试验机队起初采用全灰色涂装，直到美国空军要求所有的F-117A飞机都应当采用家族式黑色涂装

### "海弗蓝" HB 1001号

这张正视侧视图显示了早期两架"海弗蓝"试验验证机中的第一架样机，其为全尺寸"隐形战斗机"的设计铺平道路。它采用这种奇特的涂装来掩饰其独特的多平面造型，尽管到了第二架"海弗蓝"便采用了全灰色涂装。与其他不同的是，HB 1001号飞机的机鼻处安装有一个巨大的传感器。

### 系统

"海弗蓝"利用了许多其他飞机的现有系统，包括来自于F-16的线传飞控系统。飞机还采用了F-16的旁置操纵杆，而起落架则来源于诺斯罗普的F-5。两台发动机则来自罗克韦尔公司的T-2B Buckeye。

### 撑杆测试

HB1002号飞机在工作任务环境中对抗真实雷达是漫长的雷达反射截面（RCS）测试项目的最高潮，在这之前，是以微小模型、三分之一模型以及全尺寸模型的撑杆测试开始的。这些测试结果表明雷达"耀斑"面积与雷达反射率关系很大。

### 外形

"海弗蓝"证实了多平面设计概念，并以此构成了飞机的基本外形。最大的不同在于移至机身两侧的向内倾斜的尾翼，而且比量产型飞机更靠前。前缘后掠角也达到惊人的72.5度。

### 飞行控制系统

前机身的3个静压传感器、3个总压感应器服务于飞行控制系统，一个总压探针位于机鼻处，另外两个位于挡风玻璃的前缘。HB-1001号机还具有设备吊舱用来联系主控系统。

### 隐形尾喷口

"海弗蓝"扁平的后部采用了比F-117更大幅度延伸的狭长排气槽，使得两个排气槽于对称面处相交，喷嘴的下部形成两段式襟翼，当飞机攻角超过12度时自动下偏。

# 揭开隐形战机的"黑色"面纱
## "秘密"行动

下图：1988年，当"隐形战斗机"终于向世人揭开神秘的面纱后，它最终进入美国空军机队执行日常行动

在海湾战争期间，F-117"夜鹰"成为各个媒体的明星，向世人呈现了一幅激光制导炸弹精确打击目标的画面。这个时候，极少有人意识到这并非这款革命性的飞机第一次亮相。

美国空军在内华达州的荒漠深处，成功地避开公众视野，秘密完成了F-117的全部研制任务，使其处于独一无二的地位。它几乎可以无视所有防空火力而到达目的地，但是近距离的隐形仍然存在很大的困难。不仅服役的飞行中队被不断的否认其存在，而且F-117利用"黑色项目"向外界来隐藏其雷达散射面。这些非同寻常的保密需求，使得"隐形战斗机"项目的早期运营中需要更为庞大的后勤支持，更为重要的是需要飞行员很好地掌握驾驶这架耗费巨大的飞机。

找到拥有F-111、F-4"鬼怪"和A-10"雷电"飞机至少100小时飞行经历的合适的应聘者，如此才能聘用到合适的试飞员。

### 新时机

向试飞员们讲解了他们将要试飞的新飞机的细节，请他们在5分钟内作答是否感兴趣。很少的一些人放弃了从事这样一份高机密的行动。跨过初始障碍后，这些成功入选的试飞员被编入各自的中队等待进一步的说明，逻辑上讲项目进行到了中期阶段。

初期的疑虑是建立可靠的基地来试飞洛克希德公司的新飞机。出于安全角度考虑F-117隐形项目进入高机秘的马夫湖测试场，但是也带来了实际困难，该项目成员有可能经常看到其他秘密研制的飞机，于是重新修建了位于拉斯维加斯西北方向140英里（225千米）的托诺帕试验场（TTR），1982年5月开工，1983年8月竣工。

1982年5月，指定了一个项目运行单位，替换合并了测试和开发中队，詹姆斯·S.艾伦上校负责指挥第一支"隐形"团队（冠名第4450战术大队）。1983年8月23日他亲自接收了原型机。

随着支持场所TTR机场的完工，一系列的保密规则被贯彻实施，包括部署UH-1N巡逻直升机和特种武装警卫队特遣分队。现在第4450战术大队的新飞行员主要面对的难题是缺少足够的有关F-117的飞机结构的资料来积累飞行经验。除了这些，1983年10月28日，团队公开运作，已经接收了至少一个中队的新飞机。

### "烟幕弹"

为了保证必要的飞行时间，第4450战术大队接收了大量的A-7D飞机，虽然这些是部署在附近的内利斯空军基地的。这些新隐形飞机的试飞员利用这些飞机作为训练工

下图：在1988年以前，所有执行任务的F-117飞机包括训练任务都在夜间飞行。无可避免，这会引起飞行员疲劳，导致2~3架F-117损毁，其中包括1986年7月由罗斯·E.穆尔哈尔空军少校驾驶的一架坠毁于红杉国家公园的F-117

上图：在1988年11月11日，美国国防部公共事务助理部长公布了这张画面模糊的F-117的图片，这张精心挑选的图片掩盖了飞机的许多关键设计特征

具。随后，由于A-7D作为幌子已经没有必要了，而且T-38飞机制造价格便宜，这些飞机被T-38"禽爪"替代。

测试发现F-117的飞行特性参数与A-7D飞机的相类似。这些卓越的试飞员通过夜以继日的训练任务已经适应了飞机的操纵特性，而且不会削弱项目的安全性。更令人高兴的事情是，对于任何有异议的一方，第4450战术大队可以伪装为A-7D飞机测试单位，直到有足够的F-117飞机结构被交付。随后，A-7D飞机作为伴飞飞机，在初始飞行训练阶段与新隐形飞机试飞员伴飞。

F-117作为"隐形子弹"受到美国作战计划人员的重视，换句话说，仅仅有一些飞机留存了下来，它们被用来对抗高价值资产——五角大楼对敌方领导层构成、通信和运输资产的代称。它将"隐形战斗机"项目秘密地运行着，即使有很少的一部分项目以外的人员知道F-117，但是美国海军已经拥有了一款稳定服役的、逐步成熟的战斗机。第4450战术大队历经了20世纪80年代的"自由挥霍"时代，继续兴盛。这个时期恐怖主义也开始在世界范围内制造影响。当汽车炸弹摧毁了美国海军陆战队的外出侦察力量，黎巴嫩成为美国政府关注的焦点。奥利弗·诺斯（Oliver North）上校，随后被卷入伊朗丑闻，他为F-117设计了方案去打击恐怖主义大本营。1986年，一个相似的任务被策划用来打击利比亚的首都的黎波里，但是一个更为常规的计划，包括了从英国基地起飞的F-111"土豚"（Aardvark）、由F-14"雄猫"航母空中巡逻机伴飞的美国海军的从航空母舰上起飞的F/A-18"大黄蜂"。

1989年12月，美国军队实施了"正义事业"行动，目的在于驱逐巴拿马当时的政权领导诺列加（Manuel Noriega），他是因为与毒品交易关系密切，而且是一位独裁者，而与美国交恶。由于非常急切地想要展现"隐形子弹"的可行性，美国五角大楼联合事务处计划了一项任务，它有可能制造新的质疑，但同时也可能永远平息这些关于"隐形"项目的质疑。

1989年12月19日夜间，两架F-117奉命起飞支持"突袭诺列加"（snatch' of Noriega）行动，随后飞机到达巴拿马领空后，由于任务目标改变，"突袭"行动被取消。另外两架F-117执行轰炸飞行任务，目的在于使里约哈托的巴拿马防空武装力量"震惊和混乱"，同时还有两架F-117执行备份飞行任务。与其说他们的目标是200名巴拿马防空武装力量精英分子兵营的房屋沿线的开阔地域，倒不如认为其目标就是兵营本身。

这6架F-117从美国托诺帕起飞，而且在往返巴拿马的飞行途中进行了5次加油。两架飞抵里约哈托的F-117投放了两枚2000磅（907千克）的携带BLU-109B/I-2000低空激光制导炸弹弹头的GBU-27A/B激光制导炸弹，两枚炸弹都爆炸于初始设定目标位置的数百英尺外，执行这次攻击任务的领航员是格雷科·菲斯特少校，就是他随后将首枚炸弹投放到了巴拿马。6架F-117飞机中的4架携带炸弹返回了美国托诺帕。

美国国会认为这次任务是失败的，接踵而来的是关于这款高科技飞机的能力的严苛批评。两年后世界媒体将会清楚地认识到或者至少听说到F-117的真实能力，其在伊拉克的上空证明了自己。

上图：大量的关于F-117的真实外形和功能的虚假信息被披露出来。虚假的新闻报道讨论了飞机拙劣的飞行特性，以及塑料构件使得飞机结构华而不实而且构造不精细。F-117项目的最终公开，只是证明了美国空军在尝试对自己的革命性武器系统进行保密的过程中相当成功

上图：飞行中途加油在F-117的执行任务中是非常重要的环节。图中显示，在日间飞行中F-117从KC-10加油机上补充燃料。在现在的服役中，远程的和更加安全的训练计划安排在日间飞行时间

下图：F-117从来没有制造双座教练版，一个改装并列单座的构想被提出，但是没有开展工作

# 洛克希德公司
# P-3 "猎户座"
## "海王星"的后代

下图：为洛克希德公司P3V/P-3"猎户座"，该巡逻机自1962年引进以来，便接替了P-2"海王星"巡逻机部署在海军巡逻机队的前线

自1962年推出以来，作为P-2"海王星"的后代，洛克希德P-3"猎户座"一直站在海上巡逻飞机的最前沿。

20世纪50年代中期，苏联装备了一批尺寸更大、系统更复杂的潜艇，美国海军认为洛克希德公司的P2V"海王星"反潜机已经无力应对这种威胁，因此需要寻求该机的一款替代机型。虽然P2V型反潜机是一款很成功的机型，但由于它的尺寸限制和任务荷载不足，这使得其作战效能较为有限。因此，1957年，美国海军宣布其第146号海军巡逻机型号规格说明书（NTS）。

考虑到交付时间和成本因素，第146号海军巡逻机型号确定采用一款现有的机型。洛克希德公司给出的方案是基于L-188"伊莱翠"（Electra）客机，将其改造以满足反潜作战和巡航任务需求。洛克希德公司的方案是所有参与竞标公司中唯一一家能够满足146号海军巡逻队型号要求的方案设计，同时该公司在巡逻机设计（"哈德逊"、"本图拉"、"鱼叉"以及"海王星"巡逻机）上的历史底蕴也使得海军对此方案更加青睐。1958年5月8日，美国海军宣布洛克希德公司竞标成功。

下图："猎户座"的原型机N1883。该机型早先是用来为L-188"伊莱翠"客机做静态试验的。经过改进后N1883装备了武器舱和内藏磁异探测仪吊舱，于1958年8月19日进行了首飞。改进实验成功后，又进行了更多的改进，比如缩短前机身

洛克希德公司马上开始工作，并将第3架"伊莱翠"客机的机体改装为第146号海军型号的全尺寸模型。飞机上加装一根内藏磁异探测器吊舱和典型武器整流罩。保密级别为"内部"的185方案，于1958年8月实现原型机的首飞，并且表现出优异的飞行性能，这给美国海军留下深刻印象，并签订185方案飞机的长期生产合同。185方案最明显的区别在于前机身缩短了7英尺（2.13米），但这也足以满足T56-A-10型发动机和大多数任务用机载设备的装载。1959年11月25日，重命名为YP3V-1型、编号为148276的真实意义上的原型机首飞成功。

### "猎户座"，前进

60年代早期的飞行试验很成功，这带来了7架P3V-1型飞机的订单，第一架（编号148883）飞机于1961年4月15日首飞。随后在1962年全年和1962年早些时候的后续飞行测试则证明，P3V-1型飞机是一款能够替代P2V型飞机的优秀反潜机。P3V-1型飞机动力装置采用埃里森公司的T56型涡轮螺桨发动机，这极大地提高了任务荷载承载能力、续航性能以及巡航速度。对于如此大型的飞机来说，低速操纵性能非常优异，并且系统配置是当时最先进的。其中最重要的就是Jullie/Jezebel声呐系统和APS-80雷达系统，在机头雷达和尾部整流罩上均有天线，这可以提供360°的探测范围。飞机上机组人员共由12人组成。

反潜作战的武器装备采用Mk 44型反潜鱼雷和可变深度起爆的深水炸弹（包括B57型核深水炸弹）。P3V-1型反潜机还可以

上图：为YP3V-1机型。该机型以它的带棱角的机头和可视阶梯式内藏磁异探测器吊舱而与众不同，它于1960年在ASW试验中在舰艇上进行了试飞试验。在同年10月，试验的成功也为该机型带来了初期的量产订单

在机翼下方挂载"祖尼"火箭弹用于对地攻击。

1962年9月，P3V-1型反潜机被重新命名为P-3A型反潜机（经常被称作"阿尔法"），此时"猎户座"已经深入人心。1962年6月P-3A型反潜机进入部队服役，第一支接收P-3A型反潜机的部队是东海岸VP-30舰队补给中队。1962年7月，VP-8飞行中队得到P3V-1型反潜机，成为第一支前线作战的"猎户座"反潜机飞行中队，随后1962年8月，VP-44中队也接收到新型反潜机。1962年10月，VP-8和VP-44中队在古巴导弹危机事件期间对相关海域进行反潜封锁巡航飞行。1963年，"猎户座"反潜机进入太平洋舰队的VP-46飞行中队。1964年东南亚地区也得到"猎户座"反潜机，在越南东海岸执行反潜巡航任务，并帮助切断越共的海上补给。

在P-3A型反潜机的服役生涯中，被不断改进以满足反潜作战任务需求的变化。其中最重要的一次升级就是从1965年开始采用延迟线时间压缩（delay line time compression，DELTIC）型声呐系统，这大大加强了反潜探测能力。升级项目中还包括添加布雷设备和辅助动力单元（APU），辅助动力单元使得反潜机可以再从简陋机场起飞执行作战任务。

P-3A型反潜机共生产157架，于1965年10月停产。1978年9月，P-3A型反潜机正式退出现役舰队编制，但直到1990年10月P-3A型反潜机才从美国海军航空预备役部队（Naval Air Reserve）退役。

紧随"阿尔法"型飞机下线的是P-3B"亡命者"（Bravo）型反潜巡逻机，该机选用改进的T56-A-14型发动机，单台功率4500马力（3357千瓦）。作战系统基于升级版P-3A型反潜巡逻机上所采用的，包括延迟线时间压缩型声呐系统。P-3B型反潜巡逻机的生产中期，对结构进行加强以使得能够承担更重的任务荷载。这种新型飞机就是人们所熟知的重型P-3B型反潜巡逻机，而第一架则命名为轻型"亡命者"型飞机。在P-3B型反潜巡逻机的早期生产期间，该型反潜巡逻机获得搭载并发射AGM-12"小斗犬"无线电制导导弹的能力。随后对之前的P-3B和大部分P-3A型反潜巡逻机进行改装，使它们也具备这种能力。"亡命者"型反潜巡逻机自1965年（第一架编号152718）开始生产，总共生产125架。1965年10月13日，该型反潜巡逻机首先交付西海岸VP-31舰队补给中队，1966年1月，第一支获得新型反潜巡逻机的前线作战部队是西海岸的VP-9飞行中队，东海岸的VP-26飞行中队也在同月接收到作战飞机。

尽管P-3B型反潜巡逻机最初是作为重大改进型的P-3C型反潜巡逻机服役前的临时作战飞机，但它的服役时间较长并且产量较多，最终于1979年退出现役舰队，1990年之后退出海军预备部队。

## TACNAVMOD 升级

从1979年起，美国海军航空预备役部队中装备的P-3A/B型反潜巡逻机开始实施TACNAVMOD升级项目，内容包括更换P-3C型反潜巡逻机上采用的新型数字处理系统（AQA-5 DIFAR）。这些升级型飞机被称为TACNAVMOD Ⅰ型。后面P-3B型反潜巡逻机被继续改进为TACNAVMOD Ⅱ型（被称为"超级蜜蜂"），系统设备得到更大提升，加装红外平台，并具备"鱼叉"导弹发射能力。90年代早期，有一批P-3B型反潜巡逻机被改进为TACNAVMOD Ⅲ型（被称为"杀人蜂"），装备有ALR-66型电子支援测试设备、卫星通信系统以及彩色天气雷达。

更早时候的"猎户座"反潜巡逻机在舰队装备过剩，其中许多飞机被拆除反潜作战设备（包括内藏磁异探测器），用以执行其他任务。

次要改型的P-3飞机包括很多用于特殊任务的飞机，其中有些是一次性的试验飞机，如下所示：

EP-3A（用作电子试验、电子对抗ECM入侵和导弹测试/射程支持飞机）；

EP-3B（用作电子情报信息平台）；

EP-3E"白羊座"（用作电子情报信息

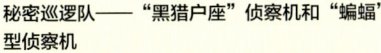

### 秘密巡逻队——"黑猎户座"侦察机和"蝙蝠"型侦察机

"猎户座"的射程和载重量使它非常适用于侦察任务。1963年3架改装后的P-3A提供给中央情报局用于在中国台湾地区展开军事活动，飞行任务覆盖中国上空以及周边区域。在侦察任务中，飞机也采用了心理突击战向地面空投传单。"黑猎户座"侦察机一直服役到1967年，随后两架侦察机被改装成为EP-3B机部署在美国海军VQ-1号上。从1969年起，两架"猎户座"侦察机与道格拉斯EA-3B"空中勇士"作为信号情报搜集的平台共同服役，使用美国中央情报局初期运作的大多数系统。这些飞机的初步成功应用引来了另外10架飞机的订单，其中有EP-3E"白羊座"。

上图：3架"黑猎户座"侦察机都装备了大量的情报搜集设备，并且可以空投传单和间谍人员。它们装备了"响尾蛇"导弹发射器，号称击落过中国的米格战斗机。该机型也曾短暂飞越越南上空

上图：EP-3B（Bat Rack machines）型机，机身下方挂载了"M&M"雷达系统，具备了远程定向扫描功能。雷达延续了飞机的使用，"黑猎户座"飞机从那个时代继承了延伸的排气系统（用来削弱红外信号）

搜集平台，共生产10架）；

EP-3B（用作电子入侵，共生产2架）；

NP-3A/B（用作试验飞机）；

RP-3A/D（用作海洋、地磁、冰的研究平台）；

TP-3A（作为飞行员教练机）；

UP-3A/B（用于后勤运输和综合测试）；

VP-3A（作为参谋/VIP人员运输机）；

WP-3A/B（用于天气监测飞机，4架）。

左图：为了打击地面的小型目标，5英寸（12.7厘米）口径的"祖尼"火箭弹是很重要的武器。为实施精确地面打击，P-3B携带了AGM-12空对地导弹

# CP-140"极光"和CP-140A"熊卫"

上图：第一架"极光"侦察机，它的临时美国民事登记号是第140101号。它通过了制造商的测试，在该机型交付之前，它的设计方案也是高度透明的

加拿大需要装备一款远程海上巡逻机，由此引出了"猎户座"的一种独一无二的改进型。这种新的海上巡逻机的机身无疑是P-3"猎户座"，但其装备的侦察系统却是S-3"北欧海盗"的。

1969年，刚刚统一架构的加拿大军队开始着手为加拿大CP-107"阿耳弋斯"号海上巡逻队寻找替代机型。加拿大军队需要一款新型的反潜战电子对抗机，来应对苏联数量正在日益增加的和设备技术不断完备的潜艇带来的威胁。同时还需要应对一些国家任务，比如说冰情侦察、渔政巡逻以及对广阔的北极和亚北极地区领土主权维护等。

1971年8月加拿大军队公布了对首字母缩写为LRPA（远程巡逻飞机）项目的方案征询。在此次方案征询中，共有"猎迷"反潜机、"大西洋"、翻新后的"阿尔弋斯"、用于海上巡逻的波音707（该飞机在加拿大主要用于货物运输）以及"道格拉斯"DC-10等参与竞标。洛克希德公司给出的方案是基于对"猎户座"巡逻机进行改造，将它从一款满足美国海军要求的P-3C Update Ⅰ型或者P-3C Update Ⅱ型改造成满足加拿大需求的机型。最终方案锁定在波音707和"猎户座"P-3C两型飞机中进行挑

下图：尽管近年来潜艇威胁已经减少，但"极光"舰队在远北地区起到了重要的反潜作用。这股军事力量对于世界上最长的海岸线的沿线地区来说，也承担了非常重要的国家任务

选。结果是在很大程度上依赖于可以给加拿大制造业带来大量的补偿来确定订单。洛克希德公司成为了最后的赢家，并签订了于1975年11月27日交付18架飞机的合同。加拿大派出一个专家小组奔赴洛克希德公司，共同研究将P-3C改造成"极光"CP-140的详细设计方案。改造后的飞机于1979年在伯班克首飞成功。起初，由洛克希德公司负责在加利福尼亚对机组人员进行了培训。

## "极光"详情分析

加拿大的"猎户座"是基于P-3C机身进行改造的，比如保留了在机身下方尾部的声呐浮标发射管，但是数量从P-3的48个减少到了36个。节省出来的空间用来安装蔡斯KS-501A相机系统。该相机是一个垂直全景相机，可以在白昼或者红外线情况下使用。在红外线情况下需要与红外发光器结合使用。

CP-140与P-3最重要的区别还在于它的中央系统，CP-140采用了基于S-3A"北欧海盗"反潜机中央系统的新装备。该系统的核心包括：AYK-10（加拿大也称之为AYK-502）数字中央数据处理计算机、OL-82（加拿大称之为OL-5004）声学数据处理机、APP-76声呐浮标接收机和ARS-501声呐浮标参考系统。AYK-502整合了所有的机载操作功能，比如声呐浮标释放和武器管理。作战协调员可利用它遥控指挥飞机飞抵指定地点，自动释放声呐浮标。搜索雷达采用的是APS-116（加拿大称之为APS-506），具有移动目标识别能力。"极光"拥有许多独一无二的新装备，特别要提到的

上图：新购买的18架"极光"，它取代了加拿大的CP-107"阿尔弋斯"。新型侦察机的新增功能弥补了CP-107的不足

是采用了ASQ-502磁异探测器以及安装在翼尖的电子支援测试系统。从机务人员的任务方面来讲，CP-140最大的不同就是内部人员工作位置的安排。在P-3C中战术协调员、导航/通信操作员以及传感器操作员的工作位置分散在机舱中，而CP-140有一个U型战术舱，其中两个工作站点面朝前，两个面朝外，还有两个工作站点朝向机身尾部方向。这样安排的原因是洛克希德马丁公司与雷神公司在最新的P-3升级计划中均提到，操作员工作之间距离拉近，可以促进机组人员之间的关系。

CP-140也装备了一个可以缩进的OR-5008 FLIR（红外线监视器）转塔和改进的环境控制系统，这些在美国海军的P-3Cs中也同样得到应用。对于"极光"独有的是在武器舱装备了布满线路的传感器。APD-10侧视成像雷达系统也通过了测试。舱内安装的许多传感器与许多机构共同合作使用，比如加拿大环保组织运用"极光"进行污染控制/监测以及动物物种普查。加拿大海洋渔业部则呼吁"极光"对非法捕鱼船只进行监控，与此同时加拿大皇家骑警与加拿大海关部共同使用CP-140追踪涉嫌贩运毒品的不法行为。加拿大交通运输部门则负责冰情

上图：CP-140参加芬卡斯尔海上巡逻竞赛。这项竞赛涵盖了来自于澳大利亚、加拿大、新西兰和英国等国家的参赛飞机。在1997年，第407"极光"中队派出的这架巡逻机专门为参加这次比赛改变了涂装

上图：1999年4月1日，为庆祝加拿大皇家空军成立75周年，部分飞机采用了战时的代号和圆形标记。该CP-140来自位于格林伍德的415"旗鱼"中队

勘查任务，CP-140拥有一个远程合成孔径雷达（SAR），为完成冰情勘察任务该机型还携带了SKAD（救生包和空投物资）。20世纪90年代中期，CP-140舰队装备了WX-1000气象侦察雷达。早在1992年，加拿大国防部发起了ALEP计划（延长"极光"服役时间计划），该计划的成功将使CP-140达到现代顶尖水平。雷达系统中增加了SAR合成孔径雷达成像系统，与此同时还增加了新的电子支援系统、内藏磁异探测器和声呐浮标参考系统。在新的工作站点也安装了新型导航和通信设备。在飞机转台上安装了FLIR红外线监视器、激光测距指示器以及LLLTV微光电视等设备。

## "极光"的用途

1980年5月29日，第一架"极光"反潜机交付给了位于加拿大新斯科舍省格林伍德的军事基地。稍晚的当年11月，第405中队（也称之为"北约"海军VP 405）成为装备该型号的第一支作战部队，1981年3月完成了它的首个作战任务。VP 404中队随后成为受训部队，与此同时VP 415中队在格林伍德完成了空中28号小组的组建。1981年年底，位于不列颠哥伦比亚省科莫克斯加拿大军事基地VP 407中队，也同样装备了该型机。在加拿大CP-140执行国家和北约任务，同时，在前南斯拉夫联合国维和行动中也作出了突出贡献。位于意大利西西里的西格奈拉美国海军基地，CP-140参加了严密监视行动，在亚得里亚海区域监视是否有联合国禁运货物进入南斯拉夫，这项行动于1993年9月开始执行。

2004年加拿大武装部队在前线部队部署了18架CP-140飞机，为了确保它们能够继续服役，推出了升级计划。

### CP-140A "熊卫"

1989年，加拿大国防部向洛克希德公司订购了3架"猎户座"飞机，其中最后一架在伯班克工厂组装完成。改进型飞机有两个作用：一是分担本就压力很大的一线机队所承担的飞行教练机的职责，二是为弥补即将退役的CP-121"追踪者"在舰队渔政巡逻方面的不足。

在北极地区海上侦察飞机计划中，这3架飞机（140119、140120和140121）交付给位于哈利法克斯的IMP航空航天中心，用于改装成CP-140A的基本型号。作为"极光"的"austere"型号，CP-140A没有CP-140的反潜作战装备，却保留了APS-507的雷达和远距离导航设

备。这些都基于P-3C的机身，在机身下部装备了反潜磁异探测器装置和48个声呐浮标发射装置，虽然还没有派上用场。这3架飞机虽然只装备了雷达和导航/通信工作站，但是仍然保留了"极光"的U形工作站群。

第一架CP-140A飞机1992年11月30日交付给了格林伍德的BAMEO，其余两架飞机1993年4月交付。一架交付的CP-140侦察机被送往科莫克斯用于加强第407中队的作战能力，该中队已经增强了反潜战电子对抗系统。

除了执行飞行训练和渔业巡逻任务外，这3架作战飞机还担负冰情侦察和主权巡逻维护任务。该飞机同时还被用来执行反毒品任务。对机队的升级计划已经推出，类似于"极光"反潜机的ALEP计划（当然，不包括对反潜战电子对抗系统的改进）。

# P-3 的使用者

P-3"猎户座"是满足西方要求的海上巡逻机,被世界许多国家采用。在海外使用国家中,日本是最大的,同时也具有该型号飞机的制造许可证。

## 澳大利亚

1968年澳大利亚第11中队收到10架P-3B飞机、10架P-3C Update II型飞机。20世纪70年代中期第10中队也获得5架该型号飞机。1982年,10多架"查尔斯"取代了"刺客"飞机。20世纪90年代,飞机升级为AP-3C型号,装备了改进的埃尔塔公司的搜索雷达。其中一架飞机改进后用于执行信号情报收集任务。20世纪90年代,购买了3架P-3B作为TAP-3中队的飞行教练机。

## 阿根廷

为了找到可以取代L-188"伊莱翠"飞机来执行海上巡逻任务的机型,阿根廷海军司令部订购了7架原属美国海军的P-3飞机,其中一架作为备用机。分配给位于特雷利乌的空军基地的飞机于1997年12月到1999年7月之间抵达。如下图所示,这5架飞机重新刷成深灰色。

## 日本

1977年12月29日,日本公布选择P-3C Update II型飞机。5架飞机用于海洋巡逻,101架中大部分下令在川崎重工进行制造。在之后的生产运行中,Update III型号机的航空电子设备、GPS、卫星通信设备都在川崎进行制造。这些系统在舰队中正在被逐渐进行改造。P-3C的惯常飞行中队是:鹿屋市的VP-1和VP-7中队、八户市的VP-2和VP-4中队、厚木市的VP-3和VP-6中队、那霸市的VP-5和VP-9中队以及岩国市的VP-8中队。P-3C用作教练机服役于下总市Dai 203海军航空队,同时也是日本海上自卫队实验和测试的专用机型。

左图:图例为EP-3机型,该机型主要作为海军电子情报平台,主要执行的任务类似于美国海军的EP-3E ARIES II型飞机

川崎重工也加工制造了许多特殊的改进型机。第一架改进型机是EP-3,这是一架电子情报搜集机,特点是在机身安装了大的雷达罩。这架飞机服役于岩国市的Dai 81海军航空队。该机型与UP-3D具有相似的外形,Dai 81海军航空队订购了一架ECM电子站系统教练机/临时干扰机。OP-3是一个图像情报平台,计划生产5架该机型。一架UP-3C专门用于充当测试平台服役于厚木市Dai 51海军航空队。

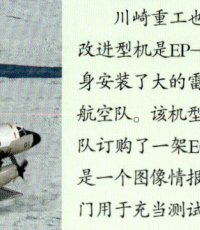

上图:日本海上自卫队的一架P-3C(即MP-2型号机),为进行卫星通信任务在机身背部携带了天线罩

## 巴西

巴西购买了12架P-3A/B,其中8架用于执行海上巡逻任务(其余4架用于训练和作为备用机)。这几架飞机升级为P-3C Update I型号,等价于EADS公司的CASA。

## 智利

智利海军购买了8架原属美国海军的UP/P-3A飞机,第一架于1993年3月交付。4架P-3A与VP-1(下图所示)共同完成作战任务,该机型已经配备了智利特定的装备,这些装备一些来自以色列。两架UP-3A与VC-1共同服役用于训练和常规巡逻。这两个飞行中队都在位于比尼亚德尔马岛的康康起飞。

## 伊朗

1973年,伊朗皇家空军部队订购了6架"猎户座"。P-3F飞机采用了P-3C飞机的机身以及P-3A/B飞机的系统。1975年,交付了第一架飞机。伊朗国王下台后,"猎户座"飞机继续服役于伊朗共和国空军部队。一架飞机在执行任务时坠毁,其余保留下来的飞机估计有3架具有良好的飞行性能。P-3飞机起初在阿巴斯港的第9战术空军基地服役,后来可能被转移至位于设拉子的第7战术空军基地。

## 希腊

1996年5月,希腊海空军部队收到了第一批次的6架P-3B。第二批次的4架P-3A中的2架用于物资补给,另外2架用于地面培训。同样,空军部队主要负责"猎户座"的维护和起飞任务,海军部队主要负责作战任务,同时也负责机组人员的物资供应任务。

### 韩国

第一批次的"猎户座"飞机在美国俄亥俄州的玛丽埃塔市建造,共有8架P-3C Update Ⅲ型飞机(但飞机上的装备不同)提供给位于浦项市的大韩民国海军第613反潜作战中队。1994年12月12日进行首飞,1995年4月交付。韩国又额外购买了9架原属美国海军的P-3B飞机。

### 巴基斯坦

1988年巴基斯坦订购了3架P-3C飞机,服役于第29中队。该飞机为P-3C Update Ⅱ.75混合式飞机。由于美国对巴基斯坦核武器发展情况的担忧,因此对巴基斯坦颁布了贸易禁运令,这就使得交付时间一直延迟到1997年。

### 荷兰

1978年,荷兰订购了13架P-3C Update Ⅱ.5型号机为MLD执行任务。该机型的主要维护工作是由位于法肯堡的MAPRAT海洋巡逻小组负责,执行飞行任务由第320中队负责。第321中队使用"猎户座"进行训练。一个由3架"猎户座"组成的特遣飞行队在库拉索岛的哈他进行维护和补给,用来执行加拉比海域的禁毒巡逻任务。机队接受了性能升级计划,增加了许多新型装备,如成像雷达、新型ESM电子支援测试系统以及FLIR红外线监视器转塔。

### 挪威

自1968年挪威收到了5架P-3B飞机服役于第333中队以来,1980年又订购了两架该型号机。1989年,挪威出售了5架P-3B飞机,用于支付新买进的P-3C Update Ⅲ型号机。剩余的两架P-3B被改型成为P-3N型号机,用于执行训练和海岸维护任务。P-3C在性能升级改进计划中装备了新型的中央计算机和其他系统。

### 泰国

1993年12月,隶属于泰国皇家海军的第101中队收到了订购的两架P-3A"猎户座"中的一架。1995年2月,该机型又增加了两架装备改进设备的P-3T型号机。第5架飞机是UP-3T型号机,于1995年11月交付,主要用作教练机和常规监视平台。该飞行中队在乌塔帕基地执行任务。

### 新西兰

新西兰皇家空军是"猎户座"的第一个海外客户,1996年订购了5架P-3B飞机,取代了"森德兰"机型,服役于弗努阿派空军基地第5中队。20世纪80年代,在"参宿7"计划中提出要增强舰队的性能,从而P-3K改进型就应运而生,该机型装备了APS-134成像雷达和红外线转塔。众所周知的是另一个升级计划"天狼星",尽管该计划在2000年被迫取消,但是2002年提出了进一步升级的建议。

### 西班牙

西班牙第一批次的"猎户座"是3架原服役于美国海军的P-3A DELTIC飞机,于1973年交付。随后,又从美国海军租借了4架同样的飞机。1988年和1989年,在西班牙军事部署中仍然保留了两架起初的P-3A飞机,但是该飞机已经被5架原属挪威的P-3B飞机所取代。"猎户座"服役于莫蒂第221中队,该型飞机由空军部队负责飞行,而承载的是执行任务的海军人员。

### 葡萄牙

葡萄牙于1985年装备"猎户座"反潜机,一共订购了6架P-3P机型。这些飞机原来是隶属于澳大利亚皇家空军的P-3B机型,洛克希德公司升级了多项新系统,包括APS-134逆合成孔径雷达(ISAR),改进后的ALP-66(V)3电子监视系统,"鱼叉"导弹作战能力以及AAS-36红外线探测系统。其中的5架在葡萄牙国内的航空工业公司(OGMA)进行改装。"猎户座"从1988年开始在蒙蒂茹(Montijo)的第601中队服役,采用独特的"奥尔卡"双色调灰色喷涂。后又通过了针对该编队的升级计划。

# 美国海军 P-3C 现状

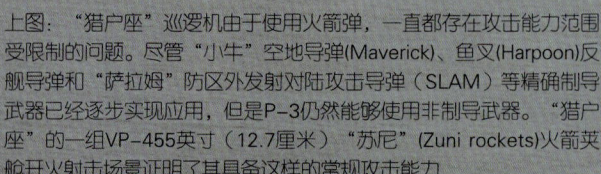

上图："猎户座"巡逻机由于使用火箭弹，一直都存在攻击能力范围受限制的问题。尽管"小牛"空地导弹（Maverick）、鱼叉（Harpoon）反舰导弹和"萨拉姆"防区外发射对陆攻击导弹（SLAM）等精确制导武器已经逐步实现应用，但是P-3仍然能够使用非制导武器。"猎户座"的一组VP-455英寸（12.7厘米）"苏尼"（Zuni rockets）火箭英舱开火射击场景证明了其具备这样的常规攻击能力

在后冷战时代，"猎户座"巡逻机执行了一系列的新任务，其中绝大多数是与"濒海"相关的战争。

---

P-3C飞机实施了一系列的升级改造项目，3个机队的P-3C飞机升级改进了其性能，尤其是在当时不存在水下战争（USW）的世界格局下。虽然传统的"深海"水下战争仍旧是"猎户座"飞机例行任务中重要的一部分，但是俄罗斯潜艇活动的减少（以及政治格局的改变）已经削弱了该领域的重要性。无论如何，目前近海（白色领域）区域的行动加强，凸显了"猎户座"飞机的一系列的传感器和系统的新的变化，其高潮阶段是当下对AIP/AIMS的改变，该改变已经实施于绝大部分机队。

20世纪80年代后期，"猎户座"执行"掌握生存能力"（Command

下图：执行联合攻击任务时，"反水面战改进计划"改进的P-3C飞机向南斯拉夫的目标发射了AGM-84E"斯拉姆"远程对地攻击导弹发动攻击。"斯拉姆"导弹的工作依赖于通过终根塔传输的充足的数据链系统。"反水面战改进计划"改进型飞机由于机腹安装了一携带电子支援系统的腹侧雷达天线罩，而且拥有额外的"蝙蝠翼"天线服务于卫星通信设备，使其扬名天下。这幅图片显示了VP-5飞机掠过意大利的埃特纳火山（Mount Etna）

Survivability）项目，该项目包括了额外的一系列的防御手段，最明显的是战术描述方案（Tactical Paint Scheme）的改变，包括采用低可见度的灰色涂装，装备红外探测器和金属箔片/曳光弹发射器等。

在"非法猎人"项目期间，一架单座型"猎户座"飞机装备了APS-137逆合成孔径雷达，它能够对舰船和潜艇潜望镜成像。该飞机还配备了全球定位系统导航设备和一个全新的、高精确度的电子支援系统。这些使得P-3C转型成为一架具备抗衡超视距命中目标系统能力的飞机。"非法猎人"在1991年的海湾战争中获得极大成功，在众多的时刻导引了美国海军攻击机。随后另有3架"猎户座"飞机进行了升级改造，该项目被重新命名为超视距机载遥感设备信息系统（Over-the-horizon Airborne Sensor Information System）

## 禁毒任务

"猎户座"飞机家族的另一职责，也是一项重要的责任是打击加勒比地区的毒品交易，为执行该任务飞机分开配备到许多地方，例如哈托、波多黎各等地。还开发了一个特殊的传感器设备舱，被称作"反毒升级"（Counter Drug Update）。由一个滚装系统和一个远程电子光学传感器集成器组成。其中滚装系统包括一个APG-66火控雷达（来自于F-16战斗机）用来跟踪空中飞行的小型目标。

30架P-3飞机被改良用来进行反毒升级，而且大量用来跟踪走私分子的船只和飞机。集成器获取的图像能够及时地传递给拦截小组。更进一步的电光（EO）系统已经得到应用，包括"讯瞥"（Cast Glance）项目。这些早期的系统从后部观察员位置向外凝视，当使用该设备时要求关闭左面外侧的发动机来消除发动机排出尾气对传感器的影响。在AVX-1相机的应用中发现了部分解决方案，将其设置在左面前部位置。但是，这样做使得该位置非常局促。

## "反水面战改进计划"

"反毒升级"和超视距机载遥感设备信息系统（OASIS）改进中的元素成为"反水面战改进计划"（AIP）的一部分，这个项目被实施于绝大多数"猎户座"飞机。它通过反毒升级项目中AVX-1相机将全球定位系统和超视距机载遥感设备信息系统（OASIS）的逆合成孔径雷达结合在一起，另外还配备了新装备，例如ALR-66C(V)5电子支援系统（位于机身下部的天线罩），新的显示器，新的任务处理器和额外的卫星通信设备。武器攻击能力包括AGM-65"幼畜"空对地战术导弹、AGM-84"鱼叉"反舰导弹、AGM-84E"斯拉姆"（SLAM）远程对地攻击导弹、AGM-84H"斯拉姆－增敏"（SLAM-ER）响应增强型防区外对陆攻击导弹，而且未来可能配备联合防区外空地导弹（JASSM）。

从1999年开始，"反水面战改进计划"中的在机鼻下方装配有威斯卡姆公司制造的空中截击导弹（AIMS）的P-3飞机逐步亮相，其配备了远程电子侦测传感器来代替笨拙的AVX-1系统，而且释放了战术协调人员（Tacco）位置的空间。科索沃战争期间

### P-7——爽约的继任者

1988年10月洛克希德公司获得P-7A飞机（起初设计计划为P-3g）的开发承包授权。除了基于相同的飞机以外，这对P-3C飞机来说是一次成功。采用了全新的发动机（采用美国通用电气公司的GE-38引擎）和任务系统，同时武器装载能力和实际表现都得到显著提高。

"反水面战改进计划"的飞机参与了作战，飞行过程中向海岸上的目标发射了大量的低空战略导弹，而且执行了大量的海岸巡逻/作战毁坏情况评估飞行任务。

历经"反水面战改进计划"，配备了空中截击导弹，全副武装的"猎户座"飞机为自己在21世纪第一阶段将要面临的任务做准备，其中的大部分用来执行海岸巡逻任务。无论如何，这款飞机也避免不了老去的命运，顺理成章，一个服役寿命评估项目（Service Life Assessment Program）正在开展，其可能引起结构改进。在更长的时期内，一个合适的代替者在通过被称作多任务海军军用飞机（MMA）的项目寻找。同时一些从事客机业务的衍生型也是潜在竞争对手，洛克希德·马丁公司和雷神公司都致力于在升级的"猎户座"飞机的基础上发展新巡逻机。将会配备新的发动机，而且具备全新的任务组件。

上图：在对前南斯拉夫发动攻击行动期间，美国海军的P-3C飞机从Sionella基地出发，如图中显示了一架位于该基地的飞机滑行起飞执行联合作战任务。这架VP-5"猎户座"飞机属于AIP型飞机，机翼下携带了AGM-65空地导弹用来攻击那些企图袭击北大西洋公约组织封锁的舰船。虽然通常还携带"幼畜"空对地导弹，但是从未在激战中发射

上图：一架隶属于美国海军航空兵作战中心的P-3C飞机进行AGM-65F"幼畜"空地导弹开火测试，并携带一组摄像机来记录武器分离过程。这款导弹提供了对近海范围运行的小型舰船的强有力的攻击能力。机鼻下的鼓包是为AAS-36红外侦测系统（Infra-Red Detection System）服务的云台，该平台能实现可操控的前视红外成像

### P-3C Update Ⅲ型号

这款飞机服役于夏威夷的欧胡岛，被称作VP-4"Skinny Dragons"。先前在麻省服役的所有"猎户座"飞机于1999年7月都转移到了新地点。在"沙漠风暴"行动期间VP-4飞机起到很大作用，飞机从马西拉（Masirah）起飞。

**机组人员**

"猎户座"飞机的标准机组编制是10人。包括两名飞行员和一名航空母舰上的随机飞行工程师，同时在这个"管子"（通常说的机身）前部是战术协调长（Tacco）、领航员/通信员（Nav/comm）和3个传感器操纵员（Senso1、2和3）。在机身的后部是武器装备人员和飞行中技术支持人员，他们扮演观测员角色。

**动力装置**

"猎户座"飞机由4台罗尔斯-罗伊斯北美公司（前身是埃里森公司）的T56-A-14涡轮螺旋桨式发动机驱动，每台发动机输出4910千马力功率（3662千千瓦）。

**武器挂架**

内部挂架可以携带8枚500磅（227千克）炸弹/深水炸弹/水雷，8枚MK-46鱼雷或者6枚MK-50"梭鱼"反潜鱼雷（Barracudas）。

**雷达**

标准型P-3C的雷达是美国得州仪器的I波段、频率捷变雷达APS-115。提供360度覆盖范围，装备了两具天线，一个位于机鼻的天线罩位置，另外一个位于涡轮发动机椎处面向机尾。一些被"反水面作战改进计划"选中的P-3C飞机改装了APS-137(V)5雷达，是引进S-3B"北欧海盗"采用的一款传感器。同时也提供标准的海上巡逻机模式，例如远程水面舰船测绘和潜艇探测。APS-137具备两种逆合成孔径雷达模式，该雷达能够生成表面目标的二维图像进行分类和进行战斗损伤评估。合成孔径雷达（SAR）削弱了雷达（飞机）和固定目标之间内在的相对运动间的多普勒频移，而逆合成孔径雷达削弱了目标相对于雷达的相对运动。当雷达自动跟踪到舰船的中心点时，雷达开始分析与舰船相对于该点的运动有关的细小的多普勒频移。当处于相对盘旋状态时雷达能够完成俯视图，而处于相对俯仰状态时能够提供侧视图。两者都显示于屏幕上，容许操作人员对舰船进行分类。ASP-137的图像经常与电子支援系统覆盖区结合来进行不可视阳性鉴定。ASP-137甚至可以对水下潜艇的潜望镜成像。

上图：洛克希德公司希望能够向联邦德国和日本出售S-3；最终，联邦德国依然保留其"大西洋"反潜机；而日本则购进了P-3反潜机

# S-3"北欧海盗"反潜机
## 冷战中的潜艇杀者

S-3"北欧海盗"一直是美国海军的主力固定翼舰载反潜机。在冷战时代，该机被重新定位为海上指挥机，扮演着反水面战、对地攻击和空中加油的多重角色。

20世纪70年代至90年代早期，洛克希德公司帕姆戴尔工厂生产的S-3"北欧海盗"一直是美国海军的主力固定翼舰载反潜机。虽然在2001年依然可以看到其服役的身影，但该机已进入其生涯的晚期。当年为了符合美国海军1964年VSX（舰载反潜机）项目的要求，洛克希德公司开始研发S-3"北欧海盗"。1972年1月21日，首架服役测试机YS-3A（共生产了8架）在加利福尼亚的帕姆戴尔首飞成功。对于舰载军机而言，"北欧海盗"的设计可谓中规中矩：上单翼、双喷气式发动机、液压折叠机翼、伸缩式三轮起落架，以及可容纳4人的增压舱（包括驾驶员、副驾驶、战术协调员和音响传感器操作员）。1969年8月，洛克希德公司与沃特公司签署合同，二者将共同生产"北欧海盗"。沃特公司负责机翼、尾翼组件、起落架和引擎吊舱的生产。

下图：一支飞行联队最初应部署10架S-3反潜机辅助。后来，这个数字减少到6架。之后又增加到8架，担任空中加油机的角色。图中这些VS-29中队的S-3A反潜机于20世纪70年代某个时间在美国海军"企业"号上

下图：驻扎在北岛海军航空基地的VS-41"三叶草"中队成为首支装备"北欧海盗"的舰载战备中队，后来东海岸的VS-27中队（1994年解散）也加入进来

### 军中服役

1974年2月，首架S-3A"北欧海盗"编入VS-41"三叶草"中队，也是首支S-3A的舰载战备中队（FRS），目前驻扎在加利福尼亚州的北岛基地。1974年6月，同样在北岛基地的VS-21"战斗红尾"中队成为"北欧海盗"的首支舰队作战单位。洛克希德公司共生产了179架S-3A，于1978年8月交付完毕。

1981年一个武器系统提升项目催生了"北欧海盗"的改进机型S-3B。它保留了"北欧海盗"的机身结构和发动机，但是增加了改进的声音情报处理系统，扩展了电子支援测量系统的覆盖范围；增强了雷达处理能力，安装了新的声呐浮标遥测接收机系统，以及安装了AGM-84"鱼叉"反舰导弹。尽管外观与S-3A近乎完全相同，但我们可以从机身后部安装的一个小的干扰丝投射器分辨出S-3B。到20世纪90年代早期，美国海军航空兵仓库中几乎所有的S-3A都已经升级为S-3B。

左图：首批共设计了3款"北欧海盗"机型。它们是：S-3A（镜头前一，共生产179架）、US-3A舰载运输机（中间，6架改装自S-3A），以及专门用途KS-3A空中加油机（镜头后一，没有投产）

### 舰载运输机

第7架YS-3A被改装为US-3A舰载运输机,计划取代格鲁曼公司采用活塞式发动机的C-1"商人",并于1976年7月2日首飞。共有6架US-3A"北欧海盗"卸下所有反舰设备,变身为"运输机",成为采用涡轮发动机的格鲁曼公司C-2A"灰狗"的补充。洛克希德公司还把第5架YS-3A改装成KS-3A空中加油机,并对其进行了测试。这种专门用途空中加油机型最终没有投产。但是,在役的"北欧海盗"会暂时改行,成为兼职加油机,进行空中加油。

"北欧海盗"的研发初衷是为了应对冷战期间来自苏联的深潜静音潜艇的威胁。但在"沙漠风暴"行动中,"北欧海盗"面对的敌人却并没有潜艇。在对伊拉克的雷达站、防空火力,波斯湾的海军部队以及其他目标的攻击中,S-3A/B"北欧海盗"证明了其作为优秀常规轰炸机的价值。

### 特别机型

S-3B还有几种特别任务机型。绰号为"歹徒"的改装了第3代超地平线空投传感器信息系统(OASISIII),可以提供超地平线目标锁定和战区控制迷你平台。"灰狼"S-3B安装了诺顿APG-76多模式雷达、激光测距仪、数字摄像系统和红外探测仪,可以沿海侦察、跟踪"飞毛腿"类型的导弹发射器。"逆戟"是"北欧海盗"系列的一款机型,主要用来测试先进反舰作战系统,比如增程回声测距仪(IEER)和集成了"灰狼"部分设备的反潜激光测距仪,包括安装在机翼的合成孔径雷达吊舱。人们相信,"逆戟"甚至可以探测雷区。

一些"北欧海盗"还参与了打击加勒比海毒品走私的行动。行动中,动用了摄像系统、前视红外系统和手持传感器等设备。最后还有一种代号为"阿拉丁",也就是所谓的"棕色浮标"的"北欧海盗"机型,据传曾在波斯尼亚投放声音感应器来监视地面活动。相似的是,在东南亚的"白色冰屋"行动中,同样使用了这样的传感器。目前没有"阿拉丁"的官方消息。

随着"冷战"的结束,S-3的任务重点也从反潜战转移到反水面战和对地攻击方面。此外,海军的KA-6D、A-6E已经退役;2000年起,ES-3A"阴影"也将退出部队,美国海军期望"北欧海盗"能够担负起其唯一的舰载空中加油任务。1998年,

上图:1984年,首架S-3B试飞成功。图为首飞成功后,该机身着海军试飞中心的彩色涂装,由洛克希德公司的摄影师拍照。挂载"鱼叉"反舰导弹能力是该机的一大进步

"北欧海盗"的反舰任务被官方取消。114架S-3B的生涯还远未终结。在次年进行的"延长服役期"计划中,"北欧海盗"的服役年限被延长到2015年。2004年,每支舰载飞行联队中的8架"北欧海盗"中就有一架是空中加油机。

### S-3B "北欧海盗"

从图中这架隶属于VS-24"侦察员"中队的S-3B的涂装可以看出,它是该中队的指挥官座机(CAG Bird)。1997年,该机作为第8舰载联队的一员,停在美国海军"肯尼迪"号航母上。在"沙漠风暴"行动中,VS-24中队是首支使用S-3B的作战单位。

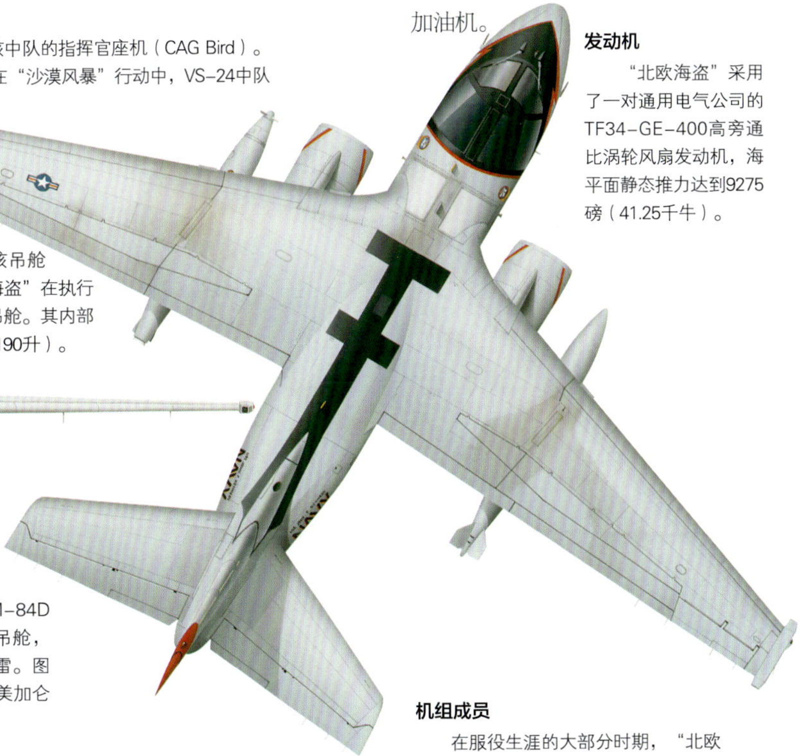

**取代**

作为计划中E-2C、S-3B、ES-3A和C-2A的替代机型,"共同支援飞机"出现了问题,其资金无法得到保障。那么S-3B就面临着后继无"机"的窘境。由于F/A-18E/F"超级大黄蜂"也具备空中加油功能,用其取代S-3B更有可能。

**空中加油**

进行空中加油时,S-3B会使用ARS 31-301"伙伴"加油吊舱。该吊舱安装在左翼位置。"北欧海盗"在执行任务时几乎都会挂载这种吊舱。其内部载油量总计1900美加仑(7190升)。

**武器系统**

S-3B的"双重任务"武器装备包括一枚AGM-84D(Block 1C)"鱼叉"反舰导弹、一个空中加油吊舱,以及武器舱中的两枚Mk 82炸弹和两枚Mk 46鱼雷。图中这架飞机在"鱼叉"导弹的位置安装了一个300美加仑(1136升)的可抛油箱。

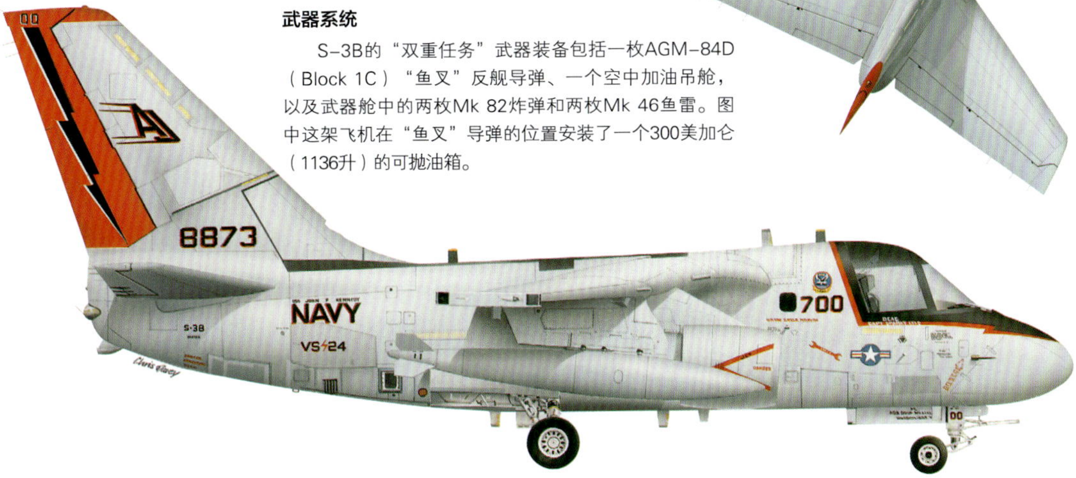

**发动机**

"北欧海盗"采用了一对通用电气公司的TF34-GE-400高旁通比涡轮风扇发动机,海平面静态推力达到9275磅(41.25千牛)。

**机组成员**

在服役生涯的大部分时期,"北欧海盗"作为反潜机都配备了4名成员,包括两名驾驶员、一名战术协调员和一名感应器操作员。改装为空中加油机(改名时将会参照原有名称,有可能是KS-3B)的S-3B将会配备两名成员:一名驾驶员和一名海军飞行员。

# 洛克希德公司
# U-2 高空侦察机

自20世纪50年代以来，有着诡异外形的洛克希德公司U-2高空侦察机凭借其突出的飞行高度优势，安全飞行在世界各地的热点地区，执行侦察任务。在20世纪60年代中期，经过彻底的重新设计，洛克希德公司推出尺寸更大且性能更好的U-2R型侦察机，直到今天，该型侦察机仍然是美国重要的情报搜集飞机。

上图：U-2R/U-2S型飞机自1967年开始服役，起初仅是早期型号的加大版，之后全面替换掉早期型U-2飞机

洛克希德公司的外形优雅而且极其高效的U-2高空侦察机于1955年8月1日首飞。秘密设计和制造的U-2侦察机用于执行美国中央情报局的侦察任务，深入苏联国土对军事设施执行拍照侦察。美国空军也装备部分早期型U-2S侦察机，用来执行收集苏联核爆炸试验的放射性尘埃的侦察任务。1962年古巴导弹危机期间，美国空军的U-2S侦察机高度活跃在古巴上空。

早期型U-2A到U-2G侦察机创造了引人注目的服役纪录，从20世纪50年代后期至60年代早期，U-2侦察机在敌方区域上空执行数千次的任务，为美国提供了大量重要航拍情报；同时在飞行器高空飞行、再入大气层飞行以及核武器爆炸辐射尘等方面收集了大量的科学实验数据。

到20世纪60年代中期，由于侦察任务需求升级，早期型U-2侦察机已无法胜任，因此其地位严重下降。洛克希德公司在此期间深入研究升级设计的方法，并已经研发出一款加大版的改进型U-2R，该型侦察机拥有更大的任务荷载和更远的航程。美国中央情报局作为U-2侦察机的主要用户，为满足其任务需求，洛克希德公司将首批6架改进型U-2提供给它，第二批6架飞机提供给美国空军。

新改进的U-2侦察机于1967年8月首飞，并很快进入部队服役，在各个方面全面超越早期型U-2侦察机。不仅在任务荷载、航程和升限上有了很大的提高，而且降落过程也变得更加轻松，这解决了早期型U-2侦察机一直令人困扰的一个问题。

## 特勤侦察机

隶属于美国中央情报局的改进型U-2侦察机很快从世界各地的军事基地中出发执行任务，尤其是在中国台湾。在1968年，两架改进型U-2侦察机被送往中国台湾，并涂装"中华民国"标识执行侦察任务。这一计划于1974年结束，在此期间美国中央情报局用过的U-2R侦察机后来都转交给美国空军。美国空军所辖U-2R侦察机在越南战争期间执行过大量侦察任务，主要从泰国的乌塔帕皇家空军基地（RTAFB）起飞。U-2R侦察机执行的侦察任务为美军在越南的行动提供情报支持，尤其是在"中后卫突袭"行动（代号"奥运火炬"）中。此外，为对抗中国大陆，U-2R侦察机也执行过"高级书"Senior Book秘密任务。

## U-2航母测试

1969年9月，洛克希德公司的试飞员比尔·帕克（Bill Park）和另外4名美国中央情报局的飞行员来到沃罗普斯岛上的NASA基地，开始一项U-2型侦察机新功能的开发。试飞员帕克准备进行U-2侦察机的第一次航母着陆试验，着陆航母为在海上待命的美国海军"美国"号航空母舰。帕克驾驶U-2侦察机的接舰速度为72节（83英里/小时或133千米/小时），航母甲板风速为20节（23英里/小时或37千米/小时），U-2R型侦察机轻松降落在航母上。尽管U-2型侦察机在航母上起降试验顺利，并且美国中央情报局的飞行员们在多年时间内一直拥有能够执行航母着陆的能力，但U-2R型侦察机从来没有在实际军事行动中执行航母起降任务，这是因为在航母上执行U-2R型侦察机的任务会给航母自身的空军部队带来很大麻烦（U-2型侦察机尺寸太大）。

下图：在最初服役时，在世界范围内没有能够威胁到U-2A型侦察机的战斗机或者导弹。由于洛克希德公司"臭鼬工厂"员工的优秀设计，该型飞机性能十分卓越。然而，至20世纪60年代早期，美国中央情报局使用的U-2侦察机已经采用更广为人知的全黑涂装

截至1975年，由于U-2R型侦察机执行军事行动次数减少，导致U-2R侦察机部队数量降至10架。在这种情况下，空军和美国陆军重新研究在未来军事行动中，侦察平台如何有效搜集和分配情报信息。该研究最终促使美国空军在1978年宣布执行一项"新"的战术侦察机项目，1979年，U-2R侦察机重新恢复生产。

为了与之前有问题的U-2侦察机区别开来，这些"新U-2"被重命名为TR-1——TR代表战术侦察。这在很大程度上是为了向英国政府妥协，因为这些侦察机将大部分部署在英国的空军基地内。除了命名代号，TR-1型侦察机均保留了U-2R型侦察机的设计，并弥补了之前12架飞机的损耗。下线的第一架TR-1型侦察机并未用于军事目的，而是作为ER-2型试验飞机被NASA艾米高空试验中心接收。1981年5月11日，ER-2型试验飞机从洛克希德公司的帕姆代尔基地首飞成功。一年后ER-2型试验飞机开始执行科学试验飞行，随后又有第二架加入。目前，大部分试验是与监测地球臭氧层有关的。第一架TR-1A型侦察机于1981年8月1日首飞，随后第一架TR-1B型教练机于1983年2月23日首飞。从外观上看，第二批次的侦察机与最初批次的侦察机相比改变很少，只是在次要系统上有所升级，例如通信系统。由于升级了航电设备，第二批次的侦察机在重量上有轻微减重。后来现存的第一批次侦察机也按照第二批次的标准更新升级。

## 欧洲部署

早期U-2型高空侦察机很早就已经秘密部署在英国境内皇家空军的军事基地中，执行低敏感度的军事行动。因此，1979年在英国的米里登霍尔萨福克（Mildenhall Suffolk）地区成立了一支U-2R侦察机小队也就不足为奇了。U-2R型侦察机和SR-71"黑鸟"侦察机于当年4月开始执行军事侦察任务，并一直持续到1983年2月。在此期间，英国皇家空军在奥尔肯伯里（Alconbury）地区新成立了第17侦察机飞行联队并配备TR-1A型侦察机。1983年2月

右图：以U-2侦察机为背景，这名侦察机飞行员拿着便携式空调及制氧系统拍照。在飞行员连接到飞机自身的系统之前，飞行员需要携带便携式系统。（由于飞行员飞行过程中吸的是100%纯氧，因此需要在地面提前一小时开始呼吸100%的纯氧，以便将肺中的氮气清除。）

12日，第17侦察机联队开始执行他们第一次的飞行任务，随后于1985年3月接收了另外3架侦察机，这样该联队中TR-1A型侦察机总数达到14架。

欧洲地区的TR-1型高空侦察机经常出现在中欧地区的75000英尺（22860米）高空，位于"华约"组织成员国的边境地区。这些侦察任务为"北约"组织军事指挥官提供了大量有价值的最新情报，经常导致对威胁的彻底重新评估。

最后一架新建的TR-1A型侦察机（编号80-1099）于1989年10月3日被美国空军接收。加上之前制造的12架U-2R型侦察机，最终第二批次的U-2R、TR-1、ER-2型飞机共生产了37架。

U-2R型和TR-1A型高空侦察机在"沙漠盾牌"行动和"沙漠风暴"行动中扮演了很重要的角色。1991年10月，TR-1型侦察机这一命名代号完全废除，所有该型侦察机重新恢复为U-2R或者U-2RT（后来的TU-2R）型侦察机。尽管成本急剧上升，但U-2R型侦察机仍从1994年开始就启动了的升级改造项目，其中最重要的提升是动力装置更换为通用电气公司的F-118-GE-10型涡轮风扇喷气式发动机。改进动力系统的飞机被命名为U-2S或TU-2S（双座）型侦察机。2002年，最后一次改进中升级了全新驾驶舱的U-2S型侦察机，在返厂大修过程中暴露在公众面前，U-2S型高空侦察机必将延续之前U-2系列侦察机传奇的服役纪录。

上图：NASA用第一代的U-2C（图中上面那架）型侦察机进行了很多高空飞行试验。而由于U-2R型侦察机具有更大的机身，因此具有更大的任务荷载承载能力，为此NASA努力获得了两架该型侦察机，作为高空试验用飞机ER-2。这架飞机（图中上面那架）最初是为空军制造的TR-1A战术侦察机的第3架，后来被NASA长期租借

下图：U-2高空侦察机能够维持长时间的任务飞行，这使得它成为一款能够服务于美国不断增加的军事行动的极其有效的侦察平台，例如在前南斯拉夫波斯尼亚地区的军事行动中，就出现了U-2侦察机的身影

# U-2 的秘密发展

在冷战期间，军事谋划者们面临的最大的一个问题就是如何获得重重铁幕另一方的准确的军事情报。按最高机密生产的U-2型高空侦察机为美国提供了至关重要的航拍影像情报。

冷战期间最具争议性的飞行器的发展要追溯到1952年，此时，关于高空影像侦察平台的观念发展迅速。美国空军将研究项目合同分配给贝尔实验室、费尔柴尔德和马丁公司，最终确定采购马丁公司的RB-57D侦察机，但洛克希德公司主动提交了他们的竞标方案——CL-282设计方案。这一方案被美国军方拒绝，因此，洛克希德公司"臭鼬工厂"的总裁克拉伦斯·L."凯利"约翰逊将目光转向美国中央情报局。

在施行了相当程度的政治手段之后，洛克希德公司最终得到采购合同，获准制造20架飞机，也就是人们所说的U-2型高空侦察机，其代号中U表示的是"多功能"，非常贴切地概括了它的角色。美国中央情报局中的代号为"感光板"（Aquatone），并列入绝密项目，并以美国空军的名义完成一些部件的采购，尤其是普惠公司的J57型发动机。

从设计概念上来看，CL-282设计方案是一架有动力的滑翔机构型，将F-104"星"式战斗机的基础机身与一副大展弦比机翼结合起来。驾驶舱后部拥有一个巨大的隔舱，能够容纳同样秘密研发的大型影像侦察装置。单轮主起落架承担了整架飞机大部分的重量，在机身后部的实心尾轮和翼梢位置可分离的"弹簧高跷式"小轮起辅助作用。

在"感光板"项目发展中一个主要的推动力就是美国政府迫切需要对苏联方面的轰炸机部队和洲际弹道导弹发展状况的评估，其中美国政府确信在轰炸机部队方面美国与苏联有巨大的差距。为了尽快得到U-2侦察机执行任务，洛克希德公司于1954年10月就冻结设计并迅速开始生产。到1955年7月底，完成的原型机由C-124"全球霸主II"型运输机转移到试验场地进行测试。

## 秘密基地

秘密基地是干枯的格鲁姆湖，位于内华达州高原沙漠的深处，拉斯维加斯的北部。鉴于该基地拥有宽广的湖床并高度保密，因此U-2型侦察机的试飞员托尼·莱威尔（Tony Levier）选择此处作为飞行试验基地。保密级别高是由于该基地比较靠近西边的美国主要核武器测试场。在完成重新组装和地面滑行测试之后，绰号"天使"的第一架U-2型侦察机于1955年8月4日首飞成功，这是一系列成功的飞行试验的开始。随后所用的U-2型侦察机都从格鲁姆湖起飞，洛克希德和美国中央情报局的员工一般称其为"大牧场"。大部分U-2型侦察机并不是在位于伯班克的"臭鼬工厂"主厂房中进行制造组装的，而是在位于奥伊尔代尔（Oildale）地区的小型秘密工厂中完成的，该工厂伪装成一个轮胎仓库。

在U-2型侦察机飞行测试进行的同时，美国中央情报局的飞行员们在格鲁姆湖基地在新型飞机上进行针对性训练，为他们在欧洲的第一次部署做准备。1956年6月19日，U-2型侦察机执行了它的第一次军事侦察任务，在民主德国和波兰上空进行了一次短距离飞行。7月4日，U-2型侦察机第一次穿越了苏联的领空。U-2型侦察机的整个项目一直处于高度机密状态，并且从最后批准研制到能够完全使用状态仅用时20个月。

下图：美国中央情报局将U-2A型侦察机用于执行苏联和中国国土上方的侦察飞行任务，同时，美国空军将U-2A型侦察机用于高空取样项目（HASP），目的在于监测全球各地的核爆炸放射性尘埃。为执行此任务，U-2A侦察机在机身左侧加装了一部用于收集微粒的"嗅探器"吊舱。

左图：U-2A型高空侦察机凭借其长机翼能够飞行到极限高度——超过75000英尺（22860米）。尽管苏联方面一直致力于地对空导弹系统的研发，期望能够终结U-2A型侦察机在苏联国土上空肆无忌惮的飞行，但在20世纪50年代后期，飞行在这一高度上的U-2A型侦察机仍无法被有效拦截和威胁。

## U-2型侦察机的改进

随后U-2型侦察机的改进主要在传感器设备上有很大提高，U-2C型侦察机于1958年10月首飞成功。U-2C型侦察机更换了推力更大的J75型发动机，这使得该型飞机的升限超过75000英尺（22860米）。U-2型侦察机还发展了适合执行舰载任务的着舰钩，适合空中加油的加油设备以及其他适合各种任务的设备。针对U-2型侦察机的替换机型的研究一直在秘密进行中，但是到1965

下图：美国空军的第4028战略侦察中队隶属于第4080战略侦察联队（SRW），装备有U-2A型高空侦察机。第4080战略侦察联队位于得克萨斯州的拉福林（Laughlin）空军基地，同时装备有马丁公司研制的RB-57D型侦察机

现代战机百科全书 247

上图：Article 351（第一架U-2R型侦察机）在位于伯班克的洛克希德公司"臭鼬工厂"中总装。在此时，早期U-2型侦察机的高度机密密级降低，但U-2R型侦察机仍处于高度机密状态，仅秘密地从不为人知的爱德华兹北部基地起飞去执行任务

上图：1967年8月28日，U-2R型侦察机的原型机在爱德华兹北部基地上空实现首飞，美国中央情报局编号N803X。U-2R型侦察机与U-2C型侦察机非常相似，并且与之通用动力装置和通信系统

年，洛克希德公司"臭鼬工厂"的总裁"凯利"约翰逊确信最好的解决方案就是重新进行基本设计，将U-2型侦察机的尺寸近似增大1/3。由于U-2型侦察机的重量一直在增加，高空飞行性能下降，并且J75型发动

下图：为位于北部基地中美国中央情报局所属的一架U-2R型侦察机和一架U-2C型侦察机。从图中可以看出，两架飞机在尺寸上有很大差异。由于机密的内华达飞行测试基地需要对其他机密飞机进行测试，如洛克希德公司的A-12飞机，因此美国中央情报局将U-2型侦察机的部署移出格鲁姆湖

### 海上的U-2型侦察机

1964年3月，U-2型侦察机在一艘美国海军航母上实现了第一次航母甲板着舰飞行。共有3架第一代的U-2型侦察机（如U-2G型侦察机）进行了改装，其中包括加强后机身，加装着舰钩，在飞机尾轮前端和翼梢位置加装防护索，机翼上加装扰流板，并改装了主起落架以利于在航母甲板上着陆。在一系列令人满意的测试之后，一架U-2型侦察机被部署在美国海军"游骑兵"号航空母舰上，目的在于监测并收集法国在1964年5月在太平洋上法属穆鲁罗瓦环礁的核爆试验。有一架U-2型侦察机随后改装为U-2H型侦察机并具有空中加油能力。U-2R型侦察机也同样具备航母起降能力（图示），并于1969年晚些时候由飞行员比尔·帕克驾驶U-2R型侦察机进行了航母起降试验，成功降落到美国海军"美国"号航母上。但由于U-2R型侦察机足够大的有效航程，从现有陆基空军基地起飞足以到达世界上可能需要侦察的地点，因此并没有具体实施任何一次航母起降侦察任务。

机动力富余，这使得U-2型侦察机的机身尺寸成为制约性能的限制条件。最终的改进方案是CL-351型方案，有时也叫作U-2N或WU-2C型，服役时命名为U-2R型高空侦察机。该方案使新型侦察机的高空特性与之前最初的U-2型侦察机相当，但是能够搭载探测设备的重量大大增加，并拥有更远的航程。

尽管U-2R型侦察机起初是美国空军订购的，但是后来美国中央情报局也发出了一些订单。实际上，美国中央情报局率先接收了首批6架U-2R型侦察机，而且后续的飞行试验也主要是在美国中央情报局位于爱德华兹北部基地半秘密的U-2型侦察机执行中心进行的。1967年8月28日，试飞员比尔·帕克驾驶U-2R型侦察机从该中心首飞成功。仅仅一年后，U-2R型高空侦察机便进入现役并执行美国中央情报局的军事侦察任务，飞行于中国台湾和古巴上空。

# U-2 的军事行动

由于U-2型高空侦察机及其各系统持续不断进行发展研究，这使得它一直在美国情报搜集工作中占据着绝对的领导地位。尽管冷战已经结束，但为了满足美国的全球监视任务需求，U-2型高空侦察机机群仍高度活跃在世界各地。

上图：为配合在前南斯拉夫的军事行动，第9侦察机大队在法国南部的伊斯特尔（Istres）地区部署了一支特遣小队。图示的这架U-2型侦察机在负责运营维护的巨大机库外面。它装备有"高级标枪"（Senior Spear）通信系统，并可能在驾驶舱后方的Q舱内载有光学照相机

很少有飞机能像U-2型高空侦察机那样可以被视作冷战的缩影。许多年间，U-2型侦察机一直对被美国总统里根称为"邪恶帝国"的苏联和苏联的盟友进行监视侦察活动。在不同的时期，U-2型侦察机也被委以不同的重任，例如在越南战场上，在中美洲地区以及在中东阿以冲突中。当冷战结束，"新的世界秩序"建立起来后，U-2型高空侦察机凭借其卓越的性能仍跟其在美苏两个超级大国僵持最激烈的时候一样极有价值。

1990年伊拉克入侵科威特，美国的第一反应就是派遣两架U-2R型侦察机进驻沙特阿拉伯。1990年8月17日这两架U-2R型侦察机抵达沙特阿拉伯，并于两天后开始执行军事侦察任务。其中一架U-2R型侦察机装配有"高级范围"（Senior Span）卫星数据链吊舱，收集的情报信息可以实现实时的全球传输；另一架U-2R型侦察机装配有新型的SYERS型电光学照相机。到8月底，又有两架来自英国第17侦察机飞行联队的TR-1A型侦察机加入，这两架飞机均装配有ASARS-2型雷达。10月，另一架装配SYERS型电光学照相机的U-2R型侦察机的加入完善了初始的部署。

起初，U-2型侦察机特遣小队叫做"驼峰小组"（OLCH），后来更名为第1704侦察机飞行中队（临时）。该中队的飞机部署在沙特阿拉伯的塔法（Taif）空军基地，以免遭受伊拉克的攻击。

## "沙漠盾牌"行动

在"沙漠盾牌"行动期间，5架U-2/TR-1型侦察机持续不断地对伊拉克进行侦察、警戒，使联军指挥官得以对伊拉克军事力量部署进行详细的评估。所有的侦察任务都是在沙特阿拉伯的领空内进行的，这期间侦察设备得到的情报信息通过数据链传输到地面站。U-2型侦察机在边境地区执行侦察任务时，经常被伊拉克空军的米格-25型战斗机尾随跟踪。在1990年最后一段时间，有更多U-2型侦察机从位于比尔（Beale）基地的第9侦察机飞行联队调配过来，装备有IRIS 3型系统及能提供硬拷贝的高速照相机。

在海湾战争爆发之后，U-2型侦察机部队飞行任务变得密集起来，并且大部分侦察任务是在伊拉克或科威特境内进行的，这些飞行任务的飞行路线事先经详细规划以避免遭受"萨姆"防空导弹系统的打击。在战争初期，一项很重要的任务就是确定伊拉克军队固定式"飞毛腿"导弹发射基地的精确位置的相关情报。U-2型侦察机成功地完成了这一任务，进而使得联军的作战飞机对这些导弹发射基地进行快速的毁灭性打击。有一次，在TR-1型侦察机利用它的ASARS-2型雷达对10处导弹发射基地进行探测拍照后，在不到1个小时的时间里，这10处基地即被摧毁。而对车载移动导弹发射平台的精确定位则相对更困难些，通常一架U-2型侦察机执行夜间巡航任务，并有F-15E型战斗机待命。采用这种侦察方式，至少有一个车载移动的"飞毛腿"导弹发射平台被摧毁。

在"沙漠风暴"军事行动中大部分时间里，第1704侦察机飞行中队（临时）部署在沙特阿拉伯的塔法空军基地，拥有12架侦察机，并且一天最多执行8次任务，大多数任务持续8~11个小时。U-2/TR-1型侦察机经常扮演高空空军前进引导员（FAC）的角色，为空袭部队提供作战目标的位置。在短暂的地面战斗期间，配备ASARS-2型雷达的U-2型侦察机不间断地为地面指挥官提供伊拉克装甲部队准确的部署情

上图：新的U-2型侦察机上探测设备是"高级马刺"（Senior Spur）型，该设备拥有高性能合成孔径雷达（ASARS-2）图像的卫星数据链传输功能。这架U-2型侦察机还装配有"高级红宝石"（Senior Ruby）型机翼吊舱

右图：U-2R/TR-1A型高空侦察机在"沙漠风暴"军事行动中扮演了十分重要的角色，通过雷达成像技术为决策者提供了伊拉克军事部署的详细情报。图示3架U-2型侦察机在沙漠上空进行长时间的工作，在"沙漠风暴"行动结束之后返回到棕榈谷（Palmdale）维护中心进行检修况。在整个"沙漠风暴"行动中，U-2型侦察机部队共执行了260次军事侦察任务，飞行时间超过2000小时。

## 监视伊拉克

海湾战争结束之后，U-2R型高空侦察机一直部署在沙特阿拉伯，作为对伊拉克进行监视和侦察的关键力量。代号"橄榄枝"（Olive Branch）的军事侦察行动，目的在于监视伊拉克境内任何重要部队的移动以及侦察防空雷达和类似的疑似目标的部署。在2002年晚些时候到2003年年初的针对伊拉克的军事行动中，这样的部署也将U-2型侦察机部队置于一个理想的位置。

左图：U-2型侦察机飞行员身穿全增压防护服，以便在高空弹射之后保护飞行员安全，因为在高空中气压极小，此时，无防护措施的人体内部血液会在血管中沸腾。这套防护服配有一个前部的防护带，在防护服急剧膨胀的过程中保护飞行员头部

下图：第9侦察机飞行联队的总部位于加利福尼亚州的比尔（Beale）空军基地，在此，联队为特遣小队供应及补充飞机和人员。该联队中第一侦察机飞行中队负责U-2型侦察机的训练，编制中共有4架TU-2S型侦察机的教练机

第9侦察机飞行联队也继续在韩国和塞浦路斯长期派驻特遣侦察分队。来自乌山（Osan）空军基地的第5侦察机飞行中队，一直对局势瞬息万变的朝鲜半岛进行侦察监视，同时也会在更远处的远东地区冒险侦察。驻扎于塞浦路斯英国皇家空军阿克罗蒂里（Akrotiri）空军基地的第9侦察机飞行联队（RW），其下属第一分遣队（Det 1）负责监测该岛本身对于联合国解决方案的执行情况，同时也执行其他在东地中海沿岸国家的侦察任务。

另一个主要侦察区域是原南斯拉夫地区。冲突第一次爆发时，第95侦察机飞行中队的U-2R型侦察机（飞机编号TR-1A型于1991年10月停用）从英国的奥尔肯伯里空军基地出发，到原南斯拉夫地区执行空中军事侦察任务。该中队的地位后来降级为OL（OL-UK），并转移到费尔福德（Fairford）。1995年10月，U-2R型高空侦察机转移到位于法国南部的伊斯特尔空军基地，目的在于减少飞往波斯尼亚执行侦察任务的飞行时间。

## 现代化升级改进

在海湾战争结束之后，鉴于U-2R型高空侦察机在伊拉克上空执行任务时的表现情况，该型侦察机在短时间内便进行了重要的升级改进。"高级范围"型卫星数据链替换为"高级马刺"型，后者允许传输ASARS-2型雷达图像信息和通信情报。ASARS型雷达增加了移动目标追踪这一很重要的功能，SYERS型照相机增加了双波段功能，能够采用红外线或者可见光波段进行拍照。地面系统的功能也有很大提升，有效利用率提高。此外，U-2R型高空侦察机还将发动机更换为耗油率低的F118型涡轮风扇喷气发动机，可靠性提高，并拥有额外的动力。

美国军事指挥官一直将U-2型高空侦察机视为他们最重要的情报搜集平台，为增强这种信心，1998年6月，美国宣布将对U-2型侦察机进行另一次重要的升级改进，主要集中在更换驾驶舱及航电设备的升级。尽管冷战已经结束了，但由于U-2型高空侦察机在中东、远东和南欧地区还在执行任务，这使得U-2型侦察机的出勤率较以往更加频繁。

下图："高级范围"构型——采用卫星数据链传输"高级情报眼睛"（Senior Glass Sigint）组件得到情报信息并在波斯尼亚上空应用广泛

## 洛克希德·马丁公司
# 利刃：F/A-22"猛禽"战斗机

伊拉克的天空也许是F-15"鹰"式战斗机纵横驰骋的领地，但是，面对俄罗斯同类机型的挑战，F-15已经有些力不从心，到了该换代的时候了。美国空军下一代的"空中霸主"将是洛克希德·马丁公司研制的F-22"猛禽"战斗机。

左图：1990年9月，戴夫·弗格森驾驶首架YF-22原型机进行首次试飞。由于通用电气公司的YF-120型发动机的延迟，导致YF-22被竞争对手YF-23落下一个月零两天。从飞机的俯视图可以清楚看到其巨大的尾翼

为了超越诺斯罗普和麦道公司的YF-23型战斗机，1991年4月底，美国空军召集洛克希德、波音和通用动力公司，要求开发"先进战术战斗机"（ATF）。作为"鹰"式战斗机的换代产品，"先进战术战斗机"代表着进入喷气战机时代以来最大的技术进步。该机融合了隐形技术和增强的超音速续航能力以及高机动性，同时，其基础设计和机载电子设备反映了当今计算机技术的革命性进步，这也是世界上第一款可以做到这一点的军用喷气式战斗机。

在F-22的研发过程中，洛克希德·马丁公司遭遇了数不清的设计难题，最终导致飞机在外观上与设计师的最初设计大相径庭。经过3年的艰苦工作，1990年8月29日，首架原型机NF22YF在洛克希德公司位于加利福尼亚州的帕莫代尔工厂面世。

9月29日，这架原型机首次升空。10月30日，第二架原型机N22XF紧随其后升空。两架原型机使用了不同的发动机，同时接受美国空军的评估。经过测试，普拉特·惠特尼公司的YF119型涡轮风扇发动机在可靠性上优于通用电气的YF120型发动机。

通过一个延长的飞行测试期，最后的工程调整也已完毕。1991年4月23日，美国空军宣布选用YF119型和YF120型的发动机组合。8月2日，美国空军发布了EMD（工程与制造研制）阶段合同，要求研制

左图："先进战术战斗机"计划的设想始于1981年。到1985年，洛克希德公司生产出一架奇特的与最初设计理念相左的飞机，这就是最终的F-22型战斗机

11架（后来又减少到9架）试飞原型机（包括2架双座F-22B，现在则为生产单座战机），还有1架静力试验用机体和1架疲劳试验用机体。

### 作战评估

随着两架F-22A"猛禽"战斗机的投产，有人建议扩大该型战机的应用范围，通过装备精确制导武器来增加它的对地攻击能力，因此战机更名为F/A-22型战斗攻击机。

1997年9月7日，首架投产的F/A-22"猛禽"战斗攻击机（编号91-4001）升空，其设计上最明显的变化是机头下部更宽的整流罩和重新定位的进气口。1998年7月29日，第二架"猛禽"升空。到2003年末，所有18架飞机改进生产完毕。

根据计划，2004年美国空军组成首支"猛禽"训练中队，同年开始"猛禽"战机的全面投产，首个"猛禽"战斗机中队如今已经投入一线使用。

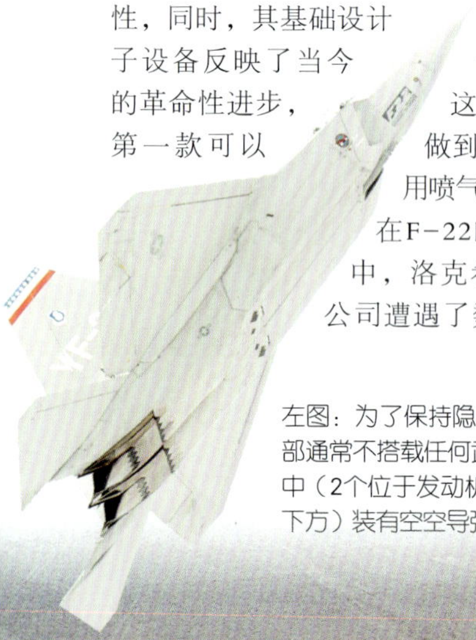

左图：为了保持隐身能力，"猛禽"战斗机外部通常不搭载任何武器。相反，在其4个武器舱中（2个位于发动机进气口两侧，2个位于机身下方）装有空空导弹和/或炸弹

下图：YF-22代表着洛克希德公司隐形战斗机的第3代设计，其隐形功能可使飞机在开火之前比以往更为靠近敌机，从而大幅提升攻击能力

### 第一架"猛禽"原型机（YF-22 PAV No.1）

N22YF是第一架YF-22"猛禽"原型机，由通用电气的YF120型发动机提供动力。在全面研发测试项目完成后，其竞争对手普拉特·惠特尼公司的YF119型发动机被F-22"猛禽"战斗机所采用。

**矢量推力**
　　YF-22优于YF-23的地方在于应用了矢量推力技术，大大提高了各种飞行状态下的机动性。

**标志**
　　第一架"猛禽"原型机的进气管道上带有通用电气的标志。其他标志包括起落架门上的空军系统司令部徽章、尾翼上的空军战略司令部徽章以及底部"臭鼬工厂"的标志。

**垂直尾翼**
　　与YF-23不同，YF-22采用传统的带方向舵的尾翼，而非活动部件。

**导弹舱**
　　F-22的空空导弹安放在发动机进气道下方和两侧的导弹舱内。进气道两侧的导弹舱可携带4枚AIM-120型中程空空导弹。导弹发射并从飞机掉落后，导弹发动机才开始点火。两侧导弹舱内可以携带成对的AIM-7或AIM-9"响尾蛇"导弹，导弹一经发射后便从侧面弹出。

**进气道**
　　为了保留飞机的隐形功能，菱形进气道与前部机身的侧面走向一致。

**先进的雷达系统**
　　F-22的AF/APG-77型雷达是一个电子扫描有源相控阵系统，具有大探测距离、高清晰度的特点，能够先敌发现对方飞机，可提供多种威胁的详细信息，使飞行员迅速消化目标内容。此外，该型雷达还具备低空无源探测能力。

下图：利用粗重的锁链固定，采用普拉特·惠特尼公司YF119型发动机的YF-22正在进行加力燃烧室的测试，这是整个计划中静力试验的一个环节

下图：1997年9月4日，在洛克希德·马丁公司玛丽埃塔总部，首架F-22战斗机面世。正是在那个时候，该型战机被正式命名为"猛禽"

# 通用动力公司
# F-16 "战隼"战斗机

最初,F-16战斗机仅是作为一款轻型战斗机设计的,但随后飞行员发现,灵活机动的F-16战斗机能够执行更多的任务。

上图:第一架YF-16飞机在飞行试验过程中的涂装是通用动力公司(General Dynamics)的标准色。在当时,这架飞机的外形是相当与众不同的

在20世纪60年代中期,随着在越南的美国军事力量逐步加强以及在河内附近空中军事行动的展开,美军的战斗机变得更重、更贵、更复杂了。美国空军中典型的战斗机是F-4"鬼怪II"战斗机,改型战斗机拥有弯折机翼、弯折尾翼、两台发动机、双座驾驶舱,外形比较奇特,并且具有良好的机械维护性能。当时,美国空军倾向于尺寸大、荷载大、复杂的战斗机,这就需求有一种能混合F-4战斗机和F-111战斗机的功能的未来战斗机,生产成本更高,战斗机系统更加复杂,同时也导致采购装备数量的减少。

1965年,美国空军推动了一项针对低成本高性能战斗机的"先进昼间战斗机"(ADF)计划。这与战斗机发展的趋势相背,因此被看做异端的项目。"先进昼间战斗机"计划设计一款战斗机,重量在25000磅(11340千克)左右,拥有高的推重比和翼荷载,使得整体性能比米格-21型战斗机高出25%。这款战斗机的维护保障将会相对容易,并且价格低廉,使得军方能够大规模采购装备。

## 经费谈判

ADF项目无法获得五角大楼官员的认可。1967年,苏联米格-25"狐蝠"战斗机被披露出来,这加深了传统主义者的想法,他们认为美国未来的军用飞机应该成本更高并且更复杂才对。

然而,针对1966—1967年第一代F-X战斗机的研究,更多的与主流观念不同的想法加入到五角大楼的项目中。这里,五角大楼的这一项目研究,目的在于迅速增强美国空军的军事力量,以满足越南战场上多样化的需求。该研究又一次与当时的战斗机研究趋势相悖,追求低成本和系统复杂性,但最终该项目研究成果显示,在执行空对地作战任务中,并不比美国空军"既有的"成品飞机沃特公司的A-7D型战斗机更为出色。

在1969年,一份关于战术空军力量的五角大楼备忘录中建议,美国空军和美国海军都应该接受轻型F-XX型战斗机作为F-14和F-15战斗机的替代品,以使得两方面都能够将他们的空军规模加倍。但是空军和海军方面都拒绝了这一建议,F-14和F-15战斗机项目进展顺利,注定要成为性能极好的战斗机,不过重量方面比F-XX战斗机或任何其他轻型战斗机要重很多。

## 新的开始

1969年时任美国国防部副部长的大卫·派卡德(David Packard),对简单的战斗机比较感兴趣。更重要的是,大卫·派卡德支持样机研究的想法,指的是在量产型的

右图:可以看到,F-16A/B战斗机在通用动力公司的沃斯堡(Fort Worth)工厂中正处于总装的最后阶段,该工厂一项独特的功能就是它拥有长达数英里的战斗机生产线

右图:由于驾驶以往的战斗机飞行很多年,而在这些战斗机中视野相当有限,第一次驾驶F-16战斗机的飞行员们描述这次经历简直就像"骑在一根巨大的铅笔上飞行"

左图：第二架YF-16原型机在测试期间有过许多不同的涂装方案，包括图中显示的非常吸引人的粉蓝色和白色的空优低可探测性涂装

订单确定之前，参与竞标的军用飞机应该在互相竞争中进行飞行测试。美国空军的支持者们和一部分产业规划者们一直希望派卡德的支持能够使得一款简单的战斗机的设计成为现实并服役军队，例如洛克希德公司的CL-2000战斗机、诺斯罗普公司的P-530"眼镜蛇"战斗机、沃特公司的V-1100战斗机。

在派卡德的支持下，轻型战斗机（LWF）项目得以实现，并于1972年1月6日向工厂发布投标需求（RFP）。该投标需求包含有Sprey的F-XX型战斗机的设计理念，追求高推重比、6.5g的过载因数、20000磅（9072千克）的最优总重以及高机动性。在1972年3月，在审核5个制造商的设计之后，美国空军参谋处决定将波音公司的908-909设计方案作为轻型战斗机项目的首选，其次是通用动力公司的401型战斗机和诺斯罗普公司的P-600双发"眼镜蛇"战斗机。

进一步研究之后，空军中将詹姆斯·斯图尔特（James Stewart）执掌下的资源选择管理局（SSA）对通用动力公司的YF-16型和诺斯罗普公司的YF-17型战斗机方案的评价超过了波音公司的方案。美国空军秘书处（Secretary of the Air Force）的罗伯特·C.西蒙斯（Robert C.Seamans）将此定为最终方案，随后轻型战斗机项目进入全尺寸原型机生产阶段。

设计师哈瑞·J.黑拉克（Harry J. Hillaker）负责监督通用动力公司的工程计划。通用动力公司共验证了数十种轻型战机的构型，开始于20世纪60年代中期的FX-404型方案，并贯穿通用动力公司的785、786和401型设计方案。今天，F-16战斗机构型被认为是理所当然的，但在它第一次现身的时候却被认为是相当不寻常的。量产型F-16C战斗机在外表上与首架YF-16原型机相比改动极少，外形并不是预先确定的。通用动力公司的401型方案通过多个方案、模型以及风洞试验验证了数十个外形构型。

## 侧装式操纵杆控制器

从一开始，F-16"鹰隼"（Falcon）战斗机就拥有一项独特的功能，在飞行员右侧的驾驶舱仪表盘处装有侧装式操纵杆控制器。今天，其他战斗机飞行员仍对这种侧装式操纵杆的位置感觉不舒服，尽管中校约翰·巴林杰（John Barringer）——美国空军一名典型的经验丰富的F-16战斗机飞行员——认为这种转变是"我做过的最自然而然的事情"。很显然，左撇子飞行员使用这种操纵杆并不会有任何困难，在后来的F-16战斗机项目中暴露出仅有的实际问题，以色列飞行员担心他们的右臂可能会在战斗中受伤。

1973年10月13日，YF-16原型机（编号72-1567）从沃斯堡的工厂中装配完成，并于1974年1月8日由C-5"银河"运输机转运至爱德华兹空军基地。它的首飞是次意外。1974年1月20日，在高速飞行试验期间，试飞员菲尔·欧斯忒特（Phil Oestricher）遭遇到一次滚转增幅振动，当时没有解决办法，但可以"从这个状态（试飞员进入的）改进至正常飞行"。1974年2月2日，欧斯忒特驾驶飞机进行了首次官方记录的试飞飞行，共飞行90分钟。

1975年1月13日，美国空军秘书处麦卢卡斯（McLucas）宣布YF-16战斗机被选为美国空军的先进昼间战斗机。YF-16量产型战斗机的成本要比YF-17战斗机少250000美元。美国空军的官员也发现，YF-16战斗机拥有更低的维护成本、更远的航程以及更好的机动性。在美国空军的采购之后，F-16战斗机更被出售到"北约"组织的其他成员国，这确保了通用动力公司的F-16"鹰隼"战斗机未来的发展及成功。

### 向全世界推销F-16战斗机

为了向全世界展示新型F-16战斗机的优异性能，通用动力公司的试飞员在世界各地航空表演中以独特的飞行表演征服了观众，并令未来可能的战斗机采购商产生了极大的兴趣。飞行员尼尔·安德逊（Neil Anderson）（图示左）和詹姆斯·麦肯尼（James McKinney）（图示右），是这个飞行表演团队的关键成员。F-16战斗机拥有独特的座椅位置，并且应用"线传飞控系统"以及操纵杆控制器，在军队的高速喷气机飞行员中激起了一片质疑的声音。然而通过近距离测试F-16战斗机，大部分与该型战斗机配合的表演令人印象深刻。现在，前线飞行员能够驾驶一款可以比人体承受的过载更高的战斗机。在过载的突变过程中，飞行员们第一次发生g-loc症状（过载引起的意识丧失）。在做某些特定的机动动作时，这会导致飞行员中心视力丧失，最坏的情况下会导致飞行事故。后来，飞行员尼尔·安德逊死于他试飞生涯中g-loc症状导致的事故中。

下图：为F-16战斗机可用武器的展示。F-16型战斗机很快就证明了自己能够胜任更多的角色，而不仅只是一款轻型战斗机

下图:充分补给航空炸弹和空空导弹后,这架F-16战斗机在跑道上滑行,准备执行黄昏的轰炸任务。毫无疑问,对通用动力公司来说,F-16战斗机绝对是一款成功的机型

左图:单座型F-16战斗机已有许多架进行过飞行测试,但双座型的F-16战斗机只有有限数量的飞机进行飞行测试。早期F-16战斗机一个很大的特征就是其机头雷达整流罩是全黑色的。双座型F-16战斗机的一个预想的角色是执行国土防空任务,也就是大家所熟知的"野鼬鼠"任务

# F-16A/B 型战斗机

在飞行测试阶段已经显露出极好的飞行性能,F-16"战隼"战斗机已成为西方世界重要的战斗机之一。F-16战斗机的早期型号已经在美国空军和外国用户中取得了破纪录的销量。

通用动力公司(现为洛克希德·马丁公司)的F-16战斗机持续进行改进。一系列复杂的改进直接导致F-16战斗机拥有大量的改进型以及改进型生产过程中不同的批次,并且各自拥有独特的功能及可辨识的特征。

## FSD型 F-16A/B

通用动力公司制造了8个全面研究发展(FSD)项目的F-16A/B战斗机的机身件。1976年10月8日,FSD F-16A战斗机在沃斯堡首飞成功,随后,双座型的FSD型F-16B战斗机于1977年8月8日也首飞成功。这些FSD型战斗机的显著特点是机头位置的黑色雷达罩和机身两侧黑色雷达告警接收机。FSD 型F-16战斗机机身长49英尺6英寸(15.09米),垂尾最高处离地16英尺8英寸(5.08米),采用威斯丁豪斯公司的AN/APg-66型雷达。随后试飞的FSD型F-16B战斗机是双座型,但与F-16A战斗机相比飞机的尺寸和重量没有变化,而且气动阻力也没有增加,唯一变化的是F-16B战斗机可携带的燃油容积少了1500磅(580千克)。

大多数FSD型战斗机主要扮演飞机测试平台的角色,并且第3架和第4架FSD型F-16A战斗机被改装为F-16XL战斗机。

## 第1批次的F-16A/B战斗机

第1批次的F-16A/B战斗机保留了黑色雷达罩和黑色的雷达告警接收机。动力装置采用的是普惠公司的F100-PW200涡轮风扇喷气式发动机。针对F-16战斗机的辨识,初期便建立了一套复杂的系统。起初,通过改变战斗机型号字母后缀,来区分单座型的F-16A和双座型的F-16B战斗机。1982—1984年,当时仍服役的第1批次和第5批次F-16A/B战斗机,通过改进附属设备翻新为第10批次的F-16A/B战斗机。

## 第5批次的F-16A/B战斗机

第5批次的F-16A/B战斗机雷达罩变为灰色,并且雷达告警接收机变为标准的机头位置。动力装置仍采用普惠公司的F100-PW200涡轮风扇喷气式发动机。

## 第10批次的F-16A/B战斗机

第10批次的F-16A/B战斗机在内部附属设备和系统上有改进。

有24架第10批次的F-16A/B战斗机改进了近距空中支援系统,原来为339磅(154千克)的通用电气公司的GPU-5/A型机炮,更换为"铺路爪"(Pave Claw)机炮,包含4管的GAU-13/A型机枪,这是A-10对地攻击机中采用的7管的GAU-8/A机枪的改进型。该近距空中支援系统不太适合用于F-16战斗机,因此改装的这一批具备装载近距空中支援系统能力的F-16战斗机一直贮藏在仓库里。

有部分第10批次的F-16A/B战斗机改为GF-16A对地支援战斗机。

## 第15批次的F-16A/B战斗机

第15批次的F-16A/B战斗机的平尾加大,这使得起飞过程中平尾舵偏角减小,并允许飞机能够在更高的迎角范围内飞行。在雷达天线罩下方,有两个平行的雷达告警接收机天线,并且在进气道入口下方设有片状天线。

AN/APG-66雷达做了较小改动,为战斗机提供了有限的扫描—追踪能力。在改变驾驶舱布局的同时,引入了一套Have Quick超高频安全通信系统。荷兰的第15批次的F-16A(R)型战斗机还装备有欧德代尔夫特公司(Oude Delft)的"俄耳甫斯"(Orpheus)型昼间/夜间侦察系统,该侦察系统之前在F-104战斗机上曾被使用过。

## 第15批次作战性能升级的F-16A/B战斗机

第15批次作战性能升级(OCU)的F-16战斗机进行了结构加强、附属设备的改进,以及引入了抬头显示器——应用于F-16C/D战斗机。该改进项目主要升级了雷达和相应软件,火控和存储管理计算机,并为AN/ALQ-131型干扰系统添加了设备。为提高可靠性,动力装置更换为F100-PW-220E型涡轮风扇喷气式发动机,推力为26660磅(11832千牛)。

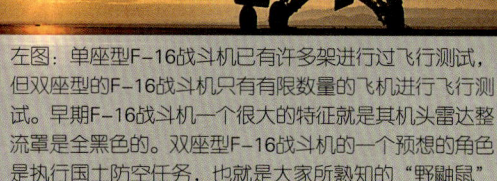

左图:有四个欧洲国家选择采购并装备新型F-16战斗机,该型战斗机不仅在飞行速度上比俄罗斯最新型的战斗机要快,更能在实战中击败对手。替换掉过时的装备,例如F-104"星"式战斗机,F-16A战斗机的服役使得空军力量战斗力突飞猛进

### 第15批次中期升级的F-16A/B战斗机

第15批次战斗机的中期升级（MLU）项目将F-16A/B战斗机的驾驶舱升级为与第50或52批次的F-16C/D战斗机所用的驾驶舱相似的。装载有AN/APG-66（V2A）型火控雷达、全球定位导航系统，以及广角的抬头显示器，具备夜视功能，采用模块化的任务计算机以替代之前的3个，并配有数字地图系统。升级后的第15批次中期升级战斗机飞行员将配备头盔显示器以及黑兹尔迪公司的AN/APX-111问询/收发雷达。直到2005年左右，第15批次中期升级的F-16A/B战斗机才陆陆续续从洛克希德公司的沃斯堡工厂中升级完成。

1992年9月，有4架战斗机被运送到沃斯堡的工厂中，作为中期升级升级改进计划的原型机。

### 第20批次的F-16A/B战斗机

第20批次的F-16A/B战斗机是专为中国台湾设计制造的。之前F-16系列战斗机的生产批次已经有了第15批次到25批次（之后就是F-16C/D战斗机的第1批次生产），这里第20批次是往回命名的。起初第20批次只针对为中国台湾生产的120架F-16A战斗机和30架F-16B战斗机，最后洛克希德公司将所有经过中期升级的F-16战斗机都归为第20批次。中国台湾的F-16战斗机拥有改进的AN/APG-66（V)2型雷达，但采用不同的敌我识别器（IFF），采用雷声公司的AN/ALQ-183电子对抗设备替代威斯丁豪斯公司的AN/ALQ-131型。

上图：4个欧洲国家（比利时、丹麦、荷兰和挪威）采购并装备有大量的F-16A战斗机，在这些国家经常称之为"世纪采购"。图示为一架美国空军F-16战斗机与上述4个国家的F-16A战斗机编队飞行

### F-16A"战隼"战斗机

这架F-16A战斗机涂装标识为委内瑞拉空军。共有24架F-16A战斗机交付给位于马拉凯（委内瑞拉北部城市）的Gropo de Caza16中的两个中队，但涂装序列较混乱，常使军事观察者感到迷惑。尽管空对地任务也很重要，但这些F-16A战斗机的主要任务还是防空，因此涂有伪装色。

**机翼**

机翼由11根墙、5根肋、上下承力蒙皮构成。由于翼身融合体构型，机翼根部结构重量轻、强度和刚度大。机翼前缘后掠角为40度，翼型选取的是NACA 64A-204。

**前起落架**

F-16A战斗机发动机进气道入口很大，而且离地面较近，因此对发动机吸入异物造成的损伤较为关注。F-16A战斗机的前起落架位于发动机进气道入口之后，防止异物被吸入发动机中。收起前起落架的过程中，前起落架旋转90°，最后水平收在进气道入口下方。

**刹车阻力伞**

委内瑞拉和挪威所用的F-16战斗机拥有加长型的尾椎整流罩，内部设有阻力伞，主要用于飞机在较短的跑道或是雪地湿滑的跑道能够成功刹车。比利时的F-16战斗机尾椎整流罩中则有一套电子对抗系统。

**座舱盖**

整体成型的座舱盖为飞行员提供了无与伦比的驾驶视角。具体参数为：环视视角360度，前后视角195度，两侧下视40度，前端下视15度。飞行员对该型座舱盖提供的视野范围高度赞赏。

**弹射座椅**

后倾30度以充分利用空间，麦克唐纳－道格拉斯公司的ACES II型弹射座椅能够实现零速度－零高度弹射逃生功能。弹射座椅倾斜线突起以克服倾斜趋势，并提高飞行员的过载承受能力。

**出口型**

F-16A/B和F-16C/D战斗机都曾出口给外国用户，F-16E/F战斗机主要是为阿拉伯联合酋长国（UAE）这一主要客户研究的改进型。美国优先将性能较次的F-16/79战斗机出口给外国用户，但如果这些用户有办法得到性能更全面而不是功能有所保留的F-16战斗机，没有国家会接受F-16/79这一较次的战斗机。

# F-16C/D "战隼"战斗机

下图：伴随着性能的增强，F-16需要承担更多的责任，其中最重要的就是遏制敌方的空中防御。为了做到这一点，图中这架美国太平洋空军司令部所辖F-16战斗机挂载了两枚AGM-88型高速反辐射导弹

F-16已经远远超越了自己轻型战斗机的出身，成为当前多功能战斗机的典范。相对于原始设计，F-16经历了大幅度的修改。新的设计意味着更多新的功能，对于F-16而言，无论是现在还是过去的10年，都已经远远无法追上时代的步伐了。

### 美国海军的F-16战机

为了对抗新一代的苏联战机，美国海军决定购买"战隼"。与美国空军的F-16C类似，美国海军的F-16N型战斗机采用的是通用电气公司的F-110型涡轮风扇发动机。为了提升性能，飞机去掉了悬架和M61型机炮。然而，由于无法预见的机体疲劳问题以及非同型战机间空战训练等原因，整个飞行编队被禁飞，直到1991年退役。

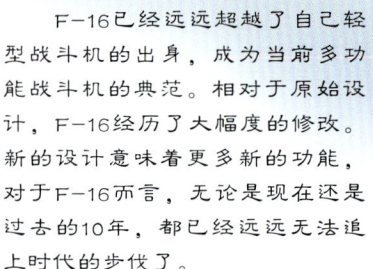

1984年6月19日，洛克希德公司的F-16C战斗机首次升空。F-16C型机和双座的F-16D型机的机身后部加大，一直延伸到垂直尾翼，在那里突出一根小型刀形天线。这一部分空间原本是为了安装内置机载自卫干扰机，后来由于美国空军更加青睐于外部挂载电子对抗吊舱，因而放弃了这个设计。

与早期型号相比，F-16C/D型机装有通用电气公司研制的抬头显示器，显示器基座是一个功能键盘控制台（早期型号则位于飞行员左侧的控制台上）。舱内还装有改进的数据显示屏，方便使用手控节流阀控制系统时查看数据。F-16C/D型机装备了休斯公司APG-88型多模式雷达，探测范围更广、解析度更高。机内还有武器接口，可挂载AGM-65D "幼畜"导弹和新一代的先进中程空空导弹。

F-16C单座和F-16D双座战斗机的改进是逐步进行的。一部分是在工厂组装的，另外的一部分则属于"多阶段提升"计划（接受航空电子设备、驾驶舱和机体的改进）和"多阶段提升"计划Ⅲ（进一步的系统安装），这样一来，使F-16 "战隼"能够达到夜间作战的水平。

左图：1985年12月21日，驻联邦德国拉姆施泰因空军基地的第86战术战斗机联队成为第一个拥有F-16C/D机型（如图）的美军海外作战部队，主要执行昼间攻击任务。后来，该联队转场到阿维亚诺基地支援"北约"第4战术空军航空队

上图：隶属于太平洋空军部队的这些F-16C型战斗机的任务是发射AGM-84 "鱼叉"反舰导弹和负责日本的国土防空

### 第25批次的F-16C/D

F-16C/D型战机保留了早期"战隼"机型独特的低进气道设计，采用翼身融合结构和电传飞行控制系统。由于涂抹了反雷达材料，最近型号飞机的气泡式聚碳酸酯座舱罩呈金色。F-16C/D型战机装有M61A1 "火神"20毫米口径机炮，可携带511发炮弹，弹药总装载量是16700磅（7575千克），包括美军军火库中的大多数炸弹和导弹。1984年7月，第25批次开始投产，F-16C型机的总量在289~319架之间，F-16D型机是30架。新型的第30/32批次飞机重新设计了发动机舱，可以安装通用电气的F110-GE-100型发动机，能够提供28984磅（128.9千牛·米）的推力，也可以配置普拉特·惠特尼公司的F100-PW-220型发动机，能够获得28840磅（106.05千牛·米）的推力。

F-16第40批次的发动机采用的是通用电气的F110-GE-100型发动机，而F-16C第

42批次"战隼"则安装了普拉特·惠特尼公司的F100-PW-220发动机。

由于在第32/42批次机型上换装了普拉特·惠特尼公司的新型发动机,就需要改变F-16进气道的外观以适应更大的动力。因为初期并没有换发动机,所以早期的F-16C/D第30批次都是小进气道飞机。宽出1英尺(0.3米)的进气道已经成为通用电气公司的"大进气道"飞机的标准尺寸。相比较而言,美国空军稍稍倾向于使用采用了通用电气发动机的F-16战机。

第30/32批次都能够携带AGM-45"百舌鸟"、AGM-88A反辐射导弹和AIM-120先进中程空空导弹。此外,在第30/32批次机型上还引入了改进后的航空电子设备。在总量501架战机中,F-16C为446架,F-16D为55架。

## F-16C/D第40/42批次"夜隼"战斗机

1988年12月,"夜隼"战斗机开始投入使用。飞机引入了"蓝盾"(夜间低空红外导航与目标定位系统)导航/目标指示吊舱、GPS导航接收器、AGM-88 HARMⅡ导弹、APG-68V型雷达、数字飞行控制系统和自动地形追踪系统,同时也增加了起飞重量。更大的结构强度使得"夜隼"战斗机能够承受9倍重力,从26000磅(12201千克)增加为28500磅(12928千克)。由于飞机总重增加,还需要装备"蓝盾"系统,飞机的起落架舱门鼓出,降落灯的位置也移到了前起落架舱门上。

第40/42批次"夜隼"战斗机目前已经交付美国、以色列、埃及、土耳其和巴林空军使用。1992年12月27日,一架装载了先进中程空空导弹的F-16D第40批次战斗机首先击落了一架伊拉克空军米格-25战斗机。

1991年12月,通用标准公司开始交付F-16C/D第50/52批次型战斗机。第50批次的首飞日期是1991年10月22日。1992年,首批第50批次型F-16战斗机前往驻犹他州希尔空军基地的第388战斗机联队服役。接着,美国驻欧洲空军第52战斗机联队也接收了该型战机。第50/52批次"战隼"战斗机的雷达是西屋电气的AN/APG-68(V)5型,同时装配了改进后的航空电脑。

第50/52批次还增配了特拉克公司研制的AN/ALE-47型红外诱饵和干扰箔条投放系统、ALR-56M雷达告警接收机、"速应"ⅡA无线电通信系统、抗干扰甚高频电台、集成高速反辐射导弹和大视野抬头显示器。

这些新型F-16战斗机使用了通用电气和普拉特·惠特尼两家公司的"改进性能发动机"(IPE)版本。其中,通用电气的F110-GE-129型发动机能够提供29588磅(131.6千牛·米)的推力,普拉特·惠特尼公司的F100-PW-229型发动机能够提供29100磅(129.4千牛·米)的推力。1991年,参与"第52批次"计划的测试机出现问题,因此不得不重装了旧型的F100型发动机。从那之后,通用电气和普拉特·惠特尼公司都提供了32000磅(142.32千牛·米)级别的发动机。

约有100架美国空军的F-16C/D第50/52批次战斗机通过在进气道右侧下方加装ASQ-213吊舱,升级成第50/52批次D版本。这个吊舱称作高速反辐射导弹定位系统,使F-16具备了有限的防空压制能力。

目前,F-16最大的改动就是在第30批次和第40批次F-16D战斗机上采用了以色列的"大吊舱"设计,内部安装了对敌防空压制的航空电子设备。新加坡空军订购了18架使用该设计的第52批次战斗机。

## 第60批次机型

为了提高F-16的远程打击能力,洛克希德·马丁公司开发出了第60批次机型,

下图:第60批次型F-16战斗机的设计基于F-16ES型,集成了保形油箱和大量的新型电子系统。这种机型是阿联酋80架F-16E/F订单的主力。以色列目前共订购102架F-16E/F,也采用保形油箱,预计2008年交货完毕

上图:埃及是一个非常重要的客户。1988年6月,该国签署合同购买41架采用F110发动机的第40批次型F-16战斗机。在此之前,埃及已经有82架F-16战斗机服役。1991年10月,第40批次型机开始交货。1994—1995年,又有52架飞机交货。1996年5月,埃及再次订购了21架第40批次型机。然而采购工作并没有结束,1999年埃及又订购了24架第40批次型F-16战斗机

这种全天候攻击机机型的潜在客户包括希腊、以色列和挪威,而以色列对F-16I型更有兴趣。最后,F-16E/F第60批次经过全新升级,阿联酋成为首个买家,第一架于2004年交付。有趣的是,以色列首先对类似机型F-16I型情有独钟,订购了50架,然后又购买了52架第60批次。尽管美国空军对第60批次缺乏兴趣,但该机型用其稍弱的夜间和恶劣气候下的作战能力为"攻击鹰"提供了廉价的替代方案。

由于"联合打击战斗机"计划的推迟,改进后的F-16系列机型已经做好为美国空军及盟军继续服务的准备。

### F-16战斗机的侦察吊舱

为了提升早期的F-16战斗机的性能,丹麦皇家空军启动了一项研发计划,寻求安装新的战术侦察系统。目前,丹麦空军的F-16A使用的是"龙"式战斗机的"红色男爵"摄影吊舱和伍德森公司"模块化侦察吊舱",后者装有各种传感器,且已通过认证,很可能被比利时(如图)、丹麦和荷兰空军使用。

下图:希腊空军的F-16战斗机的设计与众不同,将探照灯安装在前侧机身右弦,用于执行夜间拦截任务,也是唯一装备探照灯的F-16C型战斗机

# F-16战斗机的防空机型

在冷战后期,洛克希德公司(通用动力)的F-16A防空战斗机(第15批次)负责北美的空中防御任务,其大多数使用单位都转而选择了其他的F-16机型。

1986年10月,美国空军宣布将其270架(后来改为241架,包括217架F-16A和24架F-16B)F-16A/B第15批次"战隼"改型为防空战斗机。冷战时期,为了保护北美上空不受轰炸机和导弹威胁,美国军方要求14个空军国民警卫队飞行中队接收防空战斗机,由北美防空司令部统一指挥。在当时,没有人预见到F-16将会作为截击机使用,因此也没有任何单位为F-16装载雷达制导导弹或用其执行大航程截击任务。

防空战斗机的改造集中在升级现有的AN/APG-66型雷达,提高小目标的探测能力,提供连续波照明,这样才能具备发射AIM-7"麻雀"超视距导弹的能力。

### 其他改动

进一步的改动包括在前侧机身左舷安装夜间标志灯、先进的敌我识别系统、单边带无线电接收机、改良的电子反对抗系统、GPS和AIM-120先进中程空空导弹数据链接。F-16防空战斗机可以携带最多6枚AIM-7"麻雀"或AIM-9"响尾蛇"导弹,还能搭载F-16A型机的20毫米口径M61炮。1989年2月,该型战机首次成功发射"麻雀"导弹。

改装工作由位于犹他州希尔空军基地

下图:除标准的F-16A机外,美国空军国民警卫队还接收了两种特战机型:第一种搭载GPU-5/A机炮吊舱,用来执行对地攻击任务;第二种更专业的机型称作防空战斗机(如图),负责北美上空的空中防御

的奥格登空中物流中心负责,使用通用动力的改装套装,全部工作于1992年完成。1990年,F-16防空战斗机的开发工作在爱德华兹空军基地展开,接着由内华达州内里斯空军基地的第57战斗机武器联队负责试飞和评估。首架F-16防空战斗机在俄勒冈州空军国民警卫队第114战斗机中队服役,F-16A/B型防空战斗机的飞行员都在那里接受训练。目前,拥有防空战斗机的空军国民警卫队单位有:加利福尼亚州第194战斗机中队、佛罗里达州第159战斗机中队、伊利诺伊州第169战斗机中队、密歇根州第171战斗机中队、明尼苏达州第179战斗机中队、马萨诸塞州第186战斗机中队、北达科他州第178战斗机中队、新泽西州第119战斗机中队、纽约州第136战斗机中队、波多黎各第198战斗机中队和得克萨斯州第111战斗机中队。

### 冷战时的变化

苏联的解体为美国军队带来了一连串的削减军备运动。在美国空军,各个飞行中队装备防空战斗机的工作受到严重影响,一线11个拦截中队的战斗机只装备了3个空军国民警卫队中队(第178、179、186中队)。大量多余的美国空军防空战斗机被甩卖到海外,作为F/A-18"黄蜂"战斗攻击机和米格-29"支点"战斗机的廉价替代品。葡萄牙是首个获得该截击机机型的国家,根据"大西洋和平"计划,该国第201中队接收了17架F-16A和3架F-16B防空战斗机。这

下图:并非所有的防空战斗机都专门用作战斗机。驻波多黎各岛和伊利诺伊州的空军国民警卫队的F-16战机在担负空战任务的同时,还执行轰炸任务。与其他防空战斗机中队有所不同,这两个基地并不隶属于北美空中防御司令部,因此其尾码使用的是美国战术空军司令部的两个字母

上图:葡萄牙的F-16战斗机主要用于空中防御,但也可以携带AGM-65"幼畜"导弹,承担对地攻击的任务。图中可以清楚地看到凸出的尾翼基部,其内部装有方向舵传动器

批战机携带AIM-7F型导弹,起初担负着空中防御的任务,后来又承担起对地攻击的任务,并参加了"北约"对前南斯拉夫的军事行动。由于A-7P"海盗"攻击机即将退役,葡萄牙计划再购买25架F-16战斗机作为新一代的对地攻击机。

作为F-16的新客户,约旦通过"和平之鹰"租借协议接收了25架防空战斗机和其他"战隼"机型。如果资金允许,约旦会继续跟进。

### 英国皇家空军的战鹰?

1995—1996年,多余的防空战斗机以租借形式来到了英国、西班牙和意大利,作为"台风"战斗机服役前的过渡机型。然而,由于担心洛克希德·马丁公司的长远目的是企图破坏"台风"战斗机项目,从而把F-16和F-22卖到英国,英国BAE公司及其在英国皇家空军和国防部内部的支持者极力反对这次租借行动。经过对租借计划的成本评估发现,这是一笔无法承受的开支。紧接着,意大利转向英国皇家空军租借"狂风"Mk3型战斗机,而西班牙则选择了F/A-18战斗机,对于F-16防空战斗机而言,这无疑又是一次沉重打击。但是,这并非代表着没有人对这些多余的防空战斗机感兴趣。前"华约"国家希望F-16战机尤其是其防空战斗机型能够取代苏联供应的机型。

## 北达科他州空军国民警卫队第119战斗机大队第178中队的F-16A防空战斗机

"战隼"的防空战斗机型专为空军国民警卫队开发,用以替代F-4D和F-106A战斗机,装备了"战隼"大部分的拦截组件。

### 防空战斗机的识别特征

"战隼"的单座防空战斗机型在外观上有3点独特之处:机头左侧装有夜间标志探照灯;前风挡和进气道下方装有Mk XII型敌我识别天线;方向舵伺服机构上方安装了整流罩。

### 航空电子设备

对防空战斗机的航空电子设备进行更新,从而适应拦截任务。其中,ARC-200航空电台/单边带无线电接收机用于远程通信,装备的全球定位系统用于目标跟踪,Mk XII型敌我识别系统用于战场敌我目标的判断。

### "麻雀"和先进中程空空导弹

防空战斗机的基本要求之一就是能够携带中程空空导弹。为了实现这个目的,改装了AN/APG-66雷达,使之可以提供连续波照射。AIM-7F/M型导弹一般位于3号和7号位,AIM-120A型先进中程空空导弹一般位于1、2、3、7、8和9号位,取代了AIM-7型和AIM-9型空空导弹。

### 历史

这架"战隼"的出厂型号是F-16A-15K-CF。1983年7月28日,该机由犹他州希尔空军基地的第388战术战斗机联队接收。

### 总统画像

第179战斗机中队的F-16A型防空战斗机的机身上都绘有西奥多·罗斯福总统的画像,这里有个小典故,1898年美西战争期间,罗斯福在第1志愿骑兵团服役期间,曾在北达科他州生活过几年。

### 探照灯

防空战斗机改装之一就是在机头左侧安上了探照灯,这使得飞行员在夜间增强了目标辨识能力。

### "快乐流氓"

北达科他州空军国民警卫队队员为这个昵称感到骄傲。在一次训练营活动中,美国战术空军指挥部下令所有战术飞机必须去掉机身彩色标识,而北达科他州则通过决议使这家驻法戈基地的空军单位可以保留其独特的尾部标记。

### 标记

F-16防空战斗机带有美国空军标准的双色灰迷彩。大多数空军国民警卫队的飞机都有非常显眼或艳丽的尾翼标志。

下图：图中展示的是"联合攻击战斗机"的航母舰载机版本，即X-35C型战斗机

# 洛克希德·马丁公司
# F-35战斗机

尽管叫停的阴云驱之不散，美国"联合攻击战斗机"项目依然是世界上最重大的军事计划，而这个项目的重中之重就是洛克希德·马丁公司的X-35实验机。

作为"联合攻击战斗机"的低风险实现方案，洛克希德·马丁公司研制的X-35战斗机的很多特色使其超越了同时代的战斗机，而且科技进步使得"联合攻击战斗机"项目的两个竞争对手不得不以F-16的价钱提供F-22隐形战斗机的功能，同时其保养费用也是异常的低廉。

1996年11月，洛克希德·马丁公司和波音公司获得进一步开发"联合攻击战斗机"的合同。合同要求建造两架概念实验机，以证明他们在"首选武器系统概念"建议书中所提到的高科技。美国国防部将依据双方提交的"首选武器系统概念"提案，以及从概念实验机中获得的实际数据，通过电脑推算确定一系列关于生产、可靠性和保养易用性等辅助提案，在2001—2002年选出其中一个公司继续进行到"工程与制造开发"阶段。

洛克希德公司在"联合攻击战斗机"的竞争（"共同负担得起的轻型战斗机"项目和"联合先进攻击技术"项目）中一直走在前列，而且一直在完善其设计方案。"联合攻击战斗机"计划的目标是为美国空军提供陆基战斗机，为美国海军提供舰载机，为美国海军陆战队提供短距起飞和垂直降落平台，其中，最后一个目标在技术上具有较大难度。

在安装短距起飞和垂直降落装备之前，洛克希德·马丁公司的整体设计理念要求建造一架常规起降实验机来展示其遥遥领先的设计。该试验机被命名为X-35A，安装好设备后则成为X-35B。第二架实验机X-35C用来测试舰载机型，但它也能安装短距起飞和处置降落飞机的升力风扇，以防第一架飞机损毁。

## X-35的设计

概念实验机的设计一直秘而不宣，直到"首选武器系统概念"提案的最终提交。洛克希德·马丁公司的220型在设计上与最终的235型的相似度远远高于波音公司的概念实验机。飞机很像是缩小版的F-22战斗机，双尾翼向外倾斜，可动尾部升降副翼向后挪动，修改进气道形状和机头设计，提高隐形性能。常规起降舰载机版本由1台普拉特·惠特尼公司F-119-61C型涡轮风扇发动机提供动力。X-35的一个特色就是采用无分离板进气口，在机身侧面有一个鼓包，把震荡从边界层向进气道唇口两侧释放，弯曲的进气道可以吸收雷达能量。武器装备放置在下面的武器舱中，包括AIM-120型先进中程空空导弹和两枚联合直接攻击弹药。当然，武器装备也可以外置，但这样做会增加雷达目标的有效截面。

2000年10月24日，首席试飞员汤姆·摩根菲尔德驾驶X-35A常规起降实验机首次升空。该机在帕姆戴尔著名的"臭鼬工厂"建造，后转至爱德华兹空军基地进行长时间测试，内容包括高速机动性、空中加油能力和超音速飞行。整个计划进展顺利，没有出现大问题。11月22日，X-35A完成了测试项目，共记录了27次飞行。接下来，该机又返回帕姆戴尔的工厂，接受改型成为短距起飞和垂直起降的X-35B型机。

## 舰载实验机

2000年12月16日，乔·史维尼驾驶X-35C首次升空，这就是为美国海军研制的

下图：在第10次飞行中，X-35A原型机与第412测试联队的一架NKC-135E型机对接，展示空中加油能力。两架X-35使用美国空军的伸缩套管型加油装置，波音公司的X-32则使用美国海军的探头型加油装置

美国空军计划订购1763架X-35A联合攻击机，大多数用来更换F-16战斗机，其他将会替换A-10攻击机

汤姆·摩根菲尔德正在操纵X-35A原型机。这个参与"臭鼬工厂"许多项目（包括F-117和YF-22等）的老牌试飞员形容X-35A的操控性能非常出色，并表示该型机对指令输入的响应非常干脆，控制指令下达后，飞机停下来时没有丝毫翻滚

右图：在准备首次试飞时，试飞员汤姆·摩根菲尔德把X-35A的F119-611C型发动机油门开到最大。对于将来投产的"联合攻击战斗机"，通用电气公司的F-120型发动机是另一个选择

舰载机型，该机型有着巨大的机翼和尾翼。为了保留原始设计的通用性，洛克希德·马丁公司在常规起降机体设计的翼面附近增加面积，没有大幅度地更改内部结构。其最大装载量略微减小，但依然在美国海军的要求范围内。

X-35C测试项目的主要目标是确认飞机的低速操控能力。X-35C在爱德华兹空军基地的模拟甲板上进行了一系列模拟起降测试，之后完成了横贯美国大陆的飞行，从爱德华兹起飞抵达马里兰州帕图森河的海军测试基地，在沃斯堡休整一晚上，那里也是洛克希德·马丁公司的联合攻击机的可能的制造地。

一系列全面模拟航空母舰起降实战性实验证明了X-35C在接近海平面的优良操控能力，实验还设置了许多突发情况，从而测试飞机快速、安全的反应能力。

3月11日，X-35C的测试结束，共进行73次飞行，时间累计58小时。除了实战飞行外，该机还参与了X-35A的测试，进行超音速飞行。此外，还与KC-10加油机进行对接，验证空中加油能力。

## "联合攻击战斗机"投产

2001年10月，洛克希德·马丁公司的"联合攻击战斗机"被命名为F-35，并决定投产。该型战机具备一系列惊人的性能，其中，有源电子扫描阵列雷达也可以作为无源雷达接收机使用，分布式红外传感器系统的6个红外传感器遍布机身，在飞行员的头盔内嵌显示器上显示，飞行员晃动头部就可以看到周围的红外影像，包括驾驶舱地板。这对于驾驶短距起飞/垂直降落机型的飞行员进行悬停降落时的帮助极大。

该型飞机的很多系统都在诺斯罗普·格鲁曼公司的BAC111测试机（航空电子设备协同测试平台）上测试。飞机上还试装了235型飞机的驾驶舱，仪表盘上方是突出的等宽显示屏，尺寸为20厘米×50厘米。舱内没有抬头显示器，所有相关信息在飞行员的头盔内嵌显示器上显示。两个X-35实验机都采用了更为传统的驾驶舱，装备了平视显示屏。

尽管各机型之间保持通用性非常重要，但它们之间依然有着许多显著区别，235型机的舰载机型的起落架和折叠翼更为牢固，机身设计了凸出的炸弹舱门，可以装载2000磅的GBU-31型联合直接攻击弹药和其他武器。

下图：X-35C原型机正在爱德华兹空军基地进行模拟航母起降训练。根据目前的计划，在所有F/A-18E/F型"大黄蜂"战斗攻击机完成交付之后，美国海军才能够采购"联合攻击战斗机"，并逐渐取代F/A-18C/D型"大黄蜂"战斗攻击机。美国海军计划购买480架舰载型的联合攻击

# 短程起飞/垂直降落的 F-35B 战斗机

对洛克希德和波音公司的"联合攻击战斗机"开发团队而言,美国海军陆战队的"短程起飞/垂直降落机型"才是最大的挑战。洛克希德·马丁公司由于为旗下的X-35B实验机选择了升力风扇设计,从而大获成功。

有趣的是,1996年以前,3家"联合攻击战斗机"的竞争厂商针对短距起飞/垂直起降飞机提出了不同的推力系统。波音公司使用了直升概念,这在"鹞"式战斗机中已经得到证明;被淘汰的诺斯罗普/麦道公司使用了LPLC理念——Yak-38和VAK191样机;而洛克希德·马丁公司则选择了一条全新的道路,使用了从未有人涉足的理念,那就是升力风扇(lift fan)系统。

升力风扇概念是发动机的矢量推力与冷风扇的矢量推力联合在一起,而风扇则由发动机驱动。这个设计与LPLC略微相同:不进行短距起飞/垂直起降飞行时,升力风扇(升力发动机)就毫无意义。然而,与波音公司在X-32B上应用的"直升"概念相比,升力风扇有两个主要优势:首先,它极大地改善了发动机的推力恢复能力;其次,它避免了高热废气回流进发动机引起的各种问题。

洛克希德·马丁公司的设计师认为,升力风扇能产生冷空气推力,这就使得高热废气无法被吸入气道,降低了废气损害发动机的可能性。这套理论确实有效;在悬停测试中,进气道的温度仅上升了3摄氏度。

## 风扇的安装

洛克希德·马丁公司的联合攻击机提案指出,X-35A测试平台证明,短距起飞/垂直起降机型与常规起降机型的气动特性相似。2000年11月22日,当该公司的测试计划结束后,X-35A返回了帕姆戴尔的"臭鼬工厂"安装埃里森公司设计的短距起飞/垂直起降机型的升力风扇,然后就成为X-35B。

升力风扇是一个大直径两级对转风扇,安装在驾驶舱后面的舱室里。脊背前部的舱门打开,吸入冷空气,成为风扇的进气口;而下部舱门打开,使加速的空气通过。在X-35B中,空气流过一个D型截面的矢量喷管,但在生产提案中,此矢量喷管将会被一系列的活动叶片代替。

发动机的压缩机正面伸出一根传动轴带动风扇工作,而离合器则(一种碳刹车盘技术)提供可以控制的扭力带动转动轴,转动轴的力再传递给一个装置使两级风扇转动。风扇全力转动时,能够提供18000磅(80千牛·米)的推力。

当然,这个推力是在机身前部产生的,为了平衡,发动机废气通过一个三元矢量喷管向下排出。此喷管是由罗尔斯-罗伊斯公司研发,借鉴了雅科夫列夫设计局在雅克-41战斗机原型机上使用的类似装置的经验。喷管可以偏转15度,可使飞机在悬停时向后移动。X-35B采用的是普拉特·惠特尼公司的F119-611S型发动机,可同时或分别控制发动机和升力风扇产生的推力,从而控

下图:洛克希德·马丁公司的短程起飞/垂直起降概念机使用了大量的活动部件。飞机的脊部和底部设了舱门,这些照片显示了发动机的矢量喷管。在上边图片中喷管的角度略向下倾,在下面的图片中则几乎成直角。机身前部的升力风扇也产生矢量推力

下图:关键时刻——2001年6月23日,西蒙·哈格里夫斯驾驶X-35B首次进行自由飞行。在此之前,飞机是在各种物理或重物限制条件下进行测试的

左图：2001年6月24日，X-35B完成首次稳定悬停状态：25英尺高度，悬停35秒。在这次飞行测试中，飞机先后做出18次垂直起飞和27次悬停着陆

制俯仰率和爬升/下降速率。

多余的空气被发动机风扇吸到机翼下方的2个滚转喷管。几个出口处气流是不断变化的，为悬停提供滚转控制。4个喷管总共提供大约40000磅（178千牛·米）的推力。

## 短距起飞/垂直降落机型的改装

X-35B起飞时有短暂的横滚，这是标准做法。设置推进系统为短距起飞/垂直降落模式，但推力以一定倾斜角向后移动。飞机在跑道上前进了大概500英尺（152米）后，以60节（69千米/小时）的速度起飞。然后加速攀升转向翼载飞行。在这个过程中，推进系统是自动设置的。

X-35建成之后，洛克希德·马丁公司谨慎地进行了第一次试飞。与波音公司的"飞行然后悬停"方式不同，洛马公司的测试从垂直起飞开始。测试首先在一个悬停坑上空进行。这个坑包括一个金属格栅，下面有一个腔，可以排放出废气和冷空气，可以使飞机无需离开地面模拟悬停。悬停坑出口的门可以打开或封闭，这样就可以模拟有地效悬停和无地效悬停。起初的测试中，使用特制的起落架，把X-35牢牢地固定在金属格栅上，不仅可以固定飞机，还可以测量升力。

2001年6月23日，进一步的无限制悬停测试进入到首次全悬停阶段。飞机由西蒙·哈格里夫斯驾驶控制，他是英国BAe公司的老牌试飞员，曾经参加过马岛战争。7月3日，再次测试了悬停飞行之后，X-35B起飞前往爱德华兹空军基地，进行剩余的飞行测试项目。

需要指出的是，测试是在爱德华兹和帕姆戴尔的沙漠地区2500英尺（762米）高

上图：由发动机部位伸出的转动轴驱动，升力风扇为悬停提供几乎一半的推力。后方是副发动机进气道门

空进行的，有时测试时的空气温度达到36摄氏度。即使在这样的高度和温度条件下，X-35B没有进行全功率运转就可以轻松完成悬停。在测试中，X-35B载重34000磅（15422千克）成功悬停降落，这个重量是以前其他的短距起飞/垂直起降机型（例如AV-8B"鹞"式飞机）的两倍。

经过了悬停和翼载飞行，7月9日，首个从短距起飞/垂直起降模式向常规起降模式的空中转换测试开始。7月16日，哈格里夫斯操控飞机从翼载飞行变为垂直降落。3天后，他的同行，英国皇家空军的布里顿飞行中队长贾斯丁·佩恩斯少校完成了这个壮举。

## "X任务"

7月20日，洛克希德·马丁公司的设计团队实现了终极目标——"X任务"，以短距起飞/垂直起降模式开始起飞，然后转为常规起降模式进行超音速冲刺，最后再转为短距起飞/垂直起降模式进行垂直降落。美国海军陆战队少校亚瑟·托马塞蒂执行了此次任务。7月26日，哈格里夫斯执行了另一次X任务，并进行了空中加油。7月30日，X-35B完成了所有的飞行项目。8月中旬，最终的投标和测试数据提交给了项目办公室。最终，洛克希德·马丁公司击败波音公司赢得了联合攻击机的生产权。美国海军陆战队有望在2012年左右得到首批F-35B战斗机。

下图：两架X-35概念实验机在驾驶舱后面设置有标志性的大幅突起部位，从而安装升力风扇。根据预计，投产的X-35舰载机型和X-35常规起降机型不会有此突起部位，也不会有较大的座舱罩

# 美国海军陆战队
# F-4"鬼怪"战斗机

美国海军陆战队的"鬼怪"(Phantom)式战斗机一般从陆基空军基地起飞,飞行环境复杂多变,在越南战争期间主要负责近距离空中支援和照相侦察任务。

上图:这架编号VMFA-323的F-4B战斗机装备有AIM-7"麻雀"空空导弹以及很重的Mk 82型航空炸弹。美国海军陆战队在越南上空很少有机会使用AIM-7空空导弹,却在近距离空中支援任务中消耗了大量的弹药

1962年,美国海军陆战队开始接收第一架麦克唐纳-道格拉斯公司的F-4B"鬼怪Ⅱ"型战斗机。到1963年,海军陆战队已经拥有足够的战斗机装备3个F-4战斗机中队,作为海军陆战队第11航空大队(Air Group-11)的一部分。美国海军陆战队第11航空大队及其所辖3个"鬼怪"式战斗机中队——VMFA-314"黑骑士"中队、VMFA-531"灰鬼"中队和VMFA-542"孟加拉棉"中队,转移到日本的厚木地区的海军航空站,在1963年晚些时候,当东南亚地区的冲突爆发时,该部队已经万全准备好执行作战任务。

## 进驻越南

1965年5月10日,美国海军陆战队第531攻击战机中队的一批15架F-4B战斗机抵达位于越南海岸的岘港。作为海军陆战队在越南的第一款陆基战斗机,最初是安排执行美国海军陆战队战区的防空任务,但很快F-4型战队便显示出其在执行近距离空中支援任务方面的巨大优势。因此,美国海军陆战队第531攻击战机中队开始执行雷达引导的轰炸、闪光弹照明的夜间攻击,以及为地面的海军陆战队提供常规的近距离空中支援任务。VMFA-314"黑骑士"中队、VMFA-323"死亡响尾蛇"和VMFA-542"孟加拉棉"随后也都抵达岘港,与"灰鬼"中队一同作战。1965年6月,VMFA-513"飞行梦魇"中队也抵达岘港,随后在10月份飞回美国。

在越战前期,岘港地区的条件相对简陋。由于基地内的作战部队太多,这也导致因设备短缺引起的问题层出不穷。由于在越南战争早期,岘港附近的空军基地是美国在越南南部唯一能够起降喷气式飞机的基地,因此在此期间,城市和机场都极度拥挤繁忙。这种拥挤繁忙从两个方面影响到海军陆战队的"鬼怪"战斗机部队。

第一方面就是促使建立第二座海军陆战队的军事基地。应用战术支援小型机场(SATS)系统,海军陆战队在岘港南部朱莱(Chu Lai)地区建立了一个新的空军基地。战术支援小型机场(SATS)等同于陆上的航母甲板,采用二手的铝合金薄板建造一个短距离跑道,配备移动弹射装置(MOREST)。朱莱的新基地在缓解岘港基地压力的同时,还可以允许额外部署两支F-4战斗机飞行中队。

第二个方面则是一起可怕的空中撞机事故。一架VMFA-342中队的F-4B战斗机迎面与一架VMGR-152中队的KC-130F运输机相撞。讽刺的是,美国海军陆战队的F-4战斗机的日常任务就是负责这些加油机的防卫,并且依靠这些加油机得到空中燃油补给。在这起事故中的加油机正在与两架VMFA-314中队的F-4战斗机连接并为它们进行空中加油。F-4B战斗机撞到了加油机的右机翼,这架F-4B战斗机和KC-130加油机全部坠毁并且8名机组成员无一幸免。正在与加油机对接进行空中加油的两架F-4战斗机,一架在飞行员弹射后坠毁在海上,一架成功迫降在朱莱空军基地。

相比岘港基地,朱莱空军基地的条件更简陋。由于灰尘和空气湿度大的缘故,两个基地的航电设备都因此出现问题。并且两个基地也都易遭受越南的迫击炮袭击。

## 基地防御

为了对付岘港周边地区的越共游击队(VC),美国海军陆战队命令F-4型战斗机执行短程任务,不携带副油箱,但是挂载多达24枚500磅(227千克)的Mk 82航空炸弹。在遭受越共游击队攻击期间,"鬼怪"战斗机每10分钟便会投弹一次。对于朱莱空军基地,越共游击队的袭击更为猛烈。从基地建设的最初开始阶段便面临现实的攻击压力,当基地最终建设完成,其周边一直存在约3000人的越共游击队持续进行骚扰。美国海军陆战队的"鬼怪"战斗机采用相

上图:1972年某日,这架编号VMFA-333的F-4J型战斗机正飞离美国航母"美国"号。美国海军陆战队的一些陆基飞行中队也有一些F-4J型战斗机,包括在泰国南蓬的空军基地驻扎的部队。1973年,位于泰国南蓬的F-4J型战斗机部队成为美国最后一支离开东南亚的美国空军作战部队,在此之前还对柬埔寨的"红色高棉"武装力量进行了轰炸袭击

上图:照片上显示的是1972年,一架F-4J战斗机位于泰国南蓬。这架F-4J战斗机隶属于VMFA-232飞行中队,队标在飞机后面的房屋上有显示。注意已经折起的外翼段

上图：拍摄于1972年，编号VMFA-115的F-4B型战斗机打开它的机身下方的投弹舱门，正在投放Mk 82低阻多用途航空炸弹。该战斗机在美国海军陆战队位于东南亚的3个陆地空军基地都执行过任务

同的策略保卫朱莱基地，但在这里他们几乎一起飞便开始轰炸。

到1969年，只有美国海军陆战队第1综合侦察中队（VMCJ-1）的RF-4B"鬼怪"侦察机仍驻留岘港基地，而在朱莱基地，4个F-4战斗机中队和新成立的美国海军陆战队第32航空大队一起撤离该基地。这种部署一直持续到1972年，这时美国海军陆战队的第3个基地在泰国南蓬地区建立起来。

1966年9月3日，美国海军陆战队第1综合侦察中队（VMCJ-1）的照相-侦察型"鬼怪"战斗机从岘港基地起飞，开始执行其第一次任务。该部队驻扎岘港基地一直持续到1970年，在此期间曾有一架飞机遭受敌方高射炮攻击，但是没有坠毁，因此没有损失一架飞机。

另外一个被美国海军陆战队"鬼怪"战斗机飞行员称为"家"的基地是美国海军"美国"号航空母舰。1972年7月5日到1973年3月24日，VMFA-333"酢浆草"中队一直伴飞从航母上起飞的美国海军的VF-74飞行中队。1972年9月10日，该中队取得了美国海军陆战队"鬼怪"战斗机中第一次击落米格战斗机的荣誉。在河内附近，两架F-4J型战斗机遭遇3架米格-21型战斗机并与之战斗，在发射4枚"麻雀"导弹和两枚"响尾蛇"导弹后，击落一架米格-21战斗机。随后另一架米格-21战斗机被侧翼的一架F-4J战斗机击落。几乎在这次战斗一结束，这两架"鬼怪"战斗机便被地对空导弹击落，驾驶员弹射逃生降落到海上。更早些时候，由海军陆战队的交换飞行员驾驶一架F-4D战斗机击落过米格战斗机，同时另一个美国海军陆战队飞行员驾驶一架美国空军的F-4E战斗机在美国海军的雷达截获官（RIO）的引导之下击落了另一架米格战斗机。

对美国海军陆战队的"鬼怪"战斗机来说，战术标准装备是凝固汽油弹、Mk 80系列航空炸弹以及无制导火箭弹。后来，口径5英寸（127毫米）的"祖尼"火箭弹也在武器选择之列，此时Mk 81和Mk 82系列航空炸弹已经频繁使用。在岘港基地行动开始的最初阶段，美国海军陆战队经常向海军"借"武器装备，包括Mk 82"蛇眼"航空炸弹，这种弹药当时不在海军陆战队的武器清单中。尽管陆战队的飞行员们并没有接受发射这种炸弹的训练，但他们很快发展出他们自己的应用策略，随后在1967年Mk 82航空炸弹正式列入美国海军陆战队军需装备清单。

为保持他们发现自己所处的不寻常状态，"鬼怪"战斗机飞行员很快开始适应并改变现有的战术策略，或发展适用的新型战术。由于F-4战斗机的主要任务是近距离空中支援，因此他们常常会飞入敌军高射炮的交战区域。为了最小化被击落的风险——美国海军陆战队的"鬼怪"战斗机大部分被高射炮击落，发展出一种采用高速攻击的战术策略。这种攻击方式也经常以最低高度飞行，VMFA-122中队报告称他们以600节（691英里/小时或1112千米/小时）的航速最低飞行低至25英尺（7.62米）实施攻击。

当大批战斗机攻击一个单独目标时，"鬼怪"战斗机将成对飞行并分布在不同高度，在目标上空做圆周运动，总体呈圆锥体的形式。圆锥体的顶点位于目标点位置，"鬼怪"战斗机随高度的降低逐渐缩小旋转半径，最后缩到作战目标上空，再完成攻击任务。圆锥体母线的斜率等于该攻击行动的俯冲角。曾有美国海军陆战队飞行员报告说，由于攻击战斗机周围地区的高射炮系统非常活跃，这使得他们很少有机会能顺利投弹。然而他回忆道，一旦他到达目标上空准备实施投弹，就顾不上考虑什么高射炮系统以及到底能否命中目标。

上图：对于无武装的RF-4B型侦察机的飞行组员来说，侦察机飞临目标上空时的速度更重要。执行拍照操作需要侦察机维持飞行稳定，通常高度在3500英尺（1067米），飞行速度在600节（691英里/小时或1112千米/小时）左右

上图：来自VMFA-115的这架F-4B型战斗机机翼下方的3联装（TER）挂架上装配有Mk 82"蛇眼"航空炸弹，"响尾蛇"导弹挂架位置内侧装载两个"祖尼"火箭弹，并且这架飞机在机身下面还将挂载至少一枚凝固汽油弹

# "鬼怪"的美国海军和美国海军陆战队型号

### F-4A（F4H-1/F4H-1F/98AM方案）

在F-4的两架原型机完成之后，生产了45架F4H-1型战斗机，后来重新命名为F4H-1F。1962年9月，服役型号命名为F-4A战斗机。刚开始的前21架该型号战斗机属于预量产型，结构变动较大。第一架战斗机还保留了原型机上小雷达天线罩和低驾驶舱盖的特征，但从第19号战斗机开始，采用加大的座舱盖和加大的雷达天线罩。动力装置采用J79-GE-2A型发动机，后期型号采用J79-GE-8型，下图所示是后期型号F-4A战斗机中的第8架。该型号战斗机并没有开赴前线，大多数执行测试和飞行训练任务。

### F-4B（F4H-1/98AM方案）

F-4B战斗机最初是以F4H-1的名义（更早的该型战斗机被重命名为F4H-1F）来设计制造的。

F-4B战斗机（1962年9月以后生产的F-4战斗机）是第一款确定的量产型战斗机，总共生产了649架。1961年3月25日，托马斯·哈瑞斯（Thomas Harris）驾驶飞机成功首飞。第一架F-4B战斗机几乎与最后的F-4A战斗机相同，但F-4B战斗机被视作完全作战形态，装备APQ-72型雷达、AJB-3型核轰炸系统、ASA-32型自动飞行控制系统以及一系列硬挂点。动力装置为J79-GE-8或者J79-GE-8A型发动机，从第19架F-4B战斗机（以及更早机型的翻新机）上开始使用APR-30全向雷达告警系统。1961年春天，美国海军首先得到F-4B战斗机，Miramar地区的VF-121"引导者"中队是第一个接收F-4B战斗机的作战部队，该中队负责美国西海岸飞行训练任务。随后，美国东海岸的训练部队VF-101"残酷收割者"中队也接收到了F-4B战斗机。大西洋飞行联队的VF-74"Bedevilers"中队成为首支接收F-4B战斗机的前线部队，部署在美国海军"佛瑞斯塔"（Forrestal）号航空母舰上。1964年8月5日，F-4B"鬼怪"战斗机的第一次作战发生在东京湾战役中，随后在1965年4月9日，F-4B战斗机的首次空对空击落纪录诞生，一架VF-96飞行中队的F-4B战斗机击落了一架米格-17战斗机。F-4B战斗机在美国海军和美国海军陆战队中均服役多年，海军陆战队中最后一架F-4B战斗机于1978年1月退役。很多F-4B战斗机后来升级为F-4N战斗机，或用于特殊用途，例如改装为试验用的NF-4B飞机和无人驾驶的QF-4B飞机。

### RF-4B（F4H-1P/98DH方案）

RF-4B侦察机由美国空军的RF-4C侦察机发展而来，在外观上大体相似。该型侦察机是为美国海军陆战队设计制造的，目的在于为其提供有机的战术侦察能力（美国海军认为自己已有的RA-5C和RF-8A/G型侦察机已经可以满足需求）。1965年3月12日，Irving Burrows驾驶飞机成功首飞。RF-4B侦察机以F-4B战斗机的机身为基础，机头部分内有一部侦察照相机、红外线扫描器（IR linescan）和一部侧视机载雷达（SLAR）。最后12架（总共46架）RF-4B侦察机采用的是F-4J战斗机的厚机翼。最后3架RF-4B侦察机机头下方有圆形的突起，这经常在很多RF-4C侦察机（下图）上见到。

### F-4G

有12架F-4B战斗机升级改装为F-4G战斗机，该型战斗机拥有ASW-13型数据链系统，允许自动驾驶进行飞行拦截，以及自主着陆。后一种功能需要在战斗机前起落架之前安装一个可收放的雷达反射装置。自1965年10月开始，在越南共有10架F-4G战斗机服役于VF-213飞行中队。在此期间，这批战斗机的涂装试验采用黑-绿迷彩。1966—1967年，虽然F-4G战斗机的某些部分已经与F-4B和F-4J战斗机相同，但最终这些F-4G战斗机又被"再改装"为F-4B战斗机。

上图：可以看到，在这架VF-213中队的F-4G战斗机前起落架前方位置是可收放的雷达反射装置，与船上舷侧的SPN-10型雷达一起工作，使得该型战斗机可以实现航母甲板自主着舰

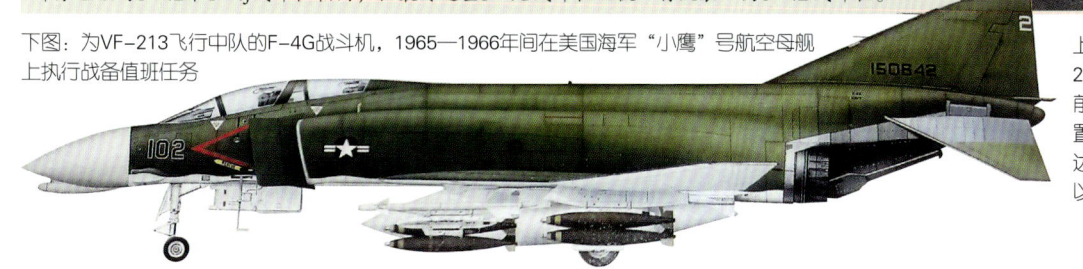

下图：为VF-213飞行中队的F-4G战斗机，1965—1966年间在美国海军"小鹰"号航空母舰上执行战备值班任务

## 美国海军及美国海军陆战队机型

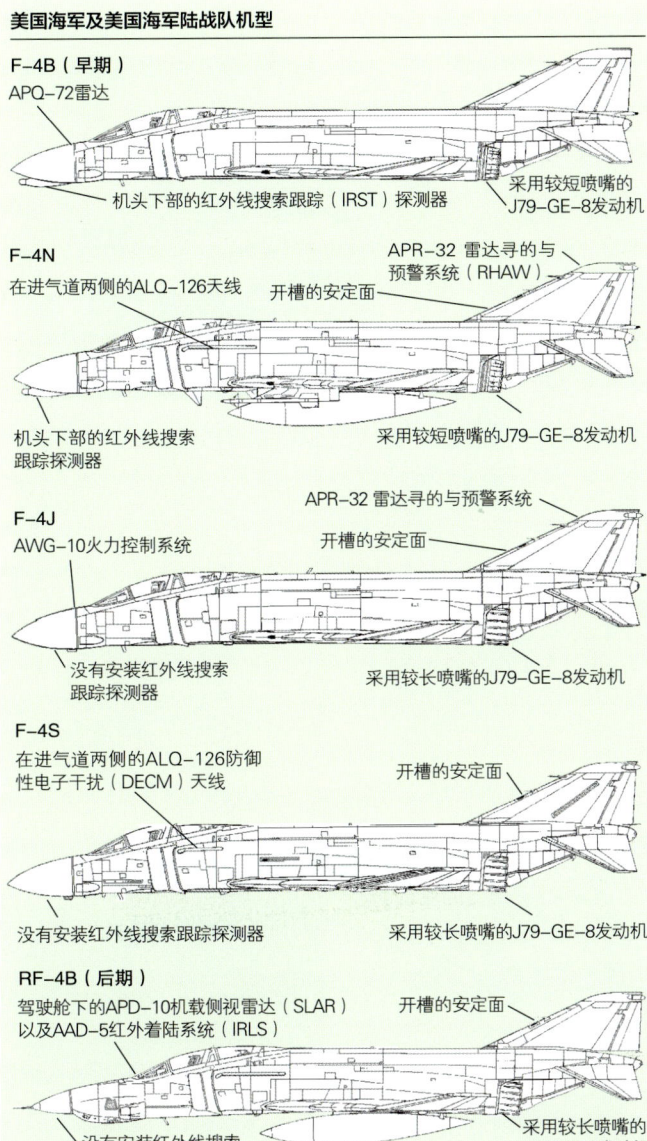

**F-4B（早期）**
- APQ-72雷达
- 机头下部的红外线搜索跟踪（IRST）探测器
- 采用较短喷嘴的J79-GE-8发动机

**F-4N**
- 在进气道两侧的ALQ-126天线
- APR-32雷达寻的与预警系统（RHAW）
- 开槽的安定面
- 机头下部的红外线搜索跟踪探测器
- 采用较短喷嘴J79-GE-8发动机

**F-4J**
- AWG-10火力控制系统
- APR-32雷达寻的与预警系统
- 开槽的安定面
- 没有安装红外线搜索跟踪探测器
- 采用较长喷嘴的J79-GE-8发动机

**F-4S**
- 在进气道两侧的ALQ-126防御性电子干扰（DECM）天线
- 开槽的安定面
- 没有安装红外线搜索跟踪探测器
- 采用较长喷嘴的J79-GE-8发动机

**RF-4B（后期）**
- 驾驶舱下的APD-10机载侧视雷达（SLAR）以及AAD-5红外着陆系统（IRLS）
- 开槽的安定面
- 没有安装红外线搜索跟踪探测器
- 采用较长喷嘴的J79-GE-8发动机

### 特殊用途型

除了上述主要战斗机型号外，F-4还有过几款用于特殊用途的型号。有一架F-4B战斗机被改装为EF-4B电子战飞机，装备VAQ-33系统，随后该中队又得到了两架EF-4J电子战飞机。有两架F-4B战斗机改装为NF-4B试验飞机，之前有一架F-4B战斗机成为YF-4J（F-4J战斗机的原型机），目前作为弹射座椅的测试平台。相当数量的F-4"鬼怪"战斗机被改装为无人机，作为导弹和其他测试的平台，具体型号有QF-4B、QF-4N，以及一架原型机QF-4S。至少一架F-4J战斗机被改装成DF-4J无人机，作为穆古岬海军航空站（Point Mugu）的无人指挥飞机。有7架F-4J战斗机被改装成"蓝天使"飞行表演队的表演用飞机，不过后来留下来的飞机又重新改装成作战飞机。

右图：穆古岬海军航空站是美国海军大部导弹试验计划的基地。上图所示为基地中的DF-4J无人指挥飞机，下图为QF-4N无人机

### F-4J（98EV方案）

F-4J型战斗机是美国海军和美国海军陆战队使用的第二款主要的F-4量产型战斗机，该机拥有一系列新的特征。动力装置选择J79-GE-10型发动机，特征为发动机喷口更长，采用开缝的水平安定面来获得起飞时平尾上向下的更大的力，采用下垂的副翼来减小飞机接地速度。飞机起落架得到结构加强并且加大，这使得机翼上下多出鼓包来包覆更大的起落架。在航电设备中，F-4J型战斗机采用AWG-10型火控系统、APG-59型雷达以及其他设备，例如一个单通道数据链系统。机头下方的红外线搜索跟踪系统将雷达寻的和告警(RHAW)升级为APR-32型，天线布置更为简洁。在F-4J的服役期间，有过几次升级改装，特别是在进气道入口侧边整流罩上加装ALQ-126型电子对抗设备。F-4J型战斗机总共生产522架，首飞于1966年5月27日成功完成。1966年10月VF-101飞行中队是第一个接收F-4J型战斗机的部队，随后该型战斗机被部署到越南作战。有15架多余的该型战斗机被英国皇家空军购得，命名为F-4J。其他F-4J型战斗机后来升级改装为F-4S型战斗机。

### F-4N

在"蜜蜂线"工程项目中，美国海军将228架F-4B战斗机升级为F-4N战斗机。1972年1月4日，第一架F-4N战斗机首飞成功。该工程项目延长了战斗机结构的使用寿命，改进了部分航电设备，包括一台新的任务计算机以及在进气道侧边整流罩上加装ALQ-126迷惑型电子对抗设备。F-4N战斗机最好识别的特征是它保留了F-4B战斗机机头下方的红外线搜索跟踪系统和J79-GE-8型发动机。在"蜜蜂线"项目中，所有的战斗机均采用F-4J战斗机上应用的有缝的平尾（一些F-4B战斗机已经采用），并将内侧前缘襟翼锁死，这被证明可以提高升力和稳定性。从1973年开始交付，F-4N战斗机一直服役到20世纪80年代中期。

### F-4S

受"蜜蜂线"项目成功的激励，美国海军决定将F-4J战斗机的航电设备升级进行到底，这促使F-4S战斗机的诞生。1977年7月22日，F-4S战斗机首飞。除了采用数字AW-10型火控系统和无烟的J79-GE-10B型发动机，F-4S战斗机最主要的改变就是加装了双向前缘襟翼调整片，这使得转弯性能大大提高。美国海军陆战队的最后一架F-4S战斗机（隶属于VMF-112中队）于1992年早些时候退役。

# "鬼怪"的美国空军型号

尽管起初美国空军不太情愿去飞一款最初是为美国海军设计的战斗机,但他们无法忽视F-4"鬼怪"战斗机的杰出性能。刚开始时,美国空军所装备的F-4战斗机与美国海军相比改动很小,但最终美国空军推出他们自己的能够满足不同任务需求的高性能作战飞机型号。

## RF-4C(98DF方案)

RF-4C侦察机主要基于F-4C战斗机的机体结构设计,加装的一些设备相应地减少了该侦察机的内部燃油容积。所有的RF-4C侦察机都保留了核能力,后期服役的侦察机经常挂载"响尾蛇"导弹用于自卫。F-4C战斗机采用的AN/APQ-72型雷达被替换为一款体积更小的得克萨斯仪器公司的AN/APQ-99型雷达,主要用于绘制地图及地形匹配。为实现昼间/夜间照相侦察,该侦察机的后机身上部有两对闪光灯投射器。RF-4C侦察机能够携带一台前向照相机或者垂向照相机,这些之后是一台低高度照相机,而这经常被替换为一台三向(垂向、左向和右向)照相机。RF-4C侦察机还携带过大量其他类型的照相机,例如一款巨大的远程倾斜摄影机(LOROP),装载于机身下的吊舱中。最初计划RF-4C侦察机装备14个飞行中队,1965年该型侦察机首次执行任务。1964年9月24日,位于南卡罗来纳州肖空军基地的第33战术侦察机训练中队接收到第一架量产型RF-4C侦察机。1965年8月,第一个RF-4C侦察机作战中队——位于肖空军基地的第16战术侦察机中队做好战斗准备,并于1965年10月赶赴越南执行任务。少量美国空军和空军国民警卫队(ANG)的RF-4C侦察机参加了"沙漠风暴"军事行动。除F-4E型战斗机以外,RF-4C侦察机比其他任何一款F-4飞机都生产得更久。美国空军中最后一支RF-4C服役的部队是空军国民警卫队的第192侦察机中队,最终于1995年9月27日全部退役,随后该中队的6架RF-4C侦察机被运往西班牙。

## F-4C(98DE/DJ方案)

美国空军的特种作战装备需求计划要求在美国海军的F-4B战斗机基础上改装一款战斗机,要求增加对地攻击能力,并能够实现后座飞行员的双控制。典型海军型战斗机的特征仍然保留了下来,如可折叠机翼、弹射和着舰用的钩。动力装置仍采用通用电气公司的J79-GE-15型发动机,完备的弹药架也没变。美国海军型战斗机采用的高压轮胎被替换为更大的较低胎压轮胎,而且美国空军型F-4战斗机在机身背部加装了空中加油的受油装置。驾驶舱更换了新型的驾驶盘,F-4B战斗机上的AN/APQ-72雷达被替换为APQ-100型,增强了F-4C战斗机的对地攻击能力。所有的美国空军单位都得到装备补充。位于佛罗里达州麦克迪尔(MacDill)空军基地的4453联队(战斗机飞行员训练联队)接收了27架F4H-1(F-4B)战斗机,为使用F-4C战斗机做准备,随后第12战术飞行联队接收到第一批F-4C战斗机。美国空军在越南战争中首次击落两架米格战斗机是由F-4C战斗机创造的,之前一直承担正面作战的压力。在从美国空军现役作战部队中退役后,在1971—1972年间,一些翻新的F-4C战斗机被卖给西班牙,在第121和第122中队服役。每个中队还各拥有两架前美国空军的RF-4C型侦察机。自F/A-18战斗机出现后,F-4C战斗机便退出前线战斗。

## F-4D(98EN方案)

尽管F-4D战斗机在外观上与较它更早进入美国空军服役的F-4C战斗机相同,但实际上F-4D战斗机是相当与众不同的。F-4D战斗机是第一款专门为美国空军设计的F-4"鬼怪"战斗机型号,囊括了所有美国空军所需要的改进。在保留了F-4C战斗机的机体结构和动力装置基础上,F-4D战斗机的燃油容积与RF-4C侦察机相同。主要改进放在了航电设备上,APQ-100型雷达被替换为体积更小、重量更轻的AN/APQ-109型雷达,并且构成AN/APA-65雷达组,并引入一种新的空对地攻击目标优先排列模式。外观上看,机头保持原状。1966年3月F-4D战斗机开始交付使用,最开始提供给位于德国Bitburg的第36战术飞行联队,随后供给给南卡罗来纳州西摩约翰逊空军基地的第4战术飞行联队。1967年春天起,F-4D战斗机开始逐步替换在越南的F-4C战斗机。早期"鬼怪"战斗机发射AIM-7"麻雀"型导弹的能力得以保留,由于计划采用新型的AIM-4D"猎鹰"型空空导弹,因此取消发射AIM-9"眼镜蛇"导弹的能力。但后来AIM-4D型空空导弹项目终止,AIM-9"眼镜蛇"导弹发射能力又得以恢复。总共生产了793架F-4D战斗机,其中36架交付给韩国空军。F-4D战斗机的第二家外国用户是伊朗。然而在伊斯兰世界解放运动之后,伊朗的F-4D战斗机面临零件短缺问题,这使得许多战斗机无法飞行。伊朗和韩国的F-4D战斗机都服役到2004年。

上图:这架F-4D战斗机在美国空军特别行动编队,直到20世纪80年代中期仍在服役,因此飞机涂装为"蜥蜴"伪装涂装。该飞机隶属于俄亥俄州莱特-帕特森空军基地(Wrighwt-PattersonAFB)的第89战术飞行中队的第906战术飞行小队

## 美国空军型号

### F-4C
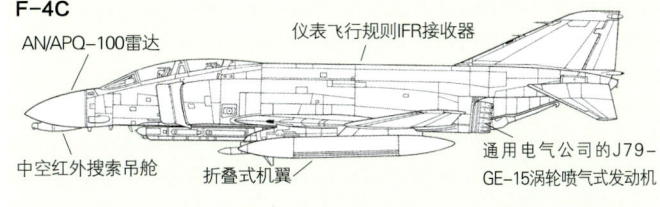
AN/APQ-100雷达 / 仪表飞行规则IFR接收器 / 中空红外搜索吊舱 / 折叠式机翼 / 通用电气公司的J79-GE-15涡轮喷气式发动机

### F-4D
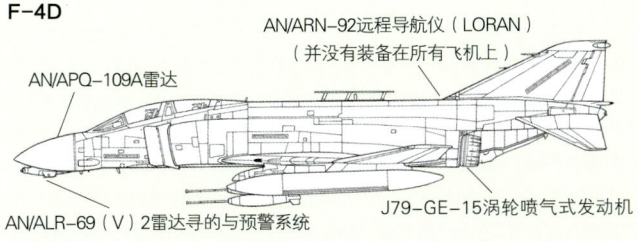
AN/APQ-109A雷达 / AN/ARN-92远程导航仪（LORAN）（并没有装备在所有飞机上）/ AN/ALR-69（V）2雷达寻的与预警系统 / J79-GE-15涡轮喷气式发动机

### F-4E
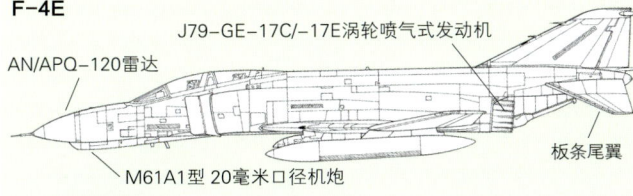
AN/APQ-120雷达 / J79-GE-17C/-17E涡轮喷气式发动机 / M61A1型 20毫米口径机炮 / 板条尾翼

### F-4E 后期量产型
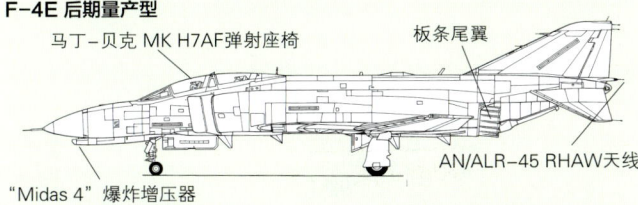
马丁-贝克 MK H7AF弹射座椅 / 板条尾翼 / "Midas 4" 爆炸增压器 / AN/ALR-45 RHAW天线

### F-4G "鼬鼠"
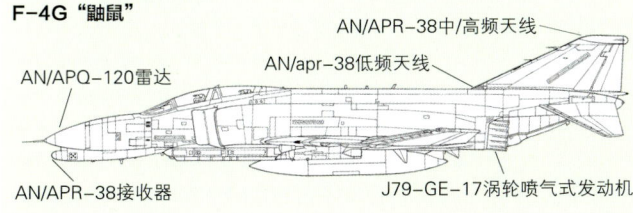
AN/APQ-120雷达 / AN/APR-38中/高频天线 / AN/apr-38低频天线 / AN/APR-38接收器 / J79-GE-17涡轮喷气式发动机

### RF-4C
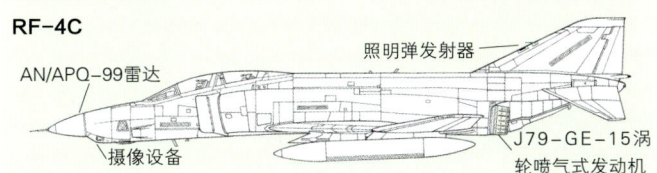
AN/APQ-99雷达 / 照明弹发射器 / 摄像设备 / J79-GE-15涡轮喷气式发动机

## 特殊用途型

F-4 "鬼怪" 战斗机在美国空军作战序列中应用十分广泛，这也意味着为满足大量的试验和评估需求，有许多F-4战斗机被改装，甚至被改装成无人靶机。其中最著名的一架试验用飞机是编号62-12200的F-4战斗机（下图），最初是美国海军的F-4B战斗机，后来改装成美国空军RF-4C侦察机的原型机。完成测试试验后，62-12200飞机又被选中作为遥控自驾仪（FBW）控制系统的试验平台。作为精确飞行控制技术（PACT）的示范飞行，1972年4月29日，遥控自驾仪（FBW）控制飞行的F-4飞机首飞成功。机身后部加放铅块配重，以使得飞机变得纵向不稳定，验证飞机在遥控自驾仪的控制下平衡飞行。

### F-4C（98DE/DJ方案）

F-4C和F-4D战斗机分别于1965年和1967年5月在东南亚展开作战部署，战事中暴露出这些机型的一些缺点，尤其是机炮火力不足。对一架RF-4C侦察机进行改装，在机头内部安装M61型机炮，这在刚开始时并没有多少吸引力。不久之后，麦道公司提出设计一款改进型战斗机——F-4E战斗机，并于1967年6月30日首飞，1968年进入部队服役。F-4E战斗机是F-4系列战斗机家族中生产数量最多的一款，总共产量为1397架。F-4E战斗机与其他机型最大的区别在于，它有一门20毫米口径M61A1 "火神" 机炮埋于机头下方整流罩内，携带弹药640枚。F-4E战斗机机头加长，内部装有新型的AN/APQ-120型晶体管雷达火控系统，新添加第7个机身油箱组件，由于不再采用可折叠机翼，故采用开缝平尾来提高平尾稳定性。后来又添加了一个前缘TISEO电视传感器，并且保留了全部的空对空作战能力，可以发射AIM-7和AIM-9型空空导弹。美国空军的F-4E战斗机最终于1992年晚些时候退役，在此时F-4E战斗机仍然是德国（叫做F-4F）、韩国及日本的主力战机。

F-4E战斗机在美国空军中能够执行不同的任务。最为公众熟知的就是作为 "雷鸟" 空中飞行表演队的表演用飞机（上图）。后期型F-4E战斗机显著的特征就是外翼段有板条（下图）

### F-4G（98方案）

对F-105G战斗机作为 "野鼬鼠" 作战飞机的成功耿耿于怀，美国空军决定也针对F-4进行改进以适应这一角色。将F-4E战斗机的机炮拆除，装配AN/APR-38型雷达和导弹探测与发射指引系统。威斯丁豪斯公司的翼下电子对抗吊舱与AGM-45 "百舌鸟"（后来是AGM-88 "损害"）反辐射导弹配合使用，对萨姆防空导弹系统的雷达进行打击。所有116架F-4G战斗机都是由现有的F-4E战斗机改装而来，除了航电设备的全面升级外，F-4G战斗机仅对J79-17型发动机做了简单改进，使得产烟量最小化。自卫武器是内翼段下方挂架上的2枚AIM-7空空导弹。在 "沙漠风暴" 行动期间，F-4G战斗机在空中战役中扮演了一个重要角色，第35战术飞行联队的F-4G战斗机利用AGM-88 "哈姆" 型反辐射导弹在伊拉克防空力量中打开了一条飞行通道。尽管近些年来F-4G战斗机的升级计划也很成功，但是美国空军中的F-4G战斗机被第50或52批次的F-16C战斗机取代。

# "鬼怪"的出口型号

基于美国海军、美国海军陆战队以及美国空军所用的F-4系列战斗机，专门为国外用户生产了一些出口型F-4"鬼怪"战斗机。

### 英国皇家空军"鬼怪"FGR.Mk 2型和F-4J型战斗机

在两架YF-4M原型机完成后，并且英国终止了霍克·西德利（Hawker Siddeley）公司的P.1154型垂直/短距起降截击/攻击机的研究，英国皇家空军最终获得116架量产型F-4M"鬼怪"FGR.Mk 2型战斗机。"鬼怪"战斗机最初进入部队执行拦截/打击和侦察任务，能够携带多种类型的武器装备，甚至包括核武器。20世纪70年代中期，在执行英国皇家空军对地攻击的任务上"鬼怪"逐渐被SEPECAT的"美洲虎"战斗机取代，这反而使得"鬼怪"战斗机在执行防空拦截任务上取代了"闪电"战斗机的位置。"鬼怪"FGR.Mk 2战斗机曾服役于英国皇家空军第2、第6（英国皇家空军第一支"鬼怪"中队）、第14、17、第19、第23、第29、第31、第41、第43、第54、第56、第64（是OCU228中队的影子中队）、第74、第92和第111飞行中队，以及位于马尔维纳斯群岛的第1435分队。英阿马岛战争中"鬼怪"损失严重，这使得英国皇家空军从美国海军或美国海军陆战队那里得到15架F-4J型战斗机，这批战斗机从1984年8月到1992年9月服役于第74飞行中队。而第56"火鸟"飞行中队的"鬼怪"战斗机退役时间稍晚，在1992年年底，这也代表"鬼怪"战斗机在英国皇家空军服役的终结。

### 德国空军的F-4F"鬼怪"战斗机

德国空军的F-4F型战斗机是F-4E战斗机的轻型简化版。德国空军共订购了175架F-4F型战斗机，用来填补F-104"星"式战斗机和"狂风"战斗机之间的空缺。德国空军还得到了10架F-4E战斗机用于训练，但飞机被要求一直在美国。1973年9月5日，第一架F-4F战斗机交付使用，最初服役于两个战斗轰炸机联队和两个拦截战斗机联队。在20世纪80年代早期，德国空军引入Panavia公司制造的"狂风"战斗机，"鬼怪"战斗机联队执行双重任务，但1988年以后主要还是集中在防空拦截方面。目前，F-4F战斗机服役于哈普斯顿（Hopsten）的JG 71联队、拉格（Laage）的JG 71联队的第732中队和纽伯格（Neuberg）的JG 7联队，以及在美国的已经成为Taktische Ausbildungseinhiet Holloman部队的一部分。

### 英国皇家海军航空兵"鬼怪"FG.MK 1型战斗机

1964年7月，英国皇家海军航空兵（Fleet Air Arm）下了50架F-4K"鬼怪"FG.Mk 1型战斗机的订单。英国"鬼怪"战斗机采用罗尔斯-罗伊斯公司的Spey发动机明显使得单价升高，同时也提高了航程，但最大飞行速度、最大飞行高度以及不同高度上的飞行性能均有所下降。由于英国海军"维多利亚"号航空母舰提前退役，"老鹰"号航母改装费用过高，这使得英国海军只有"皇家方舟"号航空母舰能够搭载"鬼怪"战斗机。因此，上述订单中的一半转到英国皇家空军那里，装备给卢赫斯（Leuchars）地区的第43飞行中队。在海军中，"鬼怪"战斗机从1968年4月到1969年3月服役于耶奥威尔顿（Yeovilton）地区的第700P飞行中队，进行飞行试验工作；1969年1月到1972年7月服役于耶奥威尔顿（Yeovilton）地区的第767飞行中队，进行飞机类型转换训练；1969年3月开始服役于实战的第892飞行中队，在"皇家方舟"号航空母舰上执行不同类型的巡航任务，直到1978年年末。1978年以后，该型战斗机转给英国皇家空军，在第111飞行中队服役。

### 日本航空自卫队F-4EJ"鬼怪"战斗机

日本的F-4EJ战斗机拆除了F-4E战斗机上的投弹系统和空对地作战设备，职责是执行防空拦截任务。日本航空自卫队总共从麦道公司和日本三菱公司的生产线上获得140架F-4EJ战斗机，其中包括非常后期的"鬼怪"战斗机，编号17-8440，1981年5月交付。该战斗机进入6个飞行中队服役：第301到第306飞行中队（Hikotai）。从1990年开始一项升级项目，将APQ-120雷达更换为AN/APG-66J型雷达，并将机体使用寿命从3000小时提高到5000小时，命名为F-4EJ改（"改"表示"特别的"或"+"）。目前，F-4EJ改战斗机仍服役于新田原（Nyutabaru）地区的第301飞行中队、Naha的第302飞行中队和三泽（Misawa）地区的第8飞行中队。这些F-4EJ改战斗机与F-15EJ"鹰"式战斗机一起执行防空拦截任务。

## 外国变异

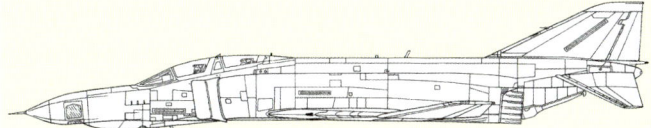

### F-4E（Special）或者F-4E（S）
3架"鬼怪"战斗机进行了改装，可以安装HIAC-1 LOROP相机，并被交付到以色列。机头两侧采用了厚板状的设计以及较大的摄像窗口。

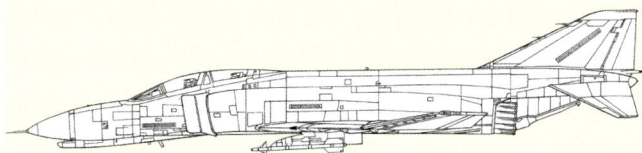

### 德国空军F-4F机型
从外观上看，F-4E同德国的F-4F机型之间的差别并不明显，后者重量更轻，并且没有安装"麻雀"导弹系统。

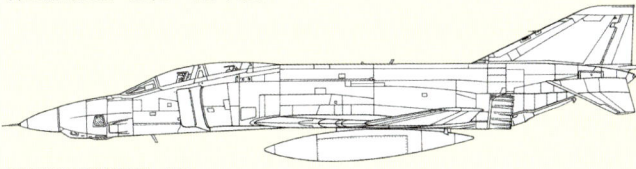

### 国际出口型号RF-4E
RF-4E机型采用了原F-4E型号的机身和J79-GE-17发动机以及RF-4C机型的机头。这架德国空军的RF-4E在油箱位置安装了机载侧视雷达。

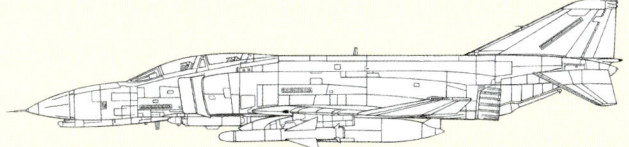

### 日本航空自卫队（JASDF）F-4EJ Kai机型
升级后的F-4EJ Kai同F-4EJ大致相同，在雷达罩外面安装了稍微加强后的肋板，其中安装了新式的AN/APG-66雷达。

### 美国联邦航空局（FAA）舰载型F-4K FG.Mk 1机型
F-4K是基于F-4J的机型，带有可折叠的雷达和雷达罩、加长后的前起落架支杆、加强后的停机钩，并安装了Spey 202/203发动机。

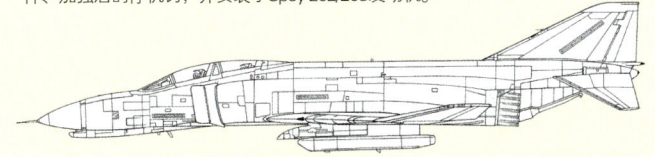

### 日本航空自卫队RF-4E Kai（改进后的F-4EJ）
F-4EJ的机头被改装后用于执行侦察探测任务，看上去同原来的RF-4EJ有很大的区别。

### 出口型"鬼怪"侦察机

1970年9月15日，RF-4E型侦察机首飞，该型侦察机是为德国空军生产的用于替换RF-84F侦察机。首先服役于伯伦加登（Bremgarten）的AKG 51部队，随后装备莱克（Leck）地区的AKG 52联队，德国空军总共接收了88架RF-4E侦察机。自1978年开始，RF-4E侦察机加装了对地攻击能力，并保持到1988年。还有另外4个国家接收采购过RF-4E侦察机，其中伊朗是第二大国外用户。伊朗得到总共27架RF-4E侦察机，并优先提供给伊斯兰革命卫队；另有11架被扣留。有人认为目前伊朗现存的大部分RF-4E侦察机已经被拆卸成零件，目的在于得到零部件使得"战斗的鬼怪"能够飞行。以色列接收到6架RF-4E侦察机，3架RF-4E（S）侦察机装备有HIAC-1照相机，这需要对机头轮廓进行修形。土耳其和希腊分别得到8架和6架1977财政年度款该型侦察机。土耳其的RF-4E侦察机是新生产的，而且比德国空军的先进，目前服役于埃斯基谢希尔（Eskisehir）的1 Ana Jet Us部队，希腊的侦察机服役于拉里萨（Larissa）的第348 MTA部队。

### 日本"鬼怪"侦察机

日本的大部分"鬼怪"战斗机是由三菱公司生产的，但所有最初的RF-4EJ侦察机是由麦道公司组装完工的。一共生产了14架RF-4EJ侦察机，该型侦察机与美国空军的RF-4C侦察机的唯一不同就是拆除了部分美国供应的航电设备，更换为日本自己生产的设备。RF-4EJ侦察机在交付之后直接装备Hyakula的第501飞行中队（Hikotai）。20世纪90年代早期，日本对RF-4EJ进行升级改造，并将改进型命名为RF-4EJ改。最初得到的RF-4EJ侦察机在事故中损失了两架。在将17架F-4EJ战斗机改装成为RF-4EJ改侦察机之后，日本的空中侦察力量得以补足，迄今为止已有11架得到确认。改进型侦察机还保留有限的空战能力，包括一门内置机炮，结构上没有任何改动。RF-4E侦察机最初是白（海鸥色）灰色的涂装，后来换为以棕色为主，配以浓淡两种绿色的伪装涂装方案。

# "鬼怪"战斗机的升级

由于F-4"鬼怪"系列战斗机的机体结构寿命很长，能够执行多种类型的任务，可以装载很重的荷载并且能够使用各式各样的武器装备，因此被视为一款理想的升级改造平台。

### 德国——F-4F战斗机提高作战效能（ICE）升级

1983年开始，MBB公司（现在的戴姆勒奔驰航空航天公司）开始实施KWS或者说是提高作战效能（ICE）计划，目的在于使110架执行防空拦截任务的F-4F型战斗机拥有超视距发现/击落能力。该战斗机拥有一台新的、德国本土按许可证生产的休斯公司的APG-65GY型多普勒雷达，并装配休斯公司的AIM-120空空导弹，这弥补了原始的IR-homing AIM-9"响尾蛇"空空导弹的不足。针对空对地任务，有另外37架德国空军的F-4F战斗机改装了相似的航电设备，改进了机体结构，但保留了原始的雷达。1992年4月开始交付使用，1998年最后一架该型战斗机交付。

### 以色列——Kurnass 2000（"鬼怪"2000）升级

20世纪80年代中期，IDF/AF计划执行一项野心勃勃的工程项目，将130架原始型F-4E kurnass（重锤）战斗机和RF-4E型侦察机升级为"鬼怪"2000型，以满足新世纪的任务需求。机身结构得到加强，液压和燃油系统得到改进。"鬼怪"2000项目的核心是航电设备的整合，采用Elbit公司的ACE-3型任务计算机（为IDF/AF的F-16型战斗机设计的），并与诺顿/联合技术公司（Norden/UTC）的APG-76型综合多模式雷达整合在一起。1989年第一架经过升级的战斗机交付，而新型雷达直到1992年才投入使用。以色列飞机工业公司计划实施更换发动机的超级"鬼怪"2000升级项目，将现有发动机更换为20600磅（92千牛）推力的PW1120涡轮风扇喷气式发动机，但是还没有获得任何订单。

### 希腊——F-4E战斗机DASA升级

希腊空军计划将"鬼怪"战斗机一直服役到2015年。目前，有70架F-4E战斗机（上图）在希腊航空航天集团（Hellenic Aerospace Industries）进行服役周期拓展项目（SLEP），在此基础上，空军在德国宇航公司（DASA）正在升级39架服役周期拓展项目完成过的其中两架战斗机，期望能够得到与德国空军的F-4F战斗机提高作战效能升级相近的效果。现代化升级改进（每架战斗机花费约800万美元）包括更换为APG-65型雷达，能够支持AIM-120空空导弹。剩下的37架F-4E型战斗机将会在希腊航空航天集团进行现代化升级改造。1999年秋天，第一架德国宇航公司改造的"鬼怪"战斗机交付使用。外观上看，经过德国宇航公司改造的F-4E型战斗机机头雷达整流罩顶端的敌我识别天线（IFF）很小。

### 伊朗——F-4D和F-4E战斗机升级

伊朗空军（IRIAF）将现有的"鬼怪"战斗机进行本土化升级改造，这已经增强了F-4D和F-4E型战斗机（上图）的雷达探测距离，并增加了自卫装备。伊朗空军的F-4战斗机增加了一些"新"的武器装备，包括中国的YJ-1/C-801反舰导弹，该型导弹在1997年试射成功。照片中可以看到，该伊朗的"鬼怪"战斗机刚发射完的应该是一枚电视制导导弹，并且仍挂载一枚标准导弹（下图）。这枚标准型导弹是AGM-78型反辐射导弹的外形，但伊朗可能对其进行了改装，使其具备空对空或者空对地作战能力。伊朗空军希望他们的"鬼怪"战斗机服役到不能使用为止。

## 土耳其——以色列飞机工业公司"鬼怪"2020

1996年,基于"鬼怪"2000升级计划,土耳其对F-4E进行结构改进和航电设备整合两方面的升级。以色列飞机工业公司将在以色列升级26架F-4E战斗机,并为另外28架THK升级的F-4E战斗机提供零部件。在一些方面,THK"鬼怪"升级计划要比IDF/AF型战斗机更为先进,例如驾驶舱"玻璃"显示器,并采用Elta Electronics公司转为以色列飞机工业公司Lavi分公司研制的EL/M-2032型雷达来替代Norden公司的APG-76型雷达。1999年2月11日,"鬼怪"2020原型机首飞成功,2000年开始交付使用。

## 西班牙——RF-4C侦察机SARA升级计划

20世纪80年代后期,西班牙空军的RF-4C型侦察机的标准配置是"Have Quick"数字式超高频/甚高频通信雷达、艾特克(Itek)公司的AN/ARL-46型雷达预警接收机(RWR)、Tracor公司的AN/ALE-40型箔条/曳光弹撒布器以及AIM-9L"响尾蛇"空空导弹。1996年年末,宣布实施SARA升级计划,包括采用得克萨斯仪器公司的AN/APQ-172型地形匹配雷达、光电陀螺仪惯性导航系统(INS)以及加装空中加油装置。

## 美国——QF-4无人机项目

通常意义下无法将无人机项目称之为战斗机升级项目,但美国空军的"鬼怪"战斗机"无人"改造项目也算是延长多余战斗机使用寿命的另外一种方式。美国海军和美国空军多年来利用退役飞机改造作为无人飞行的靶机。在20世纪90年代中期,随着最后的F-4G战斗机和RF-4C型侦察机的退役,美国空军开始实施一项新的QF-4G无人机改造项目。尽管RF-4C侦察机较少利用,从1995年开始"鬼怪"逐渐改造为QF-4G无人机(左图);生产线一直运转到2005年,此时QF-4G无人机共有192架。

## 日本——F-4EJ改战斗机升级计划

这架F-4EJ改战斗机隶属于三泽(Misawa)空军基地的第3飞行团中的第8飞行中队。该作战单位负责对地攻击和对舰攻击任务,并协同另外两个单位(第3飞行中队和第6飞行中队)一同作战,他们装备三菱公司的F-1型战斗机。在第8飞行中队中,四分之一的日本航空自卫队飞行中队装备有升级后的"鬼怪"战斗机;其他3个中队分别为两个截击机中队和一个侦察机飞行中队。

### 自卫

F-4EJ改战斗机升级改造中很关键的一点就是雷达告警接收机的升级,将原有的设备替换为J/APR-6型敌我识别装置,这是在F-15J战斗机中使用的J/APR-4型敌我识别装置的基础上改进而来。F-4EJ战斗机还可以装载AN/ALQ-131型干扰吊舱。

### 新型雷达

F-4EJ改战斗机的改装升级围绕雷达系统展开,将旧的威斯汀豪斯公司的APQ-120型雷达替换为诺斯罗普格鲁曼(威斯汀豪斯)公司的APG-66J型雷达,是基于F-16战斗机上采用的雷达改进得到。新型雷达体积更小重量更轻,并在性能和可靠性上有很大提高。

### 外观差异

F-4EJ改战斗机从外观上可以看到,在垂直安定面端整流罩处添加了一对朝后的雷达预警接收器天线,在翼稍处添加了类似的天线,在中机身背部安装一个刀状的超高频雷达,在前起落架舱门上装有一个巨大的翼刀,以及一个新型的装有纵向加强条的雷达整流罩。

### 日本——F-4EJ改战斗机升级项目

日本航空自卫队(JASDF)拥有140架F-4EJ战斗机,其中有约90架(86架、91架和96架都曾被引用),装备3个中队(301、302和306),每个中队配属22架战斗机——306中队的战斗机后来被转交给第8飞行中队。1984年7月F-4EJ改战斗机首飞,1989年10月进入部队服役。除大范围的航电设备升级之外,F-4EJ改战斗机升级项目还包括一项彻底的结构服役寿命延长计划,以提升"鬼怪"战斗机的疲劳周期。

### 空对空武器

F-4EJ改战斗机仍然具有发射AIM-7E/F"麻雀"和AIM-9P/L"响尾蛇"空空导弹的能力。F-4EJ改战斗机通常携带三菱公司的AAM-3型空空导弹,用以替换"响尾蛇"空空导弹。尽管F-4EJ改战斗机已经采用具备提前发现/提前击落能力的APG-66J型雷达,且先进中程空空导弹级AAM-4型空空导弹的采购也基本可行,但日本方面尚未宣布一种现代超视距弹的项目计划。

# KC-10"补充者"空中加油机
## 从DC-10到"补充者"

上图：1999年，在针对科索沃的"联合行动"中，美国空军派出24架KC-10A加入联军的空中加油编队，分驻在西班牙的莫龙基地和德国的莱茵—美茵基地。图中这架飞机属于莱茵—美茵基地的第60航空远征联队

KC-10不仅能为战斗机加油，还能运送辅助部队，这就使各战斗机部队获得了更大的机动距离。难怪在20世纪70年代末，KC-10订单如潮了。

麦道公司的KC-10"补充者"战略加油运输机是基于DC-10-30CF商用客货型飞机设计的。麦道公司也是用它达到了"先进加油货运飞机"（ATCA）的要求。1977年12月，KC-10在与波音公司747型飞机的角逐中胜出。起初，美国空军暗示计划采购16架飞机，但是到了1982年12月，美国空军签下合同，追加了44架飞机。"补充者"的首架样机于1980年7月12日试飞成功。1981年3月，麦道公司就开始向美空军交货。这表明中间只有6个月的使用测试期。期间，飞机进行了全方位、多角度、详尽而彻底的测评。1988年11月29日，第60架，也是最后一架KC-10A正式交付。最初，KC-10A仅装备战略空军司令部。后来（直到现在），空军预备役司令部的"联合项目"使机组成员们可以经常接触到它。之后美国空军经历了重大重组，战略空军司令部被取消，"补充者"则重新分配给了美国空军机动司令部和美国空军

下图：这架KC-10A，编号为79-0434，机身标志属于前战略空军司令部。该机隶属于第305空军机动联队，驻扎在新泽西州的麦圭尔空军基地。该联队下辖第32和第72空中加油中队

现代战机百科全书 275

上图：从KC-10A的空中加油操作员的操纵舱可以清晰地看到加油的飞机

下图：KC-10A在美国空军的轰炸机辅助方面作用重大。图中这架B-52轰炸机就是例子。"补充者"能够运载75人和170000磅（76560千克）的货物，航程可达4400英里（7040千米）。在不装货的情况下，KC-10A无需加油，航程可达11500英里以上（18507千米）

空战司令部的各个单位。

商用KC-10飞机做出了以下改动，包括：在座舱上部安装了空中加油受油装置，改进了货物处理系统和一些军用航电设备。针对"先进加油货运飞机"进行的最显著改装是在尾部机身下方安装了麦道公司的"先进空中加油桁杆"装置。空中加油操作员的操纵舱装备了潜望观察系统和大视野的后窗。KC-10的加油桁杆装备了数字电传飞行控制系统，比安装在KC-135上的系统功能更为强大。该加油桁杆的燃油传输速度每分钟可达1500美加仑（5678升）。

"飞桁"加油装备是美国空军青睐的一种空中加油方法，但是"补充者"的尾部机身右舷侧也装备了绞盘软管装置，因此也可以为美国海军和美国海军陆战队的飞机空中加油。

### 空中加油

共有20架KC-10的机翼装有加油吊舱，使用探管锥套式加油装置，可以保证3架受油机同时加油。最后一架KC-10就采用了这套加油装置，并进行了测试。该机安装了一对空中加油有限公司的Mk 32B软管绞盘吊舱。7块浮囊燃油电池主要在机身下部的

下图：在英属印度洋领地的迪戈加西亚海军支援基地，第2空中加油中队的机组成员利用前部机身左侧的上翻式货舱门装货。该中队驻扎于位于新泽西州的麦圭尔空军基地。目前，美空军共有60架"补充者"，大多数都采用了全身炭灰色的涂装方案

行李舱内，这样就形成了在机翼前部3块电池、后部4块电池的格局。

KC-10的特点是在同一个任务中可以兼顾加油机和运输机的作用。比如，为远程部署战斗机加油的同时，舱内还可以运送技术人员、行政人员和重要的地面器材。KC-10的货舱可以容纳75个人和17个货盘。

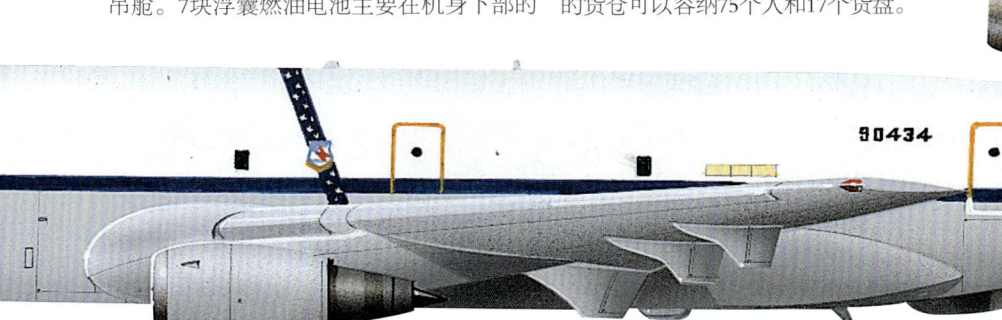

右图：美国海军陆战队引进了AV-8B "鹞" II攻击机，其战力强大，远超最初的AV-8A型机。这架AV-8B弹药装载量相对较轻，可携带4枚500磅（226千克）"蛇眼"减速炸弹和2枚AIM-9 "响尾蛇"空空导弹

# "鹞" II 攻击机

初期的"鹞"式攻击机以全面性和机动性闻名天下，但是短航程和落后的航空电子设备限制了该机型的进一步发展。随着麦道公司和英国BAe公司的"鹞"II攻击机的研发，飞行员们的祈祷终于有了回应。

上图：麦道公司把一架AV-8B型攻击机改装成夜间攻击机原型机，在机头位置安装了GEC传感器公司的前视红外传感器，与飞行员的夜视镜相连接

尽管"鹞"式攻击机已经开始服役，霍克·联邦德国利公司和麦道公司结合英国皇家空军和美国海军陆战队的要求，期望能够做出进一步改进。于是两家厂商联手设计了一种新机体，而罗尔斯—罗伊斯公司则提供了普拉特·惠特尼发动机。当时，美国海军正在市场上寻求一种垂直/短距起降战斗机，对上述几家公司的设计毫无兴趣。相反，他们在1972年选择购买罗克韦尔公司的XFV-12A战斗机，但这个项目由于对海军陆战队毫无意义，最终被取消了。

1975年3月，英国方面声称缺乏足够的共同基础无法合作，因而从"超级鹞"项目中退出。6年后，英方又出资回到了项目中，不过这次是作为次级承包商，而不是以前与美国方面完全对等的合作伙伴。英国订购了110架当时被称为AV-8B "鹞" II的攻击机。

就在英方还在对该项目举棋不定的时候，在美国海军陆战队的积极支持下，麦道公司使"鹞"式攻击机焕发青春。圣路易斯

上图：1981年11月5日，首架全尺寸造型的AV-8B型攻击机首飞。该机的进气道重新进行了设计，全新的前部机身使用了碳纤维材料，机头安装了一个长长的静压管

上图：1986年11月21日，TAV-8B攻击机首次试飞，该机型安装了更高的尾翼和两个武器挂架。阶梯式驾驶舱内安装了全串列双座控制系统

总部的设计师们没有以升级发动机的办法来提升"鹞式"攻击机，是一个便捷的方法，但也非常昂贵。相反，他们把精力投入到飞机结构和启动改装上，使飞机的荷载和航程翻了一番。

飞机使用了全新的、更大的碳纤维超临界机翼，在前部机身和其他地方大面积使用碳纤维材料，采用升力提升装置，极大地增强了飞机性能。同时，驾驶舱升高，内部装配了全新的导航/攻击航空电子设备，提高了驾驶员对周围环境的感知能力。使用同样的发动机，AV-8B攻击机能够多搭载70%的武器和50%的燃油，维护工时同时也减少了60%。

### "鹞"II的机翼

新机翼装在第11架AV-8A型机上，于1978年11月9日进行首次试飞。飞机由于缺乏内部改装，后来被重新设计，命名为YAV-8B。该机的机翼面积为230平方英尺（21.37平方米），速度比前任机型稍慢。每个副机翼下方均搭载了3个武器挂架，外伸架从翼尖移走，使轮距更短，从而改善飞机的滑行性能。在飞行员看来，最重要的改变就是升高的座椅位置，比原先高出12英寸（20厘米），飞行员也因此获得了更佳的视角。座舱内安装手控油门及操纵杆系统，与前任机型相比，空间更大，更符合人体工程学。

### "飞马"发动机

自1980年起，罗尔斯—罗伊斯公司和史密斯工业公司和道蒂公司为AV-8B机型联合开发了全新的Mk 105型"飞马"（Pegasus）发动机（美国海军陆战队称为"飞马"F402-RR-406A型）。1982—1987年期间，该发动机首先在一架早期的GR.Mk3型机上测试。1985年4月23日，改进版的发动机安装在英国的首架"鹞"GR.Mk5型机上。

1979年2月19日，美国海军陆战队第二架YAV-8B首飞。11月15日，由于发动机起火，飞机失事，驾驶员弹射逃生。除了全新的机翼，美国海军陆战队的两架原型机还安装了F402-RR-406A型发动机，采用加长的前喷管设计。

开发早期，AV-8B在机翼根部前端安装了翼根前缘边条，改善了飞机的转弯半径，在低空飞行时降低了机翼摇滚程度。其他小幅改动包括7个翼部挂架在内，有4个做了外置油箱悬挂设计。

经过大幅改良的"鹞"式攻击机逐渐赢得了美国海军陆战队的青睐，最终下了286架的初期订单，从1983年开始陆续装备一线部队。

### 英国的GR.Mk5型"鹞"式战机

1975年，英美双方的"项目联姻"告吹之后，英国BAe公司专注于自己的"鹞"式攻击机计划，不打算使用碳纤维技术。然而，多次尝试之后均无所获。后来，英国从美方项目中获得部分利益（生产40%的AV-8B飞机），英国皇家空军的"鹞"式飞机中的50%由英方生产。

GR.Mk5和AV-8B两种机型之间有许多细微的不同之处，因而导致了英方项目的延迟。其中，二者的"飞马"Mk 105型发动机也调试得稍有不同。座舱内安装了弗郎迪公司的活动地图显示器，还有一套更为复杂

下图：由麦道公司设计的碳纤维材料大机翼提供了更大的升力，增加了内部燃油装载能力，并多出两副挂架。原型机YAV-8B使用了红白蓝三色涂装方案

的雷达警戒系统（马可尼公司生产）。其他的改动还包括：采用瑞典博福斯公司的箔条布撒器，安装在AIM-9"眼镜蛇"导弹发射轨后部。这些设备的改变，使得GR.Mk5型比它的美国兄弟稍重一些。

"鹞"II攻击机的进步使其承担起了更多的使命，在人们的眼中，它不再是一架近距空中支援战机，而是"战场空中封锁机"。

下图：1985年4月30日，英国皇家空军的首架GR.Mk5型机（编号ZD318）从汉普郡登斯弗尔德升空。1989年11月2日，英国皇家空军"鹞"式战斗机的主力部队第1中队宣布接收GR.Mk5型机

下图：在新一代的"鹞"式战斗机上，最显著的特征就是加大的发动机进气道。从图中可以看出在GR.Mk5型机的机头处安装了激光电视摄像机，可以测量目标的倾斜角和距离

# GR.Mk7型和 T.Mk10型"鹞"式攻击机

"鹞"式攻击机可以说是英国皇家空军最重要的飞机,其全面、灵活、机动、高效的特点使之在许多行动中发挥了重要作用。

"鹞"式GR.Mk7型飞机在英国皇家空军中的地位相当于美军的AV-8B型夜间攻击机,二者使用了类似的装备和航空电子设备,机头同样安装了GEC传感器公司的前视红外系统,还有与夜视镜兼容的玻璃座舱。英国皇家空军的"鹞"式攻击机部队使用的是"夜鹰"夜视镜,而非美国海军陆战队使用的"猫眼"夜视镜。

GR.Mk7型机不像AV-8B的后期型号那样在机身后部安装箔条弹/红外曳光弹投放器,而是装备了马可尼公司的"宙斯"电子对抗系统。该系统包括一套固有的雷达告警接收机和诺斯罗普公司的干扰器,可以干扰连续波和脉冲雷达。它与普莱斯公司的导弹逼近预警系统相连,如果有导弹接近,可以自动激活反制措施。

英国皇家空军的攻击型支援飞机的一个传统问题就是缺少武器硬挂点。"鹞"式GR.Mk7型机有6个翼下挂架,机身中央1个通用挂架,还有2个专用的"眼镜蛇"导弹挂架。后来该机型的1个集成在挂架中的箔条布撒器节省出1个武器挂架,无须像以前那样悬挂1个"菲马特"箔条投放吊舱。

英国皇家空军第二代"鹞"式攻击机服役以来出现了许多问题,一名英国BAe公司的试飞员因为弹射座椅故障而死于非命。还有一些设备无法正常工作,有时甚至根本不工作,小型红外行扫描侦察系统就是其中之一。不过,这些问题很快得到了解决,到了GR.Mk 5型机为GR.Mk7型机让路的时候,大多数困难已经克服。然而,英国皇家兵工厂生产的"阿登"25毫米口径机炮是一个令人遗憾的例外,根据生产商承诺,该型机炮将比美国AV-8B型攻击机上的GAU-12A"加特林"机炮产生更小的后坐力、更快的射速和更轻的重量,但实际上却达不到。尽管做了大量试验和工程革新,问题依然没有解决,机炮最终被取消,这就使得"鹞"式GR.Mk 7攻击机成为英国皇家空军第一种未装备机炮的战斗轰炸机机种,空荡荡的机炮吊舱也就变成飞机飞行的气动辅助设备了。

1988年间,英国皇家空军订购了首批34架GR.Mk7型机,早期的机型也迅速改装成为晚期型号。GR.Mk5型机经过改装,在机头上部安装了前视红外天线,在机头下部安装了"宙斯"系统天线,就变成了GR.Mk7的原型机。1989年11月20日,首架由GR.Mk5型机改造而成的GR.Mk7型机进行首飞。

首架投产的GR.Mk7型机于1990年5月交付。1990年8月,首批服役机型交付驻博斯科比顿基地的"轰炸攻击"操作评测单位(OEU)。在这里发展并完善了GR.Mk7型机的操作程序、战术设计和相关设备,并做了一些夜视镜和前视红外系统的前期工作。自1990年9月起,GR.Mk7型机也交付给第4飞行中队,替换了第一代的GR.Mk3型机。

上图:在冷战期间,"鹞"式战斗机部队的重要任务之一就是从航母上进行起降作战。英国皇家空军的"鹞"式战机和皇家海军的"海鹞"战机在"联合力量2000"行动中共同出击

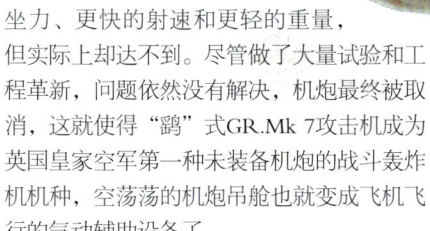

左图:"鹞"式战斗机在冷战期间的部署行动中发挥了重要作用,其独特的短距起飞和垂直降落的特点使它直到今天仍然经常执行各种任务

1990年11月，GR.Mk7型机开始取代第3中队的GR.Mk5型机。

为了缓解GR.Mk5型机向Mk7型机的过渡压力，编号从42号到60号的飞机为GR.Mk5A型，装备了GR.Mk7型机的航空电子设备（没有装备前视红外系统，安装了"宙斯"系统的整流罩），然后直接封存等待全面改装。这些飞机（包括损坏的飞机）的全面改装在1990年展开，大多数早期的GR.Mk5A交付给了第1和第20中队。

1993年，英国皇家空军古特斯洛基地关闭，第3和第4中队前往拉尔布鲁奇基地驻扎，接受"北约"快速反应部队指挥。1999年，两支中队回到英国，驻扎在柯茨摩尔基地。从第77架飞机（编号ZG506）开始，"鹞"式GR.Mk7型机就安装了更大的翼根前缘边条，进一步降低了机翼翻滚风险，改善了转弯性能。出于通用性的考虑，一项替换早期飞机上更小的翼根前缘

右图：与最初的"鹞"式战机和英国皇家空军的老迈的"美洲虎"战机相比，GR.Mk7型机提供了出众的装载能力，除了燃油、空空导弹、箔条干扰弹外，还能够搭载两枚2000磅（907千克）的激光制导炸弹，甚至还包括一个中央侦察吊舱

击系统。1992年初，英国政府决定再订购13架该型飞机，这样一来，英国的"鹞"式战机部队终于有了在性能上完全代表第二代"鹞"式GR.Mk7型机的教练机。1994年4月7日，T.Mk10型机首次升空，"飞马"Mk105发动机与该型机完全兼容。与美式同类机型不同，该型机只能搭载训练用武器装备。

"鹞"式GR.Mk7型机最初的武器装备非常有限，包括1000磅（454千克）的炸弹、BL755型集束炸弹和68毫米口径SNEB火箭发射器。如今，该型机增加了一系列新型武器，其中就有CRV-7型火箭弹和CBU-87型集束炸弹。海湾战争期间，"美洲虎"战斗机曾经使用过上述武器。GR.Mk7型机同时也兼容"铺路"Ⅱ和

配置了127毫米口径镜头的F135型摄像机。这种过渡方案非常有效。此外，"鹞"式攻击机装配了Vinten Vicon 18的601系列GP（1）型侦察吊舱和603系列远距离倾斜侦察吊舱。

此外，英国人还改进了GR.Mk7型机的导航设备。到了1992年，惯性导航系统升级到FIN1075G型，并集成了全球定位系统，这对于舰载行动中的海上精确导航尤其重要。经过各种试验之后，1997年11月，英国皇家海军第1飞行中队在"无敌"号航空母舰上整装待发，准备参加对伊拉克的空袭。

"鹞"式GR.Mk7型飞

边条的计划被暂时搁置，认真研究了在舰载机上使用大翼根前缘边条的难度之后，一些晚期的GR.Mk7型机甚至拆掉大边条，换上了最初的小边条。

1990年2月，英国政府通过了采购"鹞"式T.Mk10型机的决定，这是一种英国化的TAV-8B型教练机，配备有夜间攻

下图："鹞"式T.Mk10型飞机是英国皇家空军第二代"鹞"式机型中的一种双座教练机，目前已经完全取代了原有的T.Mk4型机，该机型尽管性能超强，但只用于训练

"铺路"Ⅲ激光制导炸弹，在科索沃开展的"联合力量"行动中，这些炸弹大展神威。1995年，在波斯尼亚，在装备了热成像机载激光标定吊舱的"美洲虎"战斗机的引导下，"鹞"式GR.Mk7型飞机首次对塞尔维亚目标投射"铺路"Ⅱ激光制导炸弹。后来，"鹞"式攻击机也集成了该吊舱，可以自主进行目标指示了。

为了让GR.Mk7型机具备侦察能力，英国方面至少对9架飞机重新安装了早先的GR.Mk3型机的侦察设备吊舱，4台带70毫米口径镜头的F95型相机呈扇形排列，还有1台

上图：如图，在巴尔干半岛执行"空中禁飞区"监视任务中，这架"鹞"式攻击机采用了目前双色灰红外光涂装方案，没有所属单位标记。飞机中轴线下方挂载601系列GP（1）型侦察吊舱

机是对英国皇家海军舰载飞行联队的有益补充，它的夜间和对地攻击能力扩大了"海鹞"攻击机的防空能力。根据英国国防部的《战略防御评估报告》，"海鹞"攻击机和"鹞"式攻击机部队正在合并。从2008年开始，升级后的GR.Mk9型机成为英国唯一一种还在服役的"鹞"式攻击机。

# 美国海军陆战队的"鹞"II 攻击机

第223"斗牛犬"攻击机中队的这架AV-8E型攻击机正在发射AGM-65E型激光制导炸弹

"鹞"式攻击机可以不依赖固定基地执行任务的卓越能力,使得美国海军陆战队在面对一场有限或突发战争的情况下,拥有了一种强有力的武器。

美国海军陆战队自我定位为一支独立自主的武装力量,有着自力更生的重要传统。因此,为自己的士兵提供属于自己的近距离空中支援飞机,对于美国海军陆战队而言,是一件关乎荣誉的大事。"鹞"式Ⅱ型攻击机则在这场荣誉之战中起到了重要作用。在美国海军陆战队中,AV-8B型机取代AV-8A型机,装备了1个训练部队和7个一线中队。为了节约成本,海军陆战队不但解散了1个中队,还放弃了再建立2个预备役"鹞"式攻击机中队的计划。

行政上,美国海军陆战队可以划分为两个舰队陆战队,每个陆战队有自己的责任区域。大西洋舰队陆战队下辖陆战队第2飞行联队,基地位于北卡罗莱纳州的切利角海军陆战队航空站。第2飞行联队下辖装备了AV-8B型机的陆战队第14飞行大队。切利角基地拥有4条2591米长的跑道,在博格辅助着陆场还有一个救援物资着陆区。该着陆区有一个模拟两栖攻击舰平台,还有一条配置了降落拦阻装置的模拟航空母舰甲板。

太平洋舰队陆战队下辖陆战队第3空中联队,基地位于亚利桑那州尤马海军陆战队航空基地。该联队的陆战队第13飞行大队下辖的第211、第214、第311和第513攻击机中队,配备"鹞"式攻击机家族中的AV-8B型和AV-8B(NA)型机。海湾战争期间,陆战队第13飞行大队驻扎在阿卜杜尔阿齐兹国王空军基地,下辖第231、第311、第542攻击机中队和第513攻击机中队B特遣队,由约翰·拜尔迪上校指挥。战争期间,更多的"鹞"式战机加入第331攻击机中队,成为陆战队第40飞行大队的一部分,搭载在"拿骚"号两栖攻击舰上。另一个拥有AV-8B型机的部队是陆战队第12飞行大队,该大队没有自己的"鹞"式攻击机飞行员,但通过攻击机中队的轮转部署,该部队一直拥有"鹞"式攻击机。

## 美国海军陆战队远征部队部署

通常情况下,美国海军陆战队航空力量是作为海军陆战队航空兵地面特遣部队进行部署的。其中,最大的一部分是海军陆战队远征部队,由一名二星将军指挥,下辖1个师和1个整编陆战队空中联队,拥有多达69架的AV-8B型攻击机。先遣队包括1个陆战步兵团和1个陆战队航空大队,拥有40架AV-8B型攻击机。航空大队按整编中队部署,并保留单位名称。远征部队部署在"黄蜂"级两栖攻击舰上,可以搭载20架"鹞"式攻击机和5架H-60型或CH-46型直升机。

美国海军的"黄蜂"级两栖攻击舰主要有LHD-1"黄蜂"号、LHD-2"埃塞克斯"号、LHD-3"基尔萨奇"号、LHD-4"拳师"号、LHD-5"巴塔安"号和LHD-6"好人理查德"号。较老式的"塔拉瓦"级两栖攻击舰也可以搭载"鹞"式

上图:1986年4月,第542"飞虎"攻击机中队用AV-8B型攻击机替换了AV-8A和AV-8C型战机。第542中队是"沙漠盾牌"和"沙漠风暴"行动中第二支部署到波斯湾地区的攻击机中队。1991年3月,该中队离开沙特阿拉伯,于1993年7月成为首支拥有"鹞"Ⅱ加强型攻击机的中队。该中队的战机尾部方向舵带有明显的黄色虎皮图案

攻击机,该级舰通常携带的标准机型包括AV-8B型攻击机和CH-53D、CH-46D/E型运输直升机以及AH-1W攻击直升机等。"塔拉瓦"级两栖攻击舰包括LHA-1"塔拉瓦"号、LHA-2"塞班"号、LHA-3"贝劳伍德"号、LHA-4"拿骚"号和LHA-5"佩勒利乌"号。此外,还有2艘"硫黄岛"级直升机攻击舰正在服役,分别是LPH-9"关岛"号和LPH-11"新奥尔良"号,二者都可以携带"鹞"式攻击机,但近年来被定位为反水雷舰。

除了上述几种两栖攻击舰,AV-8B型攻击机也可以部署在8艘"惠德贝岛"级船坞登陆舰上。通常情况下,美国海军陆战队配备的军舰并不是常规的作战平台,而是输送陆战队人员和装备到达作战区域的运载手段。

具体执行作战任务的是海军陆战队远征

下图:为适应AV-8B型攻击机,美国海军陆战队进行了为期22周的转换课程,包括62次飞行和60飞行小时,其中有15次飞行是在TAV-8B双座教练机型中进行的

装备队,配备1个加强营和1个加强直升机中队,通常有6架"鹞"式攻击机。美国海军陆战队下属的2个执行特种作战任务的远征小队永久装备该机型,每个远征队有1个直升机加强中队和1个加强营,配备的航空力量包括12架CH-46直升机、4架CH-53直升机、6架AH-1直升机、3架UH-1型直升机和6架AV-8B型攻击机。

随着"大黄蜂"舰载机雷达系统升级的进行,美国海军陆战队决定把多余的APG-65型雷达安装在AV-8B"鹞"式Ⅱ型攻击机之上,从而成为能力增强后的"鹞"式Ⅱ+型机。1992年,"鹞"式Ⅱ+型机进入第542攻击机中队服役。后来,美国海军陆战队决定到2003年年底把剩余的72架AV-8B型机全部改装为"鹞"式Ⅱ+型机,这些攻击机至少要服役到2025年,届时将会被F-35B型战机所取代。

右图:这架第214攻击机中队的AV-8B型攻击机挂载的是AN/ALQ-164电子对抗吊舱。从KC-130F空中加油机加完油后,这架飞机正与它的继任者、一架第231攻击机中队的"鹞"式Ⅱ加强型战机进行编队飞行

上图:这是一架第542攻击机中队的"鹞"式Ⅱ+型飞机,绰号为"飞虎"的第542攻击机中队是海军陆战队中最早装备AV-8战机的部队,早在1970年6月就已经把F-4B战斗机换成AV-8A了

### 美式航空电子设备

与英国的"鹞"式GR.Mk5型机相比,最初的AV-8B型攻击机的机载设备有科林斯公司的RT1250A型超高频/甚高频通信电台、本迪克斯公司的RT-1157/APX-100型敌我识别系统和利顿公司的AN/ASN-130A型惯性导航系统。AV-8B型机没有GR.Mk5型机重,风挡和前部机身的防鸟撞能力稍差。

## AV-8B"鹞"式Ⅱ型攻击机

从第167架AV-8B型战斗机开始,美国海军陆战队接收的"鹞"式攻击机都是夜间型。1989年9月15日,生产线上下来的首架新标准战机交付,第一个按照该标准装备的部队是驻尤马基地的第214攻击机中队(著名的"黑羊"中队),该中队此前使用的是A-4M型攻击机。AV-8B型机装备了两枚AGM-65E"小牛"导弹、两枚Mk20"岩眼"Ⅱ型集束炸弹、两枚AIM-9L/M"眼镜蛇"导弹。海湾战争期间,该中队奋勇出击,1991年10月部署到了尤马基地,成为首支海外部署"鹞"式AV-8B新型攻击机的部队

### 箔条干扰弹和红外曳光弹布撒器

作为一款西方战术攻击机,AV-8B型机的箔条和红外曳光弹发射器位于后机身冲压式进气口两侧上方,两台古德伊尔公司的箔条/红外曳光弹布撒器安装在后机身下方。

### 弹射座椅

AV-8B型机为飞行员提供了10B型弹射座椅,比AV-8A和"鹞"式GR.Mk3型机的座椅高出12英寸(30.5厘米),并采用了更大型的、两段式水滴形座舱盖,从而与升高的座椅相匹配。

### 机身下机炮

AV-8B型机安装了1门通用电气公司的GAU-12A型25毫米口径5管"加特林"机炮,载弹300发,位于左侧机腹的吊舱内,弹药则放置在右侧吊舱。

# "鹞"式Ⅱ型攻击机的海外使用者

意大利的"鹞"式Ⅱ型攻击机的操作训练经常需要与西班牙AV-8S"斗牛士"攻击机合作，因此就有了组成"南欧'鹞'式攻击机部队"的设想。

与英国的"鹞"式GR.Mk1型机相比，西班牙更加青睐美国的AV-8S"斗牛士"攻击机（在西班牙军队内称作VA.1、EAV-8A或AV-8A）。在当时，西班牙人对于飞机舰载性能的要求，使得一些人认为西班牙人的订单将会瞄准英国制造的"海鹞"战机。然而，考虑到与美国的长期关系，西班牙决定采购美国战机。1983年3月，西班牙签署了购买12架AV-8B型机的合同，并给自己的新战机命名"VA.2 斗牛士Ⅱ"，尽管这个名字并不如AV-8S那么常用。麦道公司把该型机称作EAV-8B型。在美国进行飞行员转换训练之后，1987年10月6日，首批3架飞机通过海运抵达西班牙罗塔基地。EAV-8B型机交付时采用双色调哑光灰的涂装方案，与美国海军舰载机的颜色方案类似。

1988年，西班牙海军所辖的采用木质甲板的水上飞机母舰"台达罗"号（前美国巡洋舰"卡伯特"号）退役。1989年，新型的"阿斯图里亚斯亲王"号轻型航空母舰服役。英国BAe公司试飞员海因茨·弗里克和史蒂夫·托马斯驾驶AV-8S型机在新母舰上进行了12度滑跃起飞，随后该机型正式投入使用。接着，西班牙飞行员在英国皇家海军航空兵驻地约维尔顿接受了滑跃起飞训练。

后来，西班牙海军不再向美国海军陆战队切利波音特航空站派遣飞行学员，而是采用了在维特宁空军基地租用"鹞"式GR.Mk3型机飞行模拟器的办法。当然，西班牙的EAV-8B飞行模拟器也曾被英国皇家空军GR.Mk5型机的飞行员所使用。根据1990年签署的三方备忘录，西班牙接收了8架"鹞"式Ⅱ+型机和1架TAV-8B型双座教练机。剩下的10架AV-8B型机将会升级成同样的型号。

## 西班牙的"鹞"式攻击机部队

第8飞行中队是最早拥有西班牙海军"斗牛士"攻击机的部队。美国海军陆战队收回AV-8A型机之后，该中队就担负起了培训西班牙"鹞"式攻击机飞行员的责任。第8飞行中队原本有希望接收装配了雷达的EAV-8B型机，但是1996年10月24日，该中队解散。剩余的7架AV-8S和2架TAV-8S型机转到了泰国皇家海军手中。1987年9月29日，第9飞行中队在罗塔组建，下辖EAV-8B型攻击机。从1987年10月到1988年9月，EAV-8B型机交付完毕，第9飞行中队进行了大量测试。1989年，该中队执行首次任务，与"海王"中队、"贝尔212"中队组成A舰载机空中飞行大队。第008飞行中队的EAV-8A与4架AV-8A、8架第9飞行中队的EAV-8B型机部署在"阿斯图里亚斯亲王"号轻型航空母舰上。自1994年开始，为了引进装配了APG-65型雷达的"鹞"式Ⅱ+型攻击机，第9飞行中队的一些飞行员被派往空军积累驾驶F/A-18的经验。

## "鹞"式攻击机在意大利

1967年10月，霍克·联邦德国利公司试飞员休·米里威瑟驾驶"鹞"式攻击机在意大利海军"安德烈亚·多里亚"号航空母舰上成功降落。这时，意大利才开始考虑采购"鹞"式攻击机的可行性，并制订了一个24架飞机的补偿交易方案，其中6架"鹞"式GR.Mk 50型机在英国制造，44架以许可证方式在意大利生产或组装。然而，因意大利空军的反对和资金短缺问题，该方案最终胎死腹中。当新型航空母舰"朱塞佩·加里波第"号在1983年下水后，我们可以清楚地看出，该舰是专门为直升机和短距垂直起降的固定翼机型设计的，安装了一条角度为6°39′滑跃式起飞甲板，这比意大利海军采购"鹞"式攻击机要早出很长时间。为了转移公众舆论对海军的过多关注度，一开始，意大利海军称该滑跃式起飞甲板专门用来保护飞行甲板免受过多海水喷溅。同时，该舰还可以横跨甲板部署美国海军陆战队的AV-8B战机和英国皇家海军的"海鹞"攻击机。

经过对"海鹞"和"鹞"式AV-8B型攻击机的评估，意大利海军得到政府的批准，决定装备固定翼战机，并于1989年5月立刻订购了两架TAV-8B型教练机。与此同

上图：意大利的TAV-8B型教练机从美国海军陆战队购得。同样，西班牙也计划装备TAV-8B型双座教练机。意大利的"鹞"式战机隶属第1飞行大队，该大队驻地格罗塔列，距离南部的塔兰托海军基地很近。意大利海军的2架TAV-8B型教练机于1991年8月交付

上图：与狼头队徽相一致，这架"鹞"Ⅱ+型攻击机的尾翼标志是一只狼爪。意大利共订购了16架"鹞"式Ⅱ+型战斗机，而TAV-8B型教练机则换装了发动机

下图:西班牙的AV-8B型战机从旗舰"阿斯图里亚斯亲王"号轻型航空母舰上起飞,该舰装备了12°滑跃式起飞甲板。西班牙海军航空兵共购买12架AV-8B型机,首架于1987年交付。1990年9月,西班牙加入了"鹞"式Ⅱ+型战机的研制项目

时,意大利海军派出一批飞行员前往美国受训。1990年,意大利签署了一份16架"鹞"式Ⅱ+型攻击机的订单。1994年4月20日,首批3架飞机从美国海军陆战队的配额中划出来,在海军陆战队切利波音特基地交付训练。1994年,两架TAV-8B型机重新装配了F402-RR-408型发动机,以提高其在高温、高海拔条件下的飞机性能。

### 意大利海军的"鹞"式教练机

1991年,意大利海军的TAV-8B型教练机在格罗塔列的新基地交付使用。该型机进行了多次舰载飞行,与舰载直升机就协同作战进行磨合。1994年12月3日,首批美国制造的AV-8B型机交付,飞至五月港附近的"朱塞佩·加里波第"号航空母舰之上。一个月之后的1995年1月18日,"朱塞佩·加里波第"号航空母舰从塔兰托出发(搭载3架美制单座战斗机),前去支援联合国在索马里的军事行动。其间,舰载战斗机执行多次高空掩护和侦察任务,实践证明了该型飞机可靠耐用、易于维护,其装备的ABG-65型雷达还可用于地面制图、空中指挥和交通管制。1995年3月22日,该中队返回格罗塔列。

### TAV-8B"鹞"式Ⅱ型教练机

1988年5月,由于要在美国进行飞行员培训,意大利订购了两架TAV-8B型教练机,正式加入了"鹞"式飞机俱乐部。紧接着,意大利又购买了16架"鹞"式Ⅱ+型攻击组成一支一线飞行中队。1991年8月,TAV-8B型教练机交付使用,据称每架耗资达2500万美元。该架飞机涂有海军陆战队第1航空大队的标志,基地位于格罗塔列。

### 意大利的航空母舰

意大利海军唯一的轻型航空母舰"朱塞佩·加里波第"号于1981年3月铺设龙骨,1983年6月下水,1985年开始服役。作为排水量1万吨级的旗舰(吨位是英国皇家海军"无敌"级航空母舰的一半),"朱塞佩·加里波第"号航空母舰装备了"特赛奥"Mk2型反舰导弹、"阿斯派德"地对空导弹、40毫米口径舰炮和Mk46型反潜鱼雷。搭载1个飞行大队,可搭载16架"鹞"式攻击机或18架SH-3D型直升机。通常情况下,上述两种机型互相搭配执行任务。

### TAV-8B的改变

作为交付美国海军陆战队和意大利海军的"鹞"式攻击机的双座教练机,TAV-8B型机的前部机身比AV-8B型机延长了1.2米。为了补偿重心的变化,尾翼也加长了0.43米。该机型携带的燃油没有变化,但翼下挂架减少为翼下每侧2个硬挂点。

### 意大利海军航空兵

由于意大利空军的阻挠,意大利海军航空兵一直无缘拥有属于自己的固定翼飞机,这种情况一直延续到新法案通过的1989年1月29日。事实上,意大利这两个军种之间的争执甚至可以追溯到第二次世界大战前。在拥有"鹞"式攻击机之前,意大利海军能使用的舰载机只有AH-3D"海王"直升机和AB212型直升机。

虽然在20世纪50年代末就已投入使用,现在仍有许多架米格-21战斗机在继续服役。图例是一架斯洛伐克空军和防空部队的米格-21UM型

# 米高扬·格列维奇
# 米格-21"鱼窝"

上图:一架以色列飞机工业公司出产的米格-21-2000机型的工程地面展示。以色列飞机工业公司已经完全翻新了米格-21飞机,增强了它的功能,装备了新式雷达,并完全重新设计了驾驶舱。柬埔寨皇家空军最先接受了这种机型

米格-21歼击机的大批量生产,使"米格"成为一个家喻户晓的名字。在冷战期间,米格-21是苏联及其加盟共和国的主力机种,而且在当今世界各地的空中军力中,米格-21飞机仍然保有很强的实力。

可以很公平地说,米格-21是世界上最著名的军用飞机之一。自第二次世界大战结束以来,还没有其他型号的战斗机能达到如此巨大的生产量(苏联制造了10000多架,此外中国和印度也生产了2000多架)或如此众多的改进型号(并且仍然不断有新型号问世)。此外,也没有其他型号的战斗机装备过这么多的部队(56国空军)——C-130"大力神"运输机是唯一得到更广泛应用的军用飞机——或参加过如此之多的战争。值得注意的是,米格-21飞机一直都是轻型的且功能有限的,其机载装备并不突出。实际上,在当今的战争中,米格-21战斗机已经远远被那些更大型、更精密而且更强大的西方战斗机所超越。尽管如此,米格-21战斗机一直深受那些曾驾驶过它的飞行员的喜爱,并且米格-21飞机的易操作性、可靠性和廉价性使得它仍然活跃在当今的各国空军中。

## "鱼窝"的演变

在1953年,苏联空军航空科技研究所(NII VVS)发布了一份新型战斗机的规格说明书,随即米高扬提出了一种轻小、超音速且采用单加力涡轮喷气发动机的飞机构思,并且该飞机将不会负载过重的燃油、电子设备或武器。苏联空军需要该新型战斗机纯粹是为了击落那些"世纪"系列的战斗机和轰炸机,如B-47、B-52和B-58。然而,很快人们便公认该新型战斗机并不能满足对它的全部要求,于是苏联空军又提出了一个新的需求,即要求一种能够在白天进行局部防御、能接受近地面控制且仅用机炮进行攻击的战斗机。

米高扬设计局制成了两架原型机——Ye-2(后掠翼布局)和Ye-4(三角翼布局)。根据计划,这两架原型机都将装备R-11发动机,但是在R-11发动机完工交付之前这两架飞机就已经设计完成了,所以先装配了推力较小的RD-9Ye发动机来替代。Ye-2型飞机在1955年2月14日进行了首次试飞并颇受好评,但是其相对于不久之后试飞成功的三角翼Ye-4型飞机略显动力不足。在随后的两年中,米高扬设计局对两架飞机的设计都进行了一系列的改进,并且最终一架在1957年试飞成功的三角翼改进型飞机被米高扬和苏联空军航空科技研究所采纳。在接下来的两年中,米高扬设计局对最初的设计又进行了进一步的修改,并研制成Ye-6/3型飞机。在1958年12月试飞成功以

上图:在20世纪六七十年代,埃及空军的米格-21战斗机曾投入与以色列的战斗。但这些米格战机普遍表现不好。在对抗更加训练有素的对手时米格-21的杀敌数非常少,不过苏联会很快替换掉那些被击落的米格战机

后,该型号被直接投产30架,并被命名为米格-21F。当Ye-6/3型飞机为苏联创造一系列纪录(包括世界最快速度纪录)时,米高扬设计局正致力于研制第一个真正的成产型版本,即装配了火炮的米格-21F-13。共有数以百计的该型飞机被建造出来,包括捷克斯洛伐克特许生产的S-106型以及中国的仿制版。

## 不断改头换面的米格

从一开始,在经过不断的升级以及三世代的演变之后,米格-21型战斗机已经变得与原型机非常不同。紧随米格-21F-13型之后问世的是米格-21P型,该型飞机卸掉了机炮,仅配有两枚导弹。再接下来连续问世的是装备有新式雷达的米格-21PF型、用于出口的米格-21FL型,以及配备了新型驾驶舱、航空电子设备、武器和装备的米

上图:为两架米格-21战机在结束一次截击或者训练任务后正在着陆。作为冷战象征的米格-21,这在过去30多年里都是一个常见的景象

上图：捷克共和国仍保留有许多架米格-21MF"鱼窝-J"型战机用于空中防御和攻击，而这些米格-21MF型战机共装备了捷克空军的3个中队

第二代米格机型改变了最初的构建轻型战斗机的理念，逐渐变得更重、更精密复杂化。这一代飞机中包括装备有侦察及红外吊舱、电视摄影机以及激光传感器的米格-21R型侦察机；R型的改进型号米格-21S型战斗机；增强了可操作性的米格-21SM型；装配了更强大的发动机、雷达和武器装备的米格-21MF型；以及拥有更大燃油荷载的米格-21MT型。

第三代米格-21bis型是迄今为止最先进、最强大的一个型号，尽管缺乏超视距导弹功能、雷达水平有限和续航能力差等缺点限制了它的实用性。米格-21bis型被开发成一种服役于苏联前线航空部队的多用途战机，其武器装备能力比先前的各个改进型都要强大。米格-21bis型战斗机曾服役于多个国家，虽然在少数几个国家里，该飞机正逐渐被一些更现代化的西方飞机所取代，但米格-21bis和一些早期改进型号一起继续效力于前线。

冷战的结束并不意味着米格-21时代的终结，有几家公司已经做出努力来升级该型现役战机。以色列飞机工业公司生产出了米格-21-2000型战斗机，特拉科（Tracor）飞行系统公司将其改进成一款无人驾驶型飞机并命名为"QMiG-21"，与此同时米高扬设计局本身也研制出了新型的米格-21-93型战机。还有其他许多公司提供了升级配件、新型航空电子设备和最新的武器装备。

## 米格的实战表现

鉴于其服役范围之广，米格-21战机不可避免地会投入到很多战斗中。米格-21战机的第一次实战经历是1965年的第二次印巴战争，印度从苏联购入的米格-21主要用来对抗巴基斯坦的美制F-86F和F104A。然而，由于此次战斗规模有限，直到1971年印巴第三次大规模战争时，米格-21才真正广泛地投入战斗中。印军的米格-21首次击落的是一架巴基斯坦空军的F-6战斗机，随后其又击落了多架F-104。其他一些米格-21战机也参与到对地攻击中。

米格-21投入的下一个主要战场是中东地区，埃及、叙利亚和伊拉克军对以色列展开了进攻。此次战争中，米格-21的表现并不理想，很多架米格-21成为以色列空军"幻影Ⅲ"CJ的牺牲品。在1973年的"赎罪日战争"（第四次中东战争），阿拉伯联军装备了米格-21的空军部队再一次不敌以色列空军的F-4E、"幻影"系列和"鹰"式战斗机。

在非洲，驻安哥拉的古巴空军米格-21战机参与了对抗"安盟"（UNITA，"争取安哥拉彻底独立全国联盟"）和"安哥拉国家解放阵线"（FNLA）等反对派的战斗中，其中两架被南非空军的"幻影"F1所击落。此外，伊拉克空军的米格-21战机曾与伊朗的F-4和F-5机队展开了一系列战斗并且表现尚可，然而索马里的米格-21在对抗埃塞俄比亚空军的F-5机队时却表现得很糟糕。

在越南战争期间，敏捷的米格-21也在越南的天空耀武扬威，在严密的地面控制下，多次在与美军更重型、更精密的战机的近距离空中战斗中获胜，然而米格-21在长距离攻击时却表现不佳。尽管美军宣传米格的威力并不足以构成威胁，第二阶段"后卫"行动（Operation linebacker Ⅱ）中还是多次对米格-21基地实施袭击。也正是从那时起，米格-21战机参与了多次以色列和叙利亚地区的冲突（其中包括1982年的黎巴嫩战争，超过80架米格-21和米格-23被击落）以及非洲国家的数次局部冲突。米格-21战机的最近一次实战经历是在"沙漠风暴"行动中，几架试图升空的米格-21被以美国为首的多国部队的超强火力击落。

米格-21战机很有可能继续服役到21世纪。当今大部分的米格-21战机仍在一些较贫穷国家的前线服役，这些国家倾向于把升级现有飞机作为首选替代方案，而不愿再购买新机。购买像F-16或者米格-29这样的机型会比升级米格-21昂贵很多。

不大可能再有其他的战斗机型能赶上米格-21的巨大销售量。在全球紧缩国防预算的情况下，很少有国家能投入大量经费到飞行中队中。相反地，当今的趋势是给空军部队装备数量较少但功能强大的高科技多用途飞机，这与米格-21的最初构想恰恰相反。

下图：中国于1961年首次制造米格-21飞机，并将国内使用的该型飞机命名为歼-7（J-7），出口型则命名为F-7。图例所示是一架升级了武器装备的出口型歼-7MG（F-7MG）战机，它能够携带AIM-9型"响尾蛇"导弹和R.550型"魔术"空空导弹

# 米格的各种改型

## 米格-21早期型号

米格-21的最初设计思想是建造一款结构简单的轻型战斗机，为更彻底地追求其综合性能，该设计理念将舍弃在精密性、耐久性和火力等方面的考虑。米格-21量产型是基于对一系列原型机的改进而得到的。一些原型机采用的大后掠翼设计，其他的则使用三角翼平面形状并被最终采纳。预生产的米格-21F型（亦称Ye-6T型或72式机）战斗机在1959年开始有限地服役，并被"北约"航空标准协调委员会(ASCC/NATO)称为"鱼窝-B"，但是第一个真正全面投入生产的型号是米格-21F-13，即"鱼窝-C"，或称74号机。米格-21初步展示作战能力是在1963年1月，驻于敖德萨港的第28联队，而第一批出口战机则销往了芬兰。首批114架米格-21F-13型战机具有一个窄翼舷垂直尾翼，但其机载武器都从两门NR-30机炮减少到一门，在右舷侧，翼下挂架可挂载2枚AA-2"环礁"红外制导空空导弹或火箭弹发射器。其油箱容量从602美加仑（2280升）提高到了674美加仑（2550升）。中国仿制了米格-21F-13型战机，即为沈阳飞机工业有限公司制造的歼-7型（下图为一架出口型歼-7，称为F-7）。

## 第二代米格-21战机

后来的米格-21战机都装备了更加重型的武器和越来越精密的航空电子设备。所有机型都改装了R-11F2S-300或者R-13-300型发动机，增加了附面层吹除系统，且将空速管偏置到中心线右侧，另外，也采用了两片式座舱盖和宽翼舷垂直尾翼。这一代战机首先面世的是在米格-21PF的基础上改进而成的米格-21R侦察机（亦称94R式机），但是米格-21R加宽了背部整流罩。米格-21S（95式机）是歼击机型，其具有一个新型雷达和机腹机炮吊舱。紧随其后研制而成的是米格-21SM（15式机），该改型还装备了新型战斗瞄准具，并在飞机机腹下增装了一门Gsh-23型23毫米口径双管机炮。米格-21M（96式机）是SM型的外销型，其也被特许在印度生产。米格-21MF"鱼窝-J"（96F式机）是专供苏联空军使用的米格-21M衍生型，其机翼可挂载4枚空空导弹。

## 早期装备雷达的米格-21

米格-21P"鱼窝-D"型完全去除了机炮。其进气口中央的可调节锥体内安置了一个TsD-30T R1L型"自旋扫描"雷达。米格-21P还修改了座舱盖和背脊，使其气泡形座舱盖后部长长的背脊一直延伸到垂尾。该机型的燃油荷载也提高到了726美加仑（2750升）。米格-21P之后出现的是装备了R11F2-300发动机的米格-21PF截击机（亦称76式机），该改进型还将飞机的空速管移至机头进气口唇部，且装配了改良的RP-21"蓝宝石"（Sapfir）雷达。"北约"赋予这些飞机的代号名称为"鱼窝-E"。米格-21FL的外观和后期的米格-21PF一致，但是由于其主要用于出口外销，米格-21FL装备的是功能稍逊的R-2L雷达和原版发动机。经特许授权，印度生产了接近200架。94式改进型、米格-21PFS和米格-21PFM"鱼窝-F"都采用了两片式座舱盖和固定式前风挡，加装了附面层吹除系统和一个十字槽式制动器，此外还改装了R-11FS-300新型发动机和RP-21M雷达。这几型飞机都可以发射半主动雷达制导RS-2US（K-5M）空空导弹。

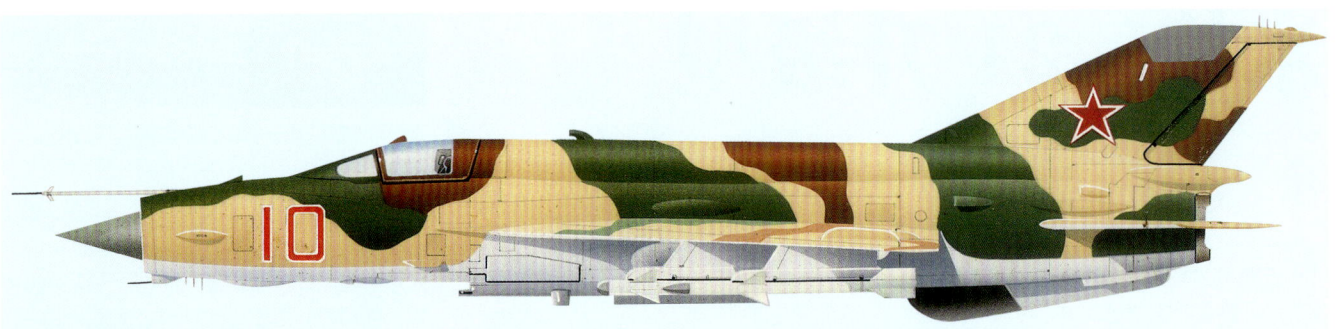

### 米格-21bis

第三代米格-21bis型战机是最先进、性能最好的"鱼窝"系列生产改型,尽管按现在的标准来看,该型飞机缺乏超视距(BVR)导弹攻击能力、雷达探测距离有限、低速操作性能一般且持久力差,这些不足点都限制了它的实用性。米格-21bis的第一个型号被"北约"航空标准协调委员会赋予代号"鱼窝-L",并于1972年2月开始正式服役。之后的一个量产型战机被称为"鱼窝-L",该型在进气道上安装了"Swift Rod" ILS天线,并改进了航空电子设备。通过改造航空电子设备和机载武器系统,米格-21bis被改进成一款供苏联前线航空部队所使用的多用途战斗机,其具有更好的近距离作战的能力,并能挂载新型R-60("北约"代号AA-8"蛙牙")空空导弹。该型的优化改造使其适应在低空区域与更敏捷的敌机作战,同时也增强了对地作战能力。该机型能携带4具UV-16-57火箭发射器,或者4枚9.5英寸(240毫米)口径的火箭弹,或者两枚1102磅(500千克)和两枚551磅(250千克)炸弹。米格-21bis改装了更先进的"蓝宝石"Sapfir-21雷达和15653磅(69.65千牛)的"图曼斯基"R-25-300型发动机,且彻底重新

设计了背鳍结构,这使得其在外形上与大多数第二代"鱼窝"战机并没有明显区别,却能装载二倍于此前的燃油。1980—1987年,印度获特许生产了"鱼窝-N"战机。米格-21bis的另一个改型是针对核武器打击进行了优化。米格-21bis的侦察机型在苏联和俄罗斯一直服役到20世纪90年代。在其他地方,仍然有大量的米格-21bis战机在继续服役。

### 米格-21U和米格21-US

由于具有双座教练机机型的米格-17"壁画"和米格-19"农夫"均已不再生产,人们很快便明显地意识到,亚音速的米格-15UTI教练机不适合用来训练即将驾驶2马赫速度的米格-21战机的飞行员。于是米高扬设计局基于米格-21F-13"鱼窝-C"型研制了一款双座教练机。教练机去除了武器装备和雷达,但是仍然预留了一个机腹机炮挂架和两个翼基挂架。此外,前机身下方还安装了一个单片式减速板,空速管也被移至机头上部。教练机在主驾驶舱后面加装了一个教练舱,且每一座舱都有独立的向右开启的舱盖。机载燃油量则减少至620美加仑(2350升)。新型训练机的首次试飞,即Ye-6U,是在1960年10月17日,随后便被投入批量生产并正式命名为米格-21U(66式机)。早期生产的教练机都保有原始的窄舷垂尾和腹鳍后部的制动滑槽。米格-21U基础型的"北约"代号为"蒙古人-A",并且在1964—1968年在劳动旗帜工厂(Znamya Truda)投产。从一开始,性能更好的米格-21US"蒙古人-B"(68式机)加大了垂尾面积,以适应后期也加大了垂尾面积的米格-21战斗机型。

该型教练机于1966—1970年在第比利斯飞机厂投产,它改进了弹射座椅,提高了机背载油量到647美加仑(2450升),此外还采用了一个伸缩式探测镜和附面层吹除系统。米格-21UM(69式机)更新了仪器装备、自动驾驶仪和航空电子设备(以适应米格-21R和随后的单座作战型),并且在前机身右舷侧安置了一个迎角传感器。从1971年起该型机由第比利斯飞机厂生产。米格-21教练机曾为绝大多数的"鱼窝"单座战机驾驶员所使用,主要作为转型教练机或延续培训教练机。然而,在苏联和印度,双座米格-21教练机被专门用作高级教练机,来帮助新飞行员适应超音速飞行的特殊挑战。

# 米格-21升级型

罗马尼亚的航空之星公司（Aerostar）和以色列合作提出的一套较低成本的米格-21升级方案为老化的"鱼窝"战机的现代化改造提供了有效的解决办法。

上图：在罗马尼亚空军服役的25架"枪骑兵-C"空中防御型战机代表了米格-21的终极升级改型，该型战机既能挂载俄罗斯制R-73导弹，又能挂载以色列制"怪蛇Ⅲ"（Python Ⅲ）型空空导弹

以色列是较早开展飞机升级计划的国家之一，因为武器禁运政策迫使该国实现武器的自给自足。以色列飞机工业公司为以色列的战机研制整体结构、航空电子设备、武器系统和驾驶舱升级包，并向已经在以色列服役的战机销售升级套件和服务。很快，该公司便发现其里程碑式的F-4升级方案可以作为米格-21战机现代化改造的基础。以色列飞机工业公司以"幼狮"系列和F-4E-2000型为基础来制订米格-21-2000升级套件，包括一个美军标MIL-STD-1553B数据总线、整体式环形风挡、马丁·贝克弹射座椅、广角抬头显示器、现代化的半玻璃化座舱和HOTAS管理系统。以色列飞机工业公司还提供改进现有的"蓝宝石"雷达的方案，或者安装新型的埃尔塔（Elta）公司生产的EL/M-2032多模态脉冲多普勒雷达。但是以色列飞机工业公司的第一个米格-21升级协议，是为柬埔寨的8架米格-21战机制订的一套更为经济的现代化改造方案，该方案并没有增加新系统就恢复了这些飞机的适航性。但是其获得利润更为丰厚的罗马尼亚米格-21升级合同的希望却破灭了。

当罗马尼亚敲定了对于110架米格-21型战机的升级计划时，以色列的埃尔比特系统公司（Elbit）最终得到了该合同。根据协议，埃尔比特公司将提供管理程序，补充并整合航空电子设备，同时罗马尼亚航空之星（Aerostar）负责翻新飞机和安装新设备。

升级之后的罗马尼亚米格-21"枪骑兵"战机的特点是配备了MIL-STD-1553B标准航空电子系统、完整的HOTAS管理系统和多功能显示器、新型抬头显示器，此外还预置了瞄准头盔显示器（DASH）、现代化导航系统、雷达告警接收机（RWR）以及自动防御系统。其中75架对地攻击型（A型）和10架教练型（B型）飞机只安装以色列埃尔塔公司生产的雷达测距仪，而25架空战型（C型）飞机安装了埃尔塔公司的EL/M-2032多模态脉冲多普勒雷达。"枪骑兵"原型机在1995年8月23日试飞成功，这比原计划提前了两个月，并且现在已经重新进入罗马尼亚空军服役。如今几个飞行中队全面正常运作，并使用源自西方或苏联的武器。

罗马尼亚的"枪骑兵"战机全部由米格-21MF和米格-21UM/US型机身改造而成，但是很快罗马尼亚军方就决定对米格-21bis型（在罗马尼亚之外被广泛使用）也进行同样的升级改造。于是以色列埃尔比特公司和罗马尼亚航空之星公司改造了一架新近获得的米格-21bis作为原型机"枪骑兵Ⅲ"号，其在1998年10月进行了首次飞行。

## 克罗地亚的升级方案

"枪骑兵Ⅲ"号或许会作为克罗地亚米格-21bis战斗机升级计划的原型。这些飞机是该国在国际武器禁运期间购入作为过渡型装备使用的。由于通过翻新老化的二手F-16战机来替代这些米格-21bis的希望逐渐变得暗淡，相反地，克罗地亚在2002年与罗马尼亚航空之星公司签订协议，希望能够对这些米格-21bis战机进行升级和现代化改造。

米格-21的原制造商很晚才加入升级市场。俄罗斯的设计局和工厂并不善于翻新或修改旧飞机，相反他们更喜欢制造新飞机，然而俄罗斯战机——包括其最新型战机——的主要弱点是驾驶舱人机工效差、显示器水平落后、缺乏数据处理速率和能力、火力控制系统的软件设计不足，这些都恰恰是米格-21型战机亟须改进的领域。在此情况下，西方的一些公司赢得了更多的声誉来作为升级计划的系统集成商。

俄罗斯的米格航空集团意识到外国公司通过升级米格-21战机获取巨大利润之后，于是米格设计局联合了下哥罗德"索科尔"（Sokol）飞机制造厂组成项目组来研制米格-21-93升级型。"索科尔" GAZ-21飞机制造厂曾产出了绝大多数的米格-21型飞机，因此这个俄罗斯项目团队在基础知识方面具有无与伦比的优越性，包括飞机结构、

下图：罗马尼亚枪骑兵机队的10架"枪骑兵-B"教练机（原米格-21UM/US战机）主要承担军事训练任务，同时还具有辅助战斗作用以及援助前线标准防御的作用

### 米格-21"枪骑兵"A型

罗马尼亚的"枪骑兵"A型战机目前主要集中在两支部队——驻巴克乌的第95大队（Grupul 95）和驻费泰什蒂的第86大队（Grupul 86）。这些飞机并没有各自的飞行大队或中队标记，但是一部分飞机上用白色大字写了称号，尤其是那些参加了"和平伙伴关系"（PfP）军事演习的战机。罗马尼亚航空之星公司计划升级的全部米格–21M/MF型战机都是1975年之后生产的，当然也包括那一型中最现代化的"全新制造"的米格–21。

### "怪蛇"3型

"怪蛇"3型是根据早期的"蜻蜓"1型和2型空空导弹研制而成的，它是以色列在20世纪80年代和90年代期间的基准型空空导弹。现在虽然被"怪蛇"4型所取代，但它仍是一款有效的武器。"怪蛇"3型有一个24磅（11千克）的高爆弹头，通过接触或者雷达近炸引信引爆。其高灵敏度红外探测器导引头可以接受雷达信号控制，并且最大离轴发射角可达30°。

### Opher红外制导炸弹

埃尔比特（Elbit）公司的Opher终端制导系统常常被应用在500磅（227千克）的MK 82型炸弹上。该型炸弹比较类似于"宝石路"2型激光制导炸弹，但是其采用的是红外探测器导引头，而不是激光制导。它被开发成一款反装甲武器，不过它也能攻击一系列的静态或动态目标。该型炸弹灵敏的导引头能够区分已攻击目标（灼热的）和未攻击目标。其典型攻击范围是4.3英里（7千米）。导引头在大概3280英尺（1000米）的距离时获取目标。MK 82型炸弹装备的是192磅（87千克）高爆弹头。

空气动力学和系统，以及建造新部件或组件所需的装备夹具和工具。

米格-21-93的特色是装备了"标枪"（又译"长矛"，KOPYO）多功能大功率雷达、新型整体式风挡、头盔瞄准系统、现代化座舱、先进武器挂架（包括"发射后不管"超视距空空导弹）和加强的防御系统。然而不久便了解到，有一些用户抵制俄罗斯的电子设备，尤其是在印度，于是该公司开始提供一些西方的航空电子系统选项。

印度是当今世界上剩余的米格-21战机最大的用户，其一共获得过830多架该型飞机（其中580架是本土组装或制造的）。尽管一些早期型号的米格-21战机已被新型飞机所替换，大量的后期改型例如米格-21M、MF和bis（改良型）仍然活跃在各国空军中。1994年5月3日，印度和米高扬设计局以及"索科尔"飞机制造厂签署了一份价值4.28亿美元的合约，米高扬和索科尔负责将100架米格-21bis型战机升级到米格-21-93标准型（最初指定的是米格-21I型）。在1996年3月，该合约又扩大到升级125架印度空军米格-21bis机身，但是直到2002年，首批12架改造完成的飞机才可投入使用，而真正投入生产却是在原计划日期的几年之后。

印度方面要求配备一定的西方系统，包括美军标准1553架构、法国六分仪航电公司生产的"图腾"221G环形激光陀螺仪惯性导航系统、以色列出产的曳光弹投放器，以及其本土制造的主动电子干扰器、无线电通信仪、无线电高度表、无线电罗盘和敌我识别系统应答器。米高扬设计局提供了多个可选发动机型号，包括了15657磅（69.65千牛）TJR-25-300型，其为米格-29型战机所采用的RD-33型发动机的一个衍生型号。

为印度空军改造的第一架米格-21-93战机在1998年10月3日试飞成功，紧接着第二架在1999年2月也完成首飞。双方于2000年12月14日交接了原型机，随后又交付了升级所需设备。印度斯坦航空有限公司（HAL）通过给印度空军现代化改造123架米格-21战机积累了宝贵的经验，而据报道，这家印度公司已经向老挝、埃及和叙利亚提供了他们自己的升级方案。

1998年，米格和莫斯科飞机联合生产企业(MiG-MAPO)调研了32支空军部队中服役的大概4000架米格-21和F-7战机，并选列出了18个潜在的升级套件客户，该企业不考虑飞机数少于18架的用户并且排除了印度、柬埔寨和罗马尼亚，因为这3个国家已经落实了战机升级计划。即从那时起，米高扬和索科尔公司为埃塞俄比亚提供了米格-21-93升级套件，并根据越南的改造需求专门制订了

一套新的升级配置方案，即为米格-21-98型，该方案适用于老式的米格-21改型。该套配置方案包括加装了多功能彩色液晶显示器，并提出使用小巧型雷达的可选项。在20世纪80年代，西方战斗机飞行员可以安全地假定，他们所遇到的任何米格-21战机都只装备了最起码的火控雷达，它们缺少超视距武器装备，并完全依赖地面控制拦截雷达的指令。所有米格-21战机的这些弱点已经都被升级套件设法解决了，现在再考虑敌方的米格-21战机时，应将其当作一个真正的且有潜力的威胁。可以毫不夸张地说，升级后的米格战机很可能比早一代的洛克希德·马丁公司的F-16"战隼"以及米高扬设计局的米格-29"支点"战机都更具威胁性。

下图：在1995年5月24日的首次试飞中为世人所知，然而自从给柬埔寨订制的升级套件失败以后，以色列飞机工业公司拉哈夫分公司制造的米格-21-2000型战机变得前途未卜

# 当代米格-21战机

米格-21型战机在大量空军力量集结的前线能够继续存在,已经证明了该型战机的设计理念是成功的,并且现在那些专注于"鱼窝"战机的忠实用户已经开始了对它的升级工作。

上图:在印度空军服役超过了35年之后,米格-21F型和米格-21FL正逐渐地被M系列和终极的bis型所替代。图示为1999年,在印度空军第4"金莺"飞行中队服役的米格-21bis"鱼窝"战机继续从杰伊瑟尔梅尔(Jaisalmer)起飞,图中两架飞机位于这个低空飞行的紧凑梯队的右舷侧

俄罗斯生产的米高扬·格列维奇米格-21飞机总量为10158架。另外还有194架捷克生产的米格-21F-13飞机,印度斯坦航空有限空司(HAL)获特许生产574架米格-21战机,以及中国制造的超过2500架米格-21改型机,而且中国仍以低速率继续着该型飞机的生产。自1958年起,已经有超过13432架米格-21战机交付使用(比F-4"鬼怪Ⅱ"生产记录的两倍还多),共装备了50多个国家的空军。

尽管其战斗半径有限且只装备了最基本的武器系统,但米格-21在越南和中东的作战条件下取得了巨大的成功。米格-21轻巧的体型使得它不易被目视或雷达发现,同时它又非常快速、灵活并且具备令人印象深刻的攻击性。此外,米格-21战机也很容易维护和操作。

在推倒柏林墙之前,大多数"华约"(Warsaw Pact)国家都装备了米格-23和米格-29型战机,这些飞机构成了他们前线部队最头的攻击力,但是仍有大量的米格-21后期改型继续在战略战斗机队中服役,以及承担侦察任务,这些飞机所占比重也很大。

因此数目比较多的米格-21战机持续服役到1990年年末。冷战结束以后,"铁幕"(Iron Curtain)两侧的国家都大量减少了空中力量部署,然而,很自然地那些较老式的飞机机型首当其冲地被削减,因为这些国家都开始围绕着他们最现代化的飞机机型重建空军部队。

到2004年时,米格-21战机已经开始从欧洲国家消失了。芬兰和匈牙利已经完全废弃了该机型,而在其他地方,服役的米格-21战机数量也出现了急剧削减。阿尔巴尼亚有22架"成都"F-7A战机(这些中国制造的米格-21F-13是该国空军最现代的战机),克罗地亚有大约32架各式各样的米格-21战机,捷克共和国有大约36架米格-21MF(12架被指派给"北约",来接替退役的米格-23ML战斗机的职责)和20架米格-21UM,斯洛伐克有12架米格-21MF战机以及大约4架米格-21UM教练机。

有4个国家仍然保留了较大数目的米格-21战机。波兰有多达130架米格-21战机(其中18架配给了海军航空兵部队),包括米格-21M、米格-21MF、米格-21PFM和米格-21UM,然而这些飞机也在慢慢退出。在保加利亚,米格-21机队稳定在36架米格-21bis、米格-21MFR(原米格-21MF,改进后能携带米格-21R的机身下侦察挂舱,以替代在1995年退役的后者)以及米格-21UM双座舱式教练机,而罗马尼亚的升级后的"枪骑兵"机型包括92架A型战斗轰炸机和战斗型"枪骑兵-B"以及14架双座舱"枪骑兵C"。此外,米格-21还在阿尔及利亚、安哥拉、柬埔寨、刚果、古巴、埃及、埃塞俄比亚、几内亚、老挝、利比亚、马里、尼日利亚、朝鲜、叙利亚、越南、也门和赞比亚以及一些较小的苏联成员的空军服役,并且印度还有大量的米格-21战机,在印度米格-21比其他任一机型装备的飞行中队都要多。中国产的米格-21飞机被认为曾在阿尔巴尼亚、孟加拉国、中国、埃及、伊朗、伊拉克、缅甸、巴基斯坦、斯里兰卡、苏丹、坦桑尼亚、也门和津巴布韦的空军服役。

曾经一度,最新型超级战斗机的巨额花销似乎将迫使一些国家对他们的米格-21战机进行现代化改造,增加一些现代化的航空电子设备系统、传感器和武器装备。

然而,米格-21升级套件的潜在市场被过分夸大了。很多米格-21战机的用户都是第三世界国家,这些国家很可能根本承担不

下图:驻于斯利亚奇(sliac)的第313战斗机中队(斯洛伐克语:313.Stihaci Letka)使用米格-21MF战机来进行斯洛伐克的空中防御,其飞行员培训工作是由米格-21UM/US教练机担当的。这些飞机原先驻扎在马拉茨基(Malacky)的战斗机—轰炸机基地

上图：拍摄于2000年4月的波兰Krzesiny空军基地。这架3 PLM"波兹南"米格-21MF不同寻常地配备了两个R-55（RS-1U升级型）"碱"式空空导弹。波兰保留了拥有大量米格-21PFM/MF/bis/R/US/UM等型号战机的飞行队

起升级飞机的经费，同时老迈的米格-21战机对于那些决心现代化和西方化本国空军部队的国家来说显得很窘迫。其他的潜在的升级计划又受阻于国际武器禁运。由于冷战后的国防预算紧缩还在继续，一些新型飞机包括米格-29和早期型号的F-16战机都从原用户处退役，现在都可以以极低的费用获得，其他的用户则选择淘汰和更换战机，而不是升级既有的米格-21战机。选择升级现有的米格-21战机可能会极具成本效益，而且罗马尼亚和印度已经开展了雄心勃勃的米格-21升级计划，并且这些工作都是分开进行的。

一般而言，米格-21战机的升级工作相当的保守，并且只能使飞机寿命的短期延

下图：驻富吉县（Phu Cat）的第920兵团空军学院内，未来的越南人民空军米格-21bis战机飞行员正驾驶米格-21UM"蒙古人-B"教练机进行训练

长。埃及是第一个使用西方航空电子设备系统对其米格-21战机进行升级的国家，就在苏联解体之后。该国的75~100架战机装配了新型的抬头显示器、飞行数据计算机以及新型的电子对抗设备、雷达警报接收器、敌我识别系统和箔条/曳光诱饵弹投射器，此外在武器方面还装备了西方的导弹，包括法国马特拉飞机公司（MATRA）出产的R.550"魔术"空空导弹，以及AIM-9P-3和AIM-9L"响尾蛇"导弹。

捷克共和国曾提出一个雄心勃勃的升级24架米格-21战机的计划，以提高其性能并且最大化其与沃多霍迪公司（Aero）所制L-159轻型攻击机的共通性，但是捷克很快显著缩小了该计划的范围，并且捷克的注意力开始转向购买新的（或二手的）西方战斗机。作为一个临时的过渡工具，米格-21被装配了一个新型的西方式（"北约"标准）敌我识别系统，一个GPS导航系统以及一个"北约"标准的无线电系统。在匈牙利，其空军老迈的米格-21bis战斗机中有20架接受了一个类似的小幅升级，增加了西方的敌我识别系统装备来确保这些战机在长期升级计

划完成之前能够保持可用性。在中国，为中国人民解放军本身制造的米格-21衍生机型仍保留了原装的航空电子设备，但是大概200架外销型"成都"F-7M和F-7P安装了英国通用电气公司（GEC）的226型"空中巡逻兵"（Skyranger）I波段测距雷达，和一个配置了西式雷达测高仪的956型抬头显示器/武器瞄准计算机（HUD/WAC）系统，以及飞行数据计算机和其他系统。这些飞机主要出口到了巴基斯坦，随后巴基斯坦又签约给其飞机改装意大利无线电设备加工厂（FIAR）的Grifo-L多模式I/J波段脉冲多普勒雷达。

那些更激进的、想要在新型的坚实的机头里安装AN/APG-66雷达的战机升级计划[计划与美国的格鲁曼航空航天公司（Grumman）合作开展]在1989年之后被摒弃了。中国还开发了一款新型的箭形翼米格-21改型即歼-7E（外销型称为F-7MG），以及一款设计了新式载雷达机头和下颌式进气的改型，即为歼-7FS。

还有很多潜在的提供米格-21升级套件的供应公司。保加利亚军工厂TEREM在米格-21战机的翻修、修理和现代化改造方面已经具有丰富的经验，并且于1994年获得米高扬设计局授权可以将米格-21战机升级到米格-21-93标准型。凭借其高工程标准和低劳动成本的优点，TERME工厂被米高扬公司考虑作为其固有升级工作的理想合作伙伴，而且声称TERME是一个潜在的为叙利亚、朝鲜甚至伊拉克提供米格-21战机升级套件的供应商。

从20世纪90年代初开始，许多米格-21战机都成为博物馆里面的展览品、私人拥有的喷气式军用飞机甚至是无人靶机。俄罗斯空军已经把很多不同改型的米格战机转换为米格-21 Mishen无人机配置，并且美国的特拉科公司已经生产了更多的米格-21无人机型。

# 米格-23/27"鞭挞者"

上图：西方国家第一次见识到"鞭挞者"是在1978年，当时6架米格-23ML型战机造访了芬兰和法国。出于安全方面的考虑，苏联对这些飞机进行了一些净化处理，它们被卸掉了机头处的红外线探测与追踪传感器、机炮吊舱和空空导弹

数目巨大的米格-23/27战机服役于俄罗斯空军以及几乎全部其先前的客户国家，而且，米格-23/27是世界上应用最广泛的喷气式战斗机机型之一。其持久成功的关键在于它的基本设计构型，该设计独特地调和了坚固耐用性、出色的性能和通用性。

米格-23型战机的研发工作开始于20世纪60年代初期，当时米高扬-格列维奇设计局开始研究一种能取代它的米格-21"鱼窝"飞机的战术战斗机。由于很清楚地了解米格-21的缺点，该设计局想要研制一种具有更大的荷载、射程和火力的战斗机，且该新型战机将装备更多的传感器来使其摆脱地面控制拦截雷达系统（GCI）的约束，从而拥有更多的自由。这些新型飞机将比"鱼窝"更快，并且爬升更迅速。因此这些新型战斗机不得不变得更大、更重，但这将会导致该型飞机需要特别长的起飞滑跑距离。米高扬设计局的工程师们研究了许多替代方法来解决生产一款短距离起落战斗机的问题。

## 可变后掠角机翼

可变后掠角（VG）机翼设计被米高扬设计局认为是最好的克服"鱼窝"战机主要缺点的解决方案，即短射程和较小的武器承载量。如果全部展开的话，可变后掠角机翼能缩短起飞/着陆滑跑距离，同时又能使飞机挂载更重的武器装备。在完全伸展的位置，机翼能容许较高的最高速度和良好的超音速操控性能。然而可变后掠角机翼设计也有缺点，建造后掠翼的机制要求更大的机身并且相对地更沉重。综合考虑这些因素以及该型机型将会在苏联空军中占据的重要地位，米高扬设计局同时进行了并列的两版设计的研发。尽管两版设计都是用了相似的机身，但第一版设计，即内部编号23-01（后来又命名为米格-23PD的），使用了固定式三角翼设计并由一个主发动机（图曼斯基生产的R-27-300型）提供动力，并在机身中部设置有两具小型"支持者"升力发动机[现在为科列索夫设计局（Koliesov）的RD-36-35型发动机]，从而使该机型具有短距起降能力。该型飞机在1967年4月3日完成了它的第一次飞行，并且于当年7月在多莫杰多沃（Domododevo）空展中公开展出，且在这次空展中西方观察者将该新型设计命名为"非教徒"（faithless）。

在制造完成仅仅14架该型飞机之后，米高扬设计局意识到辅助升力装置设计理念是有缺陷的，并很快终止了该项目。在研发这个23-01型设计的同时，另一个设计小组正在研制23-11型，该型的预期是在23-01型的设计上才有可变后掠翼。然而事实上，两种原型机只有机头部分、尾翼设计和涡轮发动机（图曼斯基生产的R-27F-300型）是相同的。鉴于第一型原型机的失败，苏联政府给了23-11研发项目内部最高优先级别，结果在1967年4月10日23-11原型机完成了它的首次飞行，即自最初开始研究可变后掠翼布局之后两年多一点。在其首次飞行几周之后，该新型设计在莫斯科附近的多莫杰多沃机场向公众展示，此次展出中"北约"为其赋予代号"鞭挞者"。1968年7月基本的飞行试验已经全部结束，在98次高度成功的试飞后，"鞭挞者"很快就得到了前线飞行中队的订购。

## 初出茅庐的"鞭挞者"

第一个进入空军部队服役的改型是米格-23S型，该型预订将使用先进的"蓝

上图：该米高扬-格列维奇机型23-11号——米格-23系列的第一个可变后掠角机翼成员——被着手设计，是在人们发现具有辅助升力装置的喷气式机型23-01很不切实际的时候。米格-23-11型的涂装颜色非常醒目，其中包括灰色的机身和鲜红色的机翼

下图：20世纪80年代服役于驻民主德国的多个作战部队，这架米格-27K战机能够在恶劣天气下进行激光制导空对地导弹的仪表投弹

宝石"雷达（因此后缀加了"S"）以及更强劲的图曼斯基涡轮发动机。但是，到战机投入使用时雷达的研发工作还没有完成，因此早期的"鞭挞者"战机装备了性能相差很大的、取自米格-21S战机的"木鸟"（Jay Bird）雷达。在单次行程中，这架新飞机的能力是很折中的，因"鞭挞者"完全不具备任何超视距攻击能力。在意识到米格-23S在军事行动上的局限性，很快地一个新改型又被推出，即米格-23M（后缀M只是为了表示"Modified"，改进型）。配备了预期中的脉冲多普勒"蓝宝石"雷达，"鞭挞者"最终得以从地面控制拦截雷达系统（GCI）的约束中解脱出来。这就意味着，在配备了新近研制成的 AA-7"顶点"中距空空导弹之后，"鞭挞者"成为一个极具潜力的截击机机型。

技术的快速发展催生了大量的基于米格-23S的"鞭挞者"改型，很多的改型都是升级了一个大功率的发动机或者改进了雷达。对于许多客户国家来说，能够装备第一代可变后掠翼机型之一的威望都是不可错过的机会，但是米高扬设计局不愿意向第三世界国家提供高度精密化的战机机型。于是这催生出了一些缺少精密航空电子设备的净化版改型，这些改型被命名为米格-23MS或者米格-23MF。

## 对地攻击

"鞭挞者"的设计已经为苏联空军以及其他客户提供了高性能的飞机改型，此时其又被额外增加了对地攻击的职责。这些改型最初呈现为米格-23B/BK/BM/BN系列，是以米格-23S的机身框架为基础改装的，但是取消了机头的雷达，并且机头外形轮廓

上图：这架在海湾地区上空高高飞翔的战机，是苏联出售给利比亚的一种"鞭挞者"战机的低精密度改型（米格-23M）。这种改型的战机不具备任何超视距攻击能力，并且只能在可视范围内的缠斗战战场发挥作用，因此这跟美国海军在对1984年1月4日F-14"雄猫"战机击落两架"鞭挞者"的战况进行报告时所描述的情况是相反的。报告中称"鞭挞者"能对航母舰队构成威胁

米高扬设计局还在继续改进"鞭挞者"。一种极具潜力的升级方案即为这架米格-23MLD战机，其装备了R-77空空导弹

更加陡直，从而提供了更好的前向与下向视视野。该B系列机型最终发展成了米格-27战斗轰炸机系列，而米格-27系列换装了简化的进气口和喷口，此外还做了其他一些改变。图纸刚刚完成，苏联空军就直接订购了米格-27机型，但是米格-27机型的服役仅

仅是帮助提高了它的表兄即米格-23机型的声誉。大量的客户国家采用了该新型飞机，这导致他们同时操控"鞭挞者"的两种改型系列。在其整个服役生涯中，米格-21经历了不断的升级改造，有不下4个型号，每种型号又催生了大量的次型。

### 苏联的英雄

"鞭挞者"飞行员阿纳托利·列夫钦科上校在阿富汗战争期间执行了188次飞行任务，他的最后一次飞行是在1986年12月27日。在袭击了萨朗隘口（Salang Pass）的交通运输之后，他的座机被阿富汗防空武装部队击中。由于他无法从座舱中弹射逃生，他操纵战机一头扎进了敌人的火力点，随后摧毁了它，这使得他的飞行中队里的其他战机得以逃生。列夫钦科被追授了俄罗斯最高荣誉勋章。

### 空战斗

由于穆斯林游击队并没有任何空军部队，绝大多数的"鞭挞者"都执行对地攻击任务。然而，这导致了当其在巴基斯坦攻击反对派阵营时，在与巴基斯坦空军的F-16空中交战中，苏联至少损失了两架"鞭挞者"战机。

# 米格-23/27 改型机种

虽然现在作为一种过时的且低效能的机型而被西方广泛摒弃，米格-23/27系列已经证明了其显著的多面性和坚固性，并催生了大量的改进型。

### 米格-23S/M/MF/MS "鞭挞者-A/B/E"

在20世纪60年代，对一种米格-21战机的替代机型的需求被提出，于是米高扬-格列维奇设计局开始了米格-23的设计工作。当局决定，要研制的新型战斗机的尺寸和重量的增加不应导致更长的起飞距离。一系列试验证实了可变后掠翼的23-11机型代表了最有效的配置，并且该型被订购投入生产，即为米格-23S型，其装备有强大的22046磅推力（98.1千牛）R-27F2M-300发动机。最初，该新型机安装的是RP-22"木鸟"火控雷达（跟米格-21的一样），装备了一个辨识度很高的短雷达天线罩，并去掉了超视距攻击能力。该机还配备了一台TP-23红外线探测与追踪器。在1969年中期到1970年年末之间，一共有50架该机型被生产出并被应用于飞行试验，随后开始转向生产米格-23M型，即"北约"代号中的"鞭挞者-B"。米格-23M型飞机改装了脉冲多普勒"蓝宝石"-23（"高空云雀"）雷达、新型火控系统以及自动驾驶仪。米格-23M战机可以发射R-23（"北约"代号AA-7"顶点"）半主动雷达巡导导弹。此外还安装了新研制出的27557磅静推力（122.63千牛）"联盟号"（Soyuz，图曼斯基公司出产）R-29-300型发动机（其喷口更短），而与此同时，飞机的水平尾翼面被移向尾部，给人一种很不同的外观效果。机身背部还增加了第4个油箱。此外，该机型还引入了新的前缘外延的1型机翼，其舷内有个明显的"犬齿"型。后来删除了前缘缝翼（2型机翼），随后又在1979年的3型机翼中重新引入。

米格-23M战机被交付给苏联前线航空部队以替代米格-21战机，主要在战场上起空中优势火力的作用，但也有重要的二次对地攻击能力。其他战机被交付给了苏联国土防空军战斗机部队（PVO），以辅助米格-21战机、苏-9、苏-11以及苏-15进行空中防御。还有两型特别设计的米格-23M的降级出口型战机被制造出来，其中第二型或命名为"鞭挞者-E"。米格-23MS是一个大幅降级的改型，其配备的是雷达天线罩较短的米格-21型的"木鸟"火控雷达，并且删除了超视距攻击系统。米格-23MF的净化程度稍低一点，保留了"高空云雀"火控雷达、AA-7"顶点"导弹发射系统以及米格-23M的"北约"代号"鞭挞者-B"，该机型主要被出口给俄罗斯的"华约"盟国，再后来又被出口给叙利亚、安哥拉、伊拉克、印度以及利比亚。

### 米格-23ML/P/MLD "鞭挞者-G/K"

米格-23ML"鞭挞者-G"（米高扬设计局内部编号23-12）改进了操控性能，特别是大迎角下飞行稳定性、增强的机动性以及更高的g值限制。由于移除了第4个机身燃油箱并删除了背鳍圆角，该型飞机具有更轻的机身框架。通过改装"联盟号"（图曼斯基出产）R-35-300发动机，也获得了更大的动力。一种非常相似的改型，即米格-23P（内部编号23-14）装备给了苏联国土防空军战斗机部队，该机装备的新型的数字计算机，使得其能够通过地面的控制自动地转向目标，提示飞行员打开再燃装置并发射武器。米格-23ML还被作为基础来研发米格-23MLD截击机（内部编号23-18），"北约"代号为"鞭挞者-K"。据报道，该新改型是根据米格-23ML的机身转换而来的，其进气口处采用了一个涡流发生器，并且翼端前缘也增加了锯齿豁口。其机身背面的上方可以安装较大的箔条/曳光诱饵弹，并连接到新型的雷达告警接收系统。该飞机还安装了一个新近研制的敌我识别系统和一个导弹发射模拟器，这将使训练工作变得更经济化。更进一步的改进包括外侧机翼板下加装旋转挂架，这使得即使在机翼完全展开的情况下，机身也能保持和气流方向一致。

### 米格-23ML "鞭挞者-G"

这架米格-23ML飞机漆了叙利亚空军的代表颜色，叙利亚空军订购了大量的该型战机。很多年当中，米格-23ML都被看做是一种可靠的但是也很基础的机型，直到冷战结束以后，西方分析专家才发现，米格-23ML是一个令人惊讶的高效能飞机，甚至超越很多公认的"优越"的西方战机类型，特别是在直线加速方面。

### 发动机进气口

矩形截面的进气口与巨大的可变进气坡道组合在一起，且后者也相当于分隔板。它们从机身上隆起，迎立在它迟滞的附面层气流中。

### 雷达

米格-23ML的雷达比米格-23Mf有很重大的改进。其搜索范围从37英里（60千米）提高到了56英里（90千米），并且还提高了向下发信号和抗干扰能力。雷达图像被显示在飞行员的抬头显示器上。

### 武器配备

这架米格-23ML在机翼下的吊舱里挂载有两个R-23（AA-7"顶点"）空空导弹，机身下挂载四个红外制导的R-60的AA-8"蚜虫"空空导弹。另外机身下的GP-10机炮吊舱里还安置了一门GSH-23L双管机炮。

### 座舱

当米格-23最初被设计时，给飞行员一个很好的"六"面视界并不是一个优先事项。后视镜一定程度上解决了这些问题，但仍没有什么办法可以改善糟糕的俯视视界。

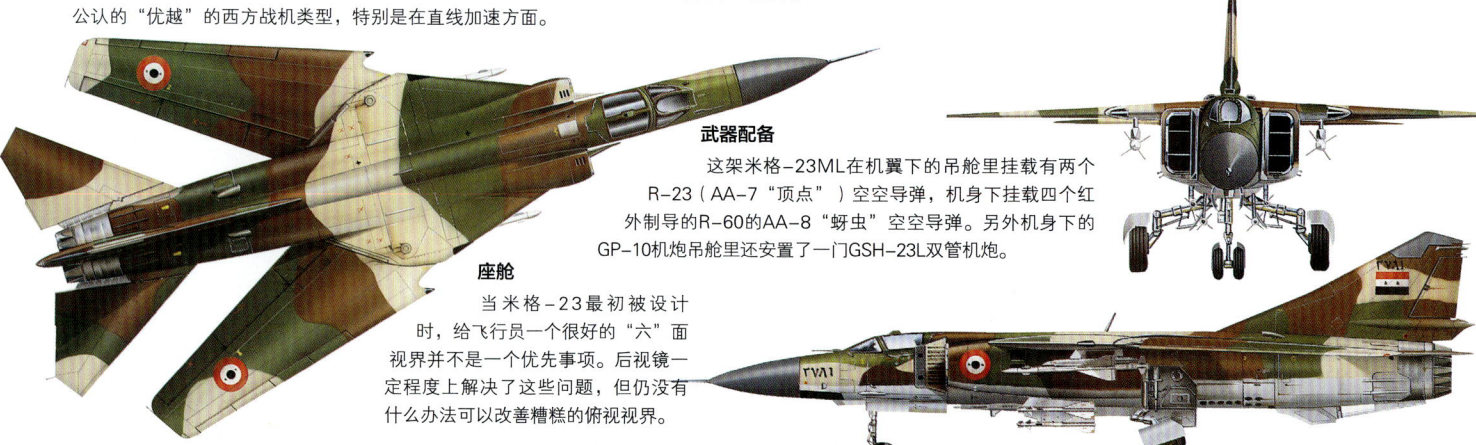

### 米格-23UB "鞭挞者-C"

米格-23的操作特性跟苏联库存中的其他飞机有很大的不同，因此一个双座式的教练机改型于1968年5月被授权研发，即在单座式飞机获得批准的6个月之后。米格-23UB（内部编号23-51）原型机或者叫"鞭挞者-C"在1969年5月完成首飞。米格-23UB教练机一直被认为将会同时用于飞行员的训练和武器演练，甚至还应具备一定的作战能力。因此，其右舷的锥形翼根整流罩里安装了为AA-7"顶点"空空导弹设计的独立制导仪和照射器吊舱。所有量产型米格-23UB飞机都采用了"爪式"的第3型机翼（能与用非翻转式挂架挂载舷外翼下油箱的方式相协调），并且其两个串联的座舱都采用独立的向上开启的舱盖。教练舱还配置了一个可伸缩的观测镜，以助于获得更好的前向视角。米格-23UB教练机都配有一个迎角限制器或者迎角预警系统，同时还配备了一个全面的且设有精密系统的航空电子设备套件，这使得后舱的教官可以为前面座舱里的飞行学员模拟一些紧急事件或者突发性威胁情况。所有的米格-23和米格-27飞机驾驶员都使用米格-23UB教练机来训练，该型飞机于1978年停产，但是在俄罗斯有大量的存储。

### 米格-23B/BK/BM/BN "鞭挞者-F/H"

1969年，米高扬设计局开始研究一种廉价的、能大批量生产的攻击型飞机。然而，米高扬设计局并没能研制成功新型飞机，经济上的制约迫使米高扬设计局审查是否有可能使用米格-23S的衍生改型，其超音速冲刺能力被认为是一个有用的附加优势。米高扬设计局为其指定了一个新的名称（32型），但是军方——或许是觉得新型战机的经费更难获得——保留了米格-23的名称。

最初的米格-23已经发展成为多用途战术战斗机，其具有坚固的机身、强大的着陆装置系统、大功率发动机和可变后掠翼设计，而且它能从简易的、半准备状态的飞机跑道起降。它非常适合于转换或改造成战斗轰炸机。基本型米格-23B（内部编号32-24）是以米格-23S的机身为基础改造的，但是采用了一种新型的、压扁的机头，以改进飞行员的俯视和前视视界，并且其在缩短了后机身上改装了25353磅（112.78千牛）静推力的留里卡公司（Lyul'ka）生产的AL-21F-300发动机。另外，像米格-23M一样，这个新的对地攻击的改型采用了第2号机翼，后来又改用了第3号机翼。该新飞机还配备了一个PrNK索科尔-23S导航/攻击系统。机身前部的座舱两侧还装有防弹钢板以保护飞行员，而且燃油箱还被嵌入了惰性气体喷射的防火系统。其翼根挂架子弹形的整流罩内装有导弹制导照射装置和电视摄像机。起初大约生产了24架米格-23B飞机，随后开始转向生产它的一个改进型。米格-23BN（内部编号32-23）配备了升级版的PrNK索科尔-23N导航/攻击系统，并采用一个稍微降额的"联盟号"（图曼斯基公司出产）R-29B-300发动机。米格-23BN被试图设计成第一个攻击型型号，但是一些设备和发动机方面的问题延缓了这个计划。它采用了先进的整流罩以保护固定机翼挂架，而通常这些挂架主要用于挂载AS-7"克里牛"(Kerry)空对地导弹。米格-23B和米格-23BN有相同的"北约"代号"鞭挞者-F"。

米格-23B和米格-23BN的服役经历被证明是令人失望的，因此许多飞机后来都被升级为米格-23BK（内部编号32-26）或米格-23BM（内部编号32-25）标准型，或者用于出口。米高扬设计局意识到新飞机迫切需要改进航空电子设备，于是很快就研制出了两种新型战斗轰炸机，二者共享"北约"代号"鞭挞者-H"。它们被重新命名，因为它们在机身的下角配备了全新的雷达告警接收机整流罩，就在前轮托架前面。古巴的攻击型米格-23战机就使用的"鞭挞者-F"，但是简化了一些设计，例如雷达告警接收机整流罩，然而民主德国和捷克的飞机有这些整流罩，因此为"鞭挞者-H"。它们中的第一个新改型是米格-23BK，它有和米格-27K一样的导航/攻击系统和激光测距仪。米格-23BM也很相似，但其具有和米格-27D相同的PrNK索科尔-23M导航/攻击系统。令人困惑的是，米格-23BN这个名称似乎已被采纳为全部适用的统一命名，但有时候米高扬设计局命名的BM或BK型飞机也被外部称为米格-23BN。许多出口型"鞭挞者-H"战机通常被说成是米格-23BN，或许也就是按这种方式建造的，但它们实际上是米格-23BK标准型。这些飞机包括民主德国的米格-23BK，但这些飞机的官方文件把它们描述成了米格-24BN。保加利亚、捷克、印度和伊拉克的"鞭挞者-H"看起来是相同的，但后者的许多飞机在机头上方固定安装了空中加油探头。

### 米格-27D/J/J2/K/L/M "鞭挞者-D/J"

米格-27的命名最初适用于一些由米高扬设计局设计的以满足军方需求的机型，但这些需求最终被苏-25所填补。在越南战争之后，一种能够提供常规的近距离空中支援/战场空中封锁的亚音速飞机得以实现。最初的米格-27和与其类似的米格-27K"鞭挞者-D"在还停留在图纸上的时候即被订购并直接投入生产，其原型机在1972年进行了首次飞行。最先生产出来的飞机很快被装备到驻民主德国的苏联军团。很快那些"正统"的米格-27又被米格-27K取代，后者配备了PrNK-23K导航/攻击系统和Fone激光测距/目标跟踪仪，安装在机头的一个小窗口后面。米格-27K能够在夜间或者恶劣天气下进行高精度的仪表投弹。其雷达告警接收机和电子对抗设备都高度地自动化，并且新的存储管理系统使飞行员在选择和使用武器时具有更大的灵活性。

该型号飞机还有几个改型，被"北约"称为代号"鞭挞者-J"。所有的该型飞机都移除了翼下挂架的子弹形整流罩并增大了翼根前缘延伸的部分。后者还附带作为雷达告警接收机天线的前半球定位，并且也有益于改进大迎角操纵性能。所有的"鞭挞者-J"飞机都用一个全新的KLEN制造的激光测距仪取代了米格-27K的Fone制造的仪器。"Swift Rod" ILS天线从机头下侧移到了机头左舷，在空速管的对面。

苏联对一些飞机的命名比较混乱。第一架"鞭挞者-J"是全新制造的米格-27M，其机头上具有一个扩大的激光窗口。然而一些外表上完全相同的飞机却令人烦恼地被苏联空军命名为米格-27D。这个改型采用了RSBN-6S导航系统，以适合核武器攻击作用。供导航/攻击系统使用的双空速管安装在机头高处，这是区分基本型MiG-27D/MiG-27K"鞭挞者-J"和米格-27K"鞭挞者-J2"的主要特征。后一个改型飞机被全新生产，或者由米格-27、米格-27D，还可能是米格-27M改造而得。它在机头下面有一个明显的整流罩，具有一个为前视红外（FLIR）系统而设的宽大矩形窗口，以及一个为激光目标指示器设置的上层窗口，该激光目标指示器是一个新近研制的系统，属于Kaira系统系列。另外，双空速管被安装在机头低处，并且还扩大了"疙瘩"一样的雷达天线罩。

苏联大多数的高性能飞机只向少数几个高信任度的"华约"盟国以及几个其青睐的国外客户出口，因此米格-27并没有被广泛地提供给国外客户。到目前为止，唯一的例外是印度，它被特许建造米格-27战机，装备了一种命名为米格-27M的改型，但米高扬设计局将其指定为米格-27L。这架飞机具有和米格-27M/D相同的机头轮廓，在机头下的整流罩上只有一个单一的窗口，并共用"北约"代号"鞭挞者-J"。苏联的米格-27战机第一次投入实战是在阿富汗战争中，大量的米格-27D战机被部署到信丹德地区攻击圣战者游击队的据点。斯里兰卡还有少数由前乌克兰加盟共和国制造的的米格-27战斗轰炸机在服役。

# 米高扬设计局
# 米格-25 "狐蝠"
## 苏联超级战斗机

米格-25那雄壮的体型和四四方方的形状使得它很容易和其他作战飞机区别开来。"狐蝠"是用一种独特的钢、铝和钛合金建造的,这使得它具有足够的结构强度来适应其高速、高度的作战环境——它的设计足够强大来维持整个飞行航线,即使在恶劣的天气条件下

米格-25"狐蝠"截击歼击机成为苏联冷战威胁的一个重大象征。尽管该型飞机的设计已经超过30年,它的一系列改型仍然是苏联空军的强劲武装。

米格-25截击歼击机的研制主要是为了对付美国北美航空公司研制中的XB-70"瓦尔基里"战略轰炸机,XB-70的3马赫速度和非常强的高空飞行能力对苏联防空来说是个很大的威胁,而且几乎是无法解决的问题。当"瓦尔基里"号的研制在1961年陷于停滞时,米格-25的研发工作却进展得非常顺利,并且苏联继续进行该项目,或许因为其了解到一架能达到3马赫速度的侦察机,即洛克希德公司的A-12(后来改名SR-71),即将开始飞行测试。

在设计能以3马赫的速度持续飞行的飞机时,米高扬设计局面临的最大问题是所谓的"热障"。飞机机身上必须承受最大热度的那些部分,例如机头和机翼前缘,不得

不采用钛结构,但是许多其他可能理论上已经用铆接铝制造了的部分——比如机翼蒙皮——不得不使用钢筋焊接网,因为找不到合适的耐热性密封胶,此外还缺少熟练的铆接技工。最终,整个飞机结构80%的不锈钢、11%的高温铝合金以及9%的钛合金。

Ye-155P(米格-25的原命名)截击机的研发工作最终在1962年2月获得批准,随后原型机在1964年9月9日完成了首次试飞。飞机是由两个22500磅(100千牛)的米库林(后来的图曼斯基设计局)R-15B-300涡扇发动机提供动力,该型发动机的寿命可达150小时,此外这架原型机还装备了Smertch-A相控阵雷达,即"北约"代号的"狐火";该雷达的探测范围可达54海里(62英里,100千米)。这架飞机携载了两枚R-40空空导弹,分别是装有半主动雷达制导系统的R-40R和装有红外寻的制导系统的R-40T。该飞机几乎不具备俯视俯射能力。

该飞机的性能达到了预期水平,并在1965年3月——以Ye-266为代号——一架早期制造出来的飞机,被用来创造了几项性能纪录,随后这些纪录在1965年5月时被美国YF-12打破。1965—1977年,Ye-266以及另一个早期的改型Ye-266M,最终进了21次国际航空协会认证的破纪录飞行,并创造了9项世界纪录,直到1994年才被打破。

该型飞机于1969年开始投入生产,但是因为受困于一些发动机方面的问题,直到1973年才进入空军部队服役。甚至在服役过程中,米格-25也受到一些操作限制,这严格约束了极高速飞行的时间长度,也因此限制了对发动机功率的充分利用。

终极版的米格-25PD"狐蝠-E"拦截改型于1978年投入生产,并配备了新型的俯视/俯射雷达、机头下红外线探测与追踪器以及更强力的发动机。从1979年开始,苏联尚存留的"狐蝠-A"战机也被逐

上图:在冷战的那些年里,像上图这样模糊不清的黑白照片,是西方情报机关能够获得的关于"狐蝠"战机的唯一资料。然而,在1976年9月6日,苏联飞行员维克多·别连科上尉驾驶一架米格-25战机从Sakharovka空军基地叛逃到日本北部的函馆机场。一个美国情报小组很快就到达现场来检查他的飞机

上图:米高扬设计局使用模型来探索多种配置构型以研制速度能达到3马赫的战斗机。在飞机投入使用之前,设计团队的6个成员荣获列宁勋章,以表彰他们的成就

上图:印度空军装备了6架米格-25RB飞机,这些飞机全部具有第102中队的特色鹰形徽章。印度空军的"狐蝠"战机中有一架在一次事故中报废,但其他的几架应该会持续服役下去

渐升级到相同的标准,并被重新命名为米格-25PDS。标准的武器配置包括两枚R-40(AA-6"毒辣")和4枚R-60(AA-8"蚜牙")空空导弹。PD/PDS型升级方案恢复了米格-25战机的实用性,其中很多战机被期待能保持服役到下一个千年。

### 飞行员教练机

米格-25PU"狐蝠-C"双座式转型教练机于1968年被推出。它没有配备雷达且没有任何作战能力。该型教练机为指导教官设计了全新的前驾驶舱,位于标准单座式飞机座舱的前下方。

米格-25PU和米格-P战斗机被出口到了阿尔及利亚、伊拉克、利比亚和叙利亚。

米格-25PU"狐蝠-C"是一种评价极高的型号。被用作教练机、适应机和天气侦察机,这种双座式飞机的飞行时间比任何其他的米格-25型号都要长

上图:这两个身穿全压制服(高空飞行必需的)的苏联前线航空部队飞行员正站在一架"狐蝠-F"前面。其驾驶舱的变化仅限于增加了改进的任务设备面板

在海湾战争期间,一架伊拉克的米格-25P击落了一架美国海军的F/A-18。

## 3马赫速度的侦察机

尽管米格-25最初被设计成一种截击机,但它明显具有作为侦察机的潜力。侦察型原型机,即Ye-155R1,在1964年3月6日完成了首次试飞,比战斗机原型机早了6个月。

侦察型的米格-25R于1969年通过了国家验收测试,随后从当年4月开始了系列化生产。米格-25R在机头上有5个照相机窗口(其中1个是垂直方向,4个是斜向的),并在机头更前部的位置上安装有小方形嵌入式天线。

在1970年"狐蝠-B"取代了原先的米格-25R,而米格-25RB被持续生产直到1982年为止。米格-25RB是两用的侦察轰炸机,安装了Peeling自动轰炸系统,以及苏联的首个军事行动惯性导航系统。配备了照相机的米格-25RB被出口到阿尔及利亚、保加利亚、印度、伊拉克、利比亚和叙利亚。

基本型米格-25RB也被作为基础来研制一种专司电子情报工作的改型,它的光学传感器被替换成多种无源接收器和有源机载侧视雷达系统。这个型号被"北约"指定代号"狐蝠-D"。第一个"无相机"侦察型"狐蝠"是米格-25RBK,它的内嵌式天线和照相机被移除替换为一个大型电介质板,其中在座舱两侧的电介质板上分别安装了新型Kub机载侧视雷达系统。

米格-25RBK于1972年开始服役,并持续生产到1980年为止。

最终的侦察改型是米格-25RBF,有时候它被描述成是将米格-25RB升级到RBK标准而得的,有时候它又被描述成是一个取代RBK的生产的全新型飞机;它增强电子干扰能力。

不同寻常地,侦察型的"狐蝠"飞机有它自己专门的双座式教练机,被命名为米格-25RU。这一改型没有任何武器装备。

## 地对空导弹抑制

在越南战争的最后阶段和战后初期,米高扬设计局紧随美国研制"野鼬鼠"专用电子战飞机的脚步,研制出了米格-25BM。米格-25BM于1972年研制完成并被"北约"指定代号"狐蝠-F",它能携带4枚Kh-85(AS-11"短裙")空地反辐射导弹。据

上图:这张瑞典空军所拍摄的一架正在飞越波罗的海的米格-25BM战机,使我们回想起"狐蝠"经常被瑞典空军的"天龙"战斗机和"雷电"多用途战斗机拍照的年代。但如今,对俄罗斯飞机的拦截几乎是零

称该飞机还配备了精密的航空电子设备,包括Sych-M("小猫头鹰")雷达。米格-25BM被注意到在服役时其机头上有代表米格-25战斗机雷达天线罩的涂漆。

1982—1985年只有不到100架米格-25BM被制造出来,并且都被交付给了驻民主德国和驻波兰的前线空军部队;这一型飞机没有被出口并一直保持着强烈的神秘性。

米格-25RBF型飞机移除了早期侦察轰炸机改型(RB系列)配置的照相机设备。取而代之的是,其机头上配备了两对为Shar-25 Elint电子情报系统所设的电介质板。如图所示的战机在驾驶舱下面绘制了一个"优秀单位奖"的徽章,以表现其所在飞行中队的优异战绩

米高扬设计局的米格-29SD被用作空中加油测试飞机,其中马来西亚的米格-29N以及"新一代"的米格-29SMT/UBT都配备了螺栓可伸缩的空中加油探头

# "支点-A/B"的原型及其后继

现在的米格-29SMT虽然在表面上与1977年10月6日首飞的米格-29原型机非常相似,但米格-29SMT实际上完全是一种新机型。"支点"的研制发展包含了双座型、海军舰载型、出口型以及其他多种先进的改进。

第一架米格-29原型机(设计局内部代号9-12)缺乏许多后来研发的飞机所具有的特征。研制进展的推迟导致亚历山大·费多托夫在朱可夫斯基试飞中心驾驶原型机首次试飞时,飞机上并没有安装雷达和OEPrNK-29电光系统。

第一架原型机之后,设计局又制造了另外3架9-12原型机(902、903和904)。902是这3架原型机中首先被制成的,它在1979年11月完成首飞,并推出了重新设计的前起落架(由于采用了前起落架双轮设计,机头油气管被缩短且移向后侧,以防止喷雾和杂物进入进气道),最终还配备了GTDE-117辅助动力装置和单管GSH-30-1型30毫米口径机炮。

总体缩短的前后轮间轴距提高了在地面上的转弯半径,而且全部3个起落架装置配置的轮胎都明显比第一架原型机的大很多。903号机被专门用于发动机试验,但它在首次试飞的几天之后坠毁,取而代之的是另一架飞机,即908号。之后还生产了9架"预生产"型飞机,外面上与最后一架原型机,即904号,没有很大的区别。瓦莱里·曼尼茨基被任命为首席试飞员,在其推动下这些预生产批次的飞机都通过了延伸的大迎角和操纵性能测试。

这些试验证明,米格-29具有无与伦比的能力来进行超出"正常"的飞行包线界限的飞行。当1983年6月米格-29进入部队开始服役时,这些飞机已经飞行了超过3000小时。

## 早期量产型

最初的量产型批次的9-12型米格-29"支点-A"飞机在外表上跟预量产型飞机一致,但是跟后期的"支点-A"量产型飞机不同,最初的飞机保留了腹鳍并且机翼下没有挂载箔条/曳光诱饵弹投放器。

在其生涯的早期,米格-29配置了次级核武器投放设备,加强了左侧内翼下的挂架以携载3万吨当量的RN-40自由下落装置。也许有14个苏联前线航空团装备了米格-29,其中驻民主德国的8个第16空军米格-29兵团中第一支部队(第33歼击团)接收米格-29飞机是1986年1月在维特施托克。

仍在服役的早期生产的飞机保留了腹鳍,但做了一些改造,其垂尾方向舵增大了面积,边条上带辅助进气口,并且改进了飞行控制系统。少数飞机已经去掉了它们的腹鳍,并加装了箔条/曳光诱饵弹投放器,这使得它们跟后续生产的飞机没有什么区别。

大部分交付军方的米格-29飞机都没有腹鳍,而是在翼根上面引入了新的长舷浅层边条,其从尾翼根部向前延伸,且每个边条里包容了一个BVP-30-26M电子对抗机。基础型米格-29飞机在服役期间接受了多次升级,包括修改了飞行控制面制动器,改进了飞行控制系统以增大迎角限度,增加了机头边条从而在大迎角飞行时激发出一个涡流,此外还扩大了宽舷方向舵的舵面面积。少数飞机还被改造成可以在翼下挂载副油箱,并且在携载标准的机腹中线油箱时能够使用机炮开火。9-12型米格-29飞机被出口给一些"华约"组织的盟国,即为9-12A米格-29A,这些出口外销型飞机没有配置核武器投放设备,或许安装了改进版的敌我识别系统。这些出口的飞机跟后来的标准版的苏联前线航空兵团9-12型飞机一样,都扩大了垂尾方向舵的面积。9-12B米格-29B是进一步降配的外销改型,主要出口给非"华约"组织的国家。然而当"华约"解体时,许多9-12A实际上都被改造成了9-12B标准。

苏联在将9-12型A飞机在移交给民主德国空军之前,后者被移除了SRO敌我识别系统和Laszlo数据链路。民主德国空军目前使用的是符合"北约"标准的米格-29G型和双座式米格-29GT。9-12SD米格-29N实质上是供马来西亚使用的标准的"支

上图:第一架9-12原型机是一次性的,其具有更长的前起落架且位置比后来的飞机更靠前,同时这架飞机还设计了两个双管GSH-23-2 23毫米口径机炮的挂架。后来901号飞机增加了腹鳍

上图:代号904,即第4架9-12型米格-29原型机被用于结构负载分析,来测试作战机动性方面的极限,后来又被用来进行空对地武器试验

上图:苏联海军航空已经生产了米格-29K以后,米高扬设计局又提出了去掉雷达的9-62型米格-29KU双座式教练机,如图所示其主要用来进行风洞模拟试验,而不是直接的舰载试验

上图：多用途的9-31型米格-29K一共生产了两架，它们跟陆基型9-15型米格-29M有很多共同特征。其中的第一架原型机911号，主要在"第比利斯"号航母上进行一系列试验

点-A"型。在1997年马来西亚签署了一个升级协议，给其飞机增加了空中加油探头（由米格-29SD试用），以及双重任务型米格-29SM上的"黄玉-M"合成孔径雷达。

## "第二代"飞机

米格-29SM型飞机被米高扬设计局归类为多任务战术战斗机。原计划9-13型SM米格-29SM将是"肥背"型9-13型"支点-C"的一个改型，其原型机实际上被修改的接近于9-12型米格-29，缺少了"支点-C"那样凸出的机脊。Bort "331"是一个例外，主要在于它是基于一个9-13型的机身建造的。然而到目前为止，还没有制造出最终米格-29SM飞机。

作为一种"全新的"多用途战机，米格-29M（和它的海军改型米格-29K）似乎成为了政治阴谋和资金削减政策的牺牲品，米高扬设计局继续进行了MiG-29SMT/UBT升级型的研发工作。米格-29M项目组通告将研制9-17型米格-29SMT机型，以作为先前的9-15型米格-29M的替代品。而米格-29M原型机依然留用，为现行项目进行航空电子设备和系统方面的测试工作。

一个9-13型机身框架（916号Bort "16"）早在1986年就被改造为米格-29E型的测试机，这个秘密进行的第二代米格-29计划产生了"终极型"米格-29M。916号飞机可能装配了推力矢量喷气口，甚至是全新设计的推力矢量发动机。然而，推力矢量型米格-29飞机的存在在官方是秘密的，而且外界现在仍然不清楚将来这一技术是否会被纳入到米格-29SMT/UBT的计划中。

下图：Bort '304'，这是第一架9-51型T米格-29UBT原型机（机翼下挂载了R-60和R-73空空导弹），其由现成的米格-29UB改造而成。这一型主要被优化为"探路者"并增加了攻击武器

下图：Bort '331'，这个米高扬设计局的米格-29SM样品机，被当作米格-29SMT的原型机，其具有"玻璃"制驾驶舱，并且后来又改用了模拟SMT型的机脊

下图：这个朱可夫斯基试飞中心的不知名的9-13型"支点"看起来比较光亮，为亮灰色涂漆，据报道其采用了一种新型的"反雷达涂层"，并因此被当作第二代米格-29"隐形"飞机的试验平台

# "支点-A/B" 综述

紧随着米高扬设计局于1971年开始的logiky（轻量级）战斗机计划产生的米格-29战斗机迅速完成了研发工作并于20世纪80年代早期进入部队服役。

上图：印度于1986年接收了70架基线型单座式的"支点"飞机。生产制造方将其命名为米格-29B，这些飞机不具备苏联模式的敌我识别系统和数据链路，它们主要服役于第28、第47和第233飞行中队

与苏-27"侧卫"飞机相比，米格-29的研发工作相对顺利些。飞机于1982年开始进入部队服役，到1986年时已经被广泛投入使用。同年，驻民主德国苏联空军兵团开始重新装备这一新式战斗机，印度订购的飞机也开始交付，并且其生产工作已经达到了一个很高的速度。

## 第一款"支点"飞机

第一种量产型单座式米格-29飞机被"北约"赋予代号"支点-A"，然而被工厂称为9-12型机。这些飞机在外表上跟先前的9-9预量产型机保持了一致，但是跟后期的米格-29飞机稍微有些不同，主要区别在其保留了腹鳍并且机翼下没有挂载箔条/曳光诱饵弹投放器。

在第一个米格-29飞行大队成立之后，即驻库宾卡的"首都卫戍部队"第234混合航空兵团，接下来成立的是驻乌克兰罗斯的"战斗领袖"（CombatLeader）飞行大队，大约250架早期生产的米格-29飞机进入部队服役，组成了14个苏联前线航空兵部队的飞行大队。在20世纪90年代初，当苏联空军进驻东欧时，正处于它的顶峰时期，仅在民主德国这一个国家就有超过30架早期生产的米格-29飞机在服役。

如今，仍存留的早期生产的带有腹鳍的米格-29"支点-A"已加装了宽舷方向舵，并升级改装了后期改型飞机所配置的飞行控制系统。其他少数几架飞机去掉了腹鳍，并配备了箔条/曳光诱饵弹投放器，这使得它们跟后期改型一样了。

## 阿富汗战争的经验

除了去掉腹鳍这一特点，主要生产的9-12型"支点-A"的另一个特点是安装了长弦翼根边条，且这些边条里面包含了可容纳30枚投放弹的BV P-30-26M箔条/曳光诱饵弹投放器。该投放器是苏联在阿富汗战争所取得的经验的直接成果。

在服役期间，主量产型的"支点-A"飞机得到了进一步的改良，这些措施包括改进的飞行控制系统（扩大了大迎角限度）、修正的飞行控制面制动器、机头涡流增升边条以及增加了面积的方向舵，其中这最后一项也被应用到早期量产型飞机上。少数几架主量产型的"支点-A"飞机还增添了翼下挂载副油箱的能力，并且在机腹中线挂点携油箱时能够使用改良了炮口的机炮开火。

考虑到在未来欧洲空战中的战术作用，米格-29飞机在服役生涯的早期就具备了核打击能力，采用的是3万吨当量的RN-40自由下落核炸弹。

苏联解体后，俄罗斯留下了大概486架9-12型"支点-A"战机，此外有245架在乌克兰，80架在白俄罗斯，36架在乌兹别克斯坦，34架在摩尔多瓦以及22架在哈萨克斯坦。

## 出口外销型飞机

"华约"组织国家的空军部队（非"华约"的前南斯拉夫例外，可能还有罗马尼亚）被供应的是9-12型"支点-A"型飞机，这一型跟苏联自己使用的飞机标准非常相似。这些出口型飞机被命名为米格-29A或者9-12A，它们不具备核武器投放能力，并且配置的是稍微不同的Laszlo敌我识别系统。据报道，驻民主德国的米格-29A战机只有3种雷达模式，而相对

左图：米格-29飞机出色的操纵性能和推重比使得它成为俄罗斯"雨燕"飞行表演队一种主要的机型，该表演队配备了9-12型和双座式9-51型飞机

下图：前"华约"组织盟国接收了米格-29A次型飞机以及标准的双座式米格-29UB教练机。图中这架米格-29UB飞机是匈牙利第59战术战斗机联队装备的6架该型战机之一

上图：米格-29"正式"在西方国家的围观中亮相，6架来自库宾卡空军基地的飞机于1986年8月访问芬兰并赢得了很高的声誉。早期型号的飞机仍保留着腹鳍

下图：这架米格-29A（9-12型A）"支点-A"整个机身都布满了五角星图案，它服役于匈牙利空军第59战斗机团。匈牙利的"支点"飞行大队驻扎在克施科梅特（Kecskemét）航空基地

地，苏联的同型飞机有5种模式。

米格-29B（9-12型B）是一种专门出口给关系亲密程度稍差一点的盟国的改进型，包括前南斯拉夫、古巴、叙利亚、朝鲜、印度、伊朗和伊拉克。相对于苏联的标准型"支点-A"，米格-29B进一步降配，且没有装备苏联敌我识别系统和数据链路，此外或许还改装了降配的N-019E型雷达。随着"华约"组织的解体，大概东欧的米格-29A飞机实际上都降低成米格-29B标准。

尽管降配的米格-29机型（9-12A和9-12B）是专门用于出口外销目的的，苏联前线航空部队的二手飞机也被出口到其他国家，尤其是最近阶段。例如秘鲁，从白俄罗斯购进了12架米格-29飞机。另外，摩尔多瓦也向也门提供了其34架米格-29飞机中的12架，这其中的一架后来被击落，还有7架在也门服役时被俘虏。更令人感到惊讶的是，在1997年，美国空军获得了至少21架米格-29战机。

## "支点-B"

9-51型米格-29UB（Uchebno-Boevoi，训练、作战两用式）双座式教练机一直在计划中，然而苏联将其引入到一线部队单位中的动作非常缓慢，并继续信赖米格-23UB教练机一直到20世纪90年代。作为一种专门的教练机，"支点-B"缺乏雷达和超视距导弹

上图：具有非传统的"鲨鱼嘴"的机头样式，以及非标准的两位式内侧尾鳍标记，这架俄罗斯空军的米格-29UB可以用来进行异型飞机或者"侵略者"训练任务

攻击能力，这跟苏-27UB很不同。然而一套先进的培训系统，能够为前驾驶舱提供模拟目标的显示。

## 首次试飞

第一架米格-29UB/9-51型，是基于一个带腹鳍的单座式飞机的机身建造而成的，其在1981年4月完成了首次试飞。"支点-B"于1986年开始进入部队服役，并且在高尔基（现在的下诺夫哥罗德）单独建立工厂进行生产，去掉了早期的"支点-A"型飞机的腹鳍，也不具备后来的单座式米格-29机型的箔条/曳光诱饵弹投放器。

苏联自身使用的米格-29UB教练机和那些专用于出口的并没有什么区别，除了米格-29N兼容型这一特例，这种采用了英制设备的双座型飞机交付给了马来西亚，并命名为米格-29NUB。

下图：这架匈牙利第59战斗机团的米格-29A（9-12型A）尾部拖着一个减速伞，正在克施科梅特空军基地滑行。出口的米格-29A飞机跟苏联前线航空部队配备的标准型"支点"飞机出自同一条生产线

# 米格-29"支点-C"

较之"支点-A/B","支点-C"(绰号"驼背者")的内部燃油携带量有了较大的提升,因此成为苏联驻民主德国空军部队的先锋机型,此后又衍生出了大量的子机型。

当米格-29"支点-C"(设计局内部代号9-13型)最初出场时,西方分析家认为这架飞机隆起的机背里包含了一个显著提升了容量的机内油箱。而事实上,机内燃油箱容量的增加幅度非常小,但这个重新设计了的机背里面确实安装了一套"栀子"主动电子干扰系统,因此该改进型飞机并不向"华约"组织盟友或者其他海外国家出口,唯一的例外是罗马尼亚,该国意外地获得了一架单座式样机与其现有的9-12型A米格-29A一起服役。

9-13型改造后的电子战套件也导致了翼尖整流罩的修改,即被延长了一些且移向后方,所以整流罩的后端紧接着机翼后缘,并且背部还有一个半球形的"栀子"天线安装在右舷尾翼整流罩里。由于9-13型飞机专门供苏联军队使用,其主要担负核打击的任务。

在机载燃油量方面,根据官方可靠数据,9-13型飞机现在可以用1号主油箱携带890升燃油,比过去提高了大概110~180升(24~40英加仑)。

9-13型原型机(c/n 1616 Bort"26"号)在1986年完成首次试飞,它是由一些在1984年试飞成功的9-12型飞机经过一系列改造而得的。9-13型并没有被苏联空军指定新的名字,但是被"北约"航空标准化协调委员会赋予代号"支点-C"。该型飞机在1986—1987年开始出现在前线的作战单位中,其生产工作主要是基于9-12型"支点-A"的主量产型系列的机身框架进行的,并具有后期的机炮炮口、扩大了面积的方向舵和机头边条。这些飞机都没有带腹鳍。"支点-C"战机在驻民主德国的第16航空部队的战斗机团中特别常见,并且服役时,由于其独特的隆起的新机背,这一型飞机获得了绰号"戈尔巴托夫"("驼背者")。

"支点-C"型飞机的生产量达到了大约200架,是在MPO工厂和标准型9-12型一起生产的,并且其经常和其他早期改型一起在前线航空兵团的飞行大队中服役,但是通常被分散到不同的中队中。

关于米格-29S(9-13型S)、SD、SE、和SM(有时互相变换)的命名非常混乱。这些名称主要应用于一些升级构型,它们共用同样的基准,但是在一些具体细节方面不同。

## 升级改进型

虽然结合了一些近期对外出口方面的因素,但是原始的米格-29S的构型是根据苏联空军的要求设计的。米格-29S似乎是1985年以后研制出的,当时费佐伦(Phazotron)公司的一名员工向西方国家出售机密资料的行为被发现,这些资料涉及A-50、米格-29和米格-31的雷达系统。因此一个紧急项目被启动来改进或者升级那些被牵涉的设备,尤其

下图:大多数的9-13号"支点-C"被指派给驻前民主德国的苏联空军第16航空部队。图中这架飞机现在被利佩茨克的武器装备训练学校所使用,它的白色条纹具有很高的辨识度

上图:乌克兰继承了大量的9-13型"支点-C"战机。装备这一型战机的部队包括"乌克兰猎鹰"特技飞行表演队,以及截击机师的第138和第6战斗机团,其总部设在米里哥罗德和伊万诺-弗兰科夫

上图:这架第787歼击机团的"支点-C"装备了空空导弹,包括两枚R-27型,其正位于埃伯斯瓦尔德的停机库外执行快速反应预警任务。上图摄于1990年11月,就在德国统一后不久

是要为电子干扰和自动化干扰程序编写新的算法。

对于米格-29S改造的原始程序包括一个"改良的瞄准系统"(据推测是指将机载雷达升级到N-019M"黄玉"标准)、主动电子干扰仪的改进、关于机腹中线硬挂点携油箱时使用机炮开火能力的改造、翼下副油箱挂架,以及提高的g值极限和迎角极限。原始的米格-29S方案仍然处于保密状态,但是表面上看似乎苏联只生产了不到20架完全标准的飞机。然而,大量的前线航空部队的米格-29战机被升级以携带翼下副油箱,还有些飞机或许采用了9-13型升级方案。

# 米格-29SMT/UBT

上图：Bort"917"号飞机的武器配置包括Kh-31、R-77和R-73型导弹，它是第一架完全标准的9-17号米格-29SMT战机，而它的前身是米格-29SE型的试验样品机Bort"555"号，即米格公司生产的多色调的蓝灰色迷彩"出租坐骑"（外销型）

很可能是世界一流水平的米格-29M项目在20世纪90年代中期以后遇到了资金困难，米高扬设计局实质上放弃了米格1.42工程，转而将资源和精力主要投入到米格-29SMT和UBT这两个型号上。

9-17型或米格-29SMT型旨在替代米格-29M型以接替米格-29战机在苏联前线航空部队中的职责，而米格-29M也具备那些专用战斗轰战机例如米格-27和苏-17M所曾提供的作战能力。一些证据表明，米格-29SMT方案最初是被用来尝试将俄罗斯现存的米格-29飞机转换成战斗轰炸机以取代米格-27和苏-17M，而结果这些飞机被米格-29M型所替换。事实上新设计的轻型米格-29M项目现在已经停止执行，而设计局更喜欢米格-29SMT升级方案。由于SMT型飞机跟早期改型保持了高度的共性，所以有可能利用现有的生产设备来生产SMT型，或者通过改造或升级现有的机身框架。

SMT方案解决了原飞机的航程/续航力不足的问题，引入了现代化的"玻璃"驾驶舱以及真正的多用途性能。SMT以基本型"支点"的机身作为基础来进行彻底的升级，配备了新型的航空电子系统、庞大的新机内油箱和其他改进。该项目是由俄罗斯空军资助的，作为其现役的米格-29战机的升级计划。为了反映该型飞机和9-13SM号米格-29SM多用途战术战斗机的继承性联系，这个新飞机的名字意思是最大航程（Toplivo），或者燃油。最初的SMT实体模型，是在预量产型飞机的机身基础上设计的，其展示出米格-29M衍生的"玻璃"座舱，并具有HOTAS"手不离杆"操作功能，此外仪表板的两侧还各有一个大型的彩色多功能显示器，另外各个控制台前部还有较小的单色MFPU液晶显示器。这一架飞机还修改了机脊，跟最终的SMT型的配置不同。

第一架米格-29SMT样品机，即Bort"331"号，在1997年11月29日由马拉特·阿里科夫驾驶首次试飞，随后又采用9-17号的新式机脊设计于1998年4月首飞成功。第一个完全标准的SMT型飞机是Bort"917"号，它以SMT型的名义，于1998年7月14日由弗拉基米里·戈尔布诺夫驾驶完成首次飞行。这架飞机引入了一种新式的脊柱曲线，进一步向尾部扩展呈类似"海狸"尾巴的形状，跟米格-29M的非常相似。其总机载燃油容量提升至10526磅（4775千克），从而使不加油航程达到1370英里（2200千米）。第一架量产型SMT飞机装备了螺栓固定式的空中加油探头，该空中加油探头的试验工作是由米格-29SD型飞机承担的，并装配了马来西亚的米格-29N型战机。

俄罗斯希望将其仍在服役的400~500架米格-29飞机全部升级，但是资金上的困难使得最终只有约180架飞机实现了这一改造。

上图：位于朱可夫斯基试验基地的第二架米格-UBT教练机。由于它具有替代苏-24型的可能性，因此对于苏霍伊设计局的苏-30系列来说是个有力的竞争对手

## 双座式升级方案

9-51T米格-29UBT是米格飞机制造公司自己的一次冒险行事，而且目前很难将其理解成为对俄罗斯空军的SMT升级项目的一部分。但是，他们对新的改进型很感兴趣，这一新型飞机结合单座式SMT一起使用时可以充当"探路者"的角色。UBT型飞机具有和同样的"玻璃"驾驶舱、增强的航空电子设备和增加的油箱容量，而第一架UBT飞机是由米格公司现有的米格-29UB"支点-B"样品机转换而来的。

UBT型不仅具有增强的双座式多用途战斗机性能，此外还可以充当高性能的教练机，其扩展了培训模式并增加新的功能来模拟空中使用不同武器的情况。后座舱是用来在作战行动时搭载武器系统军官的，其内部在飞行员的抬头显示器的位置改装了大型的阴极射线管显示器，用于显示前视红外雷达图像或者视频成像。根据米格公司的消息资料，UBT的一个量产型飞机会内部安装一个侦察侧视雷达。

下图：米格-29SMT的一架量产型飞机，配备了螺栓紧固式的空中加油探头，并挂载Kh-31P型被动雷达寻导75英里（120千米）射程的空对地导弹以及R-73型导弹

上图：虽然外表上米格-29M与基本型"支点"飞机非常相似，但是它拥有更强大的多功能性和航程

# 米格-29M

为了改进基本版的米格-29"支点"，米高扬设计局打算生产一款米格-29M衍生机型，即米格-29M。米格-29M将具备更大的航程，搭载更好的雷达系统，因此具备成为世界一流战斗机的潜力，但这种战斗机从未正式投产。

原始的基准型米格-29的不足之处从早期阶段就显露出来。这一型飞机主要受限于它相对较差的航程/续航能力，以及缺乏多功能多用途性。它可以说是它那一时代最佳的短距离防御截击机，但它只具备最基础的空对地作战能力。

最初米格-29M的研制是一次私下的冒险行动来取代米格-29，其在原米格-29高度成功的空气动力学构型的基础上结合了更强劲的发动机、新式多用途航空电子系统和武器系统、名副其实的全天候自主精确打击能力、结构重新设计且减轻重量的机身，以及大幅度扩容的机内油箱等改进措施。

## 出色的"支点"

设计局一共制造了6架原型机以及两架相似的海军改型原型机，即米格-29K。随着第一架原型机于1986年4月25日成功首飞，这些改进型飞机迅速地证明原米格-29飞机的根本性弊端已经令人信服地解决了，而且完成研发工作并开始生产的路线也似乎很清楚了。但随后冷战就结束了，米格-29M和米格-29K的研发工作都被迫终止，成为极度削减开支的牺牲品。

米格-29M项目的现状还很不确定，有一笔资金好像注入项目中，但又因为同样的规则再次被拨走。当后冷战时期的经费开支削减程度比较大时，米格-29M的研发工作比苏-27M达到了更先进的阶段，但米格战斗机计划被叫停，而苏-27M项目得以继续开展。如果资金只够支持一个项目时，从许多方面来看，苏-27M都是一个出人意料的选择。比起苏-27M，更小、更轻型又更便宜的米格-29M应该是一个更好的后冷战时期战机，而且它有希望占有一种更可观的出口市场。当前的米格-29用户预计很可能会购买新米格-29的改型，这些新改型飞机与原来的飞机保持了一些共性，并且使用的大部分支持设备也跟原来相同。对俄罗斯而言，舰载机米格-29K也是以米格-29M为基础研制出的，相对于它的竞争对手，即苏霍伊设计局的苏-27K，它更加灵活和实用。

## 苏霍伊更强？

然而，苏-27M和苏-27K项目得以继续

左图：米格-29M最近一个明显的变化是它重新修正了座舱盖的外形。除了在其后部嵌入了ARK无线电罗盘天线外，整个座舱盖还被延长和升高，这样可以实现更高的座椅位置，并由此使飞行员得到更完美的全方位视界，特别是在机头上

上图：后来的"支点"战机能够携带非常可观的武器装备荷载。中程的"三角旗"(Vympel) R-77空空导弹就是米格-29M挂载的主要武器之一，然而这一型导弹与飞机系统的整合比较麻烦

而更先进的米格-29项目却被暂停了。从那时起，时而有些尝试来提供相对少量的资金用以完成米格-29M的研发工作，但这个任务没有完成。

这其中另一项复杂的因素在于，飞机制造商在投资生产米格-29M之前，更有兴趣先变卖其库存的未售出的基准型米格-29战机。因此，"全规格"的米格-29M的潜在客户被直接导向"可重新使用"的基本型米格-29"支点"的升级改型。

只是到了最近，才有一套可用的升级方案能提供跟米格-29相匹配的潜力和精密性。但这个改型——米格-29SMT——保留了原米格-29的重型机身，而且它只以原型机的形式飞行过。

曾经一度，米格-29M被预计可以作为基础来研制先进的米格-35，但是这取决于经济条件，而且经济因素将在俄罗斯未来战斗机的研制工作中继续发挥重大的影响力。

下图：在项目被中止之前，米格-29M在范保罗国际航天展览会和巴黎国际航空航天展览会中都展出过。虽然它比美国F-16"战隼"战斗机和F/A-18"大黄蜂"便宜，但新型的"支点"并没有获得国外订单

# 米格-29M

所有6架米格-29M原型机都是全新制造的,并且全都具有标准的伪装迷彩。有几架原型机上喷涂了假的机翼上进气口百叶窗(现在已经移除),目的是欺骗美国的间谍卫星,让他们以为是普通的米格-29A飞机。

### 机脊
米格-29M的机身脊柱增加了容量,里面包含额外的燃油存储和航空电子设备,并为其他内部改动让步。相对于"支点-C"采用的大机脊构型,尽管米格-29M具有更大的机身脊柱容量,但是它的曲率并不明显。

### 空对地雷达
鉴于米格-29基本型配置了一个专门的空对空雷达,即N-019型(法左特龙RLPK-29)"翼缝背"(slot back)雷达,米格-29M有一个更灵活、更现代化的多模式雷达,其具有多重的空对空和空对地模式。其中后一模式包括地形跟踪和回避、多普勒光束扫描或合成孔径定位、空对地导弹目标指示以及一系列的导航选项。

### 尾翼
米格-29M扩大了水平尾翼的面积,这使其在冲刺(这时两个尾翼呈对称态)和翻滚(这时两个尾翼呈差异态)时具有更强的操控性。其内侧的犬齿不连续结构能够激起涡流,这使飞机能保持以高偏转角飞行。

### 燃油
米格-29历来受制于其较短的航程。米格-29M采用的是节省空间的焊接铝锂合金并删除了辅助进气口,这使得它有更多的额外空间来来装载燃油。其载油量增加了大约3300磅(1500千克)。

### 武器装备
米格-29M配备了各种各样的军械。米格-29M除了起到对地攻击的主要作用外,它还能执行空对空作战任务。据观察图上这架飞机混合挂载了空对空和空对地攻击武器,其外侧挂载的是R-73(AA-11"弓箭手")和R-77(AA-12"蟒蛇")空空导弹,内侧则挂载的Kh-31反辐射导弹。米格-29M具有这样广泛的武器挂载能力,是由于它比米格-29标准型额外配置了两个翼下外挂点。所有的挂架都重新调整过,以装载更沉重的物件。

### 电传操纵系统
米格-29M采用了一个模拟系统,其中4个通道用于冲刺,还有3个通道用于翻滚/偏航,并辅以一个机械操纵系统备份。据称模拟信号通信能以飞机重量稍微增加的代价来提高其可靠性并降低干扰易损性,但是这种说法还没有得到证实。

### 动力装置
米格-29M使用两个增大推力的列宁格勒/克里莫夫(Isotov)RD-33K二次燃烧加力涡轮风扇发动机提供动力,因为它需要更大的功率来支持其增加的设备重量。虽然外表上跟早期的RD-33发动机没有什么区别,新型的Isotov动力装置能够把二次燃烧推力从18298磅(81.42千牛)提高到19400磅(86.33千牛)。此外进气道口也做了些改进来适应上面这些变化。

### 雷达天线罩
N-010多模式脉冲多普勒雷达的新式平板天线设计能允许对雷达天线罩的形状进行改善,新天线罩去掉了明显隆起的突出部分,然而从前对于米格-29A来说,这凸起的部分是必要的来容纳N-019雷达的扭曲卡塞格伦天线庞大的前部。

# 米格-29K
## 舰载型"支点"

为了给俄罗斯海军装备一种多用途战斗机,米高扬设计局投入了很大精力来研制米格-29K,而且彻底改造了舰载飞机的基本设计。然而在这一项目中,它输给了苏-27K。

米格-29K的起源仍笼罩着一些神秘感。大多数消息表明该项目的推出是为了研制一个多用途攻击战斗机来辅助单一用途的苏-27K截击机,以装备计划于20世纪90年代进入苏联海军服役的4个"短距起飞辅助回收"(STOBAR, short take-off but arrested landing)航空母舰的空军联队。有些分析专家认为,米格-29K只是一个备选方案,以防万一苏-27K被证明过于沉重而不适合在新型航母上使用。他们认为,按计划苏联的航空母舰将纯粹地作为防空舰队,不具备火力发射能力,因此,对于舰载飞机并没有要求歼击轰炸机或打击/攻击能力。

带着舰拦阻钩的米格-29KVP的试验证明,米格-29可以安全地进行滑跃式起飞,而且也可能以较大的载重着舰。虽然米格-29KVP可以构成基础来研制一种实用的舰载战斗机,但是很明显理想的舰载米格-29飞机需要额外的机翼面积和额外的推力。此外,改进升力装置可能会有效地减小助跑速度,而不需要增大着陆时的攻角。

由于可能会需要新的改进型米格-29飞机,米高扬大胆地决定从新的多用途米格-29M改造一个,因为其具有轻型的机身、多模式多用途雷达和精密制导武器能力。详细的设计开始于1985年,比米格-29M首次试飞早一年。

### 大功率引擎

米格-29M和米格-29K之间有一定程度的相互沟通借鉴,比如为舰载型飞机研制的大功率RD-33K涡扇发动机最终也被米格-29M型采用。这个新型发动机有一个独特的工作方式(ChR或Chrezvy chainii Regime)能在有限的时间内产生20725磅(92.17千牛)的静推力,这在起飞以及着舰投偏或复飞等紧急情况时是非常有用的。它也采用了FADEC(全权限数字发动机操纵控制机构)、先进的材料和单晶涡轮叶片。这些配置使得发动机可以在更高的温度下工作,而且基本的最大推力数据从18298磅(81.42千牛)静推力提高到了19400磅(86.33千牛)静推力。据称发动机的使用寿命为1400小时,而TBO时间(大修间隔时间)为350小时。

米格-29K的精髓在于它的新式机翼设计,其大约三分之一翼展是折叠式的。此新式机翼配备了宽舷双开缝后缘襟翼,还具有米格-29M的大翼展副翼,但这副翼被修改成在低速飞行时可下垂态(作为襟副翼)。其翼尖被进一步移向机舷外,并增加了舷宽和深度,其上还安装了新型防御电子对抗系统。机翼前缘则减少了向后倾斜度,这仅稍微增大了翼根的舷宽。此外机翼前缘的襟翼也被重新设计了。

除了新式机翼设计外,米格-29K还引入了一种新式的、加强的长冲程起落架,还有一个带照明装置的着舰尾钩(这样在夜间着舰信号军官也可以确认尾钩是否放下)。这架飞机在机头油气管上也有垂直的一行红色、绿色和黄色的灯,这样着舰信号军官能估计飞机相对于目标下滑道的位置。米

上图:第一架米格-29K完工时呈现出标准的浅灰色图装,而第二架飞机,Bort "312"号,则引人注目地漆成了深灰蓝色。其他的标记包括米格和MAPO(莫斯科飞机制造厂)的徽章以及俄罗斯海军的圣安德鲁十字徽章。这架飞机在2004年时仍然在使用

### 米格-29 KVP舰载试验机

虽然米高扬设计局坚持认为其已经有几架米格-29KVP,现在看来,该飞机是一次性的、由918号预量产型飞机转换而得的,并且其装备有制动器,在位于克里米亚半岛的萨基空军基地的尼特卡训练中心进行航母甲板上着舰及滑跃起飞试验。俄罗斯的新型航空母舰原本打算使用蒸汽式飞机弹射器,但研发上的问题促使其改用滑跃式起飞方式。这架飞机没有最终版米格-29K那样的折叠式机翼及双开缝襟翼,也没有"加强的"起落架。这意味着稍后在其生涯中,它能够降落到"第比利斯"号航空母舰上,但真正在海上航空母舰上降落时可能发生的高坠毁率问题还没有根除。米格-29KVP于1982年8月21日开始致力于滑跃式起飞。它现在陈列在莫尼诺的博物馆里。

上图:在"第比利斯"号航母上进行的一系列舰载测试中,米格-29K和一架苏霍伊公司的苏-27K(T10K)原型机部署在一起。卡莫夫公司出产的Ka-27PS的"蜗牛-D"为其提供救援服务

上图：从这个角度看第二架米格-29K能突出其主要的海军化特征：可折叠机翼和着舰拦阻钩。这架飞机，可以看出其配备有主动雷达制导R-77导弹（AA-12"蟒蛇"），还延长了加油探头

格-29K原型机在挡风玻璃左舷侧的前缘下面安装了一个简便的、完全可伸缩的空中加油探头。在Bort"311"号机上，即第一架原型机，这个空中加油探头从一个下侧用铰链连接的舱门里面推出，而且舱门背面又连接到探头本身的上端。在第二架原型机上，即Bort"312"号机，舱门的前部被全部删除，这样探头尖端在加油容器里面也可以被看见，甚至当其收缩时。

除了"乌泽尔"（Uzel）信标导航系统外，量产型米格-29K将配备一套完全自动化的航母辅助降落系统。原型机使用的系统则源自雅克-38（Yak-38）舰载战斗机安装的系统。在严格的空速和垂直速度限制内，这足以保证飞机降落在甲板上20英尺（6米）的圆圈内——但还不足以确保飞机落到控制线上，更不足以保证落到中心线上。

## 舰载试验

米格-29K与米格-29M有通用性意味着，只需要两架米格-29K的原型机来证明舰载机方面的特性条款。6架米格-29M飞机可以证明雷达和武器系统的性能。1988年6月23日在萨基空军基地第一架原型飞行由塔克塔·奥巴基罗夫驾驶完成首飞，随后从1989年11月1日开始其在"第比利斯"号航母上被广泛用于各种试验。第二架原型机主要用于武器和航空电子设备试验，并只有6次降落到"第比利斯"号航空母舰上。

冷战的结束以及苏联的解体使得"第比利斯"号航空母舰原计划的3艘姊妹舰被取消。部分完工的"乌里扬诺夫斯克"号核动力航母被废弃在工厂里，而几乎完工的"瓦良格"号（原名"里加"号），在将其出售的尝试越来越绝望之前，一直是俄罗斯和新独立的乌克兰之间的法律纠纷的主体。甚至是"第比利斯"号（在下水和官方洗礼

前已经更名，其生涯开始时被称为"列昂尼德·勃列日涅夫"号）也被影响了。首先要改变的就是它的名字，"第比利斯"——这个新独立的且处于困难中的格鲁吉亚的首都的名字——让位给了俄罗斯著名的海军上将库兹涅佐夫这个名字。

接下来要改变的事情就是原计划的航母舰载航空部队的组成。由于只有一艘航空母舰，专用的雅克-44空中预警机（"鹰眼"）被放弃了，取而代之的是仓促完成

下两图：第一架米格-29K，即Bort"311"号。图中它正在"第比利斯"号航母上进行舰载试验。这些试验包括携带其主要空对空武器R-73和R-77导弹进行着舰。这架飞机首先被用于舰载试验，其机头上载照相校准标记，其扩展且隆起的翼梢里安置了电子战设备

的由Ka-29型改装而来的飞机，被称为Ka-29RLD或Ka-31。同样，同时采购两种不同型号的战斗机似乎很奢侈，于是，很明显苏-27K和米格-29K之间将展开竞争。

当要为俄罗斯剩下的唯一一艘航空母舰选择舰载飞机时，当局决定选择苏-27K。这可能在很大程度上是由于苏霍伊公司的政治影响力，或者也许是俄罗斯海军真正希望的是先购入小批量的苏-27K飞机，而最终当资金允许时再增加多用途的米格-29K飞机。两架米格-29K原型机还在使用中（虽然311号后来停飞了，但又重新使用作为米格-29M的支援飞机），并且促成印度于2004年签署了订购42架米格-29K舰载飞机的交易协议，从2008年开始进入部队服役。

# 米格-29S

当俄罗斯飞行员在等待交付米格-29M战机时,米格-29S型最初被视作米格-29A的过渡升级改型,然而米格-29S已被证明是唯一能进入前线服役的高性能"支点"后期改进型。

基准型米格-29"支点-A"主要受限于其航程的不足以及其相对较差的机动性。后来的米格-29"支点-C"(并非用于出口)增加了一些额外的内部载油量和强大的新式电子对抗干扰器,但并没有很好地解决米格-29飞机的基本缺陷。

最后的改型米格-29M的研制工作开始于20世纪80年代初,这型飞机改善了"支点"的机内载油量并改装了一个完全新式的武器系统。与此同时,通过使用新型材料和重新设计结构,米格-29M的重量增得以控制在最小限度。其重量增加也被新增的更强力的发动机所补偿。根据最初的提议,米格-29M将在外部挂舱里携载其新式武器系统,但重量和阻力的增加幅度是不能接受的。虽然原型机9-14号挂载了一个代表性的吊舱成功试飞,然而米高扬设计局很快就确定,一种重新设计方案可以提供足够的内部空间来装载新系统和燃油,同时也能节省重量。

但是米格-29计划是一个雄心勃勃的项目,这显然需要很多年才能完全完成研发工作,所以很明显需要有一种过渡的改进型"米格-29 Plus"来满足俄罗斯空军部队以及国外客户的需求。

## 有限的发展

在项目早期阶段,设计局决定限制任何改良措施的范围,这样可以加快研发速度,并能允许现有的米格-29改装成新式升级的米格-29S型标准。

最初,米格-29S被视为米格-29战斗机的升级型,这样,原始的米格-29S是以9-13型"支点-C"机身为基础研制的,其隆起的飞背里装载了主动干扰仪和燃油。一架原型机在1984年首次试飞,差不多跟9-14型同期首飞。米高扬设计局很清楚地知道总的修改方案应该包含哪些内容,但为了能将飞机迅速进入部队服役,他们把修改方案分成了多级的升级计划。

## 提升的操纵性能

供给俄罗斯空军使用的第一架米格-29S战斗机配备了修正的飞行控制系统,其有4台新式计算机来增加它的稳定性,这将允许更高的g值和α值极限,并实现更高的控制面角偏转。这架飞机也有两个253英加仑(1150升)的翼下油箱挂架以及加强的吊舱来挂载最高重达8818磅(4000千克)的空对地武器装备,包括每个机翼下分别纵列的一对1102磅(500千克)炸弹。这意味着该飞机的武器荷载几乎提高了一倍。此外还有一些修改使得即使机腹中线挂点携油箱时也能使用机炮开火,这在以前是不可能的。最后,米格-29S升级方案的第一阶段包括重新修正的瞄准系统(允许在训练时模拟红外和雷达目标)和改进的内置测试设备。当俄罗斯的米格-29战斗机离开民主德国的时候,其中许多架飞机显然能够携带翼下油箱,想必这表明了它们已经被升级为米格-29S完全标准了。

上图:在俄罗斯,大约两个空军中队配备了经过很大改进的米格-29S型战机。这些飞机都漆有这种独特的三色迷彩图案,并能够和俄罗斯全部类别的武器兼容

## 倍增的格斗能力

米格-29S升级方案的第二阶段包括N-019M"黄玉"雷达的软件修正以及更强大的数据处理能力,这使其能更好地进行同步目标跟踪。后续的改进措施又使它们能发射R-77(AA-12"蟒蛇")导弹,甚至具备同时攻击双目标的能力。

上图:尽管米格-29S系列提高了载油能力,但其升级套件中仍包括一个空中加油探头。图中飞在伊尔-78M"迈达斯王"加油机身后的这架米格-29S正在位于阿赫图宾斯克的俄罗斯飞行试验中心进行试验飞行

在这个阶段，很明显米格-29的国外客户会对米格-29S型升级方案感兴趣，而且新改进型飞机增强的功能甚至可能会带来新的外国客户。

因此，米格-29S配置了西方的导航和通信设备［包括战术空中导航系统（TACAN）、仪表导航降落系统（ILS）、全球定位系统（GPS）和无线电设备］以及与西方标准兼容的敌我识别系统，并且仪表和显示器都使用英语。随着这一型飞机最终用于出口销售时，米高扬设计局还给它增加了螺栓紧固式可伸缩加油探头套件。

### 销售的"支点"战机

标准出口型米格-29S被称为米格-29SD（或米格-29SE，如果是依据9-13型机身研制而成的话）。马来西亚的米格-29N实际上就是米格-29SD，但是，在800小时的全面改造之后，该飞机具有6613磅（3000千克）的武器荷载、科索尔敌我识别系统、英语显示仪表和其他航空电子设备的改变、发射R-77导弹的能力以及空中加油探头。

米格-29SM型则具备电视-激光制导空对地武器、雷达测绘模式以及同时攻击双目标的能力。其样品机是基于"支点-A"的机身设计的，但实际的改进型可能是根据9-12型机或者9-13型机机身建造的。

最新的米格-29"支点"出口型是米格-29SMT，其于1997年成功首飞。它扩大的机脊能装载更多的燃油，此外其在机翼前缘根延展面携带额外的燃油，从而替代了辅助进气口。这个新改型也有现代化的玻璃化座舱和其他方面的改进，并尝试使升级的米格-29"支点"机身具备和米格-29M同样水准的性能。

右图：在冷战期间研发的"支点"是俄罗斯战斗机设计史上的一个转折点，其具有高度的操纵机动性，并能携带大量的武器装备。但在最近几年中经历了一系列升级后，这些改进型并没有充分发挥其潜力，这事实上应更多地归结于政治干预，而不是它们性能上的不足。

下图：米格-29S战斗机装备的改进型N-019M"黄玉"雷达使得它能同时锁定两个目标并发射R-77/AA-12"蟒蛇"空空导弹（非官方版本的称号是"阿姆拉姆斯基"，AMRAAMski）

# 米高扬设计局
# 米格-31 "捕狐犬"

米格-31并不为西方所重视，因为西方国家认为它是一种简陋的、粗糙的，且由米格-25改造而成的机型。但事实上，米格-31是世界上最先进的截击战斗机。

到了20世纪70年代，苏联的空中防御处于一个非常惨淡的状态。TU-114"莫斯"的机载预警与指挥系统平台只有极少数可以使用，并且性能很有限，而且自从1960年5月1日在斯维尔德洛夫斯克上空击落了弗朗西斯·加里·鲍尔斯驾驶的U-2侦察机之后，苏联庞大的地对空防御导弹网络进展甚微。庞大的苏联国土防空军截击战斗机部队配备了各种各样型号的飞机，从老式的苏霍伊设计局的苏-11"捕鱼笼"和米高扬设计局的米格-21"鱼窝"到新型的米格-25"狐蝠"。但是这些现役的机型没有一个能够应付"北约"的低空攻击机所带来的威胁，尤其是它们具有新型的远程对峙导弹，且新一代的西方战斗机非常灵敏。许多正在使用中的机型逐渐显示出老态和过时，特别是笨拙的图波列夫设计局出品的图-28"大提琴手"，以及雅克-28"火棒"。

全面修整苏联的防控系统被给予了高优先级，并且一些研发项目已经启动，包括两个新型机载预警与指挥系统平台（A-50预警机"支柱"和安-74舰载预警机"野女郎"）、一大批新型地对空导弹以及各种新式战斗机。这些项目中，最雄心勃勃的就是米格-29"支点"（意图专用于前线航空部队的战术战斗机），以及苏霍伊设计局的苏-27"侧卫"（一种用于苏联国土防空部队和前线航空部队的长程、敏捷的截击机和护航战斗机）。这两型飞机都是单座式的，并且都不能承诺在1985年之前投入服役，因此一些临时过渡的战斗机项目被提起。现有的苏-15截击战斗机被改装了新式的俯视/俯射雷达以制成苏-15"细嘴瓶-F"，而另一套类似的处理过程产生了米格-25"狐蝠-E"。苏联国土防空部队还采用了大量的米格-23"鞭挞者"战斗机，但是这一型飞机的俯视/俯射能力非常有限。

## 新设计方案

虽然它常常被认为最初只是一种临时的过渡机型，或者充其量是一个保险方案以防苏-27方案失败，但米格-31设计方案实际上试图生产一种大航程截击机，且它将能够摆脱地面控制而独立飞行。此外，在敌对的电子战环境中，它的两名机组成员也将可以更好地履行任务。米格-31项目不仅仅是一个低风险的、能快速发展的苏-27替代方案。

米格-31的机身框架似乎源自于Ye-155M型，即米格-25的一种研究衍生型，专用于探索提高米格-25系列战斗机的速度和航程的方法。根据计划这个项目将分为两个阶段，首先将安装新式的29761磅（132

上图：在意识到单座式米格-25"狐蝠"截击歼击机的限制性之后，米高扬设计局研制了一种双座式改型。虽然是在完全保密的情况下建造的，但随着苏联飞行员维克多·别连科上尉驾驶"狐蝠"叛逃到日本的那一刻，"捕狐犬"的神秘面纱也被揭开。据他透露，俄罗斯空军部队即将接收一种双座位式且大大改善了雷达的机型。

千牛）R-15BF-2-300发动机（其推力比标准型米格-25采用的R-15B-300型发动机增加了7253磅/32千牛），然后再修改飞机结构，以提高马赫数极限（受热学限制，当时为2.83马赫）。随着安装了新型发动机，其实用升限提高到了79396英尺（24200米），而航程则增加至1193英里（1920千米），或者当携载1166英加仑（5300升）的体外副油箱时，航程为1559英里（2510千米）。不幸的是，发动机的研发时间比预计的更长，而且项目的第二阶段，即覆盖结构和材料方面的改进也被搁置了。然而，这两架Ye-155M原型机仍然可以发挥作用。当索洛维约夫发动机设计公司在与图曼斯基公司的竞争中胜出以后，这两架原型机被转换改造成试验平台，来测试为米格-31专门研发的新式34170磅（152千牛）索洛维约夫D-30F6型双转子

下图：体型庞大，且配备了非常强劲的发动机，米格-31"捕狐犬"是典型的俄罗斯设计理念

上图：大多数早期的研发型"捕狐犬"飞机最终都陈列在莫尼诺的俄罗斯航空博物馆里，在莫斯科附近

涡扇发动机。

## 打破纪录者

在Ye-266M这个代号的掩饰下，换过发动机的Ye-155M号飞机打破了多项世界纪录。1975年5月17日，米高扬设计局的首席试飞员亚历山大·费多托夫创下了新的爬升率世界纪录，他分别用了2分钟34.28秒爬升到8202英尺（2500米）高度，以及4分钟11.78秒爬升到13123英尺（4000米）。他的副手奥斯塔片科，用时3分钟9.8秒创造了爬升到9843英尺（3000米）的纪录。1977年7月22日，费多托夫又创造了两项纪录，即2204和4409磅（1000和2000千克）有效荷载下的高度纪录（达到了121653英尺/37080米）。Ye-266M的最后一项纪录，由亚历山大·费多托夫于1977年8月31日创造，是一项绝对高度纪录，为123524英尺（37650米）。

由于米格-31型（内部指定项目编号为83号）紧密地根据试验机Ye-155M号研制，所以它最初被命名为Ye-155MP号，并预计将获得的服役代号为米格-25MP。第一架原型机，即代号831（表示是83号项目的第一架），于1975年9月16日由费多托夫驾驶完成首飞。

## 西方国家的忧虑

西方国家在1976年9月时第一次意识到一种"超级米格-25"战斗机正在研制，当时维克托·别连科中尉驾驶一架早期型号的米格-25截击机叛逃到了日本。据他描述，米格-25具有一个更强大的机身来保证在低空超音速飞行（在海平面上，米格-25的速度极限是575英里/小时或925千米/小时），此外还装备了大功率的发动机、新型航空电子设备和能挂载6枚新式远程导弹的机身挂架。他还透露，这一新型飞机将会配置内部机枪、先进的俯视/俯射雷达以及真正的反巡航导弹发射器。他的描述为克雷格·托马斯的小说《火狐》提供了灵感，但是许多专家以及情报机构对此半信半疑。

西方国家于1977年开始认为这一新型飞机就是米格-31，而且突然开始警觉和关注它，一颗卫星观察到一架米格-31原型机从20000英尺（6096米）的高空摧毁了大概距离12英里（20千米）远、高度低于200英尺（61米）处的目标。在后面的测试中，一架米格-31战斗机从55000英尺（16765米）的高空击落了飞行在70000英尺（21336米）高度的UR-1多用途无人驾驶飞机。其"北约"代号"捕狐犬"于1982年年中公布，并且从1985年开始，这一新型飞机开始常常被挪威空军的战斗机拦截。有一段时间，西方专家很高兴地声明一种单座式飞机已经试飞成功，而且24架战略侦察型的已经投入到服役中。这两份报告似乎都弄错了。然而，西方国家很严肃地对待米格-31型战斗机，并且几个国家开始有些高估这个新型截击机。美国国防部副部长唐纳德·莱瑟姆甚至将米格-31描述得比任何现有的美国战斗机都优越，其中就包括F-15。

## 批量生产

1979年，在经过一系列集中测试之后，米格-31型开始在高尔基（现在的下诺夫哥罗德市）飞机制造厂生产。这些并不是一成不变的，量产型飞机还纳入了许多修改措施。其中一个主要的改进是将减速板重新定位到进气管道下方，而不是进气管道的"肩部"。

与米格-25相比较，米格-31具有更大型、更复杂的发动机进气口，而这些设计是针对在执行任务时减少气流引起的问题，以及降低燃油消耗。

最初的试验证明这一型飞机需要进行空中加油，因此其机身前端左舷侧被加装了一种简单的半伸缩式探头。而这个探头早期量产型飞机是没有安装的，但现在是标准设备。当时在苏联除了远程的轰炸机部队以外，空中加油还是相当罕见的。"捕狐犬"的飞行员不得不掌握并发展战斗机空中加油技术。

一旦被熟练掌握，米格-31的性能很快就变得显而易见。配备了高度精密的雷达以后，它们可以持续飞行5个小时以上。由于具有这些性能，早期的米格-31很快就被部署到俄罗斯的前线截击机基地。

下图：西方国家第一次看到米格-31截击机是在1985年，被挪威战斗机偶遇的，其中就包括图中这架飞机。它似乎有一个"分段式"加力燃烧喷口以及一个普通的喷口，这使得西方分析专家陷入冥思苦想之中。这些从位于科拉半岛的基地起飞的飞机，经常会被F-16战斗机拦截

下图：至少有一架米格-31（第7架）配备有流线型圆柱形的电子支持措施吊舱。这些吊舱后来又被替换为防颤振配重。其大型的"翼梢小翼"被认为是跟米格-31的空气动力学发展有关

# 米格-31M "捕狐犬-B"

下图：从任何角度看米格-31M "057"号都是一架气势宏伟的飞机，它具有经过重新设计的头部机轮舱门、重新定位的着陆/滑行灯和翼尖电子对抗措施吊舱，这些特征都能帮助识别这个最新改型

作为最新的"捕狐犬"典型型号，米格-31M是有史以来最有效的截击机之一，尽管它似乎不大可能进入部队服役。

随着时间的推移，原始的米格-31型的不足之处变得越来越明显。一种提升的改进型，即米格-31M，从一开始就在计划中，并且于1978年左右开始了对这一型飞机的研制工作。设计工作是在爱德华·考斯特罗勃斯基的指挥下进行的，这一新改型（内部代号"产品5"）推行了航空电子设备和空气动力学方面的变化。米格-31M的早期历史是鲜为人知的，尽管第一架原型机于1991年8月9日损失了，当时它正在朱可夫斯基飞行研究中心试飞。两个机组人员都安全弹出逃生了。

关于米格-31M的信息最早出现在1990年，作为欧洲常规武装力量条约会谈的一个分支。1992年年初的时候，外界得以获得质量更好的照片，当时在明斯克-马丘利什空军基地的航空航天展览会上，第7架米格-31M，即"057"号，首次公开亮相。

这型飞机展现了很多先前赋予米格-31M的功能特点。它的机脊完全重新修整了外形，具有更高的水平顶线和更宽广的横截面，据推测里面可能同时装有航空电子设备和燃料。此外还增加了宽舷、弧形的前缘根延伸面来改善飞机较差的大迎角飞行操纵性能，且作为迎角测量仪，在机头上一边安装了探头。

虽然从来没有打算将其作为缠斗战斗机，但它的大迎角操纵性能也是一个严重的问题，这一点经常被俄罗斯的试飞员公开批评，而且要为几次事故负主要责任。米高扬设计局显然认为敏捷性是未来战斗机的关键，并将这一型飞机描述成该设计局最后一型飞机描述成该设计局最后一种空气动力学稳定的战斗机。

米格-31M的液压推进飞行控制系统被辅以了"聪明的"自动驾驶仪，这提高了飞机的稳定性和操纵性。通过安装一种单件式弧形挡风玻璃，飞行员的视野也得到了改善。后座飞行员的侧窗也被重新配置，而且两个座舱之间的隔窗也被移除了。

米格-31的性能显著增强的一个方面是它的空空导弹武器装备。米格-31M引入了两个新型的空空导弹类型：R-77和R-37型。中程导弹R-77型（最初命名为RVV-AE，而"北约"代号是AA-12"蟒蛇"，或者绰号为"阿姆拉姆斯基"）采用终端主动雷达制导模式，并被描述为"发射后不管"武器类型。R-37型是被研发来取代米格-31上的R-33型（"北约"代号AA-9"阿莫斯"）导弹的，它采用主动自动导引

上图：米格-31M和更早的改型之间的外部差异是不容易发现的。但是米格-31M一个显著的特点就是其较大的背脊，据称这是用来同时装载航空电子设备和燃油的

弹头，且射程从约62英里（100千米）延长到了93英里（150千米）。

米格-31M上从来没有见到过米格-31独特的机身后部右舷侧的30毫米口径机炮吊舱。

## 不确定的未来

尽管米格-31M进行了系统升级，但它并不被看作是"核心项目"，而且也不大可能获得生产资金。印度是一个可能的生产合作伙伴来进行"私营生产"，如果新的武器系统的安全性获得认可的话。无论米格-31M的未来会怎样，"基本型"米格-31在将来的许多年中仍然会与俄罗斯的防空系统紧密联系着。

下图：米格-31M的驾驶舱的视野已经大大改进，克服了米格-31的主要缺点。米格-31M采用了全新的单片式、弧形的挡风玻璃，且其后座舱使用的是透明片

# 米-8/9/14/17 "河马"和"烟雾"直升机

上图：印度空军军备中大约留存了157架米-8/17"河马"直升机，装备了大约15个作战单位。图上这架米-8隶属于驻扎在焦特布尔的第115直升机部队，它正飞越乌麦·巴哈旺皇宫

米-8型"河马"直升机是苏联军队在冷战中后期所装备的最大量的和最重要的直升机，现在它仍广泛地在俄罗斯空军部队及世界各地服役，且发挥着各种各样的用途。

米-8出自辉煌的苏联直升机先驱米哈伊尔·列昂季耶维奇·米里的设计局，他在1970年去世。一系列大规模生产的和破纪录的直升机仍然证明着他的工程和设计技能。米-8型是由米-4"猎犬"武装直升机（它本身就使西方国家感到震惊）改用涡轮发动机发展而得的，它第一次公开亮相是1961年在图什诺，采用的是单个的2700马力（2013千瓦）索洛维约夫涡轮发动机，安装在机舱顶上。虽然机身是新造的，且飞行员的座椅被从机舱上部移到了前部，但是这架直升机采用的仍是米-4型的转子轮毂、转子叶片、传动装置以及悬臂。第二架原型机于1962年9月完成首飞，它的动力装置采用的是两台1400马力（1044千瓦）的伊索托夫TV2涡轮轴发动机，且它的量产型安装了五桨叶主旋翼，而不是以往继承自"猎犬"型的四叶旋翼。

## "河马"直升机的结构

米-8型的机身是吊舱悬臂式直升机传统的全金属半硬壳式结构。它的三轮式起落架不可伸缩，具有可转向双前轮组，其在飞行中是被锁定的，此外每个主轮架上还有一个单独的轮。两名飞行员并排坐在驾驶舱内，其中也预备了一个飞行工程师的座位。标准的客运型有28副可折叠座椅，4副为一排，中间有过道，此外还有一个存衣室和行李间，或32副座椅和可移动舱壁以装载行李。米-8T在地板上有货物系留环，还有承载能力为441磅（200千克）的绞车、6614磅（3000千克）最大限值的外部货物吊挂系统，和24副沿着机舱侧壁的可折叠座椅。其蛤壳货舱门和钩状滑道能方便装卸车辆和货物，而其乘客登机梯跟标准的商业型一样。米-8 Salon型（重要人物专机型，可搭载11名乘客）在1971年的巴黎航展上展出。

"北约"给米-8的原型机分别赋予了代号"河马-A"和"河马-B"，并且在

上图：第一架米-8（V-8）原型机在1961年进行了首飞，并在1962年9月向苏联政府部门展示

上图：一架民主德国的"河马-C"在演示米-8直升机能够吊起地面上的重炮。这架飞机还携载了4具UV-32-57型火箭发射巢，内装2.17英寸（55毫米）口径火箭弹来执行轻型攻击的任务

1967年惊动一时的多莫杰多沃航空展上，"河马"喷涂的是军事迷彩。当时军用生产正在进行中，并且抓紧一切时间来借鉴美国人在越南得来不易的经验。"河马"成为苏联标准的多用途/武装直升机（能搭载24名武装士兵），并且处于苏联空中机动部队概念发展的前沿。

上图：摄于1991年，当时这架米-8T型直升机正被匈牙利空军的混合运输飞机大队操纵，它喷涂了标准的匈牙利战术伪装迷彩图案

上图：边防警卫巡逻队正从一个盘旋的米-8TB直升机上着陆。这个装备了机枪的"河马-E"直升机每个舷外支架有3个挂架来挂载火箭弹或炸弹，以及"蝇拍"（swatter）反坦克导弹的发射导轨

## 武器装备

直升机机舱的两侧分别加装了带有两个挂架的舷外支架，以挂载4具UV-32-57型火箭发射巢，而每具发射巢里都有32枚2.17英寸（55毫米）口径的S-5空对地火箭弹。这个型号被命名为米-8T型"Hip-C"，但是到了1979年，一种更加强有力的改进型，即"河马-E"，已成为世界上火力最强的武装直升机型，其配备了6具UV-32-57型火箭发射巢，共装192枚火箭弹，火箭发射巢上的导弹发射器里还有4枚AT-2"蝇拍"反坦克导弹，此外机头还装置了一门0.5英寸（12.7毫米）口径机枪。即使完全加满燃油且全副武装，"河马-E"仍然可以搭乘12～14名士兵，但以最大总重飞行时，发动机并没有足够的功率来保证低速和悬停条件下的机动性。

其他现役的军用改进型包括"河马-D"和"河马-G"，这两种直升机被开发用于担任通信和指挥任务。"河马-D"和"河马-C"相似，但它在武器挂架上装有矩形截面吊舱并加装了天线以起到战场通信中继作用，而"河马-G"型机上装后视斜置天线，从机舱后部和尾撑底面伸出，但根据计划，"河马-G"和"河马-C"执行的是相同的任务。"河马-F"型是"河马-E"的出口改进型，但它将4枚"蝇拍"反坦克导弹替换成了6枚AT-3"耐火箱"型。这个改进型最先装备到民主德国的"阿道夫·冯·吕佐夫"战斗直升机军团。"河马-J"是电子对抗型，可以通过机身侧面上额外的小盒子识别，在主起落架支架的前部和后部。"河马-K"是一种通信干扰电子对抗型，它机舱的每一侧都有一个大型天线阵列。

总共有超过1600架米-8直升机在苏联的前线航空兵团中服役，900架在航空与运输部队服役，此外还有100架服役于海军航空兵团，这些直升机中的一大部分仍然服役于当今的俄罗斯和苏联加盟国家。米-8直升机还出口到其他39个国家中，并在一些冲突地区中参与了战斗行动。在1973年的"赎罪日战争"的第一天晚上，一支大约100架"河马"直升机的部队，分别搭载了18人一组的埃及突击队，越过苏伊士运河前去攻击以色列油田并伏击增援部队。配备了火箭弹和炸弹的"河马"直升机用以支援突击队，而其他的则进行了修改，装备了两挺固定式重机枪和6挺轻机枪以为登陆区周围提供火力压制。

据报道，还有凝固汽油弹从直升机的蛤壳舱门中投出，攻击以色列沿运河据点。埃及的米-8直升机还被用于补给和医疗后送职责。叙利亚还派遣了大约十几架"河马"直升机来把突击队员运送至8000英尺（2440米）高的赫尔蒙山顶以袭击以军观察哨所。

在激烈的欧加登战争中，埃塞俄比亚军队中的苏联指挥官使用米-8直升机来空运部队和轻型装甲车飞越大山，并将它们投放到索马里据点的后方。更早的时候，在1974年，两架苏联的"河马"直升机从反潜直升机巡洋舰"列宁格勒"号的甲板上起飞，帮助埃及从苏伊士运河的南端开始扫雷。在旷日持久的阿富汗战争中，苏联还广泛应用米-8直升机来运输士兵或作为武装直升机战斗。之后俄罗斯将"河马"直升机投入到在车臣的两次恶战中。

像越南战争中休伊"滑头"（slick）和"公猪"（hog）非武装直升机一样，运输部队的"河马"直升机经常由武器装备更强大的米-24"雌鹿"（Hind）武装直升机护送。美国曾经声明，这两种直升机都被用于发动对阿富汗游击队的生化战争，通常由2.17英寸（55毫米）弹径火箭弹承担。

## 人道主义作用

米-8直升机也被用于人道主义行动。比如，在1985年，苏联和波兰的"河马"直升机参加了在干旱贫困的埃塞俄比亚的饥荒救济行动。波兰的救灾直升机中队乘"维希利察"（MV Wislica）舰到达了阿萨布，此外舰上还运载了100吨食物和装备。3天后，米-8T直升机集结到一起并开始空运济灾品，分配给在沙漠中的饥饿的人。在芬兰，芬兰空军（芬兰语：SuomenIlmavoimat）和边境卫队（Rajavartiolaitos）的米-8直升机作为该国的通信网络非常有用，尤其是在漫长且艰苦的冬天，当陆路路线被大雪或洪水封锁的时候。其他的军用航空部队把米-8作为专用搜救飞机，并装备了雷达和专门的救援设备。

下图：米-8"河马-C"是第一个主要的量产改进型，它被大量生产以供军用和民用客户使用。图中这架飞机具有早期类型的多普勒箱，在尾撑下面

下图：埃及空军给许多"河马"直升机装备了独特的方形的滤砂器，这种过滤器主要由英国的APME（飞机多孔介质设备厂）生产。它们极大地提高了飞机的可维护性，并延长了发动机使用寿命

# 米-17改进型

米-17扩展了米-8"河马"基本型的功能，而且也创造出了几乎一样多的改进型。最新的升级套件增添了其全天候作战能力和现代化的航空电子设备。

### 米-8MT "河马-H"

米-17在俄罗斯军队中服役时被称为米-8MT。作为米-8T的一种升级改进型，这架飞机采用了两台克里莫夫1874轴马力（1397千瓦）TV3-117MT发动机，并配备了灰尘过滤器。

### 米-8AMTSh（米-171Sh）

米-8AMTSh装备了8枚9M114"突击"反坦克导弹或"钢针-V"空空自卫导弹，它是由乌兰乌德设计局制造的。机组乘员的座位由装甲钢板提供保护，并于2000年4月开始进行合格测试。请注意其下颚突出的光电扫描与成像吊舱。

### 电子战改进型

米-17Z-2（下图）是捷克由"河马-H"改造而成的电子战电子对抗措施改进型，目前在斯洛伐克服役。更进一步的电子战衍生型的是米-17PP（米-8MTPB）电子对抗型，装配了复杂的天线阵列。

### 米-8MTO

米-8MTO是MT/MTV型的专门的夜间攻击改装型，在车臣战争中经受住了检验，由作战试验大队驾驶在莫兹多克执行任务。

### 米-8MTV "河马-H"

MTV型（visotnyi，意为高空）配备了2190轴马力（1633千瓦）的TV3-117VM发动机以在"高温高空"环境中执行任务。军用型包括装备了雷达的MTV-1（图上所示是一架克罗地亚的MTV-1），而米-8MTV-2具有带6个硬挂点的短翼。其相应的出口型是米-17-1V，它可以用来灭火。

### 米-8AMT

无武器装备的"民用"米-17在俄罗斯使用代号米-8AMT，也有有限数量的该型直升机用于武装部队中。图中所示的例子具有和原始的米-8 Salon专用型一样的方形窗户。

### 米-17MD

喀山飞机制造厂生产的米-17MD升级型，重新修形过的机头部分安装了雷达，采用半"玻璃"座舱，提高了荷载能力，并具有一个巨大的后装载坡道。印度在2000年5月订购了40架。米-17KF改进型引入了一套加拿大生产的航空电子设备和电气系统。

### AEFT修改方案

Aeroton的AEFT（辅助外部燃油箱）改装方案，使内部油箱增添了额外的418英加仑（1900升）燃油，而6个外置副油箱又能进一步提供626英加仑（2850升）的燃油。使用全部副油箱的话，其航程为807英里（1300千米）。

# 米-14"烟雾"反潜直升机

米-14型是为了对抗核潜艇的威胁而研制出来的，它继承了米-8型的机身和旋翼系统，随后又研制了搜索和救援以及反水雷改进型。

苏联海军航空部队在执行近海反潜任务时青睐于固定翼直升机，并从1956年开始部署了米-14PL来担当这一角色。关于替代飞机的初步设计是从米-8型导出的，设计项目开始于1959年，且在1962年原型机V-8A成功首飞之后，这个项目全面发展起来。

由此得到的V-14原型机的动力装置采用的是2台海军型2225轴马力（1660千瓦）伊索托夫TV3-117MT型涡轮轴发动机，而其携载的作战装备是卡-25PL型直升机的升级版本。此外它还改装了可伸缩式起落架，而其水陆两栖型的机身使得发动机出现故障时飞机能保持漂浮。它的武器分隔舱可容纳8枚260磅（120千克）的PLAB-250-120"燕子"(Lastochka)深水炸弹或一枚制导鱼雷。最终，20世纪80年代初苏联海军航空部队采用了1265磅（575千克）的APR-2"海鹰"（ORLAN）鱼雷。

## 首次试飞

第一架原型机是从一架米-8直升机的机身改造而成的，并采用过渡性TV2-117型发动机，它于1967年8月1日完成了第一次飞行，并于1969年改装量产型涡轮轴发动机成功试飞。在经历了卡尔马反潜系统的旷日持久的发展期之后，这一原型机又装备了"依尼查契巴-2"(Initsiativa-2M)搜索雷达、OKA-2投吊式声呐以及"奥尔沙"磁畸探测器，其量产型飞机于1974年进入驻顿斯科耶的波罗的海舰队服役。量产型米-14PL反潜直升机两年后也装备到部队中服役。1979年以后，一小部分飞机换装了更高端的OSMINOG反潜战系统。

米-14的反潜改进型的国外客户包括前民主德国、波兰、保加利亚、前南斯拉夫、叙利亚、古巴、利比亚、朝鲜和越南。

1973年米-14的一种扫雷改进型被研制出来，由此得到的米-14BT能够牵引各种各样的反水雷（MCM）舰艇以及救生筏和冲锋舟。精确的水雷"清除"作业是通过使用SAU-14自动驾驶仪实施的。飞机上额外的机身窗口能允许扫雷操作员来监测滑橇。米-14BT于1979年进入苏联海军航空部队服役，并且还有少数几架被出口到其他国家。

搜索与救援型直升机的研发开始于1970年，其原型机米-14PS是从早期的反潜型改造而成的。米-14PS配备了额外的搜索救援人员/潜水员，一个可伸缩式救援绞车和能容纳3个人的救生篮以及探照灯，它也

右图：米-14BT扫雷直升机取消了拖曳的磁畸探测器，作为代替，其机身后部安装了反水雷拖带设备。这一型只生产了25～30架，包括前民主德国海军航空部队的6架以及保加利亚海军航空兵的两架

上图："烟雾"的机体能在波浪等级3～4的海面行驶，或者根据计划能达到37英里每小时（60千米/小时）。请注意这架俄罗斯海军的米-14PS的舷侧突出漂浮袋和尾部浮子

上图：保加利亚保留了一支10架米-14PL直升机的机队，一起的还有2架米-14BT扫雷直升机。在几年之内，这支队伍将被裁减至4架PL型和1架BT型

在1979年开始进入部队服役，除了配备给苏联的25架以外，还有3架交付给了波兰。米-14PS直升机的机舱能容纳6艘救生筏和最多19名获救人员，并有能力拖带额外的救生筏。

下图：俄罗斯和乌克兰已经撤除了其部队中大部分的反潜战机改进型。其武器装备装载在机身中部一个大型、较低的隔舱里，那些苏联部队装备的飞机包括1千吨当量的Scalp核深水炸弹，其重量为3520磅（1600千克）。图中所示为一架乌克兰海军的米-14PL型反潜直升机

上图：印度空军所装备的米-24直升机的出口机型，即著名的米-25和米-35直升机。它们服役于部署在印度北部的帕森喀特（Pathankot）的第104、第116和第125团

# 米里设计局
# 米-24/25/35"雌鹿"

米-24"雌鹿"直升机在阿富汗战争中完成了无数次对地支援任务。凭借着在对地支援任务中的出色表现，它成为苏联在阿富汗战争中的象征。这种型号的直升机还外销给许多国家，在亚洲和中东的众多战争中我们都能见到它的身影。

米-24"雌鹿"是一款在世界上十分有名的攻击武装直升机。它出色的火力和巨大的有效荷载，意味着它是前"华约"组织前线攻击直升机的中坚力量。因而一旦战争爆发，它将是"北约"首要考虑如何对付的力量，因为盟军力量很有可能在战争初期欧洲战场前线的某次武装突袭中遭遇上百架的"雌鹿"武装直升机。

虽然现在"雌鹿"已经被大家公认为一架攻击直升机，但是当"雌鹿"刚进入苏联军队服役时，它的型号是"雌鹿A"，仅被西方各国当作是一种武装运输直升机。当苏联在美国参与的越南战争中看到武装直升机在进行突袭时所带来的巨大优势时，苏联对武装直升机的激情被点燃了。米系列米-4"猎犬"直升机被迅速地改造成带有挂架来挂载火箭发射器和空对地导弹的机型或者是装有机枪的机型。美国用于攻击和护航的直升机的研制发展受到了苏联的强烈关注。以至于在20世纪60年代末，米高扬设计局被要求致力于研制类似的直升机。这项工程由米高扬设计局的领导者米里亲自负责。

米系列米-24是由久经战争考验的米-8"河马"攻击运输直升机发展而来。"雌鹿"采用了"河马"直升机的基本传动和动力系统。它的5片主桨叶经过了重新设计，减小了直径，而它的尾部旋翼移到了尾梁左舷。新的油箱经过重新设计，减小了截面积从而减小了阻力和面对敌方攻击时的目标面积。

"雌鹿"直升机首次出现在西方各国的眼中是在1974年，在民主德国的一座小型机场里。自此之后它便被冠以"雌鹿"的代号。由于后来发现还有一种水平机翼上未挂载导弹的样机型号，因而标准型号被称作"雌鹿A"，而该样机型号被称作"雌鹿B"。"雌鹿C"是一种假想出来的型号，它没有机头机枪和向下视角。这些早期型号的"雌鹿"型号只有极少数仍在服役，那些还在服役的也只是用作训练或者是编队飞行。另外，很少有"雌鹿"直升机会对外出口，除了那些在阿富汗、阿尔及利亚、利比亚和越南边境执行战斗巡逻任务的"雌鹿"直升机。

左图：两架民主德国的"雌鹿D"系列直升机正在进行巡逻任务。民主德国将"雌鹿"直升机用于国境边界的巡逻，特别是在柏林墙附近。"北约"的首脑们就曾做过预见，一旦欧洲战争爆发，将会有成百上千的米-24直升机用于战争初期的突袭中

上图：正在对"雌鹿D"型直升机进行维护的是伏尔加（Volga）军事基地Syrzan空军学院的教练员。图中这架"雌鹿D"的头部机枪和弹药舱门已经装好，而空速管已经被拆掉。"雌鹿"主要的飞行训练方法是从标准的攻击型"雌鹿D"系列和"雌鹿E"系列发展而来

最初的飞行试验表明，米-24的原始机型还是有一些小小的缺陷的。当这种原始机型搭载作战部队时，它的对地攻击能力会大大降低，从而使大家认识到像米-8这种机动性较低的直升机更适合担任这样的角色。随着米-24运输角色的淡化，它的攻击能力越来越受到重视。另外，涂有绿色迷彩的"雌鹿A"不能提供完美的全方位视野，同时机组乘员也得不到有效的保护。解决的办法是完全重新设计米-24的机头，改为串列式座舱，并布置更厚的装甲从而为后部的驾驶员和前方的射手提供更好的保护。驾驶舱装有气泡式座舱罩，前挡风窗使用防弹玻璃。飞行员的驾驶舱朝右舷方向开有一扇很大的舱门，而前驾驶舱的门安装在侧面。新的设计使得"雌鹿"直升机的正面投影面积更小，同时扩大了观察视野并减少了阻力。

机头下部加装了一个稳定的旋转塔台，塔台上布置了一挺全新设计的四联装的0.5

上图：在莫斯科莫尼诺（Monino）航空博物馆露天展出的米-24"雌鹿A"型直升机。当它们在俄罗斯前线服役结束后便退役回到博物馆。这些展出的米-24都是全副武装，翼下携带有火箭发射器，翼尖挂载着"蝇拍"空对地导弹

英寸（12.7毫米）口径雅克比（YakB）格林机枪。除了全新的机枪塔台，"雌鹿"直升机还加装了导弹发射架和激光测距仪。机舱仍保持原来的大小，但是被用来存放AT-2"蝇拍"反坦克导弹。这款被"北约"称为"雌鹿D"的新型武装直升机每月生产15架，成百架的"雌鹿D"直升机出口到"华约"组织各国和其他客户。

但是首先将这款新型武装直升机投入战场的还是苏联军队。在阿富汗战争中，协同苏霍伊苏-25"蛙足"进行作战，"雌鹿D"很快就成为了阿富汗圣战者最为惧怕的苏联武器之一。由于"雌鹿D"具备近距空中支援和护卫护航的能力，它能持续不断地对敌人进行追击。直到引进了美国中央情报局提供的肩扛地对空导弹后，阿富汗圣战者才对米-24直升机构成了一定的威胁。其他米-24的用户也迅速地对米里设计局这款新

下图：为庆祝在普罗斯捷的夫（Prostrjov）举行的捷克空军第51直升机团成立20周年庆典（于1994年10月解散），一架来自俄罗斯列特卡（Letka）的米-24"雌鹿D"型直升机被喷上了彩色的老虎图案。它作为双机编队表演中的一架在欧洲的众多飞行表演中出现过

型攻击直升机的能力进行了各种挖掘尝试。在伊朗和伊拉克的战争中，可以看到"雌鹿"直升机被用于空对空作战，在作战中伊拉克改装的"雌鹿"击败了伊朗的贝尔AH-1"眼镜蛇"武装直升机，甚至是麦道的F-4"鬼怪II"战机。

受到阿富汗作战经验的启发，"雌鹿-F"配装了更大口径的机炮。机头的机枪塔台被取消，进而一门口径为30毫米的GSh-30-2双管机炮被安装在前机身的右舷处。这种提高了攻击能力的改进型"雌鹿-F"只对安哥拉和伊拉克进行了数量有限的供给。

近些年，至少有两架侦察型"雌鹿"直升机出产进入了俄罗斯军队。被"北约"组织称为"雌鹿-G"的米-24RKR负责核生化（NBC）侦察和采集土样来确定核辐射的传播范围。另一架侦察型，被称为米-24K或者是"雌鹿-G2"，被用来作为一个对火炮射击进行修正的平台使用。这种侦察型"雌鹿"在机舱加装了一个大型相机来更好地进行侦察，但只有少量在苏联军队中服役。

"华沙"条约组织的解散意味着"北约"组织将有机会引进米-24直升机，像美军和英国皇家空军都拥有数量不少的米-24直升机。德国的统一使得前民主德国装备的大量米-24进入了德国空军。但是经过彻底的评估后，所有的米-24都被要求退役以符合《欧洲常规力量条约》的规定。

更多有关米-24最近的消息包括像俄罗斯和捷克都建立了一支"雌鹿"飞行表演队。另外俄罗斯紧缩的国防财政预算使其将一部分"雌鹿"进行非军事化改装用以装备俄罗斯的警察部队。尽管对"雌鹿"进行了许多革新改进，但是俄罗斯将不会进行更多"雌鹿"的生产。俄罗斯空军正在等待装备真正意义上的专用攻击直升机，诸如卡莫夫卡-50"黑鲨"直升机或者是米-28"浩劫"直升机。

下图：最近俄罗斯军费在国防预算上的减少，使得米里设计局不得不对米-24进行改造使它能够承担更多的民用任务。这架米-24PS是一架隶属于俄罗斯内政部的执法直升机。这架米-24经过改装后装备了探照灯、喇叭和六角前视红外探头

# 米-24"雌鹿"早期型号

令人畏惧的"雌鹿"武装直升机自一开始就将"北约"地面部队深深地震慑了之后，还在不断地发展改进。它的改进型号遍布世界各地，与最初原型机差别很大。

## 米V-24原型机（"雌鹿-B"）

米-24原型机的动力装置是一对1700轴马力的TV2-117A涡轴发动机，与米-8"河马"直升机所使用的动力装置相同。它的主旋翼是经过改进后的米-8直升机的5桨叶主旋翼，尾旋翼采用3桨叶的形式，布置在尾部右舷。V-24可以安装可拆卸的短翼，这使得它可以挂载下吊式武器挂架。它没有安装机头机枪，也不准备安装导弹系统。它的舱门是垂直向外开启的，而不是水平向上或者向下打开。

## 米-24A（"雌鹿-A"）

在对"雌鹿-B"进行一些测试之后发现它的空间过于拥挤而不能加装Raduga-F型半自动控制瞄准线（SACLOS）导引系统和机枪快速瞄准装置。因此其中两架原型机进行了改装，将它们驾驶舱之前的部分去掉，重新安装了新的前机身。新的机头比以前稍长，外形更尖，上部各部分挡风玻璃更加倾斜从而能减小阻力。汽车式的飞行员舱门用一扇可滑行的气泡式窗户代替，从而可以给飞行员提供更多向下观察的视野，同时还加装了一挺12.7毫米口径的机枪。一个为了指挥继射天线制作的小型整流罩被安装在前起落架前方。

就这样这种构型的米-24A于1970年在阿尔谢尼耶沃（Arsen'yev）开始生产，临时项目代号为245。米-24就是以这种构型第一次出现在"北约"面前，之后"北约"在报告中将这种布局形式更为先进的米-24称为"雌鹿-A"。早期生产的米-24直升机都像米-8一样将尾部旋翼布置在右舷一侧。从桨毂平面来看，尾旋翼是顺时针转动的，这样前行的桨叶与主旋翼产生的下洗流的方向是一致的。可是由于这样在飞行中方向操纵效率太低，所以在1972年将尾旋翼移动到了左舷。尾旋翼仍然是顺时针转动的，这样前行桨叶与主旋翼下洗流的方向相反，从而可以显著地提高尾旋翼的操纵效率。另外，也对喷口进行了扩大处理并使之带有向下的斜角从而阻止雨水进入。

到1974年生产结束，共出产了240多架米-24A直升机。看似不合规定的苏联政府又一次在官方支付完毕此前引入的那部分直升机就开始全面投产，并在空军允许使用的命令到达之前就让飞行员和地勤人员自己去熟悉这些直升机。最初，米-24A由独立的直升机团负责维护使用，但是后来便交由独立的直升机作战部队来控制。当苏联陆军航空兵部队成立之后，米-24装备给了机械化步兵师中的独立直升机中队。米-24A也有向国外出口（诸如阿富汗、利比亚和越南）并在阿富汗战争和各种各样的非洲冲突中开展了行动。

## 米-24B（"雌鹿-A"）

随着米-24A逐步开始投入生产，米里设计局（OKB）继续对它的武器装备做出改进。米-24B或者称为241项目，它的典型特征是安装了一部由USPU-24提供动力的下置转台，上面装备了一挺12.7毫米口径机枪。这挺机枪由KPS-53AV瞄准系统进行控制，它可以根据直升机的飞行轨迹自动对瞄准进行修正。这套系统装有一台模拟计算机，它可以接收来自直升机空气数据传感器的输入信号。

人工导引的9M17M Falanga-M反坦克导弹也进行了升级，即9M17P Flanga-P。这种导弹由Raduga-F半自动控制瞄准线导引系统进行控制，这使得它的杀伤力提高了3～4倍。这个系统的瞄准部分由微光电视（LLLTV）和前视红外线（FLIR）传感器构成。这个传感器放置在一个位于前起落架前方靠右舷方向侧面有板筋加强的腹部壳体内，并有双层金属挡板来遮挡传感器窗口从而起到保护作用。这套系统是由陀螺进行稳定的，从而使直升机在瞄准的同时还能进行灵活的机动来规避地面火力。这套系统的导引部分（即指挥中继天线）对称地安装在一个靠近左舷的小型卵形整流罩中。在安装了天线发射罩之后，它还可以随着对导弹的操纵进行横动。

由于米-24B没有带下反角的短翼且机身两侧没有安装未能通过测试的可拆卸的导弹发射挂架，因而米-24B的实体模型可能是由原来的"雌鹿-B"实体模型重建而来。而实际上，它是由早期几架尾旋翼布置在右舷的米-24A改型而成。虽然米-24B在1971—1972年成功地通过了制造审查，但是最终还是放弃了。

## 米A-10

1975年，一架由苏联设计的直升机A-10创造了8项世界纪录。它由两台TV2-117A发动机提供动力，由于去掉了短翼，它看起来就像一架两侧被切掉了的早期"雌鹿-B"。打破纪录的试飞是在1975年7月16日到8月26日之间进行的。这些纪录包括：以212.9英里/小时（342.6千米/小时）的平均速度飞行15～25千米（9.23～14.53英里）；以207.82英里/小时（334.44千米/小时）的平均速度飞行100千米（62.13英里）；以206.69英里/小时（332.62千米/小时）的平均速度飞行1000千米（612.40英里）；可以在2分33.5秒的时间内爬升至3000米（9843英尺）的高度；升限可以达到6000米（19685英尺）（可在7分43秒内爬升至此高度）。

## 米-24U"雌鹿-C"

米-24U是一款在"雌鹿-A"的基础上去掉了所有武器装备但是保留了固定小翼并且装备了两套操纵系统的专门用于训练的直升机。少量的米-24U服役于苏联军队（主要是二线的训练部队），另外还有少量的米-24U连同"雌鹿-A"一块出口到阿富汗、阿尔及利亚、利比亚和越南。现在已经没有米-24U留在部队中服役。

## "雌鹿"系列

### V-24 原型机

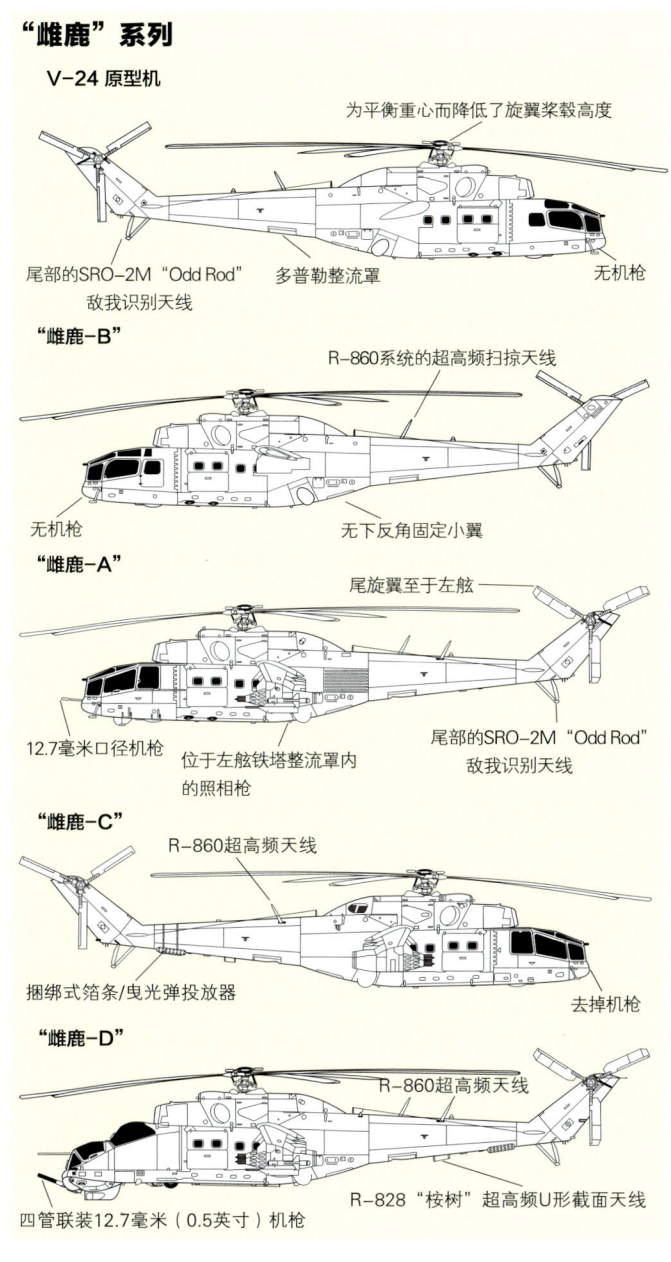

- 为平衡重心而降低了旋翼桨毂高度
- 尾部的SRO-2M "Odd Rod" 敌我识别天线
- 多普勒整流罩
- 无机枪

### "雌鹿-B"

- R-860系统的超高频扫掠天线
- 无机枪
- 无下反角固定小翼

### "雌鹿-A"

- 尾旋翼至于左舷
- 12.7毫米口径机枪
- 位于左舷铁塔整流罩内的照相枪
- 尾部的SRO-2M "Odd Rod" 敌我识别天线

### "雌鹿-C"

- R-860超高频天线
- 捆绑式箔条/曳光弹投放器
- 去掉机枪

### "雌鹿-D"

- R-860超高频天线
- 四管联装12.7毫米（0.5英寸）机枪
- R-828 "桉树"超高频U形截面天线

## 米-24V（"雌鹿-E"）

这架印有鲨鱼嘴的波兰空军"雌鹿-E"隶属伊诺夫罗茨瓦夫（Inowroclaw）基地的第56 PSB。在波兰的服役过程中，"雌鹿-E"一直被称为米-24W，而不是米-24V。波兰共有16架米-24W直升机，其中一架在服役过程中坠毁的直升机被其他直升机代替。

### 防御系统

米-24V直升机的后机身可以携带L-166V-1AE ispanka红外干扰弹发射机，并在尾梁下面或者在机身两侧安装有三联装的32发装弹的ASO-2V箔条曳光弹发射器。这架飞机像大部分现役的米-24V和米-24W一样在机枪手座舱罩两侧下部十分明显地装有L-006 Beryoza雷达寻的制导系统（RHAWS）天线。

## 米-24D "雌鹿-D"

经过一段时间的驾驶积累了一定的经验之后，苏联人在1971年早期发现米-24Z驾驶舱的视野很差，需要对前机身进行彻底的重新设计。机组成员被分别安排在呈阶梯串列式排列的两个驾驶舱内。相比坐在前舱的武器操作手（WSO），驾驶员坐在更为靠上和靠后的后驾驶舱内。狭小的驾驶舱拥有更厚的装甲和装有大块光学平面防弹玻璃的气泡式座舱罩，从而能提供更好的全方位视野。驾驶员通过一扇布置在右舷向后开启的汽车式舱门进入直升机，而武器操作手驾驶舱的座舱盖可以从左舷向右舷打开。一根长长的空速管和DUAS-V俯仰、偏航风标安装在右舷附近，而敌我识别（IFF）天线安装在武器操作手座舱罩的罩框上。

对机头的重新设计不仅提高了机组乘员的视野，还加强了Raduga-F微光电视（LLLTV）/前视红外线（FLIR）传感器的能力和导弹导引天线的操纵条件。但是，这反过来又需要进行其他更多相应的更改。为了保证微光电视（LLLTV）/前视红外线（FLIR）传感器整流罩与地面之间有一个较为合适的距离，相应地对前起落架进行了加长，使得米-24D停在地面时有一个明显的抬头角。可伸缩的前起落架轮胎不得不设计成半外露的，使得米-24A这对突出来的前起落架机轮舱盖不得不给与单个舱门相连的加油压缓冲支柱让位。这种双驾驶舱的设计概念也沿用到了米-24V上。

不幸的是，在米-24D上加装Shturm-V反坦克导弹（ATGM）的想法仍然未能实现。这使得米里设计局不得不采用混合的设计布局——新机身与旧的武器系统相结合的方式。这种断代的设计布局就是为米-24D或者是246项目设计的。1973年米-24D在"前进"（Progress）飞机制造厂和罗斯托夫（Rostov）直升机制造厂投入生产，到1977年生产结束共产出350架左右。包括阿塞拜疆、保加利亚、古巴、匈牙利、波兰和俄罗斯在内的许多国家现在仍保有相当数量的米-24D直升机。

### 武器导引

标准的电子光学模块安装在右舷，同时新型的固定的Shturm V导引天线安装在位于左舷的半球形天线整流罩内。

### 武器装备

"雌鹿-E"装有四联装的12.7毫米口径机枪和1470发弹药。同时还载有4个AT-6 "螺旋"（Spiral）空地导弹发射架，成对地安装在翼尖挂架之上。而两机枪发射架分别布置在翼下内侧的挂架上。这些机枪发射架上各有一门GSh-23L 23毫米口径机炮。

### 动力装置

米-24V由一台Isotov TV-3-117V涡轮轴发动机驱动。它能提供更强劲的动力，并具有更加优越的高空性能。米-24V的设计可能来源于这台发动机的设计。为与盒状红外抑制器配合，这台新的发动机采用了著名的"边缘"向下偏移的设计。

### 标志

图中这架米-24V直升机喷有标准的苏联地面航空部队迷彩，并在尾梁上用较小的白色图标喷上了系列编号，而在后部机身两侧喷有国籍的标志。

# "雌鹿"后期型号

后期的米-24型号从米-24V开始,参照驾驶积累的经验引进了新的发动机和反坦克导弹。

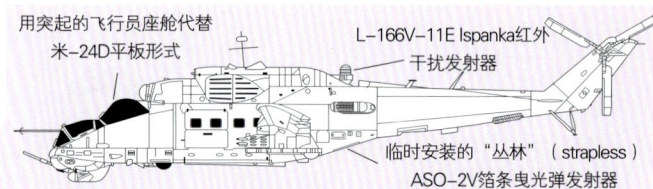

用突起的飞行员座舱代替米-24D平板形式
L-166V-11E Ispanka红外干扰发射器
临时安装的"丛林"(strapless)ASO-2V箔条曳光弹发射器

### 米-24V"雌鹿-E"

米-24V是一款与米-24D同步发展的机型,米24-V的飞机外形、发动机、导弹早已选定。它于1976年进行首飞,但是由于"突击者"(Shturm)导弹的研制问题,推迟了它的服役时间,直到1979年才进入部队(比米-24D晚了两年)。早期的米-24V与米-24D没有多大差别,没有PZU发动机进气滤清器,航空电子设备和天线的布置方式也基本相同。唯一能看出来的区别是为9M114"突击手"(AT-6"螺旋")导弹安装的新的"突击手"-V引天线盒和附加的发射导轨。米-24V直升机迅速地取代米-24D进入苏联军队服役。并且一些早期生产的米-24V可以回收到原厂进行改造优先用于出口,或者是升级到后期版本。

作为在苏联军队中服役的主要米-24型号,米-24V得到了许多改进。第一架米-24V使用的是与米-24D一样的发动机,而经过改进的TV-3-117V在进入生产后才采用。新的发动机向下排气系统和相关的红外抑制器几乎是在米-24V生产后期的批次中才引入的,并且立即安装到了更早的米-24D和之后的米-24P直升机上。从1985年开始,各种报道称米-24V可以在短翼外侧挂架携带额外的9M114发射架,从而可以使该型直升机携带的导弹总数达到8枚。

### 米-35("雌鹿-E")

多年来除了华沙条约组织成员国,"雌鹿-E"几乎不开放对外出口。后来,为了开放出口外销,特意去除了作为米-24V先进防御系统一部分的9M114"突击手"导弹以及相应的导引装置。最后作为一款低配对外出口型号,米-35诞生了。

### 米-35("雌鹿-E"训练型号)

虽然任意一架服役的直升机都能用来训练,但是用于前线米-24改型的教练机在前驾驶舱装有基本的"折叠式"(foldaway)飞行操纵装置,可以专门用于训练。米-24U"雌鹿-C"和米-24DU"雌鹿-D"都是专门用于训练的机型,装有两套操纵装置和小口径机枪。"雌鹿-E"同样也有专门的教练机型,虽然只是用于出口。目前仍无法确定印度军方是否会建立或升级出一支专门的教练机部队。

### 米-24P("雌鹿-F")

苏联军队此前在阿富汗的作战经验表明,许多目标用0.5英寸(12.7毫米)口径的机枪攻击无法造成有效伤害,用无导引的火箭弹或者是导引火箭弹成本又太高。因而米里设计局开始着手设计两种装有不同口径机炮的"雌鹿"改型(由米-24V衍生而来)。其中一种即米-24P。这种型号设计装备一门双管30毫米口径GSh-30-2机炮。但是由于它体积过于庞大而不能布置在机头塔台内,所以它被安装在前机身的右舷,通过操纵直升机本身来瞄准。这种型号在1982年年末才为西方国家所知。米-24P出口到了民主德国。像"雌鹿-E"一样,米-24P的前驾驶舱装有应急操纵杆。当驾驶员不能进行操纵或者是教练人员在后驾驶座监督学员操纵直升机时,位于前驾驶舱的人员可以用它进行操纵。前驾驶舱还有可折叠的总距杆和偏航踏板。

### 米-35P("雌鹿-F")

米-35P是针对"雌鹿-F"设计的出口型,直到1989年米-35P在雷德希尔(Redhill)举行的直升机技术博览会上亮相,它才为世人所知。这是"雌鹿"第一次在西方世界面前公开亮相。这架米-35P的H-370代码可能是它在巴黎航展上所使用的代码,但是实际上可能是安哥拉空军的编号。民主德国空军一直使用米-24P而阿富汗的米-35P(如果它们确实是米-35P而不是从苏联空军借来的米-24P)已经退役,所以当前只有安哥拉和伊拉克是米-35P的进口国。

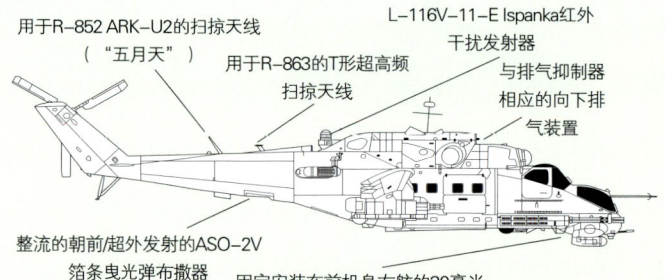

用于R-852 ARK-U2的扫掠天线("五月天")
用于R-863的T形超高频扫掠天线
L-116V-11-E Ispanka红外干扰发射器
与排气抑制器相应的向下排气装置
整流的朝前/超外发射的ASO-2V箔条曳光弹布撒器
固定安装在前机身右舷的30毫米口径双管GSh-30-2机炮

## 米-24VP

从阿富汗战争中暴露出来的问题来看，提高米-24的火力极有必要，而米-24VP正是在米-24P的基础上进行的另一种更改设计。作为米-24V的衍生型号，它采用了一门安装在塔台上的23毫米口径双管Gsh-23L机炮取代了那门安装在米-24P机身上的30毫米口径的机炮。由于相比（0.5英寸）12.7毫米口径的机枪采用了更大口径的23毫米机炮，因此载弹量会大大减少，这就需要对储存和携带弹药的系统（所占空间不变）进行重新设计。有报道称拍到带有开孔式尾旋翼的实验型米-24VP和另一架带有窄"X"（delta H）型尾旋翼的米-24VP飞行，其尾旋翼布局类似米-28和AH-64"阿帕奇"直升机。由于发现新的输弹系统有问题且可靠性不高，因而对米-24VP的生产进行了限制。"勇士"（"老鹰"）飞行表演队在图约克（Torjok）训练中心训练时，至少有一架米-24VP坠毁（据猜测），这些米-24VP都绘有英文标志。

## 米-24RCH（"雌鹿G1"）

米-24RCh[RCh表示"高空的"（Razvedchik），或者"侦察/生化的"]是一架针对核生化（NBC）作战环境设计的专用侦测/侦察直升机，它的设计为收集土壤和空气样本进行分析而进行了专门的优化。虽然不能完全肯定，但是这个型号确定是一款专门的量产型号，而不是直接由米-24V改造而来。它的驾驶舱和机身都是密封的，一个巨大的空气滤清器安装在机身地板上，位于下部近身左舷和机身舱门之前。尽管如此，四名乘员（包括驾驶员、武器操纵手、机组工程师和分析专家）在飞行过程中仍然穿着核生化防护服。土壤样本通过抓取（grab）的方式进行收集，其中3份通过一个位于翼尖挂架下的爪型装置来收集携带。某些米-24RCh直升机在其尾部的缓冲器上也安装了一个可伸缩装置，这个装置可能是用来投放或发射某种地面标识烟雾弹的。空气样本通过位于机身舱门左舷的开口来进行采集，通过一根显眼的橘黄色的管路将样本输送给分析仪器。一个庞大的数据链接控制台占用了大部分机身前方的空间，可以让分析人员将初步的结果传输给当局。

米-24RCh不能装载反坦克导弹，所以机身下部也没有相应的导引盒，机身下的光学瞄准系统也被取消。虽然前驾驶舱需要容纳两套操纵装置，但是机枪塔台还是留下了。我们可以看到飞行中的米-24RCh直升机常在其翼下带有火箭发射器。机舱的窗户布置基本没做什么更改，两扇相连的窗户布置在右舷的入口舱门处取代了之前单独的一扇观察窗。某些米-24RCh直升机还安装了新标准的完全整流的箔条曳光弹布撒器，另一些则用原始的框架来安装。PZU吸入滤清器和后期型号的向下排气装置可能也应用到米-24RCh之上。

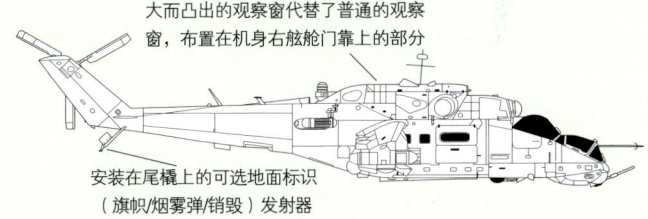

## 米-24K（"雌鹿G2"）

米-24K[K表示"修正"（Korrektirovchik）或者"校正"（correction）]是一款专门用于炮击校准的直升机，相当于现代的火炮观察员。它使用一款安装在机舱内使用1300毫米/8倍光圈的超远摄变焦镜头的全自动相机来对弹着点进行观察。出入机舱只能通过位于机舱左舷的舱门进行，右舷舱门是封闭的，它的观察窗被移除并用一个单独的且位置更低的观察窗代替，而镜头正好指向此处。另外此处还有一个更小的开孔用来放置曝光计。据称米-24K不像米-24RCh一样装有两套操纵系统。米-24K不能携带反坦克导弹并且在前机身左舷下方也没有相应的导引装置。但是在机头右舷下方除了装有机枪塔台之外还装有一个整流罩。这可能是一个旋转装置，当指向前方的时候，一个由铰链连接的整流罩可以给它提供遮挡。当铰链向外转动时，就会露出圆形开口。不过还不能确定它是用于安装电视照相机或者电子光学传感器，还是红外传感器。米-24K可以安装翼下火箭弹发射器。一些米-24K还装有后期标准的流线型箔条曳光弹布撒器；另一些安装的则仍是粗糙的框架结构。

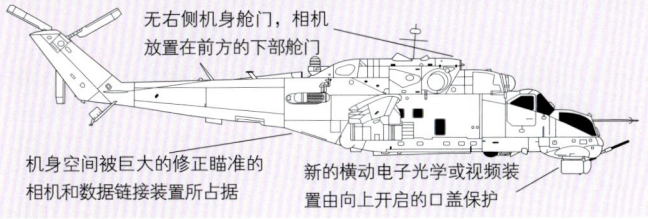

## 米里-24 环境研究型号

一架"雌鹿-E/F"子型号直升机在Nizhny Novgorod[现在改名为"高尔基"（Gorky）]举行的国际地球生态资源博览会上进行展出。据报道它是用来执行海面油污染、洪水、空气污染监测等其他类似任务的。这架直升机装有综合的数据传输装置，可以通过数据链将中继信息发送给地面站。在它的机头处还装有一个特殊的传感器，用来收集各种信息并通过武器操纵手的挡风玻璃将它们水平投影到正前方。除此之外，它还在右舷翼下外侧的挂架上装有一个盒状的发射器。据说这个发射器是由"波莱"（Polet）科学组织和无线电物理研究学会共同研制的。

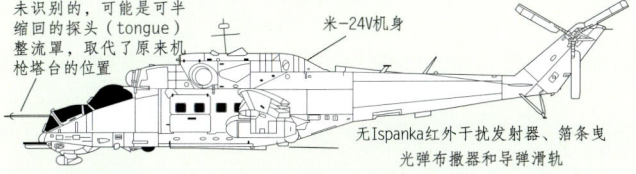

## 米-35M

作为米-24/35的可执行夜间作战任务的升级版，米-35M是一款用于出口的与米-24M一样的直升机。但米-35M专供俄罗斯军队（现在有人提议用升级更为适度的米-24VP）。米-35M使用的是与米-28相似的主旋翼和变速器，还有2台194轴马力（1636千瓦）的克里莫夫TV3-117VMA发动机。由于使用了钛合金主旋翼、复合材料桨叶、缩短了的短翼并且采用不可收回的起落架，使得米-35M的空重大为降低。一挺双管23毫米口径机枪安装在机头塔台内。导弹携带量可达到16枚"突击手"导弹，或者是更多的现代9M120导弹并配以一定数量的9A-220 Ataka导弹进行自身防御。由赛克斯坦航空电子/汤姆森光学电子（Sextant Avionique/Thomson Optronic）联合研制的可夜间操纵航电系统（NOCAS）给米-35M提供了夜间目标获取和识别、导弹导引、机枪瞄准的能力。

## 米里设计局
# 米-28"浩劫"直升机
## 俄罗斯版"阿帕奇"

上图:尽管据称米-28"浩劫"在竞争中被卡莫夫的卡-50"黑鲨"击败了,并且没有足够的经费支持,但它仍被俄罗斯认定为下一代攻击直升机

在米-28"浩劫"首次出现在出版物的插图上之前,它于1989年在巴黎的航空沙龙上在公众面前首次亮相。人们一般都认为米-28是苏联为对抗美国的AH-64A而出现的,虽然进行了一些改进,但是"浩劫"直升机未来的发展现在却受到了质疑。

上图:缓慢飞离货船并运载着一台苏联国家航空(Aeroflot)安124"康多尔"自动控制导航系统的是米里设计局最新设计的攻击直升机。在萨里耶郡雷德希尔举行的第89届直升机技术大会是该机型在英国的首次亮相

米-28的研制毫无疑问是被美军先进攻击直升机研制项目和休斯公司的AH-64"阿帕奇"直升机所驱使的,并早在1975年9月便开始进行。基于米-24"雌鹿"武装运输直升机的设计经验,米里设计局在马雷·特蒂奇申科(Marat Tichenko)的领导下开始着手设计一种更小的、专门用于反坦克的直升机。项目进展十分迅速,第一批4架原型机(012)于1982年10月首飞,几乎比第一架交付给美军的AH-64的时间还要早一年。被"北约"称为"浩劫"的米-28直升机沿用了传统武装直升机紧凑和四方的传统构型,机头下布置了机炮,采用装甲加强的阶梯式驾驶舱(后方乘坐驾驶员,前方乘坐武器操纵手)。米-28采用三轮式起落架,配以一个较大的主轮和一组转向尾轮。

主旋翼安装在钛合金桨毂上,5片复合材料桨叶各自通过单独的弹性支撑与之铰接。桨叶有着一个拱形的高升力区域并在翼尖带有后掠。第一架原型机安装的是传统的3叶尾旋翼,而第二架和第3架原型机采用的是4叶剪形尾旋翼。桨叶之间夹角约为35度,呈"X"状。动力装置采用的是两台克里莫夫(Isotov)的TV3-117VMA涡轮轴发动机,每台能提供2225轴马力(1659千瓦)的动力。这两台发动机安装在机身两侧上方的机匣内。在每架原型机上安装了不同参数的排气抑制器进行测试。最新的构型采用的是在红外抑制遮蔽上布置3个向下喷射喷嘴的形式。其短翼带有4个武器挂架,并与发动机机匣相连。每个硬挂点可以携带1058磅(480千克)的重量,一般由4枚管式发射的9M114"突击手"C导弹、或者9M120"旋风"(Vikhr)反坦克导弹或者9M39 Igla V空空导弹加上各种[3.15英寸(80毫米)口

下图:两台发动机都装有一层朝下的结构(复合材料)进行遮挡,这使得在地面模拟红外制导的地对空导弹时,米-28的排气热流会直接起到引导作用。一种朝上的遮蔽结构据说在早期的原型机上进行过测试

下图:虽然在悬停的时候机炮也可以由后驾驶舱的乘员来操作,但是一般来说机头的2A42机炮和安装在短翼上的导引武器都是由前驾驶舱来进行控制的。另外一种专门用于米-28的新型机炮正在研制中

上图：用于执行地面攻击任务的"浩劫"直升机可以装备9M114"突击手"C（AT-6"螺旋"）反坦克导弹和20枚弹容的UV-20火箭弹发射器（装有80毫米口径的C-8火箭弹，如图所示

径或者是4.8英寸（122毫米）口径］火箭弹吊舱和机枪吊舱。两侧短翼翼尖都装有特殊的箔条曳光弹布撒器和临时安装的雷达激光警示接收器。米-28在其头下方也装有一门单管30毫米口径2A42机炮，两箱装有150发弹药的弹药箱横向相连并与机炮一同进行升降和俯仰操纵，从而可以尽可能地减少干扰。机炮横向沿中心线左右可转动110度，向上能转动13度，向下能转动40度。射击速度有两种选择：一种是空对地时使用的300发每分钟的射速；另一种是空对空时使用的900发每分钟的射速。机头顶端装有一个用于导弹制导的雷达天线整流罩。在其下方装有一个可在白天进行光学瞄准和激光测距的设备。

驾驶舱被没有任何起伏的平板防弹玻璃所覆盖，并有钛合金和陶瓷装甲进行保护。重要的部位进行了着重保护并进行加厚或者用较为不重要的部件来防护。当受到致命攻击时，乘员会受到可吸收能量座椅的保护。乘员座椅能承受40英尺（12米）每秒的下坠速度。米-28上还装有相应的紧急逃生系统，当发生紧急情况时会炸掉舱门并将机身侧面的气囊充满。在完成这些之后，机组乘员才能切断他们降落伞的剥离绳准备跳伞。

在左舷一侧的短翼之后有一个舱门可以进入航电设备室，这个舱室可以容纳2至3人（比较拥挤的情况下）。这便允许米-28能在作战时搭载已坠毁的米-28直升机的乘员。

## 卡莫夫的挑战者

米-28一直在为了得到政府的资助而同卡莫夫的卡-50/卡-52进行竞争。据说在选择有关俄罗斯下一代攻击直升机用以取代米-24的竞争中米-28输给了它的竞争对手。俄罗斯军方对卡-50的正式采购开始于1994年10月。尽管服役的数量有限，但是有关它的资金支持和具体产量仍不为众人所知。

米里设计局顶住了压力并继续论证确定米-28的最终构型，即米-28N［（Norchnoy）夜间型号］——非官方的叫法为"浩劫-B"。米里设计局称这款直升机为"夜间海盗"和"黑夜猎手"。由于装备了一台桅装的毫米波雷达，使它具备全天候夜间作战的能力。虽然不清楚这款俄罗斯雷达是否真的已经研发出来，但是据称它与AH-64D装载的"张弓"雷达性能相当。在米-28上还加装了包括"天顶"公司生产的机载电视和红外传感器等新的传感器，并在机头雷达罩下方的球形塔台内安装了激光点跟踪器。

米-28N原型机（白色014）于1996年8月16日在莫斯科附近的米里飞机制造厂生产出来。这架原型机早在1995年就在莫斯科航空展上展出过，但是没有安装任何航空电子设备。它于1996年9月14完成首飞，然后逐步展开飞行试验。米-28N得到了俄罗斯政府肯定的评价，但还是没有得到实际的资金支持。

## 国外的兴趣

1995年10月，一场针对基本型米-28的评估在瑞典军方的航空中心进行。这次评估的主要内容是想确认米-28是否能成功地与AH-64进行对抗。3名飞行员（两名瑞典

右图：米-28的乘员周围都用装甲进行了加强保护，据各种报道称，这些装甲是由钛合金构成的壳体或者是复合材料的装甲板构成。50毫米厚的观察窗能够承受7.62毫米火力的射击并在面对12毫米口径火力时能提供一定程度的保护

籍、一名俄罗斯籍）用同一架米-28（042）完成一些战术任务并进行实战武器射击。虽然对一些机载系统的先进性（和安全性）提出了保留意见——由于缺乏有效的技术文件支持和标准论证，但瑞典对这架直升机坚固的结构、人机交互系统和它令人信赖的性能表现印象深刻。武器的精准性被描述为"很好且具有令人惊叹的可重复性"。米-28最大的缺陷是它缺乏夜间作战能力，这一缺陷在米-28N上得到了修正。瑞典仍在继续对米-28进行单独的评估而且作出了肯定的评价：在某些方面"浩劫"直升机的表现比AH-64A"阿帕奇"直升机还要好。但米-28特别是米-28N仍是一款不成熟的设计，可能永远都不会装备俄罗斯部队。这就几乎完全否定了它对外出售的可能性。

下图：第4架米-28原型机在第94届亚洲航空展上展出以期能够将米-28出售到远东。到现在为止，针对这款早期的"浩劫"直升机样机并没有任何新的指示做出

# 三菱 F-1/T-2

## F-1：反舰武士

作为 T-2 教练机的衍生物，三菱 F-1 战机是日本战后使用的第一款主战飞机，自 20 世纪 70 年代末以来一直在日本航空自卫队（JASDF）中担任着重要的反舰作战角色。

作为一个人口众多、高度工业化，而自然资源在不断减少的岛国，日本的经济来源完全依靠对外贸易。它的生产原材料通常来自海外，而它的市场也主要建立在日本本土之外。这使得日本对海洋十分依赖，因而其海上航线的防御获得了高度优先的地位。然而多年以来，日本依然不能依靠其自身武装来防御来自海上的入侵或者是实现对海上航线的封锁。在日本"二战"战败之后，作为胜利方的同盟国允许战败国可以保留少量的武装力量。由于有同盟国的束缚，再加上旧军队阶层对自身的耻辱感和反战情绪的增长，使得日本新的武力力量很明显地转向了防御。甚至连日本的海陆空三军都被称为"自卫队"，而且装备的都是防御型武器和系统。

因此，反舰部队被称为"反登陆舰"部队，而战斗轰炸机被称为支援战斗机。

### 双重需求

到20世纪70年代，日本航空自卫队急需一款专门的支援战斗机——一种他们从未装备过的战机，另外他们还特别需要一款战机来进行亚声速飞行的训练，为飞行员更好地驾驶F104J"星座"式战斗机做准备。因此

下图：日本航空自卫队与美国太平洋空军第35战斗机编队（前第432飞行编队）的F-16机群共用三泽航空基地。最终第35战斗机编队将"WW"标在垂尾上作为他们的识别代码

他们将这两种需求，即对SF-X和T-X的需求——统一到同一个型号上来。

日本先是从国外寻找合适的机型，诺思罗普（Northrop）公司的F-5战斗机和英法联合研制的"美洲虎"攻击机很明显地成为了候选机型。最后，日本对第二款候选机型进行了深入评估，并且对取得生产许可进行了讨论，但是，谈判陷入了对特许使用费的多少和是否允许日本在本土生产"美洲虎"之上。不过，日本对"美洲虎"的喜爱却是不可低估的，正如后来看见的那样，它对F-1/T-2的布局、详细设计乃至最终定型都产生了重要的影响。

### 自主研发的解决之道

最后，发展一种完全由本土研制生产的教练机的决议在1966年11月得到通过。之后经过日本航空制造部门的积极游说，1967年9月，三菱公司得到了T-2教练机的研制合同，同时在1968年3月30日拿到了基础设计合同。

T-2（T-X）原型机在1971年7月20日实现了首飞，在它成功飞行了30次之后成为了日本航空发展史上第一架亚声速教练机。新的教练机以原型机为参考进行战斗轰炸机教练机的设计，同时三菱公司也继续对战斗轰炸机版的教练机设计可行性进行分析。

曾经有一段时间，未来SF-X衍生型的发展受到了质疑，日本财政部更倾向于购买一批F-5A战斗轰炸机而让本土研发力量将方向转向P-2J海上巡逻飞机替代品（P-XL）的研制上。最终财政部部长Kakuei Tanaka在1972年取消了P-XL项目，因而政府决定继续资助基于T-2教练机的本土战斗轰炸机的研制。

1973年，本土防御机构出台了一份原型

上图：一架来自三沢（Misawa）航空基地第3飞行中队的三菱F-1战机正咆哮着飞向天空。到它退役时，它已经在日本航空自卫队服役了将近30年

上图：从各个角度来看，F-1战机与英法的"美洲虎"战机非常相似。即使是F-1最具特色的"双峰背脊"，也是沿用的T-2双座教练机的设计

机的研制合同。三菱公司被委任接手位于小牧市（Komaki）生产线的第6和第7架T-2教练机，并被要求将其改装为单座的战斗轰炸机。在被正式命名为FS-T2 Kai之前，最初这两架飞机被称为特种T-2飞机和之后的T-2（FS）飞机。

对T-2做出的设计更改被保持在最小的限度之内，为的是使花费和设计周期最小化。新的设计沿用了T-2的机身形状和截面分布，即使这样，通过去掉后驾驶舱带来的突起仍然使阻力有所减小。原来的后驾驶舱空间被用来安置一些新的航空电子设备，舱盖也被改成了简单的出入口盖，不过形状与之前的后座舱盖还是一样的。由于所有重要的改动都是对飞机内部进行的，因而T-2飞机大部分的飞行试验结果仍然有效。所以FS-T2 Kai的飞行试验主要集中在探索携带不同的外挂所带来的影响以及验证新的航空电子设备和系统上。

第7架T-2（编号为59-5107）是这两架飞机中第一架以单座形式进行试飞的飞机，试飞时间在1975年6月3日。紧接着在6月7日，第6架T-2飞机（编号为59-5106）也进行了试飞。在最后的测试项目结束后，日本航空自卫队发出了对这新机型的第一批18架飞机的订单。在1976年的年度财政计划上，日本航空自卫队本来计划预订50架新的飞机，但是由于经济形势的恶化，不得不将这一订制计划推迟到未来几年的财政计划中。一笔大的订单本

## 三菱 F-1 简介

这架编号为 70-8203 的飞机是第 3 批交付给日本航空自卫队的 F-1 战机中第 77 架战机。它的机身上喷涂有"黑豹"的徽章，表示它隶属于驻扎在本州岛三沢航空基地第 3 飞行大队的第 8 中队。

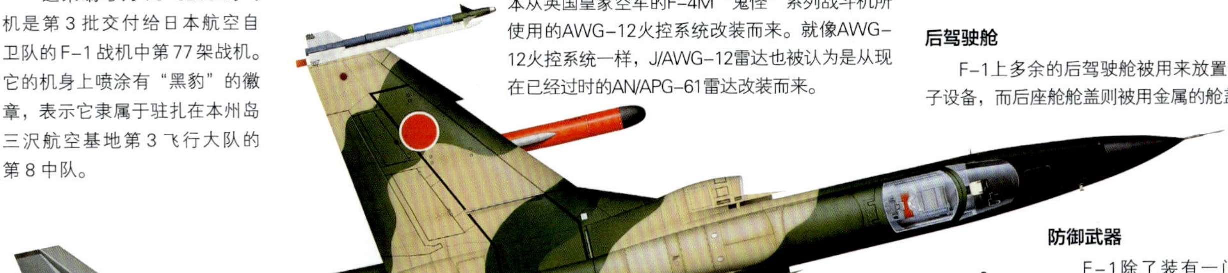

## 雷达

F-1 采用的三菱/松本 J/AWG-12 火控系统是日本从英国皇家空军的 F-4M "鬼怪"系列战斗机所使用的 AWG-12 火控系统改装而来。就像 AWG-12 火控系统一样，J/AWG-12 雷达也被认为是从现在已经过时的 AN/APG-61 雷达改装而来。

## 喷涂方案

大部分 F-1 战机的上表面都是三色迷彩涂装，下表面为亮灰色涂装。

## 后驾驶舱

F-1 上多余的后驾驶舱被用来放置各种航空电子设备，而后座舱盖则被用金属的舱盖代替。

## 防御武器

F-1 除了装有一门通用公司 M61A1 20 毫米口径多管"火神"机炮外，还能携带 4 枚 AIM-9L 型号的"响尾蛇"空空导弹。

## 动力装置

F-1 战机的飞行速度之所以能达到 1.5 马赫，其动力来源于一对由日本石川岛播磨重工业株式会社生产的带有加力燃烧室的 TF40-IHI-801 发动机，它是罗伊斯-罗伊斯公司生产的带涡轮增压的阿杜尔 Mk.801 发动机的仿制品。打开加力燃烧室后，TF40 所提供的推力能达到 7305 磅（32.49 千牛），这与装在法国"美洲虎"战机上的阿杜尔系列发动机所提供的推力相当，但是比那些装在英国皇家空军和出口机型战机上的要小。

## 反舰导弹

对于大部分的 F-1 战机来说，在其服役过程中所装备的主要反舰武器是本土设计的 80 型 ASM-1 导弹（直到 20 世纪 90 年代末才被 ASM-2 替代）。这种可使用惯性导航和主动雷达导航的 ASM-1 导弹，射程可达到 31 英里（50 千米），并带有 1 枚 331 磅（150 千克）的半穿甲弹头。

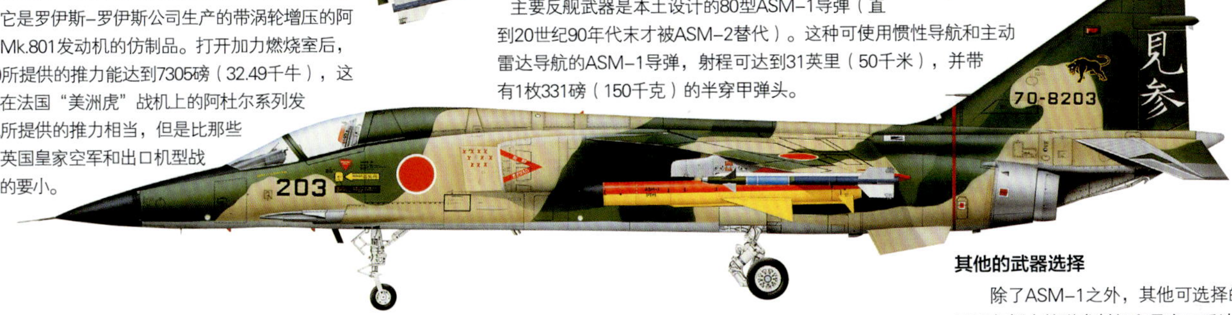

## 其他的武器选择

除了 ASM-1 之外，其他可选择的攻击武器包括火箭弹发射架和最高可重达 750 磅（340 千克）的自由投放航空炸弹。

可以使这 3 个战斗轰炸机中队迅速换装，然而由于原来的订单缩水到了 18 架，使得第 2 和第 3 中队的建立分别推迟了 1 年和 2 年。

第一架真正的 F-1 原型机——70-8201，于 1977 年 2 月 25 日在小牧市（Komaki）正式出厂，并在 1977 年 7 月 16 日进行了首飞。在经过制造商简要的飞行审查之后，它于 1977 年 9 月 16 日交付给日本航空自卫队。

## 首个列装部队

第一个列装三菱 F-1 战机的日本航空自卫队部队是位于三沢市的第 3 飞行中队，它于 1977 年 9 月开始列装。列装完毕之后第 3 飞行中队于 1978 年 3 月 1 日交由第 3 飞行大队管理。第 3 飞行大队的第二个中队（第 8 飞行中队）于 1979 年 6 月 30 日开始列装 F-1 战机。当第 8 飞行中队于 1980 年 3 月 11 日列装完毕之后，第 6 飞行中队开始列装这款新型战机。

左图：尽管 F-1 战机有着众多缺点，而且也逐渐过时，但是它仍然深受日本飞行员们喜爱。因为他们可以自豪地说，他们驾驶着到现在为止仍是日本唯一一种自主设计的本土战机。

下图：两翼内侧和机身下部的挂架可以分别挂载一个 220 加仑（821 升）的副油箱

第 6 飞行中队是驻扎在日本筑城（Tsuiki）的第 3 飞行中队内唯一列装了 F-1 战斗轰炸机的部队。原来每个中队由 18 架飞机构成（包括考虑损耗在内的后备数量），但是后来日本航空自卫队觉得这样每个中队的飞机数量太少了，因而提议将每个中队的飞机数量增加到了 25 架。这使得日本的防卫部门不得不考虑将中队的数量削减至 2 个。不过，最后日本航空自卫队迅速作出了决定，3 个分别只有 18 架飞机的中队还是比较合适的，至少比 2 个由 25 架飞机组成的中队要好。

## 推迟更换

对新的战斗支援飞机的调研早在 1982 年便开始了，从而形成了 FS-X 计划，最终促使三菱 F-2 战机得以诞生。这架更为先进的 F-2 战机改自洛克希德·马丁的 F-16，并于 2000 年在三沢空军基地首次交付进行飞行审查。计划于 2006 年开始第 6 中队的列装，于 2007 年开始第 7 中队的列装。

到 2004 年为止，仍有 37 架 F-1 战机服役，装备 2 个中队；而三沢空军基地的某支部队（第 8 飞行中队）已经开始换装 F-4EJ Kai 战机，一旦 F-4 战机完成交付，就会开始 F-2 战机的列装。

# 三菱 T-2

日本第一种自主设计的军用飞机三菱 T-2 是一款服役于日本航空自卫队的先进教练机,用以取代洛克希德公司赫赫有名的 T-33"射击之星"和北美公司的 F-86"佩刀"战机。它与欧洲的"美洲虎"攻击机十分相似,使用了同样的安道尔(Adour)涡扇发动机。日本差点就能成功购买"美洲虎"攻击机,但是最后没有成功,后来 T-2 还衍生出一款专用攻击机。现在 T-2 仍在服役,用来开展高级训练。直到 1996 年,它仍是日本著名的"蓝色冲击波"飞行特技表演队的一员。

本页图:一架来自 Koku 航空队第 21 中队的 T-2 教练机正在完成飞行训练中的单人训练动作。这个中队是第 4 航空大队(第 4 空中联队)的一部分,在它的垂尾上清晰地标有标准的"4"的徽章。第 21 中队的 T-2 教练机队形为周围 4 架为红色,中间 1 架为白色;而第 22 中队的 T-2 教练机的队形为周围 4 架为蓝色,中间 1 架为白色

日本自主设计的第一款超音速军用飞机在1971年7月20日首次试飞。T-2是一款双座战斗教练机。由于需要同时为日本航空自卫队的F-104"星"式战斗机（Starfighter）和F-4EJ"鬼怪"战机飞行员提供训练，因而T-2同时进行了两种设计。这也为日本接下来自主研发战斗机积累了更多宝贵的设计经验。最终T-2的设计取得了成功，它已经准备好成为新的战斗机——F-1战机。

## "美洲虎"的影响

20世纪60年代，日本开始寻找一种新的教练机来代替F-86、T-33和T-1A。日本航空自卫队的一些人倾向于完全依靠国外的途径，通过购买T-38和F-5来代替。力求获得"美洲虎"生产许可的方法也被考虑在内，但是由于财政紧缩导致最后谈判失败。不过，"美洲虎"明显很受欢迎，它的设计在T-2总体布局的最终确定上发挥了重要作用。

在日本航空自卫队认识到F-86不得不比预期服役更长的时间之后，他们决定是时候开始研发自己的教练机了。在与通用电气的型号以及富士、川崎和三菱公司提交的设计图纸进行对比之后，日本最终选择了"美洲虎"的罗伊斯-罗伊斯安道尔涡扇发动机。后来日本政府又要求制造商研发一种对地攻击的改型。最终三菱的XT-2于1967年9月5日在竞争中胜出，并在1968年3月签订了基本的设计合同。

## 开始服役

与"美洲虎"十分相似的第一架原型机于1971年7月20日完成首飞，并在它的第30次试飞中实现了1.03马赫的飞行速度。这使它成为日本首架自主研发的超音速飞机。经过两年的测试之后，XT-2被日本政府正式指定为T-2并开始生产。一共有96架T-2以两种布局形式进行交付，分别是非武装的T-2（Z）和装有机炮的T-2（K）。T-2于1976年3月25日首次进入位于松岛（Matsushima）的第21中队开始服役。它很快便开始取代T-33和F-86并且很有可能进入日本的"蓝色冲击波"飞行特技表演队

上图：6架第21中队的T-2教练机在以密集编队飞行。T-2教练机的引进对日本航空自卫队的训练产生了巨大的影响。T-33和F-86的退役使得之前600小时的飞行员训练程序减少了100小时

服役。另外还有少量的T-2与F-1中队一起进入前线部队服役。1982年12月17日，6架T-2和一组T-33组成一个中队（"入侵中队"）模拟空战演练，来对抗F-4EJ、F-15J和F-104。T-2至今依然作为教练机在部队服役，但是"蓝色冲击波"飞行表演队中的T-2在1996年被操控性更好的T-4取代。

## "蓝色冲击波"T-2（K）

由身着彩色迷彩的三菱T-2组成的"蓝色冲击波"表演队（the Sengi Kenkyuhan）隶属于Matsushima。这个中队的飞机机身上绚丽的涂装是由一个在竞争中脱颖而出的日本女学生设计的。

### 机翼

T-2的翼内没有安置燃油箱，但是在机翼内侧的挂架上装有数个副油箱。它的机翼没有副翼，通过在后缘附近安置2～3块展向截面不变的平板来代替。一般T-2的翼尖没有任何挂载，但是在必要的时候可以在翼尖安装AIM-9"响尾蛇"导弹发射架。

### 驾驶舱

坐在后驾驶舱的教练员座椅被调高了一截，从而能获得更好的视野。后驾驶舱与前驾驶舱之间用防爆屏隔开，这样当前驾驶舱受到鸟撞遭受损坏时可以保护后座的乘员。

### 动力装置

T-2的动力由一对罗伊斯-罗伊斯公司的加强版安道尔Mk801A涡扇发动机提供。单台发动机的推力可以达到5115磅（22.75千牛），而在打开加力燃烧室之后可以达到7305磅（32.49千牛）。

### 雷达

T-2（K）在机头安装了一套三菱/松本公司的J/AWG-11火控系统，它的天线装在传统的绝缘雷达罩内。非武装的T-2（Z）没有安装雷达。

# 诺斯罗普 F-5 家族

下图：3架来自威廉姆斯（Williams）航空基地的美国空军第4441战斗机组训练中队（CCTS），看起来稀松平常的F-5A正在对准拍摄镜头进行整齐的编队飞行

上图：尽管在挂载的情况下它看起来十分脆弱，但是F-5在半准备状态下的泥土跑道上的起飞性能却十分出色。这架早期F-5A安装了测试静压管并在翼下挂载了1000磅（454千克）的航空炸弹，用来进行跑道状况较差情况下的起降测试

F-5是针对那些负担不起最先进的硬件设施的国家而设计的一款轻型战斗机。它很好地将实用性和经济性进行了结合，在不断的修改和改进过程中，赢得了来自世界各地的出口订单。

在冷战进入高潮之后，各国军队的开支都十分大，像美国这样的大国可以不断更新昂贵而尖端的最新系列战斗机，但其他国家则需要选择一种价格合适的战斗机，使他们能够大量地进行装备。这样也要求他们购买的战斗机在普通的机场和后勤系统条件下能够使用。

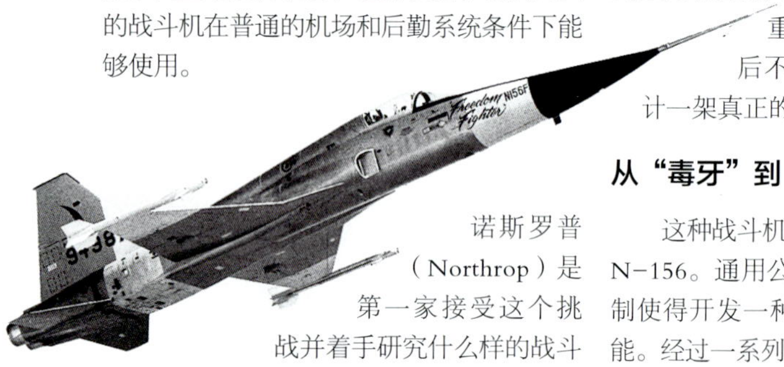

诺斯罗普（Northrop）是第一家接受这个挑战并着手研究什么样的战斗机才是第三世界国家所需要的战斗机的公司。最后发现，减少使用维护费用是生产"买得起"的战斗机的最好方式。经过仔细研究后发现，使用维护费用与飞机的尺寸、重量和复杂程度成正比。之后，诺斯罗普便开始着手进行一架轻型战斗机的设计，即N-102。由于N-102的动力装置采用

上图：通过美国Dayglo公司自由喷涂，F-5的机头被喷涂成黑色来模拟巨大的雷达天线。这架装备有"响尾蛇"导弹的N-156F正在开展一次早期飞行试验

的是通用电气（General Electric）J79、普惠（Pratt&Whitney）J58和莱特（Wright）J65级别的发动机，使得N-102［后来称之为"毒牙"（Fang）］永远也不可能是一架真正的轻型战斗机。这项设计后来在飞机重量和花费上不断上升，最后不得不取消该项目以重新设计一架真正的轻型战斗机。

## 从"毒牙"到"自由战士"

这种战斗机的设计始于1955年，取名为N-156。通用公司小型J85发动机的成功研制使得开发一种更小的轻型战斗机成为可能。经过一系列失败的设计方案之后，最终的用来进行空气动力风洞试验的设计方案是两种近似的构型——单座的N-156F和双座的N-156T。

一对J85发动机并排安置在后机身，悬挂在主梁上。打开后机身下部之后可以直接安装和拆卸发动机。由于这两台发动机都很轻，因而仅仅通过人力便可以对它们进行移动和重新安装。

由于N-156战斗机的最大设计飞行速度为1.5马赫，这使得它仍是一架飞行速度较慢的战斗机。其翼尖部位的发射架是用来挂载"响尾蛇"导弹、"猎鹰"导弹或者"麻雀"导弹的。其机身内部的设计没有什么特别之处。为了节省重量，N-156采用的是机械加工和化学蚀刻成型的蒙皮并采用了夹层结构的设计。所有的燃油都装载在机身油箱内，机翼内部不放置任何燃油。油箱分为前后两组，并且两组之间进行相互连通。驾驶舱是典型的美式驾驶舱，体积很大很宽敞、装备齐全，且巨大的座舱罩能提供非常好的全方位视野。

1955年9月初步设计的负责人韦尔克·加西斯齐（Welko Gasisch）被告知要求集中精

下图：在通过船运抵达爱德华兹航空基地后不久，第一架N-156F就与头两架生产出来的YT-38"禽爪"（Talon）相遇。诺斯诺普的J. D. 韦尔斯（J.D.Wells）和汉克·乔蒂尔（Hank Chouteau）同斯沃特·尼尔森（Swart Nelson）和诺文·埃文斯（Norvin Evans）正在亲切交谈，他们分别是美国空军的T-38和N-156F飞行员

上图：这架来自第4441战斗机组训练中队的F-5A在其垂尾上涂有美国战术空军司令部的徽章，同时在徽章之上还装有黄色的闪光灯。F-5A于1964年8月开始进入第4441部队服役

力从事双座方案的设计，因为这一方案好像更有可能找到使用客户。因此N-156T加快了研制速度并满足了美国空军1955年对超音速基础教练机的通用装备需求（SS-240L）。1956年6月，美国空军选择购买N-156飞机，并要求诺斯罗普首先生产3架原型机（被命名为YT-38），第3架用来做静力结构测试。

对N-156F战斗机的研制并没有终止，当T-38被提上议程的时候，N-156F的研制又得到恢复并全速开展起来。这项工作的再次开展对N-156F研制团队来说无疑是一份无价的意外之喜。他们迅速开始进行风洞测试得到大量的数据并开展各种飞行试验来得到更多有利的结果。

## N-156F的继续发展

N-156F与T38之间尽可能地保留了最大的通用性，因而T-38全机模型得以迅速地改造成用于服役的战斗机模型。这架飞机当时仍是一项风险投资，诺斯罗普公司完全是在用它自己的资金在进行赌博，因而尽可能地减少变动对它来说十分重要。这架飞机后来被迅速冠以"自由战士"的绰号。

N-156F于1959年5月31出厂，之后便被装船运到爱德华兹航空基地。1959年7月30日在由路易·尼尔森（Lew Nelson）完成YT-38首飞4个月之后，又由他在这完成了N-156F的首飞。之后诺普洛斯公司又迅速地制造了第二架并进行了一系列试飞。当要进行第3架的生产时，美国空军表示计划由这两架原型机进行测试的科目已经测试完毕，无须第3架的生产。

由于这两架飞机的飞行试验结果的可靠性和有效性毫无先例可循，因而诺斯罗普在美国空军要求的测试基础上开展了更多更进一步的测试。然而，尽管测试和研究结果证明了N-156F的有效性，美国空军还是在1960年8月做出决定，当前对"这种类型的飞机"没有迫切的需求，因而整个项目被取消。N-156F的研制至此彻底停止，至少目

前看来如此。

## "自由战士"的重生

尽管之前的降级版的F-104G已经销往了日本和另外几个欧盟的国家，美国空军对N-156的研制还是始终抱着怀疑的态度。但是美国陆军对这架飞机有着浓厚的兴趣，并借来一架原型机来对它的近距支援能力进行考察。美国陆军在爱德华兹空军基地对一对菲亚特（Fiat）G91Z战机、A4D-2N"天鹰"战机和N-156F进行了一系列的对比审查。但是由于美国空军对美国陆军介入自身的近距离支援飞机相关事务十分不满，因而强制取消了这次对比评估。

美国陆军只能继续用直升机来扮演火力支援的角色，但是美国空军对N-156F的兴趣又被重新唤醒了，因而他们又再一次对这个项目进行了考核。美国空军选择N-156F是因为它正好满足了美国空军对FX战机的需求，并于1962年4月23日得到了国防部长的正式同意。结果立即引起了各方极大的兴趣，并很快下达了研发命令。在这年8月9日，N-156F被正式命名为F-5。2000万美元的合同在1962年签订了，用以进行生产。合同要求对单座的F-5A和双座的F-5B教练机按照9：1的比例同时进行生产。第三架N-156F以量产型号的方式被制造出来，并被命名为YF-5A，采用的是一对J85-GE-13发动机。最重要的是对它的机翼进行了加强，使它增加了一对新的翼下硬挂点（使总数达到了7个），同时也增加了它的搭载量。随着飞行测试的稳步进行，1963年8月27日又签订了第二份合同，使得F-5的总生产数量达到170架。

挪威在1964年2月28日宣布了它对F-5A的需求，要求购买64架F-5A来代替原本计划中的一个F-104G中队。第一架F-5A于1964年2月交付给美国空军，但是由于它没有安装机头机枪，所以直到1964年8月它才开始正式服役。它服役于威廉姆斯航空基地的第4441战斗机组训练中队（CCTS）。

## 第一种双座型号

双座的F-5B结合了T-38的纵列式双座驾驶舱和F-5A的机身，保留了单座型号的翼下硬挂点、机翼以及更大的发动机进气口，只有两挺20毫米口径机枪被取消。当

右图：3架挪威的F-5A（G）（头3架）和一架F-5B正在进行交付前的试飞测试。考虑到挪威多变的气候条件，挪威的F-5装有起飞助推器（JATO）、停机拦阻钩和挡风玻璃除冰器

1964年4月30日F-5B开始服役的时候，战术空军司令部的"F-5"训练项目由第4441战斗机训练中队正式启动。这个中队迅地装备了7架单座的F-5A和5架双座的F-5B。

第一个F-5中队的成立是在属于伊朗的位于德黑兰-梅赫拉班（Tehran-Mehrabad）的第一战斗机基地，在1965年6月对外宣传已经形成战斗力。希腊在1965年7月宣称相关事务属于米拉（Mira）341中队的F-5A已经可以投入使用，而挪威的第一架F-5A也在同月宣称可以投入使用。

下图：F-5B原型机于1964年2月24日进行首飞，一个月之内第一架生产出来的样机开始交付给美国空军，然后在1964年4月30日F-5B开始正式服役

# 销往国外的 F-5 战机

上图：荷兰在1969年要求购买75架NF-5A和30架NF-5B用以迅速替换还在服役的F-84F，最后在1972年完成交付。F-5在荷兰"蚱蜢"（KLu）特技飞行表演队中服役了很长时间并且一直以来表现非常出色，直到1991年最后一架NF-5被F-16替代

虽然F-5的外销数量没有F-4和F-104那么多，但是它依然是战后这段时间美国航空工业最为成功的产品之一。由于它的可靠性、有效性且操纵起来极为容易，因而即使是"自由战士"的早期型号也一直服役至今。

早在1959年，诺斯罗普就开始讨论（之后仍在继续）联合欧洲国家加上澳大利亚和英国来进行N-156F的生产。最终，F-104G赢得了在欧洲的生产许可合同，它可以在意大利、德国、荷兰和比利时，还有加拿大和日本进行生产。另外还有几个国家同时使用F-5和F-104，但是只有加拿大能同时进行两种飞机的生产。

在加拿大，生产许可由加拿大航空工业公司获得，它可以进行F-A/B的生产，称为CF-5A/D（加拿大装备的F-5称为CF-116）。而荷兰皇家空军生产的叫NF-5A/B。CF-5A与同一时期的F-5有一些不同，最为显著的区别就是使用了J85-CAN-15发动机代替了J85-GE-13发动机。在20世纪60至70年代，加拿大正在进行非军事化改革，对CF-5的资金削减最为明显。然而，到1968年自由党政府上台之后又进行了进一步的裁军，CF-5的产量由118架减为54架。

一些CF-5A装备了70毫米的"云顿"（Vinten）机头相机，同时被命名为CF-5A（R）。CF-5A也可以加装加油管，但是双座的CF-D既不能安装加油管也不能安装侦察型机头相机。即使当中队减少到只有两个的时候，"自由战士"在加拿大军队中仍然十分活跃。当加拿大购买了F-188之后，加拿大的F-5便退居二线作为一款入门级的战斗机教练机使用，直到20世纪90年代中期退役。为了凑齐足够的资金来购买新制造的CF-5D，加拿大在1972年将20架CF-5A和CF-5D卖给了委内瑞拉，这些飞机被后者称为VF-5A和VF-5B。

尽管受到诺斯罗普的反对，加拿大航空工业公司还是将CF-5的生产许可权转卖给了其他国家。荷兰的第一架NF-5A于1969年3月24日首飞。直到1991年最后一架样机退

下图：到2004年为止，土耳其仍是主要的F-5A/B使用国，一共装备了139架。它们主要用于执行进攻、侦察任务和作为入门级教练机使用，成为土耳其F-16部队的强有力的补充

上图：西班牙卡萨飞机制造公司（CASA）装配的SF-5B继续在西班牙空军中作为入门级的教练机使用。位于塔拉韦拉（Talavera）的第23中队的35架双座F-5教练机现在只剩下20架了

役为止，这款战机一共装备了3支部队。

诺斯罗普还将赌注压在西班牙卡萨飞机制造公司（CASA）身上，在1966年允许西班牙进行F-5A的生产。保留下来在西班牙服役的两个中队的CF-5B被命名为AE.9，并装备给位于塔拉韦拉（Talavera）的第231和第232中队，用来开展进阶飞行训练。

### 其他使用国

作为美国引导的换装项目的一部分，1960—1965年，大量的F-104和F-5由美国空军提供给了希腊。10年之后，12架由伊朗采购的多余的F-5A和F-5B又送到了希腊。到1983年，约旦又给希腊提供了13架F-5A和6架F-5B。在接下来的10年中，挪威、约旦和荷兰又提供了更多的飞机。但是到现在为止，只剩下29架F-5仍在服役，它们由诺斯罗普和加拿大航空工业公司生产的单座和双座混合组成。

伊朗是第一个真正的F-5A出口型使用者，伊朗帝国空军的飞行员在美国的威廉姆斯航空基地受训。第一支伊朗F-5部队于1965年投入使用，最终共有104架F-5A和F-5B由美国交付给伊朗。虽然仍有许多F-5B被保留下来用来开展训练，不过从1974年开始，F-5A正逐步地被F-5E取代。

随着伊朗购买的早期F-5型号退役，大量的F-5被运往约旦。与此同时约旦也在逐步将它部队中早期的"自由战士"退役，并用F-5E来取代。

韩国是另一个F-5A/F-5B的早期接收者，第一批20架F-5战斗机于1965年交付给第105战斗中队。到1971年，共有87架F-5A、8架RF-5A和35架F-5B交付给韩国空军（RoKAF）。

然而在接下来的一年中，36架F-5A和所有的RF-5A战斗机被转移到分裂的南越政府，同时美国也向南越提供更多的现代型号。美国于1966年又向摩洛哥提供了18架F-5A，之后又提供了更多的F-5A、RF-5A和F-5B。如今，虽然大部分的F-5都已经被F-5E和"幻影F1"C/E战机所取代，但是仍有8架F-5A、少量的F-5B和RF-5A保留下来。

挪威是另一个F-16的使用者，它的F-5战机都被用来作为F-16的入门教练机使用。共有78架F-5A、16架RF-5A和14架F-5B交付给挪威，但是跟其他国家一样，F-16的出现导致了所有F-5的退役，除了一个中队的F-5得以保留。由于F-8的退役，F-5成为了菲律宾所装备的唯一一款喷气式作战飞机，虽然最后保留下来的也很少，而且其服役前景也颇为可疑。

在20世纪60年代末，约有92架F-5A和23架F-5B交付给了中国台湾，其中大部分属于美国的经济援助。在20世纪70年代，几乎所有这些飞机都被运往南越，最后只保留了2个中队用以开展训练。

泰国在1967年收到了它的第一架F-5战机，作为协议的一部分，泰国的士兵须在越南战争中协助南越部队进行作战。最初这些飞机都是对地攻击的型号，不过在购买了诺斯罗斯的F-5E"虎II"式战斗机后，它们也具备了对空防御的能力。

下图：委内瑞拉由于拥有丰富的石油资源，能够长期维持一支高战斗力的空军。1972年，它从加拿大购买了一共27架加拿大版的VF-5A/B。到现在为止，包括升级后的VF-5A在内，只有17架保存下来

### F-5A"自由战士"

挪威皇家空军装备的F-5A并不是真正的"虎爪"（Tiger-PAWS）战机，尽管如此，当它于1994年在挪威之外的卢赫斯（Leuchars）由英国皇家空军举办的英国战争航空展上首次亮相之后，它获得了第336中队的徽章并得到了北约颁发的"虎"式战机的证书。

**动力装置**

F-5A原本安装的是4080磅静推力（18.10千牛）的J85-GE-13涡喷发动机。而最初提交给美国的F-5A安装的是推力更大的J85-GE-15发动机［4300磅静推力（19.10千牛）］。在进气道上还加装了百叶窗，朝向后机身，当进行起降和低速飞行时［低于329英里/小时（530千米/小时的速度）］可以给发动机提供更多的空气。

**停机拦阻钩**

为了应付极端的天气条件，挪威的F-5也进行了特殊的改造。这些改造由诺斯罗普公司在F-5A/B（G）上进行。而停机拦阻钩则是使得F-5能在积冰跑道上起降的重要部件。

**F-5"虎爪"**

在纽约塞拉（Slerra）技术中心的改造下，15架KNL F-5战机在1993年和1994年被升级为"虎爪"战机。"虎爪"项目（改进了航电和武器系统）是想将F-5改造成一款F-16的入门教练机，该项目计划在后期的"自由战士"的基础上增加一款更为综合的航电设备和新的MIL-STD 1553B数据传输装置。

**额外的燃油**

要识别早期的F-5A/B，最明显的特征就是它安置在翼尖的按面积率设计的可乐瓶状翼尖油箱。每个这种整体油箱能够装载50美加仑（189升）的燃油。位于机腹中心的可抛弃油箱能装载150美加仑（568升）的燃油。

# F-5E/F "虎 II" 战机

上图：F-5E系列和F系列以及由进口国改装的RF-5E战机已经在新加坡共和国空军服役了20多年了。这些战机都涂有鸢型徽章，代表第144飞行中队。这些F-5最初用于空中防御，但是在F-16"战隼"开始交付之后，它们开始扮演战术战斗机的角色

虽然F-5A十分机动灵活，但是它缺乏最基本的空对空作战能力，没有雷达和计算机引导的瞄准装置。诺斯罗普希望能够进行第二代F-5战机的研发，通过使用更大的机翼面积和推力更加强劲的发动机来增强F-5的性能和机动性，并通过加装雷达和其他航电设备来加强它的作战能力。

## 世界上的F-5系列战机

通用电气公司在1962年开始了J85发动机的研制计划，并在1963年对考虑安装更大的压气机进行了测试。但是在当时，美国国防部和美国空军都不支持诺斯罗普公司在还没能充分论证更换发动机后的F-5的优势的情况下就上马研制更为强大的F-5的建议。

因此，第6架F-5B被通用电气租用，用来作为新发动机的测试平台。这架飞机的进气道进行了扩大，并对其进气道和发动机舱进行了修改，同时由于增加了额外的翼根区域，从而扩大了翼展和机翼面积。很快一对实验型YJ85-GE-21发动机便安装在飞机上开始进行测试。这款实验用的发动机被称为YF-5B-21。最后测试证明，新的发动机确实能有效地提高推力，并在1969年3月28日安装到F-5上进行首次飞行测试。

后来美国国会又提出要求，需要一种继"自由战士"之后的新型国际先进战斗机，并要求通过竞争来进行挑选。于是在1970年2月26日，美国空军邀请了8家公司来竞标。整个竞标过程持续了6个月，最后美国国防部采用了诺斯罗普公司的设计方案。美国空军于1970年正式宣布选择诺斯罗普公司的飞机作为下一代国际战斗机（即重新命名的"先进国际战斗机"）。一份带有初始的固定资金加上一些奖励机制的合同于1970年12月8日签署完毕，合同要求一共生产325架这样的飞机。单座的F-5A-21在12月28日被正式命名为F-5E。

第一架F-5E于1972年6月23日在霍索恩（Hawkthorne）出厂，并于1972年8月11日进行首飞，比预期的时间早了4个月（本来是定在1970年9月首飞的）。由于拦阻索没能钩住飞机，因而没能通过审查。为了减轻飞机的重量，诺斯罗普重新对后机身进行了设计，不得不在新的发动机尾喷口处使用昂贵的钛合金材料。这不仅提高了销售价格，还延迟了研发进度。但是市场对新飞机的强烈需求使得订单比预期的还要多，这大大出乎美国空军的预料，从而有效地减少了损失。

上图："虎 II"战机在中东卖得很好，客户包括巴林、伊朗、沙特阿拉伯和约旦等国。F-5E/F（图中）在约旦皇家空军中至少装备了5个中队

上图：这架装有"响尾蛇"导弹的F-5E属于大量交付给韩国空军的众多F-5E中的一架。韩国空军列装了68架F-5E，在当地被称作"空中霸主"（Cheggoong-ho）。注意它扁平的机头雷达罩，正是由于它的截面呈椭圆形，从而消除了方向稳定性的问题，特别是在大攻角下的稳定性问题。这种构型也沿用到了后期F-5E/F的生产中

不幸的是，J85-GE-21发动机的可靠性没有预想中的那么好，并在8月频频发生故障。这导致大家对在9月21日至12月16日期间的试飞审查能否顺利开展产生了怀疑。之后虽然恢复了试飞测试，但是到1973年4月25日之前，这款发动机一直得不到正式的使用许可。在1973年美国空军接收的13架F-5E

战斗机中，有6架用来进行测试，其他7架进入美国战术空军司令部（TAC）的训练部队。因为战术空军司令部想在F-5E的双操纵杆版F-5B之外再成立一个由20架F-5E组成的部队。第一架F-5E于1973年4月4日进入第425战术战斗中队（TFTS）服役。第425战术战斗中队与之前的第4441战斗机组训练中队扮演的是同样的角色，即为F-5的购买国家提供机组成员的训练。

## F-5F：虎式的同胞兄弟

生产F-5E所需的工具作业与F-5A的工具有高达75%的通用性，但是飞机的零件数量只有40%是相同的。虽然F-5E拥有很高的性能而且装备了不同的航电设备，但是诺斯罗普一开始并没有预期到客户对双座型号的需求，即"虎"式II型。但是，最初的使用经验很快表明F-5E与F-5B之间的性能差别还是很大的，而且两者之间的操纵感觉很不一样，因而十分有必要研制一款基于F-5E的双座型号的战斗机。1973年5月15日，美国空军获得了美国国会的允许，同意诺斯罗普公司有关研制一款双座型"虎"式II型飞机的建议。

诺斯罗普公司不是简单地换装一个F-5B的机头来完成这架教练机的生产，而是重新开展一个全新的双座前机身的设计。他们选择将前机身加长了42英寸（107厘米）以容纳第二个驾驶舱，而不是像对T-38和F-5B所做的那样将前驾驶舱向前移动一段距离、占用一些机头航电设备和安置机炮的空间。这使得F-5F能够保留F-5E上的20毫米机炮（出口用机炮），但是只能装载大小只有原来一半的140发弹容弹药箱。驾驶舱的后座比前座（位于T-38和F-5B之上的）要高10英寸（25厘米），从而能给教练员提供更好的前视视野。后驾驶舱除了装有全套的第二套操纵杆之外还有一个雷达显示屏。

F-5F在1974年9月25日进行首飞。不同寻常的是，第二架F-5F紧接着第二天也完成了它的首飞。这两架飞机参加了爱德华兹空军基地有关F-5E/F-5F的联合作战测试，且整个过程进行得十分顺利，没有发生任何问题。F-5F比F-5E稍重，因而起降性能相比F-5E也稍差一些。

### 机身的更改

为了安装新的发动机，机身加长了15英寸（38厘米）、加宽了16英寸（40厘米）。这同时也使得机身的整体油箱得以扩大，增加了570磅（258千克）的燃油携带量。加宽机身之后也增加了整体的翼展和翼面积。翼根前缘的延伸区域也进行了重新设计，将其所占面积扩大到整个翼面积的4.4%。

## RF-5E "虎眼"："虎"式II型侦察机

诺斯罗普原本是想通过在RF-5A型的机头安装4部6种不同配置的KS-121A相机，并将这种布局的机头安装在F-5E从而让一定数量的F-5E具备侦察能力。这种机头在交付给沙特阿拉伯的F-5E上进行了少量的安装，在专门的侦察型RF-5E虎眼出现之前，这种构型的F-5E被用来承担战术侦察的职责。到20世纪70年代，原来机头的空间不适合安装现代一些最新的侦察设备。另外由于F-5E太小而不能安装高阻力的侦察设备舱，而且它的起落架属于短行程的，机身与地面的间隔也太小。相应的解决方法是重新设计机头使之成为一个整体的空间从而增加容积。诺斯罗普公司重新对图纸进行修改之后设计了一个新的机头（相比原来的机头增长了8英寸/20厘米）使其容积达到了26立方英尺，并使它的有效空间提升为RF-5A的9倍。专门用于侦察的RF-5E "虎眼"的机身容积与RF-4E差不多，但是它的机身相比现有的F-5E更小、造价更便宜。由于RF-5E "虎眼"可以装载大部分的相机，诺斯罗普公司宣称它具有RF-5E 90%的装载能力，但是只有RF-5E 60%的周期维护费用。这架飞机的设计是为了满足那些没有能力购买一种专为进行任务而设计的机型的既有F-5E使用国而开展的。第一个客户是马来西亚，它购买了两架（其中一架如下图所示），而沙特阿拉伯一共购买了十多架。新加坡将它自己的6架F-5E改造成了RF-5E "虎"式侦察机。

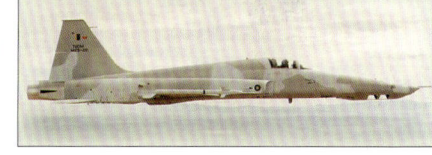

## F-5E "虎"式II型

1994年，作为一支声名赫赫的霍克"猎人"（Hunter）战斗机飞行表演队，瑞士空军"瑞士巡逻兵"放弃了他们一贯使用并且非常喜爱的"猎人"战斗机，而选择F-5E轻型战斗机，同时换上了全新的涂装——带有瑞士国旗的涂装。

### 武器装备

用作军援计划（MAP）和海外军售计划（FMS）的F-5E的构型安装了5个额外的不可抛弃的挂架——两个位于两侧翼尖的导弹发射架和一个位于中心的265美加仑（1003升）的油箱，另外还有一个装备舱。其他的油箱（包括翼尖油箱）和空中加油管一样都是可选择的挂载项目。"虎"式作为第二线对地攻击机的角色并没有被忽视。事实上，最早的两个F-5E海外客户——伊朗和沙特阿拉伯——获得的F-5E最初都是为了加强其空对地攻击能力。

### "虎"式II型的使用者

在大约有100架F-5E/F被美国空军、美国海军和美国海军陆战队购买用以扮演入侵角色的同时，"虎"式II型还进行了广泛的出口，在包括巴林、巴西、智利、洪都拉斯、印度尼西亚、伊朗、约旦、肯尼亚、马来西亚、墨西哥、摩洛哥、沙特阿拉伯、新加坡、南朝鲜、苏丹、瑞士、中国台湾、泰国、北非共和国和也门在内的国家和地区服役。

### 性能的改进

除了换装了5000磅（22.24千牛）推力的通用电气公司的J8-GE-21发动机和包括增加翼面积和新装备在内的其他改进之外，其最大飞行速度也从原来的1.4马赫提高到了1.6马赫（当翼尖挂载AIM-9导弹时，最大马赫数为1.5）。更明显的是它的最大巡航速度由1.2马赫提高到1.45马赫。新的发动机甚至能够使F-5E在重载情况下能获得更为经济的巡航高度，从而增加作战半径和续航时间。

### 雷达

F-5E使用的雷达是爱默生（Emersonde）公司的AN/APQ-159（V）。它能提供一定的空空搜索和跟踪能力，其覆盖范围可以支持"响尾蛇"导弹和机枪的瞄准计算。

### 燃油系统

跟F-5A拥有翼尖油箱所不同的是，F-5E的机翼内部没有任何燃油容纳设备。两个足以容纳671美加仑（2540升）的整体油箱被安置在机身内部。

下图：随着初期产生的问题逐步得到解决，B-2轰炸机正在向世人展示其巨大的潜力

# 诺斯罗普·格鲁曼公司
# B-2"幽灵"隐形轰炸机

作为一种独一无二的机型，B-2"幽灵"隐形轰炸机的设计初衷是突入苏联领空，摧毁其战略火箭军所辖弹道导弹部队。

B-2轰炸机的研发工作一直在极度秘密的状态下进行。在诺斯罗普·格鲁曼公司的设计方案中，B-2具备良好的隐形能力，是一种可以躲避雷达侦测的轰炸机，主要用来使用核弹和防区外发射武器攻击苏联的战略目标。B-2的研发始于"布莱克计划"，初期称为"高级C.J.计划"，后来称为"先进技术轰炸机计划"。早期阶段，美国空军领导层认为当前最重要的机型是B-1B型轰炸机，只有很少一部分人知道B-2项目。但对于后者而言，B-1B只是B-2"待产"过程中的过渡机型。在冷战高峰期，美国空军希望采购不少于132架B-2轰炸机。

诺斯罗普公司从以前的飞翼设计中汲取了大量经验，并从波音公司、沃特飞机工业公司和通用电气公司那里得到大量帮助。在设计中，诺斯罗普公司使用了一套三维计算机辅助设计和生产系统来建造B-2轰炸机独特的"翼身融合和双W"造型，通过分析超过10万个B-2零部件的雷达反射截面图像来评测其隐形性能，之后又开展了超过5.5万小时的风洞测试。研发过程中，有900个全新生产工艺是专门为此设计的，此外还使用了耐高温混合材料、超声波切割机床、3D数据库控制的自动加工技术以及激光剪切散斑测量技术等。诺斯罗普公司负责建造飞翼前中段、铝与钛合金结构和复合材料结构以及驾驶舱，波音公司建造飞翼后中段和外机翼部分。B-2大量使用石墨和环氧树脂复合材料，采用吸波的蜂窝状结构。为了减少红外特征信号，4台通用电气的F-118-GE-110型涡扇发动机通过机翼后缘上部的V型排气管排气，这样可使地面探测不到这些热源。此外，该机型还将氯氟硫酸喷混在发动机排出的尾气中，以消除发动机的目视尾迹。

### 航空电子设备

B-2轰炸机采用了后掠33度的机翼前缘和锯齿状的机翼后缘，这种结构设计使飞机可以吸收雷达波。其他降低可侦测性措施包括S形发动机进气口和遮盖AN/APQ-181 J波段雷达的隐形电介质板。该雷达可使天线在不影响自身正常工作的情况下不反射敌方雷达波，从而达到隐藏自身的目的。驾驶舱是双座设计，弹射座椅是麦道公司和韦伯公司联合研发的"先进概念弹射座椅"。座舱还可坐下第三名机组乘员。飞行员负责操控任务电脑处理目标任务（或飞行中重新制订任务），导航和武器操控由右侧的武器操作员负责。驾驶舱内两个主座位前面有4个多功能彩色显示屏。B-2使用了数字电传飞行控制系统，机翼后缘上有可以活动的操纵舵面，并整合了副翼、升降舵和襟翼，占整个

下图：出于从一架早期的先进技术轰炸机机型中所获取的灵感，诺斯罗普公司对B-2的设计方案进行了修改。尽管已成焦点的"飞翼"结构早早确立，但进一步完善却耗费了更多时间。该机型尾部中央的垂直尾翼向内倾斜，比最终设计的尾翼还要长

上图：在爱德华兹空军基地，和这架AV-6型机并列的就是一副诺斯罗普公司早期研发的N-9MB型飞翼

右图：图中的"密苏里幽灵"是首架正式服役的B-2隐形轰炸机，正在返回怀特曼空军基地。B-2的研发过程始终被各种问题包围着，其中，每名工人必须接受安全审查就是一个大问题，仅此一项就使计划成本增加了10~15个百分点

机翼面积的15%。飞机的"海狸尾巴"相当于俯仰轴"配平"舵面，与升降舵补助翼一起有助于缓和阵风。

为了在最后时刻辨别目标，B-2会打开AN/APQ-131雷达，只照明一小片区域，然后开始攻击。1987年起，这套雷达设备就在一架特别改装的美国空军C-135运输机上接受测试。尽管这种雷达在一些早期的B-2原型机（现已生产）也有安装，所有雷达测试都在C-135型机上测试过。B-2将装备电子作战系统，包括AN/APR-50（ZSR-63）型雷达告警接收机和秘密的ZSR-62型防御辅助系统。

根据最初的设计，B-2将成为一款高空突防飞机。但是1983年，这一设计方案被冷冻起来，B-2开始担负起低空作战任务。为了使初期的先进技术轰炸机设计适应新的使命，该机型做出了以下改动：移动飞机驾驶舱和发动机进气口，增加内侧升降舵补助翼（直接产生了独具特色的"双W"平台），修改机翼前缘以及大量的内部改变，包括新的隔离板。

上图：B-2隐形轰炸机带领美国空军进入一个新时代。由于耗费巨大，美国参众两院经常就其价值问题争吵不休

下图：如图，一架AV-4型机飞向范登堡空军基地着陆。飞机尾翼前缘涂有白色标记，表明该机正在进行穿越冰层试验。可以发现阻力方向舵已被打开45度，用来帮助降低飞机速度

上图：从后面观察B-2轰炸机，会发现其形状有了巨大改变，这种薄薄的结构使得B-2无论是在视觉上还是用电子设备都很难被发现，从而进一步增强了生存能力

左图：B-2轰炸机的每台发动机进气口前面是一个小型的辅助进气口，可以驱除影响发动机效能的不稳定因素，还能使冷空气与废气排出物进行混合，从而降低轰炸机的红外特征信号

# "空中幽灵"

在一片诋毁声中，B-2隐形轰炸机终于粉墨登场，开始服役。尽管处于非常严格的保密状态，服役的战机数量也非常有限，但B-2在海外仍然有少数几次正式亮相。

1988年4月，美国空军展示了一幅此前一直笼罩在层层迷雾中的B-2轰炸机的彩色外观图，此举震惊了世界。1982年，6架原型机获得了资金支持，其中5架属于美国空军。1988年11月22日，首架原型机（编号82-1066）在帕莫代尔的美国空军第42建造厂出厂。诺斯罗普公司谨慎地安排了建成典礼，竭力避免泄露机翼的设计细节，500名观礼客人只能从有限的正面视角欣赏B-2。当时，一位大胆的摄影师发现诺斯罗普公司并没有封锁工厂的上空，于是乘坐一架"塞斯纳"飞机从上空拍到了首批完整的飞机照片。

1990年7月17日（最初计划在1987年），首架B-2轰炸机原型机（也称为AV-1号机）在美国空军爱德华兹基地交付，开始进行项目测试。在那里，B-2进行首次试飞。由于燃油系统故障，测试日期从7月15日起一直被推迟。在此前的7月13日，该机曾因机头前轮短暂升起导致一系列的高速滑行。1990年10月19日，第二架原型机（编号82-1067）建成交付。

美国人制定了一个3600小时的测试日程表。首先是16次67小时的飞行，主要测试飞机的适航性和可操控性。1991年6月中旬，飞行测试结束，包括1989年11月8日进行的与KC-10A加油机之间的首次空中加油。第二批次的测试于1990年10月开始，主要调查这个"真家伙"的低空可侦测性特征，通过这些飞行逐渐发现，B-2的隐形性能并不像宣传的那样神奇。于是，美国人中止了接下来的飞行活动，开始对82-1066号机进行改进。"隐形"能力的测试工作一直持续到1993年，而82-1067号机接着进行进一步的性能和装载能力测试。第三架原型机（82-1068号）于1991年6月18日首飞，也是首架装备了全部航空电子任务设备的飞机，其中就有休斯公司的AN/APQ-181型低截获概率雷达。B-2轰炸机进行首次武器投放是由第4架原型机（82-1069号）执行的，该机于1992年4月17日升空，1992年9月4日投放了一枚2000磅（908千克）的Mk 84型惯性炸弹。

第5架原型机主要进行低空可侦测性和天气测试，于1992年10月5日首飞。接下来，82-1071号原型机在1993年2月2日首飞，截至此时，整个计划中的飞行小时数已累计达到1500小时。

## 早期问题

1991年7月，B-2轰炸机的隐形性能不足的问题暴露出来，设计方承认飞机有可能被大功率的陆基预警雷达探测到，但没有对此做出太多解释。俄罗斯人认为B-2轰炸机在他们新的防空导弹系统面前非常脆弱，比如S-300PMU型（"北约"代号SA-10/A"轰鸣"）和S-300V-9M83/82（"北约"代号SA-12A/B"角斗士"/"巨人"）地对空导弹。美国空军开始对机翼前缘和操控面进行"一整套处理"，减少飞机在各个频率范围内的红外特征信号。

鉴于B-2轰炸机存在的性能问题，美国空军没能从美国国会争取到更多的资金支持。最初的目标是包括原型机的133架，到了1991年被削减到76架。1982年，最初6架订购之后，又有3架获得了资金支持，但B-2还只是一项"神秘"的计划而已。1989年，又有3架获得了拨款，接着在1990年和1991年各有两架获得资金支持。国会把最终采购数量冻结在16架（15架属于美国空军）。美国空军声称如果少于20架，将不能提供有效的任务能力。于是在1993年，又有4架得到了批准。同时，国会告诫美国空军称，如果低空可侦测性问题不得到解决，就不能投产B-2隐形轰炸机。针对1987年的75架飞机的采购计划，早期预算总造价是647亿美元，一些B-2轰炸机的专用预算也可能花到了其他"神秘"项目上。1995年5月，美国空军有希望获得更多B-2，1996财年的国防预算增加了50亿美元用于再建造2架B-2。诺斯罗普·格鲁曼公司更提出以每架5.66亿美元的惊人价格再建造20架B-2。近年来，美国空军开始以维护和使用成本高昂的理由反对购买更多的飞机，而美国战略空军司令部的解散和无人机（理论上可以取代载人轰炸机）技术的发展也对B-2的前途产生了不可低估的影响。

## 服役

1993年12月17日，美国空军首架B-2轰炸机（编号88-0329/WM）——绰号"密苏里幽灵"——进入驻密苏里州怀特曼空军基地的第509轰炸机联队服役，这一天距莱特

下图：在最近几年发生的一系列冲突中，美国的敌人已经领教了B-2A轰炸机和F-117A战斗机的厉害。其中，B-2A起码已经达到了F-117A型机在海湾战争中的作战效能

现代战机百科全书 339

上图：B-2A型轰炸机正在接受KC-135E型加油机的空中加油测试。与KC-135E型加油机相比，B-2A型轰炸机有着令人叹为观止的巨大翼展

下图：有关B-2轰炸机的独特之处，有着很多的传言。其中之一说该机型可以在空中悬停。据"臭鼬"工厂F-117项目的负责人本·里奇声称，B-2轰炸机项目在争取资金支持时曾经命名为"极光"，而近乎神话的极超音速侦察机事实上根本不存在

兄弟首次飞行整整过去了90年。这是第8架B-2轰炸机（AV-8号），也是首架投产的标准机型。此时，被超越的AV-7号机正在进行大量的电磁和排放控制测试。

接下来，美国空军的工作是确保第394轰炸机中队能够完全装备8架B-2轰炸机并执行战备任务，并与已经运转的第393轰炸机中队并肩作战。目前，美国空军共有19架B-2A型轰炸机，包括用于训练、任务、测试和维护的机型以及正在改装的所有机型。

## 不隐形的B-2？

1997年8月，美国审计总署发布了一个备受关注的报告，重点指出了B-2轰炸机的许多缺点。其中，最值得关注的是B-2的隐形性能会因为湿度过高而减弱，因此需要进行大量的实地维护。简而言之，B-2不能在雨中正常工作。每个飞行小时的维护时间也从预计的50小时增长到124小时。这样的话，所有B-2将不得不从怀特曼空军基地起飞执行任务，而且中途无法停靠，必须有加油机提供支援。

另一个不太严重的问题是B-2没有名字。根据美国空军的传统，"幽灵"的官方名字从来没有被提到过。"利喙"（beak）（与B-52单音节的名字buff和B-1的名字bone一脉相承）这个名字曾被人当作昵称，因为B-2的机头就像尖尖的鸟喙，但这个名字不能获得普遍承认。同样，作为B-2在测试飞行中的名字，"沃伦"（俄语中的"乌鸦"）也不行。很多飞行员简单地称它为"喷气机"，在怀特曼空军基地没有人质疑它的所指。

### B-2的徽标

B-2面临的一个问题是徽标的位置。亮色的徽标显然无法放在隐形战机上，因此决定把徽标放在机头前轮舱门上。测试机收到了代表B-2优点的徽标。"鬼灵"徽标（下图）与飞机的隐形功能联系在一起，而"克里斯汀"则令人想起了史蒂芬·金小说中的超自然汽车。"火与冰"徽标（对页图）让人联系起B-2的全天候测试。已经服役的B-2，比如"加利福尼亚幽灵"或"得克萨斯幽灵"是以美国州名命名，而第13架量产型的B-2则以"小鹰幽灵"命名，是为了向人类首次持续动力飞行致敬。

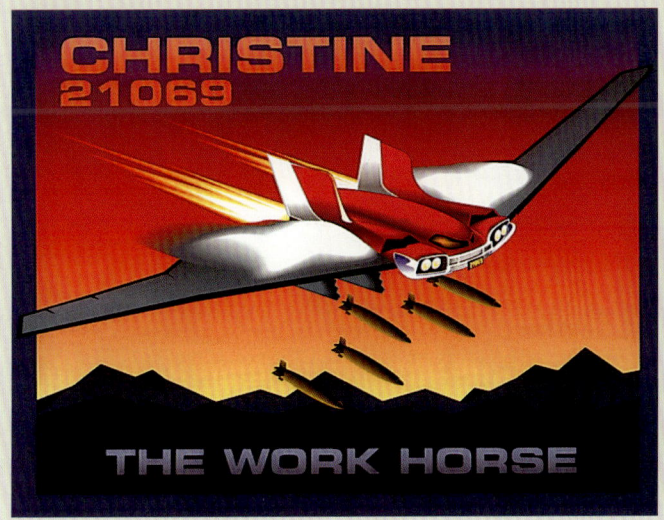

# E-2 "鹰眼"预警机
## 美国海军舰队的眼睛

下图：Yak-44预警机外形与"鹰眼"非常相似，被称作"俄式复制品"，但最终未被采用。抛开Yak-44不谈，作为世界上唯一一款设计之初就用作空中预警用途的飞机，E-2至今在此领域独领风骚

"鹰眼"的服役生涯已经超过了30年。在未来的20年中，"鹰眼"将依然是美国海军舰载机联队的基石。虽然外观变化甚微，但飞机的系统经过多年升级改进，依然可以确保自己站在战场的最前沿。作为美国海军舰载机中的旗舰，E-2时刻警惕着任何觊觎美国舰只和国土的力量。

1964年至今，"鹰眼"一直担任保护美国海军航母战斗群、引导其舰载机作战的任务。在未来一段时间这种情况依然不会改变。我们在无数冲突中都能看到它的身影，在其同时代的其他机型纷纷退役的背景下，"鹰眼"依然充满活力。

"鹰眼"的奇特造型是很多相互矛盾的要求的产物：飞机要求良好的空气动力效率以保证大航程和续航时间；要求在无阻挡有360度视野的位置安装大型天线；飞机要有低进场着陆速度，以及能够适应航母甲板和升降梯。

这样一来，就产生了展弦比达到9.27的机翼；装备了高升力装置以确保大航程和低进场着陆速度；机身背部安装了旋转雷达天线罩；还有一个操作员增压舱以及高效的T56涡轮螺旋桨发动机。为了适应机库甲板，旋转雷达天线罩在不使用时可以降低大约2英尺（0.61米）。在非对称起飞时，为了避免飞机高度超过机库顶棚，采用了4个垂尾以提供足够的龙骨面和偏航力。E-2的高度达到了惊人的18英尺3英寸（5.58米）。细长的机翼上装有折叠系统，可使机翼做90度的旋转后，向后折叠到与机身保持平衡。伸展时的翼展为80英尺7英寸（24.56米）；折叠后就只有35英尺1/2英寸(10.68米)（到两边螺旋桨桨叶）。

为适应舰载机的不断要求，"鹰眼"全面改进了机载设备，并根据自身定位增加了许多新功能，其中包括先进自动驾驶

上图：3名系统操作员占据了"鹰眼"的主舱。最前面的是战斗信息中心指挥官（CICO），其任务是指导驾驶员当前行动的飞行高度和飞行方向

系统，使飞行轨道更精确；独特的"只使用方向舵转向"设计充分利用飞机的宽幅尾翼，可以在轨道中用来保持雷达水平。

E-2A的首支服役部队是太平洋舰队第11预警机中队。1965年年末，该中队进行了首次东南亚战斗巡航。1969年，首架E-2B改装机试飞成功。E-2B装备了"立顿"L-304数字任务计算机，相比E-2A有了重大提升。不久又出现了E-2C，人称"鹰眼Ⅱ"，主要升级了雷达测距系统。之后美国海军的投产机都被称作E-2C，但是近期的飞机与1973年11月在第123预警机中队刚刚服役时的飞机相比，已经发生了很大改变。现在我们把当时那一批飞机称作"基础型"E-2C。

### "基础型"E-2C

加长的新机头和驾驶舱尾部大大的进气管（对新任务设备冷却很有必要）很容易让

左图：最初的E-2A（和E-2B）"鹰眼"圆圆的机头令它们非常好认。在E-2C中，为了装纳ALR-59被动探测系统的天线，机头进行了改装

右图：当第02/XX946号原型机于1974年10月31日在沃顿（Warton）完成首飞之后，它成为第一架以"狂风"命名的原型机。图中第02号原型机正在由"胜利者"（Victor）K.MK.2飞机进行空中加油。"狂风"的空中加油审查也是由这架飞机作为加油机来配合完成的。这项审查是为了满足德国和意大利的特殊要求

下图：第02号原型机主要用来完成性能审查、外挂测试和空中加油测试。这架"多用途战机"必须能与各种各样的现有的装备相匹配——要求它不仅能胜任各种类型的任务，还要能携带4国空军的武器和外挂

机身而设计的。第07号原型机主要进行自驾系统和地形跟踪的验证。第08号原型机是第二架拥有两套操纵装置的原型机。第09号原型机是专门为测试武器而服务的。这9架飞机中的两架飞机——第08、04号原型机——在试飞过程中发生事故而坠毁了，飞机上的所有4名机组乘员都因此丧生。这之中的第一起坠机事故是在1979年6月发生的，截至当时，所有"狂风"战机的原型机已经总共积累了2750个小时的飞行时间。

## 生产批次

随着"狂风"战机转向大量生产，制造厂集合了所有力量来进行生产。在1976年7月，第1批"狂风"战机开始进行生产，包括英国皇家空军（RAF）的23架和联邦德国的17架。第一架为英国皇家空军生产的"狂风"战机ZA319于7月10日从沃尔顿（Warton）起飞，而第一架联邦德国的"狂风"战机4301在7天之后也开始了飞行。意大利一开始并不打算引进"狂风"战机，直到比它的合作伙伴晚了许多时之后——它的第一架"狂风"战机直到1981年9月25日才在都灵（Turin）进行首飞。英国皇家空军的"狂风"战机被命名为"狂风"GR.Mk1，这表明它扮演的是对地攻击和侦察的角色。 另外虽然"狂风"对"狂风"公司来说一直以来都是"封锁/强击"（IDS）的改称，但是其他国家的空军仍然只使用"狂风"这一名称。第2批的"狂风"战机生产合同于1977年5月签署，共包括133架飞机。第3批生产合同于1979年签署。另外4个批次的飞机在1979—1992年期间陆续完成交付。

不像许多军工项目[尤其是"台风"（Eurofighter）的战斗机项目]，"狂风"IDS战机的研制与合同的要求保证了一致，它的研制费用被控制得很低。研制过程中确实也出现了设计的更改，并增加了飞机的研制费用，但是这都是因为"北约""多用途战机"管理机构要求进行额外加强的需求，比如在价格确定之后又要求加装电子对抗设备等。实际上对这架飞机还是有一些技术上的抱怨的，但是并没有引起大家的注意，例如实际上R.B.199 Mk 101并不能实现预期的涡扇发动机的预热，但是后来飞机自身克服了这一问题。尽管有着一些早期的小问题，但是它在3个国家服役过程中表现出来的攻击能力方面的跃升证明了"狂风"仍是一款十分成功的机型。

下图：第一架英国的"多用途战机"原型机与另一架由欧洲私人投资生产的英法联合研制的"美洲虎"战机。"美洲虎"于1973年开始服役，比"狂风"战机早7年左右

# "狂风" GR.Mk 1

从1982年"狂风"GR.Mk 1进入部队服役以来，它一直充当英国皇家空军首要的强击/攻击平台。近些年它又担任起更多的角色，像防御压制、侦察和反舰攻击。在1998年，它放弃了核武器投放职能。

上图：第15中队是部署在联邦德国境内的第一个接收"狂风"战斗机的英国皇家空军中队，它在1983年7月获得了第一架"狂风"战机，用以替换"掠夺者"（Buccaneer）海上攻击机

英国皇家空军一共要求生产了229架GR.Mk 1战机。它们被分成了不同的批次进行生产，虽然批次不多但每个批次都和之前的批次有很明显的不同。第一批生产的23架都没有安装机头激光测距/寻的跟踪仪（LRMTS）。现在这些飞机交由"狂风"飞行员培训中心（TTTE）用来进行基本的"狂风"战机训练。

第二批为英国皇家空军生产的战机一共有55架，同样没有安装激光测距/寻的跟踪仪（LRMTS）。这些飞机是第一批用于作战使用的飞机，它们被分配至第9中队和"狂风"战机武器转型部队。第三批一共为英国皇家空军生产了68架飞机，这些飞机相比早期生产的在性能上有着十分明显的提升。不仅安装了激光测距/寻的跟踪仪，还换装了动力更为强劲的RB 199 Mk 103发动机，在打开加力燃烧室后推力能达到16900磅（75.26千牛）。这一批次中的大部分"狂风"战机都用于更新驻扎在联邦德国境内的Laarburch基地的英国皇家空军的战机。

第四批生产的"狂风"战机中一共包括53架英国皇家空军的GR.Mk 1战机，这些飞机用于装备驻扎在德国布吕根（Brüggen）空军基地的英国皇家空军第2联队。据未证实的报道称，这些飞机是首次装备了核武器投放系统的英国皇家空军战机，它可以携带600磅（272千克）的WE 177B伞降战术核弹。英国皇家空军GR.Mk 1战机的最后一个生产批次（不包括GR.Mk 1A在内）是第7批次，一共生产了27架飞机。

## 开始服役

第9飞行中队被选为第一个装备"狂风"战机的英国皇家空军中队，并于1982年春天开始对现役的"火神"轰炸机进行

下图：这4架正在进行完美的编队飞行的飞机来自布吕根基地的第31飞行中队。在冷战期间，这4架来自布吕根联队的"狂风"战机担负着重要的核武器投放任务

替换。另外两个位于英国境内的中队——第27和第617中队——随后也开始进行换装。新飞机的列装进行得十分迅速，虽然仍需要一段时间来探索新飞机的新战术以让它们能够真正投入使用，但是很快就有一个重要的任务交给第9中队来负责。

在冷战仍在持续的一段时间里，对于部署在联邦德国境内的英国皇家空军来说，列装新型"狂风"战机十分重要。先是对于位于Laarbruch的第15、16和20中队进行换装，然后是布吕根联队（第14、17和31中队），紧接着来自英国本土的第9中队也加入了布吕根联队。部署在联邦德国境内的英国皇家空军的"狂风"战机接替了原由"美洲虎"战机负责的十分重要的核警戒任务。在接受了这一任务的同时，

下图：第27中队是3支拥有"狂风"GR.Mk 1战机的英国本土部队中的一支。这3支部队都曾是"火神"轰炸机的使用者

它们仍然保留了潜在的陆上攻击能力和携带常规武器的能力。

在"狂风"战机服役的前几年里，共有4种主要的常规武器供它选择。当需要完成一般的轰炸任务时，它可以携带4枚1000磅（454千克）的航空炸弹，或者是"猎手"BL755集束炸弹。当需要执行精确轰炸任务时，则使用重1000磅（454千克）的CPU-123激光制导炸弹，但是直到1991年之前"狂风"战机一直是靠其他的方式进行制导的［依靠地面制导装置（FAC）或者通过装有"铺路钉"激光制导装置的"掠夺者"战机进行制导］。后来，又在"狂风"战机机身腹部的挂架成对安装了"猎手"JP233散布吊舱。它会散布一些会发生爆炸的武器和小型地雷，用来对付机场，并能更为有效地打击铁路枢纽。除了BL755集束炸弹之外，上面提到的所有武器装备，英国皇家空军的"狂风"战机GR.Mk 1在1991年的海湾战争的首次实战中都曾投入使用。

## "迷你机群"

从"狂风"战机研制一开始就要求它能胜任各种各样的任务。在建立了"狂风"战机作为一个陆上强击/攻击角色的基础上，又在国际政治局势改变（最为显著的是冷战的结束）的情况下进一步发展了它的武器系统，并将英国皇家空军的"狂风"战机部队重组为4支"迷你机群"。每支"迷你舰队"都保留了陆上作战的能力，并且继续开展携带常规武器的日常训练。但是，每支"机群"都会有它专门负责的任务。其中两支"迷你机群"分别装备GR.Mk 1A战机（主要负责侦察，1998年3月31日之后转为负责核攻击）和GR.Mk 1B战机（主要负责对抗海面部队的作战）（这两种战机在本书他处另有叙述），而另外两支"机群"仍然使用GR.Mk 1战机。

它们都驻扎在布吕根基地。第9和第31飞行中队驾驶的都是第4批经过改型的"狂风"战机，它能携带英国BAe公司研制的"阿拉姆"（ALARM）反雷达导弹以完成极为危险的压制敌方对空防御（SEAD）任务。

本来计划让第9中队作为一支专门负责压制敌方对空防御和"搜索进攻路线"的部队，但是后来都被搁置了。布吕根联队剩下的中队，包括第14和第17中队，都专门装有热成像机载激光制导装置，使用英国通用电气公司下属马可尼公司（GEC-Marconi）研制的热传感器传递瞄准吊舱来给激光制导炸弹（LGBs）提供可视传输，同时包括机群最新研制的重2000磅（907千克）的GBU-24"铺路"Ⅲ型激光制导炸弹。

剩余的英国皇家空军GR.Mk 1舰队与3个国家建立的"狂风"战机训练部队和第9中队一样，仍扮演着日常训练的角色。后来当"狂风"战机飞行员培训中心关闭之后，它也被吸收到日常训练的部队中来。到2003年为止，所有前线的"狂风"GR.Mk 1战机已经全部退役。

上图：英国皇家空军的"狂风"战机一般在美国进行训练，通过在美国训练它们的中低空投弹命中率非常高。图中这架GR.Mk 1正在等待它的下一个任务，同时还有一架B-52正在起飞

### 激光制导炸弹

由于之前都是依靠"掠夺者"战机来进行激光制导，因而"狂风"战机也急需具备自动制导的能力。英国通用电气公司下属的马可尼公司研制的热成像机载激光制导（热成像机载激光指示器吊舱）吊舱的安装使"狂风"战机具备了这一能力，并且两架安装了这一吊舱的原型机在海湾战争的初次作战中表现出了很高的战斗力。热成像机载激光制导装置（热成像机载激光指示器吊舱）由一部电视、热成像仪和安装在旋转塔台上的激光制导器构成。这个塔台通过一个球头铰链与机身连接从而能进行完全自由的移动。热成像机载制导装置最初是在第617中队分遣队使用，但是随后便专门用于第14中队和第17中队。

### 防御压制

为了能使"狂风"战机具有对敌方雷达系统造成强大杀伤的能力，英国BAe公司研制了"阿拉姆"反雷达导弹（ALARM）。这种导弹具有可编程的搜索功能，这就使得它能优先选择目标并能以各种形式进行发射。最常用的发射形式采用的是"徘徊"（loiter）的方式：它先是通过它的Nuthatch发动机爬升到70000英尺（21336米）之内的任意高度，然后通过滑翔伞飞行。当它悬挂在滑翔伞下飞行时，它正在搜索攻击目标。当发现目标后，它立即脱离滑翔伞并重新启动发动机，然后由雷达引导径直向目标飞去。这种导弹在"狂风"战机上的标准载弹量为2~3枚。它主要装备第9中队和第31中队。

右图：第20飞行中队最初携带"阿拉姆"反雷达导弹负责完成压制敌方对空防御的作战任务。"狂风"战机的飞行员在海湾战争中首次对这种导弹进行了实战发射。大部分的GR.Mk 1战机能够携带F.Mk 3-style 495英加仑（2250升）的"大水壶"（Big Jug）油箱

左图：1998年英国皇家空军的"狂风"战机作为博尔顿（Bolton）作战部队的一部分部署到了科威特，以此作为对伊拉克拒绝英国的核查部队进入伊拉克开展核武器生产场所调查工作的回应。这些飞机来自第14飞行中队，从图中可以看出这架飞机挂载有热成像机载激光制导吊舱

# GR.Mk 1A/1B 和 GR.Mk 4 战机

在建立了其自身作为英国皇家空军主要的强击/攻击平台地位之后,"狂风"战机又陆续扮演了侦察和反舰攻击的角色。在20世纪90年代末,所有的"狂风"战机机群都在进行一场重大的升级。

GR.Mk 1A作为一款"狂风"战机的战术侦察改型飞机,它的原型机于1985年7月11日进行首飞。虽然取消了其内部机炮,但是它仍然保留了陆上强击/攻击的能力。一共有14架GR.Mk 1A是在现有的GR.Mk 1基础上进行改造生产的(大部分移交给第2飞行中队),而紧接其后的16架都是新生产的(大部分移交给第13中队)。

由于GR.Mk 1A装有"狂风"红外侦察系统(TIRRS),因而可以非常容易地从位于侧面观察窗的传感器来进行判断。"狂风"红外侦察系统由一套装载机身下方整流罩中的红外全景扫描器和两套侧向红外扫描(SLIR)系统组成。侧视红外系统通过两侧的金色观察窗来进行扫描。这套系统只能在红外射线下进行工作,不过能在录像带上记录信息,这使它成为了首个无胶片机载侦察系统。这样的记录方式具有很大的优势:它使得驾驶员可以在飞行过程中对记录的图像进行预先浏览并进行处理,而不需要给"狂风"红外侦察系统添加额外的用于优先选择扫描目标的智能系统,从而能比常规方法更为迅速地做出正确的作战指令。

但是,"狂风"红外侦察系统毕竟只是一套主要用于低空侦察的系统,而为了使GR.Mk 1A具备中/高空侦察的能力,它换装了装有通用相机的"云顿"GP1侦察吊舱。它采用传统的胶片照相的形式进行侦察。

"狂风"战机所负责的另外一项任务是对抗海面部队作战(ASUW)任务,或称为反舰攻击任务。"狂风"战机所具备的性能使得它在冷战之后代替了"掠夺者"战机扮演它之前所扮演的角色。通过一些较小的改动,26架"狂风"战机被改造成GR.Mk 1B战机。新加装的驾驶舱显示系统和相应的专用吊舱,使得GR.Mk 1B能够发射英国BAE公司研制的"海鹰"反舰导弹。

## 服役中期升级

当冷战形势仍十分严峻的时候,英国皇家空军开展了一个加强"狂风"战机生存概率和作战效能的项目,即GR.Mk 4项目。这个项目最初是想进行一些比较隐秘的升级,像对机身进行加长,并安装地形匹配导航系统等。但是为了节省开支,对相应的升级措施也进行了减少。现在的GR.Mk 4在它机头的左舷下方安装了一个固定的前视红外(FLIR)装置,另外还有广角抬头显示器、新的座舱显示器、夜视护目镜、美军标准1553数据总线和美军标准1760武器挂架。这一挂架允许"狂风"战机能很简易地安装所有那些按照一般"北约"标准设计的武器。同时还安装了一套完全嵌入式的全球定位系统。GR.Mk 4项目一共生产了142架飞机,其中有

上图:共有142架"狂风"战机被改造成GR.Mk 4,且包括侦察型"狂风"战机在内(相应地变为GR.Mk 4A)。GR.Mk 4可装备的武器更多,在现有可装备武器的基础上可以加装包括"硫黄"(Brimstone)空射反坦克导弹、"风暴之影"(Storm Shadow)远距空地导弹和GBU-24激光制导炸弹

一些是作为GR.Mk 4A侦察平台而进行生产的。除了装有"狂风"红外侦察系统之外,这些飞机还能携带新的"猛禽"远距红外/可见光传感器,从而使它们具备了高空远距侦察的能力。第一架GR.Mk 4于1993年5月29日实现首飞,并在1998年开始进行对第一支飞行中队的移交工作,不久之后这个项目也随之结束。2003年6月,在"伊拉克自由"行动中,GR.Mk 4首次遭美军火力误击击落。

下图:一架属于第617中队的GR.Mk 1B战机紧紧"抓着"位于其机腹处的两枚"海鹰"导弹从位于洛西茅斯(Lossiemouth)的基地起飞,现在正在飞越奥克尼群岛(Orkney)。这架俗称"格里布"(Grib)的战机用于代替屡受质疑的"掠夺者"战机负责反舰攻击的角色

#### 侦察传感器

GR.Mk 1A拥有一套由3个红外传感器组成的系统,即"狂风"红外侦察系统,它能对水平面以上的区域进行覆盖。中间的红外直线扫描器IRLS是主要的传感器,而位于两侧的侧向红外扫描(SLIR)系统用于监视靠近水平面周围的区域。后两个可以安装成滚转稳定的,或者是当飞机进行滚转形成坡度时将其锁定在同一位置。

#### 侦察成像

由三个传感器得到的数据会被记录在6卷录像带中。驾驶员在飞回基地的途中可以通过一个控制面板来对这些数据进行编辑。

#### 可搭载侦察处理设备(TREF)

由"狂风"红外侦察系统得到的数据将会在可搭载侦察处理设备(TREF)上进行分析,即一个可移动的地面站。经过驾驶员对一些关键"事件"做上标记之后,使用者在查看录像带时可通过这些标记迅速地找到这些"事件"发生的时间点,然后进行查看。可搭载侦察处理设备可以允许在其内部安装编译器,从而能更好地对扫描到的黑热和黑冷图像进行编译。最终得到的结果通常写成报告的形式,而不是难懂的打印图片。

#### 其他吊舱

除了安装在其内部的"狂风"红外侦察系统外,侦察型"狂风"战机还可以携带"云顿"GP1相机或者是休斯·丹伯里(Hughes Danbury)RAPTOR吊舱来进行远距离高空侦察工作。

### "狂风" GR.Mk 1A

利用世界上第一套无胶片侦察系统,GR.Mk 1A引领了一个新的情报搜集快速响应的时代。GR.Mk 1A自1988年以来便一直在部队服役,并在海湾战争中赋予其专门的任务,让它在伊拉克广阔的沙漠地带猎杀移动的"飞毛腿"发射车。

左图:第12中队也装备有GR.Mk 1B战机,这支部队之前装备的是"掠夺者"战机,承担的同样是反舰攻击角色。"海鹰"导弹是为在开阔海域对抗大型舰船而设计的,但是在当今世界已经没有多少应用价值。因此第12和第617中队已经转变为一个带有热成像机载激光制导装置和激光制导炸弹的用以开展精确攻击的角色

左图:两架升级后的GR.Mk 4飞机正在展示在其机头下方新安装的前视红外瞄准器,这是它与其他改型的"狂风"战机相比最为明显的区别

右图:位于Marham的侦察机联队由两个"狂风"GR.Mk 4A 中队(第2和第13中队)和1个单独的堪培拉部队组成。尽管它们承担着侦察任务,但是Marham基地的"狂风"战机仍成为英国皇家空军最后一批携带WE177伞降战术核弹的飞机

# 意大利"狂风"IDS/ECR

上图：意大利共派遣了8架"狂风"战机参与"沙漠风暴"行动。这几架飞机承担的是对伊拉克机场发动攻击的低空作战任务。其中一架在战争爆发的第一天晚上被击落

上图：从位于垂尾上不断闪烁的黄色信号灯可以看出这架"狂风"战机来自位于意大利南部的焦亚-德尔科莱的第36飞行大队（Stormo）。这架"狂风"战机装有两枚"鸬鹚"反舰导弹

从1980年开始，意大利的"狂风"部队一直是一支负责"北约"南部安全的强有力的作战力量，在核攻击和反舰任务上尤其如此。这支部队的建立和发展与德国的"狂风"战机中队十分相似。

意大利空军（AMI）一共接收了100架"狂风"IDS战机，其中有1架是由预生产的"狂风"战机翻新的，15架来自第2批，28架来自第3批，27架来自第4批，剩下的29架来自第5批。在所有的"狂风"战机中，有12架是双座的，它们的编号为MM55000到MM55011，而其他的"狂风"战机编号为MM7001到MM7088。

1982年5月17日，当第一架"狂风"战机到达中央维护队时，其服役移交工作也正式开始。几年之后，位于盖迪（Ghedi）空军基地的第6大队第154中队成立，它是第一批装备此种战机的部队。意大利的飞行员在进入第154中队开始驾驶真正的"狂风"战斗机之前，需要先在位于科蒂斯摩（Cottesmore）的英国皇家空军的三国"狂风"战斗机飞行员培训中心进行训练。第154中队拥有大部分的双座"狂风"战机，另外它还承担着陆上强击的任务。虽然有足够多合适的驾驶员来参与最初的训练课程，但是合适的领航员的数量却严重不足，因而完成所有机组乘员训练的这一计划进展缓慢。早期大部分"狂风"战斗机后座乘员都是F-104飞行员，他们在TF-104和德国空军的"鬼怪"战机上都有着丰富的后座驾驶经验。

在1984年和1985年分别又有两支中队成立：焦亚-德尔科莱（Gioia del Colle）的第36大队第156飞行中队和位于盖迪基地的第6大队第155中队，分别为一支由56架飞机和12架教练机组成的前线部队。而余下的34架被当作后备部队，但它们并没有放入库存，而是被分配到了这3支前线部队中。后来剩下的这些飞机被用于组建第4支中队，即第102中队。它于1993年成立于盖迪基地，是第6大队的一部分。盖迪基地在更早的时候（1990年）将第155中队划归到位于皮亚琴察（Piacenza）的第50大队中。

开始的时候意大利对"狂风"战机的运作形式同联邦德国十分相似，而且装载的许多武器和系统也都一样。标准的投放武器是1000磅（454千克）的Mk 83航空炸弹，通常在机身下部的挂架上挂载5枚这样的炸弹，同时在翼下挂架挂载AIM-9"响尾蛇"导弹来进行自身防御。携带的塞伯罗斯（Cerberus）吊舱和BOZ吊舱可以提供电子和机械式的反雷达措施。安装的体积庞大的MW-1弹药布撒器可以用来对付机场和其他区域目标，同时这架飞机还安装了英国研制的BL755集束炸弹。参与核攻击任务的意大利"狂风"战机装有美国提供的基于双密钥基础的B61战术核武器。盖迪基地是唯一的核武器基地。由于它地处地中海而且与华沙地区没有任何接壤，因而意大利将重点放在反舰任务上，而且从很早开始这些"狂风"战机就装备了梅塞施密特公司（MBB）研制的"鸬鹚"（Kormoran）1型导弹，一般成对携带。主要负责海上进攻的部队是位于焦亚-德尔科莱的第156中队，它同时还扮演着第二陆上进攻部队的角色。为了使"狂风"战机具备海上攻击（和其他任务）的能力，Sargent Fletcher公司生产的28-300"伙伴"（buddy-buddy）加油吊舱也安装到

下图：最新进入意大利服役的"狂风"战机改型为ITECR。这种型号与第155中队一同负责压制敌方对空防御的任务，它能携带由美国研制的AGM-88高速反雷达导弹（HARM）。与攻击型"狂风"战机不同，ITECR采用的是整体的浅白色涂装

"狂风"战机上。

另一项由意大利空军"狂风"战机负责的任务是侦察任务,为此还在"狂风"战机上安装了梅塞施密特/艾利塔莉亚(Aeritalia)的多传感侦察吊舱。虽然一些个别的战机在进入服役之前就已经装备了这一吊舱,但是他们还是想在所有的"狂风"战机部队中安装这一吊舱,这使得第102中队后来成为了主要的侦察中队。高速反雷达导弹(HARM)在1991—1992年只是临时性地安装在其他部队的战机之上,而当1994年第155中队获得了这款导弹之后,它便成为了意大利空军用来压制敌方对空防御的主要武器。

### 海湾战争

意大利"狂风"战机参加的首次行动是在洛卡斯特(Locusta)行动,意大利参与的行动代号为"沙漠风暴"。12架"狂风"战机被部署在阿联酋阿布扎比(Abu Dhabi)的Al Dhafra空军基地,在这里它们一共执行了32次任务,出动了226架次,投放了565枚Mk 83航空炸弹。由于不熟悉美国空军KC-135的加油程序,意大利空军在第一次任务中遭遇了灾难性的失败——只有一架飞机成功地完成空中加油。因此后来意大利租用了几架安装了"伙伴"加油吊舱的空中加油机进行专门的加油训练。那架成功完成了空中加油任务的战机随后飞往目标继续执行任务,但是在任务中被击毁。其机组乘员(Mario Betlini少校和Maurio Cocciolone上尉)沦为战俘。最后,在1995年来自焦亚-德尔科莱的第6大队开始执行他们在海湾战中的第一次任务。意大利空军的"狂风"战机飞越了波斯尼亚和阿尔巴尼亚(Albania),并于5天后展开了第一轮轰炸,投放的Mk 83航空炸弹对塞尔维亚的军事目标进行了猛烈的打击。执行侦察和加油任务的飞机也同样飞越了波斯尼亚。

### 地对空导弹压制

意大利的"狂风"战机经过了两次升级。第一次升级为意大利电子战和侦察方面的升级(ITECR)。在这一升级过程中,共有16架"狂风"IDS战机被改造为与德国用于防御压制的电子侦察战(ECR)的飞机相类似的战机。它们装备了意大利最为先进的装备,像Elettronica全向雷达定位告警系统(RHAWS)等。第一架原型机装备有一套红外成像系统(IIS),并能用录像带进行记录,而不像德国的电子侦察版"狂风"战机一样需要使用胶片来进行记录。第一架原型机于1992年7月实现首飞。这些升级后的战机现在还在第155中队服役,但是它们并没有像第一架原型机那样安装红外成像系统(IIS)。

意大利空军剩下的"狂风"IDS战机在服役中期又进行了一次升级,包括提升了中央计算机的性能,增加了微波着陆系统和主动电子对抗设备,并具备了精确制导能力。升级的第一步先是对6架"狂风"战机进行改造,加装汤姆森CSF公司可转换

上图:由于在"沙漠风暴"行动中意大利空军的"狂风"战机表现十分差劲,因而他们加强了训练,经常参加"北约"的日常训练,包括同美国空军的KC-135一同进行的空中加油训练等。图中是一架带有沙漠涂装的"狂风"战机,在它的机身左旋装有一套可转换激光指示吊舱系统,它正在小心翼翼地跟在一架轰炸机身后

激光指示吊舱(CLDP),用来对重1000磅(454千克)的GBU-16"铺路"Ⅱ激光制导炸弹进行制导。升级后的"狂风"飞机曾携带CLDP和GBU-16炸弹在执行任务中飞越波斯尼亚。而至少还有16架"狂风"战机也会进行这样的升级,并将装备新的激光制导炸弹[诸如"铺路"Ⅲ和以色列发明的"格里芬"(Griffin)和"奥福尔"(Opher)]。

下图:意大利总共要求生产了100架"狂风"战机,其中34架作为备用机型。图中这架样机隶属于第154中队,这支部队在这之前使用的都是F104"星"式战斗机。它装有梅塞施密特和艾利塔莉亚共同研制的(MBB/Aeritalia)多传感器吊舱,从而使意大利空军的"狂风"战机部队具备了侦察能力

# 德国空军的"狂风"战机

为了取代数量众多的"星"式战斗机,德国空军购买了大量的"狂风"战机,这使得德国空军成为了"狂风"战机最大的使用者。在德国空军服役的"狂风"战机被赋予了多种作战任务。之后,又将该型"狂风"战机投入到波斯尼亚战场上。

原本的计划是一对一地用"狂风"战机来替代F-104"星"式战斗机,但是由于F-104"星"式战斗机一共有700架之多,因而最后"狂风"战机只装备了4个前线部署的德国空军飞行中队(和一个训练联队),总计共生产了247架新型"狂风"战机。这些飞机分别来自7个生产批次。随后,为了建立一个战术侦察联队,德国空军又购买了40架用于海军的"狂风"飞机。

第一架进入德国空军服役的"狂风"战机被派遣至位于英国皇家空军科蒂斯摩基地的三国"狂风"战机飞行员培训中心进行训练。位于耶福尔(Jever)的德军第38战斗轰炸机联队(JBG 38)的训练部队(即当时著名的德国空军训练司令部Waffenausbildungskomponente,或者称为Wako)在1981年获得了它的第一架"狂风"战斗机。讷尔沃尼希(Norvenich)的第31战机轰炸联队(JBG 31)是第一支由F-104开始转型的前线部队,转型开始于1981年11月,紧接着是(Lechfeld)的第32战斗轰炸机联队(JBG 31)(1984年7月)、布克尔(Buchel)的第33战斗轰炸机联队(JBG 33)(1985年8月)和梅明根(Memmingen)的第34战斗轰炸机联队(JBG 34)(1987年10月)。当德国空军取消了第8批生产的"狂风"战机中的35架ECR订单后,原本组建第5支海航联队——即第37战斗轰炸机联队(JBG 37)的计划取消了。随着冷战后期军队扩张的逐渐放缓,许多德国空军的"狂风"战机都存储在阿里索纳(Arizona)的戴维斯蒙森(Davis-Monthan)航空基地的(MADC)。为了克服德国低空飞行的限制和恶劣的天气状况,训练于1996年在新墨西哥的霍洛门航空基地进行。在夏季的几个月里,鹅湾(Goose Bay)和拉布尔多(Labrador)附近的空域被用来开展低空驾驶训练。在1999年"狂风"战机飞行员培训中心关闭后,最初型号的转型训练被移交到了霍洛门(Holloman)航空基地。

## 强击/攻击

当德国空军的"狂风"战机首次进入服役时,它被专门用于进行陆上强击/攻击的任务,它可以装备1000磅(453千克)的Mk 83炸弹或者是美国研制的B57/B61核武器。"狂风"战机的核攻击能力被一直保留下来,位于布克尔(Buchel)的第33战斗轰炸机联队一直被委以担任强击任务的角色。另一种为"狂风"战机研制的重要武器是MW-1弹药布撒器,它是一种布置在机身下部的笨重的弹药散布系统,它可以投放各种用于反坦克、破坏机场和其他区域破坏任务的子武器装备。德国空军"狂风"战机的防御系统包括在其两侧翼下内侧挂架挂载的一对AIM-9L"响尾蛇"导弹和外侧挂架安装的BOZ箔条/曳光弹布撒器和塞伯罗斯(Cerberus)电子侦察干扰吊舱。德国空军的"狂风"战机一直在逐步进行升级,升级开始于对第5批生产的"狂风"战机的改造,加装了美军标准1553数据总线和高速反雷达导弹。35架最新生产的飞机全都是用于电子侦察战的型号,安装了红外行扫描系统、前视红外和发射源定位系

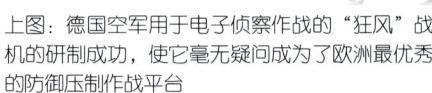

上图:德国空军用于电子侦察作战的"狂风"战机的研制成功,使它毫无疑问成为了欧洲最优秀的防御压制作战平台

下图:这架展示了德国空军"狂风"战机第一款涂装的战机服役于英国皇家空军科蒂斯摩基地的"狂风"战斗机飞行员培训中心

下图:正在飞越德国森林上空的"狂风"战机,它暗绿色的"蜥蜴"涂装是经过专门设计的。这架第31战斗轰炸机联队的"狂风"战机装有庞大的MW-1弹药布撒器。与英国皇家空军"狂风"战机安装的JP233系统类似,MW-1弹药布撒器需要飞机飞越目标的上空。这对于今天的战场来说很不适合,因而需要一种能进行远距投放的弹药布撒器,因此"金牛座"(Taurus)弹药布撒器应运而生

上图：图中用于电子侦察战的"狂风"战机携带了4枚AGM-88高速反雷达导弹，这是电子侦察版"狂风"战机主要的反雷达武器。电子侦察版"狂风"战机一直在波斯尼亚执行日常任务，直到1996年11月撤出意大利的航空基地，只留下了侦察型"狂风"战机

者专门负责野战防御压制的任务。在侦察任务上，德国空军用40架海军型"狂风"战机代替了原来使用的RF-4E战机，现在这40架侦察型"狂风"战机由石勒苏益格-亚格尔（Schleswig-Jagel）的第51侦察机联队（Aufklarungsgeschwader）负责。在这些飞机上安装了与意大利和德国海军航空部队上相同的梅塞施密特/艾利塔莉亚多传感器吊舱，不过它们现在已经逐步开始换装从电子侦察飞机上卸装下来的行扫描照相吊舱。新的吊舱结合了传统的胶片传感器和用于红外直线扫描器（IRLS）的录像记录系统。另一种新的用于AG-51吊舱的远距偏光相机也在研制过程中。

电子侦察对抗型和侦察型"狂风"战机都在前南斯拉夫的第一应用中队（Einsatzgeschwader）服役过，该中队是一支位于意大利的皮亚琴察（Piacenza）复合型部队。德国空军的"狂风"战机在1995年8月31日在国外开展了它在第二次世界大战结束后的第一次任务。

在不久的将来，德国空军的"狂风"战机还要进行一次升级，这个项目将会对"狂风"战机的系统进行彻底的改造，加装一个美军标准1760武器接口、可操纵的前视红外传感器、集成全球定位系统和许多其他的系统。Rafael Litening公司研制的瞄准吊舱的安装给"狂风"战机提供了激光制导能力，另外正在研发的新武器还包括"阿拉米斯"（Aramis）反雷达导弹和KEPD-350"金牛座"远距弹药布撒器。

## "狂风"IDS

这款"狂风"战机带有第33战斗轰炸机联队的徽章，它由一只俯冲的战鹰和附于其上的"狂风"战机主视图构成。位于布克尔基地的第33战斗轰炸机联队负责陆上进攻的任务，它能装备B61核武器。该联队大部分的"狂风"战机来自第5批出厂的"狂风"战机。这款战机还装有庞大的MW-1弹药布撒器，可以用来对付各种区域目标。

### 雷达系统

在"狂风"战机的AEG-Telefunken雷达罩内安装的是得州仪器公司（Texas Instrument）生产的雷达装置。实际上包括两种雷达：一种是为满足海军攻击系统的具有地面测绘能力的雷达，另一种是具备地形跟踪能力的雷达。后一种雷达还需要在主要的攻击雷达天线下面安装一个额外的小型天线。

### MW-1弹药布撒器

MW-1弹药布撒器可以通过多种方式横向弹出它的子武器装备。它可携带的子武器弹药包括MUSA分裂式子母弹、KB 44反坦克子母弹、MIFF延迟主动地雷和STABO机场攻击炸弹。

### 涂装

第一架德国空军的"狂风"战机喷涂的是由灰色和绿色构成的3色迷彩，但是大部分交付的"狂风"战机喷涂的都是3色的暗绿色迷彩。这种涂装在欧洲中部与敌军战斗机作战时是最为理想的伪装迷彩。到了20世纪90年代中期，一小部分"狂风"战机的涂装颜色被换成了亮灰色。

### 机炮

"狂风"IDS战机（德国空军侦察型）装有一对IWKA 27毫米口径"毛瑟"机炮，每门载弹180发。而电子侦察对抗型的"狂风"战机上的机炮被移除，以安装其他内置设备。

### 燃油

德国的"狂风"战机并没有像英国皇家空军的"狂风"那样拥有尾翼油箱。它所有的内部油箱容量为1285英加仑（5842升），通常还在每边翼下内侧挂架上挂载一个330英加仑（1500升）容量的副油箱。另外在它的机身腹部还可以挂载一对油箱。

左图：德国空军专用侦察型"狂风"战机是IDS改型的标准型号，它在中轴线处装有梅塞施密特/艾利塔莉亚吊舱。这个吊舱包括2架相机和1套红外行扫描系统

# 联邦德国海军的"狂风"战机

下图：联邦德国海军型"狂风"战机原本的涂装表面为海面灰色、下表面为白色，两者之间分界线的位置靠上。它的性能相比之前使用的F-104"星"式战斗机有着巨大的提升

"狂风"战机在德国海军服役期间的表现证明了它是一款性能极佳的海上攻击和侦察飞机。

联邦德国海军购买"狂风"战机用以替代135架已经过时而不能胜任强击、攻击、反舰和侦察等任务的"星"式战斗机。最终112架更为先进（同时也更贵）的"狂风"战机被确认购买，其中包括12架双座机型。这么算来，加上正在服役的机型，每个联队将装备48架飞机。由于需要安排海军航空部队的"狂风"战机乘员作为联邦德国空军训练部队的一部分在位于英国的"狂风"战机飞行员培训中心进行训练，所以还购买了少量双座型"狂风"战机。

当1975年确认"狂风"战机并不能有效地替代之前的F-104G之后，联邦德国空军暂时转向于购买F-4"鬼怪"，但是联邦德国海军坚持使用"狂风"战机，因而当在正式接收"狂风"战机时获得了优先

下图：两架位于艾格贝克（Eggebek）基地海军第2飞行联队的"狂风"战机。当德国海军第一飞行中队被撤销之后，它的飞机被立即送往位于石勒苏益格-亚格尔的德国海军第一飞行联队前基地，并被联邦德国空军改造为AG 51继续使用

权。联邦德国海军第1飞行联队（MFG 1）先于联邦德国空军第1飞行联队、第31战斗轰炸机联队成为联邦德国第一支装备台风战机的部队。尽管他们没有任何高速喷气且带有后驾驶座的训练机，但是联邦德国海军航空部队针对"狂风"转型的训练进展得仍然十分迅速。

联邦德国海军航空兵部队在第2批生产的"狂风"战机中获得了16架（5架双座教练机），第3批中获得32架（无教练机），第5批中获得48架（5架带有双操纵系统），第6批中获得24架（2架教练机），而在第6批中获得的大部分"狂风"战机都分配给了德国海军第2飞行联队（MFG 2）。

## 武器选择

联邦德国海军航空兵部队的F-104G"星"式战斗机装备的是AS30空对地导弹，因而"狂风"战机要代替F-104则需要装备一款更为先进的同类型导弹。最终选择了AS34"鸬鹚"导弹，并列出了单价上百万美元的350枚导弹的DM469订单。"鸬鹚"导弹十分迅速地在部队中进行装备，并在最后仍在服役的F-104和所有的海军"狂风"战机上进行整合。从1989年开始，联邦德国海军共接收了174枚"鸬鹚"Mk 2导弹，同时接收的还有AGM-88高速反雷达导弹。大约有96架"狂风"战机计划装备Sargent Fletcher公司生产的28-300"伙伴"加油吊舱，其中73架已经完成了安装。

## 德国"海军第一飞行联队"

联邦德国海军第一飞行联队原来叫作"海军'狂风'战机转型及武器训练联

上图：令人感到奇怪的是联邦德国海军第1飞行联队的标识并没有保留到联邦德国海军第2飞行联队的飞机上，但是实际上它们是在同一年（1958）成立的，并且拥有十分相似的历史

队"，它在接收了第一批4架海军型"狂风"战机之后，于1982年7月2日正式改编成为"海军第一飞行联队"。尽管联邦德国海军的"狂风"战机与联邦德国空军的"狂风"战机使用了完全不同的涂装，类似于海军型F-104甚至是更早的"海鹰"战机的做法，但是从外形上来看，它们是完全相同的。

联邦德国海军第一飞行联队在1984年1月1日正式宣布投入使用，并很快证明了在海军作战环境中"狂风"战机能够有效地替代"星"式战斗机。它能搭载两名机组乘员同时也装有十分先进的雷达，因而在恶劣天气和夜间作战时十分得心应手，而它装备的先进导航系统也使得在茫茫大海上搜索目标时（同时在沿途返回时）更为容易。1984年7月20日，两架联邦德国海军第1飞行联队的"狂风"战机飞行了980英里（1580千米）到达亚速尔群岛（Adores），并在导航系统的指引下着陆，误差仅有6英尺（1.8米），这极好地证明了"狂风"战机强大的海上远距导航能力。

联邦德国海军第一"狂风"联队最初装有BL755集束炸弹、"鸬鹚"导弹和远距航空炸弹。后来它又开始着手装备AGM-88高速反雷达导弹。

冷战结束后的裁军形势使得德国海军开始考虑部队的精简问题，因此在1994年1月1日德国海军第1飞行联队被正式撤销。

## "狂风"IDS

### 外部挂架
海军型与标准的"狂风"战机外置挂架相同,都是在左舷安装箔条干扰/曳光弹吊舱,即BOZ-100;而在右舷安装电子侦察吊舱,即塞伯罗斯(Cerberus)系统。

由于联邦德国海军第2飞行联队经常在公海遭到驻扎在波兰基地的俄罗斯苏-27和驻扎在民主德国的米格-29的拦截,这给它提供了许多同敌机对抗的机会。随着第1飞行联队的解散,联邦德国海军第2联队也进行了一定的扩编,但是随着整个联邦德国军队裁军计划的开展,它的编制数量被重新缩小到49架。

### 梅塞施密特公司的"鸬鹚"2型导弹
"鸬鹚"2型导弹是普通导弹的数字化改型,它增加了内部空间,相比原来的1型可以携带重量更大的战斗部,可以达到364磅(165千克)。安装了推力更大的发动机后,它的射程从原来的18英里变为了22英里(从30千米变成35千米)。而电子设备的升级使它具有更好的反电子干扰的能力,同时也使它的发射程序更加简单,使它能够在各种情况下进行多枚导弹的发射。

### 高速反雷达导弹(HARM)
第5批生产的"狂风"战机对航电设备进行了一系列的升级,其中便包括了发射AGM-88高速反雷达导弹的能力。同时升级还包括安装新的MIL-1553B数据总线,改进雷达预警装置(RWR)和赋予其主动电子对抗的能力。海军第2飞行联队的第2中队在装备了"鸬鹚"2导弹的基础上又装备了高速反雷达导弹,而第1中队主要装备"鸬鹚"2型反舰导弹(AShM)执行战术侦察任务。

### 联队徽章
联邦德国海军第2飞行联队的徽章最初是由一个武器瞄准装置的图案和覆盖其上的数字"2"组成。现在它使用的是联邦德国海军第1飞行联队的海鹰击打海面的徽章。

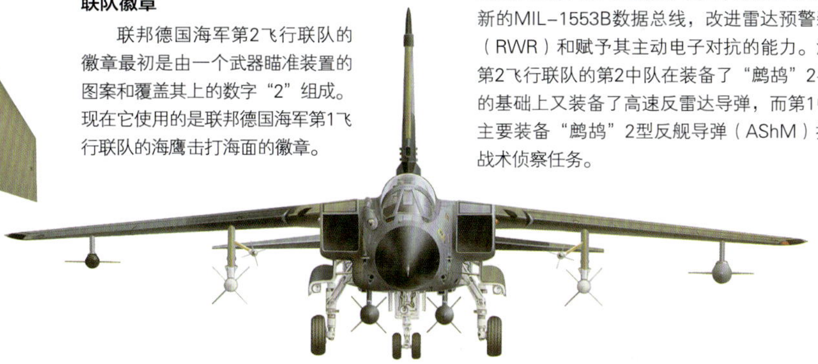

### 空中加油
"狂风"IDS战机装备了一个可伸缩的空中加油油管,安装在机身右舷紧靠驾驶舱的位置。通过这根油管可以进行"伙伴"加油,或者是从装有软管的油箱进行加油。

### 联邦德国海军第2飞行联队

联邦德国海军第2飞行联队(MFG2)是第5支——即排号倒数第二——联邦德国"狂风"战机联队。在1986年11月接收到它的第一架"狂风"战机之后,到1987年5月该飞行中队中的所有"星"式战斗机全部退役。联邦德国海军第2飞行联队配备有48架来自第5批生产可装备高速反雷达导弹的"狂风"战机,AGM-88反雷达导弹专门提供给该联队的第2中队负责反舰作战任务。第5批生产的海军型"狂风"战机喷涂的是新的双色环绕涂装。该联队的第1中队继续负责侦察任务,装备有26梅塞施密特/艾里塔利亚的侦察吊舱。该中队一开始每天都进行例行的"东部巡查"飞行任务,即绕波罗的海一圈进行侦察,监视和拍摄海上的船只。

联邦德国海军第2飞行联队能在随后开始的防务裁军行动中保存下来还是十分令人惊奇的。该联队和第1飞行联队负责同样的反舰任务,不过相对而言它的两个下辖中队还要负责额外的战术侦察和高速反雷达导弹发射任务,可能正是因为第2飞行联队比第1飞行联队具有更多的用途,才使得它没有被撤销。

下图:联邦德国海军第1飞行联队的F-104"星"式战斗机最后一次执行任务是在1981年10月29日,当其机组乘员前往科蒂斯摩的"狂风"战机飞行员培训中心开展训练之后,F-104便开始逐渐退役。现在,随着海军第1飞行联队的撤销,海军第2飞行中队沿用了第1中队所用的徽章

# 空中防御型"狂风"战机

为了使英国能够防御像图-22这种来自苏联的无护航轰炸机的轰炸,空中防御型"狂风"战机的需求不言自明。随着冷战的结束,来自远程无护航轰炸机的威胁也随之消失,而这款空中防御型的"狂风"战机也失去了它发挥作用的空间。

虽然空中截击能力也是在"多用途战机"的一项联能要求,但是没有任何一国的空军计划使用主要用于对地攻击的"狂风"IDS来进行单点对空防御。只有英国单独决定开展空中防御型(ADV)"狂风"战机的研制,专门用来执行空对空防御任务。在欧洲大陆中心区域的战场上,各国依靠快速灵活的截击机来负责对空防御,然而英国作为一个岛国仍需要开发另外一种专门的机型。对英国来说,主要的威胁来自海上的远程轰炸机发射的巡航导弹,因而开发一种能够进行全天候作战,并能跟踪和纠缠多种目标的截击机很有必要。使用超视距攻击导弹对苏联的战机发动攻击被认为是最合适的攻击方式。

对英国来说,最为重要的一点是,他们的战斗机必须具备能在远离英国国土海岸的区域阻截住来自苏联的进攻的能力;据有关人员估计,一旦发生战争,将有40%的"北约"空军力量在英国集中。所以英国皇家空军截击机指挥部决定开发一种具有全方

上图:A01样机正停放在沃顿(Warton)工厂的厂房中,还没有进行喷涂上色,在1979年8月优先进行生产出厂。之后这架飞机很快便进行了试飞,并在一系列飞行测试和模拟试验中表现良好

位、远距对空防御且航程较远并能通过空中加油进一步提高航程的截击机。英国的空中预警机(AEW)专门负责冰岛—法罗群岛(Faroes)—英国一线和位于西海岸的地面雷达站的防护,而包括上述区域及本土中心的对空防御则交由空中防御型"狂风"战机来负责。

1976年英国皇家空军要求所订购的385架"狂风"战机中必须有165架是空中防御型,它与IDS型"狂风"战机有着80%的通用性。这两者之间的主要区别在于空中防御型在IDS型的基础上将机身加长了4英尺5.5英寸(1.36米),从而使得它的雷达整流罩变得更尖了,但是主要原因还是在机翼前方增加了一个额外的设备舱。在增加了机身长度之后,空中防御型"狂风"战机便能在机身腹部(在靠前的一对半凹槽位置)携带4枚英国BAe公司研制的由雷达制导的"天闪"(SkyFlash)空空导弹。在不使用机翼两侧外侧挂架的情况下,每边的机翼内侧挂架还能携带两枚(后来能达到4枚)"响尾蛇"AIM-9L导弹。

3架空中防御型"狂风"战机原型机被安排到第1批生产的IDS型"狂风"战斗机中,其中第1架在沃顿航空基地开始执行飞行任务的原型机是ZA254,时间是在1979年10月27日。这架飞机一开始携带的是"天闪"导弹的模型,并在第1次飞行中达到了1马赫的飞行速度。在一周之内,这架原型机共飞行了8.25个小时,其中包括一次空中加油和一次夜间着陆。由于对机身形状进行了改进,因而空中防御型战机的超音速加速能力相比IDS型"狂风"战机要好。但是由于重心前移,使得它在起飞时升降舵的偏角更大。

ZA267在1980年7月18日加入了一项改进计划,包括引入一台中央计算机并将它与驾驶舱电视显示仪相连等。而在其他方面,ZA267还是一架装有双操作系统的"狂风"

上图:这架完全装备F.Mk2导弹的"狂风"战机正在进行拍照,它流线型的机身使"狂风"空中防御型战机成为了英国用于开展远距轰炸的选择。不过最终它还是被新研制的"台风"战斗机替代

上图:ZA283,第3架空中防御型"狂风"战机原型机,是第一架涂有全灰色涂装的空中防御型"狂风"战机,它与英国皇家空军的"鬼怪"(Phantom)战机和"闪电"(Lightning)战机的涂装相似。同时它也是第一架安装了"猎狐"(Foxhunter)雷达并进行飞行验证的飞机,搭载雷达的试飞于1981年6月17日进行。之后它又开展了对抗"闪电"战机和其他"狂风"战机的飞行任务

上图:空中防御型"狂风"战机设计之初就考虑安装英国BAe公司研制的"天闪"导弹,它是AIM-7E-2"麻雀"导弹的一种衍生型号,但是其引导和制导一体化系统上进行了改进。这种型号的导弹在1978年首次在"鬼怪"战机上进行使用,其射程能达到31英里(50千米)。ZA283是空中防御型"狂风"战机中第一架发射"天闪"导弹的飞机

战机。第3架进行试飞的原型机是ZA283,它于1980年11月18日开始试飞。

受早期IDS型"狂风"战斗机审查结果的影响,到1980年中期,ZA254在2000英尺(610米)高度的仪表飞行速度(IAS)能达到800节(920英里/小时,即1480千米/小时)。它的这一性能相比同期的现代战斗机在这个高度700~750节(806~864英里/小时,即1297~1390千米/小时)的飞行速度算是出类拔萃的了,所以这也

上图：F.Mk 3"狂风"战机换装了推力更加强劲的Mk 104发动机并增加了内置的垂尾翼根整流罩，使得它的发动机尾喷管也增大不少。这些都是它与它的上一代战机F.Mk 2之间的重要区别

意识到"狂风"战机将来很有可能与这样强劲的对手发生近距格斗作战，英国皇家空军立即开展了一对一的作战模拟训练，并使它成为了位于科宁斯比（Coningsby）的主要空中防御"狂风"战机基地的日常训练项目之一。同时英国BAe公司也研制了一套新的操作系统，其中包含了用于近距格斗所需的所有操作。

"狂风"战斗机和它的轰炸机改型有着相同的机翼后掠范围（25度～67度），除此之外后期生产的"狂风"战机引入了自动变后掠角技术，使它能自动根据具体的作战情况选择合适的后掠角度。这一变后掠角装置同时也参照前一装置的软件进行了相应改装。

由于新的"狂风"战机重心前移，使得其机翼前缘（机翼内侧，没有改变前缘边界线）的后掠角从原来的60度增加到67度。另外他们还在机翼前缘安装了马可尼雷达告警接收器的前置天线，而后置天线则安装在垂尾后缘。与IDS型"狂风"战机固定在前机身右舷一侧的加油管不同，空中防御型"狂风"战机的加油管安装在左舷，而且是完全可伸缩的。

## 开始服役

1984年，第一架空中防御型"狂风"战机开始进入英国皇家空军服役，此时16架F.Mk 2"狂风"战机（ADV被正式命名为F.Mk 2）进入第229换装训练部队（OCU）服役。这些飞机在交付之前平均每架只飞行了250小时，并在最初交付时没有安装雷达，只是用重量相等的金属配重来替代。这些飞

左图：这幅英国皇家空军最初的"狂风"战机型号F.Mk 2的经典视图是由一架英国皇家空军的"大力神"（Hercules）C130飞机从斜后方拍摄的。我们可以很清楚地看到安装在机腹半凹槽位置、方向冲前的由英国BAe公司研制的天闪导弹

在空中防御型"狂风"战机可能的作战能力中给出了一个飞行极限。在1982年年初，同一架战机又进行了2小时20分钟的375英里（604千米）的巡逻飞行，模拟可能的起降次数。为了完成这一飞行，它同IDS型"狂风"战机一样携带了一对额外的330英加仑（1500升）的油箱，而不是像已经确定了机型的截击机一样搭载的是495英加仑（2250升）的副油箱。而像联邦德国和意大利的"狂风"战机（包括意大利最近向英国皇家空军租借的空中防御型"狂风"战机）都不能达到这一性能，原因有两点：英国皇家空军的IDS型和空中防御"狂风"战机在垂尾内设有额外的油箱，容积能增加121英加仑（551升），另外它的空中防御型"狂风"战机额外增加的机身长度也能使它多携带165英加仑（750升）的燃油。一般的德国和意大利IDS型"狂风"战机内部油箱的容积为1340英加仑（6092升）。

## 早期问题

"狂风"战机的涡扇发动机在低空飞行时燃油效率还是不错的，但是在中、高空飞行时，它的推力会下降到涡喷发动机的水平。因而，当"狂风"战机被迫进行一项在设计之初就没有考虑在内任务时，比如近距格斗，那些专门设计用于进行此项任务的飞机的性能将远超空中防御型"狂风"战机。在远离冰岛海岸的广阔区域，一般不会出现这种近距格斗的情况，直到远程轰炸机的护航战斗机苏-27"侧卫"（Flanker）家族的出现为止。

机最终被停放在机库之中作为备用飞机来使用。之后一项将这些空中防御战机升级为F.Mk 2A的计划又出台了，升级将使空中防御型"狂风"战机具备F.Mk 3的所有作战能力，但是不包括换装F.Mk 3所安装的新型发动机。

1985年9月20日 F.MK 3战机进行了首飞并取代F.Mk 2进入生产线开始生产，它在F.Mk 2的基础上引入了一系列的改进措施，其中最值得注意的改动为换装了新的RB.199 Mk 104发动机。这台发动机的加力燃烧室截面直径相比原来的发动机扩大了14英寸（36厘米），并且还安装了DECU 500发动机数字控制系统。这是全世界第1架使用全数字化发动机控制（FADEC）的飞机，它能通过电脑对发动机进行精确的控制，并能进行故障诊断和发动机实时监测。通过这些更改使得在作战时发动机推力能增加10%，打开加力燃烧室之后的耗油率减少4%。从方向舵下方直到尾喷管的整个垂尾后缘是否向后加长，可以判断出这架"狂风"战机是否安装了新的发动机。在早期的"狂风"战机上，这一处会有一个向前切入的凹坑。

另外还包括了对机载航电系统的升级，像改进了内置的导航系统，加装了新的自动驾驶系统（AMDS），此外还能额外携带两枚AIM-9"响尾蛇"导弹。F.Mk 3战机于1989年正式使用，之后还进行了一系列的改进升级。

下图：编号ZA254的原型机在进行了多年的飞行测试之后才得以正式进入英国皇家空军的科宁斯比航空基地开始服役。从图中可知，它携带了一对装有各种仪器的"天影"吊舱，用来与"天闪"开火测试装置相连

左图:为科宁斯比基地"狂风"战机联队的照片。照片中靠前的位置是一架F.3 OEU审核飞机,在它后方是一架来自OCU, No. 56(R)中队的"狂风"飞机。随着第29中队的解散,现存的唯一一支用于前线作战的"狂风"部队只剩下第5中队

# 空中防御型"狂风"战机的使用者

空中防御型"狂风"战机除了服务于英国皇家空军之外,仅出售给沙特阿拉伯和租赁给意大利。阿曼苏丹国最初也订购了8架,但是后来发现"鹰"(Hawks)式战机对他们来说更为合适,因而取消了订单。

### 英国皇家空军

在生产了3架空中防御型原型机之后,英国BAe公司在沃顿航空基地又为英国皇家空军组装了18架F.MK 2和152架F.MK 3,其中包括了阿曼苏丹国订购却未交付的8架"狂风"战机。这些新生产的"狂风"战机共装备了1支训练部队和7个前线中队,其中少量几架被分配至审查机构进行测试。

**第229换装训练部队/第65和第56中队(预备役):**

1984年11月,位于科宁斯比的英国皇家空军第229换装训练部队接收了它的第一批16架F.Mk 2"狂风"战机,并立即开始对机组成员展开训练。F.MK 2"狂风"战机在第229换装训练部队中一直服役到1988年,而从1986年接收第一架F.Mk 3开始到现在,F.Mk 3才完全替代F.Mk 2"狂风"战机。1987年1月1日,该部队被命名为第65中队的"影子",1992年7月1日又被改编为第56预备役中队。这支部队一直在持续不断地训练包括意大利在内的空中防御"狂风"战机的机组成员。为了对运至科宁斯比的欧洲战机成员开展训练,该部队预先转移到了卢赫斯(Leuchars)航空基地。

**科宁斯比联队:**

第29中队是第1支前线部队,1987年1月1日起正式转型为F.MK 3中队。科宁斯比联队成立的最后一支中队是第5中队,它于1988年1月1号正式换装完毕。由于财政预算缩减,第29中队于1999年3月31日解散,随后第5中队在2003年也因此被迫解散。

**利明(Leeming)联队:**

北约克郡(North Yorkshire)航空基地是第二个接收F.MK 3"狂风"战机的基地,由第11中队开始接收(正式成立于1988年7月1日)。1988年11月1日,第23中队成立;接着到1989年10月1日,第25中队成立。作为裁军计划的一部分,1994年2月28日第23中队被解散。

**卢赫斯(Leuchars)联队:**

1989年9月23日,第43中队正式完成了由"鬼怪"战机向"狂风"战机的换装,紧接着第111中队在1990年5月1日完成转变。卢赫斯联队将会是最后一个换装"台风"战机的部队。

**第1435战斗机部队:**

1992年7月,4架F.Mk 3"狂风"战机代替"鬼怪"战机接手了马尔维纳斯群岛的对空防御任务。这项任务由英国航空基地的各飞行中队轮流承担。

**其他部队:**

在生产出来的F.Mk 2/3"狂风"战机之中有一部分是用作测试的。其中有4架被送往科宁斯比基地的F.3使用评估大队,它成立于1987年4月1日,用于给前线部队提供作战所需的飞机性能数据。而更为专业的测试工作则由DERA的飞机来开展,最为著名的一架测试用的F.Mk 2"狂风"战机为ZD902,即TIARA,它负责开发新的战斗机格斗技巧。1988—1990年,"帝国飞行员测试学校"(Empire Test Pilots School)也拥有1架F.Mk 2"狂风"战机。

## 沙特阿拉伯皇家空军

当阿曼苏丹国取消了它的8架空中防御型"狂风"战机订单之后（发生在1985年8月14日），沙特阿拉伯成为了唯一一个空中防御型"狂风"战机的海外使用者。在阿曼苏丹国取消订单之后，沙特阿拉伯的求购订单很快于1985年9月26日提交，计划购买24架空中防御型"狂风"战机用来装备两个中队。空中防御型"狂风"战机的购买订单是Al Yamamah采购计划的一部分，这一采购计划还包括IDS型"狂风"战斗机、"鹰"式战斗机、PC-9教练机和喷气流（Jetstream）商务机。为了保证订单中的产品能按照规定的时间节点进行移交，沙特阿拉伯将从英国皇家空军获得的"狂风"战机中直接提货（之后几个批次的交付都进展顺利）。第一架空中防御型"狂风"战机于1989年2月9日移交至宰赫兰（Dhahran）并开始装备第29飞行中队。这个中队在正式接收第一架空中防御型"狂风"战机之前，于3月20日正式成立，到9月20日，这支中队所有的12架空中防御型"狂风"战机交付完成。

第二批12架空中防御型"狂风"战机的移交也是在宰赫兰进行，并促成了第34飞行中队的成立。它于1989年11月14日接收了它的第1架空中防御型"狂风"飞机，并在1990年年中移交完毕。然而使用两个仅拥有12架飞机的中队来分别完成各种任务明显不太现实，因而第34飞行中队被吸收到了第29飞行中队当中。第29飞行中队后来参与了"沙漠风暴"行动，与英国皇家空军的F.Mk 3"狂风"战机一同在沙特阿拉伯与科威特和伊拉克的边境交界处进行空中巡逻。

在沙特阿拉伯的第一批Al Yamamah采购计划结束的同时，紧接着在1988年7月又开始了第二批采购计划，其中包括36架ADV"狂风"战机。可是到1993年5月合同签订完成时，空中防御型"狂风"战机被从整个购买清单中剔除出去，相应地增加了48架IDS型"狂风"战机。空中防御型"狂风"战机被剔除的主要原因在于，F-15C相比具有远距海上防空优势的空中防御型"狂风"战机更符合沙特阿拉伯的空中防御需求。

### 标志性成就

沙特阿拉伯的空中防御型"狂风"战机与英国皇家空军空中防御型"狂风"战机的涂装完全相同。在沙特阿拉伯空中防御型"狂风"战机尾翼上的国徽下方涂有一个很小的第29中队的徽章，并且在系列编号之前都加有数字"29"来表明这架飞机隶属于第29中队。

### "沙漠风暴"行动

在"沙漠风暴"行动中，沙特阿拉伯的空中防御型"狂风"战机共出动了451架次，它所有空中防御型"狂风"战机都被指派执行空中防御任务。在第一天执行了24次任务之后，行动中每天所需执行的任务次数稳定在了10次。英国皇家空军"狂风"F.MK 3共出动了696架次，其中当天出动次数最多的时间在第一天（执行54次任务）和第二天（执行32次任务）。F.Mk 3"狂风"战机使得沙特阿拉伯能够避免任何可能的来自伊拉克的空中侵袭。

### 空中防御型"狂风"战机

沙特阿拉伯的空中防御型"狂风"战机仅在一些很小细节上与英国皇家空军的F.MK 3"狂风"战机有所不同，它们都装备了同样的AIM-9L"响尾蛇"导弹和"天闪"导弹。它们是第一批装备了"猎狐"雷达的"狂风"战机。

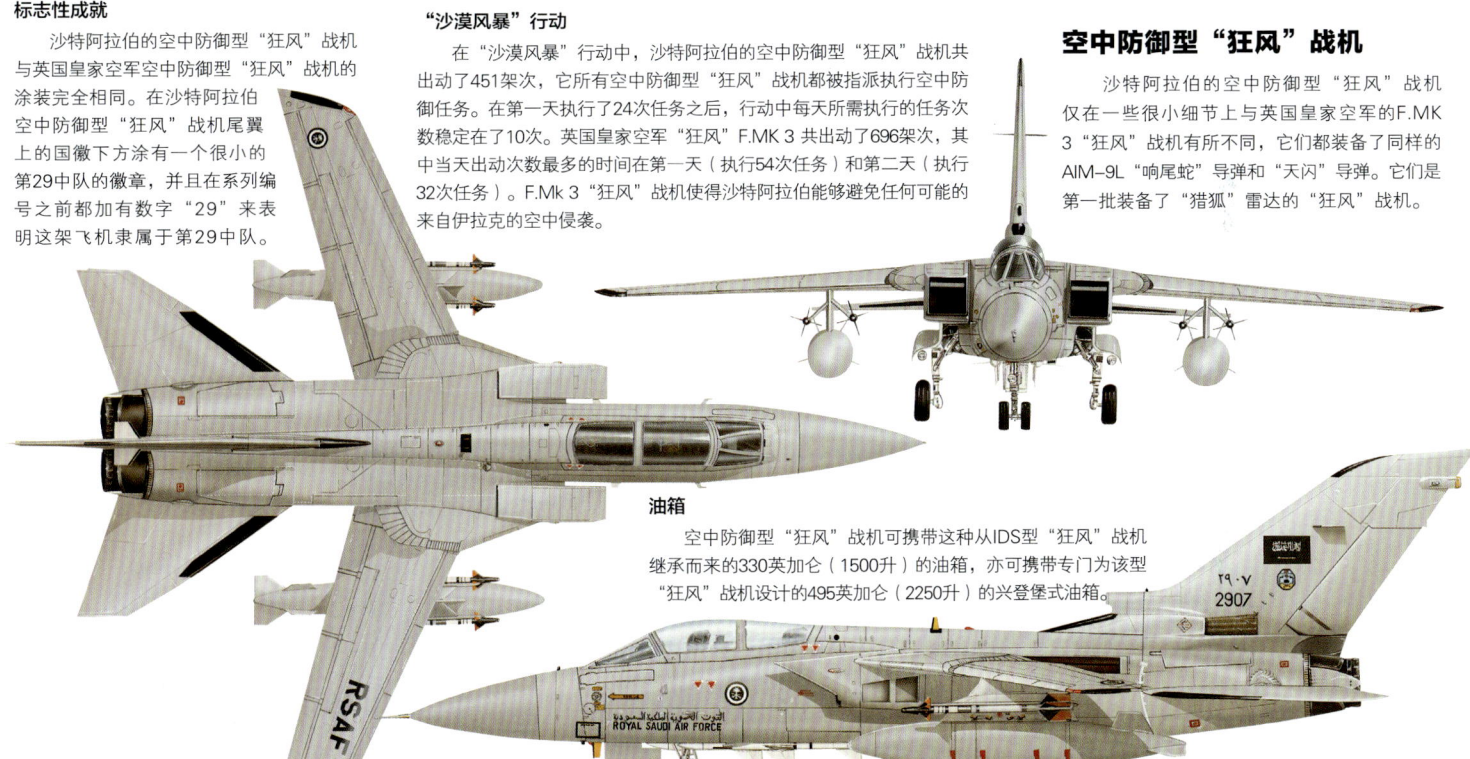

**油箱**
空中防御型"狂风"战机可携带这种从IDS型"狂风"战机继承而来的330英加仑（1500升）的油箱，亦可携带专门为该型"狂风"战机设计的495英加仑（2250升）的兴登堡式油箱。

### 意大利空军

由于F-104S截击机逐渐过时，以及作为替代的新一代"台风"战斗机的研制没有太多进展，意大利面临着一个战斗机断代的时期。为了能够部分地填补这一防御缺口，1993年10月17日，意大利空军签约了一项租赁英国皇家空军多余的24架F.MK 3"狂风"战机5年（继续租赁5年）的协议。根据协议，这些飞机仍然归英国皇家空军所有，如果有需要，一接到通知它们就会被立即召回英国服役。前12架飞机从1995年7月份开始陆续交付，用于代替第12战斗截击机中队（12° Gruppo Caccia Intercettori）的F-104S"星"式战斗机，该中队是驻扎在焦亚-德尔科莱的第36飞行大队的一部分。第二批飞机被送至诺瓦拉省卡梅里地区（Novara/ Cameri）的第12战斗截击机中队以及之前的F-104S"星"式战斗机中队和第53飞行大队的部分中队。第12中队后来转移到了焦亚并成为了第36大队的一部分，从而将所有的F.MK 3s整合到一个基地（基地中同样还有IDS型"狂风"战机）。左图为意大利的F.MK 3"狂风"飞机在租赁期满之后与其他盟军一起从焦亚基地起飞返回英国，并租赁新的F-16"战隼"战机取代它的位置。

# B-1 远程战略轰炸机
## 生涯初期

作为最饱受争议的现代战机之一，B-1A注定要给美国空军带来前所未有的攻击力。但是，由于政治上的争议，这种杰出的战机过早地退出了历史的舞台。

20世纪50年代早期，B-52战略轰炸机被匆忙开发出来，编入了当时的美国战略空军司令部。根据计划，从1961年或1962年，它将逐步退役。替代机型将是WS（"武器系统"）-110"化学燃料轰炸机"（CPB）或WS-125核动力轰炸机。顾名思义，"化学燃料轰炸机"并不是以普通汽油为燃料，而是采用了高能燃料，从而使飞机可以在极高的高度以3马赫的速度巡航。核动力轰炸机虽然速度较慢，却拥有无限的航程，因而可以攻击任何方向的目标。

最终，核动力轰炸机没有通过审批；高能燃料轰炸机也被抛弃。只有两架体型巨大、时速达2000英里（3220千米）的XB-70"女战神"原型机的设计被保留了来，并于1964年首飞。

尽管表现不俗，但是面对洲际弹道导弹能以更高的速度和可靠性击中固定目标的情形，这些战机的竞争力有所不足。潜在的继任者包括改装版B-52、B-58和FB-111。但是，它们都没有达到要求。从1960年起，各家飞机制造公司提出超过50个项目，希望能够拿下新型远程轰炸机的合同。1964年，该要求以"先进载人战略飞机"（AMSA）的形式正式发布。

右图：这架编号74-0158的B-1首航结束后在爱德华兹空军基地降落。正好一个月后，1975年1月23日，该机在此升空。作为B-1的首架飞机，它是一架空气动力和性能测试机

### B-1诞生

尽管关于飞机诉求和预算的争论尘嚣直上，1969年4月，"先进载人战略飞机"终于开花结果，纳入美国空军B-1制造项目。联合招标书发布之后7个月，1970年6月5日，美国空军部长小罗伯特·西曼斯宣布B-1轰炸机将交由北美罗克韦尔公司生产，通用电气公司则负责F101-100的加力涡扇发动机的生产。

最初，项目包括一架地面测试机和3架飞行测试机，还有27台发动机。1976财年的预算案中包括了第4架原型机的生产。美国空军计划生产240架飞机，于1979年编入美国战略空军司令部，并具备初步战斗能力。

好事多磨。首次飞行计划本应于1974年4月进行，但是直到当年10月26日，首架B-1飞行样机（编号74-0158）才从美国空军位于加利福尼亚州帕姆代尔的第42工厂出厂。12月23日，该机首飞成功，并在爱德华兹基地着陆。美国空军飞行测试中心就坐落在这里。机组人员包括罗克韦尔公司试飞员小查理·伯克、美国空军上校埃米里·泰德·斯德恩赛尔和工程师理查德·阿布拉姆斯。1976年3月26日，第3架飞机（编号74-0160，航电系统测试机）实现首飞。第2架B-1（编号74-0159）最初是做静态结构测试的，所以直到1976年6月14日才飞上蓝天。第4架原型机（编号76-0174）经过大幅改装，于1979年2月14日首飞。

考虑到在2马赫速度下产生的高温，会

下图：直到1982年，4架B-1A一直在为"轰炸机突破评估"项目做测试。图示为第3架飞机，于4月15日退役，其间共出动138架次，飞行时间为829小时，为4架原型机之冠

下图：与前3架有所不同，第4架原型机在逃生模块的位置装备了弹射座椅。在测试项目中，空中加油是其中一个重要组成部分

左图：B-1A在海外的唯一一次亮相是1982年9月。当时第4架原型机出现在英国法恩伯勒航空展上

使B-1变成一个大暖炉，机体像"协和"飞机一样，主要采用铝合金材料。起初，人们希望在低空突防时，飞机可以保持在1.2马赫的速度下，但是为了给机组人员更多的时间辨别目标，又下调到650英里每小时（1046千米每小时），折合0.85马赫。这样一来，气流造成的颠簸问题就大大减轻，而且还可以增加飞机铝合金的比重。

飞机的8个整体油箱可装载150000磅（68吨）燃油，机翼外段各安装有一个油箱，剩余的位于机身。机身配备3个15英尺（4.6米）长的武器舱；每个可装载25000磅（11340千克）的核武器或常规武器，或是一个旋转发射装置，可挂8枚AGM-69A短距攻击导弹。B-1并没有携带防守型武器，只是装备了全面的电子对抗系统，由防御系统操作员操作。

总体而言，B-1的飞行测试项目按照计划顺利进行。飞机做出了很多改动，增加了很多设备。整个项目期间，面对可能是当时最复杂的航电系统安装难题，航电系统整合合同商波音公司排除万难，解决了一个又一个问题。

B-1研发的主要障碍之一就是初始操作测试与评估（IOT&E）。该项目可以模拟美国战略空军司令部的作战任务。1976年9月，B-1顺利通过该阶段。1976年9月30日，一期飞行测试完成了所有测试目标，顺利结束。1976年12月2日，美国国防部和美国空军联合宣布B-1将正式投产。合同约定首批生产3架；第二批生产8架Block 2飞机。创建生产工厂的资金也已审批下来。

除了尚未解决的航电系统问题，唯一的阻碍就是飙升的成本问题。1970年，单架飞机的造价是4000万美元；到了1972年，考虑到研发、测试和工程费用，这个价格已经达到了4560万美元。到1975年，单机造价已经突破了7000万美元。

这些数字令1977年1月20日才宣誓就职的新总统吉米·卡特如坐针毡。在1977年6月30日的新闻发布会上，卡特宣布："我的决定是，我们不应该继续部署B-1轰炸机。现在我命令中止所有该武器系统的生产计划。"同时，卡特总统还认为，洲际弹道导弹、潜艇发射弹道导弹以及装备了空射巡航导弹的现代化B-52轰炸机将提供足够的防御能力。

卡特之所以决定取消B-1A项目，主要是基于两点原因。第一是出于政策考虑，卡特希望能够削减军备。第二是成本方面的考虑。当时的情况与现在一样，把钱花在一架新型轰炸机上这样的事情很容易成为社会舆论的靶子，因为人们更希望把钱用在其他地方。

## 复生

尽管B-1的生产计划被取消，卡特政府并没有终止飞行测试以及其他相关的研发、测试和评估工作。航电系统，尤其是防御系统的工作依然是重点。通用电气公司一直没有中止对F101发动机的研发。其他合同承包商也没有解散自己的工程团队，继续奋战在B-1项目上。同时，美国空军各部门也继续对B-1项目给予有力的支持。

减少雷达反射截面越来越受到重视。为了实现这一点，机身表面尽可能平滑、完整，没有缝隙或者没有打好的连接点；同时机身表面还覆盖了雷达吸收材料，好几种材料效果都非常好。"隐形"设计也越来越重要。1978年，一项"黑色"（意即"高度保密"）计划正式开始，俗称"先进技术轰炸机"（ATB）。正是这项计划最终产生了B-2轰炸机。

B-1量产型的取消并未影响到在飞的原型机。就在卡特总统做出决定后不到一个月，1977年7月28日，第3架原型机成为首个发射近程攻击导弹的B-1轰炸机。后来，该机改装了电子对抗系统，并且为前视雷达加装了多普勒波束锐化系统。第2架原型机，1976年6月才首次试飞，则继续与第1架飞机一起用于改进B-1的速度。1976年4月，第1架飞机速度达到了2马赫。1978年完成测试后，该机被放进了仓库。第2架飞机则继续进行空气动力负荷测试和发动机/进气道评估。1978年10月5日，该机的速度达到2.22马赫，是B-1所能达到的最快速度。第4架飞机的首飞则是B-1生产取消之后很久的事情了。整个生涯中，该机共飞行70架次（共计378小时），在攻击性和防守性航电测试方面做了很多有价值的工作。1981年4月30日，B-1原型机测试项目结束。4架原型机被保存在爱德华兹空军基地，状况良好，接近起飞条件，留下出动347架次、1895飞行小时的记录。

下图：图为一阶段的测试期间，前3架B-1A原型机在爱德华兹空军基地。测试内容包括飞行质量、结构和电子对抗设备的评估

# B-1B "枪骑兵"战略轰炸机

上图：一架第184轰炸机联队的B-1B在法国领空加油。在"联合力量"行动中，所有B-1B的任务都需要空中加油。对于那些还在执行7小时任务（无须加油）并且通常都在夜间工作的空勤人员，把B-1B部署到前沿的决定受到了他们的欢迎

上图：B-1B重新定位的核心在于"常规任务升级计划"（CMUP）。2001年12月"持久自由"行动期间，这架隶属于第28空军远征联队的B-1B正前往阿富汗执行对"基地"组织和塔利班武装的作战任务

近年来，B-1B已经开始转战在常规战争的前沿。无可匹敌的内部弹药装载能力令其作战行动更加灵活多变。

冷战结束后，各国军事谋划者认识到，相对于大规模的欧洲战争，需要一个平台来应对更小规模、多层次的地域冲突。而且，传统轰炸机部队显然无法应对当前可能出现的紧急情况。

1993年，为了使B-1B更好地适应常规作战的职能要求，美国空军启动了"常规任务升级计划"，旨在增强B-1作为常规型轰炸机的杀伤力、生存力和可维护性。

过去数年中，常规型B-1B在部署到韩国、关岛和波斯湾的快速反应行动中发挥了重要作用；更不用说其在"北约"针对前南斯拉夫的一系列行动以及美国对阿富汗的攻击中的抢眼表现了。

1998年12月，B-1B在"沙漠之狐"行动中首次亮相。但是，作为常规型轰炸机，B-1B的真正价值是在"联合力量"行动中得到最充分的体现的。战斗中，第37和第77轰炸机中队的B-1B在英国的费尔福德皇家空军基地部署，出动100多架次，在前南斯拉夫共投下超过5000枚500磅重（227千克）Mk 82通用炸弹。这些B-1B轰炸机都是美国空军所辖的Block D型的升级产品。新飞机改进了通信设备，加装了ALE-50拖曳式诱饵，从而改善了自卫系统。

升级之前的B-1B被称作Block A型。Block B型飞机增加了改进的合成孔径雷达，并且对防御反制系统作了一些小改动。1995年，Block B型的升级全部完成并部署完毕。

接下来是Block C型的改装了。升级后的B-1B可以投放集束炸弹，比如CBU-87B/B"综合效应弹药"、CBU-89区域拒敌弹药和CBU-97"传感器引爆武器"。1996年10月，首批Block C型的改装开始，并于1997年9月具备初始作战能力。每架Block C型飞机在使用3个武器舱的情况下可携带30枚CBU集束炸弹。

Block D型的升级改装集成了安装了制导系统的半精确常规弹药投射功能，比如GBU-31"联合直接攻击弹药"。这种炸弹在B-1B的常规旋转发射架上最多可以装载8枚；每个武器舱可以装载一个发射架，共计24枚。1998年，首架投入使用的Block D型飞机抵达埃尔斯沃斯空军基地。本次升级改装的关键是增加了军方标准(MIL-STD)1760电气互联系统(一种标准的智能武器接口)，升级了通信系统以提高保密性；同时，飞机和武器设备都装备了全球定位系统。Block D型的另一改进是增加了ALE-50拖曳式诱饵系统。该系统通过"引诱"无线电制导导弹远离飞机，来保护其免受无线射频的威胁。ALE-50被认为只是ALE-55的过渡产品。Block F型全面投入使用时会安装该系统。1998年12月，Block D型飞机具备初始作战能力，但是没有来得及参加"沙漠之狐"行动。到2001年初，所有B-1B都会改装至Block D型"联合直接攻击弹药"标准；拖曳诱饵系统的安装也会在2004年完成。

Block E机型的改进包括现有的航电控

左图：大多数B-1B的任务都是两机编队。但是在"联合力量"行动中，4机编队也曾出现过，每架战机分别负责攻击多个目标

上图：B-1B始终坚持革新武器和防御系统；在向其他空军和海军单位学习协同作战的同时，不断磨炼自身两机编队的作战模式

右图：1991年7月27日，B-1B取消了核作战任务。空军核作战的担子就压在了B-52H"同温层堡垒"轰炸机和B-2A"幽灵"隐形轰炸机的肩上

制装置（包括控制台和显示器）、制导导航系统、武器发射系统、重要资源和地形跟踪等。这次升级的主要目标是使B-1B在单次任务出动时，可以使用三种不同的武器系统（每个武器舱一个）。Block E机型的武器系统也有两处改动，这进一步提升了其作为常规轰炸机的杀伤力。"风修正弹药布撒器"（WCMD）可以在武器发射后，通过使用全球定位系统的定位功能更新来克服风的影响和弹道误差，进而提供惯性导航修正，这将会改进高空集束炸弹装置的投放精确度。B-1B的武器库内还增加了精准武器系统，可以发射1000磅（454千克）的AGM-154"联合防区外武器"和隐形AGM-158A"联合空对地攻击导弹"。这些远程精确打击武器的重要性在于它们使B-1B增加了一种"内置"防御武器，因为B-1B的发射地点要远离敌军的威胁区域。Block E机型计划于2003年具备初始作战能力。

Block F机型主要升级了防御系统。ALQ-161A防御航电系统的109个外场可更换单元只保留了9个用作C/D波段天线和箔条干扰弹/曳光弹投射系统，余下的全部拆除。为了提升情景意识，加装了ALR-56M雷达告警接收机和升级的处理器。Block F机型还装备了集成防御电子对抗/无线射频对抗系统，包括ALQ-214无线射频对抗子系统、集成多平台发射控制系统、双重能力发射器以及ALE-55光学纤维拖曳式系统。Block F机型使B-1B重量减轻了大约4000磅（1814千克）。1997年，该机的"工程、制造和发展"计划（EMD）被批准。预计2002年3月会最终投入生产。尽管计划于2003年具备初始作战能力，但是整个"枪骑兵"战略轰炸机机群的Block F标准改装工作预计会持续到2009年，而且即便如此，所

右图：最近才投入使用的ALE-55光学纤维拖曳式诱饵系统也将用于波音公司的"超级大黄蜂"。Block F机型的防御系统"黑匣子"的数量将会从120个降至34个

有的飞机也不能全部完成。尽管B-1B一再证明其不俗的实力，B-1B编队还是从2001年起开始裁撤队伍，计划将该型轰炸机的数量限制在60架。尽管如此，一直到2004年早期，还有人大声疾呼，要求让已退役的33架飞机回到部队。

## 战争中的B-1B

1998年11月，对伊拉克的攻击一触即发。尽管已经部署到位，随时准备支援，但是在一个月后，B-1B才有机会加入战斗。11月，4架B-1B以两机编队分别从埃尔斯沃斯和戴斯空军基地出发，前往阿曼苏丹国前沿部署；克林顿总统决定取消这次攻击后，又有两架已经在路上的B-1B在最后一分钟转向返回。

1998年12月17日，在"沙漠之狐"行动中，B-1B首次出现在战斗中。两架Block C型B-1B在大约20000英尺高空投下Mk 82炸弹，轰炸了伊拉克目标。B-1B主要执行6小时飞行的夜间任务。每架可以携带总共63枚炸弹。在"沙漠之狐"行动中，B-1B共执行6次飞行任务，投下126000磅（57154千克）Mk 82炸弹。

1999年3月24日，"联合力量"行动开始。4月1日，就在B-1B刚刚抵达战区14小时后，就从费尔福德皇家空军基地出发，执行它们的首个任务。它们的攻击对象是科索沃的塞族武装区域。所有参战的B-1B都来自埃尔斯沃斯空军基地的第28轰炸机联队。在"联合力量"行动中，B-1B共出动100架次，累计飞行时间超过700小时。在行动中，B-1B轰炸机满载84枚Mk 82炸弹和一些CBU集束炸弹，但是后者并没有被投射。飞机任务出动率达91%。

在打击塔利班和"基地"组织恐怖分子网络的"持久自由"行动初期，2001年10月7日夜，迭戈加西亚空军基地的B-1轰炸机和B-52H轰炸机飞临阿富汗上空，向目标倾泻了无数弹药。

2003年，"伊拉克自由"行动开始阶段，B-1B再次回到战斗中，取得辉煌战绩。每架战机都负责攻击多个目标，甚至有的战机在接到新任务目标时依然徘徊不去。

下图：在赶往阿富汗途中，一架来自第28空军远征联队的B-1B轰炸机与一架KC-10A加油机编队飞行。B-1B如出鞘的利剑，突破阿富汗的空防，直击阿富汗的指挥控制中心

# 萨伯－斯堪尼亚公司
# "龙"式战斗机研发

下图：瑞典空军F13联队的两架J-35D，展示了"龙"式战斗机侧视图和机翼平面图的特点。J-35D引入了一个获许可证生产的动力更足的RM6C（Avon300系列）轴流式喷射发动机，并配有一个瑞典航空发动机公司Flygmotor制造的加力燃烧室

瑞典的双三角翼"龙"式战斗机是一个革命性的想法，而且是一种用典型的萨伯式冒险和特立独行的方法来设计的战斗机。自从20世纪50年代中期首次飞行，这架飞机在澳大利亚和芬兰的前线服役超过40年之久。

毫无疑问的是，如果（例如）是一个英国制造商设计的"龙"式战斗机，产量将是数以千计的而不是数以百计的，而且它还会作为理想的、廉价的霍克"猎人"轻型战斗轰炸机的替代品而广泛服役。但实际上，瑞典的限制出口政策限制了一些值得信赖的国家的海外市场。

事实上，在20世纪50年代中期，瑞典空军（像法国一样）正视防空问题，并且需要大量的能担此重任的战斗机，然而英国计划的携带大量远程导弹的飞机却从未实现。当英国倒退回到双引擎"闪电"式超音速战斗机——一架P.1空气动力学研究飞机的衍生机型——时，瑞典将加力燃烧室技术提高到了一个新的极限，并向世界展示了一个设计良好的单引擎战斗机是可以实现的。如果只造大约600架，这对体现基本理念的优势是没有效果的：就一款高效的、能够扮演多用途战斗机角色的飞机而言，瑞典毫无疑问是正确的，只是政治活动阻碍了这一型号在市场上的成功。

## "龙"式战斗机的起源

"龙"式战斗机的故事可以追溯到1949年，当时瑞典空军发布了一个作战要求草案。该草案要求设计一款截击机，使其能够接替萨伯J29"圆筒"，并能完成对接近声速飞行的轰炸机的防空任务。如果新战机能达到1.4~1.5马赫的平飞速度，有人认为在这个阶段这就足够了，虽然这个要求后来被提高到了1.7~1.8马赫。为了使早期的工作达到这个要求，J29——欧洲第一架后掠翼战斗机——就在之前一年完成了飞行（在1948年9月1日进行了首飞），但是当时还没有后掠翼战斗机在世界上的任何国家进行全面作战的先例。北美的F-86"佩刀"和米高扬·格列维奇设计局的米格-15只是刚刚开始交付给其服役的第一支部队，在这些型号的基础上，瑞士空军要求不低于50%的速度提升。

除了真正的超音速性能（远远超过了

上图：在诺尔雪平基地，F13空军联队的这些J-35A在拍摄后不久，机翼就在1960年3月第一次在"龙"式战斗机上运用了

下图：双座教练机SK35C的开发工作早期便已展开。第二驾驶舱的空间通过减小前置燃料电池的大小来提供

左图：阵容中包括了3架原型机，这可以从主座舱罩后边的一小块方形窗户和进口的Avon200系列发动机的尾部整流罩/喷嘴的独特布局中识别出来。队列中第3架飞机是第一架J-35A

上图：奥地利总共接收了24架原属瑞典空军的J-35D。在20世纪80年代末，这些飞机被重新设计成了J-35Ö，并且与J-35F那样突起的座舱罩相结合，进行了修改。

北美公司的F-100"超级佩刀"的性能，它直到1953年5月25日才开始飞行），新型战斗机被要求有非常高的爬升率，并且能在J29使用的机场起降。这就暗示着除了使用传统的机场，它还必须能够从大约6560英尺（2000米）长的笔直高速公路上起降，这其中的一些路段仅仅有42英尺8英寸（13米）宽。这样的飞行要求适当的起飞和着陆速度和极好的地面向导。

面对在速度上取得巨大进步的基本课题，萨伯的项目团队将一个单一的罗伊斯-罗伊斯公司Avon加力室发动机和一个低阻力机身相结合。尽量减小阻力意味着减小飞机的最大横截面积，使用尽可能薄的机翼表面符合相对传统的结构技术。横截面积的最小化是通过把一个物体藏在另一个后面的做法来实现的。即将发动机放置在飞行员的后面，同时将燃油和主起落架装置放在进气口的后面。此时，飞机看起来更像是达索公司的"幻影III"，拥有一对简单三角翼，但其扁平的皮托管进气口被放置在了增厚的翼根弦中。

## 双三角翼

在这一初级阶段的最后时期，该团队得到了一个面积由最大飞行高度和燃油容量决定的纯三角翼型。然而从失速观点来看，一项着陆性能测试显示，这一面积大于必要的机翼面积。显而易见的解决方法是减小机翼舷长。由于装载容积的要求，这一方法不能应用在翼根部位，因此只能通过在离翼根较远的外侧使机翼前缘弯曲来实现。这样一来，独特的双三角翼或弯曲三角翼就诞生了。

因为关于三角翼飞机操纵性能的可利用数据很少，在双三角翼上更是没有任何可利用数据，萨伯首先采用一个1/8比例的模型在传统风洞中来测试这一翼型，然后测试70%比例的载人飞机，萨伯210"小龙"。由阿姆斯特朗·希德利"蝰蛇"型涡轮喷气发动机提供的1050磅（4.7千牛）推力的动力装置使"小龙"的平面机翼与全尺寸的龙式战机相似，当时其进气口向前指向飞机头部。驾驶舱自然是大得不成比例，因为"小龙"仅用来研究飞机的低速操纵性能，所以它的起落架只是半收放式。大约有1000架飞机用这种技术进行了飞行实验，证明了新的平面机翼没有特殊的操纵性问题。

随着对新理念信心的提升，瑞典政府在1952年3月首次订购了一个J35歼击机的实体样机。然后，在1953年8月签订了一份包括3架原型机和3架之前系列飞机的合同，其中第一架萨伯J35原型机在1955年10

下图："龙"式战斗机的第一个出口订单在1968年签订，当时丹麦预订了20架单座的A35XD（与J-35F基本类似）和3架双座的TF35

下图：J-35F可以携带两枚许可证生产的休斯"隼"式空空导弹或"响尾蛇"空空导弹

月25日进行了首飞。这3架原型机的动力装置是由进口的罗伊斯-罗伊斯公司Avon系列来提供的，其中第2架和第3架飞机分别在1956年1月和3月期间加入了飞行测试计划。随后"龙"式飞机被获得执照的瑞典航空制造商Svenska Flygmotor（现在的沃尔沃Flygmotor）所制造。这个公司还开发出一款加力燃烧室，其与英国设计的相比可以产生更强大的推力。除了平面翼型以外，具有全动力飞行控制的"龙"式飞机相对比较传统。虽然采用了一些铝质蜂窝结构，其整体结构设计均比较常规。它的燃油储存在一个软油箱和整体油箱的综合体中。"龙"式飞机有两个不同寻常的特征，其一是在其每侧的外翼下部都有一个三重小翼刀；其二是它的鼻轮起落架舱门打开时平放于机身前部，以使因起落架放下而导致的方向稳定性的下降最小化。原型机证明了基本设计的可靠性，并达到了约1.4马赫的飞行速度。第一架小批量生产的该型飞机在1985年2月15日首飞，其主要的区别在于采用了本国制造的RM6B发动机和65型加力燃烧室。虽然J-35A只是一个过渡版本，但65架该型号的订购合同依然在1956年签订，其中包括3架小批量生产的飞机。

下图：专用的照相侦察型S35E交付开始于1965年8月中旬。F11和F21空军联队的3个中队装备了这一改型。这款飞机于1979年6月退役

# "龙"式飞机在瑞典服役

1960—1990年期间,"龙"式飞机装备了各国或地区总共11个空军联队的26个中队,承担防空、对地攻击和侦察职能。

毫无疑问的是,当萨伯的设计工程师们设计出了J-35"龙"式飞机时,他们成为了赢家。

超过20年的持续生产,造就了615架"龙"式飞机,这一数据用任何标准来衡量都是令人赞叹的,更不用说是由小小的、中立的瑞典研制的了。"龙"式战机被证明是有效且高效的,并一再在激烈的竞争中赢得了来自芬兰、丹麦和奥地利的订单。

这款飞机也许应该得到比实际情况更大的成功。它在发动机最大推力的一半时,即可达到"闪电"式战斗机的性能,并具有真正的短距起降能力,使其能够在短距离的高速公路上起降。

"龙"式飞机于1949年开始设计,其项目经理Erik Bratt选择了一个在当时来讲是非常规的双三角翼结构来使阻力与低速下的操纵性和适航性相结合。第一架"龙"式原型机在1955年10月25日实现了首飞,进而在1958年2月15日按照J-35A的生产标准生产飞机进行了首飞——依照当时欧洲的标准改进很快。当J-35A在1960年3月进入F13空军联队服役时,在前线服役方面,它击败了"闪电"战斗机〔这款英国飞机于1959年进入战斗机研究中心(Central Fighter Establishment)服役〕,其性能同样超越了"幻影Ⅲ"C,甚至可能超越米格-21F。用处不大的F-104A在前线服役方面只用了2年的时间就击败了"龙"式战斗机,而F-106只用了一年,但这并不能说明欧洲技术的落后。

## 持续改进

虽然J-35"龙"式飞机在其生产的整个过程中经历了许多重大的改进,但其基本设计是合理的——即便是第一批产品也具有良好作战意义。

萨伯制造了90架J-35A(包括原型机),这些飞机进入了位于乌普萨拉的F16空军联队服役。它们还充当了"龙"式飞机的操作转换训练部队(operational conversion unit,OCU),并在诺尔雪平(Norköping)的F13空军联队服役。这些飞机都装备了一个基于法国"幻影Ⅲ"所用的CSF西拉诺雷达的爱立信PS-02 PN793/A雷达。Ferranti的机上自动截击系统对于"闪电"战斗机来说是比较好的,但是爱立信的雷达仍然是相对有效和可靠的,并能补充飞机上关闭的红外制导Rb 24(授权制造的AIM-9B"响尾蛇")空空导弹和两个内置的30毫米口径"亚丁"(ADEN)机炮。在空对地的角色中(J-35A是一架真正的多用途飞机),这架飞机能够在机翼下方携带空地火箭弹。这个装备的射程和重量说明了其与许多诸如"龙"式战斗机一类的竞争对手相比有着显著的优势,尤其是"闪电"战斗机,它携带过的导弹从未超过两枚。不管怎样,J-35A只是一个过渡机型,其中的25架随后被改装成了双座的训练结构SK35C。

上图:瑞典空军"龙"式战斗机最后的作战单位是位于恩厄尔霍尔姆的F10空军联队,其最终在1999年用JAS-39"鹰狮"取代了J-35

其间,萨伯在1962—1963年共交付了73架J-35B,而且这些飞机重新装备了F16空军联队,并使位于图林格(Tullinge)的F18空军联队得以重新组建,后来其组建了一个特技飞行队,命名为Acro Deltas。

一款在性能上有了很大改进的新型爱立信X波段雷达被J-35B使用,而且它还被耦合到萨伯开发的一款新的S-7碰撞航向瞄准系统中。

而在J-35B能够服役之前,新一代"龙"式战机模型已经进行飞行测试了。J-35D引入了动力更强大的Avon300系列发动机(即授权制造的RM6C发动机),并突出了飞机的空气动力学工艺和航空电子设备的改进。

萨伯制造了120架J-35D。这些飞机取代了F13空军联队的J-35A,并促使马尔姆斯拉特(Malmslätt)的F3空军联队、厄斯特松德(Östersund)的F4空军联队、恩厄尔霍尔姆(Ängelholm)的F10空军联队以及吕勒奥(Luleå)的F21空军联队完成了换装。其中的28架J-35D被改装成为S35E侦察机;还有32架也被重新建造。S35E的特征是它的相机机头,其中装载有5台OMERA/Segid的24系列

下图:1968年,F13空军联队的4架J-35F从诺尔雪平基地出发进行训练时被拍到。直到20世纪70年代萨伯"雷"式战机到来以前,J35F一直都是瑞典空中防御的骨干

下图:它尽管具有中期伪装,但进气管下部额外的吊舱显示出这是一架J-35J。这架飞机涂有F10空军联队的标志。F10空军联队是"龙"式飞机的最后使用者

摄像机,而在机翼翼根部位还装有另外4台,以取代以前的佳能相机。S35E服役于侦察机中队,这一中队附属于几个前线的"龙"式战斗机联队(包括F11、13、F17和F21)。

事实上,即使J-35D也只是一个过渡机型,而其"最终"型号J-35F的研发工作实际开始于1959年,这一日期甚至还在第一架J-35A交付之前。J-35F在1966年完全进入一线服役。其与早前的版本相比有着重大的改进,并成为在瑞典服役数量最多的"龙"式战机的子类型。

### 新型武器

通过引进休斯AIM-4"猎鹰"导弹(作为Rb27和Rb28获得生产许可),J-35F拥有了一个新的PS01雷达以及其他航电系统的改进,包括与新的STRIL60防空系统的链接。F10和F13空军联队接收了230架J-35F用来替代J-35D,F16空军联队用其替代了J-35B。J-35F还被交付给了位于韦斯特罗斯(Västerås)的F1空军联队,以及F12和F17空军联队。这些飞机中有些实际上是在机头下方装有红外搜索和追踪(IRST)系统的J-35F-2。在1979年"雷"式战机引进之后,"龙"式战斗机的影响力直线下降,最终只在恩厄尔霍尔姆的F10空军联队保留了下来。F10空军联队至少接收了66架现代化的J-35F-2飞机,这些飞机在J-35系统下被作为一个新的项目进行了改进和升级,改进后的飞机被命名为J-35J。除了结构上的翻

上图:直到最后,F10空军联队只拥有少数的Sk35C双座教练机,用于改装训练、补充训练、标准化训练以及仪表飞行考核,这些飞机整体涂装为银色

新和寿命的延长外,J-35J还装备了PS-011雷达,同时其电子抗干扰(ECCM)性能也得到了改进,更新了红外搜索和跟踪系统,并在每个机翼内侧/进气管道下方增加了一对挂架。第一批J-35J于1987年交付,整个项目于1991年8月下旬完成。升级之后,J-35J被整体涂装成像JA-37一样具有空中优势的灰色。1994年F10空军联队第一中队换装了AJS-37战斗机,1997年3月,第三中队被解散,之后第二中队在1999—2000年间换装了JAS-39战斗机。

### J-35J "龙"式飞机

这架J-35J为了所在中队的周年庆典而进行了特别涂装。在飞机的头部和垂尾都涂有黄色条纹,另外,每个机翼上下两面都涂有第三分队的"箭鱼"标志。这架飞机被用作该分队的飞行特技表演。该飞机涂装有原始的迷惑性保护色,这一涂装在20世纪90年代的J-35J上被替换为整体的深浅不同的灰色。

#### 升级

选出的J35F-2(其中一些作为J35F-1存在)被交付给位于诺尔雪平的FFV军械公司,进行组装和飞行测试前的拆分、翻新和改装(前部由萨伯完成)。

#### 外形

"龙"式飞机具有特色且令人印象深刻的双机翼至今看起来也很时髦,而且它还结合了双机翼的低阻力和惊人的低速机动性特征。

#### 外部装备

即使之后升级到了J-35J的标准,瑞典"龙"式仍然继续沿用了基于"苍鹰"的Rb27(雷达制导)和Rb28(红外制导)空空导弹以及AIM-9"响尾蛇"空空导弹。

#### 内部装备

J-35F和J-35J都只有一个内置的30毫米口径"亚丁"M/55机炮,安装在右舷翼根的尾部。早期的变型拥有双"亚丁"机炮。

#### 红外搜索和跟踪

J-35J是J-35F-2的S71N红外搜索和跟踪的改进版,使其低空性能得到改善。

#### 动力装置

J-35J保留了J-35F所用的带有Svenska Flygmotor 67型加力燃烧室的RM6C型(Avon 300系列)发动机,在启动加力燃烧状态下,其推力可达17637磅(79.36千牛)。

# "龙"式飞机的国外使用者

"龙"式战斗机一共生产了615架，包括原型机和试验机，其中大部分服役于瑞典空军。其出口总量为63架新飞机（12架出口芬兰，51架出口丹麦）。这两个国家也购买了瑞典的二手飞机，另外，奥地利2002年成为萨伯"J-35系统"的最后使用者。

### 芬兰（芬兰空军）

芬兰空军的"龙"式战斗机一部分在芬兰国内经授权制造，另一部分从瑞典空军获得。经过政治博弈，1970年4月，芬兰订购了12架全新的萨伯35战斗机（有些资料叫作萨伯35XS：X代表出口，S代表芬兰），订单中还包含配套的武器和备件。萨伯35（如右上图所示）是基于瑞典空军的J-35F制造的，并装备有半主动雷达制导（SARH）Rb27(AIM-26B)空空导弹和红外制导Rb 28 (AIM-4D)"猎鹰"空空导弹。这一装有沃尔沃公司RM6C型发动机的飞机是在芬兰的AB Valmet工厂进行组装的，并在1974—1975年间服役。虽然这款飞机是芬兰订购的第一款改型机，但它并不是第一款在芬兰空军服役的飞机。在这批飞机交付前，芬兰租用了6架瑞典空军的J-35B（称其为J-35BS，如右下图所示）作为教练机，这些飞机从1952年5月开始在洛瓦奈密的第11空军联队服役。这些飞机的全天候航电设备和导弹装备在交付前被撤掉，其首批机组人员的培训工作在瑞典的图林格开展。所有这些飞机与一批（6架）被改装的J-35F1（J-35FS，如下图所示）和3架双座的SK-35C（J-35CS，如底图所示）教练机在1976年全部被买断。1984年第2个"龙"式战斗机编队——第21空军联队——于坦佩雷-皮尔卡拉成立，该编队是由J-35S和J-35F战斗机组成的一支混合机队。在接下来的两年里，芬兰从瑞典购买了18架J-35FS和2架J-35CS，并装备给这一新的部队；另外还购买了一架J-35BS，用以替换该型号最初的6架飞机中的一架，后者因火灾而受到损坏。1990年，"龙"式战斗机替代品的寻找工作开展起来，1992年麦道公司（现为波音公司）的F/A-18C/D得到了首肯。1997年，第21空军联队重新装备了"大黄蜂"，并将剩下的"龙"式战斗机转交给了第11空军联队，这些飞机一直服役到了2000年8月，之后芬兰空军最终将该机型全部退役。

## 丹麦（丹麦空军）

注意到丹麦对新式多用途战斗机的需求，萨伯在1967年开始研发J-35X的歼击轰炸机版本。研发人员给曾在J-35D和J-35F研发期间担任瑞典皇家空军测试飞机的第6架"龙"式战斗机的原型机配备了一个加强机翼和一个额外挂点，并提供了2个280加仑（1275升）的副油箱，使最大飞行距离增加到了1864英里（3000千米）。"龙"式战斗机面临着来自诺斯罗普的F-5"虎"式和达索公司的"幻影Ⅲ"的竞争，但这两家的威胁最终都因为成本的问题而大打折扣，从而一份包含20架萨伯J-35XD（如上图所示）和丹麦皇家空军指定的F-35，以及3架［如右图（上）所示］具有全面作战能力的改型（TF-35）的合同于1968年被签订。飞机于1970年开始交付，这些新的飞机取代了F-100"超级佩刀"，被装配给位于卡鲁普的丹麦皇家空军第725中队。之后短短几个月内，一个关于20架单座RF-35战略侦察机的采购意向就成为了不争的事实。这些飞机于1971—1972年间交付（以及另外3架TF-35），并作为RF-84F"雷电"的替代品被分配给同样位于卡鲁普的丹麦皇家空军第729中队服役。1975年，引入了位于外侧翼下挂梁的"红男爵"红外吊舱，使机队拥有了全天候作战能力。接下来订购的5架飞机促进了TF-35改装教练机机队的成立。这5架飞机在1976—1977年间交付，并分别分配给了这2个空军中队。像其他拥有者一样，丹麦空军也在不断升级他们的"龙"式战斗机。在20世纪80年代中期，一个被称为武器投放和导航系统（WDNS）的全面升级系统被采用。它包括一个新的惯性导航系统和武器投放计算机，一个抬头显示器，一个置于飞机前缘的激光测距和目标指示跟踪器（LRMTS），一套电子对抗系统和一个新的雷达警告接收器。这一系列的改进使飞机的攻击性能接近于丹麦的F-16战斗机。1981年，丹麦空军完成了第一次升级，最后的43架F-35和TF-35于1986年重新交付。1991年国防预算的削减使丹麦皇家空军第725中队被迫解散，其余的飞机则仍在使用。1994年年初，"龙"式战斗机最终寿终正寝。

## 奥地利（奥地利空军）

在2002年，奥地利空军成为最后一个"龙"式战斗机的使用者，并预计将沿用该型号至2005年。奥地利在1967年首次考虑购买24架"龙"式战斗机，但直到18年后，为了弥补奥地利空军缺少超音速战斗机的问题，该订单才被敲定。24架前瑞典空军的J-35D按照萨伯的J-35ÖE的标准（如右中、右下及下图所示）进行了全面翻新，并于1987—1989年间交付，服役于空军第2团位于采尔特维克的第1大队和位于格拉茨-塔尔霍夫的第2大队。最初，这些飞机没有携带导弹武器装备，但在1991年斯洛文尼亚独立战争期间，奥地利边境被前南斯拉夫空军侵犯，这促使其购买了一批AIM-9P-3"响尾蛇"空空导弹来装备飞机。丹麦的"龙"式战斗机退役之后，机上由Valmet援助装备的雷达告警接收器和箔条/曳光弹投放器被收购。这批J-35ÖE被定于1996年退役，大量的新型飞机正在被考虑引进，其中包括F-16、F-18、"幻影2000"-5、JA-39"鹰狮"以及米格-29SE，但是一场针对奥地利未来战斗机部队的公开辩论使得这项计划需要重新被评估。所以，"龙"式战斗机一直服役到2005年，后被18架"台风"战斗机所替代。

# 萨伯37"雷"式战斗机
## 雷神之"锤"

作为欧洲上空一款具有独特造型的飞机,瑞典的萨伯"雷"式战斗机是该国热切渴望能够在被东西方冷战冲突所主宰的世界中保持中立的产物。

上图:飞行中的"雷"式战斗机原型机。这架飞机进气口处印有"雷"(雷电)的徽章,机身的前部装有一个长长的全静压管

不惜花费重金设计一架国产飞机反映了瑞典渴望保持中立国地位的态度,萨伯"雷"式战斗机作为具有革命性的萨伯"龙"式战斗机的继任者被制造出来。尽管它已经很古老,且新的萨伯JAS-39"鹰狮"正在逐渐取代其地位,但它依旧在发挥作用。

"雷"式战斗机的设计方案开始于1952年,当时有大量的战斗机设计方案供选择。瑞典空军希望能有一架飞机替代萨伯"长矛"战斗机履行对地攻击职责,并在之后的某天取代"龙"式截击机的角色。

这一新型飞机被命名为Fpl-37,其动力性能是首要的先决条件。在对多种发动机进行研究之后,普惠为波音727所设计的JT8D-22被选中,瑞典航空发动机公司很快就获得了为新飞机制造发动机的许可。然而,JT8D-22的设计方案中并没有使用加力燃烧室,所以瑞典方面不得不做出大量的修改。

外形方面,通过对一个按比例放大的早期设计,即具有双三角翼、装有"斯贝"发动机的项目1504B的研究,1962年2月萨伯提交的最终模型1534被正式批准,并在9月28日得到了回报——作为瑞典空军的未来战斗机而被正式采纳。

Fpl-37于1962年首次公开时,其新颖的机翼结构捕获了众多眼球。作为首次投入生产的具有鸭式布局的军用飞机,Fpl-37显然是一个创新。其鸭翼后缘的襟翼,与机翼后缘襟翼和升降副翼保持同步或者相反,这样"雷"式战斗机就能够避免过大的起降速度,这也正是同时期其他三角翼飞机的特征,如达索公司的"幻影Ⅲ"战斗机。

左图:试飞中的第2架和第3架原型机。第2架原型机未装备武器,第3架原型机内侧装备了电子对抗吊舱,并携有箔条投放器和曳光弹投放器

上图:与早期的"龙"式战斗机相比,"雷"式战斗机在性能上有着巨大的改进。此外,事实证明其具有更便捷的操纵特性

上图：萨伯的试验机群，这张缺少萨伯37-5的合照是在位于马勒姆的瑞典国防装备管理局测试中心拍摄的。其中的萨伯37-4在一个月后的1969年5月7日坠毁

能够在1640英尺（500米）长度的跑道起降是瑞典政府对设计者提出的首要要求之一，这一性能在当时没有任何战斗机可以匹敌。"雷"式战斗机笨重的外表掩盖了它重量很轻这一令人惊叹的事实，其最大过载为12g，这缘于蜂窝壁板和金属铰接技术在机身上的巧妙应用。

在飞行期间需对飞机进行保养，来确保"雷"式战斗机的正常运行，以便其在战时可以保持高出勤率。小修是必不可少的，因为瑞典空军所征召的半数的机组人员都只经过了10个月的训练，而在战时，80%的军事人员都将从预备役中征召。

人们很快意识到Fpl-37飞机将需要执行大量的任务，所以大量的不同改型计划被提出来。其中，AJ-37为歼击机，SF-37将取代"龙"式战斗机扮演的侦察角色，SH-37用来执行海上侦察和巡逻任务，SK-37是双座教练机。

### 原型机

AJ-37"雷"式战斗机模型37-0于1965年4月4日向媒体公开，并在1966年11月24日推出第一架原型机37-1。37-1于1967年2月8日进行首飞，机身以自然的金属光泽涂装，机头涂有瑞典国徽，而在进气口部位有一个象征雷神托尔的雷电标志（"雷"式战斗机），黑色的"SAAB37-1"喷涂在垂尾上。这架飞机被其测试飞行员埃里克（Eric）描述为"像一架运动飞机一样容易驾驶"，虽然他被注意到在短距着陆时机头上扬过高导致尾喷管被偶尔刮蹭。悲剧是，另外一名飞行员因其意外发射了弹射座椅，落在跑道上时降落伞没有打开而死亡。截至1979年，37-1已经飞行了约800小时，1133次航班，此后这架飞机被放置于一个瑞典的空军博物馆内。

37-2原型机于1967年9月进行了首飞，之后的一年又有两架原型机进行了首飞。37-2和37-3被用于武器携带测试，37-3是第一架配备了雷达和完整的航电系统的飞机。为了提高携带外挂油箱时的纵向稳定性，37-4的机翼上有一个锯齿。37-5于1969年4月15日首飞，它被用于军事试验。37-6进行了一系列的系统和武器测试，它是在1969年巴黎航展上飞行的第一架"雷"式战斗机。最后飞行的原型机是SK-37双座教练机，其在1970年7月2日首飞。第一批飞机于1971年开始交付，到1975年有4个瑞典空军中队装备有"雷"式战斗机。

### 萨伯SF-37"雷"式战斗机

这架SF-37"雷"式战斗机（调查照片）佩有位于诺尔雪平-布拉瓦拉的F13空军联队的标志，该联队的第一中队（空军第1侦察中队）是一个同时装配有SF-37和SH-37的侦察部队；第二中队装配的是JA-37战斗机。1993年，"雷"式战斗机的装配部队进行了彻底的重组。F13空军联队解散，其侦察中队并入F10空军联队，并取代了F10空军联队之前装配的"龙"式战斗机。

**风挡**
"雷"式战斗机的半球形单块式风挡给驾驶员一个极佳的视角，而且其对高速鸟类撞击事件的耐受力也被增强了。

**机翼**
在机翼后缘采用了液压驱动的两段升降副翼。机翼前缘为复合后掠式，并在外侧部位向前延伸，外侧的突出的弹头整流罩，可容纳雷达预警（RW）天线。

**前置相机**
SF-37由于被用于陆上侦察（而SH-37则执行海上任务）而拆除了所有的雷达，相应地在其头部装有一块供7个垂直和倾斜照相机使用的电池。

**折叠式尾翼**
飞机的垂直尾翼可以被折叠至左舷，用以缩小飞机的高度使其能够停放在瑞典的地下机库中。

**伪装**
所有的"雷"式战斗机、侦察机和教练机以及许多JA-37战斗机，都采用了独特的4色伪装涂装。这种由3种绿色和一种棕色组成（底部为浅灰色）的色调被称为"田野与牧场"伪装，该设计的主要目的是当飞机从分散的地点运行时，使其在地面上看起来不那么显眼。对上表面的喷涂是在硬缘不规则平板上进行的，这种平板的破坏性很容易使飞机的整体形状受损。

# "雷"式战斗机的不同型号和使用者

### 萨伯AJ-37"雷"式战斗机

20世纪60年代早期，萨伯开始研制一款能够在低空实现超音速飞行、高空飞行速度达到2马赫、且能在1640英尺（500米）的距离内完成起降的低成本的单座单发战斗机，用以取代当时的J-32战斗机。如果新飞机要被用于STRIL-60地面防空指挥系统以及BASE-90散布式概念应急跑道，这种苛刻的要求完全有必要。为了拥有良好的短场性能，萨伯首次使用了装备有副翼的鸭式前缘三角翼布局，并在RM8涡扇发动机上装有一个整体推力反向器。而在可靠性方面，飞机的动力装置基于普惠公司的14771磅（65.7千牛）的JT8D-22涡扇发动机，由瑞典航空发动机公司针对超音速飞行特别研发并制造。其携带有一个自主研发的加力装置，该装置可以使飞机起飞时的推力在26014磅（115.7千牛）的基础上提高70%以上。

为实现最小着陆距离，其自动着陆技术包括在飞机进行无平飘接地、主起落架油液式减震器针对每秒16.4英尺（5米）的速度进行空气压缩时，自动进场速度的控制，以及反推力的选择。最初的AJ-37战斗机不久就被命名为"雷"（雷电），其集合了其他许多在当时很新颖的功能，包括萨伯CK-37的微型数字式大气数据和导航/攻击计算机、主要飞行数据的雷达监视进场（SRA）抬头显示器和一个Cultler-Hammer机载仪表实验室（Airborne Instruments Lab，AIL）的微波着陆制导系统。一个火箭助推的弹射座椅给萨伯提供了零高度-零速度逃生功能。1968年4月5日，瑞典政府

授权瑞典空军订购175架AJ/SF/SH-37，计划从1971年开始交付。1969年，所有AJ-37的6架单座原型机开始执行任务，其中最后一架充分体现了最原始的战斗机改型。订单中的第一架飞机于1971年2月23日试飞成功，之后不久开始交付，6月在萨那特斯的F7空军联队中替换了J-32A"长矛"战斗机。到1975年中期，已有4个战斗机联队开始使用AJ-37。如今第一代AJ-37已经退役，它们或者被升级的AJS-37所替代，或者被新型的JAS-39"鹰狮"所替代。

### 萨伯JA-37"雷"式战斗机

为了能拥有一架兼具截击和对地攻击能力的飞机，萨伯研发了JA-37"雷"式战斗机。虽然其外表与歼击机的改型飞机相似，但这架截击机具有根本性的改变，如航电设备、武器、发动机，以及结构上的改进。JA-37上的主要传感器是爱立信的PS-46/A中脉冲重复频率多模式X-波段脉冲多普勒下视/下射雷达，其有4个空-空模式和一个范围超过30英里（48千米）的搜索模式。新的航电设备包括一个升级的拥有更高容量的辛格—基尔福特公司的SKC-2037中央数字式计算机和KT-70L惯性导航系统，萨伯—霍尼韦尔SA07数字式自动飞行控制系统，瑞典的无线电综合电子显示系统和一个雷达监视进场（SRA）抬头显示器。动力装置为沃尔沃研发的最大干推力为16600磅（73.84千牛）的大功率RM8B涡轮风扇发动机，其加力推力为28109磅(125千牛)，这个额外的动力可使JA-37在低空区域以1.2马赫的速度飞行，并可使其在高空区域以超过2马赫的速度飞行。机身的变化包括机翼拥有更高的过载，为了能够容纳改进后的发动机，机翼前部的机身向前延伸了4英寸（10厘米），像SK-37教练机一样，其垂尾也延伸了4英寸(10厘米)，并且每个机翼下有4个而不是3个升降舵助力器。按照这个计划，4架AJ-37原型机按照JA-37的标准被改装，就在瑞典空军订购首批30架"雷"式截击机之后的不久，第1架改装后的飞机于1974年11月27

日进行了首飞。1980年3月，瑞典政府批准第3批59架JA-37战斗机，使这一型号飞机的生产总量增加到了149架。"雷"式战斗机的最后生产总量达到了330架。瑞典空军计划在1978—1985年间，让JA-37替代J-35"龙"式战斗机并装备当时10个"龙"式战斗机防空中队中的至少8个。

如今，有大约77架JA-37在前线服役，是现役数量最多的"雷"式战斗机型号。

### 萨伯SK-37"雷"式战斗机

随着"雷"式战斗机成为瑞典空军的头号战斗机系统，瑞典空军迫切需要一个教练机版本的改型。SK-37(Skol，学校)"雷"式纵向双座教练机与AJ-37被同时开发。这个改型有些特别，它有两个分别为驾驶员和教官设计的独立驾驶舱。踏入后部的（教官）座舱，配有凸起的罩篷和双横向潜望镜，取代了一些电子设备和一个前部的油箱。部分燃油储存于永久安装在飞机腹部的油箱中。其他的改进包括为了弥补飞机因前机身下沉更深而产生的稳定性降低，把垂直尾翼增高了4英寸（10厘米）。由于它的高度，标准的AJ37垂直尾翼能够在地面上折叠起来，使其能进入SAF洞穴基地的机库。虽然它有雷达天线罩，但它并没有雷达，因此，没有雷达导航能力的它不得不依靠多普勒和测距仪（DME）。

## JAS 39A "鹰狮"战斗机

图中的飞机编码为39154，属于第二批"鹰狮"战斗机，于1998年6月交付瑞典空军使用。第7战斗机联队拥有两个"鹰狮"作战中队：第1中队（红色）和第2中队（蓝色）。

### 新型无线电系统

2000年年初，萨伯公司选择了德国罗德与施瓦茨公司为"鹰狮"提供新的战术无线电系统以替换原有的瑞典系统，使飞机可互相操作。德国罗德与施瓦茨公司的600系列便携超高频/甚高频通信系统可在30～400赫兹频率范围内工作。

### 武器装备

"鹰狮"的武器装备混合了战斗/防御各种类型，其机身内侧挂架上装备有2枚BK 90（DWS 39）型滑翔炸弹，机身外侧装载Bb99(AIM120)先进中程空空导弹，翼尖装载Bb74(AIM 9)型"响尾蛇"导弹，这种导弹将会被IRIS-T近程空空导弹代替。

### 醒目度

"鹰狮"战斗机不太显眼的标识、低可视度的颜色方案和小尺寸，使其在与敌人近距离混战时很难对付。不过，一些飞行员遗憾地指出，"鹰狮"的全息抬头显示器过大，造成很明显的因阳光反射而成的绿色闪光，有时这会暴露飞机的位置。

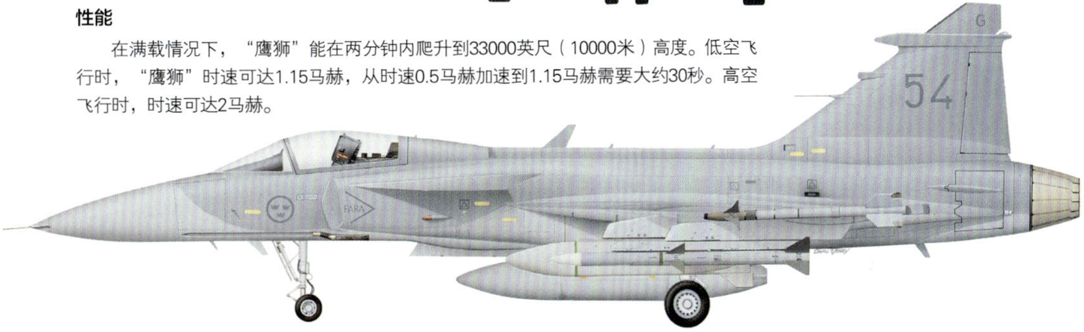

### 性能

在满载情况下，"鹰狮"能在两分钟内爬升到33000英尺（10000米）高度。低空飞行时，"鹰狮"时速可达1.15马赫，从时速0.5马赫加速到1.15马赫需要大约30秒。高空飞行时，时速可达2马赫。

战机均不会放置在仓库或预备役部队，都将进入服役状态。这种新的构架将在2000年7月1日生效，并于2003—2004年全部完成。

### 外销市场

随着国际冲突的减少，现代战斗机的成功更大程度上取决于其在海外市场的表现，这一点一直是萨伯公司的弱项。瑞典传统的政治中立地位及其独特的要求，阻碍了其海外市场的销售工作。"鹰狮"战斗机的部分系统和设备由美国制造，而美国禁止向政治上不友好的国家出售这些设备，而这些国家中恰恰可能存在"鹰狮"的潜在客户。此外，现代战斗机市场竞争进入白热化，"鹰狮"是第四代现役战斗机，却不得不与F-16、F/A-18、"幻影"2000、"阵风"、米格-29、苏-27和"台风"战斗机等机型进行竞争。

不过，"鹰狮"已经取得了一次巨大的成功。1999年12月3日，南非空军宣布购买28架"鹰狮"和24架"鹰"100战斗机，将在2005—2012年间由萨伯与南非的合资公司交付。当地公司负责提供新的全数字雷达系统、发动机组、通信控制系统、显示设备和武器挂架。

在欧洲，奥地利和匈牙利一直被看作"鹰狮"的潜在客户。但奥地利一直犹豫不决，匈牙利则购买了米格-29战斗机。于是，"鹰狮"又将目光转向捷克和波兰，这两个国家分别有36架和60架战斗机的购买需求。这一次，"鹰狮"强有力的竞争者主要是F-16和"幻影"。直到2000年秋，还没有最终的结果。

智利曾对"鹰狮"表现出很强的购买意向，巴西也表示出了兴趣，但政治上的顾虑影响了这两个国家的决定。智利曾一度同意完成这笔交易，但经济衰退最终导致交易流产。荷兰、新西兰、尼日利亚、菲律宾、罗马尼亚和斯洛文尼亚也都表示对"鹰狮"战斗机有兴趣。

下图：早期的"鹰狮"仅仅扮演空中防御的角色，只能装载"响尾蛇"导弹。随着科技的高速发展，其性能也得到了提升。图中这架"鹰狮"展示其装备的两种主要的空对地武器："幼畜"空对地导弹和DWS 39（BK 90）型机载弹药布撒器

# "美洲虎"战斗机研发

下图：XW563，英国第2架单座飞机，第7架样机，拆掉了照相机，在其轴线部位挂有两个1000磅(454千克)重的炸弹。当XW563的4个机翼挂架都被使用时，最多可携有7个同样重量的武器

英国皇家空军和法国布雷盖公司（Breguet）共同组成了"欧洲战斗教练和战术支援飞机制造公司"（SEPECAT）。该公司研制的"美洲虎"是现代喷气式飞机的一大进步，但其出口销售却遭到了达索公司的抵制。

1962年，英国和法国都意识到自己需要一架高性能喷气式教练机。英国皇家空军希望研发一款能替代"蚊"和"猎人"的飞机；法国空军需要一款性能介于"富加教师"（Fouga Magister）教练机和"幻影Ⅲ"之间，且能发展为强击机和歼击机的飞机。因此，该飞机的法语缩写为ECAT，意即战术战斗支援教练机。布雷盖（现在的达索公司）和英国飞机公司的沃顿分公司（之后的BAe沃顿）被选定参与这个项目，联合公司在法国注册，这反映了布雷盖的设计领导地位。该联合公司名为SEPECAT，即欧洲战斗教练机和战斗支援飞机制造公司，成立于1966年5月。"美洲虎"是第一次英法联军所使用的作战飞机，也是英国皇家空军第一架完全使用公制单位设计的飞机。英国皇家空军打算把它作为专用的高级教练机来使用，然而，法国的兴趣在于对地攻击机的短距起降性能。最终，英国皇家空军和法国空军都放弃了其战斗训练的功能，而将其作为单座的强击机和歼击机来使用，只保留了少量的双座飞机用于飞行员改装任务。

最初的设计目标是实现近距支援和日间封锁，为了使"美洲虎"便于携带武器，并作为武器平台在低空飞行的稳定性，对其配置和翼荷载进行了优化处理，动力装置采用罗尔斯-罗伊斯公司、透博梅卡公司合作研制的两台"阿杜尔"加力涡扇发动机。推力发动机的改进滞后于飞机的重量的逐步增长，导致了在天气炎热时"美洲虎"的动力严重不足，之后在英国皇家空军所出口的飞机中这一缺点被最终弥补。沿着整个机翼后缘的双缝襟翼改善了飞机的低速操纵性，副翼因外翼扰流板而被去掉。

首批8架"美洲虎"样机中的第一架实际上是法国制造的双座飞机，其在1968年9月8日首飞，不久之后，这批飞机接下来的几架就显示出了英、法两个版本之间的巨大差异。双方空军同意各自购买200架"美洲虎"战斗机，其中英国的订单中包括165架单座飞机和35架双座飞机，前者由其制造商命名为"美洲虎"S（歼击机），而英国皇家空军称其为GR.Mk1。GR.Mk1很快因其凿形的机头和装在机翼上部的吊舱而众所周知，它还装有一个费兰蒂（Ferranti）ARI23231激光测距器与标识目标自导导弹（Laser Ranging and Marked Target Seeker, LRMTS），和一个马可尼ARI18223雷达告警接收机。在其内部，GR.Mk1还装有一个马可尼GEC 920ATC导航/武器瞄准子系统（Navigation and Weapon-Aiming Sub-System, NAVWASS），这一系统可以将相关航线和目标信息投影在飞行员的抬头显示器上，同时驱动下视移动地图显示仪同步显示。

## 动力装置

最初生产的飞机的动力装置是两台"阿杜尔"MK101涡扇发动机，每台可产生5115磅（22.8千牛）静推力和7304磅（32.5千牛）再加热推力。为了使高效的发动机性能

右图：最初英国皇家空军的"美洲虎"是S06（图中所示近距离的飞机）和S07。S06用于存储和射击测试，后来在一次地面事故中被毁坏。而S07于1970年6月12日装备着欧洲的第一个数字惯性导航系统进行了首飞

左图：第一架"美洲虎"样机（E01）是一架法国双座战斗机（中），其垂直尾翼比之后的飞机要短，它于1968年9月8日在伊斯特尔进行了首飞。图中所示的另外两架是第二架（E02，后）和第三架（A03，前）样机

上图:在喷一层薄漆、装备马特拉"魔术"导弹和一个仿制的凿形机头之后,忠诚而又古老的S07/XW563就变成了国际化的"美洲虎"。当"美洲虎"在法国以外的地区销售时,每次面对达索公司竞争,英国国旗和法国国旗标志都会很快成为一个具有讽刺意味的笑话,后者总是推销他们的"幻影"F1

超过1马赫,在考虑了一种可变几何形状的进气口之后,最终决定采用固定系统以简化设计。在第一架"美洲虎"从伊斯特尔起飞之前,"阿杜尔"发动机从未在飞行中使用过,即使是在多发动机测试平台上。"阿杜尔"发动机的早期形式只是差强人意,它需要再加热推力来满足起降和超音速要求,因此其在"美洲虎"飞机的巡航飞行中被调整。它的燃油效率良好,这可为"美洲虎"发动机提供一双"健壮的腿",然而为了避免诸如进场发动机故障之类的意外事件,发动机应该具有额外的动力灵活性。

可利用的内部燃料是自封油箱内的920英加仑(4182升)的燃料:200英加仑(910升)在机身前部,258英加仑(1172升)在机身中部,252英加仑(1146升)在机身尾部,210英加仑(955升)在机翼。中线挂架和4个机翼挂架中内侧的一对,能够携带总共3个副油箱,每个可以容纳261英加仑(1187升)的可用燃料。"美洲虎"A和S的改装型号的机身前部右舷位置有一个可伸缩的加油探头,而一些法国的"美洲虎"E和阿曼苏丹国的"美洲虎"B在机头的前端是一个固定的加油探头。

英国的第一架"美洲虎"战斗机是一架单座飞机(S06样机 XW560),该飞机于1969年10月12日首次飞行。英国皇家空军的"美洲虎"GR.Mk 1在1973—1978年间分别交付给4个位于德国布吕根的核打击中队(编号:14、17、20和31),一个位于联邦德国拉尔布鲁赫的侦察中队(No.Ⅱ)以及英国科尔蒂瑟尔联队中第6、第41(侦察联队)和第54中队,这3个中队都负责为在欧洲的"北约"部队提供常规支持。

尽管没有雷达、导航仪和防空能力,但"美洲虎"相对于其替代的F-4"鬼怪"战斗机表现出一个重大进步——具有以前所未有的精确度定位并打击目标的杰出能力。飞机的全天候功能没有降低,而且,由于新飞机在低空具有非常高的飞行速度,使其更加难以被拦截。这架飞机也引进了一个常用的功能——从高速公路或高低不平的场地上起降的能力。

"美洲虎"B双座教练机改型的特征是机身加长了2英尺11英寸(0.9米),这是为了能够容纳第二个座椅,后座比前座高出了15英寸(38厘米)。这款飞机装备有完整的导航和攻击航电设备,但作战能力有限,因为它缺少激光器、空中加油探头或者雷达预警接收器,只安装了端口炮。英国的第一架"美洲虎"B战斗机即B08样机(XW566)于1970年8月30日首次飞行。英国分配了35架"美洲虎"B战斗机担任教练机的职责,这些"美洲虎"战斗机被命名为T.Mk2,并交付给了位于洛西茅斯的第229操作转换训练部队和每个中队,飞机分别被用来进行飞行员改装训练及补充训练。之后一共有14架T.Mk2战斗机被升级为T.Mk 2A——安装了具有更多功能的FIN1064导航/攻击装置,并且安装了MK104发动机。

## 海军版本

"美洲虎"的海军化是这款飞机不尽如人意的故事中的一部分。"美洲虎"M战斗机是一款基于A型战斗机的单座海军飞机,但其拥有更坚固的机身、更强的起落架、一个加长的前起落架支架、一个强度为5.5克的着陆拦阻挂钩,以及一个标配的激光测距器。

M05/F-ZWRJ是这款飞机的样机,它在1969年11月14日在默伦-维拉罗什首飞,11月21日转入伊斯特尔飞行试验中心。M05在4月20日将被运往位于英国贝德福德的皇家空军基地,在皇家空军的发射器和虚拟甲板上进行着舰和起飞试验,在被运离这里之前,M05用了几个月的时间进行甲板着陆练习。

在对飞机结构进行详细检查之后,"美洲虎"M于7月10日在海上进行了第一次弹射起飞。在进行了12次起降后,试验于7月13日结束。M05于1971年6月24日—7月14日期间返回了贝德福德,并增加了外挂,为海上航母作战做准备。1971年10月20—27日之间,在同一艘船上,M05进行了第二组连续20次起降试验,这架飞机的起飞重量达27170英镑(12325千克),着陆重量为20680英镑(9380千克)。然而,法国海军对于"美洲虎"的成本很不满,因为这意味着他们只能买得起所需战斗机总数的一半(50架),而他们需要100架新战斗机来替换达索公司的"军旗Ⅳ"。一项研究显示,同样的钱(16亿法郎)能购买75架A-4"天鹰"(Skyhawk)攻击机,即使LTV公司的A-7"海盗"(Corsair)攻击机也是可以被考虑的。

达索公司随后提出了一个"超级军旗"的建议。该公司于1971年收购了布雷盖飞机制造公司(Breguet),有"美洲虎"战斗机一半的份额,在"军旗"和"幻影"项目中有100%的份额。政府在1972年11月下达指令,命令达索公司不能推进"超级军旗"计划。但两个月后,法国空军宣布了一个令人吃惊的消息——"超级军旗"已经被选定为"美洲虎"战斗机的替代机型。

在SEPECAT合作项目中的英国方面始终怀疑,其新的合作伙伴达索公司认为"美洲虎"相对于"幻影"来说是鸠占鹊巢,达索公司将不惜一切代价来提升其自有产品的性能,以取代须与英国进行利益均分的"美洲虎"。

右图:这款只生产了一架、并有望成为杰出舰载战斗机的"美洲虎"M原型机,在测试期间正在"克里蒙梭"号航空母舰的甲板上着陆。达索公司试图让大家相信双发的"美洲虎"的性能表现平平,然后再趁机卖给倒霉的海军航空部队单发的"超级军旗"战斗机

右图:早期的皇家空军"美洲虎"(未装备激光测距和目标指示跟踪器)携带有早期的战斗负载,其中内侧串列悬挂有1000磅(454千克)的流线型炸弹,外侧挂有可以装载19枚SNEB火箭弹的吊舱。飞机的中线位置携有一个264英加仑(1200升)的副油箱

# "美洲虎"的英国使用者

上图：在"美洲虎"战斗机的巅峰时期，英国皇家空军号称其位于联邦德国境内的空军基地中有不少于5个中队装备了这一款飞机。其中4个在布吕根空军基地组成了一个具有核攻击能力的空军联队，另一个在拉尔布鲁赫空军基地（与"掠夺者"战斗机一起）扮演着战术侦察机的角色

在各种情况下，无论是在英国国内还是在德国，"美洲虎"在其装配的中队中都替代了"鬼怪"的攻击/战斗、侦察的职责。3个基地位于英国本土的联队的"美洲虎"飞机至今仍继续提供着有价值的服务。

## 第Ⅱ（陆空合作）中队

在英国皇家空军的德国空军基地，第Ⅱ中队负责战术侦察任务，由"鬼怪"战斗机所装配的第Ⅱ中队位于拉尔布鲁赫，它在1976年2月26日接收了第一架"美洲虎"战斗机（两个机型如下图）。最后一架"鬼怪"战斗机在7月离开该中队，其在此时宣布将于10月份运行这款新型战斗机。在大多数行动中，"美洲虎"携带有BAE的中心线侦察吊舱。由于第二中队更换了"狂风"GR.Mk 1A，"美洲虎"时代于1988年年底终结。"美洲虎"在12月16日完成了最后一次飞行任务。

## 第14中队

曾经装配了"鬼怪"战斗机的第14中队，于1975年4月7日成为第一个英国皇家空军联邦德国境内空军基地的"美洲虎"使用者，然而直至当年12月仍未完成飞机的全部换装。基地位于布吕根的第14中队同样也是英国皇家空军联邦德国境内空军基地中"美洲虎"的最后使用者。这一中队的"美洲虎"战斗机在1985年10月14日执行了最后一次任务，此时"狂风"GR.Mk 1已经显示出了其强大的实力。

## 第6中队

第6中队在1974年10月2日换装"美洲虎"，以替代之前的"鬼怪"战斗机。在搬到这一中队如今的驻地科尔蒂瑟尔之前，"美洲虎"的第一个月是在洛西茅斯度过的。这一中队的飞机垂尾印有英国皇家炮兵团"枪手的条纹"图像，并在进气口一侧拥有非官方的"飞行的开罐器"标记。在冷战时期，一旦发生战争，第6中队将被部署于丹麦的特斯恰普。当前，该中队是3个以科尔蒂瑟尔为基地的"美洲虎"中队之一，并正在换装升级版的GR.Mk 3/ T.Mk 4。就像其他现存的"美洲虎"中队一样，其在"格兰比"行动（海湾战争）中提供了飞机和机组人员支持，并分担了在意大利和伊拉克的维和部队的人员配置工作。

## 第17中队

第17中队的黑白交叉的锯齿形标志和"长手套"徽章（为纪念这一中队曾经装备的格罗斯特"长手套"飞机）在1975年6月首次出现在"美洲虎"战斗机的身上。其时这一新型飞机开始首次取代"鬼怪"FGR.Mk 2，这一换装在1976年2月完成。作为布吕根空军联队的一部分，"美洲虎"战斗机负责执行各种攻击/强击任务，包括战术核打击。1984年8月16日，该中队收到第一架"狂风"GR.Mk 1，直到1985年3月1日，换装工作彻底完成，"美洲虎"编制被解散。下图为一架第17中队的"美洲虎"战斗机与德国空军的一架F-104G"星"式战斗机在空中互动。

### 第20中队

第20中队是唯一一个从"鹞"式战斗机而不是"鬼怪"战斗机换装"美洲虎"的中队。"美洲虎"战斗机于1977年1月开始抵达布吕根，此时，第20中队还在维尔登拉特空军基地使用"鹞"式战斗机。装备机型和基地的变更在当年的3月1日完成，这一中队开始同位于布吕根的其他中队一起共同执行攻击/强击任务。"美洲虎"在该中队的服役时间相对较短，仅到1984年的6月24日。第二天这一中队就成为一个现成的"狂风"GR.Mk 1中队。在装备了"狂风"战斗机以后，第20中队成为唯一一个装备过当前皇家空军所有3种战斗机的中队。

左图：英国皇家空军位于联邦德国境内的"美洲虎"使用了淬硬飞机护层（hardened aircraft shelters，HAS），而位于英国本土的"美洲虎"并未采用这一措施

### 第41中队

第41中队是位于英国本土的一个侦察机中队，其基地位于科尔蒂瑟尔，但在战时这一中队的基地将搬至挪威的特罗姆瑟。第41中队在1977年4月1日宣布开始使用"美洲虎"代替"鬼怪"战斗机。这一中队的"美洲虎"战斗机普遍携带有中心线多传感器吊舱（见下图），且连同机组人员参与了两次海湾战争，并服役至今。

### JCT/226 OCU/第16（预备役）中队

"美洲虎"的飞行员训练于1973年9月在洛西茅斯开始进行，最初是在"美洲虎"转换团队（Jaguar Conversion Team，JCT）的支持下开展的。随着第54中队的飞行员完成训练，这一训练团队被正式命名为第226操作转换部队（226 Operational Conversion Unit，226 OCU）。在关于"美洲虎"战斗机的训练的巅峰时刻，OCU在1974年11月11日开始分裂为第一和第二两个中队。不久以后第1中队就被解散，这之后不久，第2中队在飞机的机头侧面涂装了一个"跳跃的美洲虎"标记。1977年，在"美洲虎"的进气口位置首次出现了226 OCU的"火炬和箭筒"的标志，随后（从1981年开始）在飞机垂尾出现了格子状条纹。一个两位代码被在多处应用（见右图）。1991年11月1日，226 OCU被指定为"影子中队"（第16中队），这一中队的"圣徒"标志开始出现。之后这一中队被正式命名为第16（预备役）中队（见下图），而所有关于226 OCU的痕迹都被抹去。在其整个历史记录中，训练团队始终位于洛西茅斯，并在该基地西侧的一个飞机库/停机坪综合体进行操作训练。

### 第31中队

第31中队是第3个位于布吕根的空军中队，它在1976年1月开始换装"美洲虎"战斗机，而直到当年7月1日，最后一架"鬼怪"战斗机才正式退役。在1984年6月13日至11月1日期间，第31中队完成了从"美洲虎"到"狂风"GR.Mk 1的换装。

### 第54中队

英国皇家空军的"美洲虎"战斗机前线作战单位（第54中队）于1974年7月1日在洛西茅斯官方宣布开始换装这一飞机，而事实上这一中队的人员在当年的3月就已经开始接受这一款战斗机的相关训练。1974年8月8日，第54中队搬至位于科尔蒂瑟尔的"美洲虎"操作基地。就像第6中队一样，第54中队是"北约"指定的区域增援中队，其在战时的基地位于特斯罗普。这一中队驻地如今仍然位于科尔蒂瑟尔，当前装备的飞机为GR.Mk 3/T.Mk 4。

### 试验部队

有4个MOD测试部门对"美洲虎"战斗机进行测试。第1个是位于博斯坎比的飞机与军械实验研究所，他们对这一款飞机进行性能测试。在过去的一年中，一些飞机被分配给固定翼测试中队，2架"美洲虎"T.Mk 2同样位于博斯坎比的ETPS特别采购。这两架飞机在事故中报废，被两架皇家空军的飞机所取代，之后它们被学校采购用于执行快速喷射处理工作中的"波纹"（ripple）计划。之后又有至少4架"美洲虎"加入了"波纹"计划，为位于法恩伯勒的皇家飞机研究院[Royal Aircraft Establishment，后被重命名为皇家航空航天研究院（Royal Aerospace Establishment，RAE），然后是国防研究局（Defence Research Agency，DRA），最终被命名为国防设备研究局（DERA）]和其他基地提供各种系统测试和航空医学研究服务。最后一个测试部门是攻击/强击操作评估部门（Strike/Attack Operational Evaluation Unit，SAOEU），这是空军战斗中心的一部分。顾名思义，这个部门主要负责为皇家空军的攻击联队进行武器、系统及战略测试，他们测试的机型还有"鹞"式战斗机和"狂风"战斗机。

两架带有"树莺波纹"的"美洲虎"T.Mk 2样机，分别是国防设备研究局（Defence Equipment Research Agency，DERA）的ZB615（见上图）和XX145（见左图），其中两架XX145中的一架为英国帝国试飞院学校（Empire Test Pilots' School，ETPS）服务。这两架飞机现在都在博斯坎比基地服役

# 法国"美洲虎"

"美洲虎"战斗机在法国空军服役的26年生涯中主要被用作4种角色——战略前核打击、常规战略空中打击,电子支援,电子战和防御抑制。法国"美洲虎"在1991年对伊拉克战争中和更近的多国部队中扮演着重要角色,也曾在非洲执行过战斗任务。

下图:其空对空受油探管扩展安装在右舷一侧,能够从C-135FR加油机中迅速获取燃油。法国"美洲虎"是"红隼"行动(法国1995年在波斯尼亚的军力部署)中的一部分

**多国部队**

法国在圣达菲的战斗力量包括12架"美洲虎"A(来自EC 1/7,EC 2/7和EC 3/7),它们主要被用来执行激光制导武器的精确打击任务。下图展示的是一架装备单个"马特拉"BGL-1000激光制导炸弹的飞机,目的要在中心线上安装ATLIS II导弹。

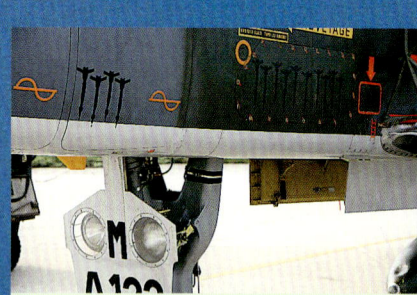

勒克布尔转型为印度装配的带有DARIN的飞机。第三批中包括8架"美洲虎"IM，专门用于带有X波段多功能火控雷达的海事飞机和准备从中心线挂架发射"海鹰"空对地导弹。印度海军版"美洲虎"在普纳装备了第6中队（代号"飞龙"），和该中队既有的"堪培拉"夜间攻击机共同服役。

在接收了由印度航空公司装配的45架"美洲虎"战机之后，又有56架"美洲虎"将被生产，但是印度又进一步采购了大部分由英国BAe公司提供装备的31架飞机（全部都是单座飞机）。一个额外15架飞机的订单在1989年（在1988年1月批准的）被取消了，然后在1993年又被同意了。这些飞机中有4架是海军版"美洲虎"，装备有埃尔塔EL/M-2032雷达，这种雷达也将出现在保留下来在第6中队服役的"美洲虎"IM之中，然而在2000年印度又订购了更多的"美洲虎"战机。

## 机群升级

印度具有优越的条件来升级它所有的"美洲虎"舰队，尤其是对于最原始的装备攻击武器瞄准次系统的"直供"飞机，因为攻击武器瞄准次系统已经被认为应该淘汰了。报道称，为了整合以色列Litening激光指示器吊舱对大量双座"美洲虎"飞机进行了有限升级，还测试了一系列的"秘密"优化处理，它们可能会被接受成为一个机队。

一些资料认为印度"美洲虎"升级可能包括俄罗斯航空电子系统的整合，以确保和其他服务平台的兼容性。然而，这似乎是不大可能的，而印度对"美洲虎"97式升级项目感兴趣的报道似乎更加可信。

上图：作为印度空军西部司令部的一部分，第14中队将"美洲虎"1S用作深度打击的角色。这种飞机为了自身防御使用翼上发射架来携带R550"魔术"空空导弹

## 国际型"美洲虎"1M

这种飞机是早期配备X波段雷达反舰"美洲虎"1M中的一种，它在作为西南空军司令部所辖第二联队一部分的第6中队中服役。这里是它在1991年驻扎普纳期间时的样子。第6中队（绰号"飞龙"）的徽章是一种像龙的动物，其两侧是镶有红色菱形的白条。

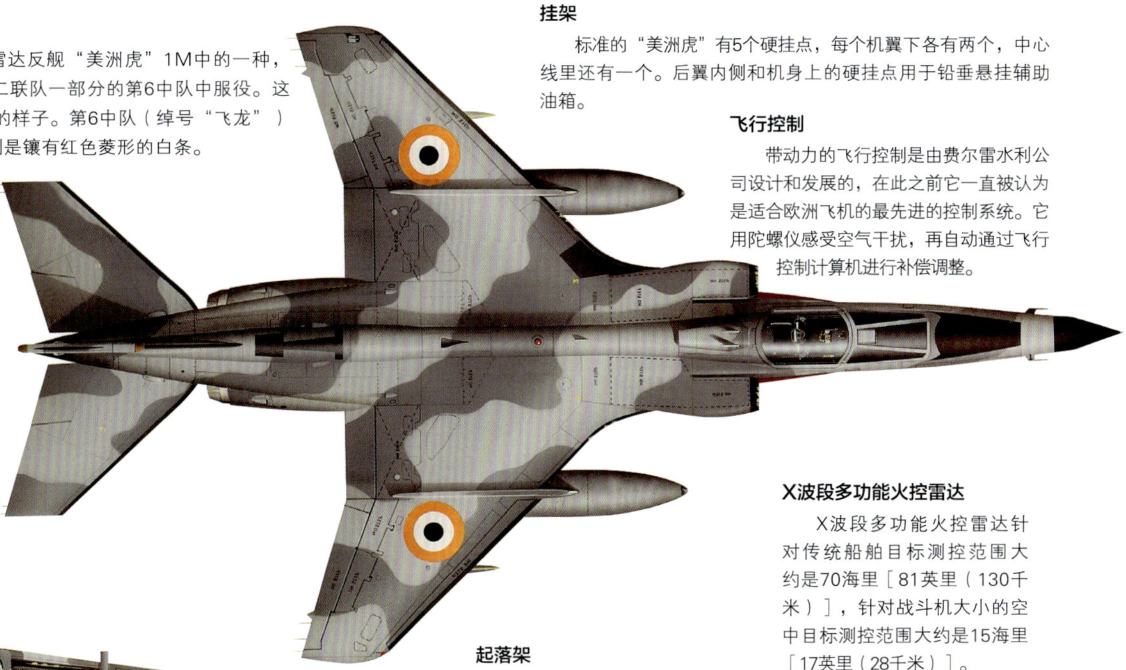

### 海洋伪装

普纳第6中队的蓝灰交互掩盖的"美洲虎"1M是印度空军现役飞机中唯一一个具有海洋伪装功能的飞机。这种军用飞机的国家标志由藏红、白、绿三色圆盘和鳍闪光灯构成，而私人飞机的标志则是英国皇家空军风格的两个字母或三个数字组成。这连续的三个字母也出现在机首轮门上。

### 挂架

标准的"美洲虎"有5个硬挂点，每个机翼下各有两个，中心线里还有一个。后翼内侧和机身上的硬挂点用于铅垂悬挂辅助油箱。

### 飞行控制

带动力的飞行控制是由费尔雷水利公司设计和发展的，在此之前它一直被认为是适合欧洲飞机的最先进的控制系统。它用陀螺仪感受空气干扰，再自动通过飞行控制计算机进行补偿调整。

### X波段多功能火控雷达

X波段多功能火控雷达针对传统船舶目标测控范围大约是70海里[81英里（130千米）]，针对战斗机大小的空中目标测控范围大约是15海里[17英里（28千米）]。

### 起落架

"美洲虎"拥有强固结实的起落架，尤其适用于高速率下降和粗糙的地面。该种起落架由Messier-Hispano-Bugatti公司制造，使用了邓禄普机轮和低压轮胎，其起落架由每个前伸缩主要单元上的单个伸缩回前轮和双主轮组成。

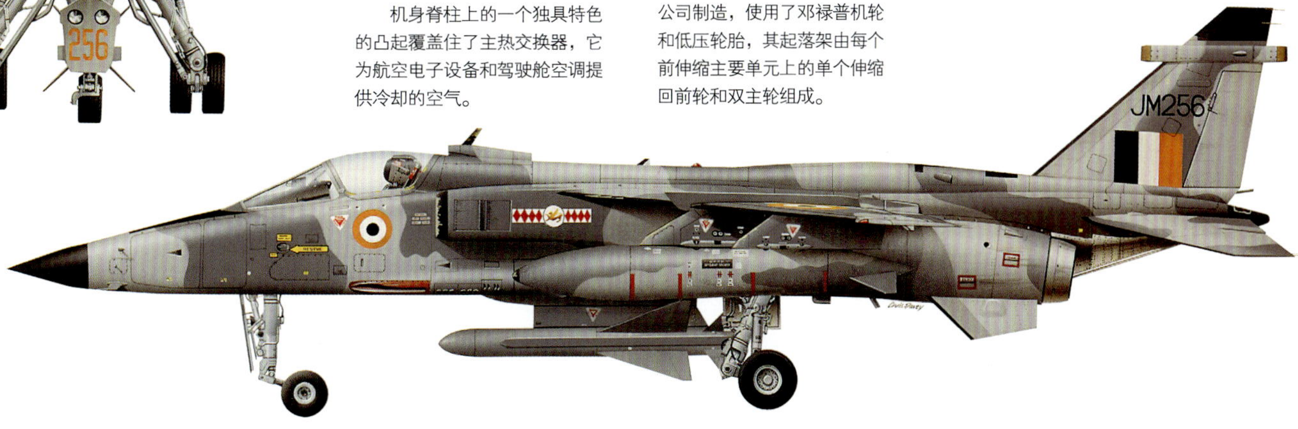

### 热交换器

机身脊柱上的一个独具特色的凸起覆盖住了主热交换器，它为航空电子设备和驾驶舱空调提供冷却的空气。

左图：这支编队由英国皇家空军驻科提肖联队所辖各部队的各一架"美洲虎"组成。它们的武器代表了"美洲虎"新的精确打击能力，也即激光指示吊舱和激光制导武器

# 英国皇家空军"美洲虎"升级

英国皇家空军老迈的"美洲虎"战机正在改造新系统和武器。这一过程将使得它们成为英国皇家空军所有现役机型中可能是最有能力的"全能"战机，具有强大的精确打击和自我防护能力。

"美洲虎"在海湾战争中的表现展示出它固有的多功能性、可维护性和可部署性，并且帮助克服了由于一项经济举措而过早从英国皇家空军撤消这种机型的现实压力。

这种飞机的灵活性和简易的维修以及英国皇家空军"美洲虎"部队的长期海外部署能力，使得"美洲虎"成为后冷战时代最完美的飞机。它成为支持"北约"和联合国海外维和及停火监督任务部署的首选飞机。

"北约"在前南斯拉夫的行动反映出，英国皇家空军在自助精确引导递送军需品能力方面存在严重不足，因此也导致了一个紧急项目成立，那就是在最短时间里引进激光制导能力并投入使用。相关工作已经在进行之中，它将热成像机载激光指示器吊舱(美国通用电气公司的热成像机载激光指示器)吊舱整合到英国皇家空军"狂风"战机之中，在此之前的"沙漠风暴"行动中已用5架飞机装过这种热成像机载激光指示器吊舱作为备用，但是仍很难从合同上加速这一进程。同时，英国皇家空军的"鹞"战机的整合平台上已经拥有了足够多的新武器和传感器，这使得"美洲虎"成为最合乎逻辑的下一代激光指示器整合的平台。一架国防研究机构（DRA）的"美洲虎"事实上已经装备了热成像机载激光指示器吊舱，为了进行旨在探测单座快速喷气式飞机中使用挂架的可行性通用试验。这些试验旨在证明"鹞"GR.MK 7战斗攻击机上也能使用吊舱，同时也有展示"美洲虎"作为热成像机载激光指示器吊舱平台的合适性的影响。

因此，英国皇家空军对快速热成像机载激光指示器吊舱整合的"紧急作战需求"（UOR）就围绕在给12架"美洲虎"——10架单座飞机（后来指定名称为GR.MK 1B）和两架双座飞机（T.MK 2B）——提供热成像机载激光指示器吊舱整合而展开。紧急作战需求于1994年6月被提出，接着1995年5月在波斯尼亚两架飞机试飞了热成像机载激光指示器吊舱任务。这是一个值得关注的成就，特别是因为GR.MK 1B也收到了一个美国军用标准的1553B资料汇流排、全球定位系统装置和一个数字移动地图。"紧急作战需求"的工作由英国皇家空军圣安森基地和下波斯坎比国防设备研究所(DERA)合作完成，而不是由该飞机原始制造商英国BAe公司完成。

"美洲虎"GR.MK 1B以自己独特的配置在波斯尼亚翱翔，在其翼下非对称地携

左图：一架"美洲虎"96的驾驶员座舱展示出新的数字移动地图显示仪和来自"狂风"F.MK 3的操纵杆。"美洲虎"97进一步得到了来自激光指示器和侦察传感器的图像显示仪

上图：引人注意的是，很多"美洲虎"的改进之处都是以花费促节省为初衷，实际上通过它提升的可靠性、保障性和可持续性来节省花销

上图：xx108，一款早期的"美洲虎"产品，经常被英国BAe公司和下波斯坎比国防研究机构用来进行各种各样的实验和测试。作为唯一的完全机械化装备的"美洲虎"，它通过进行航空动力学测试来清晰显示激光指示器和非对称武器运载的荷载量

带有一个中心线油箱、激光制导炸弹和热成像机载激光指示器吊舱，但同时也有能力变成指定的（"强化"）带有其他两个翼下油箱和中心线热成像机载激光指示器吊舱的引导激光制导炸弹的飞机。这种配置的"美洲虎"在"蓄意力量行动"中变成了"鹞"GR.MK 7战斗攻击机。这个成功和相对较低的"紧急作战需求"升级成本引导英国皇家空军装备部去全面将其余"美洲虎"升级到类似标准。

## "美洲虎"96式升级组合

英国皇家空军雄心勃勃地为"美洲虎"

## "美洲虎" GR.MK 3

涂着第54中队的标志,这架"美洲虎"97式(特指现役GR.MK 3)拥有全域升级的驾驶员座舱、通信和自我防护系统。它携带两枚传统精确激光制导炸弹。

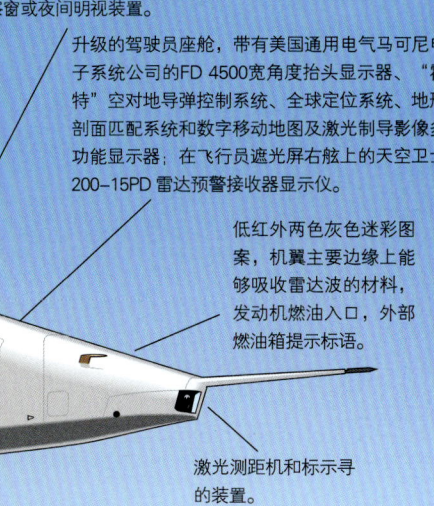

- **AIM-132 先进短程空空导弹。**
- **Hunting BL755航空子母炸弹。**
- **尾部带有玻利维亚箔条干扰弹投射器的翼上公用滑轨式发射架。**
- **拖曳雷达诱饵。**
- **Vicon 78箔条干扰弹/曳光弹投射器可能替换目前的AN/ALE-40单元。**
- **CPU-123/B "铺路" Ⅱ激光制导炸弹。**
- **后部截面上带拖曳雷达的改良ALQ-101(V)-10引擎控制模块挂架。**
- **美国通用电气马可尼电子系统公司制激光指示器吊舱。**
- **AN/ARC 164 "快速" 安全超高频无线电天线。**
- **飞行员的美国通用电气马可尼电子系统公司的密封头盔观察窗或夜间明视装置。**
- **升级的驾驶员座舱,带有美国通用电气马可尼电子系统公司的FD 4500宽角度抬头显示器、"霍特"空对地导弹控制系统、全球定位系统、地形剖面匹配系统和数字移动地图及激光制导影像多功能显示器;在飞行员遮光屏右舷上的天空卫士200-15PD雷达预警接收器显示仪。**
- **低红外两色灰色迷彩图案,机翼主要边缘上能够吸收雷达波的材料,发动机燃油入口,外部燃油箱提示标语。**
- **激光测距机和标示寻的装置。**
- **右舷ADEN30毫米口径机炮(可以移走)。**

制订了一个两阶段升级计划,以求达到所谓"美洲虎"96式和"美洲虎"97式的配置,虽然当得到正式服役型号时,所有飞机将还是被称为"美洲虎"GR.MK3或"美洲虎"T.MK 4。过渡时期的"美洲虎"96式最具特征的就是它的新式抬头显示器,它是为数字移动地图而准备的(虽然不是所有的飞机都有新的显示屏幕),还有全球定位系统和基地Terprom地形参考导航系统。这给予该机一定程度的被动地形逃脱或预警能力,并且能够为武器递送提供精确的测距修正。4架"美洲虎"96式是热成像机载激光指示器吊舱可兼容的,其他更多的能够携带侦察感应器,主要是云顿系列603 GP(1)。"美洲虎"96式是一种过渡机型,所有保留下来的"美洲虎"96式都将被转变成"美洲虎"97式的配置。第一架升级成"美洲虎"96式标准的飞机是XX738,这架飞机于1996年1月首飞。

全标准的"美洲虎"97式有一个为热成像机载激光指示器吊舱信息和数字移动地图而准备的更先进的液晶显示器,并且所有的"美洲虎"97式飞机都对热成像机载激光指示器吊舱和侦察吊舱兼容。"美洲虎"97式也将整合头盔瞄准具和一个新的任务规划器,它还可能会获得新武器,其中包括先进短程空空导弹,甚至还可能装配诸如拖曳雷达诱饵这样的系统。头盔瞄准具将能够提示飞行员注意前向目标或障碍物,并且也能够提示热成像机载激光指示器吊舱或正面向上的空空导弹导引头,因此,这些给予了"美洲虎"极其强大的自我防护能力。

其他可能的"美洲虎"98式配置附加物包括一套前视红外系统,高级电子对抗装置,一套例如英国BAe公司的"警报"反雷达导弹系统,甚至还有一套JTIDS或MIDS战术资料链。即使没有这些功能,"美洲虎"GR.MK 3也是在役战斗轰炸机中最具能力的飞机之一,因为它具有很多为下一代"台风"战斗机而设计的相同的系统。

### 升级的发动机

"美洲虎"升级伴随着大量其他的项目。有鉴于这种飞机推力不足,"美洲虎"97式将装备一个新的更大推力的"阿杜尔"MK 106发动机,比目前装备的MK 104发动机提升了25%的推力。最终,所有的"美洲虎"97式都将能够携带侦察感应器,包括已达到最高水准的GP(1)EO电光侦察吊舱。这一系统将使得第41(F)"美洲虎"中队跻身世界上最具能力的战术侦察平台。

### 升级的"美洲虎"武器和库存材料

为了开展各种不同的"美洲虎"升级,新的武器正在被阶段性地清除。虽然右舷的机炮将被拆除,但仍将保持两门30毫米口径的"阿登"机炮这一国内武器标准不变。升级后的"美洲虎"将保留一些在"沙漠风暴"行动中被迅速清除的武器。用于中等烈度轰炸的美国CBU-87来炸弹提高了用来低等级作业的Hunting BL755,而高速火箭中的加拿大CRV-72(70毫米)被证明针对伊拉克装甲和坚硬的固定目标极其有效。它们能携带在7发备弹或19发备弹的发射架中。为了防御伊拉克的空中威胁,英国皇家空军的"美洲虎"装备了AIM-9L"响尾蛇"空空导弹,它们就像最开始的国际型"美洲虎"一样,被挂载在翼上导弹挂架之中。"美洲虎"97将装备共轨发射器,其尾部带有箔条干扰弹发射器和AIM-132先进短程空空导弹,这种导弹与密封头盔提示系统整合使用,将使"美洲虎"获得比AIM-9"响尾蛇"导弹更大的离轴角发现目标的能力。

然而,"美洲虎"将在精确打击领域得到它最有效的改进。标准的英国1000磅(454千克)炸弹能变换成为"铺路"Ⅱ激光制导工具以成为CPU-123/B激光制导炸弹。美国2000磅(907千克)GBU-24"铺路"Ⅲ激光制导炸弹将大幅提升低等级作业能力和平衡范围,这种炸弹已经在一架"美洲虎"中实验投放过。这种武器最近被英国皇家空军采购来装备它的"狂风"GR.MK 1和"鹞"GR.MK 7战斗攻击机。目前,"狂风"的显示系统是皇家空军唯一的英国BAe公司"警报"反雷达导弹发射平台。这种武器的整合将使得"美洲虎"成为最具能力的防空压制飞机。其他可能并行的小型伤敌武器包括500磅(227千克)激光制导炸弹,如美国GBU-12B/D、马弗里克激光空对地导弹、"地狱之火"或"硫黄"反装甲导弹。一架下波斯坎比国防研究机构研制的"美洲虎"96式暴露出它的尖牙利齿。排列在地上的是"警报"反雷达导弹、CPU-123/B、1000磅和BL755炸弹、客户需求手册、菲玛特和ALQ-101吊舱。同时也携带CRV-7火箭吊舱,还有翼上先进短程空空导弹。

# 波斯尼亚战场上空的"美洲虎"

在"格兰比"行动中取得显著成功之后,得益于有用功能的协调性和简单快速的可部署性,英国皇家空军的"美洲虎"重获新生。

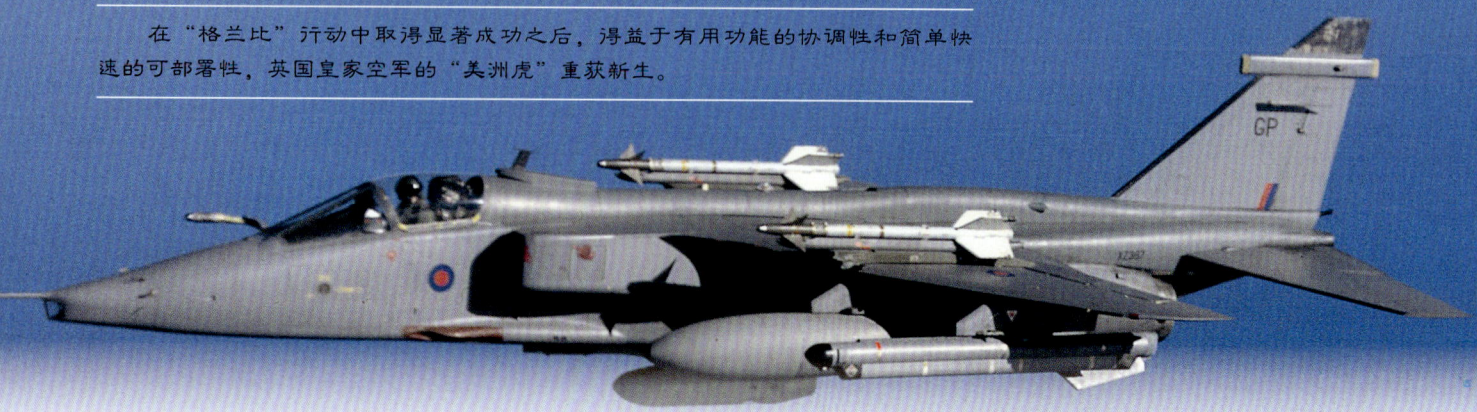

在英国皇家空军"鹞"式战斗攻击机受机场表面和飞机运营部的注意事项(证明不能从诸如开罗西部的基地起飞)束缚限制之时,"美洲虎"能够在无论任何有足够长跑道的地方起飞,尽管缺乏推力意味着"高热"性能可能是临界状态。此外,一个中队只需借助最小的地面支持就能在一瞬间完成部署展开。

当"狂风"战机深陷伊拉克行动泥潭,在沙特阿拉伯和科威特维持分遣队之际,"美洲虎"和"鹞"战斗攻击机轮流在伊拉克北部(从土耳其行动)和巴尔干半岛(从意大利起飞)执行任务。

"美洲虎"战机首次于1993年7月16日部署在焦亚德尔科尔,与此同时第6中队部署了12架飞机参与禁飞行动。"美洲虎"也在"北约"在波斯尼亚展开持续战斗巡逻所采用的诸多战斗轰炸机之列,时刻准备着回应来自"北约"地面部队的快速反应支援请求。"美洲虎"不久之后被用来进行娴熟飞行的模拟攻击,不停地盘旋以确保敌军火力消停。它们也执行重要的侦察任务,通常使用两架飞机,一架携带原始的英国BAE公司建造的侦察吊舱,另一架携带"云顿"型18系列603远距离倾斜航空摄影(LOROP)吊舱。有时一对侦察机会由一架在其上方飞行的携弹"美洲虎"陪伴。部署的"美洲虎"将完全达到"格兰比"标准,带有Have Quick无线电广播设备、翼上"响尾蛇"导弹发射架和一个综合的防御援助单元,这其中包括干扰丝发射器、翼下AN/ALQ-101电子对抗设备和菲玛特箔条吊舱。他们通常携带翼下燃油箱,使得中心线挂架能够用来携带一个侦察吊舱或1~2个1000磅(454千克)炸弹。这种飞机总体上被漆成浅灰色的图案,所有的中队标志也都被移除。由3个中队轮流控制分遣任务。

## 坦克轰炸

当1994年9月22日第41(F)中队袭击一

下图:这架第45中队的"美洲虎"腹部紧挂着一个热成像机载激光指示器吊舱,也提供了一个很好的视角去观察菲玛特吊舱,该吊舱已经变成了这种类型飞机上右舷外塔上几乎永久性的固定装置。在武器方面,"美洲虎"只搭载了AIM-9"响尾蛇"飞弹和机炮

上图:两架"美洲虎"以一架侦察机(前面的飞机)和一架轰炸机编队队形,在亚得里亚海上空的某位置等待着加油机为它们轮流加油。"美洲虎"动力的不足被它突出的多功能性和有用的"僚机机载激光指示器"所弥补

个压制"北约"最后进场航道的塞尔维亚坦克时,"美洲虎"首次投入行动。塞尔维亚为报复攻击了关闭了两周半时间的萨拉热窝机场。

两架英国皇家空军的"美洲虎"在1995年12月21日"北约"空袭位于乌德比纳的克

上图:相对而言,FOD-free(飞机运营部)基地可以提供的东西在于,"鹞"GR.MK 7战斗攻击机是一个极具攻击能力的平台。和装备热成像机载激光指示器吊舱的"美洲虎"协助工作,这种类型的飞机能够向塞尔维亚的目标投放激光制导炸弹

上图:这架"美洲虎"的装备完全是针对巴尔干半岛的战斗任务,它配备有一对可活动1000磅(454千克)炸弹、翼上"响尾蛇"导弹和一套完整合身的吊舱和油箱

拉伊纳维族空军基地行动中投放了无制导的1000磅炸弹,还两次出机实施空中突击效果侦察。所有的这4架飞机都由来自第54中队的飞行员驾驶。

甚至在乌德比纳袭击之前,已成为明显事实的是英国皇家空军在波斯尼亚军事行动中处于被排挤的危险之中,因为它缺乏足够的自主激光指引能力。与日俱增的避免间接损害的需求越来越强调激光制导炸弹和其他精密制导武器的使用,但是在行动区内严重缺乏空中指示能力。

英国皇家空军的"海盗"战机已经在1993年期间退役,连同其一起的还有他们的"铺路钉"吊舱。然而在帕纳维亚的"狂风"/热成像机载激光指示器吊舱组合体(在"格兰比"行动期间是原型状态)依然足够有效之时,却很难在合同上加快推进为"美洲虎"整合热成像机载激光指示器吊舱这一进程。

因此,在1994年,一项作战紧急需求被提出,旨在将热成像机载激光指示器吊舱整合到"美洲虎"之中。这项任务建立在一个偶然的单座飞机的热成像机载激光指示器吊舱证明和可行性研究的基础之上,这一研究已经在一架DERA"美洲虎"上实施过。这个飞机装备了新的驾驶员座舱显示屏和一个整合的INS/GPS组合导航系统,连同一个美军标准1553B数字资料库。

在破纪录的时间之内生产出了预期的"美洲虎"GR.MK 1B,并且3架飞机在1995年6月部署到了波斯尼亚。这架飞机以一种合适自我识别的方式成形,携带有热成像机载激光指示器吊舱和一枚"铺路"Ⅱ激光制导炸弹,执行的任务繁重近乎疯狂状态。实际上它们于1995年7月被派遣去执行另一个多国任务,但随后又被召回取消了。

1995年7月底,"美洲虎"的舞台被"鹞"式战斗攻击机所取代,但是两架装有热成像机载激光指示器吊舱的"美洲虎"留作备用以在有用之时为"鹞"提供激光指引。

当"北约"发起轰炸行动以强迫塞尔维亚回到谈判桌上时,两架装有热成像机载激光指示器吊舱的"美洲虎"被部署并快速采取了行动。这些"美洲虎"由来自第6中队的飞行员驾驶,并且通常单独行动,沿途护卫装备4枚激光制导炸弹的"鹞"GR.MK 7战机。

## 第三方指引

英国皇家空军的"鹞"在"伏尔甘"(Vulcan)行动中投放了48枚"铺路"Ⅱ激光制导炸弹,所有炸弹都是依赖于来自"美洲虎"的第三方指引。这些炸弹中的41枚(86%)直接命中,其他4枚(7%)在距其目标点20英寸(6米)处命中。这是一个极其让人难忘的纪录,英国皇家空军随后用热成像机载激光指示器吊舱执行的任务再也没

下图:热成像机载激光指示器吊舱/"美洲虎"组合体是特别有效的。与热成像机载激光指示器吊舱/"狂风"组合体比较起来,"美洲虎"做出了一些变化,以便于"美洲虎"单个机组成员能更好地使用吊舱

达到过这个纪录,并且它比美国空军洛克希德-马丁公司的F-117"夜鹰"隐形轰炸机和通用动力公司的"土豚"F-111战斗轰炸机在"沙漠风暴"行动中的表现还要成功。

"美洲虎"在一定程度上证明了它仍然还是英国皇家空军一个极其重要的作战平台,然而升级后的GR.MK 1B版本成为这类修改的模板。整个"美洲虎"机队随后都提高到这种标准,并被指定称为"美洲虎"96式和"美洲虎"97式(随后变成GR.MK 3和GR.MK 3A)。

"美洲虎"于1997年2月再次接管了在焦亚德尔科尔的分遣队,继续在前南斯拉夫执行近距离空中支援和侦察任务,一直到1998年4月英国皇家空军在此地的部署结束。

上图:加拿大制造的VRC火箭是"美洲虎"可选择的另一武器。这个携带在舷内挂架吊舱中的强大的武器,在"沙漠风暴"行动中被整合到了英国"美洲虎"战机的武器库当中

# 新明和 PS-1/US-1A
## 日本的"大船"

川西公司因战时军用水上飞机而赢得了荣誉，1949年川西更名为新明和，20世纪60年代早期再次进军水上飞机领域。其所完成的这一切都依赖于PS-1——第一架新一代大型涡轮发动机水上飞机，这是一项打破常规的设计。这也刺激了俄罗斯别里耶夫和中国哈尔滨飞机制造厂进行类似的新设计。

上图：最原始的PS-1是专用的反潜作战水上飞机，最适合超远程巡逻任务。在原型机和两架前期制作机之后，又生产了20架这种飞机。该机型从1971年服役到1989年，那时它被以陆地为基础的P-3"猎户座"飞机所取代

作为一个岛国和一个主要海上贸易力量，日本历来很注重保护商业船只。在飞机时代，这就引起了早期对履行搜救与救援和海上巡逻职责的水上飞机使用的兴趣。第二次世界大战期间，川西公司总领水上飞机事务，尤其是大量的H8K"艾米丽"，它被很多人认为是战时最好的水上飞机。"二战"后的几年里，以前的川西公司，后来更名为新明和，现在主要是作为分包商为其他制造商生产组件和部件。但是这个公司从未丧失对水上飞机的兴趣，也没有失去建造它独自设计的水上飞机的雄心壮志。

早在1952年新明和就开始积极游说为日本海上自卫队建造这样一种飞机，坚信在一些重要领域，它能够生产一种优于同时代美国设计的飞机，这一观点由格鲁曼UF-1"信天翁"飞机得到印证，这些"信天翁"飞机中的6架是从1961年起为日本海上自卫队生产的。

## UF-XS

新明和又从美国买了一架"信天翁"

水上飞机，并把这架飞机用作试验机以测试它们自己的想法。这架飞机，指定名称为UF-XS，被新明和进行了大幅修改，旨在提升在远海水域上的稳定性，提升短距起飞性能，以及减少发动机的进水。水上飞机船身也被大幅修改，运用了一项新工艺，在机鼻上安装了喷雾消除器，并将整流器后移到了倾斜的刀口船尾之上。这架飞机在惯例的1425马力（1063千瓦）发动机外部又增加了两个600马力（447千瓦）普惠R-1340星形发动机，同时还安装了一个T58涡轮轴发动机来为吹风襟翼和机尾提供压缩空气。这架飞机首次于1962年12月25日以其新的姿态试飞，并且很大程度上影响了全新的SS-2水上飞机的设计。

SS-2的设计也在1966年1月取得进展，而此时日本海上自卫队发布了一项满足它PX-S需求的研发承包合同。这架原型机因此能够在1967年10月26日完成首次飞行。新明和的设计显著特征是它先进的单步刨底、一个高跷的T型机尾和4个T64涡轮螺旋桨发动机，每个发动机驱动一个三叶的汉密尔顿标准63E60-15螺旋桨。机翼的显著特征是它强有力的前缘缝翼和厚重的双面襟翼，并且水平尾翼也使其前缘缝翼极富特色。一个美国通用电气公司的T58涡轮轴发动机为下襟翼而安装，并沿着方向舵和升降舵的方向

左图：PS-1的退役并不意味着新明和水上飞机的终结，因为一种水陆两用的搜索与救援衍生机已经开始设计，指定名称为US-1

上图：一架大幅改动的格鲁曼UF-2"信天翁"，UF-XS引用了大量SS-2的机身设计。这架飞机装有3个额外的发动机

喷气，这能在低速情况下提供更大的控制职能。这架飞机极具特色之处在于它的大型固定的舷外稳定器浮筒，还有一个露出的可缩回起落架。实际上，这个起落架足够支撑飞机滑行和搁浅时的重量，但不能用来在传统跑道上起飞或着陆，而且PS-1飞机就是一款纯粹的水上飞机，而不是水陆两用机。

## 在役的PS-1

由于它反潜作战的角色，PS-1在机鼻里有一个强大的搜索雷达，还装备了可缩回的MAD起落架和综合声呐处理设备，并带有Jezebel声波探测和Julie测距设备。凸起的驾驶舱内有两名飞行员和随机工程师，他们之间通过一名无线电话员、一名领航员、一名战术协调者、MAD雷达操作手、两名声呐操作手和两个观察员联系起来。鱼雷被携带在发动机舱之间的机翼之下的与众不同的悬挂吊舱之中。

1968年7月到1970年之间，PS-1以特殊编组的形式在位于岩国市的第51航空队接受

评估，这一航空队直到1983年都一直留在岩国市作为一个操作鉴定或战术开发部队。新的PS-1于1973年3月1日进入前线的第31航空队服役。一架原型机和两架前期制作的飞机之后，生产了最初的一批12架飞机，随后又生产了8架。这些PS-1中的6架在服役过程中丢失了，1980年日本海上自卫队宣布它的反潜作战需求将来由P-3"猎户座"来满足，这一飞机运作起来显然更廉价。再次组建一支航空队（第32航空队）的计划被抛弃了。第一架原型机随后在1976年转型作为一个提议过的轰炸机变体使用，但在1983年4月26日被取消了。

## US-1水陆两用机

即使当PS-1开始服役时，新明和仍正在研究完成一个专门搜索和营救衍生品的原型——US-1，去取代它的小型"信天翁"水陆两用机UF-2"机队"。这个搜索代号与营救（SAR）版本的飞机被新明和公司指定称为SS-2A，但是除了没有作为反潜作战角色的装备之外，唯一一个大的变化就是在原来两栖登陆装备的地方新增了一个可回缩起落架，这就将一种体型庞大的水上飞机转变成了一种真正的水陆两用飞机。

## SAR角色的装备

新安装了额外的营救舱口，左舷上还有一个大的小艇通道，而且新的版本还配备有探照灯、扩音器和半球形观察窗口。烟雾和涂料标记取代了PS-1的声呐浮标。然而这些都是次要的，而且根本就没有一个原型。相反，首批的12架飞机于1974年10月18日首次试飞，在第51航空队分遣评估之后，于1976年7月1日进入第71航空队服役。

首批交付的7架飞机使用的是3060马力（2282千瓦）T64-IHI-10E涡轮螺旋桨发动机，但随后被翻新为3490马力（2602千瓦）T64-IHI-10J发动机，随后的飞机都用了这种发动机，这些飞机被指定称为US-1A。新的US-1A在1992年、1993年、1994年和1995年被命令生产，截至1997年共交付16架。更进一步的飞机于1999财年获得批准。一些老的飞机得以退役，而前线力量第71航空队则在2001年一直保留了7架飞机，其中3架在厚木，剩余4架在岩国市，截至2004年前线所有的军力是10架飞机。一架US-1被改装成了轰炸机构造，但是这个花费使得更进一步的转化（更不必说新的产品）变得不大可能。US-1A提供了唯一的超大范围搜索与救援能力，而且不能由直升机取代，因此

上图：位于岩国市的第71航空队自从1976年就使用US-1，并且最开始的一批12架飞机也新增了6架得以壮大加强

日本海上自卫队在役装备中水陆两用机的地位似乎得到了保证。

## 升级

关于US-1A升级在1996年被提出，并在1999财年预算中请求经费（但被拒绝）。因此请求被再次提交。这次升级希望看到US-1A重新安装4500马力（3396千瓦）罗尔斯-罗伊斯AE2100J涡轮螺旋桨发动机，以驱动6叶的道蒂公司制R414螺旋桨。这次升级还包括新的电子航空设备（包括"汤普森"-CSF或DASA海洋主雷达）和一个数字驾驶员座舱，并于2003年或2004年进行了飞行试验。新明和（在1992年更名）也提议了一个更大幅度修改的更现代化的US-1A衍生品。

# US-1A

搜索与救援最佳的US-1以其水陆两用性区别于反潜作战的PS-1，它还带有一个强固的可缩回的起落架，这就使得它可以在传统跑道上起飞和着陆，同时还保留了水上救援的能力。PS-1拥有整体的两栖登陆装备，但这并不重点用于这种飞机的起飞和着陆。

### 发动机

首批的7架新明和US-1首次交付时使用的是3060马力（2282千瓦）的T64-IHI-10E涡轮发动机，但随后的机型中都翻新为3490马力（2602千瓦）的10J发动机。一个辅助T58-IHI-M2发动机为边界层控制系统提供动力，因为此处向襟翼和尾翼面吹高压空气。

### 机舱

标准适配的新明和US-1具备能够携带多达20名幸存者和12名重伤者的荷载，其可供选择的配置还允许更大的荷载。

### 服役

最原始的PS-1反潜作战水上飞机从1971年一直到1989年都在第31航空队服役，这种机型在1989年退役。第二航空队单元（第32航空队）的组建几乎被取消了。配备搜索与救援功能的US-1在国岩市第71航空队服役。

# 西科斯基公司的传奇

首飞于1959年的西科斯基 S-61 反潜直升机是世界上最成功的中型运输直升机之一，目前仍在许多国家的海军中服役。

当位于康涅狄格州斯坦福的西科斯基公司开始为美国海军制造SH-13"海王"系列直升机（包括国际上的S-61和美国空军在越战中参与救援工作的HH-3E"快乐的绿巨人"直升机家族）时，美国军方忽然尝到了直升机技术发展的好处。"海王"采用了水陆两栖机身，在机舱上方装有两个螺旋桨发动机并且配备了先进的飞行控制系统。

该系列的原型机首飞于1959年3月17日。第一种型号（美国海军命名为HSS-2，1962年更名为SH-3A）主要用来装备反潜（ASW）传感器。这些直升机被分配到战舰甲板上，在水面上巡逻，警惕来自敌方潜艇的攻击。格鲁曼公司的S-2"搜索者"（Tracker）反潜飞机和洛克希德公司的S-3"北欧海盗"也有同样的任务。37架CHSS-2"鬼怪"在加拿大进行测试，大部分更新了新的反潜起落架并重命名为CH-124。

美国海军的"海王"直升机在1962年服役。在60年代初开始进行反潜任务，大量的"海王"直升机从专门运送反潜直升机老的木质甲板上起飞，例如"伦道夫"号航空母舰（CVS-15）。在历史年代早期到中期，之后的"海王"被装备成各种型号进行运输、扫雷、无人机或者宇宙飞船回收（包括在飞船进入轨道或月球后将宇航员从海上救回）、电子监视以及其他作战任务。反潜仍然是主要任务。美国海军的型号包括YSH-3A服务测试机型、SH-3A、SH-3D、SH-3G以及SH-3H、318原型机等型号，一直服役了四分之一个世纪，直到最近才被西科斯基公司的SH-60F取代。"海王"系列最后的机型为SH-3H，装备有838磅（380千克）的武器弹药，包括Mk 46或者Mk 50鱼雷。

所有的"海王"系列，至少开始的时候，都是用来反潜的，除了9架越战时期的

上图：在1962年引进的美国三军飞行器命名规则中，HSS-2被命名为SH-3A。图中为20世纪60年代3架美国海军反潜机型HS-3的早期型号SH-3A在编队飞行

下图：美国空军的第一架H-3机型是CH-3A（原美国海军SH-3A），用于近海雷达支持任务

HH-3A战场救援机型和一些去除了作战装备用来进行运输任务的SH-3G机型。爱德华·梅尔叙莱上校在越南南方共和国的领空上进行高危救援飞行，关于HH-3A机型在传动器装备装甲以及"几架"该型号装备有RHAW（雷达自动导航警告）接收器的信息并没有让梅尔叙莱上校感到多少安心。梅尔叙莱上校经常担心前面没有装甲："如果你能够看到有人在你前方，你就会觉得自己被骗了。"令人惊喜的是只有一架HH-3A在越战中坠毁。

## 海军陆战队机型

美国海军陆战队也配备少量"海王"直升机，主要用来承担重要人物的接送工作。1965年的VH-3A"海王"机型在1976年被VH-3D机型所取代，用作总统专机，当总统登机后被称为"海军陆战队一号"。

下图：147137是XHSS-2的原型机。该机型首飞于1959年3月17日，本应命名为"HS2S-1"，但是最终被美国海军定名为HSS-2，用来暗示与HSS-1"海蝙蝠"（S-58）具有部分共性。这款老式的机型同S-62具有相同的传动系统和旋翼系统，S-62是一种单引擎机型，由S-61演变而来。事实上，HSS-1和HSS-2除了制造商并没有什么相同之处

上图：CH-3C 62-12577直升机展示其机身后部向上弯曲的货物装卸舱梯。CH-3C是美国空军装备的第一款H-3机型。基于向美国海军陆战队提供的HR3S-1机型，CH-3主要用来执行无人机的掩护和运输任务，该型号是之后的HH-3E搜救直升机的原型

美国海军和海军陆战队的"海王"直升机有相同的识别特征，这让它们同空军的型号很容易区分：所有的海军和海军陆战队的机型在机身后部都是流线型的，只被尾翼部分用作起落架的轮子打断。

与之相反，在西科斯基S-61R系列机型上装有后部的活动舱梯以及安装在机头下部的机轮，另外也装备有可以收到机侧突座上的主起落架机轮以及可载重2000磅（907千克）的绞盘。装备有两台1502马力（1119千瓦）通用电气T58-5涡轮轴发动机的S-61R

下图：9架RH-3A机型被美国海军用来利用拖拽设备进行扫雷技术测试，之后发现其动力不足，被RH-53机型取代

系列军用直升机同首飞于1960年3月31日的S-61L民用直升机在外观上极其相似。最著名的美军机型是HH-3E（尽管也装备有CH-3C运输机型）。美国海岸警卫队装备有该机型，称之为HH-3F"鹈鹕"。所有的军用直升机，无论其开始的用途如何，迟早都会用来进行搜救任务。这也是美国海军的反潜直升机"海王"的第二任务，但是对于HH-3E以及在许多国家服役的S-61来说，救援却是基本任务。

在1967年9月9号，杰拉尔德·杨上校驾驶一架HH-3E"愉快的绿巨人"直升机执行一次特别救援任务，结果他的直升机遭到了地方炮火攻击并被击落。杨倒挂在座舱中落到地面，身上的衣服被点着了，机身燃烧起来，上面布满了弹孔。他最终逃了出来，随后又在敌方严密的火力下救了一名幸存者，这也让他成为唯一一名获得荣誉勋章的H-3驾驶员。

对于一个处在危险中的幸存者来说，没有什么比看到一架"海王"在头顶上盘旋轰鸣并放下救援人员更幸运的了。数千人由于S-61的救援幸存下来。在越南，HH-3E深入敌军阵地，穿越地方的火力封锁来救援受伤的士兵。

## 国外的生产

意大利授权生产的S-61型号同美国海军的SH-3系列（装有后轮）相似。部分

上图：NH-3A 148033号机被用来作为美国海陆联合项目的高速测试机。注意该型号装有涡轮喷气发动机并在主旋翼下方安装有短翼

使用方具体指定意大利生产的奥古斯塔/西科斯基直升机机型，装备有Sistel雷达、AS12、海上杀手Mk2或者"飞鱼"导弹。大约390架该型号直升机命名为ASH-3D和ASH-3H，由奥古斯塔公司制造，装备意大利海军。日本三菱公司生产的机型（命名为HSS-2、-2A、-2B、S-61A和S-61AH）主要执行反潜、搜救以及在南极圈的协助支持任务。

西科斯基公司生产的S-61军用机型超过770架，其他包括英国的韦斯特兰航空公司等制造商一共生产了400多架。当英国皇家海军寻找一款补充威塞克斯（Wessex）的反潜机型的时候，美国的西科斯基公司同英国的制造厂商继续就S-61开展合作是很自然的事情。军用的S-61、H-3以及"海王"的各个型号在一共30个国家服役，西科斯基和授权生产的韦斯特兰公司各生产了大约一半的数量。

# 西科斯基及其授权生产机型

"海王"及其系列机型作为西科斯基最成功的直升机型号之一将在历史中永远流传下去。在它漫长和光荣的服役生涯中，基本的型号设计是在授权后的日本三菱公司和意大利奥古斯塔公司中进行的，促使了一系列型号的诞生，每一个型号都比之前的型号更加出色。

## XHSS-2

针对当时还没有命名的"海王"直升机的最初的合同规定需要生产1架原型机及6架预生产机，但是随后马上修订为生产10架试验机。1962年年初，在美国海军的命名规则中，"海王"的原型机（14137）被定名为XHSS-2，"HS"表示反潜直升机，第二个"S"是西科斯基的工厂代号。把"X"放在首位表示了目前的实验状态。XHSS-2同之前的YHSS-2和之后的HSS-2区别并不大。西科斯基针对基本的"海王"型号的引擎做了很多工作，因此改变并不多。从视觉上看，XHSS-2同后面的机型相比主要的区别是在机身右侧前起落架滑橇上部有一个盒子形状的减阻装置。这个特点同第一架原型机相比是相当独特的。XHSS-2在机头下部也有一个很小的减阻装置，没有安装"海豚"天线，而是在挡风玻璃框架上方装有一个很小的天线。这些特征在早期的YHSS-2机型中保留了下来。

## HSS-2（SH-3A）

在1962年引入的美国三军统一命名规则中，该直升机命名为SH-3A。"S"代表反潜，"H"代表直升机，"3"表示是目前使用中的第三款机型（以1962年为基准，按字母顺序排在贝尔H-1和卡曼H-2之后第三位），"A"表示是第一款量产型号。第一架SH-3A交付使用时被喷涂成了深蓝色，并有亮白色的代码标识等，尽管三色伪装图案以及整个机身涂成灰色（喷有黑色代码）以前在越战中也使用过。SH-3A在执行反潜任务时可以携带大量武器装备，包括最多4枚鱼雷、一枚Mk57或者Lulu深水炸弹。装备有邦迪克斯AN/AQS-10声呐（尽管有些SH-3A重新翻新了AQS-13），这是最主要的反潜探测器。第一批SH-3A并没有装备"海豚"天线减阻装置，在安定翼上也没有浮筒，但是这些设备都进行了重新翻新。SH-3A一共生产了245架（除YSH-3A外），是数量最多的"海王"型号。一架SH-3A（编号149723）由NASA（编号NASA 538）使用进行发展无人飞行和降落设备。该直升机在副驾驶位置上装有14英寸（36厘米）的显示器，从前窗伸出一个巨大的盒装的减阻设备。两架SH-3A（编号148998和151544）被改装成SH-3D型号，更多的（超过150架）被改装成SH-3G和SH-3H型号。日本生产的"海王"机型以及加拿大的CHSS-2（之后更名为CH-124）和SH-3A大致相同。

## YHSS-2

最初的10架验证机中保留下的9架被命名为YHSS-2，"Y"表明了处于服役测试状态。之后按照1962年重新编写的命名规则被命名为YSH-3A。YHSS-2担负了早期的大部分测试工作，包括在帕特克森特河上进行的海军着舰测试。由空军测试机构的成员驾驶，从海军航空实验中心的直升机测试指挥部起飞。两架直升机在1961年年初沿大西洋海岸进行了一周的巡航飞行，主要进行"尚普兰湖"号航空母舰的机载适用性测试。实验表明它是百分之百可靠的。在停车后，YHSS-2比之后服役的反潜型号在停放到停机甲板（包括从飞行甲板转移）的时间上要快两倍。预生产型中的几架之后被组装成SH-3A或者UH-3A机型，进入前线作战中队服役。

## RH-3A

根据与美国海军武器局的合同，9架SH-3A被改装成RH-3A进行排雷任务。RH-3A在机身右侧安装有巨大的货舱门，在机舱后部开有观察窗。特别中队HM-12专门操作该新机型。RH-3A是第一款可以回收其拖拽式扫雷装置的机型。HM-12中队的3架RH-3A装备于美国车辆登陆舰"欧扎克"（Ozark）号上（在大西洋中），3架装备于车辆登陆舰"卡斯奇"（Catskill）号上（在太平洋中）。另外3架用于测试及训练。RH-3A证实了排雷直升机概念的可行性，但是同巨大的雷区相比，其飞行范围还是太小。1972年，RH-3A被马力更加强劲的RH-53取代。

## SH-3D

在SH-3A之后SH-3D从斯坦福的生产线上出厂，是一款升级加强后的"海王"反潜直升机。SH-3D装备有新款的AN/APN-182"海豚"声呐，取代了老式的AN/APN-130款。另外还装备了AN/ASN-50航向参考系统。结构上的改进使其载重达到20500磅（9300千克）。武器减少到两枚鱼雷，但是被安装在可变的发射架上，这样就在低空悬停或者前飞时均可发射。西科斯基公司在1987年开始对起初的26架SH-3D直升机进行"服役年限延长计划"（SLEP）。这个价值1亿美元的计划重点提升了直升机的可靠性和可维护性，改进后的机型被命名为SH-3H。更换了主旋翼头，并升级了主变速箱。除此之外，尾旋翼变速箱、驱动轴和主要的伺服电机都进行了更换。装备了抗冲击座椅，另外还装备了紧急照明系统，以便在夜间出动的时候使用。在美国海军收到该机型之前，西班牙重新装备了6架SH-3D。剩下的4架后来被升级为SH-3G以及之后的SH-3H型。20世纪90年代，一些多余的SH-3D被出售到巴西用以更换海军的S-61D机型。

### VH-3D

VH-3D于1976年开始服役,当时匡提科基地的海军陆战队的HMX-1是唯一的总统直升机座驾。杰拉尔德·福特是第一位搭乘Vh-3D的美国总统。总统直升机小队被分成两部分,顶部白色的是供总统、副总统以及外国首脑使用的,顶部绿色的被国防部用来运送重要人员。VH-3同改进后的"海上种马"和"海上骑士"的服役情况大致相同,主要用来运送情报人员、媒体人员和货物,而由于"海王"的种类、空间、舒适性和速度更有优势,因此被用来运送重要人员。

### SH-3H/UH-3H

开始时SH-3H只是针对SH-3D的服役年限延长计划(SLEP)的产物,但是之后该计划很快被扩展为包括进行新设备更新等内容,SH-3H也被看作新一代的反潜直升机型号。该型号进行了6个反潜功能方面的升级,装备了新的反舰导弹侦测系统(ASMD)、12个机体方面的改进,以及对SH-3G型号特点的通用化改装。另外在机身右侧装有额外的前窗,同SH-3A所装备的一样。SH-3G的通用化改装包括可拆卸安装的简便声呐装置,安装了15人的座椅以及可装110加仑(416升)的翼下辅助油箱。SH-3H升级计划最终完成了163架,包括SH-3G以及之前没有改装的SH-3A以及SH-3D。武器选项包括两枚水雷或深水炸弹,或者是一枚重型深水炸弹。有些SH-3H不装备反潜系统,而是改名为UH-3H执行通用任务。

### 三菱公司HSS-2(S-61A,S-61AH)

日本海上自卫队(JMSDF)是"海王"直升机的固有用户,用以侦测来自经常出现在日本海岸的苏联潜艇编队的威胁。日本日益发展的航空工业使得授权生产的吸引力越来越大。在1962年4月,西科斯基公司和三菱公司就授权生产达成协议,并与海上自卫队确定了11架HSS-2的订单。三菱公司最开始授权生产"海王"型号是标准的S-61B,同美国海军的SH-3A大致相同。三菱公司一共生产了55架,第一架样机于1964年3月24日交付海上自卫队。HSS-2一共装备了5个中队,在1986年退役,最后几年的时间里主要用于联络通信、通用及训练任务。HSS-2A同SH-3D相同,在1974年末交付使用,目前已经退役。HSS-2B同美国海军的SH-3H很像,这种先进的反潜直升机一共生产了83架。装备有扩展范围后的反潜磁异探测器系统,以及在中心天线上装有可收缩天线罩的探测雷达。服役中的HSS-2B最明显的特征是并不常见的进气口布局。1965年两架三菱公司生产的S-61A交付使用,之后第三架以及一架S-61A-1也很快交付。这些直升机是在破冰船Fuji号上使用,用以协助日本在南极圈开展的科考任务。S-61A以及S-61A-1在横须贺的破冰船Shirase号上继续服役。1983年末,12架本地生产的S-61A-1装备用于搜救工作,命名为S-61AH。该型号有独特的喷涂,底部为砖红色,上表面为灰色,在座舱前后装有玻璃。搜索灯(或者FLIR传感器、摄像机)可以装在左起落架突座的挂架上。

### 奥古斯塔公司(AS-61)

怀着对"海王"能力极大的兴趣看了美国海军第6中队在地中海的飞行后,意大利决心引入"海王"系列。AS-61A-4是一款用以出口的多用途直升机,可以执行搜救、人员货物运送任务。委内瑞拉装备4架该机型,用以执行战术运输任务。委内瑞拉空军购入了西科斯基生产的SH-3D机型。伊朗空军同样也采用了AS-61A-4机型,但是进行了反潜配置,同意大利海军的ASH-3D外观上大致相同。在机身下方仍然保留了声呐装置,并在机头装备了搜索雷达,在机头下装有"海豚"雷达。目前大约只有10架"海王"还在伊朗海军中服役。意大利空军使用两架行政专机配置的AS-61为教皇提

### SH-3G

SH-3G在1970年问世,是一款更加通用的直升机,但仍然保留了SH-3A的反潜能力,可以运送15名乘客或者大量货物。SH-3A的AQS-10声呐探测器被移除,但是仍在机身里面,如果需要的话可以重新安装。开始有11架SH-3A改装成SH-3G,之后又增加了94架,合计达到了105架。少数SH-3G由SH-3D改装而来,仍保留了原来的AQS-13声呐探测器。所有SH-3G开始都有SH-3A形式的短突座,没有电磁探测系统(AMD)或者烟雾制造系统,之后有些装备了长的电磁探测系统凸座。在短翼下面额外加装了可载175加仑(662升)燃油的一对油箱,用以使用悬停飞行加油(HIFR)系统。机舱底板进行了加强,可以安装舱门机枪。最早的6架SH-3G可以安装7.62毫米口轻的机枪,但是大部分的只能安装M60机枪。第9特遣队HC-1的SH-3G被用来进行"阿波罗"15号宇航员的返程工作,这是SH-3G第一次执行太空回收工作。HC-2的SH-3G在海湾战争中执行了多方面的任务,获得了一系列"鸭"的绰号,包括148047"野鸭"、149731"沙漠之鸭"、"灰尘之鸭"以及"秘密之鸭"。一些SH-3G被改装成SH-3H,但是基本的型号还在使用当中,同大量SH-3H进行运输任务。

### S-61D-3/4(SH-3A/SH-3H)

巴西在1970年一共购入了4架S-61D-3(与美国海军的SH-3D大致相同),之后又购入了两架。该机型替代了西科斯基HSS-1型号。这6架西科斯基公司生产的S-61D之后又增加了4架意大利生产的直升机以及两架原美国海军的SH-3D直升机。该直升机以常规标准装备,包括机头雷达和AM39"飞鱼"导弹。1978年年初,阿根廷一共购入4架S-61D-4(美国海军的SH-3D的出口版本),之后又购入第5架,专为内阁重要人员出行使用。在1978年2月另外4架SH-3D交付使用,其中两架装备有雷达。阿根廷之后购入的"海王"都是奥古斯塔公司生产的,同H机型大致相同。

供意大利境内的交通运送。意大利海军装备的直升机同西科斯基公司生产的SH-3D(S-61D)反潜机型大致类似,但是装备有不同的引擎和雷达。在1967年订购了24架之后,第一架在1968年开始服役。西科斯基生产的SH-3H在美国海军服役的巨大成功促使意大利海军将"海王"购买订单中剩下的机型升级为SH-3H。同样,意大利海军之后的直升机被更名为SH-3H。ASH-3H的主要反潜探测器是AWS-18声呐系统,具有360度同时搜能力,同时意大利的"海王"可以发射Exocet和Marte Mk 2两种导弹。意大利海军将要用英意联合生产的欧洲直升机公司制EH101多用途直升机取代"海王"系列。

# 美军现役战场搜寻救援型直升机

上图：反潜直升机HSS-2（SH-3A）最终被SH-3D所取代，如图所示。装备有升级后的发动机、新的声呐和附加燃油系统，一共有72架SH-3D"海王"最终进入美国海军服役

上图：S-61/H-3在水上着陆并不是经常进行的。对于该种操作，直升机需要很稳定的水面环境，并且很容易侧翻和下沉

上图：3架原属美国海军的SH-3A在1962年4月转交于美国空军。由第55飞行队驾驶，用于支持洋近海岸雷达平台

作为西科斯基公司最成功的设计，"海王"系列具有良好的多用途特性，分别服役于美国海军、空军、陆军、海军陆战队以及海岸警卫队。在越战中由美国空军装备的"快乐的绿巨人"率先执行了战场搜寻与救援（CSAR）任务。

命名为XHSS-2的"海王"反潜作战直升机首飞于1959年3月，之后的YHSS-2的HSS-2变化并不大。9架YHSS-2（在1962年重命名为YSH-3A）于1961年在帕图森特海军航空站进行早期飞行测试。

在1961年年初进行的为期一周的大西洋沿岸航行中，两架YHSS-2在美国海军"尚普兰湖"号航空母舰上完成了舰载适应性测试。在不利条件下仍可以进行水上着陆，"海王"是美国海军第一款全天候直升机。

### 美国海军飞机型号

第一架HSS-2于1961年装备于HS-1中队。HS-2——另一个早期使用方——率先驾驶"海王"从驱逐舰上进行空中加油，因此该中队也获得了美国海军的嘉奖。

第一架SH-3A（从1962年开始更名为HSS-2）交付的时候全机喷涂为深蓝色，机头采用荧光涂料，带有尾翼挂架；在越战中被改为三色伪装涂装或者是跟战舰一致的灰色涂装。SH-3A装有Mk46或Mk48鱼雷，或者一枚核深水炸弹，包括1200磅（544千克）的空中投掷设备。245架次的生产数量也让SH-3A成为H-3系列中数量最多的。

一架SH-3A被美国宇航局用于无人飞行技术的发展测试，之后装备了机头雷达被美国海岸警卫队用于实验测试。

在美国海军中服役的小型"海王"机型包括HH-3A武装战场搜救直升机，在1970年部署于菲律宾的HC-7中队；一架NH-3A高速测试直升机在机身上装有涡轮喷气发动机，在1965年4月的飞行中达到了242英里/小时（390公里/小时）的速度纪录；NSH-3A空中回收系统测试直升机被用来执行卫

下图：美国空军需要一款在越战中执行空军人员搜救任务的直升机，HH-3E应运而生。图中所示直升机服役于阿拉斯加指挥部

下图：VH-3E被命名于一小部分美国空军的CH-3E型号直升机，用于承担重要人员运送任务。图中所示直升机服役于安德鲁斯空军基地的第一直升机中队

左图：美国海军、空军和陆军都将H-3作为无人机回收平台来使用。有人甚至提议将H-3本身作为目标无人机QCH-3来进行使用，用于AH-64的设计练习，但是由于资金缺乏该计划并没有实现

### "快乐的绿巨人"

为了满足美国空军对于越战中战场搜救直升机的需求，HH-3E在完成第38空中救援中队的战场评估后开始服役。该机型基于CH-3C，针对作战需求进行了升级以提高耐受性和作战范围。增加了大约1000磅（454千克）镀钛装甲并装有舱门机枪。安装有大容量油箱，可以通过可伸缩的空中加油管进行加油。第一架HH-3E于1965年11月5日在越南交付到第38空中救援中队。HH-3E在越战的服役过程中获得了"快乐的绿巨人"的绰号，救了许多被击落的空军人员。在一次值得纪念的作战中，技术军士唐纳德·史密斯在试图搭救一名坠机的F-100飞行员时，其钢丝绞索遭到敌方火力命中，他在更换了一架直升机后救回了飞行员以及机组成员，因此获得了空军十字勋章。陆军中校罗亚尔·A.布朗在他第二次参加战争中救回的第16名士兵使其得到嘉奖，他总共的救援数量达到32名。HH-3E在美国空军和警卫队一直服役到1994年，直到被西科斯基HH-60取代。最后的HH-3E服役于驻扎在佛罗里达州帕特里克空军基地的第一战斗机联队所辖救援支队。

星拍摄舱回收任务；9架RH-3A扫雷直升机取代HM-12进行扫雷任务，直到1972年被RH-53取代。

美国海军的"海王"反潜机群在1966年更新为72架SH-3D，之后从1972年开始又更新为新一代的SH-3H反潜/搜救直升机。SH-60F对SH-3H的取代工作从1989年开始，尽管前者仍在海湾战争中服役。SH-3G是一款15座多用途直升机，仍保留反潜能力。UH-3H是一款专门的多用途直升机，由退役的SH-3H升级而来，满足了对多用途直升机的需求，由于过剩的SH-60机身缺乏，该需求有所提高。

### 美国空军所用型号

美国空军与H-3的关系开始于1962年对三架原属美国海军的SH-3A的需求。命名为CH-3A，主要用于对得州海岸雷达站进行协助。1962年，这3架直升机与执行该任务的其他新产直升机统一命名为CH-3B。CH-3B雷达协助直升机取代了之前的活塞发动机直升机，由第551飞行中队操纵。一架CH-3B，代号Otis Falcon，途径拉布拉多半岛、格陵兰岛、冰岛以及苏格兰飞抵巴黎，打破了直升机穿越大西洋的时间和路程纪录。

CH-3C是第一款专门为美国空军设计制造的H-3系列直升机，并且是第一款在机身后部装备货物舱梯的型号。美国空军最初的CH-3C在1963年10月交付，该机型开始时用于无人机回收、大地测量以及协助"民

兵"洲际弹道导弹站点。

在佛罗里达州帕特里克空军基地的直升机小分队用于"双子星"号太空飞船的发射以及其他飞船的飞行任务。CH-3C与美国海军陆战队的KC-130F飞机进行了第一次空中加油测试，是HH-3E"快乐的绿巨人"搜救直升机的基础。在越南战争中，美国空军的CH-3C每月运载400000磅（181440千克）的货物。部分黑色涂装的"Pony Express"直升机为美国特种部队进行支持协助任务，其他的利用MARS设备进行无人机回收工作，1964—1975年一共回收了大约2655架无人机。

MH-3E，命名于1990年，是基于HH-3E的特殊任务直升机。该直升机装有前视红外（FLIR）探测仪和全球定位系统，参与了"沙漠风暴"行动，并喷涂有浅棕色伪装。该直升机之后被MH-60G取代。

### 其他使用者

服役于美国海岸警卫队的装备有雷达的HH-3F"鹈鹕"搜救直升机首飞于1967年，之后一直服役30年之久。美国海岸警卫队装备有总计大约40架"海王"，装备有远距离无线电导航系统（LORAN），有些装有前视红外探测仪。最后一架HH-3F装备有Nitesun探照灯，用于禁毒任务。

海军陆战队HMX-1的绿白喷涂的VH-3D重要人员运送直升机在1976年取代了之前的VH-3A，用于美国总统的运送任务。

# 韦斯特兰公司的传奇

依照20世纪60年代中期与美国直升机制造商西科斯基公司达成的S-61授权生产协议，4架美国制造的直升机运送到英国韦斯特兰公司作为测试用机。

上图：1966年10月，在韦斯特兰首席测试飞行员斯利姆·西尔斯的驾驶下，4架西科斯基公司提供的SH-3D中的第一架开始从埃文茅斯码头前往约威尔的首飞之旅。3年后，韦斯特兰公司制造的标准量产型"海王"HAS.Mk 1首飞

英国的第一架"海王"直升机是SH-3D（系列编号G-ATYU/XV370），于1966年10月11日在艾文茅斯码头首飞。另外3架（编号XV371-373）作为英国皇家海军"海王"HAS.Mk 1（HAS.Mk 261）发展计划的一部分用于反潜系统的测试。

总共生产了56架的西科斯基"海王"HAS.Mk 1（XV642-677/XV695-714）直升机于1969年5月7日开始服役，之后从1976年中期开始，13架HAS.Mk 2（配备有升级的罗伊斯Gnome H.1400涡轮轴发动机和6叶旋翼）开始服役，1977年9月空军首批15架HAR.Mk 3战场搜救直升机开始服役。

下图："海王"AEW.Mk 2是对机载预警雷达平台的迫切需求的结果，并且是有效的，可以在舰队侦察范围外探测到地方飞机和导弹

1979年年初，另外8架HAS.Mk 2，包括一架HAS.Mk 5反潜直升机开始服役，英国皇家海军的许多"海王"直升机也被升级到HAS.MK 5/6或者HAR.Mk 5级别。

从20世纪80年代中期开始新生产的HAS.MK 5和HAS.Mk 6最终使皇家海军的"海王反潜直升机的数量达到了113架。HAS.MK 5装备了安置在更大的平顶整流罩中的Thorn-EMI海上搜寻雷达、拉卡尔MIR-2"橘子作物"电子支援测量系统、新的声呐浮标投放设备以及GEC-Marconi AQS902 LAPADS声学系统。增大的机舱用于新设备的安放。HAS.Mk 6装备了升级的反潜系统，降低了重量，这样可以增加30分钟的飞行时间。其他的一些升级措施包括将"橘子作物"电子支援测量系统升级为"橘子收割者"，声呐的下潜深度从245英尺（75米）

上图：韦斯特兰公司生产的第一架"海王"直升机（G-ATYU/XV370）只是将西科斯基公司的SH-3D进行了海军化改造。接下来生产的第三架直升机（XV371-373）被用于搭载还在测试期内的皇家海军反潜系统，而向皇家海军支付标准量产型HAS.MK，"海王"直升机则始于1969年5月

增加到700英尺（213米）。

在1985年装备另外3架HAR.Mk 3搜救型直升机后皇家空军一共有19架"海王"直升机。其中包括一架1980年伯恩莱斯帝国试飞员学校订购的，之后被转交至第202搜救中队，之后转交至第22搜救中队。英国皇家空军在1992年年初的另外一个订单增加了6架升级后的HAR.Mk 3A，是"海王"再生产的产物，提供了韦塞克斯的替代品。

## 攻击型号

对用于突击作战、战略和一般运输的非两栖"海王"（没有浮筒）型号"突击队员"的研发开始于1971年中期。1974年年初，第一个交付用户是埃及空军。英国皇家空军的订单从1979年开始，共计41架HC.Mk 4"突击队员"直升机。两架韦斯特兰公司

上图：德国的"海王"Mk 41同英国皇家空军的HAS.Mk 1型外观大致相似，机舱后部为渐变的，可容纳21名乘员。第一架样机于1972年3月6日进入位于Kiel-Holtenau的德国海军航空部服役

生产的Mk 4X"海王"（ZB506/7）被用作欧洲直升机公司研发过程中的DRA航电设备、旋翼系统测试机，这样就使英国服役的"海王"数量达到175架。

韦斯特兰公司一共出口了147架"海王"直升机（包括"突击队员"型号）。德国的"海王"直升机从1986年开始由搜救型改装为反潜机型，装备有费兰迪"海沫"Mk 3雷达和英国航空公司欧洲分公司的"贼鸥"AShM导弹（反潜导弹）。这些武器也装备于印度海军购买的Mk 42B型，一些巴基斯坦和卡塔尔购买的"海王"/"突击队员"直升机装备有AM39反潜导弹。印度海军的Mk 42B属于高级"海王"型号，装备有1465马力（1092千瓦）Gnome H.1400-1T涡轮轴发动机、复合材料旋翼以及升级后的航电系统，起飞重量高达21500磅（9752千克）。

英国皇家海军空中预警能力的缺乏促使将两架HAS"海王"（XV650和704）改装为空中预警机型Mk 2A，装备有Thorn-EMI水面探测雷达和相关设备，包括"飞鱼"反舰导弹干扰器和拉卡尔MIR-2"橘子作物"电子支援测量系统。在机舱右侧安装了一个大的雷达天线罩，在地面装载时可以向后旋转90度。两架空中预警型Mk 2A都在1982年7月由第824中队首飞。又有另外8架"海王"改装成空中预警型Mk 2A，从1984年11月1日开始装备到第849中队，是联邦航空局传统的电子侦察单位（驻扎在卡德罗斯皇家海军航空兵基地）。

目前，"海王"仍然是英国的重要机型，不仅是对皇家海军而言，同时也有经济方面的因素，韦斯特兰公司继续为用户提供改进和升级。皇家海军对其5个反潜中队继续交付HAS.MK 6直升机，皇家空军也有两个中队，即搜救中队和驻扎在马尔维纳斯群岛的第78中队，因此"海王"的未来是有保证的。

然后，由于英意联合生产的EH101直升机即将面世，韦斯特兰公司并没有新的直升机发展计划。

下图：比利时购买的Mk 48同英国皇家空军的HAR.Mk 3大致相同，将德国和挪威搜救机型的机身同HAS.Mk 2的发动机和尾旋翼结合起来。在1983年，韦斯特兰公司进行了升级，安装了升级后的导航设备和前视红外线炮塔

下图："海王"Mk 47直升机并不常见，服役于埃及空军。同英国皇家海军的HAS.Mk2的装备功能不同，该机型主要用于突击作战

# "突击队员"型号

专门的士兵运输直升机"突击队员"型"海王"直升机是利用风险投资资金展开研发的，在英国部队对该型号产生兴趣之前就已经找到出口用户。

### "海王" Mk 4X

"海王"（尤其是"突击队员"HC.MK 4）被证明为一款非常普遍的测试实验平台。这种测试直升机，包括两架特别准备的"海王"Mk 4X，开始时由范伯劳和倍德福德的皇家航空研究中心订购。这两架直升机总的来说是标准的HC.Mk 4型号，但是交付时并没有安装位于机身背部的海上探测雷达。该种雷达在直升机上不断拆卸，但是经常安装在左侧底座上。ZB507（如右图所示）在尾桁右侧上部装备有远距离无线电导航系统天线，两架直升机均改变了机头形状，以便于安装适应不同的测试系统和装备。

### "海王" HC.Mk 4

直到1978年，皇家海军才要求韦斯特兰公司研发"突击队员"型直升机来取代韦塞克斯HU.Mk 5承担突击运输任务。为皇家海军研发的该直升机（命名为"海王"HC.Mk 4）基于"海王"HAS.Mk 2的动力装置和系统，装备有H.1400-1发动机和6旋翼尾桨。主旋翼和尾旋翼的基座保留了下来。该直升机同其他"突击队员"型直升机一样具有加长的机舱以及同"突击队员"Mk 2相同的起落架，没有浮筒。

第一架"海王"HC.Mk 4（ZA290）于1979年9月26日首飞。一共生产了大约42架"海王"HC.Mk 4，其中的两架（ZF115和ZG829）交付到波斯坎普执行测试实验以及飞行员训练任务。第一批10架（ZA290-299）于1981年9月交付使用，同第二批交付（ZA310-ZA314）的部分直升机在马岛海战中使用。"海王"HC.Mk 4是皇家海军所有"海王"系列直升机中参战最多的，包括马岛海战、海湾战争以及在土耳其、伊朗北部和波斯尼亚的军事行动。在"格兰比"行动中增加了NAVSTAR GPS系统以及一些防御设备。在行动中，舱门机枪是常规配置。

### "突击队员"Mk 1（"海王"Mk 70）

1972年，Yeovil首次提出了基于地面的"海王"系列运输机型，营销部马上采用了"突击队员"这个名字。埃及签定了首批订单。"突击队员"Mk 1某种程度上说只是一款过渡机型，因为缺少了原本计划出现在"突击队员"的特征。实际上，该型号并不算"突击队员"，而更像开始时的"海王"HAS.Mk 1人员运输直升机，移除了声呐、雷达以及反潜设备，装备了"海王"Mk 41的大座舱，增加了燃油量。原来的浮筒、5叶尾旋翼和Gnome H.1400发动机保留下来了。第一架"突击队员"型"海王"直升机于1973年9月12日首飞，从1974年1月29日开始交付使用。

## "突击队员"Mk2（"海王"Mk 72）

在"突击队员"Mk 1成功向埃及出口后，韦斯特兰公司逐渐将其重心转移到"海王"人员运输直升机系列的出口市场。公司的主要销量在中东和远东地区，显然"突击队员"的性能表现必须与市场条件相匹配。因此，韦斯特兰公司将"突击队员"的机身与HAS.Mk 2和Mk 50的H.1400-1发动机和6叶尾旋翼相结合，生产出"突击队员"Mk 2。通过装备不可折叠的主旋翼桨叶和简化的固定起落架，移除浮筒，减轻了结构重量。漂浮设备由易拆卸的漂浮系统替代。将起落架的浮筒去掉，也改善了直升机携带武器的性能，去掉了短翼，在起落架外侧加装了可选的翼尖硬挂点。与"突击队员"Mk 1相同，新型号保留了加长的机舱和加大了容量的油箱。1974年来自埃及的19架"突击队员"包括17架Mk 2的订单使韦斯特兰公司的努力得到了回报。这些直升机有时装有滤沙器。第一架"突击队员"Mk 2首飞于1975年1月16日，2月21日交付使用。

## "突击队员"Mk 2A（"海王"Mk 92）

在埃及的订单之后，1974年，卡塔尔也订购了3架Mk 2A。从各种目的和意图来看，Mk 2A同埃及订购的机型基本一致。"突击队员"的大容量机舱可以安装大量座位和担架位，最多可以放置9个担架以及可以坐下的医护人员或者不需要平躺的伤员。三个可叠放的担架同六个座椅所占空间相同。"突击队员"也有强大的货物运载能力，不论是内置或者外挂。卡塔尔第一架"突击队员"1975年8月9日首飞，10月10日交付使用。三架中的最后一架于1976年5月19日通过空运从诺顿（与前两架相同）交付使用。

## "突击队员"Mk 2B（"海王"Mk 72）

两架专门执行重要人员运送任务的"突击队员"交付给埃及军方。该机型的不同之处为在机舱右侧安装了一对窗户（一排4个）以及一个单独的观察窗口。在机身里面，座舱相当豪华且隔音。第一架Mk 2B于1975年3月13日首飞，8月19日交付使用。第二架于1976年6月3日交付使用。

## "突击队员"Mk 2C（"海王"Mk 92）

Mk 2C是卡塔尔Mk 2A型号的行政专机版本。Mk 2C和埃及的两架行政专机配置的Mk 2B在外观上没有什么区别。机身上没有喷涂任何代号，在尾桁上以阿拉伯语言喷涂有卡塔尔空军的字样。Mk 2C于1975年10月9日首飞。

## "突击队员"Mk 2E（"海王"Mk 73）

"突击队员"Mk 2E是一款专门用来测试电子自动武器系统的平台，装备有意大利Selenia/Elettronica HIS-6一体化电子支持/对抗系统。埃及在1978年的订单之后订购了4架该机型。第一架Mk 2E于1978年9月1日首飞。HIS-6整合了可以侦测、定位、发现在1~18 f兆赫范围内发射的导弹频率的RQH-5电子支持系统和TQN-2模块化干扰系统。它将瞬时频率测量（IFM）天线并入单脉冲方向搜寻系统（DF）。该系统具备自动危险测试库，可以探测多达2000种发射频率并同时追踪50个目标。EW操纵者坐在一个精致的操纵平台后，将危险信息以文字数字和图标的形式显示到CRT显示器上。TQN-2是一款高性能的系统，可以在一共4个波段内发现、阻击和干扰对方，也可以用来控制干扰物的发射作为对策。I和J波段的天线是可以操纵的，但是其他波段的天线是固定的。

## "突击队员"Mk 3（"海王"Mk 74）

除了"突击队员"的名称，卡塔尔最终购入的直升机同"海王"在外观上几乎没有区别，由于都具备起落架浮筒，可以收起的起落架和机身背部雷达以及可折叠的尾旋翼吊挂。起落架浮筒和常规的不太相同，因为没有安装漂浮袋的空间。取而代之的是安装在浮筒外部的漂浮工具。同"突击队员"2系列相同，该直升机在座舱后部右侧保留了一个单独的额外窗口。从全方位视觉上看是半圆穹顶形的。"突击队员"Mk 3设计用来进行多功能任务，另外也执行空中监视任务。该直升机可以安装"飞鱼"导弹，但是也可以装备其他武器，包括16枚SURA火箭弹、18枚SNEB火箭弹或者一对0.50英寸口径的机枪。"飞鱼"导弹一般是标准武器。第一架"突击队员"于1982年9月26日首飞，1982年11月26日交付使用。所有8架的交付工作于1984年1月4日全部完成。

# 韦斯特兰公司的各种改型

英国韦斯特兰公司的"海王"型号是美国西科斯基公司SH-3型号的升级版。英国对该机型进行了多用途研发工作，包括成功的反潜机型以及其他高性能的空中预警（AEW）、反潜（ASW）和搜索救援（SAR）机型。

### 韦斯特兰"海王"HAS.Mk 2

"海王"HAS.Mk 2是首飞于1974年6月30日的澳大利亚Mk 50型号级的直接产物。皇家海军的HAS.Mk 2使用了升级后的1600马力（1200千瓦）Gnome H1400-1发动机，拥有更加出色的性能。新的机型同时装备了新的6桨叶尾旋翼，改善了载重情况下的航向控制能力，增加了突出的挡光板。只有21架"海王"HAS.Mk 2是韦斯特兰公司新生产的，其他的都是由HAS.Mk 1改装升级而来。第一架HAS.Mk2（XZ570）首飞于1976年6月18日，第706中队于1976年9月装备了该机型。HAS.Mk 2的航电设备包括普利西型号2069声呐、Racal Decca 71"海豚"雷达、战术空中导航系统（TANS）。在HAS.Mk 2的服役过程中，航电系统做了几次升级和改装，大部分都增加了功能选择范围。

### 韦斯特兰"海王"Mk41、Mk42/42A和Mk 50/50A

**Mk 41**："海王"的第一个出口用户是联邦德国海军陆战队，一共订购了22架Mk 41用于执行搜索任务。"海王"Mk 41基于皇家海军的HAS.Mk 1机型，但是没有声呐和反潜设备。该机型通过将机身后部舱壁以及观察窗口向后移动了5.8英尺（1.7米）来加长了机舱。交付工作1973—1974年展开。在1988年结束的计划当中，20架留存下来的Mk 41在MBB进行了大面积的改装升级，具备了海上舰艇搜救能力。装备了Ferranti Seaspray Mk 3雷达用以探测超视距英国BAe公司制"海上贼鸥"空地导弹，以及Ferranti Link 2数据链。

**Mk 42/42A**：印度海军一共接收了12架"海王"Mk 42，包括1971年的6架以及1973—1974年间的6架。同HAS.Mk 1大致相同，这些机型装备在哥鲁达的第330中队和第336中队，但是经常在"维克兰特"号行动。首批6架参加了1971年同巴基斯坦的军事冲突。至少5架"海王"坠毁，留存下来的同3架"海王"Mk 42A（1980年交付）目前服役于第330中队。Mk 42A同皇家海军的HAS.Mk 2大致相同。

**Mk 50/50A**：1975—1976年，澳大利亚皇家海军一共接收了10架Mk 50。尽管该机型装备有美国邦迪克斯Oceanics AN/ASQ-13A深海声呐和不需要降落即可在飞行中通过舰艇加油的绞车控制的加油系统，但仍是第二代"海王"直升机的原型机。两架Mk 50A于1983年作为替代机型交付使用。1990年，Mk 50/50A逐渐被西科斯基S-70B-2"海鹰"取代其反潜任务。同时，该机型也更换了新的主旋翼桨叶。7架留存下来的"海王"直升机被用于多种用途，包括军用和民用搜救任务、垂直补给、运输以及协助特别行动队。

### "海王"HAS.Mk 1

皇家海军于1966年订购了56架"海王"直升机。第一架原型机XV642，于1969年5月7日首飞，之后马上开始服役。编号XV642到XV677，XV695到XV714的56架HAS.Mk 1装备了Ecko AW391搜索雷达（也称作MEL ARI5955或者MEL轻型），安装在背部突出的天线罩中。大部分航电设备安装在机头下部。该直升机也装备了Marconi AD580"海豚"雷达，普利西195声呐、电子自动控制飞信系统（AFCS）和综合通信系统。这些升级让最基本的韦斯特兰"海王"机型也要比该机型的基础——原来美国产的SH-3D——高级很多。武器系统包括4枚Mk 44自动导航鱼雷、4枚Mk 11深海炸弹或者一枚WE177深海炸弹。即使在机身左侧装备了声呐设备，"海王"HAS.Mk 1仍能够装载11名全副武装的士兵，不装声呐的话可以达到20名，去掉客舱的话达到27名。在舱门上方可以安装载重600磅（272千克）的变速救援起重机，可以吊载多达6000磅（2720千克）的重物。大部分留存下来的HAS.Mk 1被升级为HAS.Mk 2。所有的HAS.Mk 1于1980年末从皇家海军中退役。

### 韦斯特兰"海王"AEW Mk 2A、AEW.Mk 5与AEW.Mk 7

皇家海军对战舰空中预警能力的缺乏在1982年5月4日马岛海战中"谢菲尔德"号战舰（承担雷达警戒任务）被击沉的事件中突现出来。因此马上建立了一个紧急的项目用以研发空中预警作战平台，在11周内就实现了试飞。"海王"空中预警机型由"海王"HAS.Mk 1和HAS.Mk 2型升级而来，主要的项目内容是I波段Thorn EMI ARI 5980/3海上监视雷达。频率压缩捷变搜索装置同皇家空军的海上搜索机型"霍克猎人"相同。在任何海上情况下均可探测到低空飞行的目标，在天气环境恶劣的情况下，通过优化升级依然可以发现水面目标（例如潜艇潜望镜）和速度不快的空中目标。在10000英尺（3048米）的空中，雷达针对地方飞行目标有大约125英里（200千米）的作战范围。搜索雷达的天线在倾斜滚转方向稳定，可以开展360度全方位观察。它被安装在一个并不常见的可充气的半圆形天线罩里，由纤维B材料制成。可以在飞行中移动到垂直方向来从下方保护直升机，也可以移动到水平方向，在甲板和机身中间留出足够的间隙，便于直升机着陆。雷达天线体积较大，产生了部分阻力，安装雷达后的巡航速度限制到103英里/小时（166千米/小时）。原来的雷达保留下来用于导航，但是声呐被移除。空中预警Mk 2A也装备了Racal MIR-2"橘子作物"电子支援测量系统，同样也装备于反潜HAS.Mk 2机型。9架空中预警Mk 2A通过改装升级而来，第一架于1982年7月23日首飞。

### 韦斯特兰"海王"HAR.Mk 3/3A与HAR.Mk 5

HAR.Mk 3：1975年，皇家空军订购了15架"海王"HAR.Mk 3，用以取代之前的"韦塞克斯"（Wessex）直升机和"旋风"（Whir/wind）直升机来执行搜索救援任务。HAR.Mk 3装备有加长的机身、绞绳长度更长的绞车、额外的油箱和观察窗口，同时还有H.1400-1发动机和6桨叶尾旋翼。该机型的航电系统同HAS.Mk 2的大致相同，但是还装有VHF无线电电台用以同警察、山地搜救队等进行通信。首批HAR.Mk 3于1978年开始服役，之后又有4架投入服役。其中6架改装后装于第78中队参与马岛海战。这些机型装备有NVG可兼容驾驶员座舱、Navstar GPS导航仪和Racal RNS252 SuperTANS，以及ARI 18228雷达预警接收装置和分配器安装位置。

HAR.Mk 3A：HAR.Mk 3A是皇家空军的第二代"海王"搜救机型，装备有数字成像搜索雷达、升级后的飞行控制系统以及通信设备。6架订单中的首架于1993年开始服役。

HAR.Mk 5：皇家海军专门的"海王"搜救机型实际上是HAS.Mk 5，移除了大部分的反潜设备。在现役的"海王"搜救直升机中比较独特的是这四架HAR.Mk 5装备有EML海上搜索雷达。

### 韦斯特兰"海王"Mk 42B/42C、Mk 45/45A和Mk 47

Mk 42B/Mk 42C：印度成为"先进海王"系列的首个用户，分两批12架与8架合计收到20架Mk 42B。该机型装备有性能优良的Gnome H1400-1发动机，复合材料主旋翼桨叶和新式5桨叶尾旋翼。其他的新设备包括两枚"海鹰"导弹发射架，MEL搜索雷达，AQS-902声呐浮标处理器，HS-12深海声呐和Hermes电子支援测量系统（ESM）。印度的Mk 42B装备于位于科钦的印度第336中队，但是经常由Viraat和Vikrant战舰运送至国外使用，或者在本国的"Godavri"级护卫舰上。"海王"Mk 42C是一款多用途运输搜救直升机。其航电系统同皇家空军的"海王"HAR.Mk 3大致相同，但是在机头装有邦迪克斯雷达。1987—1988年间6架该机型相继交付使用。

Mk 45/Mk 45A：巴基斯坦订购的"海王"反潜机型被命名为Mk 45，于1975—1977年之间交付使用。该机型同皇家海军的HAS.Mk 1大致相同。其中5架改装后用于执行反舰任务，配备了AM39飞鱼空对地导弹。该机型装备于第111中队（绰号"鲨鱼"）。此外又订购了一架Mk 45A（原皇家海军HAS.Mk 5）作为原机型消耗后的取代。

Mk 47：1974年，沙特阿拉伯代表埃及订购了6架"海王"反潜机型。"海王"Mk 47同皇家海军的HAS.Mk 2和澳大利亚的Mk 50大致相同，装备有同样的航电设备，但是保留了原来Mk 1机型的普利西195M型号声呐。1976年开始交付使用。这6架直升机驻扎于亚历山大港，执行反潜任务。埃及的Mk 47都装备有绞车，可以进行搜救任务。

### 韦斯特兰"海王"HAS.Mk 5和HAS.Mk 6

HAS.Mk 5：HAS.Mk 5的主要升级改装包括全数字化MEI X波段海上搜索雷达、普利西2069型号深海声呐和AQS902 LAPADS听觉处理显示系统。通过LAPADS系统，"海王"HAS.Mk 5可以处理来自声呐浮标的各种主动或者被动信号。一些HAS.Mk 5装备有购自西科斯基公司的美国海军SH-3H的AN/AQS-81 MAD火箭弹。HAS.Mk 5型的机体通过之前的机身框架（包括1架HAS.Mk 1、19架HAS.Mk 2和35架HAS.Mk 2A）改装而来，另外还有30架新生产的机体。皇家海军的"海王"直升机在海湾战争中执行反水雷和反潜任务。其中两架装备有GPS导航仪、AN/ALQ-157 IRCM干扰仪、M-130分配器、后警戒雷达（RAR）、安全通信电台和7.62毫米口径舱门机枪。任务设备包括Sandpiper前视红外探测仪、Menagerie电子对抗设备、手动操纵温度成像设备和Demon视觉捕捉系统。机组成员扩充到包括一名水下监视人员和3名潜艇监视人员。他们能够快速施行水雷发现及引爆措施。

HAS.Mk 6：HAS.Mk 6大致上说是HAS.Mk 5的升级机型。在反潜能力方面得到大幅提升，直到EH101"灰背鹰"多用途直升机的出现。安装了复合材料主旋翼桨叶和全新的一体化战术作战系统，包括AQS-902G-DS数字化加强声呐系统，可以将来自声呐浮标的数据同具有更好深海特性的数字化2069深海声呐的数据整合。其他的新设备包括内部AIMS（一体化先进MAD系统）、升级后的IFF、升级到"橘子收割者"的电子支援测量系统、一对VHF/UHF安全通信电台。HAS.Mk 6比HAS.Mk 5轻了500～800磅（227～363千克），这相当于增加了可飞行30分钟的额外燃油。首架升级后的HAS.Mk 6于1987年首飞，之后又有72架改装机型和5架全新机型服役。

### "海王"Mk 43和Mk 48

Mk 43：1972—1973年，挪威接收了10架"海王"用以执行军用及民用搜救任务。"海王"Mk 43和德国的Mk 41大致相同，均基于皇家海军的HAS.Mk 1的机身框架和发动机。该机型装备于总部设在博多的第330飞行中队，主要在博多、

班纳克、奥兰多和苏拉执行飞行任务。9架留存下来的"海王"被升级到Mk 43B标准，并增加了3架全新的。Mk 43B是一款混合机型，装备了MEL海上搜索雷达，安装在机头的邦迪克斯/King天气雷达、升级后的航电系统和FLIR 2000炮塔。

MK 48：比利时于1976年接收了5架"海王"直升机用于搜救任务。该机型同皇家空军的HAR.Mk 3大致相同。1976年，"海王"交付到位于科克赛德的第40分队。该机型的主要任务包括重要人员、士兵运送、伞兵空降、挂载货物运输、伤员、器官运送以及准军事、警务任务。在20世纪80年代，重新装备了符合材料主旋翼桨叶并升级了导航系统。所有的5架都装备了新的邦迪克斯RDR1500B雷达、前视红外线系统FLIR 2000F并升级了航行设备。

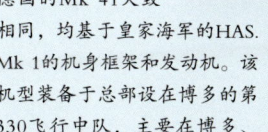

上图：第二架YCH-53A（编号151614）在1964年10月14日从康涅狄格州的斯特拉特福德起飞，进行了此机型的第一次飞行。在量产型交付之前，只有两架YCH-53A进行过试飞

# H-53 的研制

根据美国海军陆战队有关于重型攻击直升机的要求发展而来，可在舰上使用的H-53直升机家族在从越南战争到海湾战争的战场上都给出了令人满意的答卷。

多用途的H-53直升机家族的发展始于1960年10月，美国海军陆战队宣布希望用一架新型舰载重型攻击直升机代替西科斯基公司的HR2S-1。HR2S-1（后重新命名为CH-37C）证实了长期以来海军陆战队的观点，直升机是在两栖战争中理想的运送队员的工具和岸上装备。然而，HR2S-1越来越老，变得很难维护，所以海军陆战队决定需要寻找其他机型来替换它。

一开始，美国海军陆战队联合陆军、空军和海军对发展中型的三军联合垂直起降运输机进行赞助。然而，发起的沃特-希勒-赖安XC-142A项目目标过大并且启动太晚，所以海军陆战队决定自己寻求一种新的重型直升机。

1962年3月7日由美国海军武器局发布

上图：HH-53C是过渡机型HH-53B救援直升机的改进型。它的设计思路意味着其内部和外部载油能力不得不降低，但是由于装备了伸缩式加油管，这并不会影响其作战半径。美国第55航天救援与恢复处（ARRS）的HH-53C也参与了"阿波罗"宇宙飞船的所有支持任务，一旦发射后任务终止，可以对驾驶舱进行救援

了要求，海军陆战队需要一款舰载直升机，可以在半径为100海里［115英里（185千米）］的半径区域内，以150海里/小时［172英里/小时（278千米/小时）］的速度，载重8000磅（3630千克）。它的任务是舰上和岸上之间的运输、回收损坏的飞机、人员运输和航空医疗撤离。

有3家公司回应：波音维托（Uertol）直升机公司带来了重新设计的HC-1A，卡曼飞机公司开发了英国设计的Fairey Rotodyne，西科斯基则表现出开发双涡轮S-65的意图。已经在之前为海军陆战队提供中型直升机的竞争中输掉了，西科斯基这次全力以赴以赢得这项合同。1962年7月西科斯基中标，成为了赢家。在综合考虑了技术、生产能力和价格多项因素后，海军陆战队选择了S-65。然而，由于美国海军陆战队的预算中没有足够的资金，先前签订的4架原型机的合同直到西科斯基降低研发报价才得以实现，并且订购原型机的数目变成了两架。改过之后的提议得到通过，在1962年9月24日，美国国防部宣布与西科斯基直升机签订了一项价值为9965635美元的合同，包含制造两架YCH-53A原型机：一架静态试验机身和一架实物模型。

这款西科斯基的设计由两台通用电气公司T64轴涡轮发动机提供动力并且结合了许多在其他西科斯基设计上验证过的特点。其中有S-64（CH-54）起重直升机的主传动装置，S-56（CH-37）重型直升机的72英

上图：在帕图森特河进行的测试中，一架海军陆战队的CH-53A运载一架CH-46直升机。它的载重能力使得"海上种马"在越南战争中回收了超过1000架损坏的飞机

尺（22米）直径的6叶主旋翼和反向转矩旋翼。赢得合同的设计与它的同公司机型S-61（SH-3A）有相似的构造，但是更大一些。其首飞在1964年10月4日进行，尽管遇到了一点问题，还是顺利地完成了测试，最早的亮产型号CH-53A于1965年9月进入海军陆战队。在生产完141架"A"型的"海上种马"（Sea Stallion）后，接着生产了其他3种重型运输机改型（为美国空军生产的20架CH-53C，为海军陆战队生产的126架CH-53D和为联邦德国生产的两架CH-53G），这些机型安装了更强大的T64发动机，并有一些其他的改进。20架CH-53G在联邦德国组装，另有90架以授权生产的方式建造。

左图：RH-53D的主要任务是悬挂一个扫雷橇，用来将鱼雷拖拽到海面。然后使用直升机的一对0.5英寸（13.7毫米）口径的机炮引爆

上图：给H-53机身加装一个发动机，这个简单的想法产生了一架动力大大增强的飞行器。这架测试YMH-53E（没有MH-53典型的大翼梢浮筒）能够在最汹涌的海域拖拽它的扫雷橇

## H-53改型

这些成功的经历都引起了外界对西科斯基的注意，美国空军、海军和几个国外客户的兴趣也促使西科斯基公司开始设计这架双引擎直升机的专用营救和反水雷改型。对更强大、武装和防卫更充分的战斗营救直升机的需求促使了HH-53B的发展，项目开始于1966年9月。西科斯基很快开发了"超级快乐的绿巨人"救援直升机。第一架HH-53B于1967年3月15日首飞。西科斯基继续为美国空军制造了44架HH-53C，为奥地利制造了2架S-65C-2，为以色列制造了33架S-65C-3。

在越南战争中，"超级快乐的绿巨人"表现出了出色的战场救援能力，在前3年的战争中，它们拯救了大约371名机组人员的生命。HH-53也因为参加了越南山西（Son Tay）监狱突袭战和在柬埔寨营救出被俘的"马亚圭斯"号商船船号机组人员而赢得了名望。在战争过程中，美国空军损失了14架CH-53和HH-53，包括被米-21击落的一架。战争结束后，"超级快乐的绿巨人"被升级至HH-53H"低空铺路Ⅲ"和"低空铺路Ⅲ加强标准版"，能力得到了拓展。这在一定程度上是由于海军RH-53D在1980年4月营救美国在伊朗的人质时的糟糕表现。改装成"低空铺路Ⅲ"的HH-53是在空军特种作战司令部最有能力的特种作战直升机。1986年，它的名字改为MH-53J以反映它现在的特种作战的角色。

## 扫雷舰

经过对扫雷直升机的试验得出的结论是，只有CH-53才有足够的动力拖拽沉重的除雷设备。然而，由于越南战争中的海军陆战队需要CH-53A的支持，直到1970年冬天才对"海上种马"扫雷直升机进行了第一次试验。15架直升机配备上合适的设备，重新命名为RH-53A，然后分派到了第12反水雷直升机中队（HM-12）。它们在1972年2—7月之间，北越水域的扫雷行动"Endsweep"中声名狼藉。后来，海军用30架特别制造的RH-53D补充了这第一批的RH-53A直升机。从1964年的"Nimbus Star"到1980年的"Earnest Will"，这些直升机参与了多次扫雷行动。伊朗也在伊朗国王巴列维下台之前，获得了6架与这些直升机大致相似的反水雷直升机。伊朗的RH-53D是最后一批对军事客户取得成功而没有在民用直升机世界重现辉煌的S-65。

## 三引擎的S-80

至1970年秋天，美国海军陆战队使用CH-53A的经历使他们确信需要一架荷载是"海上种马"荷载1.8倍的直升机。向得到这种直升机迈进的第一步是在1967年10月24日批准的一项求购计划，需要一架有18吨荷载，同时足够小，可以在LPH两栖攻击舰上操作。除了海军陆战队的需求之外，海军也需要一款垂直补给直升机，陆军需要一款重型直升机。

作为对这些要求的回应，西科斯基公司在CH-53上部机身整流罩中安装了第三台发动机，多出来的动力通过一个加强的传动装置传送到7桨叶的主旋翼上。由于这个建议只需要稍微改变一下机身，所以海军陆战队很快对此表现出兴趣，对此项目进行支持。然而陆军则继续关注他们自己的需求，结果是失败的机型波音-维托直升机公司XCH-62。YCH-53E在1974年3月1日进行了首飞，但是由于一套比它的前身更详细的开发和测试方案，CH-53E直到1981年2月才开始进入军队。这架新直升机在海军陆战队受到了极大的欢迎，它能够满足他们的所有期望，同时海军在1988年4月引进了这架三引擎反水雷直升机的衍生型MH-53E。一年后，这种直升机作为S-80M-1交付给日本海上自卫队。

另外，还有一项VH-53F总统运输机的改型的提议，但最终被取消了。

下图：从商业角度来说，CH-53和S-65C是失败的。美国航空和宇航局对这型直升机进行了改进，以展现它的商务能力，但是它最终因为太贵而无法使用

# CH/RH-53 的使用

CH-53为水陆两栖作战提供了重型荷载能力，这使得它发展出一大批改型去满足美国空军和联邦德国军队的要求。

上图：陆战队突袭！西科斯基公司的H-53存在的理由是为海军陆战队提供了舰上与岸上之间的快速运送。尽管H-53对于运送队员很在行，但它还是被改装为运输海军陆战队在海陆两栖突袭中用到的重型的设备

在赢得了HH（X）招标竞争之后，西科斯基在完成YCH-53A的过程中经历了挣扎，他们面临着缺少设计人员、分包合同中的部件和政府提供的设备推迟交货等问题。直升机重量的增加推迟了首批生产的16架CH-53A交付日期。1965年9月，第一批产品CH-53A在加利福尼亚州圣安娜市的海军陆战队航空站交付给第463重型直升机中队，最初的这批CH-53A与YCH-53A相同，并且像这些原型机一样由2500轴马力（1864千瓦）的T64-GE-6发动机提供动力。在开始加速训练和在东南亚的部署批准之前，对CH-53A进行了4个方面的开发，以提升它在战斗中的用处：（1）在发动机进气口前面安装了一套引擎空气颗粒分离器（EAPS）的过滤系统；（2）提供了防卫武器（加装了一门共轴M60机炮，从机身前侧两侧的舱口射击）；（3）增加了450磅（204千克）的装甲板以保护机上人员和重要机身部件；（4）测试了CH-53A的"飞行起重机"能力，因为越南的战斗行动揭示出对于海军陆战队最紧急的是需要一架能够拖拽回一整架飞行器，而不需要拆去一些组件或者装备以减轻荷载的直升机。试验表明要想使CH-53A能够拖拽起CH-46这样的标准的海军陆战队中型直升机，还需要增加动力。于是，制定出的计划是要安装一台T64-GE-1发动机，短时之内这种发动机的最大功率达到3080轴马力（2296千瓦），而不是标准的2850轴马力（2125千瓦）。1968年开始替换这些发动机，使用一台特别改装过的3435轴马力（2561千瓦）的T64-GE-12或者T64-GE-16，这项更换更强劲发动机的过程不需要改变机身框架。

量产型CH-53A的机组成员有3人（驾驶员、副驾驶员和机长），机舱内部可容纳38名突击队员或者42名伤员和4名陪护人员，或者8000磅（3630千克）的货物。机舱长度为30英尺（9.14米），高度为6英尺6英寸（1.98米），宽度为7英尺6英寸（2.29米），并且包括一台移动滚柱式传送机和一套系留系统。外部荷载更是达到了20000磅（9070千克）。尽管最初CH-53A是预计作为运输直升机使用的，但是从第34架量产型开始，它的作用得到了拓展，安装了硬挂点以拖吊扫雷设备。

## 扫雷

美国海军收到了15架由CH-53A改装成的RH-53A。所有的机身都装有硬挂点和扫雷设备。海军要求进行进一步的改进，这15架"海上种马"重新安上了3925轴马力（2926

下图：对于直升机行动来说，自我防护是一个越来越重要的部分。在战场上，侧翼发射的热辐射自导导弹是尤其危险的，比如SA-7"圣杯"（Grail），最好的应对方式就是从机身后方两侧的投放器释放照明弹。这提供了比直升机本身更强的热源，从而引开导弹

左图：CH-53E从美国海军陆战队的KC-130加油机补充燃油后缓缓平飞。这展现出此机型精确的飞行能力。尽管一些苏联直升机在动力和荷载上都超过53系列，但"海上种马"在直升机界仍然称得上是一位巨人

### HH-60A "信鹰" 直升机
- 主旋翼和尾旋翼除冰装置
- 装备HIRSS（系统悬停状态下动力装置红外辐射抑制系统）尾气抑制设备
- 夜视镜兼容驾驶舱
- M218型机枪可安装在滑动玻璃的万向托架上
- 机舱内装配两个117美加仑（443升）副主油箱

### SH-60B "海鹰" 直升机
- 25管声呐浮标发射器
- 后半球AN/ALQ-142电子支援天线
- 前半球雷神公司制AN/ALQ-142电子支援天线
- 得州仪器制AN/ALQ-124雷达
- 辅助安全回收与牵引系统探头
- 新型的面向海军设计的"海鹰"机身

### HH-60G "铺路鹰" 直升机
- 桑德斯AN/ALQ-144红外干扰系统
- 防护缆保护系统
- 本迪克斯·金公司1400C轻型彩色雷达
- HIRSS（系统悬停状态下动力装置红外辐射抑制系统）尾气抑制设备

### HH-60H "救援鹰" 直升机
- 舱门安装有0.3英寸（7.62毫米）口径M60D型机枪
- HIRSS（系统悬停状态下动力装置红外辐射抑制系统）尾气抑制设备
- 用于小型舰船行动的辅助安全回收与牵引系统
- AN/ALE-39诱标投射系统
- 基于SH-60F机身设计

### S-70B-2直升机
- 新洛克威尔·柯林斯公司制DHS-901数据链天线
- T700-GE-701C涡轮轴发动机
- 之前的电子支援天线整流罩内装有探照灯和着陆灯
- 新的天线罩内装备了MEL"超级搜索者"雷达
- 折叠尾桁

## SH-60F（MH-60R）"大洋鹰"

作为舰载反潜直升机，在所有现役直升机中队中，SH-60F已经取代了SH-3H"海王"。装备了深水声呐和反潜鱼雷，SH-60F可以为航母战斗群提供内圈防御。AQS-22深水声呐将会取代目前的AQS-13F。SH-60F也可以用作飞行护卫、救援和后勤运输等用途。海军正在研发SH-60R来取代SH-60B和SH-60F，曾经一度计划把SH-60B/F和HH-60H的机身改造为SH-60R，但最终放弃，转而生产全新的MH-60R和MH-60S多用途直升机。MH-60R有许多新改进，包括增加了工作重量；增加两个外部硬挂点；提升驾驶舱的显示设备；装备了AQS-22深水声呐；升级了电子支援测量系统；安装红外传感器；集成了自卫系统等。磁异探测系统将被取消，但是SH-60R将保留0.3英寸（7.62毫米）口径航空机枪、"企鹅"和"地狱火"导弹，以及Mk 46和Mk 50鱼雷等武器装备。

## 海外机型

H-60的"海鹰"版已广泛出口至许多国家和地区，包括澳大利亚、日本、希腊、西班牙和中国台湾等。澳大利亚的S-70B-2（见右图）、日本的S-70B-3和西班牙的HS-23均为SH-60B的不同机型，而中国台湾的S-70C(M)-1"雷鹰"则是SH-60F的衍生机型。希腊的8架S-70B-6"爱琴海之鹰"是SH-60B和SH-60F的混合体。

## HH-60H "救援鹰"

在美国直升机中队中，HH-60H攻击救援机型的加入使SH-60F的队伍进一步壮大，其主要任务是战斗搜索和救援，以及插入和撤出特种部队。HH-60H装备0.3英寸（7.62毫米）口径机枪和AGM-114"地狱火"空地导弹。尽管美国海军之前认为HH-60H的任务就是战斗救援，这是一种营救己方人员的反应任务；但"攻击鹰"攻击救援的角色定位其实是一种主动出击的任务，也使"救援鹰"成为任何任务计划中不可或缺的一部分。能否从远离基地250海里（288英里；463千米）的地方营救本方4人机组已经成为最重要的标准。作为"攻击鹰"的次级功能，它参加的秘密行动很大程度上都集中在"海豹"特种部队的渗透和撤出上。在这种任务中，HH-60H都装备有回收协助、固定和转移装置，使飞机可以从一般舰只上起飞，而不必是自己所属的航空母舰。

## HH-60J "坚鹰"

西科斯基公司的HH-60J"坚鹰"直升机是美国海岸警卫队的中程搜索和救援直升机。"坚鹰"可以执行300英里（483千米）半径内、6小时的飞行任务，它使用了当下最先进的雷达、无线电和导航设备，扩大了搜索和救援范围，相比从前，能够在更远的距离解救遇难者。

# H-60 使用者

### 韩国

1990年3月，韩国签署了一项协议，决定建造UH-60P（与UH-60L类似）以满足国内军事需求。随着7架美产样机的进口，韩国航空公司的UH-60P于1992年2月15日首飞，第100架UH-60P在1999年交付使用。该机型主要在韩国陆军服役（见下图，一架UH-60P在美国海军两栖攻击舰"埃塞克斯"号上)，海军和空军也有少量服役。

### 美国空军

美国空军"铺路鹰"直升机由陆军UH-60A/L改装而来，通称为MH-60G。直到1992年1月，82架战斗救援机改称为HH-60H，剩余的16架仍称为MH-60G，用于特种作战任务。到了2000年早期，除了9架飞机外，其余均改为HH-60G。HH-60G升级后的Block 152型机于1999年4月首飞。

### 美国陆军

美国陆军使用的是最初的UH-60A"黑鹰"，其中部分战机升级了自卫系统和EH-60A快速固定IIB战场电子对抗探测和干扰平台（见下图）。MH-60K/L和AH-60L取代了最初的MH-60A，服役于美国陆军第160特战航空团。同时，从1989年起，改良后的UH-60L取代了UH-60A，成为在产机型。UH-60Q也成为医疗后送专用机的代称。

### 墨西哥

基地在圣塔·露琪亚的墨西哥空军第一战斗联队第216特种任务中队装备有两架S-70A-24（类似于UH-60L）。它们是1991年交付给墨西哥的。

### 美国海军

美国海军最初的SH-60B反潜战/反舰监视和目标监视(ASST)机型是于1982财年被授权生产的。该机型生产不久，又迎来了SH-60F舰载直升机，并于1991年开始被部署执行战斗任务。1990年，HH-60H（见下图）开始服役，用于空中打击救援和特种战斗支持。美国海军计划自2005年生产243架MH-60R直升机，装备新的吊放式声呐装置。237架以陆军的UH-60L为基础生产的MH-60S将取代CH-HH46D。

## 出口目录

|  | "黑鹰" | "海鹰" |  | "黑鹰" | "海鹰" |
|---|---|---|---|---|---|
| 阿根廷 | 1 |  | 韩国空军 | 3 |  |
| 澳大利亚 | 39 | 16 | 韩国（海外军售） | 3 |  |
| 巴林 | 1 |  | 韩国（联合生产） | 7 |  |
| 巴西 | 4 |  | 马来西亚 | 2 |  |
| 文莱 | 7 |  | 墨西哥 | 2 |  |
| 智利 | 1 |  | 摩洛哥 | 2 |  |
| 哥伦比亚 | 32 |  | 菲律宾 | 2 |  |
| 埃及 | 4 |  | 沙特阿拉伯 | 21 |  |
| 希腊 |  | 8 | 西班牙 | 6 |  |
| 中国香港 | 3 |  | 中国台湾 | 19 | 10 |
| 以色列 | 15 |  | 泰国 |  | 6 |
| 日本 | 1 | 2 | 土耳其 | 79 |  |
| 约旦 | 3 |  | 英国 | 1 |  |

## 日本

三菱公司承接了任务，为日本海上自卫队生产源自SH-60B的S-70B-3机型（即SH-60J，见下图1），为日本航空自卫队/海上自卫队（即UH-60J，见下图2）和陆上自卫队（UH-60JA）生产S-70A-12搜索救援机型。第一批生产的SH-60J于1991年8月交付使用。SH-60JKai的升级改造主要是更新了新的旋翼系统和声波导航，UH-60JA增加了雷达和夜间和恶劣天气时大有用途的"前视红外系统"。

## 澳大利亚

澳大利亚皇家空军在1987—1991年间接收了39架S-70A-9（见下图1）用于替换UH-1，大部分飞机是由霍克·德·哈维兰公司组装的。1989年，这些飞机转至澳大利亚陆军服役。1984年，澳大利亚皇家海军选中了S-70B-2（见下图2）作为"阿德莱德"级护卫舰的舰载机。总计16架S-70B-2中有半数是由澳大利亚的航空航天技术公司组装的。

### 美国国内交货记录

| "黑鹰" | SH-60B | SH-60F | HH-60H | HH-60J |
|---|---|---|---|---|
| 美国空军 | 91 | | | |
| 美国陆军 | 1601 | | | |
| 美国海军 | 2 | 181 | 82 | 42 | 42 |
| 美国缉毒局 | 5 | | | |
| 美国特种作战组织（SOA） | 23 | | | |

## 哥伦比亚

哥伦比亚共进口了22架S-70A-41，分别为1994年2架、1995年2架、1997年7架、1998年11架。尽管最初说明的是UH-60A标准，但实际上接收的是UH-60L标准。在1999年末，哥伦比亚又追加了订单。

## 中国台湾

1990年，S-70C(M)-1"雷鹰"（SH-60B标准，见上图）开始交付中国台湾海军。1997年达成关于(M)-2机型的第二个订单。S-70C-2"超级蓝鹰"（见下两图）是专为没有达到海外军售标准的客户研发的，并于1985—1986年交付至中国台湾，大部分用于搜救用途。1998年4月，又一批4架S-70C-6飞机交付使用。

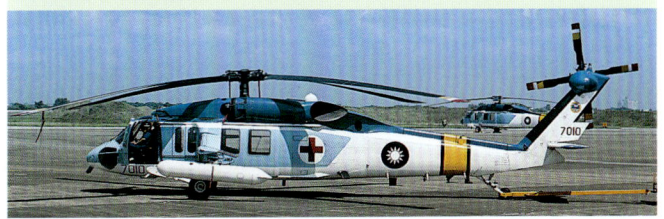

## 西班牙

西班牙海军自1988年12月起接收了6架装备吊放式声呐装置的S-70B-1（国内海军型号HS.23）。2000年，新一批6架飞机的购买计划也获得通过，规定将早期的机型升级改装为可以装载AGM-114反坦克导弹的新标准。

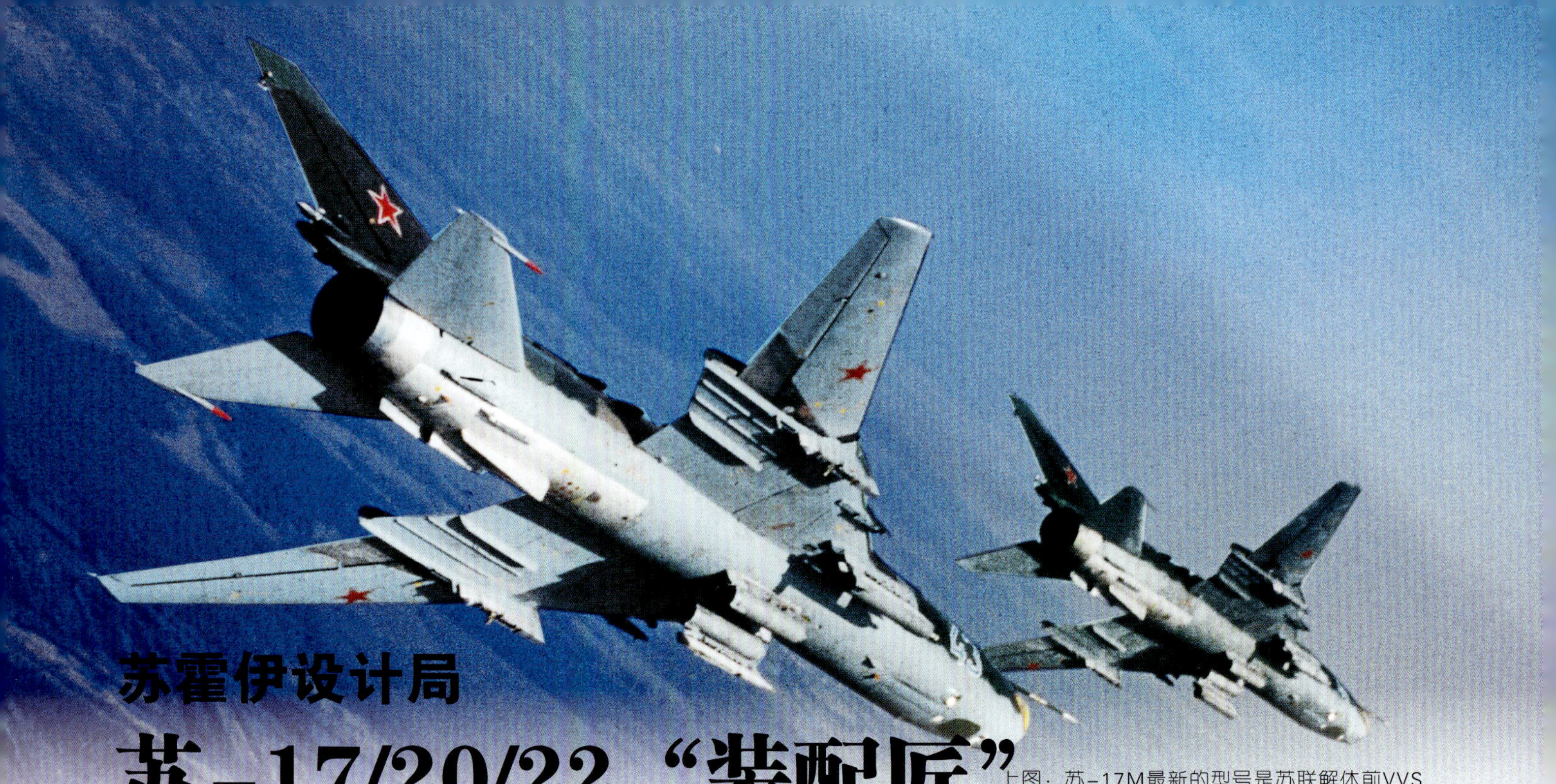

# 苏霍伊设计局

# 苏-17/20/22"装配匠"

## 苏联攻击机

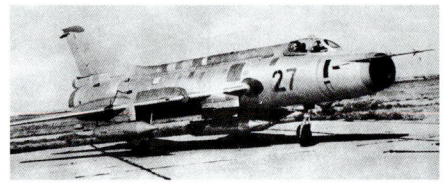

上图：苏-17M最新的型号是苏联解体前VVS的重要战术组成部分。图中近处的飞机是一架苏-17M-4"43 Blue"，在右侧机翼下部携带有典型的对地攻击武器：一枚S-24240毫米（9.4英寸）口径火箭弹，以及在机身下部携带的FAB-250型250千克（551磅）炸弹

苏-17"装配匠"同其之前的型号苏-7维护特性类似，但是经过战场检验的苏-17的载弹量翻倍，并且起飞跑道的长度只需要苏-7的一半。在服役30年之后，苏-17仍然出现在许多国家空军的编制中。

20世纪60年代中期，在苏-7B机型引入服役，改进型号苏-7BKL以及苏-7BMK开始进行研发之后，苏霍伊设计局接到了改进其战斗轰炸机的起飞着陆性能的任务。苏-7BKL已经装备了采用固体燃料的喷射机起飞促进（JATO）火箭发动机以及减速伞，但是在设计新的战斗机时需要考虑更加彻底的方法。因此，苏霍伊设计局开始同时测试短距起降（STOL）以及变几何外形飞机，T-58VD以及S-221分别是苏-15以及苏-7的发展改进型。

S-221变几何外形战斗轰炸实验机型是基于一系列苏-7BM的机身进行的，只是在机翼外侧进入了可变结构，在翼尖部分起落装置上装有转轴。这种方法使得结构重新设计的部分降到最小，降低了在机翼变后掠过程中气动压力以及重心变化所导致的影响。苏-22I，苏联的首架变几何外形飞机于1966年8月2日进行了首飞。1967年7月，喷涂有醒目的红色闪电的苏-22I在多莫杰多沃（Domodedovo）航展中公之于众。

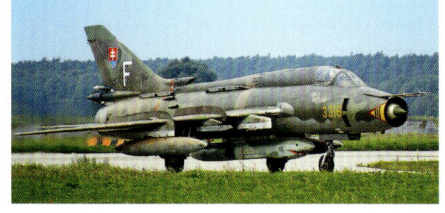

上图：斯洛伐克的苏-22M-4R主要用来执行战术侦察任务，为此，该机型装备了KKR 红外线（IR）/摄影/电视（TV）吊舱。该机型装备于捷克斯洛伐克的第47PZLP战术侦察飞行团

### 批量生产的苏-17

同苏-7机型相比，S-22I在起飞着陆性能上有很大的改进；同时，其航程以及在较小后掠角情况下的耐受性也得到了提高，只不过同苏-7BM相比，载油量减小、结构重量增加。1967年9月，在经过政府协议通过之后，批量生产正式开始。

S-22I的量产型被称为苏-17（设计局也将其称为S-32）。苏-17的编号之前被1949年的变后掠角"R"实验机型所采用。除了新式的机翼之外，苏-17机型同苏-7BKL/BMK机型在维护保养特性上基本通用，另外还采用了苏-7U的锥形整流罩作为附加装备。在固定翼部分增加了两个额外的挂载基座，这样一共就有6个硬挂点。液压设备、燃油系统、电子设备以及航电设备基本上是从苏-7BKL机型上复制过来。通过引入Kh-23（AS-7"Kerry"）空对地导弹

上图：所示为首批苏-17生产机型之一，明显装备有4个KMGU弹药布撒器（submunitions dispenser）。最初的苏-17在载重方面只不过比苏-7B稍微先进一些，只有起飞着陆性能得到了真正的加强

（ASM）以及可以装载最多253加仑（1150升）燃油的油箱，提高了该机型的战术作战能力。苏-7B机型挂载在机翼上的NR-30型30毫米口径机炮被保留了下来，另外还可以挂载安装带有铰接滚筒的SPPU-22型23毫米口径机枪吊舱，以提高攻击火力。开始的苏-17机型的最大作战重量为6612磅（3000千克），包括最新引入的80毫米（3.15英寸）口径S-8以及250毫米（9.84英寸）口径S-25非制导火箭弹。

苏-17同其前者相比在战术作战能力上得到了很大的提高，但是由于在量产型中结构重量的增加意味着同苏-7BKL相比在性能上只有起飞着陆性能得到了实际的改善。尽管如此，苏-17机型于1969年开始批量生产，开始时同苏-7B机型同步生产，但是在1971年后者逐渐被淘汰。最初的苏-17机型装备于唯一的测试评估部队。首个主要的系列生产版本为苏-17M机型，该机型

下图：1971年的苏-17M是首个批量生产的苏-17型号。图中样机装备有80毫米口径B-8M1以及57毫米口径UB-32M/57火箭弹发射器，以及UPK-23/25023毫米口径机炮

上图：苏-17UM原型机是"装配匠"家族中首个引入经过特殊改进的驾驶舱以及向前伸出的机身外形的机型，拓展了飞行员的视野

引入了AL-21 F-3动力装置，推高了燃油容量并升级了相关设备。新一代的AL-21 F-3涡轮喷气发动机能够产生更大的推力，但是尺寸更小，使得可以增加燃油荷载。另外还增加了新式的液压系统、十字形减速伞以及现代化的PBK-2KL投弹瞄准器。在机身下增加的挂架使得硬挂点的数量增加到9个。从1972年开始，苏-17M机型开始交付到苏联远东地区的空军，另外也作为苏-20进行出口。苏-20同苏-17M的区别很小（例如引入了R-3S/AA-2"Atoll"自我防卫空空导弹），在波兰、埃及、叙利亚以及伊拉克的空军中进行服役。一架苏-20出口机型的固定翼版本被用来进行飞行测试，但是该机型（采用苏-20标准型号的机身以及苏-7BKL的机翼）于1973年首飞后被取消研发。

1975年，在苏-17之后，苏-17M-2机型开始服役，装备有升级后的武器投放系统。苏-17M-2机型先进能力的关键之处在于Fon激光测距仪，同时与ASP-17光学瞄准器、PBK-3联合炸弹/机炮瞄准器以及KN-23一体化导航系统相结合。后者可以使飞机自动飞向预先设定的目标。苏-17M-2机型以及与其相当的苏-22出口机型独特的特点却是安装在机头下部的DISS-7多普勒系统。苏-17M-2机型可以携带Kh-25（AS-10"Karen"）以及Kh-29L（AS-14"Kedge"）空对地导弹，同时也可搭载R-60（AA-8"Aphid"）空空导弹。出人意料的是，与苏-17M-2机型相关的出口机型苏-22装备有米格-23BN/米格-27系列机型的R-29B-300发动机，并且增加了后机身的宽度。苏-22机型并没有苏联苏-17M-2机型的先进武器，被交付到安哥拉、利比亚以及秘鲁空军，并且全部参与了战争。

## 从根本上的重新设计

苏霍伊设计局接下来着重研发苏-17系列型号的驾驶舱的布局安排，为飞行员提供更好的视野。因此重新设计是必须进行的，并且首先在苏-17UM双座纵列式教练机上实现，该机型装备了全新设计的前倾了6度的机身以及加大了的背部整流罩。1974年，尽管单座式和双座式机型都有所需求，双座式的苏-17UM的需求更加优先，并于1975年首飞。

为了与苏-17UM相配合，苏霍伊设计局研发了苏-17M-3战斗轰炸机。作为第一代新式单座机型，苏-17M-3保留了苏-17UM重新设计的前倾式机身，教练的位置被附加油箱所取代。另外还在机翼下部增加了两个额外的硬挂点，用以搭载R-60空空导弹来进行自我防卫，Klyen-PS激光设备取代了之前的Fon设备。苏-17UM以及苏-17M-3的系列生产开始于1975—1976年，两者都采用了面积更大的垂直尾翼用于防止低速状态下的不稳定性。

苏-17UM以及苏-17M-3的出口型分别被命名为苏-22M和苏-22U，两者都采用R-29涡轮喷气发动机。从1982年开始，低配置标准的苏-22M、苏-22M-3开始服役，这种机型采用了苏-17M-3机型的全部设备。

为了配合联合训练，作战荷载减小的苏-17UM被苏-17UM-3所取代，该机型具备苏-17M-3机型的视野以及其他装备。1978年投入生产，最终所有的苏-17UM被升级到苏-17UM-3标准。苏-17UM-3相应地被命名为苏-22UM-3进行出口。该机型中的部分采用了R-29发动机，从1983年开始出口机型装备AL-21/F-3发动机作为标准配置。

苏-17机型的最终量产型确定为苏-17M-4（命名为苏-22M-4，完全用于出口）。该机型于1980年投产，其显著的特点是在背部的整流罩进气道。然而，在初期的型号当中，其主要优势为引入了综合导航以及瞄准系统，该系统整合了电脑、激光测距仪、新式的导航和瞄准设备、照明雷达以及电视显示器。在阿富汗进行了实际作战后，苏-17M-4（同苏-17UM-3一起）装备了额外的装甲以及IR诱导发射器（decoy dispenser）来提高其战场生存特性。

下图：安哥拉的苏-22（在机头下部装备有多普勒雷达的苏-17M-2的出口型号）被用于实际的军事行动中。图中样机驻扎于梅农盖（Menongue），在1986年对"争取安哥拉彻底独立全国同盟"（UNITA）进行攻击行动

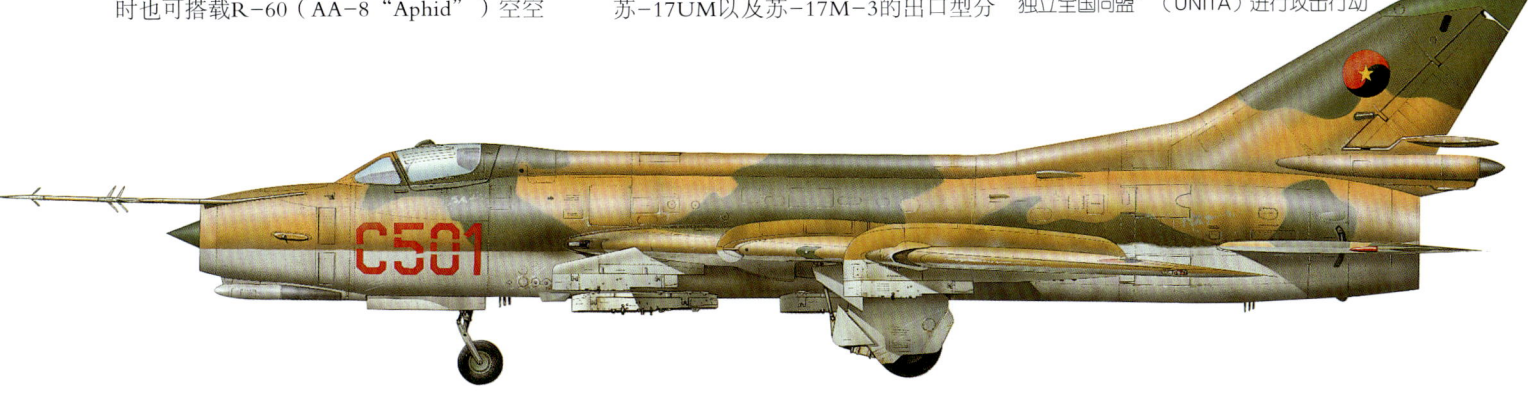

# 苏-17 相关改型

### 苏-17（S-32）"装配匠-B"

Sukhoi设计局将该机型称为S-32，在连续生产之前，该机型被用户们称为苏-17。该机型于1967年生产交付，用于进行性能评估，量产型于1969年开始生产。苏-17具有同苏-7U相同的锥形整流罩，在机身两侧带有两个突出的线路管道，该特点来源于苏-7BKL/BMK机型。在固定翼下部增加了两个额外的挂架，这样一共就有6个硬挂点。加强后的主起落架可以安装滑翘，用于被冰雪覆盖后的跑道上的起降。同苏-7BKL机型相比，苏-17机型的结构重量增加了大约2204磅（1000千克）。苏-17的驾驶舱进行了升级，采用了K-36弹射座椅。（见上图）

### 苏-17G（S-22I）

S-22I是苏-17BM的变几何外形的衍生试验机型，采用了最小的结构变化。机翼转轴位于起落设备尾部，形成了可以变化的外部机翼部分，前缘后掠角可以从30度增大到63度。唯一的一架试验机型于1966年8月2日由伊留申设计局（V.I.Ilyushin）首飞。1967年7月9日，S-22I在多莫杰多沃航展由I.K.Kukushev首飞。在增加了新式的变后掠角上单翼机翼后，空载重量增加到20900磅（9480千克），苏-BM的空载重量为18440磅（8370千克）（见上图）。

### 苏-17M（S-32M）"装配匠-C"及苏-20（S-32MK）"装配匠-C"

首架连续生产型为苏-17M，首飞于1971年，采用了新一代AL-21F-3发动机，取代了苏-17机型的AL-7F-1发动机。苏-17M（在伊尔库茨克的测试工厂生产了一架样机）可以携带额外的燃油，移除了机身两侧的线路管道。增加了尾翼的高度，前机身加长了8英寸（0.23米）。采用了新式的圆筒形后机身部分，与更小的AL-21F-3动力设备相连接，在顶盖上增加了后视镜，并且增加了一个十字形的减速伞。硬挂点的总数增加到9个，前机身以及外部机翼下的硬挂点可以携带副油箱。苏-17M的出口型号是苏-20，于1972年首飞，并且交付到波兰、埃及、叙利亚以及伊拉克空军。（见右图）

### 苏-17R以及苏-20R "Fitter-C"/侦察改型

苏-17R机型及其相应的苏-20R出口型号进行了很少内部改动，但是装备了相关电线线路以及液体线路，可以在中线上选择安装3个苏霍伊设计局设计的KKR多任务传感侦察吊舱。一个吊舱装备有前置雷达以及电子情报（Elint）接收器；一个带有前视相机、机载侧视雷达（IRLS）以及电子情报模块组件；还有一个携带有4个相机、红外线扫描显示器（IRLS）以及一块闪光灯胶卷盒电池。右图所示飞机为波兰第7空军轰炸侦察团（Air Bomber Reconnaissance Regiment）的一架苏-20R机型，拍摄于1991年的Powidz。苏-22机型的样机也进行了改装，用于携带KKR侦察设备，命名为苏-22R。最近的战术侦察型号为苏-17M-3R（S-52R）以及苏-17M-4R（S-54R）。这两种机型分别命名为苏-22M-3R以及苏-22M-4R进行出口。同时苏-17M-3R机型在生产时进行了改装，用于在机身中线下部携带KKR吊舱，苏-17M-4R机型从一开始生产就采取了该设备。

### 苏-17M-2（S-32M2）"装配匠-D"和苏-22（S-32M2K）"装配匠-F"

苏-17M-2机型（底图右所示为苏联坦波夫飞行学校的样机）首飞于1973年，该机型通过引入Fon激光测距仪以及其他设备，包括在机头下部的多普勒整流罩，来改善武器投放能力。1975—1977年开始连续生产，出口型号为苏-22（底图左所示为来自秘鲁Escuadronde Caza 11 "Los Tigres"的样机），装备有R-29BS-300发动机。苏-22机型也被出口交付到安哥拉以及利比亚，在1976—1980年间进行生产，采用了较低配置的航电设备。

### 苏-17UM（S-52U）"装配匠-E"和苏-22U（S-52UK）"装配匠-G"

在引入了重新设计的前倾机身以及驾驶舱以改善飞行员视野之后，苏-17UM双座式战斗教练机被称为首个苏-17"第二代"机型。苏-17UM（以及其相应的装备了R-29BS-300发动机的苏-22U机型）也引入了新式的加大后的背部整流罩，两者都在1976—1981年进行生产。

### 苏-17M-3（S-52）"装配匠-H"和苏-22M（S-52K）"装配匠-J"

苏-17M-3机型经过联合研发，与苏-17UM机型并行生产，以满足苏联政府对新式战斗轰炸机型的要求（左图所示为一架携带有S-25火箭弹的苏联样机）。前部的驾驶舱结构来自于苏-17UM机型，教练的位置被用来携带更多的燃油。在机翼下方增加了两个可以携带R-60自我防卫空空导弹的挂架，武器系统进行了升级，采用了Klyen-PS激光制导系统。出口型号为采用R-29BS-300发动机的苏-22M（在1979—1981年间生产）。下图所示为1981年一架装备了R-3S空空导弹的利比亚苏-22M在地中海地区被一架美国海军的飞机拦截。

### 苏-17M-4（S-54）"装配匠-K"和苏-22M-4（S-54K）"装配匠-K"

最终定型的单座式"装配匠"为苏-17M-4，相应的出口型为苏-22M-4。"装配匠-K"搭载有综合导航和武器系统，减轻了飞行员的工作压力，并且增强了战术作战能力。该系统包括了由电脑、激光测距仪、雷达以及TV显示器组成的瞄准系统。然而，此系统在改善了该机型性能的同时，也导致了载油量的降低，主要是因为新的航电系统设备占用了原来用于盛放燃油的空间。M-4机型与M-3机型明显不同的是在背部整流罩有一个新的进气道。苏-17M-4的生产工作于1980年开始，之后该机型（同苏-17UM-3机型一起）于1987年根据苏联在阿富汗的作战经验进行了升级。苏-17M-4与苏-22M-4机型（于1984年开始连续生产）均采用了AL-21F-3发动机。

### 苏-17UM-3（S-52UM3）"装配匠-G"和苏-22UM-3（S-52UM3K）"装配匠-G"

通过将基本的苏-17UM作战训练机型升级到苏-17UM-3标准（上图所示为一架苏联飞机，教练员的潜望镜展开），该机型为苏联飞行员训练的统一机型。苏-17UM-3机型从1978年开始生产，采用了苏-17M-3的设备。在1979—1980年间，苏-17UM机型最终升级到苏-17UM-3机型标准。苏-17UM-3的出口版本为苏-22UM-3，采用了R-29BS-300发动机。苏-22UM-3机型于1982年开始生产。然而，从1983年开始，所有的出口型号都采用了AL-21F-3涡轮喷气式发动机，直到苏-22UM-3K机型（下图所示为一架波兰样机，在后机身装有电子对抗干扰弹布撒器）。

下图：这架苏-17M-4隶属于20 Aviatsionnaya Polk Istrebeitelei-Bombardirovchikov（第20战斗轰炸机团20th Fighter-Bomber Regiment），驻扎在原民主德国地区的Gross-D-lln (Templin)。"27 Yellow"在机翼下装备有UB-32-57 57毫米（2.25英寸）口径火箭发射器以及R-60自我防卫导弹，在机身下装备有Kh-25MP（AS-12"Kegler"）反雷达导弹

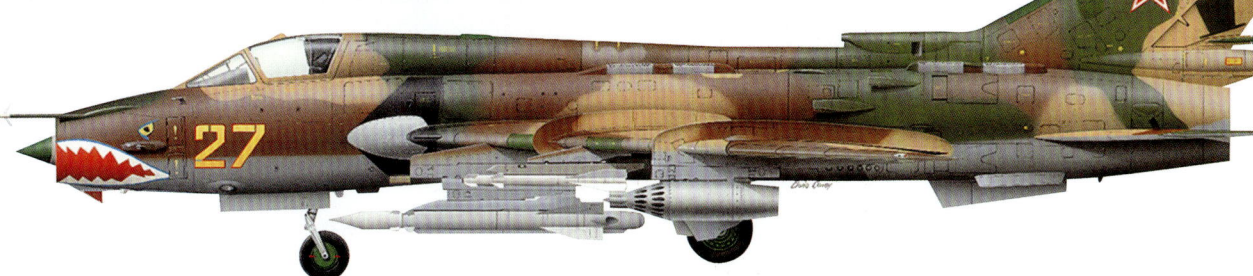

# 苏霍伊设计局
# 苏-24 "击剑者"

苏-24在设计时是为了使苏联拥有像美国的F-111战斗机那种性能的机型。苏-24在提供了强有力的性能的同时,还具备了远航程的有效荷载。即使在服役了20年之后,"击剑者"仍然是俄罗斯空军至关重要的组成部分。

20世纪50年代,苏联空军(VVS)的战术武装部队——前线航空兵(Frontovaya Aviahtsiya,或Frontal Aviation)——接收了其首架苏霍伊设计局苏-7B"装配匠-A"近程战斗轰炸机。老旧的伊留申设计局Il-28远程轰炸机一直没有替代机型产生,直到下一个十年早期Yakovlev雅克-28"酿酒人"(Yak-28 "Brewer")机型的出现。Yak-8的性能表现让人失望,主要是因为其航程较短,作战荷载较小,机炮的火力受到限制,炸弹投放准确度低。

到20世纪60年代中期,促使苏联发展相关机型的两个重要的因素显现出来。第一个是美国海军相应设计型号的杰出性能,例如通用动力公司的F-111"Aardvark",于1964年开始飞行研发计划。这些飞机性能强于当时苏联的任何飞机,可以携带多种武器,可能最重要的优势是装备了先进的航电系统。

第二个因素是地对空导弹的快速发展:具备自动跟踪目标能力的导弹可以摧毁当时任何在攻击海拔高度内飞行的苏联飞机。因此必须发展一种可以不在雷达侦测高度下飞行的飞机,并且可以在该高度摧毁目标。为了应对这种挑战,米格公司和苏霍伊公司开始研发新式的飞机。米格公司的设计工作最终形成了米格-27(Flogger-D)机型。

苏霍伊公司已经开始了苏-17机型的研发工作,但是决定继续开发一款具备更大航程的封锁轰炸机。他们的目标是赶超F-111战斗机的性能,但是变后掠翼飞机的概念开始并没有被采用,而是选用了一款固定翼飞机的设计。设计出来的S-6飞机采用双座纵列式驾驶舱,两边分别安装一个发动机。但是实际的测试证明S-6飞机没有达到其设计目的,因此被放弃。新的设计被称为T-6,并开始相关研发工作。该机型采用双三角翼布局,同苏-15TM的布局方式类似,另外还采用了并排式座椅以及两个Tumanskii R-27F2-300涡轮喷气式发动机。该飞机设计时可以携带多种空对空以及空对地武器。但是在测试时,空军更改了对新式飞机的要求,当时的T6-1布局是无法满足要求的。因此设计人员的注意力又一次来到了变后掠翼概念上。所有对变后掠翼飞机性能的担忧随着1967年F-111飞机在巴黎航展上的出色表现而快速打消。机翼被安装在旧的机身上,新的飞机T6-2I诞生了。首飞工作在1970年1月17日完成。

T6-2I飞机的武器装备通过6个硬挂点进行携带,除了在机身右舷一侧安装了内埋式的Gryazev/Shipunov GSh-6-23机炮。

T6-2I的测试飞行从1970年持续到1976

上图:从上面来看,T6-1很明显地沿用了苏-15TM "Flagon"的气动外形。在机身中安装了4台RD36-35升力发动机,其进气道位于机身上部。图中比较难以看到的通道是用来作为垂直发动机的进气道

年,一共在此期间进行了大约300次飞行。1971年是试飞活动最频繁的一年,一共进行了73次飞行。开始的时候T6-2I主要进行了性能和稳定性测试,尤其是检验其在不同后掠角情况下的可操纵性。随后,在不同的飞行高度下进行了严格的自动驾驶飞行测试,这在持续飞行时对于缓解飞行员的疲劳是必

下图:只有少量的苏-24用于出口,批量生产的苏-24被装备到苏联空军。20世纪90年代苏联解体时,苏-24飞行编队主要被分到俄罗斯和乌克兰。乌克兰的飞行编队包括了苏-24MP"击剑者-F"电子对抗平台机型

右图：首个变后掠翼机型为T6-2I。如图所示飞机正在进行武器测试，在机头下部装备有瞄准系统/防御天线群，在驾驶舱玻璃前方安装有红外传感器。该机型于1960年1月17日进行首飞，立刻表现出杰出的性能

需的。

在1970年年底，第二架变后掠翼原型机T6-3I，加入到T6-2I的性能测试计划中。1971年，T6-3I同T6-2I的测试飞行一起，共进行了90次飞行，这使得试飞团队的飞行计划非常繁重。T6-3I也在1976年完成了其飞行测试计划，最后一年主要用于测试其在多种没有铺设地面的跑道上的起飞着陆能力。同T6-2I一样，T6-3I也进行了大约300次飞行测试。

试飞员Vladimir Ilyushin进行了T6-3I的首飞任务，并在1971年首飞了第三架变后掠原型机T6-4I。不幸的是，T6-4I在1973年坠毁，只进行了120次飞行测试。

## 苏霍伊设计局 苏-24

苏联空军对该机型的设计非常自信，尤其是同服役中的Yak-28相比性能出众，因此没有等到测试计划完成苏联空军就订购了T6-2I机型，并命名为苏-24。苏-24飞机连续生产的准备工作在新西伯利亚（Novosibirsk）的第153飞机制造厂开始。1971年12月，首架量产型苏-24，第7架变后掠翼飞机由工厂的试飞员Vladimir Vylomov驾驶首飞。该飞机的生产编号为0115301，这是第153飞机制造厂制造的第一批苏-24飞机中的第一架。

苏-24在早期的生产过程中不断改进，这主要是因为匆忙投入服役而出现的问题导致的经验教训被不断地反馈到OKB（Opytno Konstruktorskoye Byuro）和设计局。许多进行了改装，具备了后期出现的特征。在第8批生产机型开始生产时解决了苏联空军对增大航程的要求，第一油箱的载油量增加到220加仑（1000升）。从第15批量产型开始，后机身进行了重新设计，以减小阻力。

### 进入服役

当1974年美国海军将领摩尔（Admiral Moorer）带回苏霍伊苏-24飞机进入苏联空军服役的消息时，西方国家对该款飞机的了解很少，甚至连名字都被误称为"苏-19"，这个错误直到1981年才被改正过来。在进入前线航空兵团（Frontal Aviation）服役之后，苏-24被证实在维护和使用过程中的要求太高。考虑到其结构的复杂性，这种情况的出现也在意料之中。该兵团在之前也服役过像Yak-28以及米格-27一样类似的机型。另外一个让人头疼的问题是由苏联空军首次使用机载电脑来控制系统的经历所引起的。

让人满意的方面之一是该机承受鸟类撞击的能力：一只大鹰以及另外17只麻雀并没有导致严重的危害——至少对飞机没有。尽管遇到了这些困难，并且毫无疑问地记得之前所驾驶机型的特点，机组成员们还是很

上图：苏-24飞机驻扎在欧洲，例如这些驻扎在波兰Osla的"击剑者-B"（见图中后方）以及"击剑者-C"（见图中前方）飞机，象征着苏联在欧洲的军事力量。尽管位于同西方国家的边界较远的区域，但是一旦在中欧地区爆发战争，这些飞机可以马上抵达战场

喜欢苏-24飞机，考虑到其机身板状的外形，将其称赞为"手提箱"（Chemodahn）。他们称赞该飞机拥有良好的视野、布置合理的驾驶舱甚至自动飞行系统，特别是在低等级操作当中。飞行操纵相当简单，尽管如此，苏-24在某些环境下并不讨好。

下图：尽管大部分苏-24机型装备到苏联空军，其中一个团在1989年被转移到海军航空兵以协助支持波罗的海编队。第132MShAD目前仍在使用苏-24M，其中的训练任务由位于Ostrov的第240 GvSAP进行

# "击剑者"的现状

上图:除了R-60空空导弹之外,苏-24MR缺乏其他的自我防卫武器,却是一款相当高效的侦察飞机。具备多种侦察系统,与地面站点进行数据传输,保证了信息传递的速度

上图:乌克兰空军拥有大约180架"击剑者",主要分为两大部分。第32 BAD装备了"击剑者-B/C",而第289 BAD装备了苏-24M"击剑者-D"。这两支部队都有少量的侦察型苏-24MR服役

早期的"击剑者"型号的不足促使了M型号的诞生,提高了武器装备能力。从该型号衍生出来的专门用来侦察和电子对抗的机型在25年之后仍然是俄罗斯空军不可或缺的组成部分。

苏-24的生产工作在新西伯利亚进行,同时不断进行着改进工作。生产批次里面个体的认证工作随着对先前机型的不断修改而完成。这些变化并没使得苏-24更改编号,直到1978年,在工厂的生产线上进行了主要的改型之后将其编号改为苏-24M("M"的意思是改型)。

主要的改进工作是在航电系统方面,最基本的是安装了现在被称为PNS-24M TigrNS的新式武器控制系统。为了适应升级后的设备,前机身被加长了29.9英寸(76厘米),仍然保留了机头雷达。

一个并不明显、但是非常重要的升级是用Kayra-24M(Grebe)白天/夜间激光瞄准器替代了原来的电子瞄准系统。该设备可以使得飞机能够携带激光或者TV制导的导弹,例如Kh-25ML、Kh-29L以及Kh-29T,去掉了原来是必需的外置瞄准设备。

现在不仅武器种类的选择增多了,武器的携带量通过增加到9个硬挂点以后也得到了提升。这些升级改动使得苏-24M可以从大量强力武器中进行选择。另外被称为Karpaty的新式防卫系统也引入到苏-24M机型中,包括安装在机身背部中央的小型半球状的Mak(Poppy)红外线传感设备。

增加了空中加油设备之后,苏-24M的作战能力得到了大幅提升。

## 苏霍伊 苏-24MK

许多年来,苏-24机型只生产装备苏联空军,但是到了20世纪80年代,苏-24获得了出口许可,可以向阿拉伯国家进行出口。20世纪80年代末,苏霍伊设计局为新开放的潜在利润极大的国际市场设计了苏-24M的出口版本。该型号为专门设计的机型,代号为苏-24MK(Kommercheskiy的意思为商业的,即出口型号),也被称为izdeliye 44M。在苏-24M型号和苏-24MK型号之间的区别很小,主要的区别在于航电系统方面,特别是IFF敌我识别系统设备和武器选项。例如,苏-24MK可以携带更多的炸弹——38枚FAB-100炸弹,4枚空空导弹;而苏-24M机型相应的只有34枚以及两枚。另外一款被称为TsVM-24的计算机也被引入到苏-24MK机型上。任何想要购

买该机型的国家毫无疑问都有自己的特殊要求。

苏-24MK的出口销量并不理想,但是从事后来看这也并不出人意料,许多潜在的客户可能更加关注苏-30MK或者等着研发中的苏-34,而不是购买一款30年前的设计机型,尽管进行了很多升级。然而,叙利亚和伊朗可能会购买更多的苏-24MK。目前的销量为:向伊拉克出口24架,向利比亚出口15架,向叙利亚出口12架,向伊朗出口9架。另外据称阿尔及利亚也购买了10架。

## 苏霍伊 苏-24MR

到20世纪70年代中期,当时在苏联空军

下图:"击剑者"的未来与其使用方的经济实力密切相关。乌克兰不打算继续购买军事设备,然而,叙利亚、利比亚以及伊朗都继续使用他们所装备的"击剑者",并且有兴趣继续购买

服役的侦察战斗机已经无法满足要求。主要受困于航程较短以及设备过时等问题。苏霍伊设计局改进了两款机型：T6M-26以及T6M-34，分别编号为T6MR-26以及T-6MR-34（R代表Razvedchik，拉兹维奇克，指侦察飞机）。该机型在苏联空军中被称为苏-24MR，在设计局中被称为T6MR，在工厂中被称为izdeliye 48。1980年9月进行了首飞。

苏-24MR移除了大部分的对地攻击武器，但是基本的结构以及布置没有改动。增加了较大的SLAR（侧视机载雷达）壁板以及两个较小的绝缘壁板来补充机头雷达天线罩。这些设备保护了雷达，安装在机头的两侧。移除了3个机身下部的硬挂点并去掉了内置的雷达罩。莫斯科仪器工程学院研发了综合性的侦察设备，被称为BKP-1 Shtyk（BKP代表bortovoykompleksrazvedki，意思是机载侦察套装；Shtyk意思是"刺刀"），据称是当时世界上最先进的。该设备无论白天黑夜都可以进行视觉和电子侦察，在各种天气条件下均可有效发挥作用。其组成部分包括一套温度成像设备、一台数码照相机、一台装有3.6英寸（90.5毫米）直径f3.5镜头的全景照相机。该设备具有一台Shtyk MR-1合成纤维光圈侧视雷达、辐射监控器、无线电监控吊舱以及在海拔1315英尺（400米）可以提供10英寸（0.25米）分辨率的激光探测吊舱。激光器可以扫描4倍于飞机飞行高度的区域，并能够获得几乎达到照片质量的图像。

## 苏霍伊 苏-24MP

苏-24MP（izdeliye 46）电子对抗（ECM）机型的设计工作开始于1976年。原型机的生产工作是针对两架苏-24M机身所进行的改装，T6M-25以及T6M-35，后来分别重命名为T6MP-25以及T6MP-35；其圆形机头说明它是一款电子对抗平台机型。苏-24MP的首飞工作于1979年12月进行。

关于该机型的技术信息公布的相对较少，但是已知的是装备了复杂精细的系统网络，可以进行探测、定位、分析、识别、分类、存储工作，如果需要的话还可以对任何已知的电磁辐射目标进行干扰。另外还可以携带最多4枚R-60或者R-60M空空导弹，但是没有携带空对地导弹。保留了内置机炮。据称一共只生产制造了大约20架该机型，其主要任务包括电子侦察、情报收集、引导战斗机攻击目标、干扰敌方雷达。

## "击剑者"

当苏-24机型进入苏联空军服役的消息曝光时，西方国家对该机型知之甚少。西方国家将苏-19的错误名称一直使用到1981年，对该机型的尺寸和展长估计也相当不准确。当苏-24于1979年开始在民主德国驻扎时才收集到一些有用的信息，但是一直到了1987年，评论员们对飞机所使用的发动机类型还有分歧。

对于苏联"击剑者"的使用单位来说，新的战斗机比之前的米格-27以及Yak-28维护要求要高得多。先进的航电设备和新式系统从出厂时就存在缺陷，但是尽管如此，考虑到之前服役机型所存在的各种问题，机组成员还是很喜欢苏-24，并由其机身板状的外形而亲切地称其为"手提箱"。

"击剑者"于1984年的阿富汗战争首次执行军事作战任务。精确轰炸能力和武器搭载能力使得该机型成为苏联军队在战场中重要的组成部分。"击剑者"驻扎在苏联南部边界的中亚以及突厥斯坦防御地区的空军基地，在对静止目标的攻击上有很大的优势，例如地面堡垒等防御工事。苏-24机型的作战出击架次并不多，主要是因为地面部队更需要像苏-25这样可以进行近距离支援的机型，而不是地毯式轰炸机型"击剑者"。苏-24并没有被地面火力击中坠毁过，但是由于维护事故而损失过几架。

从首架"击剑者"升空到现在已经超过30年，从进入苏联空军服役到现在也已经有25年的时间。尽管进行了很多升级改造，该机型无法适应现代发展的潮流，缺乏"鬼鬼祟祟"的一面。因此，尽管仍具备强大的作战能力，该机型也毫无疑问要被取代，尤其是在其西方竞争对手F-111机型已经退役的情况下。苏-24M的替代机型是另一款苏霍伊设计局的产品苏-34，也被称作苏-32FN，一款苏-27的并排式座椅衍生机型。在财政条件允许的情况下，该机型也要取代现有的苏-17以及米格-27机型。然而，苏-24M以及苏-24MR还需要服役大约十年的时间。

上图：一架乌克兰的"击剑者"机组成员登上苏-24M进行训练飞行。该机器坚固的起落架设计用来在不同的未准备好的跑道上进行起飞降落，但是在实际的操作中苏-24很少在常规跑道之外的地方起飞降落

上图：一架后掠角最大状态下的苏-24M在驾驶舱后部的背部机身上装有一个小的半球形的Mak红外探测器，可伸缩的加油管位于驾驶舱挡风玻璃前方

右图：来自俄罗斯的消息声称，在伊朗获得了24架原属伊拉克的苏-24MK之后，又交付了9架苏-24MK。来自伊朗的消息表明，伊朗从俄罗斯购买了14架苏-24MK，而从伊拉克获得了16～18架

# 苏霍伊设计局
# 苏-25"蛙足"简介

上图：同其单座攻击式机型不同的是，苏-25UTG主要用来培训苏联的飞行员进行基本的舰载操作，但是并没有在合适的情况下进行

苏-25的生产数量虽然较少，只装备了少量的前线航空兵部队，却是一款高效、深受欢迎的近空支援战斗机，在阿富汗地区大量多次执行任务。最近几年，一系列新的改型相继出现，但是很少进行大规模的连续生产。

苏联空军是专门对地攻击战斗机机型研发和使用的先驱者，其目的是用来支援战场上的地面部队。在第二次世界大战结束之后，装备了著名的Il-2Stormovik机型及其继任者Il-10机型的部队解散，需要进行新的设计。苏联在20世纪50年代和60年代对战斗机的要求是，战斗轰炸机在投放常规武器之外还可以投放战略核武器。基于该理念的典型机型是苏-7"装配匠"以及其改型，另外还包括米格-15、米格-17战斗轰炸机型号。这些机型装备到专门用来进行战场地面支援的部队单位。在20世纪60年代初，关于对一款新式对地攻击战斗机需求的项目讨论开始展开。这些讨论背后的深层次原因包括东南亚地区以及其他局部地区冲突的出现，华约组织缔约国1967年的演习，对美国空军新式A-X战斗机项目的分析（该项目的结果是A-10"雷电"的发展），以及对战斗机防御能力和生存能力的需求。陆军总司令I. P.Pavlovskiy上将，是这些讨论的带头人，他试图说服最高领袖新式对地攻击飞机的必要性。苏联航空工业部于1969年8月提出了LSSh "Stormovik"官方提案，4家厂商——米高扬（Mikoyan）、Yakovlev、伊留申（Ilyushin）和苏霍伊设计局（Sukhoi OKB）——参与到竞争中。

后者的设计师团队提交了T8方案，这是一个私人的探险尝试。其设计方案并没有遵从当时的想法，例如相应的米格-23/27"蛙足"（Flogfoot）战斗机。然而，这个设计方案被证明是成功的，足以赢得竞争，尽管在装备前线部队之前还需要进行持续的研发改进工作。苏霍伊坚持要在战争条件下测试其新型飞机，因此两架T8原型机参与了Romb-1行动，主要包括1980年4月、8月在阿富汗地区进行的机炮和武器测试。环境适应测试由早期的T8原型机组中的另一架在土库曼斯坦的Mary空军基地进行。在最后的测试工作结束之后，以苏-25命名的生产交付协议于1981年8月达成。这款新式飞机在1977年由美国的卫星首次发现，因此航空局通讯中心（ASCC）将其称为"蛙足"。

## 奇妙的设计

西方国家的许多人都很迷惑为什么苏霍伊设计局采用了耗油的涡轮喷气式发动机而不是经济划算的涡轮风扇喷气式发动机，但是设计者声称Tumanskii R-95发动机提供的大推力可以保证在低空情况下的机动性。同时还有一个原因是该计划是一次私人的冒险，设计研发一款新式的发动机会导致项目成本的大幅攀升。

设计时的经济性和简易性是最主要的目标，因此尽可能使用现役的飞机上已经有的设备。操纵性是第二目标。第三目标是能够在准备不充分的跑道上满载起飞，这些跑道的维护保养设施有限。最后，"蛙足"要能够从作战损伤中存活下来。为了满足要求，飞行员坐在一个1英寸（2.5厘米）厚的钛合

下图：10架苏-25UTG中的一架在"库兹涅佐夫"号航空母舰上着陆时挂上拦阻索然后停下。在苏联解体之后，其中的5架被送到乌克兰

下图：在进行了重新喷涂并完全复原之后，一架早期的研发机型T8停放在一个苏联的空军基地中。早期型号需要注意的是更加细小的机头形状和更小的进气道。在研发过程中，至少两架T8坠毁，其中一架的测试飞行员Y.A.Yegerov不幸遇难

金座舱内,由防弹玻璃保护着。该飞机的生命维持系统由装甲保护,油箱装满了网状的泡沫,并被惰性气体所包围,这样可以尽量地减小爆炸的可能性。

苏-25很快在第比利斯（Tbilisi）的生产线出厂,苏联空军立刻将这款更加先进、性能更加优良的飞机送往阿富汗,最终装备到巴格兰（喀布尔以北）的第200独立警卫轰炸机兵团（200th Guards Independent Fighter Bomber Regiment）。在战争中,共有23架苏-25坠毁,大部分是由巴基斯坦的F-16战斗机所击毁。尽管有一定的损失,"蛙足"还是取得了一系列让人尊敬的战场纪录,然而许多苏-25回到基地时,机身上都有美国提供的"红眼睛"（Redeye）肩扛式地对空导弹所造成的伤害。

### 战后服役情况

尽管有一系列的成绩,但是苏-25只得到了有限的出口销量。首个客户是捷克,1984年交付了36架样机。随后保加利亚在1985年订购了36架。第一个"华约"组织之外的客户是伊拉克,订购了30架,尽管有些消息称实际上是84架。这些飞机在海湾战争时非常活跃,但是其表现却很勉强,有30架在机库中被同盟军击中甚至摧毁。1987—1989年间,34架样机被交付到朝鲜空军,但

下图:"Blue 09"装备了修改后的驾驶舱舱盖,是第二架苏-25T,用来提高"蛙足"的地面攻击能力。这时该型号还没有收到订单

是不清楚目前还有多少仍在服役当中。唯一的非洲客户是安哥拉,在1988—1989年间交付了14架样机,这些飞机在当地的多次战争当中大量使用。许多安哥拉的飞机被肩扛发射式的防空导弹所击毁,对"蛙足"的飞行员造成了很大的潜在威胁。

### 未来的"蛙足"

在引入了单座式苏-25K"蛙足-A"以及其串联双座式衍生教练机型苏-25UB（UBK"蛙足-B"）之后,苏霍伊设计局又提出了大量基于基础型号的相关改型。第一个版本是苏-25BM,采用了"蛙足-A"的基本机身框架。该型号是一款靶机拖拽机,在机身上装备了"彗星"（Kometa）吊舱。尽管该型号设计非常成功,但是苏联空军只购买了50架,同"A"型号的相似性使得这款特殊用途战斗机常被当做一般的战斗机执行常规攻击任务。随着3艘苏联航空母舰的发展,苏霍伊设计局研发了

下图:为了呼应航空局宇航中心（ASCC）起的"蛙足"的绰号,一架捷克的苏-25K在西方航展上以精心设计的涂装首次出现在大众面前。在尾翼上喷涂的设计是一只硕大的青蛙在摧毁一辆坦克,尽管观察者十分确定地指出画中的坦克是一辆苏联在第二次世界大战时期的T-34坦克

上图:双座式的苏-25UB"蛙足"保留了单座式的苏-25的全部作战能力。乌克兰目前拥有大约60架苏-25,包括5架双座式样机,在Saki的第229 ShAP海军部队服役

苏-25UTG/UBP机型。该机型采用了教练机型号的双座式机身,并装备了着陆拦阻设备,用来进行舰载测试的10架样机使用滑跃式起飞方式起飞。其中一架在一次事故中坠毁,剩下的飞机在航空母舰计划取消之后作为陆基教练机使用。

20世纪末,性能最佳的型号是仍在研发中的苏-25T,采用了苏-25的机身,虽然使用了双座式机身但是采用针对一个飞行员的布局。后面的空间用于安装额外的航电设备,机头安装了升级后的Shkval航电系统,并安装了一个大的机身机炮。最大的改进升级是在驾驶舱,装备了多功能显示器（MFD）。苏-25T因此可以发射最新的空对地武器,例如Kh-35以及Kh-58制导导弹。另一个更加先进的型号是苏-25TM（苏-39）,已经有8架交付到环境适应测试当中。保加利亚和斯洛伐克有兴趣购买这款机型。

尽管苏霍伊设计局还研发了其他像苏-27这样出色的机型,700或者"A"机型仍然是在21世纪非常有潜力的战斗机型。

# 苏-25 的发展情况

苏-25"蛙足"将经过验证的系统融入全副武装的机身框架中去。开始时苏-25只是研发用于执行白天的战场攻击任务，但是最新的苏-25改型可以在各种天气气候条件下24小时执行任务。

上图："蛙足"最新的型号为苏-25TM（苏-39）。TM机型采用了苏-25UB机型的双座式机身结构，但是省掉了后部座椅，用于安装额外的航电系统，这样就可以在各种天气条件下执行任务。虽然比苏-25"蛙足-A"机型性能要优秀得多，但是只有少数TM机型进入俄罗斯军队服役

上图：在对对地攻击战斗机的研发过程中，苏霍伊设计局和伊留申设计局都提出了自己的设计方案。苏霍伊设计局获胜的设计方案采用了相当传统的布局形式，两个发动机分开的距离很大，这样一发高射炮弹无法同时使两个发动机失效

"蛙足"的研发过程可以上溯到20世纪60年代末，在极感兴趣地观察了美国空军的AX计划（该计划的结果促成了A-10"雷电"Ⅱ的发展）之后，USSR重新审核了自己的战斗轰炸机计划。让每个人都感到吃惊的是，老式的米格-17以及米格-15战斗机比更快但是机动性不足的米格-21和苏-17战斗机更加高效。除此之外，在六天战争中，装备了30毫米口径机炮的以色列战斗机（包括老式的Ouragans以及Mystères战斗机）对地面目标（包括坦克）的强大而有效的攻击使得苏联军方的司令官I. P. Pavlovskii上将要求研发一款新式的对地攻击飞机。

苏霍伊设计局的"Shturmovik"方案由一组资历很高的设计人员提出，包括Oleg Samolovich, D. N. Gorbachev, Y.V.Ivashetchkin, V. M. Lebedyev以及A. Monachev。他们的方案是基于空军学院的I.V. Savchenko的设计布局提出的。这个被称为SPB计划的飞机设计方案计划采用一对3865磅（17.2千牛）推力的Ivchenko/Lotarev AI-25T发动机。据估计，该机型的最大飞行速度在310~500英里/小时（500~800千米/小时）之间，航程大约为465英里（750千米）。苏霍伊设计局强调了"更近，更低，更安静"的关键词，而不是当时VVS强调的"更高、更快、更远"的口号。计划目标是设计出一款具备较高战场损伤存活率和耐受力，成本较低生产简便易于操纵和维护，并且拥有无与伦比的性能表现和超低空下的灵活性，可以在390英尺（120米）的跑道上满载起飞的飞机。

## 官方要求

苏霍伊设计局在1969年8月接到了官方声明，一份对于"Shturmovik"机型的官方要求文件在那时候发布。Mikhail Simonov被任命为设计小组的领导，苏霍伊的设计机型也被改称为T8。T8的实物模型被送到莫斯科附近的Khodinka。尽管官方对于样机的订购还没有发布，两架原型机（T8-1和T8-2）事实上已经开始了生产制造，苏霍伊设计局在1972年6月6日授权开始生产。官方对于两架原型机（外加T8-0，用于进行静力测试的机体）的订购要求最终于1974年5月6日下达。T8-1于1975年12月25日进行了首次的高速地面滑行测试。然而，在首飞前两天（计划于1975年2月22日进行），一个RD-9发动机遭遇了涡轮失效情况，导致了很大的损伤。这个事件，加上许多其他的因素使得有关方面做出了重新制造一架全新的机体的决定。在闲置了两年之后，修改后的设计方案于1978年4月26日曝光。被命名为T8-D的飞机是同最终的苏-25飞机

上图：两个发动机中间位置的是钛合金的骨架，是用来防止一旦一个发动机遭到攻击而烧到另外一侧的发动机

下图：两支苏联空军的苏-25编队驻扎在民主德国，作为第16空军兵团（苏联在德国的驻军）的一部分。驻扎的"蛙足"的数量少得有点让人吃惊。但毫无疑问的是，一旦爆发战争，编队飞机的数量将会大幅增加

相似的第一架验证机,采用了大展舷比机翼和更高的尾翼。

在此之前,1976年3月,采用了R95Sh发动机的机体称为T8-2D。苏-17M-2的导航和攻击设备被苏-17M-3的所取代。这些设备之后被安装到T8-3机体以及后面的发展机体上,一共有15架,包括了双座式机型。

在研发过程当中,至少有两架T8机型在阿富汗进行了作战测试,并取得了非常卓越的作战纪录。苏-25的首架量产型于1981年4月在格鲁吉亚的第比利斯下线。尽管苏-25具有强大的武器火力以及优良的操作性能,但是出口情况并不乐观,只有很少的华沙条约组织的成员国购买了该机型。然而,俄罗斯空军却对苏-25的性能印象深刻,并继续对"蛙足"进行持续的研发改进工作。

右图:除了在机翼外侧下面的硬挂点,安装在苏-25机翼下所有的硬挂点都采用了可以搭载较大重量的通用类型。两侧中间的挂架接有电线,可以携带电子对抗干扰吊舱。改装后的挂架可以搭载空空导弹

### 苏-25"蛙足"

这架"蛙足",编号"红色29",是20世纪80年代末(图中所示喷涂是1988年所采用的喷涂)驻扎在阿富汗巴格兰的"蛙足"之一。这段时间是苏联在阿富汗的军事行动达到最高峰的时候,这可以从苏联空军作战飞机侵入巴基斯坦边界的次数看出来。

**乌鸦标志**

在阿富汗首次出现乌鸦标志,在苏联服役时苏-25也采用该标志。这个卡通形象的原型并不明确,但是这个标志很快就在几乎所有驻扎在阿富汗的苏联飞机中流行起来。

**起落架**

苏-25机头下部的起落架机轮向左偏移,并装备了挡泥板,防止杂物被吸进发动机当中。主起落架采用了杠杆式悬置支架、气动油压减震器以及低压轮胎,来提高在恶劣场地中的表现。

**翼尖减速板**

早期生产的苏-25采用直接的两段式蛤状减速板。之后进行了改装,增加了两个小的"花瓣",最终增大为四段式错列铰接的形式。

**减速伞**

所有的苏-25机型(除了海军型号苏-25UTG)都装备有一对减速伞,安装在延伸的尾部整流罩内,藏在匀整的上反角下。减速伞采用十字形的PTK-25类型,每一个的面积为270平方英尺(25平方米),在降落时打开,采用弹簧或者小的拖靶。

**装甲驾驶舱**

苏-25的飞行员乘坐在K-36L弹射座椅上,周围焊接了0.94英寸(24毫米)厚的钛合金,上面是覆盖装甲的舱盖,向右侧打开。在舱盖上方有一个小镜子,用于补充明显缺乏的后视能力。舱盖的透明度是曲形的,与前面的加强板是分开的。

**作战荷载**

图中所示飞机携带有4枚FAB-250-270 250千克(551磅)重的炸弹,以及4个UV-32M火箭弹发射器。FAB(空投破坏炸弹)系列的炸弹从20世纪50年代开始生产,是一款设计简单、阻力较大的炸弹,装填了破坏性高的炸药。苏-25最多可以携带8枚FAB-250炸弹——机翼翼尖的挂架无法承受炸弹的重量,通常只装备火箭弹。

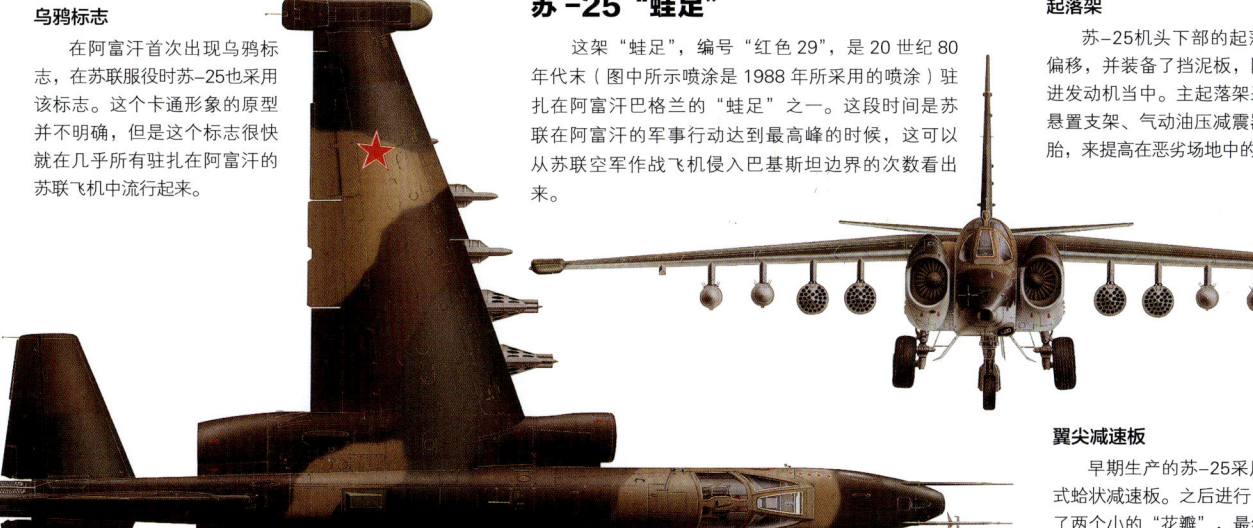

# 苏-25 的服役历史

与第二次世界大战期间因结实的结构和对地攻击能力而著名的伊尔-2"斯图莫维克"（Shturmovik）机型相比，苏-25机型被证明为一款性能优良的军用飞机，在从阿富汗到安哥拉等多个战场上的表现良好。

上图：苏-25看上去显得笨拙别扭，却成为阿富汗一道既常见又令人生畏的风景。图中所示飞机携带有一对副油箱，4枚火力强大的S-24非制导火箭弹

1979年12月，苏联军队进入阿富汗，压制穆斯林宗教主义分子并向伊朗和巴基斯坦传达警告信号。这是测试进入俄军服役的新式武器的大好机会。1980年3月初，苏联军方决定将部分T-8（后来重命名为苏-25）机型的研发测试在尽可能同战场状况相似的情况下进行。"蛙足"的T-8-1D以及T-8-3研发样机以及Yak-38 "Forger"垂直起降（VTOL）攻击机在代号为"Romb-1"的行动中进行测试。"Romb"小组的目的并不是参与到作战任务中，而是进行环境适应性测试。然而飞行员们却被告诫，如果需要的话，军方司令部也会寻求他们的支援。

行动小组的基地位于阿富汗西部的辛丹德（Shindand）。相关测试飞机于1980年4月16日开始一直驻扎了50天，直到6月5日。测试飞机主要飞往离辛丹德大约5英里（9公里）的阿富汗坦克训练基地，进行武器投放技术的练习改进。在测试工作的第二周，测试飞机被陆军命令前往摧毁极难攻击到的目标，例如在深谷斜坡中的掩体。在行动过程中并没有遭到来自地面的抵抗，但是随着战争的扩大，飞行测试工作不得不终止，来组建苏-25作战编队。

## 战场上的"蛙足"

首个装备苏-25机型的前线作战单位是第200独立攻击空军飞行大队，于1981年2月4日在阿塞拜疆的Sital-chai机场组建成立。1981年4月，飞行大队装备了首批12架从第比利斯工厂出厂的量产型苏-25。6月18日晚上，苏-25编队离开驻扎机场飞往阿富汗的辛丹德。几天之后，这些飞机开始执行针对"圣战者"游击队员的作战任务。

很快飞行编队扩充成一个飞行团——第60独立攻击空军团。从此之后的几年，该团中三分之一的飞机轮流飞往阿富汗，其他的驻扎在Sital-chai。

在阿富汗进行的空战早期时，很少遭到来自"圣战者"游击队对空火炮的攻击。反抗者于1984年迎来转机，通过美国中央情报局获得了大量手持式地对空导弹，例如Strela以及"红眼睛"。在使用的首个月中，6架"蛙足"坠毁。苏-25机型装备了闪光弹/箔条干扰弹发射器，然而飞行员在激烈作战的过程中总是没法有效地使用它们。苏霍伊设计局的设计者们提出了几种解决办法并最终选择

下图：苏联的苏-25机型在设计时可以承受小型火力、机炮甚至地对空导弹的攻击，因此凭借其存活性而获得了让人羡慕的声誉。在阿富汗，苏-25比其他苏联战场中的喷气式高速飞机的损失率都要低

左图：这架来自苏联电视节目中的机体是西方国家首次见到苏-27机型。节目中展示了T-10-1起飞和着陆的画面，展现出了该机型同美国当时主力型号战斗机的相似性

全动副翼。主起落架装置安装在翼根位置，向前旋转90度，水平放置在机翼中。放置前起落架的舱门面积较大，可以用来当做减速板。机头下部的起落架向前倾，在挡风玻璃下部，向后收起。

设计小组利用空气动力研究中心的系列研究成果，选择使用被俄罗斯人称为"翼身融合体"的结构形式，其中前机身和机翼融合为一体，组成了一个统一升力机身。这种融合结构（在美国的F-16战斗机上也有所使用）使得阻力面积减小（因此阻力减小），为燃油和航电系统留下了更多的空间。这种布置使得机身横断面面积的变化很平缓，甚至在驾驶舱和发动机进气道的位置，因此明显减小了波阻。苏-27内置燃油容量很大，在一定程度上由这种结构促成的，但是主要原因还是该机型的尺寸。

第一架和第二架原型机由苏霍伊设计局自己在莫斯科的车间制造，虽然使用了Komsomolsk-na-Amur工厂的机翼和尾翼。第二架原型机据称进行了一系列改装，包括将机翼前缘整平，安装了可活动的缝翼，尾翼倾斜，另外，根据某些来源得到的消息，第二架原型机是第一架装备了标准飞行线传控制系统（最初是为T-4/苏-100研发的）的T-10战斗机。另外内置燃油容量也比第一架的19841磅（9000千克）增加了2204磅（1000千克）。T-10-2在一次飞行控制测试中由于引发了共振而坠毁。飞行员Yevgeny Soloviev在超出弹射参数范围后弹射，不幸遇难。

接下来的两架原型机，T-10-3以及T-10-4也由苏霍伊设计局制造，却采用了定型后的AL-31F发动机（尽管采用了悬挂式附件和变速箱）。T-10-3于1979年8月3号首飞，之后T-10-4于10月31号首飞。另外5架原型机由Komosomolsk的工厂生产（T-10-5、T-10-6、T-10-9、T-10-10以及T-10-11），但是这些原型机采用了AL-21F发动机。

### 设计缺陷

当一系列事故影响到整个研发计划的时候，关于美国新式战斗机F-15的消息传了过来，并且可以清楚地认识到，T-10机型无法满足其自身的性能要求指标，也不是美国新式战机的对手。问题的原因有很多，包括比预期值更大的阻力，发动机性能的不足，燃油消耗过度，以及新式的航电系统所导致的超重。除此之外，由于新的航电系统是装在机头的，也会增加飞机的纵向稳定性。飞机还遇到了颤振的问题，所以不得不在垂尾、平尾以及机翼上添加防颤振配重，并移除一对外翼上的翼刀。可以清楚地认识到，为了满足最初的设计要求，不得不进行重新设计。苏霍伊设计局获准许可进行重新设计，但是前提是苏-25攻击机的计划不受到影响。

### 第二次尝试

因此，接下来的两架在莫斯科工厂生产的原型机——T-10-7以及T-10-8，采用了全新的设计标准，苏霍伊设计局声称这两架原型机是"全新的机型"，只保留了"T-10"的编号、弹射座椅以及主起落架。重新设计是在Mikhail Simonov的指导下进行的，据称他为修改后的设计方案提出了新的编号T-10S（T-10 Simonov）。因此这两架原型机又编号为T-10S-1以及T-10S-2。即使在两架重新设计的机型开始研发后，Komsomolsk仍然在原设计的基础上继续研发T-10原型机，用来作为设备和航电系统的测试平台。据称一共生产了大约20架原设计的T-10机型，但是并没有多少证据来证实这一说法，并且大概只有9架进行了试飞。

### 全新的机翼

新的机型并不是完全地从白纸开始的设计，但是确实是一款进行了很大改动的重新设计。重新设计的关键是全新设计的机翼。LERX被证实可以提供更大的升力（因此可以帮助打破装备了大量设备的机头的稳定性），机翼没有采用曲线形翼尖，而是采用了大量的防颤振配重，另外还可以用来当做翼尖导弹发射架。原来的副翼（由于机翼的大柔性而遇到了副翼反效问题）以及襟翼被取消掉，取而代之的是采用了内侧襟副翼。虽然不明显但是非常重要的一点是机身进行了重新设计。机头和前机身的改变是最明显的，采用了更大的雷达罩并且减小了前机身的横截面积，但是在座舱之后迅速增加了横截面积并降低了高度。在右侧翼根位置装备了GSh-30-1机炮，其竞争对手米-29机型也采用了该武器。

增加了垂尾的尺寸并向外移动到支撑平尾的吊杆上。气闸和主起落架舱门耦合引起了严重的平尾颤振问题，因此被背部气闸所取代。起落装置进行了改良，采用了向前倾斜的油减震式主起落架以及完全重新配置的前收机头起落架，位置更加靠后以改善地面转弯性能并降低了杂物吸入进气道的风险。利用保留下的T-10机型进行发动机、武器装备、仪器仪表以及其他设备的测试，并且进行飞行员培训，这使得T-10S机型的研发过程得以加速完成。

最初的T-10机型在发动机尾喷口中间装备有较短较宽、较平的渐平尾翼，覆盖有采用绝缘材质的整流罩。而在T-10S机型上，被更长的圆筒形尾翼吊杆所取代，降低了阻力，同时用来安装减速伞和躲避弹发射器。T-10S-1于1981年4月20日由Vladimir Ilyushin（在他即将退休之前）驾驶进行了首飞。该机型最终成为一款使苏霍伊设计局感到无比骄傲的机型，并实现了最初的设计所要求的巨大潜力。

下图：首架T-10目前存于莫尼诺著名的展览中心进行展览。从图中可以看到尾翼和尾翼副翼增加的前缘防颤振配重

# 不断打破纪录的苏-27"侧卫"

在经历了艰难的研发过程后,"侧卫"具备了成为俄罗斯最出色的战斗机型号之一的潜力。作为"侧卫"进入一线服役的前奏,苏霍伊设计局着手利用一架样机创造大量的纪录。

上图:P-42所创造的很多纪录目前仍然保持着,该飞机目前在Zhukhovskii露天放置着。已经有证据暗示该飞机将成为苏霍伊设计局博物馆里的最引人注目的部分

首架T-10S看上去同我们今天所熟知的苏-27量产型很像,尽管仍采用带有水平顶部的尾翼,并且没有同弹射座椅后部一样高的第二座舱框架。在多架机体上的一系列测试最终促成了采用安装在支撑尾翼的吊杆下的小的垂尾,这些改动改善了航向稳定性和滚转特性。早期的平顶尾翼用在大量苏-27早期量产型上,其数量可能足够组成一个航空团。

早期的"侧卫"的损耗率很高,其中一架在一次严重事故中坠毁,试飞员Alexander Komarov不幸遇难。另一架在一个机翼几乎完全破坏的情况下坠毁,虽然飞行员Nikolai Sadovnikov实际上试图进行迫降。两次事故都是由于非人为操纵的上仰而引起的,使得新安装的前缘襟翼脱落,导致尾翼受损,机翼外部壁板破坏。一个解决方法是减小前缘襟翼的面积,而另一个方法则是减小安装角。其他的问题则不容易解决。

众所周知,苏-27受困于航电系统问题,尽管细节仍不明朗。普遍认为一度有50架"侧卫"(经常被说成上百架)在Komsomolsk露天放置着,等待安装可使用的雷达以进行交付。这些问题将交付服役的时间推迟到了1986年,尽管首架苏-27的原型机于1982年9月就出厂了。

## 击败美国

一架T-10S的原型机注定要成为苏-27机型故事里的重要一员。其表现让人们确信,至少在性能方面,西方国家机型高人一等的假设需要重新考虑一下了。该飞机编号为P-42,准备进行一系列打破世界纪录的尝试,挑战由F-15所创下的纪录。在Rollan G. Martirosov的指导下,P-42没有安装任何雷达、武器以及相关操纵设备,以进行其创纪录的尝试。为了减轻重量,前缘襟翼被锁住,其激励装置也被移除,而尾支杆、翼尖配重和尾翼整流罩也都被移除。后机身只剩下像铲子一样的直直的后缘,从发动机尾喷处插入。常规的雷达罩被轻质的铝合金设备取代,另外该飞机没有喷涂,表面高度打磨抛光。没有安装后机身下翼。在国际航空协会(FAI)的资料中,P-42的发动机用的是TR-32U二次燃烧涡轮风扇喷气式发动

上图:首架T-10在机翼和尾翼上装备有与众不同的前缘防颤振配重。发动机尾喷完全安装在后机身内

下图:T-10-1在机翼下挂载了R-60(AA-8"Aphid")导弹模型,在发动机吊舱之间挂载了R-27(AA-10"Alamo")导弹模型。用主起落架的舱门当做减速板的设计也被取消了

现代战机百科全书 443

左图：首架苏-27UB原型机与较早的单座式机型大致相同。该原型机于1985年3月7日首飞，但是西方国家一直不知道该机型，直到1989年巴黎航展之前首架原型机曝光才有所知晓

下图：该架飞机（可能是T-10-10）可能是首架包含了所有早期"侧卫"量产型特征的机体。装配了"Apex"和"Alamo"导弹

机，二次燃烧后推力达到29955磅（133.25千牛）。当有物体接近时，苏-27的标准制动器无法有效刹住开全力的P-42，因此该飞机通过一对缆绳和电子锁固定在一辆沉重的装甲车上。标准制动器甚至被移除了，用以减轻重量。

P-42在1986—1988年间所创下的27个世界纪录（从爬升时间到平飞速度）中，有5个绝对飞行高度时间纪录之前是由美国的F-15战斗机保持的。1986年10月27日，Victor Pugachev在25.373秒内飞到了9625英尺（3000米）的高度，同年11月15日，在37.050秒的时间内飞到了19250英尺（6000米）的高度。破纪录的飞行继续，在70.33秒的时间内到达了难以置信的49210英尺（15000米），比F-15快了将近7秒。P-42存放在苏霍伊设计局工厂LII's Zhukhovskii飞机场的露天仓库中，在那里，一旦需要进行破纪录的尝试可以恢复到飞行状态——尽管不太可能发生。

## 量产型的动力装置

量产型的苏-27和后期的T-10机型都采用了量产型的Lyul'Ka（MMZ/Saturn）AL-31F发动机，该发动机重新设计了进气道以适应更大的进气气流，尽管区别并不明显。T-10S-1采用了带孔式进气道防损伤（FOD）保护罩，在发动机启动时从进气道夹板伸出来，起飞后缩回去。另外T-10S-1可能还在进气道导管下部装备了百叶窗式辅助进气设备，可以在高空飞行时吸入空气。FOD保护罩主要被设计用来减小在环境不良或者未完全做好准备的场地起飞降落时从外部吸入杂物的风险——这是苏联作战飞行中队的常规手段。

AL-31F发动机被证实是一款成功的发动机，在保证动力强劲的同时非常可靠、稳定、易维护。按照苏联的标准，该发动

右图：有消息称图中所示飞机（T-10-17）实际上是T-10S的原型机。该飞机是早期的T-10S机型的典型代表，装备有四方形的尾翼整流罩以及无框架的后部驾驶舱舱盖

机彻底检修的时间间隔非常长，大约1000小时，寿命大约3000小时，尽管每100个小时都要按照规定通过检测设备进行检查。该机型唯一存在的严重问题就是燃油消耗率过高。

许多测试机都采用了T-10开头的编号，但是不清楚这是否反映了它们在所有生产出来的T-10机型中的序列位置，或者是否从T-10S机型开始重新编排序列。例如，不能确定编号为T-10-17的飞机是第17架完成的苏-27机型或者是第17架T-10S机型。这种编号一直编到了T-10-25，该飞机用来作为海军的测试研发机。其他早期的"侧卫"，例如T-10-20R，用于进行进一步的创纪录尝试。

## 双座式教练机

当少量苏-27开始交付科拉半岛（Kola Peninsula）的军事基地服役时，对于双座式教练机型的需要也变得明显了。事实上，苏霍伊设计局在"侧卫"研发计划开始时就试图研发双座式教练机，但是单座式机型研发时的延期导致了教练机型计划的暂时搁浅。在研发单座式机型遇到各种困难之后，苏霍伊设计局决定双座式机型要尽量避免这些问题，保留单座式的大致尺寸，第二个飞行员在位置相对较高的驾驶舱中与第一个飞行员串联而坐。苏-27的双座式教练机型可以进行实际作战，不像米高扬设计局的米-29UB，仍保留了标准雷达。

原型机编号为苏-27UB（T-10UB），由试飞员Nikolai Sadovnikov驾驶于1985年首飞。尽管生产时同单座式机型大致相同，但是双座式机型的量产型没有尾翼罩，在尾杆两侧也没有安装干扰弹发射器。苏-27UB的主要任务是用于连续性训练（包括仪器导航飞行训练），另外还进行民用航空医学测试。

串联式苏-27UB的进一步研发促成了苏-27PU的诞生，该机型是一款拦截机，在执行战斗空中巡逻任务（CAP）时可以自动飞行长达10小时。其他型号包括苏-27P，装备有体积庞大的内置油箱。苏-27PU，裸机，目前服役于试飞员学校。苏-30M，具备一定的地面攻击能力，另外还有性能优良的苏-30MK攻击机型。

苏霍伊设计局继续研发其"侧卫"家族机型，尽管俄罗斯目前的经济情况非常严峻。升级后的旧型号仍然在服役中，和新的型号一起，仍然是非常强劲的对手。

上图:截击四处逡巡的"熊-D"是很常见的事情。如图所示,一架从美国"富兰克林·德拉诺·罗斯福"号起飞的正在飞越大西洋的VF-41 F-4J"鬼怪"Ⅱ与"熊-D"取得接触。尽管传言坚持认为"熊"在与英国皇家空军的"闪电"遭遇时至少能打掉对方两架飞机,但多数情况下这些遭遇都是平和的

上图:取自美国海军的截击机,这幅对"熊-D"后机身的特写仅仅揭示了它有多少散布在飞机蒙皮上的天线和传感器,大型的护罩舱电子干扰设备,还要注意腹侧炮塔

## 图-95MR "熊-E"

这型飞机是应苏联空军的远程侦察需求而进行改装的"熊-A"轰炸机,该飞机于1963年年末/1964年年初开始服役,大约在1968年被首次公开。其最主要的改变是,"熊-A"的炸弹舱被拆除,然后被重新配置了3对大型光学照相机,然后在后方右侧还有一个照相机。这些照相机被安装在巨大的可拆卸式托盘上,该托盘的底面超出了机身的剖面。这个托盘也拥有与侦察包相关的环境控制系统,并且可能兼容红外反描显示器(IRLS)和机载侧视雷达(SLAR)。这种类型的雷达系统与其照相机完全整合为一体,这种设备在使用时被证明非常可靠。

"熊-E"保留了位于光滑的机鼻部位的导航站。在其上方添加了图-95MR的另一个明显的关键系统——一个空中加油探针。图-95MR一共生产了4架,其中最后一架没有安装空中加油装备,不过其他被投入使用的3架飞机已证实它们的空中加油效果良好。

事实上,在空中加油探管的安装测试期间,一共制造了3个连接M-4-4油箱的装置。其中一个测试是在晚上,"熊"携带了100000磅(45455千克)的燃料。"熊-E"的特征还包括一对处于后机身两侧的横向电子情报天线罩。另外,各种各样的额外的航空电子设备天线也被添加进来,包括在前机身(与内部螺旋桨成一列)下部的较小的天线罩。所有的"熊-E"飞机都保留了6个23毫米机炮作为防御性武器。大约在前线服役了20年之后,图-95MR被改装成为图-95U教练机,然后在20世纪90年代早期它们就以这一身份继续服役。

## 图-142MR "熊-J"

最后生产的图-142改型被北约称为"熊-J",它是以图-142MK"熊-F Mod 3"的机身为基础的机型。2004年年初,大量的图-142MR仍在俄罗斯海军航空部队服役,它们肩负着类似于美国的E-6"水星""受领任务并开始行动"(TACAMO)通信中继机的职责,即远程通信职责,同时使用甚低频收音机与携有导弹的潜艇进行通信。

"熊-J"可能也用来为其他海军部队、水面舰艇或潜艇传达命令。

在图-142MR的机背上看起来有更大的自动定向仪感测天线,在其机身顶部翼根部位还配有一个大的整流罩,可以用来放置卫星通信起落架。"熊-J"还有一个独特的通信天线——"高峰",它从飞机的垂尾顶端向前延伸出来。在飞机前部武器舱中向下延伸有一个大的吊舱,其中存放着甚低频后缘导线天线的绞盘,该天线用来实现与潜艇的远程通信。

下图:"熊-D"至少在20世纪90年代早期就开始服役。然而,此时该型号的高强度服役开始产生负面影响,且坠机事故并不罕见

# "熊"式轰炸机和导弹运载机

作为轰炸机和导弹运载机，"熊"式轰炸机在超过30年的时间里始终对西方国家构成威胁。直到2001年，图-95MS-6仍然是一款重要的前线轰炸机。

作为最初的"熊"的改型，图-95"熊-A"在测试中显示出了令人失望的一面，并且，图-95飞机只生产了两架样机，其中一个被改装成为拥有更大功率及重量的图-95M。这一新的设计标准仍略有不足，但它还是作为一种投掷自由落体核弹的轰炸机而投产，并且在1958年左右开始服役。后续的改型有图-95A"熊-A"核武器运载机和图-95MA轰炸机。而最后一架"熊-A"飞机最终成为图-95U"熊-A"教练机。

## 导弹时代

从1960年起，导弹成为核威慑的有效力量削弱了自由落体炸弹的战略重要性。因此，在1955年两架"熊-A"被修改为图-95K"熊-B"飞机的原型机。这种新的飞机被设计用来携带并发射巨大的由米高扬·格列维奇设计局设计的Kh-20（AS-3"袋鼠"）导弹。

图-95K从1960年开始服役，一共生产了47架。"熊-B"在几个明显的方面与原始设计有所差异。相对于釉面机鼻，它有一个巨大的导弹制导雷达，被"北约"称为"冠鼓"，它占据了整个机鼻。Kh-20被携带并嵌在机身的下方，其前部进气口通过一面曲线挡风玻璃进行整流，该玻璃在导弹发射时会被丢弃。大多数"熊-B"仍然保留着0.91英寸（23毫米）口径机炮这种原始的防御武器。

随后一共有28架图-95K配备了机鼻空中加油探管，就像图-95KD"熊-B"一样。另外还有23架图-95KD被生产出来。在20世纪60年代晚期，依然幸存的图-95KD和图-95K被分别升级为图-95KM"熊-C"和图-95K-20"熊-C"标准。"熊-C"以彻底升级的导航/攻击系统和与现代化的Kh-20M导弹相兼容为特点。此外，很多图-95KM还装有翼下采样吊舱，这是为了对在地面进行核测试的地点的样本进行收集，测试地点主要是在中国。然而直到20世纪70年代早期，西方国家防御能力的提高都使得"熊-C"/Kh-20M组合显得过时，因此，将"熊"与新型的Kh-22 (AS-4"厨房")导弹联系起来成为新的设计目标。

## "熊-G"的成型

1963年，为了使"熊"能够携带3枚"厨房"导弹，一个修改计划首次被提出。而直到1973年，这个计划才成为必须，然而，直到1975年10月30日，第一架由图-95KM改装成的图-95K-22"熊-G"才实现了首飞。1981年，"熊-G"完成了首次导弹发射，但是，改装的图-95KM和新生产的图-95K-22直到1987年才投入使用。因此，它们服役的时间相对较短，该型号的飞机在20世纪90年代末期停止在一线使用。

对"熊-G"标准的改装涉及在机鼻部位添加一个新的、更大的雷达装置；在加油探管下部添加一个电子干扰环状天线罩；去

上图："熊-H"是一款强大的轰炸机，其在21世纪初期仍然非常高效。俄方最初打算扩大图-160机队，但最终图-95MS成为俄罗斯的主要进攻平台

上图：这枚体型巨大的Kh-20导弹在"熊"系列的前炸弹舱以半隐藏式的方式被携带。Kh-20重达19731磅（8950千克），它具有800千吨的当量，圆概率偏差约为1英里（1.60千米）

掉尾部炮塔以便支持新的包括电子干扰设备和众多其他变化的尾锥体。之后，在其寿命期内，一些K-22被装配了类似于"熊-C"所具有的有翼下采样吊舱。图-95K-22或许代表着对原始图-95轰炸机的终极描述：从能力更强的图-142发展而来的下一代轰炸机改型。

## 图-95MS "熊-H"

在将图-142MK的反潜侦察角色发展到极致之后，20世纪70年代起，图波列夫开始致力于巡航导弹运载改型的研究。这

下图：图-95K是最原始的"熊"式导弹运载飞机。空中加油探管在这种飞机早期的生产标准中并不存在，而是后来加进去的

种飞机的研制目标是承担类似于B-52的角色，在其旋转发射器上携带有几枚导弹。针对Kh-55（AS-15"肯特"）导弹，由于图-142MS的重心问题，其只能携带6枚导弹，因此12枚导弹需要由两个发射器来运载。图-142MS的生产将与图-142MK共同进行，并被命名为图-95MS。而与此同时，一架试验性质的图-95M-55被制造出来，用以提供新型导弹运载飞机中各种系统的测试平台。1978年7月31日，该飞机实现了它的首飞，之后它完成了大量有用的飞行测试，其后于1982年1月28日坠毁。

新的"熊-H"的机身是在图-142M机身的基础上设计的，但其翼前部分相对较短。其特征为一个重新设计的驾驶舱，一个可容纳全新雷达的新型的机鼻轮廓，以及其他一些导弹制导和导航相关的设备。这种新型的紧凑安装特点结合重心问题的考虑，导致了较短的前部机身。这一新款飞机的原型机通过修改图-142MK而得到，其在1979年9月完成了首飞。此时逐渐明朗的飞机的其他特征主要有经修正的装有4个动力更足的NK-12MP发动机的动力装置，以及7名机组成员的容量。

图-95MS"熊-H"在1983年投产，不久之后，"北约"的观察者就发现，就像"熊-F Mod 4"一样，"熊-H"左侧机身外侧有一根长导线，其一端消失于机鼻的整流罩内部，另一端进入了后压力舱。机身的每一侧都有一个小型冲压进气口，但是比我们之前所见到的"熊"上的电子情报整流罩和照相机端口都要小。事实上，除了尾部的自动方位搜寻器，几乎唯一的累赘物品就是一个位于机身前部的小平顶穹形罩。在后方，与所有的图-142改型一样，尾翼有一个拓展舱段。因为没有远程控制炮塔，侧面的

下图：在某种程度上说，图-95MS具有与美国的B-52类似的角色。这是一款远程负载运输机，其在现代战争环境中并不能生存，但凭借其远程导弹的发射能力，它将仍然存在

瞄准整流罩就不再需要了，但是尾翼的炮手和炮塔依然存在。炮塔是一种全新的起源，之前从来没有出现过。中心动力瞄准部分增大了开火的范围，并且携带有一对GSh-23L枪支。事实上，这种炮塔与图-22M2飞机使用的炮塔相一致。"Bear-H"在一系列产品被严格开展之前，名义上于1982年开始服役。这款飞机的生产拥有两种基本改型：一种是图-95MS-6"熊-H"，其在炸弹舱内的旋转发射器上装有6枚RKV-500A（kh55/AS-15"肯特"）巡航导弹；另外一种是图-95MS-16，配置了装有MS-6的旋转发射器，并可携带多达12个额外的翼下武器。这使得MS-16拥有可以携带多达18枚"肯特"的可怕的负载能力，虽然携带16枚或许更正常些。随后，为保持与《第二阶段削减战略武器条约》/《削减战略武器条约》武器

下图：这就是长寿的图-95，西方已有数代截击机曾经跟踪过它。图中一架图-95 MA "熊-A"由一架美国海军的"十字军战士"舰载战斗机跟踪

上图：一架空中加油机与图-95KD伴飞。对这一航程损失的补偿是由Kh-20导弹的重量和拖拽阻力及其相关系统所引起的

限制约束相一致，MS-16减少到MS-6的规格。直到2004年，这一机型依旧形成了俄罗斯轰炸机部队的支柱。

### 试验轰炸机

两架"熊"试验轰炸机值得我们注意。在1993年，一架图-95MS被改装成图-95MA，以完成一个新的导弹项目，但在飞行测试之后，再没有任何相关信息被报道。

在一个以前的试验模型中，图-95V在20世纪50年代末期进行飞行。这款飞机被设计用来携带一枚巨大尺寸的热核武器。这个80000磅（36364千克）的武器要求"熊-A"的炸弹舱的扩大和增强。在这一事件中，政治方面的考虑使这个武器的爆炸推迟到了1961年。在1961年10月30日，图-95V给新地岛群岛投下了一枚重40000磅（18182千克）热核武器。

由此产生的爆炸当量达到了7500~12000万吨。这一爆炸炸弹给西方国家传达了一个清晰的信号：苏联有发射热核导弹的能力。在重新为图-144"战马"担任运输机角色之前，图-95V悄无声息地消失了，之后在20世纪80年代作为教练机开始服役。

# 海上的"熊"

最后一架图-142反潜作战飞机在1994年离开了塔甘罗格的工厂,这意味着"熊"的生产的终结。然而,这一型号的飞机在印度和俄罗斯海军中仍将扮演着一个重要的角色。

官方为适应反潜战需要而对图-95改型进行的优化始于1963年。基于图-95海上侦察型的机身,图-142引进了一个搜索和追踪系统以及一个反潜武器系统。这一新型的飞机将会携带一套复杂且精密的导航系统,该导航系统也是武器系统目标硬件的一部分。图波列夫设计局在反潜平台上基于"熊"的早期尝试(在20世纪60年代早期提出的图-95反潜作战版),就是由于缺乏这种功率强大的传感器系统而宣告了失败。

图-142的一个更进一步的角色是利用Kvadrat-2和Kub-3电子战系统进行电子侦察。为与苏联军事学说相一致,图-142被要求有能力从未做好准备的跑道起降,因此飞机采用了一款新型起落架,每个主要部件上有6个轮子,并相应地增大了起落架舱的尺寸。

进一步的细化措施包括一个增大了面积的机翼,以存放新的刚性金属油箱;还有一个防御性的电子对抗套件。从第二架原型机开始,为了给新系统提供空间,机舱加长了3.42英尺(1.50米)。

## 与图-95海上侦察型的共性

图-142原型机在1968年7月18日实现了首飞。与保留了大部分共性的图-95海上侦察型相比,图-142移除了腹侧和背部的机炮炮塔,并且针对Upseh系统的大的介质整流罩被红外系统的更小的整流罩所代替。一个新的天线系统定位在水平稳定器尖端的整流罩,它取代了图-95海上侦察型"熊-D"所携带的阿尔法系统。

## 入役

在1970年5月,第一架图-142被交付飞行测试和评估。该测试和评估由苏联海军反潜部门进行,在此期间,其任务是追踪核潜艇的动向。

在试验成功完成以及Berkut-95搜索雷达的测试完成之后,1972年12月图-142宣告服役。虽然其达到了初始作战能力要求,却受到了交付速度的影响。1972年苏联海军航空兵部队所辖舰队航空兵部队(AV-MF)接收到的12架飞机(订单中有36架)都安装有原始的12轮主起落架,这与第一架原型机一样。在服役期间,图-142粗糙的场性

下图:较晚生产的图142("熊-F Mod.1")是一种降低体重的版本,其中一个较大的主起落架代替了加强的4轮起落架,其配有一个较大的主起落架,就像图-95的标准

上图:图-142MK("熊-F Mod.3")引进了包括RGB-55A声呐浮标的新一代反潜战设备,并在1980年开始服役。我们可以从其位于垂尾顶部(不同于图-142)的磁异探测器以及缺少图-142MZ中的环状整流罩来识别这一机型

上图:在一对苏-33护航下,这架图-142MZ("熊-F Mod.4")代表了反潜巡逻机图-142的终极表述。它引进了更强大的NK-12MP涡轮螺旋桨发动机来替换原始的NK-12MV

能使得其效用有限。更严重的是,飞机的性能还受到了其自身重量的影响。因此决定通过引入一个修改方案来解决这两个问题。

改良后的图-142增加了一个供机组人员长时间飞行时休息的区域,且更换了更轻的主起落架,这使得飞机的总重量减少了8000磅(3636千克),提高了飞机的飞行特性。这种改良过的飞机并没有被重新命名(在图-142被改装为图-142M之前只生产了18架),但有一个新的报告名字"熊-F Mod.1"。1972年,古比雪夫工厂生产了最后一架飞机,这成为飞机生产的标准配置,这就是现在从塔甘罗格工厂交付的图-142

上图：一架图-142M在基佩洛沃缓慢滑行，基佩洛沃是俄罗斯海军"熊"的飞行中心。该空军基地驻扎着约40架现役图-142M、图-142MZ，以及图-142MR"熊-J"反潜战任务飞机

上图：在20世纪80年代，印度海军航空兵接收了8架图-142MKE（出口图-142MK"熊-F Mod 3"以及一些不太精密的设备）这种飞机被装配给INAS 312（印度海军航空兵团"信天翁"中队），其基地位于阿尔戈纳姆

M("熊-F Mod.2")。图-142M装配有扩大的驾驶舱和新的起落架，但是与更早的飞机相比，其他的设备仍然没有变化。考虑到同古比雪夫工厂交付的飞机的相似性，塔甘罗格生产的这批飞机也被海军陆战部队称作图-142，虽然他们的工厂将其称作图-142M。

## 新型核潜艇威胁

随着更"隐形"的潜艇的发展，以及操作经验的提升，都表明常规的带有触发设备的声呐浮标对预期目标的探测效果越来越差。相反，含有爆炸性声源（ESS）的声呐浮标不得不在检测更现代的潜艇时使用。图-142MK（"熊-F Mod. 3"）把改进的声呐浮标设备与库尔申（Korshun）目标获取系统联系在一起。第一架样机在1975年11月4日完成了其首飞，并且随后在1978年4月开始了设备试验。新型库尔申雷达、航电设备套件和反潜设备都被证明存在问题，这使得它甚至有可能在服役之前就已经过时了。

因此，1979年7月，在这个装有库尔申雷达的图-142M正式服役的前一年，俄方

下图：图-142M"熊-F Mod.2"配有扩大的驾驶舱和双轴主起落架装置，这在除了第一架飞机以外的其他所有飞机上都能发现。这一生产同样机身的新任务在塔甘罗格工厂进行（从1972年开始），而不是在古比雪夫

宣称这款飞机需要实质性的提升。然后，图-142M (图-142MK)在1978年间开始生产，并取代了原来的图-142M，苏联海军航空兵部队所辖舰队航空兵部队选择使用他们自己的命名体系来命名这一新型飞机。装配有新的反潜系统的飞机以图-142M闻名，同时旧的飞机型号则保留了图-142的称呼。

## 改进的性能

前3架装有库尔申系统的图-142MK在1980年11月开始服役，并且引入了一个磁异探测器、一个提供自动飞行控制输入的新型导航系统，以及改进了的电子攻击性能。在其整个漫长的生产服役期间，图-142持续不断进行更新和改进。这款终极的反潜"熊"式改型证实了图-142MZ"熊-F Mod.4"拥有比以前的飞机更加复杂的反潜系统，进一步完善了电子攻击设备、新的引擎和新的辅助动力装置。

下图：一架图-142"熊-F Mod. 1"可以露出其腹部的针对海上监视优化的侧视雷达和武器舱门（尾部）。以及在与声呐浮标的结合使用中，有3个不同类型的爆炸声源被考虑

目前更新的方案旨在提高图-142飞机成功对抗现代"安静"的核动力潜艇的可能性。这种终极的"熊"反潜飞机配套设施为图-142MZ装配的先进的"库尔申-KN-N-STS"，并且把Korshun和包含Zarechye声呐的Nashatyr-Nefrit(ammonia/jade)反潜综合系统连接起来（图-142MZ）。

除了与Berkut STS相关的RGB-1A和RGB-2声呐浮标以外，为了与其新的反潜系统相联系，图142MZ还可以携带RGB-16和RGB-26声呐浮标。这些额外的设备使得飞机的效率提高了一倍，而把声呐浮标的开支减少了2/3。目前，它可以探测到位于2624英尺（800米）深的波涛汹涌的海中航行的潜艇。

其状态接收试验开始于1987年，在此期间，它与最新的核动力潜艇一起进行了试验，然后以非常优秀的试验结果开始在苏联北方舰队和太平洋舰队服役。在这之后，图-142MZ作为最后一款"熊"式飞机，在1993年宣布由俄罗斯海军航空兵部队所辖舰队航空兵部队完全接收。

左图：A-7"海盗II"拥有悠久的令人骄傲的历史，从越南战争到"沙漠风暴"，它参与了美国的每一次重大行动。这款深受欢迎的飞机的高精确度引起了人们的强烈怀念

# 沃特 A-7 "海盗II" 概述

下图：希腊有4支部队使用包括E和TA-7H改型的A-7飞机。希腊和葡萄牙（之后这一飞机的另一个欧洲使用者）的A-7飞机的主要职责是反舰战斗

A-7"海盗II"在"沙漠风暴"行动中完成了它最后的战斗任务，在此之后，它就被搁置在了一旁，以腾出空间来研制新一代高科技战机。它在大量对抗中获得了极高的声誉，时至今日，依然被许多人怀念。

这款具有扁平鼻子的娇小的A-7飞机已经不再在美军服役了。但是在其服役的30年间，这款独特的A-7参与了每一场战斗，并以此确立了其作为一流亚音速歼击机的主导地位。

下图：编号Bu No.152580的YA-7A是第一架原型机，它于1965年8月13日在位于达拉斯的海军航空兵基地被推出LTV机库，同年9月27日完成了首飞。为了纪念沃特（Chance Vought）公司在第二次世界大战中的F4U"海盗"战斗机，它被命名为"海盗II"

飞行员称其为SLUF（短粗丑胖子），并且十分热爱这款飞机。地面战斗控制人员也很喜欢A-7，因为它带来了新的精度标准，当它对某个目标释放炸弹时，炸弹经常可以命中距友军很近的敌方部队。

"海盗II"的实惠的涡扇发动机为它提供了一条能够在敌军领地任意游荡并随意攻击的"腿"。当A-7在1967年的"北部湾事件"中替代了小小的A-4"天鹰"之后，飞行员突然发现，它们有足够的燃料在越南北部地区随意漫游。并且此时，由于它的高精确度，再也不存在太远的目标，也不再拥有因太小而不容易击中的目标了。根据20世纪60年代中期的标准，在全世界的空军部队开始发展"智能导弹"之前，这种A-7"海盗II"就是一款"智能"的炸弹轰炸机。

A-7是一款直通中上单翼飞机，其后掠翼飞行表面为空中加油和狭窄的3轮起落架提供支持。尽管其外表看似有些尴尬，但除了当时最为先进的连续的导航和武器输送系统（NWDS）以外，这其实是一种非常传统的设计。

飞行员的座位非常靠前，处于机鼻的尖端，当然也在前轮的前部，因此他——或者她，自1974年美国海军首次接收女飞行员以来，A-7是第一架由女飞行员驾驶的战斗机——甚至不能从驾驶舱看到后掠翼。它的能见度非常好，并且当其在地面滑行和在机场或航空母舰周围以某种状态飞行时，A-7非常容易操作。

## "海盗"传统

A-7"海盗II"除了缺乏足够的动力来匹配其优秀的机身、武器牵引能力、武器精度和打击范围以外，本应是一个辉煌的设

上图：A-7K是基于A-7D飞机，以对作战人员进行培训而研制的双座飞机。这款飞机共生产了31架，只在空军国民警卫队（ANG）进行了装备，而图中的这架样机（A-7K原型机，编号73-1008）是位于亚利桑那州的空军国民警卫队第152战术战斗机训练中队的一部分

上图：这架A-7E正在飞越阿拉伯半岛以对伊拉克的目标发动打击的途中，飞机上武装有"响尾蛇"导弹和普通炸弹。在1991年的"海湾战争"中，只有基于"肯尼迪"号航空母舰的两个美国海军轻型战斗机部队使用了A-7

个基地迫切需要美国的支援，因此早期的A-7在首飞之后的两年内就进入了战区。

A-7的导航和武器交付系统按今天的标准来看相当原始，但是在1967年，这是世界上最先进的系统。飞行员都非常高兴他们能够真正地"抛掷"一枚炸弹，无论目标是特定建筑物还是一座桥的中心，甚至是一个拥挤的区域。激光制导和其他精确武器的发展与A-7在航空母舰甲板上的出现发生在同一时期，随着时间的推移，"海盗Ⅱ"也拥有了携带"智能"炸弹的能力。

在一个典型的任务中，一架"海盗Ⅱ"可携带1000发其内置的通用电气公司的M61A1机炮的弹药，并且在6个机翼挂架和2个机身挂架上可装备高达15000磅（6804千克）的炸弹或导弹。当它携带8枚500磅（227千克）的炸弹时，A-7在空载状态下的最大速度为661英里/小时（1065千米/小时），作战半径为550英里（885千米）。其满载起降重量为42000磅（19051千克）。

尽管沃特公司此前的客户中并没有美国空军，美国空军仍然选择了A-7（尽管那个时候还没有"海盗Ⅱ"这一绰号）。在越南，美国空军的A-7飞机在"桑迪"任务中表现得非常出色，该任务是护卫在敌方控制区搜救坠落飞行员的救援直升机。当一名飞行员在空中加油机的帮助下完成了连续飞行9个半小时的任务后，A-7的长航程也被证实。

下图：在越南战争中，"海盗Ⅱ"首次投入战斗。在这次冲突中，由于其高超的性能，A-7的荣誉得到了捍卫

### 最后的疾风

A-7已经成为了美国空军国民警卫队的主要飞机，且在希腊和葡萄牙也是如此。后来，泰国得到了曾在美国海军服役的飞机。少量样机被用于训练和电子战。

在"海盗Ⅱ"飞行生涯的晚期，正是在"沙漠风暴"行动——美国海军最后一次在战斗中使用这款飞机——的前一年，沃特飞机制造并试飞了两款几乎重新设计的更先进的原型机，其拥有带有加力燃烧室的发动机和新型航电系统。飞行测试显示了其优秀的前景，但当时数字时代已经到来，更新的战斗机已经达到了新的负载能力、范围和精度的新标准。第二代"海盗Ⅱ"从未投入生产。

下图：在从跑道扬起的烟雾中，这架A-7E正在准备从"肯尼迪"号航空母舰上起飞。飞机的外挂点上装配有弹射式3弹挂弹架，其上装有集束炸弹；而防御性的AIM-9"响尾蛇"导弹则装于机身导轨

# A-7 的国外用户

上图：除了在美国海军和空军的成功装备，A-7"海盗 Ⅱ"仅有3个外国使用者：希腊、葡萄牙，还有后来的泰国。曾经有一段时期，"海盗 Ⅱ"被认为适合装备巴基斯坦和瑞士军队。A-7G就是针对瑞士而提出来的，并且瑞士方面于1972年在埃曼曾评估了两款修改过的美国空军A-7D飞机

沃特公司的A-7"海盗 Ⅱ"主要执行海上打击和近距离支援任务，随着当前前线部队在欧洲和亚洲的飞行，它已经证明了它作为陆基攻击平台和防空装备的多功能性。

## 巴基斯坦

1976年，在沙特阿拉伯的部分经济支持下，巴基斯坦被提供了一共110架全新的A-7"海盗 Ⅱ"飞机。但这批飞机是否交付最终要取决于巴基斯坦放弃购买法国核燃料后处理工厂的计划，这个条件被当时的巴基斯坦总理布托拒绝。因此，A-7的销售计划被美国总统吉米·卡特撤销，同时他还设法阻止核燃料后处理工厂的销售。之后，卡特政府决定向巴基斯坦提供100架F-5E，但继而这项提议又被新的巴基斯坦国家元首齐安将军所拒绝。美国和巴基斯坦的关系在此期间逐渐恶化，并最终导致了巴基斯坦退出东南亚条约组织（SEATO）和中部公约组织（CENTO），美国驻伊斯兰堡大使馆也遭焚烧。20世纪70年代后期，在大量美国交付的B-57"堪培拉"的支持下，巴基斯坦空军部队（Pakistan Fiza'ya）被迫将其"幻影Ⅴ"PA和ⅢEP作为提高对地攻击能力的角色。1983年，巴基斯坦开始接收中国制造的"南昌"A-5C强击机，一款与"海盗 Ⅱ"有类似性能的专用于对地攻击的飞机。

## 泰国

作为最新的沃特A-7用户，泰国皇家海军航空部队（RTNAD，或者叫Kongbin Tha Han Lur Thai），在1955年接收了14架前美国海军A-7E海上攻击机。此外，还接收了一共4架前美国海军的TA-7E双座教练机。目前，所有这些飞机都配备给了乌塔帕海军航空基地104中队。在对"南昌"A-5强击机和升级的A-4"天鹰"进行评估以后，1994年早期，泰国方面与美国海军签署了一份价值8160万美元（204万泰铢）的合同。在位于梅里迪安的美国海军航空站进行了飞行员和技术培训，并在位于佛罗里达州杰克逊维尔的美国海军航空仓库对"海盗"进行重新涂装之后，泰国第一架订购的TA/A-7E于1995年7月被交付，并在梭桃邑海军基地乌塔帕104中队服役。一个越战期间的前美国空军机场拥有泰国唯一的长度足够支持A-7起降的跑道（6560～8200英尺/2000～2500米）。实际上，TA/A-7E飞机是泰国皇家海军航空部队及其前身装备的第二款沃特"海盗"，20世纪30年代，泰国海军航空兵曾装备过V-93S"海盗"双座双翼机。

## 葡萄牙

葡萄牙的A-7P"海盗Ⅱ"机队独特地保留了20毫米口径的柯尔特·勃朗宁·马克12机炮和早期的A-7A/B型的TF30动力装置,但结合了电子套件、HUD和符合A-7D/E的导航。最初的针对葡萄牙空军(FAP)的A-7P项目包含50套TF30-P-408带有动力装置的机身,以及备件支持设备。根据一份1982年的价值1.98亿美元的合同,沃特公司翻新了20个库存的A-7A机

身,并使其更加现代化。第一批20架飞机的交付开始于1981年年末,并在1982年中期全部交付。第二批30架A-7P从1984年10月开始交付。A-7P机队最初的驻地为位于葡萄牙海岸附近的蒙特瑞尔的第5空军基地(BA5),由曾经执飞F-86的第51航空组第302中队来执飞。机队的维护工作由位于里斯本城郊的Alversa工厂来提供。针对FAP的双座TA-7P改型机从1985年5月开始交付。目前,在蒙特瑞尔的BA5,TA/A7P机队被重新分配给了第302中队和第304中队。与此同时,葡萄牙还追加了另外20架A-7A的订单,以作为备用资源。FAP"海盗Ⅱ"的任务是为海上行动提供战术空中支持(TASMO),利用机身侧部装备的AIM-7P"响尾蛇"空空导弹进行空中封锁(AI),以及空中进攻/防御支持(OAS/DAS)。通过引入AGM-65A"幼畜"飞弹,其精确打击能力得到加强。针对防御任务,这款飞机配有AN/ALQ-101干扰吊舱,以及标准的雷达告警接收(RWR)和箔条/曳光弹投放器。在针对防空优化的F-16"战隼"装配第210中队之后,FAP的A-7P开始长期部署于亚速尔群岛[位于拉日什(Lajes)的第4空军基地(BA4)],以实践其反潜技能。在1993年6月T-38"禽爪"退役之前,配有"响尾蛇"导弹的"海盗Ⅱ"机队由前者来提供支援。葡萄牙空军的最后一架"海盗Ⅱ"于1999年7月9日正式退役,在"和平大西洋Ⅱ"项目之下,它用16架前美国航空维护与重建中心(AMARC)的F-16A和4架双座F-16B取代了它的一个"海盗Ⅱ"中队。

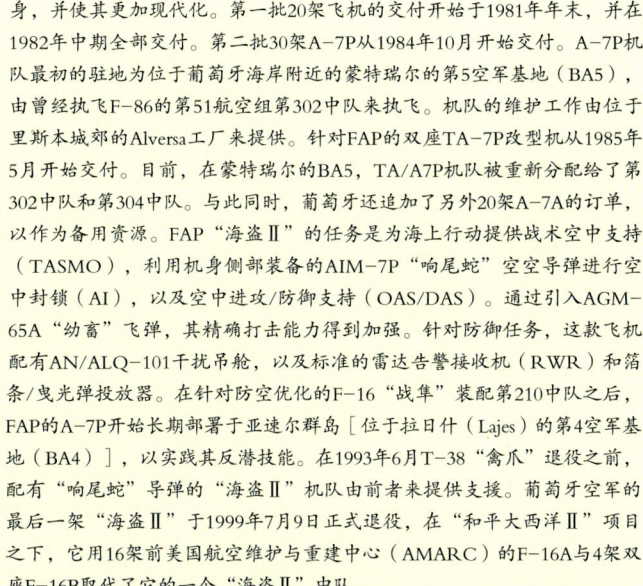

## 希腊

瑞士不购买A-7的决定导致希腊成为A-7"海盗Ⅱ"的第一个出口客户。希腊空军(EMA)的第一架A-7"海盗Ⅱ"(编号:159662)在1975年5月6日由沃特公司的试飞员吉姆·里德完成了首飞。针对希腊生产的单座"海盗"Ⅱ被命名为A-7H,其交付依照1974年发起的一个项目来执行,在1977年第60架单座A-7H样机抵达雅典之后,这项交付最终完成。希腊的第一架双座A-7H"海盗Ⅱ"(TA-7H)交付于1980年7月,与此同时,希腊方面还利用始于1978年的无偿援助资金购买了相应的产品支持。首批交付的为5架具有全新机身的双座飞机。希腊最初有3个中队装备了A-7H,分别是以希腊东北部色萨利的拉里萨为基地的第110飞行联队第354"英仙座"中队,以及位于靠近克里特岛伊拉克利翁的苏达湾基地的第115飞行联队第388中队和第340中队。首批5架TA-7H(基本上类似于美国海军的TA-7C)一经交付就被现有的A-7H中队瓜分了,有两个中队分得两架。而这3个中队中,第388中队只短暂使用了TA/A-7H,之后就换装了F-4"鬼怪Ⅱ"。今天,希腊的"海盗"Ⅱ分布于希腊空军5支战斗机—轰炸机部队中的4支(另一支,即第361中队装备的是塞斯纳T-37B/C)。在20世纪70年代中期到80年代间交付的60架单座A-7H和5架双座TA-7H中,约有45架还在服役。这些飞机主要在苏达湾基地的第340"狐狸"中队和第345"暴风"中队中。与此同时,在阿拉克索斯,第335"老虎"中队和第336"奥林巴斯"中队还装备了约70架前美国海军的A-7E和TA-7C,

这些飞机在1993—1994年间交付,以取代TF/F-104G"星"式战斗机。这些美国海军剩下的飞机在交付希腊空军之前,在美国海军杰克逊维尔航空站进行了返修。它们被交付给了希腊这两支最后的"星"式战斗机部队,其"星"式战斗机在1993年3月最终退役。位于苏达湾基地的这两支"海盗Ⅱ"部队的任务是取代F-84F来进行海上攻击,并通过装备AIM-9L"响尾蛇"导弹扮演着次级空中防御的角色。在1990年,苏达湾的第340中队参加了一次与英国皇家空军Wittering基地第1中队的GR.Mk 5"鹞"式战斗机的交流。目前,这一TA/A-7H机队与经验丰富的T-33A教练机队、前纳粹德国国军的Do 28D机队以及一支AB 205A搜救分队共享苏达湾基地。虽然希腊已经表示出其在升级和使"海盗Ⅱ"更现代化方面的兴趣,但随着美国空军赞助的YA-7F计划的结束,任何旨在增加机队作战效能的重大举措似乎都不再可能。

上图：在出口市场中，"山猫"成为了一种不容忽视的武器。葡萄牙海军保持着一支装备了5架"超级山猫"Mk 95的直升机部队

# 韦斯特兰公司
# "山猫"多用途直升机

在韦斯特兰公司设计领导层的努力之下，"山猫"作为一款有效的中型直升机面世。这种直升机的专用陆军和海军改型，可以极大满足迥然不同的两种角色：反坦克和战地侦察；同时也可以执行反水面战舰和反潜艇的任务。

上图：1978年8月，"山猫"AH.Mk 1在英国驻莱茵河陆军部队开始使用。图中的直升机为一架直升机刚刚从其机身右舷的发射弹道发射了一枚"陶"式导弹

"山猫"是一架外形小巧的直升机，设计用来扮演反潜艇和其他海上直升机的角色，同时也执行陆上的各种武装和非武装任务。"山猫"是用传统的轻合金制造的，但是它仍然使用了玻璃纤维的观察板、机门和整流罩，还利用复合材料制造主旋翼的4片桨叶。后来生产的"超级山猫"（Super Lynx）和专供陆军的"战地山猫"（Battlefield Lynx）采用了更先进的复合材料桨叶，拥有后掠型的末梢，由英国"试验旋翼项目"（BERP）研究开发，提供了更快的速度，并减小了震动。

驾驶员和副驾驶员或观察员并肩而坐。最大可以容许一名飞行员和10名武装队员坐在轻质长凳上。"超级山猫"下方安装有"海沫"雷达（Sea Spray）或者联信公司的RDR 1500360度扫描雷达。为了执行护航和反坦克任务，这架军用机型还可以备20毫米口径火炮、火箭舱或者多达8枚的"霍特"（HOT）、"地狱火"或"陶"式反坦克导弹。对于反潜艇任务，典型的武器包括两枚"鲔鱼"（Sting Ray）自动寻的鱼雷，或者多达4枚"海贼鸥"或两枚"企鹅"反舰导弹。这种机型共为英国和一些出口客户制造了400多架，现在仍然在生产中。

下图：大多数"山猫"的机身框架是由传统的铝合金制造的，但是此机型也引进了许多创新之处。这其中就包括它的旋翼系统，主旋翼毂和机舱内的可调臂是用钛金属整体锻造的

## 发展

第二次世界大战结束之后，韦斯特兰公司决定拓展他们的旋转翼飞机领域。起初是以获得生产许可的方式试生产西科斯基的重型改装机型，1959—1960年，英国直升机行业进行了一次重整，韦斯特兰成

为了唯一存留的制造商,所以他们开始设计自己的直升机。韦斯特兰开始研究一系列的未来军用直升机相关方案。其中之一就是W.3,由普惠公司PT6A涡轮轴发动机提供动力,目标是海军/空军参谋358要求中提到的为皇家空军和皇家海军设计的一款中型直升机。1964年10月,陆军总参谋部3335要求提出之前,韦斯特兰就设计出了几种改型,重新命名为W.13。这个要求需要一架多用途直升机,可以运送两名机组人员以及7名全副武装战士,飞行速度达到170英里/小时(274千米/小时)。

1966年6月提出的一项要求又增加了直升机设计难度,要求可以在大浪条件下的护卫舰和驱逐舰上行动。

## 法国的加入

法国对这方面和其他型号和W.13有着同样的要求,此外还有SA 330 "美洲豹"(Puma)、SA 341 "小羚羊"(Gazelle),这些机型组成了1967年2月22日签订的英法协议。韦斯特兰公司获得了W.13设计的领导权,并且继续进行中型直升机的开发,以设计出英国和法国共同要求的武装侦察和反潜艇直升机。

这个项目正式开始于1967年7月,工作逐渐加快。罗尔斯-罗伊斯公司开发的900轴马力(670千瓦)的RS.360涡轮轴发动机使得这项任务变得容易一些,这种涡轮发动机在布里斯托尔、联邦德国开始使用,名为BS.360。

然而,罗尔斯-罗伊斯公司无法达到要求的推力,据我们所知,"山猫"的第一次飞行推迟了大约8个月。13架样机中的第一架终于在1971年3月21日升空,由罗恩·格拉特里驾驶;紧接着第三架在9月28日试飞,第4架和第二架分别于1972年3月8日和24日进行首飞。自从1971年起名为Gem的发动机为其提供了最大功率,"山猫"很快就证明了自己的能力,以最大速度199.92英里/小时(321.74千米/小时)的成绩创造两项世界纪录。

同年4月12日,第一架英国陆军"山猫"AH.Mk 1首次升空,同时皇家海军的HAS.Mk 2也在5月25日进行首飞,但是在1972年11月21日的一起事故中损毁。海军版本的不同之处在于加长了机头,以便安装雷达扫描仪和带轮子的起落架。第二架HAS.Mk 2于1973年6月29日进行了第一次海上降落。另外有8架直升机用于军事发展项目,第一批为陆军航空中心生产的装有Gem 2发动机的"山猫"AH.Mk 1,于1977年2月11日开始飞行。

## 更强的动力和更快的速度

第二阶段的研发生产了航海型的"超级山猫"和陆军"战地山猫",后来的UK Mk 8和9就是按照这两个模型制造的,此外还有为出口客户生产的机型。"超级山猫"和"战地山猫"都装有BERP主旋翼和反向尾部旋翼,提升了控制性能,同时也增加了最大起飞重量,获得了全天候日夜任务能力并增大了负载范围。

现在的版本为"超级山猫"100,这是一种升级的海军型山猫,由Gem 42-1涡轮轴发动机提供动力,"超级山猫"200使用了更强力的轻型直升机涡轮发动机CTS800,利用了双通道数控系统和液晶平面仪表盘显示屏。

1999年年中,"超级山猫"获得了45架新机身的订单。"超级山猫"的生产线迎来了几年来最忙碌的时期。除了为德国海军生产的7架全新直升机外,还有为韩国海军生产的13架全新"超级山猫",韦斯特

上图:南方航空公司,后来改为法国宇航公司承担百分之三十的"山猫"的开发与生产任务。海军航空部队收到了总共40架"山猫"HAS.Mk 4(FN)直升机用于反潜战任务

下图:一架皇家海军"山猫"HAS.Mk 3正在靠近它的舰上降落点。海军"山猫"第一次成功海上降落是在1973年,降落在英国皇家空军的直升机支援舰"恩盖代恩"号上。海军"山猫"的特征是一台稳固的装有轮子的起落架

上图:韦斯特兰公司制造了一架"山猫"3示范机,这是一个更重型和武装更强大的版本。这架直升机装有WG.30尾部整流锥、改进的发动机和进气口,还有BERP旋翼桨叶

兰的格斯特-吉恩-内特尔福德汽车装配厂(GKN)还升级了17架既存的德国海军海上"山猫"和8架"山猫",成为丹麦海军使用的"超级山猫"标准型。后面两种机型的升级项目是第一个将用全新机身框架和旧的发动机、飞行控制系统、液压装置、电子设备和电动系统进行改装的延长直升机寿命的项目。

在忙于已有合同的同时,第一架"超级山猫"300的进展也非常迅速。这个最新版本的直升机使用了轻型直升机涡轮发动机CTS800,但是与200系列不同的是引进了一套完全兼容夜视镜的"玻璃"驾驶舱。"超级山猫"300在1999年1月进行了首飞,安装的是Gem 42发动机,并在2001年开始进行与CTS800发动机的飞行测试。它被南非选中作为舰载直升机,并为马来西亚提供了6架。

下图:7架海上"山猫"Mk 89直升机最初交付给了尼日利亚海军。图中的3架直升机正在等待装入一架重型贝尔法斯特飞机运送它们完成交付。它们展示了海军改型的标准折叠主旋翼

# "山猫"的陆军改型

在陆军航空队的服役过程中,韦斯特兰公司的"山猫"直升机经历了多种类型的升级,造就了许多不同的改型。然而却从未迎来大笔的出口订单。

## WG.13 "山猫"原型机

第一架大山猫原型机(见下图)于1971年3月21日进行了第一次飞行。这是最早五架用于开发飞行的原型机之一。这架原型机拥有一个早期风格的旋翼毂,机舱门有3个窗户,装有罗伊斯-罗伊斯公司的BS.360涡轮轴发动机。前3架直升机拥有独特的短机头设计。XW835不久后采用了民用机名称G-BEAD并且重新安装了一对普惠PT6B-34发动机。

## "山猫"AH.Mk 1("陶"式)

"山猫"表现出了惊人的性能和灵活性。在它事业的初期,很多人希望它能够改动以执行反坦克的任务。很快就为"山猫"设计了一套陶式导弹的安装装置,机舱每侧有一组4枚导弹,在左侧机舱顶部装有一台M65陀稳瞄准仪。"山猫"出身于多用途直升机,这意味着它拥有一个宽阔的机舱,可以用于容纳8名队员或者一个"米兰"导弹小组,这使它成为了比早前的"侦察兵"(Scout)直升机更强有力的反坦克装备。在经历了一些测试之后,1981年,大约60架"山猫"AH.Mk 1经过翻新配备了"陶"式导弹;这些导弹也升级至改进"陶"式导弹的标准(ITOW),使用了加强的弹头。

## "山猫"AH.Mk 1

"山猫"原计划成为"枫树(Sycamore)直升机和"威塞克斯"(Wessex)的代替者,用于战地多用途直升机。因此它作为一架非武装多用途直升机进入部队,最初打算用于运输人员和物质,同时也用于伤亡撤离和战地指挥所。生产的AH.Mk 1与试制的直升机几乎相同。最明显的变化在于主机舱门,用一个大的正方形窗户取代了原来的3个纵向的窗户。总计交付了100架,后来又追加了13架。这个机型1978年8月进入英国陆军驻代特莫尔德的莱茵河部队。AH.Mk 1用于测试一系列的反装甲武器,包括"霍特"和"地狱火"反坦克导弹(见下图)。火箭系统也进行了测试,但是最终还是选用"陶"式导弹作为反装甲武器。

### "山猫"AH.Mk 5（过渡型）

AH.Mk 5计划作为"山猫"的一个过渡版本，最初用于测试和评估最终版的第二代陆军航空队的"山猫"AH.Mk 7的特点，装有Gem 41-1发动机。除了为陆军航空队评估与测试制造的一小批AH.Mk 5之外，英国皇家航空中心和国防部也订购了测试型的AH.Mk 5。测试结束之后，其中的一架（见下图）被帝国试飞员学校使用。

### "山猫"AH.Mk 5（过渡型）

第二代AH.Mk 7在很多方面都与AH.Mk 1不同。加大的尾部旋翼的转动方向相反，为大功率发动机提供了排气消音器（不是全部配备）。Gem 42发动机驱动BERP旋翼桨叶，这套装置已经成为所有AH.Mk 7的标准配置。此外，这架直升机拥有更大的起飞重量（10750磅/4876千克），同时加固了机身，重新设计了尾部整流锥。更强的耐受性也是AH.Mk 7的关键部分，此外除了红外抑制器外，在尾梁的翼根部位安装了一台ALQ-144红外对抗干扰器，同时也为机组人员提供了武装的座位。AH.Mk 7也可以在机门上装备一台通用机枪（GPMG），通常部署在波斯尼亚（见下图）和北爱尔兰；据说它还可以装备一台0.5英寸（12.7毫米）口径的机枪。其他的新装备包括Brightstar的红外着陆灯，兼容夜视镜的机外灯和"天空卫士"（Sky Guardian）2000雷达警报接收器。共有107架AH.Mk 1被改装成了AH.Mk 7标准。

### "山猫"HC.Mk 28

卡塔尔警方购买了3架"山猫"HC.Mk 28直升机，成为了唯一的真正收到陆军"山猫"和"战地山猫"直升机的国外客户。大致上这架直升机与AH.Mk 1相似，只是在发动机进气口装有沙粒过滤器。第一架Mk 28于1977年12月实现首飞，3架直升机于1978年交付。这架直升机在1991年卖给了英国BAe公司。

### "山猫" AH.Mk 7 "格兰比"（Granby）

陆军航空队的"山猫"直升机部署在"格兰比"行动中，在发动机进气口处安装了新的颗粒过滤器、红外消音器和"天空卫士"200-13 雷达告警接收机。这架直升机以沙石双色做伪装，并画有白色的用于辨认的条纹：桁杆上有3条，机腹上有3条，机头上也有一条。

### "山猫" AH.Mk 9

在签订一批新的"山猫"直升机合同，以支持英国陆军第24空中机动旅之初就决定要为这些直升机（多用途运输直升机）安装一个非常"防撞"的起落架，跟为"山猫"3开发的起落架相似。通过滑行起飞，这种改进的起落架使之达到更大的起飞重量11300磅（5126千克），并且一个更大功率的变速箱也可以传送Gem 42发动机产生的高达1840轴马力（1373千瓦）的功率。如AH.Mk 7一样，Mk 9不能携带"陶"式反坦克导弹，但可以携带红外抑制器和一套音频警告系统。陆军航空队订购了16架新制造的样机，另外还有从Mk 7改装而来的8架。在一次事故之后，这种型号现在装备了机舱座位，可以运输6位全副武装的空军队员或者9名轻型武装的士兵。

### "山猫" AH.Mk 7 "Chancellor"

"山猫"在北爱尔兰一直承担监视的任务，这种机型使用直升机通信系统记录飞行情况和事故。有一架以上的"山猫"增加了新的"Chancellor"红外成像装备，增强了自身能力。这包括一台数字录像照相机和红外前视系统，还有下方携带的"Chancellor"红外成像球，装在机舱左侧一个有角度的铰接臂上。这架直升机还有一个特点，沿着舱门底部有一个装在整流罩中的加强的条状物；另外还装有独特的不标准的桨叶天线，一个位于机头下方，另一个位于尾梁下方。

### 陆军"山猫"示范机，G-LYNX

第102架生产的"山猫"直升机制造成了韦斯特兰公司的示范机。在其作为武装测试直升机使用之后，对它进行了改造，试图打破世界直升机速度纪录。为了解决主旋翼流分离、阻力过大的问题，由韦斯特兰公司和英国国防部共同主持的BERP项目开始开发新的桨叶。新的桨叶利用自身独特的短桨设计解决了这些问题。通过往更强大的Gem 60发动机注入甲醇溶液，改变了方向的排气管、WG-30型尾翼和一些其他的减小重量和阻力的措施，"山猫"为这次尝试做好了准备。1986年8月11日晚上，这架直升机达到了以249英里/小时（400.87千米/小时）的速度飞行15千米（9.32英里），成为了第一架突破248.5英里/小时（400千米/小时）大关的直升机。

### "山猫"T800示范机

在将一些配置恢复到近似于AH.Mk 1标准后不久，G-LYNX配备了一对艾里逊-盖瑞特LHTEC T800发动机，每台功率为1350轴马力（1007千瓦）。这种T800发动机（为RAH-66"科曼奇"选用）在"山猫"机身中也非常合适，只是对其引擎机舱进行了微小的改变。这架直升机也装备了一个减速箱和更高效的红外抑制器。重新编号为ZB500，这架直升机在高热条件下的性能提升了百分之五十，并且在1992年它收入仓库之前，对其实现了更多的发动机整合与蒙皮工作。

### "山猫"3

"山猫"3的设计应用于1982年6月21日正式宣布的第二代"超级山猫"的一批机型。在法国和德国从项目中撤出，开始他们自己的项目（"虎"直升机项目）后，韦斯特兰将其作为自己私有的项目继续进行开发。"山猫"3的市场定位是一架多用途攻击直升机，以AH.Mk1的机身为基础，但是引入了很多的改变。这些改变包括一个固定的带轮起落架、侧向的进气口过滤器、WG.30的机身后部和机尾结构、为1英尺（30厘米）长度的机身"补足"（fuselage "plug"）加长机身。其他的特点包括更大的储油量、加强的承力点和加厚的尾梁。1987年此项目由于缺少订单而停止。

# "山猫"的英国海军改型

"山猫"作为一款小型舰载直升机是独一无二的。由于机身较小、适航性强、装有鱼叉式着舰装置和负力旋翼,与它的竞争对手相比,它可以在更苛刻的海上条件下使用。

## "山猫" HAS.Mk 2

"山猫" HAS.Mk 2是皇家海军"山猫"直升机的基础,是为了"小型舰"操作而进行了优化的专用反潜艇平台。HAS.Mk 2基本上与最初的陆军AH.Mk 1相似,用一个三轮起落架代替了起落橇,海军的特点包括一个固定在甲板上的"鱼叉"式着舰装置,一个双袋漂浮系统和一个折叠尾梁。基本的"山猫"旋翼系统也良好适应小型舰上操作,对于控制操作的反应迅速,具有突出的操控性,这对于在滑动飞行甲板上精确定位和确保准确、稳定的着陆都有帮助。这种新的海军版本也有用来携带武器的硬挂

### WG.13原型机

海军"山猫"的第一架样机是XX469(见下图最前),与早前测试的直升机的区别在于更加圆滑的机头,这是典型的"海沫"雷达装置。这架海上直升机也装有传统的三轮起落架,而不是陆军改型的起落橇。XX469在1972年坠毁,XX510接了它的测试任务。由英国国防部和空军航海部进行测试,一直使用到20世纪70年代后期HAS.Mk 2出现。

点,包括两枚Mk 44或Mk 46水雷,或者两枚Mk 11深水炸弹,再或者多达4枚"海贼鸥"反舰导弹。它的突起的头部装有"海沫"Mk 1雷达,这种设置的最主要目的是海贼鸥导弹中装有的半主动雷达提供光照以提升全天气任务能力。这种海军版本比AH.Mk 1早进入部队。HAS.Mk 2共为皇家海军生产了60架。紧接着有53架HAS.Mk 2改装至HAS.Mk 3标准。这些HAS.Mk 2在1976年9月完成后进入第700L中队服役。它们参与构成了皇家海军、荷兰皇家海军飞行测试联合加强部队,包括6架全面加强的英国皇家海军HAS.Mk 2和两架荷兰"山猫"Mk 25。队伍中的一架直升机在1977年英国皇家海军的"天狼星"(Sirius)号轻巡洋舰上执行任务。这支部队在1977年12月16日解散,成为了在1978年1月3日成立的第702"山猫"训练中队的核心成员。一直到1981年1月1日,第702中队都是"山猫"装备舰上飞行的指挥部队,后来第815中队接任了这个头衔。这些"山猫"的第一次战略部署发生在1978年2月8日,在"利安德"级军舰"月亮女神"(Phoebe)号上。紧接着它们被布置在"部族"(Tribal)级、"利安德"级和21型护航舰、42型驱逐舰上,后来又用于22型和23型军舰。由于皇家海军面临的海上威胁愈演愈烈,对"山猫"HAS.Mk 2进行了改装以适应新职责,包括水面军舰(ASV)任务、自主反潜舰和电子计数监视测量任务。在交付后,"海贼鸥"空对地导弹、记载探测设备"鸟"(bird)和电子监控设备都为适应HAS.Mk 2进行了改造,以帮助其适应它们的新职责。

### 海军版"山猫"3

海军版"山猫"3(不要与HAS.Mk 3混淆)是与陆军版"山猫"3同时进行开发的。1985年9月展示了一架一比一模型机,装有机头雷达罩中的360度雷达、一个机头上方的PID控制系统、一个WG.30型尾部旋翼和吊架和较低的水平安定面。随后为了支持先进的衍生型HAS.Mk 3而放弃了这个版本。

## "山猫" HAS.Mk 3

"山猫"HAS.Mk 3是对皇家海军HAS.Mk 2进行一定的改进而来的衍生机型，在传动装置、动力系统和发动机方面进行了提升。这个新改型提高了直升机性能和负载能力，同时伴随着一些新的操作设备，包括Recal Decca的MIR-2 Orange Crop电子监视设备。这架直升机还装备有一套新的4气囊漂浮系统和新的挂式记载磁异探测器、电子监视系统和"海贼鸥"空对地导弹。新制造的直升机在1982年3月至1985年4月之间交付。所有现存的HAS.Mk 2都被改造提高为HAS.Mk 3或3S的标准。"山猫"HAS.Mk 3只在第702（训练部队）和第815中队使用，第829中队在1993年3月解散。自从进入部队后，HAS.Mk 3机队就接手了一系列的改变，以下介绍详细内容。

"山猫"HAS.Mk 3GM：在14架部署在"格兰比"行动期间的直升机中，有3种"海湾改装"的标准，另有18～19架一开始就是"格兰比型改装"的直升机，它们都被重新命名为HAS.Mk 3GM。所有直升机都装备了MIR-2电子监视系统。在驾驶舱门上方装有LORAL挑战者红外抑视器，但是在战区使用时被拆除以减轻重量，因为两侧发射的地对空导弹不会对海军"山猫"造成真正的威胁。皇家海军"山猫"在"沙漠风暴"行动中使用"海贼鸥"导弹实现了17次直接命中，击沉了12艘伊拉克军舰。

"山猫"HAS.Mk 3S：在加装了两台詹特朗-马可尼公司AD3400超高频保密通讯电台后，"山猫"HAS.Mk 3重命名为HAS.Mk 3S，后缀"S"代表"安全"（Secure）。据报道，第三批新制造的HAS.Mk 3交付时就是使用的此标准。

"山猫"HAS.Mk 3ICE：当"山猫"替代了"黄蜂"（Wasp）成为反潜艇战争用"小型机"后，不可避免的也将要代替"黄蜂"在南极考察/破冰巡逻舰"忍耐"号（Endurance）上使用。皇家海军改装了大量的"山猫"直升机，以供在南极使用。尽管这架直升机装备了很多特殊的设备，但是最明显的变化还是在机头和舱门上设置了高可视的国际橙色色块。其他特殊装备包括一个纵向（勘察）相机吊舱和一个装在机舱中的瞄准潜望镜，同时拆除了"海贼鸥"反舰导弹系统，遵从南极地区禁止武装飞行器的规定。

"山猫"HAS.Mk 3SICE：在配备了AD3400超高频保密通讯电台后，"忍耐"号上飞行的"山猫"HAS.Mk 3ICE重命名为HAS.Mk 3SICE。1999年年初，一次"忍耐"号为期7个月的南极航行中，有两架"山猫"成为了第一架在73华氏度以下飞行的直升机。它们在卡罗尔湾探索，拍摄高空图片，搜集科研数据。

"山猫"HAS.Mk 3S/GM：在确定要进行多种"格兰比"改装后，拥有保密通讯功能的HAS.Mk 3S正式更名为HAS.Mk 3S/GM。

"山猫"HAS.Mk 3CTS：HAS.Mk 3CTS原本从未计划进入前线，只是作为开发和评估（包括操作性评估）CTS的工具。这也成为日后皇家海军"山猫"最终版HMA.Mk 8的核心技术。

## "山猫" HMA.Mk 8

最新的海军"山猫"改型是HMA.Mk 8，它代表了真正的现代化海军"山猫"设计，类似于陆军的AH.Mk 7升级版。直到1995年后期命名为HAS.Mk 8时，这架直升机才正式成为了HMA.Mk 8。如果说HAS.Mk 3使海军"山猫"更加现代化以满足20世纪80年代对直升机的需求的话，那么HMA.Mk 8则将"山猫"系列直升机在新千年来临之时带入了代表着最先进技术水平的海军直升机之列。这种新改型使用了920轴马力（686千瓦）的Gem 42系列200发动机，并改进了旋翼系统，装有更先进的AH.Mk 7的尾部旋翼。它还增加了许多新系统用来加强它的监视和空对舰能力，并且增加了自由度。HMA.Mk 8将会引用数字雷达处理原来的180度"海沫"雷达，这处升级使得它改名为HMA.Mk 8 DSP（Digital Signal Processing，"数字信号处理"）或者HMA.Mk 8（DP）。皇家海军的HMA.Mk 8现在能够使用FN 赫斯塔尔0.5英寸（12.7毫米）口径的重型机炮吊舱（HMP），这种武器通常用于HAS.Mk 3GM，尽管现在还不清楚这种武器装备是否获得正式的使用许可。有三架前HAS.Mk 3CTS都用于HAS.MK 8的开发：XZ236用于CTS的开发和整合，ZD266用航空电子设备的开发，ZD267用于新型机头下方雷达天线罩和机头上PID控制系统的飞行测试。1992年5月，韦斯特兰公司签订了一笔合同，改装最初7架直升机（计划共改装44架），紧接着收到了进一步改装4架的合同，同时还有合同将ZD267改造成完全的Mk 8标准，其中的第一架在1994年7月交付予第815中队内部的作战评估单位。直到1995年中期，第一批全部7架交付完成。第一批HMA.Mk 8从1996年2月开始进入了第702中队（"山猫"训练部队）。1995年后期这种机型进行了第一次海上部署（在英国"蒙特罗斯"号护卫舰上）。英国国防部的计划要求将剩余的"山猫"HAS.Mk 3全部改装为这个新标准。

# "山猫"的国外使用者

海军"山猫"改型在国外销售情况良好,韦斯特兰公司根据客户各自的需求改装"山猫"直升机,使用了改进的发动机、传动系统和操作设备。

### 阿根廷——"山猫"Mk 23

阿根廷的两架"山猫"Mk 23获准在阿根廷的两架前英国皇家海军42型驱逐舰("大力士"和"圣特立尼达"号)上使用,分别在1978年5月17日和6月23日首飞。它们与英国皇家海军的HAS.Mk 2和巴西的Mk 21相似。在阿根廷占领马尔维纳斯群岛之初,两架"山猫"都被部署在斯坦利港,但是在接下来的战争中没有发挥重要作用。其中一架0753/ 3-H-42在1982年5月2日的一次事故中损失,另一架随后也停飞。在1987年11月出售给了丹麦(同海军全部"山猫"备件一起)。

### 巴西——"山猫"Mk 21,"超级山猫"Mk 21A

在巴西执行反潜艇、反军舰任务的Mk 21与英国皇家海军的HAS.Mk 2相似,但是武装了"海贼鸥"空对地导弹、Mk 9深水炸弹和Mk 46水雷。第一架在1977年9月进行了首次飞行;共制造了9架,最后一架在1978年4月14日进行飞行。在当地它们被叫作SAH-11,并且从1978年就装备到驻扎在Sao Pedro da Aldeia的Esquadrao de Helicopteros de Esclarecimento e Ataque 1(HA-1)部队。这些"山猫"直升机最常见于"尼泰罗伊"级(沃斯珀-桑尼克罗夫特Mk 10)军舰上。

巴西共收到14架"超级山猫",9架为新制造的,5架是由Mk 21改装的,合同在1993年签订,价值1.5亿英镑。巴西的"山猫"直升机与葡萄牙的Mk 95大致相同,装备有360度"海沫"3000雷达,支持前视红外系统,装有侦察月吊舱和一套投吊式声呐。它由一台1120轴马力(836千瓦)的Gem 42-1型发动机提供动力,配有复合材料的主旋翼桨叶和反转尾部旋翼。第一架经改装的机身于1996年3月23日进行了它新配置下的首次飞行。第一架新制造的Mk 21 A(N4001)于1996年6月进行首飞。

### 法国——"山猫"Mk 2（FN），Mk 4（FN）

更大的最大起飞重量（10500磅/4763千克），通常与装有Gem 4发动机的荷兰"山猫"Mk 27联系起来，Mk 2从一开始就拥有反舰能力，而Mk 27则仅仅是对英国皇家海军改型进行了翻新。Mk 2用法国的OMERA-Segid ORB31W雷达代替了通常使用的"海沫"，同时它的反水面武装还使用了法国宇航公司的AS 12空对地导弹。共制造了25架，第一架在1979年10月24日首飞。法国海军航空兵的"山猫"Mk 4是英国HAS.Mk 3的法国版，动力系统、传动系统和发动机的变化都没有很大的提升。共生产了14架Mk 4。法国的"山猫"在部队中得到了改进和现代化改造，并且现在加装了BERP主旋翼桨叶。

### 丹麦——"山猫"Mk 80、Mk 90，"超级山猫"Mk 90B

丹麦获得了10架"山猫"（8架Mk 80和2架Mk 90），用于海军承担飞行服务队的渔业保护任务。对丹麦人来说，双发动机的安全性和在军舰上空盘旋时进行空中加油（HIFR——直升机空中加油）是至关重要的能力。丹麦所有的"山猫"直升机都是以HAS.Mk 3为基础，装有"海沫"雷达。其中的第一批8架新制造的直升机命名为"山猫"Mk 80，第一架于1980年2月3日进行首飞。1987年和1988年分别新得到一架"山猫"用来代替早前的直升机（于1985年和1987年坠毁），这两架被叫作Mk 90。在部队中，这些幸存的丹麦直升机已经进行了升级，并在近期宣布的MLU中计划进行进一步升级。在改造之后，这些直升机将被命名为"山猫"Mk 90B。

### 荷兰——"山猫"Mk 25、Mk 27、Mk 81、STAMOL"山猫"

最初的6架荷兰"山猫"大致与HAS.Mk 2相同，可执行搜索营救任务。它们在1976年8月23日到1977年9月16日之间进行了首飞。UH-14A也用作训练、多用途运输直升机，并支持荷兰皇家海军陆战队的BBE反恐部队。荷兰海军的Mk 27是以基础"山猫"机型HAS.Mk 2为原型的，但是由1120轴马力（836千瓦）的Gem 4 Mk 1010发动机提供动力。这10架Mk 27进行了反潜艇优化改造，打算在"特罗姆普"级、"科顿艾尔"级和"范·斯派克"级军舰上操作。第一架在1978年10月6日进行首飞。新版本的机型装备了阿尔卡特（现在的汤姆逊CSF）公司的DUAC-4A投吊式声呐，并且装备有一枚或两枚Mk 46水雷。第三批荷兰"山猫"是以HAS.Mk 3为基础的反潜艇飞行器，当地命名为SH-14C。第一架SH-14C在1980年7月9日进行首飞。最初的SH-14C并没有安装投吊式声呐，而是装备了得州设备公司的AN/ASQ-81（V）2机载磁畸探测器。后来发现这套装备不如投吊式声呐有效，于是SH-14C降级至执行训练和多用机任务。在STAMOL（SH-14D）项目中，22架幸存的荷兰"山猫"被升级至了统一的标准，最主要的一点是装有投吊式声呐SH-14B。其他的变化还有升级的发动机、新的旋翼桨叶和先进的电子设备。原计划增加一个新的雷达，后来由于预算问题放弃了，但还是安装了前视红外系统。

#### 马来西亚——"超级山猫"300

1999年9月韦斯特兰公司宣布向马来西亚皇家海军出售6架"超级山猫",用来替换早前的韦斯特兰的"黄蜂"直升机。这次没有宣布特别的版本或设备。

#### 挪威——Mk 86

挪威空军(Luftforsvaret)订购了6架"山猫",用于海岸警卫队的搜索救援、渔业巡逻和环境监控的工作。第一架在1981年1月23日进行首飞。这些直升机分配到了巴杜福斯的空军第337中队,主要在海岸警卫队在北大西洋上(北纬65度)的"诺德卡帕"(Nordkap)级巡洋舰上使用。

这6架挪威的"山猫"Mk 86安装了与荷兰Mk 27直升机同样的动机和更大的最大起飞重量,但是它们没有完全海军化,缺少海军"山猫"普遍配有的可折叠尾梁。它们装备了"海沫"雷达,在通常的超高频、高频和特高频/调幅电台外又增加了警用/紧急情况使用的特高频/调频电台。航站区域导航系统与一台Agiflite相机连接,可以在边境水域侵犯情况的照片上印上导航数据。一台救援升降机被用于搜索救援任务,用来将检查员吊放到受检查的军舰上。它还用于抬升输油管路,以进行空中悬停加油。这种直升机使用频率很高,最终被NH90取代。

#### 尼日利亚——"山猫"Mk 89

最后一种以HAS.Mk 3为基础的"山猫"改型是尼日利亚的Mk 89,尽管没有本迪克斯声呐而装有可折叠尾梁,Mk 89还是大致与荷兰海军使用的Mk 88大致相似。尼日利亚的"山猫"装有1135轴马力(847千瓦)的Gem 43-1 Mk 1020发动机,提升了高空高温条件下的性能。3架直升机在第101中队投入使用,其中第一架在1983年9月29日实现了首次飞行。

### 巴基斯坦——"山猫"HAS.Mk 3

巴基斯坦在1994年6月签订了一项购买3架二手的皇家海军基本标准的"山猫"HAS.Mk 3的合同,并拥有继续购买3架的选择权。它们被批准在巴基斯坦购买的6架前英国皇家海军21型军舰中的3架上使用。这些直升机重新整修至"一半使用寿命"的标准,但是其中的"海贼鸥"反舰导弹系统被移除了。

### 卡塔尔——"山猫"Mk 28

卡塔尔警方购买了3架"山猫"HC.Mk 28,成为了第一个真正收到陆军"山猫"和"战地山猫"直升机的海外客户。这些直升机是在AOI协议下第一批实际交付的直升机,并且与最初陆军航空军使用的"山猫"AH.Mk 1基本类似,只是在发动机进气口加装了颗粒过滤器。第一架Mk 28于1977年12月2日首飞,剩下的3架于1978年交付。然而,卡塔尔的"山猫"使用的时间间相对较短,又交回给英国航空公司,不久后在1991年又回到了英国国防部。

### 葡萄牙——"超级山猫"Mk 95

葡萄牙选择了"超级山猫"来满足他们要求的载反潜艇直升机。"超级山猫"一直是葡萄牙海军青睐的机型,在1990年11月2日订购了5架。尽管韦斯特兰公司叫这种直升机为"超级山猫",而且名义上是"以HMA.Mk 8为基础"的,但是这些葡萄牙海军的"山猫"Mk 95直升机没有第三代英国皇家海军"山猫"特有的机头上方的被动识别装置,也没有Mk 88A的机头上方的前视红外系统。Mk 95装有一套雷声RNS252 GPS辅助综合导航系统,同时装有本迪克斯公司AN/AQS-18(v)投吊式声呐和机头下方雷达天线罩中的本迪克斯RDR 1500雷达,这是第一架拥有以上特点的"超级山猫"直升机。生产了5架Mk 95用于葡萄牙的"Vasco de Gama"级(MEKO 200)军舰上,并且在靠近里斯本的蒙蒂茹作为岸基直升机使用。葡萄牙的有3架"超级山猫"是新制造的,但是最初2架是通过改装前皇家海军HAS.Mk 3而来的。第一架改装而来的Mk 95在1992年3月27日进行了处女飞行。第一架新制造的Mk 95 在1993年7月9日第一次飞行。

### 联邦德国——"山猫"Mk 88,"超级山猫"Mk 88A

联邦德国海军的"山猫"Mk 88是以英国皇家海军HAS.Mk 3为基础的。尽管一直想要将它们部署在小型军舰上,但是如丹麦和挪威的直升机一样,Mk 88并没有折叠尾部旋翼。这架直升机为反潜艇任务进行了改进,装上了本迪克斯AN/AQS-18(v)投吊式声呐。制造了19架Mk 88,用于驻扎在诺德霍尔茨的海军第3航空联队,分为3个机队,分别有12架、2架和5架。其中的第一架直升机在1981年5月26日进行了首飞。后来17架幸存的直升机被改装成了Mk 88A "超级山猫"的标准,这次改造重新构架了直升机,并且加入了多种新系统。

在1996年签订的一项价值一亿英镑的合同中,合并后的德国订购了7架新制造的Mk 88A直升机(见下图),其中的第一架在1999年5月1日首飞。图中为Mk 88A 83+21直升机。Mk 88A与巴西的Mk 21A相似,包括一个360度詹特朗-马可尼公司"海沫"3000雷达和机头上方的前视红外系统炮塔,装有一个"詹特朗"传感器MST前视红外系统。

### 韩国——"超级山猫"Mk 99

韩国在1988年订购了"超级山猫",成为了这种机型的首位海外客户,尽管他们的直升机命名中的编号比较靠后。据报道这样命名是韩国的要求,因为数字9在韩国代表着好运气。尽管被称为"超级山猫"直升机,韩国的Mk 99没有新型的反转复合尾部旋翼和符合材料的BERP主旋翼桨叶。然而这架直升机装有新的机头下方的雷达天线罩,配备"海沫"3雷达。购买这些直升机是为了在韩国海军的"萨姆纳"级和"基林"级驱逐舰上使用,12架新制造的大山猫Mk 99在镇海的第627中队作为岸基直升机使用。它们可能装备上360度"海沫"Mk 3雷达,也可能装备Mk 44水雷或者海贼鸥空对地导弹。第一架Mk 99在1989年11月16日进行了首飞,交付在1990年7月到1991年5月之间完成。编号时由于迷信原因弃用了90-0704,因为"4"被认为是"不吉利"的。

### 南非——"超级山猫"300

2003年8月,南非签订了一笔包含4架以"超级山猫"300的配置为基础的直升机,用于反潜艇和反水面任务。

# 新的一代"山猫"

上图：ZT800是"超级山猫"300的首架下线机型，于1999年1月27日首飞。作为最新的"超级山猫"系列型号，该机型结合了LHTEC CTS800发动机和夜视转动（NVG）"玻璃"驾驶座舱

上图：巴西海军的14架"超级山猫"Mk 21A保留了传统的驾驶舱设备，采用原有的罗尔斯-罗伊斯Gem 42-1涡轮轴发动机以及"海沫"360度雷达

"山猫"型号发展的第二阶段是海军"超级山猫"型号的研发，确保了大量的出口订单，并且作为英国海军最新的"山猫"Mk 8的基础。

在舰载直升机的激烈订单竞争中，一款25年前就开始服役的机型的改进型起到了决定性作用可能有些出人意料。处于领先位置的"竞争者"是GKN韦斯特兰公司的"超级山猫"型号，该型号将原来"山猫"型号的敏捷灵活特性保留了下来，并具备新的航电系统和性能表现。

"超级山猫"在第一代的基础上做了适当的改装，有些是全新进行生产的，其他的由原来的"山猫"机身结构改装而来。"超级山猫"的规格配置根据用户的需求而改变，部分"超级山猫"的基本特征在一些样机中消失。

首批"超级山猫"是为韩国海军生产的12架Mk 99，保留了"山猫"的主旋翼，没有安装全新的反向复合材料尾旋翼。1990年开始，首批12架"超级山猫"Mk 99开始交付使用，之后又交付13架大致相同的Mk 99A。该机型装备有原先"海沫"Mk 3360度雷达的全新的版本，但是没有装备任何机头PID控制系统。"超级山猫"Mk 99A的一个全新的设计是全复合材料平尾的使用。

## 皇家海军"超级山猫"

尽管并不叫"超级山猫"，皇家海军的"山猫"HMA.Mk 8直升机同"超级山猫"型号大致相同，装备有BERP复合材料主旋翼桨叶，升级后的Gem 42系列200发动机，全自动数字化动力控制系统（FADEC）以及升级后的航电系统，尽管该机型（大部分由早期的HAS.Mk 3改装而来）仍然保留了之前的前视"海沫"雷达，不过安装在全新的机头"下巴"的雷达罩中。不同寻常的是该机型在机头也安装了全新的PID控制系统，不过是以GEC"海上猫头鹰"前视红外探测系统（FLIR）的外形。HMA.Mk 8的Racal RAMS 4000中央战术系统（CTS）通过处理声呐数据并将任务信息展现在CRT显示器上，大大减少了机组人员的工作负担。

下一个"超级山猫"的用户是葡萄牙，于1993年接受了首批5架"超级山猫"订单中的第一架。葡萄牙的"超级山猫"型号装备了重量更轻、成本更低的Bendix RDR 1500雷达，没有安装任何机头PID控制系统和前视红外系统（FLIR），但是安装了BERP复合材料主旋翼桨叶、反向复合材料尾旋翼以及先进的航电系统。该机型也装备了Bendix AN/AQS-18（V）深海声呐以及

上图：葡萄牙于1990年预订了5架"超级山猫"Mk95直升机，装备有Racal RNS252 GPS辅助INS系统和"海豚"81系统以及一些美国设备，包括AN/AQS-18声呐和霍尼韦尔雷达

Vesta数据交互系统。首批两架葡萄牙的"山猫"Mk 95由原皇家海军的HAS.Mk 2改装而来，之后其余的均是全新生产的。

从1999年开始，新生产的"山猫"机身能够适应逐渐增加的最大起飞重量（MTOW）的要求，这也促使大量的"山猫"用户将早期的"山猫"升级为"超级山猫"级别，包括使用新的机身、"超级山猫"的各种系统和航电设备，以及更新现有的发动机、飞行控制系统、液压系统、电子系统以及部分航电设备。

首批如此改装的"超级山猫"型号是5架巴西的Mk 21（改为Mk 21A），同9架全新生产的MK 21A一同交付。巴西的"超级山猫"直升机可能是首批装备韦斯特兰公司新式螺栓主旋翼头的机型，将最大起飞重量

下图：皇家海军的HMA.Mk 8装备有其原型机"海怪"Mk 1雷达，安装在全新的机头下部雷达罩中，在雷达前部底座上装备有BAE系统"海上猫头鹰"温度成像系统

右图：德国海军的Mk 88A装备有"海沫"360度雷达、前视红外系统、罗克韦尔·科林斯全球定位导航系统、Racal"海豚"91雷达以及RNS252 INS系统。欧洲直升机公司在德国的多瑙沃尔特将17架现存的"山猫"Mk 88机身进行改装升级

升至11750磅（5330千克）。这些直升机装备了"海沫"3000机头下部雷达，但是没有安装PID控制系统和前视红外系统，于1996年开始交付使用。

尽管在1996年订购了7架新生产的"超级山猫"Mk 88A直升机，德国仍然决定使用新生产的"超级山猫"机身升级其现有的Mk 88到"超级山猫"级别。改装配件被运送到欧洲直升机公司，同时在欧洲直升机公司进行了实际的改装工作。第一架改装完的机型返回到韦斯特兰公司的约威尔工厂进行飞行测试以及客户验收，剩下其他的则直接由欧洲直升机公司进行交付。

德国的"超级山猫"直升机同巴西的相同，装备有复合材料BERP主旋翼，反向尾旋翼（改善了总重状态下的悬停性能）以及机头下部"海沫"3000雷达。德国"超级山猫"不同于巴西海军的是德国的装备有机头美国通用电气公司MST前视红外系统用于无源探测和目标识别。

下图：巴西订购了9架Mk 21A（包括5架由Mk 21升级而来）。第一架升级后的样机于1995年11月22日首飞，之后全新的机型于1996年首飞

### 第三代"山猫"直升机

装备了美国产的涡轮轴发动机的新式"超级山猫"直升机出现。该公司的验证机，G-LYNX，于1991年装备CTS800发动机后以"山猫"800的代号进行试飞。该直升机随后作为"超级山猫"200型使用。200型将标准的"超级山猫"航电系统和驾驶员座舱同新的发动机和电子动力系统相结合，但是之后很快被重新设计的300型所取代，于1999年1月27日以原型机的形式（开始时装有Gem发动机）进行飞行。

"超级山猫"并没有赢得澳大利亚和新西兰的订单，其竞争对手"超级海妖"获胜——很大程度上是因为其价格较低以及更好的空对地导弹携带能力，但是于1999年击败了SH-2"海妖"赢得了马来西亚的订单，另外也获得了南非的订单。

南非和马来西亚即将接收新生产的"超级山猫"300型直升机，装备有装有6块显示器的驾驶员座舱以及先进的航电系统，另外装有国际合作研发的LHTEC（轻型直升机涡轮发动机公司）1334马力（995千瓦）功率的CTS800发动机，取代了之前的Gem 42发动机。新的发动机提供了更好的可靠性和操纵性，动力提高了30%。

韦斯特兰公司继续进一步拓展"超级山猫"的市场，其轻巧的尺寸和出色的性能使其保持了舰载直升机的优势。"山猫"的发展也在继续，韦斯特兰公司已经论证了生产高速"复合"版本的可能性，装有机舱短翼，用以减轻主旋翼在前飞时的荷载。

下图：韩国的Mk99/99A订购于1988年，可以装备"海贼鸥"反舰导弹，在"萨姆纳"号和"基林"号驱逐舰上服役